Excel 2016 应用大全

Excel Home / 编著

北京大学出版社
PEKING UNIVERSITY PRESS

内容提要

本书全面系统地介绍 Excel 2016 的技术特点和应用方法，深入揭示背后的原理概念，并配合有大量典型实用的应用案例，帮助读者全面掌握 Excel 应用技术。全书分为 7 篇共 50 章，内容包括 Excel 基本功能、公式与函数、图表与图形、Excel 表格分析与数据透视表、Excel 高级功能、使用 Excel 进行协同、宏与 VBA 等。附录中还提供 Excel 2016 规范与限制，Excel 2016 常用快捷键及 Excel 2016 术语简繁英文词汇对照表等内容，方便读者随时查阅。

本书适合各个层次的 Excel 用户，既可作为初学者的入门指南，又可作为中、高级用户的参考手册。书中大量的实例还适合读者直接在工作中借鉴。

图书在版编目(CIP)数据

Excel 2016应用大全 / Excel Home编著. — 北京：北京大学出版社，2018.2
ISBN 978-7-301-29047-7

Ⅰ. ①E… Ⅱ. ①E… Ⅲ. ①表处理软件 Ⅳ. ①TP391.13

中国版本图书馆CIP数据核字(2017)第314449号

书　　名　Excel 2016应用大全
EXCEL 2016 YINGYONG DAQUAN
著作责任者　Excel Home　编著
责任编辑　尹　毅
标准书号　ISBN 978-7-301-29047-7
出版发行　北京大学出版社
地　　址　北京市海淀区成府路205 号　100871
网　　址　http://www.pup.cn　　新浪微博：@ 北京大学出版社
电子信箱　pup7@ pup.cn
电　　话　邮购部62752015　发行部62750672　编辑部62570390
印 刷 者　三河市博文印刷有限公司
经 销 者　新华书店
787毫米×1092毫米　16开本　54.25印张　1445千字
2018年2月第1版　2021年7月第8次印刷
印　　数　49001—51000册
定　　价　128.00 元

前　言

注意：本书配套示例文件，可以到 ExcelHome 官网下载 (http://www.excelhome.net/book)，也可以加入 Excel Home 办公之家群（QQ 群号：238190427）获取。

为了方便读者学习，本书将若干小节（如 3.3.5，第 68 页）和精彩视频教程（如 4.2.5，第 80 页）做成二维码的形式供读者学习使用，请在联网状态下扫描二维码获取以上学习资料。

如二维码扫描出现问题，可通过以下方式解决：（1）加入 Excel Home 办公之家群（QQ 群号：238190427）获取资源；（2）发送问题至邮箱 2751801073@qq.com；（3）在微信公众号“Excel 之家 Excel Home”留言。

非常感谢您选择《Excel 2016 应用大全》！

本书是由 Excel Home 技术专家团队在继《Excel 实战技巧精粹》之后的一部更大规模和更高水准的制作，全书分为 7 篇，完整详尽地介绍了 Excel 所有功能的技术特点和应用方法。全书从 Excel 的技术背景与表格基本应用开始，逐步展开到公式与函数、图表图形、数据分析工具的使用、各项高级功能与协同办公的应用及 VBA 基础知识，形成一套结构清晰、内容丰富的 Excel 知识体系。

本书的每个部分都采用循序渐进的方式，由易到难介绍各个知识点。除了原理和基础性的讲解外，还配以大量的典型示例帮助读者加深理解，甚至可以在自己的实际工作中直接进行借鉴。

读者对象

本书面向的读者群是所有需要使用 Excel 的用户。无论是初学者，中、高级用户还是 IT 技术人员，都可以从本书中找到值得学习的内容。当然，希望读者在阅读本书之前至少对 Windows 操作系统有一定的了解，并且知道如何使用键盘与鼠标。

本书约定

在正式开始阅读本书之前，建议读者花上几分钟时间来了解一下本书在编写和组织上使用的一些惯例，这会对读者的阅读有很大的帮助。

软件版本

本书的写作基础是安装于 Windows 10 专业版操作系统上的中文版 Excel 2016。尽管本书中的许多内容也适用于 Excel 的早期版本，如 Excel 2003、Excel 2007、Excel 2010 或 Excel 2013，或者其他语言版本的 Excel，如英文版、繁体中文版。但是为了能顺利学习本书介绍的全部功能，仍然强烈建议读者在中文版 Excel 2016 的环境下学习。

菜单命令

我们会这样来描述在 Excel 或 Windows 及其他 Windows 程序中的操作，比如在讲到对某张 Excel 工作表进行隐藏时，通常会写成：在 Excel 功能区中单击【开始】选项卡中的【格式】下拉按钮，在其扩展菜单中依次选择【隐藏和取消隐藏】→【隐藏工作表】。

鼠标指令

本书中表示鼠标操作的时候都使用标准方法："指向""单击""右击""拖动""双击"等，您可以很清楚地知道它们表示的意思。

键盘指令

当读者见到类似 <Ctrl+F3> 这样的键盘指令时，表示同时按下 <Ctrl> 键和 <F3> 键。

Win 表示 Windows 键，就是键盘上画着 ⊞ 的键。本书还会出现一些特殊的键盘指令，表示方法相同，但操作方法会稍许不一样，有关内容会在相应的章节中详细说明。

Excel 函数与单元格地址

本书中涉及的 Excel 函数与单元格地址将全部使用大写，如 SUM()、A1:B5。但在讲到函数的参数时，为了和 Excel 中显示一致，函数参数全部使用小写，如 SUM(number1,number2...)。

图标

注意 →	表示此部分内容非常重要或需要引起重视
提示 →	表示此部分内容属于经验之谈，或者是某方面的技巧
深入了解 →	为需要深入掌握某项技术细节的用户所准备的内容

本书结构

本书包括 7 篇 50 章内容及 3 则附录。

第一篇（第 1~9 章）Excel 基本功能

主要介绍 Excel 的发展历史、技术背景及大多数基本功能的使用方法，本篇并非只为初学者准备，中、高级用户也能从中找到许多从未接触到的技术细节。

第二篇（第 10~22 章）使用公式和函数

主要介绍如何创建简单和复杂的公式，如何使用名称及如何在公式中运用各种函数。本篇不但介绍常用函数的多个经典用法，还对其他图书少有涉及的数组公式和多维引用计算进行了全面的讲解。

第三篇（第 23~26 章）创建图表和图形

主要介绍如何利用图表来表达数字所不能直接传递的信息，以及如何利用图形来增强工作表的效果。

第四篇（第 27~32 章）使用 Excel 进行数据分析

主要介绍 Excel 提供的各项数据分析工具的使用，除了常用的排序、筛选、外部数据查询外，浓墨重彩地介绍数据透视表及 PowerBI 的使用技巧。另外，对于模拟运算表、单变量求解、规划求解及分析工具库等专业分析工具的使用也进行了大量详细的介绍。

第五篇（第 33~37 章）使用 Excel 的高级功能

主要介绍数据处理高级功能的使用，包括条件格式、数据有效性、链接和超链接等。另外，还特别介绍语音引擎的使用技巧。

第六篇（第 38~41 章）使用 Excel 进行协同

主要介绍 Excel 在开展协同办公中的各项应用方法，包括充分利用 Internet 与 Intranet 进行协同应用、Excel 与其他应用程序之间的协同等。

第七篇 （第 42~50 章）Excel 自动化

主要介绍利用宏与 VBA 来进行 Excel 自动化方面的内容。

附录

主要包括 Excel 的规范与限制、Excel 的快捷键及 Excel 术语简繁英对照表。

阅读技巧

不同水平的读者可以使用不同的方式来阅读本书，以求在相同的时间和精力之下能获得最大的回报。

Excel 初级用户或者任何一位希望全面熟悉 Excel 各项功能的读者，可以从头开始阅读，因为本书是按照各项功能的使用频度及难易程度来组织章节顺序的。

Excel 中高级用户可以挑选自己感兴趣的主题来有侧重地学习，虽然各知识点之间有千丝万缕的联系，但通过我们在本书中提示的交叉参考，可以轻松地顺藤摸瓜。

如果遇到困惑的知识点不必烦躁，可以暂时先跳过，保留个印象即可，今后遇到具体问题时再来研究。当然，更好的方式是与其他爱好者进行探讨。如果读者身边没有这样的人选，可以登录 Excel Home 技术论坛，这里有无数 Excel 爱好者正在积极交流。

另外，本书中为读者准备了大量的示例，它们都有相当的典型性和实用性，并能解决特定的问题。因此，读者也可以直接从目录中挑选自己需要的示例开始学习，然后快速应用到自己的工作中，就像查词典那么简单。

写作团队

本书的第 1、7 ~ 11、23、31、33 ~ 36 章由祝洪忠编写，第 2 ~ 5 章由王鑫编写，第 6、37 ~ 41 章由周庆麟编写，第 12 ~ 14、19 ~ 22 章由余银编写，第 15 ~ 18 章由翟振福编写，第 24 ~ 26 章由郑晓芬编写，第 27 ~ 30 章由杨彬编写，第 32 章由韦法祥编写，第 42 ~ 50 章由郗金甲编写，罗子阳、刘钰、吴小平等专家协助进行了校对，最后由杨彬、祝洪忠和周庆麟完成统稿。

感谢 Excel Home 全体专家作者团队成员对本书的支持和帮助，尤其是本书较早版本的原作者——李幼乂、赵丹亚、陈国良、方骥、陈虎、王建发、梁才等，他们为本系列图书的出版贡献了重要的力量。

Excel Home 论坛管理团队和培训团队长期以来都是 Excel Home 图书的坚实后盾，他们是 Excel Home 中最可爱的人，在此向这些最可爱的人表示由衷的感谢。

衷心感谢 Excel Home 论坛的百万会员，是他们多年来不断地支持与分享，才营造出热火朝天的学习氛围，并成就了今天的 Excel Home 系列图书。

衷心感谢 Excel Home 微博的所有粉丝和 Excel Home 微信公众号的所有关注者，你们的“赞”和“转”是我们不断前进的新动力。

后续服务

在本书的编写过程中，尽管我们的每一位团队成员都未敢稍有疏虞，但纰缪和不足之处仍在所难免。敬请读者能够提出宝贵的意见和建议，您的反馈将是我们继续努力的动力，本书的后继版本也将会更臻完善。

您可以访问 http://club.excelhome.net，我们开设了专门的版块用于本书的讨论与交流。您也可以发送电子邮件到 book@excelhome.net 或者 2751801073@qq.com，我们将尽力为您服务。

同时，欢迎您关注我们的官方微博（@Excelhome）和微信公众号（iexcelhome），我们每日更新很多优秀的学习资源和实用的 Office 技巧，并与大家进行交流。

此外，我们还特别准备了 QQ 学习群，群号为 238190427，您可以扫码入群，与作者和其他同学共同交流学习。

最后祝广大读者在阅读本书后，能学有所成！

目 录

第一篇 Excel基本功能

第二篇 使用公式和函数

第三篇 创建图表和图形

第四篇 使用Excel进行数据分析

第五篇 使用Excel的高级功能

第六篇 使用Excel进行协同

第七篇 Excel自动化

示例目录

第一篇

Excel基本功能

本篇主要介绍 Excel 的一些基础性信息，使读者能够清楚认识构成 Excel 的基本元素，了解和掌握相关的基本功能和常用操作，为读者进一步深入地了解和学习 Excel 的高级功能及函数、图表、VBA 编程等一系列内容奠定坚实的根基。虽然本篇介绍的都是基础性知识，但“基础”并不一定意味着“粗浅”或“低级”，相信大多数 Excel 用户都可以在本篇中获得不少有用的技巧和知识。

第 1 章　Excel 简介

本章主要对 Excel 的历史、用途及基本功能进行简单的介绍。初次接触 Excel 的用户将了解到 Excel 软件的主要功能与特点，从较早版本升级而来的用户将了解到 Excel 2016 的主要新增功能。

本章学习要点

（1）Excel 的起源与历史。

（2）Excel 的主要功能。

（3）Excel 2016 的新增功能。

1.1　Excel 的起源与历史

1.1.1　计算工具发展史

人类文明在漫长的发展过程中，发明创造了无数的工具来帮助自己改造环境和提高生产力，计算工具就是其中非常重要的一种。

人类在生产和生活中自然而然地需要与数打交道，计算工具就是专门为了计数、算数而产生的。在我国的古代，人们发明了算筹和算盘，它们都成为一定时期内广泛应用的计算工具。1642 年，法国哲学家和数学家帕斯卡发明了世界上第一台加减法计算机。1671 年，德国数学家莱布尼兹制成了第一台能够进行加、减、乘、除四则运算的机械式计算机。19 世纪末，出现了能依照一定的“程序”自动控制的电动计算器。

1946 年，世界上第一台电子计算机 ENIAC 在美国宾夕法尼亚大学问世。ENIAC 的问世具有划时代的意义，表明电子计算机时代的到来。在以后几十年里，计算机技术以惊人的速度发展，电子计算机从诞生到演变为现在的模样，体积越来越小，运算速度越来越快。图 1-1 展示了世界上第一台电子计算机的巨大体积，以及今天大家所熟悉的个人计算机的小巧与便捷。

图 1-1　从世界上第一台电子计算机 ENIAC 到今天的各种个人桌面与手持电子设备

计算工具发展的过程反映了人类对数据计算能力不断提高的需求，以及人类在不同时代中的生产生活对数据的依赖程度。人类与数据的关系越密切，就越需要有更先进的数据计算工具和方法，以及更多能够掌握它们的人。

1.1.2　电子表格软件的产生与演变

1979 年，美国人丹·布里克林（D.Bricklin）和鲍伯·弗兰克斯顿（B.Frankston）在苹果 II 型计算机上开发了一款名为“VisiCalc”（即“可视计算”）的商用应用软件，这就是世界上第一款电子表格软件。

虽然这款软件功能比较简单，主要用于计算账目和统计表格，但依然受到了广大用户的青睐，不到一年时间就成为个人计算机历史上第一个最畅销的应用软件。当时许多用户购买个人计算机的主要目的是运行 VisiCalc。图 1-2 展示了运行在苹果机上的 VisiCalc 软件的界面。

电子表格软件就这样和个人计算机一起风行起来，商业活动中不断新生的数据处理需求成为它们持续改进的动力源泉。继 VisiCalc 之后的另一个电子表格软件的成功之作是 Lotus 公司[①] 的 Lotus 1-2-3，它能运行在 IBM PC[②] 上，而且集表格计算、数据库、商业绘图三大功能于一身。

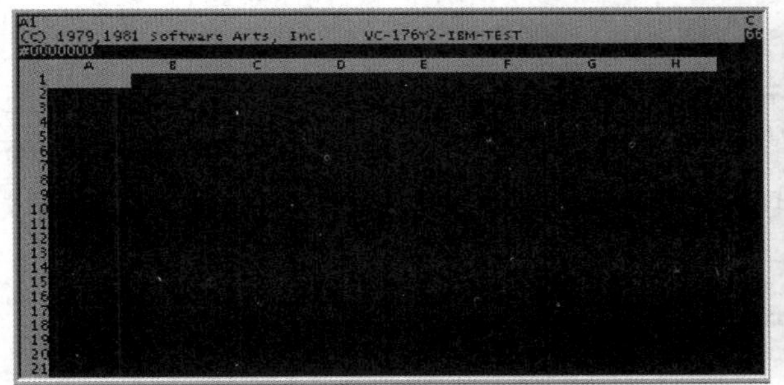

图 1-2　Excel 的祖先——最早的电子表格软件 VisiCalc

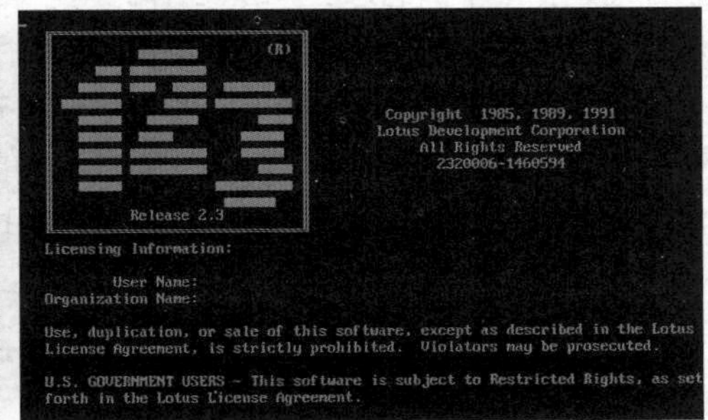

图 1-3　Lotus 1-2-3 for DOS （1983）

美国微软公司从 1982 年也开始了电子表格软件的研发工作，经过数年的改进，终于在 1987 年凭借着与 Windows 2.0 捆绑的 Excel 2.0 后来居上。其后经过多个版本的升级，奠定了 Excel 在电子表格软件领域的霸主地位。如今，Excel 已经成为事实上的电子表格行业标准。图 1-4 展示了 Windows 平台下，从 Excel 5.0 开始的几个重要 Excel 版本的样式。

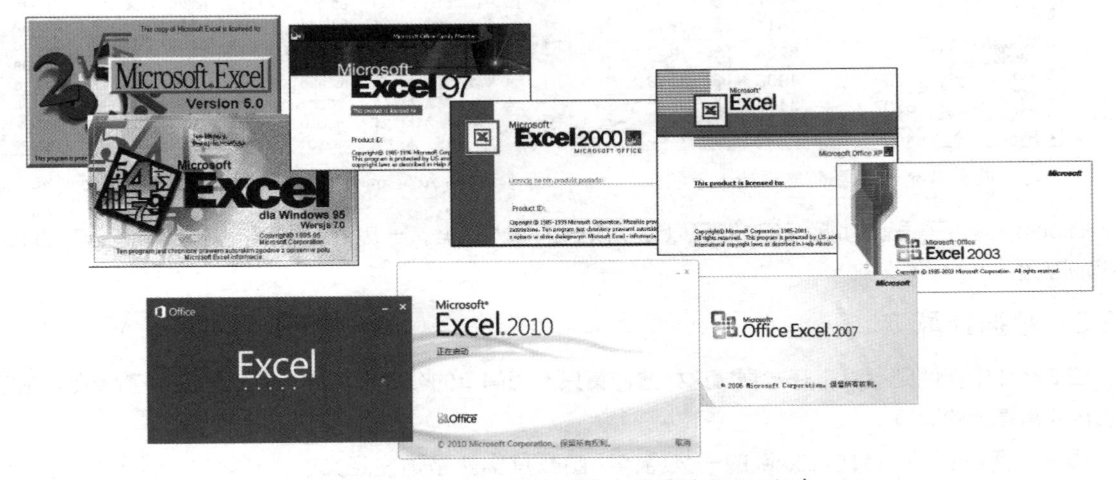

图 1-4　Windows 平台下几个重要的 Excel 版本

人类文明程度越高，需要处理的数据就越复杂，而且处理要求越高，速度也必须越快。无论何时，人类总是需要借助合适的计算工具来对数据进行处理。

生活在“信息时代”中的人比以前任何时候都更频繁地与数据打交道，Excel 就是为现代人进行数据处理而定制的一个工具。它的操作方法非常易于学习，所以能够被广泛地使用。无论是在科学研究、医疗教育、商业活动还是家庭生活中，Excel 都能满足大多数人的数据处理需求。

① 莲花公司，现已被IBM公司收购。

② 标准完全开放的兼容式个人计算机，也就是现在的个人PC机。

1.2 Excel 的主要功能

Excel 拥有强大的计算、分析、传递和共享功能，可以帮助用户将繁杂的数据转化为信息。

1.2.1 数据记录与整理

孤立的数据包含的信息量太少，而过多的数据又难以厘清头绪，利用表格的形式将它们记录下来并加以整理是一个不错的方法。Excel 作为电子表格软件，围绕着表格制作与使用所具备的一系列功能是其最基本的功能，可以说是与生俱来的。在本书的第 1 篇里，主要介绍了这方面的功能。

大到多表格视图的精确控制，小到一个单元格的格式设置，Excel 几乎能为用户做到他们在处理表格时想做的一切。除此以外，利用条件格式功能，用户可以快速地标识出表格中具有特征的数据，而不必用肉眼去逐一查找。利用数据验证功能，用户还可以设置允许输入何种数据，而何种不被允许，如图 1-5 所示。

对于复杂的表格，分级显示功能可以帮助用户随心所欲地调整表格阅读模式，既能“一览众山小”，又能“明查秋毫”，如图 1-6 所示。

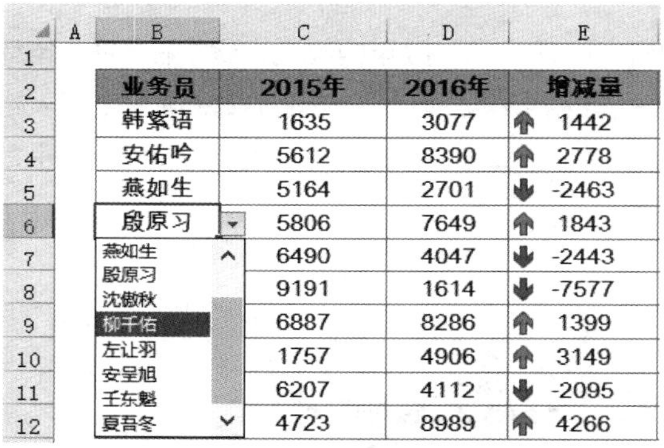

	A	B	C	D	E
1					
2		业务员	2015年	2016年	增减量
3		韩紫语	1635	3077	1442
4		安佑吟	5612	8390	2778
5		燕如生	5164	2701	-2463
6		殷原习	5806	7649	1843
7			6490	4047	-2443
8			9191	1614	-7577
9			6887	8286	1399
10			1757	4906	3149
11			6207	4112	-2095
12			4723	8989	4266

燕如生
殷原习
沈傲秋
柳千佑
左让羽
安呈旭
壬东魁
夏吾冬

图 1-5　设置只允许预置的选项输入表格

	A	B	F	J	N	R	S
1	工种	人数	一季度	二季度	三季度	四季度	工资合计
6	平缝一组合计	33	89,980	73,289	63,297	50,947	277,513
7	车工	24	65,043	52,968	45,751	36,818	200,581
8	副工	4	10,841	8,828	7,625	6,136	33,431
9	检验	4	10,841	8,828	7,625	6,136	33,431
10	组长	1	3,254	2,664	2,296	1,856	10,071
11	平缝二组合计	33	89,980	73,289	63,297	50,947	277,513
16	平缝三组合计	34	93,234	75,953	65,594	52,803	287,583
21	平缝四组合计	33	89,980	73,289	63,297	50,947	277,513
26	平缝五组合计	31	84,560	68,875	59,485	47,878	260,798
31	平缝六组合计	33	89,980	73,289	63,297	50,947	277,513
36	平缝七组合计	44	120,335	98,023	84,656	68,144	371,158
41	平缝八组合计	21	30,840	24,414	21,330	16,760	93,344
42	总计	262	688891	560418	484255	389372	2122936

图 1-6　分级显示功能帮助用户全面掌控表格内容

Excel 还提供了语音功能，该功能可以让用户一边输入数据，一边进行语音校对，从而让数据的录入更加高效。

1.2.2 数据计算

在 Excel 中，四则运算、开方乘幂这样的计算只需用简单的公式来完成，而一旦借助了函数，则可以执行非常复杂的运算。

功能实用的内置函数是 Excel 的一大特点，函数其实就是预先定义的，能够按一定规则进行计算的功能模块。在执行复杂计算时，只需要先选择正确的函数，然后为其指定参数，它就能快速返回结果。

Excel 内置了 400 多个函数，分为多个类别，如图 1-7 所示。利用不同的函数组合，用户几乎可以完成绝大多数领域的常规计算任务。在以前，这些计算任务都需要专业计算机研究人员进行复杂编程才能实现，现在任何一个普通的用户只需要点几次鼠标就可以了。

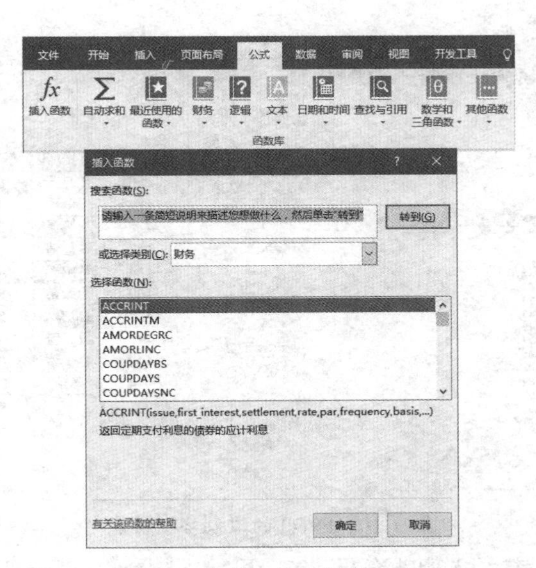

图 1-7 内置大量函数的 Excel

图 1-8 展示了在一份进销存管理表格中使用函数公式进行复杂的先进先出法计算的示例。

G5 {=LOOKUP(SUM(E$2:E5),InQuantity,InMoney+(SUM(E$2:E5)-InQuantity)*C$3:C5)-SUM(G$2:G4)}

	A	B	C	D	E	F	G	H	I	J	L	M
1	日期	入库			出库			结余			出库金额演算	
2		数量	单价	金额	数量	单价	金额	数量	单价	金额	公式	结果
3	2013-10-1	50	1.20	60.00				50	1.200	60.00		
4	2013-10-2	12	1.30	15.60				62	1.219	75.60		
5	2013-10-4				51	1.202	61.30	11	1.300	14.30	50*1.2+1*1.3	61.30
6	2013-10-5				10	1.300	13.00	1	1.300	1.30	10*1.3	13.00
7	2013-10-6	34	1.40	47.60				35	1.397	48.90		
8	2013-10-8				12	1.392	16.70	23	1.400	32.20	1*1.3+11*1.4	16.70
9	2013-10-9				20	1.400	28.00	3	1.400	4.20	20*1.4	28.00
10	2013-10-12	32	1.50	48.00				35	1.491	52.20		
11	2013-10-13	88	1.20	105.60				123	1.283	157.80	3*1.4+32*1.5	
12	2013-10-14				48	1.413	67.80	75	1.200	90.00	+13*1.2	67.80

图 1-8 在商业表格中使用函数公式进行复杂计算

使用 Web 引用类函数，还可以直接从互联网上提取数据，如图 1-9 所示。

	A	B
1	原文	有道英汉互译
2	你真漂亮。	You are so beautiful.
3	I love you.	我爱你。
4	建筑抗震设计规范	Building seismic design code
5	appointments	任命
6	你好吗？	How are you?
7	I would like a cup of tea.	我想喝杯茶。

图 1-9 使用 Web 引用函数直接从互联网上提取数据

1.2.3 数据分析

要从大量的数据中获取信息，仅仅依靠计算是不够的，还需要利用某种思路和方法进行科学的分析，数据分析也是 Excel 所擅长的一项工作。

排序、筛选和分类汇总是最简单的数据分析方法，它们能够合理地对表格中的数据做进一步的归类与组织。“表格”也是一项非常实用的功能，它允许用户在一张工作表中创建多个独立的数据列表，进行不同的分类和组织，如图 1-10 所示。

学号	姓名	语文	数学
406	包丹青	56	103
424	陈怡	44	83
422	樊军明	51	111
417	黄佳清	38	92
414	黄阚凯	45	115
409	徐荣弟	59	108
401	俞毅	55	81
447	贝万雅	90	127
442	蔡晓玲	88	97
444	陈洁	113	120

图 1-10　Excel 的"表格"功能

数据透视表是 Excel 最具特色的数据分析功能，只需几步操作，就能灵活地以多种不同方式展示数据的特征，转换成各种类型的报表，实现对数据背后的信息透视，如图 1-11 所示。

	A	B	C	D	E
1	销售途径	销售人员	订单金额	订单日期	订单 ID
700	送货上门	唐彬	1773	2015/4/28	11041
701	送货上门	张珊	210	2015/4/29	11043
702	送货上门	吴爽	591.6	2015/5/1	11044
703					
704					
705					
706					
707					
708					

	A	B	C	D	E
1	订单金额	年			
2	订单日期	2015年	2016年	2017年	总计
3	1月	76,384	58,085		134,469
4	2月	98,112	31,442		129,555
5	3月	64,607	44,591		109,198
6	4月	106,666	29,275		135,941
7	5月	6,526	49,726		56,253
8	6月		43,011		43,011
9	7月		27,462	20,710	48,173
10	总计	352,296	283,593	20,710	656,600

图 1-11　快速挖掘数据背后信息的透视表

此外，Excel 还可以进行假设分析，以及执行更多更专业的分析，这些内容都将在本书第 4 篇中详细介绍。

1.2.4　数据展现

所谓一图胜千言，一份精美切题的商业图表可以让原本复杂枯燥的数据表格和总结文字立即变得生动起来。Excel 的图表图形功能可以帮助用户迅速创建各种各样的商业图表，直观形象地传达信息。

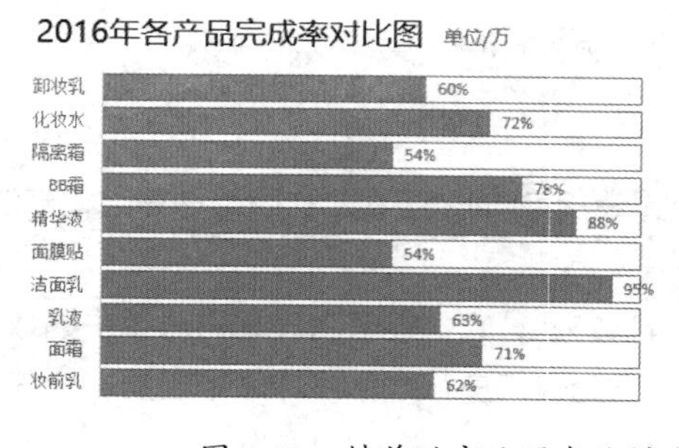

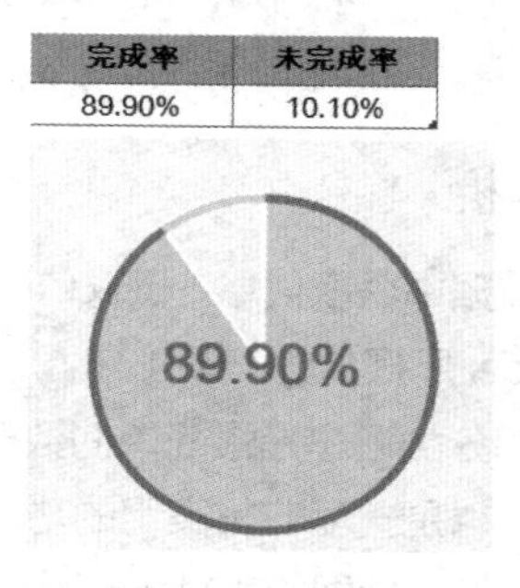

图 1-12　精美的商业图表能够直观地传达信息

图 1-13 则展示了利用条件格式和迷你图对普通数据表格做的优化，使之更易于阅读和理解。

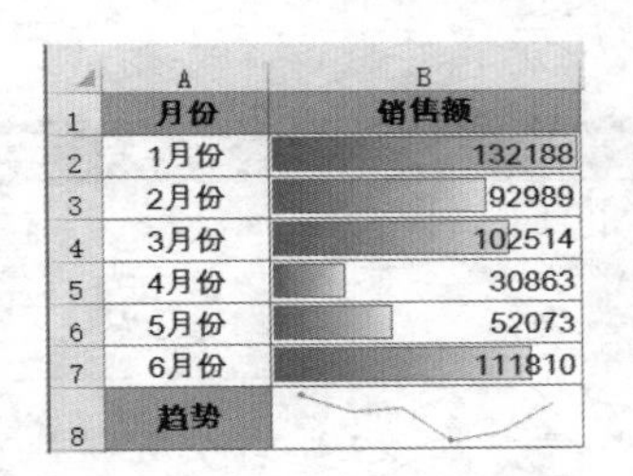

	A	B
1	月份	销售额
2	1月份	132188
3	2月份	92989
4	3月份	102514
5	4月份	30863
6	5月份	52073
7	6月份	111810
8	趋势	

图 1-13　直观易读的数据可视化

1.2.5　信息传递和共享

协同工作是 21 世纪的重要工作理念，Excel 不但可以与其他 Office 组件无缝链接，而且可以帮助用户通过 Intranet 或 Internet 与其他用户进行协同工作，方便地交换信息。

1.2.6　自动化定制 Excel 的功能和用途

尽管 Excel 自身的功能已经能够满足绝大多数用户的需要，但用户对计算和分析的需求是会不断提高的。为了应付这样的情况，Excel 内置了 VBA 编程语言，允许用户定制 Excel 的功能，开发自己的自动化解决方案。从只有几行代码的小程序，到功能齐备的专业管理系统，以 Excel 作为开发平台所产生的应用案例数不胜数。本书第 7 篇中介绍了这方面的内容，用户还可以随时到 http://club.excelhome.net 网站去查找使用 Excel VBA 开发的各种实例。

1.3　Excel 2016 的主要新特性

Excel 2016 在 Excel 2013 的基础上进行了多个细节的优化与提高，并提供了一系列新功能。

1.3.1　新增的“告诉我你想做什么”功能

在功能区的最右侧，新增了类似搜索框的“告诉我你想做什么”功能，使用该功能，用户只要输入关键字，就能够快速检索 Excel 的功能并获取帮助，如图 1-14 所示。

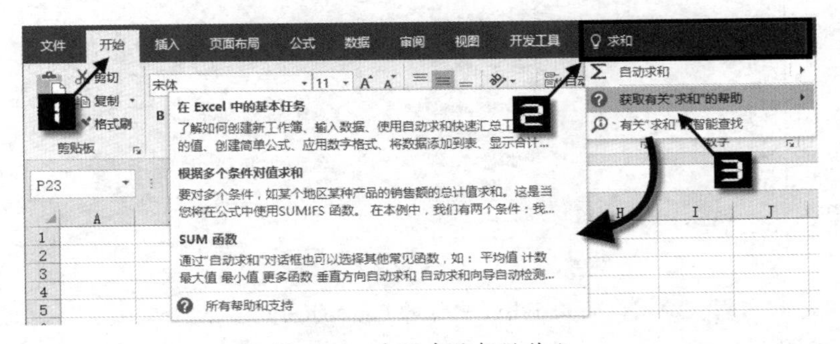

图 1-14　告诉我你想做什么

1.3.2　新增的图表类型

在 Excel 2016 中，增加了六种新的图表类型，使用这些内置的图表类型，能够使图表制作过程更加简单。用户在【插入】选项卡上单击【插入层次结构图表】命令，可选择【树状图】或【旭日图】图表；

单击【插入瀑布图或股价图】命令，可使用【瀑布图】。单击【插入统计图表】命令，可使用【直方图】【排列图】或【箱形图】，如图 1-15 所示。

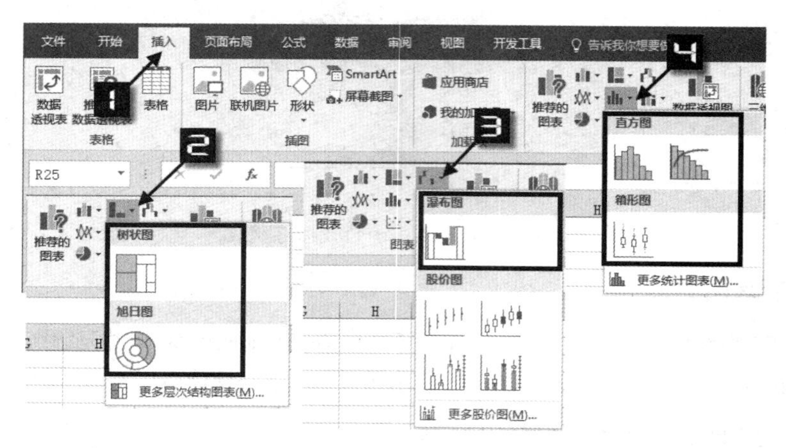

图 1-15　新增的图表类型

相关内容请参阅第 25 章。

1.3.3　内置的 PowerQuery

在 Excel 2010 和 Excel 2013 版本中，用户需要单独安装 PowerQuery 插件，Excel 2016 版本已经内置了这一功能，在【数据】选项卡下单击【新建查询】下拉按钮，用户能够方便快速地获取和转换多种类型的外部数据，如图 1-16 所示。

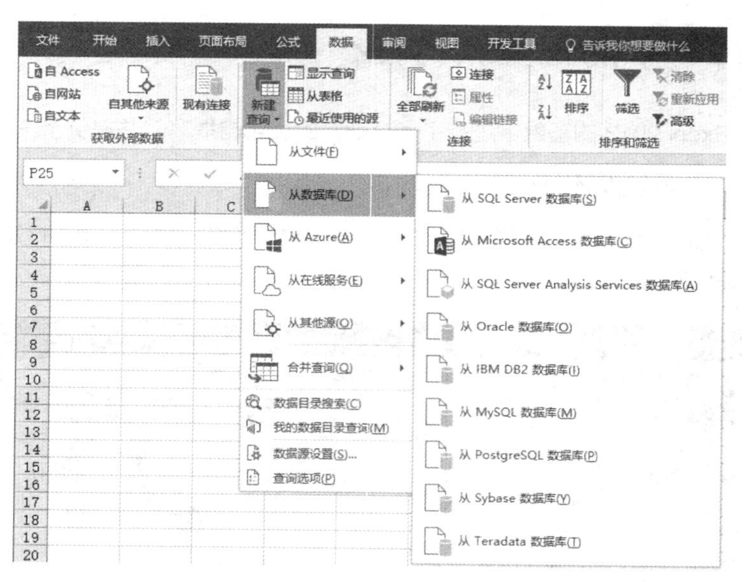

图 1-16　内置的 PowerQuery

相关内容请参阅第 28 章。

1.3.4　一键式预测功能

在 Excel 2016 版本的【数据】选项卡下，单击【预测工作表】按钮，可快速创建数据系列的预测可视化效果，还可以调整常用预测参数等选项，如图 1-17 所示。

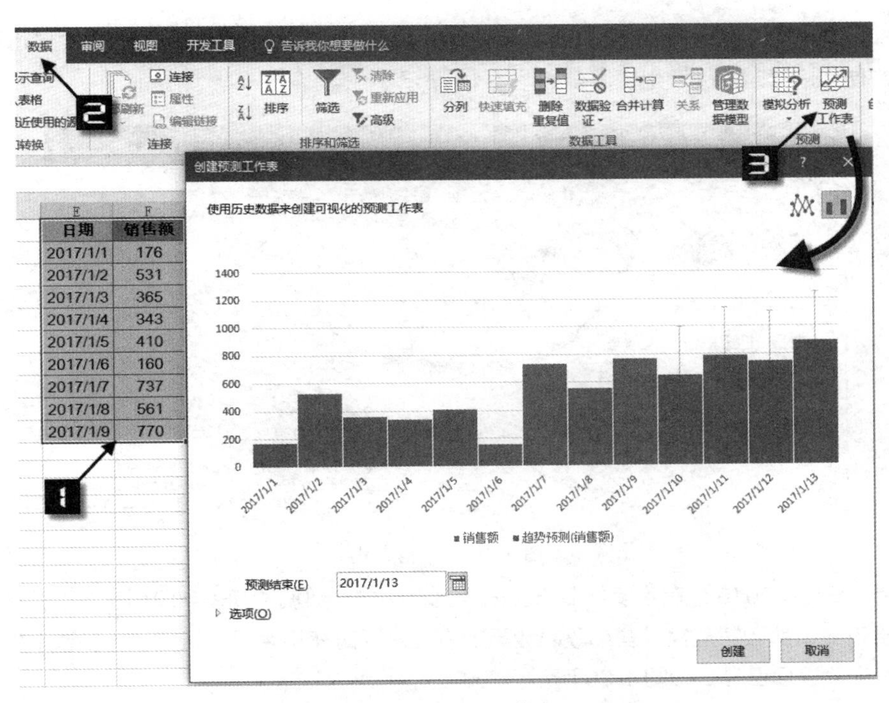

图 1-17　预测工作表

相关内容请参阅第 31 章。

1.3.5　快速实现地图式的数据可视化效果

三维地理可视化工具 PowerMap 经过重命名，现在内置在 Excel 2016 中，通过单击【插入】选项卡下的【三维地图】命令，可以快速实现地图式的数据可视化效果。

相关内容请参阅第 30 章。

1.3.6　用手写方式录入复杂的数学公式

Excel 2016 版本新增了 [墨迹公式] 功能，支持用手写的方式来录入复杂的数学公式，使数据录入更加方便。在【插入】选项卡下单击【公式】下拉按钮，在下拉菜单的最底部选择 [墨迹公式] 命令，即可弹出【数学输入控件】对话框，用户可以在中间区域使用鼠标或是触控笔书写公式。

手写时，Excel 会自动识别手写的内容，并将识别结果显示在窗口的上方。如果识别的内容不正确，可以单击【擦除】按钮将错误部分擦除，然后重新书写，直到识别正确后，单击【插入】按钮将手写公式插入工作表中，如图 1-18 所示。

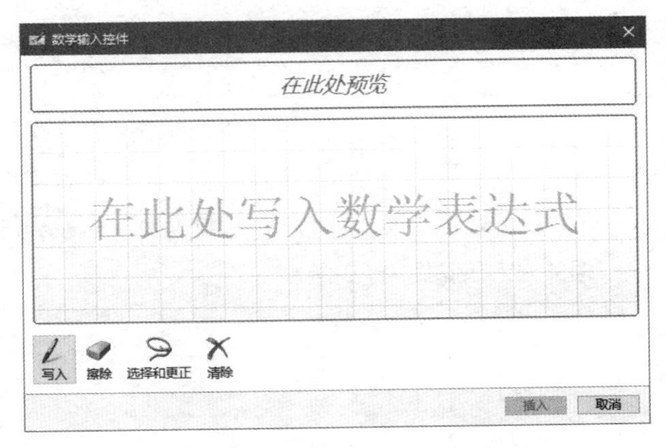

图 1-18　新增的【墨迹公式】功能

1.3.7　智能查找功能

在【审阅】选项卡下新增了【智能查找】功能，现在用户不需要再打开浏览器来查找某些内容，只要选中某个单元格，依次单击【审阅】→【智能查找】命令，即可在右侧的侧边栏中显示相关的 Web 搜索结果，方便用户随时查阅网上资源，如图 1-19 所示。

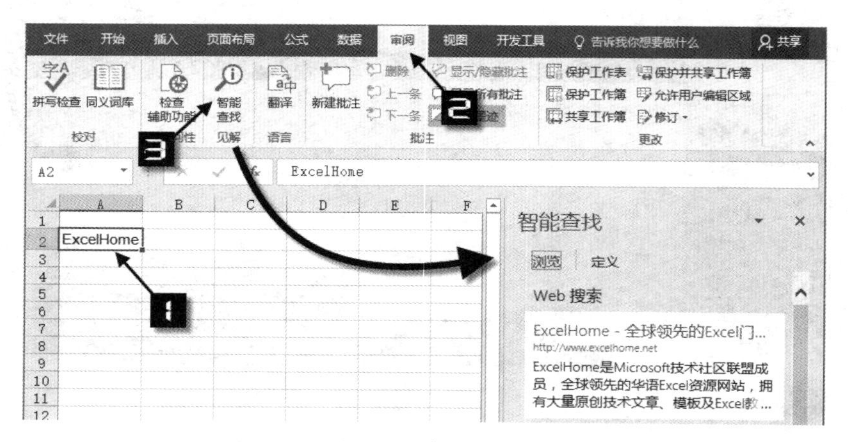

图 1-19　智能查找

除此之外，Excel 2016 还有很多细节方面的优化，例如，数据透视表字段列表支持筛选，如果数据源的字段数量较多，那么在查找某些字段时会更加方便。同时在切片器中新增了【多选】按钮，可以方便用户选择多个筛选项目等，如图 1-20 所示。

图 1-20　优化的数据透视表功能

相关内容请参阅第 29 章。

第 2 章　Excel 工作环境

本章主要介绍 Excel 的工作环境，包括 Excel 的启动方式、Excel 文件的特点及如何使用并定制功能区。这些知识点将帮助读者了解 Excel 的基本操作方法，从而为进一步学习各项功能做好准备。

本章学习要点

（1）Excel 启动方式。

（2）Excel 文件的特点。

（3）Excel 的界面与操作方法。

2.1　启动 Excel 程序

在操作系统中安装了 Microsoft Office 2016 后，可以通过以下几种方式启动 Excel 程序。

2.1.1　通过 Windows【开始】菜单

单击【Windows】按钮→【Excel 2016】选项，即可启动 Microsoft Excel 2016 程序，如图 2-1 所示。

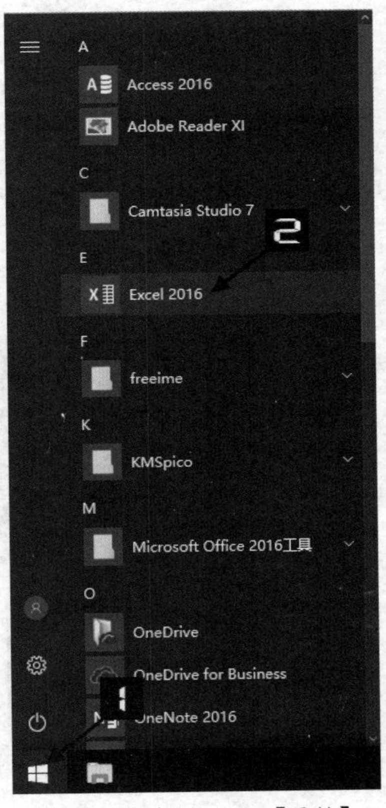

图 2-1　通过 Windows【开始】菜单启动 Excel 2016

2.1.2　通过桌面快捷方式

双击桌面上的 Microsoft Excel 2016 的快捷方式，即可启动 Excel 程序。

如果在安装时，没有在桌面生成快捷方式，可以手动自行创建。通常有两种方法。

方法 1：通过 Excel 2016 程序文件创建桌面快捷方式。

步骤① 按 <Win+E> 组合键启动【Windows 资源管理器】，在 Windows 资源管理器窗口中，定位到“C:\Program Files\Microsoft Office\root\Office16”路径下。

步骤② 找到“EXCEL.EXE”程序文件，在程序文件上右击，在弹出的快捷菜单中，依次单击【发送到】→【桌面快捷方式】命令，如图 2-2 所示。

方法 2：通过 Windows【开始】菜单创建桌面快捷方式。

步骤① 单击【Windows】按钮，将鼠标指针悬停在【Excel 2016】选项上。

步骤② 在【Excel 2016】菜单上右击，在弹出的快捷菜单中，依次单击【更多】→【打开文件所在的位置】选项，此时打开 Excel 2016 快捷方式所在目录。

步骤③ 选中 Excel 2016，右击，在弹出的快捷菜单中选择【创建快捷方式】命令，在弹出的【快捷方式】对话框中单击【是】按钮，如图 2-3 所示。

图 2-2　通过 Excel 2016 安装目录创建桌面快捷方式

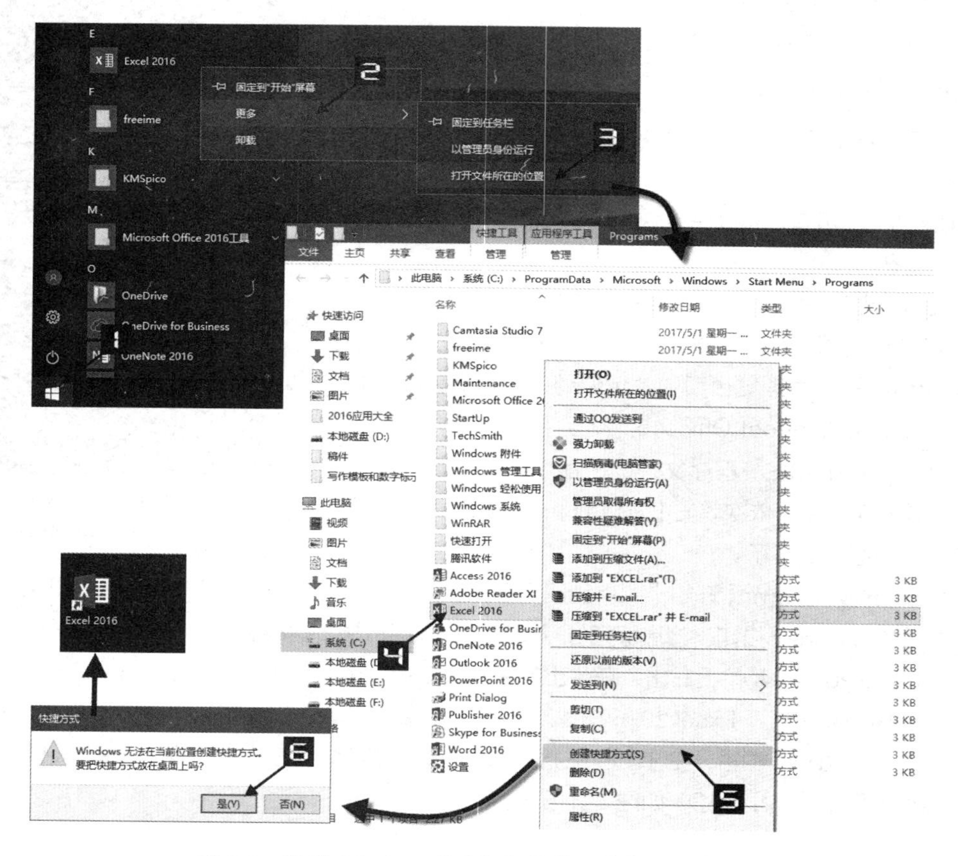

图 2-3　通过 Windows【开始】菜单创建桌面快捷方式

2.1.3　将 Excel 2016 快捷方式固定在任务栏

步骤① 单击【Windows】按钮，将鼠标指针悬停在【Excel 2016】选项上。

步骤② 在【Excel 2016】菜单上右击，在弹出的快捷菜单中，单击【更多】→【固定到任务栏】选项，如图 2-4 所示。

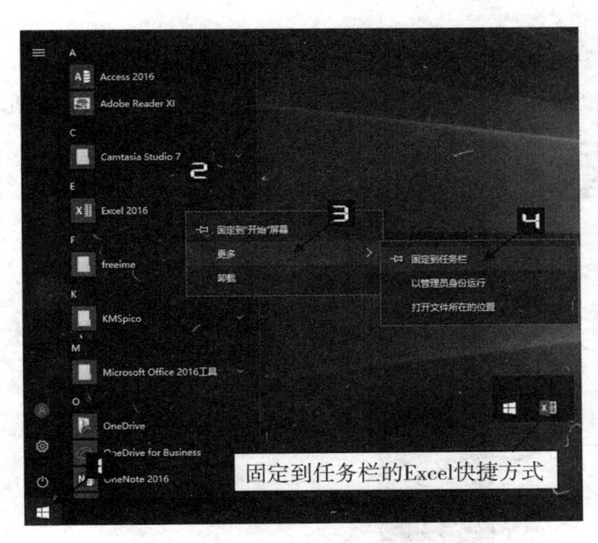

图 2-4　将快捷方式固定在任务栏

2.1.4　通过已存在的 Excel 工作簿启动 Excel

双击已经存在的 Excel 工作簿，例如，双击文件名为“报表.xlsx”的工作簿，即可启动 Excel 程序并且同时打开此工作簿文件，如图 2-5 所示。

图 2-5　已存在的 Excel 工作簿

2.2　其他特殊的启动方式

2.2.1　以安全模式启动 Excel

如果 Excel 程序由于存在某种问题而无法正常启动，用户可以尝试通过安全模式强制启动 Excel，以解燃眉之急。

2.2.2　加快启动速度

在某些计算机上，Excel 的启动速度较慢，此时可以通过修改“Excel 程序快捷方式”的参数来加快 Excel 的启动速度。

另外，如果 Excel 设置了较多的加载项，也会导致启动速度变慢，此时可以通过管理加载项来优化启动速度。

本节详细内容，请扫描右侧二维码阅读。

2.3 使用 Microsoft 账户登录 Excel

“账户”是从 Excel 2013 版本开始新增的功能，用户通过 Microsoft 账户登录 Excel 后，可以将文档另存到云端的 OneDrive，也可以方便地通过网络打开云端保存的文档，以便多人共享文档。此外，还可以对 Office 背景进行设置。

在 Excel 2016 中仍然可以使用账户登录 Excel，方法如下。

步骤① 单击【文件】→【账户】命令，在右侧单击【登录】按钮，如图 2-6 所示。

图 2-6 单击【登录】按钮

步骤② 在弹出的【登录】对话框中输入 Microsoft 账户，然后单击【下一步】按钮，此时会对用户名进行检索，如果是已有账户，输入密码，单击【登录】按钮后，即可完成用 Microsoft 账户登录 Excel 的操作，如图 2-7 所示。

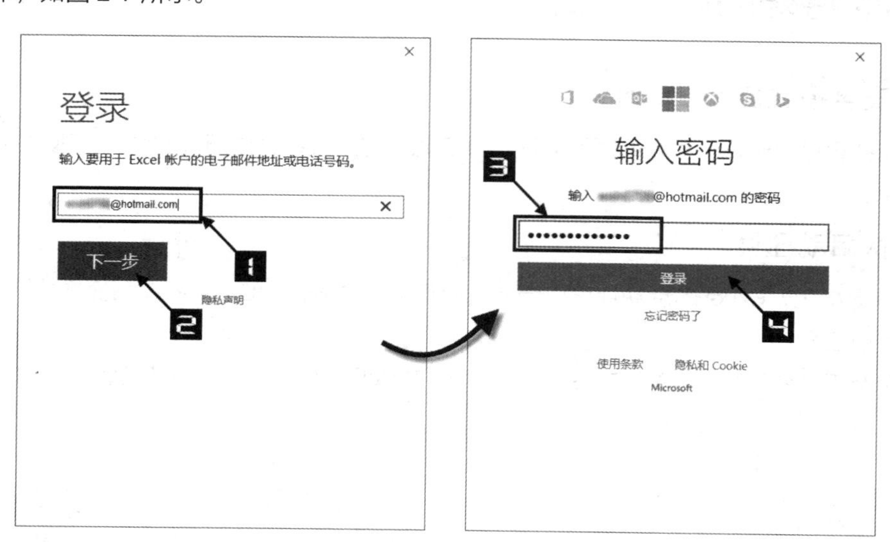

图 2-7 输入账号和密码

用 Microsoft 账户完成登录 Excel 的界面，如图 2-8 所示。

图 2-8　用 Microsoft 账户完成登录 Excel 的界面

如果用户没有 Microsoft 账户，需要先按提示注册一个账户，再进行登录。

2.4　理解 Excel 文件的概念

2.4.1　文件的概念

在使用 Excel 之前，有必要了解一下“文件”的概念。

用计算机专业的术语来说，“文件”就是“存储在磁盘上的信息实体”。在使用计算机的过程中，可以说用户几乎每时每刻都在与文件打交道。如果把计算机比作是一个书橱，那么文件就好比是放在书橱里面的书本。每本书都会在封面上印有书名，而文件同样也用“文件名”作为它们的标识。

在 Windows 操作系统中，不同类型的文件通常会显示不同的图标，以帮助用户直观地进行区分，如图 2-9 所示。Excel 文件的图标都会包括一个绿色的 Excel 程序标志。在图 2-9 所示的文件夹中，排列在第 4 个的图标就是 Excel 文件。

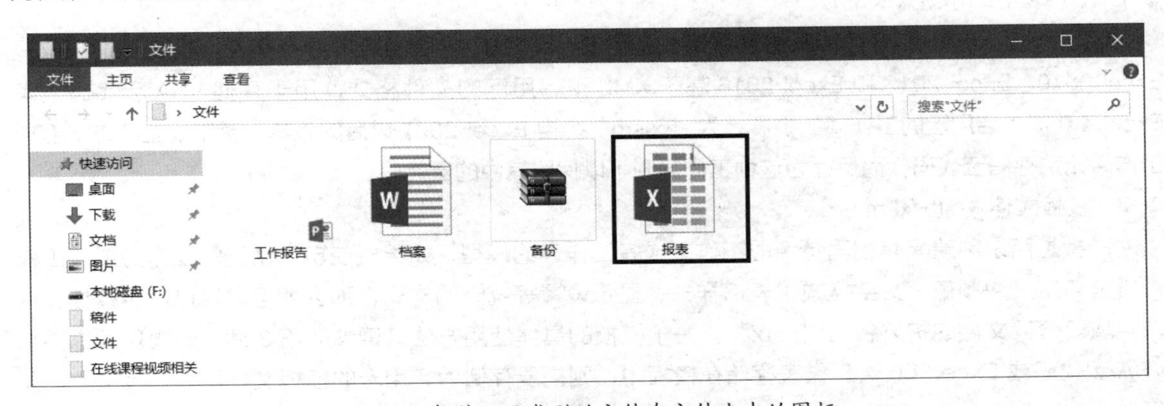

图 2-9　各种不同类型的文件在文件夹中的图标

除了图标外，用于区别文件类型的另一个重要依据是文件的“扩展名”。扩展名也称为后缀名，或者后缀，事实上是完整文件名的一部分。熟悉早期 DOS 操作系统的用户一定会清楚扩展名这个概念，但是由于它在 Windows 操作系统中并不总是显示出来，所以可能很容易被用户忽视。

显示并查看文件扩展名的方法如下。

在打开的任意文件夹中单击【查看】选项卡，选中【文件扩展名】复选框，即可将文件扩展名显示出来，如图 2-10 所示。

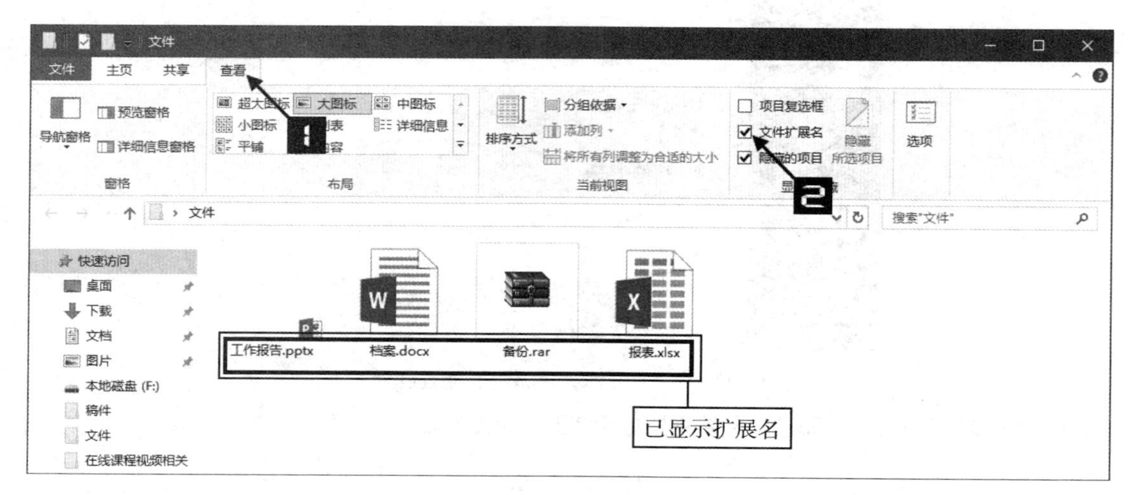

图 2-10　显示文件扩展名

选中【文件扩展名】之后，在文件夹中就可以看到文件都显示出其完整名称，例如，“报表 .xlsx”这个文件，其文件名中的“.”之后的“xlsx”就是此文件的扩展名，标识了这个文件的类型。

其他不同类型的文件也会有不同的扩展名，例如，Word 文档的文件扩展名默认为“.docx”（Word 97-Word 2003 的扩展名为“.doc”），PowerPoint 的演示文稿文件扩展名默认为“.pptx”（PowerPoint 97-PowerPoint 2003 的扩展名为“.ppt”）等。

2.4.2　Excel 的文件

通常情况下，Excel 文件是指 Excel 工作簿文件，即扩展名为“.xlsx”（Excel 97-Excel 2003 的扩展名为“.xls”）的文件，这是 Excel 最基础的电子表格文件类型。但是与 Excel 相关的文件类型并非仅此一种，以下对 Excel 程序创建的其他文件类型进行介绍。

➲ Ⅰ　启用宏的工作簿（.xlsm）

启用宏的工作簿是一种特殊的工作簿，是自 Excel 2007 以后的版本所特有的，是 Excel 2007、Excel 2010、Excel 2013 和 Excel 2016 基于 XML 和启用宏的文件格式，用于存储 VBA 宏代码或者 Excel 4.0 宏，启用宏的工作簿的扩展名为“.xlsm”。自 Excel 2007 以后的版本，基于安全考虑，普通工作簿无法存储宏代码，而保存为这种工作簿则可以保留其中的宏代码。

➲ Ⅱ　模板文件（.xltx/xltm）

模板是用来创建具有相同特色的工作簿或者工作表的模型，如果要使自己创建的工作簿或者工作表具有自定义的颜色、文字样式、表格样式、显示设置等统一的样式，那么就可以通过使用模板文件来实现。模板文件的扩展名为“.xltx”。关于模板的具体使用方法，请参阅第 8 章。如果用户需要将 VBA 宏代码或 Excel 4.0 宏工作表存储在模板中，则需要存储为启用宏的模板文件类型，其文件扩展名为“.xltm”。

➲ III　加载宏文件（.xlam）

加载宏是一些包含了 Excel 扩展功能的程序，其中包括 Excel 自带的加载宏程序（如分析工具库、规划求解等），也包括用户自己或第三方软件厂商创建的加载宏程序（如自定义函数、命令等）。加载宏文件“.xlam”就是包含了这些程序的文件，通过移植加载宏文件，用户可以在不同的计算机上使用想用的加载宏程序。

➲ IV　网页文件（.mht、.htm）

Excel 可以从网页上获取数据，也可以把包含数据的表格保存为网页格式发布，其中还可以设置保存为“交互式”的网页，转化后的网页中保留了使用 Excel 继续进行编辑和数据处理的功能。Excel 保存为网页文件分为单个文件的网页（.mht）和普通的网页（.htm），这些 Excel 创建的网页与普通的网页不完全相同，其中包含了部分与 Excel 格式相关的信息。

除了上面介绍的这几种文件类型外，Excel 还支持许多其他类型的文件格式，不同的 Excel 格式具有不同的扩展名、存储机制及限制，如表 2-1 所示。

表 2-1　Excel 格式具有不同的扩展名、存储机制及限制

格式	扩展名	存储机制和限制说明
Excel 工作簿	.xlsx	Excel 2007 以上版本默认的基于 XML 的文件格式。不能存储 Microsoft Visual Basic for Applications（VBA）宏代码或 Microsoft Office Excel 4.0 宏工作表（.xlm）
Excel 启用宏的工作簿	.xlsm	Excel 2007 以上版本默认的基于 XML 和启用宏的文件格式。存储 VBA 宏代码或 Excel 4.0 宏工作表（.xlm）
Excel 二进制工作簿	.xlsb	Excel 2007 以上版本二进制文件格式（BIFF12）
Excel 97-2003 工作簿	.xls	Excel 97-Excel 2003 二进制文件格式（BIFF8）
XML 数据	.xml	XML 数据格式
单个文件网页	.mht	MHTML Document 文件格式
模板	.xltx	Excel 2007 以上版本的 Excel 模板默认的文件格式。不能存储 VBA 宏代码或 Excel 4.0 宏工作表（.xlm）
Excel 启用宏的模板	.xltm	Excel 2007 以上版本启用宏的文件格式。存储 VBA 宏代码或 Excel 4.0 宏工作表（.xlm）
Excel 97-2003 模板	.xlt	Excel 模板的 Excel 97-Excel 2003 二进制文件格式（BIFF8）
文本文件（以制表符分隔）	.txt	将工作簿另存为以制表符分隔的文本文件，以便在其他操作系统上使用，并确保正确解释制表符、换行符和其他字符。仅保存活动工作表
Unicode 文本	.txt	将工作簿另存为 Uuicode 文本，这是一种由 Unicode 协会开发的字符编码标准
XML 电子表格 2003	.xml	XML 电子表格 2003 文件格式（XMLSS）
Microsoft Excel 5.0/95 工作簿	.xls	Excel 5.0/95 二进制文件格式

续表

格式	扩展名	存储机制和限制说明
CSV（逗号分隔）	.csv	将工作簿另存为以逗号分隔的文本文件，以便在其他 Windows 操作系统上使用，并确保正确解释制表符、换行符和其他字符。仅保存活动工作表
带格式文本文件（以空格分隔）	.prn	Lotus 以空格分隔的格式。仅保存活动工作表
Strict Open XML 电子表格	.xlsx	Excel 工作簿文件格式（.xlsx）的 ISO 严格版本
DIF（数据交换格式）	.dif	数据交换格式。仅保存活动工作表
SYLK（符号链接）	.slk	符号连接格式。仅保存活动工作表
Excel 加载宏	.xlam	Excel 2007 以上版本基于 XML 和启用宏的加载项格式。加载宏是用于运行其他代码的补充程序。支持 VBA 项目和 Excel 4.0 宏工作表（.xlm）的使用
Excel 97-2003 加载宏	.xla	Excel 97-Excel 2003 加载宏，即设计用于运行其他代码的补充程序。支持 VBA 项目的使用

识别这些不同类型的文件，除了通过它们的扩展名外，有经验的用户还可以从这些文件的图标上发现它们的区别，如图 2-11 所示。

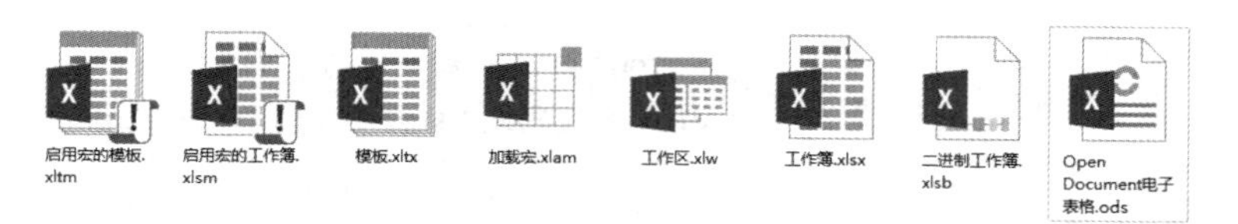

图 2-11　几种与 Excel 相关的文件

2.5　Office Open XML 文件格式

从 Microsoft Office 2007 开始，引入了一种基于 XML 的新文件格式。这种新格式称为 Microsoft Open XML 格式，适用于 Microsoft Office Word、Microsoft Office Excel 和 Microsoft Office PowerPoint。

在 Microsoft Office 的早期版本中，由 Microsoft Office Word、Microsoft Office Excel 和 Microsoft Office PowerPoint 创建的文件以独立的、单一的文件格式进行保存，它们称为二进制文件。

Microsoft Open XML 格式是基于 XML 和 ZIP 压缩技术创建的。和早期 Microsoft Office 版本类似，文档保存在一个单一的文件或者容器中，所以管理这些文档的过程仍然是简单的。但是与早期文件不同的是，Microsoft Open XML 格式的文件能够被打开显示其中的组件，使用户能够访问此文件的结构。

Microsoft Open XML 格式有许多优点，它不仅适用于开发人员及其构建的解决方案，而且适用于个人及各种规模的组织。

➲ Ⅰ　压缩文件

文件会自动压缩，某些情况下最多可缩小 75%。Microsoft Open XML 格式使用 ZIP 压缩技术来存储文档，由于这种格式可以减少存储文件所需的磁盘空间，因而可以节省成本。

➲ II 改进了受损文件的恢复

文件结构以模块形式进行组织，从而使文件中的不同数据组件彼此分隔。这样，即使文件中的某个组件（如图表或表格）受到损坏，文件本身仍然可以打开。

➲ III 易于检测到包含宏的文档

使用默认的“.x”结尾的后缀（如 .xlsx）保存的文件不能包含 Visual Basic for Applications（VBA）宏或 ActiveX 控件，因此不会引发与相关类型的嵌入代码有关的安全风险。只有扩展名以“.m”结尾（如 .xlsm）或“.xlsb”的文件才能包含 VBA 宏和 ActiveX 控件，这些宏和控件存储在文件内单独的一节中。不同的文件扩展名使包含宏的文件和不包含宏的文件更容易区分，从而使防病毒软件更容易识别出包含潜在恶意代码的文件。此外，IT 管理员可阻止包含不需要的宏或控件的文档，这样在打开文档时就会更加安全。

➲ IV 更好的隐私保护和更强有力的个人信息控制

可以采用保密方式共享文档，因为使用文档检查器可以轻松地识别和删除个人身份信息和业务敏感信息，如作者姓名、批注、修订和文件路径等。

➲ V 更好的业务数据集成性和互操作性

将 Office Open XML 格式作为文件格式，意味着文档、工作表、演示文稿和表单都可以采用 XML 文件格式保存，任何人可以免费使用该文件格式。此外还支持用户自定义的 XML 架构，用于增强现有 Office 文档类型的功能。这意味着在 Office 中创建的信息很容易被其他程序采用，打开和编辑 Office 文档只需要一个 ZIP 工具和一个 XML 编辑器即可。

2.6 理解工作簿和工作表的概念

前文已经提到，扩展名为 .xlsx 的文件就是我们通常所称的工作簿文件，它是用户进行 Excel 操作的主要对象和载体。用户使用 Excel 创建数据表格，在表格中进行编辑及操作完成后进行保存等一系列操作过程，大多是在工作簿这个对象上完成的。在 Excel 2016 程序窗口中，可以同时打开多个工作簿。

如果把工作簿比作书本，那么工作表就类似于书本中的书页，工作表是工作簿的组成部分。工作簿在英文中叫作“Workbook”，而工作表则称为“Worksheet”，大致也就是包含了书本和书页的意思。

书本中的书页可以根据需要增减或者改变顺序，工作簿中的工作表也可以根据需要增加、删除和移动。

现实中的书本是有一定的页码限制的，太厚了就无法方便地进行阅读，甚至装订都困难。而 Excel 工作簿可以包括的最大工作表数量只与当前所使用计算机的内存有关，也就是说在内存充足的前提下，可以是无限多个。

一本书至少应该有一页纸，同样，一个工作簿也至少需要包含一个可视工作表。

2.7 认识 Excel 的工作窗口

Excel 2016 继续沿用了前一版本的功能区（Ribbon）界面风格，在窗口界面中设置了一些便捷的工具栏和按钮，如【快速访问工具栏】按钮、【视图切换】按钮和【显示比例】滑块等，同时还增强了【状态栏】的计算显示功能，如图 2-12 所示。

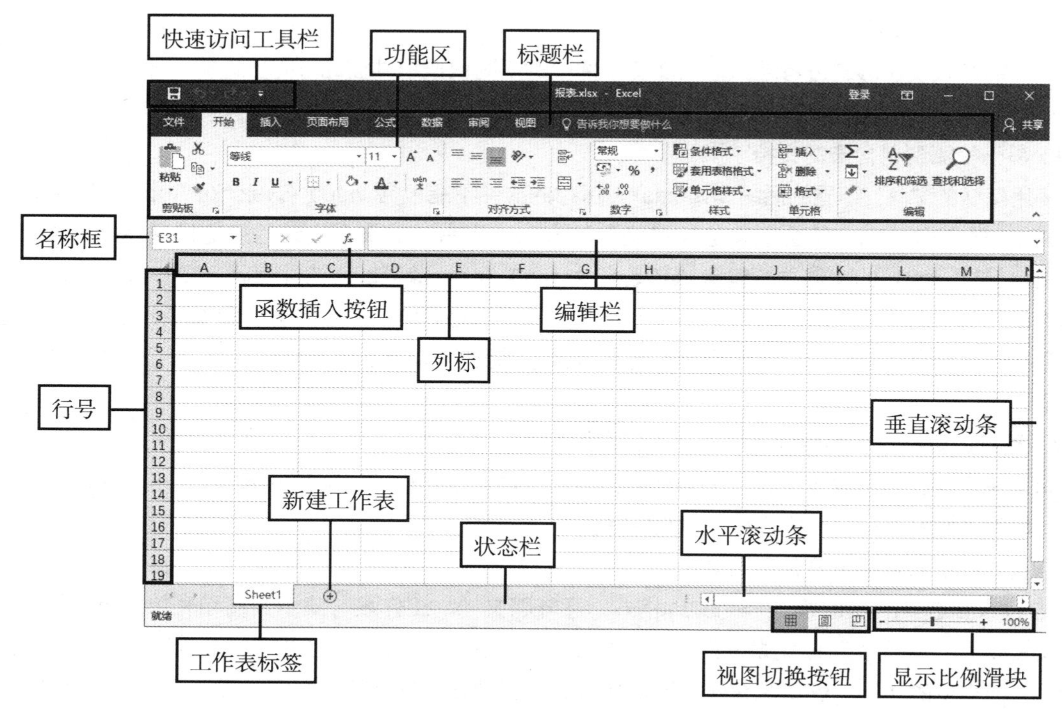

图 2-12　Excel 2016 窗口界面

2.8　认识 Ribbon 功能区

2.8.1　功能区选项卡

功能区选项卡是 Excel 窗口界面中的重要元素，位于标题栏下方。功能区由一组选项卡面板所组成，单击选项卡标签可以切换到不同的选项卡功能面板。

在如图 2-13 所示的功能区中，当前选中了【公式】选项卡，选定的选项卡也称为“活动选项卡”。每个选项卡中包含了多个命令组，每个命令组通常都由一些密切相关的命令所组成。例如，【公式】选项卡中包含了【函数库】【定义的名称】【公式审核】和【计算】4 个命令组，而【函数库】命令组中则包含了多个插入函数的命令。

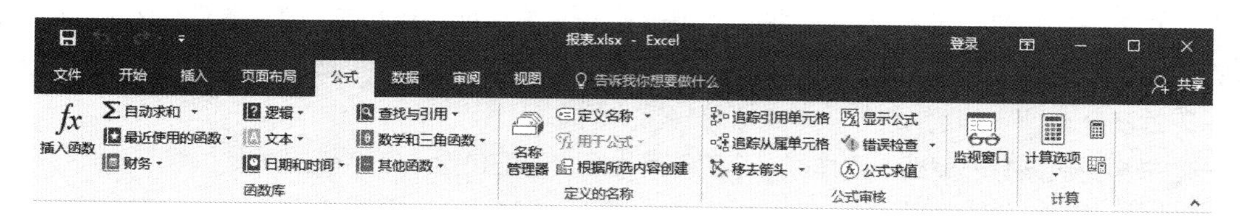

图 2-13　功能区

按 <Ctrl+F1> 组合键或单击功能区右下角的【折叠功能区】命令，可以最小化功能区，如图 2-14 所示。也可以单击程序窗口上方的【功能区显示选项】按钮，在弹出的快捷菜单中选择【自动隐藏功能区】命令，只保留显示各选项卡的标签。折叠功能区后，若要显示完整的功能区，可以按 <Ctrl+F1> 组合键，或单击程序窗口上方的【功能区显示选项】按钮，在弹出的快捷菜单中选择【显示选项卡和命令】命令。

图 2-14 【折叠功能区】按钮与【功能区显示选项】

以下介绍几个主要的选项卡。

❖ 【文件】选项卡是一个比较特殊的功能区选项卡，由一组纵向的菜单列表组成，包括文件的【返回】按钮、【信息】【新建】【打开】【保存】【另存为】【打印】【共享】【导出】【发布】【关闭】【账户】【反馈】和【选项】等功能，其中左上角的【返回】按钮，是用户返回工作表操作区域的选项，如图 2-15 所示。

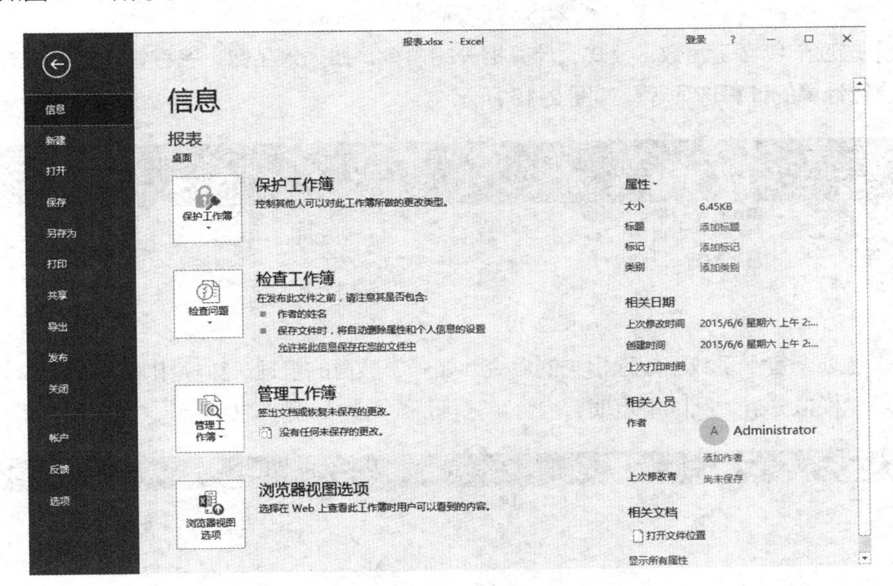

图 2-15 【文件】选项卡

❖ 【开始】选项卡包含一些常用命令。该选项卡包括基本的剪贴板命令、字体格式、单元格对齐方式、单元格格式和样式、条件格式、单元格和行列的插入/删除命令及数据编辑命令等，如图 2-16 所示。

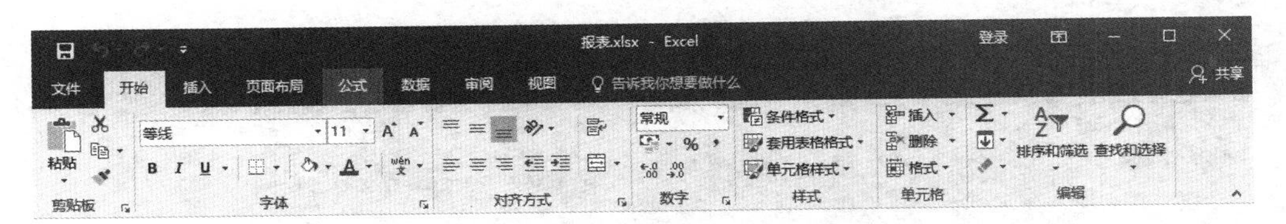

图 2-16 【开始】选项卡

❖ 【插入】选项卡几乎包含了所有可以插入工作表中的对象，如图 2-17 所示。主要包括图表、图片和形状、联机图片、SmartArt、艺术字、符号、文本框和超链接等，也可以从这里创建数据透视表和表格，此外，还包括地图、三维地图及迷你图和筛选器等。在 Excel 2016 中新增了部分图表类型，如瀑布图、漏斗图、树状图、旭日图等，使图表的创建更加快捷。

图 2-17 【插入】选项卡

❖ 【页面布局】选项卡包含了影响工作表外观的命令，包括主题设置、图形对象排列位置等，同时也包含了打印所使用的页面设置和缩放比例等，如图 2-18 所示。

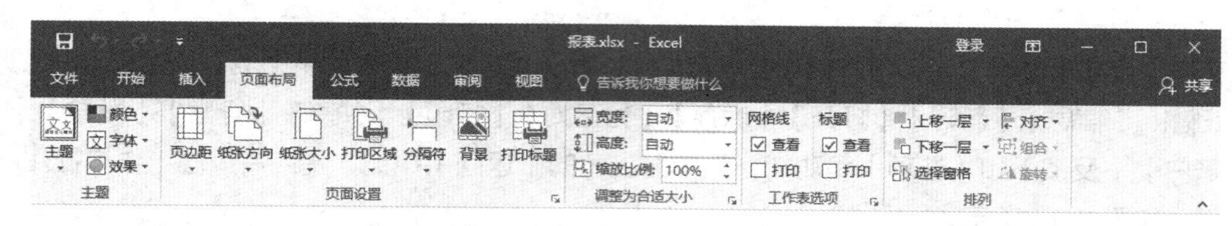

图 2-18 【页面布局】选项卡

❖ 【公式】选项卡包含了函数、公式、计算相关的命令，如插入函数、名称管理器、公式审核及控制 Excel 执行计算的计算选项等，如图 2-19 所示。

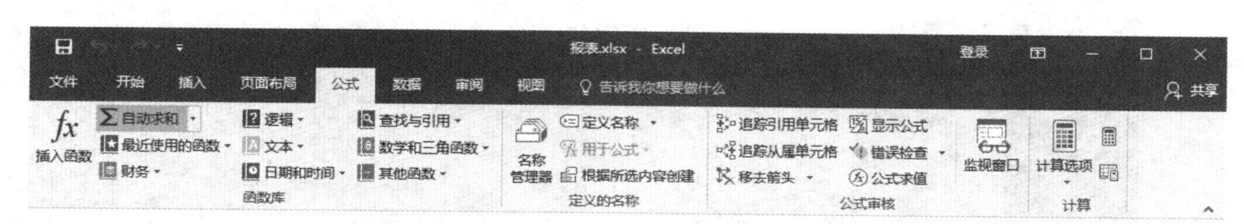

图 2-19 【公式】选项卡

❖ 【数据】选项卡包含了数据处理相关的命令，如外部数据的管理、排序和筛选、分列、数据验证、合并计算、模拟分析、删除重复项、组合及分类汇总等，如图 2-20 所示。

图 2-20 【数据】选项卡

❖ 【审阅】选项卡包含拼写检查、翻译文字、批注管理及工作簿、工作表的权限管理等，如图 2-21 所示。

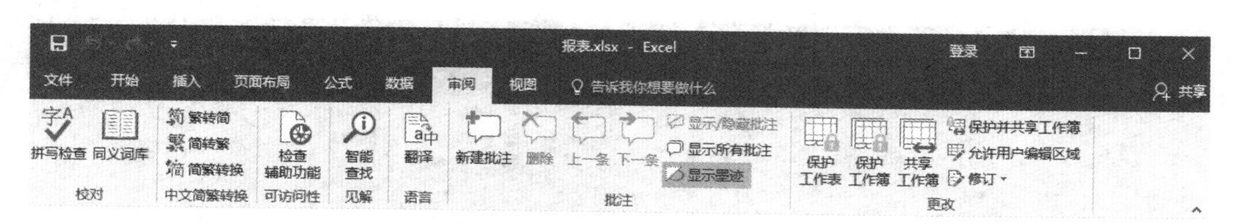

图 2-21 【审阅】选项卡

❖ 【视图】选项卡包含了 Excel 窗口界面底部状态栏附近的几个主要按钮功能，包括显示视图切换、显示比例缩放和录制宏命令。除此之外，还包括窗口冻结和拆分、网格线、标题等窗口元素的显示与隐藏等，如图 2-22 所示。

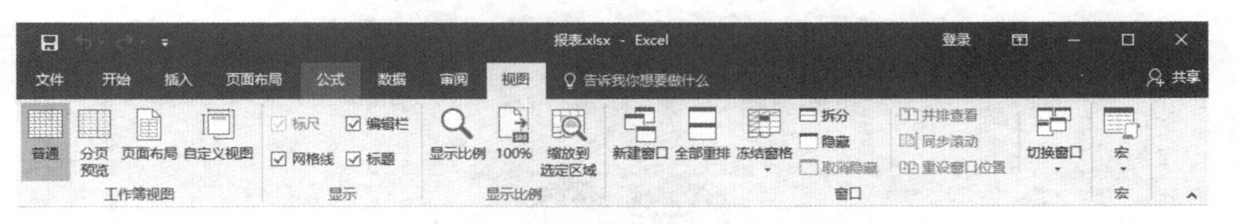

图 2-22　【视图】选项卡

❖ 【开发工具】选项卡在默认设置下不会显示，它主要包含使用 VBA 进行程序开发时需要用到的命令，如图 2-23 所示。显示【开发工具】选项卡的方法请参阅 2.9.1 小节。

图 2-23　【开发工具】选项卡

❖ 【加载项】选项卡在默认设置下不会显示，当工作簿中包含自定义菜单命令或自定义工具栏及第三方软件安装的加载项时会显示在功能区中，如图 2-24 所示。

图 2-24　【加载项】选项卡

❖ 【背景消除】选项卡在默认设置下不会显示，仅在对工作表中的图片使用删除背景操作时显示在功能区，如图 2-25 所示。其中主要包括一些与图片背景消除相关的命令。

图 2-25　【背景消除】选项卡

2.8.2　上下文选项卡

除以上这些常规选项卡外，Excel 2016 还包含了许多附加的选项卡，它们只在进行特定操作时才会显示出来，因此也称为“上下文选项卡”。例如，当选中某些类型的对象时（如图表、数据透视表等），功能区中就会显示处理该对象的专用选项卡。如图 2-26 所示，操作 SmartArt 对象时所出现的【SmartArt 工具】上下文选项卡，其中包括了【设计】和【格式】两个子选项卡。

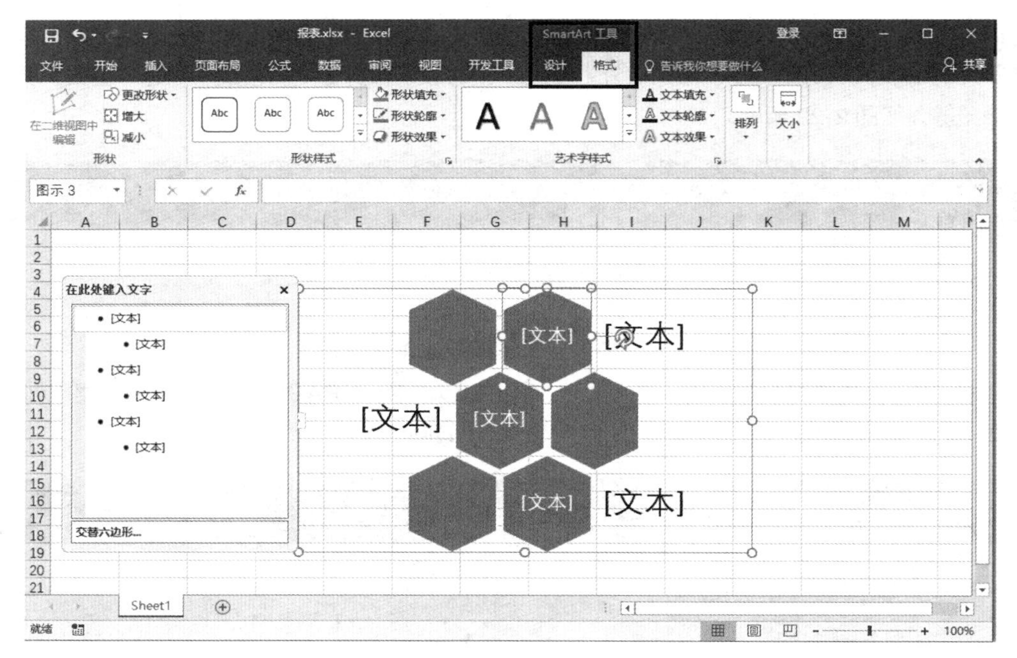

图 2-26 【SmartArt 工具】选项卡

常见的上下文选项卡主要包括以下几种。

Ⅰ 图表工具

【图表工具】选项卡在工作表中激活图表对象时显示，其中包括【设计】和【格式】两个子选项卡，如图 2-27 所示。

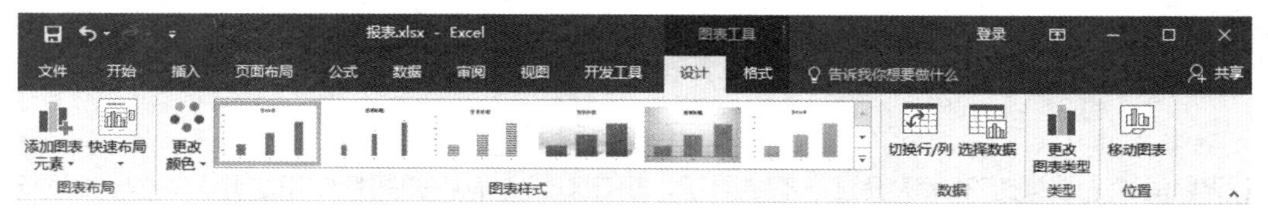

图 2-27 【图表工具】选项卡

Ⅱ 绘图工具

【绘图工具】选项卡在激活图形对象时显示，其中包括【格式】子选项卡，如图 2-28 所示。

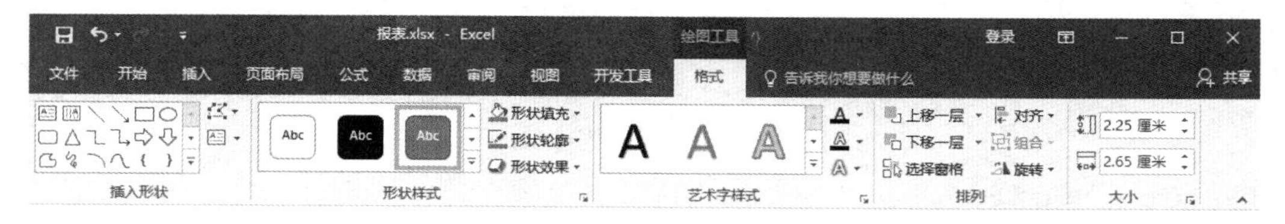

图 2-28 【绘图工具】选项卡

Ⅲ 图片工具

【图片工具】选项卡在激活图片或剪贴画时显示，其中包括【格式】子选项卡，如图 2-29 所示。

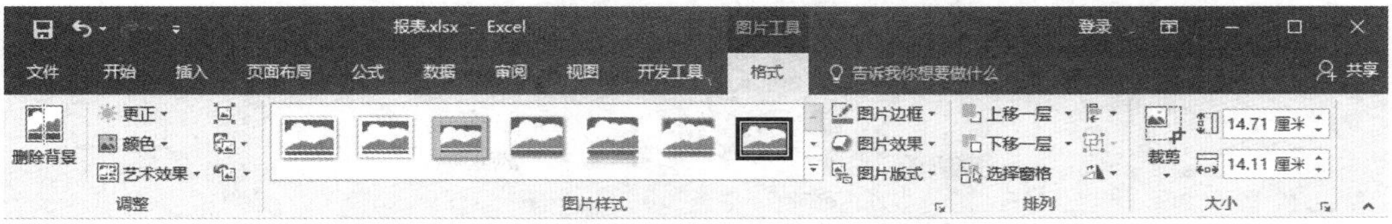

图 2-29　【图片工具】选项卡

➲ Ⅳ　页眉和页脚工具

【页眉和页脚工具】选项卡在插入页眉或页脚并对其进行操作时显示，其中包括【设计】子选项卡，如图 2-30 所示。

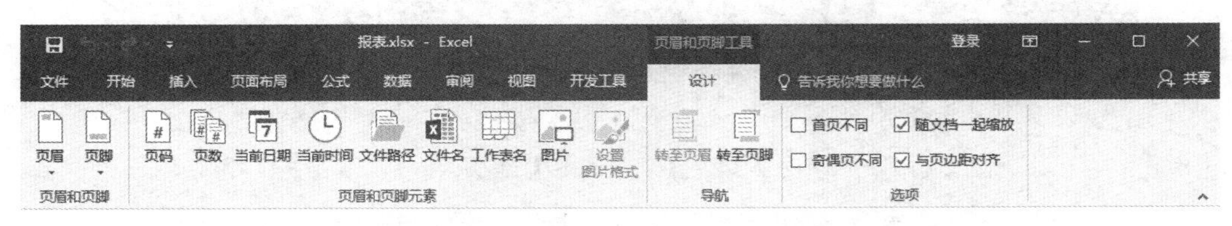

图 2-30　【页眉和页脚工具】选项卡

➲ Ⅴ　公式工具

【公式工具】选项卡在激活数学公式对象时显示，其中包括【设计】子选项卡，如图 2-31 所示。

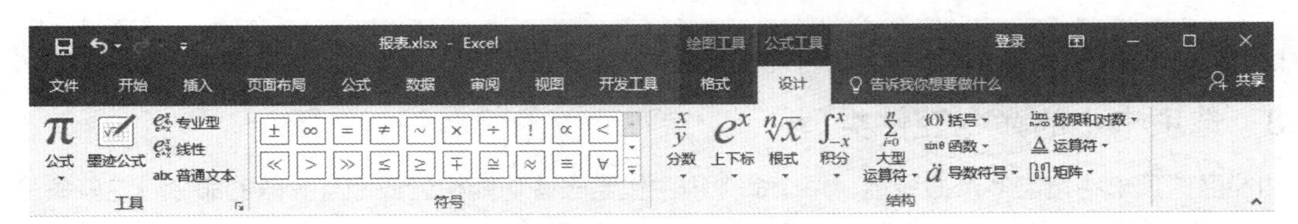

图 2-31　【公式工具】选项卡

注意

上述中的公式是指在文本框中进行编辑的、以数学符号为主的公式表达式，它不同于Excel的公式，前者没有计算功能。

➲ Ⅵ　数据透视表工具

【数据透视表工具】选项卡在激活数据透视表区域时显示，其中包括【分析】和【设计】两个子选项卡，如图 2-32 所示。

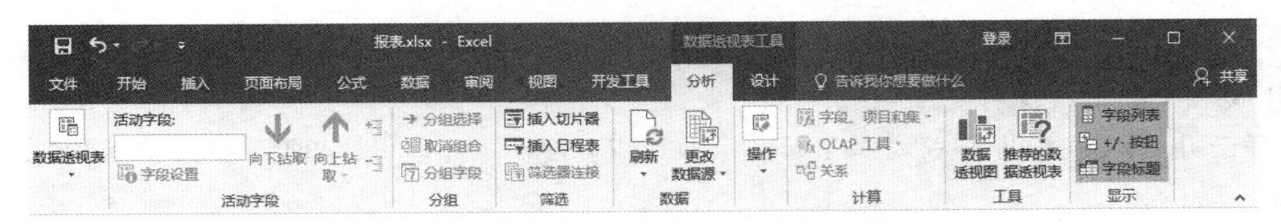

图 2-32　【数据透视表工具】选项卡

➲ Ⅶ　数据透视图工具

【数据透视图工具】选项卡在激活数据透视图对象时显示，其中包括【分析】【设计】和【格式】3 个子选项卡，如图 2-33 所示。

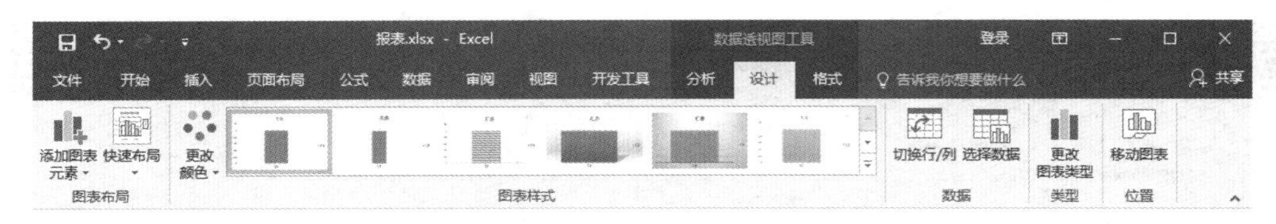

图 2-33　【数据透视图工具】选项卡

➲ Ⅷ 表格工具

【表格工具】选项卡在激活表格（Table）区域时显示，其中包括【设计】子选项卡，如图 2-34 所示。

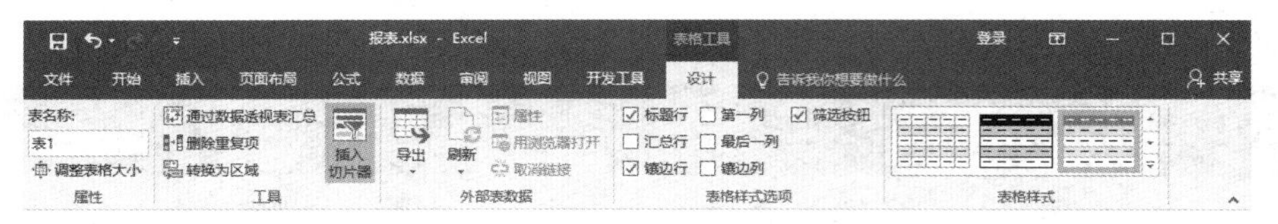

图 2-34　【表格工具】选项卡

上述中的“表格”指的是一种特殊的数据编辑处理工具，英文名称为“Table”，在Excel早期版本中也称为“列表”，与一般意义上所说的Excel电子表格有所不同。有关表格工具的应用，请参阅27.11节。

除此之外，还包括日程表工具、切片器工具、墨迹书写工具等上下文选项卡。

2.8.3　选项卡中的命令控件类型

功能区选项卡中包含多个命令组，每个命令组中包含一些功能相近或相互关联的命令，这些命令通过多种不同类型的控件显示在选项卡面板中，认识和了解这些控件的类型和特性有助于正确使用功能区命令。

➲ Ⅰ 按钮

单击按钮可执行一项命令或一项操作。如图 2-35 所示，【开始】选项卡中的【剪切】按钮和【格式刷】按钮及【插入】选项卡中的【表格】按钮和【应用商店】按钮。

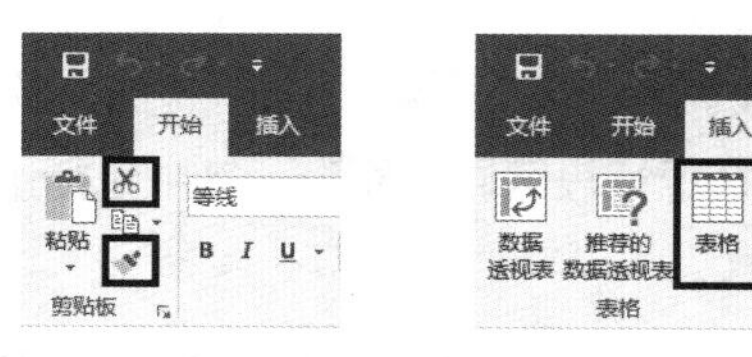

图 2-35　按钮

➲ Ⅱ 切换按钮

单击切换按钮可在两种状态之间来回切换。如图 2-36 所示，【审阅】选项卡中的【显示墨迹】切换按钮。

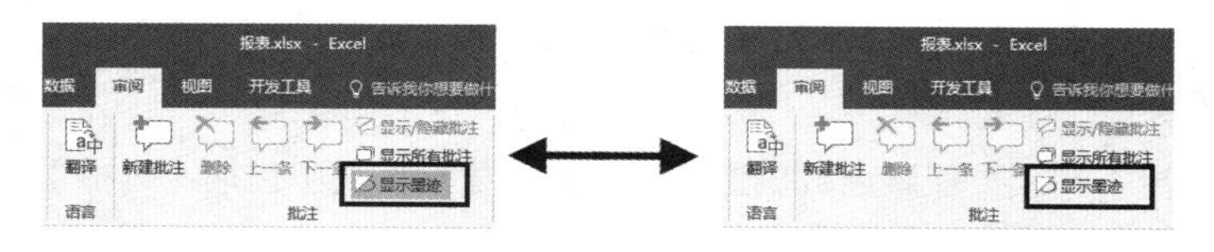

图 2-36　切换按钮

➲ Ⅲ 下拉按钮

下拉按钮包含一个黑色倒三角标识符号，单击下拉按钮可以显示详细的命令列表或图标库，或者显

示多级扩展菜单。如图 2-37 所示的【清除】下拉按钮，图 2-38 所示的【柱形图】下拉按钮和图 2-39 所示的【条件格式】下拉按钮。

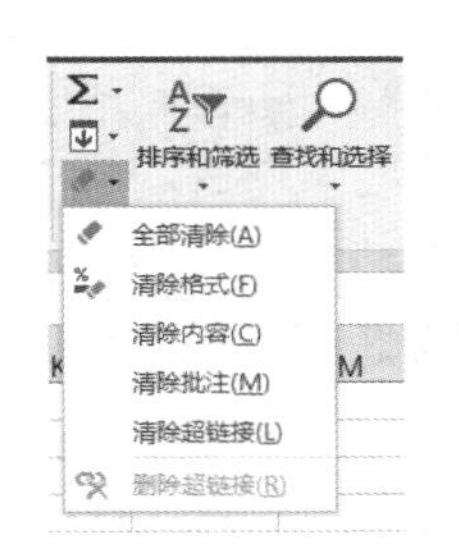

图 2-37　显示命令列表的下拉按钮

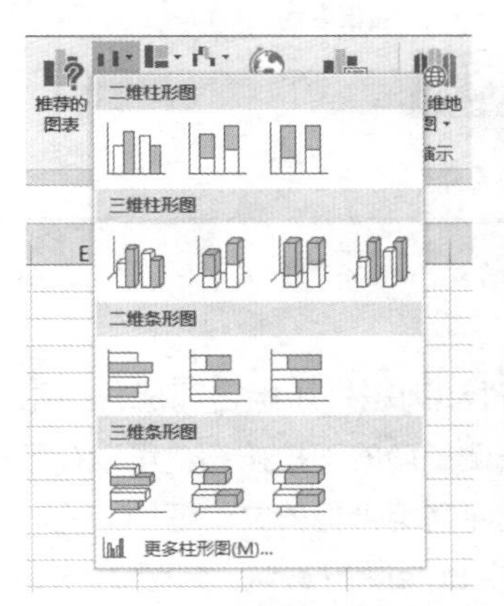

图 2-38　显示图表库的下拉按钮

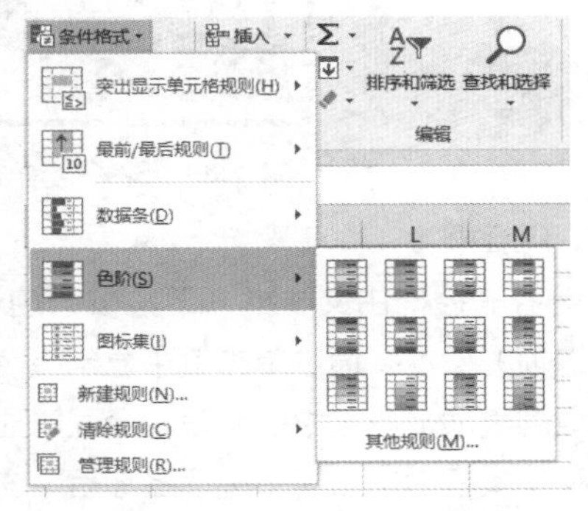

图 2-39　显示多级扩展菜单的下拉按钮

➲ Ⅳ　拆分按钮

拆分按钮（或称组合按钮）是一种新型的控件形式，由按钮和下拉按钮组合而成。单击其中的按钮部分可以执行特定的命令，而单击其下拉按钮部分，则可以在下拉列表中选择其他相近或相关的命令。如图 2-40 所示【开始】选项卡中的【粘贴】拆分按钮和【插入】拆分按钮。

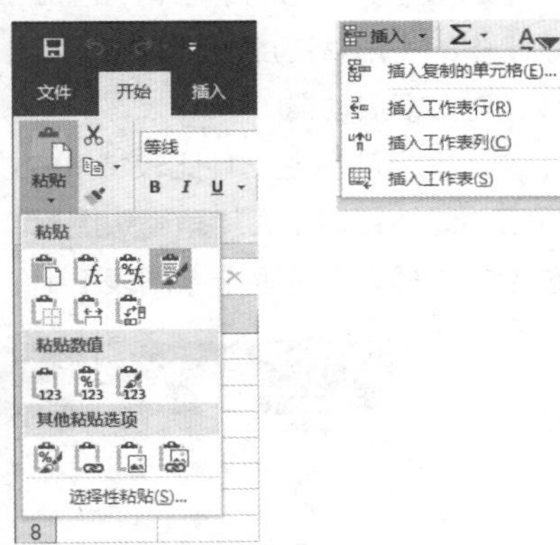

图 2-40　拆分按钮

➲ Ⅴ　复选框

复选框与切换按钮作用方式相似，通过单击复选框可以在“选中”和“取消选中”两个选项状态之间来回切换，通常用于选项设置。如图 2-41 所示的【页面布局】选项卡中的【查看】复选框和【打印】复选框。

➲ Ⅵ　文本框

文本框可以显示文本，并且允许对其进行编辑。如图 2-42 所示的【数据透视表工具】选项卡【分析】子选项卡中的【数据透视表名称】文本框。

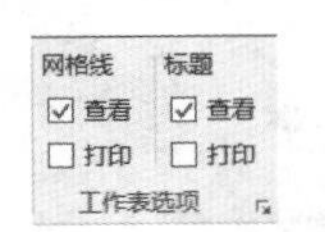

图 2-41　复选框

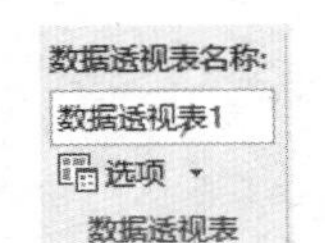

图 2-42　文本框

➲ Ⅶ　库

库包含了一个图标容器，在其中显示一组可供用户选择的命令或方案图标。如图 2-43 所示的【图表工具】、选项卡【设计】子选项卡中的【图表样式】库。单击右侧的上下三角箭头，可以切换显示不同行中的图标项；单击右侧的下拉扩展按钮，可以打开整个库，显示全部内容，如图 2-43、图 2-44 所示。

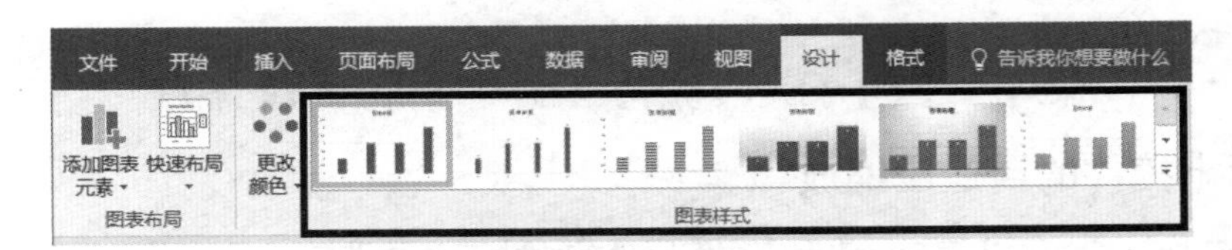

图 2-43　库

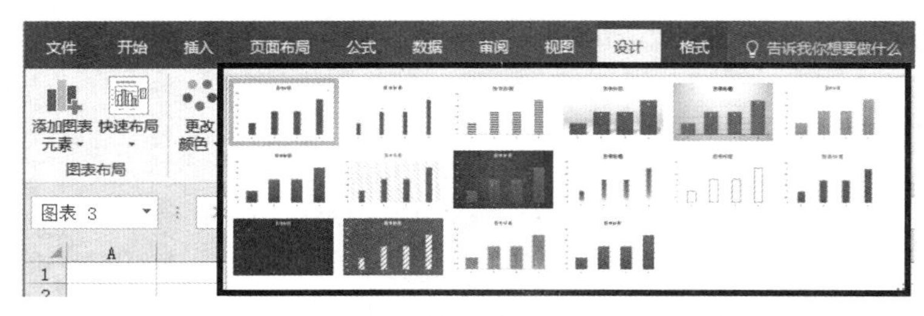

图 2-44　完全展开的【图表样式】库

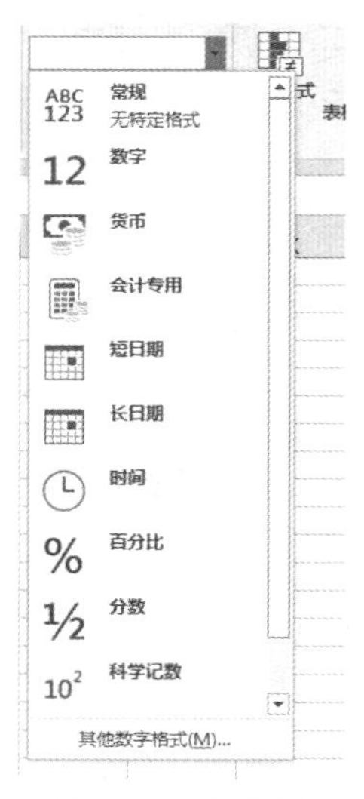

图 2-45　组合框

➲ Ⅷ　组合框

组合框控件由文本框、下拉按钮控件和列表框所组合而成，通常用于多种属性选项的设置。通过单击其中显示黑色倒三角的下拉按钮，可以在下拉列表框中选取列表项，所选中的列表项会同时显示在组合框的文本框中。同时，也可以直接在文本框中输入某个选项名称后，按 <Enter> 键确认。如图 2-45 所示的【开始】选项卡中的【数字格式】组合框。

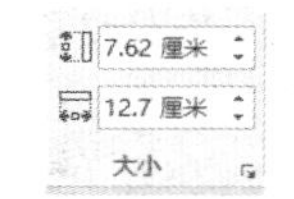

图 2-46　微调按钮

➲ Ⅸ　微调按钮

微调按钮包含一对方向相反的三角箭头按钮，通过单击这对按钮，可以对文本框中的数值大小进行调节。如图 2-46 所示的【图表工具】选项卡【格式】子选项卡中的【形状高度】微调按钮和【形状宽度】微调按钮。

➲ Ⅹ　对话框启动器

对话框启动器是一种比较特殊的按钮控件，它位于特定命令组的右下角，并与此命令组相关联。对话框启动器按钮显示为斜角箭头图标，单击此按钮可以打开与该命令组相关的对话框。如图 2-47 所示，通过单击【插入】选项卡【图表】组的【对话框启动器】按钮来打开【插入图表】对话框。

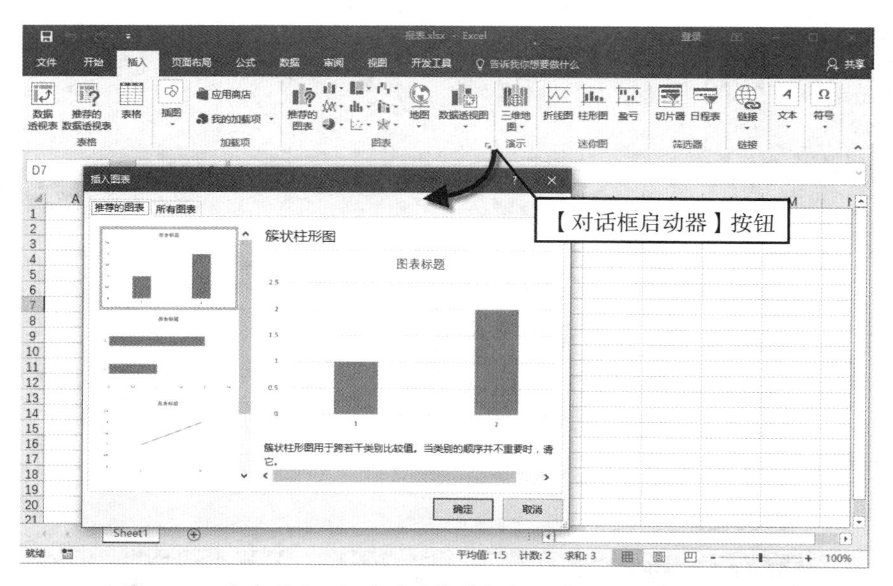

图 2-47　通过【对话框启动器】按钮打开【插入图表】对话框

2.8.4　选项卡控件的自适应缩放

功能区的选项卡控件可以随 Excel 程序窗口宽度的大小自动更改控件尺寸样式，以适应显示空间的要求，在窗口宽度足够大时尽可能显示更多的控件信息，而在窗口宽度比较小时，则尽可能以小图标代替大图标，甚至改变原有控件的类型，以求在有限的空间中显示更多的控件图标。

在窗口宽度减小时，选项卡控件可能发生的样式改变大致包括以下几种情况。

❖ 同时显示文字和图标的按钮转而改变为显示图标，如图 2-48 所示。

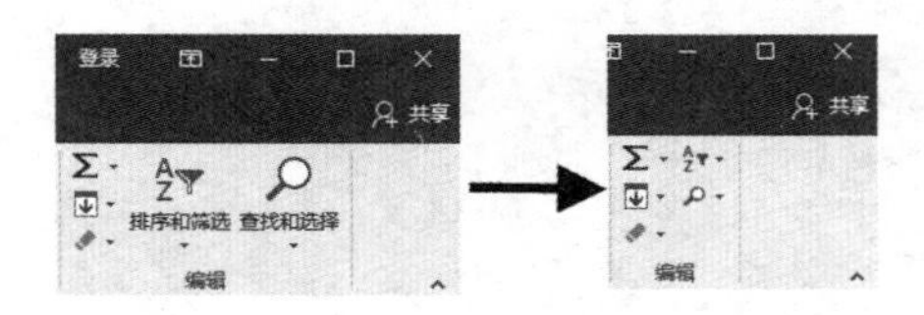

图 2-48　不显示文字仅显示图标

❖ 横向的拆分按钮转而改变为纵向的拆分按钮，如图 2-49 所示。

❖ 库转变为下拉按钮，如图 2-50 所示。

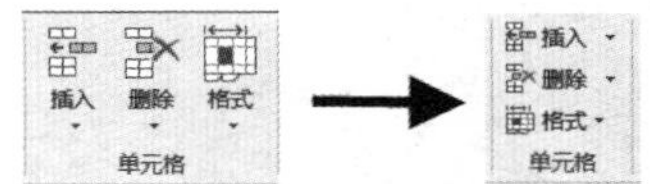

图 2-49　横向转为纵向

图 2-50　库转变为下拉按钮

❖ 命令组变为下拉按钮，如图 2-51 所示。

❖ 选项卡标签增加滚动按钮，如图 2-52 所示。

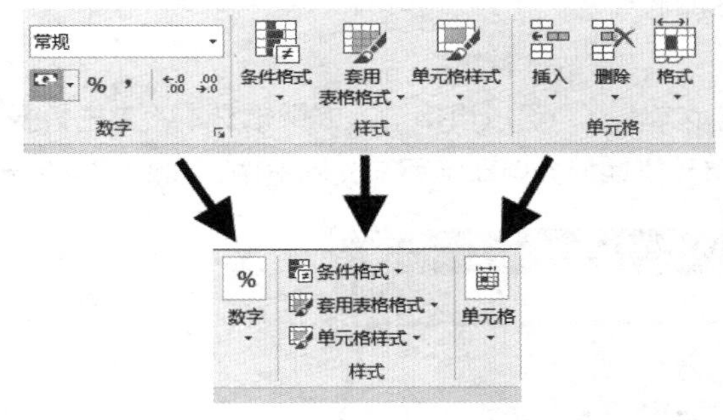

图 2-51　命令组变为下拉按钮

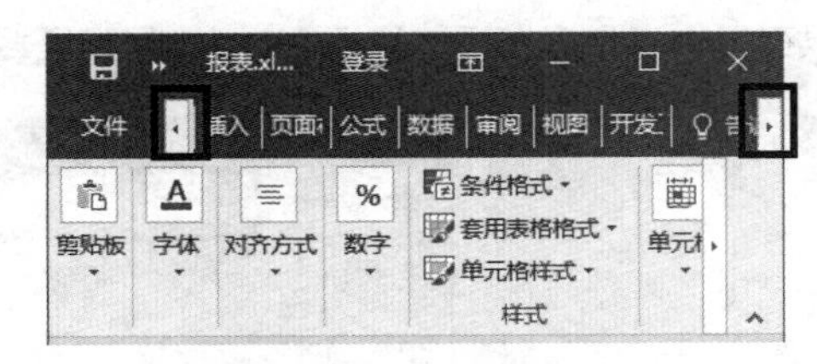

图 2-52　增加滚动按钮用于选取选项卡标签

注意

由于选项卡的样式和类型可能随窗口宽度的大小而改变，因此在本书的操作描述中，将尽可能统一以1366像素的窗口宽度为基准。

提示

当窗口宽度小于300像素时，功能区不再显示。

2.8.5　其他常用控件

除了以上这些功能区中的常用控件外，在 Excel 的对话框中还包含以下一些其他类型的控件。

➲ Ⅰ　选项按钮

选项按钮控件通常由两个或两个以上的选项按钮组成，在选中其中一个选项按钮时，同时取消同组中其他选项按钮的选取状态。因此，选项按钮也称为“单选按钮”。如图 2-53 所示的【Excel 选项】对话框中【高级】选项卡中的【光标移动】选项按钮。

图 2-53 选项按钮

Ⅱ 编辑框

编辑框由文本框和文本框右侧的折叠按钮所组成，文本框内可以直接输入或编辑文本，单击折叠按钮可以在工作表中直接框选目标区域，则目标区域的单元格地址会自动填写在文本框中，如图 2-54 所示。

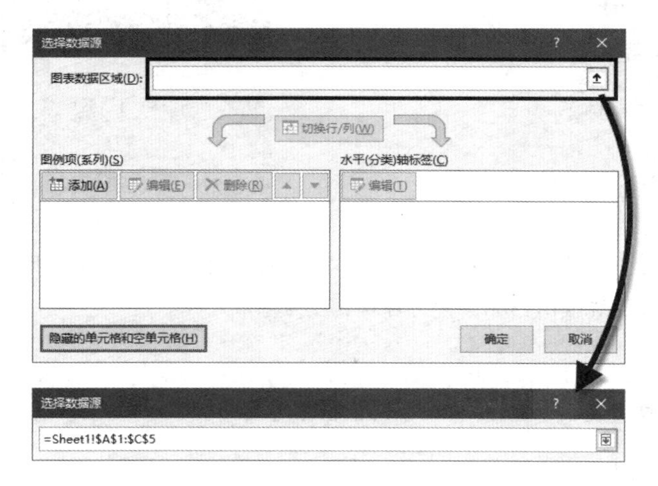

图 2-54 编辑框和折叠按钮

Excel 的 Ribbon 功能区还藏着哪些奥秘？请扫描左侧二维码观看视频讲解。

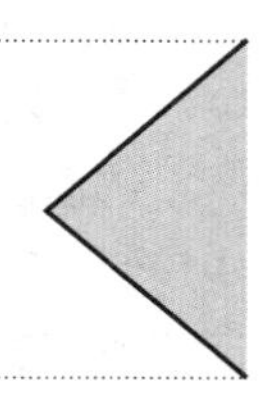

2.9　通过选项设置调整窗口元素

用户可以根据自己的使用习惯和实际需要，对 Excel 窗体元素进行一些调整，这些调整包括显示、隐藏、调整次序等，以下介绍通过选项设置调整窗体元素的方法。

2.9.1　显示和隐藏选项卡

在 Excel 工作窗口中，默认显示【文件】【开始】【插入】【页面布局】【公式】【数据】【审阅】和【视图】8 个选项卡，其中【文件】是一个特殊的选项卡，默认始终保持显示。选项卡分为主选项卡和工具选项卡，用户可以通过选中【Excel 选项】对话框中【自定义功能区】选项卡的【自定义功能区】下方的各主选项卡的复选框，来显示对应的主选项卡，如图 2-55 所示的显示【开发工具】选项卡。

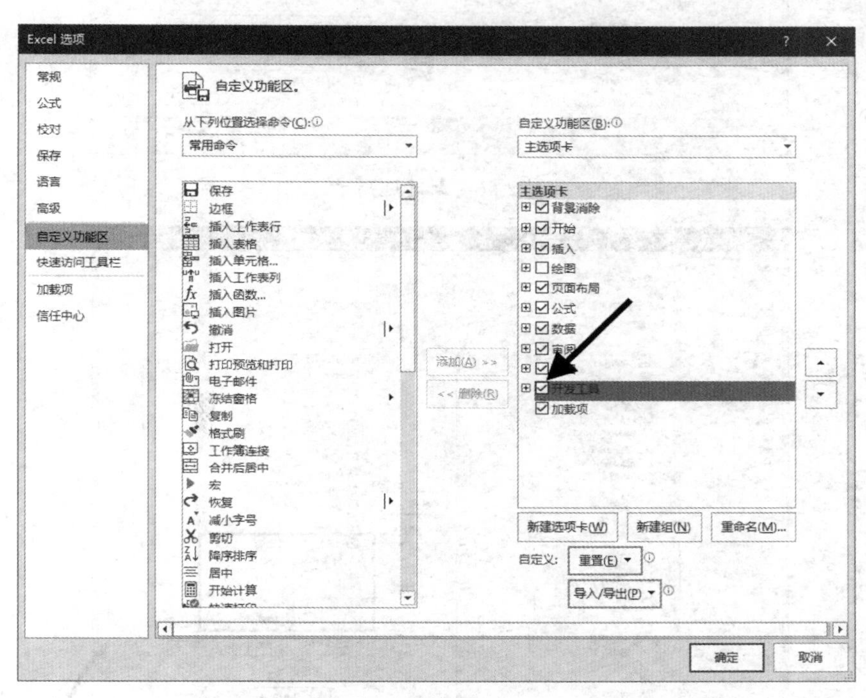

图 2-55　隐藏和显示选项卡

2.9.2　添加和删除自定义选项卡

用户可以自行添加或者删除自定义选项卡，操作方法如下。

➲ Ⅰ　添加自定义选项卡

在【Excel 选项】对话框中单击【自定义功能区】选项卡，然后单击右侧下方的【新建选项卡】按钮，【自定义功能区】列表中会显示新创建的自定义选项卡，如图 2-56 所示。

用户可以为新建的选项卡和其他的命令组重新命名，并通过左侧的命令列表向右侧的命令组中添加命令，如图 2-57 所示。

➲ Ⅱ　删除自定义选项卡

如果用户需要删除自定义的选项卡（程序原有内置的选项卡无法删除），可以在选项卡列表中选定指定的自定义选项卡后，单击右侧的【删除】按钮，或右击，在弹出的快捷菜单上选择【删除】命令。

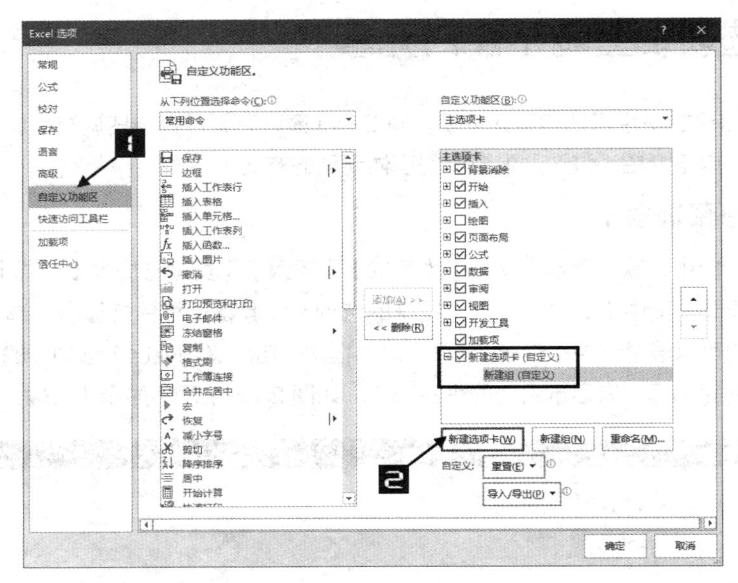

图 2-56　新建选项卡

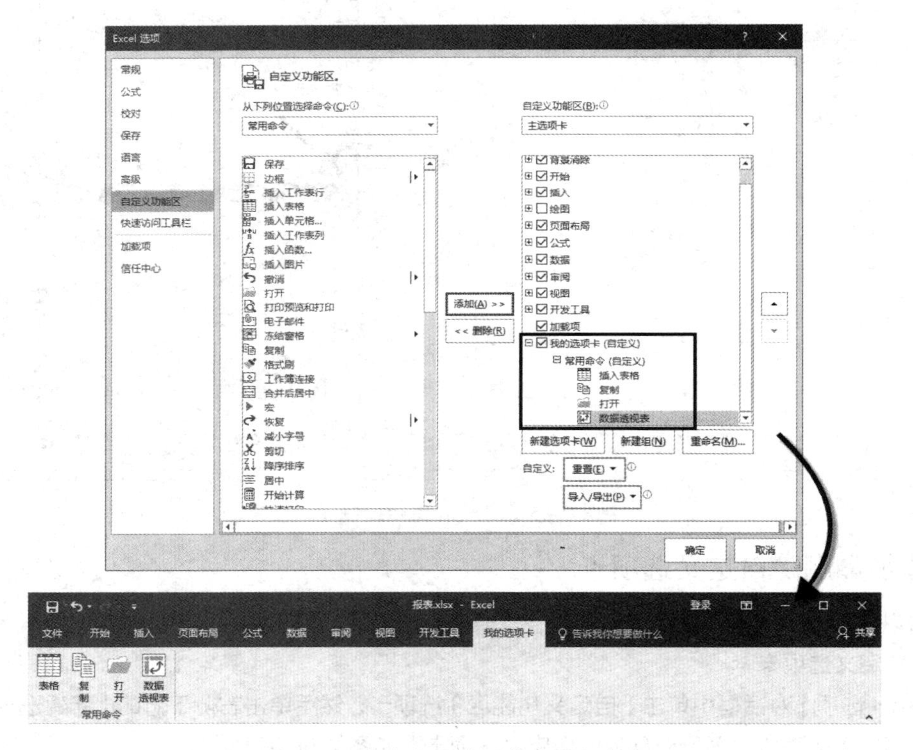

图 2-57　在自定义选项卡中添加命令

2.10　自定义功能区

在创建新的自定义选项卡时，系统会自动为此选项卡附带新的自定义命令组，在不添加自定义选项卡的情况下，也可以在系统原有的内置选项卡中添加自定义命令组，为内置选项卡增加可操作的命令。

例如，要在【页面布局】选项卡中新建一个命令组，将【冻结窗格】命令添加到此命令组中，可以参照以下的操作步骤来实现。

步骤① 在功能区上右击，在弹出的快捷菜单中选择【自定义功能区】命令，打开【Excel 选项】对话框。

步骤② 在【自定义功能区】选项卡中右侧的主选项卡列表中选中【页面布局】选项卡，然后单击下方的【新建组】按钮，会在此选项卡中新增一个名为【新建组（自定义）】的命令组。

步骤③ 选中新建组，然后在左侧【常用命令】列表中找到【冻结窗格】命令并选中，再单击中间的【添加】按钮，即可将此命令添加到自定义的命令组中。最后单击【确定】按钮完成操作，如图 2-58 所示。

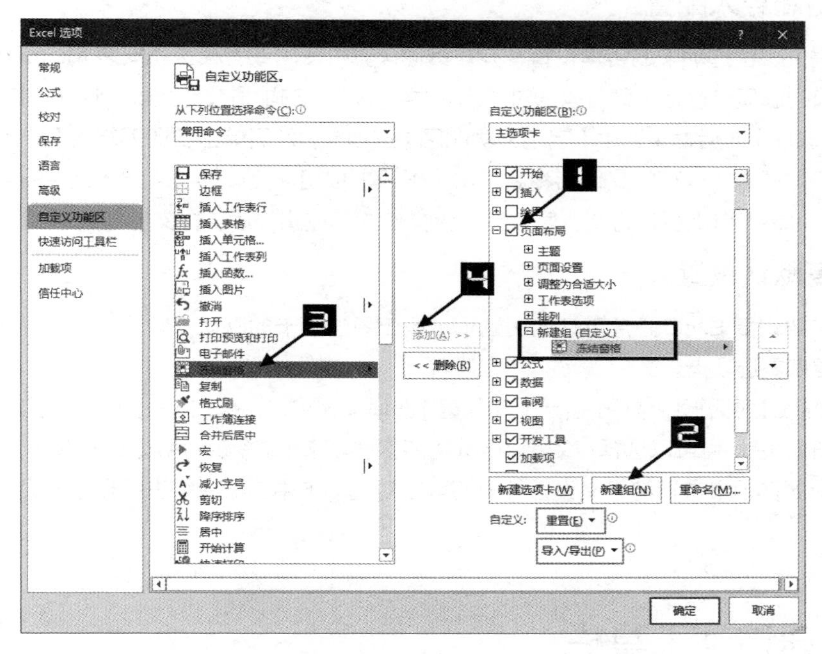

图 2-58　新建命令组

新建的自定义命令组如图 2-59 所示。

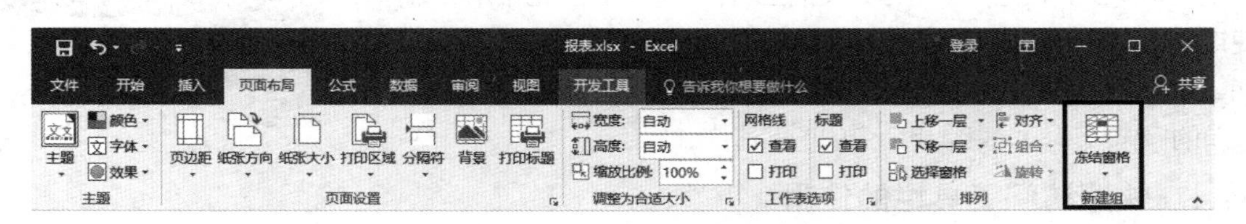

图 2-59　自定义命令组在选项卡中的显示

2.10.1　重命名选项卡

用户可以重命名现有的选项卡（包括 Excel 程序自带的选项卡），操作方法如下。

在【主选项卡】列表中选中需要重命名的选项卡，单击下方的【重命名】按钮，弹出【重命名】对话框。在【显示名称】文本框中输入新的名称，最后单击【确定】按钮保存设置。此时，在【主选项卡】列表中就会显示新的选项卡名称。

2.10.2 调整选项卡显示的次序

Excel 程序默认以【开始】【插入】【页面布局】【公式】【数据】【审阅】和【视图】7 个选项卡的次序显示，用户可以根据需要调整选项卡在功能区中的排放次序，有以下几种等效的操作方法。

❖ 打开【Excel 选项】对话框，单击【自定义功能区】选项卡，在【自定义功能区】的【主选项卡】列表中选择需要调整的选项卡，单击右侧的上移或下移按钮，即可对选择的选项卡进行向上或向下的移动。

❖ 在【主选项卡】列表中选择需要调整的选项卡，按住鼠标左键拖动到目标位置，释放鼠标即可。

2.10.3 导出和导入配置

如果用户需要保留选项卡的各项设置，并在其他计算机使用或者在重新安装 Microsoft Office 2016 程序后保持之前的选项卡设置，则可以通过导出和导入选项卡的配置文件实现，操作方法如下。

在【Excel 选项】对话框中选中【自定义功能区】选项卡，然后单击右侧下方的【导入 / 导出】按钮，选择保存的路径，并输入保存的文件名称后单击【确定】按钮，完成选项卡配置文件的导出操作。在需要导入配置时，可参考以上操作方式，定位到配置文件的存放路径后选择文件导入。

2.10.4 恢复默认设置

如果用户需要恢复 Excel 程序默认的主选项卡或工具选项卡的默认安装设置，可以通过如下操作实现，也称为一键恢复选项卡。

在【Excel 选项】对话框中选中【自定义功能区】选项卡，单击右侧下方的【自定义】下拉列表中的【重置所有自定义项】命令，也可以选择【仅重置所选功能区选项卡】命令仅对所选定的选项卡进行重置操作。

除了对功能区选项卡进行自定义设置外，还可以对选项卡中的命令组进行自定义设置，设置方式与选项卡类似。

2.11 快速访问工具栏

快速访问工具栏是一个可自定义的工具栏，它包含一组常用的命令快捷键按钮，并且支持用户自定义其中的命令，用户可以根据需要快速添加或删除其所包含的命令按钮。使用快速访问工具栏可以减少对功能区菜单的操作频率，提高常用命令的访问速度。

2.11.1 快速访问工具栏的使用

快速访问工具栏通常位于功能区的上方，系统默认情况下包含了【保存】【撤销】和【恢复】3 个命令按钮。单击工具栏右侧的下拉按钮，可在扩展菜单中显示更多的内置命令选项，其中包括【新建】【打开】【打印预览】等，如果选中这些命令选项卡，就可以在快速访问工具栏中显示对应的命令按钮，如图 2-60 所示。

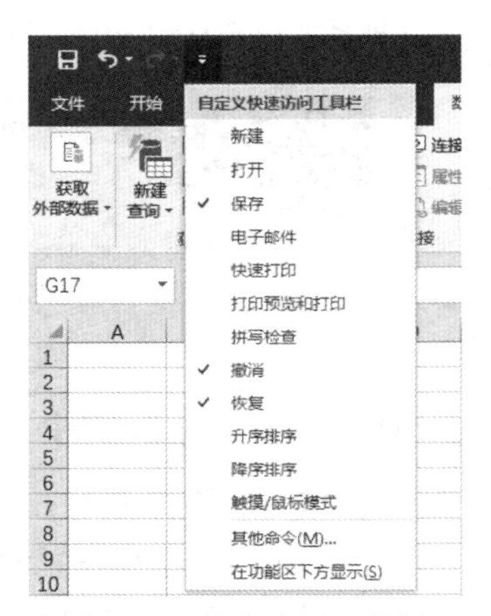

图 2-60 快速访问工具栏

提示

快速访问工具栏默认情况下显示在功能区上方，如果有必要，也可以让其显示在功能区下方。在图2-60所示的下拉菜单中选中【在功能区下方显示】选项卡即可实现切换，如图2-61所示。

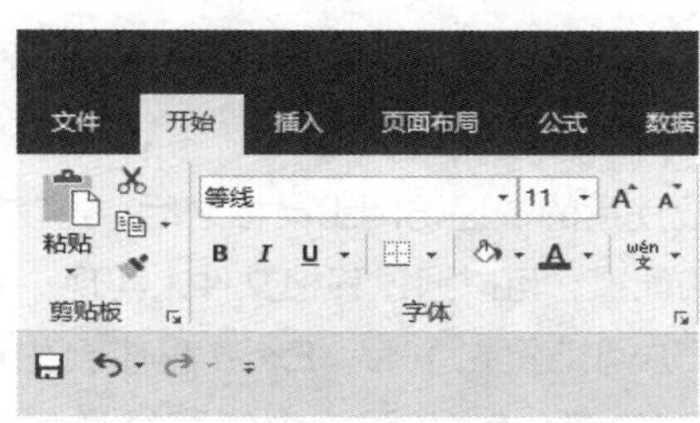

图 2-61 将快速访问工具栏显示在功能区下方

2.11.2 自定义快速访问工具栏

除了系统内置的几项命令外，用户还可以通过自定义快速访问工具栏按钮将其他命令添加到此工具栏上。

以添加【照相机】命令为例，自定义【快速访问工具栏】的步骤如下。

步骤① 单击【快速访问工具栏】右侧的下拉按钮，在弹出的扩展菜单中单击【其他命令】选项，弹出【Excel 选项】对话框，并自动切换到【快速访问工具栏】选项卡。

步骤② 在左侧【从下列位置选择命令】下拉列表中选择【不在功能区中的命令】选项，然后在命令列表中找到【照相机】命令并选中，再单击【添加】按钮，此命令就会出现在右侧的命令列表中，最后单击【确定】按钮完成操作，如图 2-62 所示。

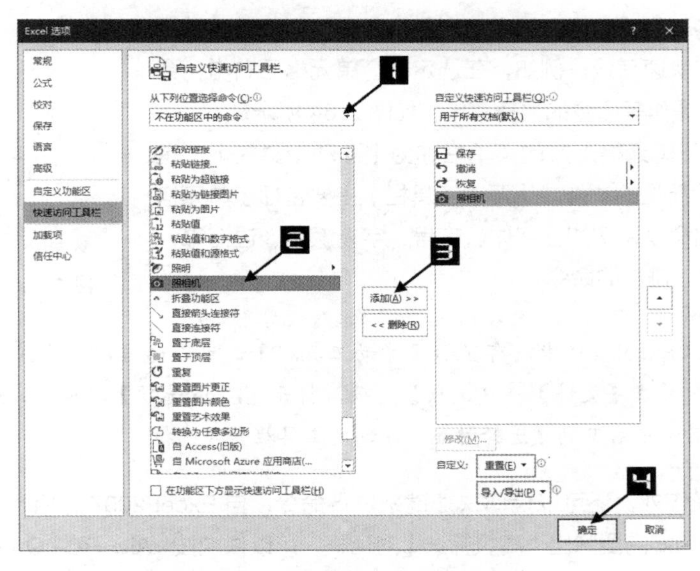

图 2-62 在快速访问工具栏上添加命令

添加完成的快速访问工具栏显示如图 2-63 所示。

图 2-63 快速访问工具栏上的【照相机】命令按钮

如果用户需要删除【快速访问工具栏】上的命令按钮，可以参照以上步骤，然后单击【删除】按钮进行操作即可。

除了添加和删除命令外，通过图 2-62 所示的选项对话框，还可以在右侧单击三角形按钮调整命令的排列顺序。

2.11.3 移植自定义快速访问工具栏

用户设置了一组适合自己使用的快速访问工具栏之后，通常情况下只能在所在系统中使用，如果要在其他计算机上也使用相同的配置，可以通过移植文件来实现。

当用户自定义好【快速访问工具栏】后，Excel 程序会生成一个名为 Excel.officeUI 的文件，存放于用户配置文件夹中，在 Windows 10 系统中的路径通常为：C:\Users\ 用户名 \AppData\Local\Microsoft\Office。将 Excel.officeUI 文件复制到另一台计算机对应的用户配置文件夹下，就实现了【快速访问工具栏】配置从一台计算机到另一台计算机的移植。

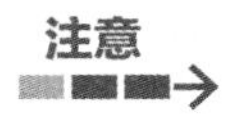

Excel.officeUI文件中不仅包含快速访问工具栏的配置信息，还包含了自定义功能区选项卡等用户界面信息，因此复制此文件会对整个用户界面产生影响。

2.12 快捷菜单和快捷键

许多常用命令除了可以通过功能区选项卡上选择执行外，还可以在快捷键菜单中选定执行。在 Excel 中，右击可以显示快捷菜单，所显示的快捷菜单内容取决于鼠标所选定的对象，因此使用快捷菜单可以使命令的选择更加快速有效。例如，在选定一个单元格后右击，会出现包含单元格格式操作等命令的快捷菜单，如图 2-64 所示。

图 2-64 Excel 右键快捷菜单

图 2-64 中显示在单元格上方的菜单栏称为【浮动工具栏】，是 Excel 2007 版本之后新增的功能。【浮动工具栏】主要包括了单元格格式设置的一些基础命令，例如，字体、字号、字体颜色、边框等，此外还有按颜色筛选、排序的命令。

提示

如果Excel程序中没有显示【浮动工具栏】，可以通过以下方法进行设置，在功能区上依次单击【文件】→【选项】选项，打开【Excel选项】对话框，选择【常规】选项卡，然后选中右侧的【选择时显示浮动的工具栏】复选框。

除了使用鼠标操作外，还可以借助快捷键来执行命令，自 Excel 2007 之后，可以使用 <Alt> 键来实现许多快捷键操作，如需要弹出【高级筛选】对话框，可以依次按 <Alt><A><Q> 键，如图 2-65 所示。

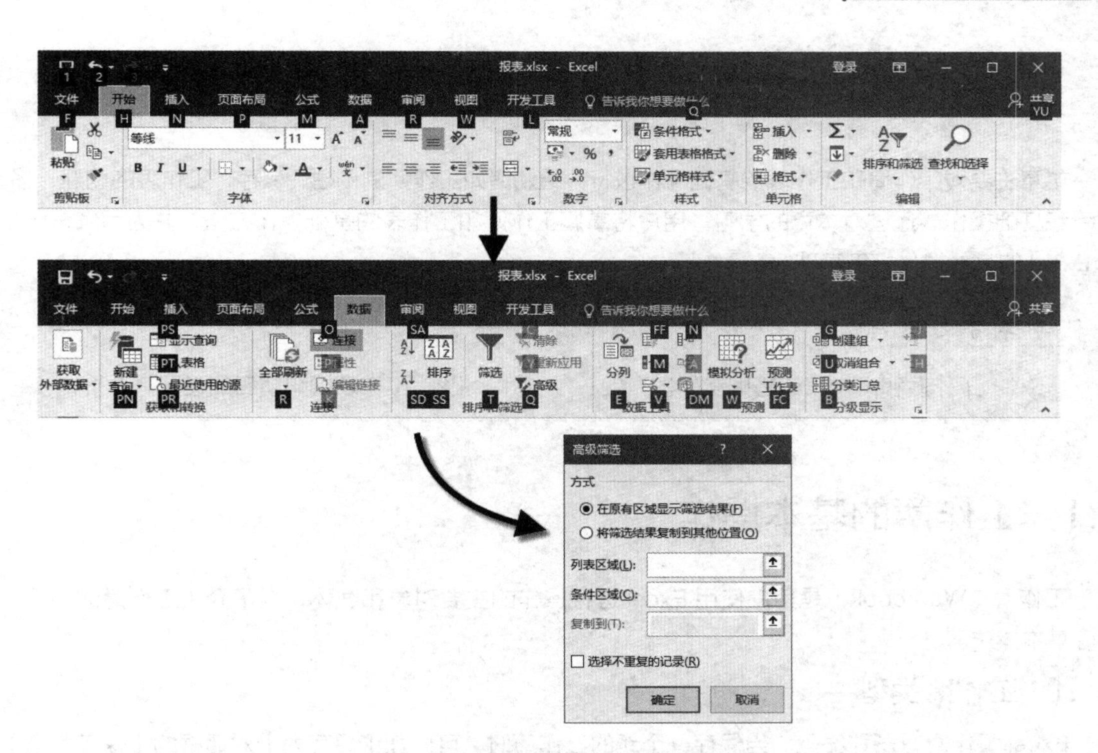

图 2-65　通过快捷键的方式打开【高级筛选】对话框

提示

按<Alt>键时，功能区选项卡上会显示进一步的按键提示，只需要按提示的按键依次操作即可。

第 3 章 工作簿和工作表操作

本章主要对工作簿和工作表的基础操作进行介绍，诸如工作簿的创建、保存，工作表的创建、移动、删除等基础操作。通过对本章的学习，用户将掌握工作簿和工作表的基础操作方法，并为后续进一步学习 Excel 的其他操作打下基础。

本章学习要点

（1）工作簿和工作表的基础操作。

（2）工作表视图窗口的设置。

3.1 工作簿的基本操作

工作簿（Workbook）是用户使用 Excel 进行操作的主要对象和载体，以下介绍工作簿的创建、保存等基本操作。

3.1.1 工作簿类型

Excel 工作簿有多种类型。当保存一个新的工作簿时，可以在【另存为】对话框的【保存类型】下拉列表中选择所需要保存的 Excel 文件格式，如图 3-1 所示。其中“*.xlsx”为普通 Excel 工作簿；“*.xlsm”为启用宏的工作簿，当工作簿中包含宏代码时，请选择该类型；“*.xlsb”为二进制工作簿；“*.xls”为 Excel 97-2003 工作簿，无论工作簿中是否包含宏代码，都可以保存为这种与 Excel 2003 兼容的文件格式。

默认情况下，Excel 2016 文件保存的类型为“Excel 工作簿（*.xlsx）”。如果用户需要和早期的 Excel 版本用户共享电子表格，或者需要经常性地制作包含宏代码的工作簿，可以通过设置“工作簿的默认保存文件格式”来提高保存操作的效率，操作方法如下。

打开【Excel 选项】对话框，单击【保存】选项卡，然后在右侧【保存工作簿】区域中的【将文件保存为此格式】下拉列表中选择需要默认保存的文件类型，如“Excel 97-2003 工作簿”，最后单击【确定】按钮保存设置并退出【Excel 选项】对话框，如图 3-2 所示。

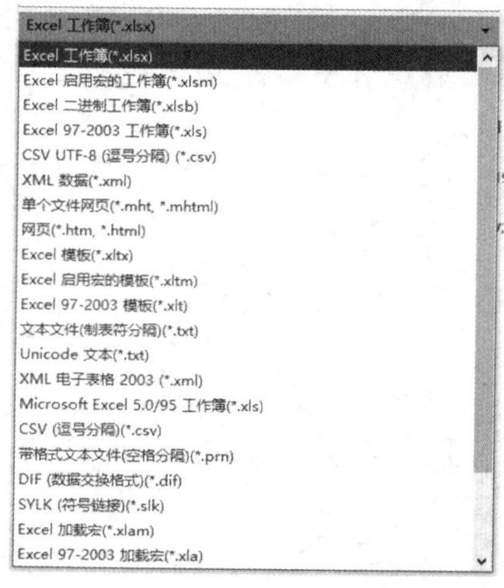

图 3-1 Excel【保存类型】下拉列表

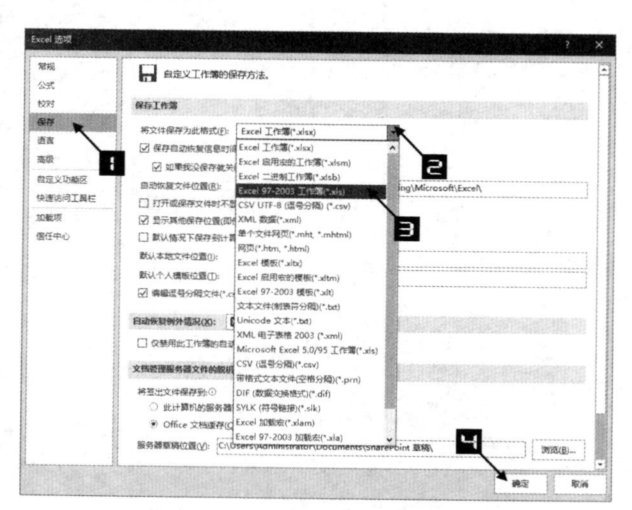

图 3-2 设置默认的文件保存类型

设置完默认的文件保存类型后，再对新建的工作簿使用【保存】命令或【另存为】命令时，弹出的【另存为】对话框中的保存类型就会被预置为之前所选择的文件类型，如图 3-3 所示。

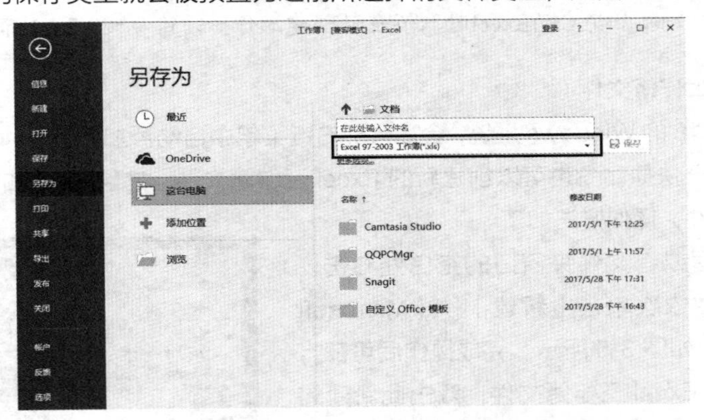

图 3-3　【保存类型】自动预设为默认的保存类型

注意

如果将默认的文件保存类型设置为“Excel 97-2003工作簿”，则在Excel程序中新建工作簿时，将运行在“兼容模式”，如图3-4所示。

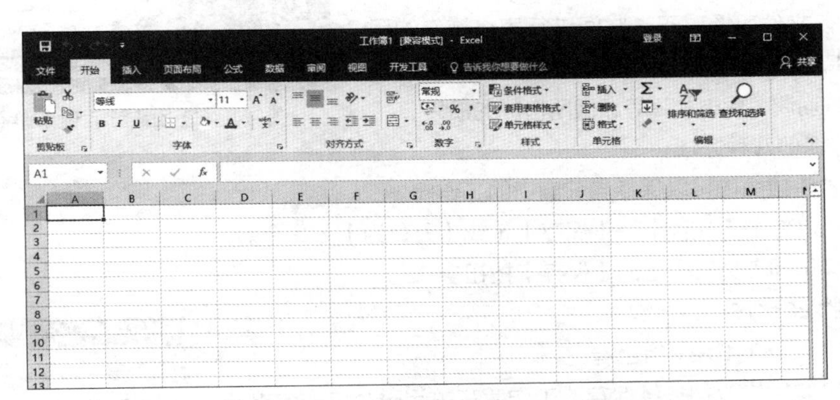

图 3-4　默认文件保存类型对 Excel 运行模式的影响

3.1.2　创建工作簿

用户可以通过以下几种方法创建新的工作簿。

➲ Ⅰ　在 Excel 工作窗口中创建

自 Excel 2010 版本以后，由系统【开始】菜单或桌面快捷方式启动 Excel，启动后的 Excel 工作窗口中自动创建一个名为“工作簿 1”的空白工作簿（如多次重复启动动作，则名称中的编号依次增加），这个工作簿在用户进行保存操作之前都只存在于内存中，没有实体文件存在。

提示

Excel 2010之前的版本，创建新工作簿默认的名称为“Book1”。

在现有的工作窗口中，有以下 3 种等效操作可以创建新的工作簿。

- 双击桌面快捷方式，打开 Excel 程序窗体，在右侧单击【空白工作簿】命令。
- 在功能区上依次单击【文件】→【新建】命令，在右侧单击【空白工作簿】命令。
- 在键盘上按 <Ctrl+N> 组合键。

上述方法所创建的工作簿同样只存在于内存中，并会依照创建次序自动命名。

提示

用户如果需要启动Excel时取消自动创建工作簿，请参阅2.2.2小节。

Ⅱ 在系统中创建工作簿文件

安装了 Office 2016 的 Windows 系统，会在鼠标右键菜单中自动添加新建【Microsoft Excel 工作表】的快捷命令，通过这一快捷命令也可以创建新的 Excel 工作簿文件，并且所创建的工作簿是一个存在于磁盘空间内的真实文件，操作方法如下。

在 Windows 桌面或者文件夹窗口的空白处右击，在弹出的快捷菜单中依次单击【新建】→【Microsoft Excel 工作表】命令，如图 3-5 所示。完成操作后可在当前位置创建一个新的 Excel 工作簿文件，双击此新建的文件，即可在 Excel 工作窗口中打开此工作簿。

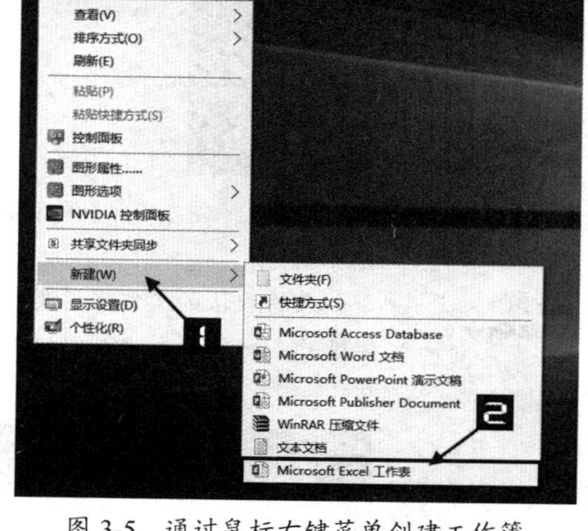

图 3-5　通过鼠标右键菜单创建工作簿

3.1.3 保存工作簿

在工作簿中进行编辑修改等操作后，都需要经过保存才能成为磁盘空间的实体文件，用于以后的读取与编辑。培养良好的保存文件习惯对于长时间进行表格操作的用户来说，具有特别重要的意义，经常性地保存工作簿可以避免很多由系统崩溃、停电故障等原因所造成的损失。

Ⅰ 保存工作簿的几种方法

有以下几种等效操作可以保存当前窗口的工作簿。

- 在功能区依次单击【文件】→【保存】（或【另存为】）命令。
- 单击【快速访问工具栏】上的【保存】按钮。
- 按键盘上的 <Ctrl+S> 组合键。
- 按键盘上的 <Shift+F12> 组合键。

此外，经过编辑修改却未经保存的工作簿在关闭时会自动弹出警告信息，询问用户是否要求保存，如图 3-6 所示。单击【保存】按钮就可以保存此工作簿。关闭工作簿的详细内容，请参阅 3.1.11 小节。

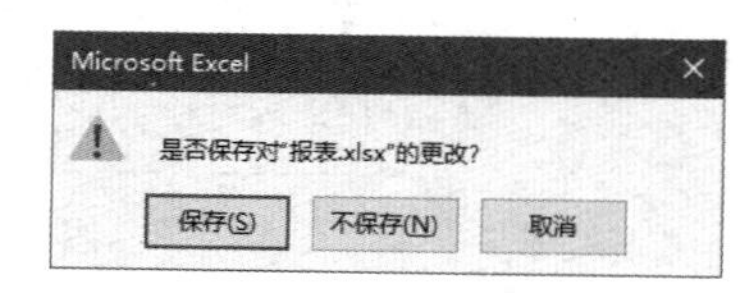

图 3-6　关闭工作簿时询问是否保存

Ⅱ 保存工作簿位置

当用户单击【文件】→【另存为】命令保存工作簿时，右侧会出现 5 个选项，如图 3-7 所示。

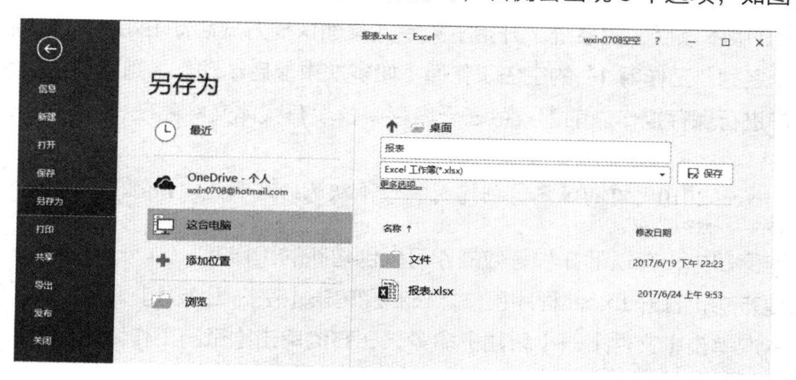

图 3-7　【另存为】显示的路径

- 最近：快速打开最近使用过的文件夹路径。
- OneDrive- 个人：将工作簿保存到当前登录的 Office 2016 的 Microsoft 账户对应的个人 OneDrive 空间。
- 这台电脑：将工作簿保存到本地。
- 添加位置：添加保存的路径位置，可将 Excel 文件保存到云。
- 浏览：将工作簿保存到本地，单击【浏览】命令后，直接进入资源管理器进行文件夹路径的选择。

示例3-1　将工作簿保存到OneDrive上

操作步骤如下。

步骤① 在当前工作簿依次单击【文件】→【另存为】→【OneDrive- 个人】命令，如图 3-8 所示。若用户尚未登录账户，则需要先登录 OneDrive。

步骤② 单击【更多选项】命令，弹出【另存为】对话框。

步骤③ 双击需要保存的文件夹，如【文档】，在【文件名】文本框中输入文件名，如“共享报表”，单击【保存】按钮即可完成操作，如图 3-9 所示。

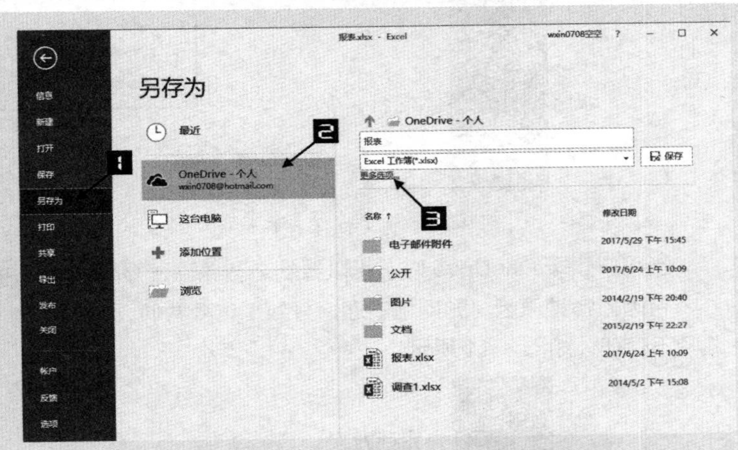

图 3-8　文件【另存为】对话框

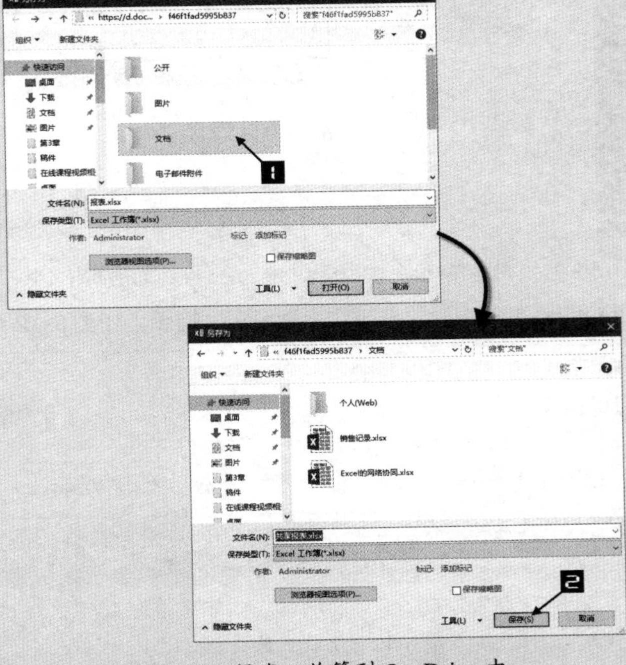

图 3-9　保存工作簿到 OneDrive 中

在【另存为】对话框中，将显示在 OneDrive 中最后一次保存的文件夹路径，如果用户下次同样需要保存在该文件夹下，单击【保存】按钮即可，如图 3-10 所示。

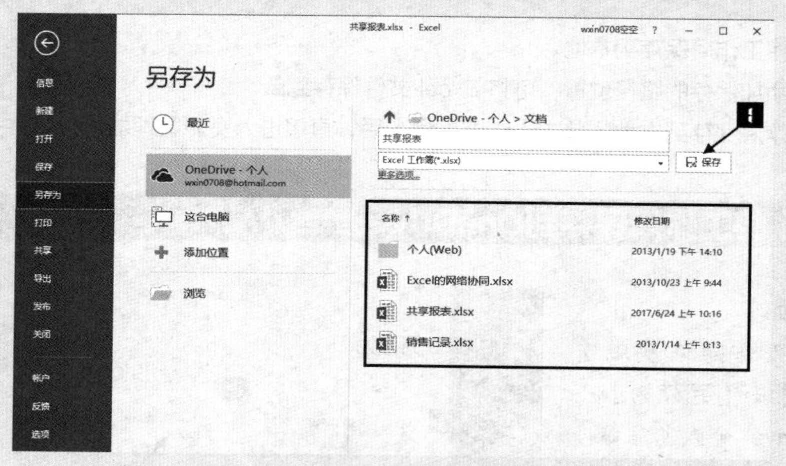

图 3-10　将文件保存在最近一次访问的 OneDrive 文件夹路径中

当用户登录 OneDrive 时，可以看到之前保存在 OneDrive 中的工作簿。

若因为各种原因，如网络不通，导致工作簿暂时无法保存到 OneDrive 中，Excel 程序会提示该路径不存在，如图 3-11 所示。

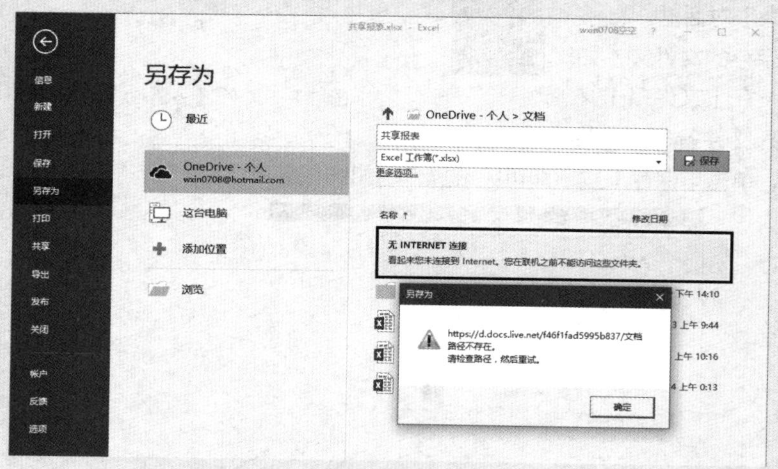

图 3-11　网络不通时工作簿暂时无法保存到 OneDrive 中

且会在"Microsoft Office 上载中心"显示"上载错误"提示，如图 3-12 所示。

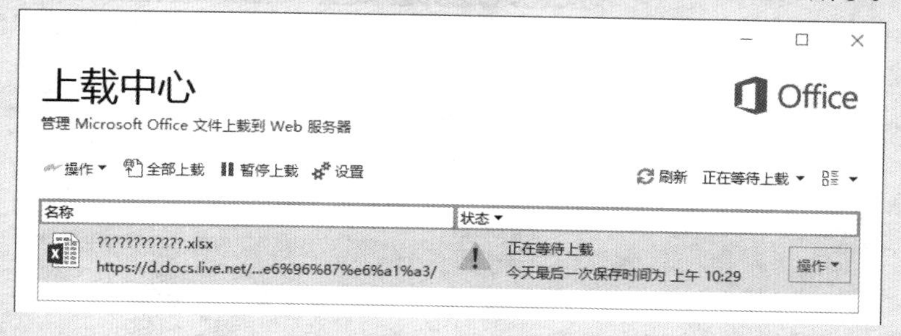

图 3-12　上载失败提示

用户先选择需要上载的工作簿，然后单击右侧的【解决】下拉菜单，重新上载。

单击【文件】→【信息】选项，在【信息】下也会提示【正在等待上载：服务器不可用】，如图 3-13 所示。

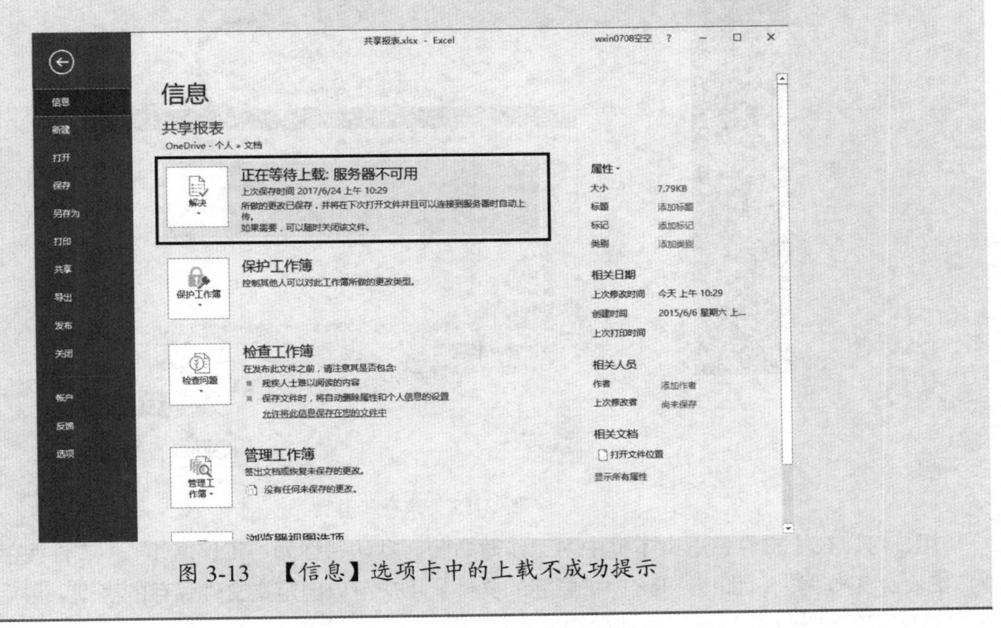

图 3-13　【信息】选项卡中的上载不成功提示

III　【另存为】对话框

在对新建的工作簿进行第一次保存操作时，会弹出【另存为】对话框，并且定位到【最近】位置，如图 3-14 所示。

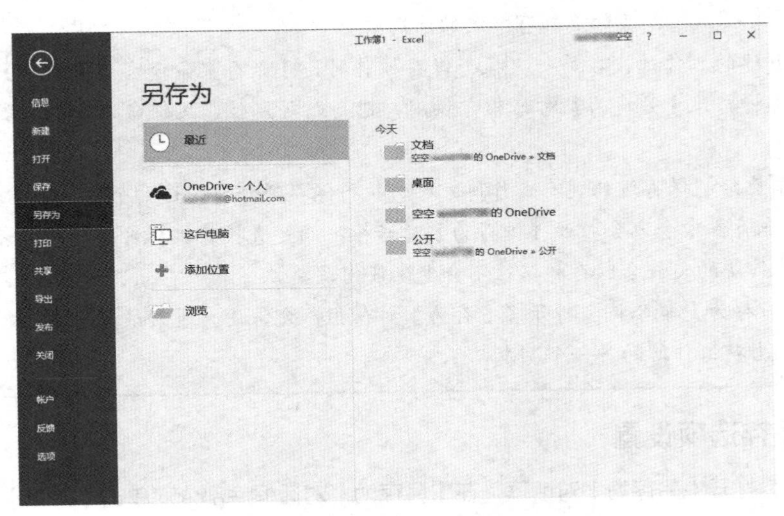

图 3-14　【另存为】对话框

选择一个最近使用过的文件夹作为文件存放路径，单击该文件夹，则会弹出【另存为】对话框，单击【保存】按钮即可，如图 3-15 所示。如果需要新建一个文件夹，可以单击【新建文件夹】按钮，在当前路径中创建一个新的文件夹。

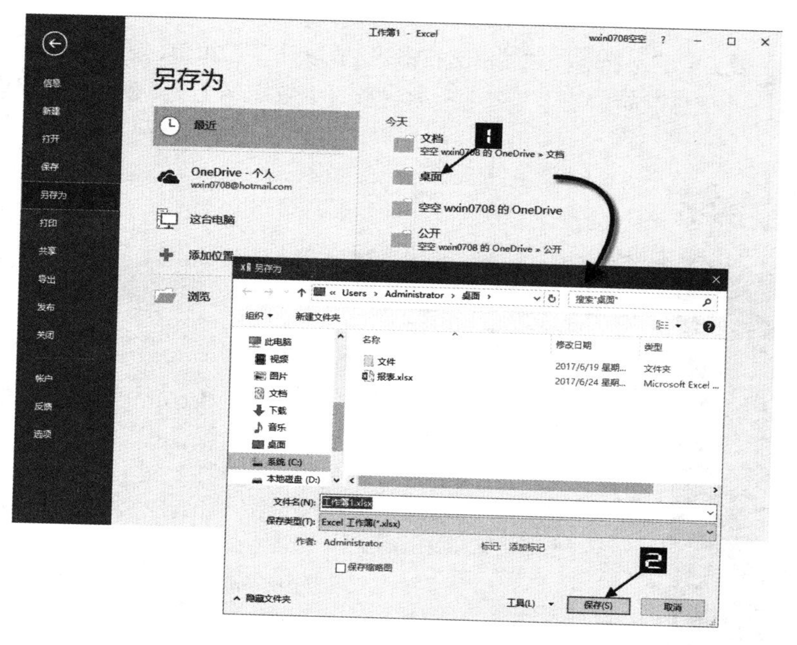

图 3-15　保存工作簿

用户可以在【文件名】文本框中为工作簿命名，默认名称为“工作簿 1”，文件保存类型一般默认为“Excel 工作簿”，即以 .xlsx 为扩展名的文件。用户可以自定义文件保存的类型。最后单击【保存】按钮关闭【另存为】对话框，完成保存操作。

深入了解【保存】和【另存为】

Excel 有两个和保存功能有关的菜单命令，分别是【保存】和【另存为】，它们的名字和实际作用都非常相似，但是实际上却有一定的区别。

对于新创建的工作簿，在第一次执行保存操作时，【保存】命令和【另存为】命令的功能完全相同，都将打开【另存为】对话框，供用户进行路径定位、文件命名和保存类型的选择等一系列设置。

对于之前已经被保存过的现有工作簿，再次执行保存操作时，这两个命令则有以下区别。

（1）【保存】命令不会打开【另存为】对话框，而是直接将编辑修改后的内容保存到当前工作簿中。工作簿的文件名、存放路径不会发生任何改变。

（2）【另存为】命令将会打开【另存为】对话框，允许用户重新设置存放路径和其他保存选项，以得到当前工作簿的另一个副本。

3.1.4　更多保存选项设置

按 <F12> 键，打开【另存为】对话框，在【另存为】对话框底部依次单击【工具】→【常规选项】选项，将弹出【常规选项】对话框，如图 3-16 所示。

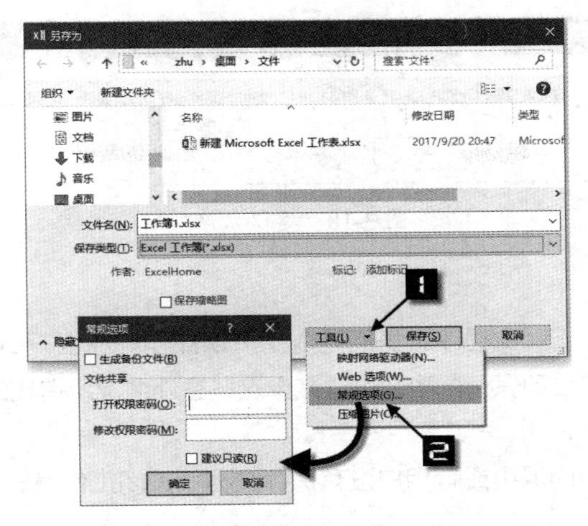

图 3-16 【常规选项】对话框

在【常规选项】对话框中，用户可以为工作簿设置更多的保存选项。

Ⅰ 生成备份文件

选中此复选框，则每次保存工作簿时，都会自动创建备份文件。

所谓自动创建备份文件，其过程是这样的：当保存工作簿文件时，Excel 将磁盘上前一次保存过的同名文件重命名为“XXX 的备份”，扩展名为 xlk，即前文所提到过的备份文件格式，同时，将当前工作窗口中的工作簿保存为与原文件同名的工作簿文件。

这样每次保存时，在磁盘空间上始终存在着新旧两个版本的文件，用户可以在需要时打开备份文件，使表格内容状态恢复到上一次保存的状态。

备份文件只会在保存时生成，并不会“自动”生成。用户从备份文件中也只能获取前一次保存时的状态，并不能恢复到更久以前的状态。

Ⅱ 打开权限密码

在这个文本框内输入密码，可以为保存的工作簿设置打开文件的密码保护，没有输入正确的密码，就无法用常规方法读取所保存的工作簿文件。密码长度最多支持 15 位。

Ⅲ 修改权限密码

与上面的密码有所不同，这里设置的密码可以保护工作表不被意外地修改。

打开设置过修改权限密码的工作簿时，会弹出对话框，要求用户输入密码或以“只读”方式打开文件，如图 3-17 所示。

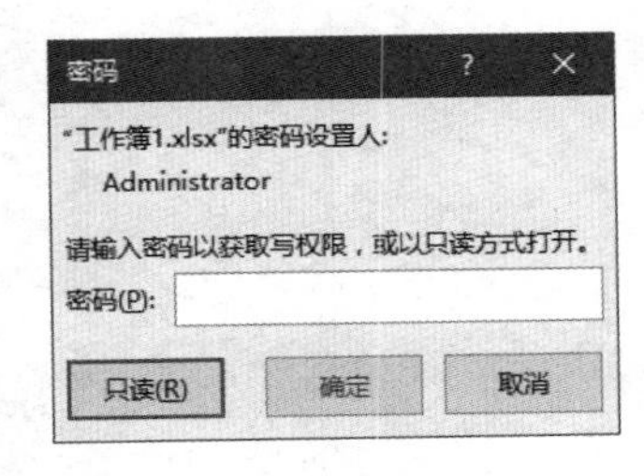

图 3-17 要求用户输入密码

只有掌握此密码的用户才可以在编辑修改工作簿后进行保存，否则只能以“只读”方式打开工作簿。在“只读”方式下，用户不能将工作簿内容所做的修改保存到原文件中，而只能保存到其他副本中。

Ⅳ 建议只读

选中此复选框并保存工作簿以后，再次打开此工作簿时，会弹出如图 3-18 所示的对话框，建议用户以“只读”方式打开工作簿。

图 3-18　建议只读

3.1.5　自动保存功能

由于断电、系统不稳定、Excel 程序本身问题、用户误操作等原因，Excel 程序可能会在用户保存文档之前就意外关闭，使用"自动保存"功能可以减少这些意外情况所造成的损失。

➲ Ⅰ　设置"自动保存"

当 Excel 程序因意外崩溃而退出或者用户没有保存文档就关闭工作簿时，可以选择其中的某一个版本进行恢复。

设置自动保存的方法如下。

步骤① 打开【Excel 选项】对话框，单击【保存】选项卡。

步骤② 选中【保存工作簿】区域中的【保存自动恢复信息时间间隔】复选框（默认为选中状态），即所谓的"自动保存"。在右侧的微调框内设置自动保存的间隔时间，默认为 10 分钟，用户可以设置 1~120 分钟之间的整数。选中【如果我没保存就关闭，请保留上次自动恢复的版本】复选框。在下方【自动恢复文件位置】文本框中输入需要保存的位置，Windows 10 系统中默认的路径为"C:\Users\Administrator\AppData\Roaming\Microsoft\Excel\"，如图 3-19 所示。

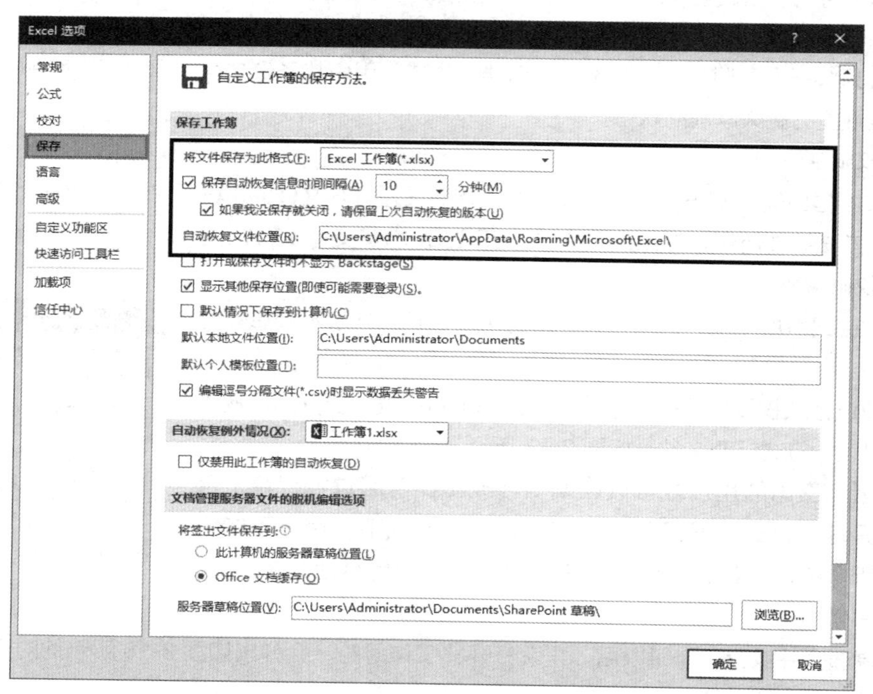

图 3-19　自动保存选项设置

步骤③ 单击【确定】按钮保存设置并退出【Excel 选项】对话框。

设置开启了"自动保存"功能之后，在工作簿文档的编辑修改过程中，Excel 会根据保存间隔时间的设定自动生成备份副本。在 Excel 功能区中依次单击【文件】→【信息】命令，可以查看到这些通过自动保存生成的副本版本信息，如图 3-20 所示。

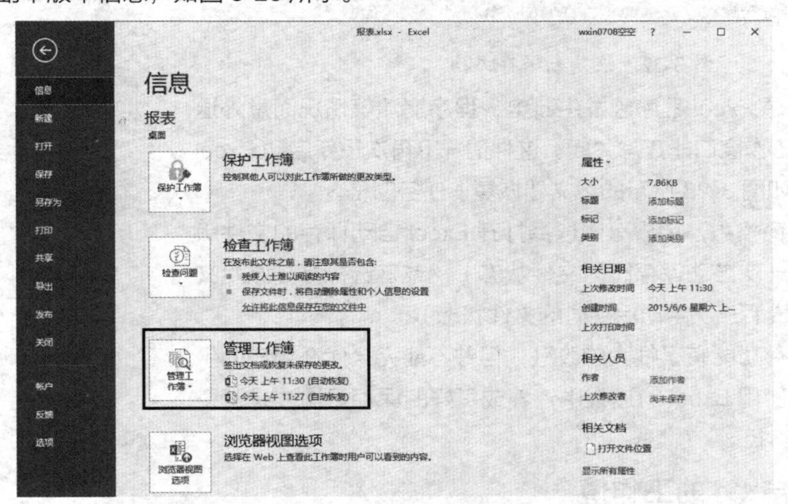

图 3-20　自动生成的备份副本

自动保存的间隔时间在实际使用中遵循以下几条规则。

❖ 只有工作簿发生新的修改时，计时器才开始启动计时，到达指定的间隔时间后发生保存动作。如果在保存后没有新的修改编辑产生，则计时器不会再次激活，也不会有新的备份副本产生。
❖ 在一个计时周期过程中，如果进行了手动保存工作，计时器立即清零，直到下一次工作簿发生修改时再次开始激活计时。

➲ Ⅱ　恢复文档

恢复文档的方式根据 Excel 程序关闭的情况不同而分为两种，第一种情况是用户手动关闭 Excel 程序之前没有保存文档。

这种情况通常是由于误操作造成，要恢复之前所编辑的状态，可以重新打开目标工作簿文档后，在功能区上依次单击【文件】→【信息】命令，在右侧的【管理工作簿】中显示此工作簿最近一次自动保存的文档副本，如图 3-21 所示。

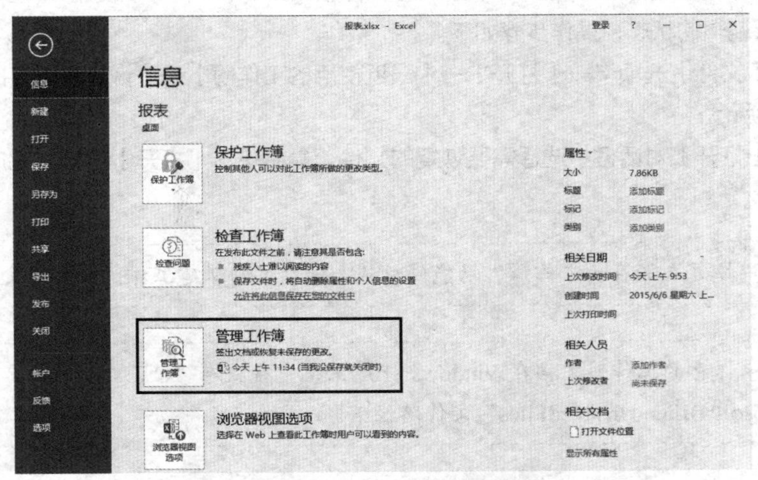

图 3-21　恢复未保存就关闭的文档

单击此文件版本即可打开此副本文档，并在编辑栏上方显示如图 3-22 所示的提示信息，单击【还原】

按钮即可将工作簿文档恢复到此版本。

已恢复未保存的文件　此已恢复文件临时存储在您的计算机中。　还原

图 3-22　恢复未保存文档

第二种情况是 Excel 程序因发生断电、程序崩溃等情况而意外退出，致使 Excel 工作窗口非正常关闭。这种情况下再次重新启动 Excel 时，会自动出现如图 3-23 所示的【文档恢复】任务窗格。

在这个任务窗格中，用户可以选择打开 Excel 自动保存的文件版本（通常是最近一次自动保存时的文件状态），或者选择打开原始文件版本（即用户最后一次手动保存时的文件状态）。

虽然自动保存功能有了很大的改进，但并不能完全代替用户的手动保存操作。在使用 Excel 的过程中，养成良好的保存习惯才是避免重大损失的有效途径。

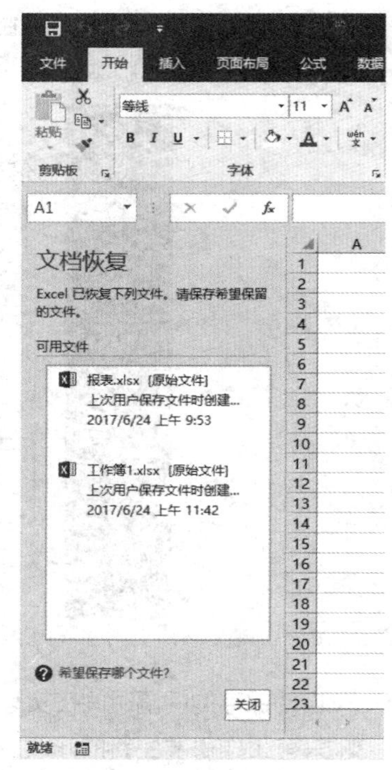

图 3-23　【文档恢复】任务窗格

3.1.6　恢复未保存的工作簿

此项功能与自动保存功能相关，但在对象和方式上与前面所说的自动保存功能有所区别。

在如图 3-19 所示的自动保存选项设置中，如果选中了【如果我没有保存就关闭，请保留上次自动恢复的版本】的复选框，当用户对尚未保存过的新建工作簿或 Excel 中打开的临时工作簿文件进行编辑时，也会定时进行备份保存。在未进行手动保存的情况下关闭此工作簿时，Excel 程序会弹出如图 3-24 所示的对话框，提示用户保存文档。

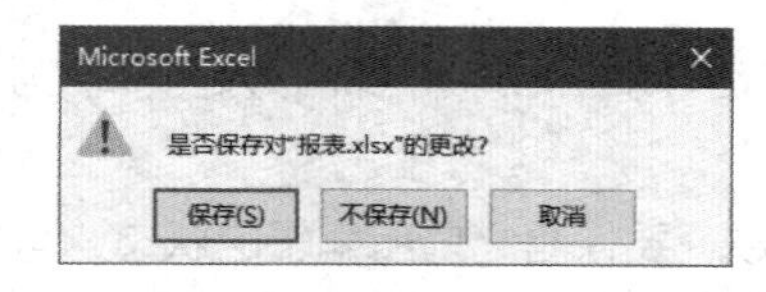

图 3-24　未保存而直接关闭提示对话框

如果单击【不保存】按钮而关闭了工作簿（通常是用户误操作），可以使用“恢复未保存的工作簿”功能恢复到之前所编辑的状态，操作步骤如下。

步骤① 依次单击【文件】选项卡→【打开】→【最近使用的工作簿】→【恢复未保存的工作簿】命令，如图 3-25 所示。

步骤② 在弹出的【打开】对话框中选择需要恢复的文件，最后单击【打开】按钮，完成恢复未保存的工作簿。

注意

“恢复未保存的工作簿”功能仅对从未保存过的新建工作簿或临时文件有效。

提示

未保存的工作簿文档在Windows 10 系统中存放在“C:\Users\用户名\AppData\Local\Microsoft\Office\UnsavedFiles”文件路径下。

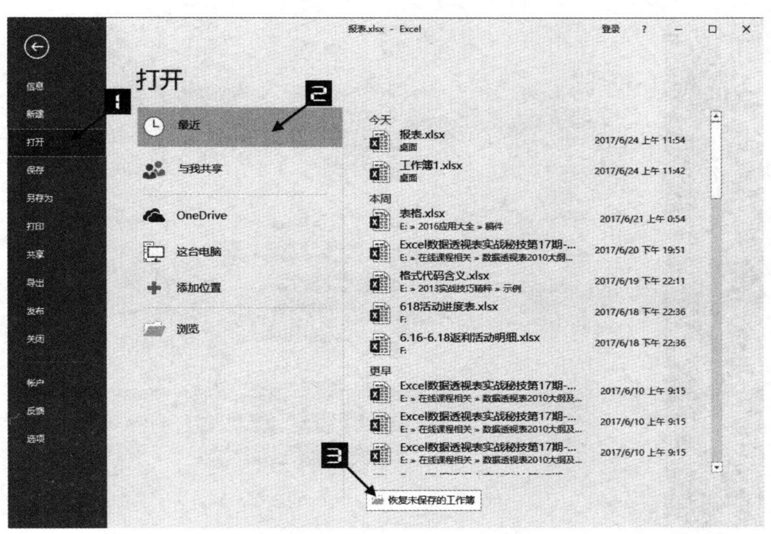

图 3-25 恢复未保存的工作簿

3.1.7 打开现有工作簿

经过保存的工作簿在计算机磁盘上形成文件，用户使用标准的计算机文件管理操作方法就可以对工作簿文件进行管理，诸如复制、剪切、移动、删除和重命名等。无论工作簿文件被保存在何处，或者是复制到不同的计算机上，只要所在计算机安装有 Excel 程序，工作簿文件就可以被再次打开进行读取和编辑等操作。

Excel新版本都会兼容旧版本的文件，即新版本的Excel程序可以打开旧版本创建的Excel文件，如Excel 2016程序可以打开Excel 2003创建的工作簿（扩展名为.xls）。

打开现有工作簿的方法如下。

➲ Ⅰ 直接通过文件打开

如果用户知道工作簿文件所保存的确切位置，利用 Windows 的资源管理器找到文件所在路径，直接双击文件图标即可打开。

另外，如果用户创建了启动 Excel 的快捷方式，那么将工作簿文件拖动到此快捷方式图标上，也可以打开此工作簿。

➲ Ⅱ 使用【打开】对话框

如果用户已经启动了 Excel 程序，那么可以通过执行【打开】命令打开指定的工作簿，如图 3-26 所示。

用以下几种等效方式可以显示【打开】对话框。

- ❖ 在功能区中依次单击【文件】→【打开】命令。
- ❖ 按下键盘上的 <Ctrl+O> 组合键。

此时用户可以选择 6 种方式打开已有的工作簿，分别如下所示。

- ❖ 最近：在右侧会显示用户最近使用的工作簿列表，当在列表中单击工作簿名称时，即可打开该工作簿。
- ❖ 与我共享：当用户登录到 OneDrive 时，在右侧会显示与用户共享的工作簿。
- ❖ OneDrive- 个人：打开用户保存在 OneDrive 中的工作簿。

图 3-26 【打开】界面

❖ 这台电脑：打开本地工作簿，右侧显示最近打开的文件夹路径，用户单击指定文件夹，单击想要打开的文件即可。

❖ 添加位置：打开保存在云上的工作簿。

❖ 浏览：打开本地工作簿，单击【浏览】按钮弹出【打开】对话框，选择目标文件所在的文件夹路径，单击【打开】按钮即可，如图 3-27 所示。

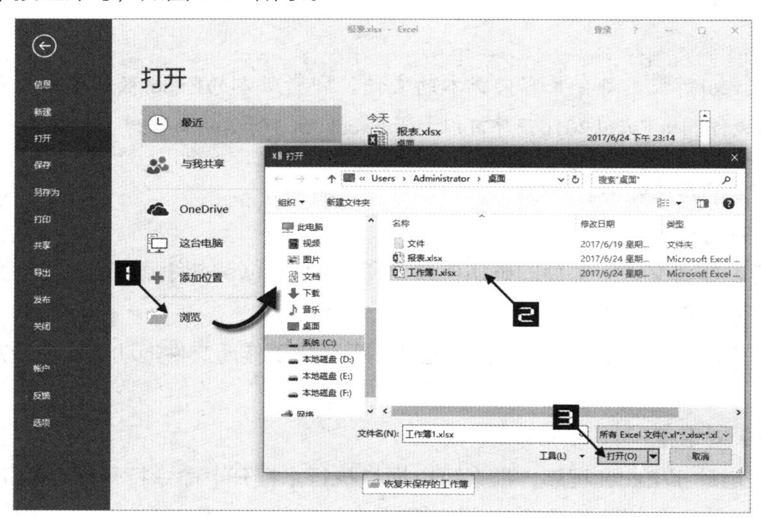

图 3-27 【浏览】打开工作簿

在【打开】对话框中，用户可以通过左侧的树形列表选择工作簿文件的存放路径，在目标路径下选中具体文件后，双击文件图标或者单击【打开】按钮即可打开文件。如果按住 <Ctrl> 键后用鼠标选中多个文件，再单击【打开】按钮，则可以同时打开多个工作簿。

在图 3-27 中的【打开】下拉按钮右侧，显示有三角箭头，其中也包含了一个下拉菜单，具体内容如图 3-28 所示。

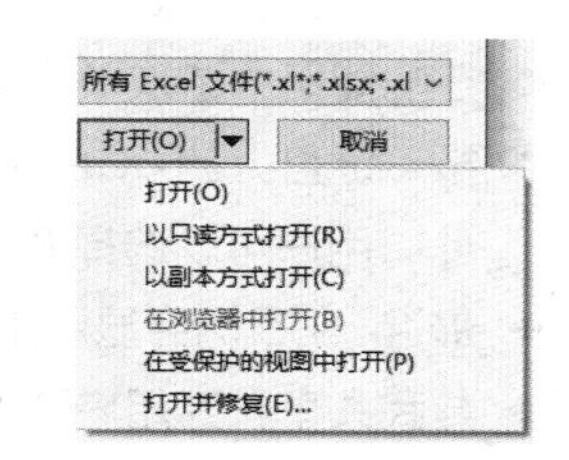

图 3-28 【打开】下拉菜单中的选项

这些【打开】选项的含义如下。

- 打开：正常打开方式。
- 以只读方式打开：以“只读”的方式打开目标文件，不能对文件进行覆盖性保存。
- 以副本方式打开：选择此方法时，Excel 自动创建一个目标文件的副本文件，命名为类似“副本（1）属于（原文件名）”的形式，同时打开这个文件。这样用户可以在副本文件上进行编辑修改，而不会对原文件造成任何影响。
- 在浏览器中打开：使用 Web 浏览器打开文件，如 IE。
- 在受保护的视图中打开：受保护视图模式主要用于在打开可能包含病毒或其他任何不安全因素的工作簿前的一种保护措施。为了尽可能保护计算机安全，存在安全隐患的工作簿都会在受保护的视图中打开，此时大多数编辑功能都将被禁用，用户可以检查工作簿中的内容，以便降低可能发生的任何危险。
- 打开并修复：由于某些原因，如程序崩溃可能会造成用户的工作簿遭受破坏，无法正常打开，应用此选项可以对损坏文件进行修复并重新打开。但修复还原后的文件并不一定能够和损坏前的文件状态保持一致。

➲ III　设置“最近使用的工作簿”数目

用户近期曾经打开过的工作簿文件，通常情况下都会在 Excel 程序中留有历史记录，如果用户需要打开最近曾经操作过的工作簿文件，也可以在【文件】→【最近】的右侧窗格中看到这些文件的列表，单击目标文件名即可打开，如图 3-29 所示。

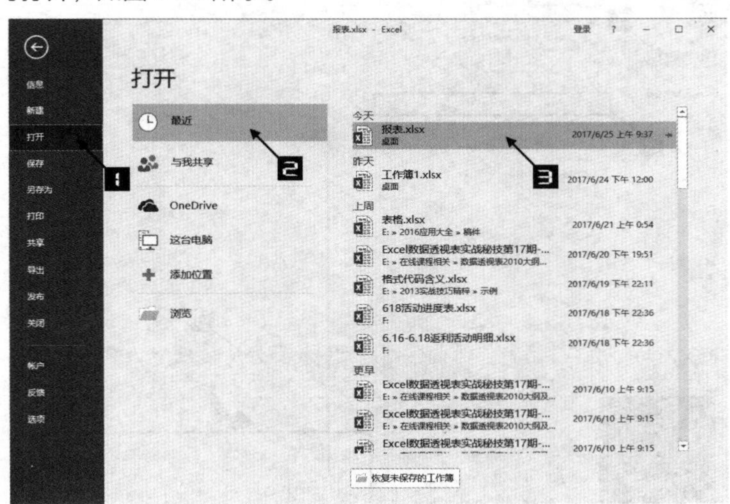

图 3-29　【最近使用的工作簿】显示在右侧

【最近使用的工作簿】默认显示 50 条记录，用户可以自行修改显示最近记录的数目，操作方法如下。

在功能区中依次单击【文件】→【选项】命令，打开【Excel 选项】对话框，在左侧选中【高级】选项卡，然后在右侧的【显示】区域中，通过【显示此数目的“最近使用的工作簿”】的微调按钮，调节需要显示的“最近使用的工作簿”个数，最后单击【确定】按钮保存设置并关闭【Excel 选项】对话框，如图 3-30 所示。

用户通过选中【快速访问此数目的“最近使用的工作簿”】的复选框，同时调节右侧的微调按钮显示数量（工作簿数目默认为 4 个），可以在【文件】选项卡底部显示“快速访问工作簿”列表，如图 3-31 所示。单击列表中的文件名称，即可打开相应的工作簿文件。

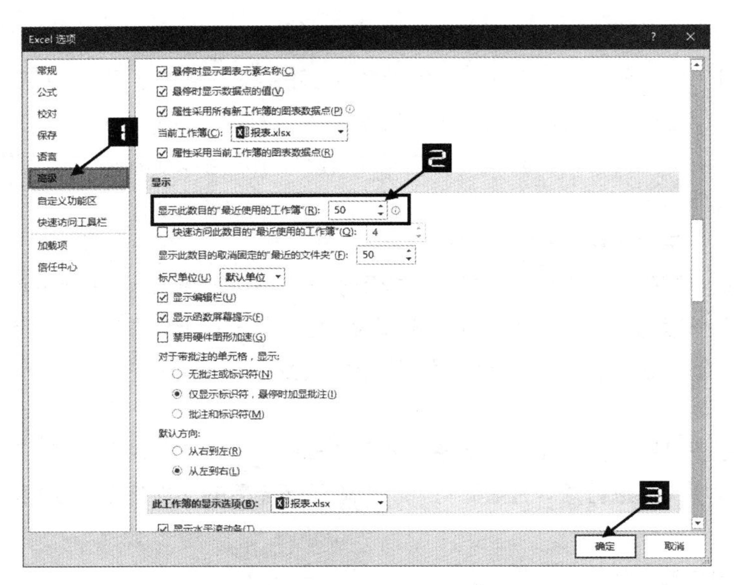

图 3-30　设置【最近使用的工作簿】显示数目

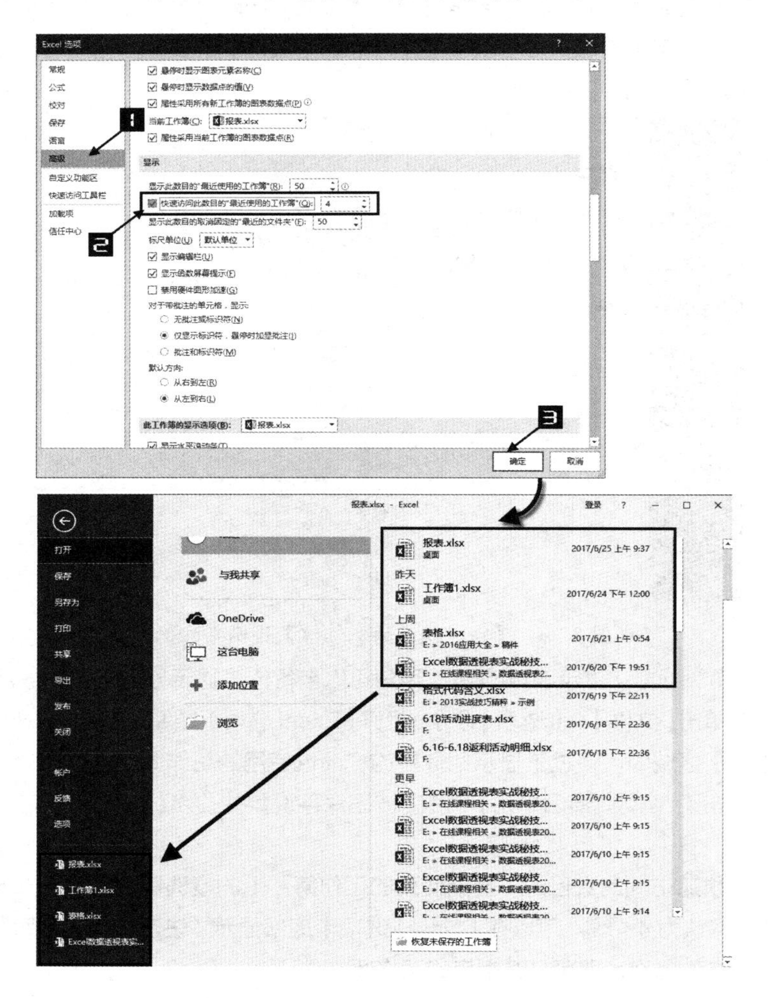

图 3-31　快速访问最近使用的工作簿

用户还可以将在【最近】中常用的工作簿始终显示在最顶端位置（称为置顶），操作方法如下。

在【最近使用的工作簿】列表中选择需要置顶的项目，如“表格”，单击右侧的【图钉】按钮，完成置顶操作，如图 3-32 所示。

图 3-32　使用【图钉】功能将经常打开的工作簿置顶

用户如果想取消置顶，可以选择需要取消置顶的项目，单击右侧的【图钉】按钮，即可完成取消置顶操作。

3.1.8　以兼容模式打开早期版本的工作簿

在 3.1.1 小节中提到，用户在 Excel 2016 版本中打开由 Excel 2003 版本创建的文档，则会开启“兼容模式”，并且在标题栏显示“兼容模式”字样。“兼容模式”可确保用户在处理文档时没有使用到 Excel 2016 版本中新增或增强的功能，仅使用与早期版本相兼容的功能进行编辑操作。

3.1.9　显示和隐藏工作簿

如果在 Excel 程序中同时打开多个工作簿，Windows 的任务栏上就会显示所有的工作簿标签，在【视图】选项卡上单击【切换窗口】的下拉按钮，能够查看所有的工作簿列表，如图 3-33 所示。

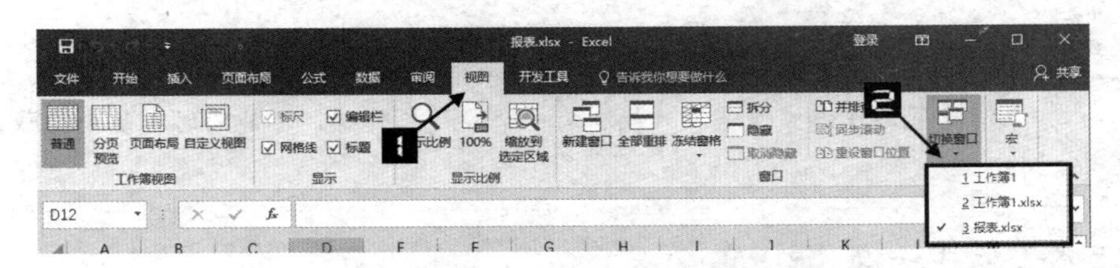

图 3-33　显示所有在 Windows切换窗口中的工作簿

如需隐藏其中的某个工作簿，可在激活目标工作簿后，在【视图】选项卡上单击【隐藏】按钮，如图 3-34 所示。

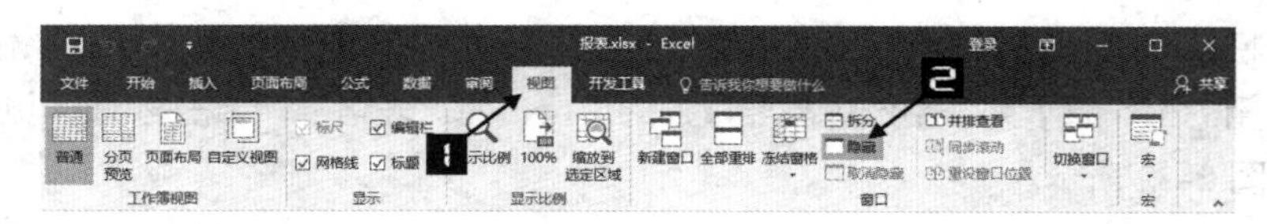

图 3-34 隐藏工作簿

如果打开的工作簿均被隐藏后，显示如图 3-35 所示。

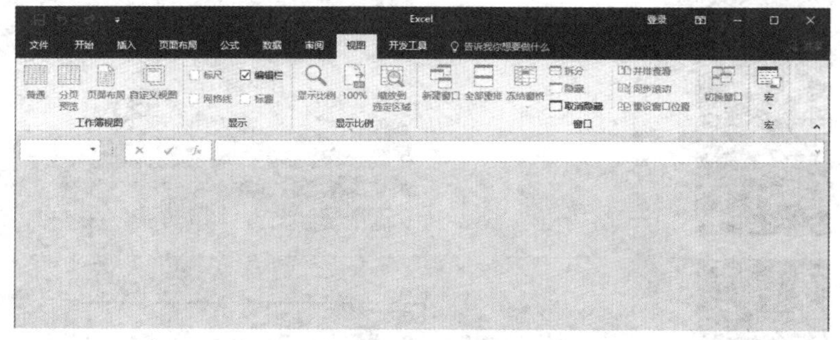

图 3-35 所有工作簿均被隐藏

隐藏后的工作簿并没有退出或关闭，而是继续驻留在 Excel 程序中，但无法通过正常的窗口切换来显示。

如需取消隐藏，恢复显示工作簿，操作方法如下。

在【视图】选项卡上单击【取消隐藏】按钮，在弹出的【取消隐藏】对话框中选择需要取消隐藏的工作簿名称，最后单击【确定】按钮完成，如图 3-36 所示，此时目标工作簿的标签将会重新显示在【切换窗口】按钮的列表中，并在 Windows 系统的任务栏上重新显示。

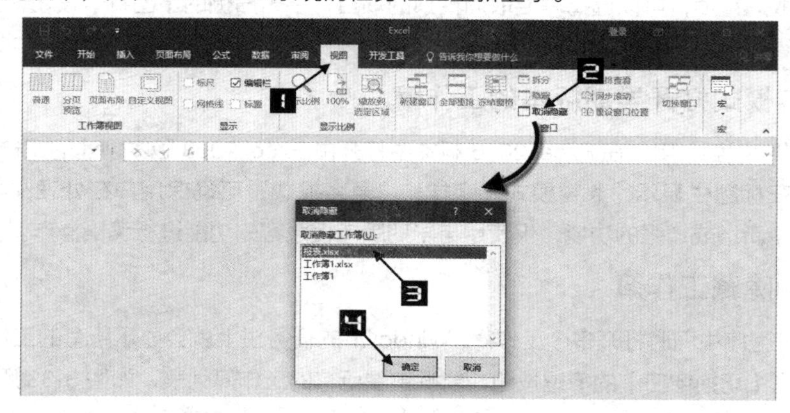

图 3-36 取消隐藏工作簿

> 取消隐藏工作簿操作一次只能取消一个隐藏工作簿，不能同时对多个隐藏工作簿进行操作。

3.1.10 版本与格式转换

Excel 2016 版本除了可以用兼容模式打开和编辑早期版本外，还可以将早期版本工作簿转换为当前版本，方法有以下两种。

➲ Ⅰ 直接转换

步骤① 打开需要转换的早期版本文件。

步骤② 依次单击【文件】选项卡→【信息】→【转换】按钮。

步骤③ 在弹出的提示对话框中单击【确定】按钮，即可完成格式转换，单击【是】按钮，此时 Excel 程序重新打开转换格式后的工作簿文件，标题栏“兼容模式”字样消失，工作簿处于正常模式中，如图 3-37 所示。

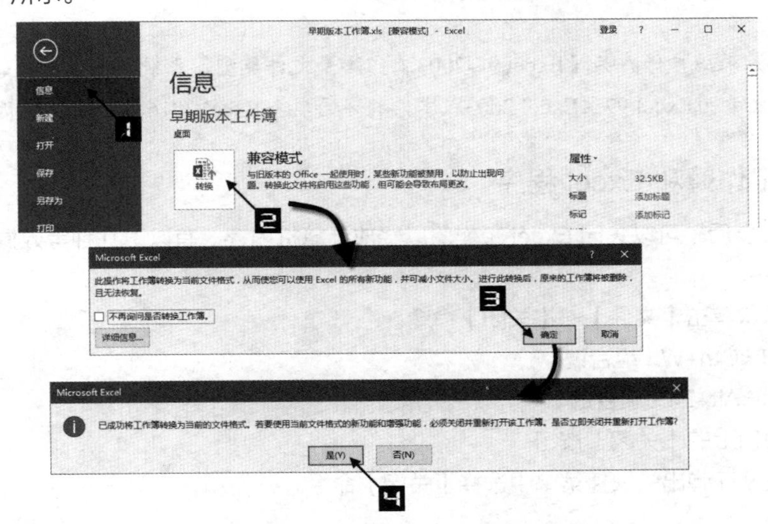

图 3-37 转换 Excel 格式

Ⅱ “另存为”方法

用户可以使用“另存为”的方法，将 Excel 早期的版本转换为 Excel 2016 版本，操作方法请参阅 3.1.3 小节。

虽然以上两种方法都可以将早期版本的工作簿文件转换为 Excel 2016 格式的工作簿文件，但是这两种方法是有区别的，如表 3-1 所示。

表 3-1 转换早期版本工作簿文件格式的两种方式对比

比较项目	“转换”方式	“另存为”方式
早期版本工作簿文件	删除早期版本工作簿文件	不删除早期版本工作簿文件
工作模式	立即以正常模式工作	保持原版本的兼容模式，需要关闭早期版本文件并打开转换新版本的文件后才可以正常模式工作
新建工作表文件格式	Excel 工作簿（.xlsx）	可以选择多种文件格式

此外，需要注意的是，如果早期版本的工作簿包含了宏代码或其他启用宏的内容，在另存为 Excel 2016 版本时，需要保存为“启用宏的工作簿”。当工作簿中带有宏代码时，如果选择将此工作簿保存成“Excel 工作簿”文件类型，单击【保存】按钮后，则会弹出提示对话框，如图 3-38 所示。

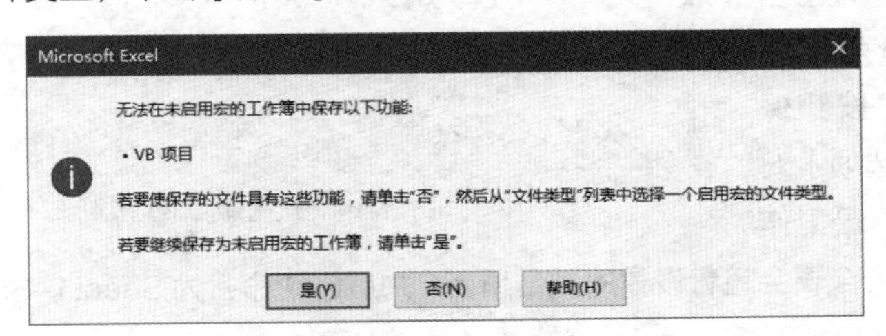

图 3-38 带有宏代码的工作簿保存成常规类型时的提示框

如果用户单击【是】按钮，则保存为“Excel 工作簿”文件类型，但是系统自动删除文件中的所有宏代码。如果用户单击【否】按钮，则会弹出【另存为】对话框，用户可以在【保存类型】下拉列表中选择【Excel 启用宏的工作簿】或【Excel 97-2003 工作簿】文件类型，设置文件存储路径和文件名称后，单击【确定】按钮，将文件保存成保留宏代码的 Excel 文档。

提示

如果用户保存为【Excel 97-2003工作簿】文件类型，系统将自动转换工作簿的功能、元素为Excel 97至Excel 2003版本，将不再具备Excel 2016新功能或者新特性。

3.1.11 关闭工作簿和 Excel 程序

当用户结束工作后，可以关闭 Excel 工作簿以释放计算机内存。有以下几种等效操作可以关闭当前工作簿。

- 在功能区上依次单击【文件】→【关闭】命令。
- 按下键盘上的 <Ctrl+W> 组合键。
- 按下键盘上的 <Alt+F4> 组合键。
- 单击工作簿窗口上的【关闭】按钮。
- 在功能区右击，在弹出的快捷菜单中选择【关闭】命令。

3.2 工作表的基本操作

工作表是工作簿的重要组成部分，工作簿总是包含一个或多个工作表，以下将对工作表的创建、复制等基本操作进行详细介绍。

3.2.1 创建工作表

Ⅰ 随工作簿一同创建

默认情况下，Excel 在创建工作簿时，自动包含了名为【Sheet1】的 1 张工作表。用户可以通过设置来改变新建工作簿时所包含的工作表数目。

打开【Excel 选项】对话框，在【常规】选项卡中的【包含的工作表数】微调框内，可以设置新工作簿默认所包含的工作表数目，数值范围为 1~255，单击【确定】按钮保存设置并退出【Excel 选项】对话框。调整数值后，新建工作簿时，自动创建的内置工作表会随着设置的数目所定，并且自动命名为 Sheet1~Sheetn，如图 3-39 所示。

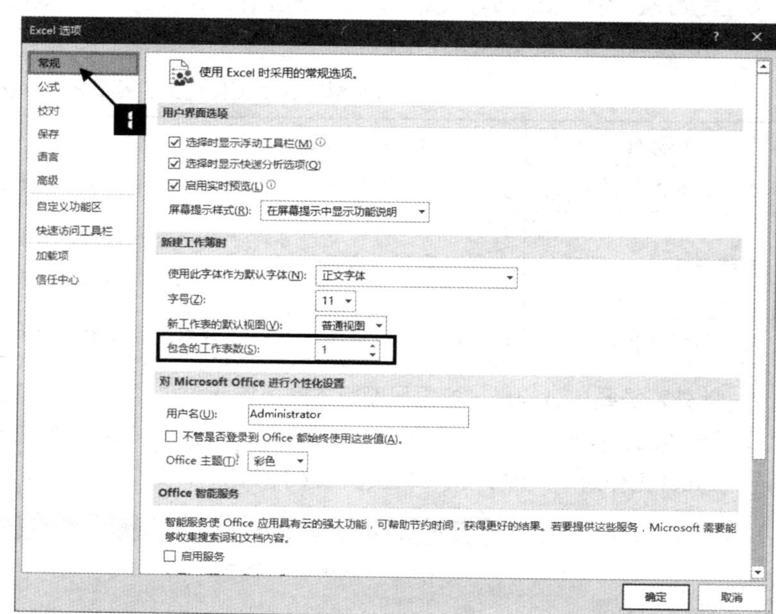

图 3-39 设置新工作簿的工作表数目

提示

在大多数情况下，用户的工作簿中并没有包含太多工作表的必要，而且空白的工作表会增加工作簿文件的体积，造成不必要的存储容量占用。所以，建议用户将新工作簿内的工作表数设置得尽可能少，在需要的时候增加工作表比不需要的时候删除空白工作表更容易。

➲ Ⅱ　从现有的工作簿中创建

有以下几种等效方式可以在当前工作簿中创建一个新的工作表。

❖ 在【开始】选项卡中依次单击【插入】→【插入工作表】命令，如图 3-40 所示，则会在当前工作表左侧插入新工作表。

图 3-40　通过【插入工作表】创建新工作表

❖ 在当前工作表标签上右击，在弹出的快捷菜单上选择【插入】命令，在弹出的【插入】对话框中选中【工作表】，再单击【确定】按钮，如图 3-41 所示。

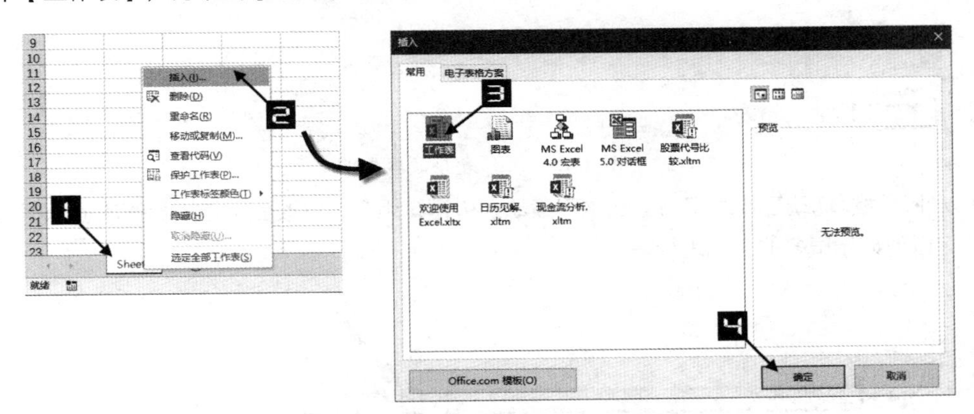

图 3-41　通过右键快捷菜单创建新工作表

❖ 单击工作表标签右侧的【新工作表】按钮，如图 3-42 所示，则会在工作表的末尾快速插入新工作表。

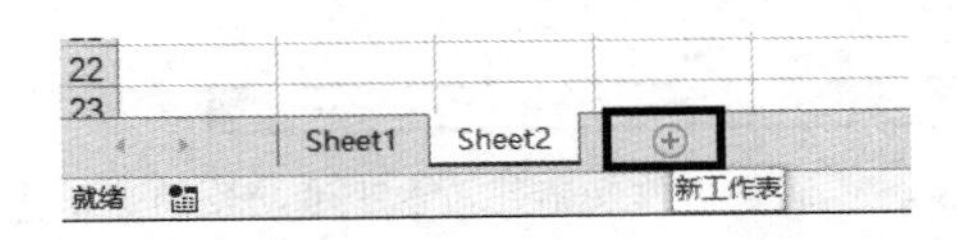

图 3-42　使用【新工作表】按钮创建工作表

❖ 按下键盘上的 <Shift+F11> 组合键，则会在当前工作表左侧插入新工作表。

新创建的工作表，依照现有工作表数目自动编号命名。

如果用户通过右键快捷菜单插入新工作表，需要批量增加多张工作表，可以在第一次插入工作表操作完成后，按 <F4> 键重复操作，若通过右侧的【新工作表】按钮创建新工作表，则无法使用 <F4> 键重复创建。也可以在同时选中多张工作表的情况下使用功能按钮或使用工作表标签的右键菜单命令插入工作表，此时会一次性创建与选定的工作表数目相同的新工作表。同时选定多张工作表的方法请参阅 3.2.3 小节。

注意 创建新工作表的操作无法通过“撤销”按钮进行撤销。

3.2.2 激活当前工作表

在 Excel 的操作过程中，始终有一个“当前工作表”作为用户输入和编辑等操作的对象和目标，用户的大部分操作都是在“当前工作表”上得以体现。在工作表标签栏上，“当前工作表”的标签背景会以反白显示，如图 3-43 所示的 Sheet1。要切换其他工作表为当前工作表，可以直接在目标工作表标签上单击。

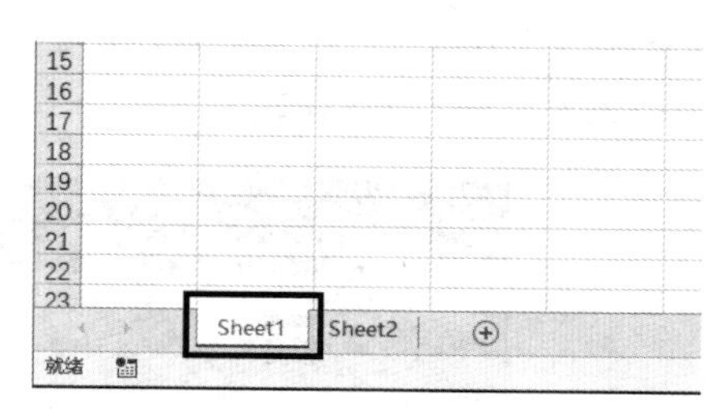

图 3-43 当前工作表

如果工作簿内包含的工作表较多，标签栏上不一定能够全部显示所有工作表标签，则可以通过单击标签栏左侧的工作表导航按钮来滚动显示不同的工作表标签，如图 3-44 所示。

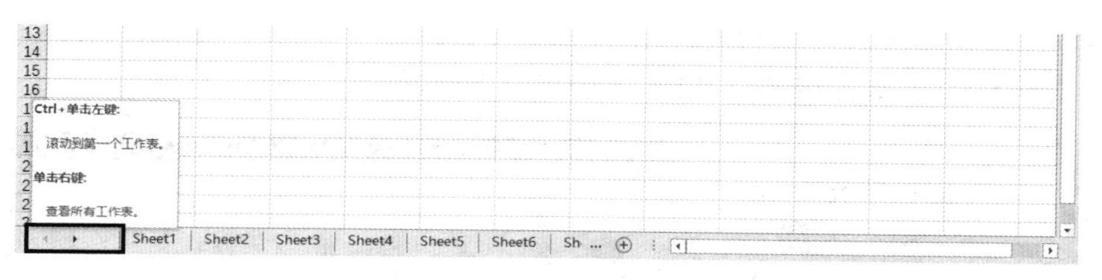

图 3-44 工作表导航按钮

除此以外，通过拖动工作表窗口上的水平滚动条边框，用户可以改变工作表标签的显示宽度，如图 3-45 所示，以便显示更多的工作表标签。

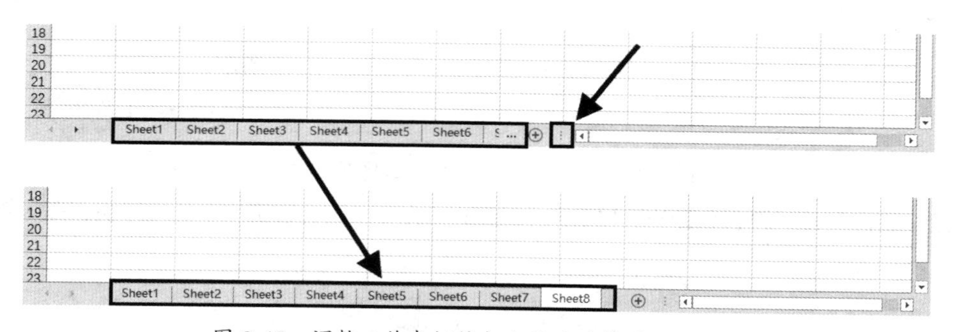

图 3-45 调整工作表标签与水平滚动条的显示宽度

如果工作簿中的工作表很多，需要滚动很久才能看到目标工作表，还可以在工作表导航栏上右击，此时会显示一个工作表标签列表，如图 3-46 所示，选中其中任何一个工作表名称，单击【确定】按钮就可以显示相应的工作表，双击其中任何一个工作表名称也可以显示相应的工作表。

另外，常用于切换工作表的快捷键是 <Ctrl+Page UP> 和 <Ctrl+Page Down>，它们的作用分别是切换到上一张工作表和切换到下一张工作表。

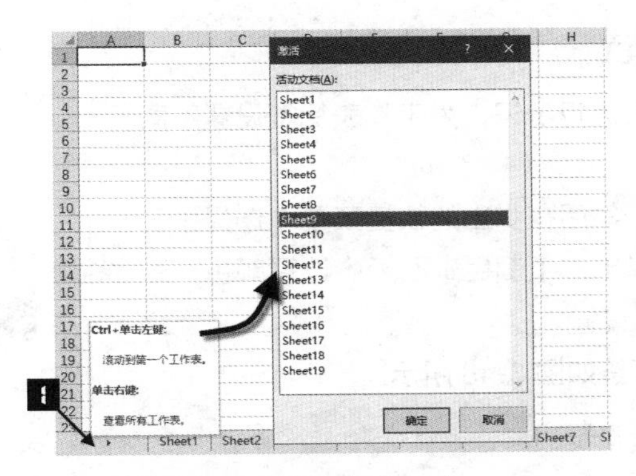

图 3-46　工作表标签列表

3.2.3　同时选定多张工作表

除了选定某个工作表作为当前工作表外，用户还可以同时选中多个工作表形成“组”。在工作组模式下，用户可以方便地同时对多个工作表对象进行复制、删除等操作，也可以进行部分编辑操作。

有以下几种方式可以同时选定多张工作表以形成工作组。

- 按住 <Ctrl> 键，同时用鼠标依次单击需要选定的工作表标签，就可以同时选定多个工作表。
- 如果用户需要选定的工作表为连续排列的工作表，可以先单击其中的第一个工作表标签，然后按住 <Shift> 键，再单击连续工作表中的最后一个工作表标签，即可同时选定工作表。
- 如果要选定当前工作簿中的所有工作表组成工作组，可以在任意工作表标签上右击，在弹出的快捷菜单上选择【选定全部工作表】命令。

多个工作表被同时选中后，会在 Excel 窗口标题栏上显示“组”字样。被选定的工作表标签都将反白显示，如图 3-47 所示。

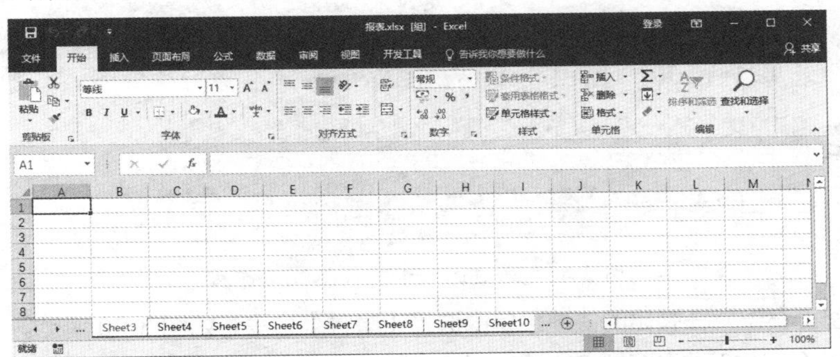

图 3-47　同时选定多个工作表组成工作组

用户如果取消工作组的操作模式，可以单击工作组以外的工作表标签（如果所有工作表都在工作组内，则单击任意工作表标签即可），或者是在工作表标签上右击，在弹出的快捷菜单上选择【取消组合工作表】命令。

3.2.4　工作表的复制、移动、删除与重命名

通过对工作表进行复制、移动、删除，以及对工作表标签进行重命名，可以方便地管理和组织工作簿中的各工作表。本节详细内容，请扫描右侧二维码阅读。

3.2.5 工作表标签颜色

为了方便用户对工作表进行辨识，为工作表标签设置不同的颜色是一种不错的方法。

在工作表标签上右击，然后在弹出的快捷菜单中选择【工作表标签颜色】命令，在弹出的【颜色】面板中选择颜色，即可完成对工作表标签颜色的设置。

设置过颜色的工作表标签如图 3-48 所示。

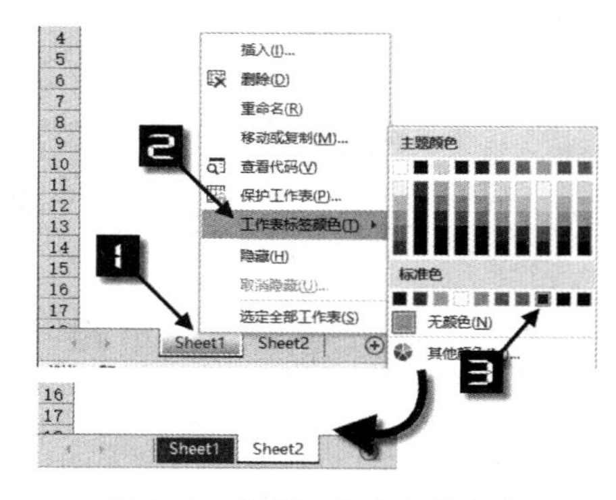

图 3-48 设置工作表标签颜色

3.2.6 显示和隐藏工作表

出于某些特殊需要，或者数据安全方面的原因，用户可以使用工作表隐藏功能，将一些工作表隐藏。选定工作表后，有以下两种方式可以隐藏工作表。

❖ 在【开始】选项卡中依次单击【格式】下拉按钮→【隐藏和取消隐藏】→【隐藏工作表】选项，如图 3-49 所示。

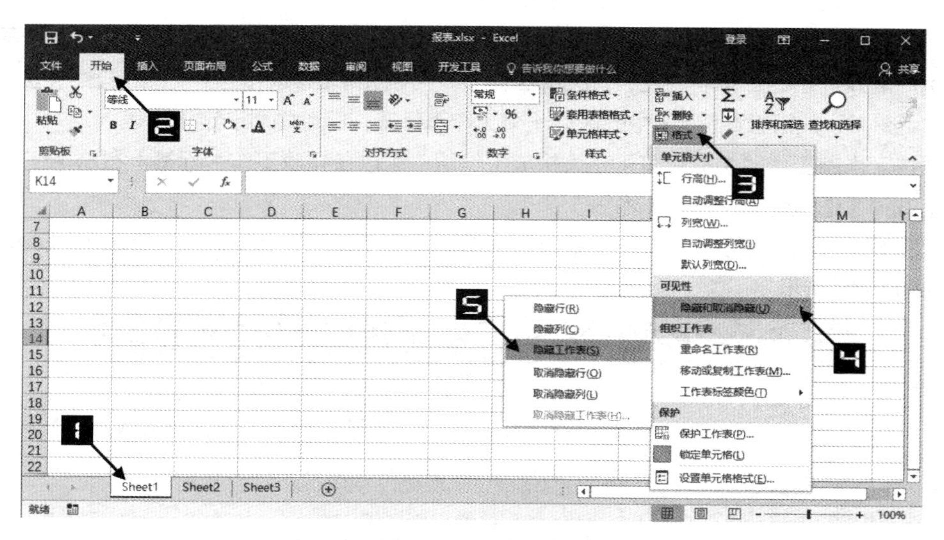

图 3-49 通过选项卡操作隐藏工作表

❖ 在工作表标签上右击，在弹出的快捷菜单中选择【隐藏】命令，如图 3-50 所示。

不可以隐藏一个工作簿内的所有工作表，当隐藏最后一张显示的工作表时，则会弹出如图 3-51 所示的对话框，提示工作簿中至少要含有一张可视的工作表。

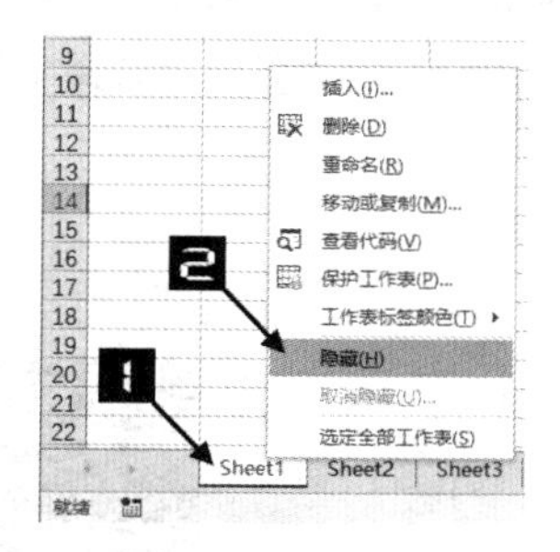

图 3-50 通过右键快捷菜单隐藏工作表

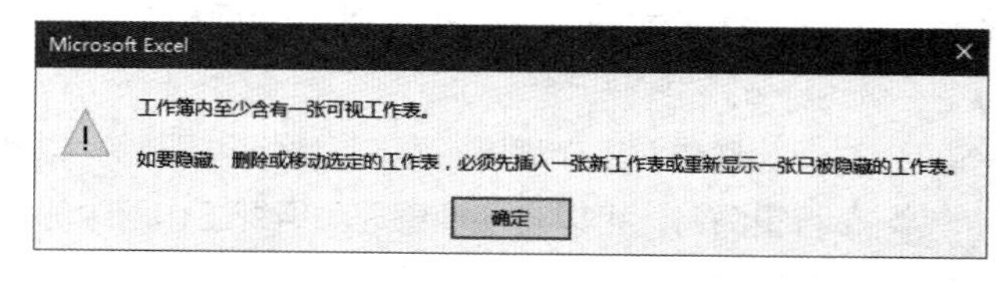

图 3-51 隐藏最后一张工作表提示对话框

如果要取消工作表的隐藏状态，有以下两种方法。

❖ 在【开始】选项卡中依次单击【格式】下拉按钮→【隐藏和取消隐藏】→【取消隐藏工作表】命令，在弹出的【取消隐藏】对话框中选择需要取消隐藏的工作表，最后单击【确定】按钮，如图 3-52 所示。

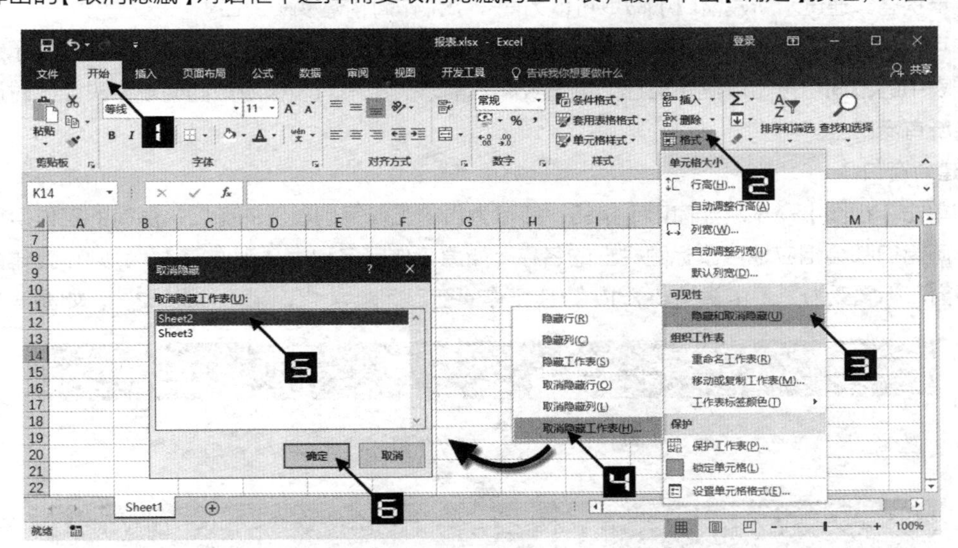

图 3-52　通过选项卡操作取消隐藏工作表

❖ 在工作表标签上右击，在弹出的快捷菜单中选择【取消隐藏】命令，然后在弹出的【取消隐藏】对话框中选择需要取消隐藏的工作表，最后单击【确定】按钮，如图 3-53 所示。

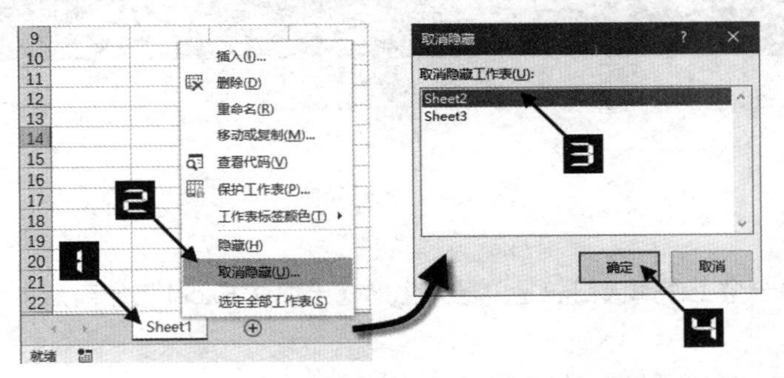

图 3-53　通过右键快捷菜单取消隐藏工作表

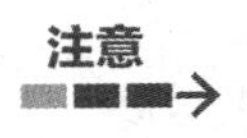

注意

无法对多张工作表一次性取消隐藏。如果没有隐藏的工作表，则取消隐藏命令呈灰色不可用状态。工作表的隐藏操作不改变工作表的排列顺序。

3.3　工作窗口的视图控制

在处理一些复杂的数据量多的表格时，用户通常需要花费很多精力在诸如切换工作簿（或者工作表），查找浏览和定位所需内容等烦琐操作上。事实上，为了能够在有限的屏幕区域中显示更多的有用信息，以便对表格内容的查询与编辑，用户可以通过工作窗口的视图控制改变窗口显示。以下将对各项控制窗口视图显示的操作功能及方法进行详细介绍。

3.3.1 工作簿的多窗口显示

在 Excel 工作窗口中同时打开多个工作簿时，通常每个工作簿只有一个独立的工作簿窗口，并处于最大化显示状态。通过【新建窗口】命令可以为同一个工作簿创建多个窗口。

用户可以根据需要在不同的工作簿中选择不同的工作表为当前工作表，或者是将窗口显示定位到同一个工作表中的不同位置，以满足自己的浏览或编辑需求。用户对表格所做的编辑修改会同时反映在该工作簿的所有窗口上。

➲ Ⅰ 创建新窗口

依次单击【视图】→【新建窗口】按钮，即可为当前工作簿创建新的窗口。原有的工作簿窗口和新建的工作簿窗口都会相应地更改标题栏上的名称，如原工作簿名称为“工作簿 1”，则在新建窗口后，原工作簿窗口标题变为“工作簿 1.xlsx:1”，新工作簿窗口标题为“工作簿 1.xlsx:2”，如图 3-54 所示。

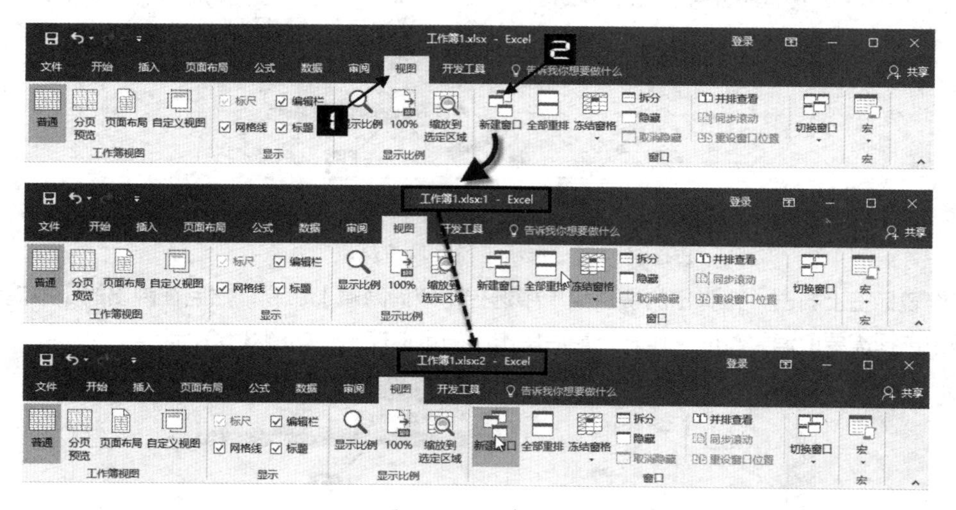

图 3-54 新建窗口

➲ Ⅱ 窗口切换

在默认情况下，每一个工作簿窗口总是以最大化形式出现在 Excel 工作窗口中，并在工作窗口标题栏上显示自己的名称。

用户可以通过菜单操作将其他工作簿窗口选定为当前工作簿窗口，操作方法如下。

在【视图】选项卡上单击【切换窗口】下拉按钮，在其扩展列表中会显示当前所有的工作簿窗口名称，单击相应名称即可将其切换为当前工作簿窗口，如图 3-55 所示。

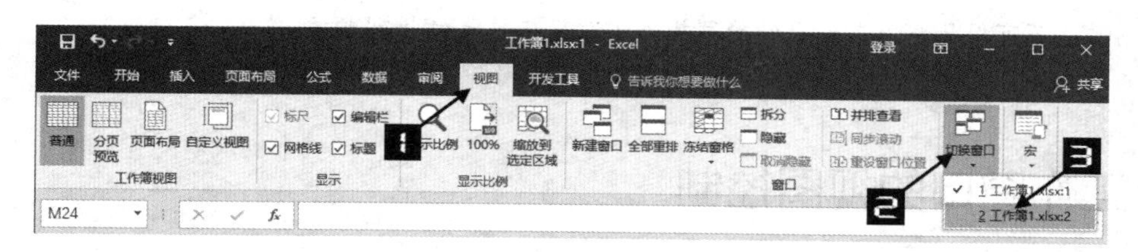

图 3-55 多窗口切换

如果当前打开的工作簿窗口较多（9 个以上），在【切换窗口】下拉列表中将无法显示所有窗口名称，在列表底部会显示【其他窗口】选项，单击此选项会弹出【激活】对话框，在【激活】列表框中选定工作簿窗口，单击【确定】按钮，即可切换至目标工作簿窗口，如图 3-56 所示。

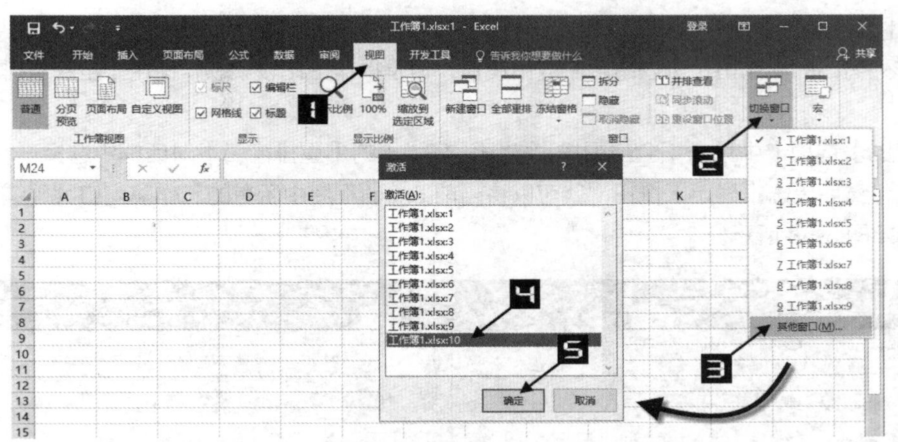

图 3-56　激活新窗口

除了通过菜单的操作方式外，在 Excel 工作窗口中按 <Ctrl+Tab> 组合键，可以切换到上一个工作簿窗口。

另外，还可以通过单击 Windows 操作系统任务栏上的窗口，来进行工作簿窗口的切换，或者在键盘上按 <Alt+Tab> 组合键进行程序窗口的切换。

➲ III　重排窗口

在 Excel 中打开了多个工作簿窗口时，通过菜单命令或手工操作方法可以将多个工作簿以多种形式同时显示在 Excel 工作窗口中，方便用户检索和监控表格内容。

（1）手动排列窗口。

用户可以通过手动对 Excel 工作窗口进行排列，如图 3-57 所示。

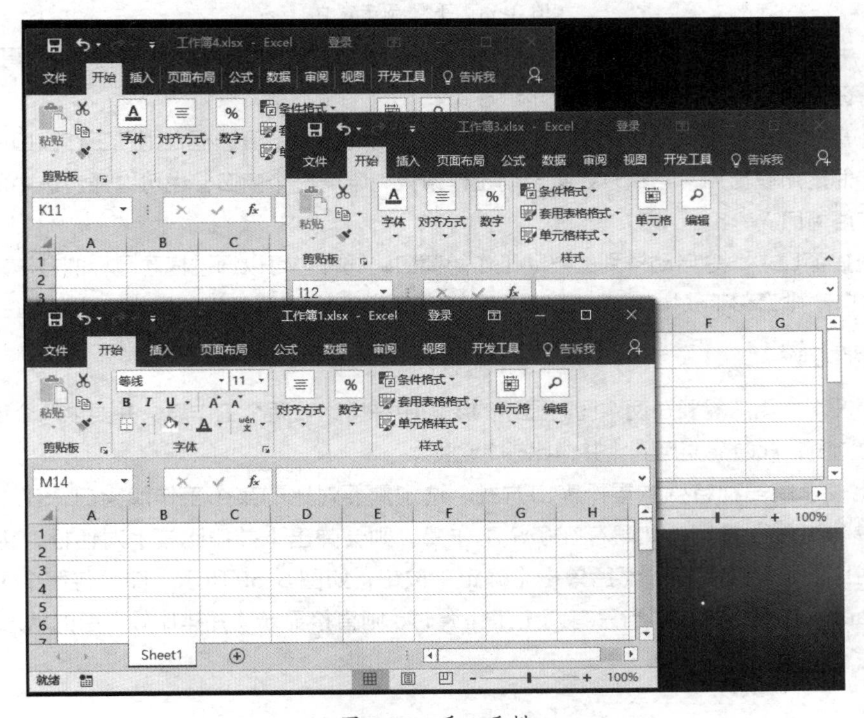

图 3-57　手工重排

（2）【全部重排】命令。

手动排列窗口的操作虽然可以由用户自由设置，但是操作上比较烦琐，使用【全部重排】命令更快捷方便。

在【视图】选项卡中单击【全部重排】按钮，在弹出的【重排窗口】对话框中选择一种排列方式，如【平铺】，然后单击【确定】按钮，就可以将当前 Excel 程序中所有的工作簿窗口“平铺”显示在工作窗口中，如图 3-58 所示。

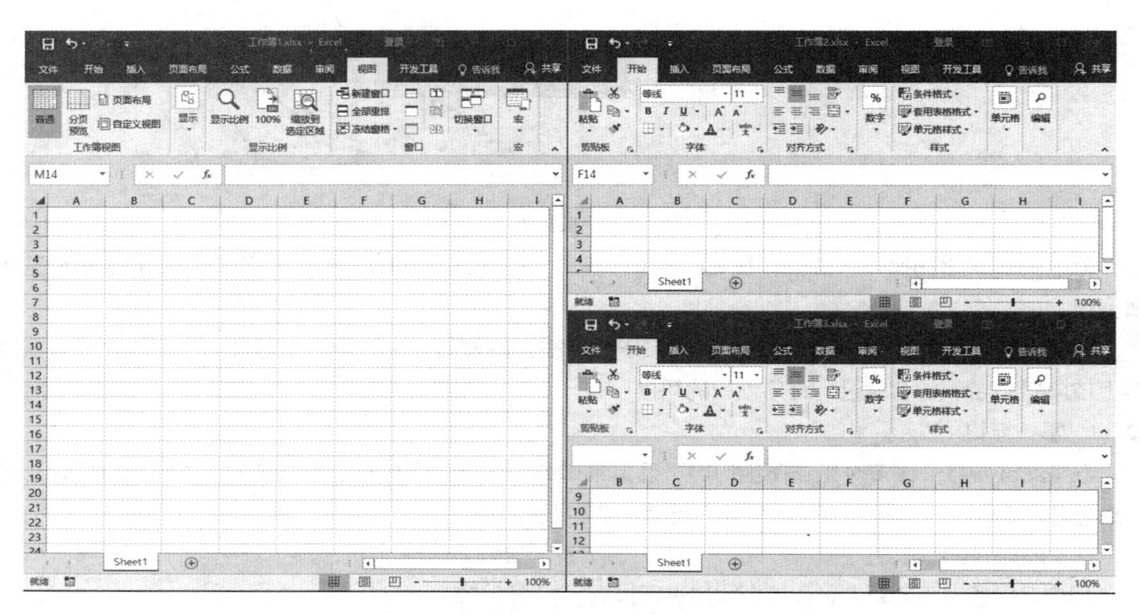

图 3-58　平铺显示窗口

类似地，用户也可以在【重排窗口】对话框中选择其他排列方式，如【水平并排】【垂直并排】或【层叠】，工作簿窗口则会对应有不同的排列显示方式。

如果在【重排窗口】对话框中选中【当前活动工作簿的窗口】复选框，则在工作窗口中只会同时显示出当前工作簿的所有窗口，当然，如果当前工作簿只有唯一一个窗口，也可以通过选中此复选框来单独显示此工作簿窗口。

通过【重排窗口】命令自动排列的浮动工作簿窗口，同样也可以通过拖动鼠标的方法来改变位置和窗口大小。将自动排列和手动操作的方式相结合，用户可以同时享受便捷的操作方式和自由的发挥空间。

3.3.2　并排比较

在有些情况下，用户需要在两个同时显示的窗口中并排比较两个工作表，并要求两个窗口中的内容能够同步滚动浏览，此时需要用到【并排比较】功能。

【并排比较】是一种特殊的重排窗口方式，选定需要对比的某个工作簿窗口，在【视图】选项卡上单击【并排查看】按钮，如果存在多个工作簿，则会弹出【并排比较】对话框，用户在其中选择需要进行对比的目标工作簿，然后单击【确定】按钮，如图 3-59 所示，即可将两个工作簿窗口并排显示在 Excel 工作窗口之中。当只有两个工作簿时，则直接显示“并排比较”后的状态，如图 3-60 所示。

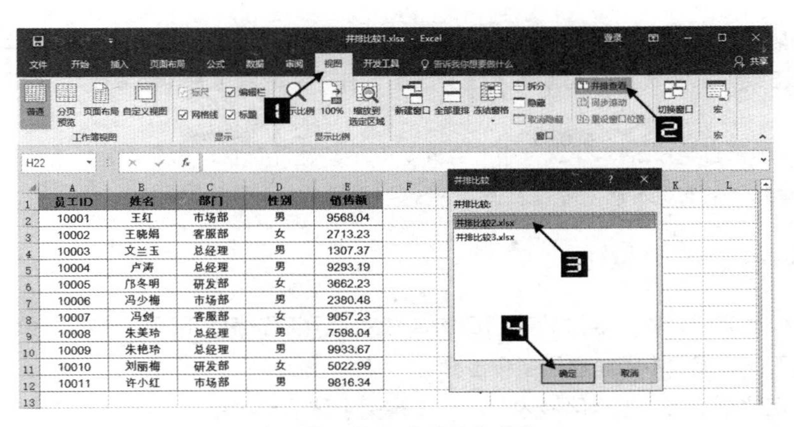

图 3-59 执行【并排查看】

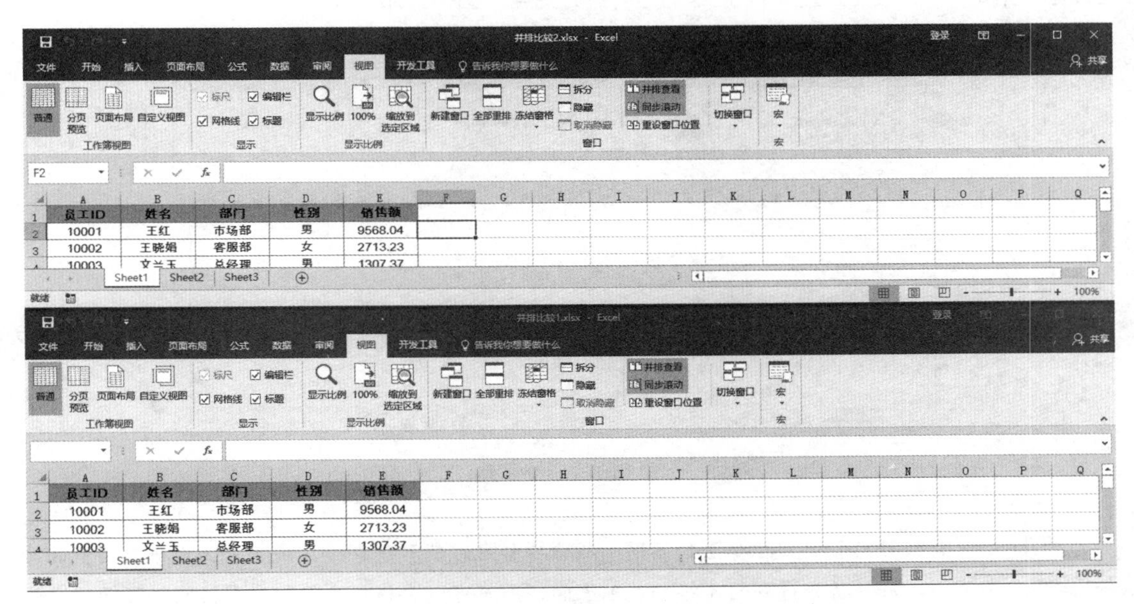

图 3-60 两个工作簿并排比较时直接显示结果

> **注意**
>
> 并排比较只能作用于两个工作簿窗口，而无法作用于两个以上的工作簿窗口。参加并排比较的工作簿窗口，可以是同一个工作簿的不同窗口，也可以是不同的两个工作簿。

用户可以很方便地观察比较两个窗口内容的异同之处，唯一遗憾的是，用户只能凭借自己的观察对内容进行比较，而不能自动显示出内容的差异之处。

当用户在其中一个窗口中滚动浏览内容时，另一个窗口也会随之同步滚动。【同步滚动】功能是并排比较与单纯的重排窗口之间最大的功能上的区别。通过【视图】选项卡上的【同步滚动】切换按钮，用户可以选择打开或关闭此自动同步窗口滚动的功能。

使用并排比较命令同时显示的两个工作簿窗口，在默认情况下是以水平并排的方式显示的，用户也可以通过重排窗口命令来改变它们的排列方式。对于排列方式的改变，Excel 具有记忆能力，在下次执行并排比较命令时，将以用户所选择的方式来进行窗口的排列。如果要恢复初始默认的水平状态，可以在【视图】选项卡上单击【重设窗口位置】按钮。当光标置于某个窗口上，然后再单击【重设窗口位置】按钮，则此窗口会置于上方。

要关闭并排比较的工作模式，可以在【视图】选项卡上单击【并排查看】切换按钮，则取消【并排查看】功能。单击某个工作表窗口的【最大化】按钮，并不会取消【并排查看】。

注意

如果当前Excel工作窗口中只打开了一个工作簿窗口，则会因为没有比较对象使【并排查看】命令呈现灰色不可选状态。

3.3.3 拆分窗口

对于单个工作表来说，除了通过新建窗口的方法来显示工作表的不同位置外，还可以通过拆分窗口的方法在现有的工作表窗口中同时显示多个位置。

当鼠标指针定位于 Excel 工作区域内时，在【视图】选项卡中单击【拆分】按钮，就可以将当前表格区域沿着活动单元格的左边框和上边框的方向拆分为 4 个窗格，如图 3-61 所示。

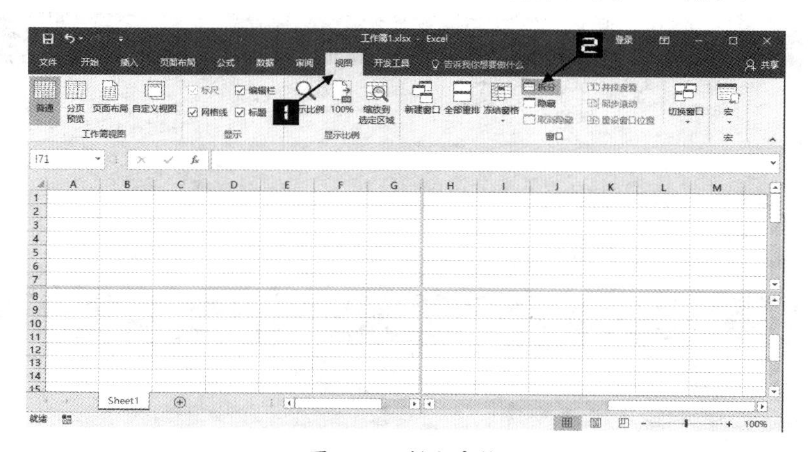

图 3-61 拆分窗格

提示

根据鼠标指针定位位置的不同，拆分操作也可能只将表格区域拆分为水平或垂直的两个窗格，每个拆分得到的窗格都是独立的，用户可以再根据自己的需要让它们显示同一张工作表不同位置的内容。

将鼠标指针定位到拆分条上，按住鼠标左键即可移动拆分条，从而改变窗格的布局，如图 3-62 所示。

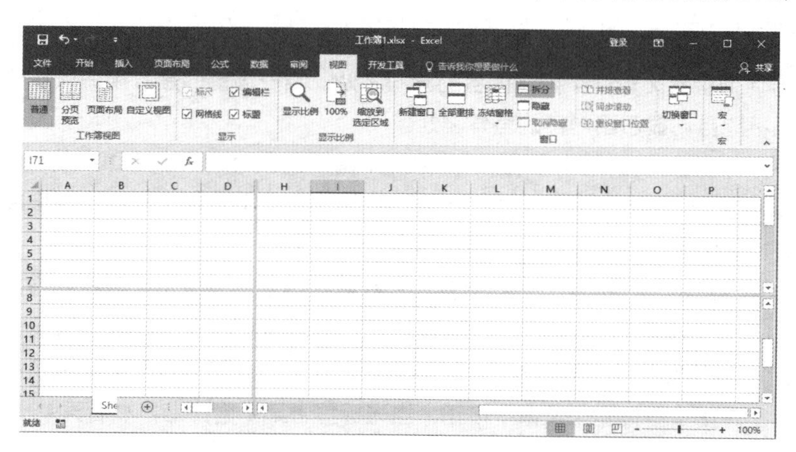

图 3-62 移动拆分条调整窗格布局

要在窗口内去除某条拆分条，可将此拆分条拖到窗口边缘或是在拆分条上双击。要取消整个窗口的拆分状态，可以在【视图】选项卡上再次单击【拆分】按钮进行状态切换。

3.3.4　冻结窗格

对于数据量比较多的表格，常常需要在滚动浏览表格时，固定显示表头标题行（或者标题列），使用【冻结窗格】命令可以方便地实现这种效果。

冻结窗格与拆分窗口的操作类似，具体实现方法可参照以下示例。

示例3-2　通过冻结窗格实现区域固定显示

操作目的：在图 3-63 所示表格中，固定显示列标题（第 1 行）及日期、代码两列区域（A、B 列）。

	A	B	C	D	E	F	G	H	I
1	日期	代码	名称	最新价	涨跌额	涨跌幅	买入	卖出	昨收
2	2014/10/4	sz000821	京山轻机	6.44	0.59	0.10085	6.44	0	5.85
3	2014/10/5	sz000413	宝石A	9.55	0.87	0.10023	9.55	0	8.68
4	2014/10/6	sz002439	启明星辰	35.29	3.21	0.10006	35.29	0	32.08
5	2014/10/7	sz000518	四环生物	4.62	0.42	0.1	4.62	0	4.2
6	2014/10/8	sz000813	天山纺织	10.59	0.96	0.09969	10.59	0	9.63
7	2014/10/9	sz002388	新亚制程	32.7	2.77	0.09255	32.7	32.71	29.93
8	2014/10/10	sz002366	丹甫股份	18.81	1.34	0.0767	18.8	18.81	17.47
9	2014/10/11	sh601002	晋亿实业	7.53	0.52	0.07418	7.51	7.52	7.01
10	2014/10/12	sz000790	华神集团	11.18	0.74	0.07088	11.17	11.18	10.44
11	2014/10/13	sz000553	沙隆达A	8.78	0.58	0.07073	8.78	8.79	8.2
12	2014/10/14	sz002052	同洲电子	13.11	0.86	0.0702	13.11	13.12	12.25
13	2014/10/15	sz300028	金亚科技	19.27	1.22	0.06759	19.27	19.28	18.05
14	2014/10/16	sz000887	中鼎股份	17.9	1.05	0.06231	17.89	17.9	16.85
15	2014/10/17	sz000837	秦川发展	10.74	0.62	0.06126	10.73	10.74	10.12
16	2014/10/18	sz000636	风华高科	11.09	0.63	0.06023	11.09	11.1	10.46

图 3-63　冻结窗格示例表格

操作方法：需要固定显示的行列为第 1 行及 A、B 列，因此选中 C2 单元格为当前活动单元格，在【视图】选项卡上单击【冻结窗格】→【冻结拆分窗格】命令，此时就会沿着当前活动单元格的左边框和上边框的方向出现水平和垂直方向的两条黑色线冻结线条，结果如图 3-64 所示。

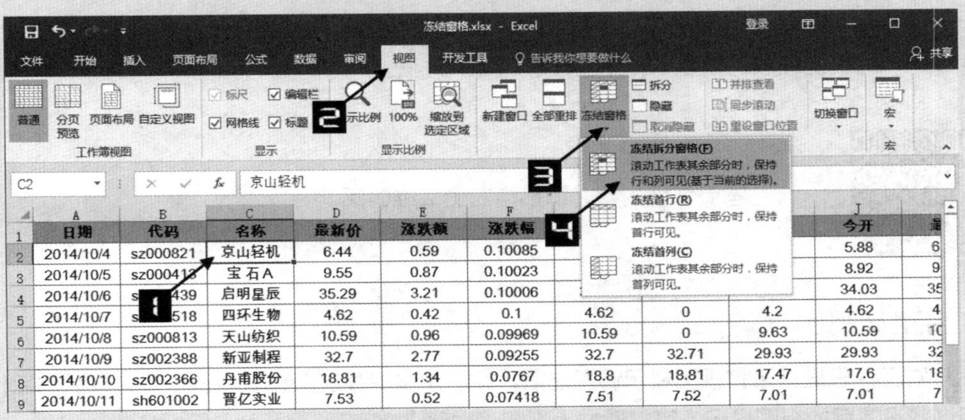

图 3-64　使用冻结窗格功能固定标题行列

左侧的“日期”列和“代码”列及上方的标题行都被“冻结”，在沿着水平方向滚动浏览表格内容时，A、B 列冻结区域保持不变且始终可见；而当沿着垂直方向滚动浏览表格内容时，则第 1 行的标题区域保持不变且始终可见。

提示

在设置了冻结窗格的工作表中按<Ctrl+Home>组合键，可快速定位到两条冻结线交叉的位置，即最初执行冻结窗格命令时的定位位置。

此外，用户可以在【冻结窗格】的下拉列表中选择【冻结首行】或【冻结首列】命令，如图 3-65 所示，快速地冻结表格首行或冻结首列。

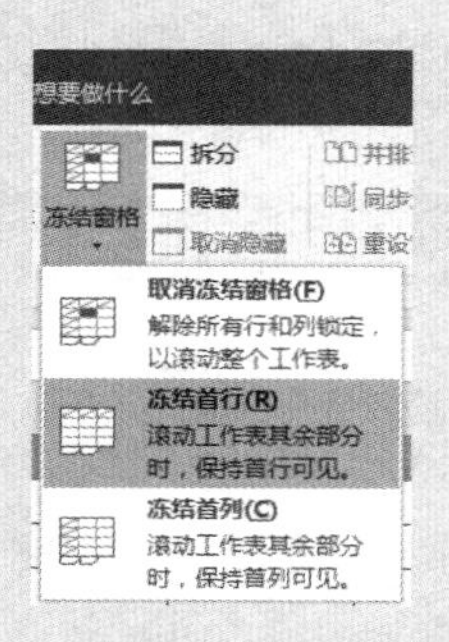

图 3-65 【冻结窗格】下拉列表

提示

用户如果需要变换冻结的位置，需要先取消冻结，然后再执行一次冻结窗格操作，但“冻结首行”或“冻结首列”不受此限制。

要取消工作表的冻结窗格状态，可以在 Excel 功能区再次单击【视图】选项卡上的【冻结窗格】→【取消冻结窗格】命令，窗口即可恢复到冻结前状态。

提示

冻结窗格与拆分窗口功能无法在同一个工作表上同时使用。

3.3.5 窗口缩放

当一些表格中数据信息的文字较小不易分辨，或者是信息量太大，无法在一个窗口中纵观全局时，使用放大或缩小比例的缩放功能是一种比较理想的解决方法。

本节详细内容，请扫描左侧二维码阅读。

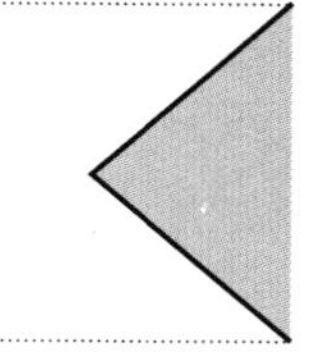

3.3.6 自定义视图

在用户对工作表进行各种视图显示调整之后，如果想要保存这些设置内容，并在以后的工作中能够随时使用这些设置后的视图显示，可以通过【视图管理器】来实现。

在【视图】选项卡上单击【自定义视图】按钮，弹出【视图管理器】对话框。要将当前的视图显示保存为一个自定义视图，可在对话框上单击【添加】按钮，在弹出的【添加视图】对话框的【名称】文本框中输入所创建的视图名称，最后单击【确定】按钮即可完成创建工作，如图 3-66 所示。

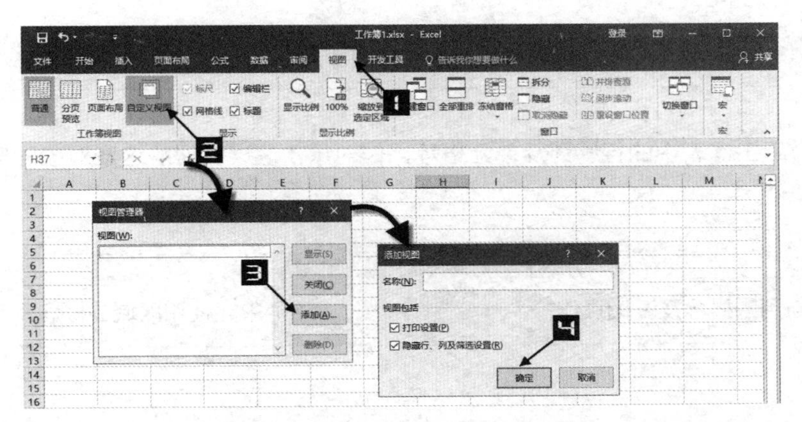

图 3-66　【视图管理器】对话框及【添加视图】对话框

在【添加视图】对话框中，【打印设置】和【隐藏行、列及筛选设置】两个复选框为用户选择需要保存在视图中的相关设置内容，通过选中这两个复选框，用户在当前视图窗口中所进行的打印设置及行列隐藏、筛选等设置也会保留在保存的自定义视图中。

视图管理器所能保存的视图设置包括窗口的大小、位置、拆分窗口、冻结窗格、显示比例、打印设置、创建视图时的选定单元格、行列的隐藏、筛选，以及【Excel 选项】对话框的许多设置。需要调用自定义视图的显示时，可以再次在 Excel 功能区上单击【视图】选项卡上的【自定义视图】按钮，在弹出的【视图管理器】对话框的列表框中选择相应的视图名称，然后单击【显示】按钮即可。

创建自定义视图名称均保存在当前工作簿中，用户可以在同一个工作簿中创建多个自定义视图，也可以为不同的工作簿创建不同的自定义视图，但是在【视图管理器】对话框的列表框中，只显示出当前激活的工作簿中所保存的视图名称列表。

要删除已经保存的自定义视图，可以选择相应的工作簿，然后在【视图管理器】对话框的列表框中选择相应的视图名称，最后单击【删除】按钮完成删除。

> 如果当前工作簿的任何工作表中存在“表格”，则【自定义视图】按钮会变成灰色不可用状态。关于“表格”功能请参阅27.11节。

第 4 章 认识行、列及单元格区域

本章主要介绍工作表中的行、列及单元格等操作对象，使读者理解这些对象的概念及基本操作方法。

本章学习要点

（1）行与列的概念及基础操作。

（2）单元格和区域的概念及基础操作。

4.1 行与列的概念

4.1.1 认识行与列

日常生活中所说的“表格”，通常是指由许多条横线和竖线交叉而成的一排排格子。在这些线条围成的格子中填上各种数据，就构成了我们日常所有的表，如课程表、人事履历表、考勤表等。

Excel 作为一个电子表格软件，其最基本的操作形态就是标准的表格，即由横线和竖线所构成的格子。在 Excel 工作表中，由横线所间隔出来的区域称为“行”，而由竖线分隔出来的区域称为“列”。行列互相交叉所形成的一个个格子称为“单元格”。

启动 Excel 后，工作簿窗口如图 4-1 所示。

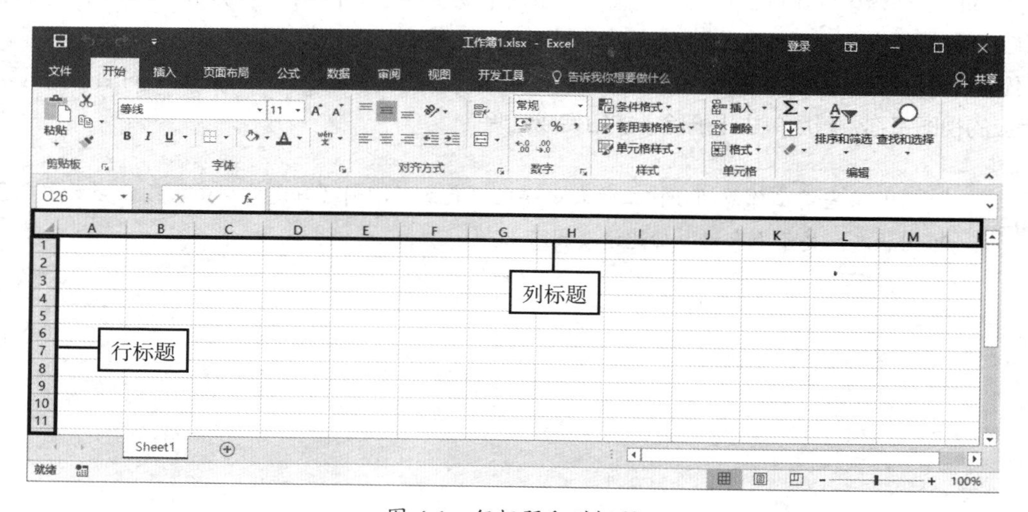

图 4-1 行标题和列标题

在窗口中，一组垂直的灰色标签中的阿拉伯数字标识了电子表格的行号，而另一组水平的灰色标签中的英文字母，则标识了电子表格的列标。这两组标签在 Excel 中分别称为“行标题”和“列标题”。

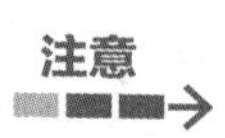

注意

如果Excel界面中没有显示行标题和列标题，可以在【Excel选项】对话框的【高级】选项卡中的【此工作表的显示选项】区域的下拉菜单中，选择需要显示行标题和列标题的工作表名称，然后选中下方的【显示行和列标题】复选框，最后单击【确定】按钮完成操作，如图4-2所示。

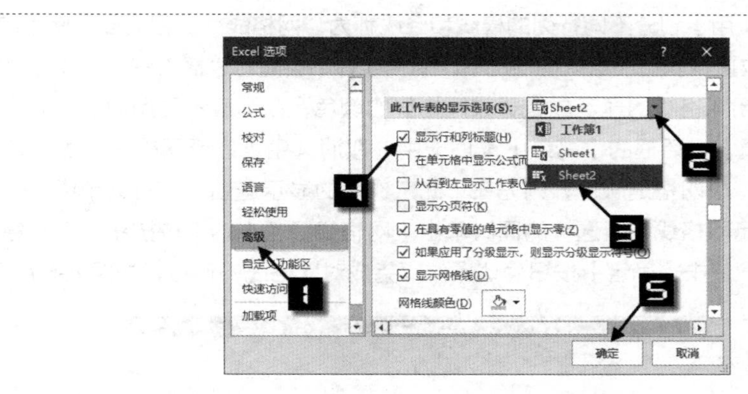

图 4-2　显示行和列标题

注意

如果Excel界面中的列标题显示为阿拉伯数字而不是英文字母，如图4-3所示，是因为使用了“R1C1引用样式”。若要恢复英文字母样式的列标题，可以取消选中【Excel选项】对话框的【公式】选项卡中的【R1C1引用样式】复选框，如图4-4所示。关于“R1C1引用样式”的相关内容，请参阅4.1.3小节。

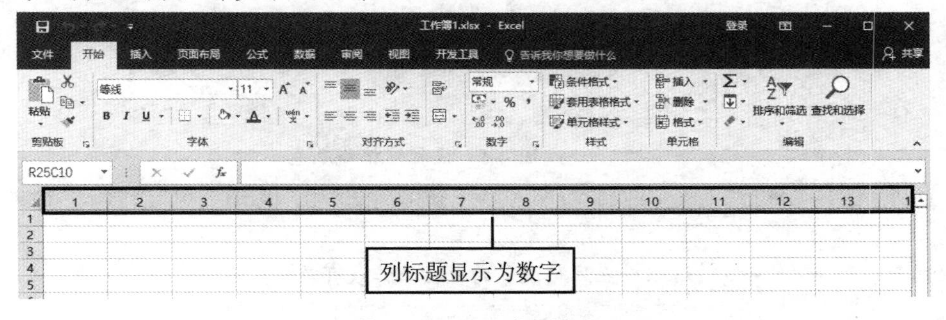

图 4-3　R1C1 引用样式

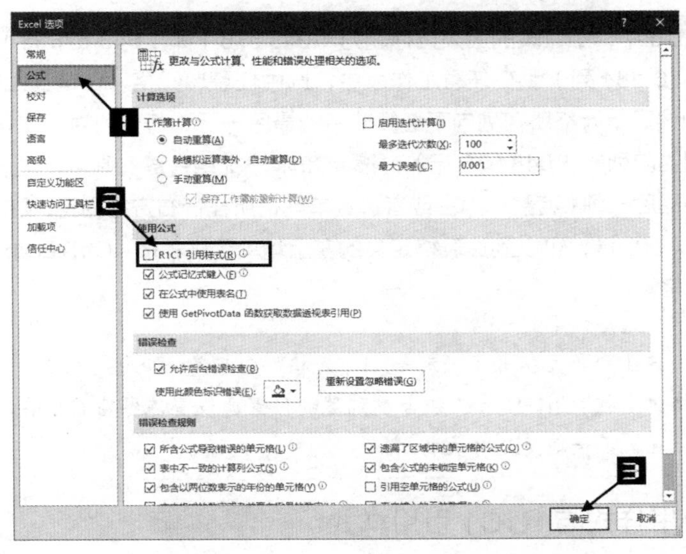

图 4-4　【Excel 选项】对话框中的【R1C1 引用样式】复选框

在工作表区域中，用于划分不同行列的横线和竖线称为“网格线”。它们可以使用户更加方便地辨别行、列及单元格的位置，而且在默认的情况下，网格线并不会随着表格内容被实际打印出来。

通过设置可以关闭网格线的显示或者更改网格线的颜色，以适应不同用户的实际需求，操作方法如下。在【Excel 选项】对话框的【高级】选项卡中，取消选中【显示网格线】的复选框可以关闭网格线的显示。若需要修改网格线颜色，则先在【此工作表的显示选项】下拉菜单中选择需要修改的工作表，然后选中【显示网格线】复选框的同时单击【网格线颜色】的下拉按钮，在颜色面板上选择相应颜色，设置完毕后，单击【确定】按钮确认操作，完成对网格线的设置，如图 4-5 所示。

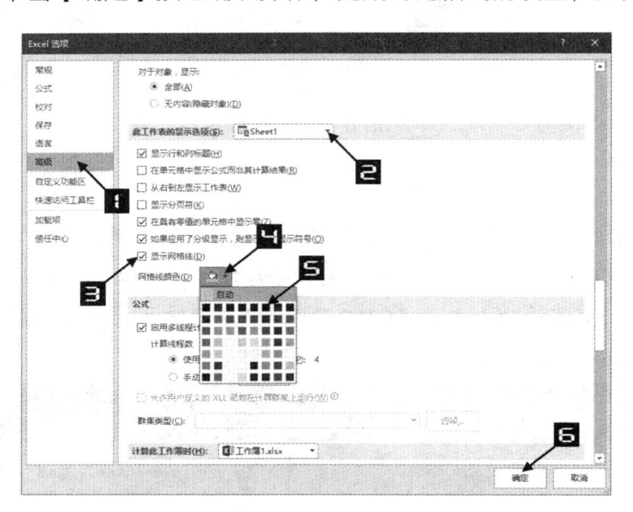

图 4-5　设置网格线颜色

此外，在【视图】选项卡上取消对【网格线】复选框的选中，也可以快速取消本工作表网格线的显示。

网格线的选项设置只对设置的目标工作表有效。

4.1.2　行与列的范围

在 Excel 2016 中，工作表的最大行标题为 1 048 576（即 1 048 576 行），最大列标题为 XFD（即 A~Z、AA~XFD 16 384 列）。在任意工作表中，选中任意单元格，在键盘上按 <Ctrl+ ↓ >组合键，就可以迅速定位到选定单元格所在列向下连续非空的最后一行（若整列为空或者选择单元格所在列下方均为空，则定位到当前列的 1 048 576 行）；按 <Ctrl+ → >组合键，则可以迅速定位到选定单元格所在行向右连续非空的最后一列（若整行为空或者选定单元格所在行右方均为空，则定位到当前行的 XFD 列）；按 <Ctrl+Home> 组合键，可以到达表格定义的左上角单元格；按 <Ctrl+End> 组合键，可以到达表格定义的右下角单元格。

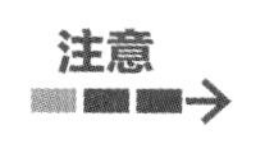

左上角单元格并不一定是A1单元格，它只是一个相对位置，例如，当工作表设置冻结窗格时，按<Ctrl+Home>组合键到达的位置为设置冻结窗格所在的单元格位置，这个单元格位置就不一定是A1单元格。

4.1.3　A1 引用样式与 R1C1 引用样式

以数字为行标题、以字母为列标题的标记方式称为“A1 引用样式”，这是 Excel 默认使用的引用样式。

在使用“A1 引用样式”的状态下，工作表中的任意一个单元格都会以其所在列的字母标号加上所在行的数字标号作为它的位置标志。例如，“A1”表示 A 列第一行的单元格，“D23”表示 D 列第 23 行的单元格。

在 Excel 的名称框中输入字母加数字的组合，即表示单元格地址，可以快速定位到该单元格。例如，在名称框输入“H12”后按 <Enter> 键，就能够快速定位到 H 列第 12 行的所在位置。当然，这里输入的字母 + 数字组合不能超出工作表的范围。

注意

“A1引用样式”必须是列标题在前面，行标题在后面的形式，也就是字母在前，数字在后的形式。

除了“A1 引用样式”外，Excel 还有另一种引用样式，称为“R1C1 引用样式”，图 4-4 介绍了启用方法。

“R1C1 引用样式”是以字母 R+ 行标题数字 + 字母 C+ 列号数字来标记单元格位置，其中字母 R 就是行（Row）的缩写，字母 C 就是列（Column）的缩写。这样的标记含义也就是传统习惯上的定位方式：第几行第几列。例如，“R12C20”表示第 12 行 20 列的单元格，而最右下角的单元格地址就是“R1048576C16384”。

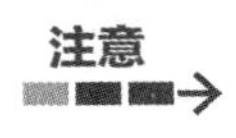

“R1C1引用样式”必须是行标题在前，列号在后的形式，这与A1引用样式完全相反。

当 Excel 处于“R1C1 引用样式”的状态下时，工作表列标题标签的字母会显示为数字，如图 4-3 所示。此时，在工作表的名称框里输入形如“RnCn”的组合，即表示 R1C1 形式的单元格地址，可以快速定位到该地址。

与“A1 引用样式”相区别的是，“R1C1 引用样式”不仅可以标记单元格的绝对位置，还能标记单元格的相对位置。有关“R1C1 引用样式”的更详细的内容，请参阅 10.3.1 小节。

4.2　行与列的基本操作

以下介绍与行列相关的各项操作方法。

4.2.1　选择行与列

➲ Ⅰ　选定单行或者单列

单击某个行标题标签或者列标题标签，即可选中相应的整行或者整列。当选中某行后，此行的行标题标签会改变颜色，所有的列标题标签会高亮显示，此行的所有单元格也会高亮显示，以此来表示此行当前处于选中状态。相应地，当列被选中时也会有类似的显示效果。

除此以外，使用快捷键也可以快速地选定单行或者单列，选中单元格后，按 <Shift+ 空格 > 组合键，即可选定单元格所在的行；按 <Ctrl+ 空格 > 组合键，即可选定单元格所在的列。

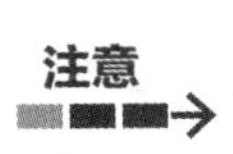

在大多数中文Windows操作系统中，<Ctrl+空格>组合键都被默认为切换中文输入法方式的快捷键，如果要在Excel中使用这一快捷键，必须先将切换中文输入法方式的快捷键设置为其他的快捷键。

➲ II 选定相邻连续的多行或多列

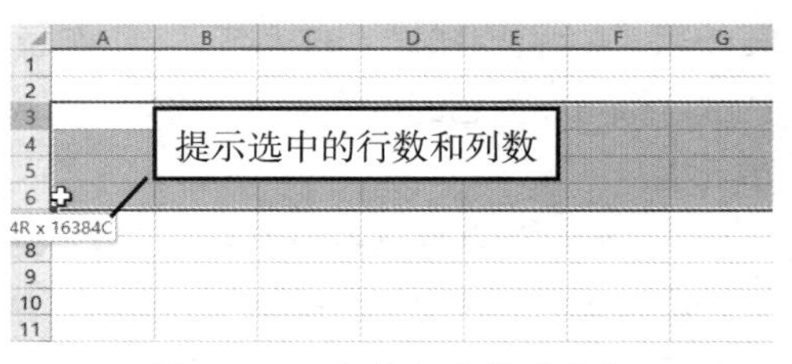

图 4-6 选中相邻连续的多行

单击某行的标签后，按住鼠标左键不放，向上或向下拖动，即可选中此行相邻的连续多行。选中多列的方法与此相似（鼠标向左或向右拖动）。拖动鼠标时，行或列标题标签旁会出现一个带数字和字母内容的提示框，显示当前选中的区域中有多少行或多少列。如图 4-6 所示，第 6 行下方的提示框内显示“4R × 16384C”，表示当前选中了 4 行 16384 列。当选择多列时，则会显示“1048576R x nC”，其中 *n* 表示选中的列数。在 Excel 2010 及之前版本中，当用户选择整行或整列，提示框只显示 nR 或 nC。

选定某行后按 <Ctrl+Shift+ ↓ > 组合键，如果选定行中活动单元格以下的行都不存在非空单元格，则将同时选定该行到工作表中的最后可见行。同理，选定某列后按 <Ctrl+Shift+ → > 组合键，如果选定列中活动单元格右侧的列中不存在非空单元格，则将同时选定该列到工作表中的最后可见列。使用相反的方向键则可以选中相反方向的所有行或所有列。

单击行列标题标签交叉处的【全选】按钮，可以同时选中工作表中的所有行和所有列，即选中整个工作表区域。

➲ III 选定不相邻的多行或多列

要选定不相邻的多行，可以通过如下操作实现。选中单行后，按住 <Ctrl> 键不放，继续使用鼠标单击多个行标签，直至选择完所有需要选择的行，然后松开 <Ctrl> 键，即可完成不相邻的多行的选择。如果要选定不相邻的多列，方法与此类似。

4.2.2 设置行高和列宽

➲ I 精确设置行高和列宽

设置行高前，先选定目标行（单行或者多行）整行或某个单元格，然后在【开始】选项卡上依次单击【格式】→【行高】命令，在弹出的【行高】对话框中输入所需设定行高的具体数值，最后单击【确定】按钮完成操作，如图 4-7 所示。设置列宽的方法与此类似。

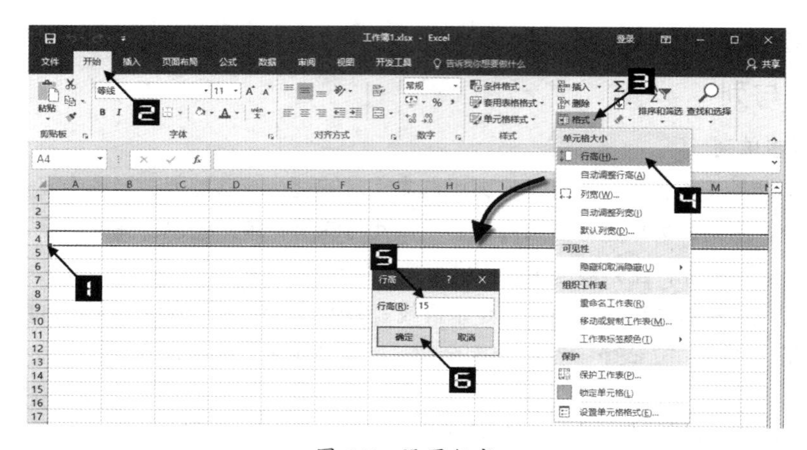

图 4-7 设置行高

另一种方法是在选定行或者列后，右击，在弹出的快捷菜单中选择【行高】（或者【列宽】）命令，然后进行相应的操作，如图 4-8 所示。

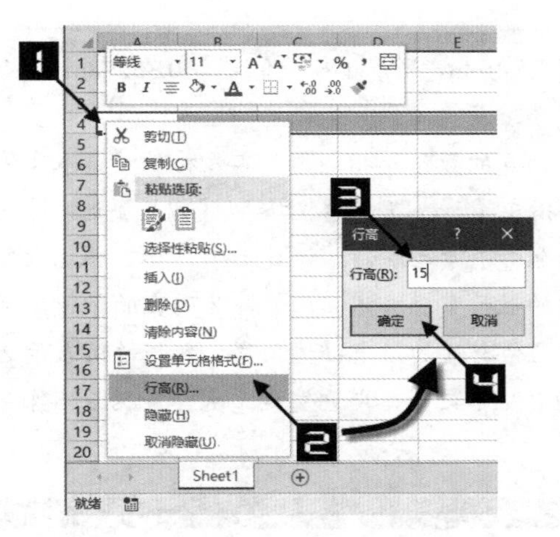

图 4-8　通过鼠标右键菜单设置行高

➲ II　直接改变行高和列宽

除了使用菜单命令精确设置行高和列宽外，还可以直接在工作表中拖动鼠标来改变行高和列宽。

在工作表中选中单列或多列，当鼠标指针放置在选中的列与相邻的列标签之间，在列标签之间的中线上鼠标指针显示为一个黑色双向箭头。按住鼠标左键不放，向左或者向右拖动鼠标，在列标签上方会出现一个提示框，里面显示当前的列宽，如图 4-9 所示。调整到所需的列宽时，松开鼠标左键即可完成列宽的设置。设置行高的方法与此操作类似。

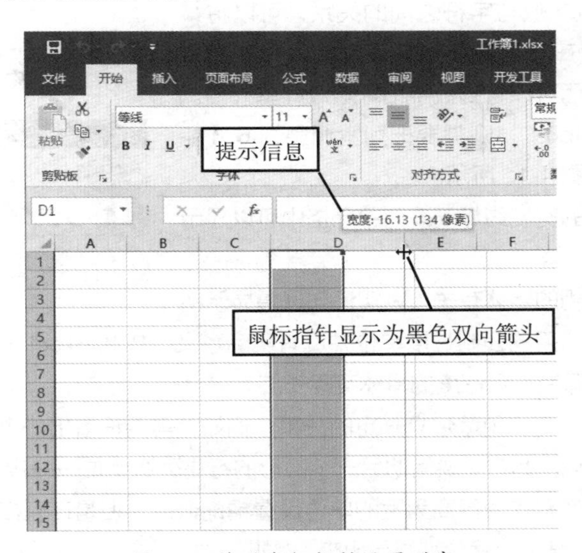

图 4-9　拖动鼠标指针设置列宽

深入了解行高和列宽数值的单位

一直以来，Excel 的行高和列宽数值的单位是一个令初学者容易混淆的问题，Excel 不但没有使用多数用户所熟悉的公制长度单位，如 cm、mm，而且为行高和列宽分别使用了不同单位。

行高的单位是磅（Point）。这里的磅并非英制重量单位的磅，而是一种印刷业描述印刷字体大小的专用尺度，英文 Point 的音译，所以磅数制又称为点制、点数制。1 磅近似等于 1/72 英寸（inch），1 英寸约等于 25.4mm，所以 1 磅近似等于 0.35278mm。行高的最大限制为 409 磅，即 144.286mm。

列宽的单位是字符。列宽的数值是指适用于单元格的“标准字体”的数字 0~9 的平均值。所谓的“标准字体”，是指在【Excel 选项】对话框【常规】选项卡中【新建工作簿时】区域的标准字体处的设置，包括选用字体及字号，如图 4-10 所示。根据此处的设置，数字 0~9 的宽度的平均值（每个数字本身的显示宽度并不相同）即为列宽的数值单位。如果不考虑不同字符之间的宽度差异，可以用更通俗易懂的话来描述列宽，列宽的值表示这一列所能容纳的数字字符个数。列宽设置的数字为 0~255 之间，即列宽的最大限制为 255 个字符，最小列宽为 0，当设置为 0 时，即隐藏该列。

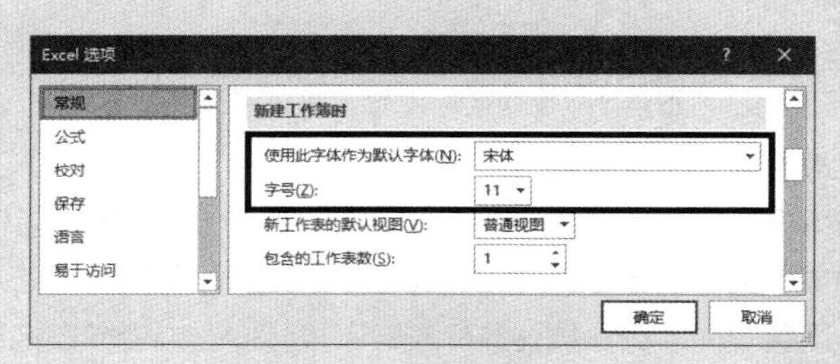

图 4-10　标准字体选项设置

为了进一步理解列宽单位与字符之间的关系，可以将某列的列宽设置为 5，然后在此列中任意单元格输入数字组合“12345”，按 <Enter> 键后可以看到数字恰好填满此单元格。如果输入数字组合“123456”，则需要把列宽调整为 6 才能恰好完整地显示出来，如图 4-11 所示。

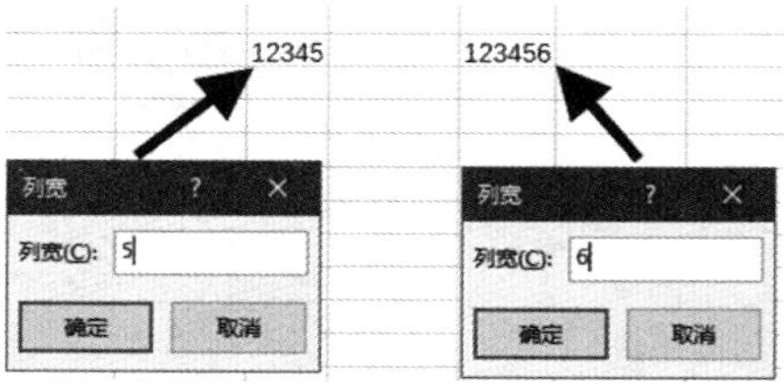

图 4-11　不同列宽设置下的字符显示效果

由此可以看出，列宽的宽度约等于该列单元格中可以显示容纳的数字字符个数。

由于列宽的单位与使用的字体有关（其实还与屏幕显示精度有关），所以要转换成常用的公制长度单位并没有实际意义，毕竟 Excel 不是一个用于高精度制图的软件，所以也没有必要去深究行列宽度的具体实际长度。

但是有时可能需要将行高和列宽建立一定的关系，例如，需要设置出一个正方形的单元格。行高和列宽的不可比性形成了障碍，此时需要借助另一个隐形的行高列宽单位——像素（pixel）。

虽然无法在菜单中以像素作为行高列宽的单位设置精确数值，但是在直接拖动鼠标设置行高列宽的过程中，像素这个隐形的宽度单位就会被显示出来。例如，在图 4-12 所示的例子中，当拖动鼠标设置列宽时，列标签上方的提示框里会显示当前的列宽及像素值——“宽度 :12.00（101 像素）”，以此指明了当前虚线位置的列宽值为 12.00，对应的像素值为 101。同样，当拖动设置行高时，也会有类似的信息提示。

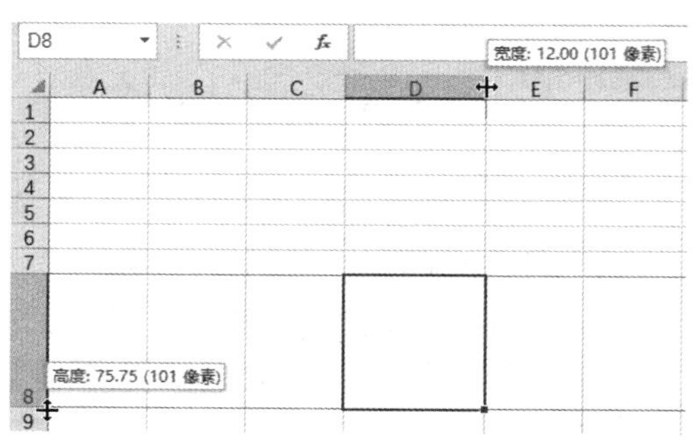

图 4-12　通过像素值设置正方形区域

由于像素值也与系统的显示精度有关，同样的 101 像素，在不同的显示模式之下，并不一定都等于列宽 12.00 字符，所以要建立精确的行高列宽与像素单位之间

的换算关系也是比较困难的。但是在同一环境之下，列宽与行高都能以像素值为度量单位，这就使列宽与行高有了可比性。例如，在图 4-12 所示的例子中，可以很方便地使用手动拖动的办法使行高和列宽都变为 101 像素，这样就可以得到一个正方形单元格。

➲ III　设置适合的行高和列宽

如果在一个表格中设置了多种行高或列宽，或者是表格中的内容长短参差不齐，会使表格看上去比较凌乱，影响表格的美观和可读性，如图 4-13 所示。

序号	姓名	部门名称	人员类别	数量	金额大写	金额
1	卢涛	总经理	经理人员	##	叁佰柒拾玖元零陆分	379.1
2	邝冬明	财务部	经理人员	##	伍佰壹拾伍元捌角叁分	515.8
3	冯少梅	财务部	管理人员	##	陆佰贰拾壹元玖角贰分	621.9
4	冯剑	市场部	经理人员	##	壹佰玖拾柒元陆角陆分	197.7
5	朱美玲	市场部	经营人员	##	肆佰贰拾伍元陆角壹分	425.6

图 4-13　凌乱的表格显示

针对这种情况，有一项命令可以快速地设置合适的行高和列宽，使设置后的行高和列宽自动适应于表格中的字符长度，这项命令称为“自动调整行高”（或者列宽），具体操作方法如下。

选中需要调整列宽的多列，在【开始】选项卡上依次单击【格式】→【自动调整列宽】命令，这样就可以将选定列的列宽调整到“最合适”的宽度，使列中的每一行字符都可以恰好完全地显示，如图 4-14 所示。

类似地，使用菜单中的【自动调整行高】命令，则可以设置最合适的行高，以适应行中字符的高度。

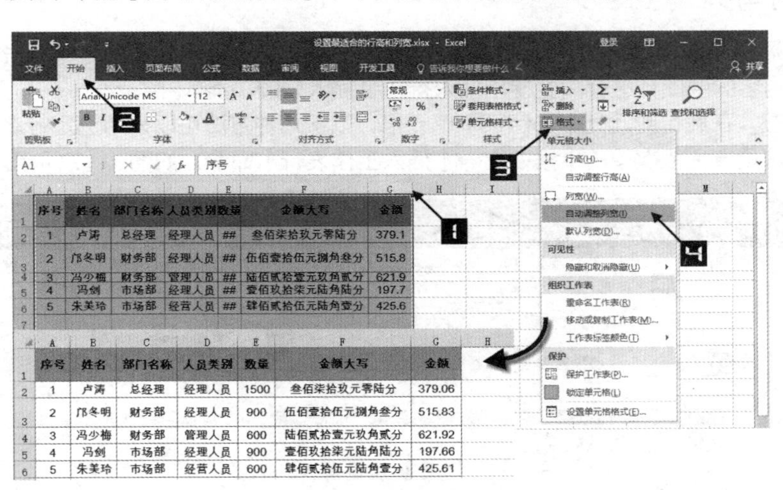

图 4-14　设置自动调整列宽

除了使用菜单操作外，还有一种更加快捷的方法可以用来调整合适的行高或列宽。沿用上面的例子，操作方法如下。

同时选中需要调整列宽的多列，将鼠标指针放置在列标签之间的中线上，此时，鼠标指针显示为黑色双向箭头，如图 4-15 所示。双击即可完成设置“自动调整列宽”的操作。“自动调整行高”的方法与之类似。

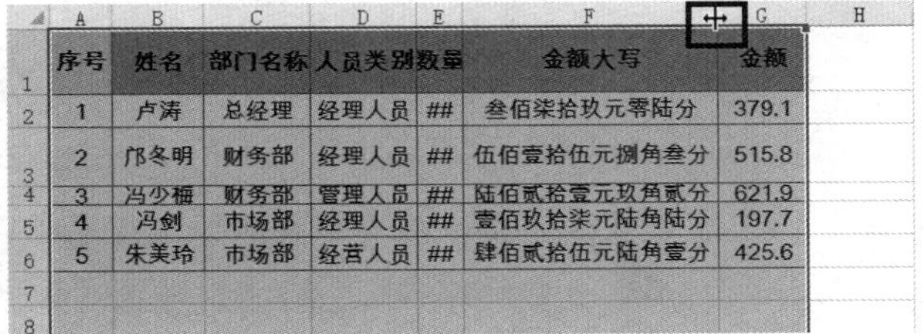

图 4-15　黑色双向箭头的图形

➲ IV　标准列宽

在【格式】下拉菜单中，还有一条【默认列宽】命令（无【默认行高】命令），如图 4-16 所示。在 Excel“标准字体”设置为宋体 11 号的默认设置中，新建工作表的列宽通常为 8.38。使用【默认列宽】命令，可以一次性修改当前工作表的所有列宽。但是，该命令对已经设置过列宽的列无效，也不会影响其他工作表及新建工作表或者工作簿。如果要为所有的新工作簿和工作表定义默认列宽，可使用模板功能，关于模板的介绍，请参阅第 8 章。

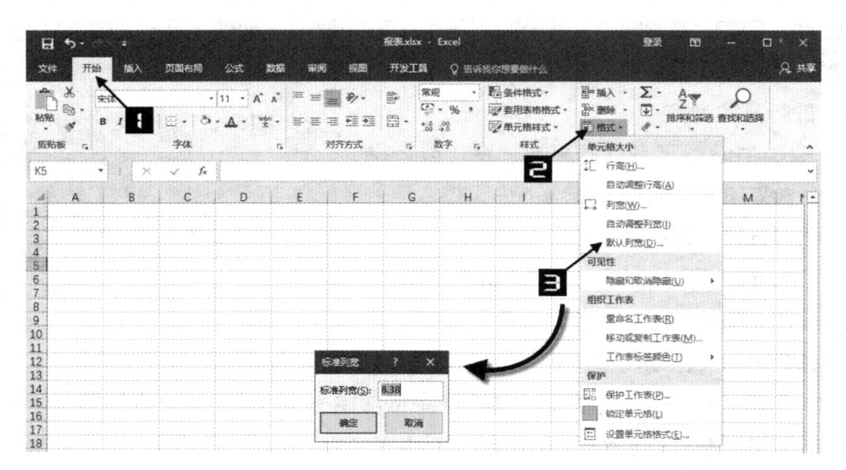

图 4-16　设置默认列宽

4.2.3　插入行与列

用户有时候需要在表格中新增一些条目的内容，并且这些内容不是添加在现有表格内容的末尾，而是插入现有表格内容的中间，这就需要使用插入行或者插入列的功能。

单击某行标签，在此行或此列中选定某个单元格，以下几种方法可以在所选定行之前插入新行。

❖ 在【开始】选项卡上依次单击【插入】→【插入工作表行】命令，如图 4-17 所示。

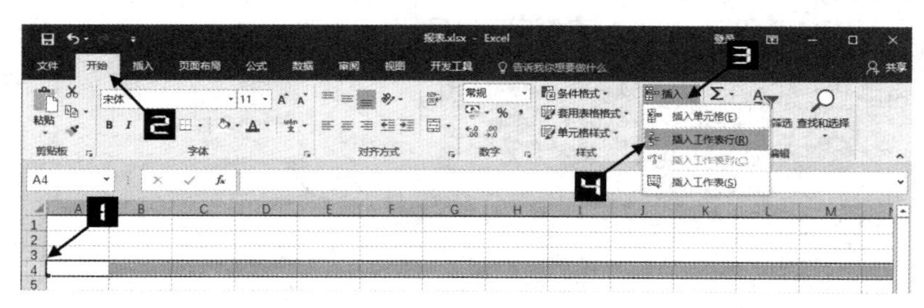

图 4-17　通过功能区操作插入行

❖ 右击，在弹出的快捷菜单中选择【插入】命令，如图 4-18 所示。

❖ 如果当前选定的不是整行，而是行中的某个单元格，则在选择命令后会弹出【插入】对话框，如图 4-19 所示。在对话框中选中【整行】单选按钮，然后单击【确定】按钮确认操作。

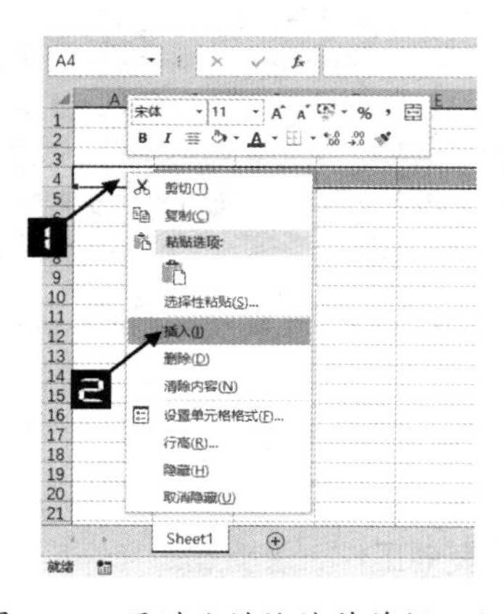

图 4-18　通过右键快捷菜单插入行

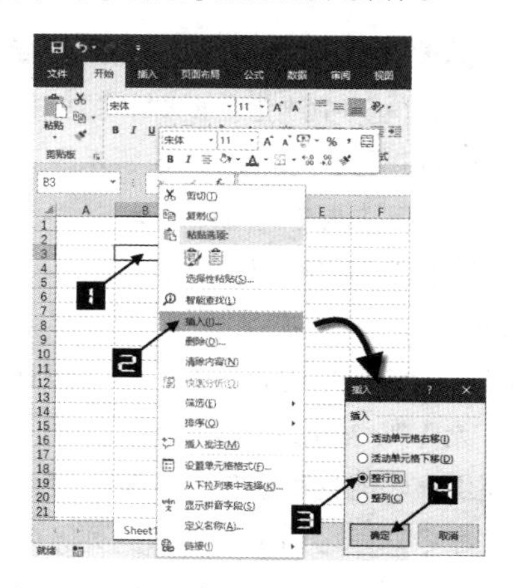

图 4-19　选定单元格时插入行的方法

❖ 按下键盘上的 <Ctrl+Shift+=> 组合键。与上面情况类似，选定单元格的情况下，会弹出与图 4-19 相同的【插入】对话框，对话框的操作方法与上面相同。

插入列的方法与此类似，同样也有通过功能区、右键快捷菜单和键盘快捷键等几种操作方法。

如果在插入操作之前选定的是连续多行、连续多列或是连续的多个单元格，则执行【插入】操作后，会在选定位置之前插入与选定的行、列相同数目的行或列。例如，当前选定连续 5 行，然后执行【插入行】的操作结果如图 4-20 所示，在选定行之前的位置插入了 5 行。此方法可以用于执行插入较多数目的连续行或列。

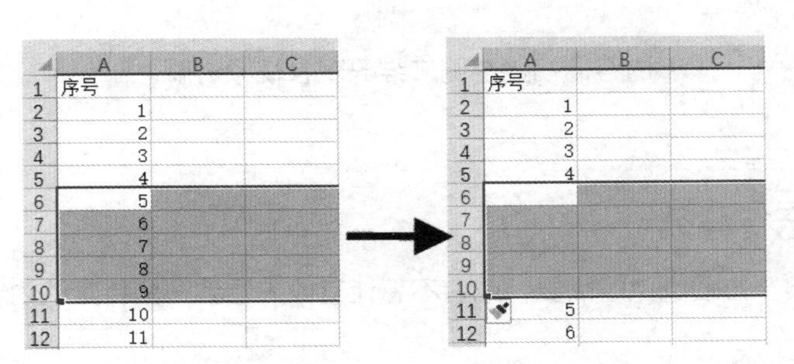

图 4-20　同时插入连续多行

如果在插入操作之前选定的是非连续的多行或多列，也可以同时执行插入行、列的操作，并且新插入的空白行或列，也是非连续的，数目与选定的行列数目相同。

Excel 2016 工作表的最大行数为 1 048 576 行，最大列数为 16 384 列，所以在执行插入行或插入列的操作过程中，Excel 本身的行、列数并没有增加，只是将当前选定位置之后的行列连续往后移动，而在当前选定位置之前腾出插入的空位，位于表格最末的空行或者空列则被移除。这样，表格区域内始终还是保持了 1 048 576 行和 16 384 列的规格。

基于这个原因，如果表格的最后一行或最后一列不为空，则不能执行插入新行或新列的操作。如果在这种情况下选择“插入”操作，则会弹出如图 4-21 所示警告框，提示用户只有清空或删除最末的行、列后才能在表格中插入新的行或列。

图 4-21　最后的行列不为空时不能执行插入行或列的操作

4.2.4　删除行与列

对于一些不需要的行列内容，用户可以选择删除整行或整列来进行清除。删除行的操作方法如下。

选定目标整行或者多行，在【开始】选项卡中依次单击【删除】→【删除工作表行】命令，或者右击，在弹出的快捷菜单中选择【删除】命令。如果选定的目标不是整行，而是行中的单元格，则会执行【删除】命令，弹出如图 4-22 所示的【删除】对话框，在对话框中选择【整行】单选按钮，然后单击【确定】按钮即可完成目标行的删除。删除列的操作与此类似。

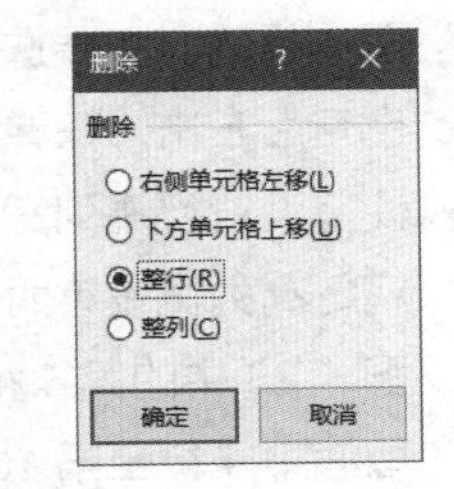

图 4-22　【删除】对话框

与插入行列的情况类似，删除行列也不会引起 Excel 工作表中行列总数的变化，删除目标行列的同时，Excel 会在行列的末尾位置自动加入新的空白行列，使行列的总数保持不变。

提示

删除行列的操作可以通过【撤销】命令来取消。

4.2.5 移动和复制行与列

Excel 提供了多种操作方法帮助用户对指定的行或列进行复制或移动，这些操作虽然简单，但是非常重要，是数据处理任务中最常用的操作之一。

本节内容请扫描左侧二维码观看视频讲解。

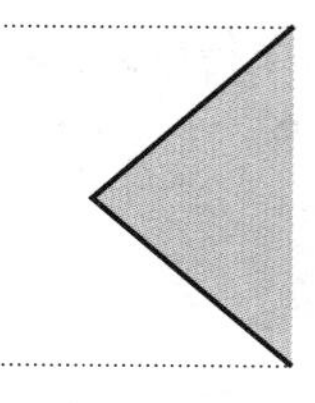

4.2.6 隐藏和显示行与列

有的时候，用户出于方便浏览的需要，或者不想让其他人看到一些特定的内容，希望隐藏工作表中的某些行或列。

Ⅰ 隐藏指定行或列

选定目标行（单行或多行）整行或行中的单元格，在【开始】选项卡中依次单击【格式】→【隐藏和取消隐藏】→【隐藏行】命令，即可完成目标行的隐藏。隐藏列的操作与此类似，选定目标列后，再依次单击【开始】→【格式】→【隐藏和取消隐藏】→【隐藏列】命令。

如果选定的对象是整行或者整列，也可以通过右击，在弹出的快捷菜单中选择【隐藏】命令来实现隐藏行列的操作。

从实质上来说，被隐藏的行实际上就是行高设置为 0。同样地，被隐藏的列实际上就是列宽设置为 0。所以，用户可以通过将目标行高或列宽设置为 0 的方式来隐藏目标行或列。通过菜单命令或拖动鼠标改变行高或列宽的操作方法，也可以实现行和列的隐藏。

Ⅱ 显示被隐藏的行或列

在隐藏行列之后，包含隐藏行列处的行标题或者列标题标签不再显示连续的序号，隐藏处的标签分隔线也会显示得比其他的分隔线更粗，如图 4-23 所示。

	A	B	C	D
1	2014/10/5	乙	未	乙未
2	2014/10/6	丙	申	丙申
3	2014/10/7	丁	酉	丁酉
4	2014/10/8	戊	戌	戊戌
10	2014/10/14	甲	辰	甲辰
11	2014/10/15	乙	巳	乙巳
12	2014/10/16	丙	午	丙午

图 4-23　包含隐藏行的行标题显示

通过这些特征，用户可以发现表格中隐藏行列的位置。要把被隐藏的行列取消隐藏，重新恢复显示，有以下几种操作方法。

- 使用【取消隐藏】命令取消隐藏。在工作表中选定包含隐藏行的区域，例如，选中图 4-23 所示的 A4:A10，在【开始】选项卡上依次单击【格式】→【隐藏和取消隐藏】→【取消隐藏行】命令，即可将其中隐藏的行恢复显示。按 <Ctrl+Shift+9> 组合键，可以代替菜单操作，更快捷地达到取消隐藏的目的。如要选定的是包含隐藏行的整行，例如，选定图 4-23 中的第 4 行至第 10 行，还可以在选定后右击，在弹出的快捷菜单中选择【取消隐藏】命令来显示被隐藏的行。
- 使用设置行高列宽的方法取消隐藏。通过将行高列宽设置为 0，可以将选定行列隐藏；反之，通过将行高列宽设置为大于 0 的值，则可以让隐藏的行列变为可见，达到取消隐藏的效果。例如，选中图 4-23 中的第 4 行至第 10 行，让隐藏行包含其中。然后通过菜单命令设置行高为一个合适的值来取消第 4 行至第 10 行的隐藏。

❖ 用“自动调整行高（列宽）”命令取消隐藏。选定包含隐藏行的区域后，在【开始】选项卡上依次单击【格式】→【自动调整行高】命令，即可将其中隐藏的行恢复显示。

取消隐藏列的操作方法与此类似。选定包含隐藏列的区域后，取消列隐藏的快捷键是 <Ctrl+Shift+0> 组合键。如果要将表格中所有被隐藏的行或列都同时显示出来，可以单击行列标签交叉处的【全选】按钮，然后再选择以上方法之一，执行“取消隐藏”。

通过设置行高或者列宽值的方法，达到取消行列的隐藏，会改变原有行列的行高或列宽，而通过菜单取消隐藏的方法，则保持原有的行高和列宽。

4.3　单元格和区域

在了解行列的概念和基础操作之后，可以进一步学习和理解单元格和区域，这是最基础的工作表构成元素和操作对象。

4.3.1　单元格的基本概念

➲ I　认识单元格

行和列相互交叉所形成的一个个格子称为“单元格”（Cell），单元格是构成工作表最基础的组成元素。由多个单元格组成一张完整的工作表。

每个单元格都可以通过单元格地址来进行标识，单元格地址由它所在列的列标题和所在行的行标题组成，其形式通常为“字母＋数字”的形式。例如，地址为“A1”的单元格就是位于 A 列第 1 行的单元格。

用户可以在单元格内输入和编辑数据，单元格中可以保存的数据包括数值、文本和公式等，除此以外，用户还可以为单元格添加批注及设置多种格式。

➲ II　单元格的选取与定位

在当前的工作表中，无论用户是否曾经单击过工作表区域，都存在一个被激活的活动单元格。如图 4-24 所示，C6 单元格即为当前被激活（被选定）的活动单元格。活动单元格的边框显示为绿色矩形线框，在 Excel 工作窗口的名称框中会显示此活动单元格的地址，在编辑栏中则会显示此单元格中的内容，活动单元格所在的行列标签会高亮显示。

	A	B	C	D
1	2014/10/5	乙	未	乙未
2	2014/10/6	丙	申	丙申
3	2014/10/7	丁	酉	丁酉
4	2014/10/8	戊	戌	戊戌
5	2014/10/9	己	亥	己亥
6	2014/10/10	庚	子	庚子
7	2014/10/11	辛	丑	辛丑

图 4-24　当前活动单元格

有时活动单元格会在当前工作表窗口的显示范围之外，如使用滚动条滚动浏览工作表时，要快速定位到活动单元格所在位置，将其显示在当前窗口中，用户可以按<Ctrl+Back-Space>组合键。

要选取某个单元格成为活动单元格，只需要通过鼠标或键盘按键等方式激活目标单元格。直接单击目标单元格，可将目标单元格切换为当前活动单元格，使用键盘方向键及 <PageUp><PageDown> 等按键，也可以在工作表中移动选取活动单元格。具体的按键使用及其含义如表 4-1 所示。

表 4-1　活动单元格的移动按键

按键动作	作用含义
<↑>	向上一行移动活动单元格
<↓>	向下一行移动活动单元格
<←>	向左一列移动活动单元格
<→>	向右一列移动活动单元格
<Page Up>	向上一屏移动活动单元格
<Page Down>	向下一屏移动活动单元格
<Alt+Page Up>	向左一屏移动活动单元格
<Alt+Page Down>	向右一屏移动活动单元格

注意

使用<PageUp><PageDown>等按键滚动移动活动单元格时，每次移动间隔的行列数并非固定数值，而是与当前屏幕中所包含显示的行列数有关。

除了上述方法外，在工作窗口的名称中直接输入目标单元格地址，也可以快速定位到目标单元格所在位置，同时激活目标单元格为当前活动单元格。与此操作效果相似的是使用“定位”的方法：在【开始】选项卡中依次单击【查找和替换】→【转到】命令，或者按下键盘上的 <F5> 或 <Ctrl+G> 组合键，在弹出的【定位】对话框的【引用位置】文本框中直接输入目标单元格地址，如图 4-25 所示，最后单击【确定】按钮完成操作。

对于一些位于隐藏行列中的单元格，无法通过鼠标或键盘激活，只能通过名称框直接输入选取和定位的方法来激活。

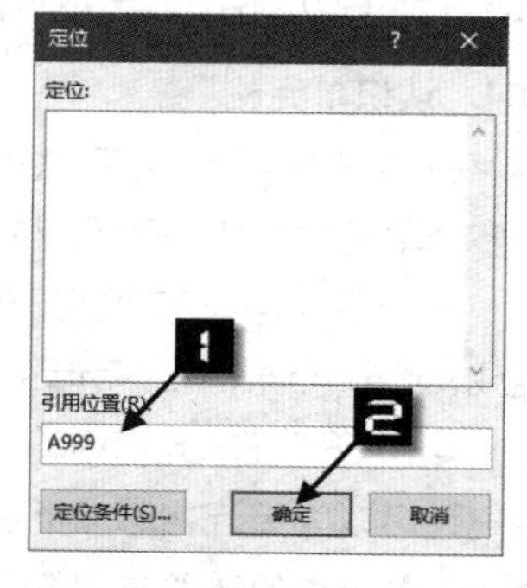

图 4-25　【定位】对话框

4.3.2　区域的基本概念

“区域（Area）”的概念实际上是单元格概念的延伸，多个单元格所构成的单元格群组就称为“区域”。

构成区域的多个单元格之间可以是相互连续的，它们所构成的区域就是连续区域，连续区域的形状总为矩形。多个单元格之间也可以是相互独立不连续的，它们所构成的区域就成为不连续区域。对于连续区域，可以使用矩形区域左上角和右下角的单元格地址进行标识，形式为“左上角单元格地址 : 右下角单元格地址”。例如，连续单元格地址为“C5:F11”，则表示此区域包含了从 C5 单元格到 F11 单元格的矩形区域，矩形区域宽度为 4 列，高度为 7 行，总共包括 28 个连续单元格。

与此类似，“A5:XFD5”则表示区域为工作表的第 5 行整行，习惯表示为“5:5”。“F1:F1048576”则表示区域为工作表的 F 列整列，习惯表示为“F:F”。对于整个工作表来说，其区域地址就是“A1:XFD1048576”。

4.3.3　区域的选取

在 Excel 工作表中选取区域后，可以对区域内所包含的所有单元格同时执行相关的命令操作，如输入数据、复制、粘贴、删除、设置单元格格式等。选取目标区域后，在其中总是包含了一个活动单元格。

工作窗口名称框显示的是当前活动单元格的地址，编辑栏所显示的也是当前活动单元格的内容。

活动单元格与区域中的其他单元格显示风格不同，区域中所包含的其他单元格会加亮显示，而当前活动单元格还是保持正常显示，以此来标识活动单元格的位置，如图 4-26 所示。

	A	B	C	D	E
1	2014/10/5	乙	未	乙未	
2	2014/10/6	丙	申	丙申	
3	2014/10/7	丁	酉	丁酉	
4	2014/10/8	戊	戌	戊戌	
5	2014/10/9	己	亥	己亥	
6	2014/10/10	庚	子	庚子	
7	2014/10/11	辛	丑	辛丑	

图 4-26　选定区域与区域中的活动单元格

选定区域后，区域中包含的单元格所在的行列标签也会显示不同颜色，如图 4-26 中 B~D 列和 3~6 行标签所示。

提示

按下键盘上的<Enter>键，可以在区域范围内切换不同的单元格为当前活动单元格；如果连续按<Shift+Enter>组合键，则会以相反的次序切换区域的单元格。

Ⅰ　连续区域的选取

对于连续单元格，有以下几种方法可以实现选取的操作。

- 选定一个单元格，按住鼠标左键直接在工作表中拖动选取相邻的连续区域。
- 选定一个单元格，按住 <Shift> 键，然后使用方向键在工作表中选择相邻的连续区域。
- 选定一个单元格，按 <F8> 键，进入“扩展”模式（在状态栏中会显示“扩展式选定”字样），此时，再单击另一个单元格时，则会自动选中此单元格与前面选中单元格之间所构成的连续区域。再按一次 <F8> 键，则取消“扩展”模式。
- 在工作窗口的名称框中直接输入区域地址，如“C5:F11”，按 <Enter> 键确认后，即可选取并定位到目标区域。此方法可适用于选取隐藏行列中所包含的区域。
- 在【开始】选项卡中依次单击【查找和选择】→【转到】命令，或者在键盘上按 <F5> 键或 <Ctrl+G> 组合键，在弹出的【定位】对话框的【引用位置】文本框中输入目标区域地址，单击【确定】按钮即可选取并定位到目标区域。此方法可以适用于选取隐藏行列中所包含的区域。

选取连续区域时，鼠标或键盘第一个选定的单元格就是选定区域中的活动单元格。如果使用名称框或定位窗口选定区域，则所选区域的左上角单元格就是选定区域中的活动单元格。

Ⅱ　不连续区域的选取

与上面的操作方法类似，对于不连续区域的选取，也有以下几种适用的方法。

- 选定一个单元格，按住 <Ctrl> 键，然后单击或拖曳选择多个单元格或连续区域，在这种情况下，鼠标最后一次单击的单元格，或者在最后一次拖曳开始之前选定的单元格就是此选定区域的活动单元格。
- 按 <Shift+F8> 组合键，可以进入“添加”模式，与上面按 <Ctrl> 键的效果相同。进入添加模式后，再用鼠标选取的单元格或区域会添加到之前的选取当中。
- 在工作窗口的名称框中输入多个单元格地址或者区域地址，地址之间用半角状态下的逗号隔开，如“C3,C5:F11,G12”，按 <Enter> 键确认后即可选取并定位到目标区域。在这种情况下，最后输入的一个连续区域的左上角或最后输入的单元格为区域中的活动单元格。此方法适用于选取隐藏行列中所包含的区域。
- 与上面的方法类似，在【定位】对话框的【引用位置】文本框中输入多个地址也可以选取不连续区域，最后输入的一个连续区域的左上角或最后输入的单个单元格为区域中的活动单元格。此方法同样适用于选取隐藏行列中所包含的区域。

Ⅲ　多表区域的选取

除了可以在一张工作表中选取某个二维区域外，Excel 还允许用户同时在多张工作表上选取多表区域。如果用户希望在多张工作表中的同一个位置输入相同的数值或者是设置相同的格式，就可以使用这样的多表区域选取。

要选取多表区域，可在当前工作表上选定某个区域后，再同时选中多张工作表。选定区域后，当用户在当前工作表中对此多表区域进行输入、编辑及设置单元格格式等操作时，会同时反映在其他工作表的相同位置上。

示例4-1 通过多表区域的操作设置单元格格式

将当前工作簿的 Sheet1、Sheet2、Sheet3 的“A1:B6”单元格区域都设置成红色背景色。

操作步骤如下。

步骤① 在当前工作簿的 Sheet1 工作表中选中“A1:B6”区域。

步骤② 按 <Shift> 键，然后单击 Sheet3 的工作表标签，再松开 <Shift> 键。此时 Sheet1~Sheet3 的“A1:B6”区域构成一个多表区域，并且进入多表区域的工作组编辑模式，在 Excel 工作窗口标题栏上显示出“[组]”字样。

步骤③ 单击 Excel 功能区上【开始】选项卡的【字体】组中的【填充颜色】下拉按钮，在弹出的颜色面板中选取红色，操作完成。

此时切换 3 张工作表，可以看到三个工作表的“A1:B6”区域单元格背景色均被统一填充为红色，如图 4-27 所示。

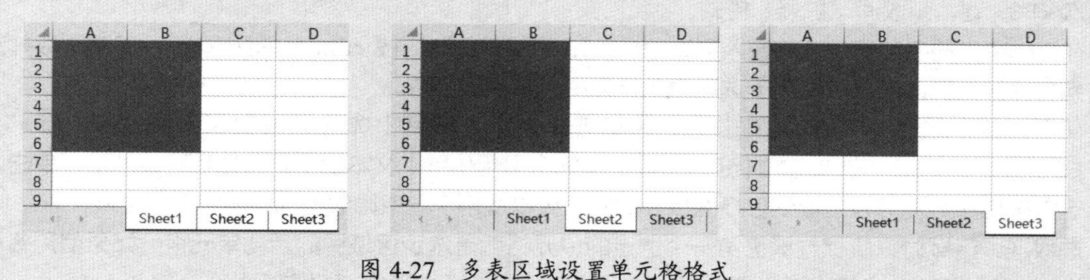

图 4-27 多表区域设置单元格格式

IV 选取特殊的区域

除了通过以上操作方法选取区域外，还有几种特殊的操作方法可以让用户选定一个或多个符合特定条件的单元格。

在【开始】选项卡中依次单击【查找和选择】→【定位条件】命令，或者按 <F5> 键或 <Ctrl+G> 组合键，在弹出的【定位】对话框中单击【定位条件】按钮，显示【定位条件】对话框，如图 4-28 所示。

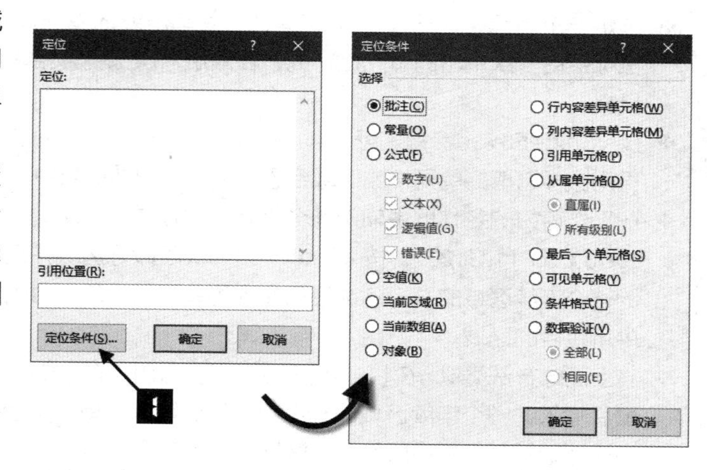

图 4-28 【定位】对话框和【定位条件】对话框

在此对话框中选择特定的条件，然后单击【确定】按钮，就会在当前选定区域中查找符合选定条件的所有单元格（如

果当前只选定了一个单元格，则会在整个工作表中进行查找），并将其一起选中。如果查找范围中没有符合条件的单元格，Excel 会显示【未找到单元格】对话框。

例如，在【定位条件】对话框中选中【常量】单选按钮，然后在下方选中【数字】复选框，单击【确定】按钮后，则当前选定区域中所有包含有数字形式常量的单元格均被选中。

定位条件各选项的含义如表 4-2 所示。

表 4-2　定位条件的含义

选项	含义
批注	所有包含批注的单元格
常量	所有不包含公式的非空单元格。可在“公式”下方的复选框中进一步筛选常量的数据类型，包括数字、文本、逻辑值和错误值
公式	所有包含公式的单元格。可在“公式”下方的复选框中进一步筛选公式的数据类型，包括数据、文本、逻辑值和错误值
空值	所有空单元格
当前区域	当前单元格周围矩形区域内的单元格。这个区域的范围由周围非空的行列所定，此选项与 <Ctrl+Shift+8> 组合键的功能相同
当前数组	选中多单元格数组中的一个单元格，使用此定位条件可以选中这个数组的所有单元格。关于数组的详细介绍，请参阅第 21 章
对象	当前工作表中的所有对象，包括图片、图表、自选图形、插入文件等
行内容差异单元格	选定区域中，每一行的数据均以活动单元格所在行作为此行的参照数据，横向比较数据，选定与参照数据不同的单元格
列内容差异单元格	选定区域中，每一列的数据均以活动单元格所在行作为此列的参照数据，纵向比较数据，选定与参照数据不同的单元格
引用单元格	当前单元格中公式引用到的所有单元格，可在【从属单元格】下方的复选框中进一步筛选引用的级别，包括【直属】和【所有级别】
从属单元格	与引用单元格相对应，选定在公式中引用了当前单元格的所有单元格。可在【从属单元格】下方的复选框中进一步筛选从属的级别，包括【直属】和【所有级别】
最后一个单元格	选择工作表中含有数据或者格式的区域范围中最右下角的单元格
可见单元格	当前工作表中含有数据或者格式的区域范围中所有未经隐藏的单元格
条件格式	工作表中所有运用了条件格式的单元格。在【数据验证】下方的选项组中可选择定位的范围，包括【相同】（与当前单元格使用相同的条件格式规则）或【全部】。关于条件格式的详细介绍，请参阅第 34 章

深入了解使用【空值】和【当前区域】进行定位

在【定位】功能中，使用【空值】作为定位条件的情况比较特殊。在使用【空值】作为定位条件时，如果当前选定的是一个单元格，Excel 就不会像通常一样在整个工作表中进行条件匹配查找，而是只会在当前工作表中包含数据或者格式的“最大区域”内进行查找。所谓“最大区域”，指的是以当前包含数据或者格式的单元格地址中最大行标题和最大列标题作为区域边界所构成的区域。

例如，在图 4-29 所示的表格中，当前工作表中包含数据或者格式的单元格，行标题最大为 8 行，列号最大为 E 列，所以最大的行标题和列标题分别为“8”和“E”。在选定单个单元格并且使用【空值】作为定位条件的查找过程中，Excel 只以“A1:E8”作为区域范围进行查找，并且选中其中的空单元格。

	A	B	C	D	E
1	数值1	数值2	数值3	数值4	数值5
2	86	25	63	34	78
3	27	77	79	33	90
4	46	24	39	60	
5	47	76	69	99	
6					
7					
8					

图 4-29　定位“空值”

与空值定位的情况相似，使用【当前区域】作为定位条件的查找策略比较特殊。在使用【当前区域】作为定位条件时，Excel 会选中与当前选定单元格“相邻”的包含数据的“最大区域”。如果当前选定的是一个单元格区域，则仅以区域中的活动单元格为参考点（即无论区域形状大小如何，只与活动单元格所在位置有关）。

所谓“相邻”，指的是上下左右及斜角方向上相邻的单元格。除了首行、末行、首列和末列中的单元格外，Excel 的每个单元格都有 8 个这样的相邻单元格。如果与当前选定单元格相邻的单元格中包含数据，则使用此种方式进行定位时，Excel 会选中当前单元格与包含数据单元格所围成的矩形区域。

这里的“最大区域”指的是，若前面所形成的区域的相邻单元格中还有包含数据的非空单元格时，则继续扩大所选区域，直到选取区域相邻的范围不再包含非空单元格为止的区域。例如，在如图 4-30 所示的表格中，同样在选定 D8 单元格的情况下使用此方法的定位，在首先选中“C7:E8”区域的情况下，由于 C8 单元格与此区域相邻且包含数据，所以区域继续扩大，直到周围不再有非空单元格，最后选定“B5:E9”区域。

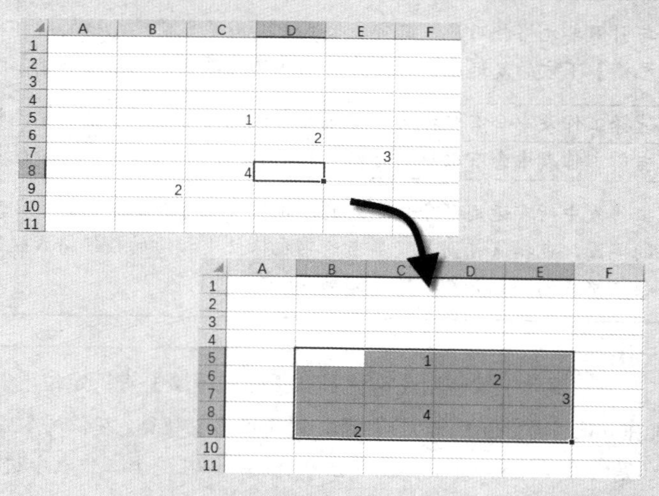

图 4-30　定位“当前区域”

如果当前选定单元格的相邻单元格中都不含数据，则定位后只选中当前单元格。如果是在选定区域的情况下，则只定位到区域中的活动单元格。

【当前区域】的定位结果与按 <Ctrl+Shift+8> 组合键的结果相同。

除了定位功能外，【查找】功能也可以为用户查找并选定符合特定条件的单元格。关于【查找】功能的更详细介绍，请参阅 6.5 节。

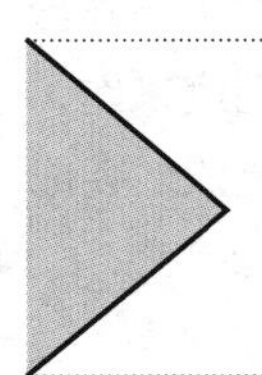

扫描右侧二维码，观看单元格区域选取的视频讲解。

4.3.4　通过名称选取区域

对于某个区域来说，如果以区域地址来进行标识和描述，有时会显得十分复杂，特别是对于非连续区域，需要以多个地址来进行标识。Excel 中提供了一种名为“定义名称”的功能，用户可以给单元格或区域取一个名字，以特定的名称来标识不同的区域，使区域的选取和使用更加直观和方便。如果在公式中运用名称，则可以使公式更加容易理解和编辑。为区域或单元格创建定义名称的方法请参阅第 11 章。

当用户为工作表中的区域（连续或者非连续的）创建过名称以后，可以通过工作窗口中的【名称框】来调用名称，以选取目标区域。

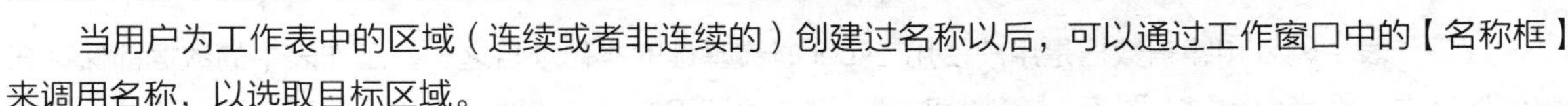

示例4-2　利用名称框快速定位

在已经定义了“B2:C6”区域名称为“区域 1”的表格中，选取此区域。

操作方法：如果当前存在为工作表中“B2:C6”表格区域定义的名称“区域 1”，则可以在名称框内输入“区域 1”，按 <Enter> 键确认即可选定相应区域，如图 4-31 所示。

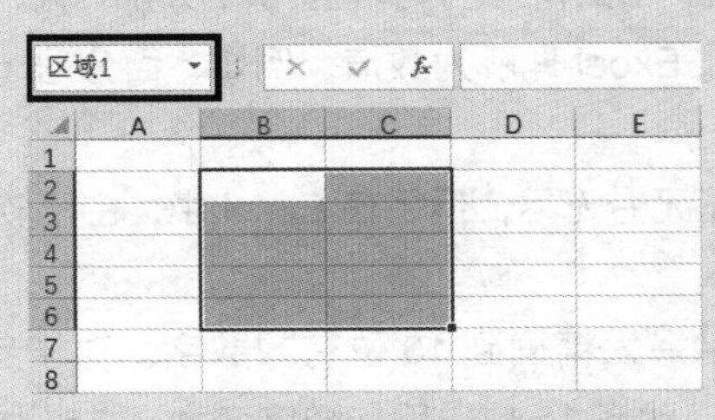

图 4-31　通过名称框输入定义好的区域

除了手动输入名称外，用户也可以单击名称框，并从下拉列表中选择存在于当前工作簿中的区域名称，如图 4-32 所示。

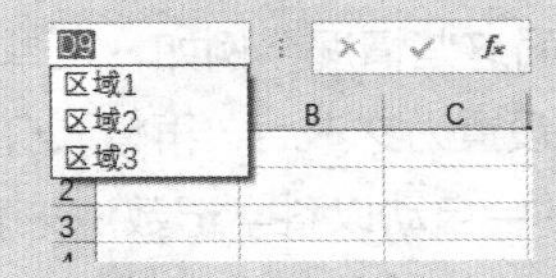

图 4-32　通过下拉列表显示定义名称

第 5 章　在电子表格中输入和编辑数据

本章详细介绍 Excel 的各种数据类型，以及如何在电子表格中输入和编辑各种类型的数据。正确合理地输入和编辑数据，对于工作表的数据采集和后续的数据处理与分析非常重要。从另一个角度来看，数据的录入工作往往是枯燥和烦琐的，只要掌握了科学的方法并能运用一定的技巧，就能更高效地完成工作。

本章学习要点

（1）Excel 的数据类型。　　（2）数据输入和编辑的方法与技巧。

5.1　数据类型的简单认识

在工作表中输入和编辑数据是用户使用 Excel 时最基础的操作项目之一。工作表中的数据都保存在单元格之中，而诸如图形、图表、控件等对象，则保存在工作表的绘图层中（位于工作表上的一层不可见的图层）。

在单元格中可以输入和保存的数据包括 4 种基本类型：数值、日期、文本和公式。除此之外，还有逻辑值、错误值等一些特殊的数值类型。

5.1.1　数值

数值是指所有代表数量的数字形式，如企业的产值和利润、学生的成绩、个人的身高体重等。数值可以是正数，也可以是负数，但是都可以用于进行数值计算，如加、减、求平均值等。除了普通的数字外，还有一些带有特殊符号的数字也被 Excel 理解为数值，例如，百分号（%）、货币符号（如￥）、千分间隔符（,）及科学计数符号（E）。

在现实中，数字的大小可以是无穷无尽，但是在 Excel 中，由于软件系统自身的限制，对于所使用的数值也存在着一些规范和限制。

Excel 可以表示和存储的数字最大精确到 15 位有效数字。对于超过 15 位的整数数字，如 1 234 567 891 234 456 789，Excel 会自动将 15 位以后的数字变为 0，成为 123456789123456000。对于大于 15 位有效数字的小数，则会将超出的部分截去。

因此，对于超出 15 位有效数字的数值，Excel 无法进行精确的计算和处理，例如，无法比较两个相差无几的 20 位数字的大小、无法用数值形式存储 18 位的身份证号码等。用户可以通过使用文本形式来保存位数过多的数字，来处理和避免上面这些情况，例如，在单元格里输入 18 位身份证号码的首位之前加上单引号“‘”，或者将单元格格式设置为文本后，再输入身份证号码。

对于一些很大或很小的数值，Excel 会自动以科学记数法来表示（用户也可以通过设置将所有数值以科学记数法表示），例如，123456789123456 会以科学记数法表示为 1.23457E+14，即为 1.23457×10^{14} 之意，其中代表 10 的乘方的大写字母“E”不可以省略。

5.1.2　日期和时间

在 Excel 中，日期和时间是以一种特殊的数值形式存储的，这种数值形式称为“序列值”（英文为

Series，在早期的版本中也称为“系列值”）。序列值是 1~2958465 的数值，因此，日期型数据实际上是一个包括在数值数据范畴中的数值区间。

在 Windows 操作系统上所使用的 Excel 版本中，日期系统默认为“1900 日期系统”，即以 1900 年 1 月 1 日作为序列值的基准日，当日的序列值计为 1，这之后的日期均以距基准日期的天数作为其序列值，例如，1900 年 1 月 15 日的序列值为 15，2007 年 5 月 1 日的序列值为 39203。在 Excel 中可表示的最大日期是 9999 年 12 月 31 日，当日的序列值为 2958465。

提示

要查看一个日期的序列值，可以在单元格内输入日期后，再将单元格数字格式设置为“常规”，此时，就会在单元格内显示日期的序列值。但是实际上一般用户并不需要关注日期所对应的具体序列值。关于单元格格式的设置方法，请参阅第7章。

由于日期存储为数值的形式，因此它继承着数值的所有运算功能，日期运算的实质是序列值的数值运算，例如，要计算两个日期之间相距的天数，可以直接在单元格中输入两个日期，再用减法运算的公式来求得。

如果用户使用的是 Macintosh 操作系统下的 Excel 版本，默认的日期系统为“1904 日期系统”，即以 1904 年 1 月 1 日作为日期系统的基准日。Windows 用户如有使用此种日期系统的必要，可在【Excel 选项】对话框【高级】选项卡中选中【计算此工作簿时】区域中的【使用 1904 日期系统】复选框。

日期系统的序列值是一个整数数值，一天的数值单位就是 1，那么 1 小时就可以表示为 1/24 天，1 分钟就可以表示为 1/（24×60）天等，一天中的每一个时刻都可以由小数形式的序列值来表示。例如，正午 12:00:00 的序列值为 0.5（一天的一半），12:01:00 的序列值近似为 0.500694。

如果输入的时间值超过 24 小时，Excel 会自动以天为整数单位进行处理。如 26:13:12，转换为序列值为 1.0925，即 1+0.0925（1 天 +2 小时 13 分 12 秒）。

将小数部分表示的时间和整数部分所表示的日期结合起来，即可以序列值表示一个完整的日期时间点。例如，2007 年 5 月 1 日 12:00:00 的序列值为 39203.5，9999 年 12 月 31 日 12:01:00 的序列值近似为 2958465.500694。

提示

对于不包含日期且小于24小时的时间值，如12:01:00的形式，Excel会自动以1900年1月0日这样的一个实际不存在的日期作为其日期值。在Excel的日期系统中，还包含了一个鲜为人知的小错误，在实际中并不存在的1900年2月29日（1900年并不是闰年），却存在于Excel的日期系统中，并且有所对应的序列值60。微软公司在对这个问题的解释中声称，保留这个错误是为了保持与Lotus 1-2-3相兼容。

5.1.3 文本

文本通常是指一些非数值性的文字、符号等，如企业的部门名称、学生的考试科目、姓名等。除此以外，许多不代表数量的、不需要进行数值计算的数字也可以保存为文本形式，如电话号码、身份证号码、银行卡号等。所以，文本并没有严格意义上的概念。事实上，Excel 将许多不能理解为数值（包括日期时间）和公式的数据都视为文本。文本不能用于计算，但可以比较大小。

Excel 2016 中，单元格最多可显示 1024 个字符，而在编辑栏中最多可以显示 32 767 个字符。

5.1.4 逻辑值

逻辑值是比较特殊的一类参数，它只有 TRUE（真）和 FALSE（假）两种类型。

例如，在公式“=IF（A3=0,0,A2/A3）”中，“A3=0”就是一个可以返回 TRUE（真）或 FALSE（假）两种结果的参数。当“A3=0”为 TRUE 时公式返回结果为“0”，否则返回“A2/A3”的计算结果。

逻辑值之间进行四则运算或是逻辑值与数值之间的运算时，可以认为 TRUE 等同于 1，FALSE 等同于 0。

例如，TRUE+TRUE=2　　FALSE*TRUE=0　　TRUE-1=0　　FALSE*5=0

但是在逻辑判断中，不能将逻辑值和数值视为相同，如公式 =TRUE<6，结果是 FALSE，因为在 Excel 中的大小比较规则为：数字 < 字符 < 逻辑值 FALSE< 逻辑值 TRUE，因此 TRUE 大于 6。

5.1.5 错误值

用户在使用 Excel 的过程中可能会遇到一些错误值信息，如 #N/A!、#VALUE!、#DIV/0！等，出现这些错误的原因有很多种，如果公式不能计算正确结果，Excel 将显示一个错误值。常见的错误值及其含义如表 5-1 所示。

表 5-1　常见错误值及含义

错误值类型	含义
#####	当列宽不够显示数字，或者使用了负的日期或负的时间时出现错误
#VALUE!	当使用的参数类型错误时出现错误
#DIV/0!	当数字被 0 除时出现错误
#NAME?	公式中使用了未定义的文本名称
#N/A	通常情况下，查询类函数找不到可用结果时，会返回 #N/A 错误
#REF!	当被引用的单元格区域或被引用的工作表被删除时，或是引用类函数返回的区域大于工作表的实际范围，将返回 #REF! 错误
#NUM!	公式或函数中使用无效数字值时，如公式 =SMALL（A1:A6,7），要在 6 个单元格中返回第 7 个最小值，则出现 #NUM! 错误
#NULL!	当用空格表示两个引用单元格之间的交叉运算符，但计算并不相交的两个区域的交点时，出现错误。如公式 =SUM（A:A B:B），A 列与 B 列不相交

5.1.6 不同数据类型的大小比较原则

Excel 中，除了错误值外，文本、数值与逻辑值比较时按照以下顺序排列。

```
…、-2、-1、0、1、2…A~Z、FALSE、TRUE
```

即数值小于文本，文本小于逻辑值 FALSE，逻辑值 TRUE 最大，错误值不参与排序。

5.1.7 公式

公式是 Excel 中一种非常重要的数据，Excel 作为一种电子数据表格，许多强大的计算功能都是通过公式来实现的。

公式通常都是以等号“=”开头，它的内容可以是简单的数学公式，如 =24*60+12，也可以包括 Excel 的内嵌函数，甚至是用户自定义的函数，如 =SUM（A1:A5）-AVERAGE（E1:F5）。

用户要在单元格内输入公式，可在开始输入的时候以等号“=”开头表示当前输入的是公式。除了等号外，使用加号“+”或减号“−”开头也可以使 Excel 识别其内容为公式，但是在按 <Enter> 键确认输入后，Excel 还是会把公式的开头自动加上等号“=”。

当用户在单元格内输入公式并确认后，默认情况下会在单元格内显示公式的运算结果。从数据类型上来说，公式的运算结果也大致可区分为数值型数据和文本型数据两大类。选中公式所在的单元格后，在编辑栏内也会显示公式的内容。有以下 3 种等效的操作方法可以在单元格中直接显示公式内容。

- ❖ 单击 Excel 功能区上【公式】选项卡【公式审核】组中的【显示公式】切换按钮，使公式的内容直接显示在单元格中，再次单击此按钮，则显示公式计算结果。
- ❖ 选中或者取消选中【Excel 选项】对话框【高级】选项卡中【此工作表的显示选项】区域中的【在单元格中显示公式而非其计算结果】复选框。
- ❖ 按 <Ctrl+`> 组合键可以在“公式”与“值”的显示方式之间进行切换。

在 Excel 2016 中，公式长度限制为 8192 个字符，公式嵌套的层数限制为 64 层，公式中参数的个数限制为 255 个。

5.2　输入和编辑数据

5.2.1　在单元格输入数据

要在单元格内输入数值和文本类型的数据，可以先选中目标单元格，使其成为当前活动单元格后，就可以直接向单元格内输入数据。数据输入完毕后按 <Enter> 键或单击编辑栏左侧的输入按钮或是其他单元格，都可以确认完成输入。要在输入过程中取消输入的内容，则可以按 <Esc> 键退出输入状态。

当用户输入数据时，原有编辑栏的左边的【×】按钮和【√】按钮被激活，如图 5-1 所示。用户单击【√】按钮后，可以对当前输入内容进行确认；如果单击【×】按钮，则表示取消输入。

虽然单击【√】按钮和按 <Enter> 键同样都可以输入内容进行确认，但是两者的效果并不完全相同。当用户按 <Enter> 键确认输入后，Excel 会自动将下一个单元格激活为活动单元格，这为需要进行连续输入的用户提供了便利。而当用户使用【√】按钮确认输入后，Excel 不会改变当前活动单元格。

用户也可以通过选项设置对“下一个”激活单元格的方向进行设置。在【Excel 选项】对话框的【高级】选项卡下，【按 Enter 键后移动所选内容】复选框的下方【方向】下拉菜单中，可以选择移动方向（包含上、下、左、右 4 个方向选项），默认为【向下】，如图 5-2 所示，最后单击【确定】按钮确认操作。

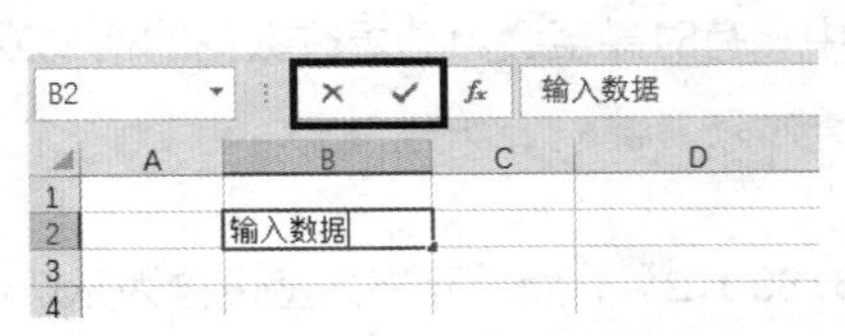

图 5-1　编辑栏被激活的图标

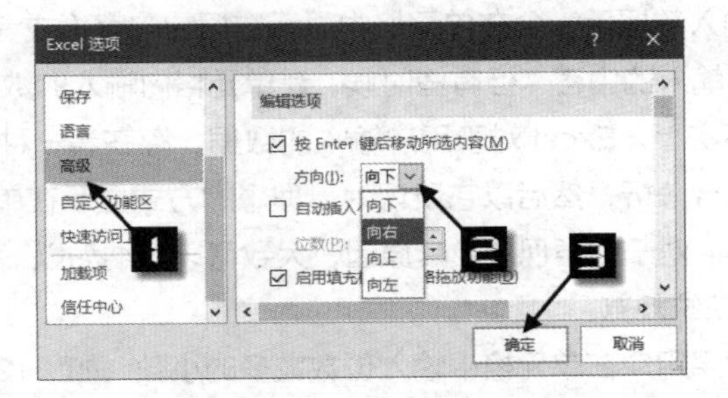

图 5-2　通过选项设置按 <Enter> 键后光标移动的方向

如果希望在输入结束后活动单元格仍停留在原位，则可以取消选中【按 Enter 键后移动所选内容】复选框。

5.2.2 编辑单元格内容

对于已经存在数据的单元格，用户可以激活目标单元格后，重新输入新的内容来替换原有数据。但是，如果用户只想对其中的部分内容进行编辑修改，则可以激活单元格进入编辑模式。有以下几种方式可以进入单元格编辑模式。

- ❖ 双击单元格。在单元格中的原有内容后会出现竖线光标显示，提示当前进入编辑模式，光标所在的位置为数据插入位置，在内容中不同位置单击或使用左右方向键，可以移动光标插入的位置。用户可在单元格中直接对其内容进行编辑修改。
- ❖ 激活目标单元格后按 <F2> 键。效果与上面相同。
- ❖ 激活目标单元格，然后单击 Excel 工作窗口的编辑栏，这样可以将竖线光标定位于编辑栏内，激活编辑栏的编辑模式。用户可在编辑栏内对单元格原有的内容进行编辑修改。对于数据内容较多的编辑修改，特别是对公式的修改，建议用户使用编辑栏的编辑模式。

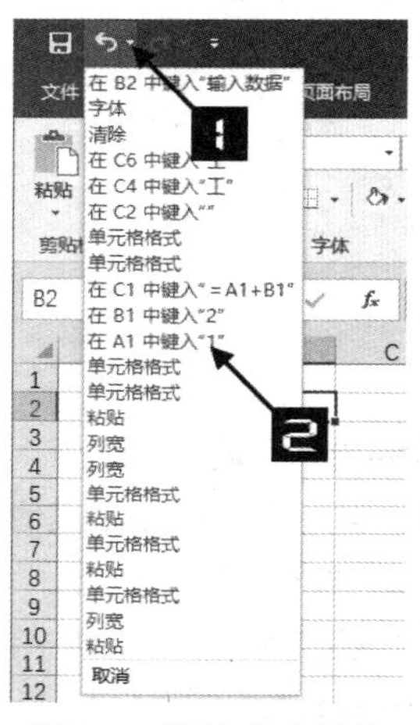

图 5-3 撤销多步操作

用户也可以使用鼠标或者键盘选取单元格中的部分内容进行复制和粘贴操作。另外，按 <Home> 键可将光标插入点定位到单元格内容的开头，按 <End> 键则可以将光标插入点定位到单元格内容的末尾。在编辑修改完成后，按 <Enter> 键或者单击输入按钮【√】，同样可以对编辑的内容进行确认输入。如果输入的是一个错误的数据，可以再次输入正确的数据覆盖它，也可以使用"撤销"功能撤销本次的输入。执行撤销命令可以单击快速访问工具栏上的【撤销】按钮，或者按 <Ctrl+Z> 组合键。

用户单击一次快速访问工具栏上的【撤销】按钮，则只能"撤销"一步操作，如果需要撤销多步操作，用户可以多次单击【撤销】按钮，或者单击【撤销】按钮下拉列表，将鼠标指针移动到需要撤销返回的具体操作上单击该操作，如图 5-3 所示。

以上编辑模式的操作方式也同样适用于空白单元格的数据输入。

注意

可在单元格中直接对内容进行编辑的操作依赖于"单元格内容直接编辑"功能的开启（系统默认开启），功能的开关位于【Excel选项】对话框【高级】选项卡中【编辑选项】区域上的【允许直接在单元格内编辑】复选框。

5.2.3 显示和输入的关系

输入数据后，会在单元格中显示数据的内容（或者公式的结果），同时在选中单元格时，在编辑栏中显示输入的内容。但有些时候，在单元格内输入的数值和文本，与单元格中的实际显示并不完全相同。

事实上，Excel 对于用户输入的数据，存在着一种智能分析功能，它总是会对输入数据的标识符及结构进行分析，然后以它所认为最理想的方式显示在单元格中，有时甚至会自动更改数据的格式或数据的内容。对于此类现象及其原因，大致可以归纳为以下几种情况。

➲ Ⅰ 系统规范

如果用户在单元格中输入位数较多的小数，如"123.456789012"，而单元格列宽设置为默认值时，单元格内会显示"123.4568"。这是由于 Excel 系统默认设置了对数值进行四舍五入显示的缘故。

当单元格列宽无法完整显示数据的所有部分时，Excel 会自动以四舍五入的方式对数值的小数部分进行截取显示。如果将单元格的列宽调整得更大，显示的位数相应增多，但是最大也只能显示到保留 10

位有效数字。虽然单元格的显示与实际数值不符，但是当用户选中此单元格，在编辑栏中仍可以完整显示整个数值，并且在数据计算过程中，Excel 也是根据完整的数值进行计算，而不是代之以四舍五入后的数值。

提示

如果用户希望以单元格中实际显示的数值来参与数值计算，可以在选项中进行如下设置：打开【Excel选项】对话框，选中对话框中【高级】选项卡中的【将精度设为所显示的精度】复选框，如图5-4所示。此选项默认设置只能对当前工作簿有效，如果用户需要对其他工作簿进行设置，可以激活需要设置的工作簿，然后按照上述方法操作，或者在【计算此工作簿时】的下拉列表中选择指定的工作簿。最后单击【确定】按钮完成操作。

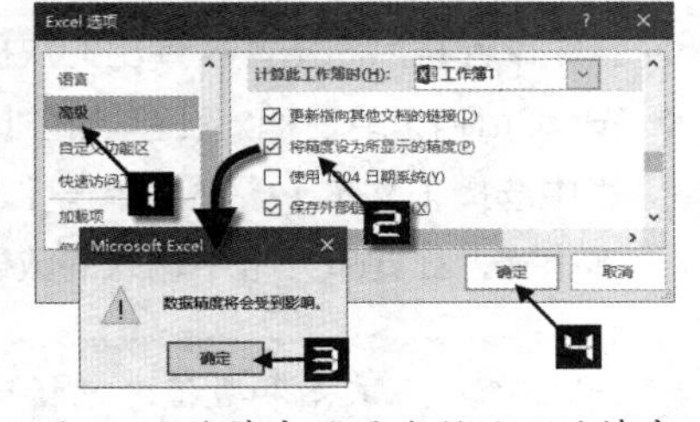

图 5-4　将精度设置为所显示的精度

除此之外，还有一些数值方面的规范，使输入与实际显示不符。

- 当用户在单元格中输入非常大或者非常小的数值时，系统会在单元格中自动以科学记数法的形式来显示。
- 输入大于 15 位有效数字的数值时（如 18 位身份证号码），Excel 会对原数值进行 15 位有效数字的自动截断处理，如果输入的数值是整数，则会将超过 15 位部分补 0。
- 当输入的数值外面包括一对半角小括号时，形如“（123456）”，系统会自动以负数形式保存和显示括号中的数值，而括号不再显示（这是会计专业方面的一种数值形式约定）。
- 当用户输入末尾为“0”的小数时，系统会自动将非有效位数上的“0”清除，使之符合数值的规范显示。

对于上述 4 种情况，如果用户确实需要以完整的形式输入数据，可以进行以下操作。

对于不需要进行数值计算的数字，如身份证号码、银行卡号、股票代码等，可将数据形式转换成文本形式来保存和显示完整数字内容。在输入数据时，以单引号“‘”开始输入数据，系统会将所输入的内容自动识别为文本数据，并以文本形式在单元格中保存和显示，其中的单引号“‘”不显示在单元格中，但在编辑栏中会显示。

用户也可以先选中目标单元格，启动【设置单元格格式】对话框，如图 5-5 所示。有如下几种等效操作方法可以打开【设置单元格格式】对话框。

- 单击 Excel 功能区上的【开始】选项卡中【字体】【对齐方式】或【数字】命令组右下角的对话框启动器按钮，如图 5-6 所示。

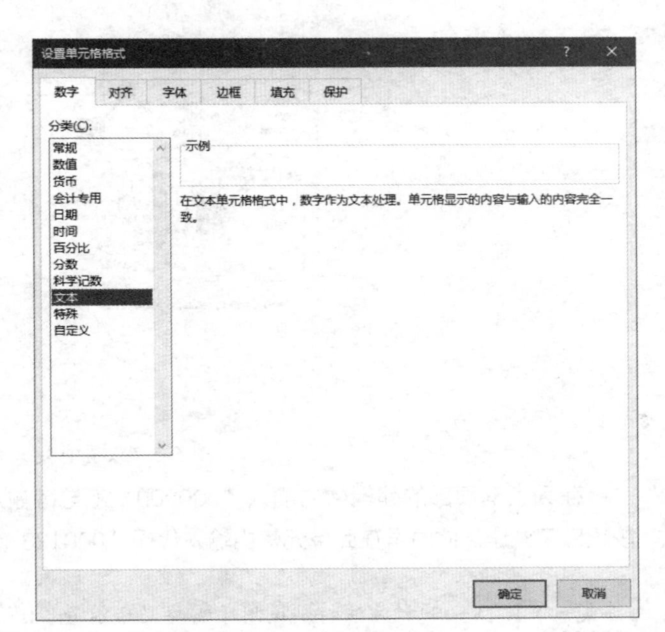

图 5-5　设置单元格格式为文本

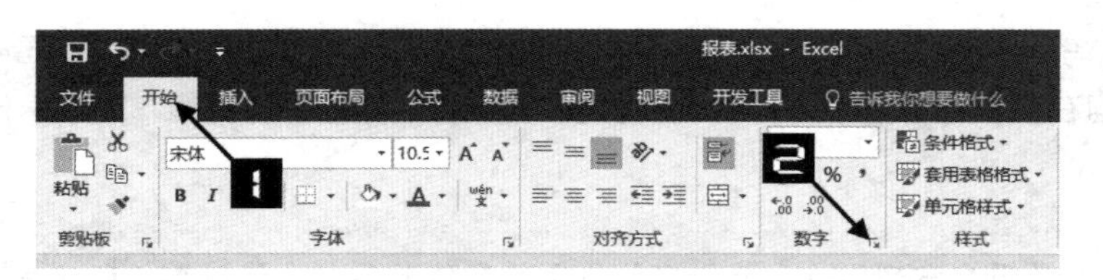

图 5-6 单击【数字】组上的对话框启动器按钮

❖ 选中单元格后右击，在弹出的快捷菜单中选择【设置单元格格式】命令。

❖ 按 <Ctrl+1> 组合键。在弹出的【设置单元格格式】对话框中选择【数字】选项卡，在【分类】列表中选择【文本】，然后单击【确定】按钮确认操作，如图 5-5 所示。即可将单元格格式设置为文本格式，在此单元格中输入的数据将保存并显示为文本。

提示

文本和数值（包括日期时间）在单元格中的显示有明显的不同，用户可以很容易地识别，在没有设置过文本对齐方式的单元格中，数值总是靠右侧对齐，而文本总是靠左侧对齐。

设置成文本后的数据无法正常参与数值计算，如果用户不希望改变数值类型，在单元格中能完整显示的同时，仍可以保留数值的特性，可以参照如下操作。以某股票代码“000123”为例，先选中目标单元格，打开【设置单元格格式】对话框，选择【数字】选项卡，并在【分类】列表框中选择【自定义】选项，此时右侧会出现新的【类型】列表框，如图 5-7 所示。

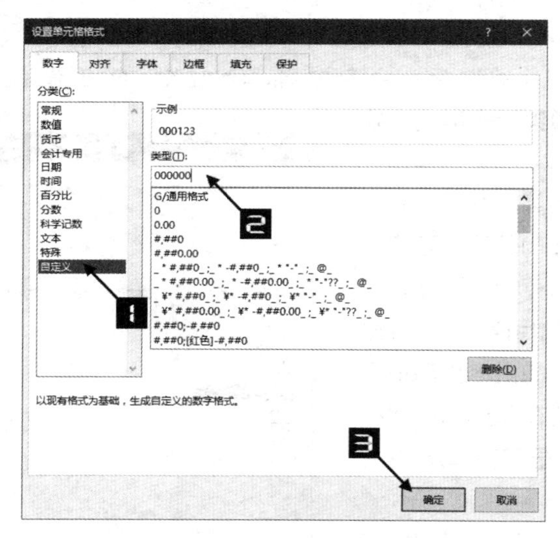

图 5-7 设置自定义数值格式

在列表框顶部的编辑栏内输入“000000”（与待输入的代码长度保持一致），然后单击【确定】按钮确定操作。此时再在此单元格内输入代码“000123”，即可完全显示，并且仍保留数值的格式。

注意

此种方法特别适用于需要显示前置“0”的数值情况，但是这种方法只限于输入小于等于15位的整数，如果数据大于15位，则单元格中仍然不能真实显示。

对于小数末尾中“0”的保留显示（如某些数字保留位数的需求），与上面的例子类似。用户可以在输入数据的单元格中设置自定义的格式，形如“0.00000”（小数点后面“0”的个数表示需要保留显

示小数的位数）。除了自定义的格式外，使用系统内置的“数值”格式也可以达到相同的效果。在图 5-5 所示的对话框中选中【数值】后，对话框右侧会出现设置【小数位数】的微调框，调整需要显示的小数位数，就可以将用户输入的数据按照用户需要的保留位数来显示。

除了以上提到的这些数值输入的情况外，某些文本数据的输入也存在输入与显示不符合的情况。例如，在单元格中输入内容较长的文本时（文本长度大于列宽），如果目标单元格右侧的单元格内没有内容，则文本会完整显示甚至“侵占”到右侧的单元格，如图 5-8 所示的 A1 单元格；而如果右侧单元格中本身就包含内容时，则文本就会显示不完全，如图 5-8 所示的 A2 单元格。

	A	B	C
1	爱ExcelHome		
2	爱ExcelHom	右侧有数据	
3	爱 ExcelHome	右侧有数据	
4	爱ExcelHome	右侧有数据	
5			
6			

图 5-8　文本的显示

要将这样的文本输入在单元格中完整显示出来，可有以下几种方法。

❖ 将单元格所在列宽调整得更大，容纳更多字符的显示。

❖ 选中单元格，打开【设置单元格格式】对话框，选择【对齐】选项卡，在【文本控制】区域中选中【自动换行】的复选框，效果如图 5-8 所示的 A3 单元格。或者单击【开始】选项卡上【对齐方式】组中的【自动换行】按钮，可以达到相同效果。如果选中【缩小字体填充】的复选框，显示效果则如图 5-8 所示的 A4 单元格。

➲ II　自动格式

在某些情况下，当用户输入的数据中带有一些特殊符号时，会被 Excel 识别为具有特殊含义，从而自动为数据设定特有的数字格式来显示。

❖ 在单元格中输入某些分数时，如“12/29”，单元格会自动将输入数据识别为日期形式，进而显示为日期的格式“12 月 29 日”，同时此单元格的单元格格式也会自动被更改。当然，如果用户输入的对应日期不存在，如“11/31”（11 月没有 31 天），单元格还会保持原有输入显示。但实际上此时单元格还是文本格式，并没有被赋予真正的分数数值意义。

关于如何在单元格中输入分数，详情请参阅 5.3.3 小节。关于日期时间的输入和显示，具体请参阅 5.1.2 小节。

❖ 当在单元格中输入带有货币符号的数值时，如“￥112311”，Excel 会自动将单元格格式设置为相应的货币格式，在单元格中也可以以货币的格式显示（自动添加千位分隔符，负数标红显示或加括号显示）。如果选中单元格，可以看到在编辑栏内显示的是不带货币符号的实际数值。

➲ III　自动更正和自动套用格式

（1）自动更正。

Excel 系统中预置“纠错”功能，会在用户输入数据的时候进行检查，在发现包含有特定条件的内容时，自动进行更正，如以下几种情况。

❖ 在单元格中输入“（R）”时，单元格中会自动更正为“®”。

❖ 在输入英文单词时，如果开头有连续两个大写字母，如“EXcel”，则 Excel 系统会自动将其更正为首字母大写，即改为“Excel”。

此类情况的产生，都是基于 Excel 中【自动更正选项】的相关设置。“自动更正”是一项非常实用的功能，它不仅可以帮助用户减少英文拼写错误，纠正一些中文成语错别字和错误用法，还可以为用户提供一种高效的输入替换用法——输入缩写或特殊字符，系统自动替换为全称或用户需要的内容。上面举例的第一种情况，就是通过自动更正中内置的替换选项来实现的。用户也可以根据自己的需要进行设置。

打开【Excel 选项】对话框，单击【校对】选项卡中的【自动更正选项】按钮，弹出【自动更正】对话框，在此对话框中可以通过复选框及列表框中的内容对原有的更正替换项目进行修改设置，也可以新增用户的自定义设置。例如，要在单元格输入“EH”时，就自动替换为“ExcelHome”的全称，可以在【替换】文本框中输入“EH”，然后在【为】文本框中输入“ExcelHome”，最后单击【添加】按钮，这样就可以成功添加一条用户自定义的自动更正项目，添加完毕后单击【确定】按钮，再次单击【确定】按钮退出【Excel 选项】对话框，完成操作，如图 5-9 所示。

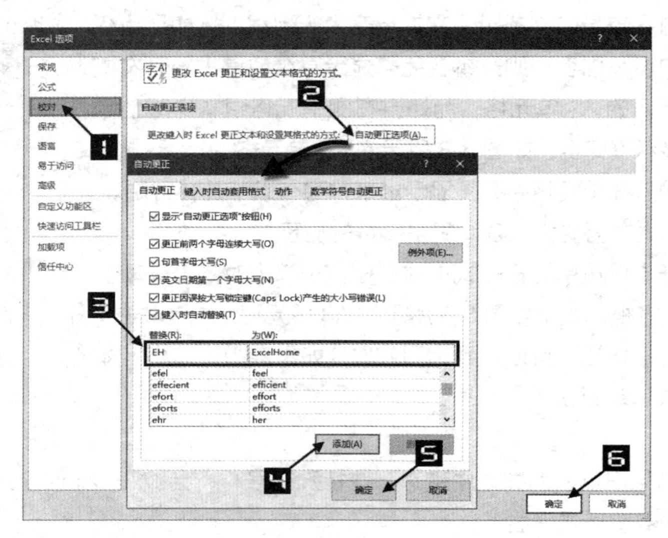

图 5-9　自定义【自动更正】内容

提示

自动更正功能通用于Office组件，用户在Excel中添加的自定义更正项目，也可以在Word、PowerPoint中使用。此外，自动更正项目还可以保存成文件与他人共享。在Windows 10操作系统中，自动更正中的自定义项目保存在“C:\Users\用户名\AppData\Roaming\Microsoft\Office”路径下的MSO1033.cal文件中。

对于英文单词的拼写错误纠正，除了使用自动更正功能外，还可以通过“拼写检查”功能来实现，在Excel功能区上单击【审阅】选项卡中【校对】组中的【拼写检查】按钮，或者在键盘上按<F7>键，可以启动拼写检查程序。

但是，如果用户不希望输入的内容被 Excel 自动更改，可以对“自动更正选项”进行如下设置。

在图 5-9 所示的【自动更正】对话框中，取消选中【键入时自动替换】复选框，以使所有的更正项目停止作用。也可以取消某个单独的复选框，或者在下面的列表框中删除某些特定的替换内容，来终止一些特定的自动更正项目。例如，要取消前面提到的连续两个大写字母开头的英文更正功能，可以取消选中对话框中的【更正前两个字母连续大写】复选框。

（2）自动套用格式。

自动套用格式与自动更正类似，当在输入内容中发现包含特殊文本标记时，Excel 会自动对单元格加入超链接。

例如，当用户输入的数据中包含 @、WWW、FTP、FTP://、HTTP:// 等文本内容时，Excel 会自动为此单元格添加超链接，并在输入数据下方显示下画线。关于超链接的详细内容，请参阅第 36 章。

如果用户不希望输入的文本内容被加入超链接，可以在确认输入后未做其他操作前按 <Ctrl+Z> 组合键来取消超链接的自动加入。也可以通过【自动更正选项】按钮来进行操作。例如，在 A1 单元格中输入“www.excelhome.net”，Excel 会自动为此单元格加上超链接，当鼠标指针移至文字上方时，会

在开头文字的下方出现一个条状符号，将鼠标指针移至此符号上时，会显示【自动更正选项】按钮，单击下拉按钮，在下拉菜单上单击【撤销超链接】命令，就可以取消在 A1 单元格所创建的超链接，如图 5-10 所示。

如果要取消这项功能，则可以单击【停止自动创建超链接】选项，在以后的类似输入时就不会再加入超链接，但此法对此之前已经生成的超链接无效。

如果用户单击如图 5-11 所示的【自动更正】对话框的【键入时自动套用格式】选项卡，取消选中【Internet 及网络路径替换为超链接】复选框，同样可以达到停止自动创建超链接的效果。

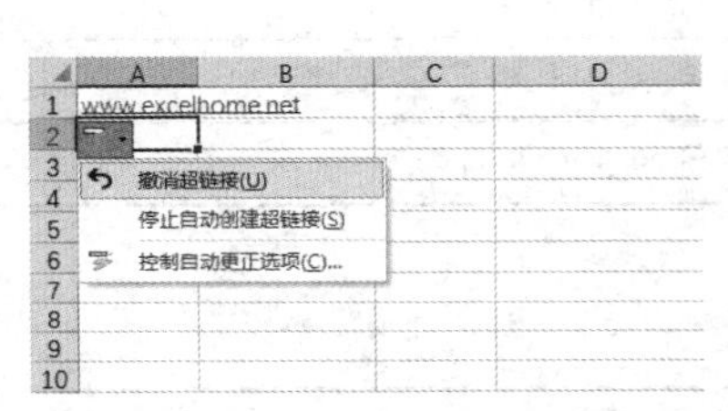

图 5-10　【自动更正选项】下拉列表

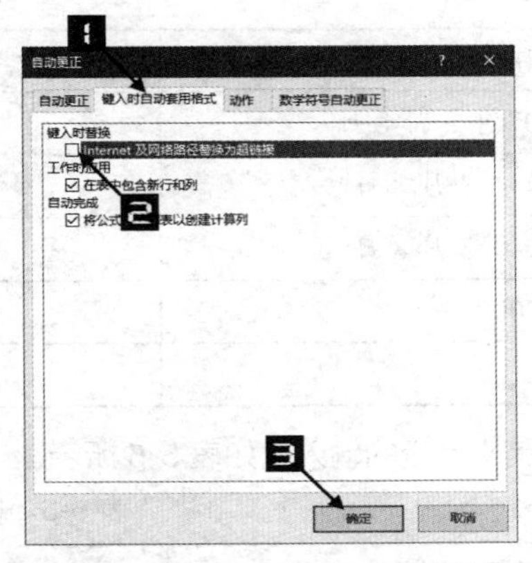

图 5-11　【自动更正】对话框的【键入时自动套用格式】选项卡

5.2.4　日期和时间的输入和识别

日期和时间属于一类特殊的数值类型，其特殊的属性使得此类数据的输入及 Excel 对输入内容的识别，都有一些特别之处。

➲ I　日期的输入和识别

在 Windows 中文操作系统的默认日期设置下，可以被 Excel 自动识别为日期数据的输入形式如下。

❖ 使用短横线分隔符“-”的输入，如表 5-2 所示。

表 5-2　日期输入形式 1

单元格输入	Excel 识别
2007-3-8	2007 年 3 月 8 日
07-3-8	2007 年 3 月 8 日
79-3-8	1979 年 3 月 8 日
2007-3	2007 年 3 月 1 日
3-8	当前年份的 3 月 8 日

❖ 使用斜线分隔符“/”的输入，如表 5-3 所示。

表 5-3　日期输入形式 2

单元格输入	Excel 识别
2007/3/8	2007 年 3 月 8 日
07/3/8	2007 年 3 月 8 日

续表

单元格输入	Excel 识别
79/3/8	1979 年 3 月 8 日
2007/3	2007 年 3 月 1 日
3/8	当前年份的 3 月 8 日

❖ 使用中文“年月日”的输入，如表 5-4 所示。

表 5-4　日期输入形式 3

单元格输入	Excel 识别
2007 年 3 月 8 日	2007 年 3 月 8 日
07 年 3 月 8 日	2007 年 3 月 8 日
79 年 3 月 8 日	1979 年 3 月 8 日
2007 年 3 月	2007 年 3 月 1 日
3 月 8 日	当前年份的 3 月 8 日

❖ 使用包括英文月份的输入，如表 5-5 所示。

表 5-5　日期输入形式 4

单元格输入	Excel 识别
March 8	当前年份的 3 月 8 日
Mar 8	当前年份的 3 月 8 日
8 Mar	当前年份的 3 月 8 日
Mar-8	当前年份的 3 月 8 日
8-Mar	当前年份的 3 月 8 日
Mar/8	当前年份的 3 月 8 日
8/Mar	当前年份的 3 月 8 日

对于以上 4 类可以被 Excel 识别的日期输入，有以下几点补充说明。

❖ 年份的输入方式包括短日期（如 79 年）和长日期（如 1979 年）两种。当用户以两位数字的短日期方式来输入年份时，系统默认将 0~29 之间的数字识别为 2000—2029 年，而将 30~99 之间的数据识别为 1930—1999 年。为避免系统自动识别造成错误理解，建议用户在输入年份的时候，使用 4 位完整数字的长日期方式，以确保数据的准确性。

❖ 短横线“-”分隔与斜线分隔“/”可以结合使用。例如，输入“2017-3/8”与输入“2017/3-8”均可以表示 2017 年 3 月 8 日。

❖ 当用户输入的数据只包含年份和月份时，Excel 会自动以这个月的 1 日作为它的完整日期值。如表 5-2 中，输入“2017-3”会被自动识别为“2017 年 3 月 1 日”。

❖ 当用户输入的数据只包含月份和日期时，Excel 会自动以系统当年年份作为这个日期的年份值。如表 5-2 中，输入“3-8”，如果系统当前年份为 2017 年，则会被系统自动识别为 2017 年 3 月 8 日。

❖ 包含英文月份的输入方式可以用于只包含月份和日期的数据输入，其中月份的英文单词可以使用完整拼写，也可以使用标准缩写。

注意

以上所述部分的输入和识别方式，只适用于中文Windows操作系统，区域设置为“中国”的操作环境之下。如果用户的区域设置为其他国家或地区，会根据不同的语言习惯而产生不同的日期识别格式。

除了以上这些可以被 Excel 自动识别为日期的输入方式外，其他不被识别的日期输入方式，则会被识别为文本形式的数据。不少用户都习惯使用“.”分隔符来输入日期，如“2007.3.8”这样输入的数据只会被 Excel 识别为文本格式，而不是日期格式，导致无法参与各种运算，从而给数据处理和计算带来麻烦。

➲ Ⅱ　时间的输入和识别

时间的输入规则比较简单，一般可分为 12 小时制和 24 小时制两种。采用 12 小时制时，需要在输入时间后加入表示上午或下午的后缀“Am”或“Pm”。例如，用户输入“10:21:30 Am”会被 Excel 识别为上午 10 点 21 分 30 秒，而输入“10:21:30 Pm”则会被 Excel 识别为夜间 10 点 21 分 30 秒。如果输入形式中不包含英文后缀，则 Excel 默认以 24 小时制来识别输入的时间。

用户在输入时间数据时可以省略“秒”的部分，但不能省略“小时”和“分钟”的部分。例如，用户输入“10:21”将会被 Excel 自动识别为“10 点 21 分 0 秒”，要表示“1 点 21 分 35 秒”，用户需要完整输入“1:21:35”。

提示

如果要在单元格中快捷输入当前系统时间，可按<Ctrl+Shift+;>组合键。

05章

5.2.5　为单元格添加批注

除了可以在单元格中输入数据外，用户还可以为单元格添加批注。通过批注，可以对单元格的内容添加一些注释或者说明，方便自己或其他用户更好地理解单元格中的内容含义。

有以下几种等效方式可以为单元格添加批注。

- ❖ 选定单元格，在【审阅】选项卡上单击【新建批注】按钮。
- ❖ 选定单元格，右击，在弹出的快捷菜单中选择【插入批注】命令。
- ❖ 选定单元格，按 <Shift+F2> 组合键。

效果如图 5-12 所示。

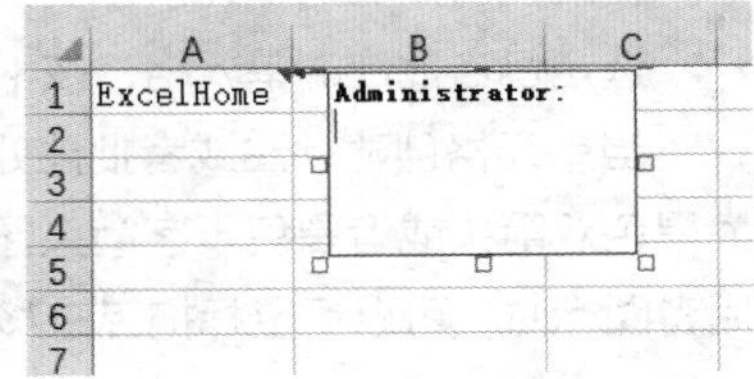

图 5-12　插入批注

插入批注后，在目标单元格的右上角出现红色三角符号，此符号为批注标识符，表示当前单元格包含批注。右侧的矩形文本框通过引导箭头与红色标识符相连，此矩形文本框即为批注内容的显示区域，用户可以在此输入文本内容作为当前单元格的批注。批注内容会默认以加粗字体的用户名开头，标识了添加此批注的作者。此用户名默认为当前 Excel 用户名，实际使用时，用户也可以根据自己的需要更改为更方便识别的名称。

完成批注内容的输入之后，单击其他单元格即表示完成了添加批注的操作，此时批注内容呈现隐藏状态，只显示出红色标识符。当用户将鼠标移到包括标识符的目标单元格上时，批注内容会自动显示出来。用户也可以在包含批注的单元格上右击，在弹出的快捷菜单中选择【显示 / 隐藏批注】命令，使批注内容取消隐藏状态，固定显示在表格上方。或者在 Excel 功能区上单击【审阅】选项卡上【批注】组中的【显示 / 隐藏批注】切换按钮，就可以切换批注的“显示”状态和“隐藏”状态。

通过选项设定，也可以将当前所有单元格的批注内容取消隐藏状态，全部显示出来。操作方法如下。

打开【Excel 选项】对话框的【高级】选项卡，对于带批注的单元格，系统默认选中【仅显示标识符，悬停时加显批注】单选按钮，如需显示表格中的所有批注，可以在对话框中选中【批注和标识符】单选按钮，如图 5-13 所示，最后单击【确定】按钮确认操作。

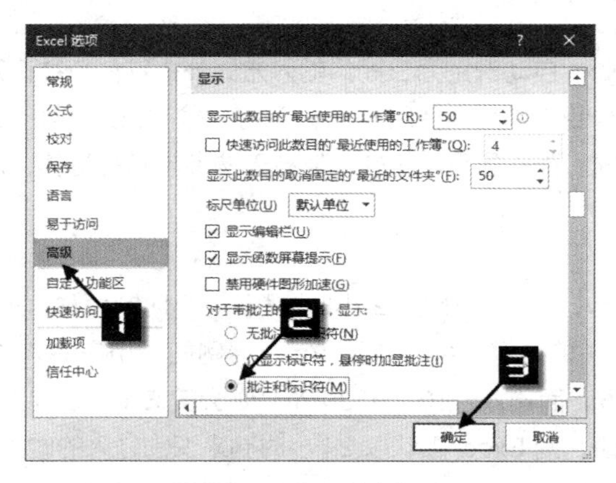

图 5-13 显示所有批注

除了上面的方法外，也可以单击 Excel 功能区【审阅】选项卡【批注】组中的【显示所有批注】切换按钮，切换所有批注的“显示”状态或“隐藏”状态。

如果在图 5-13 所示的对话框中选中【无批注或标识符】单选按钮，则批注和红色标识符都会被隐藏起来，即使当鼠标指针移至目标单元格上方，也不会显示出它所包含的批注内容来。此时，可以通过【审阅】选项卡上的【批注】组中的按钮来审阅当前工作表中所包含的批注项。

要对现有单元格的批注内容进行编辑修改，有以下几种等效操作方式，和创建方法类似。

- 选定包含批注的单元格，在【审阅】选项卡上单击【编辑批注】按钮。
- 选定包含批注的单元格，右击，在弹出的快捷菜单中选择【编辑批注】命令。
- 选定包含批注的单元格，按下 <Shift+F2> 组合键。

当单元格创建批注或者批注处于编辑状态时，如果将鼠标指针移至批注矩形框的边框上方，会显示为黑色双箭头或者黑色十字箭头图标。当出现前者时，可以用鼠标拖曳来改变批注区域的大小；当出现后者图标时，可以用鼠标拖曳来移动批注显示位置。

对于只在鼠标指针移至目标单元格时才会显示的批注（即设置隐藏状态的批注），Excel会根据单元格所在位置自动调整批注的显示位置，对于设置了固定显示状态的批注，则可以手动调整显示位置。

要删除一个现有的批注，可以选中包括批注的目标单元格，然后右击，在弹出的快捷菜单中选择【删除批注】命令。或者在【审阅】选项卡上单击【删除】按钮。

如果需要一次性删除当前工作表中的所有批注，可以按 <Ctrl+A> 组合键全选工作表，然后在【审阅】选项卡上单击【删除】按钮。

此外，用户还可以根据需要删除某个区域中的所有批注。首先选择需要删除批注的区域，然后在【开始】选项卡中依次单击【清除】→【清除批注】命令即可。

5.2.6 删除单元格内容

对于不再需要的单元格内容，如果用户想要将其删除，可以选中目标单元格，然后按 <Delete> 键。

但是这样操作并不会影响单元格格式、批注等内容。要彻底地删除这些内容，可以在选定目标单元格后，在【开始】选项卡上单击【清除】下拉按钮，在其下拉菜单中显示出 6 个选项，如图 5-14 所示。

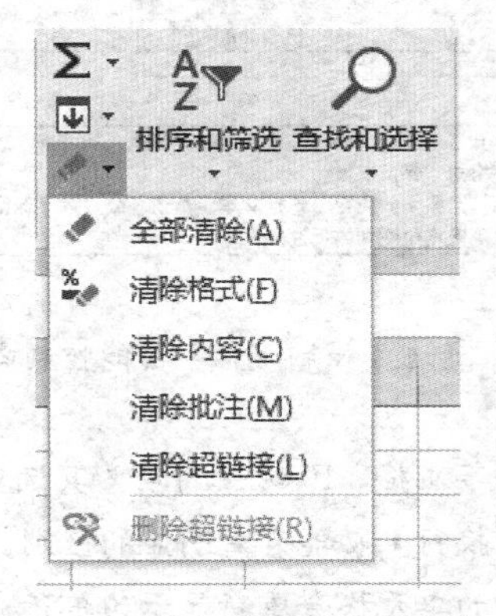

图 5-14　【清除】下拉菜单

❖ 全部清除：清除单元格中的所有内容，包括数据、格式、批注等。
❖ 清除格式：只清除格式，保留其他内容。
❖ 清除内容：只清除单元格中的数据，包括数值、文本、公式等，保留其他。
❖ 清除批注：只清除单元格中附加的批注。
❖ 清除超链接：在单元格弹出【清除超链接选项】下拉按钮，用户在下拉列表中可以选择【仅清除超链接】选项或【清除超链接和格式】选项。
❖ 删除超链接：清除单元格中的超链接和格式。

用户可以根据自己的需要选择任意一种清除选项。

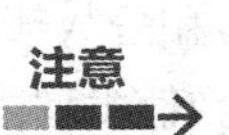

以上所述的“删除单元格内容”并不等同于“删除单元格”操作。后者虽然也能彻底清除单元格或者区域中所包含的一切内容，但是它的操作会引起整个表格结构的变化。

5.3　数据输入实用技巧

数据输入是日常工作中一项使用频率很高却又效率极低的工作。如果用户学习和掌握一些数据输入方面的常用技巧，就可以极大地简化数据输入操作，提高工作效率。正所谓“磨刀不误砍柴工”，下面就来介绍一些数据输入方面的实用技巧。

5.3.1　强制换行

在表格内输入大量的文字信息时，如果单元格文本内容过长，如何控制文本换行是一个需要解决的问题。

如果使用自动换行功能，虽然可将文本显示为多行，但是换行的位置并不受用户控制，而是根据单元格的列宽来决定。

如果希望控制单元格中文本的换行位置，要求整个文本外观能够按照指定位置进行换行，可以使用【强制换行】功能。【强制换行】即当单元格处于编辑状态时，在需要换行的位置按 <Alt+Enter> 组合键为文本添加强制换行符，图 5-15 所示为一段文字使用强制换行后的编排效果，此时单元格和编辑栏中都会显示控制换行后的段落结构。

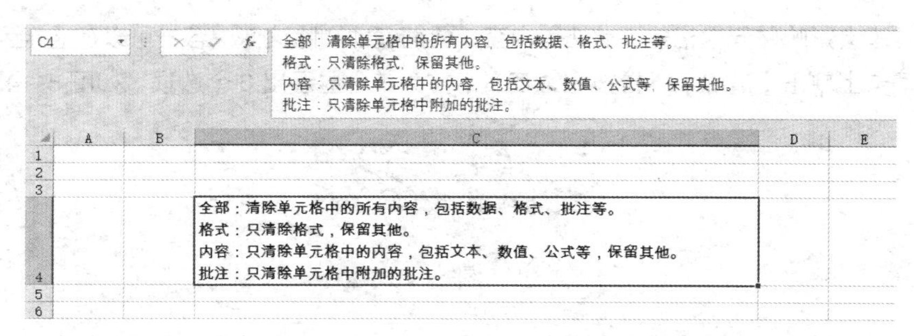

图 5-15 通过【强制换行】功能控制文本格式

注意

使用了强制换行后的单元格，Excel会自动为其选中【自动换行】复选框，但事实上它和通常情况下使用【自动换行】功能有着明显的区别。如果用户取消选中【自动换行】复选框，则使用了强制换行的单元格会重新显示为单行文字，而编辑栏中依旧保留着换行后的显示效果。

5.3.2 在多个单元格同时输入数据

当需要在多个单元格中同时输入相同的数据，可以同时选中需要输入相同数据的多个单元格，输入所需要的数据后，按 <Ctrl+Enter> 组合键确认输入结束。

5.3.3 分数输入

当用户在单元格中直接输入一些分数形式的数据时，如“1/3”“11/54”，往往会被 Excel 自动识别为日期或者文本。正确输入分数数据的方法如下。

- ❖ 如果需要输入的分数包括整数部分，如“2”，可以在单元格内输入“2 1/5”（整数部分和分数部分之间使用一个空格间隔），然后按 <Enter> 键确认。Excel 会将输入识别为分数形式的数值类型，在编辑栏中显示此数值为 2.2，在单元格显示出分数形式“2 1/5”，如图 5-16 中的 B2 单元格所示。
- ❖ 如果需要输入的分数是纯分数（不包含整数部分），用户在输入时必须以“0”作为这个分数的整数部分输入。如需输入“3/5”，则输入方式为“0 3/5”。这样就可以被 Excel 识别为分数数值，而不会被认为是日期数值，如图 5-16 中的 B3 单元格所示。
- ❖ 如果用户输入分数的分子大于分母，如“13/5”，Excel 会自动进行换算，将分数显示为“整数 + 真分数”形式，如图 5-16 中的 B4 单元格所示。

	A	B	C
1	输入形式	显示形式	
2	2 1/5	2 1/5	
3	0 3/5	3/5	
4	0 13/5	2 3/5	
5	0 2/24	1/12	
6			

图 5-16 输入分数及显示

- ❖ 如果用户输入分数的分子和分母包括大于 1 的公约数，如“2/24”，在输入单元格后，Excel 会自动对其进行约分处理，转换为最简形式，如图 5-16 中的 B5 单元格所示。

5.3.4　输入指数上标

在工程和数学等方面的应用中，经常会需要输入一些带有指数上标的数字或者符号单位，如“10^2”“M^3”等。在 Word 中，用户可以方便地使用上标工具按钮【x^2】进行输入操作，但在 Excel 2016 中还没有此功能，用户需要通过设置单元格格式的方法来改变指数在单元格中的显示。

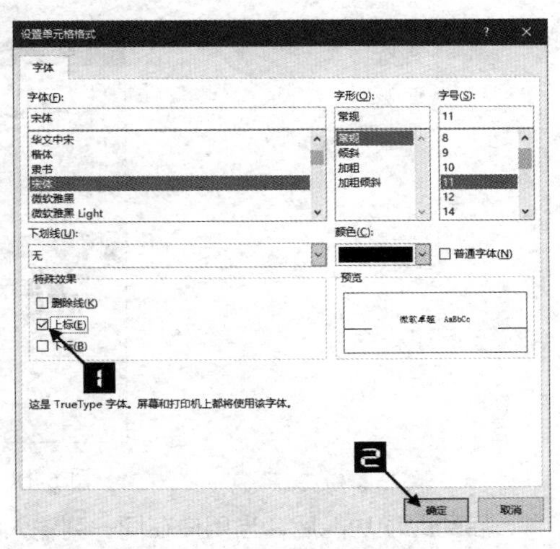

图 5-17　设置上标效果

例如，需要在单元格中输入“E^{-20}”，可先在单元格中输入“E-20”，然后激活单元格的编辑模式，选中文本中的“-20”部分，按 <Ctrl+1> 组合键打开【设置单元格格式】对话框，如图 5-17 所示。选中【特殊效果】组中的【上标】复选框，最后单击【确定】按钮完成操作。此时，在单元格中数据将显示为“E^{-20}”的形式（在编辑栏中依旧显示为“E-20”）。如果输入的内容全部是数值，如“10^3”，则需要先输入 103，然后设置单元格格式为文本，再选中 3，设置上标即可。

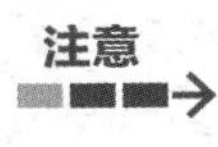

以上所提到的含有上标的数字，在输入单元格后，实际以文本形式保存，不能参与数值运算。

在Excel 中，虽然可以使用【插入】选项卡中的【公式】工具来插入包含上标的数学表达式，但这种方法所创建的文本是以文本框的形式存在，并不保存在某个特定的单元格中。

5.3.5　自动输入小数点

有一些数据处理方面的应用（如财务报表、工程计算等）往往需要用户在单元格中大量输入小数值数据，如果这些数据需要保留的最大小数位数是相同的，可以通过更改 Excel 选项免去小数点“.”的输入操作。

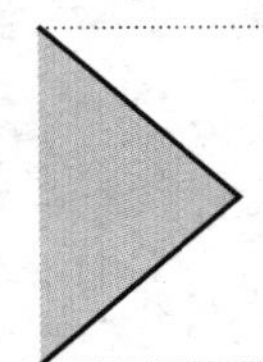

本节详细内容，请扫描右侧二维码阅读。

5.3.6　记忆式键入

有时用户输入的数据中包含较多的重复性文字，如建立员工档案信息时，在“学历”字段中总是会在“大专学历”“大学本科”“硕士研究生”“博士研究生”等几个固定词汇之间来回地重复输入。如果希望简化这样的输入过程，可以借助 Excel 提供的“记忆式键入”功能。

首先，在【Excel 选项】对话框中查看并确认【记忆键入】功能是否已经被开启：选中【Excel 选项对话框中【高级】选项卡中【编辑选项】区域里的【为单元格值启用记忆式键入】复选框（系统默认为选中状态），如图 5-18 所示。

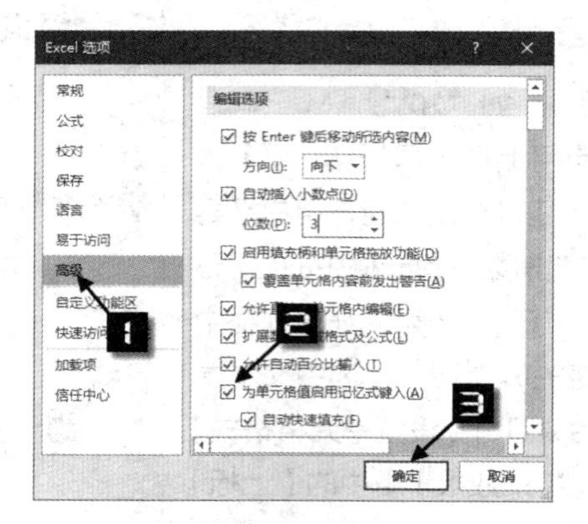

图 5-18　记忆式键入的选项设置

启动此项功能后，当用户在同一列输入相同的信息时，就可以利用“记忆性键入”来简化输入。如图 5-19 所示的表格，用户在【学历】字段前 3 行分别输入过信息以后，当用户在接下来的第 4 条记录中再次输入“中”时（按 <Enter> 键确认之前），Excel 会从上面的已有信息中找到“中”字开头的一条记录“中专学历”，然后自动显示在用户正在键入的单元格中，此时只要按 <Enter> 键，就可以将“中专学历”完整地输入当前的单元格中。

	A	B	C	D	E
1	姓名	性别	出生年月	参加工作时间	学历
2	刘希文	男	1976年7月	2000年7月	大学本科
3	叶知秋	男	1984年8月	2004年3月	中专学历
4	白如雪	男	1986年5月	2016年7月	大专学历
5	沙雨燕	男	1979年3月	2002年7月	中专学历
6	夏吾冬	女	1978年2月	2001年7月	大专学历
7	千艺雪	女	1970年7月	1992年10月	中专学历

图 5-19　记忆式键入 1

值得注意的是，如果用户输入的第一个文字在已有信息中存在着多条对应记录，则用户必须增加文字信息，一直到能够仅与一条单独信息匹配为止。仍以图 5-19 所示表格为例，当用户在接下来的“学历”字段中输入文字“大”时，由于之前分别有“大学本科”和“大专学历”两条记录对应，所以 Excel 的“记忆式键入”功能并不能在此时提供唯一的建议输入项。直到用户输入第二个字，如输入“大专”时，Excel 才能找到唯一匹配项“大专学历”，并显示在单元格中，如图 5-20 所示。

	A	B	C	D	E
1	姓名	性别	出生年月	参加工作时间	学历
2	刘希文	男	1976年7月	2000年7月	大学本科
3	叶知秋	男	1984年8月	2004年3月	中专学历
4	白如雪	男	1986年5月	2016年7月	大专学历
5	沙雨燕	男	1979年3月	2002年7月	中专学历
6	夏吾冬	女	1978年2月	2001年7月	大专学历
7	千艺雪	女	1970年7月	1992年10月	大专学历

图 5-20　记忆式键入 2

“记忆式键入”功能只对文本型数据适用，对于数值型数据和公式无效。此外，匹配文本的查找和显示都只能在同一列中进行，而不能跨列进行，并且输入单元格到原有数据间不能存在空行，否则Excel只会在空行以下的范围内查找匹配项。

“记忆式键入”功能除了能够帮助用户减少输入外，还可以自动帮助用户保持输入的一致性。例如，

用户在第一行中输入“Excel”，当用户在第二行中输入小写字母“e”时，记忆功能还会帮助用户找到“Excel”，只要此时用户按 <Enter> 键确认输入后，第一个字母“e”会自动变成大写，使之与先前的输入保持一致。

5.3.7　在列表中选择

还有一种简便的重复数据输入功能，叫作“面向鼠标版本的记忆式键入功能”，它在使用范围和使用条件上，与以上所介绍的“记忆式键入”完全相同，所不同的只是在数据输入方法上。

以图 5-20 所示表格为例，当用户需要在“学历”字段的第 5 行继续输入数据时，可选中目标单元格，然后右击，在弹出的快捷菜单中选择【从下拉列表中选择】命令，或者选中单元格后按 <Alt+ ↓ >组合键，就可以在单元格下方显示如图 5-21 所示的下拉列表，用户可以从下拉列表中选择输入。

	A	B	C	D	E
1	姓名	性别	出生年月	参加工作时间	学历
2	刘希文	男	1976年7月	2000年7月	大学本科
3	叶知秋	男	1984年8月	2004年3月	中专学历
4	白如雪	男	1986年5月	2016年7月	大专学历
5	沙雨燕	男	1979年3月	2002年7月	中专学历
6	夏吾冬	女	1978年2月	2001年7月	大专学历
7	千艺雪	女	1970年7月	1992年10月	
8					大学本科
9					大专学历
10					中专学历

图 5-21　记忆式键入 3

5.3.8　为汉字添加拼音注释

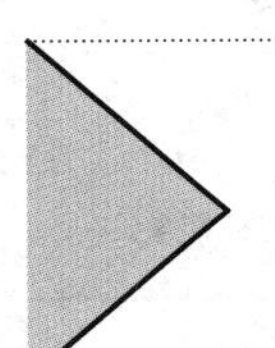

利用 Excel 中的“拼音指南”功能，用户可以为单元格中的汉字加上拼音注释。本节详细内容，请扫描右侧二维码阅读。

5.4　填充与序列

除了通常的数据输入方式外，如果数据本身包括某些顺序上的关联特性，还可以使用 Excel 提供的填充功能进行快速的批量录入数据。

5.4.1　自动填充功能

当用户需要在工作表内连续输入某些“顺序”数据时，例如，“星期一、星期二……”“甲、乙、丙……”等，可以利用 Excel 的自动填充功能实现快速输入。

首先，需要确保“单元格拖放”功能被启用（系统默认启用），选中【Excel 选项】对话框【高级】选项卡【编辑选项】区域中的【启用填充柄和单元格拖放功能】复选框，如图 5-22 所示。

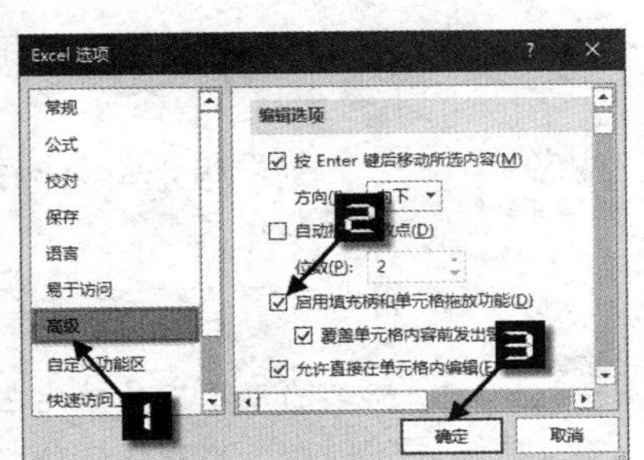

图 5-22　启用单元格拖放功能

示例5-1 使用自动填充连续输入1~10的数字

以下操作可以在A1:A10的单元格区域内快速连续输入1~10之间的数字。

步骤① 在A1单元格内输入“1”，在A2单元格内输入“2”。

步骤② 选中A1:A2单元格区域，将鼠标指针移至选中区域的右下角（此处称为“填充柄”），当鼠标指针显示为黑色加号时，按住鼠标左键向下拖动到A10单元格，松开鼠标左键，如图5-23所示。

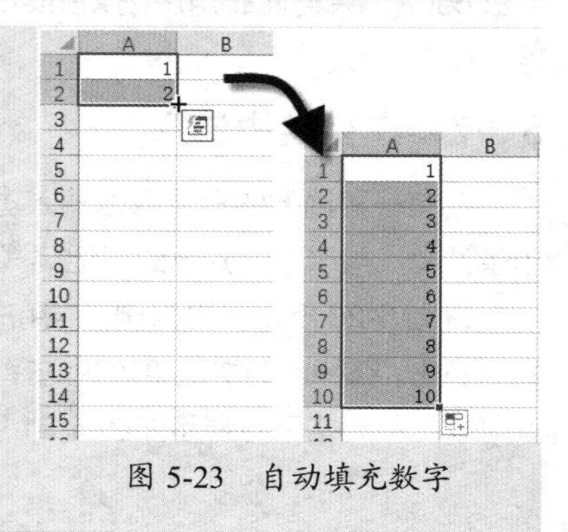

图 5-23 自动填充数字

示例5-2 使用自动填充连续输入“甲、乙、丙……”天干序列

如需在B1:B10单元格区域中依次输入“甲、乙、丙……癸”，可以按以下步骤操作。

步骤① 在B1单元格中输入“甲”。

步骤② 选中B1单元格，将鼠标指针移至填充柄处，当指针显示为黑色加号时双击。

完成自动填充的效果如图5-24所示。

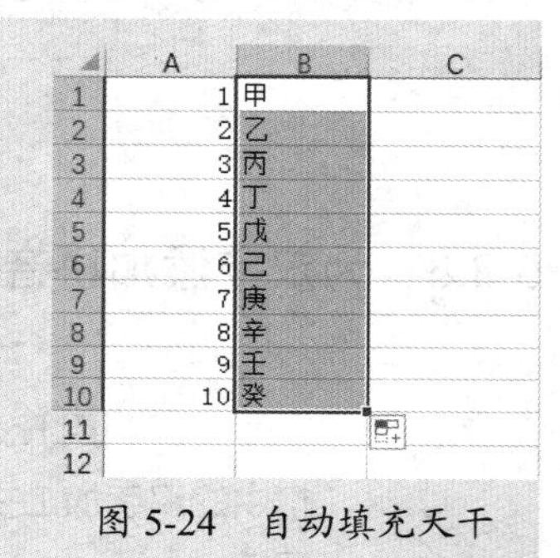

图 5-24 自动填充天干

注意示例5-1和示例5-2中步骤的区别。

首先，除了数值类型数据外，使用其他类型数据（包括文本类型和日期时间类型）进行连续填充时，并不需要提供前两个数据作为填充依据，只需要提供一个数据即可。例如，示例5-2步骤1中的B1单元格数据“甲”。

其次，除了拖动填充柄的方法外，双击填充柄也可以完成自动填充的操作。当数据填充的目标区域相邻单元格存在数据时（中间没有空单元格），双击填充柄的操作可以代替拖动填充的方式。在此例中，与B1:B10相邻的A1:A10中都存在数据，所以可以采用双击填充柄的操作。

注意

如果相邻区域中存在空白单元格，那么双击填充柄只能将数据填充到空白单元格所在的上一行。

提示

自动填充的功能也同样适用于“行”的方向，并且可以选中多行或多列同时填充。

深入理解 Excel 如何处理拖曳填充柄进行填充操作

在某个单元格中输入不同类型的数据，然后拖曳填充柄进行填充操作，Excel 的默认处理方式是不同的。

对于数值型数据，Excel 将这种“填充”操作处理为复制方式：对于内置序列的文本型数据和日期型数据，Excel 则将这种“填充”操作处理为顺序填充。

如果按 <Ctrl> 键再拖曳填充柄进行填充操作，则以上默认方式会发生逆转，即原来处理为复制方式的，将变成顺序填充方式，而原来处理为顺序填充方式的，则变成复制方式。

5.4.2　序列

前面提到可以实现自动填充的“顺序”数据在 Excel 中被称为序列。在前几个单元格内输入序列中的元素，就可以为 Excel 提供识别序列的内容及顺序信息，以便 Excel 在使用自动填充功能时，自动按照序列中的元素、间隔顺序来依次填充。

用户可以在 Excel 的选项设置中查看可以被自动填充的序列。在【Excel 选项】对话框中单击【高级】选项卡，单击【常规】区域的【编辑自定义列表】按钮，打开【自定义序列】对话框，如图 5-25 所示。

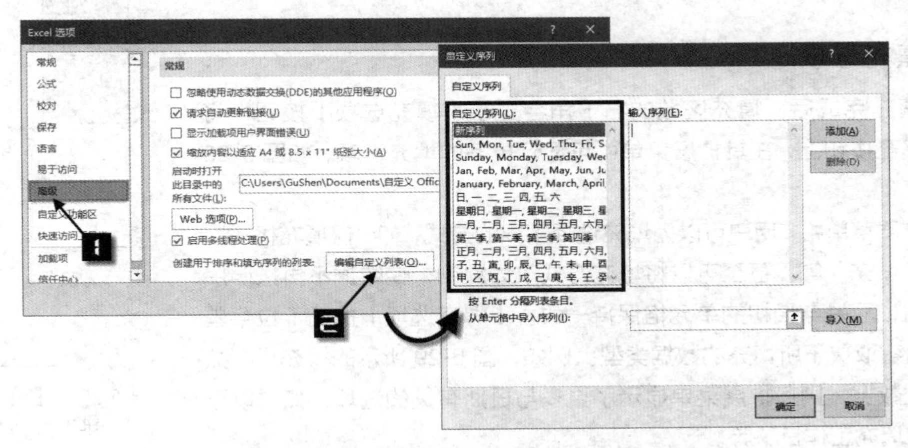

图 5-25　Excel 内置序列及自定义序列

【自定义序列】对话框左侧的列表中显示了当前 Excel 中可以被识别的序列，所有的数值型、日期型数据都是可以被自动填充的序列，不再显示于列表中。用户也可以在右侧的【输入序列】文本框中手动添加新的数据序列作为自定义序列，或者引用表格中已经存在的数据列表作为自定义序列进行导入。

Excel 中自动填充的使用方式相当灵活，用户并非必须从序列中的第一个元素开始进行自动填充，而是可以开始于序列中的任何一个元素。当填充的数据达到序列尾部时，下一个填充数据会自动取序列开头的元素，循环往复地继续填充。例如，如图 5-26 所示的表格中，显示了从“星期二”开始自动填充多个单元格的结果。

除了对自动填充的起始元素没有要求外，填充时序列中的元素的顺序间隔也没有严格限制。

当用户只在第一个单元格中输入除了数值数据外的序列元素时，自动填充功能默认以连续顺序的方式进行填充。而当用户在第一个、第二个单元格内输入具有一定间隔的序列元素时，Excel 会自动按照间隔的规律进行填充。例如，在图 5-27 所示的表格中，显示了从“二月”“五月”开始自动填充多个单元格的结果。

但是，如果用户提供的初始信息不符合序列元素的基本排列顺序，则 Excel 不能将其识别为序列，此时使用填充功能并不能使得填充区域出现序列内的其他元素，而只是单纯实现复制功能效果。例如，在图 5-28 所示的表格中，显示了从“甲、丙、乙”3 个元素开始自动填充连续多个单元格的结果。

	A	B
1	星期二	
2	星期三	
3	星期四	
4	星期五	
5	星期六	
6	星期日	
7	星期一	
8	星期二	
9	星期三	
10	星期四	
11	星期五	
12	星期六	
13	星期日	
14	星期一	
15		
16		

图 5-26　循环填充序列中的数据

	A	B
1	二月	
2	五月	
3	八月	
4	十一月	
5	二月	
6	五月	
7	八月	
8	十一月	
9	二月	
10	五月	
11	八月	
12	十一月	
13	二月	
14	五月	
15		
16		

图 5-27　非连续序列元素的自动填充

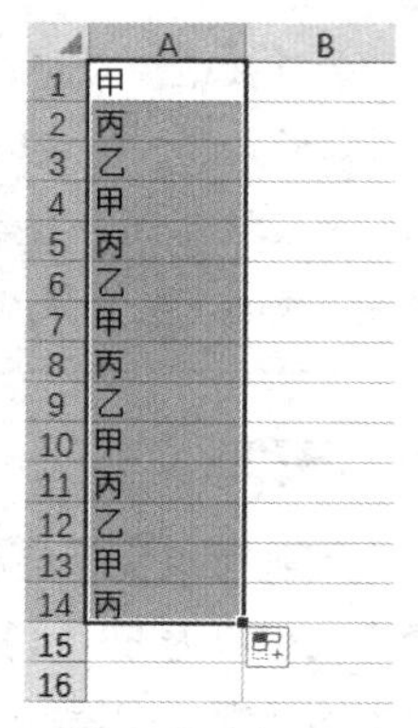

	A	B
1	甲	
2	丙	
3	乙	
4	甲	
5	丙	
6	乙	
7	甲	
8	丙	
9	乙	
10	甲	
11	丙	
12	乙	
13	甲	
14	丙	
15		
16		

图 5-28　无规律序列元素的填充

用户也可以利用此特性，使用自动填充功能进行单元格数据的复制操作。

5.4.3　填充选项

自动填充完成后，填充区域的右下角会显示【填充选项】按钮，将鼠标指针移至按钮上，在其扩展菜单中可显示更多的填充选项，如图 5-29 所示。

图 5-29　【填充选项】按钮中的选项菜单

在此扩展菜单中，用户可以为填充选择不同的方式，如“仅填充格式”“不带格式填充”等，甚至可以将填充方式改为复制，使数据不再按照序列顺序递增，而是与最初的单元格保持一致。【填充选项】按钮下拉菜单中的选项内容取决于所填充的数据类型。例如，图 5-29 所示的填充目标数据是日期型数据，则在扩展菜单显示了更多与日期有关的选项，如“以天数填充”“填充工作日”等。

除了使用【填充选项】按钮选择更多的填充方式外，用户还可以从右键快捷菜单中选取这些选项，右击并拖动填充柄，在到达目标单元格时松开右键，此时会弹出一个快捷菜单，快捷菜单中显示了与上面类似的填充选项。

5.4.4　使用填充菜单

除了通过拖动或者双击填充柄的方式进行自动填充外，使用 Excel 功能区中的填充命令，也可以在连续单元格中批量输入定义为序列的数据内容。

在【开始】选项卡中依次单击【填充】→【序列】命令，打开【序列】对话框，如图 5-30 所示。在此对话框中，用户可以选择序列填充的方向为“行”或“列”，也可以根据需要填充的序列数据类型，选择不同的填充方式，如“等差序列”“等比序列”等。

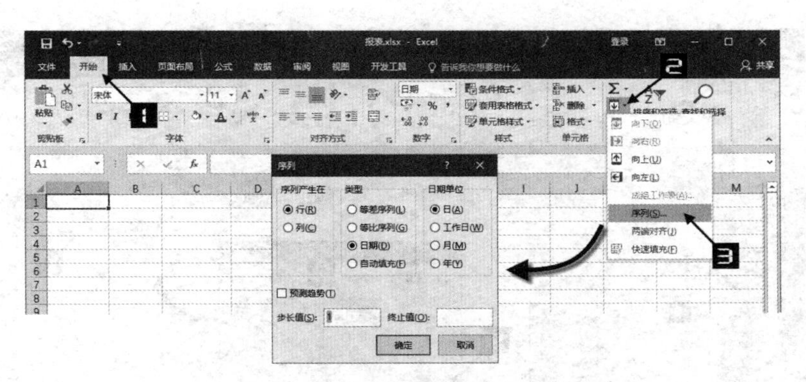

图 5-30　【序列】对话框

Ⅰ　文本型数据序列

对于包含文本型数据的序列，如内置的序列“甲、乙、丙……”，在【序列】对话框中实际可用的填充类型只有“自动填充”，具体操作方式如下。

步骤① 在单元格中输入需要填充的序列元素，如“甲”。

步骤② 选中输入序列元素的单元格及相邻的目标填充区域。

步骤③ 在【开始】选项卡上依次单击【填充】→【序列】命令，打开【序列】对话框，在【类型】区域中选择【自动填充】选项，单击【确定】按钮确定操作。

提示

【序列】对话框中【序列产生在】区域的行列方式，Excel会根据用户选定的区域位置，自动进行判断选取。

这种填充方式与使用填充柄的自动填充方式相似，用户也可以在前两个单元格中输入具有一定间隔的序列元素，然后使用相同的操作方式填充出具有相同间隔的连续单元格区域。

Ⅱ　数值型数据序列

对于数值型数据，用户可以有更多的填充类型可以选择。

- 等差序列：使数值数据按固定的差值间隔依次填充，需要在【步长值】文本框内输入固定差值。
- 等比序列：使数值数据按固定的比例间隔依次填充，需要在【步长值】文本框内输入固定比例值。

提示

如果选定多个数值数据开始填充，Excel会以等差序列的方式自动测算出“步长值”；如果只选定单个数值数据开始填充，则“步长值”默认为1。

对于数值型数据，用户还可以在【终止值】文本框内输入填充的最终目标数据，以确定填充单元格区域的范围。在输入终止值的情况下，用户不需要预先选取填充目标区域即可完成填充操作。

除了用户手动设置数据变化规律外，Excel 还具有自动测算数据变化趋势的能力。当用户提供连续两个以上单元格数据时，选定这些数据单元格和目标填充区域，然后选中【序列】对话框内的【预测趋势】复选框，并且选择数据变化趋势，进行填充操作。例如，图 5-31 显示了初始数据为“1、3、9”，选择等比方式进行预测趋势填充的结果。

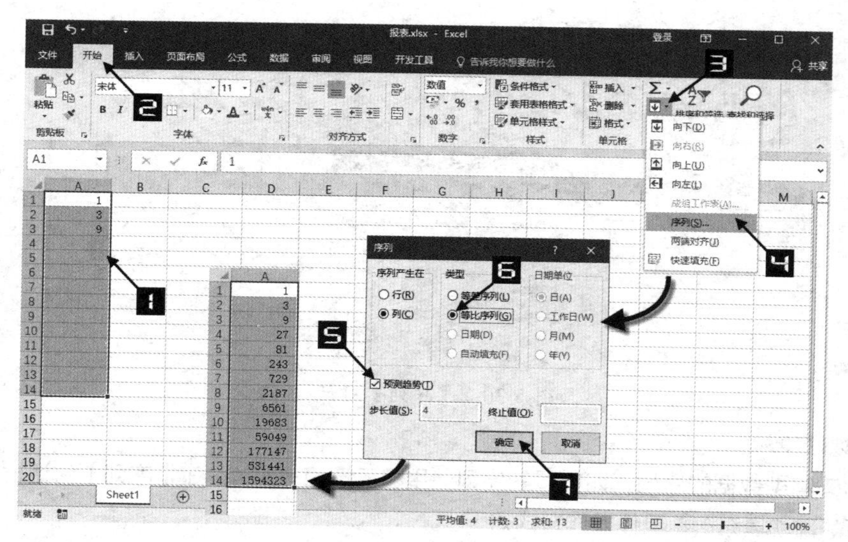

图 5-31　预测趋势的数值填充

➲ Ⅲ　日期型数据序列

对于日期型数据，Excel 会自动选中【序列】对话框中的【日期】类型，同时右侧【日期单位】区域中的选项高亮显示，用户可对其进行进一步的选择。

- ❖ 日：填充时以天数作为日期数据递增变化的单位。
- ❖ 工作日：填充时同样以天数作为日期数据递增变化的单位，但是其中不包含周末日期。
- ❖ 月：填充时以月份作为日期数据递增变化的单位。
- ❖ 年：填充时以年份作为日期数据递增变化的单位。

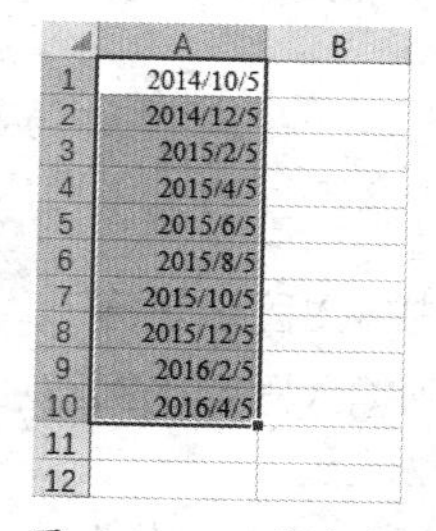

图 5-32　日期数据按月间隔填充

选中以上任意选项后，需要在【步长值】文本框中输入日期组成部分递增变化的间隔值。此外，用户还可以在【终止值】文本框内输入填充的最终目标日期，以确定填充单元格区域的范围。

例如，图 5-32 显示了以“2014/10/05”为初始日期，选择按“月”变化，“步长值”为 2 的填充效果。

当然，日期型数据也能使用等差序列和等比序列的填充方式，但是，当填充的数值超过 Excel 的日期范围时，则单元格中的数据无法正常显示，而是显示为一串“#”号。

5.4.5　快速填充

在图 5-29 中，在右键快捷菜单的最后一项为【快速填充】，它能让一些不太复杂的字符串处理工作变得更简单。例如，能够实现日期的拆分、字符串的分列和合并等功能。

快速填充必须是在数据区域的相邻列内才能使用，在横向填充时不起作用。启用“快速填充”有以下 3 种等效方法。

- ❖ 选中填充起始单元格及需要填充的目标区域，然后在【数据】选项卡上单击【快速填充】命令按钮，如图 5-33 所示。
- ❖ 选中填充起始单元格，使用双击或者拖曳填充柄至目标区域，在填充完成后会在右下角显示【自动填充选项】按钮，单击按钮出现下拉快捷菜单，在其中选择【快速填充】选项，如图 5-34 所示。
- ❖ 选中填充起始单元格及需要填充的目标区域，按 <Ctrl+E> 组合键。

图 5-33　功能区的【快速填充】按钮

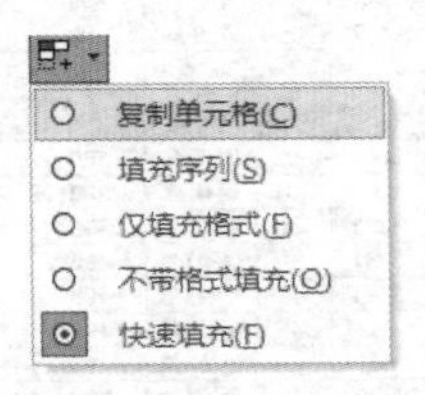

图 5-34　右键快捷菜单中的【快速填充】命令

除此以外，在生成快速填充之后，填充区域右侧还会显示【快速填充】按钮，用户可以在这个选项中选择是否接受 Excel 的自动处理，也可以直接在填充区域中更改单元格内容生成新的填充。

➲ I　字段自动匹配

快速填充的基本功能是“字段匹配”，即在单元格中输入相邻数据列表中与当前单元格位于同一行的某个单元格内容，则在向下“快速填充”时会自动按照这个对应字段的整列顺序来进行匹配式填充。

如在 H1 单元格输入同一行 B1 单元格中的内容，如“店铺名称”，在向下快速填充的过程当中，就会自动填充 B2、B3、B4……的相应内容，如图 5-35 所示。

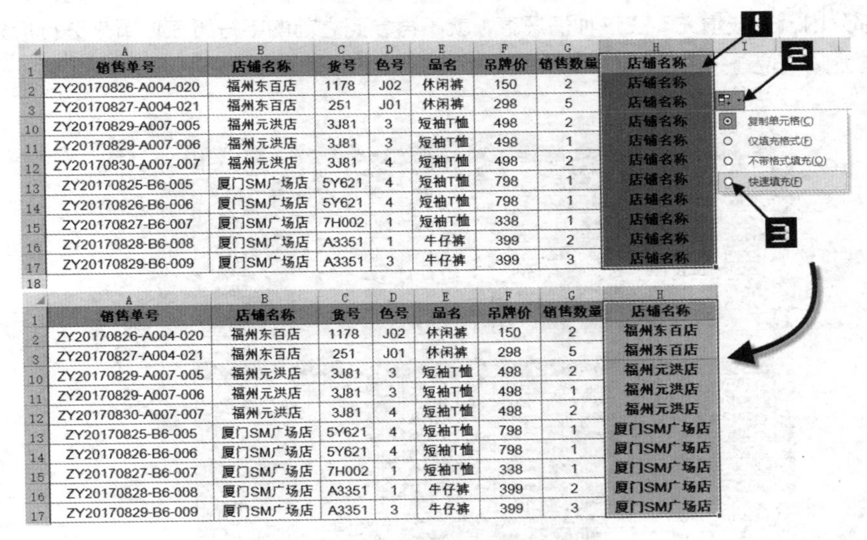

销售单号	店铺名称	货号	色号	品名	吊牌价	销售数量	店铺名称
ZY20170826-A004-020	福州东百店	1178	J02	休闲裤	150	2	福州东百店
ZY20170827-A004-021	福州东百店	251	J01	休闲裤	298	5	福州东百店
ZY20170829-A007-005	福州元洪店	3J81	3	短袖T恤	498	2	福州元洪店
ZY20170829-A007-006	福州元洪店	3J81	3	短袖T恤	498	1	福州元洪店
ZY20170830-A007-007	福州元洪店	3J81	4	短袖T恤	498	2	福州元洪店
ZY20170825-B6-005	厦门SM广场店	5Y621	4	短袖T恤	798	1	厦门SM广场店
ZY20170826-B6-006	厦门SM广场店	5Y621	4	短袖T恤	798	1	厦门SM广场店
ZY20170827-B6-007	厦门SM广场店	7H002	1	短袖T恤	338	1	厦门SM广场店
ZY20170828-B6-008	厦门SM广场店	A3351	1	牛仔裤	399	2	厦门SM广场店
ZY20170829-B6-009	厦门SM广场店	A3351	3	牛仔裤	399	3	厦门SM广场店

图 5-35　字段自动匹配

➲ II　根据字符位置进行拆分

快速填充的第二种用法是“根据字符位置进行拆分”，如果在单元格中输入的不是数据列表中某个单元格的完整内容，而只是其中字符串的一部分字符，Excel 程序会依据这部分字符在整个字符串当中所处的位置，在向下填充的过程中按照这个位置规律自动拆分其他同列单元格的字符串，生成相应的填充内容。

如图 5-36 所示，在 H2 单元格输入“20170826”，即 A2 单元格“ZY20170826-A004-020”中的第 3~10 个字符，执行向下填充的过程中，Excel 会取所有同列字符串相同位置的字符进行填充。

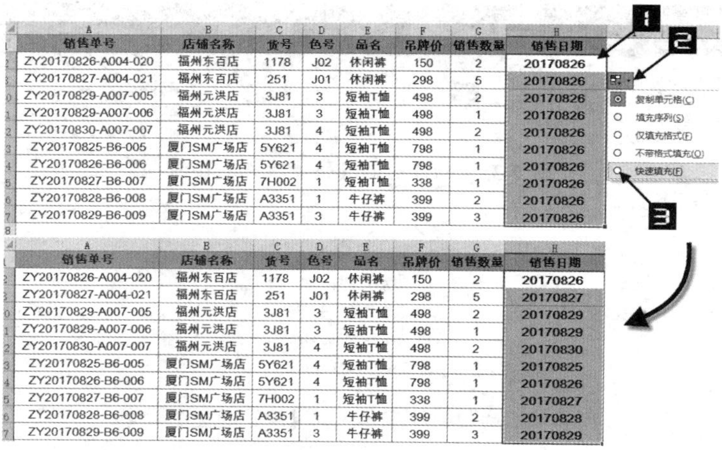

销售单号	店铺名称	货号	色号	品名	吊牌价	销售数量	销售日期
ZY20170826-A004-020	福州东百店	1178	J02	休闲裤	150	2	20170826
ZY20170827-A004-021	福州东百店	251	J01	休闲裤	298	5	20170826
ZY20170829-A007-005	福州元洪店	3J81	3	短袖T恤	498	2	20170826
ZY20170829-A007-006	福州元洪店	3J81	3	短袖T恤	498	1	20170826
ZY20170830-A007-007	福州元洪店	3J81	4	短袖T恤	498	2	20170826
ZY20170825-B6-005	厦门SM广场店	5Y621	4	短袖T恤	798	1	20170826
ZY20170826-B6-006	厦门SM广场店	5Y621	4	短袖T恤	798	1	20170826
ZY20170827-B6-007	厦门SM广场店	7H002	1	短袖T恤	338	1	20170826
ZY20170828-B6-008	厦门SM广场店	A3351	1	牛仔裤	399	2	20170826
ZY20170829-B6-009	厦门SM广场店	A3351	3	牛仔裤	399	3	20170826

复制单元格(C)
填充序列(S)
仅填充格式(F)
不带格式填充(O)
快速填充(F)

销售单号	店铺名称	货号	色号	品名	吊牌价	销售数量	销售日期
ZY20170826-A004-020	福州东百店	1178	J02	休闲裤	150	2	20170826
ZY20170827-A004-021	福州东百店	251	J01	休闲裤	298	5	20170827
ZY20170829-A007-005	福州元洪店	3J81	3	短袖T恤	498	2	20170829
ZY20170829-A007-006	福州元洪店	3J81	3	短袖T恤	498	1	20170829
ZY20170830-A007-007	福州元洪店	3J81	4	短袖T恤	498	2	20170830
ZY20170825-B6-005	厦门SM广场店	5Y621	4	短袖T恤	798	1	20170825
ZY20170826-B6-006	厦门SM广场店	5Y621	4	短袖T恤	798	1	20170826
ZY20170827-B6-007	厦门SM广场店	7H002	1	短袖T恤	338	1	20170827
ZY20170828-B6-008	厦门SM广场店	A3351	1	牛仔裤	399	2	20170828
ZY20170829-B6-009	厦门SM广场店	A3351	3	牛仔裤	399	3	20170829

图 5-36　根据字符位置进行拆分

➲ III　根据分隔符进行拆分

快速填充的第三种用法是“根据分隔符进行拆分”。这个功能实现的效果与【分列】功能十分类似，若原始数据当中包含分隔符号，执行快速填充后，Excel 会智能地根据分隔符号的位置，提取其中的相应部分进行拆分。

如图 5-37 所示，在 H2 单元格输入“A004”提取店铺编号，也就是 A2 单元格中“ZY20170826-A004-020”以分隔符间隔出来的第 2 部分内容，执行向下快速填充后，其他单元格也都提取相应的分隔符前第 2 部分内容生成填充。在这种情况下，就不再参照之前的字符所在位置来进行拆分判断，而是会根据其中的分隔符位置来进行判断。

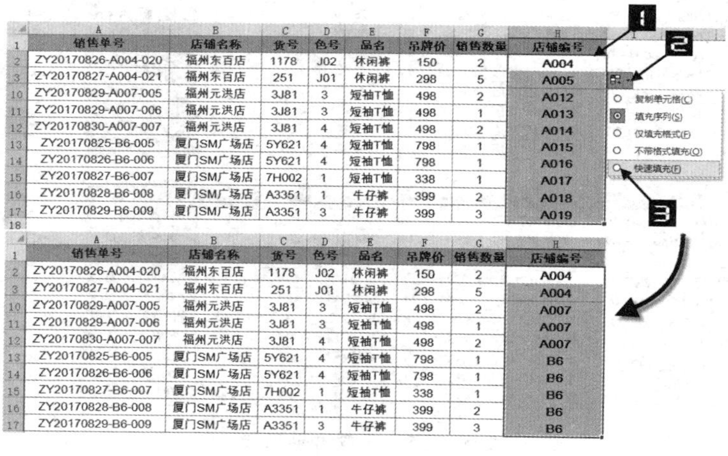

销售单号	店铺名称	货号	色号	品名	吊牌价	销售数量	店铺编号
ZY20170826-A004-020	福州东百店	1178	J02	休闲裤	150	2	A004
ZY20170827-A004-021	福州东百店	251	J01	休闲裤	298	5	A005
ZY20170829-A007-005	福州元洪店	3J81	3	短袖T恤	498	2	A012
ZY20170829-A007-006	福州元洪店	3J81	3	短袖T恤	498	1	A013
ZY20170830-A007-007	福州元洪店	3J81	4	短袖T恤	498	2	A014
ZY20170825-B6-005	厦门SM广场店	5Y621	4	短袖T恤	798	1	A015
ZY20170826-B6-006	厦门SM广场店	5Y621	4	短袖T恤	798	1	A016
ZY20170827-B6-007	厦门SM广场店	7H002	1	短袖T恤	338	1	A017
ZY20170828-B6-008	厦门SM广场店	A3351	1	牛仔裤	399	2	A018
ZY20170829-B6-009	厦门SM广场店	A3351	3	牛仔裤	399	3	A019

复制单元格(C)
填充序列(S)
仅填充格式(F)
不带格式填充(O)
快速填充(F)

销售单号	店铺名称	货号	色号	品名	吊牌价	销售数量	店铺编号
ZY20170826-A004-020	福州东百店	1178	J02	休闲裤	150	2	A004
ZY20170827-A004-021	福州东百店	251	J01	休闲裤	298	5	A004
ZY20170829-A007-005	福州元洪店	3J81	3	短袖T恤	498	2	A007
ZY20170829-A007-006	福州元洪店	3J81	3	短袖T恤	498	1	A007
ZY20170830-A007-007	福州元洪店	3J81	4	短袖T恤	498	2	A007
ZY20170825-B6-005	厦门SM广场店	5Y621	4	短袖T恤	798	1	B6
ZY20170826-B6-006	厦门SM广场店	5Y621	4	短袖T恤	798	1	B6
ZY20170827-B6-007	厦门SM广场店	7H002	1	短袖T恤	338	1	B6
ZY20170828-B6-008	厦门SM广场店	A3351	1	牛仔裤	399	2	B6
ZY20170829-B6-009	厦门SM广场店	A3351	3	牛仔裤	399	3	B6

图 5-37　根据分隔符进行拆分

快速填充所能识别的常见分隔符包括短横线“-”、斜杠“/”及空格等。

➲ IV　字段合并

快速填充的第四种用法是“字段合并”。单元格输入的内容如果是相邻数据区域中同一行的多个单元格内容所组成的字符串，执行快速填充后，会依照这个规律，合并其他相应单元格来生成填充内容。

如图 5-38 所示，在 H2 单元格输入 C2 单元格与 D2 单元格内容完成货号与色号的合并，执行向下快速填充后，会自动将 C 列的内容与 D 列的内容进行合并生成相应的填充内容。

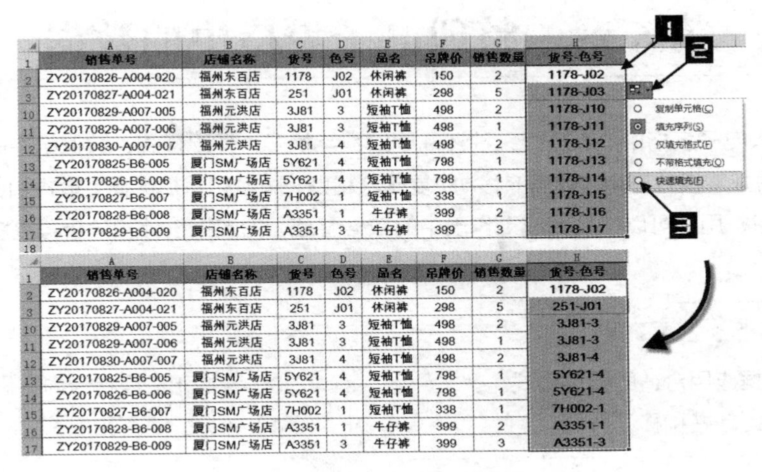

	A	B	C	D	E	F	G	H
1	销售单号	店铺名称	货号	色号	品名	吊牌价	销售数量	货号-色号
2	ZY20170826-A004-020	福州东百店	1178	J02	休闲裤	150	2	1178-J02
3	ZY20170827-A004-021	福州东百店	251	J01	休闲裤	298	5	1178-J03
10	ZY20170829-A007-005	福州元洪店	3J81	3	短袖T恤	498	2	1178-J10
11	ZY20170829-A007-006	福州元洪店	3J81	3	短袖T恤	498	1	1178-J11
12	ZY20170830-A007-007	福州元洪店	3J81	4	短袖T恤	498	2	1178-J12
13	ZY20170825-B6-005	厦门SM广场店	5Y621	4	短袖T恤	798	1	1178-J13
14	ZY20170826-B6-006	厦门SM广场店	5Y621	4	短袖T恤	798	1	1178-J14
15	ZY20170827-B6-007	厦门SM广场店	7H002	1	短袖T恤	338	1	1178-J15
16	ZY20170828-B6-008	厦门SM广场店	A3351	1	牛仔裤	399	2	1178-J16
17	ZY20170829-B6-009	厦门SM广场店	A3351	3	牛仔裤	399	3	1178-J17

	A	B	C	D	E	F	G	H
1	销售单号	店铺名称	货号	色号	品名	吊牌价	销售数量	货号-色号
2	ZY20170826-A004-020	福州东百店	1178	J02	休闲裤	150	2	1178-J02
3	ZY20170827-A004-021	福州东百店	251	J01	休闲裤	298	5	251-J01
10	ZY20170829-A007-005	福州元洪店	3J81	3	短袖T恤	498	2	3J81-3
11	ZY20170829-A007-006	福州元洪店	3J81	3	短袖T恤	498	1	3J81-3
12	ZY20170830-A007-007	福州元洪店	3J81	4	短袖T恤	498	2	3J81-4
13	ZY20170825-B6-005	厦门SM广场店	5Y621	4	短袖T恤	798	1	5Y621-4
14	ZY20170826-B6-006	厦门SM广场店	5Y621	4	短袖T恤	798	1	5Y621-4
15	ZY20170827-B6-007	厦门SM广场店	7H002	1	短袖T恤	338	1	7H002-1
16	ZY20170828-B6-008	厦门SM广场店	A3351	1	牛仔裤	399	2	A3351-1
17	ZY20170829-B6-009	厦门SM广场店	A3351	3	牛仔裤	399	3	A3351-3

图 5-38　字段合并

➲ V　部分内容合并

快速填充的第五种用法是“部分内容合并”。这是一种将拆分功能和合并功能同时组合在一起的使用方式，将拆分的部分内容再进行合并，Excel 依然能够智能地识别这一规律，在执行快速填充时，会依照这个规律处理其他的相应内容。

如图 5-39 所示，H2 单元格输入的内容是 B2 单元格中代表区域的内容加 E2 单元格和 G2 单元格的内容，执行快速填充后，Excel 会依照上面这种组合规律，相应地处理 B、E、G 列的其他单元格内容。

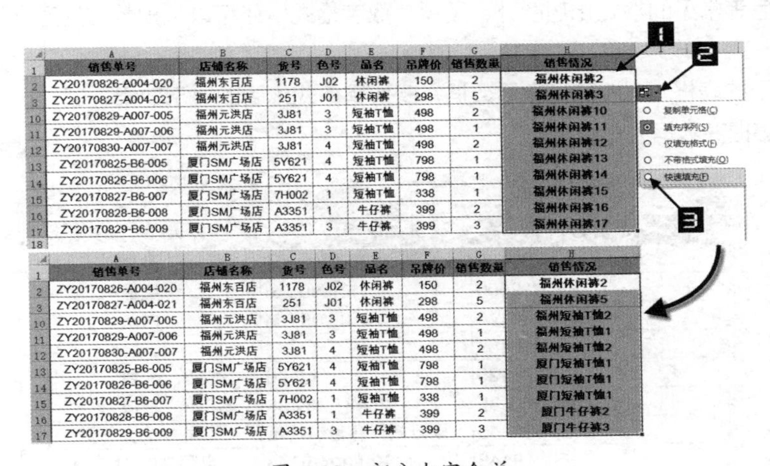

	A	B	C	D	E	F	G	H
1	销售单号	店铺名称	货号	色号	品名	吊牌价	销售数量	销售情况
2	ZY20170826-A004-020	福州东百店	1178	J02	休闲裤	150	2	福州休闲裤2
3	ZY20170827-A004-021	福州东百店	251	J01	休闲裤	298	5	福州休闲裤3
10	ZY20170829-A007-005	福州元洪店	3J81	3	短袖T恤	498	2	福州休闲裤10
11	ZY20170829-A007-006	福州元洪店	3J81	3	短袖T恤	498	1	福州休闲裤11
12	ZY20170830-A007-007	福州元洪店	3J81	4	短袖T恤	498	2	福州休闲裤12
13	ZY20170825-B6-005	厦门SM广场店	5Y621	4	短袖T恤	798	1	福州休闲裤13
14	ZY20170826-B6-006	厦门SM广场店	5Y621	4	短袖T恤	798	1	福州休闲裤14
15	ZY20170827-B6-007	厦门SM广场店	7H002	1	短袖T恤	338	1	福州休闲裤15
16	ZY20170828-B6-008	厦门SM广场店	A3351	1	牛仔裤	399	2	福州休闲裤16
17	ZY20170829-B6-009	厦门SM广场店	A3351	3	牛仔裤	399	3	福州休闲裤17

	A	B	C	D	E	F	G	H
1	销售单号	店铺名称	货号	色号	品名	吊牌价	销售数量	销售情况
2	ZY20170826-A004-020	福州东百店	1178	J02	休闲裤	150	2	福州休闲裤2
3	ZY20170827-A004-021	福州东百店	251	J01	休闲裤	298	5	福州休闲裤5
10	ZY20170829-A007-005	福州元洪店	3J81	3	短袖T恤	498	2	福州短袖T恤2
11	ZY20170829-A007-006	福州元洪店	3J81	3	短袖T恤	498	1	福州短袖T恤1
12	ZY20170830-A007-007	福州元洪店	3J81	4	短袖T恤	498	2	福州短袖T恤2
13	ZY20170825-B6-005	厦门SM广场店	5Y621	4	短袖T恤	798	1	厦门短袖T恤1
14	ZY20170826-B6-006	厦门SM广场店	5Y621	4	短袖T恤	798	1	厦门短袖T恤1
15	ZY20170827-B6-007	厦门SM广场店	7H002	1	短袖T恤	338	1	厦门短袖T恤1
16	ZY20170828-B6-008	厦门SM广场店	A3351	1	牛仔裤	399	2	厦门牛仔裤2
17	ZY20170829-B6-009	厦门SM广场店	A3351	3	牛仔裤	399	3	厦门牛仔裤3

图 5-39　部分内容合并

综上所述，Excel 2016 中的“快速填充”功能可以很方便地实现数据的拆分和合并，在一定程度上可以替代【分列】功能和进行这种处理的函数公式。但是与函数公式实现效果有所不同的是，使用“快速填充”功能时，如果原始数据区域中的数据发生变化，填充的结果并不能随之自动更新。

扫描右侧二维码，可观看本节内容更详细的视频演示。

第 6 章　整理电子表格中的数据

对于已经录入电子表格中的数据，往往还需要对数字格式、外观样式、数据结构等进行进一步的处理。本章主要学习数字格式应用、数据的移动 / 复制与粘贴、隐藏和保护数据、查找和替换数据等内容。通过对本章的学习，用户可以按需完成工作表中的数据整理，为数据统计和分析等高级功能的使用做好准备。

本章学习要点

（1）为数据应用合适的数字格式。
（2）复制、粘贴和移动数据。
（3）查找和替换特定内容。
（4）数据的隐藏和保护。

6.1　为数据应用合适的数字格式

如果输入单元格中的数据没有格式设置，将无法直观地展示究竟是一串电话号码还是一个日期，或是一笔金额。

Excel 提供了丰富的数据格式化功能，用于提高数据的可读性。除了对齐方式、字体与字号、边框和单元格填充颜色等常见的格式化功能外，设置“数字格式”还可以根据数据的意义和表达需求来调整外观显示效果。

在图 6-1 所示的表格中，A 列是原始数据，B 列是格式化后的显示效果，通过比较可以明显看出，设置数字格式能够提高数据的可读性。

	A	B	C
1	原始数据	格式化后显示	格式类型
2	39668	2008年8月8日	日期
3	-16580.2586	(16,580.26)	数值
4	0.505648148	12:08:08 PM	时间
5	0.0459	4.59%	百分比
6	0.6125	49/80	分数
7	5431231.35	¥5,431,231.35	货币
8	12345	壹万贰仟叁佰肆拾伍	特殊-中文大写数字
9	4000049448	400-004-9448	自定义(电话号码)
10	右对齐	右对齐	自定义(靠右对齐)

图 6-1　通过设置数字格式提高数据的可读性

设置数字格式虽然改变了数据的显示外观，但并没有改变其数据类型，更不会影响数据实际值。

Excel 内置的数字格式大部分适用于数值型数据，因此称为“数字”格式。除了应用于数值数据外，用户还可以通过创建自定义格式，为文本型数据提供各种格式化效果，如图 6-1 中的第 10 行所示。

❖ 对单元格中的数据应用格式，可以使用【开始】选项卡中的【数字】命令组或借助【设置单元格格式】对话框，以及应用包含数字格式设置的样式和组合键四种方法。

6.1.1　使用功能区命令

在 Excel【开始】选项卡的【数字】命令组中，【数字格式】组合框内会显示活动单元格的数字格式类型。单击其下拉按钮，可以从 11 种数字格式中进行选择，选中一项单击即可应用到单元格中，如图 6-2 所示。

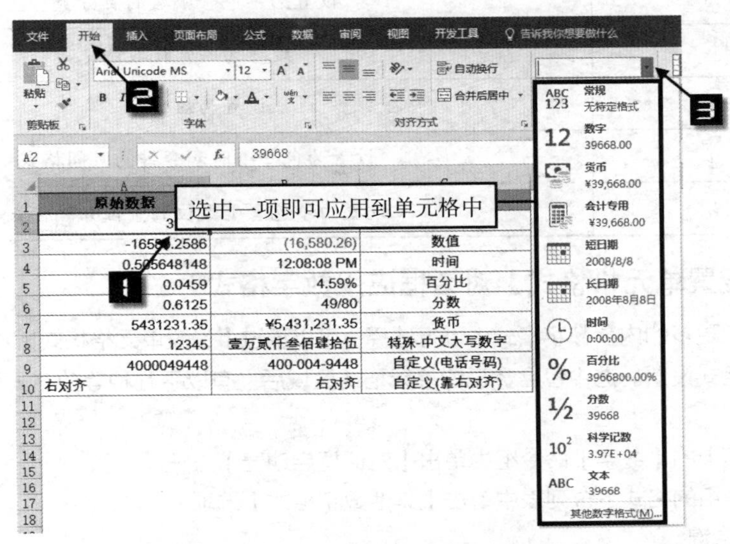

图 6-2　【数字】命令组下拉列表中的 11 种数字格式效果

【数字格式】组合框下方预置了【会计专用格式】【百分比样式】【千位分隔样式】【增加小数位数】和【减少小数位数】5 个常用的数字格式按钮，如图 6-3 所示。

在工作表中选中包含数值的单元格或区域，然后单击以上按钮或选项，即可应用相应的数字格式。

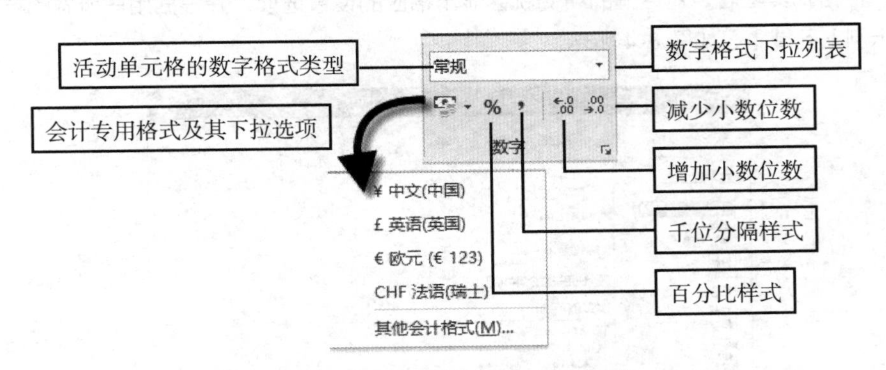

图 6-3　【数字】命令组各按钮功能

提示

Excel的数字格式在很大程度上受到当前Windows系统的影响，后者决定了不同类型数字格式的默认样式。本书中如无特殊说明，均指简体中文版Windows 10系统默认设置下的数字格式。

6.1.2　使用组合键应用数字格式

除了使用功能区的命令按钮外，还可以通过组合键对目标单元格和区域设定数字格式，如表 6-1 所示。

表 6-1　设置数字格式的组合键

组合键	作用
Ctrl+Shift+~	设置为常规格式，即不带格式
Ctrl+Shift+%	设置为不包含小数的百分数
Ctrl+Shift+^	设置为科学记数法
Ctrl+Shift+#	设置为短日期
Ctrl+Shift+@	设置为包含小时和分钟的时间格式
Ctrl+Shift+!	设置为不包含小数位的千位分隔样式

6.1.3　使用【设置单元格格式】对话框应用数字格式

如果用户希望在更多的内置数字格式中进行选择，可以通过【设置单元格格式】对话框中的【数字】选项卡来进行数字格式设置。选中包含数据的单元格或区域后，有以下几种等效方式可打开【设置单元格格式】对话框。

- ❖ 在【开始】选项卡的【数字】命令组中单击【对话框启动器】按钮。
- ❖ 在【数字】命令组的格式下拉列表中单击【其他数字格式】选项。
- ❖ 按 <Ctrl+1> 组合键。
- ❖ 右击，在弹出的快捷菜单中单击【设置单元格格式】命令。

在【设置单元格格式】对话框的【数字】选项卡下，左侧【分类】列表中显示了 Excel 内置的 12 类数字格式，除了【常规】和【文本】外，其他格式类型中都包含了更多的可选样式或选项。在【分类】列表中选中一种格式类型后，对话框的右侧就会显示相应的设置选项，并根据用户所做的选择将预览效果显示在【示例】区域中，如图 6-4 所示。

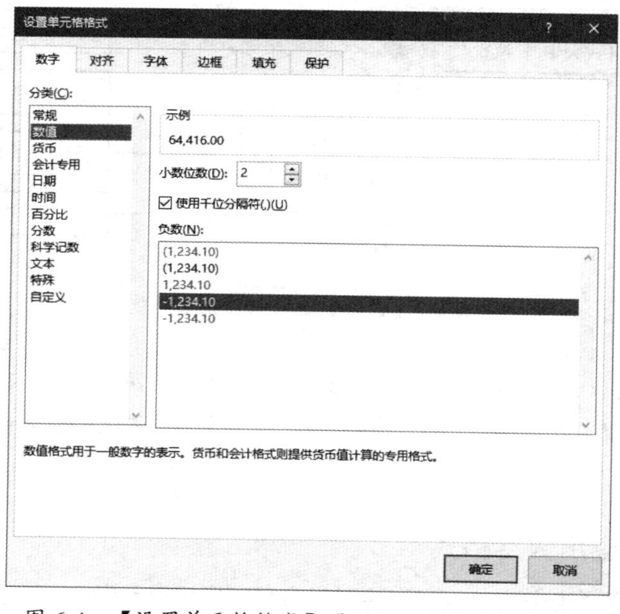

图 6-4　【设置单元格格式】对话框的【数字】选项卡

示例6-1　通过【设置单元格格式】对话框设置数字格式

如果要将图 6-5 所示的表格中的利润额设置为显示两位小数的货币格式，负数显示为带括号的红色字体，可按以下步骤操作。

	A	B
1	月份	利润额
2	1月份	7275.272
3	2月份	31334.744
4	3月份	-2905.816
5	4月份	-875.894
6	5月份	13746.943
7	6月份	-2935.641
8	7月份	46.203
9	8月份	14353.963

月份	利润额
1月份	¥7,275.27
2月份	¥31,334.74
3月份	(¥2,905.82)
4月份	(¥875.89)
5月份	¥13,746.94
6月份	(¥2,935.64)
7月份	¥46.20
8月份	¥14,353.96

图 6-5　待格式化的数值

步骤① 选中 B2:B9 单元格区域，按 <Ctrl+1> 组合键打开【设置单元格格式】对话框并自动切换到【数字】选项卡。

步骤② 在左侧的【分类】列表框中选择【货币】，然后在右侧的【小数位数】微调框中设置数值“2”，在【货币符号】下拉列表中选择【¥】，最后在【负数】列表框中选择带括号的红色字体样式。最后单击【确定】按钮完成设置，如图 6-6 所示。

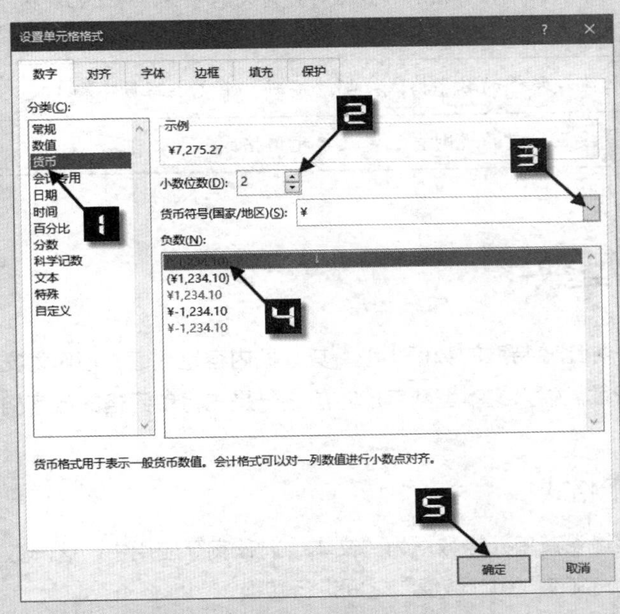

图 6-6　设置数值显示为货币格式

【设置单元格格式】对话框中 12 种数字格式的详细解释如表 6-2 所示。

表 6-2　各种数字类型的特点与用途

数字格式类型	特点与用途
常规	数据的默认格式，即未进行任何特殊设置的格式
数值	可以设置小数位数、选择是否添加千位分隔符，负数可以设置特殊样式（包括显示负号、显示括号、红色字体等几种样式）
货币	可以设置小数位数、货币符号，负数可以设置特殊样式（包括显示负号、显示括号、红色字体等几种样式）。数字显示自动包含千位分隔符
会计专用	可以设置小数位数、货币符号，数字显示自动包含千位分隔符。与货币格式不同的是，本格式将货币符号置于单元格最左侧显示
日期	可以选择多种日期显示模式，包括同时显示日期和时间模式
时间	可以选择多种时间显示模式
百分比	可以选择小数位数。数字以百分数形式显示
分数	可以设置多种分数显示模式，包括显示一位数或是两位数的分母等
科学记数	以包含指数符号（E）的科学记数形式显示数字，可以设置显示的小数位数
文本	设置为文本格式后，再输入的数值将作为文本存储，对于已经输入的数值不能直接将其转换为文本格式
特殊	包括三种比较特殊的数字格式：邮政编码、中文小写数字和中文大写数字
自定义	允许用户按照一定的规则自己定义单元格格式

6.2　处理文本型数字

“文本型数字”是一种比较特殊的数据类型，其数据内容是数值，但作为文本类型进行存储，具有和文本类型数据相同的特征。输入文本型数字的方法之一是先将单元格的数字格式设置为“文本”，然后再输入数值。

6.2.1　“文本”数字格式

“文本”格式的作用是设置单元格数据为“文本”。在实际应用中，这一数字格式并不总是如字面含义那样，可以让数据在“文本”和“数值”之间进行转换。

如果先将空白单元格设置为文本格式，然后输入数值，Excel 会将其存储为“文本型数字”。“文本型数字”自动左对齐显示，在单元格的左上角显示绿色三角形符号。

如果先在空白单元格中输入数值，然后再设置为文本格式，数值虽然也自动左对齐显示，但 Excel 仍将其视作数值型数据。

对于单元格中的“文本型数字”，无论修改其数字格式为“文本”之外的哪一种格式，Excel 仍然视其为“文本”类型的数据，直到重新输入数据才会变为数值型数据。

深入了解：借助状态栏统计功能判断数据类型

要判别单元格中的数据是否为数值类型，除了查看单元格左上角是否出现绿色的“错误检查”标识符外，还可以通过检验这些数据是否能参与数值运算来判断。

在工作表中选中两个或更多个数据，如果状态栏中能够显示求和结果，且求和结果与当前选中单元格区域的数字和相等，则说明目标单元格区域中的数据全部为数值类型，否则说明包含了文本型数字，如图 6-7 所示。

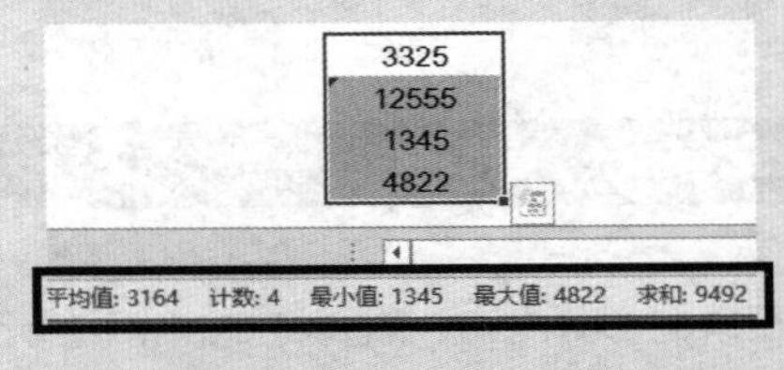

图 6-7 使用快捷统计功能判断数据类型

6.2.2 将文本型数字转换为数值型数据

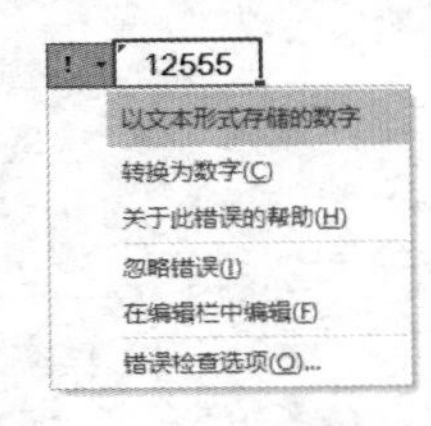

图 6-8 “文本型数字”所在单元格的错误检查选项菜单

“文本型数字”所在单元格的左上角显示绿色三角形符号，此符号为 Excel“错误检查”功能的标识符，它用于标识单元格可能存在某些错误或需要注意的特点。选中此类单元格，会在单元格一侧出现【错误检查选项】按钮，单击按钮右侧的下拉按钮会显示选项菜单，如图 6-8 所示。

在下拉菜单中，【以文本形式存储的数字】显示了当前单元格的数据状态。如果单击【转换为数字】选项，单元格中的数据将会转换为数值型。

如果用户有意保留这些数据为“文本型数字”类型，而又不希望出现绿色三角符号的显示，则可以在下拉菜单中单击【忽略错误】选项，关闭此单元格的“错误检查”功能。

深入了解：取消“错误检查”标识符的显示

在 Excel 的默认设置中，“以文本形式存储的数字”被认为是一种可能的错误，所以错误检查功能会在单元格中进行提示。在【错误检查选项】的下拉菜单中选择【忽略错误】虽然可以取消当前单元格的绿色三角标记显示，但如果要将工作簿中的所有类似单元格中的“错误检查”标识符取消显示，则需要通过 Excel 选项进行相关设置。

依次单击【文件】→【选项】选项，在弹出的【Excel 选项】对话框中切换到【公式】选项卡下，可以详细地设置有关“错误检查”的选项，如图 6-9 所示。

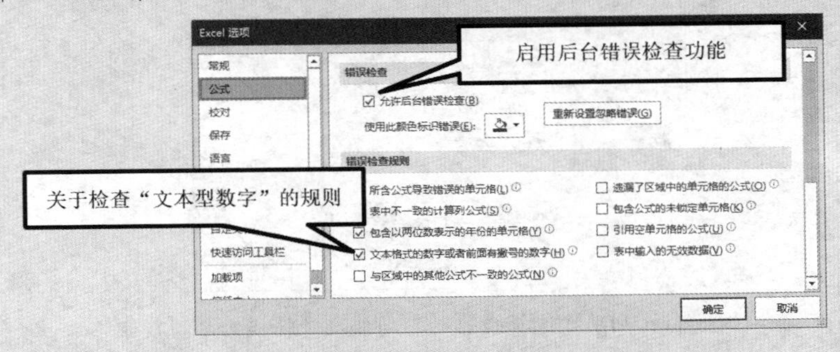

图 6-9 “错误检查”相关的选项设置

【允许后台错误检查】复选框是控制 Excel 错误检查功能的全局开关，如果取消选中则会关闭错误检查功能，工作表中所有的“错误检查”标识符将不再显示。

在【错误检查规则】区域中可以单独设置某项用于错误检查的规则是否生效。如果取消选中【文本格式的数字或者前面有撇号的数字】复选框，则 Excel 不再对此类情况进行检查。

如果要将“文本型数字”转换为数值，除了借助“错误检查”功能提供的菜单项外，还可以按以下方法进行转换。

示例6-2 将文本型数字转换为数值

图 6-10 所示是某单位转账记录的部分内容，需要将 D2:E71 单元格区域中的文本型数字转换为数值型数据。

	A	B	C	D	E
1	日期	交易类型	凭证号	借方发生额	贷方发生额
2	20170129	转账	21781169	0	139
3	20170130	转账	26993401	0	597
4	20170130	转账	29241611	0	139
5	20170131	转账	30413947	1123.8	0
6	201				
7	201				
8	201				
9	201				
10	201				

	A	B	C	D	E
1	日期	交易类型	凭证号	借方发生额	贷方发生额
2	20170129	转账	21781169	0	139
3	20170130	转账	26993401	0	597
4	20170130	转账	29241611	0	139
5	20170131	转账	30413947	1123.8	0
6	20170131	转账	32708047	0	1900.3
7	20170201	转账	37378081	1233.5	0
8	20170201	转账	38684365	0	199

图 6-10 将文本型数字转换为数值

操作步骤如下。

步骤① 选中任意一个空白单元格，如 F1，按 <Ctrl+C> 组合键复制。

步骤② 选中 D2:E71 单元格区域，右击，在弹出的快捷菜单中单击【选择性粘贴】命令，弹出【选择性粘贴】对话框，在【粘贴】区域中选中【数值】单选按钮，在【运算】区域中选中【加】单选按钮，最后单击【确定】按钮即可，如图 6-11 所示。

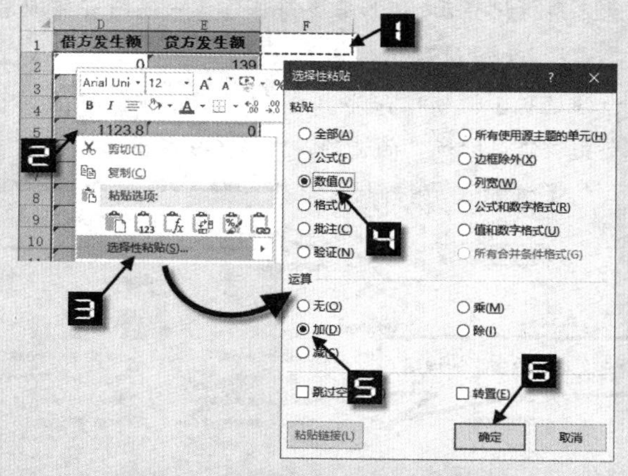

图 6-11 利用“选择性粘贴”功能批量转换文本型数字

提示

关于“选择性粘贴”功能的更详细介绍，请参阅6.4.4小节。

6.2.3　将数值型数据转换为文本型数字

如果要将工作表中的数值型数据转换为文本型数字，可先将单元格设置为“文本”格式，然后双击单元格或按 <F2> 键激活单元格的编辑模式，最后按 <Enter> 键即可。但是此方法只对单个单元格起作用。如果要同时将同一列中多个单元格中的数值转换为文本类型，操作步骤如下。

步骤① 选中位于同一列的包含数值型数据的单元格或区域，本例为 E2:E71。

步骤② 单击【数据】选项卡中的【分列】按钮，在弹出的【文本分列向导】对话框中，两次单击【下一步】按钮。

步骤③ 在【文本分列向导 - 第 3 步，共 3 步】对话框的【列数据格式】区域中选中【文本】单选按钮，最后单击【完成】按钮，如图 6-12 所示。

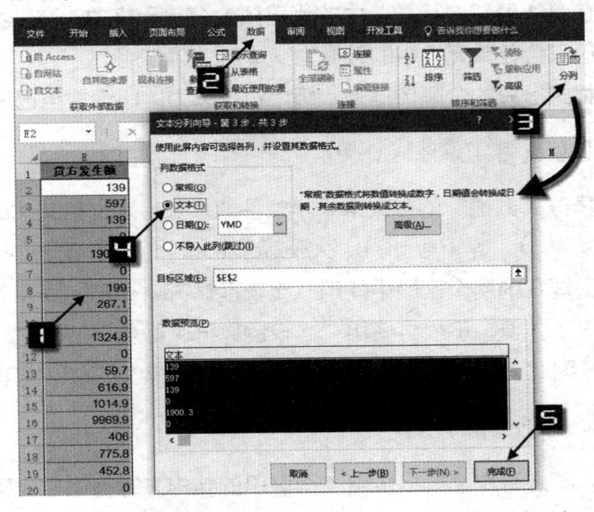

图 6-12　【文本分列向导—第 3 步，共 3 步】对话框

关于数据“分列”功能的更详细介绍，请参阅第28章。

6.3　自定义数字格式

在 12 类数字格式中，“自定义”类型包括了用于各种情况的数字格式，并且允许用户创建新的数字格式。

6.3.1　内置的自定义格式

在【设置单元格格式】对话框的【分类】列表里选中【自定义】类型，在对话框的右侧会显示活动单元格的数字格式代码，如果选中某项自定义数字格式代码后，对话框右下角的【删除】按钮呈现灰色不可用状态，则说明其为 Excel 内置的数字格式代码，不允许用户删除。

Excel 所有的数字格式都有对应的数字格式代码，如果要查看其他 11 种类型中的数字格式所对应的格式代码，操作方法如下。

步骤① 在【设置单元格格式】对话框的【数字】选项卡下，单击【分类】列表中的某个格式分类，然后在右侧的选项设置中选择一种格式。

步骤② 在【分类】列表中单击【自定义】选项，即可在右侧的【类型】文本框中查看刚才所选择格式的对应代码。

通过这样的操作方式，可以了解现有数字格式的代码编写方式，并可据此改编出更符合自己需求的数字格式代码。

6.3.2 格式代码的组成规则

自定义的格式代码的完整结构如下：

正数；负数；零值；文本

以半角分号“;”间隔的 4 个区段构成了一个完整结构的自定义格式代码，每个区段中的代码对应不同类型的内容。例如，在第 1 区段“正数”中的代码只会在单元格中的数据为正数数值时起作用，而第 4 区段“文本”中的代码只会在单元格中的数据为文本时才起作用。

除了以数值正负作为格式区段的分隔依据外，用户也可以为区段设置自己所需的特定条件，例如：

大于条件值；小于条件值；等于条件值；文本

还可以使用“比较运算符 + 数值”的方式来表示条件值，在自定义格式代码中可以使用的比较运算符包括大于号（>）、小于号（<）、等于号（=）、大于等于（>=）、小于等于（<=）和不等于（<>）6 种。

在实际应用中，最多只能在前两个区段中使用“比较运算符 + 数值”表示条件值，第 3 区段自动以“除此以外”的情况作为其条件值，不能再使用“比较运算符 + 数值”的形式，而第 4 区段“文本”仍然只对文本型数据起作用。因此，使用包含条件值的格式代码结构也可以这样来表示：

条件 1；条件 2；除此之外的数值；文本

此外，在实际应用中，不必每次都严格按照 4 个区段的结构来编写格式代码，区段数少于 4 个甚至只有 1 个都是被允许的，表 6-3 中列出了少于 4 个区段的代码结构含义。

表 6-3 少于 4 个区段的自定义代码结构含义

区段数	代码结构含义
1	格式代码作用于所有类型的数值
2	第 1 区段作用于正数和零值，第 2 区段作用于负数
3	第 1 区段作用于正数，第 2 区段作用于负数，第 3 区段作用于零值

对于包含条件值的格式代码来说，区段可以少于 4 个，但最少不能少于两个区段。相关的代码结构含义如表 6-4 所示。

表 6-4 少于 4 个区段的包含条件值格式代码结构含义

区段数	代码结构含义
2	第 1 区段作用于满足条件 1，第 2 区段作用于其他情况
3	第 1 区段作用于满足条件 1，第 2 区段作用于满足条件 2，第 3 区段作用于其他情况

除了特定的代码结构外，完成一个格式代码还需要了解自定义格式所使用的代码字符及其含义。表 6-5 显示了可以用于格式代码编写的代码符号及其对应的含义和作用。

表 6-5　代码符号及其含义作用

代码符号	符号含义及作用
G/ 通用格式	不设置任何格式，按原始输入显示。同“常规”格式
#	数字占位符，只显示有效数字，不显示无意义的零值
0	数字占位符，当数字比代码的数量少时，显示无意义的零值
?	数字占位符，与“0”作用类似，但以显示空格代替无意义的零值。可用于显示分数
.	小数点
%	百分数显示
,	千位分隔符
E	科学记数的符号
"文本"	可显示双引号之间的文本
!	强制显示下一个字符。可用于分号（;）、点号（.）、问号（?）等特殊符号的显示
\	作用与“!”相同。此符号可用作代码输入，但在输入后会以符号“!”代替其代码显示
*	重复下一个字符来填充列宽
_	留出与下一个字符宽度相等的空格
@	文本占位符，同“文本”格式
[颜色]	显示相应颜色，[黑色]/[black]、[白色]/[white]、[红色]/[red]、[青色]/[cyan]、[蓝色]/[blue]、[黄色]/[yellow]、[洋红]/[magenta]、[绿色]/[green]。对于中文版的 Excel 只能使用中文颜色名称，而英文版的 Excel 则只能使用英文颜色名称
[颜色 n]	显示以数值 *n* 表示的兼容 Excel 2003 调色板上的颜色。*n* 的范围在 1~56 之间
[条件]	设置条件。条件通常由“>”“<”“=”“>=”“<=”“<>”及数值所构成
[DBNum1]	显示中文小写数字，如“123”显示为“一百二十三”
[DBNum2]	显示中文大写数字，如“123”显示为“壹佰贰拾叁”
[DBNum3]	显示全角的阿拉伯数字与小写中文单位的结合，如“123”显示为“1 百 2 十 3”

注意

当使用“%”作为单元格数字格式时，在单元格内新输入的数字会被自动缩小1/100倍后以百分数表示。

深入了解：系统调色板

在 Excel 2003 和较早版本中，每个工作簿会包含一个系统调色板，允许用户设置最多 56 种颜色用于单元格背景、字体和图表图形中。图 6-13 展示了默认调色板中每种颜色代码所对应的颜色。用户可以按自己的需要，为每种颜色代码定义颜色。在本章示例文件中可查看全彩效果。

从 Excel 2007 开始，Excel 使用了新的颜色机制，取消了 56 种颜色的限制。但为了向下兼容，仍然保留了旧的调色板。

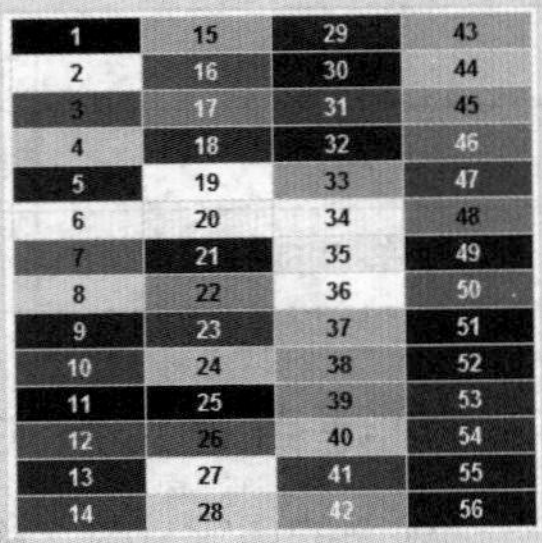

图 6-13　Excel 2003 的默认调色板

在编写与日期时间相关的自定义数字格式时，还有一些包含特殊意义的代码符号，如表 6-6 所示。

表 6-6　与日期时间格式相关的代码符号

日期时间代码符号	日期时间代码符号含义及作用
aaa	使用中文简称显示星期几（“一”～“日”）
aaaa	使用中文全称显示星期几（“星期一”～“星期日”）
d	使用没有前导零的数字来显示日期（1～31）
dd	使用有前导零的数字来显示日期（01～31）
ddd	使用英文缩写显示星期几（Sun～Sat）
dddd	使用英文全拼显示星期几（Sunday～Saturday）
m	使用没有前导零的数字来显示月份或分钟（1～12）或（0～59）
mm	使用有前导零的数字来显示月份或分钟（01～12）或（00～59）
mmm	使用英文缩写显示月份（Jan～Dec）
mmmm	使用英文全拼显示月份（January～December）
mmmmm	使用英文首字母显示月份（J～D）
y	使用两位数字显示公历年份（00～99）
yy	同上
yyyy	使用四位数字显示公历年份（1900—9999）
b	使用两位数字显示泰历（佛历）年份（43—99）
bb	同上
bbbb	使用四位数字显示泰历（佛历）年份（2443—9999）
b2	在日期前加上“b2”前缀可显示回历日期
h	使用没有前导零的数字来显示小时（0～23）
hh	使用有前导零的数字来显示小时（00～23）
s	使用没有前导零的数字来显示秒（0～59）
ss	使用有前导零的数字来显示秒（00～59）
[h]、[m]、[s]	显示超出进制的小时数、分数、秒数
AM/PM	使用英文上下午显示十二进制的时间
A/P	同上
上午 / 下午	使用中文上下午显示十二进制的时间

6.3.3　创建自定义格式

要创建新的自定义数字格式，可在【设置单元格格式】对话框的格式列表中选中【自定义】，然后在右侧的【类型】编辑框中填入新的数字格式代码，也可选择现有的格式代码，然后在【类型】编辑框中进行编辑修改。输入或编辑完成后，可以从【示例】处观察该格式代码对应的数据显示效果，如果符

合预期的结果，单击【确定】按钮进行确认。

如果用户所编写的格式代码符合 Excel 的规则要求，即可成功创建新的自定义格式，并应用于当前所选定的单元格或区域中。否则 Excel 会弹出警告窗口提示错误，如图 6-14 所示。

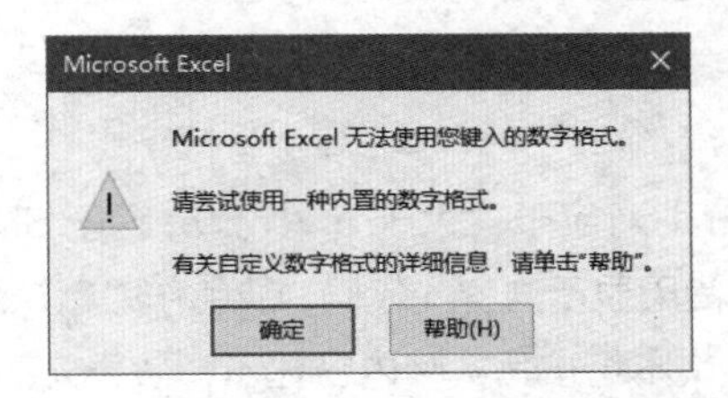

图 6-14　自定义格式代码错误的警告提示信息

用户所创建的自定义格式仅保存在当前工作簿中。如果要将自定义的数字格式应用于其他工作簿，可将包含特定格式的单元格直接复制到目标工作簿中。

如果要在所有新工作簿中使用某些自定义数字格式，可以通过创建和使用模板来实现，关于模板的使用方法，请参阅第 8 章。

6.3.4　自定义数字格式应用案例

通过编写自定义格式代码，用户可以创建出丰富多样的数字格式，使单元格中的数据更有表现力，增强可读性，有些特殊的自定义格式还可以起到简化数据输入、限制部分数据输入，或隐藏输入数据的作用，以下介绍部分常用自定义数字格式案例。

➲ Ⅰ　不同方式显示分段数字

如果希望表格阅读者能够从数据的显示方式上直观地判断数值的正负、大小等信息，可通过对不同的格式区段设置相应的显示方式来设置数字格式。

示例6-3　设置自定义数字格式

如需设置正数正常显示、负数红色显示带负号、零值不显示、文本显示为“ERR!”，格式代码可设置如下。

G/ 通用格式 ;[红色]-G/ 通用格式 ;;"ERR!"

格式代码分为 4 个区段，分别对应于“正数 ; 负数 ; 零值 ; 文本”。其中“G/ 通用格式”表示按常规格式显示。用“[红色]”作为格式前缀表示显示为红色。第 3 区段为空，表示零值不显示。第 4 区段“ERR!”表示只要是文本，即显示为“ERR!”，效果如图 6-15 所示。

原始数值	显示为	格式代码	说明
797.8446	797.8446	G/通用格式;[红色]-G/通用格式;;"ERR!"	正数正常显示、负数红色显示带负号、零值不显示、文本显示为"ERR!"
798	798		
-35.21	-35.21		
0			
Excel	ERR!		
-1180	-1180		

图 6-15　正数、负数、零值、文本的不同显示方式

示例6-4 设置多个条件的自定义数字格式

如需设置大于 5 的数字显示为红色、小于 5 的数字显示为绿色、等于 5 的数字显示成黑色等号，格式代码可设置如下。

```
[红色][>5]G/通用格式;[绿色][<5]G/通用格式;=
```

格式代码分为 3 个区段，分别对应于“大于 5; 小于 5; 等于 5”的数值类型的格式显示。第 3 区段不使用条件值代码，而直接使用显示内容的代码，黑色作为默认颜色，也不必使用代码来表示。本格式代码没有第 4 区段，所以文本将按其实际内容显示，效果如图 6-16 所示。

原始数值	显示为	格式代码	说明
6.5	6.5	[红色][>5]G/通用格式;[绿色][<5]G/通用格式;=	大于5的数字显示红色、小于5的数字显示绿色、等于5的数字显示黑色等号
2.1	2.1		
0	0		
5	=		
ExcelHome	ExcelHome		

图 6-16　不同大小的数字显示不同方式

示例6-5 设置一个条件的自定义数字格式

如需设置小于 1 的数字以两位小数的百分数显示，其他情况以普通的两位小数数字显示，并且以小数点位置对齐数字。格式代码可设置如下。

```
[<1]0.00%;#.00_%
```

格式代码分为两个区段，第 1 区段适合数值“小于 1”的情况，以两位小数的百分数显示。第 2 区段适合除数值“小于 1”以外的情况，在以两位小数显示的同时，“_%”使数字末尾多显示一个与“%”同宽度的空格，这样就可使小于 1 的数字显示与其他情况下的数字显示保持对齐。

此格式代码适合于自动显示百分比数的应用，当数字小于 1 时自动以百分比数字显示，效果如图 6-17 所示。

原始数值	显示为	格式代码	说明
6.5	6.50	[<1]0.00%;#.00_%	小于1的数字以两位小数的百分数显示，其他以普通的两位小数数字显示。并且以小数点位置对齐数字
0.123	12.30%		
Apple	Apple		
0.024	2.40%		
0	0.00%		
1.52	1.52		

图 6-17　自动显示百分比数

Ⅱ　以不同的数值单位显示

这里所称的“数值单位”指的是“十、百、千、万、十万、百万”等十进制数字单位。在大多数英语国家中，习惯以“千（Thousand）”和“百万（Million）”作为数值单位，千位分隔符就是其中的一种表现形式。而在中文环境中，常以“万”和“亿（即万万）”作为数值单位。通过设置自定义数字格式，可以方便地令数值以不同的单位显示。

示例6-6 以万为单位显示数值

格式代码可设置如下。

```
0!.0,
```

利用自定义的"小数点"将原数值缩小万分之一显示。在数学上，数值缩小万分之一后，原数值小数点需向左移 4 位，利用添加自己定义的"小数点"，则可以将数字显示得像被缩小后的效果。实际上这里的小数点并非真实意义上的小数点，而是用户自己创建的一个符号。为了与真正的小数点相区别，需要在"."之前加上"!"或"\"，表示后面"小数点"的字符性质。代码末尾的"0,"表示被缩去的 4 位数字，其中","代表千位分隔符。缩去的 4 位数字只显示千位所在数字，其余部分四舍五入进位到千位显示。

也可以使用以下格式代码，增加了字符"万"作为后缀。

```
0!.0,"万"
```

或是使用以下格式代码，将缩进的后三位数字也显示完全，并以文本"万元"作为后缀显示。

```
0!.0000"万元"
```

效果如图 6-18 所示。

原始数值	显示为	格式代码	说明
184555	18.5	0!.0,	以万为单位显示数值，保留一位小数显示
779506	78.0	同上	同上
83800	8.4万	0!.0,"万"	以万为单位、保留一位小数。显示后缀"万"
141565	14.1565万元	0!.0000"万元"	以万为单位、保留四位小数。显示后缀"万元"

图 6-18　以万为单位显示数值

➲ III　不同方式显示分数

使用自定义数字格式可以以多种方式来显示分数形式的数值，常用格式代码及说明如表 6-7 所示。

表 6-7　多种样式显示分数

原始数值	显示为	格式代码	说明
7.25	7 1/4	# ?/?	以整数加真分数的形式显示分数值
7.25	7 又 1/4	#"又"?/?	以中文字符"又"替代整数与分数之间的连接符
7.25	7+1/4	#"+"?/?	以符号"+"替代整数与分数之间的连接符
7.25	29/4	?/?	以假分数形式显示分数值
7.25	7 5/20	# ?/20	以"20"为分母显示分数部分
7.25	7 13/50	# ?/50	以"50"为分母显示分数部分

➲ IV　多种方式显示日期和时间

在 Excel 中，日期和时间可供选择的显示方式种类繁多，甚至有许多专门的代码符号适用于日期和时间的格式代码。用户可以通过这些格式代码设计出丰富多彩的显示方式，适合日期数据的常用格式代码如表 6-8 所示。

表 6-8　多种方式显示日期

原始数值	显示为	格式代码	说明
2017/7/5	2017 年 7 月 5 日 星期三	yyyy" 年 "m" 月 " d" 日 "aaaa	中文“年月日”及“星期”方式显示日期
2017/7/5	二〇一七年七月五日 星期三	[DBNum1]yyyy" 年 " m" 月 "d" 日 "aaaa	小写中文数字的“年月日”和“星期”方式显示
2017/7/5	5/Jul/17,Wednesday	d-mmm-yy,dddd	英文方式显示日期及星期
2017/7/5	2017.7.5	yyyy.m.d	以“.”号分隔符间隔的日期显示
2017/7/5	今天星期三	" 今天 "aaaa	仅显示星期几加上文本前缀

适合于时间数据显示的常用格式代码如表 6-9 所示。

表 6-9　多种方式显示时间

原始数值	显示为	格式代码	说明
15:05:25	下午 3 点 05 分 25 秒	上午 / 下午 h" 点 " mm" 分 "ss" 秒 "	中文的“点分秒”及“上下午”方式显示时间
15:05:25	下午三点〇五分二十五秒	[DBNum1] 上午 / 下午 h" 点 "mm" 分 "ss" 秒 "	小写中文数字加上中文的“点分秒上下午”方式显示
15:49:12	3:49 p.m.	h:mm a/p".m."	英文方式显示 12 小时制时间
15:49:12.88	49'12.88"	mm"ss.00!"	以分秒符号代替分秒名称的显示，秒数显示到百分之一秒
15:49:12	949 分钟 12 秒	[m]" 分钟 "s" 秒 "	显示超过进制的分钟数
15:49:12	56952 秒	[s]" 秒 "	显示超过进制的秒数。如使用 [h]" 小时 "，将显示超过进制的小时数

➲ V　显示电话号码

通过自定义数字格式，可以在 Excel 中灵活显示电话号码并且能够简化用户输入操作。

示例6-7 使用自定义格式显示电话号码

通常有以下一些处理方式。

```
"Tel: "000-000-0000
```

对于一些专用业务号码，如 400、800 开头的电话号码等，使用此类格式可以使业务号段前置显示，使业务类型一目了然。另外，文本型的前缀可以增添更多用户自定义的信息。

```
(0###) #### ####
```

此种格式适用于长途区号的自动显示，其中本地号码段长度固定为 8 位。由于我国的城市长途区号分为 3 位（如上海 021）和 4 位（如杭州 0571）两类，代码中的“（0###）”适应了小于等于 4 位区号的不同情况，并且强制显示了前置“0”。后面的 8 位数字占位符“#”是实现长途区号与本地号码分离的关键，也决定了此格式只适用于 8 位本地号码的情况。

```
[<100000]#;0### - #### ####
```

此种格式在上述格式基础上增加了对特殊服务号码的考虑。

以上自定义格式显示效果如图 6-19 所示。

原始数值	显示为	格式代码	说明
4008123123	Tel: 400-812-3123	"Tel: "000-000-0000	对400、800等电话号码进行分段显示，外加显示文本前缀
2112345678	(021) 1234 5678	(0###) #### ####	自动显示3位、4位城市区号，电话号码分段显示
51288663355	(0512) 8866 3355	同上	同上
95555	95555	[<100000]#;0### - #### ####	特殊服务号码不显示区号，普通电话分段显示
2112345678	021 - 1234 5678	同上	同上

图 6-19　电话号码的多种格式显示

➲ VI　简化输入操作

在某些情况下，使用带有条件判断的自定义格式可以简化用户的输入操作，起到类似“自动更正”功能的效果。

示例6-8　用数字0和1代替“×”“√”的输入

通过设置包含条件判断的格式代码，可以使当用户输入“1”时自动显示为“√”，输入“0”时自动显示为“×”，以输入 0 和 1 的简便操作代替了原有特殊符号的输入。如果输入的是 1 或 0 之外的其他数值，将不显示。格式代码如下。

```
[=1]" √ ";[=0]"×";;
```

同理，用户还可以设计一些与此类似的数字格式，在输入数据时以简单的数字输入来替代复杂的文本输入，并且方便数据统计，而在显示效果时以含义丰富的文本来替代信息单一的数字。例如，

```
"YES";;"NO"
```

大于零时显示“YES”，等于零时显示“NO”，小于零时显示空。

```
" 苏 A-2010"-00000
```

特定前缀的编码，末尾是 5 位流水号。在需要大量输入有规律的编码时，此类格式可以极大限度地提高效率。

以上自定义格式显示效果如表 6-10 所示。

表 6-10　通过自定义格式简化输入

原始数值	显示为	格式代码	说明
0	×	[=1]" √ ";[=0]"×";;	输入“0”时显示“×”，输入“1”时显示“√”，输入其他数值不显示
1	√		
8	YES	"YES";;"NO"	大于 0 时显示“YES”，小于 0 时显示空，等于 0 时显示“NO”
0	NO		
12	苏 A-2010-00012	" 苏 A-2010"-00000	特定前缀的编码，末尾是 5 位流水号
1029	苏 A-2010-01029		
2	沪 2010-0002-KD	" 沪 2010"-0000-"KD"	特定前缀和后缀的编码，中间是 4 位流水号

➲ VII　隐藏某些类型的数据

通过设置数字格式，还可以在单元格内隐藏某些特定类型的数据，甚至隐藏整个单元格的内容显示。但需要注意的是，这里所谓的“隐藏”只是在单元格显示上的隐藏，当用户选中单元格，其真实内容还

是会显现在编辑栏中。

示例6-9 设置数字格式隐藏特定内容

通常有以下几类隐藏内容的自定义格式。

`[>1]G/通用格式;;;`

格式代码分为 4 个区段，第 1 区段当数值大于 1 时常规显示，其余区段均不显示内容。应用此格式后，仅当单元格数值大于 1 时才有数据显示，隐藏其他类型的数据。

`0.000;-0.000;0;**`

格式代码同样为 4 个区段，第 1 区段当数值大于零时，显示包含 3 位小数的数字；第 2 区段当数值小于零时，显示负数形式的包含 3 位小数的数字；第 3 区段当数值等于零时显示零值；第 4 区段文本类型数据以“*”代替显示。其中第 4 区段代码中的第一个“*”表示重复下一个字符来填充列宽，而紧随其后的第二个“*”则是用来填充的具体字符。

`;;`

格式代码为 3 个区段，分别对应于数值大于、小于及等于 0 的 3 种情况。分号前后没有其他代码，表示均不显示内容，因此这个格式的效果为只显示文本类型的数据。

`;;;`

格式代码为 4 个区段，分号前后没有其他代码，表示均不显示内容，因此这个格式的效果为隐藏所有的单元格内容。此数字格式通常被用来实现简单的隐藏单元格数据。

以上自定义格式显示效果如表 6-11 所示。

表 6-11 设置格式隐藏某些特定内容

原始数值	显示为	格式代码	说明
0.232		[>1]G/通用格式;;;	仅大于 1 的时候才显示数据，不显示文本数据
1.234	1.234		
1.234	1.234	0.000;-0.000;0;**	数值数据显示包含 3 位小数的数字，文本数据只显示“*”号
ExcelHome	***************		
1.234		;;	只显示文本型数据
ExcelHome	ExcelHome		
1.234		;;;	所有内容均不显示
ExcelHome			

➲ VIII 文本数据的显示设置

数字格式在多数场合中主要应用于数值型数据的显示需求，但用户也可创建出主要应用于文本型数据的自定义格式，从而为文本内容的显示增添更多样式和附加信息。

示例6-10 文本类型数据的多种显示

应用于文本数据的常用格式代码包括以下几种。

;;;"集团公司"@"部"

格式代码分为 4 个区段，前 3 个区段禁止非文本型数据的显示，第 4 区段为文本数据增加了一些附加信息。此类格式可用于简化输入操作，或某些固定样式的动态内容显示（如公文信笺标题、署名等），用户可以按照此种结构根据自己的需要创建出更多样式的附加信息类自定义格式。

;;;*@

文本型数据通常在单元格中靠左对齐显示，设置这样的格式可以在文本左边填充足够多的空格，使文本内容显示为靠右侧对齐。

;;;@*_

此格式在文本内容的右侧填充下画线“_”，形成类似签名栏的效果，可用于一些需要打印后手动填写的文稿类型。

此类自定义格式显示效果如图 6-20 所示。

原始数值	显示为	格式代码	说明
市场	集团公司市场部	;;;"集团公司"@"部"	显示部门
财务	集团公司财务部	同上	同上
长宁	长宁区分店	;;;@"区分店"	显示区域
徐汇	徐汇区分店	同上	同上
三	三年级	;;;@"年级"	年级显示
三	第三大街	;;;"第"@"大街"	街道显示
右对齐	右对齐	;;;* @	文本内容靠右对齐显示
签名栏	签名栏__________	;;;@*_	预留手写文字位置

图 6-20 文本类型数据的多种显示方式

6.3.5 按单元格显示内容保存数据

通过 Excel 内置的数字格式和用户的自定义格式，可以使工作表中的数据显示更具表现力，所包含的信息量远远大于数据本身。但这样的显示效果并没有影响到数据本身，这对于数据运算和统计来说相当有利。

但有些用户会希望将设置格式后的单元格显示作为真实数据保存下来，虽然 Excel 没有直接提供这样的功能，但可以通过多种方法来实现。以下介绍一种较为简便的操作方法。

步骤① 选中需要保存显示内容的单元格或区域，按 <Ctrl+C> 组合键进行复制。

步骤② 打开 Windows 中的记事本程序，按 <Ctrl+V> 组合键进行粘贴，得到和显示效果完全相同的内容。

步骤③ 从记事本中将这些内容复制到 Excel 中。

6.4 单元格和区域的复制与粘贴

用户常常需要将工作表的数据从一处复制或移动到其他处，这在 Excel 中可以轻松实现。在实际操作过程中，复制和移动通常都包括两个步骤。

复制：选择源区域，执行“复制”操作，然后选择目标区域，执行“粘贴”操作。

移动：选择源区域，执行“剪切”操作，然后选择目标区域，执行“粘贴”操作。

复制和移动的主要区别在于，复制是产生源区域的数据副本，最终效果不影响源区域；而移动则是将数据从源区域移走。

6.4.1 单元格和区域的复制和剪切

选中需要复制的单元格或区域，有以下几种等效方式可以复制目标内容。

❖ 单击【开始】选项卡中的【复制】按钮 复制 。

❖ 在键盘上按 <Ctrl+C> 组合键。

❖ 在选中的目标单元格或区域上右击，在弹出的快捷菜单中选择【复制】命令。

选中需要移动的单元格或区域，有以下几种等效方式可以剪切目标内容。

- 单击【开始】选项卡中的【剪切】按钮 剪切 。
- 在键盘上按 <Ctrl+X> 组合键。
- 在选中的目标单元格或区域上右击，在弹出的快捷菜单中选择【剪切】命令。

完成以上操作后即可将目标单元格或区域的内容添加到剪贴板上，用于后续的操作处理。这里所指的“内容”不仅包括单元格中的数据（包括公式），还包括单元格中的任何格式（包括条件格式）、数据验证设置及单元格的批注等。

在进行粘贴操作之前，被剪切的源单元格或区域中的内容并不会被清除，直到用户在新的目标单元格或区域中执行粘贴的操作。

所有复制、剪切操作的目标可以是单个单元格，也可以是同行或同列的连续或不连续的多个单元格，或者包含多行或多列的连续单元格区域。但是 Excel 不允许对跨行或跨列的非连续区域进行复制和剪切操作，如图 6-21 所示。

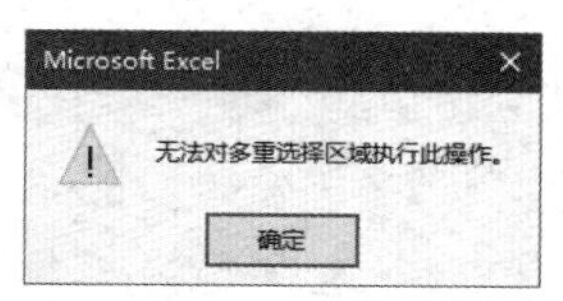

图 6-21 不能对多重选择区域进行复制或剪切

用户在进行了“复制”或“剪切”操作后，如果按下<Esc>键，则从“剪贴板”清除了信息，并影响到后续的“粘贴”操作。

6.4.2 单元格和区域的普通粘贴

粘贴操作实际上是从剪贴板中取出内容存放到新的目标区域中。Excel 允许粘贴操作的目标区域等于或大于源区域。选中目标单元格或区域，以下几种操作方式都可以进行粘贴操作。

❖ 单击【开始】选项卡中的【粘贴】按钮 粘贴 。

❖ 在键盘上按 <Ctrl+V> 组合键或按 <Enter> 键。

完成以上操作后，即可将最近一次复制或剪切的内容粘贴到目标区域中。如果之前执行的是剪切操作，则源单元格或区域中的内容将被清除。

如果复制的对象是同行或同列中的非连续单元格，在粘贴到目标区域时会形成连续的单元格区域，并且不会保留源单元格中所包含的公式。

如果复制或剪切的内容只需要粘贴一次，可以选中目标区域后直接按 <Enter> 键。

6.4.3 借助【粘贴选项】按钮选择粘贴方式

当用户执行复制后再粘贴时，默认情况下在被粘贴区域的右下角会出现【粘贴选项】按钮（剪切后的粘贴不会出现此按钮）。单击此按钮，展开的下拉菜单如图 6-22 所示。

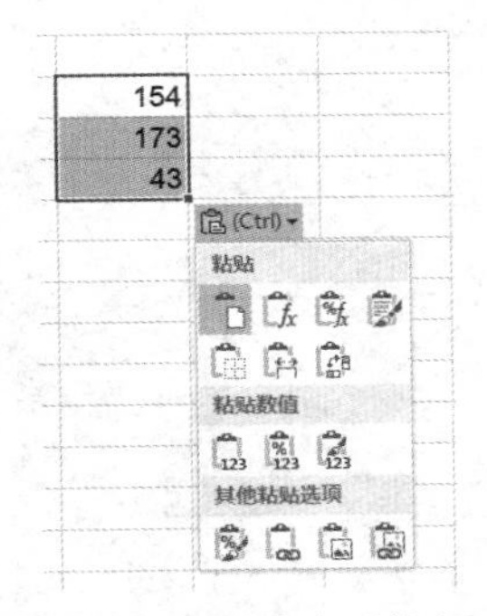

图 6-22 粘贴选项按钮的下拉菜单

将鼠标指针悬停在某个【粘贴选项】按钮上时，工作表中将出现粘贴结果的预览效果。

此外，在执行了复制操作后，如果单击【开始】选项卡中的【粘贴】下拉按钮，也会出现相同的下拉菜单。

在普通的粘贴操作下，默认粘贴到目标区域的内容包括源单元格中的全部内容，包括数据、公式、单元格格式、条件格式、数据验证及单元格的批注等。而通过在【粘贴选项】下拉菜单中进行选择，用户可根据自己的需要来进行粘贴。

【粘贴选项】下拉菜单中的大部分选项与【选择性粘贴】对话框中的选项相同，它们的含义与效果请参阅 6.4.4 小节。本节主要介绍粘贴图片功能。

❖ 粘贴图片：以图片格式粘贴被复制的内容，此图片为静态图片，与源区域不再有关联，可以被移动到工作簿的任何位置，就像一张照片。

❖ 粘贴图片链接：以动态图片的方式粘贴被复制的内容，如果源区域的内容发生改变，图片也会发生相应的变化，就像一面镜子。

提示

如果用户不希望【粘贴选项】按钮的显示干扰当前的粘贴操作，可在【Excel选项】对话框【高级】选项卡中的【剪切、复制和粘贴】区域取消选中【粘贴内容时显示粘贴选项按钮】复选框。

6.4.4 借助【选择性粘贴】对话框粘贴

"选择性粘贴"是一项非常有用的粘贴辅助功能，其中包含许多详细的粘贴选项设置，以便用户根据实际需求选择多种不同的复制粘贴方式。要打开【选择性粘贴】对话框，首先需要执行复制操作（使用剪切方式将无法使用"选择性粘贴"功能），然后有以下几种操作方式可打开【选择性粘贴】对话框。

❖ 单击【开始】选项卡中的【粘贴】按钮下拉箭头，选择下拉菜单中最后一项【选择性粘贴】。

❖ 在粘贴目标单元格或区域上右击，在弹出的快捷菜单中单击【选择性粘贴】命令。

【选择性粘贴】对话框通常如图 6-23 所示。

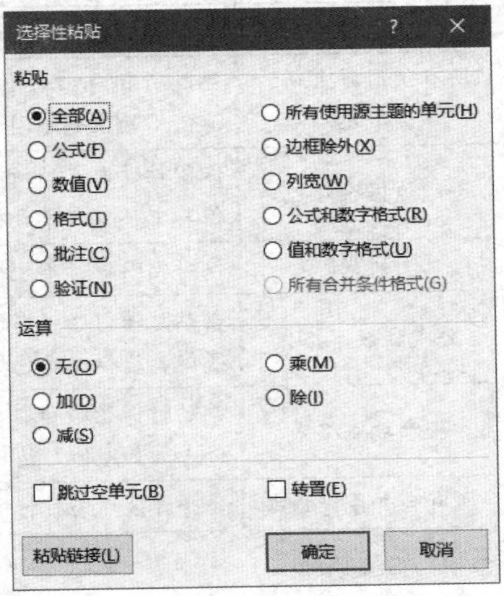

图 6-23 最常见的【选择性粘贴】对话框

如果复制的数据来源于其他程序（如记事本、网页），则会打开另一种样式的【选择性粘贴】对话框，如图 6-24 所示。在这种样式的【选择性粘贴】对话框中，根据复制数据的类型不同，会在【方式】列表框中显示不同的粘贴方式以供选择。

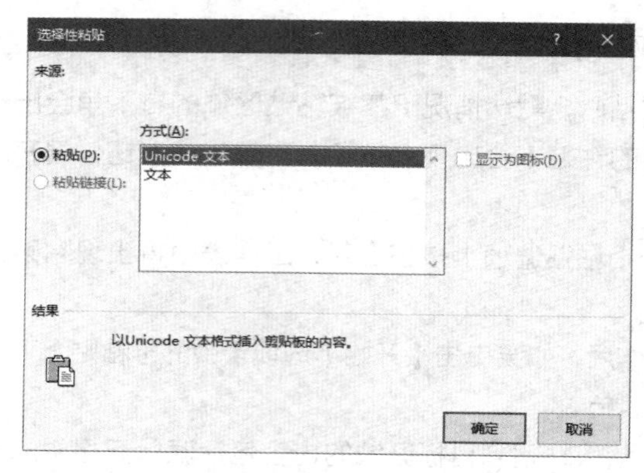

图 6-24 从其他程序复制数据到 Excel 时的【选择性粘贴】对话框

Ⅰ 粘贴选项

如图 6-23 所示的【选择性粘贴】对话框中各个粘贴选项的具体含义如表 6-12 所示。

表 6-12 【选择性粘贴】对话框中粘贴选项的含义

粘贴选项	含义
全部	粘贴源单元格和区域中的全部复制内容，包括数据（包括公式）、单元格中的所有格式（包括条件格式）、数据验证及单元格的批注。此选项即默认的常规粘贴方式
公式	粘贴所有数据（包括公式），不保留格式、批注等内容
数值	粘贴数值、文本及公式运算结果，不保留公式、格式、批注、数据验证等内容
格式	只粘贴所有格式（包括条件格式），而不在粘贴目标区域中粘贴任何数值、文本和公式，也不保留批注、数据验证等内容
批注	只粘贴批注，不保留其他任何数据内容和格式
验证	只粘贴数据验证的设置内容，不保留其他任何数据内容和格式
所有使用源主题的单元	粘贴所有内容，并且使用源区域的主题。一般在跨工作簿复制数据时，如果两个工作簿使用的主题不同，可以使用此项
边框除外	保留粘贴内容的所有数据（包括公式）、格式（包括条件格式）、数据验证及单元格的批注，但其中不包含单元格边框的格式设置
列宽	仅将粘贴目标单元格区域的列宽设置成与源单元格列宽相同，但不保留任何其他内容
公式和数字格式	粘贴时保留数据内容（包括公式）及原有的数字格式，而去除原来所包含的文本格式（如字体、边框、底色填充等格式设置）
值和数字格式	粘贴时保留数值、文本、公式运算结果及原有的数字格式，而去除原来所包含的文本格式（如字体、边框、底色填充等格式设置），也不保留公式本身
所有合并条件格式	合并源区域与目标区域中的所有条件格式

Ⅱ 运算功能

在图 6-23 所示的【选择性粘贴】对话框中，【运算】区域中还包含着其他一些粘贴功能选项。通过【加】【减】【乘】【除】四个选项按钮，可以在粘贴的同时完成一次数学运算。

例如，当用户复制 D2 的“10”，在 A2:B7 单元格区域中粘贴时，如果单击【选择性粘贴】对话框【运算】区域中的【乘】，则会将目标区域中的所有数值与“10”进行乘法运算，并将结果数值直接保存在目标区域中，如图 6-25 所示。

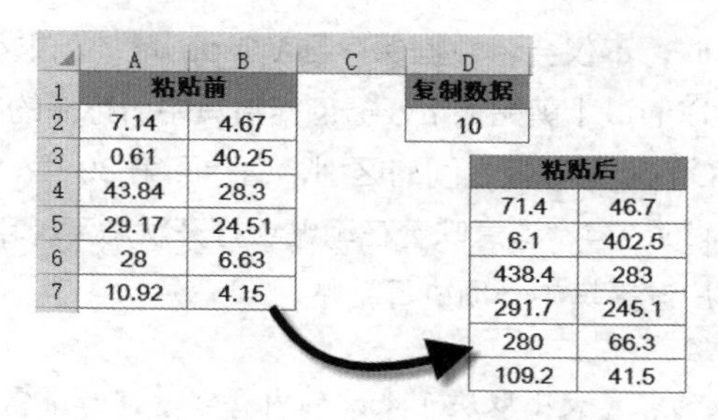

	A	B	C	D
1	粘贴前			复制数据
2	7.14	4.67		10
3	0.61	40.25		
4	43.84	28.3		
5	29.17	24.51		
6	28	6.63		
7	10.92	4.15		

粘贴后	
71.4	46.7
6.1	402.5
438.4	283
291.7	245.1
280	66.3
109.2	41.5

图 6-25　粘贴中的“运算”

如果复制的不是单个单元格数据，而是一个与粘贴目标区域形状相同的数据源区域，则在运用运算方式粘贴时，目标区域中的每一个单元格数据都会与相应位置的源单元格数据分别进行数学运算。

➲ III　跳过空单元

【选择性粘贴】对话框中的【跳过空单元】选项，可以防止用户使用包含空单元格的源数据区域粘贴覆盖目标区域中的单元格内容。例如，用户选定并复制的当前区域第一行为空行，使用此粘贴选项，则当粘贴到目标区域时，会自动跳过第一行，不会覆盖目标区域第一行中的数据。

➲ IV　转置

粘贴时使用【选择性粘贴】对话框中的“转置”功能，可以将源数据区域的行列相对位置互换后粘贴到目标区域，类似于二维坐标系统中 *X* 坐标与 *Y* 坐标的互换转置。

如图 6-26 所示，数据源区域为 6 行 3 列的单元格区域，在进行行列转置粘贴后，目标区域转变为 3 行 6 列的单元格区域，其对应数据的单元格位置也发生了变化。

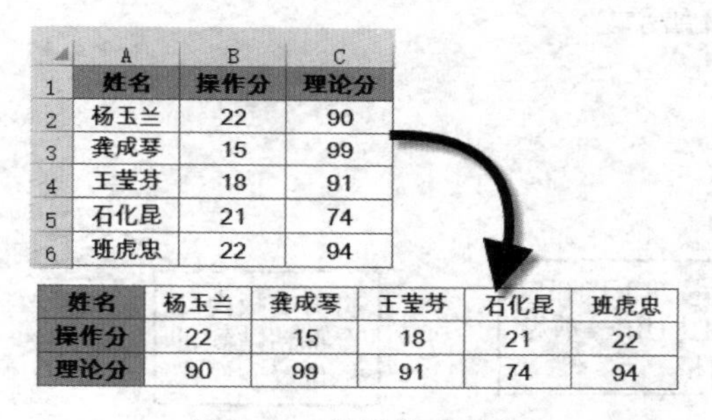

	A	B	C
1	姓名	操作分	理论分
2	杨玉兰	22	90
3	龚成琴	15	99
4	王莹芬	18	91
5	石化昆	21	74
6	班虎忠	22	94

姓名	杨玉兰	龚成琴	王莹芬	石化昆	班虎忠
操作分	22	15	18	21	22
理论分	90	99	91	74	94

图 6-26　转置粘贴示意

注意

不可以使用转置方式将数据粘贴到源数据区域或与源数据区域有任何重叠的区域。

➲ V　粘贴链接

此选项在目标区域生成含引用的公式，链接指向源单元格区域，保留原有的数字格式，去除其他格式。

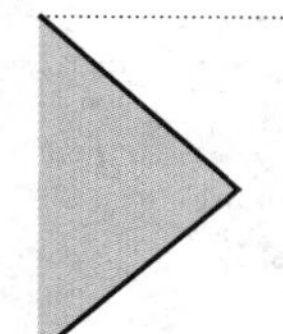

选择性粘贴是 Excel 中威力强大的功能之一，能实现多种神奇的数据处理效果，扫描右侧二维码，可以阅读关于选择性粘贴的更多应用技巧。

6.4.5　使用 Office 剪贴板进行粘贴

本节前文所述的“剪贴板”，事实上指的是 Windows 剪贴板，它为所有 Windows 程序的复制、剪切和粘贴操作提供支持。而在 Excel 及其他 Office 应用程序中，拥有一套属于自己专用的“Office 剪贴板”。

用户在 Excel 中执行复制操作时，不仅会将数据保存到 Windows 的剪贴板中，同时也会将数据内容保存到 Office 剪贴板上，并且可以通过【剪贴板】任务窗格将其中所存储的内容显现出来。

有关 Windows 剪贴板与 Office 剪贴板之间的区别，请参阅第 39 章。

Office 剪贴板可以保存 24 项内容，这意味着在剪贴板打开状态下，用户最近 24 次复制的内容都会保存于剪贴板上，并且允许用户选择其中一项执行粘贴。

> **注意**
> Office剪贴板的容量大小取决于系统的内存容量，如果需要复制的目标内容大于剪贴板的容量，将无法把其复制到Office剪贴板中。此外，如果目标内容的类型不被支持，也将无法复制到剪贴板中。

单击【开始】选项卡中的【剪贴板】命令组的【对话框启动器】按钮，可以在 Excel 窗口中显示【Office 剪贴板】窗格，图 6-27 显示了打开后的【Office 剪贴板】窗格，选中窗格列表中的任何一项内容并单击，可将其粘贴到工作表中。

使用 Office 剪贴板进行粘贴的操作方法如下。

步骤① 在【开始】选项卡下单击【剪贴板】命令组右下角的【对话框启动器】按钮。

步骤② 在工作表中选定需要复制的单元格或数据区域，进行复制或剪切的操作。用户可连续进行多次不同的复制操作。

步骤③ 选定需要粘贴的目标单元格或区域，在【Office 剪贴板】窗格中单击需要粘贴的内容，即可将对象内容粘贴到目标区域中。也可单击内容显示右侧的下拉箭头，在下拉菜单中选择【粘贴】命令，效果相同，如图 6-28 所示。

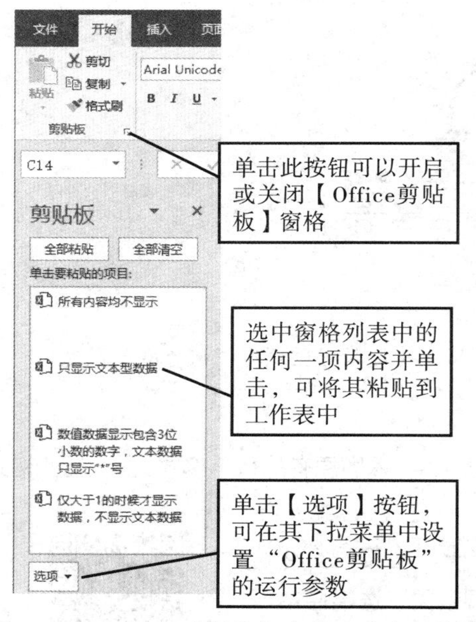

图 6-27 【Office 剪贴板】窗格及其选项菜单

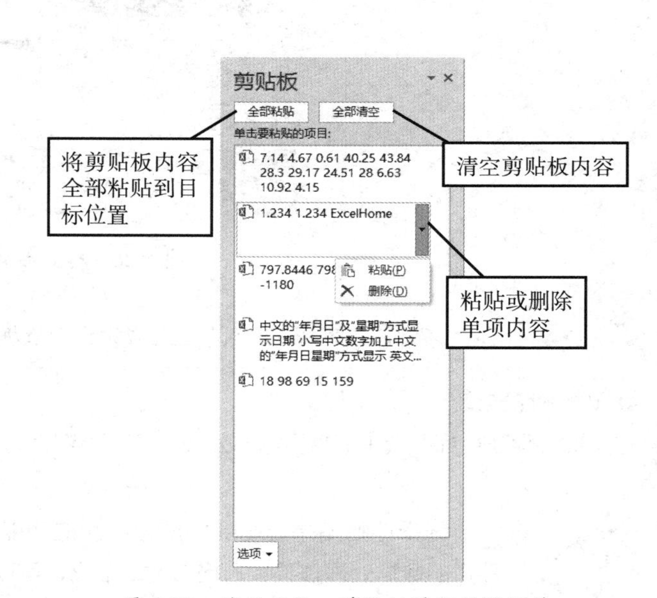

图 6-28 使用 Office 剪贴板进行粘贴操作

如果复制的内容只有数据，可以在【Office 剪贴板】窗格中单击【全部粘贴】按钮，将剪贴板中的所有内容一起粘贴到当前选定位置。

使用 Office 剪贴板粘贴的数据内容不保留原有单元格中的批注、数据验证、条件格式及公式内容，而只保留原有的数值、文本及数字格式。此外，使用这种粘贴操作之后，再使用“选择性粘贴”功能时，

不会出现如图 6-23 所示对话框的选项可供选择，而是显示如图 6-24 所示的【选择性粘贴】对话框。

如果用户需要清除 Office 剪贴板中的某项现有内容，可以单击该项内容右侧的下拉箭头，在下拉菜单中选择【删除】选项。如果单击【Office 剪贴板】窗格上方的【全部清空】按钮，将清除剪贴板中的所有内容。

Office 剪贴板不仅可以在 Excel 中使用，还可以在同属于 Office 组件的 Word、PowerPoint 等软件中使用，相关内容请参阅第 39 章。

6.4.6　通过拖放进行复制和移动

除了上述的复制和移动方法外，Excel 还支持以鼠标拖放的方式直接对单元格和区域进行复制或移动的操作。复制的操作方法如下。

步骤1 选中需要复制的目标单元格或区域。

步骤2 将鼠标指针移至区域边缘，当鼠标指针显示为黑色十字箭头时，按住鼠标左键。

步骤3 拖动鼠标，移至需要粘贴数据的目标位置后按住 <Ctrl> 键，此时鼠标指针显示为带加号“+”的指针样式，最后依次松开鼠标左键和 <Ctrl> 键，即可完成复制操作，如图 6-29 所示。

移动数据的操作与复制类似，只是在操作过程中不需要按 <Ctrl> 键。

在使用拖放方法进行移动数据操作时，如果目标区域已经存在数据，则在松开鼠标左键后会出现警告对话框提示用户，询问是否替换单元格内容，如图 6-30 所示。单击【确定】按钮将继续完成移动，单击【取消】按钮则取消移动操作。

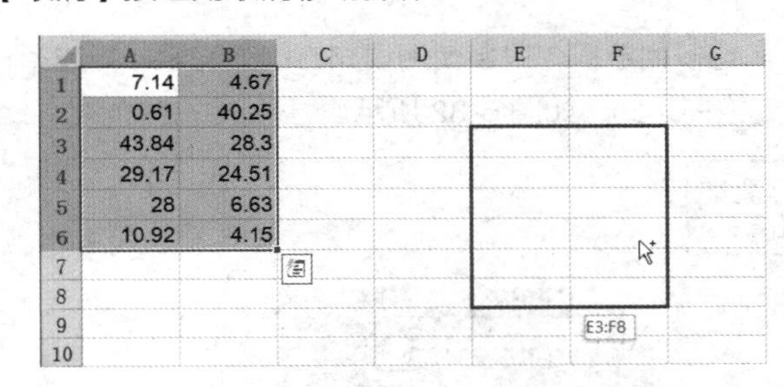

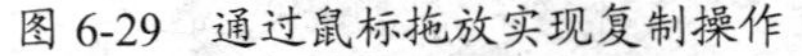
图 6-29　通过鼠标拖放实现复制操作

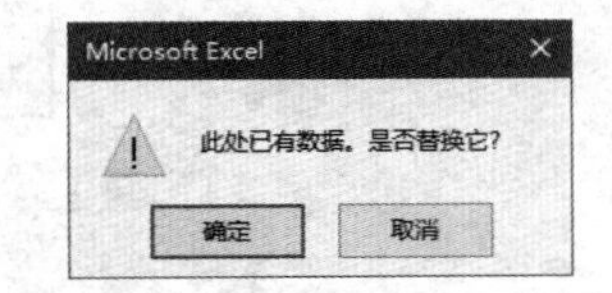

图 6-30　提示替换内容的警告对话框

使用鼠标拖放的操作所复制或移动的内容包括原有的所有数据（包括公式）、格式（包括条件格式）、数据验证及单元格批注。

> **注意**　鼠标拖放方式的复制和移动只适用于连续的单元格区域，对于非连续的区域，此方法不可用。另外，通过鼠标拖放进行复制、移动操作时并不会把复制内容添加到剪贴板中。

鼠标拖放进行复制和移动的方法同样适用于不同工作表或不同工作簿之间的操作。

要将数据复制到不同的工作表中，可在拖动鼠标过程中将鼠标指针移至目标工作表标签上方，然后按 <Alt> 键（按键的同时不要松开鼠标左键），即可切换到目标工作表中，此时再继续上面步骤 3 的复制操作，即可完成跨表粘贴。

要在不同的工作簿间使用鼠标拖放复制数据，可以先通过【视图】选项卡中的【窗口】命令组的相关命令同时显示多个工作簿窗口，然后就可以在不同的工作簿之间拖放数据进行复制。

在不同工作表及不同工作簿之间的数据移动操作方法与此类似。窗口的相关知识，请参阅第 3 章。

06章

6.4.7 使用填充将数据复制到相邻单元格

如果只需要将数据复制到相邻的单元格，除了上述方法外，也可以使用填充功能实现。

示例6-11 使用填充功能进行复制

如果要将 L2:M2 单元格区域的数据分别复制到 L2:M8 单元格区域，可按以下步骤操作。

步骤① 同时选中需要复制的单元格及目标单元格或区域。在本例中选中 L2:M18 区域。

步骤② 依次单击【开始】选项卡→【填充】→【向下】命令或按 <Ctrl+D> 组合键。

完成填充复制后显示效果如图 6-31 所示，两个单元格的数据分别复制到所在列的其他单元格区域中。

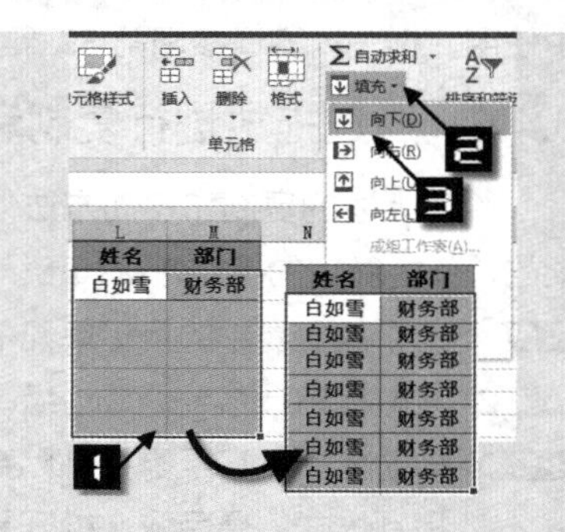

图 6-31　使用向下填充进行复制

除了【向下】填充外，在功能区中【填充】按钮的扩展菜单中还包括了【向右】【向上】和【向左】填充三个命令，可针对不同的复制需要分别选择。其中【向右】填充命令也可通过按 <Ctrl+R> 组合键来替代。

如果在填充前，用户选中的区域中包含了多行多列数据，只会使用填充方向上的第一行或第一列数据进行复制填充，即使第一行的单元格是空单元格亦如此，如图 6-32 所示。

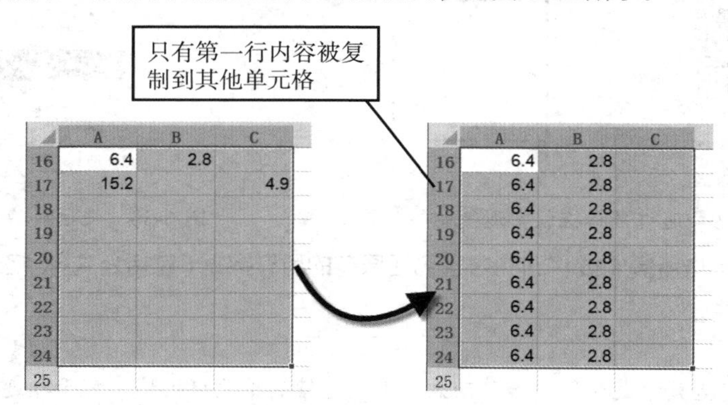

图 6-32　选中多行多列数据向下填充

使用填充功能复制数据会自动替换目标区域中的原有数据，所复制的内容包括原有的所有数据（包括公式）、格式（包括条件格式）和数据验证，但不包括单元格批注。

注意

填充操作只适用于连续的单元格和区域，对于非连续的区域，此方法不可用。

除了在同一个工作表的相邻单元格中进行复制外，使用填充功能还能对数据跨工作表复制内容。操作方法如下。

步骤① 同时选中当前工作表和复制的目标工作表，形成“工作组”。

步骤② 在当前工作表中选中需要复制的单元格或区域。

步骤③ 依次单击【开始】选项卡→【填充】按钮→【成组工作表】选项，显示【填充成组工作表】对话

框，如图 6-33 所示。在对话框中选择填充方式后，单击【确定】按钮即可完成跨表的填充操作。

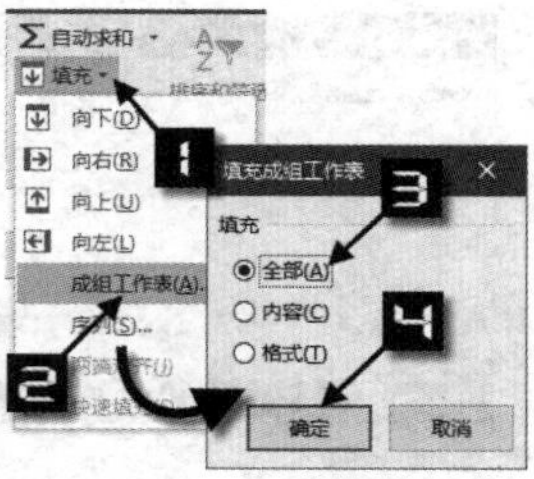

填充完成后，所复制的数据会出现在目标工作表中的相同单元格或区域位置中。

【填充成组工作表】对话框中的各选项含义如下。

❖ 全部：复制对象单元格所包含的所有数据（包括公式）、格式（包括条件格式）和数据验证，不保留单元格批注。

图 6-33　填充“成组工作表”

❖ 内容：只保留复制对象单元格的所有数据（包括公式），不保留其他格式。

❖ 格式：只保留复制对象单元格的所有格式（包括条件格式），不保留其他内容。

除了以上使用菜单命令的填充方式外，用户还可以通过拖动填充柄进行自动填充来实现数据在相邻单元格的复制。关于自动填充的使用方法，请参阅第5章。

6.5　查找和替换

在数据整理过程中，查找与替换是一项常用的功能之一，例如，在员工信息表中查找所有“李”姓员工并进行标记，或是在销售明细表中将某个品类批量更名。这样的任务需要用户根据某些内容特征查找到对应的数据，再进行相应处理，在数据量较大或数据较分散的情况下，通过目测搜索显然费时费力，而通过 Excel 所提供的查找和替换功能则可以快速完成。

6.5.1　常规查找和替换

在使用“查找”或“替换”功能之前，必须先确定查找的目标范围。如果要在某一个区域中进行查找，需要先选取该区域。如果要在整个工作表或工作簿的范围内进行查找，则只需单击工作表中的任意一个单元格。

在 Excel 中，“查找”与“替换”功能位于同一个对话框的不同选项卡。

依次单击【开始】选项卡→【查找和选择】按钮→【查找】选项，或者按 <Ctrl+F> 组合键，可以打开【查找和替换】对话框并定位到【查找】选项卡。

依次单击【开始】选项卡→【查找和选择】按钮→【替换】选项，或者按 <Ctrl+H> 组合键，可以打开【查找和替换】对话框并定位到【替换】选项卡，如图 6-34 所示。

使用以上任何一种方法打开【查找和替换】对话框后，用户也可以在【查找】选项卡和【替换】选项卡中进行切换。

如果只需要进行简单的搜索，可以使用此对话框的任意一个选项卡。只要在【查找内容】编辑框中输入要查找的内容，然后单击【查找下一个】按钮，就可以定位到当前工作表中第一个包含查找内容的单元格。如果单击【查找全部】按钮，对话框将扩展显示出所有符合条件结果的列表，如图 6-35 所示。

此时单击其中一项即可定位到对应的单元格，按 <Ctrl+A> 组合键可以在工作表中选中列表中的所有单元格。

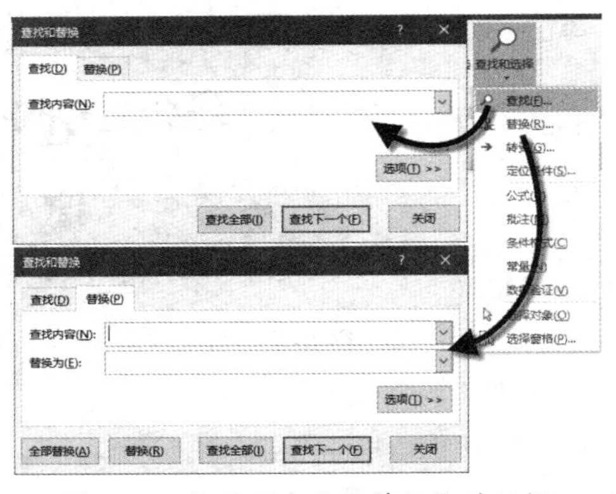

图 6-34 打开【查找和替换】对话框

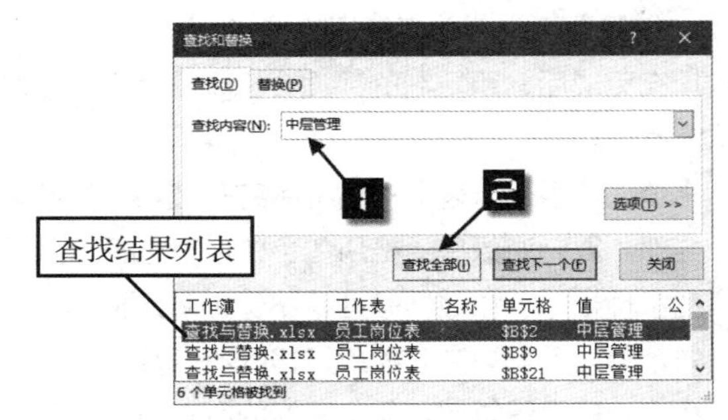

图 6-35 【查找全部】命令可以显示所有符合条件的单元格

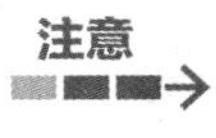

注意

如果查找结果列表中包含有多个工作表的匹配单元格，只能同时选中单个工作表中的匹配单元格，而无法一次性同时选中不同工作表中的单元格。

如果要进行批量替换操作，可以切换到【替换】选项卡，在【查找内容】编辑框中输入需要查找的对象，在【替换为】编辑框中输入所替换的内容，然后单击【全部替换】按钮，即可将目标区域中所有满足【查找内容】条件的数据全部替换为【替换为】中的内容。

如果希望对查找到的数据逐个判断是否进行替换，则可以先单击【查找下一个】按钮定位到第一个查找目标，然后依次对查找结果中的数据进行确认，需要替换时可单击【替换】按钮，不需要替换时可单击【查找下一个】按钮定位到下一个数据。

提示

对于设置了数字格式的数据，查找时以实际数值为准。

示例6-12 对指定内容进行批量替换操作

如果需要将工作表中的所有“中层管理”替换为“中层干部”，操作方法如下。

步骤① 单击工作表中的任意一个单元格，如 A2。按 <Ctrl+H> 组合键打开【查找和替换】对话框。

步骤② 在【查找内容】编辑框中输入“中层管理”，在【替换为】编辑框中输入“中层干部”，单击【全部替换】按钮，此时 Excel 会提示进行了 *N* 次替换，单击【确定】按钮即可，如图 6-36 所示。

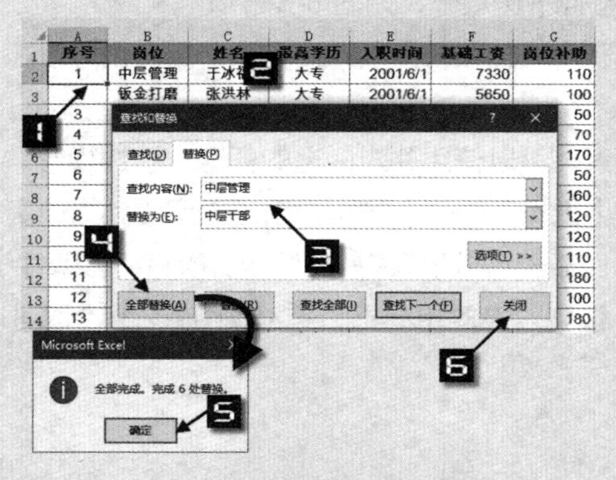

图 6-36 批量替换指定内容

提示

Excel允许在显示【查找和替换】对话框的同时，返回工作表进行其他操作。如果进行了错误的替换操作，可以关闭【查找和替换】对话框后按<Ctrl+Z>组合键来撤销操作。

6.5.2　更多查找选项

在【查找和替换】对话框中，单击【选项】按钮可以显示更多查找和替换选项，如图 6-37 所示。

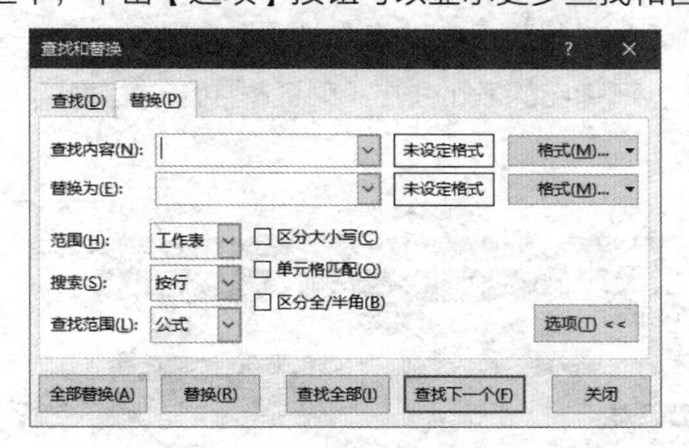

图 6-37　更多的查找和替换选项

【查找和替换】对话框中各选项的含义如表 6-13 所示。

表 6-13　查找和替换选项的含义

查找和替换选项	含义
范围	查找的目标范围是当前工作表还是整个工作簿
搜索	查找时的搜索顺序，有“按行”和“按列”两种选择。例如，当前查找区域中包含 A3 和 B2 单元格，如果选择“按行”方式，则 Excel 会先查找 B2 单元格，再查找 A3 单元格（行号小的优先）；如果选择“按列”方式则搜索顺序相反
查找范围	查找对象的类型。“公式”指查找所有单元格数据及公式中所包含的内容。“值”指的是仅查找单元格中的数值、文本及公式运算结果，而不包括公式中的内容。“批注”指的是仅在批注内容中进行查找。其中在“替换”模式下，只有“公式”一种方式有效
区分大小写	是否区分英文字母的大小写。如果选择区分，则查找“Excel”时就不会查找到内容为“excel”的单元格
单元格匹配	查找的目标单元格是否仅包含需要查找的内容。例如，选中【单元格匹配】的情况下，查找“excel”就不会在结果中出现包含“excelhome”的单元格
区分全 / 半角	是否区分全角和半角字符。如果选择区分，则查找“excel”就不会在结果中出现内容为“ｅｘｃｅｌ”的单元格

除了以上这些选项外，用户还可以设置查找对象的格式参数，以求在查找时只包含格式匹配的单元格。此外，在替换时也可设置替换对象的格式，使其在替换数据内容的同时更改单元格格式。

示例6-13　通过格式进行查找替换

如果要将工作表中黑底白字的“喷漆整形”批量修改为绿底黑字的“喷涂工序”，可按下列步骤操作。

步骤① 单击工作表中任意单元格，如 A2，然后按 <Ctrl+H> 组合键打开【查找和替换】对话框，单击

【选项】按钮显示更多选项。

步骤② 在【查找内容】编辑框输入“喷漆整形”，然后单击【格式】按钮右侧的下拉箭头，在下拉菜单中选择【从单元格选择格式】选项，当光标变成吸管样式后，单击 B8 单元格，即选择现有单元格中的格式。

步骤③ 在【替换为】编辑框输入“喷涂工序”，然后单击右侧的【格式】按钮，在弹出的【设置单元格格式】对话框中将其设置为绿底黑字格式，单击【确定】按钮。

步骤④ 单击【全部替换】按钮，在弹出的 Excel 提示对话框中单击【确定】按钮，即可完成替换操作，如图 6-38 所示。

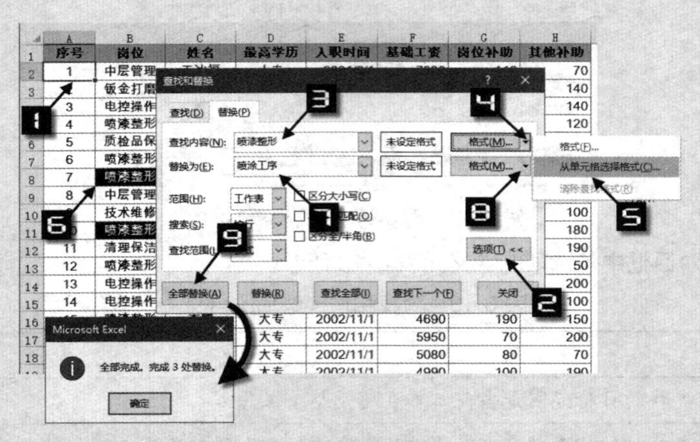

图 6-38　根据格式和内容进行替换

完成后的表格如图 6-39 所示。

	A	B	C	D	E
1	序号	岗位	姓名	最高学历	入职时间
2	1	中层管理	于冰福	大专	2001/6/1
3	2	钣金打磨	张洪林	大专	2001/6/1
4	3	电控操作	郭光坡	大专	2001/6/1
5	4	喷漆整形	李坤堂	大专	2001/6/1
6	5	质检品保	刘文恒	研究生	2001/6/1
7	6	喷漆整形	张红珍	本科	2001/6/1
8	7	喷涂工序	陈全风	大专	2001/6/1
9	8	中层管理	马万明	硕士	2002/11/1
10	9	技术维修	张成河	本科	2002/11/1
11	10	喷涂工序	张成功	大专	2002/11/1
12	11	清理保洁	王本岭	本科	2002/11/1

图 6-39　格式查找和替换后的结果显示

如果将【查找内容】编辑框或【替换为】编辑框留空，仅设置“查找内容”和“替换为”的格式，可以实现快速替换格式的效果。

6.5.3　包含通配符的运用

使用包含通配符的模糊查找方式，能完成更为复杂的查找要求。Excel 支持的通配符包括星号（*）和问号（?）两种，其中星号（*）可代替任意数目的字符，可以是单个字符或者多个字符，问号（?）可代替任意单个字符。

例如，要在表格中查找以“e”开头、“l”结尾的所有文本内容，可在【查找内容】编辑框内输入“e*l”，此时表格中包含了“excel”“electrical”“equal”“email”等单词的单元格都会被查找到。而如果用户仅是希望查找以“ex”开头、“l”结尾的五字母单词，则可以在【查找内容】编辑框内输入“ex??l”，以两个“?”代表两个任意字符的位置，此时的查找结果在以上四个单词中就只会包含“excel”。

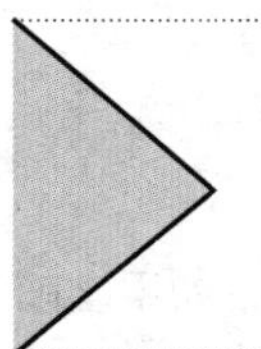

如果用户需要查找字符“*”或“?”本身而不是它所代表的通配符，则需要在字符前加上波浪线符号“~”（如“~*”）。如果需要查找字符“~”，则需要以两个连续的波浪线“~~”来表示。

学习更多查找和替换有关的内容，请扫描右侧二维码观看视频讲解。

6.6　单元格的隐藏和锁定

通过设置 Excel 单元格格式的“保护”属性，再配合“工作表保护”功能，可以将某些单元格或区域的数据隐藏起来，或者将部分单元格或整张工作表锁定，防止泄露机密或意外的编辑删除数据。

6.6.1　单元格和区域的隐藏

除了将数字格式设置为“;;;”（3 个半角的分号）来隐藏单元格中的显示内容，还可以将单元格的背景和字体颜色设置为相同颜色，以实现“浑然一体”的效果，从而起到隐藏单元格内容的作用。但当单元格被选中时，编辑栏中仍然会显示单元格的真实数据。要真正地隐藏单元格内容，可以在以上两种方法的基础上继续操作。

步骤① 选中需要隐藏内容的单元格或区域，按 <Ctrl+1> 组合键打开【设置单元格格式】对话框，在【数字】选项卡下单击左侧格式列表中的【自定义】选项，然后在右侧格式编辑框中输入 3 个半角分号“;;;”。

步骤② 切换到【保护】选项卡，选中【锁定】复选框和【隐藏】复选框，单击【确定】按钮，如图 6-40 所示。

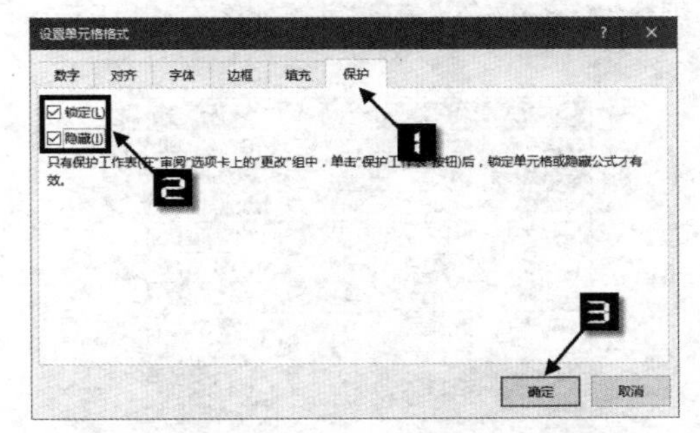

图 6-40　在单元格格式对话框中设置“隐藏”

步骤③ 单击【审阅】选项卡中的【保护工作表】按钮，在弹出的【保护工作表】对话框中单击【确定】

按钮即可完成单元格内容的隐藏，如图 6-41 所示。

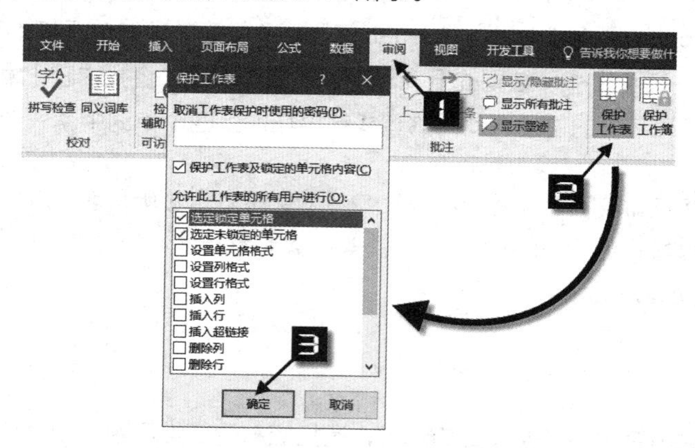

图 6-41 执行【保护工作表】命令

要取消单元格内容的隐藏状态，单击【审阅】选项卡中的【撤销保护工作表】按钮即可，如果之前曾经设定保护密码，此时需要提供正确的密码。

另外，也可以先将整行或整列的单元格进行“隐藏行”或“隐藏列”的操作，再执行“工作表保护”，以达到隐藏数据的目的。

6.6.2 单元格和区域的锁定

单元格是否允许被编辑，取决于单元格是否被设置为“锁定”状态，以及当前工作表是否执行了【工作表保护】命令。

当执行了【工作表保护】命令后，所有被设置为“锁定”状态的单元格，将不允许再被编辑，而未被设置“锁定”状态的单元格则仍然可以被编辑。

要将单元格设置为“锁定”状态，可以在图 6-40 所示的【设置单元格格式】对话框的【保护】选项卡中，选中【锁定】复选框。默认状态下，Excel 单元格都为“锁定”状态。

根据此原理，用户可以实现在工作表中仅针对一部分单元格区域进行锁定的效果。

示例6-14 禁止编辑表格中的关键部分

如果要将表格中的计算区域和表格框架设置为禁止编辑，其他部分设置为允许编辑，可以按以下步骤操作。

步骤① 连续两次按 <Ctrl+A> 组合键，全选整个工作表，如图 6-42 所示。

	A	B	C	D	E
1	产品	数量	单价	销售额	
2	白米	22692	2.99	67,849.08	
3	蕃茄酱	5612	9	50,508.00	
4	桂花糕	3050	61	186,050.00	
5	果仁巧克力	3660	70	256,200.00	
6	海苔酱	4026	16	64,416.00	
7	海鲜粉	2684	22	59,048.00	
8	红茶	12200	10	122,000.00	
9	胡椒粉	11102	30	333,060.00	
10	花生	10858	9	97,722.00	
11					

图 6-42 全选整个工作表

步骤② 按 <Ctrl+1> 组合键，在弹出的【设置单元格格式】对话框中，切换到【保护】选项卡，取消选中【隐藏】复选框和【锁定】复选框，单击【确定】按钮。

步骤③ 选中禁止编辑的单元格区域，本例中为 B2:C10。

步骤④ 按 <Ctrl+1> 组合键，在弹出的【设置单元格格式】对话框中，切换到【保护】选项卡，选中【隐藏】复选框和【锁定】复选框，单击【确定】按钮。

步骤⑤ 单击【审阅】选项卡中的【保护工作表】按钮，在弹出的【保护工作表】对话框中单击【确定】按钮即可。

至此，如果试图编辑 B2:C10 区域中的任何单元格，都会被拒绝，并且弹出提示框，如图 6-43 所示。而其他单元格仍然允许编辑。

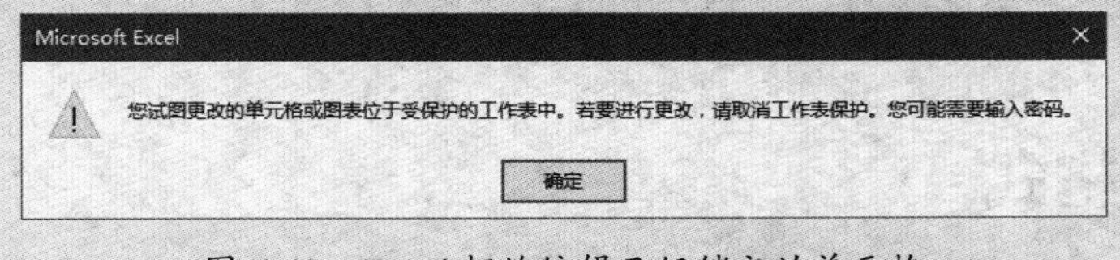

图 6-43 Excel 拒绝编辑已经锁定的单元格

有关“保护工作表”功能的更多介绍，请参阅第 38 章。

第 7 章　格式化工作表

在 Excel 工作表中输入的内容默认为常规格式，系统会根据单元格中的内容自动判断数据类型，并赋予相应的格式。通过对工作表布局和数据进行格式化处理，能够使表格外观更有个性，数据更易于阅读。

本章学习要点

（1）单元格格式设置和自动套用格式。
（2）创建和使用单元格样式。
（3）使用主题。
（4）设置工作表背景。

7.1　单元格格式

单元格格式主要包括数字格式、字体和字号、文字颜色、文字对齐方式、边框样式及单元格背景颜色等。

7.1.1　格式工具

用户可以通过“功能区命令组”“浮动工具栏”及【设置单元格格式】对话框等方式，对单元格格式进行设置和修改。

➲ Ⅰ　功能区命令组

Excel 2016 在【开始】选项卡内提供了字体、对齐方式、数字和样式等多个用于设置单元格格式的命令组，常用的设置单元格格式命令直接显示在功能区的命令组中，便于用户直接调用，如图 7-1 所示。

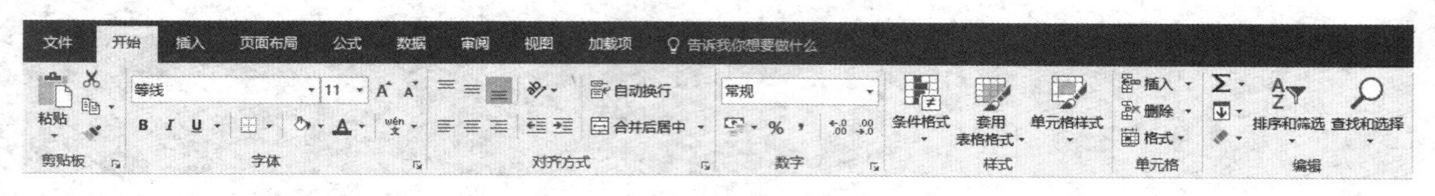

图 7-1　功能区中的格式命令组

在【字体】命令组中，主要包括字体、字号、加粗、倾斜、下画线、填充颜色、字体颜色等命令按钮。

在【对齐方式】命令组中，包括顶端对齐、垂直居中、底端对齐、左对齐、居中、右对齐及方向、调整缩进量、自动换行、合并后居中等命令按钮。

在【数字】命令组中，包括对数字进行格式化设置的各种命令。

在【样式】命令组中包括条件格式、套用表格格式、单元格样式等命令按钮。

➲ Ⅱ　浮动工具栏

在单元格上右击，弹出针对当前内容的快捷菜单和【浮动工具栏】。在【浮动工具栏】中包括了常用的单元格格式设置命令，如图 7-2 所示。

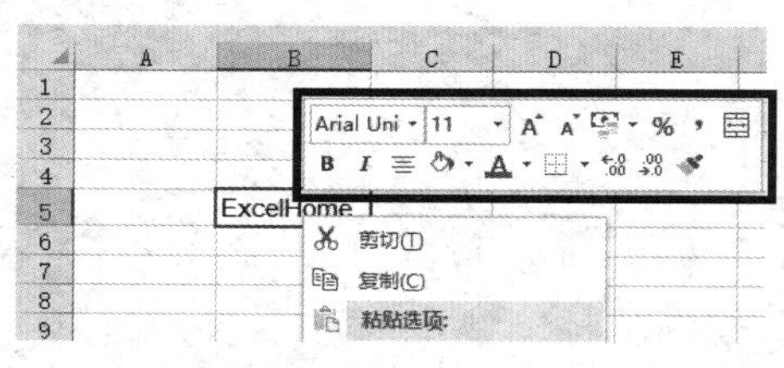

图 7-2　浮动工具栏

此外，在 Excel 默认设置下，选中单元格的数据部分后也可调出简要的【浮动工具栏】。

➲ III 【设置单元格格式】对话框

在【设置单元格格式】对话框中，用户能够对单元格格式进行更加细致的设置。打开【设置单元格格式】对话框有多种方法。

❖ 在【开始】选项卡中单击【字体】【对齐方式】和【数字】等命令组右下角的【对话框启动器】按钮，将打开【设置单元格格式】对话框，并自动切换到对应的选项卡下，如图 7-3 所示。

❖ 按 <Ctrl+1> 组合键。

❖ 右击，在弹出的快捷菜单中选择【设置单元格格式】命令，如图 7-4 所示。

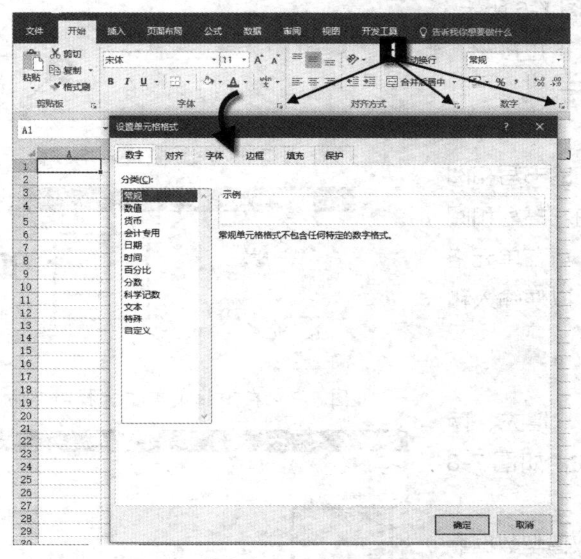

图 7-3 通过【对话框启动器】按钮打开【设置单元格格式】对话框

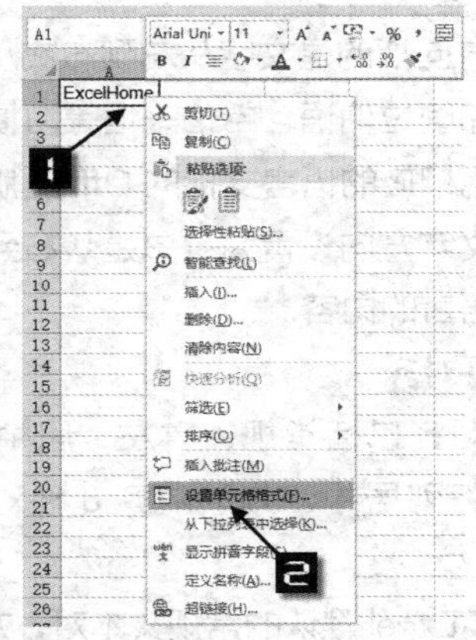

图 7-4 通过右键快捷菜单打开【设置单元格格式】对话框

❖ 单击【开始】选项卡下的【格式】下拉按钮，在下拉菜单中选择【设置单元格格式】命令，如图 7-5 所示。

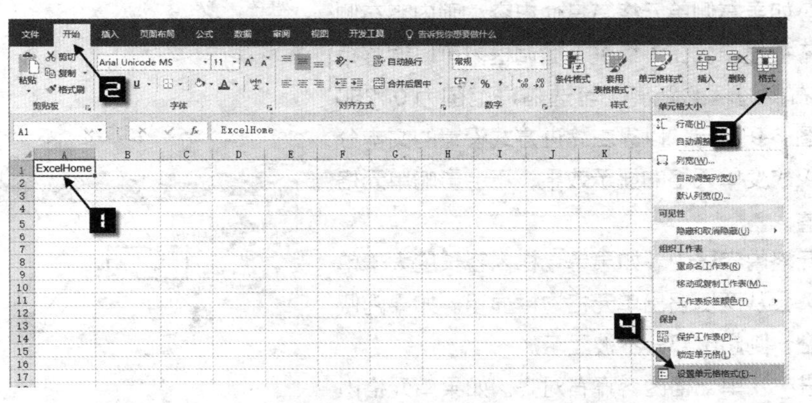

图 7-5 在功能区菜单中打开【设置单元格格式】对话框

7.1.2 对齐方式

在【设置单元格格式】对话框的【对齐】选项卡下，包含了文本对齐方式及文本方向、文字方向和文本控制等命令，各选项设置的具体含义如下。

➲ Ⅰ　对齐方向和文字方向

（1）倾斜角度。

在【对齐】选项卡右侧的【方向】设置区域，用户可以通过鼠标直接在半圆形表盘选择倾斜角度，或通过下方的微调框设置文本的倾斜角度，设置范围为 -90° 至 +90° 。

（2）竖排方向与垂直角度。

竖排方向是指将单元格内容由水平排列状态转为竖直排列状态，字符仍保持水平显示，设置方法如图 7-6 所示。

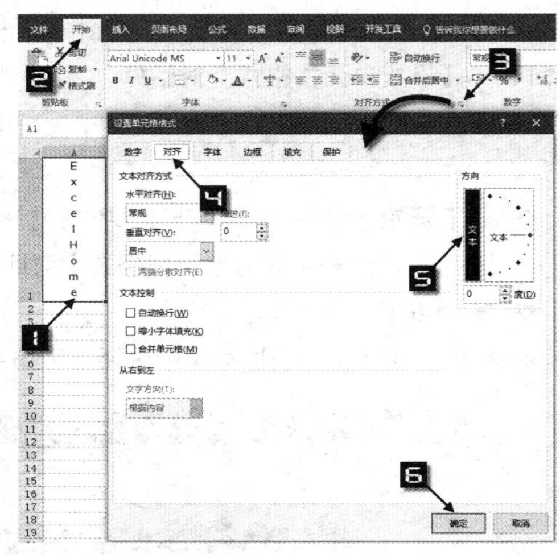

图 7-6　设置竖排文本方向

也可以单击【开始】选项卡下的【方向】下拉按钮，在下拉菜单中选择文字对齐方式，如图 7-7 所示。

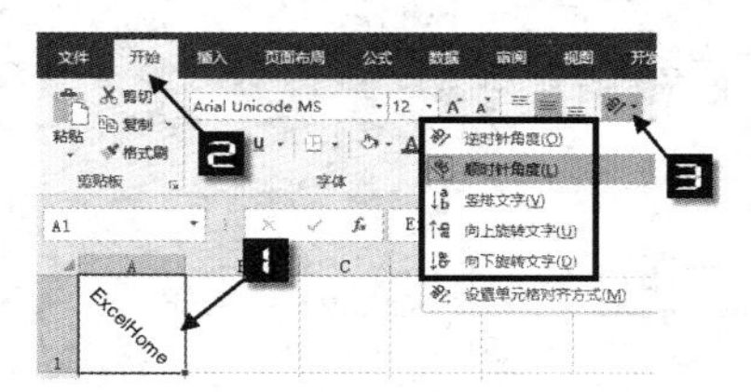

图 7-7　在下拉菜单中选择对齐方式

（3）文字方向。

文字方向指的是文字从左到右或从右到左的书写和阅读方向，如阿拉伯语、希伯来语等习惯从右向左书写和阅读。在使用相应的语言支持的 Office 版本后，可在单元格格式中将文字方向设置为“总是从右到左”，以便输入和阅读这些语言的内容。

➲ Ⅱ　水平对齐

水平对齐包括常规、靠左、居中、靠右、填充、两端对齐、跨列居中、分散对齐 8 种对齐方式，如图 7-8 所示。

图 7-8　水平对齐

❖ 常规：Excel 默认的常规文本对齐方式为数值型数据靠右对齐，文本型数据靠左对齐，逻辑值和错误值居中。

❖ 靠左（缩进）：单元格内容靠左对齐。如果单元格内容长度大于单元格列宽，则内容会从右侧超出单元格边框显示。如果右侧单元格有其他内容，则内容右侧超出部分不被显示。在【缩进】微调框内可以调整距离单元格右侧边框的距离，可选缩进范围为 0~250 字符。如图 7-9 所示，以靠左缩进方式设置的文本分级显示，仅改变单元格的显示效果，不会影响单元格内的实际值。

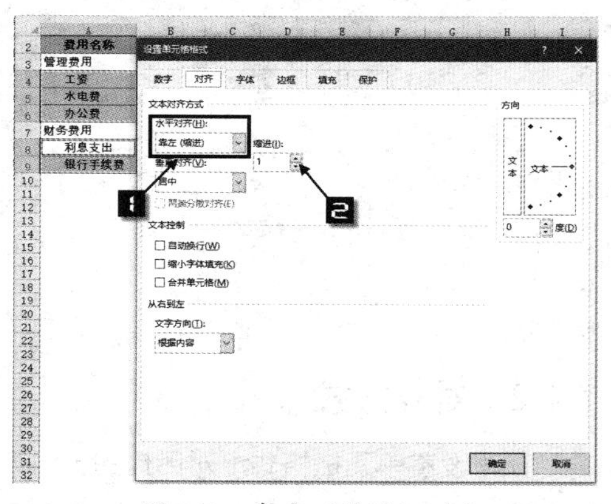

图 7-9　靠左（缩进）对齐

❖ 居中：单元格内容居中。如果单元格内容长度大于单元格列宽，会从两侧超出单元格边框显示。如果两侧单元格非空，则超出部分不被显示。

❖ 靠右（缩进）：单元格内容靠右对齐。如果单元格内容长度大于单元格列宽，并且左侧单元格没有输入内容，会从左侧超出单元格边框显示。可在【缩进】微调框内调整距离单元格左侧边框的距离，可选缩进范围为 0~250 字符。

❖ 填充：重复显示文本。直到单元格被填满或是右侧剩余的宽度不足以显示完整的文本为止，如图 7-10 所示。

❖ 两端对齐：使文本两端对齐。单行文本以类似“靠左”方式对齐，如果文本过长，超过列宽时，文本内容会自动换行显示，如图 7-11 所示。

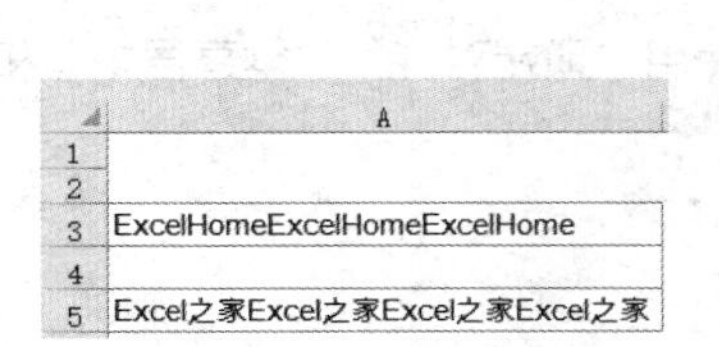

图 7-10　“填充”对齐

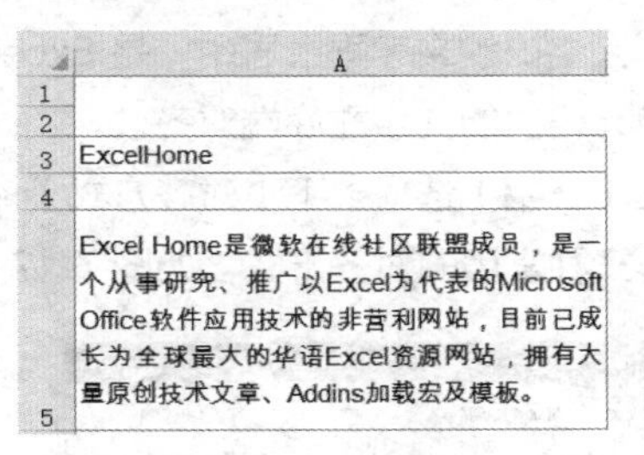

图 7-11　两端对齐

❖ 跨列居中：单元格内容在选定的同一行内连续多个单元格中居中显示。此对齐方式可以在不需要合并单元格的情况下，居中显示表格标题，如图 7-12 所示。

❖ 分散对齐：在单元格内平均分布中文字符，两端靠近单元格边框。对于连续的数字或字母符号等文本则不产生作用。可以在【缩进】微调框调整距离单元格两侧边框的距离，可选缩进范围为 0~250 个字符，应用此格式的单元格当文本内容过长时会自动换行显示。分散对齐设置的效果如图 7-13 所示。

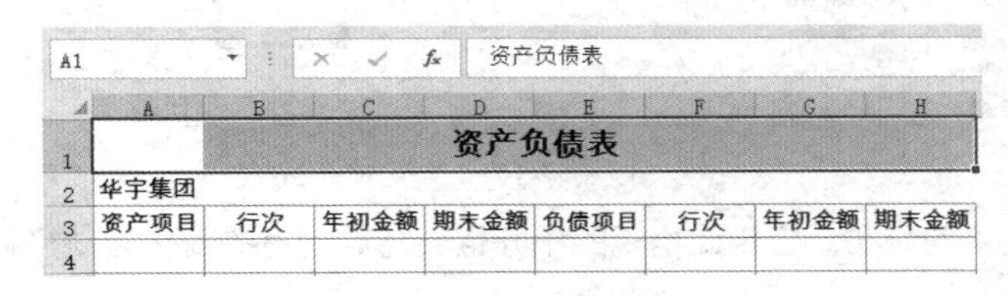

图 7-12　跨列居中

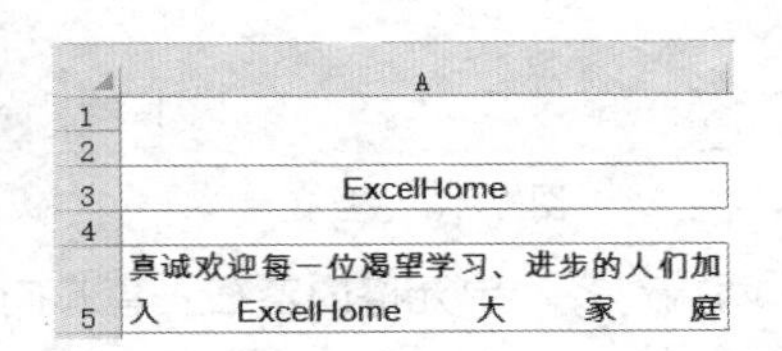

图 7-13　分散对齐

❖ 两端分散对齐：在单元格内平均分布中文字符，两端与单元格边框有一定距离。当文本水平对齐方式选择为“分散对齐”，并且选中【两端分散对齐】复选框时，即可实现水平方向的两端分散对齐，如图 7-14 所示。

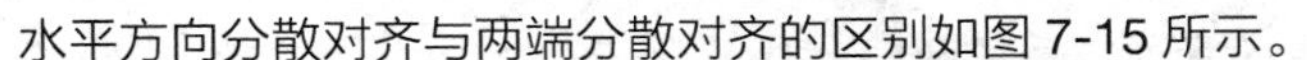
水平方向分散对齐与两端分散对齐的区别如图 7-15 所示。

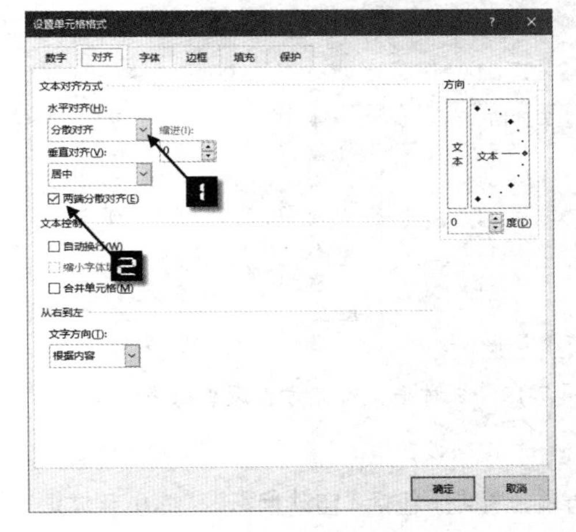

图 7-14　两端分散对齐

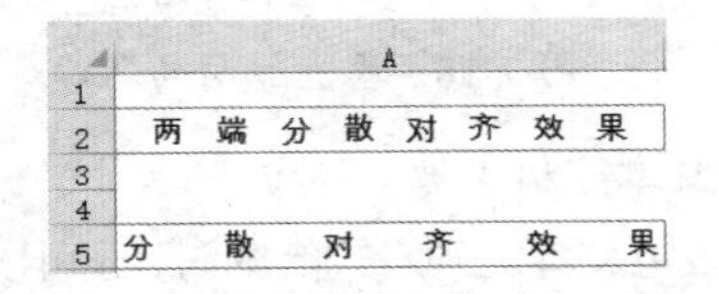

图 7-15　分散对齐与两端分散对齐的区别

➲ III　垂直对齐

垂直对齐方式包括“靠上”“居中”“靠下”“两端对齐”和“分散对齐”及“两端分散对齐”6 种，如图 7-16 所示。

❖ 靠上：单元格内的文字沿单元格顶端对齐。

❖ 居中：单元格内的文字垂直居中，是 Excel 默认的垂直方向对齐方式。

❖ 靠下：单元格内的文字靠底端对齐。

也可以在【开始】选项卡下【对齐方式】命令组中，使用“顶端对齐”“垂直居中”和“底端对齐”命令按钮设置三种常用的对齐方式，如图 7-17 所示。

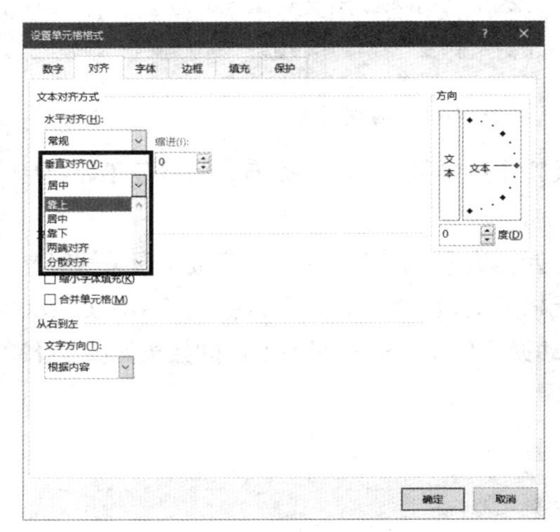

图 7-16　垂直对齐

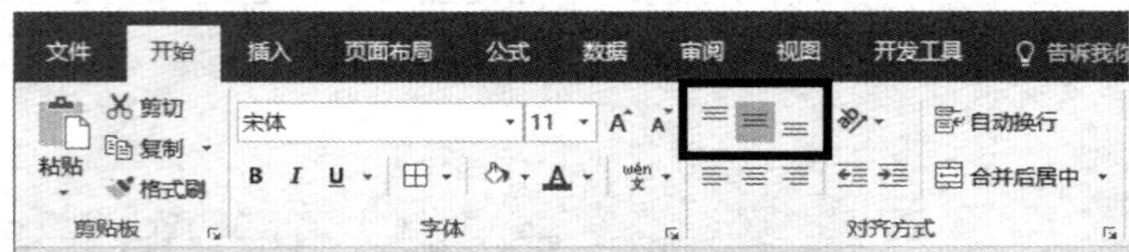

图 7-17　垂直对齐方式

❖ 两端对齐：单元格内容在垂直方向上平均分布。应用此格式的单元格会随着列宽的变化自动换行显示，如图 7-18 所示。

❖ 分散对齐：在文本方向为垂直角度（±90°）时，会在垂直方向上平均分布排满整个单元格高度，并且两端靠近单元格边框。设置此格式的单元格，当文本内容过长时会换行显示。

❖ 两端分散对齐：当文本方向为垂直角度（±90°）、垂直对齐方式为“分散对齐”时选中【两端分散对齐】复选框，文字会在垂直方向上排满整个单元格高度，且两端与单元格边框有一定距离。

以上三种垂直对齐方式的效果如图 7-19 所示。

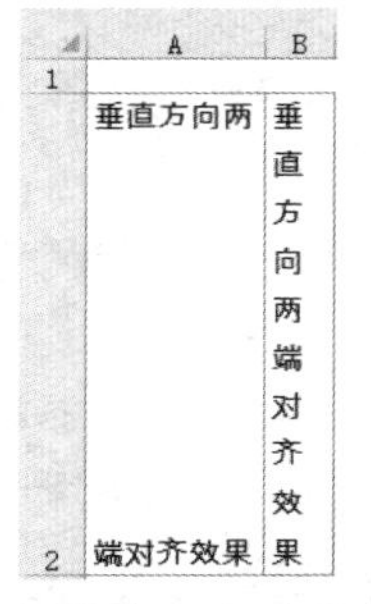

图 7-18　垂直方向的两端对齐

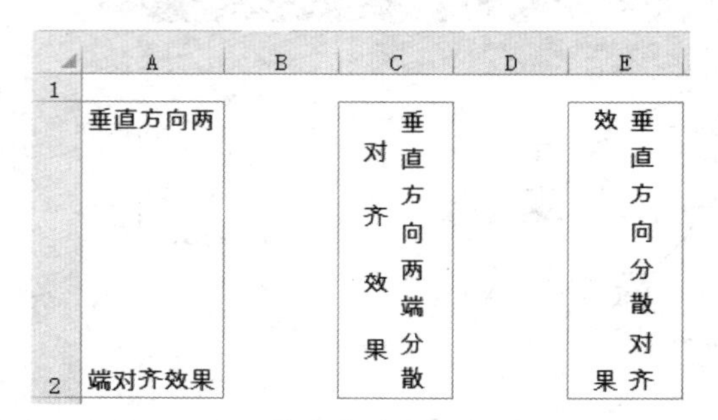

图 7-19　三种垂直对齐方式设置效果

➲ IV　文本控制

在设置文本对齐方式的同时，还可以对文本进行输出控制，包括“自动换行”“缩小字体填充”和“合并单元格”三种方式，如图 7-20 所示。

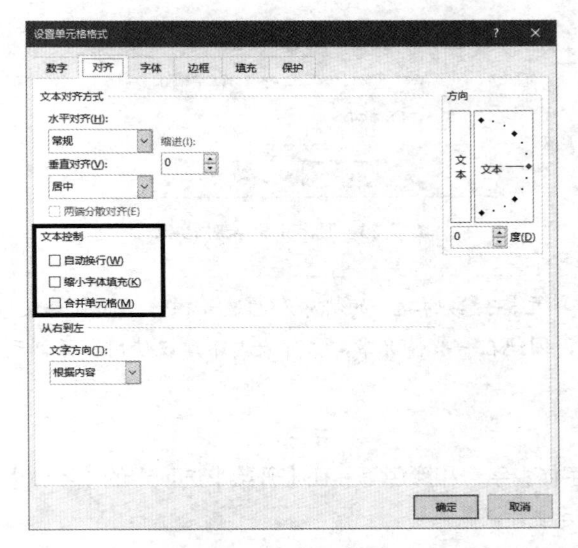

图 7-20 文本控制

- ❖ 自动换行：如果文本内容长度超出单元格宽度，可使文本内容分为多行显示。如果调整单元格宽度，文本内容的换行位置也随之调整。
- ❖ 缩小字体填充：如果文本内容长度超出单元格宽度，在不改变字号的前提下能够使文本内容自动缩小显示，以适应单元格的宽度大小。

提示 “自动换行”与“缩小字体填充”不能同时使用。

➲ V 合并单元格

合并单元格就是将多个单元格合并成占有多个单元格空间的更大的单元格。合并单元格的方式包括合并后居中、跨越合并和合并单元格三种。

选中需要合并的单元格区域，在【开始】选项卡中单击【合并后居中】下拉按钮，在下拉列表中可以选择不同的单元格合并方式，如图 7-21 所示。

- ❖ 合并后居中：将选取的多个单元格进行合并，并将单元格内容在水平和垂直两个方向居中显示。
- ❖ 跨越合并：在选取多行多列的单元格区域后，将所选区域的每行进行合并，形成单列多行的单元格区域。
- ❖ 合并单元格：将所选单元格区域进行合并，并沿用该区域活动单元格的格式。

不同合并单元格方式的效果如图 7-22 所示。

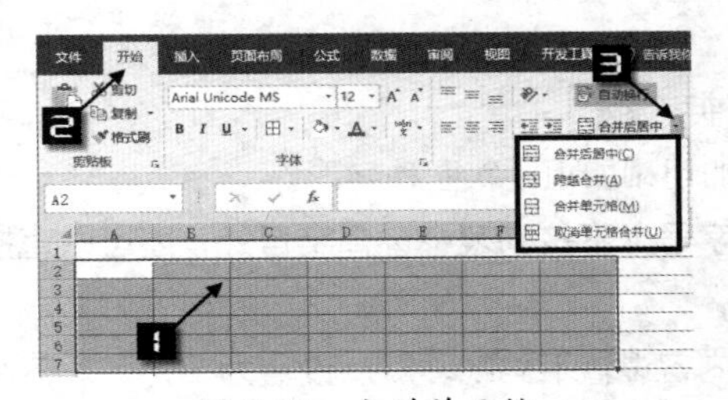

图 7-21 合并单元格

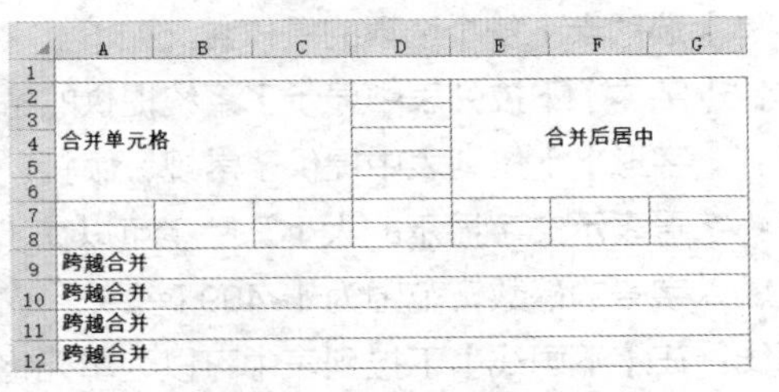

图 7-22 合并单元格的三种方式

单元格合并时，如果选定的单元格区域中包含多个非空单元格，Excel 会弹出警告对话框，提示用户仅保留左上角的值，而放弃其他值，如图 7-23 所示。

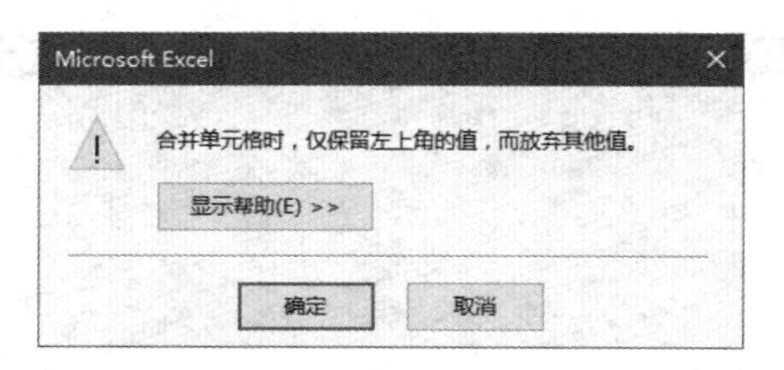

图 7-23　Excel 警告对话框

使用合并单元格会影响数据的排序和筛选等操作，而且会使后续的数据分析汇总过程变得更加复杂，因此在一般情况下，工作表内不建议使用合并单元格。

7.1.3　字体

单元格字体格式包括字体、字号和颜色等。在【开始】选项卡的【字体】命令组中提供了常用的字体格式命令，如图 7-24 所示。

Excel 2016 中文版的默认字体为“等线”、字号为 11 号。在公式输入时，如果使用默认字体，公式中的引号往往不便于区分是半角还是全角状态。用户可以依次单击【文件】→【选项】命令，打开【Excel 选项】对话框。在【常规】选项下修改默认字体、字号等，如图 7-25 所示。

按 <Ctrl+1> 组合键打开【设置单元格格式】对话框，在【字体】选项卡下有更多的字体设置选项，如图 7-26 所示。

图 7-24　【字体】命令组

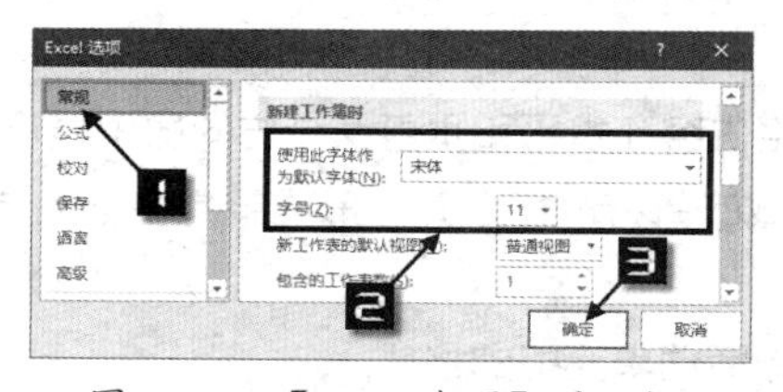

图 7-25　【Excel选项】对话框

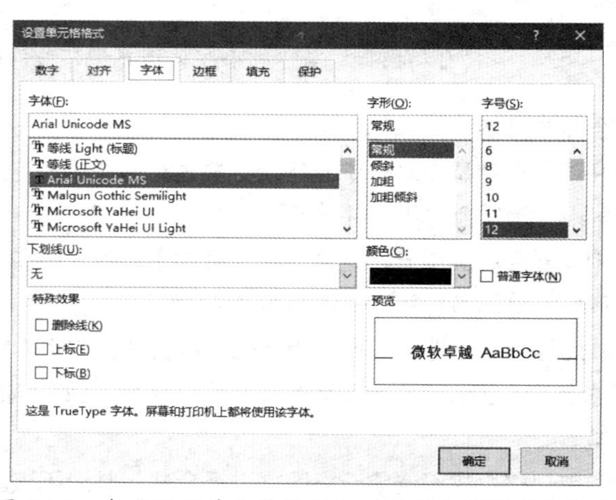

图 7-26　在【设置单元格格式】对话框中设置字体格式

【字体】选项卡下各个选项的具体含义如下。

- 字体：【字体】下拉列表中显示了系统提供的各种字体。
- 字形：【字形】下拉列表中提供了常规、倾斜、加粗和加粗倾斜四种字形。
- 字号：字号表示文字显示的大小，除了可以在【字号】下拉列表中选择字号外，还可以直接在文本框中输入字号的磅数，范围为 1~409 磅。
- 下画线：在【下画线】下拉列表中可以为单元格内容设置下画线，默认设置为“无”。下画线类型包括单下画线、双下画线、会计用单下画线和会计用双下画线四种。
- 颜色：单击【颜色】下拉按钮，在主题颜色面板中可以选择字体颜色。

除了以上设置内容外，用户还可以设置以下特殊效果。

❖ 删除线：在单元格内容上显示一条直线，表示内容被删除。

❖ 上标：将文本内容显示为上标形式，如“m^2”。

❖ 下标：将文本内容显示为下标形式，如“H_2O”。

除了可以对整个单元格的内容设置字体格式外，还可以根据需要对同一个单元格内的内容设置多种字体格式。用户只需选中单元格内容的某一部分，设置相应的字体格式即可，如图 7-27 所示。

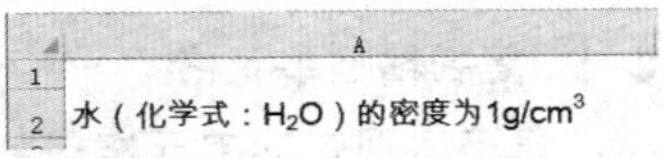

7.1.4 边框

边框常用于划分表格区域，增加单元格的视觉效果。

	A
1	
2	水（化学式：H_2O）的密度为 $1g/cm^3$

图 7-27 在同一单元格内设置多种字体格式

➲ Ⅰ 使用功能区设置边框

在【开始】选项卡的【字体】命令组中，单击【边框】下拉按钮，在下拉列表中可以选择边框设置方案及绘制边框时的线条颜色和线型等选项，如图 7-28 所示。

➲ Ⅱ 使用对话框设置边框

通过【设置单元格格式】对话框中的【边框】选项卡，能够对单元格边框进行更加细致的设置。如需将单元格边框设置为双横线的蓝色外边框，可以先选中需要设置边框的单元格区域，按 <Ctrl+1> 组合键，在弹出的【设置单元格格式】对话框中切换到【边框】选项卡下，按图 7-29 所示的步骤操作。

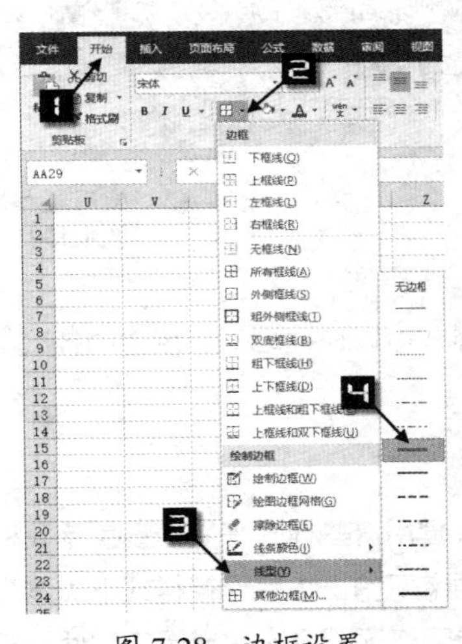

图 7-28 边框设置

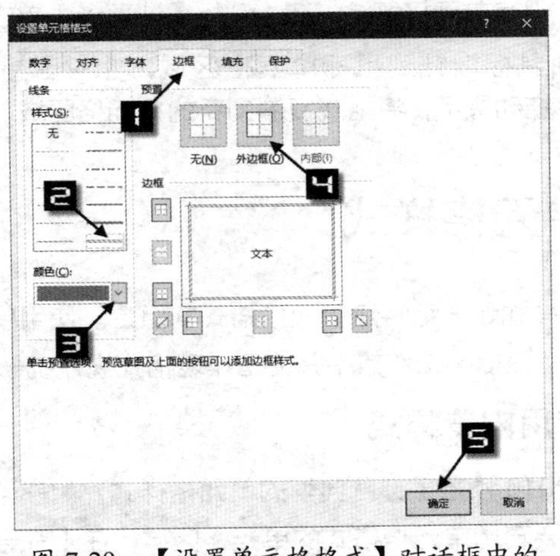

图 7-29 【设置单元格格式】对话框中的【边框】选项卡

7.1.5 填充

在【设置单元格格式】对话框的【填充】选项卡下，可以设置单元格的背景色、填充效果和图案效果。

在【背景色】区域中可以选择单元格的填充颜色。单击【填充效果】按钮，在弹出的【填充效果】对话框中还可以设置渐变色。在【图案样式】下拉列表中能够选择单元格填充图案，并可以单击【图案颜色】按钮进一步设置填充图案的颜色，如图 7-30 所示。

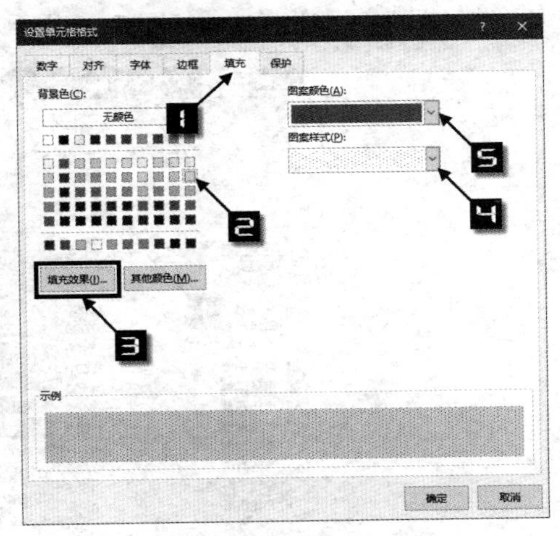

图 7-30 【填充】选项卡

提示

通常情况下，单元格的填充颜色不宜设置得过于鲜艳，填充效果也不要设置得过于复杂。

7.1.6 复制格式

如果需要将现有的单元格格式复制到其他单元格区域，常用的方法有以下几种。

➲ Ⅰ 复制粘贴单元格

直接将现有的单元格复制，然后粘贴到目标单元格，现有单元格内的数据和格式将被同时复制到目标单元格。

➲ Ⅱ 仅复制粘贴格式

复制现有的单元格，在【开始】选项卡下单击【粘贴】下拉按钮，在下拉列表中选择【格式】粘贴选项。如图 7-31 所示，可将 C1 单元格的格式复制到 E1 单元格内。

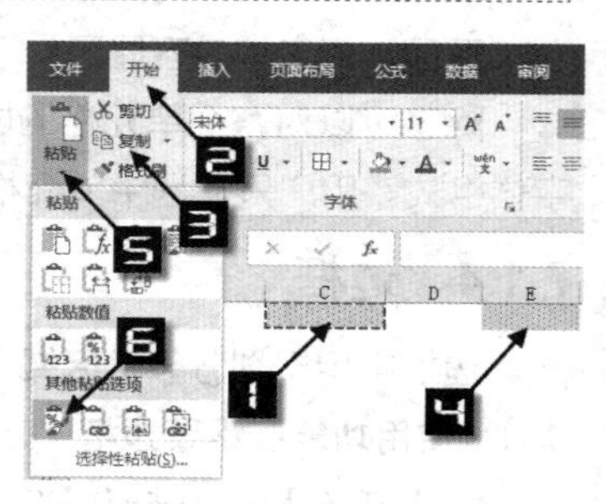

图 7-31 【格式】粘贴选项

➲ Ⅲ 使用格式刷命令

使用【格式刷】命令，能够更快捷地复制单元格格式，操作步骤如下。

步骤① 选中现有单元格区域，在【开始】选项卡中单击【格式刷】命令。

步骤② 移动鼠标指针到目标单元格区域，此时鼠标指针变为✜🖌形状，拖动鼠标，将格式复制到新的单元格区域，如图 7-32 所示。

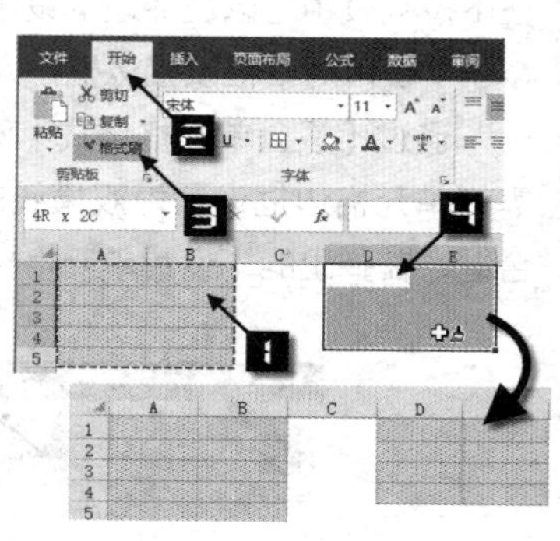

图 7-32 使用【格式刷】复制单元格格式

7.2 单元格样式

单元格样式是一组特定单元格格式的组合。使用单元格样式可以快速地对应用相同样式的单元格进行格式化，从而提高工作效率并使工作表格式规范统一。

7.2.1 应用内置样式

Excel 2016 预置了部分典型的单元格样式，用户可以直接套用这些样式来快速设置单元格格式。

选中需要套用单元格格式的单元格区域，在【开始】选项卡下单击【单元格样式】命令按钮。在弹出的下拉列表中，鼠标指针悬停到某个单元格样式时，所选单元格区域会实时显示应用此样式的预览效果，单击即可应用此样式，如图 7-33 所示。

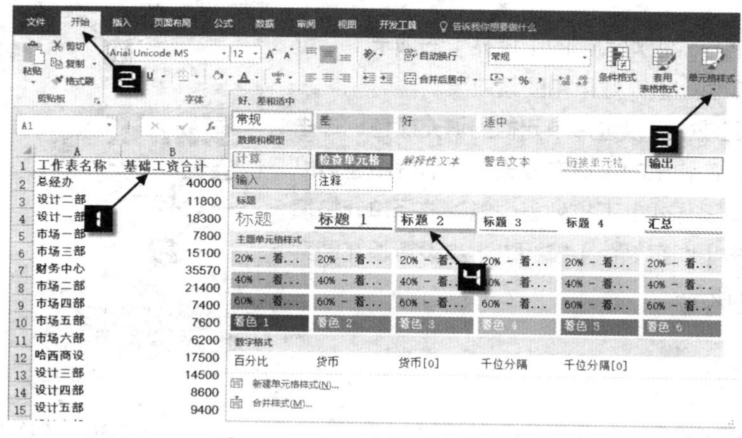

图 7-33 应用【单元格样式】

如果用户希望修改某个内置的样式，可以选定该项样式，右击，在弹出的快捷菜单中单击【修改】命令。在打开的【样式】对话框中，根据需要对相应样式的“数字”“对齐”“字体”“边框”“填充”和“保护”等单元格格式进行修改，如图 7-34 所示。

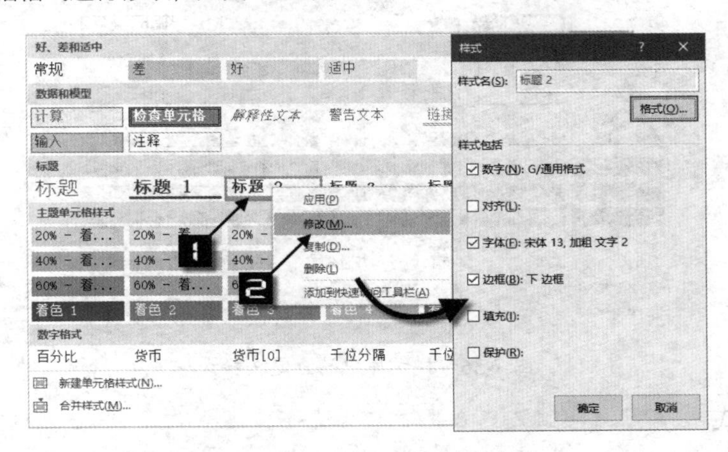

图 7-34　修改内置样式

7.2.2　创建自定义样式

除了使用 Excel 内置的单元格样式外，还可以通过新建单元格样式来创建自定义的单元格样式。操作步骤如下。

步骤① 在【开始】选项卡中单击【单元格样式】命令，打开样式下拉列表库。

步骤② 在样式下拉列表库中，单击【新建单元格样式】命令，打开【样式】对话框。

步骤③ 在【样式】对话框中的【样式名】编辑框中输入样式名称，如“公司专用表头样式”。然后单击【格式】按钮，在弹出的【设置单元格格式】对话框中根据需要对数字、对齐方式、字体、边框等项目进行设置，如图 7-35 所示。

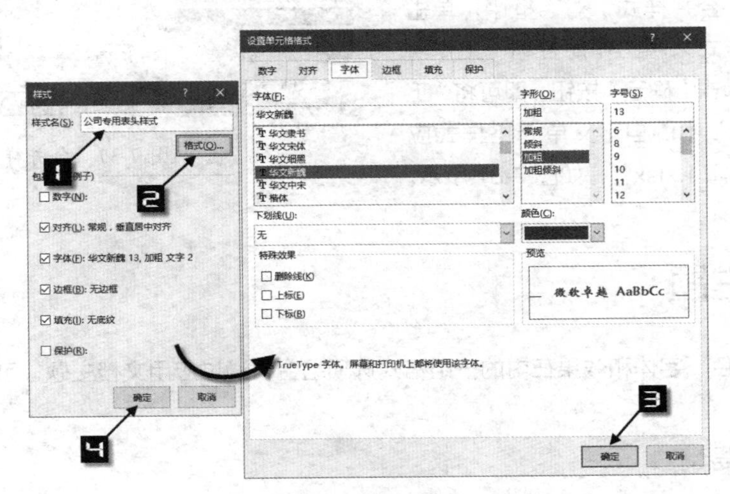

图 7-35　新建单元格样式

用户可以根据需要重复以上步骤，创建多组自定义的样式。新建自定义单元格样式后，在样式下拉列表库上方会出现【自定义】样式区，其中包括新建的自定义样式的名称，如图 7-36 所示。

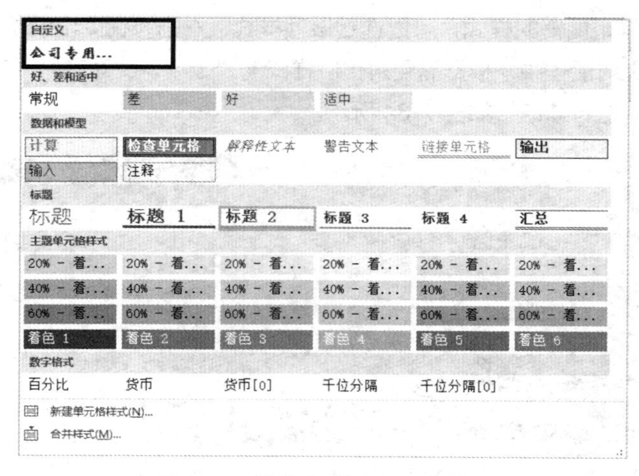

图 7-36　样式库中的自定义样式

7.2.3　合并样式

用户创建的自定义单元格样式只会保存在当前工作簿中，不会影响到其他工作簿。如需在其他工作簿中使用当前的自定义样式，可以使用合并样式来实现。操作步骤如下。

步骤① 打开需要应用自定义样式的工作簿，如“工作簿 1.xlsx”。再打开已设置了自定义单元格样式的工作簿，如“工作簿 2.xlsx”。

步骤② 在“工作簿 1.xlsx”的【开始】选项卡中，单击【单元格样式】命令。在打开的样式下拉列表库中，单击【合并样式】按钮。

步骤③ 在弹出的【合并样式】对话框中，单击选中合并样式来源工作簿名称“工作簿 2.xlsx”，单击【确定】按钮。即可将“工作簿 2.xlsx”中的自定义单元格样式应用到“工作簿 1.xlsx”，如图 7-37 所示。

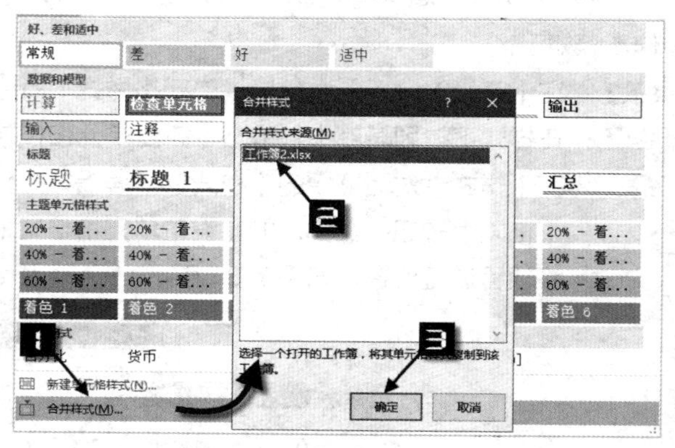

图 7-37　合并样式

7.3　使用主题

主题是包含颜色、字体和效果在内的一组格式选项组合，通过应用文档主题，可以使文档具有专业化的外观。

7.3.1　主题三要素

在【页面布局】选项卡下单击【主题】下拉按钮，在展开的主题样式列表中，包含多种不同效果的内置主题。

除了在主题样式列表中选择不同的主题外，还可以单击颜色、字体、效果下拉按钮，根据自己的喜好来选择不同的主题效果，如图 7-38 所示。

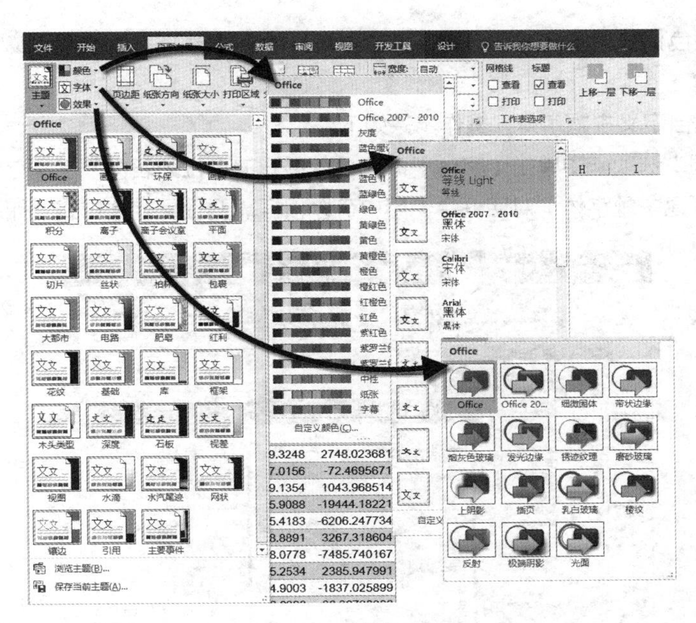

图 7-38 选择主题

选定某一主题后，有关颜色的设置如颜色面板、套用表格格式、单元格样式中的颜色，均使用了这一主题的颜色效果。通过对“主题”的设置，能够对整个数据表的颜色、字体等进行快速格式化。

7.3.2 自定义主题

用户能够创建自定义的颜色、字体和效果组合，也可以保存合并的结果作为新的主题，以便在其他的文档中使用。

➲ Ⅰ 新建主题颜色

用户可以根据需要创建自定义主题颜色，操作步骤如下。

步骤① 在【页面布局】选项卡中单击【颜色】命令，在展开的下拉列表库中单击【自定义颜色】命令。

步骤② 在打开的【新建主题颜色】对话框中，用户可以根据需要设置自己的主题颜色，如图 7-39 所示。

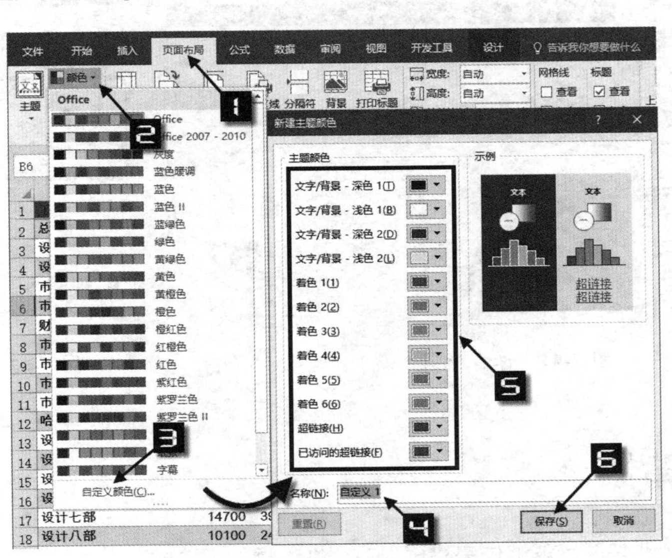

图 7-39 自定义主题颜色

更改后的主题颜色仅应用于当前工作簿，不会影响其他工作簿的主题颜色。

➲ II 新建主题字体

用户也可以创建自定义主题字体，操作步骤如下。

步骤① 在【页面布局】选项卡中单击【字体】命令，在展开的下拉列表中单击【自定义字体】命令。

步骤② 在打开的【新建主题字体】对话框中，用户可以根据需要设置字体样式，如图 7-40 所示。

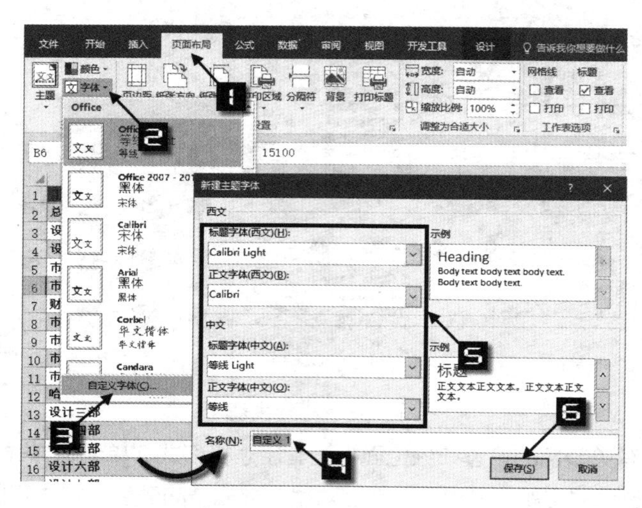

图 7-40 自定义主题字体

➲ III 保存当前主题

如果用户希望将自定义的主题用于更多的工作簿，则可以将当前的主题保存为主题文件，保存的主题文件格式扩展名为“.thmx”，操作步骤如图 7-41 所示。

自定义文档主题保存后，会自动添加到自定义主题列表中，如图 7-42 所示。

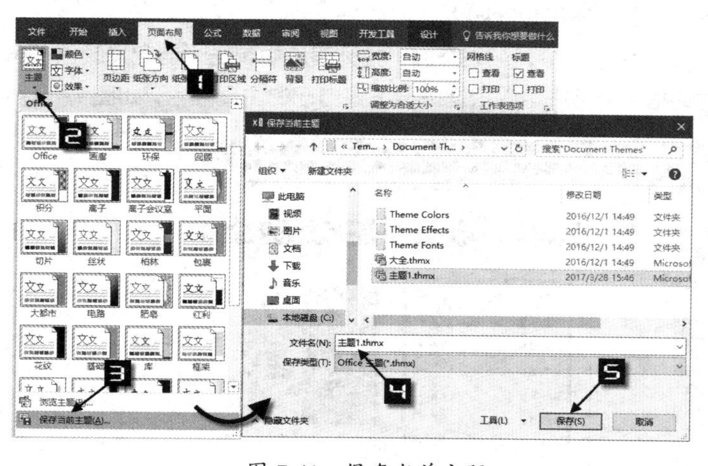

图 7-41 保存当前主题

图 7-42 自定义主题

7.4 工作表背景

在工作表中设置“背景”，能够使表格更具有个性，操作步骤如下。

步骤① 在【页面布局】选项卡中单击【背景】命令按钮，在弹出的【插入图片】窗格中单击【来自文件】选项，打开【工作表背景】对话框。

步骤② 在【工作表背景】对话框中，找到需要插入的背景图片，单击【插入】按钮，如图 7-43 所示。

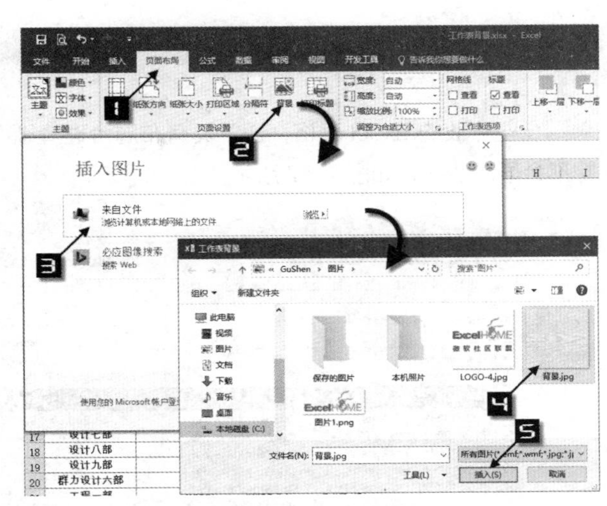

图 7-43 插入背景

为增强背景图片的显示效果，可以在【视图】选项卡中取消对【网格线】复选框的选中，使工作表中的网格线不再显示，如图 7-44 所示。

如果将表格中的部分填充颜色设置为白色，可以实现只在特定单元格区域中显示背景的效果，如图 7-45 所示。

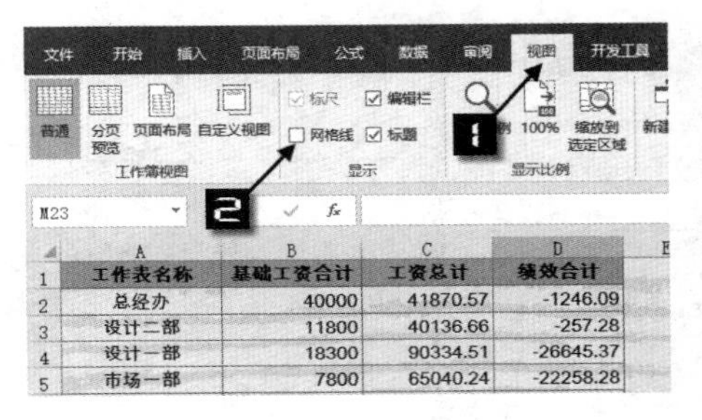

图 7-44 不显示网格线

图 7-45 显示特定单元格区域的背景

7.5 清除格式

如需清除已有的单元格格式，可以先选中数据区域，然后在【开始】选项卡下依次单击【清除】→【清除格式】命令，所选单元格区域将恢复到 Excel 默认格式效果，如图 7-46 所示。

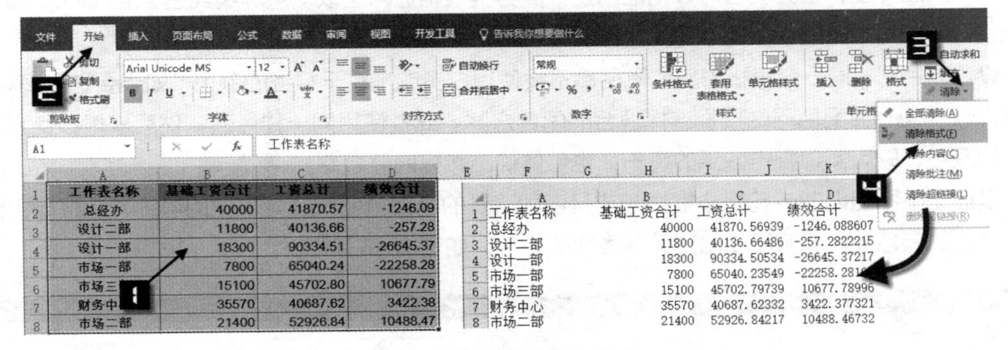

图 7-46 清除单元格格式

7.6 数据表格美化

一些专业的 Excel 表格，通常具有布局合理清晰、颜色和字体设置协调的特点，虽然数据很多，但并不会显得凌乱，如图 7-47 所示。

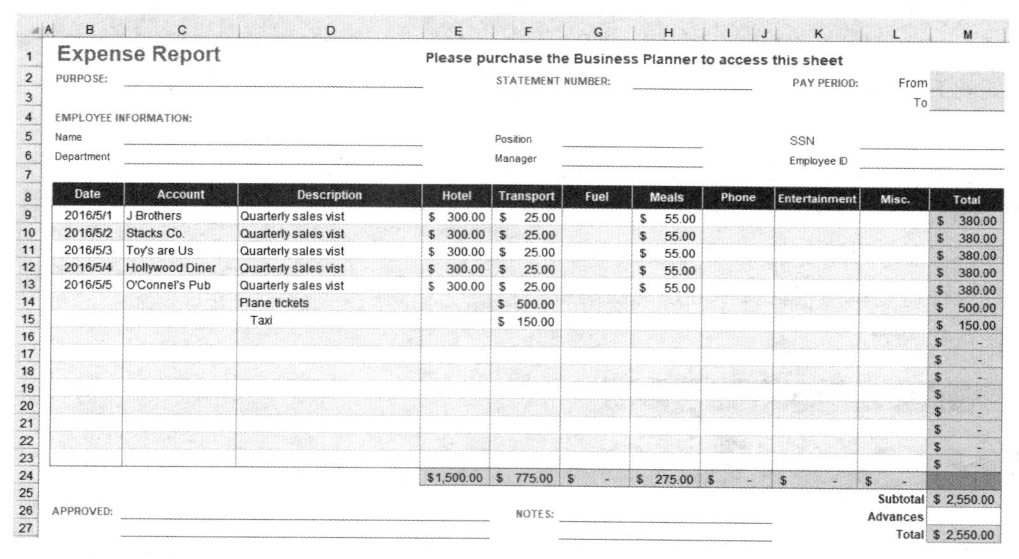

Expense Report

Please purchase the Business Planner to access this sheet

PURPOSE: STATEMENT NUMBER: PAY PERIOD: From To

EMPLOYEE INFORMATION:

Name Position SSN

Department Manager Employee ID

Date	Account	Description	Hotel	Transport	Fuel	Meals	Phone	Entertainment	Misc.	Total
2016/5/1	J Brothers	Quarterly sales vist	$ 300.00	$ 25.00		$ 55.00				$ 380.00
2016/5/2	Stacks Co.	Quarterly sales vist	$ 300.00	$ 25.00		$ 55.00				$ 380.00
2016/5/3	Toy's are Us	Quarterly sales vist	$ 300.00	$ 25.00		$ 55.00				$ 380.00
2016/5/4	Hollywood Diner	Quarterly sales vist	$ 300.00	$ 25.00		$ 55.00				$ 380.00
2016/5/5	O'Connel's Pub	Quarterly sales vist	$ 300.00	$ 25.00		$ 55.00				$ 380.00
		Plane tickets		$ 500.00						$ 500.00
		Taxi		$ 150.00						$ 150.00
										$ -
										$ -
										$ -
										$ -
										$ -
										$ -
										$ -
										$ -
			$1,500.00	$ 775.00	$ -	$ 275.00	$ -	$ -	$ -	
									Subtotal	$ 2,550.00
									Advances	
									Total	$ 2,550.00

APPROVED: NOTES:

图 7-47　专业的 Excel 表格

7.6.1 表格美化要素

为了让表格更加美观大方，在报表制作完成后，可以按以下几点要素进行美化设置。

- 清除主要数据区域之外的填充颜色、边框等单元格格式，然后在【视图】选项卡下，取消【网格线】复选框的选中。
- 如果表格中有公式产生的错误值，可以使用 IFERROR 函数等进行屏蔽，或是将错误值手工删除。
- 对于数值记录，如果不希望显示零值，只需将数字格式设置为无货币符号的“会计专用”格式，即可将单元格中的零值显示成短横线。
- 在字体的选择上，首先要考虑表格的用途，商务类表格通常可以使用等线或是 Arial Unicode MS 字体，同时应考虑不同字段的字号大小是否协调。
- 在设置颜色时，同一个表格内应注意尽量不要使用过多或是过于鲜艳的颜色。如果要选用多种颜色，可以在一些专业配色网站搜索选择适合的配色方案。或者使用同一种色系，然后搭配该色系不同深浅的颜色，既可实现视觉效果的统一，也可体现出数据的层次感。
- 可以借助不同粗细的单元格边框线条或是不同深浅的填充颜色来区分数据的层级，边框颜色除了使用默认的黑色外，还可以使用浅蓝、浅绿等颜色，如图 7-48 所示。

作者	编写内容	编写页数	工作量	作者互校内容	互校页数	工作量	视频时长	工作量	统稿	工作量	工作总量
周庆麟	见表三	22	3.09%	见表三	-				17.50%	17.50%	5.00%
祝洪忠	见表三	308	43.14%	见表三	-		0:28:36	23.46%	56.58%	56.58%	42.64%
余银	见表三	105	14.75%	见表三	-						11.36%
翟振福	见表三	134	18.79%	见表三	279	40.61%	0:57:07	46.86%	25.92%	25.92%	21.86%
李锐	见表三	144	20.22%	见表三	408	59.39%	0:36:11	29.68%			19.14%
合计		713	100%		687	100%	2:01:54	100%	100%	100%	100.00%
系数			77%			4%		4%		15%	100%

图 7-48　美化后的 Excel 表格

7.6.2 套用表格格式快速格式化数据表

采用【套用表格格式】的方法，使数据表应用内置的样式，能够快速格式化数据表，更便于阅读查看。

示例7-1 套用表格格式快速格式化数据表

操作步骤如下。

步骤① 选中数据表中任意单元格（如 A2），在【开始】选项卡下单击【套用表格格式】下拉按钮。

步骤② 在展开的下拉列表中，Excel 2016 提供了 60 种表格格式。单击需要的表格格式，弹出【套用表格式】对话框，保留默认的选项，单击【确定】按钮，数据表即可被创建为“表格”并应用对应的样式效果，如图 7-49 所示。

步骤③ 在表格工具【设计】选项卡中单击【转换为区域】命令，在弹出的提示对话框中单击【是】按钮，即可将“表格”转换为普通数据表，如图 7-50 所示。

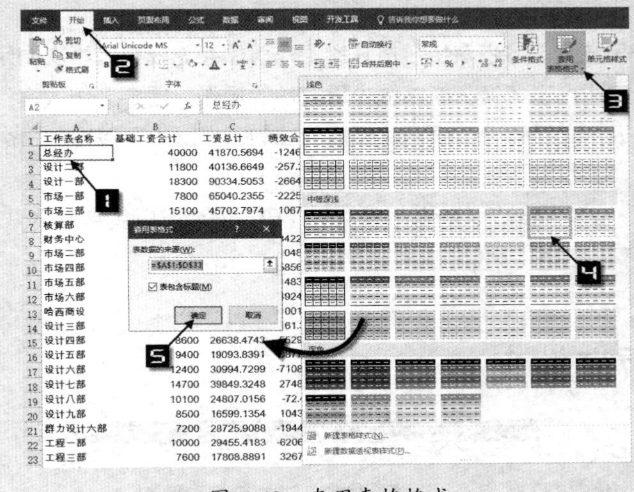

图 7-49 套用表格格式

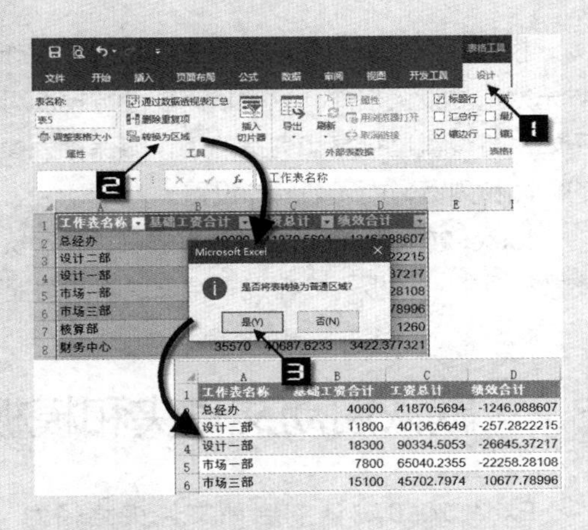

图 7-50 将“表格”转换为普通区域

关于“表格”的更多内容，请参阅 27.11 节。

7.6.3 制作斜线表头

日常工作中，经常需要制作包含斜线表头的报表，常见的有单斜线表头和双斜线表头两种。单斜线表头可以通过设置单元格边框来实现，而双斜线表头则需要通过插入线条和文本框实现，如图7-51所示。

部门 金额 月份	销售1部	销售2部	销售3部	销售4部
1月份	15	21	29	32
2月份	22			
3月份	16			
4月份	18			
5月份	20			

部门 月份	销售1部	销售2部
1月份	15	21
2月份	22	31

图 7-51 常用斜线表头样式

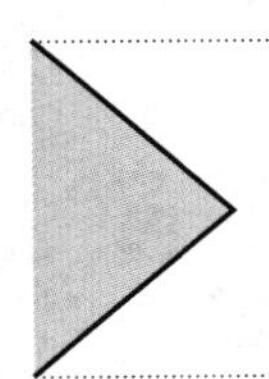

关于斜线表头的详细制作过程，请扫描右侧二维码观看视频演示。

第 8 章 创建和使用模板

日常工作中，经常需要使用一些固定格式的表格，如财务报表、销售报表等。使用 Excel 内置的模板或是将常用结构的工作簿保存为模板，能够每次直接打开使用，既可以节省设置各种选项的时间，又可以统一风格和规范。本章主要介绍创建和使用模板的方法。

本章学习要点

（1）更改默认工作簿模板。

（2）更改默认工作表模板。

（3）创建自定义模板。

（4）使用联机模板。

8.1 理解模板的含义

模板是可以重复使用的预先定义好的工作表方案。将带有特定格式的工作簿保存为模板，再次调用时无须重复设置格式，只需填写部分数据即可完成指定任务，能够减少重复性的操作，提高工作效率。例如，将设置过行高和列宽的工作簿保存为模板，之后即可在根据此模板创建的工作簿中直接得到所需的行高和列宽，而无须另外设置。

Excel 2016 的模板文件的扩展名为“.xltx”或“.xltm”，前者不包含宏代码，后者可以包含宏代码。本章提到的“模板”，在没有特殊说明的前提下，均指“.xltx”文件。

8.2 默认启动文件夹和模板文件夹

Excel 2016 默认的启动文件夹路径为“C:\Users\用户名\AppData\Roaming\Microsoft\Excel\XLStart”，启动 Excel 程序时会打开此文件夹中的所有工作簿。如果用户需要每次启动 Excel 时都能打开指定的文件，可以把相应的文件加入此文件夹中。

如需查看或修改所有默认启动文件夹和模板文件夹所在的路径，可以依次单击【文件】→【选项】命令，弹出【Excel 选项】对话框。切换到【信任中心】选项卡下，单击【信任中心设置】按钮，在弹出的【信任中心】对话框中，切换到【受信任位置】选项卡，在右侧的【受信任位置】列表中，即包含了默认启动文件夹和模板文件夹及所在的路径，用户可以根据需要添加或删除、修改默认位置，如图 8-1 所示。

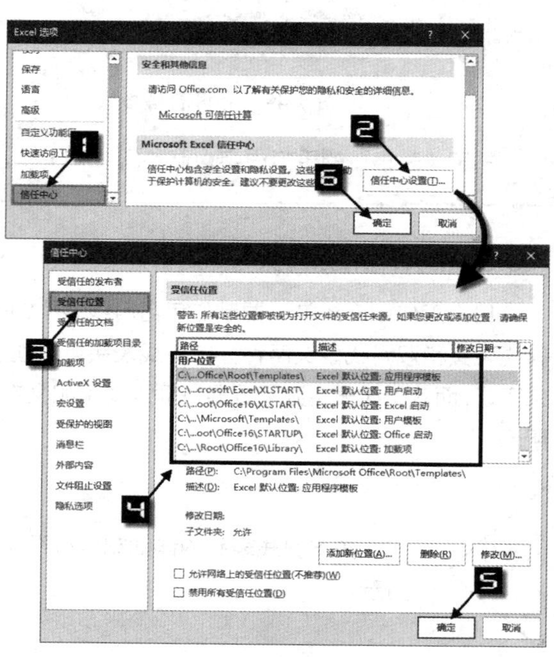

图 8-1 启动文件夹和模板文件夹路径列表

8.3　自定义启动文件夹

除了系统默认的启动文件夹外，用户也可以设置自定义的启动文件夹路径。

依次单击【文件】→【选项】命令，弹出【Excel 选项】对话框。切换到【高级】选项卡下，在右侧的【启动时打开此目录中的所有文件】编辑框内输入启动文件夹路径，如“D:\生产日报表”，最后单击【确定】按钮完成设置，再次打开 Excel 时，将打开该文件夹下的所有 Excel 文件，如图 8-2 所示。

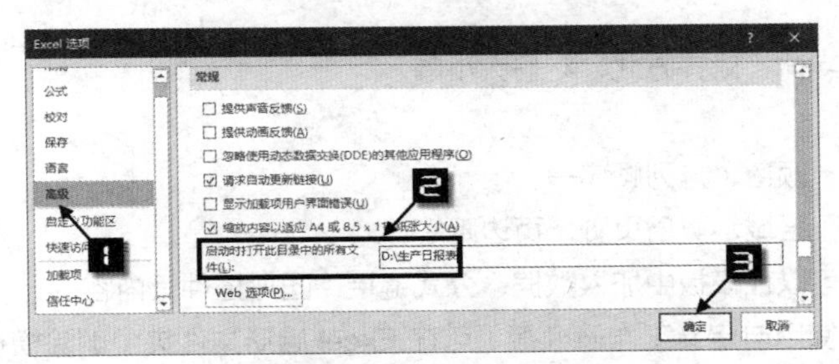

图 8-2　自定义启动文件夹

8.4　更改默认工作簿模板

在中文版 Excel 2016 中，新建工作表时会有一些默认设置，例如，使用正文字体，字号为 11，列宽为 8.38，行高为 13.5 等。这些默认设置并不存在于实际的模板文件中，如果 Excel 在启动时没有检测到模板文件“工作簿 .xltx”，就会使用这些默认设置。因此，只要创建或者修改默认模板文件“工作簿 .xltx”，就可以对这些设置进行自定义的修改。

操作步骤如下。

步骤① 新建一个空白工作簿，对工作簿进行个性化设置，使其具有用户所需要的标准规范和样式。

步骤② 按 <F12> 键打开【另存为】对话框，在【保存类型】下拉列表中选择【Excel 模板】，然后将保存位置定位到 Excel 默认启动文件夹“C:\Users\ 用户名 \AppData\Roaming\Microsoft\Excel\XLStart”。

步骤③ 在【文件名】编辑框中输入“工作簿”，单击【保存】按钮完成模板的保存，如图 8-3 所示。“工作簿 .xltx”是中文版 Excel 唯一可识别的默认工作簿模板文件名，英文版 Excel 默认工作簿模板文件名为“book.xltx”。

步骤④ 在【Excel 选项】对话框中切换到【常规】选项卡，取消【此应用程序启动时显示开始屏幕】复选框的选中，单击【确定】按钮，如图 8-4 所示。

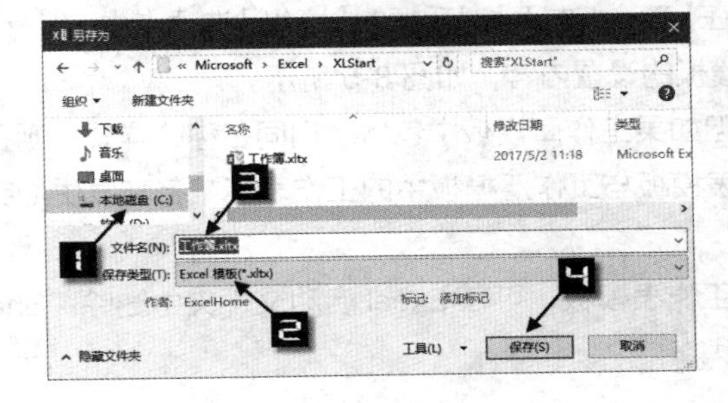

图 8-3　保存工作簿模板文件

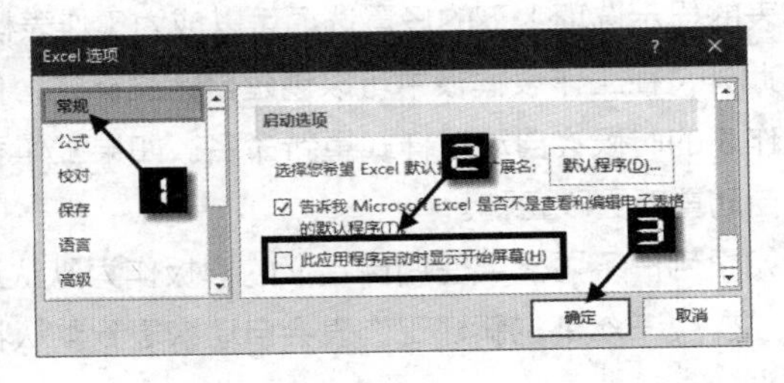

图 8-4　【Excel 选项】对话框

完成以上设置后，在 Excel 窗口中按 <Ctrl+N> 组合键或重新启动 Excel 程序，即可基于此模板生成新的工作簿。

可以保存到工作簿模板中的项目包括如下几个。

- 工作簿中的工作表数目。
- 【Excel 选项】对话框中【高级】选项卡下的部分设置，例如，显示网格线、显示工作表标签、显示行和列标题、显示分页符等。
- 自定义的数字格式。
- 单元格样式。包括字体、对齐方式、字号大小等。
- 行高和列宽。
- 工作表标签的名称、颜色、排列顺序等。
- 打印设置，包括打印区域、页眉页脚、页边距等。

除了上述设置，还可以在模板中加入数据、公式链接、图形控件等内容。

如果用户不再需要使用自定义工作簿模板，可在 Excel 启动文件夹中删除模板文件，此后新建的工作簿会自动恢复到默认状态。

用户在使用模板创建的工作簿中进行操作，而不是在模板文件中操作，因此在工作簿中所做的任何更改都不会改变模板的原有设置。

8.5 更改默认工作表模板

在工作簿内插入一个新建的工作表时，Excel 会使用默认设置来配置新建工作表的格式样式，如字体类型、字号大小、行高列宽等。

用户也可以设置自定义的规范和样式，保存为 Excel 能够识别的默认工作表模板，来替换原有的默认设置。

设置默认工作表模板的操作步骤与设置工作簿模板的操作步骤基本相同，唯一的区别是文件名应保存为“Sheet.xltx”，此文件名是 Excel 唯一可识别的默认工作表模板文件名。

需要制作为工作表模板的工作簿建议只保留一个工作表，以避免在应用此模板创建新工作表时同时生成多个工作表。

用户可以对工作表模板进行的设置内容与工作簿模板中的内容类似，但是要注意部分设置是针对整个工作簿有效，并不会单独存在于工作表中。例如，在【Excel 选项】对话框的【高级】选项卡中，仅有【此工作表的显示选项】下的设置选项可以成为工作表模板的设置内容，如图 8-5 所示。

此外，在工作表模板中可以创建自定义样式，但如果工作簿模板中包含了相同名称的样式，则在新建工作表的时候会自动对样式重新命名。如果工作表模板与工作簿模板中的工作表标签名称发生冲突，也会自动重新更改名称。

如果用户不再需要使用自定义的模板作为默认工作表模板，可在 Excel 启动文件夹中删除“Sheet.xltx”文件，Excel 的新建工作表会自动恢复到默认状态。

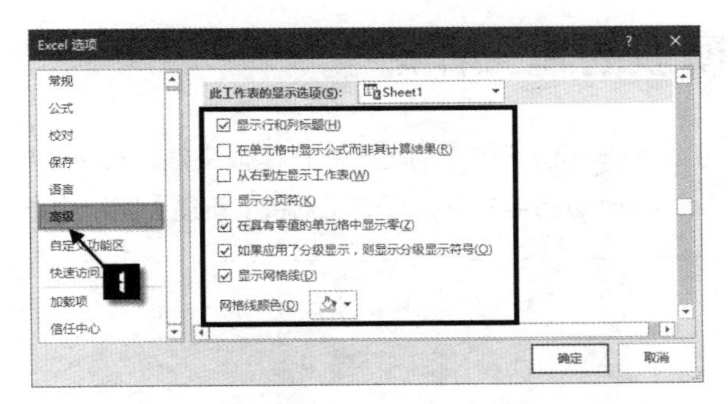

图 8-5 只对当前工作表有效的设置选项

8.6 创建自定义模板

创建自定义模板在操作方式上与设置默认工作簿模板基本相同，区别在于两者的模板保存位置及调用方式有所不同。

创建自定义工作簿模板同样要以工作簿为设置基础，当用户完成自定义设置之后，按 <F12> 键弹出【另存为】对话框。在【保存类型】下拉列表中选择“Excel 模板”，此时 Excel 会自动选择模板的默认保存位置文件夹，直接单击【保存】按钮即可，如图 8-6 所示。

当用户需要以此自定义模板创建新工作簿时，可以先新建一个 Excel 工作簿，然后按 <Ctrl+N> 组合键。或是依次单击【文件】→【新建】命令，在右侧的【新建】任务窗格中切换到【个人】选项卡下，单击自定义样式的模板，即可创建一个基于自定义模板的新工作簿，如图 8-7 所示。

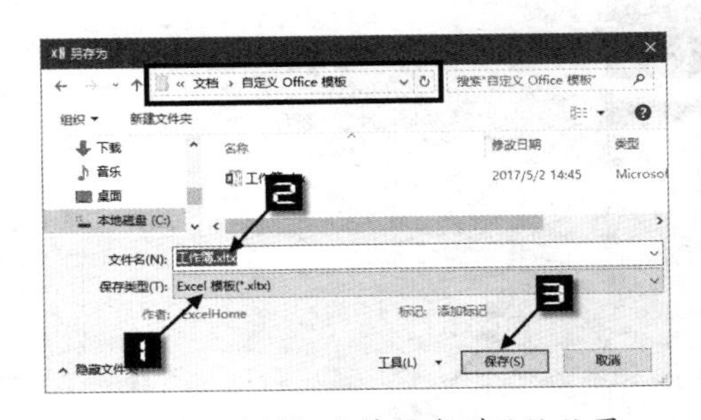

图 8-6 将模板文件保存到默认位置

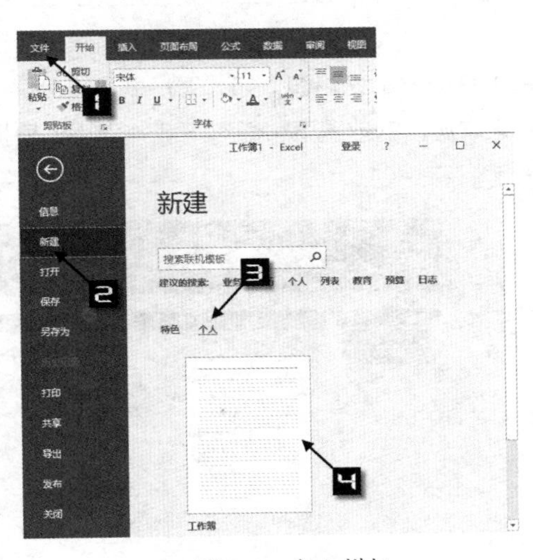

图 8-7 个人模板

在模板文件夹中，可以同时存放多个不同设置的模板文件。用户可以根据不同的工作任务，选用对应的自定义模板来创建新工作簿。

提示

如果将自定义模板文件保存在Excel默认模板文件夹之外的其他位置，个人模板将不会在【新建】对话框中出现，需要在Windows资源管理器中双击该文件，才能够根据该模板文件新建一个工作簿。

8.7 使用内置模板创建工作簿

Excel 2016 为用户提供了很多可快速访问的电子表格模板文件，其中一部分随安装程序保存到模板文件夹中，其他模板由 Office.com 进行维护并展示在 Excel【新建】窗口中，如图 8-8 所示。

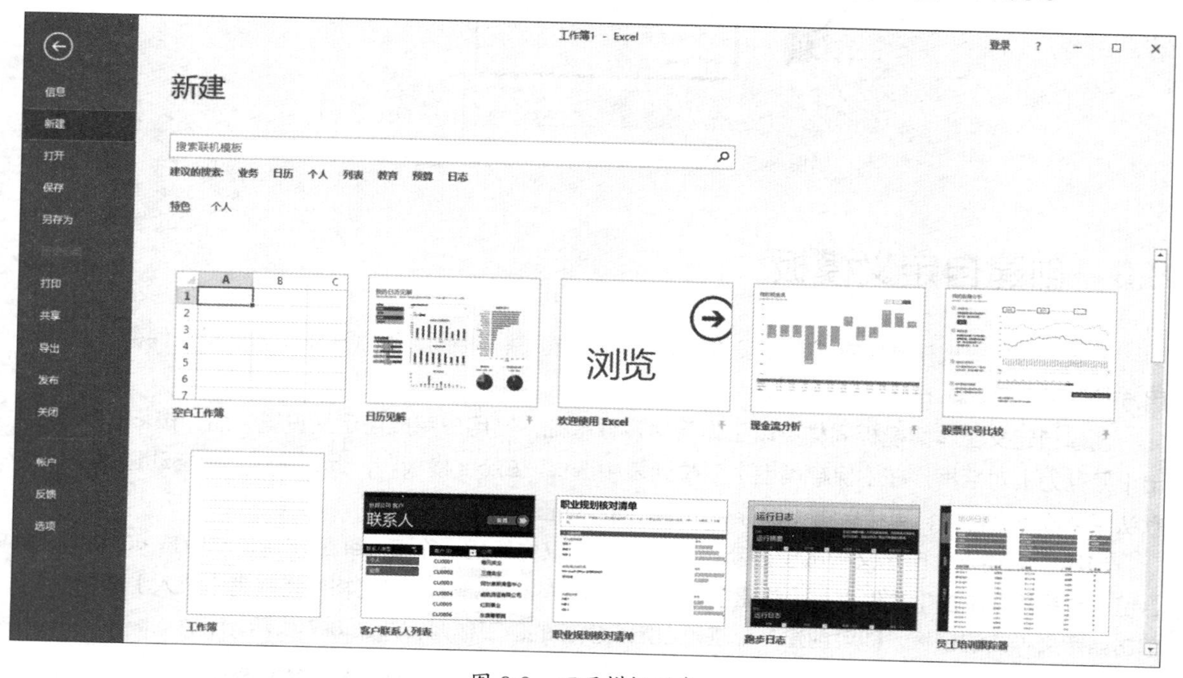

图 8-8 可用模板列表

单击其中一个缩略图，如“客户联系人列表”，会弹出该模板的预览界面，单击【创建】按钮，在互联网正常连接的前提下，即可下载并使用该模板，如图 8-9 所示。

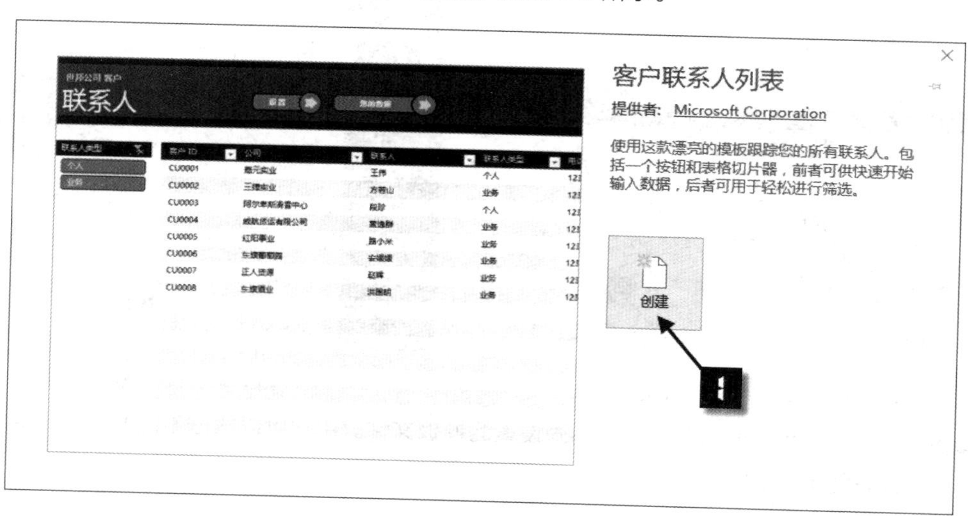

图 8-9 创建模板

下载完成后，该模板文件会自动保存在Excel的默认模板文件夹，同时以此模板新建一个工作簿文件。

除了列表中显示的可用模板外，还可以通过顶端的搜索框获取更多联机模板内容。例如，在搜索框中输入关键字“日志”，然后单击搜索按钮，Excel 会显示与之有关的更多模板缩略图，通过右侧的类别筛选器，还能够进一步缩小搜索范围，如图 8-10 所示。

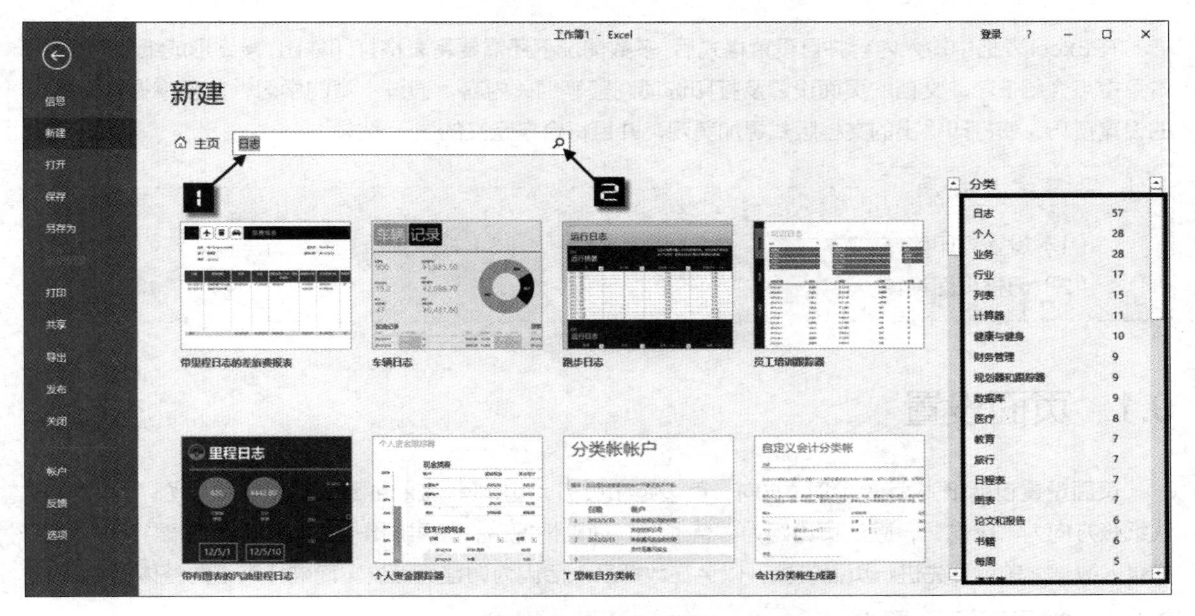

图 8-10　搜索联机模板

第 9 章　打印文件

在Excel表格中输入内容并且设置格式后，多数情况下还需要将表格打印输出，最终形成纸质的文档。本章重点介绍 Excel 文档的页面设置及打印选项调整等相关内容，通过本章的学习，能够掌握打印输出的设置技巧，使打印输出的文档版式更加美观，并且符合自定义的显示要求。

本章学习要点

（1）设置打印区域。
（2）调整页面设置。
（3）打印预览。

9.1　页面设置

页面设置包括纸张大小、纸张方向、页边距和页眉 / 页脚等。Excel 默认的纸张大小为“A4”，默认纸张方向为“纵向”，默认页边距为“普通”。通常情况下，如果制作的 Excel 表格需要打印输出，在录入数据之前就要先进行页面设置，以免在数据录入后因为调整页面设置而破坏表格的整体结构。

9.1.1　常用页面设置选项

在【页面布局】选项卡下，包含了【页面设置】【调整为合适大小】及【工作表选项】三组与页面设置有关的命令，如图 9-1 所示。

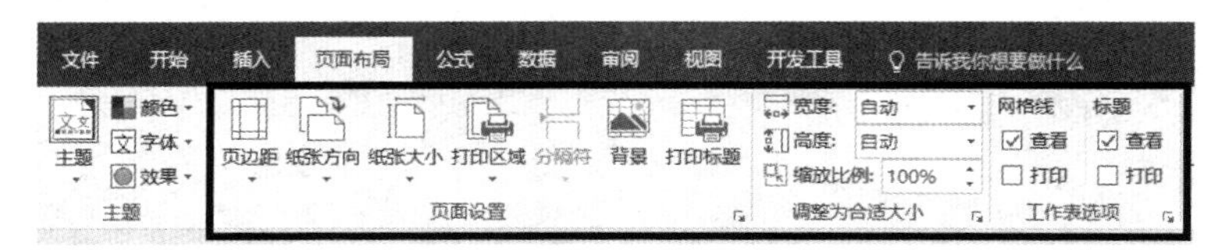

图 9-1　【页面布局】选项卡

➲ Ⅰ　纸张设置

在【页面设置】命令组中，单击【页边距】下拉按钮，下拉列表中包括内置的普通、宽、窄三种选项，并且会保留用户最近一次设置的自定义页边距。

单击【纸张方向】下拉按钮，在下拉列表中可以选择纸张的方向。如果数据表的列数较多，可以选择纸张方向为纵向。

单击【纸张大小】下拉按钮，在下拉列表中包括常用的纸张尺寸，单击即可应用对应的规格，如图 9-2 所示。

➲ Ⅱ　打印区域

默认情况下，用户在 Excel 中执行打印命令时，只会打印有可见内容的单元格，包括文字内容、添加的网格线、设置的填充色或是图形对象等。如果工作表中不包含可见内容，执行打印命令时会弹出如图 9-3 所示的警告对话框，提示用户未发现打印内容。

用户可以根据需要，设置只打印数据表中的部分内容或是打印不连续的单元格区域。

选中需要打印的单元格区域，在【页面布局】选项卡下单击【打印区域】下拉按钮，在下拉列表中选择【设置打印区域】命令，即可将当前选中区域设置为打印区域，如图 9-4 所示。

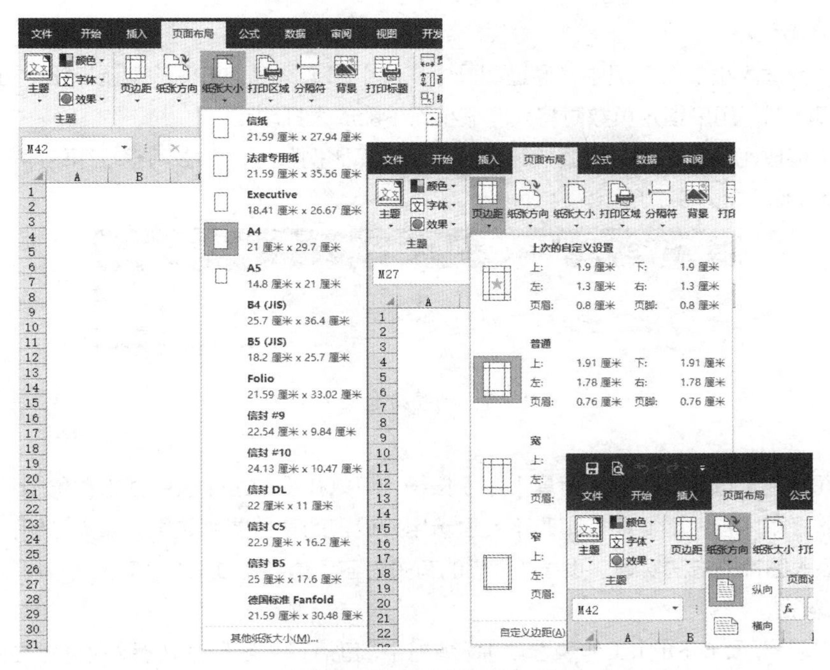

图 9-2　常用页面设置选项

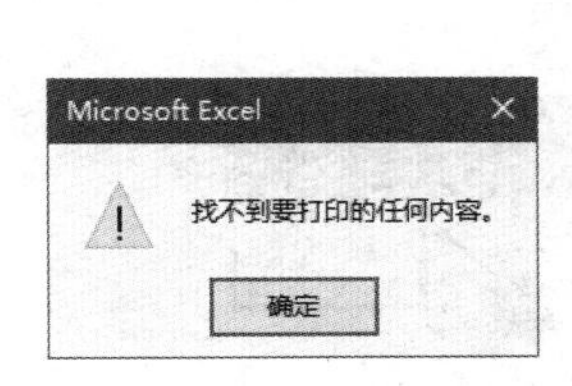

图 9-3　找不到打印内容

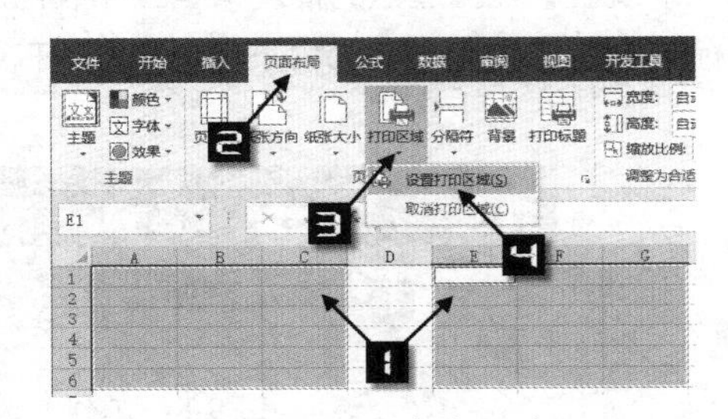

图 9-4　设置打印区域

如果将不连续的单元格区域设置为打印区域，打印时会将不同的单元格区域分别打印在不同的纸张上。

设置完打印区域后，不同单元格区域用浅灰色线条进行区分，用户可以根据需要再次选择其他单元格区域添加到打印区域，如图 9-5 所示。

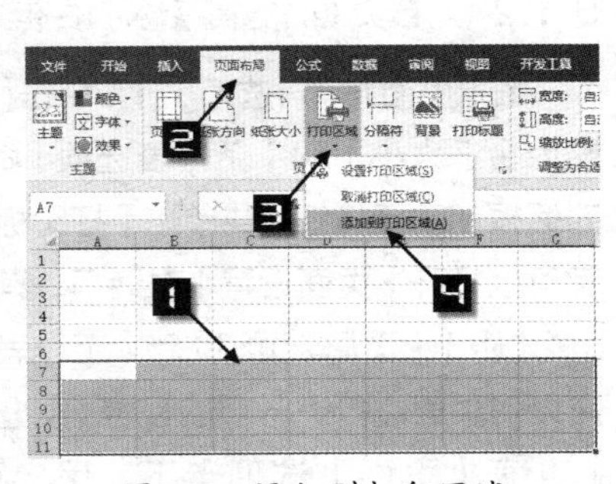

图 9-5　添加到打印区域

➲ Ⅲ　插入分页符

在打印连续的数据表时，Excel 默认以纸张大小自动进行分页打印，用户可以根据需要在指定的位置插入分页符，使 Excel 强制分页打印。

单击要插入分页符的单元格，如 C3，在【页面布局】选项卡下单击【分隔符】下拉按钮，在下拉列表中选择【插入分页符】命令，即可在活动单元格的上一行和左侧分别插入一个分页符，如图 9-6 所示。

插入分页符之后，还可以通过【分隔符】下拉列表中的【删除分页符】命令和【重设所有分页符】命令对分页符位置进行调整。

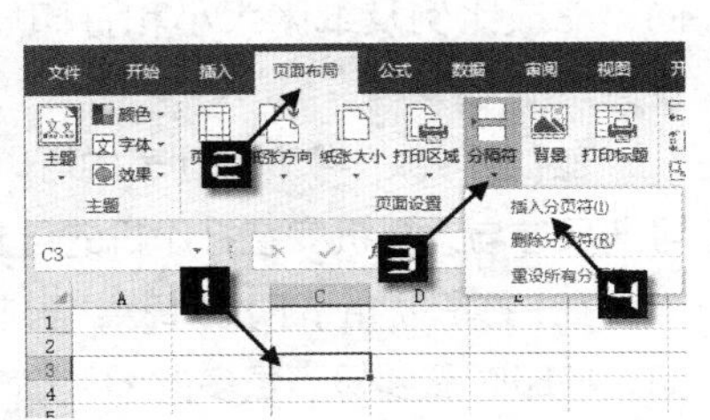

图 9-6　插入分页符

➲ Ⅳ 调整为合适大小

在【调整为合适大小】命令组中，通过调整【高度】和【宽度】右侧的微调按钮，可以通过设置指定页数改变打印比例。用户指定页数时将只能缩小而不能放大打印比例。

通过调整【缩放比例】右侧的微调按钮或是手工输入比例数值，能够调整打印的缩放比例，可调整范围为 10%~400%，如图 9-7 所示。

图 9-7 调整为合适大小

➲ Ⅴ 背景

单击【页面布局】选项卡下的【背景】命令按钮，可以在当前工作表中插入背景图片。但是插入的背景图片属于非打印内容，因此在打印时不会显示用户设置的背景图片效果。如需打印背景图片，可以通过在页眉中插入图片的方法实现。页眉 / 页脚的有关内容，请参考 9.1.4 小节。

➲ Ⅵ 工作表选项

在【页面布局】选项卡下的【工作表选项】命令组中，包括【网格线】和【标题】两组显示和打印选项。【网格线】表示在未设置单元格边框的情况下，工作表内用于间隔单元格的灰色线条。【标题】指的是工作表的行号列标。用户可以通过选中对应的复选框，开启或关闭两个项目的显示和打印选项，如图 9-8 所示。

图 9-8 工作表选项

9.1.2 【页面设置】对话框

在【页面布局】选项卡下，单击【页面设置】【调整为合适大小】和【工作表选项】命令组右下角的对话框启动器按钮，或单击【打印标题】命令按钮，都可以打开【页面设置】对话框。其中包括【页面】【页边距】【页眉 / 页脚】和【工作表】四个选项卡，可以对页面进行进一步的设置，如图 9-9 所示。

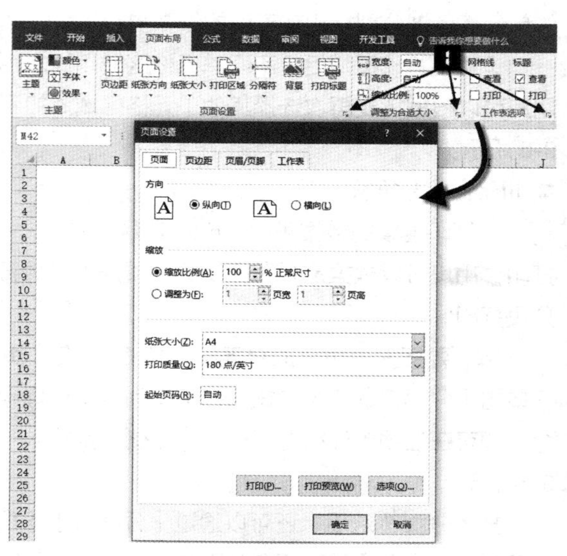

图 9-9 启动【页面设置】对话框

在【页面】选项卡下，用户可以对纸张方向、缩放比例及纸张大小和打印质量进行自定义设置。

在【纸张大小】下拉列表中可以选择纸张尺寸，可选尺寸与计算机安装打印机的可支持范围有关。

在【打印质量】下拉列表中可选择打印的精度。如果打印时需要显示更多的图片细节，可以选择高质量打印方式。如果只需要显示普通文字内容，则可以选择较低的打印质量。

9.1.3　设置页边距

切换到【页面设置】对话框的【页边距】选项卡，能够在上、下、左、右四个方向设置打印区域与纸张边界的距离，如图 9-10 所示。

单击【页眉】和【页脚】右侧的微调按钮，可以调整页眉、页脚至纸张顶端和底端的间距。

如果打印区域较小，不足以在页边距范围之内完全显示，可以通过【居中方式】下的【水平】和【垂直】两个复选框，使打印内容在纸张上居中显示。设置完成后，在对话框中间的矩形区域内将以灰色虚线的形式显示打印内容在纸张上所处位置和对齐效果。

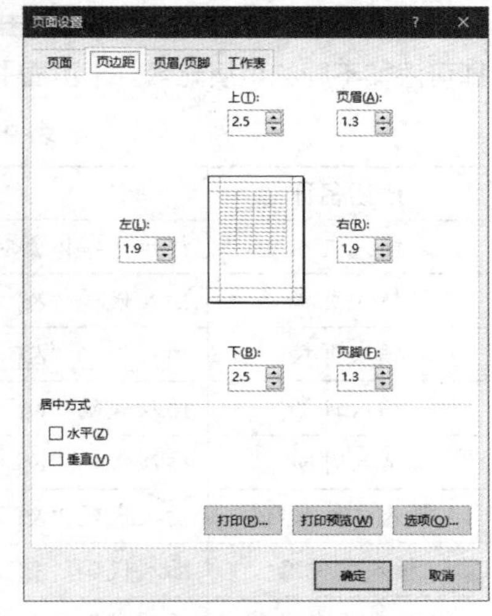

图 9-10　设置页边距

9.1.4　设置页眉和页脚

页眉 / 页脚是指打印在纸张顶部或底部的固定内容的文字或图片，例如，表格标题、页码、时间及公司 LOGO 图案等内容。

切换到【页面设置】对话框的【页眉 / 页脚】选项卡下，能够对打印输出时的页眉 / 页脚进行自定义设置，如图 9-11 所示。

在【页眉 / 页脚】选项卡下包括以下四个复选框。

❖ 奇偶页不同：选中后，可以为奇数页和偶数页指定不同的页眉 / 页脚。
❖ 首页不同：选中后，可以为打印的首个页面指定不同的页眉 / 页脚。
❖ 随文档自动缩放：选中后，如果文档打印时调整了缩放比例，则页眉和页脚的字号也相应进行缩放。
❖ 与页边距对齐：选中后，左页眉和页脚与左边距对齐，右页眉和页脚与右边距对齐。

单击【页眉】右侧的下拉列表，可以选择一种页眉样式，为当前工作表添加页眉。

如需使用自定义的页眉效果，可以单击【自定义页眉】按钮打开【页眉】对话框，如图 9-12 所示。

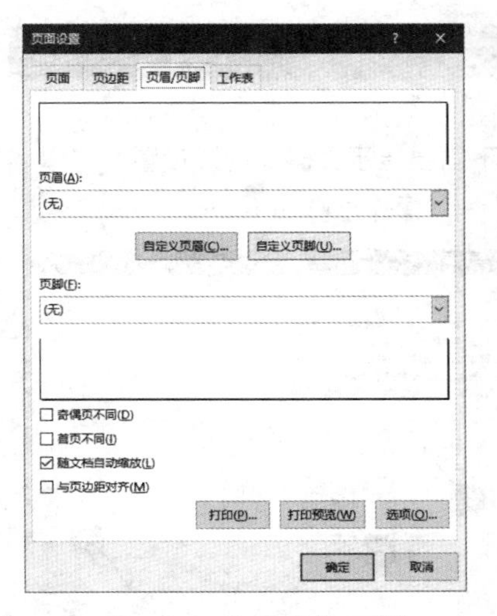

图 9-11　设置页眉 / 页脚

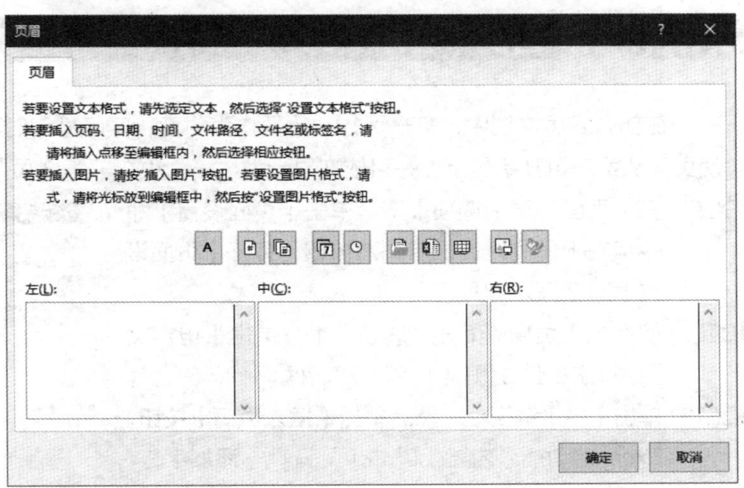

图 9-12　【页眉】对话框

在【页眉】对话框中，可以单击【左】【中】【右】三个编辑框，然后再单击编辑框上部的命令按钮，即可添加不同的页眉元素。【页眉】对话框中从左到右各个按钮的作用如表 9-1 所示。

表 9-1　【页眉】对话框中各按钮作用说明

按钮名称	单击该按钮时
格式文本	打开【字体】对话框，用来设置页眉中插入文字的字体格式
插入页码	插入代码“&[页码]”，打印时显示当前页的页码
插入页数	插入代码“&[总页数]”，打印时显示文档包含的总页数
插入日期	插入代码“&[日期]”，显示打印时的系统日期
插入时间	插入代码“&[时间]”，显示打印时的系统时间
插入文件路径	插入代码“&[路径]&[文件]”，打印时显示当前工作簿的路径及工作簿的文件名
插入文件名	插入代码“&[文件]”，打印时显示当前工作簿的文件名
插入数据表名称	插入代码“&[标签名]”，打印时显示当前工作表名称
插入图片	打开【插入图片】对话框，可选择自定义的图片
设置图片格式	打开【设置图片格式】对话框，对插入的图片格式进行调整

一般情况下，在页眉/页脚中不要使用过多的元素，否则有可能会使打印后的文件效果较为凌乱。

除了使用以上按钮插入内置的代码外，还可以在页眉中输入自定义的内容与内置代码结合使用，使页眉内容显示能够符合日常习惯，更便于理解。例如，使用“共 &[总页数] 页第 &[页码] 页”的代码组合，可以在实际打印时显示为类似“共 8 页第 3 页”的样式。

设置页脚的方法与之类似。

如需删除已添加的页眉或页脚，可以在图 9-11 所示的对话框中，单击【页眉】或是【页脚】右侧的下拉按钮，在下拉列表中选择【无】。

示例9-1　首页不显示页码

在部分多页文档中，第一页往往需要作为封面，实际打印时不需要显示页码。通过设置，可以使页码从第二页开始显示，并且依次显示为“第 1 页”“第 2 页”……操作步骤如下。

步骤① 在【页面布局】选项卡下，单击【页面设置】命令组右下角的对话框启动器按钮，打开【页面设置】对话框。

步骤② 切换到【页眉 / 页脚】选项卡下，单击【自定义页脚】按钮，打开【页脚】对话框。

步骤③ 单击【中】编辑框，然后单击【插入页码】按钮，Excel 自动插入内置代码“&[页码]”。添加字符，将代码修改为“第 &[页码]-1 页”，单击【确定】按钮返回【页面设置】对话框，如图 9-13 所示。

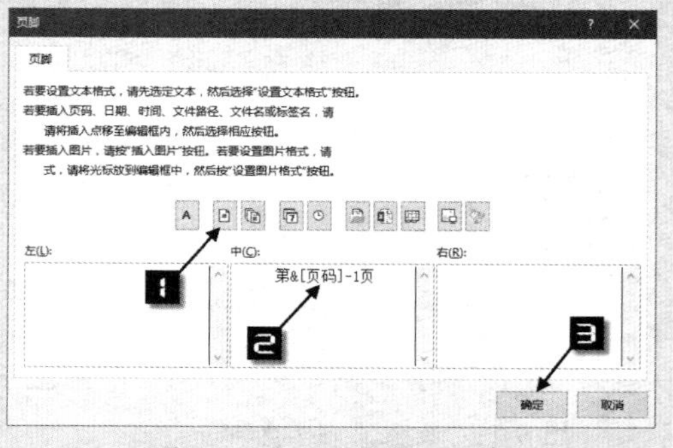

图 9-13　设置自定义页脚

步骤 4 选中【首页不同】复选框，单击【确定】按钮，如图 9-14 所示。

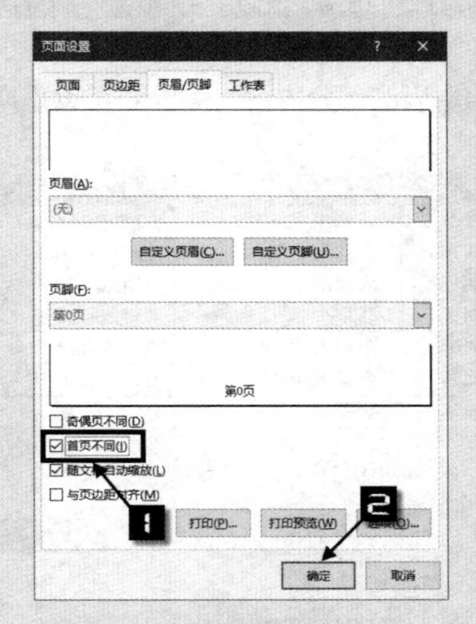

图 9-14　【页面设置】对话框

设置完成后，第一页将不显示页码，从第二页开始依次显示为“第 1 页”“第 2 页”……

9.1.5　其他打印选项

切换到【页面设置】对话框的【工作表】选项卡下，能够对打印区域、打印标题及单元格注释内容（批注）、网格线、行号列标及错误值等打印属性进行设置，如图 9-15 所示。

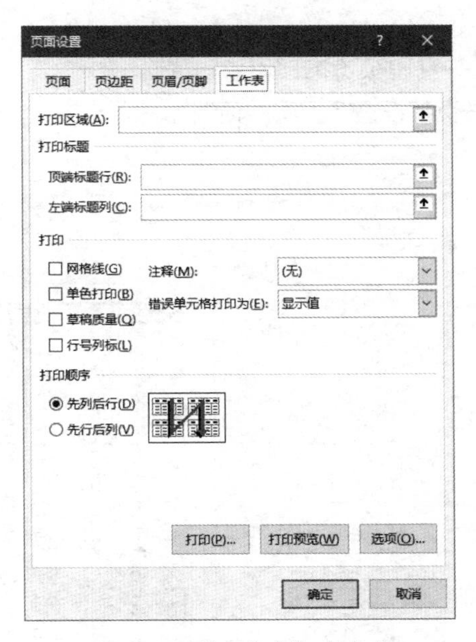

图 9-15　【工作表】选项卡

➲ Ⅰ　顶端标题行和左端标题列

在打印内容较多的表格时，通过设置可以将标题行和标题列重复打印在每个页面上，使打印出的表格每页都有相同的标题行或标题列。

示例9-2 多页文档打印相同字段标题

图 9-16 是某公司员工考试信息表的部分内容，需要对其设置顶端标题行，以保证打印效果。

	A	B	C	D	E	F	G
1	准考证号	姓名	所在学校		准考证号	姓名	所在学校
2	01110124	陆艳菲	进修中学		01120047	冯明芳	燕京一中
3	01120680	杨庆东	大河附中		01120016	金定华	金源五中
4	01021126	任继先	大河附中		01120773	李福学	实验中学
5	01120038	陈尚武	燕京一中		01120061	刘军	进修中学
6	01120181	李光明	金源五中		01120041	谢莽	燕京一中
7	01120644	李厚辉	金源五中		01120060	魏靖晖	大河附中
8	01021126	毕淑华	金源五中		01021126	虎必韧	大河附中

图 9-16　员工考试信息表

操作步骤如下。

步骤① 设置纸张大小和页边距。

步骤② 在【页面布局】选项卡下单击【打印标题】命令，弹出【页面设置】对话框，并且自动切换到【工作表】选项卡。

步骤③ 单击【顶端标题行】右侧的折叠按钮，光标移动到第一行的行号位置，单击选中整行，然后单击【页面设置 - 顶端标题行：】折叠按钮返回【页面设置】对话框。最后单击【确定】按钮完成设置，如图 9-17 所示。

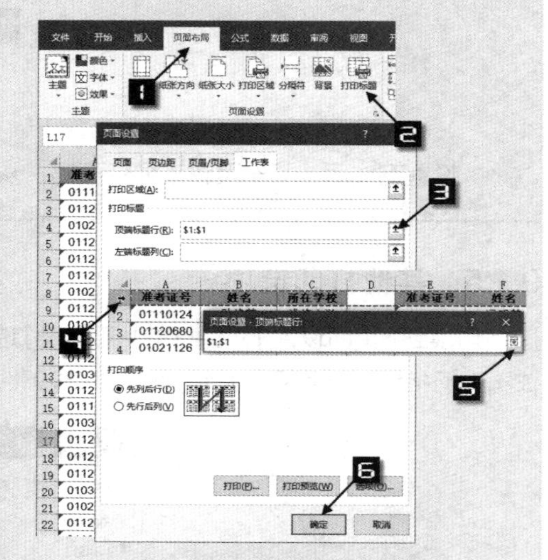

图 9-17　设置顶端标题行

按 <Ctrl+P> 组合键，打开打印预览窗口，单击底部的切换按钮，可以看到每一页都设置了相同的顶端标题行，如图 9-18 所示。

图 9-18　打印预览

➲ II　注释打印选项

在【页面设置】对话框的【工作表】选项卡下，单击【注释】右侧的下拉按钮，在下拉列表中包括【无】【工作表末尾】及【如同工作表中的显示】三个选项。如果选择【无】，打印时不显示单元格批注内容。如果选择【工作表末尾】，所有批注内容会单独显示在一个页面，并且显示批注所在的单元格位置。如果选择【如同工作表中的显示】，打印效果与工作表中的实际显示状态相同。

➲ III　错误单元格

对于包含错误值的单元格，可以指定在打印时的显示效果。在【工作表】选项卡下单击【错误单元格打印为】右侧的下拉按钮，在下拉列表中包括【显示值】【空白】【—】及【#N/A】四种显示方式。

➲ IV　单色打印

在日常工作中，为了突出和强调某些数据，经常会在工作表中应用一些彩色效果，如浅灰色背景、浅蓝色数字等。如果将设置了彩色效果的工作表用黑白打印机进行打印，只能以不同深浅的灰色来显示原本的彩色。在【工作表】选项卡下选中【单色打印】复选框之后，单元格的边框颜色、背景颜色及字体颜色等都将在打印输出时被忽略，使黑白打印效果更加清晰。

➲ V　草稿质量

如果在【工作表】选项卡下选中了【草稿质量】复选框，除了彩色效果外，工作表中的图表图形对象、批注及网格线等元素在打印时都将被忽略。

9.2　对象打印设置

除了设置工作表中的打印区域外，也可以对工作表中的图形和控件等对象进行自定义打印输出。如果不希望打印工作表中的某个图片对象，可以通过修改对象的属性实现。操作步骤如下。

步骤① 右击待处理的图片，在弹出的快捷菜单中选择【大小和属性】命令，弹出【设置图片格式】窗格，并自动切换到【大小和属性】选项卡。

步骤② 单击【属性】按钮，在展开的命令组中取消【打印对象】复选框的选中，如图 9-19 所示。

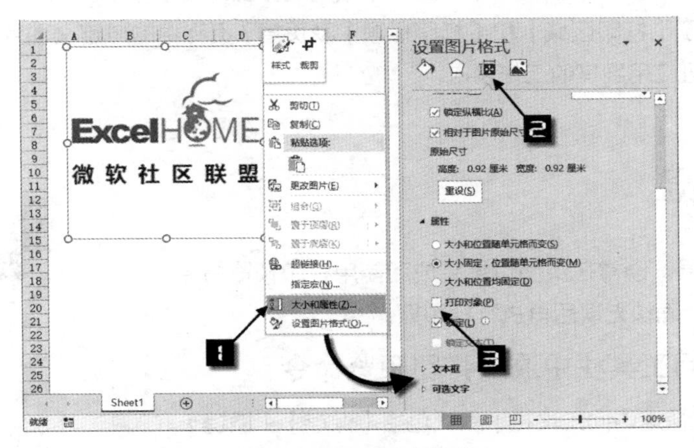

图 9-19　设置图片格式

以上菜单中的快捷菜单命令及窗格名称取决于所选定对象的类型。如果选定的对象是文本框，则右侧窗格会相应地显示为【设置形状格式】，但操作方法基本相同，对于其他对象的设置可参考以上对图片对象的设置方法。

如果要同时更改工作表中所有对象的打印属性，可以按 <Ctrl+G> 组合键打开【定位】对话框。单击【定位条件】按钮，打开【定位条件】对话框，选中【对象】单选按钮，最后单击【确定】按钮即可选中工作表中的所有对象，然后再对属性进行设置，如图 9-20 所示。

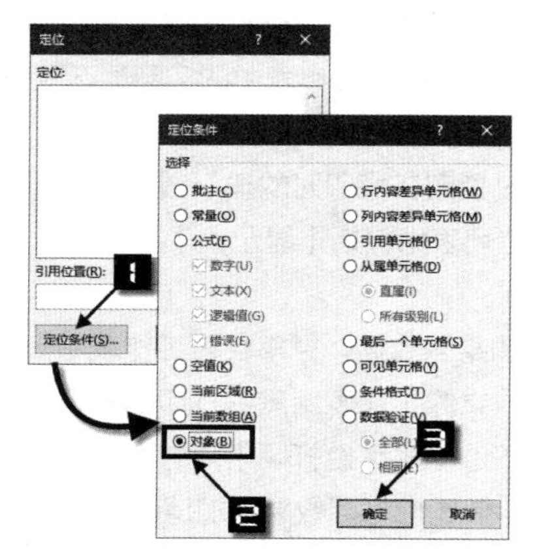

图 9-20　定位对象

9.3　在工作表之间复制页面设置

每个 Excel 工作表都可以单独进行页面设置，如果需要将当前工作表的页面设置快速应用到当前工作簿的其他工作表，可以使用以下步骤完成。

步骤① 激活已经进行过页面设置的工作表。

步骤② 按住 <Ctrl> 键，依次单击其他工作表标签，选中多个工作表。

步骤③ 在【页面布局】选项卡下，单击【页面设置】命令组的【对话框启动器】按钮。

步骤④ 在弹出的【页面设置】对话框中单击【确定】按钮，关闭对话框。

步骤⑤ 右击任意工作表标签，在快捷菜单中选择【取消组合工作表】命令。

设置完成后，除了【打印区域】和【打印标题】及页眉 / 页脚中的自定义图片外，当前工作表中的其他页面设置规则均可应用到其他工作表内。

9.4　打印预览

为了保证打印效果，通常在页面设置完成后使用打印预览命令对打印效果进行预览，确认无误后再执行打印操作。

9.4.1　在快速访问工具栏中添加打印预览命令

Excel 的【自定义快速访问工具栏】默认包括【保存】【撤销】和【恢复】三个常用命令，单击右侧的下拉按钮，在下拉列表中单击【打印预览和打印】命令，将其添加到【自定义快速访问工具栏】以便使用，如图 9-21 所示。

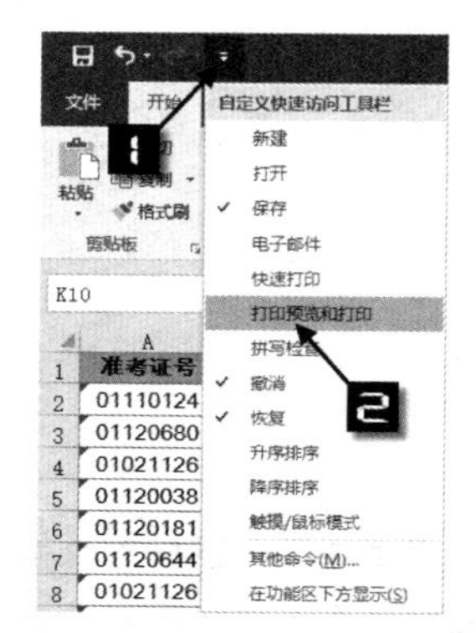

图 9-21　自定义快速访问工具栏

9.4.2　打印窗口中的设置选项

单击【自定义快速访问工具栏】中的【打印预览和打印】命令按钮或依次单击【文件】→【打印】命令，或者按 <Ctrl+P> 组合键，打开打印选项窗口，在此窗口中可以对打印效果进行更多的设置，如图 9-22 所示。

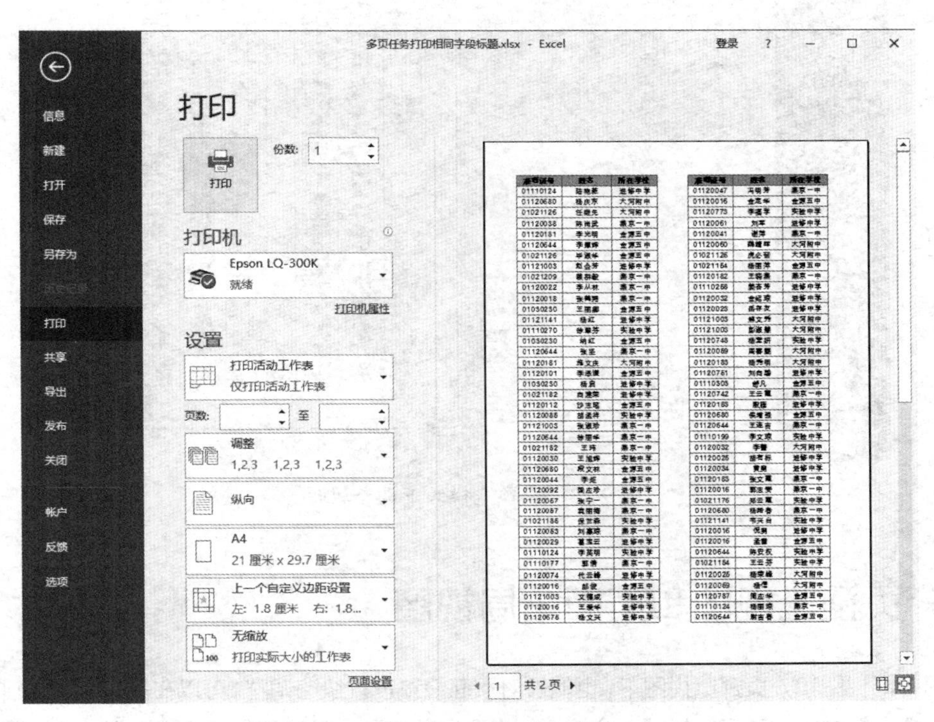

图 9-22　打印窗口

在打印选项窗口中，除了能够对纸张方向、纸张大小、页边距及缩放比例进行调整外，还包括以下选项。

❖ 份数：单击【份数】右侧的微调按钮，可以设置要打印的文档数量。
❖ 打印机：在打印机区域下的下拉列表中可以选择当前计算机已经安装的打印机。
❖ 打印活动工作表：在【打印活动工作表】右侧的下拉列表中，可以选择打印工作表、打印整个工作簿或是当前选定区域。
❖ 页数：选择打印的页面范围。
❖ 调整：如果选择打印多份文件，在【调整】右侧的下拉列表中，可以选择打印时的顺序。默认为“1,2,3”类型的逐份打印，即打印一份完整文档后再依次打印下一份。

单击底部的【页面设置】按钮，则打开【页面设置】对话框。需要注意，在打印选项窗口中打开【页面设置】对话框时，【工作表】选项卡下的【打印标题】命令和【打印区域】命令选项将不可用。

最后单击【打印】命令按钮，即可按照当前的设置进行打印。

9.4.3　在预览模式下调整页边距

单击打印选项窗口右下角的【显示边距】按钮，预览窗口会显示黑色方块形的调节柄和可调整的灰色线条。鼠标指针靠近后自动变成双向箭头形状，按下左键拖动，即可对页边距进行粗略调整，如图 9-23 所示。

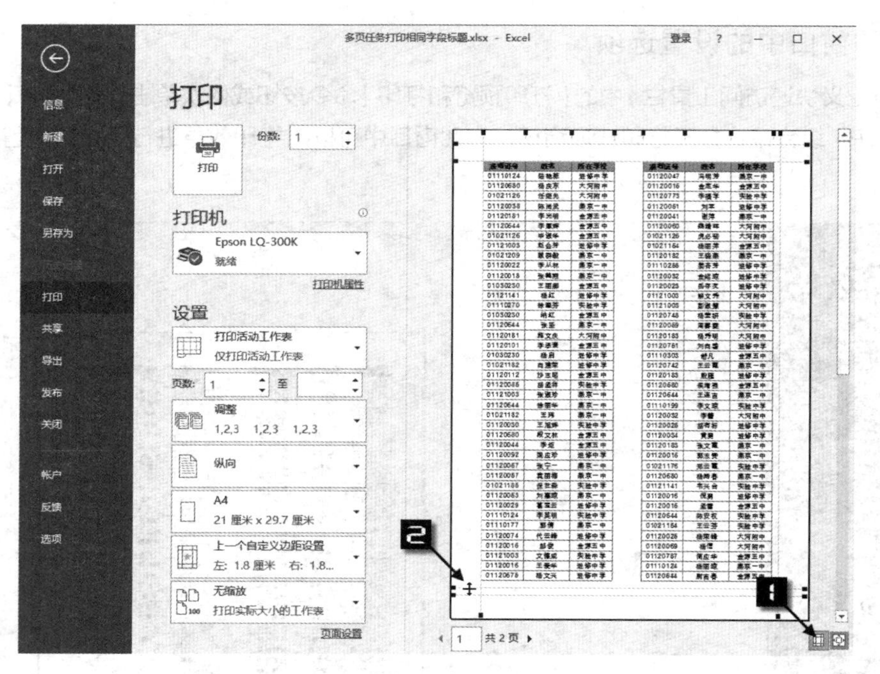

图 9-23　在预览模式下调整边距

9.5　分页预览视图和页面布局视图

在页面布局视图和分页预览视图下，也能够对页面设置进行快速调整。可以在【视图】选项卡下的【工作簿视图】命令组中单击对应的视图命令按钮，也可以单击工作表右下角的视图图标，在不同工作簿视图之间切换，如图 9-24 所示。

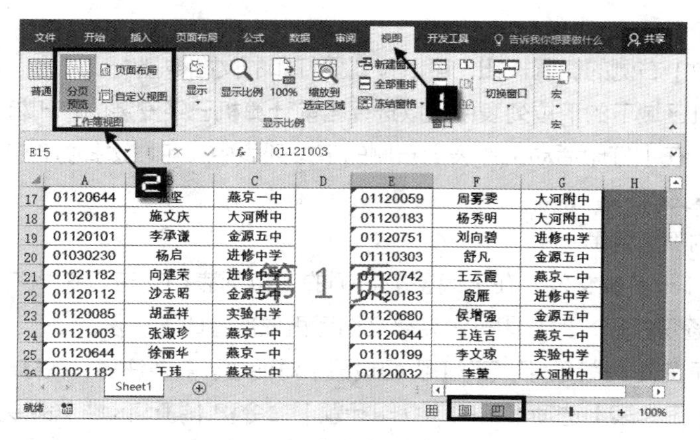

图 9-24　切换工作簿视图

9.5.1　分页预览视图

在分页预览视图模式下，窗口中会显示浅灰色的页码，这些页码只用于显示，并不会被实际打印输出。分页符将以蓝色线条的形式显示，并且能够使用鼠标直接进行拖动调整。

右击，在快捷菜单中能够选择【插入分页符】【重设打印区域】等与打印设置有关的命令，如图 9-25 所示。

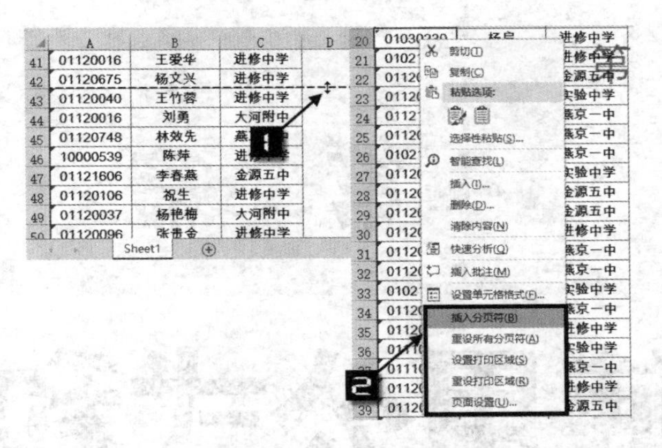

图 9-25　在分页预览视图模式下进行页面设置

9.5.2　页面布局视图

在页面布局视图模式下，可以通过拖动顶端及左侧的标尺快速调整页边距，如图 9-26 所示。

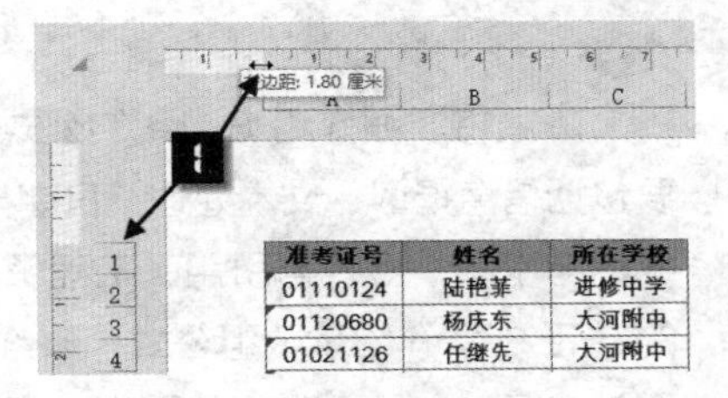

图 9-26　调整页边距

单击工作表顶端的页眉区域，会自动激活【页眉和页脚工具】选项卡，在【设计】选项卡下使用命令按钮，能够快速设置页眉和页脚，如图 9-27 所示。

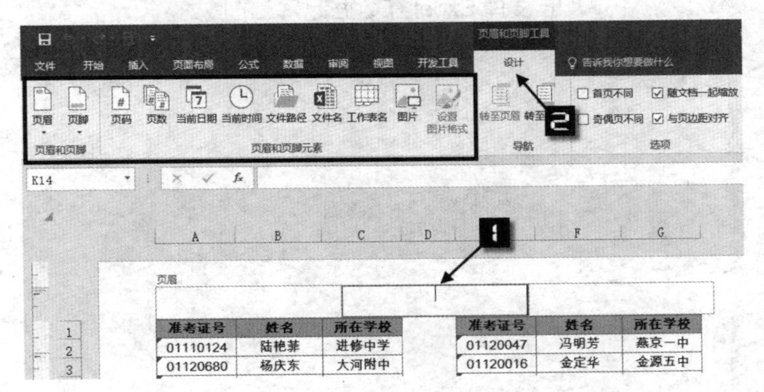

图 9-27　在页面布局视图模式下设置页眉和页脚

第二篇

使用公式和函数

本篇将详细介绍 Excel 的公式和常用工作表函数，主要包括信息提取、文本处理、日期与时间计算、数学计算、统计与求和、查找与引用、工程函数和财务函数等。本篇的最后 3 章介绍了数组公式、多维引用及 Web 函数的原理与应用，主要面向有兴趣进阶学习的用户。

通过本篇的学习，读者能够深入了解 Excel 常用工作表函数的应用技术，并将其运用到实际工作和学习中，真正发挥 Excel 在数据计算上的威力。

第 10 章　公式和函数基础

本章对公式和函数的定义、单元格引用、公式中的运算符、计算限制、公式错误检查等方面的知识点进行讲解，理解并掌握 Excel 函数与公式的基础概念，对进一步学习和运用函数与公式解决问题将起到重要的作用。

本章学习要点

（1）Excel 函数与公式的基础概念。
（2）单元格的不同引用方式。
（3）公式的输入、编辑和复制。
（4）使用公式审核。
（5）函数公式的限制。

10.1　认识公式

Excel 中的公式是指以等号“=”为引导，使用运算符并按照一定的顺序组合进行数据运算的等式，通常包含运算符、单元格引用、数值、工作表函数和参数及括号等元素。公式可以用在单元格中，也可以用于条件格式、数据验证、名称等其他允许使用公式的地方。

10.1.1　公式的输入和编辑

如果在单元格中直接输入等号“=”，Excel 将自动进入输入公式状态。如果在单元格中直接输入加号“+”或减号“-”，系统会自动在其前面加上等号变为输入公式状态。

如果要计算 5+9 的结果，输入顺序依次为等号“=”→数字 5→加号“+”→数字 9，最后按 <Enter> 键或单击其他任意单元格结束输入。

如果要在 B1 单元格中计算 A1 和 A6 单元格中的数值之和，输入顺序依次为“=”→“A1”→“+”→“A6”，最后按 <Enter> 键。也可以先输入等号“=”，然后单击 A1，再输入加号“+”，单击 A6，最后按 <Enter> 键。

如果需要对已有公式进行修改，可以通过以下 3 种方式进入单元格编辑状态。

- 选中公式所在单元格，按 <F2> 键。
- 双击公式所在单元格。
- 先选中公式所在单元格，然后单击编辑栏中的公式，在编辑栏中直接进行修改，最后单击左侧的输入按钮 ✓ 或按 <Enter> 键确认，如图 10-1 所示。

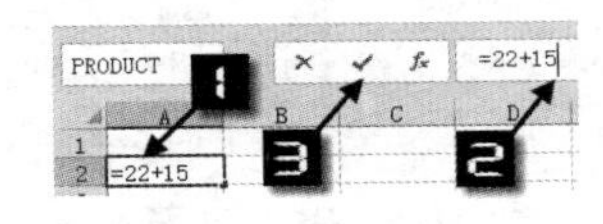

图 10-1　在编辑栏内修改公式

10.1.2　公式的复制与填充

Ⅰ　在多个单元格中复制公式

当在多个单元格中需要使用相同的计算方法时，可以通过【复制】和【粘贴】的操作方法实现，而不必逐个单元格编辑公式。此外，可以根据数据的具体情况，使用不同的方法复制与填充公式，提高效率。

如图 10-2 所示，要在 D 列单元格区域中，分别根据 B 列的数量和 C 列的单价计算各商品的金额。

	A	B	C	D
1	商品	数量	单价	金额
2	土豆	90	1.5	
3	茄子	99	2.2	
4	黄瓜	91	2	
5	辣椒	74	2.5	
6	大葱	94	0.9	
7	青椒	85	1.8	
8	洋葱	79	0.7	

图 10-2　用公式计算金额

在 D2 单元格输入以下公式计算金额。

```
=B2*C2
```

公式中的“*”表示乘号。D 列各单元格中的计算规则都是数量乘以单价，因此只要将 D2 单元格中的公式复制到 D3~D8 单元格，即可快速计算出其他商品的金额。

复制公式有以下两种常用的方法。

- 方法 1：单击 D2 单元格，鼠标指针指向该单元格右下角，当鼠标指针变为黑色“十”字形填充柄时，按住鼠标左键向下拖曳，到 D8 单元格时释放鼠标。
- 方法 2：单击选中 D2 单元格，双击该单元格右下角的填充柄，公式会快速向下填充到 D8 单元格。使用此方法时，需要相邻列中有连续的数据。

Ⅱ　在不同工作表中复制公式

在不同工作表中，如果数据的结构相同，并且计算规则一致，也可以将已有公式快速应用到其他工作表，而无须再次编辑输入公式。

图 10-3 展示了某食堂两天的蔬菜采购表，两个表格的结构完全相同。在“3 月 2 日”工作表的 D 列，已经使用公式计算出了商品金额。

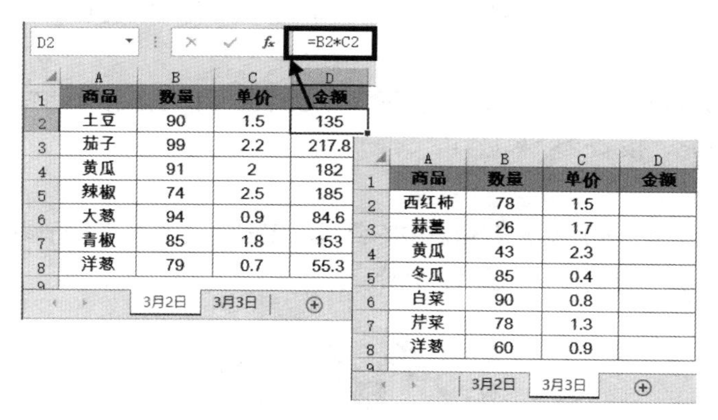

D2　=B2*C2

	A	B	C	D
1	商品	数量	单价	金额
2	土豆	90	1.5	135
3	茄子	99	2.2	217.8
4	黄瓜	91	2	182
5	辣椒	74	2.5	185
6	大葱	94	0.9	84.6
7	青椒	85	1.8	153
8	洋葱	79	0.7	55.3

3月2日　3月3日

	A	B	C	D
1	商品	数量	单价	金额
2	西红柿	78	1.5	
3	蒜薹	26	1.7	
4	黄瓜	43	2.3	
5	冬瓜	85	0.4	
6	白菜	90	0.8	
7	芹菜	78	1.3	
8	洋葱	60	0.9	

3月2日　3月3日

图 10-3　蔬菜采购表

使用以下方法，能够将公式快速应用到“3 月 3 日”工作表内。

步骤① 选中“3 月 2 日”工作表中的 D2:D8 单元格区域，按 <Ctrl+C> 组合键复制。

步骤② 切换到“3 月 3 日”工作表，单击 D2 单元格，按 <Ctrl+V> 组合键或是按 <Enter> 键。

使用以上方法，也可以将已有公式快速应用到不同工作簿的工作表中。

10.2　公式中的运算符

10.2.1　认识运算符

运算符是构成公式的基本元素之一，每个运算符分别代表一种运算方式。Excel 中的运算符包括以下 4 种类型。

- 算术运算符：主要包括了加、减、乘、除、百分比及乘幂等各种常规的算术运算。
- 比较运算符：用于比较数据的大小，包括对文本或数值的比较。
- 文本运算符：主要用于将字符或字符串进行连接与合并。
- 引用运算符：主要用于产生单元格引用。

不同运算符的作用说明如表 10-1 所示。

表 10-1　公式中的运算符

符号	说明	实例
–	算术运算符：负号	=8*–5=–40
%	算术运算符：百分号	=60*5%=3
^	算术运算符：乘幂	=3^2=9
* 和 /	算术运算符：乘和除	=3*2/4=1.5
+ 和 –	算术运算符：加和减	=3+2–5=0
=、<> >、< >=、<=	比较运算符：等于、不等于、大于、小于、大于等于、小于等于	=A1=A2：判断 A1 和 A2 是否相等 =B1<>"ABC"：判断 B1 是否不等于 "ABC" =C1>=5：判断 C1 是否大于等于 5
&	文本运算符：连接文本	="Excel"&"Home"：两个字符串连接得到 "Excel Home"
:（冒号）	引用运算符的一种	=SUM(A1:B10)：表示引用以冒号两边的单元格为左上角和右下角的矩形单元格区域
（空格）	引用运算符的一种	=SUM(A1:B5 A4:D9)：引用 A1:B5 与 A4:D9 的重叠的区域
,（逗号）	引用运算符的一种	=SUM(A1:B5,A4:D9)：在公式中对不同参数进行间隔

10.2.2　运算符的优先顺序

当公式中使用多个运算符时，Excel 将根据各个运算符的优先级顺序进行运算，对于同级运算符，则按从左到右的顺序运算，如表 10-2 所示。

表 10-2　不同运算符的优先级

顺序	符号	说明
1	:（空格）,	引用运算符：冒号、单个空格和逗号
2	–	算术运算符：负号（取得与原值正负号相反的值）
3	%	算术运算符：百分比
4	^	算术运算符：乘幂
5	* 和 /	算术运算符：乘和除（注意区别数学中的 ×、÷）
6	+ 和 –	算术运算符：加和减
7	&	文本运算符：连接文本
8	=,<,>,<=,>=,<>	比较运算符：比较两个值（注意区别数学中的≠、≤、≥）

10.2.3　嵌套括号

数学计算式中使用小括号 ()、中括号 [] 和大括号 { } 来改变运算的优先级别。在 Excel 中均使用小括号代替，括号中的算式优先计算。如果在公式中使用了多组括号，其计算顺序则是由内向外逐级进行计算。

例如，梯形上底长为 5，下底长为 8，高为 4，其面积计算公式为：

```
=(5+8)*4/2
```

由于括号优先于其他运算符，因此先计算 5+8 得到 13，再从左向右计算 13*4 得到 52，最后计算 52/2 得到 26。

在公式中，使用的括号必须成对出现。Excel 在结束公式编辑时能够对括号的完整性做出判断并自动补齐，但并不一定总是用户所期望的更正结果。例如，在单元格中输入以下内容：

```
=((5+8*4/2
```

按 <Enter> 键结束输入，会弹出如图 10-4 所示的对话框。

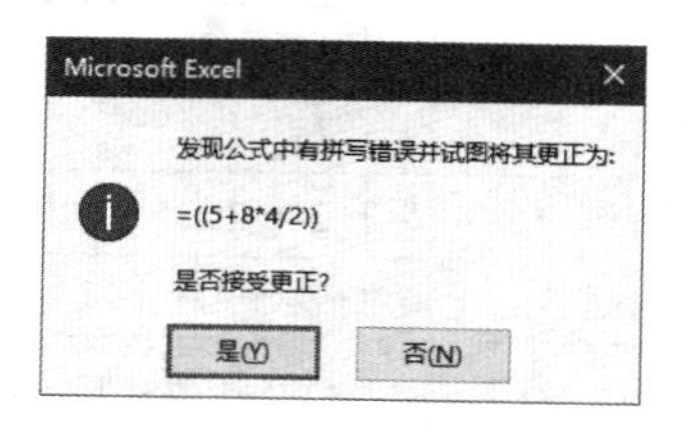

图 10-4　公式自动更正

如果所选单元格的公式中有较多的嵌套括号，在编辑栏中单击公式的任意位置，不同的成对括号会以不同颜色显示，此项功能可以帮助用户更好地理解公式的运算过程。

10.3　认识单元格引用

单元格是工作表的最小组成元素，以左上角第一个单元格为原点，向下向右分别为行、列坐标的正方向，由此构成单元格在工作表上所处位置的坐标集合。在公式中使用坐标方式表示单元格在工作表中的地址，实现对存储于单元格中的数据的调用，这种方法称为单元格引用。

在公式中引用单元格时，如果工作表插入或删除行、列，公式中的引用位置会自动更改，如图 10-5 所示。

如果删除了被引用的单元格区域或是删除了被引用的工作表，公式则会出现引用错误，如图 10-6 所示。

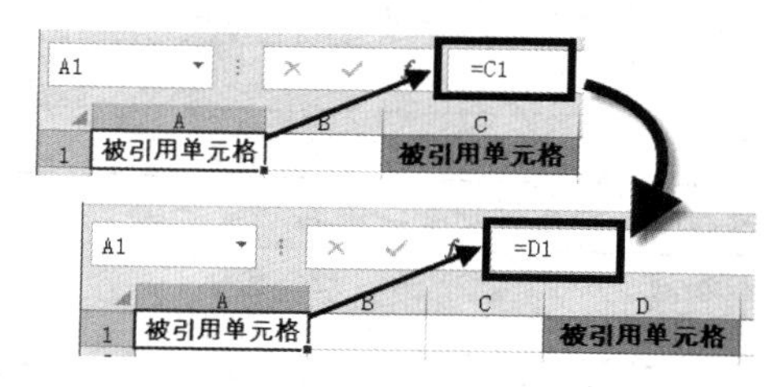

图 10-5　插入列后引用位置自动更改

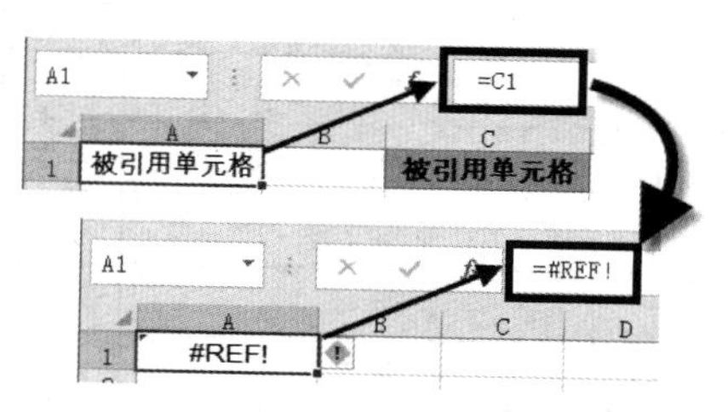

图 10-6　删除 C 列后出现引用错误

10.3.1 A1 引用样式和 R1C1 引用样式

Excel 中的引用方式包括 A1 引用样式和 R1C1 引用样式两种。

Ⅰ A1 引用样式

在默认情况下，Excel 使用 A1 引用样式，单元格地址由列标和行号组合而成，列标在前，行号在后，用字母 A~XFD 表示列标，用数字 1~1048576 表示行号。通过单元格所在的列标和行号，可以准确地定位一个单元格。例如，A1 即表示该单元格位于 A 列第 1 行，是 A 列和第 1 行交叉处的单元格。

如果要在公式中引用某个单元格区域，可顺序输入该区域左上角单元格的地址、半角冒号（:）和该区域右下角单元格的地址，也可以通过鼠标选取。

不同 A1 引用样式的示例如表 10-3 所示。

表 10-3 A1 引用样式示例

表达式	引用
C5	C 列第 5 行的单元格
D15:E20	D 列第 15 行到 E 列第 20 行的单元格区域
9:9	第 9 行的所有单元格
C:C	C 列的所有单元格

Ⅱ R1C1 引用样式

如图 10-7 所示，依次单击【文件】→【选项】选项，打开【Excel 选项】对话框。切换到【公式】选项卡下，在【使用公式】区域中选中【R1C1 引用样式】复选框，可以启用 R1C1 引用样式。

如图 10-8 所示，使用 R1C1 引用样式时，工作表中的列标和行号都将显示为数字。使用字母“R”加行数字，结合字母“C”加列数字的方式来指示单元格的位置。R1C1 即指该单元格位于工作表中的第 1 行第 1 列。其中字母“R”“C”分别是英文“Row”“Column”（行、列）的首字母，其后的数字则表示相应的行号和列号。

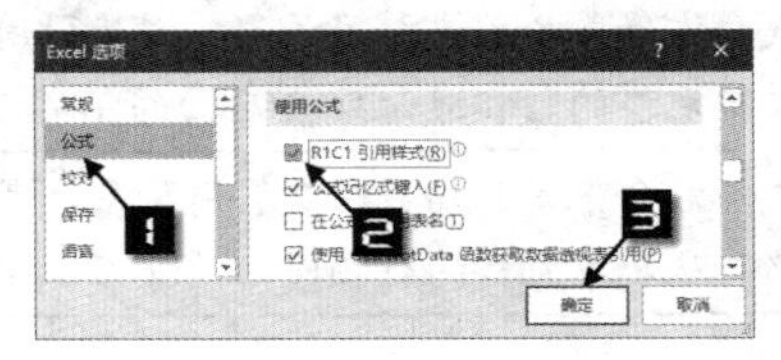

图 10-7 启用 R1C1 引用样式

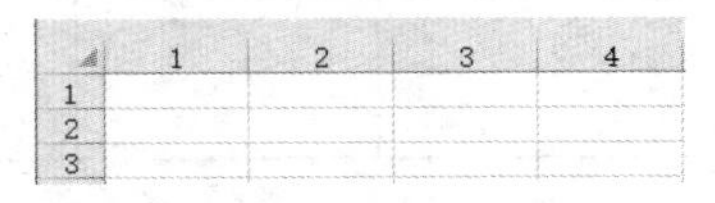

图 10-8 R1C1 引用样式

不同 R1C1 引用样式的示例如表 10-4 所示。

表 10-4 R1C1 引用样式示例

表达式	引用
R5C3	第 5 行第 3 列的单元格，即 C5 单元格
R15C4:R20C4	第 15 行第 4 列到第 20 行第 4 列的单元格区域
R9	第 9 行的所有单元格
C3	第 3 列的所有单元格

10.3.2 相对引用、绝对引用和混合引用

在公式中的引用具有以下关系：如果 A1 单元格公式为“=B1”，那么 A1 就是 B1 的引用单元格，B1 就是 A1 的从属单元格。从属单元格与引用单元格之间的位置关系称为单元格引用的相对性，可分为 3 种不同的引用方式，即相对引用、绝对引用和混合引用，用美元符号“$”进行区别。

Ⅰ 相对引用

当复制公式到其他单元格时，Excel 保持从属单元格与引用单元格的相对位置不变，称为相对引用。

例如，使用 A1 引用样式时，在 B2 单元格输入公式：=A1，当公式向右复制时，将依次变为 =B1、=C1、=D1……当公式向下复制时，将依次变为 =A2、=A3、=A4……也就是始终保持引用公式所在单元格的左侧 1 列、上方 1 行位置的单元格。

在 R1C1 引用样式中，需要在行号或列标的数字外侧添加标识符“[ ]”，标识符中的正数表示右侧、下方的单元格，负数表示左侧、上方的单元格，如 =R[-1]C[-1]。

Ⅱ 绝对引用

当复制公式到其他单元格时，Excel 保持公式所引用的单元格绝对位置不变，称为绝对引用。

在 A1 引用样式中，如果希望复制公式时能够固定引用某个单元格地址，就需要在行号和列标前添加绝对引用符号 $。如在 B2 单元格输入公式：=$A$1，当公式向右或向下复制时，始终保持引用 A1 单元格不变。

在 R1C1 引用样式中的绝对引用写法为：=R1C1。

Ⅲ 混合引用

当复制公式到其他单元格时，Excel 仅保持所引用单元格的行或列方向之一的绝对位置不变，而另一个方向的位置发生变化，这种引用方式称为混合引用。混合引用可分为对行绝对引用、对列相对引用及对行相对引用、对列绝对引用两种。

假设公式放在 B1 单元格中，各引用类型的特性如表 10-5 所示。

表 10-5 单元格引用类型及特性

引用类型	A1 样式	R1C1 样式	特性
绝对引用	=$A$1	=R1C1	公式向右向下复制不改变引用关系
行绝对引用、列相对引用	=A$1	=R1C[-1]	公式向下复制不改变引用关系
行相对引用、列绝对引用	=$A1	=RC1	公式向右复制不改变引用关系，因为引用单元格与从属单元格的行相同，故 R 后面的 1 省去
相对引用	=A1	=RC[-1]	公式向右向下复制均会改变引用关系，因为引用单元格与从属单元格的行相同，故 R 后面的 1 省去

示例10-1 制作九九乘法表

在 Excel 中制作九九乘法表是混合引用的典型应用之一，图 10-9 是一份在 Excel 中制作完成的九九乘法表，B2:J10 单元格区域是由数字、符号“×”、等号“=”和公式计算出的乘积组成的字符串。

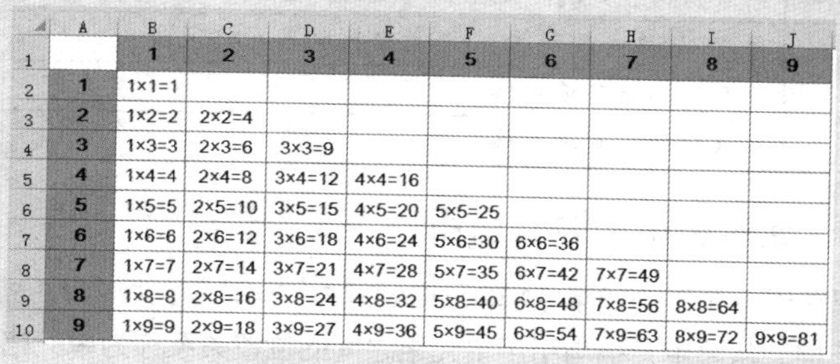

	A	B	C	D	E	F	G	H	I	J
1		1	2	3	4	5	6	7	8	9
2	1	1×1=1								
3	2	1×2=2	2×2=4							
4	3	1×3=3	2×3=6	3×3=9						
5	4	1×4=4	2×4=8	3×4=12	4×4=16					
6	5	1×5=5	2×5=10	3×5=15	4×5=20	5×5=25				
7	6	1×6=6	2×6=12	3×6=18	4×6=24	5×6=30	6×6=36			
8	7	1×7=7	2×7=14	3×7=21	4×7=28	5×7=35	6×7=42	7×7=49		
9	8	1×8=8	2×8=16	3×8=24	4×8=32	5×8=40	6×8=48	7×8=56	8×8=64	
10	9	1×9=9	2×9=18	3×9=27	4×9=36	5×9=45	6×9=54	7×9=63	8×9=72	9×9=81

图 10-9 九九乘法表

制作九九乘法表之前，首先要确定使用哪种引用方式。

观察其中的规律可以发现，在 B2:B10 单元格区域中，“×”前面的数字都是引用了该列首行 B1 单元格中的值 1。以后各列中“×”前面的数字都是引用了公式所在列首行单元格中的值。因此可以确定“×”前面的数字的引用方式为对列相对引用、对行绝对引用。

在 B10:J10 单元格区域中，“×”后面的数字都是引用了首列 A10 单元格中的值 9。之前各行中“×”后的数字都是引用了公式所在行首列单元格中的值。因此可以确定“×”后面的数字为对列绝对引用、对行相对引用。

操作步骤如下。

步骤① 在 B1:J9 单元格区域和 A2:A10 单元格区域依次输入 1 至 9 的数值。

步骤② 在 B2 单元格输入以下公式，复制到 B2:J10 单元格区域。

```
=IF(B$1>$A2,"",B$1&"×"&$A2&"="&B$1*$A2)
```

公式先使用 IF 函数进行判断，如果 B$1>$A2 条件成立，也就是首行中的数字大于等于首列的数字，则返回为空文本。否则返回 B$1&" × "&$A2&"="&B$1*$A2 部分的计算结果。

公式中的 B$1 部分，“$”符号在行号之前，表示使用对列相对引用、对行绝对引用。

$A2 部分，“$”符号在列标之前，表示使用对列绝对引用、对行相对引用。

用连接符“&”分别连接 B$1、“×”、$A1、“=”及 B$1*$A1 的计算结果，得到一个简单的九九乘法表。

关于 IF 函数的详细用法，请参阅第 13 章。

❖ IV　快速切换引用类型

当在公式中输入单元格地址时，可以连续按 <F4> 功能键，在 4 种不同的引用类型中进行循环切换，其顺序如下。

绝对引用→对行绝对引用、对列相对引用→对行相对引用、对列绝对引用→相对引用。

在 A1 引用样式中输入公式：=B2，依次按 <F4> 键，引用类型切换顺序如下。

```
$B$2 → B$2 → $B2 → B2
```

在 R1C1 引用样式中输入公式：=R[1]C[1]，依次按 <F4> 键，引用类型切换顺序如下。

```
R2C2 → R2C[1] → R[1]C2 → R[1]C[1]
```

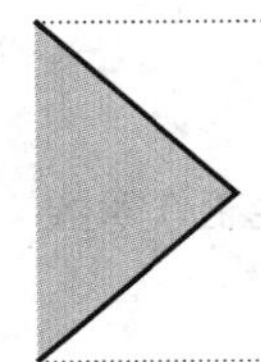

关于公式中的引用方式，请扫描右侧二维码观看视频讲解。

10.3.3　跨工作表引用和跨工作簿引用

➲ I　引用其他工作表中的单元格区域

使用公式计算时，可以根据需要引用其他工作表的单元格区域。如果要引用其他工作表的单元格区域，需要在单元格地址前加上工作表名和半角叹号“!”，例如，以下公式就表示对 Sheet2 工作表 A1

单元格的引用。

```
=Sheet2!A1
```

也可以在公式编辑状态下，首先单击相应的工作表标签，然后再选取单元格区域。

示例10-2 引用其他工作表中的单元格区域

如图 10-10 所示，需要在“汇总”工作表计算 Sheet1 工作表中的商品总金额。

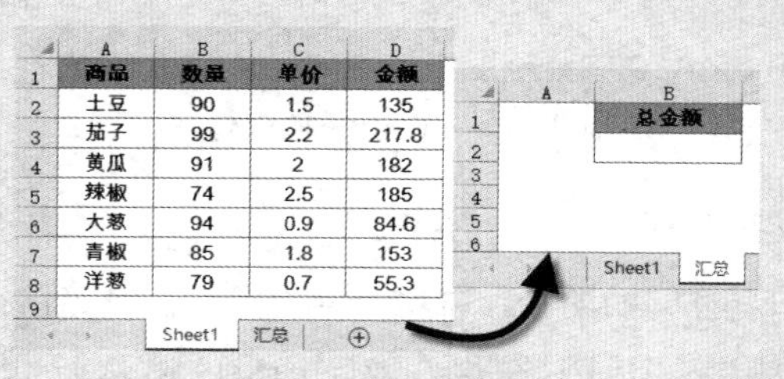

	A	B	C	D
1	商品	数量	单价	金额
2	土豆	90	1.5	135
3	茄子	99	2.2	217.8
4	黄瓜	91	2	182
5	辣椒	74	2.5	185
6	大葱	94	0.9	84.6
7	青椒	85	1.8	153
8	洋葱	79	0.7	55.3

图 10-10　汇总表

操作步骤如下。

步骤① 在“汇总”工作表 B2 单元格中输入等号，然后输入用于求和的函数名“SUM”，再输入左括号“(”。

步骤② 单击 Sheet1 工作表标签，拖动鼠标选择 D2:D8 单元格区域，最后输入右括号“)”，按 <Enter> 键结束编辑。完成后的公式如下。

```
=SUM(Sheet1!D2:D8)
```

跨表引用的表示方式为“工作表名 + 半角感叹号 + 引用区域”。当所引用的工作表名是以数字开头或包含空格和某些特殊字符时，公式中的工作表名称两侧需要添加半角单引号（'）。

如果更改了被引用的工作表名，公式中的工作表名会自动更改。例如，将上述示例中的 Sheet1 工作表的工作表标签修改为“2 月”时，引用公式将变为：

```
=SUM('2 月'!D2:D8)
```

➲ II　引用其他工作簿中的工作表区域

当引用的单元格与公式所在单元格不在同一工作簿中时，其表示方式为：

```
[工作簿名称]工作表名!单元格引用
```

如果关闭了被引用的工作簿，公式中会自动添加被引用工作簿的路径。当打开引用了其他工作簿数据的 Excel 工作簿，且被引用的工作簿没有打开，则会出现如图 10-11 所示的安全警告。

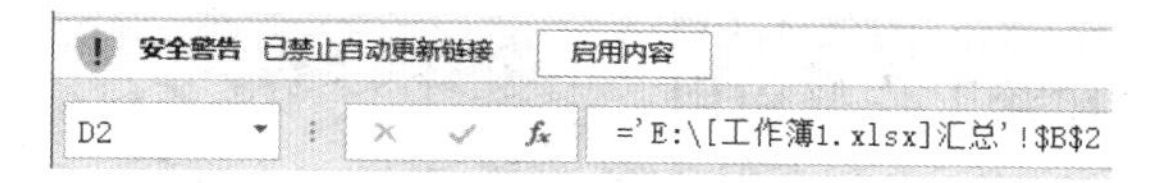

图 10-11　安全警告

用户可以单击【启用内容】按钮更新链接，但如果被引用的工作簿没有打开，部分函数在跨工作簿引用时会返回错误值。因此，为了便于数据管理，在公式中应尽量减少直接跨工作簿的数据引用。

➲ Ⅲ　引用连续多工作表相同区域

在使用 SUM（求和）、AVERAGE（计算平均值）函数等进行简单的多工作表计算汇总时，如果需要引用多个相邻工作表的相同单元格区域，可以使用特殊的引用方式，而无须逐个对工作表的单元格区域进行引用。

如图 10-12 所示，需要在“汇总”工作表中，计算“1 月”~“5 月”各工作表中 D2:D8 单元格区域的金额总和。

	A	B	C	D	E
1	商品	数量	单价	金额	
2	土豆	90	1.5	135	
3	茄子	99	2.2	217.8	
4	黄瓜	91	2	182	
5	辣椒	74	2.5	185	
6	大葱	94	0.9	84.6	
7	青椒	85	1.8	153	
8	洋葱	79	0.7	55.3	
9					

1月 | 2月 | 3月 | 4月 | 5月 | 汇总

图 10-12　Ⅲ引用连续多工作表相同区域

方法 1：在“汇总”工作表的 B2 单元格中输入“=SUM(”，然后单击最左侧的“1 月”工作表标签，按住 <Shift> 键不放，单击“5 月”工作表标签，拖动鼠标选取 D2:D8 单元格区域，最后输入右括号“)”，按 <Enter> 键结束公式编辑，得到以下公式：

```
=SUM('1月:5月'!D2:D8)
```

方法 2：在“汇总”工作表 B2 单元格输入以下公式，将自动根据工作表的位置关系，对除公式所在工作表之外的其他工作表 D2:D8 单元格区域求和。

```
=SUM('*'!D2:D8)
```

公式中，使用通配符“*”代表公式所在工作表之外的所有其他工作表名称。由于公式输入后，Excel 会自动将通配符转换为实际的引用，因此，当工作表标签位置或单元格引用发生改变时，需要重新编辑公式，否则会导致公式运算错误。

10.3.4　表格中的结构化引用

“表格”是指在【插入】选项卡下通过【表格】命令将普通数据区域转换为具有某些特殊功能的数据列表。

打开【Excel 选项】对话框，切换到【公式】选项卡，选中【在公式中使用表名】复选框，单击【确定】按钮退出对话框，即可使用结构化引用来表示表格区域中的单元格，如图 10-13 所示。

如图 10-14 所示，A1:D8 单元格区域已经转换为“表格”。在 F2 单元格中输入用于求和的函数名称“SUM”和左括号，再用鼠标选取 D2:D8 单元格区域，公式中的单元格地址将自动转换为表名和字段标题“表 1[金额]”。

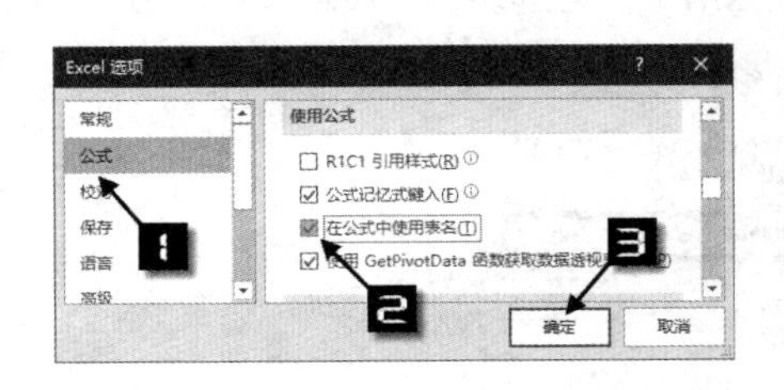

图 10-13　在公式中使用表名

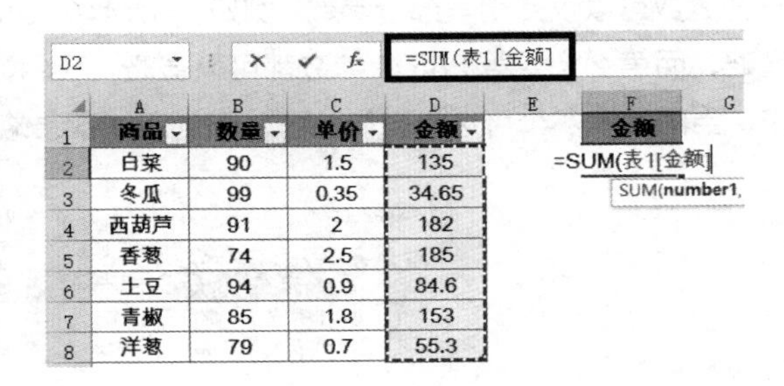

D2　=SUM(表1[金额])

	A	B	C	D	E	F	G
1	商品	数量	单价	金额		金额	
2	白菜	90	1.5	135		=SUM(表1[金额])	
3	冬瓜	99	0.35	34.65			
4	西葫芦	91	2	182			
5	香葱	74	2.5	185			
6	土豆	94	0.9	84.6			
7	青椒	85	1.8	153			
8	洋葱	79	0.7	55.3			

SUM(number1,

图 10-14　公式中的结构化引用

如果将公式中的“金额”修改为“数量”，将得到 B 列所有数量的总和。

10.4 认识 Excel 函数

10.4.1 函数的概念和特点

Excel 的工作表函数是预先定义并按照特定的顺序和结构，来执行计算、分析等数据处理任务的功能模块。Excel 函数只有唯一的名称且不区分大小写，每个函数都有特定的功能和用途。

函数具有简化公式、提高编辑效率的特点，可以执行使用其他方式无法实现的数据汇总任务。

某些简单的计算可以通过自行设计的公式完成，例如，需要对 A1:A3 单元格求和时，可以使用 =A1+A2+A3 完成，但如果要对 A1~A100 或更大范围的单元格区域求和，逐个单元格相加的做法将变得无比繁杂、低效。使用 SUM 函数则可以大大简化这些公式，使之更易于输入和修改，以下公式可以得到 A1~A100 单元格中所有数值的和。

```
=SUM(A1:A100)
```

其中，SUM 是求和函数，A1:A100 是需要求和的区域，表示对 A1:A100 单元格区域执行求和计算。

此外，有些函数的功能是自编公式无法完成的，例如，使用 RAND 函数产生大于等于 0 小于 1 的随机值等。

使用函数公式对数据汇总，相当于在数据之间搭建了一个关系模型，当数据源中的数据发生变化时，无需对函数公式再次编辑，即可实时得到最新的计算结果。同时，可以将已有的函数公式快速应用到具有相同样式和相同运算规则的新数据源中。

10.4.2 函数的结构

在公式中使用函数时，通常有表示公式开始的等号、函数名称、左括号、以半角逗号相间隔的参数，和右括号。此外，公式中允许使用多个函数或计算式，使用不同的运算符进行连接。

部分函数允许多个参数，如公式 SUM(A1:A10,C1:C10) 就是使用了 A1:A10 和 C1:C10 两个参数。也有一些函数没有参数或可省略参数，例如，NOW 函数、RAND 函数、PI 函数等没有参数，仅由等号、函数名称和一对括号组成。

函数的参数可以使用常量、单元格引用或其他函数的结果。当使用一个函数的结果作为另一个函数的参数时，称为函数的嵌套。

10.4.3 可选参数与必需参数

一些函数可以仅使用其部分参数，例如，SUM 函数可支持 255 个参数，其中第 1 个参数为必需参数，不能省略，而第 2 个至第 255 个参数都可以省略。在函数语法中，可选参数一般用一对方括号“[ ]”包含起来，当函数有多个可选参数时，可从右向左依次省略参数，如图 10-15 所示。

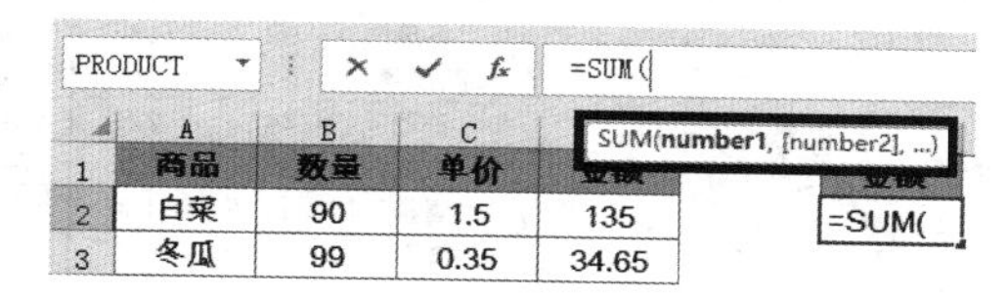

图 10-15 函数语法屏幕提示

此外，在公式中有些参数可以省略参数值，在前一参数后仅跟一个逗号，用于保留参数的位置，这种方式称为“省略参数的值”或“简写”，常用于代替逻辑值 FALSE、数值 0 或空文本等参数值。

10.4.4　常用函数类型

根据不同的功能和应用领域，Excel 中的函数可分为 12 种类型：文本函数、信息函数、逻辑函数、查找和引用函数、日期和时间函数、统计函数、数学和三角函数、财务函数、工程函数、多维数据集函数、兼容性函数和 Web 函数等。

其中，兼容性函数是对早期版本中的函数进行了精确度的改进，或是为了更好地反映其用法而更改了函数的名称。

在实际应用中，函数的功能被不断开发挖掘，不同类型的函数能够解决的问题也不仅仅局限于某个类型。函数的灵活性和多变性，也正是学习函数公式的乐趣所在。Excel 2016 中的内置函数有数百个，但是这些函数并不需要全部学习，掌握使用频率较高的几十个函数及这些函数的组合嵌套使用，就可以应对工作中的绝大部分任务。

10.4.5　函数的易失性

有时用户打开一个工作簿不做任何更改直接关闭时，Excel 也会弹出“是否保存对文档的更改”的提示对话框，这是因为该工作簿中用到了易失性函数。

如果在工作表中使用了易失性函数，每激活一个单元格或在一个单元格输入数据，甚至只是打开工作簿，具有易失性的函数都会自动重新计算。

提示
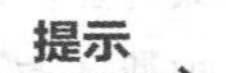

易失性函数在以下情形下不会引发自动重新计算。

- ❖ 工作簿的重新计算模式设置为“手动”时。
- ❖ 当手工设置列宽、行高而不是双击调整为合适列宽时，但隐藏行或设置行高值为 0 除外。
- ❖ 当设置单元格格式或其他更改显示属性的设置时。
- ❖ 激活单元格或编辑单元格内容，但按 <Esc> 键取消时。

常见的易失性函数主要有以下几种。

- ❖ 获取随机数的 RAND 和 RANDBETWEEN 函数，每次编辑会自动产生新的随机数。
- ❖ 获取当前日期、时间的 TODAY 函数、NOW 函数，每次返回当前系统的日期、时间。
- ❖ 返回单元格引用的 OFFSET 函数、INDIRECT 函数，每次编辑都会重新定位实际的引用区域。
- ❖ 获取单元格信息的 CELL 函数和 INFO 函数，每次编辑都会刷新相关信息。

10.5　输入函数的几种方式

10.5.1　使用【自动求和】按钮插入函数

在【公式】选项卡下的【函数库】命令组中，有一个图标为 Σ 的【自动求和】按钮，在【开始】选项卡【编辑】命令组中也有此按钮。默认情况下，单击【自动求和】按钮或按 <Alt+=> 组合键，将在工作表中插入用于求和的 SUM 函数。

单击【自动求和】下拉按钮，在下拉列表中包括求和、平均值、计数、最大值和最小值等选项，如图 10-16 所示。

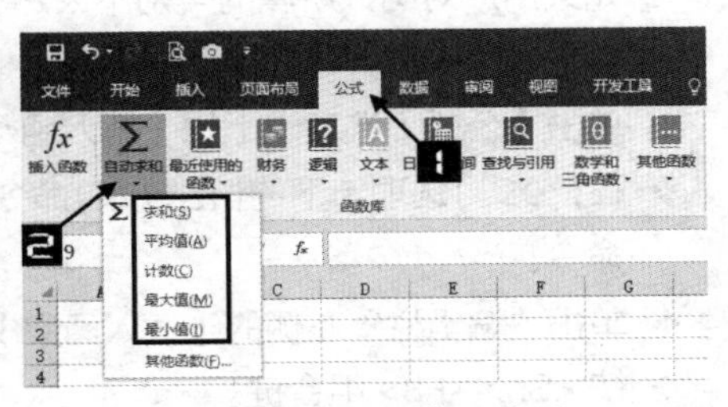

图 10-16　自动求和选项

示例10-3 使用自动求和按钮快速求和

如图 10-17 所示，是不同商品在各店铺的销售记录，需要对每个店铺和每种商品的销售数量分别进行求和汇总。

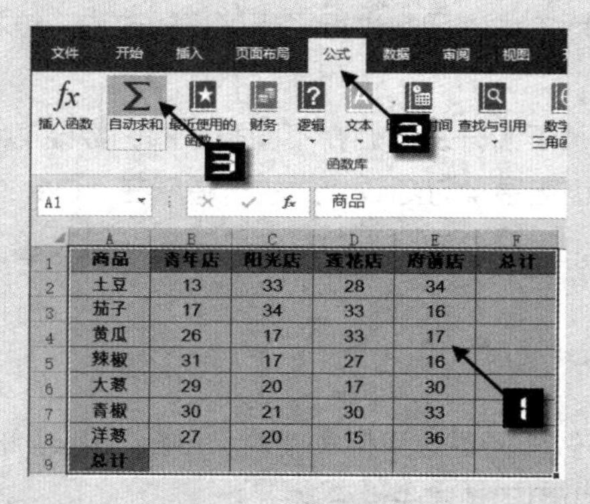

图 10-17 使用自动求和按钮快速求和

选中 A1:F9 单元格区域，单击【公式】选项卡下的【自动求和】按钮，即可在 A9~E9 单元格区域得到每一列的求和结果，在 F2~F9 单元格区域得到每一行的求和结果。

当要计算的表格区域处于筛选状态时，单击【自动求和】按钮将应用 SUBTOTAL 函数的相关功能，以便在筛选状态下进行求和、平均值、计数、最大值、最小值等汇总计算。关于 SUBTOTAL 函数，请参阅第 17 章。

10.5.2 使用函数库插入已知类别的函数

在【公式】选项卡下的【函数库】命令组中，Excel 按照内置函数分类提供了【财务】【逻辑】【文本】等多个下拉按钮。在【其他函数】下拉列表中还提供了【统计】【工程】【多维数据集】【信息】【兼容性】和【Web】等函数扩展菜单。

用户可以根据需要和分类插入函数，还可以从【最近使用的函数】下拉列表中选取最近使用过的 10 个函数，如图 10-18 所示。

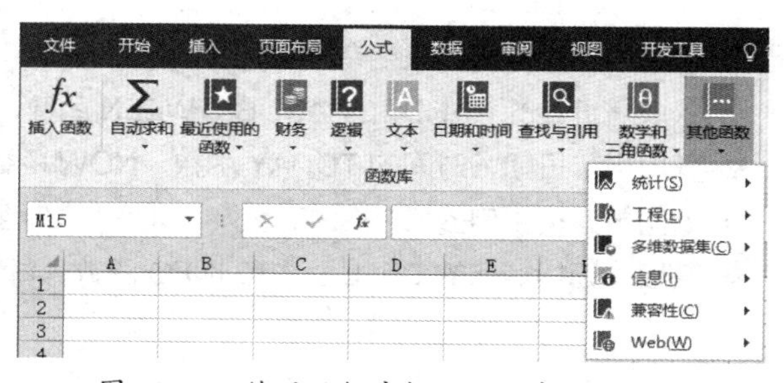

图 10-18 使用函数库插入已知类别的函数

10.5.3 使用“插入函数”向导搜索函数

如果用户对函数所属的类别不太熟悉，还可以使用【插入函数】对话框来选择或搜索所需函数。以下 4 种方法均可打开【插入函数】对话框。

- ❖ 单击【公式】选项卡上的【插入函数】按钮。
- ❖ 在【公式】选项卡下的【函数库】命令组中，单击函数类别下拉按钮，在扩展菜单底部单击【插入函数】命令。
- ❖ 单击“编辑栏”左侧的【插入函数】按钮 *fx* 。
- ❖ 按 <Shift+F3> 组合键。

如图 10-19 所示，在【搜索函数】编辑框中输入关键字“频率”，单击【转到】按钮，对话框中将显示推荐的函数列表，选择具体函数后，单击【确定】按钮，即可插入该函数并切换到【函数参数】对话框。

在【函数参数】对话框中，从上而下主要由函数名、参数编辑框、函数简介及参数说明和计算结果等几部分组成。其中，参数编辑框允许直接输入参数或单击右侧折叠按钮以选取单元格区域，在右侧将实时显示输入参数的值，如图 10-20 所示。

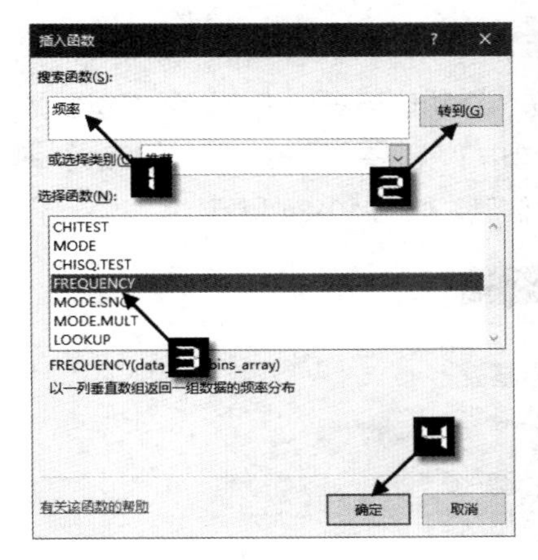

图 10-19　搜索函数

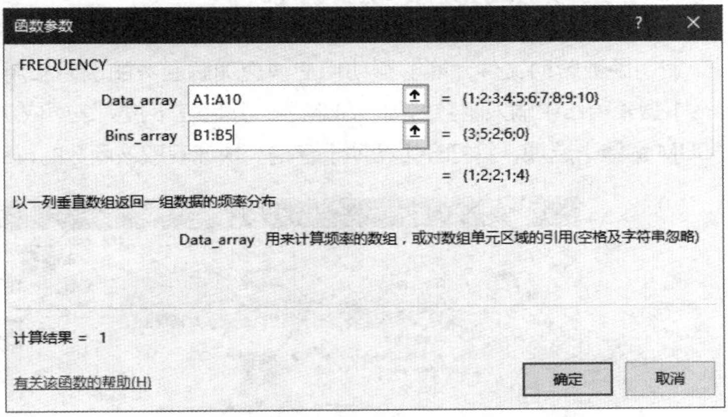

图 10-20　【函数参数】对话框

10.5.4　手工输入函数

如果知道所需函数名的全部或开头部分字母，可以直接在单元格或编辑栏中手工输入函数。Excel 的“公式记忆式键入”功能能够根据用户输入公式时的关键字，在屏幕上显示备选的函数和已定义的名称列表，帮助用户快速完成公式。

例如，在单元格中输入“=SU”后，Excel 将自动显示所有以“=SU”开头的函数扩展下拉列表。通过在扩展下拉菜单中移动【↑】【↓】方向键或使用鼠标选择需要的函数，双击或按 <Tab> 键即可将此函数添加到当前的编辑位置。

随着输入字符的增加，扩展下拉菜单将逐步缩小范围，如图 10-21 所示。

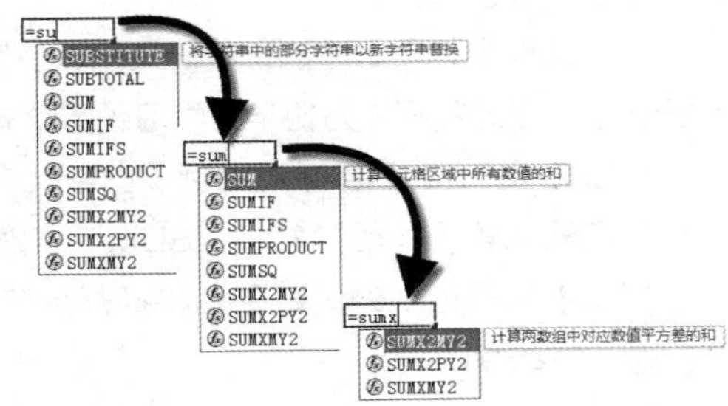

图 10-21　公式记忆式键入

10.5.5　活用函数屏幕提示工具

用户在单元格中或编辑栏中编辑公式时，当正确完整地输入函数名称及左括号后，在编辑位置附近会自动出现悬浮的【函数屏幕提示】工具条，可以帮助用户了解函数语法中的参数名称、可选参数或必需参数等。

提示信息中包含了当前输入的函数名称及完成此函数所需要的参数。如图 10-22 所示，输入的 TIME 函数包括了 3 个参数，分别为 hour、minute 和 second，当前光标所在位置的参数以加粗字体显示。

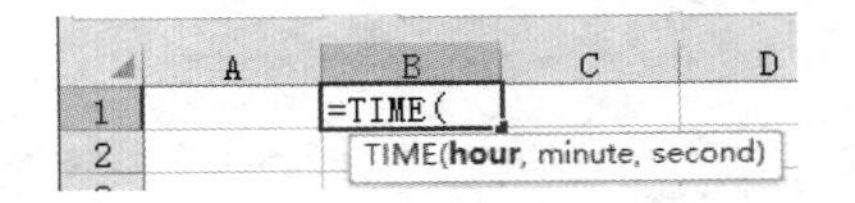

图 10-22　函数屏幕提示

如果公式中已经输入了函数参数，单击【函数屏幕提示】工具条中的某个参数名称时，编辑栏中会自动选择该参数所在部分的公式，并以灰色背景突出显示，如图 10-23 所示。

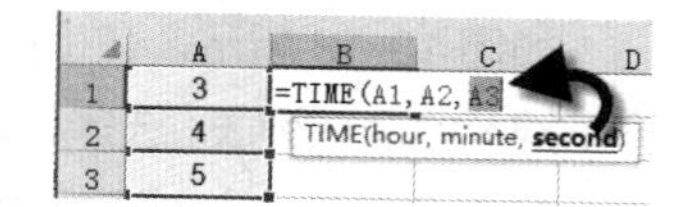

图 10-23　快速选择函数参数

10.6　查看函数帮助文件

使用函数帮助文件，能够帮助用户快速理解函数的说明和用法。在功能区右侧【告诉我你想要做什么】搜索窗口中输入函数名称“SUM”，然后在下拉列表中依次单击【获取有关“SUM”的帮助】→【SUM 函数】选项，将打开【帮助】窗格，快速获取该函数的帮助信息，如图 10-24 所示。

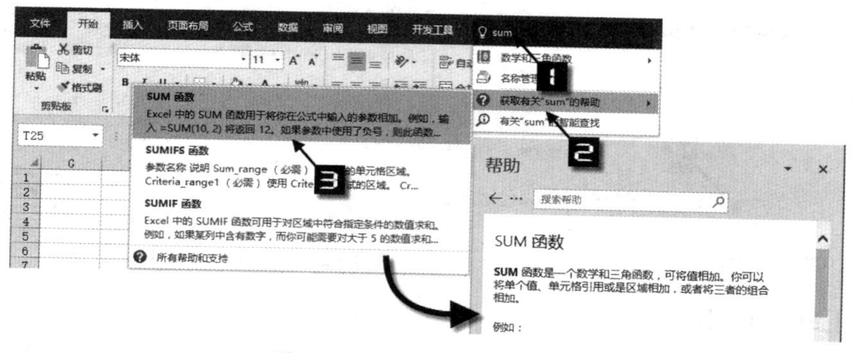

图 10-24　获取函数帮助信息

Excel 2016 的函数帮助文件只能在线使用，因此需要计算机能够正常联网，如果网络环境较差，打开速度会有所延迟。

帮助文件中包括函数的说明、语法、参数及简单的函数示例等，尽管帮助文件中的函数说明有些还不够透彻，但仍然不失为初学者学习函数公式的好帮手。

仍以查看 SUM 函数帮助为例，也可以使用以下几种方法实现。

❖ 依次输入等号和函数名称“SUM”，然后按 <F1> 键。或是输入等号和函数名后单击【函数屏幕提示】工具条上的函数名，将打开系统默认浏览器并跳转到关于该函数的在线帮助文件页面，如图 10-25 所示。

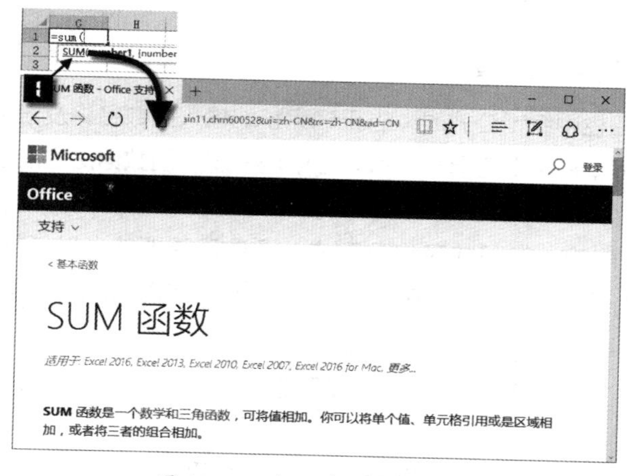

图 10-25　打开在线帮助文件

如果输入等号和函数名称“SUM”及左括号，再按 <F1> 键时，将在 Excel 窗口右侧打开【帮助】窗格。

- 在【插入函数】对话框中选中函数名称，单击左下角的【有关该函数的帮助】命令，也会打开系统默认浏览器，并跳转到关于该函数的在线帮助文件页面，如图 10-26 所示。
- 直接按 <F1> 键打开【帮助】窗格，在【搜索帮助】编辑框中输入函数名，单击【搜索】按钮，即可显示与之有关的函数帮助文档列表。在列表中单击函数名称，将打开关于该函数的帮助文件，如图 10-27 所示。

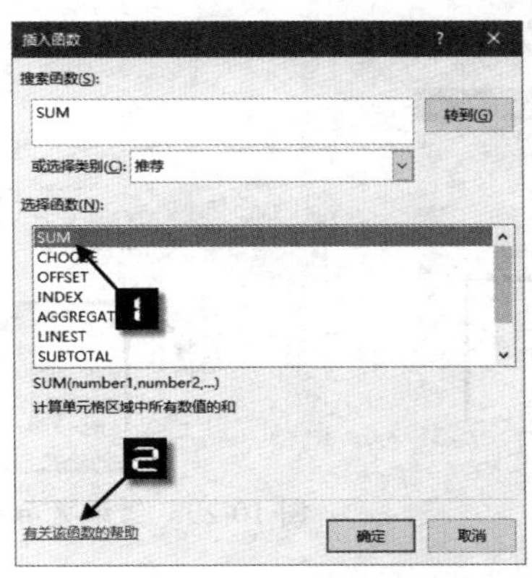

图 10-26　在【插入函数】对话框中打开帮助文件

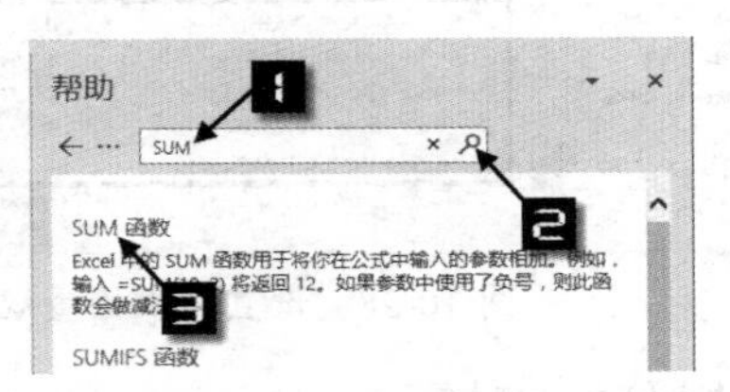

图 10-27　在【帮助】窗格中搜索关键字

10.7　使用公式的常见问题

10.7.1　常见错误列表

使用公式进行计算时，可能会因为某种原因而无法得到正确结果，在单元格中返回错误值。不同的错误值样式表示出现该错误值的原因，常见的错误值及其含义如表 10-6 所示。

表 10-6　常见错误值及其含义

错误值类型	含义
#####	当列宽不能完整地显示数字，或者使用了负的日期或负的时间时出现错误
#VALUE!	当使用的参数类型错误时出现错误
#DIV/0!	当数字被零（0）除时出现错误
#NAME?	公式中使用了未定义的文本名称
#N/A	通常情况下，查询类函数找不到可用结果时，会返回 #N/A 错误
#REF!	当被引用的单元格区域或被引用的工作表被删除时，返回 #REF! 错误
#NUM!	公式或函数中使用无效数字值时，如公式 =SMALL(A1:A6,7)，要在 6 个单元格中返回第 7 个最小值，则出现 #NUM! 错误
#NULL!	当用空格表示两个引用单元格之间的交叉运算符，但计算并不相交的两个区域的交点时，出现错误。如公式 =SUM(A:A B:B)，A 列与 B 列不相交

10.7.2 检查公式中的错误

Excel 提供了后台错误检查的功能。如图 10-28 所示，打开【Excel 选项】对话框，切换到【公式】选项卡下。在【错误检查】区域中选中【允许后台错误检查】复选框，然后在【错误检查规则】区域中根据需要再选中不同规则所对应的复选框，最后单击【确定】按钮结束设置。

当单元格中的公式与设置的错误检查规则相符时，单元格左上角将显示一个绿色小三角形智能标记。选定包含该智能标记的单元格，单元格左侧将出现感叹号形状的【错误提示器】下拉按钮，在其扩展菜单中包括公式错误的类型、关于此错误的帮助、显示计算步骤等信息，如图 10-29 所示。

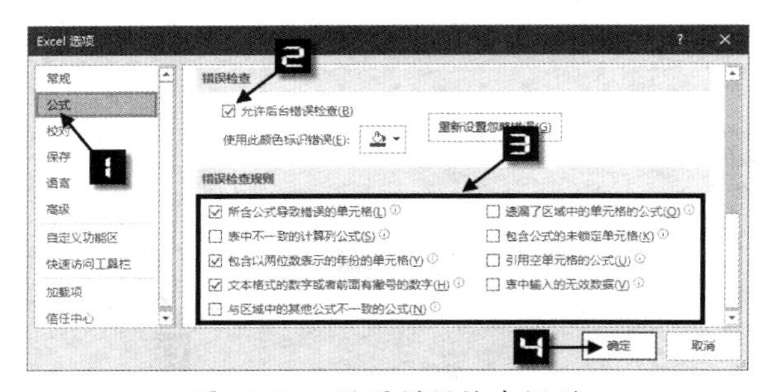

图 10-28 设置错误检查规则

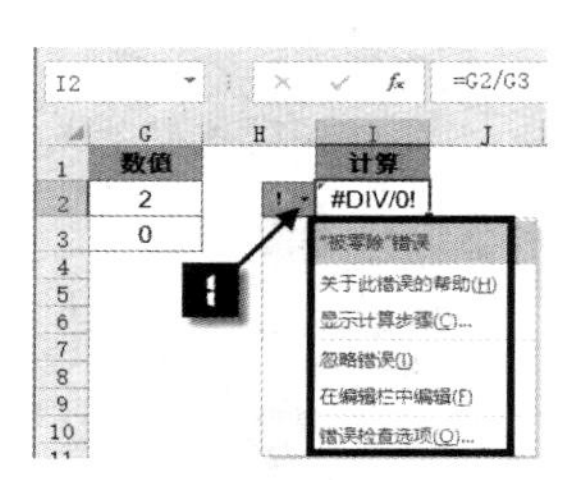

图 10-29 错误提示器

10.7.3 使用公式审核

在【公式】选项卡下的【公式审核】命令组中，包含了一组常用的公式检查命令，能够协助用户查找工作表中公式出现错误的原因。

➲ Ⅰ 错误检查

单击【错误检查】按钮，将弹出【错误检查】对话框，提示返回错误值的单元格地址和出错原因，并提供了关于此错误的帮助、显示计算步骤、忽略错误等选项。通过单击【上一个】按钮或【下一个】按钮，可以继续检查工作表中的其他公式结果是否为错误值，如图 10-30 所示。

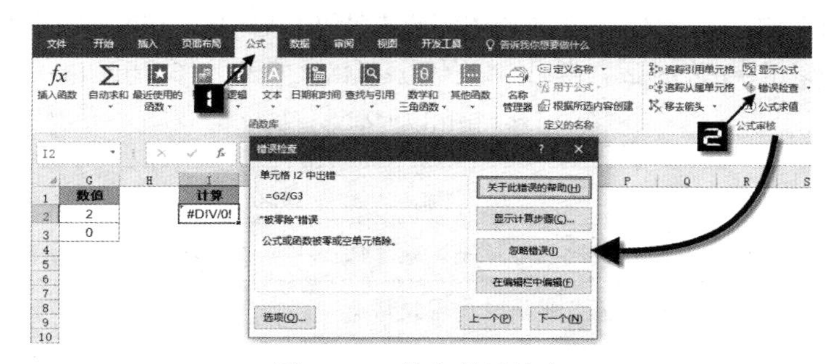

图 10-30 执行错误检查

选中出现错误值的单元格，依次单击【错误检查】→【追踪错误】选项，将在工作表中出现蓝色的追踪箭头，表示错误原因可能来自某个单元格，如图 10-31 所示。

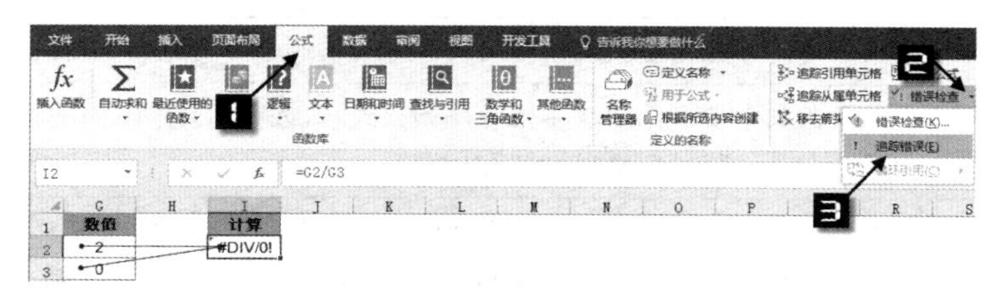

图 10-31 追踪错误来源

➲ II　追踪从属单元格和追踪引用单元格

选中单元格后，单击【追踪从属单元格】按钮，会以蓝色箭头标记当前单元格被哪个单元格引用。【追踪引用单元格】则用于标记当前单元格引用了哪些单元格中的数据。如不再需要显示追踪箭头，可单击【移去箭头】按钮。

➲ III　公式求值

选中包含公式的单元格，然后在【公式】选项卡中单击【公式求值】按钮，在弹出的【公式求值】对话框中单击【求值】按钮，能够查看分步计算结果，帮助用户了解公式的计算过程，如图 10-32 所示。

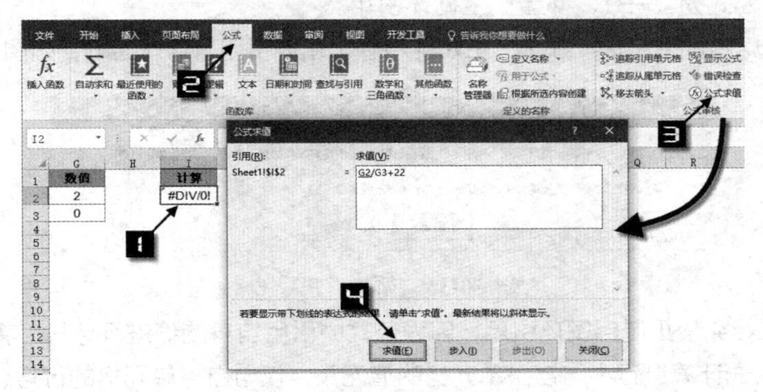

图 10-32　公式求值

如果公式中包含多项计算或使用了自定义名称，则可以单击【步入】按钮进入公式当前所计算的分支，并在【公式求值】对话框的【求值】区域显示该分支的运算结果，单击【步出】按钮可退出分支计算模式。

➲ IV　添加监视窗口

利用【监视窗口】功能，可以把重点关注的数据添加到监视窗口中，随时查看数据的变化情况。切换工作表或调整工作表滚动条时，【监视窗口】始终在最前端显示。

操作方法如下。

步骤① 单击【公式】选项卡中的【监视窗口】按钮，在弹出的【监视窗口】对话框中，单击【添加监视】按钮。

步骤② 在弹出的【添加监视点】对话框中单击右侧的折叠按钮选择目标单元格，最后单击【添加】按钮完成操作，如图 10-33 所示。

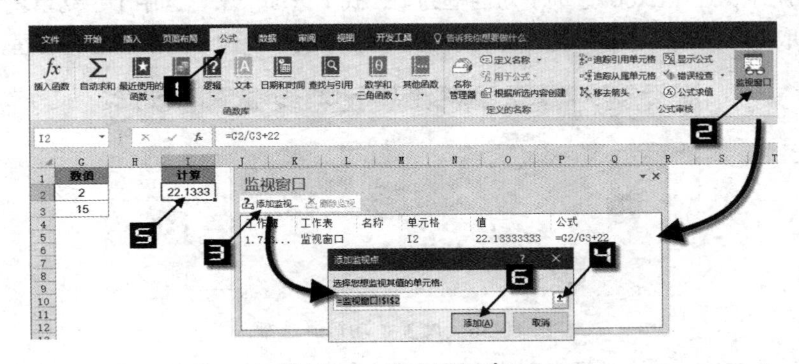

图 10-33　添加监视窗口

【监视窗口】会显示目标监视点单元格所属的工作簿、工作表、自定义名称、单元格、值及公式状况，并且可以随着这些项目的变化实时更新显示内容。【监视窗口】中可添加多个目标监视点，用户可根据需要拖动【监视窗口】窗口到工作区顶端位置，如图 10-34 所示。

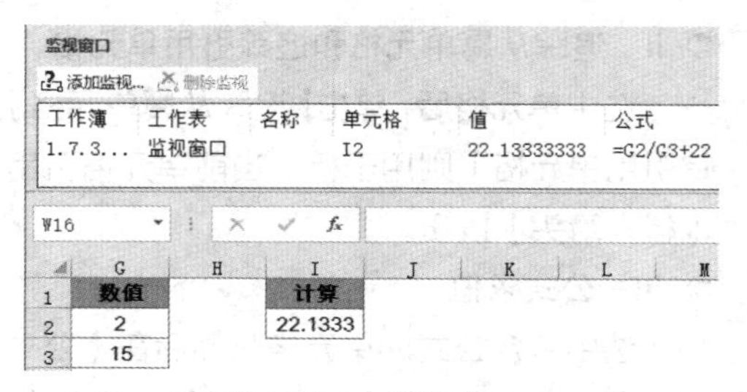

图 10-34　监视窗口

10.7.4　循环引用

当公式计算返回的结果需要依赖公式自身所在的单元格的值时，无论是直接还是间接引用，都称为循环引用。如 A1 单元格输入公式：=A1+1，或 B1 单元格输入公式：=A1，而 A1 单元格公式为：=B1，都会产生循环引用。当在单元格中输入包含循环引用的公式时，Excel 将弹出循环引用警告对话框，如图 10-35 所示。

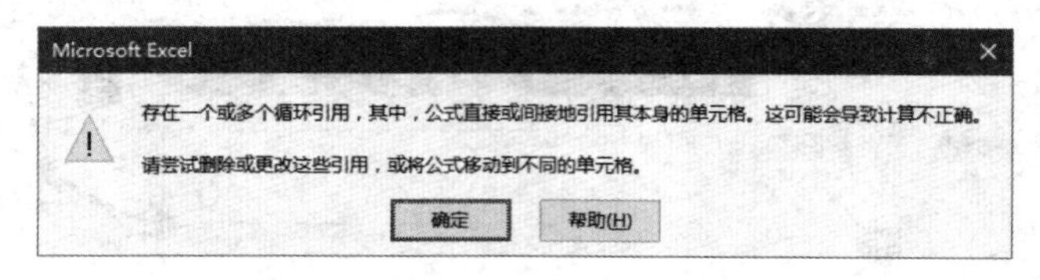

图 10-35　循环引用警告

默认情况下，Excel 禁止使用循环引用，因为公式中引用自身的值进行计算，将永无休止地计算而得不到答案。如果公式计算过程中与自身单元格的值无关，仅与自身单元格的行号、列标或者文件路径等属性相关，则不会产生循环引用。

10.7.5　显示公式本身

有些时候，当输入完公式并结束编辑后并未得到计算结果，而是显示公式本身，以下是两种可能的原因和解决方法。

- 在【公式】选项卡下，检查【显示公式】按钮是否处于选中状态。
- 检查单元格是否设置了“文本”格式。

10.7.6　自动重算和手动重算

在打开工作簿及编辑工作簿时，工作簿中的公式会默认执行重新计算。如果工作簿中使用了大量的公式，在录入数据期间会因为不断地重新计算而导致系统运行缓慢。通过设置工作簿计算的方式，可以减少编辑过程中对系统资源的占用。

如图 10-36 所示，在【Excel 选项】对话框的【公式】选项卡下，选中【手动重算】单选按钮，并根据需要选中或取消【保存工作簿前重新计算】复选框，单击【确定】按钮退出对话框。

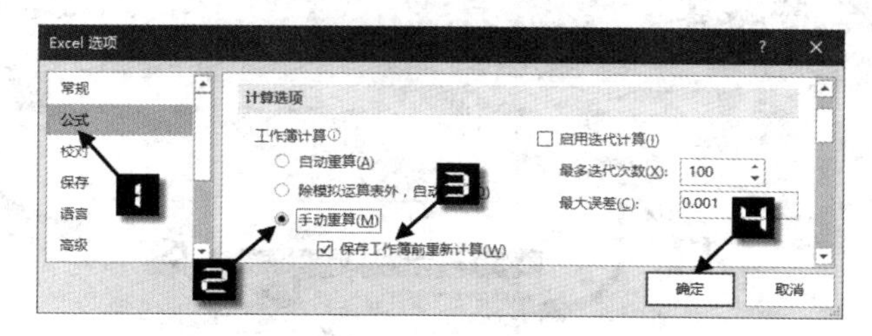

图 10-36　设置手动计算选项

此外，也可以单击【公式】选项卡下的【计算选项】下拉按钮，在下拉菜单中选择【手动】命令。当工作簿设置为“手动”计算模式时，使用不同的功能键或组合键，可以执行不同的重新计算效果，如表 10-7 所示。

表 10-7 重新计算按键的执行效果

按键	执行效果
F9	重新计算所有打开工作簿中，自上次计算后进行了更改的公式，以及依赖于这些公式的公式
Shift+F9	重新计算活动工作表中，自上次计算后进行了更改的公式，以及依赖于这些公式的公式
Ctrl+Alt+F9	重新计算所有打开工作簿中的所有公式，不论这些公式自上次重新计算后是否进行了更改
Ctrl+Shift+Alt+F9	重新检查相关的公式，然后重新计算所有打开工作簿中的所有公式，不论这些公式自上次重新计算后是否进行了更改

10.8 公式结果的检验和验证

当结束公式编辑后可能会出现错误值，或者可以得出计算结果但不是预期的值，为确保公式的准确性，需要对公式进行必要的检验和验证。

10.8.1 简单统计公式结果的验证

使用公式对单元格区域进行求和、平均值、极值、计数的简单统计时，可以借助状态栏进行验证。如图 10-37 所示，选择 A1:A4 单元格区域，状态栏上自动显示该区域的平均值、计数等结果，可以用来与 A5 单元格的公式计算结果进行简单验证。

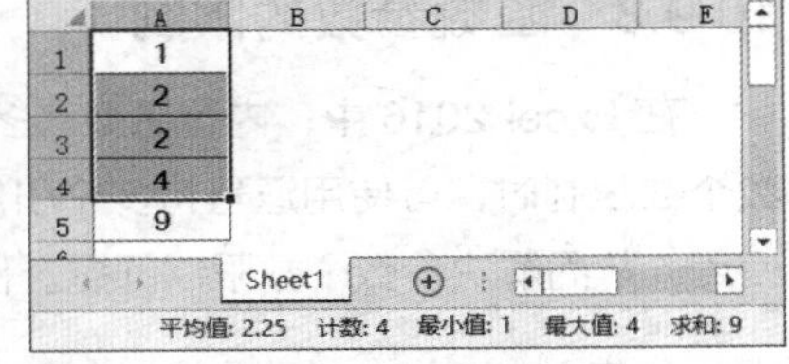

图 10-37 简单统计公式的验证

提示

右击状态栏，在弹出的扩展菜单中可以设置是否显示求和、平均值、最大值、最小值、计数和数值计数6个选项。

10.8.2 使用 <F9> 键查看运算结果

在公式编辑状态下，选择全部公式或其中的某一部分，按 <F9> 键，可以单独计算并显示该部分公式的运算结果。选择公式段时，必须包含一个完整的运算对象，比如选择一个函数时，则必须选定整个函数名称、左括号、参数和右括号，选择一段计算式时，不能截止到某个运算符而不包含其后面的必要组成元素。

提示

- ❖ 按 <F9> 键计算时，对空单元格的引用将识别为数值 0。
- ❖ 当选取的公式段运算结果字符过多时，将弹出【公式太长。公式的长度不得超过 8192 个字符】对话框。
- ❖ 在使用 <F9> 键查看公式运算结果后，可以按 <Esc> 键或单击编辑栏左侧的取消按钮 ×，使公式恢复原状。

10.9　函数与公式的限制

10.9.1　计算精度限制

Excel 计算精度为 15 位数字（含小数，即从左侧第 1 个不为 0 的数字开始算起），例如，在单元格中输入数字 123456789012345678 和 0.00123456789012345678，超过 15 位数字部分将自动变为 0，输入后的最终结果为：123456789012345000 和 0.00123456789012345。

> **提示**
>
> 在输入超过15位数字（如身份证号码）时，需事先设置单元格为文本格式后再进行输入，或输入时先输入半角单引号“'”，强制以文本形式存储数字，否则后3位数转为0之后将无法逆转。

10.9.2　公式字符限制

在 Excel 2016 中，公式内容的最大长度为 8192 个字符。实际应用中，如果公式长度达到数百个字符，就已经相当复杂，如果后期需要编辑、修改都会非常麻烦，也不便于其他用户快速理解公式的含义。可以借助排序、筛选、辅助列等手段，减少公式的长度和 Excel 的计算量。

10.9.3　函数参数的限制

在 Excel 2016 中，内置函数最多可以包含 255 个参数。当使用单元格引用作为函数参数且超过参数个数限制时，可使用逗号将多个引用区域间隔后用一对括号包含，形成合并区域，整体作为一个参数使用，从而解决参数个数限制问题。例如，

```
公式 1：=SUM(J3:K3,L3:M3,K7:L7,N9)
公式 2：=SUM((J3:K3,L3:M3,K7:L7,N9))
```

其中，公式 1 中使用了 4 个参数，而公式 2 利用“合并区域”引用，仅使用 1 个参数。

10.9.4　函数嵌套层数的限制

在 Excel 2016 中，函数的嵌套层数为 64 层。

第 11 章　使用命名公式——名称

本章主要介绍使用命名公式的方法与技巧，让读者认识并了解名称的分类和用途，能够运用名称解决日常应用中的一些具体问题。

本章学习要点

（1）了解名称的概念和用途。

（2）理解定义名称的方法。

（3）掌握名称命名的限制和管理。

11.1　认识名称

11.1.1　名称的概念

名称是一类较为特殊的公式，多数是由用户预先自行定义，但不存储在单元格中的公式。也有部分名称可以在创建表格、设置打印区域等操作时自动产生。

名称是被特殊命名的公式，也是以等号“=”开头，通常由单元格引用、函数公式等元素组成，已定义的名称可以在其他名称或公式中调用。除了可以通过模块化的调用使公式变得更加简洁外，名称在数据验证、条件格式、高级图表等应用上也都有广泛的用途。

11.1.2　名称的用途

（1）简化公式。

在一些较为复杂的公式中，可能需要重复使用相同的公式段进行计算，从而导致整个公式冗长，不利于阅读和修改。例如，以下公式中，包含了两个完全相同的部分。

```
=IF(SUM($B2:$F2)=0,0,G2/SUM($B2:$F2))
```

将其中 SUM($B2:$F2) 部分定义为“库存”，则公式可简化为：

```
=IF(库存=0,0,G2/库存)
```

（2）存储常量数据。

在一些查询计算中，常使用关系对照表作为查询依据。如果使用常量数组定义名称，则能够节省单元格存储空间，使表格更加简洁。

（3）解决数据验证和条件格式中无法使用常量数组的问题。

在数据验证和条件格式中不能直接使用含有常量数组的公式，但可以将常量数组定义为名称，然后在数据验证和条件格式中进行调用。

（4）应用宏表函数。

宏表函数不能直接在工作表的单元格中使用，必须通过定义名称来调用。

（5）为高级图表或数据透视表设置动态的数据源。

（6）通过设置数据验证制作二级下拉菜单或复杂的多级下拉菜单，简化输入。

11.1.3 名称的级别

根据名称的作用范围不同，可分为工作簿级名称和工作表级名称两种。工作表级名称仅能够在指定的工作表中应用，工作簿级名称的作用范围涵盖整个工作簿。

11.2 定义名称的方法

定义名称通常使用以下几种方法实现。

11.2.1 使用名称框定义名称

如图 11-1 所示，选中 B3:B8 单元格区域，在【名称框】内输入“姓名”后按 <Enter> 键确认，即可将该单元格区域定义名称为“姓名”。

使用【名称框】创建名称有一定的局限性，一是仅适用于当前已经选中的范围；二是如果名称已经存在，则不能使用【名称框】修改该名称引用的范围。

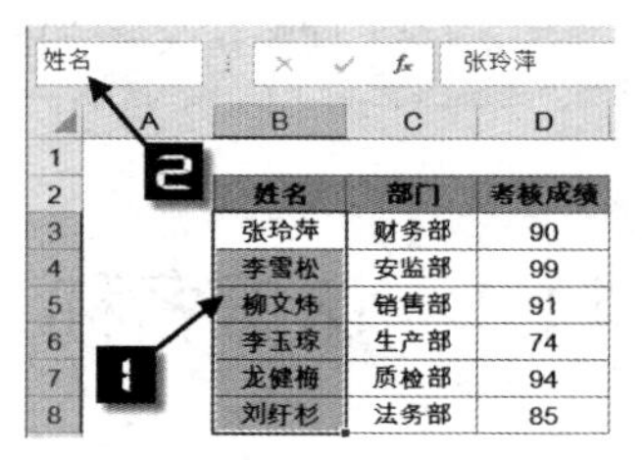

图 11-1 使用名称框定义名称

【名称框】除了可以定义名称外，还可以快速选中已经命名的单元格区域。单击名称框下拉按钮，在下拉菜单中选择已经定义的名称，即可选中命名的单元格区域。

11.2.2 使用【新建名称】命令定义名称

单击【公式】选项卡下的【定义名称】按钮，弹出【新建名称】对话框。在【新建名称】对话框中可以对名称命名，名称的命名应尽量直观地体现所引用数据或公式的含义。

单击【范围】右侧的下拉按钮，能够将定义名称指定为工作簿范围或某个工作表范围。

用户可以在【备注】文本框中添加注释，以便用户理解名称的用途。

可以在【引用位置】编辑框中输入公式，也可以单击右侧的折叠按钮选择某个单元格区域。最后单击【确定】按钮，如图 11-2 所示。

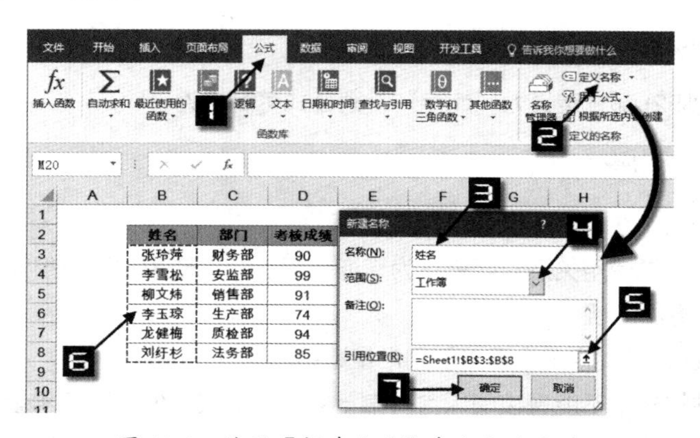

图 11-2 使用【新建名称】命令定义名称

11.2.3 根据所选内容批量创建名称

如果需要对表格中的单元格区域按标题行或标题列定义名称，可以使用【根据所选内容创建】命令，快速创建多个名称。

如图 11-3 所示，选中 A1:E7 单元格区域，依次单击【公式】→【根据所选内容创建】命令，或者

按 <Ctrl+Shift+F3> 组合键，在弹出的【以选定区域创建名称】对话框中，选中【首行】复选框，最后单击【确定】按钮，即可分别创建以列标题“北京”“天津”“上海”“重庆”命名的四个名称。

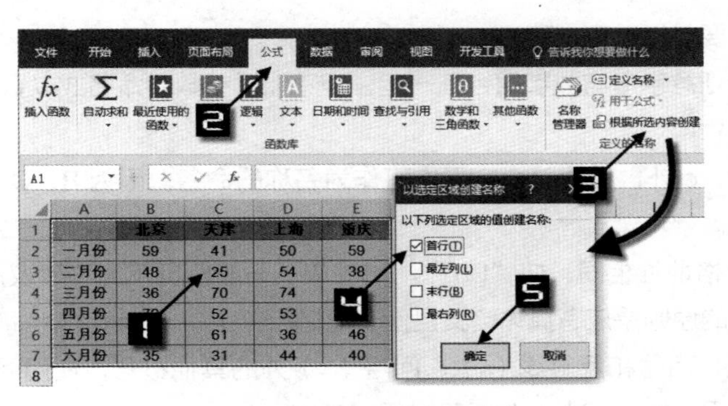

图 11-3　根据所选内容创建名称

【以选定区域创建名称】对话框中各复选框的作用如表 11-1 所示。

表 11-1　【以选定区域创建名称】对话框中的选项说明

复选框选项	说明
首行	将顶端行的文字作为该列的范围名称
最左列	将最左列的文字作为该行的范围名称
末行	将底端行的文字作为该列的范围名称
最右列	将最右列的文字作为该行的范围名称

使用【根据所选内容创建】功能创建名称时，Excel基于自动分析的结果有时并不完全符合用户的期望，操作时应进行必要的检查。

11.2.4　在名称管理器中新建名称

在【公式】选项卡下单击【名称管理器】按钮，弹出【名称管理器】对话框。单击对话框中的【新建】按钮，将弹出【新建名称】对话框，在此对话框中完成新建名称操作，如图 11-4 所示。

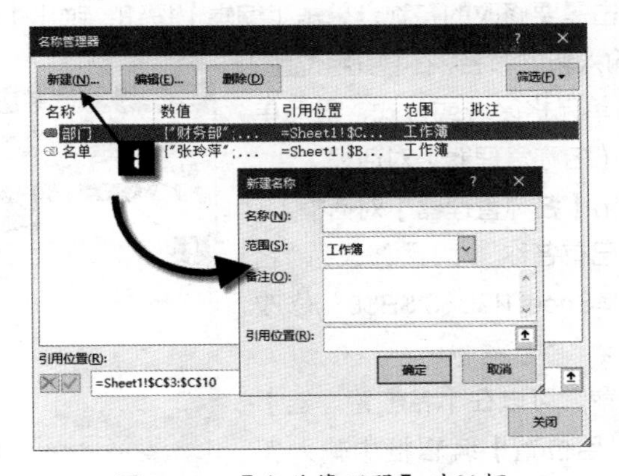

图 11-4　【名称管理器】对话框

11.3 名称命名的限制

名称命名的限制主要包括以下方面。

- 名称的命名可以用任意字母与数字组合在一起，但不能以纯数字命名或以数字开头，如“1Pic”将不被允许。
- 除了字母 R、C、r、c 外，其他单个字母均可作为名称的命名。因为 R、C 在 R1C1 引用样式中表示工作表的行和列。
- 命名也不能与单元格地址相同，如“B3”“D5”等。一般情况下，不建议用户使用单个字母作为名称的命名，命名的原则是应有具体含义且便于记忆。
- 不能使用除下画线、点号和反斜线（\）、问号（?）外的其他符号，使用问号（?）时不能作为名称的开头，如可以用“Name?”，但不可以用“?Name”。
- 不能包含空格。可以使用下画线或点号代替空格，如“财务部_二组”。
- 不能超过 255 个字符。
- 在设置了打印区域或使用高级筛选等操作之后，Excel 会自动创建一些名称，如 Print_Area、Criteria 等，创建名称时应避免覆盖 Excel 的内部名称。此外，名称作为公式的一种存在形式，同样受函数与公式关于嵌套层数、参数个数、计算精度等方面的限制。

11.4 名称的管理

使用名称管理器功能，用户能够方便地新建、修改、筛选和删除名称。

11.4.1 修改名称

Ⅰ 修改已有名称的命名和引用位置

用户可以对已有名称的命名和引用位置进行编辑修改。修改命名后，公式中使用的名称会自动应用新的命名。

操作步骤如下。

步骤① 依次单击【公式】→【名称管理器】选项，或者按 <Ctrl+F3> 组合键，打开【名称管理器】对话框。

步骤② 在【名称】列表中单击需要修改的名称，单击【编辑】按钮，弹出【编辑名称】对话框。

步骤③ 在【名称】编辑框中输入新的命名，在【引用位置】编辑框中修改引用的单元格区域或公式，最后单击【确定】按钮返回【名称管理器】对话框。

步骤④ 单击【关闭】按钮退出【名称管理器】对话框。

如图 11-5 所示，可以将已有名称“姓名”修改为“名单”，并且将引用位置由“=Sheet1!$B$3:$B$8”修改为“=Sheet1!$B$3:$B$10”。

如果仅需要修改引用位置，可以在【名称管理器】中选择名称后，直接在【引用位置】编辑框中输入新的公式或单元格引用区域，单击左侧的输入按钮☑确认即可。

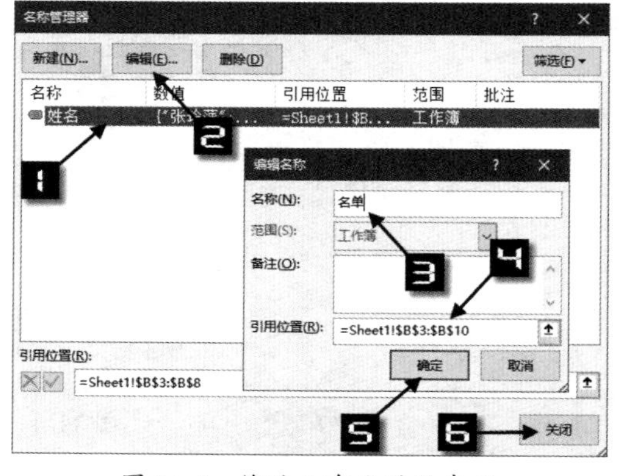

图 11-5 修改已有名称的命名

➲ Ⅱ　修改名称的级别

使用编辑名称的方法，无法实现工作表级和工作簿级名称之间的互换。如果想要修改名称的级别，可以通过以下步骤实现。

步骤① 在【名称管理器】对话框中选中已有名称，然后复制【引用位置】编辑框中的公式或单元格地址。

步骤② 单击【新建】按钮，新建一个相同名称、相同引用范围但是不同级别的名称。

步骤③ 选中原有名称，单击【删除】按钮将其删除。

提示

在【引用位置】编辑框中编辑公式时按下<F2>键，可以使用方向键在编辑框的公式中移动光标，以便修改公式。

11.4.2　筛选和删除错误名称

当名称出现错误无法正常使用时，可以在【名称管理器】对话框中执行筛选和删除操作。

步骤① 单击【筛选】下拉按钮，在下拉菜单中选择【有错误的名称】选项，如图 11-6 所示。

步骤② 如果在筛选后的名称管理器中包含多个有错误的名称，可以按住 <Shift> 键依次单击最顶端的名称和最底端的名称，以便快速选中多个名称，最后单击【删除】按钮，有错误的名称将全部删除。

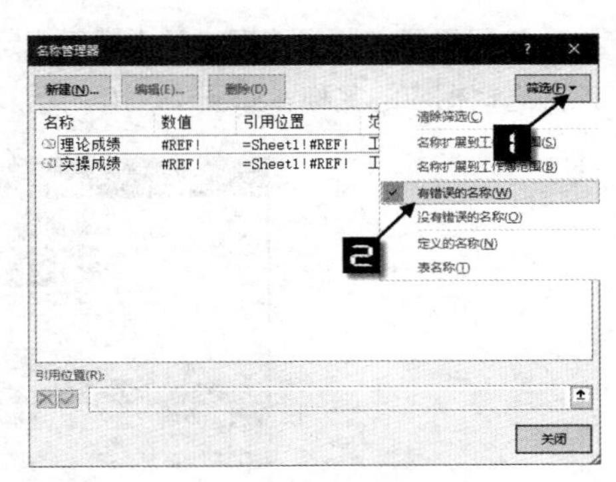

图 11-6　筛选有错误的名称

11.4.3　在单元格中粘贴名称列表

如果定义名称时所用到的公式中字符较多，在【名称管理器】中会无法显示完整的公式。如果要查看详细信息，可以将定义名称的引用位置或公式全部在单元格中罗列出来。

选择需要粘贴名称的单元格，按 <F3> 键或者依次单击【公式】→【用于公式】→【粘贴名称】命令，在弹出的【粘贴名称】对话框中单击【粘贴列表】按钮，所有已定义的名称将粘贴到工作表中，如图 11-7 所示。

粘贴后的效果如图 11-8 所示。

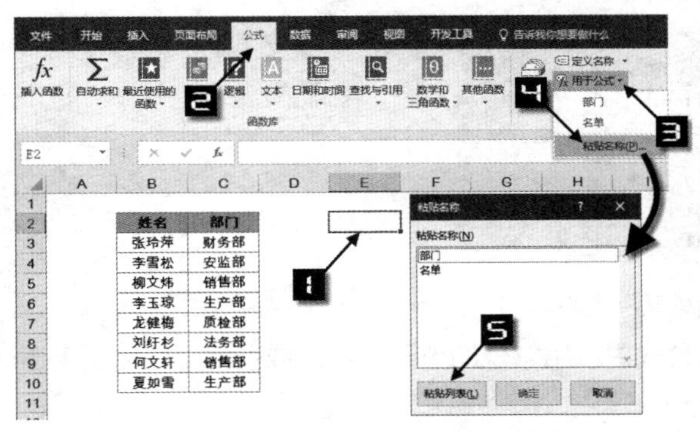

图 11-7　在单元格中粘贴名称列表

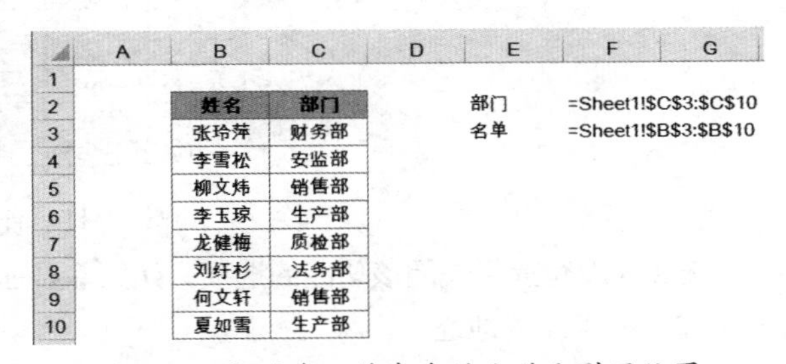

图 11-8　粘贴在工作表中的名称和引用位置

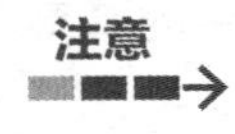

注意

粘贴到单元格的名称，将按照命名排序后逐行列出，如果名称中使用了相对引用或混合引用，则粘贴后的公式文本将根据其相对位置发生改变。

11.4.4 查看命名范围

将工作表显示比例缩小到 40% 以下时，可以在工作表中显示命名范围的边界和名称，如图 11-9 所示。边界和名称有助于观察工作表中的命名范围，打印工作表时，这些内容不会被打印输出。

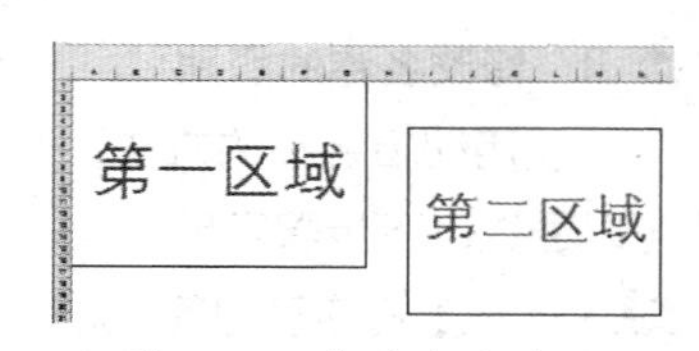

图 11-9 查看命名范围

11.5 名称的使用

11.5.1 输入公式时使用名称

如果需要在公式编辑过程中调用已定义的名称，可以在【公式】选项卡下单击【用于公式】下拉按钮并选择相应的名称，如图 11-10 所示。

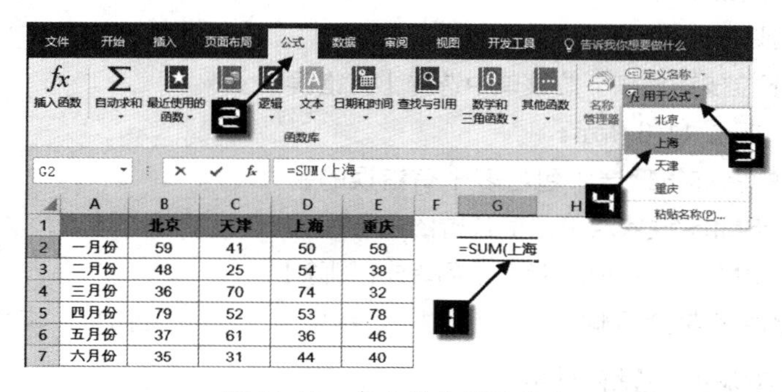

图 11-10 在公式中调用名称

也可以在公式中直接手工输入已定义的名称。

在输入公式过程中，如果为某个单元格区域中设置了名称，使用鼠标选择该区域作为需要插入公式中的单元格引用时，Excel 会自动应用该单元格区域的名称，如图 11-11 所示。

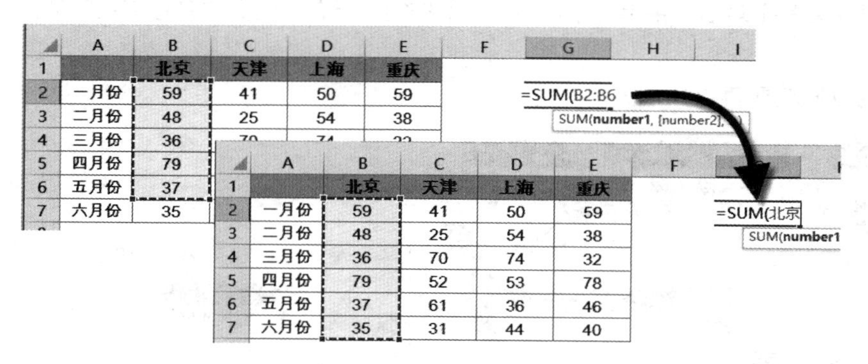

图 11-11 自动应用名称

Excel 没有提供关闭该功能的选项，如果需要在公式中使用常规的单元格或区域引用，则需要手工输入单元格区域的地址。

11.5.2 现有公式中使用名称

如果在工作表内已经输入了公式，再进行定义名称时，Excel 不会自动用新名称替换公式中的单元格引用。可以通过设置，使 Excel 将名称应用到已有公式中。

示例11-1　在现有公式中使用名称

图 11-12 展示了某公司上半年销售记录的部分内容。在 F2:F7 单元格内，使用了 SUM 函数计算每个月各销售区域的总计。

F2　=SUM(B2:E2)

	A	B	C	D	E	F
1		北京	天津	上海	重庆	总计
2	一月份	59	41	50	59	209
3	二月份	48	25	54	38	165
4	三月份	36	70	74	32	212
5	四月份	79	52	53	78	262
6	五月份	37	61	36	46	180
7	六月份	35	31	44	40	150

图 11-12　某公司上半年销售记录

使用以下步骤，能够将名称应用到已有公式中。

步骤① 使用【根据所选内容创建】命令，创建“一月份”至“六月份”的名称，如图 11-13 所示。

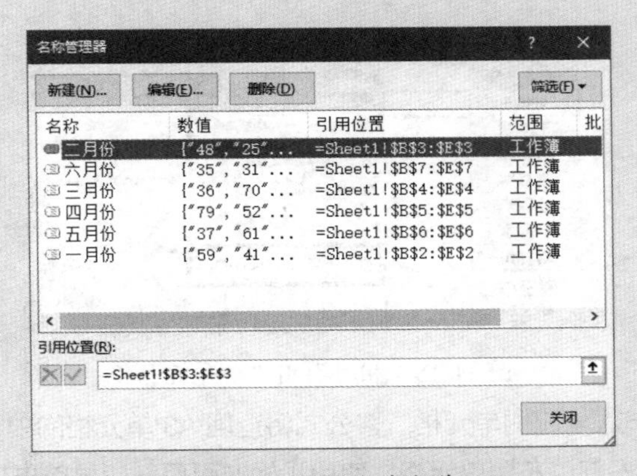

图 11-13　定义的名称

步骤② 依次单击【公式】→【定义名称】→【应用名称】选项，弹出【应用名称】对话框。在【应用名称】列表中选择需要应用于公式中的名称，单击【确定】按钮，被选中的名称将应用到工作表内的所有公式中，如图 11-14 所示。

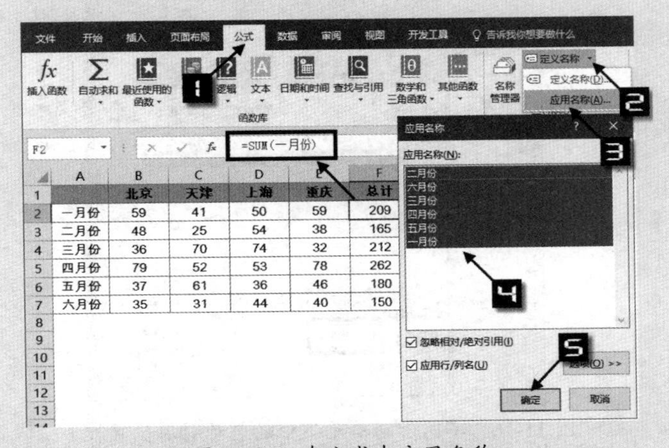

图 11-14　在公式中应用名称

11.6 定义名称技巧

11.6.1 名称中的相对引用和混合引用

在名称中使用鼠标点选方式输入单元格引用时，默认使用带工作表名称的绝对引用方式。例如，单击【引用位置】对话框右侧的折叠按钮，然后单击 Sheet1 工作表中的 A1 单元格，相当于输入"=Sheet1!$A$1"，当需要使用相对引用或混合引用时，可以连续按 <F4> 键切换。

在单元格中的公式内使用相对引用，是与公式所在单元格形成相对位置关系。在名称中使用相对引用，则是与定义名称时的活动单元格形成相对位置关系。可以先将光标定位到要使用名称的首个单元格内，然后再执行定义名称的操作。

如图 11-15 所示，当 B2 单元格为活动单元格时创建名称"左侧单元格"，在【引用位置】编辑框中使用公式并相对引用 A2 单元格：

```
=Sheet1!A2
```

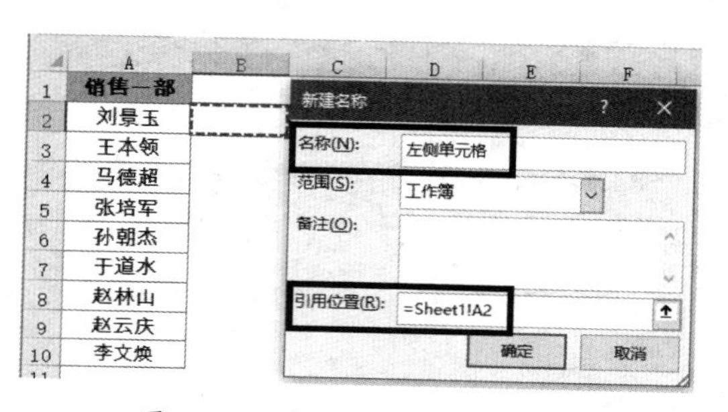

图 11-15 相对引用左侧单元格

如果 B3 单元格输入公式"= 左侧单元格"，公式将返回 A3 单元格的内容。

如图 11-16 所示，由于名称"左侧单元格"使用了相对引用，如果单击其他单元格，如 E5 单元格，按 <Ctrl+F3> 组合键，在弹出的【名称管理器】对话框中可以看到引用位置指向了活动单元格的左侧单元格：

```
=Sheet1!D5
```

图 11-16 不同活动单元格中的名称引用位置

混合引用定义名称的方法与相对引用类似，此处不再赘述。

11.6.2　引用位置始终指向当前工作表内的单元格

如图 11-17 所示，刚刚定义的名称“左侧单元格”虽然是工作簿级名称，但在 Sheet2 工作表中使用时，仍然会返回 Sheet1 工作表 A2 单元格中的内容。

如果需要在任意工作表中使用名称时，都能引用当前工作表的单元格，可以打开【名称管理器】对话框，在【引用位置】编辑框内去掉“!”前面的工作表名称，即“=!A2”。

修改完成后，再次在公式中使用名称“左侧单元格”时，即可引用公式所在工作表的单元格内容。

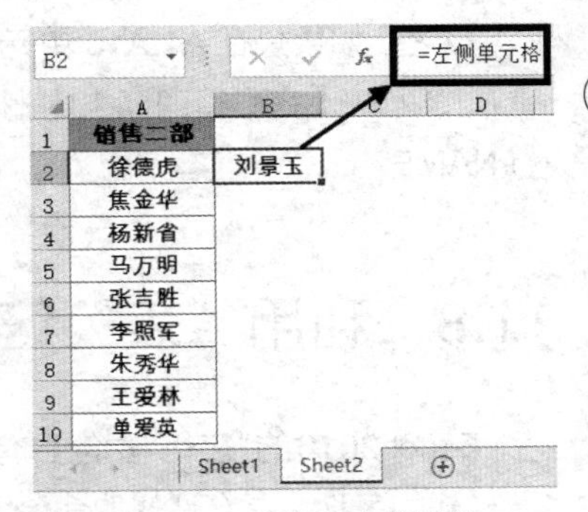

图 11-17　引用结果错误

11.7　使用名称的注意事项

11.7.1　工作表复制时的名称问题

Excel 允许用户在任意工作簿之间进行工作表的复制，名称会随着工作表一同被复制。当复制包含名称的工作表或公式时，应注意因此而出现的名称混乱。

（1）不同工作簿建立工作表副本

在不同工作簿建立工作表副本时，涉及源工作表的所有名称（含工作簿、工作表级和使用常量定义的名称）将被原样复制。

（2）同一工作簿内建立工作表副本

建立副本工作表时，原有的引用该工作表区域的工作簿级名称和工作表级名称都将被复制，产生同名的工作表级名称。仅使用常量定义的名称不会发生改变。

工作表在同一工作簿中的复制操作，会导致工作簿中存在名字相同的全局名称和局部名称，应有目的地进行调整或删除，以便公式中名称的合理利用。

11.7.2　有关删除操作引起的名称问题

当删除某个工作表时，属于该工作表的工作表级名称会被全部删除，而引用该工作表的工作簿级名称将被保留，但【引用位置】编辑框中的公式将产生 #REF! 错误。

例如，定义工作簿级名称 Data 为：

```
=Sheet2!$A$1:$A$10
```

（1）删除 Sheet2 工作表时，Data 的引用位置变为：

```
=#REF!$A$1:$A$10
```

（2）删除 Sheet2 工作表中的 A1:A10 单元格区域时，Data 的引用位置变为：

```
=Sheet2!#REF!
```

（3）删除 Sheet2 工作表中的 A2:A5 单元格区域时，Data 的引用位置随之缩小：

```
=Sheet2!$A$1:$A$6
```

反之，如果是在 A1:A10 单元格区域中插入行，则 Data 的引用区域将随之增加。

（4）在【名称管理器】中删除名称“Data”之后，工作表所有调用该名称的公式都将返回错误值“#NAME?”。

11.8 利用“表”区域动态引用

Excel 2016的“表格”功能具有自动扩展的特性，当单元格区域创建为“表格”后，Excel会自动定义“表1”样式的名称，并允许修改命名。

示例11-2 利用“表”区域动态引用

如图 11-18 所示，选中数据区域任意单元格，如 A1，然后单击【插入】选项卡下的【表格】按钮，弹出【创建表】对话框。在【表数据的来源】编辑框中，Excel 会自动判断数据区域的范围，保留【表包含标题】复选框的默认选中状态，单击【确定】按钮，该区域创建名称为“表 1”。

如图 11-19 所示，按下 <Ctrl+F3> 组合键，弹出【名称管理器】对话框，单击名称“表 1”，【删除】按钮呈灰色不可用状态，引用位置也呈灰色无法修改。如果单击【编辑】按钮，能够在【编辑名称】对话框中修改名称的命名。随着数据的增加，名称“表 1”的引用范围会自动变化。

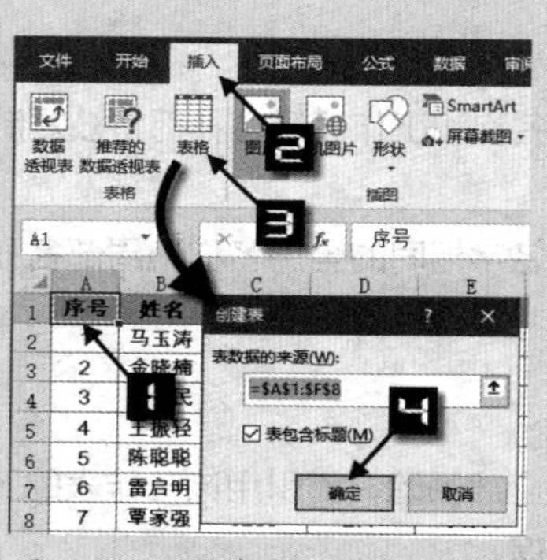

图 11-18 创建表区域动态引用

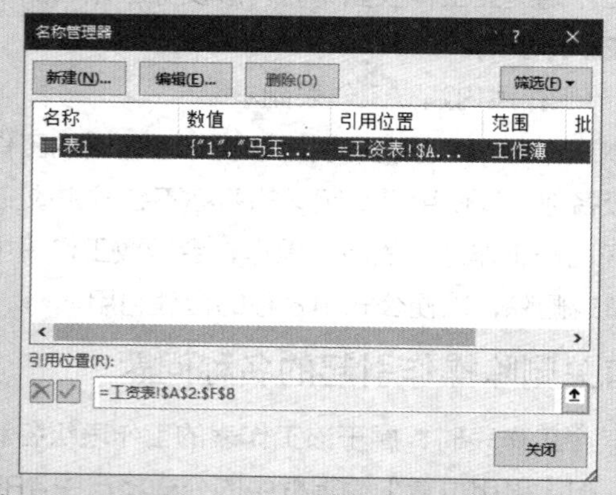

图 11-19 插入“表”产生的名称不能编辑或删除

用户以此名称创建数据透视表或图表，可以实现动态引用数据的目的。

第 12 章　文本处理技术

文本数据是 Excel 的主要数据类型之一，在日常工作中被大量使用。本章主要介绍利用文本函数处理文本数据的方法与技巧。

本章学习要点

（1）认识文本数据。

（2）常用文本函数。

（3）常用文本处理的方法与技巧。

12.1　文本数据的概念

12.1.1　认识文本数据

Excel 的数据类型主要分为文本、数值、逻辑值和错误值四种类型。其中，文本型数据主要包括汉字、英文字母和文本型数字字符串。

在单元格中，输入中文或英文字符串时，Excel 可自动识别为文本，在默认的单元格格式下，文本数据在单元格中左对齐。如需在单元格中录入文本型数字字符串，则需要首先输入一个半角单引号“'”，然后输入数字字符串，Excel 才可识别为文本型数字。

在公式中，文本数据需要以一对半角双引号包含，如公式：=" 我 "&" 是中国人。 "。如果公式中的文本不以一对半角双引号包含，将被识别为未定义的名称而返回 #NAME? 错误。此外，在公式中要表示半角双引号字符，则需要使用一对半角双引号将其包含。例如，要在公式中使用带半角双引号的字符串“" 我 "”，表示方式为：=""" 我 """。

也可以用 CHAR 函数返回半角双引号字符。

```
=CHAR(34)&" 我 "&CHAR(34)
```

除了输入的文本外，使用 Excel 中的文本函数、连接文本运算符（&）得到的结果也是文本型数据。

12.1.2　空单元格与空文本

空单元格是指未经赋值或赋值后按 <Delete> 键清除值的单元格。空文本是指没有任何内容的文本，以一对半角双引号表示，其性质是文本，字符长度为 0。空文本常由函数公式计算获得，以将结果显示为空白。

空单元格与空文本有共同的特性，但又不完全相同。使用定位功能时，定位条件选择“空值”时，结果不包括“空文本”。而在筛选操作中，筛选条件为“空白”时，结果包括“空单元格”和“空文本”。

如图 12-1 所示，A2 单元格是空单元格，由公式结果可以发现，空单元格既可视为空文本，也可看作数字 0（零）。但是由于空文本和数字 0（零）的数据类型不一致，所以二者并不相等。

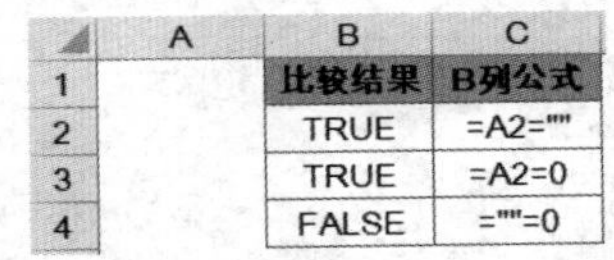

	A	B	C
1		比较结果	B列公式
2		TRUE	=A2=""
3		TRUE	=A2=0
4		FALSE	=""=0

图 12-1　比较空单元格与空文本

空单元格与空文本还有哪些异同之处？在具体应用时二者有何区别？请扫描左侧二维码观看视频讲解。

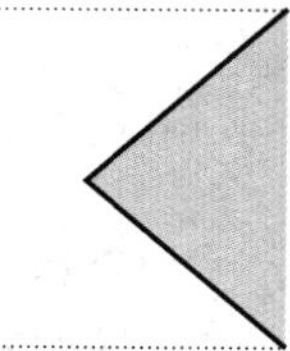

12.1.3 文本型数字与数值

默认情况下，单元格中的数值和日期，自动以右对齐的方式显示，错误值和逻辑值以居中对齐的方式显示，文本型数据以左对齐的方式显示。如果单元格设置了居中对齐或取消了工作表的错误检查选项，用户就不能从对齐方式上明确区分文本型数字和数值，从而在使用 VLOOKUP 函数或 MATCH 函数进行数据查找时，因数据类型不匹配而返回错误值。

示例12-1 文本型数字的查询

图 12-2 展示了某班级学生信息的部分内容，B 列为以文本型数字表示的学号，要求根据 D 列的学号查找对应的姓名。

在 E2 单元格输入以下公式。

```
=INDEX(A:A,MATCH(D2,B:B,))
```

D2 单元格内是数值“819”，只是通过自定义格式“00000”显示为“00819”，由于 D2 的数据类型与 B 列不一致，MATCH 函数找不到匹配的数据，返回 #N/A 错误值。

	A	B	C	D	E	F	G	H	I
1	姓名	学号		学号	姓名				
2	龙月筠	00901		00819	#N/A	=INDEX(A:A,MATCH(D2,B:B,))			
3	李文祥	01247		00819	余泽勋	=INDEX(A:A,MATCH(TEXT(D3,"00000"),B:B,))			
4	李键	10806							
5	余泽勋	00819							
6	关昆华	01336							
7	殷婧娜	10255							
8	王承昆	01139							
9	赵鸿飞	00913							
10	闫新河	01028							

图 12-2 查询学生姓名

在 E3 单元格输入以下公式，可返回正确结果。

```
=INDEX(A:A,MATCH(TEXT(D3,"00000"),B:B,))
```

公式利用 TEXT 函数将 D3 单元格的数值转化为“00000”格式的文本，MATCH 函数即可正常查找数据，返回正确结果。

12.2　常用文本函数

12.2.1　文本运算

（1）连接运算符。

“&”运算符可以将两个字符串连接生成新的字符串。例如，

```
="我"&"是中国人。"
```

公式结果为字符串“我是中国人。”。

（2）比较运算符。

在 Excel 中，文本数据根据系统字符集中的顺序，具有类似数值的大小顺序。使用比较运算符 >、<、=、>=、<= 可以比较文本值的大小，比较运算遵循以下规则。

- ❖ 逻辑值 > 文本 > 数值，汉字 > 英文 > 文本型数字。
- ❖ 区分半角与全角字符。全角字符大于对应的半角字符，如公式“=WIDECHAR("A")>"A"”将返回 TRUE。
- ❖ 区分文本型数字和数值。文本型数字本质是文本，大于所有的数值。
- ❖ 不区分字母的大小写。虽然大写字母和小写字母在字符集中的编码并不相同，但在比较运算中，大小写字母是等同的。
- ❖ 绝对相等

EXACT 函数可以区分大小写字母，比较两个字符串是否完全相同，如图 12-3 所示。

	A	B	C	D
1	text1	text2	是否完全相同	说明
2	Excel	Excel	TRUE	完全相同
3	Excel	excel	FALSE	区分大小写字母
4	Ｅｘｃｅｌ	Excel	FALSE	区分全角与半角字符
5	Excel	**Excel**	TRUE	不区分格式
6	2016	2016	TRUE	不区分文本型数字

图 12-3　EXACT 函数特性

EXACT函数不区分字符格式，也不区分文本型数字和数值。

12.2.2　使用 CHAR 函数和 CODE 函数转换字符与编码

CHAR 函数和 CODE 函数用于处理字符与编码间的转换。CHAR 函数返回编码在字符集中对应的字符，CODE 函数返回字符串中第一个字符在字符集中对应的编码。CHAR 函数和 CODE 函数互为逆运算，但 CHAR 函数与 CODE 函数并不是一一对应的。如以下公式，返回结果 32。

```
=CODE(CHAR(180))
```

在 Excel 帮助文件中，CHAR 函数的 Number 参数要求是介于 1~255 之间的数字，实际上 Number 参数可以取更大的值。如公式“=CHAR(55289)”，将返回字符“座”。

示例12-2 生成字母序列

大写字母 A~Z 的 ANSI 编码为 65~90，小写字母的 ANSI 编码为 97~122，根据字母编码，使用 CHAR 函数可以生成大写字母或小写字母，如图 12-4 所示。

	A	B	C	D	E	F	G	H	I	J	K	L	M	N	O	P	Q	R	S	T	U	V	W	X	Y	Z	AA	AB	AC
1	大写字母																												
2	A	B	C	D	E	F	G	H	I	J	K	L	M	N	O	P	Q	R	S	T	U	V	W	X	Y	Z	=CHAR(COLUMN(A1)+64)		
3	A	B	C	D	E	F	G	H	I	J	K	L	M	N	O	P	Q	R	S	T	U	V	W	X	Y	Z	=BASE(COLUMN(A1)+9,36)		
4																													
5	小写字母																												
6	a	b	c	d	e	f	g	h	i	j	k	l	m	n	o	p	q	r	s	t	u	v	w	x	y	z	=CHAR(COLUMN(A1)+96)		

图 12-4 生成字母序列

在 A2 单元格输入以下公式，并将公式向右复制到 Z2 单元格。

```
=CHAR(COLUMN(A1)+64)
```

公式利用 COLUMN 函数生成 65~90 的自然数序列，通过 CHAR 函数返回对应编码的大写字母。

同理，在 A6 单元格输入以下公式，并将公式向右复制到 Z6 单元格，可以生成 26 个小写字母。

```
=CHAR(COLUMN(A1)+96)
```

此外，36 进制的 10~35 分别由大写字母 A~Z 表示，所以也可用 BASE 函数来生成大写字母，A3 单元格输入以下公式，并将公式向右复制到 Z3 单元格。

```
=BASE(COLUMN(A1)+9,36)
```

公式利用 COLUMN 函数生成 10~35 的自然数序列，通过 BASE 函数转换为 36 进制的值，即得到大写字母 A~Z。

12.2.3 CLEAN 函数和 TRIM 函数

CLEAN 函数用于删除文本中所有不能打印的字符，即 7 位 ASCII 码的前 32 个非打印字符（值为 0 到 31）。对于从其他应用程序导入的文本使用 CLEAN 函数，将删除其中包含的当前操作系统无法打印的字符。

TRIM 函数用于移除文本中除单词之间的单个空格之外的所有空格。TRIM 函数专用于剪裁文本中的 7 位 ASCII 空格字符（值 32），不能移除 Unicode 字符集中，十进制值为 160，名为不间断空格字符的附加空格字符。

TRIM 函数会移除字符串首尾的所有空格，字符串内部的连续多个空格仅保留一个。如公式“=TRIM(" 我是中国人 ")”，返回结果为“我是中国人”。

12.2.4 用 FIND 函数和 SEARCH 函数查找字符串

在从字符串中提取子字符串时，提取的位置和字符数量往往是不确定的，需要根据条件进行定位。FIND 函数和 SEARCH 函数，以及用于双字节字符的 FINDB 函数和 SEARCHB 函数可以解决在字符串中的文本查找定位问题。

FIND 函数和 SEARCH 函数都是用于在第二个字符串中定位第一个字符（串），并返回第一个字符

串的起始位置的值，该值从第二个字符串的第一个字符算起。它们的语法如下：

```
FIND(find_text, within_text, [start_num])
SEARCH(find_text, within_text, [start_num])
```

find_text 参数是要查找的文本，within_text 参数是包含要查找文本的源文本。[start_num] 参数是可选参数，表示从指定字符位置开始查找，该参数的默认值是 1。

如果源文本中存在多个要查找的文本，函数只能返回从 [start_num] 开始向右找到的首个被查找文本的位置。如果源文本中不包含要查找的文本，将返回错误值 #VALUE!。

例如，以下两个公式都返回“公司”在字符串“精工 Epson 公司四川分公司”中第一次出现的位置 8，即从左向右第 8 个字符。

```
=FIND(" 公司 "," 精工 Epson 公司四川分公司 ")
```

```
=SEARCH(" 公司 "," 精工 Epson 公司四川分公司 ")
```

此外，还可以使用第三参数指定开始查找的位置。以下公式从字符串“精工 Epson 公司四川分公司”第 9 个字符（含）开始查找“公司”，结果返回 13。

```
=FIND(" 公司 "," 精工 Epson 公司四川分公司 ",9)
```

```
=SEARCH(" 公司 "," 精工 Epson 公司四川分公司 ",9)
```

FIND 函数和 SEARCH 函数的区别在于：FIND 函数区分大小写，SEARCH 函数不区分大小写；FIND 函数不支持通配符，SEARCH 函数支持通配符。

示例12-3 提取大写字母简称

如图 12-5 所示，源文本为英文短语或句子，需从中提取大写字母表示的简称（源文本中除大写字母简称外，没有其他大写英文字母）。

	A	B
1	源文本	大写字母简称
2	welcome to the CIA web site	CIA
3	turkmenistan ambassador visits OPEC secretary general	OPEC
4	NYSE is the global leader in market quality	NYSE
5	67th FIFA congress	FIFA
6	the DJIA hit a record this week	DJIA

图 12-5　提取大写字母简称

源文本中含有大写字母、小写字母和空格，所以需要使用区分大小写的 FIND 函数来查找。在 B2 单元格输入以下数组公式，按 <Ctrl+Shift+Enter> 组合键，并将公式向下复制到 B6 单元格。

```
{=MID(LEFT(A2,-LOOKUP(,-FIND(CHAR(ROW($65:$90))&" ",A2&" "))),MIN(IFE
RROR(FIND(CHAR(ROW($65:$90)),A2),"")),99)}
```

公式利用 CHAR 函数生成 A~Z 的大写字母序列（详见示例 12-2），使用 FIND 函数查找大写字母与空格连接生成的字符串，结合 LOOKUP 函数返回最后一个大写字母的位置，通过 LEFT 函数截取源文本中第一个字符至最后一个大写字母的子字符串。

再利用 FIND 函数查找各大写字母在源文本中出现的位置，结合 IFERROR 函数将源文本中未出现的大写字母返回的错误值转化为空文本，然后利用 MIN 函数忽略空文本，得到第一个大写字母的位置。

最终通过 MID 函数返回从第一个大写字母至最后一个大写字母间的子字符串，即为大写字母简称。

利用 SEARCH 函数支持通配符的特性，可以进行模糊查找，进而实现模糊匹配的汇总计算。

示例12-4 数字号码模糊匹配的条件求和

图 12-6 展示了某公司一季度订单情况的部分内容。A 列是数字表示的客户代码，需要汇总客户代码第一位是 2，第四位是 4 的订单金额。

	A	B	C	D	E
1	客户代码	订单金额		客户代码第1位	2
2	199306	¥8,507.00		客户代码第4位	4
3	239424	¥6,941.00		订单总金额	¥12,542.00
4	164810	¥9,981.00			
5	167454	¥8,466.00			
6	234438	¥872.00			
7	262363	¥7,782.00			
8	146803	¥4,030.00			
9	244438	¥4,729.00			
10	276527	¥2,295.00			

图 12-6 条件汇总订单金额

如果使用以下 SUMIF 函数结合通配符的模糊匹配条件求和公式，将返回结果 0。

```
=SUMIF(A:A,"2??4??",B:B)
```

因为客户代码是数值，而 SUMIF 函数仅支持在文本中的通配符匹配，所以无法得到正确结果。

在 E3 单元格输入以下公式，可以返回正确结果。

```
=SUMPRODUCT(ISNUMBER(SEARCH("2??4??",A2:A10))*B2:B10)
```

通配符“?”代表任意单个字符，“2??4??”就代表第 1 位为 2，第 4 位为 4 的任意 6 位字符串。使用 SEARCH 函数在 A2:A10 单元格区域中的每个单元格进行模糊查找，满足条件的单元格返回 1，否则返回错误值 #VALUE!。

```
{#VALUE!;1;#VALUE!;#VALUE!;1;#VALUE!;#VALUE!;1;#VALUE!}
```

再由 ISNUMBER 函数进行判断，使数字返回 TRUE，错误值返回 FALSE，即满足条件的单元格得到 TRUE，不满足条件的得到 FALSE。

最后用逻辑值乘以订单金额，由 SUMPRODUCT 函数汇总乘积之和。

FINDB 函数和 SEARCHB 函数分别与 FIND 函数和 SEARCH 函数对应，区别仅在于返回的查找字符串在源文本中的位置是以字节为单位计算。

12.2.5 用 LEN 函数和 LENB 函数计算字符串长度

LEN 函数返回文本字符串中的字符数。

LENB 函数返回文本字符串中所有字符的字节数。

利用 LEN 函数和 LENB 函数，可以计算出字符串中双字节字符和单字节字符的数量。

对于双字节字符（包括汉字及全角字符），LENB 函数计数为 2，而 LEN 函数计数为 1。对于单字节字符（包括英文字母、数字及半角符号），LEN 函数和 LENB 函数都计数为 1。公式“=LENB(" 字符串 A1")-LEN(" 字符串 A1")”将得到双字节字符数（汉字数）为 3。“=2*LEN(" 字符串 A1")-LENB(" 字符串 A1")”将得到单字节字符数（字母和数字）为 2。

12.2.6 用 LEFT、RIGHT 和 MID 函数提取字符串

常用的字符提取函数主要包括以下几个。

（1）LEFT 函数，用于从字符串的起始位置返回指定数量的字符。LEFT 函数的语法如下。

```
LEFT(text,[num_chars])
```

第一参数 text 是包含要提取字符的文本字符串。

第二参数 [num_chars] 是可选参数，指定要提取的字符的数量。

（2）RIGHT 函数，用于从字符串的末尾位置返回指定数字的字符。函数语法与 LEFT 函数类似。

（3）MID 函数，用于在字符串任意位置上返回指定数量的字符。函数语法如下。

```
MID(text,start_num,num_chars)
```

text 参数是包含要提取字符的字符串，start_num 参数用于指定文本中要提取的第一个字符的位置，num_chars 参数指定提取字符的数目。

对于需要区分处理单字节字符和双字节字符的情况，分别对应 LEFTB 函数、RIGHTB 函数和 MIDB 函数，即在原来 3 个函数名称后加上字母“B”，它们的语法与原函数相似，含义略有差异。LEFTB 函数用于从字符串的起始位置返回指定字节数的字符，RIGHTB 函数用于从字符串的末尾位置返回指定字节数的字符，MIDB 函数用于在字符串任意字节位置返回指定字节数的字符。

当 LEFT 函数与 RIGHT 函数省略第二参数时，分别取 text 字符串的第一个与最后一个字符。当 LEFTB 函数（RIGHTB 函数）省略第二参数时，取 text 字符串第一个（最后一个）字节的字符，当第一个（最后一个）字符是双字节字符（如汉字）时，函数返回空格。如果 MIDB 函数的 num_chars 参数为 1，且该位置字符为双字节字符，函数也返回空格，如图 12-7 所示。

	A	B	C	D	E	F	G
1	示例文本	LEFT	LEFTB	RIGHT	RIGHTB	MID	MIDB
2	LEFT示例字符串	L	L	串		示	
3	中华人民共和国CHINA	中		A	A	共	
4	50fifty	5	5	y	y	f	f

图 12-7 字符提取函数结果示例

注意

使用LEFT(B)、RIGHT(B)、MID(B)函数在字符串中提取的数字为文本型数字，需要使用*1、+0或--（两个减号，即减负）等方法进行一次四则运算才能得到数值。

示例12-5 提取规格名称中的汉字

图 12-8 展示了某企业产品明细表的部分内容，A 列为规格型号和产品名称的混合内容。需要在

B 列提取出产品名称。

在 B2 单元格输入以下公式，并将公式向下复制到 B6 单元格。

```
=RIGHT(A2,LENB(A2)-LEN(A2))
```

公式利用"LENB(A2)-LEN(A2)"返回字符串中双字节字符的个数（本例中就是汉字的个数，详见 12.2.5 小节）。

利用 RIGHT 函数结合汉字个数返回字符串末尾的汉字子字符串。

	A	B
1	型号名称	提取汉字
2	0-1/2/B冷却器	冷却器
3	M-18T2励磁冷却器	励磁冷却器
4	1715冷却器装配	冷却器装配
5	1597轴承测温元件	轴承测温元件
6	807轴承座振测器	轴承座振测器

图 12-8　提取规格名称中的汉字

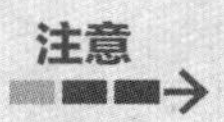

注意

如果产品名称在左侧，规格型号在右侧，则只需将公式中的RIGHT函数改为LEFT函数，即可得到产品名称。

示例12-6　提取字符串左右侧的连续数字

图 12-9 中 A 列所示源文本由汉字、字母和数字组成，长度不一的数字分别位于字符串的右侧和左侧，需要提取字符串中连续的数字。

（1）提取字符串右侧连续数字。

在 B2 单元格输入以下公式，并将公式向下复制到 B3 单元格。

```
=-LOOKUP(1,-RIGHT(A2,ROW($1:$15)))
```

	A	B	C
1	源文本	数字	备注
2	张三ID700	700	连续数字在右侧
3	刘芳ID9527	9527	连续数字在右侧
4			
5	8868总统套房	8868	连续数字在左侧
6	10086移动客服	10086	连续数字在左侧

图 12-9　提取字符串左右侧的连续数字

先使用 RIGHT 函数从字符串右侧分别截取长度为 1~15 的子字符串，再利用取负运算将文本型数字转化为数值，文本字符串转化为 #VALUE! 错误值。最后使用 LOOKUP 函数忽略错误值返回数组中最后一个数值，结合取负运算将负数转化为正数，得到右侧的连续数字。有关 LOOKUP 函数的用法请参阅第 16 章。

（2）提取字符串左侧连续数字。

在 B5 单元格输入以下公式，并将公式向下复制到 B6 单元格。

```
=-LOOKUP(1,-LEFT(A5,ROW($1:$15)))
```

公式思路与取右侧连续数字的思路相同。

注意

虽然Excel函数可以从部分混合字符串中提取出数字，但并不意味着在工作表中可以随心所欲地录入数据。格式不规范、结构不合理的基础数据，会给后续的汇总、计算、分析等工作带来很多麻烦。

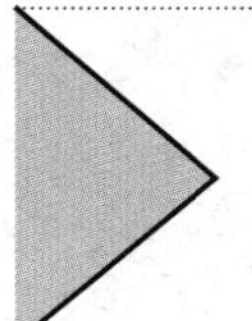

有关字符串提取函数的更多应用，请扫描右侧二维码，观看视频讲解。

12.2.7　用 SUBSTITUTE 和 REPLACE 函数替换字符串

在 Excel 中，除了替换功能可以对字符进行批量的替换外，文本替换函数也可以将字符串中的部分或全部内容替换为新的字符串。文本替换类函数包括 SUBSTITUTE 函数、REPLACE 函数及用于区分双字节字符的 REPLACEB 函数。

➲ Ⅰ　SUBSTITUTE 函数

SUBSTITUTE 函数用于将目标文本字符串中指定的字符串替换为新的字符串，函数语法如下。

```
SUBSTITUTE(text,old_text,new_text,[instance_num])
```

其中，text 参数是需要替换其中字符的文本或单元格引用，old_text 参数是需要替换的字符串，new_text 参数是用于替换 old_text 的新字符串，instance_num 是可选参数，指定替换第几次出现的旧字符串。

SUBSTITUTE 函数区分大小写和全角半角字符。当第三参数为空文本“""”或者简写该参数的值而仅保留参数之前的逗号时，相当于将需要替换的文本删除。例如，以下两个公式都返回字符串“Excel”。

```
=SUBSTITUTE("ExcelHome","Home","")
```

```
=SUBSTITUTE("ExcelHome","Home",)
```

当省略 instance_num 参数时，源字符串中的所有与 old_text 参数相同的文本都将被替换。如果指定了该参数，则只有出现的指定次数的 old_text 才会被替换。例如，以下公式返回“123”。

```
=SUBSTITUTE("E1E2E3","E","")
```

而以下公式返回“E12E3”。

```
=SUBSTITUTE("E1E2E3","E","",2)
```

示例12-7　借助SUBSTITUTE函数提取专业名称

图 12-10 展示了某学校学生录取信息表的部分内容。A 列是学校、专业和姓名以符号“/”分隔的字符串，需要在 B 列提取专业名称。

	A	B
1	学生信息	专业
2	四川大学/土木工程/谭艺	土木工程
3	华中科技大学/工程力学/杨柳	工程力学
4	清华大学/水利水电/王福东	水利水电
5	天津大学/计算机科学/王明芳	计算机科学
6	复旦大学/数学/邬永忠	数学

图 12-10　学生录取信息表

在 B2 单元格输入以下公式，并将公式向下复制到 B6 单元格。

```
=TRIM(MID(SUBSTITUTE(A2,"/",REPT(" ",99)),99,99))
```

REPT 函数的作用是按照给定的次数重复文本。公式中的“REPT(" ",99)”就是将“" "”（空格）重复 99 次，返回由 99 个空格组成的字符串。

利用 SUBSTITUTE 函数将源字符串中的分隔符“/”替换成 99 个空格（99 可以是大于源字符串长度的任意值），拉大各个字段间的距离。MID 函数从返回的字符串第 99 个字符截取 99 个字符长度的字符串。最后使用 TRIM 函数清除字符串首尾多余的空格，得到专业名称。

如果需要计算指定字符（串）在某个字符串中出现的次数，可以使用 SUBSTITUTE 函数将其全部删除，然后通过 LEN 函数计算删除前后字符长度的变化来完成。

示例12-8 统计提交选项数

图 12-11 展示了某单位员工问卷调查记录表的部分内容，B 列的选项由“、”分隔，需要统计每个员工提交选项的个数。

	A	B	C
1	姓名	问卷提交	选项数
2	杨启	选项1、选项5、选项7	3
3	向建荣	选项4	1
4	沙志昭	选项2、选项3	2
5	胡孟祥	选项1、选项4、选项6、选项7	4
6	张淑珍		0

图 12-11　统计问卷结果

在 C2 单元格输入以下公式，并将公式向下复制到 C6 单元格。

```
=(LEN(B2)-LEN(SUBSTITUTE(B2,"、",))+1)*(B2<>"")
```

先用 LEN 函数计算出源字符串的总长度，再用 SUBSTITUTE 函数将字符串中的分隔符“、”删除后，用 LEN 函数得到删除分隔符后的字符串长度，两者相减即为分隔符“、”的个数。选项数比分隔符数多 1，因此加 1 即得到提交的选项的个数。

公式中的“*(B2<>"")”部分的作用是避免在 B 列单元格为空时，公式返回错误结果 1，如 C6 单元格所示。

➲ II　REPLACE 函数

REPLACE 函数用于将指定长度的字符串替换为不同的字符串，函数语法如下。

```
REPLACE(old_text,start_num,num_chars,new_text)
```

其中，old_text 参数表示要替换其部分字符的源文本；start_num 参数指定源文本中要替换为新文本的起始位置；num_chars 参数表示需要替换的源字符串中的字符长度，如果该参数为 0（零），可以实现插入字符（串）的功能；new_text 参数表示用于替换源文本中字符的新文本。

示例12-9 隐藏部分电话号码

图 12-12 所示为某商场销售活动的获奖者名单及电话号码。在打印中奖结果时，为保护个人隐私，需要将电话号码中的第 4~7 位内容隐藏。

在 C2 单元格输入以下公式，并将公式向下复制到 C11 单元格。

```
=REPLACE(B2,4,4,"****")
```

公式的作用是从源字符串的第 4 个字符开始，用“****”替换掉其中的 4 个字符。

最后隐藏 B 列，即可实现隐藏电话号码中间 4 位的打印效果。

	A	B	C
1	姓名	中奖者电话	中奖者电话
2	杨莹妍	13659856064	136****6064
3	周霁雯	18811305201	188****5201
4	杨秀明	15724029250	157****9250
5	刘向碧	15778343016	157****3016
6	舒凡	15930149458	159****9458
7	王云霞	13625502770	136****2770
8	殷雁	18770398259	187****8259
9	侯增强	13723975956	137****5956
10	王连吉	18788456367	187****6367
11	李文琼	18772259699	187****9699

图 12-12　中奖者信息

REPLACEB 函数的语法与 REPLACE 函数类似，用法也基本相同。唯一的区别在于 REPLACEB 函数是将指定字节长度的字符串替换为新文本。

SUBSTITUTE函数是按字符串内容替换，而REPLACE函数和REPLACEB函数是按位置和字符串长度替换。

12.2.8　用 TEXT 函数将数值转换为指定数字格式的文本

Excel 的自定义数字格式功能可以将单元格中的数值显示为自定义的格式，而 TEXT 函数也具有类似的功能，可以将数值转换为指定数字格式的文本。

➲ Ⅰ　基本语法

TEXT 函数是使用频率较高的文本函数之一，虽然函数的基本语法十分简单，但它的参数变化多端，能够演变出十分精妙的应用，是字符处理函数中少有的具有丰富想象力的函数。

TEXT 函数的基本语法如下。

```
TEXT(value,format_text)
```

其中，value 参数可以是数值、文本或逻辑值；format_text 参数指定格式代码，与单元格数字格式中的大部分代码基本相同，有少部分代码仅适用于自定义格式，不能在 TEXT 函数中使用。

例如，TEXT 函数无法使用星号（*）来实现重复某个字符以填满单元格的效果，也无法实现以颜色显示数值的效果，如格式代码“0.00_；[红色]-0.00”。

除此之外，设置单元格格式和 TEXT 函数还有以下两点区别。

（1）设置单元格格式，仅仅改变了数字的显示外观，数值本身并未发生变化，不影响进一步的汇总计算，即得到的是显示效果。

（2）使用 TEXT 函数可以将数值转换为指定格式的文本，其实质已经是文本，不再具有数值的特性，即得到的是实际效果。

➲ Ⅱ　格式代码

与自定义格式代码类似，TEXT 函数的格式代码也分为 4 个条件区段，各区段之间用半角分号间隔，默认情况下，这四个区段的定义如下。

```
[>0];[<0];[=0];[文本]
```

在实际使用中，可以根据需要省略部分条件区段，条件的含义也会发生相应的变化。

如果使用 3 个条件区段，其含义为：

```
[>0];[<0];[=0]
```

如果使用两个条件区段，其含义为：

```
[>=0];[<0]
```

除了以上默认的条件划分区段外，还可以使用自定义的条件，自定义条件的四区段含义可以表示为：

```
[条件1];[条件2];[不满足条件的其他数值];[文本]
```

自定义条件的三区段含义可以表示为：

```
[条件1];[条件2];[不满足条件的其他数值]
```

自定义条件的两区段含义可以表示为：

```
[条件];[不满足条件]
```

示例12-10 TEXT函数判断考评等级

图 12-13 所示为某单位员工考核表的部分内容。需要根据考核分数评定等级，评定标准为：90 分至 100 分为优秀，75 分至 89 分为良好，60 分至 74 分为合格，小于 60 分为不合格。

	A	B	C
1	姓名	考核分数	考评等级
2	李焜	85	良好
3	胡艾妮	63	合格
4	任建民	92	优秀
5	张云芳	64	合格
6	陈宁万	55	不合格
7	李枏	80	良好
8	沈凤生	79	良好

图 12-13 判断考评等级

在 C2 单元格输入以下公式，并将公式向下复制到 C8 单元格。

```
=SUBSTITUTE(TEXT("-"&B2-60,"[>-15]合格;[>-30]良好;优秀;不合格"),"-",)
```

公式将考核分数减去 60，使不合格的分数返回负数，其余为正数。再与“-”（负号）相连，将正数转换为负数，负数则转化为文本。使用 TEXT 函数自定义条件的四区段格式代码，返回带有负号的考评等级。最后通过 SUBSTITUTE 函数将负号替换为空文本，得到考评等级。

当判断区间较多时，可以使用 TEXT 函数嵌套、IF 函数或 LOOKUP 函数完成。

D2 单元格输入以下公式，并将公式向下复制到 D8 单元格。

```
=TEXT(TEXT(B2,"[>=90]优秀;[>=75]良好;0"),"[>=60]合格;不合格")
```

公式中里层的 TEXT 函数，使用自定义条件的三区段格式代码，当分数大于等于 90 时，返回“优秀”；大于等于 75 且小于 90 时，返回“良好”；当两个条件都不满足时，返回原值。

当里层 TEXT 函数返回“优秀”或“良好”的文本时，外层 TEXT 函数不改变文本的值，最后得到“优秀”或“良好”。当里层 TEXT 函数返回数值时，如果分数大于 60 则返回“及格”，否则返回“不及格”。

format_text 参数除了可以引用单元格格式代码和使用自定义格式代码字符串外，还可以添加变量或公式运算结果，构造出符合代码格式的文本字符串，使 TEXT 函数具有动态的第二参数。

示例12-11 统计指定分数段的人数

图 12-14 展示了某班级数学期末考试成绩表的部分内容，需要统计指定分数段内的学生人数。

	A	B	C	D	E	F
1	姓名	成绩		指定分数段人数统计		
2	左存功	69		下限	上限	人数
3	李凤龙	96		75	90	3
4	罗琼	79				
5	梁红明	83				
6	吴小琴	69				
7	余志勇	75				
8	陈寿宁	69				

图 12-14　统计指定分数段的人数

在 F2 单元格输入以下数组公式，按 <Ctrl+Shift+Enter> 组合键。

```
{=SUM(--TEXT(B2:B8,"[>="&E3&"]!0;[>="&D3&"]1;!0"))}
```

公式中的“"[>="&E3&"]!0;[>="&D3&"]1;!0"”部分，使用字符串与单元格引用相连接的方式，构造出格式代码，其含义是当成绩大于等于上限时，返回 0（零）；当成绩大于等于下限小于上限时，返回 1；否则（当成绩小于下限时）返回 0（零）。

然后使用减负“--”运算将文本型数字转化为数字，通过 SUM 函数求和得到分数段内的人数。

使用 TEXT 函数可以将数值转换为中文小写数字。

示例12-12 利用TEXT函数转换中文格式的日期

如图 12-15 所示，需要将 A 列的日期转换为中文格式的日期。

	A	B
1	日期	中文月份
2	2017/6/29	二○一七年六月二十九日
3	2015/6/1	二○一五年六月一日
4	2016/8/9	二○一六年八月九日
5	2017/3/18	二○一七年三月十八日
6	2016/12/31	二○一六年十二月三十一日
7	2015/4/15	二○一五年四月十五日
8	2014/2/6	二○一四年二月六日

图 12-15　转换中文日期

B2单元格输入以下公式，并将公式向下复制到 B8 单元格。

```
=TEXT(A2,"[dbnum1]e年m月d日")
```

格式代码“e”提取日期的四位数年份，与“yyyy”相同。代码“m”提取日期的月份，代码“d”提取日期的“日”。代码“[dbnum1]”将年月日转换为对应的中文小写数字。

Ⅲ 转换中文大写金额

在部分单位的财务中，经常会使用 Excel 制作一些票据和凭证，这些票据和凭证中的金额往往需要转换为中文大写样式。

根据《票据法》的有关规定，对中文大写金额有以下要求。

- 中文大写金额数字到“元”为止的，在“元”之后应写“整”（或“正”）字，在“角”之后，可以不写“整”（或“正”）字。大写金额数字有“分”的，“分”后面不写“整”（或“正”）字。
- 数字金额中有“0”时，中文大写应按照汉语语言规律、金额数字构成和防止涂改的要求进行书写。数字中间有“0”时，中文大写要写“零”字。数字中间连续有几个“0”时，中文大写金额中间可以只写一个“零”字。金额数字万位和元位是“0”，或者数字中间连续有几个“0”，万位、元位也是“0”，但千位、角位不是“0”时，中文大写金额中可以只写一个“零”字，也可以不写“零”字。金额数字角位是“0”，而分位不是“0”时，中文大写金额“元”后面应写“零”字。

示例12-13 转换中文大写金额

如图 12-16 所示，A 列是小写的金额数字，需要转换为中文大写金额。

	A	B
1	数字金额	中文大写金额
2	100.23	壹佰圆贰角叁分
3	2150.4	贰仟壹佰伍拾圆肆角整
4	-104380.9	负壹拾万肆仟叁佰捌拾圆玖角整
5	5008.05	伍仟零捌圆零伍分
6	-0.02	负贰分
7	23	贰拾叁圆整
8	107.04	壹佰零柒圆零肆分

图 12-16 转换中文大写金额

B2 单元格输入以下公式，并将公式向下复制到 B8 单元格。

```
=SUBSTITUTE(SUBSTITUTE(SUBSTITUTE(IF(A2<0,"负",)&TEXT(INT(ABS(A2)),"[dbnum2];;")&TEXT(MOD(ABS(A2)*100,100),"[>9][dbnum2]圆0角0分;[=0]圆整;[dbnum2]圆零0分"),"零分","整"),"圆零",),"圆",)
```

“IF(A2<0,"负",)”部分，判断金额是否为负数。如果是负数，则返回“负”字，否则返回空文本。

“TEXT(INT(ABS(A2)),"[dbnum2];; ")”部分，使用 ABS 函数和 INT 函数得到数字金额的整数部分，然后通过 TEXT 函数将正数转换为中文大写数字，将零转换为一个空格“ ”。

“TEXT(MOD(ABS(A2)*100,100),"[>9][dbnum2]圆0角0分;[=0]圆整;[dbnum2]圆零0分")”部分，使用 MOD 函数和 ABS 函数提取金额数字小数点后两位数字，然后通过 TEXT 函数自定义条件的三区段格式代码转换为对应的中文大写金额。

最后公式通过由里到外的三层 SUBSTITUTE 函数完成字符串替换得到中文大写金额。第一层 SUBTITUTE 函数将“零分”替换为“整”，对应数字金额到“角”为止的情况，在“角”之后写“整”字。第二层 SUBSTITUTE 函数将“圆零”替换为空文本，对应数字金额只有“分”的情况，删除字符串中多余的字符。第三层 SUBSTITUTE 函数将“圆”替换为空文本，对应数字金额整数部分为“0”的情况，删除字符串中多余的字符。

12.3　文本函数综合应用

12.3.1　合并字符串

Ⅰ　合并连续单元格区域

PHONETIC 函数是为日文设计用于提取日文注音的函数，但它还有一个隐藏的作用，即连接单元格区域内除日文外的文本数据。PHONETIC 函数连接文本有以下几个特性。

- 参数只能是单元格引用，不能为内存数组。
- 忽略数值、逻辑值、错误值及公式结果，仅连接单元格内输入的文本。

示例12-14　合并水果的特性

图 12-17 展示了部分水果的特性，需要在 C 列合并各种水果的特性。

C2　=IF(A2>"",PHONETIC(OFFSET(B2,,,MODE((A3:B10="")%+ROW($1:$8)),2)),"")

	A	B	C	D
1	水果	特性	合并结果	
2	香蕉	降压、	降压、通便、味甘、性寒	
3		通便、味甘、		
4		性寒		
5	荔枝	性温、	性温、多吃易导致上火	
6		多吃易导致上火		
7	苹果	性平、补心润肺、	性平、补心润肺、生津解毒、益气和胃、醒酒平肝。	
8		生津解毒、		
9		益气和胃、		
10		醒酒平肝。		

图 12-17　合并水果特性

C2 单元格输入以下公式，并将公式向下复制到 C10 单元格。

```
=IF(A2>"",PHONETIC(OFFSET(B2,,,MODE((A3:B10="")%+ROW($1:$8)),2)),"")
```

公式中的“(A3:B10="")%+ROW($1:$8)”部分，构造了一个 8 行 2 列的二维数组，当 A 列和 B 列同行的两个单元格均为空或均非空时，数组里同行的两个元素才相同，结合 MODE 函数返回第一个相同元素的行号，即该水果特性对应的行数。

利用 OFFSET 函数返回水果对应特性所在的单元格区域引用，并通过 PHONETIC 函数合并单元格区域内的文本。

最后使用 IF 函数仅在各水果的第一行返回合并特性结果。

Ⅱ　条件合并单元格文本

如果需要合并的文本不在一个连续的单元格区域，那么 PHONETIC 函数将无法合并文本，此时只能通过迭代计算的方法来合并文本。

示例12-15　查询危险化学品的特性

图 12-18 展示了危险化学品特性表的部分内容，需要在查询表中合并显示各化学品的所有特性。各化学品的特性不在连续的单元格区域，所以需要启用迭代计算来合并文本。

	A	B
1	化学品名称	特性
2	一氯甲烷	外观与性状：无色气体，有醚样的微甜气味。
3	一氯甲烷	分子式：CH3Cl。
4	2，4，6-三硝基苯酚	分子式：C6H3N3O7。
5	氢氟酸	外观与性状：无色发烟气体或液体，有强烈刺激性气味。
6	2，4，6-三硝基苯酚	外观与性状：淡黄色结晶固体，无臭，味苦。
7	氢氟酸	危险性类别：第8类 酸性腐蚀品。
8	一氯甲烷	危险性类别：第2类 有毒气体。
9	氢氟酸	分子式：HF。
10	2，4，6-三硝基苯酚	危险性类别：第1类 爆炸品。

图 12-18　危险化学品特性表

依次单击【文件】→【选项】选项，打开【Excel 选项】对话框。

在【Excel 选项】对话框中，单击【公式】选项卡，选中【启用迭代计算】复选框，单击【确定】按钮关闭对话框，如图 12-19 所示。

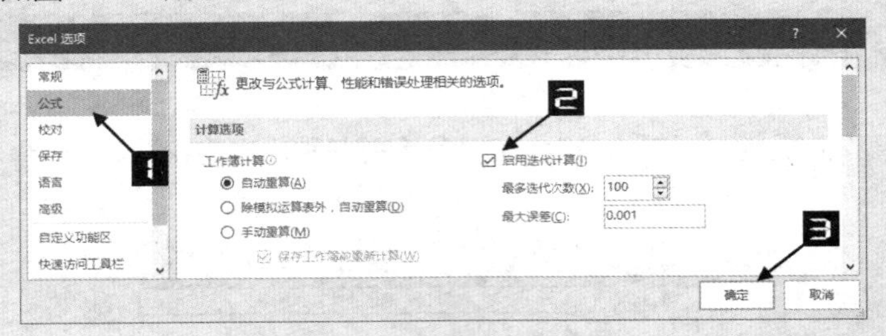

图 12-19　启用迭代计算

在 E2 单元格输入以下公式，并使用自定义格式让 E2 单元格始终显示“特性”。

```
=MOD(E2,100)+1
```

公式在迭代过程中，依次产生 1~100 的自然数。

选择 E2 单元格，依次单击【开始】→【数字格式】下拉列表→【其他数字格式】按钮，打开【设置单元格格式】对话框。单击对话框中的【自定义】选项卡，在【类型】文本框中输入文本“特性”，单击【确定】按钮关闭对话框。完成设置后，E2 单元格始终显示文本“特性”，如图 12-20 所示。

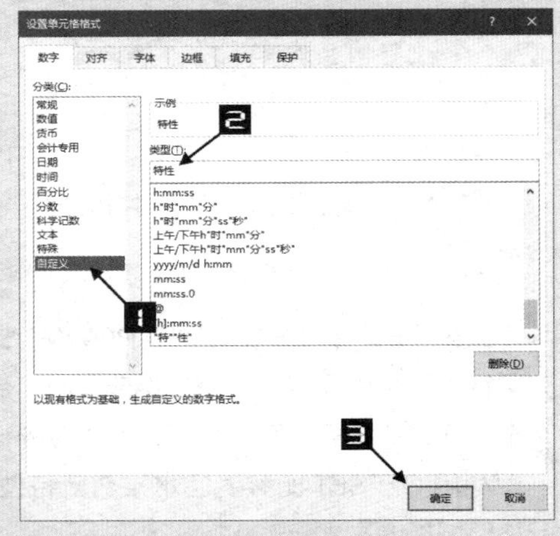

图 12-20　设置单元格格式

E3 单元格输入以下公式。

```
{=IF(E2>1,E3&IF(INDEX(A:A,E2)=D3,INDEX(B:B,E2),""),"")}
```

公式借助迭代过程中 E2 单元格生成的 1~100 自然数，通过 INDEX 函数依次引用 A1~A100 单元格，并与 D3 单元格比较，如果 A 列单元格与查询的化学品名称一致，则返回对应 B 列的化学品特性。然后与已经得到的 E3 单元格特性连接，最终实现化学品特性的迭代合并连接。

最外层的 IF 函数是迭代计算的开关，确保在每次迭代计算的开始清空 E3 单元格，防止自动重算时，E3 单元格的文本无限连接得出错误结果。公式运算结果如图 12-21 所示。

D	E
化学品特性查询表	
名称	特性
2，4，6-三硝基苯酚	分子式：C6H3N3O7。外观与性状：淡黄色结晶固体，无臭，味苦。危险性类别：第1类 爆炸品。

图 12-21　化学品特性查询结果

12.3.2　提取子字符串

➲ Ⅰ　提取字符串中的数字

示例12-16　提取销售金额

图 12-22 展示了某水果店 6 月销售记录的部分内容，需要提取销售金额（位于字符串中部）。

在 B2 单元格输入以下公式，并将公式向下复制到 B6 单元格。

```
=-LOOKUP(1,-MIDB(A2,SEARCHB("?",A2),ROW($1:$15)))
```

	A	B
1	销售记录	销售金额
2	苹果15.8元/1千克	15.8
3	香蕉9元/1.5千克	9
4	猕猴桃10元/0.6千克	10
5	新疆红提15元/1.2千克	15
6	梨18.8元	18.8

图 12-22　水果店销售记录

公式利用 SEARCHB 函数的通配符查找功能，查找字符串中首个单字节字符。由于汉字是双字节字符，所以 SEARCHB 函数返回首个数字的位置。

利用 MIDB 函数从首个数字位置向右依次截取长度为 1~15 的 15 个子字符串，通过取负运算将数字转化为负数，文本转化为 #VALUE! 错误值。

最终使用 LOOKUP 函数忽略错误值查找正数 1（大于 lookup_vector 参数中的所有负数），返回最后一个负数，即最长的数字字符串。通过取负运算将负数转化为正数，得到每条销售记录的销售金额。

如果字符串中汉字、英文字母、数字混排，SEARCHB 函数的通配符查找将无法返回首个数字的位置，进而提取到连续的数字。这时需要转换思路来获得首个数字的位置，如示例 12-17 所示。

示例12-17　提取投资机构利润率

图 12-23展示了部分投资机构及其利润率，需要提取文本中的利润率。文本由英文与数字组成，所以无法使用 SEARCHB 函数得到首个数字的位置。

	A	B
1	投资机构利润率	利润率
2	Fidelity Investment Group 9.2% from offical site	9.20%
3	Morgan Stanley 8.9% per year	8.90%
4	ABN AMRO TEDA Fund Management Co., Ltd 10.37%	10.37%
5	Bain Capital 8.26% one of world's leading investment firms	8.26%
6	Goldman Sachs 9.75% Online Offline All the Time	9.75%

图 12-23　投资机构利润率

B2 单元格输入以下数组公式，按 <Ctrl+Shift+Enter> 组合键。

```
{=-LOOKUP(1,-MID(A2,MIN(FIND(ROW($1:$10)-1,A2&1/17)),ROW($1:$15)))}
```

公式利用 ROW 函数构造 0~9 的数字数组。“1/17”等于 0.0588235294117647，是一个包含 0~9 所有数字的值，连接在文本的尾部，可以避免 FIND 函数在查找数字时，因文本缺少相应数字而返回错误值。

利用 FIND 函数查找 10 个数字在文本中的位置，结合 MIN 函数返回文本中出现数字的最小位置，即得到首个数字的位置。

然后利用 MID 函数从首个数字位置向右依次截取长度为 1~15 的 15 个子字符串，加上负号将数字转化为负数，文本转化为 #VALUE! 错误值。

最终通过 LOOKUP 函数返回最长的数字，再使用负号将负数转化为正数，得到利润率。

示例12-18 提取文本中的所有数字

图 12-24 展示了汉字、英文字母和数字混排的部分源文本，需要提取文本中所有的数字。

	A	B
1	源文本	所有数字
2	anc078地械91x050	07891050
3	负数012qmov345iop6780asd	0123456780
4	数字123456个数7890小于等于15个123	123456789015123
5	000123abcde3456ef我	0001233456
6	电话：13888888888	13888888888

图 12-24　提取所有数字

B2 单元格输入以下数组公式，按 <Ctrl+Shift+Enter> 组合键。

```
{=LEFT(TEXT(SUM((0&MID(A2,SMALL(IF((MID(A2,ROW($1:$99),1)>="0")*(MID(A2,ROW($1:$99),1)<="9"),ROW($1:$99),100),ROW($1:$15)),1))*10^(15-ROW($1:$15))),REPT(0,15)),COUNT(-MID(A2,ROW($1:$99),1)))}
```

公式中的“MID(A2,ROW($1:$99),1)”部分，依次提取文本中的单个字符，然后与字符“0”和“9”比较，使数字字符返回逻辑值 TRUE，非数字字符返回逻辑值 FALSE。结合 IF 函数，使数字字符返回在文本中对应的位置，非数字字符返回位置 100（大于文本长度）。

利用 SMALL 函数依次提取 15 个最小的位置，即数字所在的位置，通过 MID 函数返回对应位置上的数字，多余的数组元素返回空文本。

```
{"0";"7";"8";"9";"1";"0";"5";"0";"";"";"";"";"";"";""}
```

通过“0”连接上述数字数组，使空文本变成“0”，以参加后续除法运算。用数字数组乘以“10^(15-ROW($1:$15))”，结合 SUM 函数求和使数字连接在一起，返回 78910500000000。

由于整数会丢失高位的 0（零），所以利用 TEXT 函数结合 REPT 函数来补齐 15 位数字，即高位的 0（零），返回“078910500000000”。

利用 COUNT 函数统计文本中数字的个数，最后通过 LEFT 函数返回文本中所有数字的字符串。

注意

通过SUM错位求和的方法，最多只能连接15位数字。超过15位的部分，由于Excel精度的限制，将被舍弃。如果文本中需要提取的数字超过15位，可结合示例12-15中的迭代计算方式实现。

示例12-19 提取不重复数字

图 12-25 展示了汉字、英文字母和数字混排的部分源文本，需要提取文本中不重复的数字。

	A	B
1	源文本	不重复数字
2	xyz0843abc3426	084326
3	348346552197	348652197
4	汉字与2456245数字57379混排	2456739
5	没有数字	
6	0212汉字789数字8723英文混排	0217893

图 12-25　提取不重复的数字

B2 单元格输入以下数组公式，按 <Ctrl+Shift+Enter> 组合键。

```
{=SUBSTITUTE(BASE(10*16^10+SUM(TEXT(MID(A2,SMALL(FIND(ROW($1:$10)-1,A2&1/17),ROW($1:$10)),1),"0;;0;!1!0")*16^(10-ROW($1:$10))),16),"A",)}
```

公式利用 ROW 函数构造 0~9 的自然数内存数组，通过 FIND 函数查找各数字在文本中首次出现的位置，公式中“1/17”的作用见示例 12-17。

然后利用 SMALL 函数将各数字出现的位置从小到大排序，返回从左到右依次出现的不重复数字的位置，结合 MID 函数得到从左到右出现的不重复数字内存数组，如下所示。

```
{"0";"8";"4";"3";"2";"6";"";"";"";""}
```

借助 TEXT 函数在不改变数字的情况下将空文本转化为“10”，表示文本中未出现的数字，与十六进制的“A”对应。结果如下。

```
{"0";"8";"4";"3";"2";"6";"10";"10";"10";"10"}
```

然后乘以“16^(10-ROW($1:$10))”，通过 SUM 函数求和得到不重复数字代表的十六进制数“84326AAAA”对应的十进制值。“10*16^10”对应的十六进制值为“A0000000000”，其作用是将结果补齐为十位，防止丢失首位的 0（零）而得到错误结果。

利用 BASE 函数将十进制值转化为十六进制，返回结果“A084326AAAA”。结果中首位的“A”与“10*16^10”对应，“084326”即从左向右出现的不重复数字，末尾的“AAAA”表示文本中未出现的数字。

最后利用 SUBSTITUTE 函数将字符串中的“A”替换为空文本，得到文本中不重复的数字字符串。

➲ II　提取字符串中的英文

当源文本是由一个英文字符串与一个或两个汉字字符串组成时（包括“汉字字符串 + 英文字符串”“英文字符串 + 汉字字符串”“汉字字符串 + 英文字符串 + 汉字字符串”三种形式），可以使用 SEARCHB 函数的通配符查找功能返回首个英文字母的位置，结合 LENB 函数和 LEN 函数返回英文字母的个数，通过 MIDB 函数得到英文子字符串。

示例12-20 提取名著英文名称

图 12-26 展示了部分世界名著的中英文名称及作者信息，需要从字符串中提取英文名称。

	A	B
1	世界名著名称	英文名称
2	哈姆雷特Hamlet	Hamlet
3	但丁Divine Comedy神曲	Divine Comedy
4	荷马史诗Homer's epic	Homer's epic
5	战争与和平War and Peace	War and Peace
6	Don Quixote堂吉诃德	Don Quixote
7	Pride and Prejudice傲慢与偏见	Pride and Prejudice

图 12-26 世界名著名录

在 B2 单元格输入以下公式，并将公式向下复制到 B7 单元格。

```
=MIDB(A2,SEARCHB("?",A2),2*LEN(A2)-LENB(A2))
```

公式利用 SEARCHB 函数的通配符查找功能，查找字符串中首个单字节字符。由于汉字是双字节字符，所以 SEARCHB 函数返回首个英文字母的位置。

利用“2*LEN(A2)-LENB(A2)”返回字符串中单字节字符的个数（本例中即英文字母的个数）。

最后通过 MIDB 函数从首个英文字母位置开始向右截取指定个数的子字符串，得到世界名著的英文名称。

当源文本由一个英文字符串与多个数字字符串和汉字字符串组成时，SEARCHB 函数无法正确返回首个英文字母的位置，可以使用 MATCH 函数或比较运算符来判断源文本中各字符的类型，再通过 MATCH 函数来返回首个英文字母的位置。

示例12-21 提取数字的英文表示

图 12-27 展示了数字及其对应的中文小写和英文组成的字符串，需要从中提取出英文的数字。

	A	B
1	数字及其对应的中英文	英文数字
2	78seventy eight	seventy eight
3	二百一十210two hundred and ten	two hundred and ten
4	one hundred and seven107一百○七	one hundred and seven
5	5five五	five
6	one million一百万1000000	one million

图 12-27 提取英文的数字

在 B2 单元格输入以下数组公式，按 <Ctrl+Shift+Enter> 组合键，并将公式向下复制到 B6 单元格。

```
{=MID(A2,MATCH(2,MATCH(MID(A2,ROW($1:$99),1),{"","A","吖"}),),SUM(N(
MATCH(MID(SUBSTITUTE(A2," ","A"),ROW($1:$99),1),{"","A","吖"})=2)))}
```

公式中的“MID(A2,ROW($1:$99),1)”部分依次提取出字符串中的单个字符，利用 MATCH 函数模糊查找，判断各个字符的类型。数字返回 1，英文字母返回 2，汉字返回 3。再利用 MATCH 函数精确查找“2”，得到字符串中首个英文字母的位置。

SUBSTITUTE 函数将字符串中英文单词间的空格替换为字母“A”，以便统计英文字母的个数时将空格也计算在内。利用 MID 函数依次提取出字符串中的单个字符，同样利用 MATCH 函数的模糊查找判断各个字符的类型，将结果与英文字母对应的“2”比较，结合 SUM 函数和 N 函数得到字符串中英文字符串的长度。

最后通过 MID 函数从首个英文字母位置向右截取指定长度的子字符串，得到英文的数字。

Ⅲ 提取字符串中的汉字

当源文本中只有一个汉字字符串时，可以用数组公式提取出来。

示例12-22 提取机械名称

图 12-28 展示了某工程使用的机械明细表的部分内容。A 列为规格型号和机械中英文名称的混合内容，需要在 B 列提取出中文名称。

	A	B
1	型号名称	中文名称
2	自卸汽车CD3040	自卸汽车
3	SC9385平板拖车	平板拖车
4	装载机ZL40	装载机
5	TY320B推土机bulldozer	推土机
6	2Y6/8光轮压路机	光轮压路机

图 12-28 机械型号与名称

B2 单元格输入以下数组公式，按 <Ctrl+Shift+Enter> 组合键，并将公式向下复制到 B6 单元格。

```
{=MID(A2,MATCH(2,LENB(MID(A2,ROW($1:$99),1)
),),LENB(A2)-LEN(A2))}
```

公式利用 MID 函数依次提取出字符串中的单个字符，借助 LENB 函数返回各个字符的字节数（汉字返回 2，其他字符返回 1）。

```
{2;2;2;2;1;1;1;1;1;1;0;0;0;0;…0;0;0;0;0;0;0;0;0;0;0;0;0;0}
```

利用 MATCH 函数查找数字 2，返回数组中首个“2”的位置，即字符串中首个汉字的位置。利用“LENB(A2)-LEN(A2)”得到字符串中汉字的个数，最后通过 MID 函数从首个汉字的位置开始截取汉字个数的子字符串，得到机械的中文名称。

示例12-23 根据需要提取字符

图 12-29 展示了部分源文本，其中 A 列是由 0~9 的数字、A~Z 的大小写英文字母及汉字组成的混合字符串，B 列指定提取的字符类型，需要在 C 列提取 A 列中指定类型的字符。

	A	B	C
1	字母数字汉字混合字符串	提取条件	结果
2	有可能是全部汉字或数字或字母	数字	
3	ABCDPQRSTWXYZabcdefgqrstuvwxyz	英文	ABCDPQRSTWXYZabcdefgqrstuvwxyz
4	1234567890123456789012342876	汉字	
5	两头From444有to123end汉字	汉字	两头有汉字
6	From两头有to123字777母end	英文	Fromtoend
7	0980From两break头有to123数字end886	数字	0980123886
8	1a2b3c4d7g8h9i0j1k2l3m4n5opq8s9t10u	数字	12347890123458910
9	12345678u901234我56789你01234	汉字	我你

图 12-29 按需提取字符

由于源文本中数字、字母及汉字都不是连续的子字符串，所以只有通过迭代计算才能按条件提取相应字符。

（1）启用迭代计算。

依次单击【文件】→【选项】选项，打开【Excel 选项】对话框。

在【Excel 选项】对话框中，单击【公式】选项卡，选中【启用迭代计算】复选框，单击【确定】按钮关闭对话框，如图 12-19 所示。

（2）设置迭代辅助单元格。

用 C1 单元格作为迭代辅助单元格，在 C1 单元格输入以下公式。

```
=MOD(C1,100)+1
```

因为迭代计算的默认迭代次数为 100，所以公式将循环依次产生 1~100 的自然数。

选择 C1 单元格，依次单击【开始】→【数字格式】下拉列表→【其他数字格式】按钮，打开【设置单元格格式】对话框。单击对话框中的【自定义】选项卡，在【类型】文本框中输入文本“结果”，单击【确定】按钮关闭对话框，如图 12-30 所示。完成设置后，E2 单元格始终显示文本“结果”。

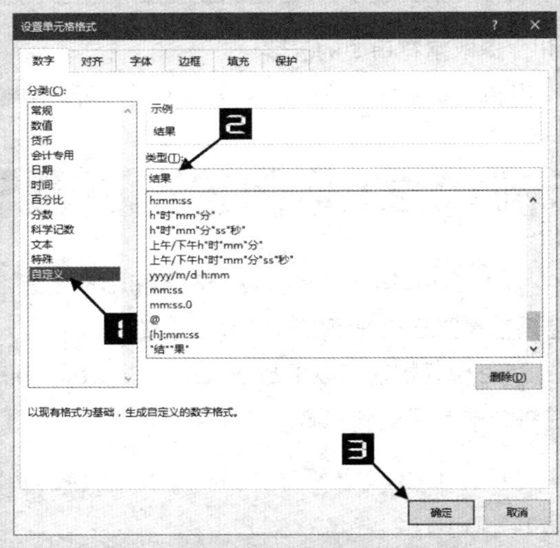

图 12-30　设置辅助单元格格式

（3）输入公式按需提取字符。

在 C2 单元格输入以下数组公式，按 <Ctrl+Shift+Enter> 组合键，并将公式向下复制到 C9 单元格。

```
{=REPT(C2&MID(1&A2,C$1,LOOKUP(MID(1&A2,C$1,1),{"","A","吖";"数字","英文","汉字"})=B2),C$1>1)}
```

公式中的“MID(1&A2,C$1,1)”部分，随迭代过程从左向右依次提取出源文本中的单个字符。

在 Excel 中，数字小于字母，字母小于汉字。空文本是最小的文本字符，“A”是最小的字母，“吖”是最小的汉字。因此利用 LOOKUP 函数可以得到字符的类型，再与提取条件相比较，如果相等则返回 TRUE，对应数字 1；如果不等则返回 FALSE，对应数字 0（零）。

然后用 MID 函数在相同的位置提取字符，如果此字符类型满足条件，则提取 1 个字符，即该字符。如果此字符类型与提取条件不同，则提取 0 个字符，返回空文本，即不提取该字符。

随着迭代的进行，依次连接满足条件的字符，最终得到满足提取条件的字符串。

最后通过 REPT 函数作为迭代的开关，当 C1 单元格等于 1 时（迭代计算的起始），“C$1>1”返回 FALSE，对应数字 0（零），将文本重复 0（零）次，返回空文本，即在迭代计算的开始清空 C2 单元格，实现初始化，避免自动重算时，文本无限连接而返回错误结果。

注意

如果源文本的长度超过100个字符，那么在启用迭代计算时，应在【最多迭代次数】文本框中输入一个更大的数值，同时将C1单元格公式中的“100”调整为对应的值，才能返回正确答案。

第 13 章　信息提取与逻辑判断

信息类函数能够返回系统当前的某些状态信息，如操作系统版本、Excel 版本、工作簿名称、单元格格式等；与文本函数配合使用，可以提取到很多有用的数据。

逻辑类函数可以对数据进行逻辑判断，如判断真假值，复合检验等。在实际应用中，这些函数与其他函数配合使用，能够在更广泛的领域完成复杂的逻辑判断。

本章学习要点

（1）了解 INFO 与 CELL 信息函数。　　（2）学习常用的逻辑判断函数。

13.1　用 INFO 函数获取当前操作环境信息

INFO 函数用于获取当前操作环境的信息。根据参数设定的值，返回当前目录路径、操作系统的版本号、Excel 版本号及操作系统名称等，其语法如下。

```
INFO(type_text)
```

其中，type_text 是必需参数，用于指定要返回信息的类型。

使用不同的 type_text 参数，INFO 函数返回的结果如表 13-1 所示。

表 13-1　INFO 函数不同参数的返回结果

type_text 参数取值	函数返回结果
directory	当前工作簿的文件路径
numfile	打开的所有工作簿中工作表数目之和
origin	以当前滚动位置为基准，返回窗口中可见的左上角单元格的绝对单元格引用
osversion	当前操作系统的版本号
recalc	当前工作簿的重新计算模式，返回“自动”或“手动”
release	Microsoft Excel 的版本号，在 Excel 2016 中，返回 16.0
system	操作系统名称：Windows 系统返回“pcdos”，Macintosh 返回“mac”

13.2　用 CELL 函数获取单元格信息

CELL 函数用于获取单元格的信息。其语法如下。

```
CELL(info_type, [reference])
```

函数根据 info_type 参数设定的值，返回引用区域左上角单元格对应的信息。

info_type 参数为必需参数，用于指定要返回的单元格信息的类型。

reference 参数为可选参数，用于表示需要得到其相关信息的单元格或单元格区域。

如果省略 reference 参数，则返回最后更改的单元格的相关信息。如果参数 reference 是一单元格区域，则 CELL 函数返回该区域左上角单元格的相关信息。

info_type 参数的可能值及相应的结果如表 13-2 所示。

表 13-2　CELL 函数不同参数及返回的结果

Info_type 参数取值	函数返回结果
address	单元格的绝对引用
col	单元格的列标
color	如果单元格中的负值以不同颜色显示，则返回 1；否则返回 0（零）
contents	左上角单元格的值（不是公式）
filename	包含引用的工作表的完全路径。如果包含目标引用的工作表尚未保存，返回空文本（""）
format	与单元格数字格式相对应的文本值
parentheses	如果单元格格式为正值或所有值加括号，则返回 1；否则返回 0（零）
prefix	如果单元格的值为文本，返回文本对齐方式的字符代码；否则返回空文本（""）
protect	如果单元格锁定，则返回 1；否则返回 0（零）
row	单元格的行号
type	表示单元格中数据类型的字符代码
width	取整后的单元格列宽，以默认字号的一个字符宽度为单位

当 info_type 参数为“format”，reference 参数为用内置数字格式设置的单元格时，CELL 函数返回与单元格数字格式相对应的文本值，如表 13-3 所示。

表 13-3　与数字格式相对应的文本值

reference 参数引用的单元格格式	CELL 函数返回值
G/ 通用格式或 # ?/? 或 # ??/?? mm:ss 或 mm:ss.0 或 [h]:mm:ss	G
0	F0
0.00	F2
#,##0 或 $#,##0_);($#,##0)	,0
#,##0.00 或 $#,##0.00_);($#,##0.00)	,2
¥#,##0.00;¥-#,##0.00	C0
¥#,##0;¥-#,##0	C2
0%	P0
0.00%	P2
##0.0E+0	S1
0.00E+00	S2
yyyy/m/d 或 yyyy " 年 " m " 月 " d " 日 " 或 m/d/yy 或 d-mmm-yy 或 yyyy/m/d h:mm	D1
yyyy " 年 " m " 月 " 或 mmm-yy 或 mmm-yyyy	D2
m " 月 " d " 日 " 或 d-mmm	D3
h:mm:ss AM/PM 或上午 / 下午 h " 时 " mm " 分 " ss " 秒 "	D6
h:mm AM/PM 或上午 / 下午 h " 时 " mm " 分 "	D7
h:mm:ss 或 h " 时 " mm " 分 " ss " 秒 "	D8
h:mm 或 h " 时 " mm " 分 "	D9

如果单元格中的负值以不同颜色显示，则在返回的文本值末尾处加“-”；如果为单元格中的正值或所有值加括号，则在文本值的末尾处加“()”。

如单元格格式“0”，CELL 函数返回“F0”。单元格格式“0;[红色]-0”，CELL 函数则返回“F0-”。单元格格式“(0)”，CELL 函数则返回“F0()”。

示例13-1 限制输入指定格式的日期

利用数据验证结合 CELL 函数，可以限制单元格只能输入特定格式的内容。在图 13-1 所示的工作表中，为了规范数据的录入，要求在 A2:A9 单元格区域只能录入 m" 月 "d" 日 " 或 d-mmm 或 m-d 格式的日期。

13章

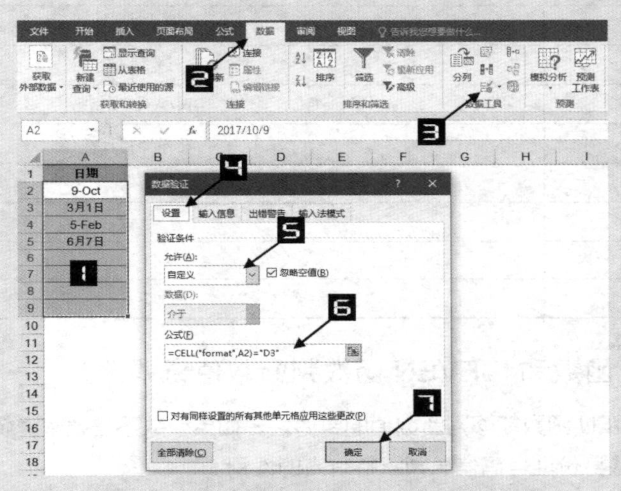

图 13-1　限制输入指定格式的日期值

选择 A2:A9 单元格区域，单击【数据】选项卡【数据工具】组中的【数据验证】按钮，在弹出的【数据验证】对话框中，单击【设置】选项卡，在【允许】下拉列表中选择【自定义】选项，在【公式】编辑框输入以下公式。

```
=CELL("format",A2)="D3"
```

单击【确定】按钮，完成设置。

设置完成后，如果在 A2:A9 单元格区域输入其他格式的日期，Excel 将弹出警告对话框并拒绝数据录入，如图 13-2 所示。

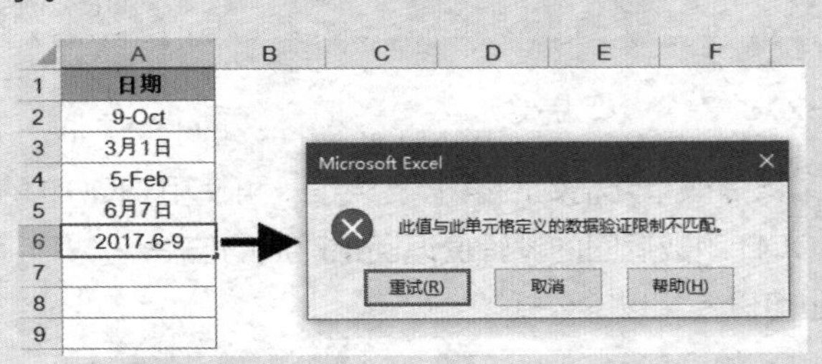

图 13-2　拒绝录入其他格式的日期值

13.3 IS 类判断函数

Excel 2016 提供了 12 个以 IS 开头的信息类函数，主要用于判断数据类型、奇偶性、空单元格、错误值、文本、公式等。各函数功能如表 13-4 所示。

表 13-4 IS 类判断函数

函数名称	函数返回结果 TRUE 的参数情况
ISBLANK	空单元格
ISERR	除 #N/A 以外的任意错误值
ISERROR	任意错误值
ISEVEN	偶数
ISFORMULA	包含公式的单元格
ISLOGICAL	逻辑值
ISNA	#N/A 错误值
ISNONTEXT	非文本的任意值
ISNUMBER	数值
ISODD	奇数
ISREF	引用
ISTEXT	文本

13.3.1 用 ISODD 函数和 ISEVEN 函数判断数值奇偶性

ISODD 函数和 ISEVEN 函数能够判断数值的奇偶性，如果参数不是整数，将被截尾取整后再进行判断。根据这一特点，可从身份证号码信息判断持有人的性别。

示例13-2 根据身份证号码判断性别

我国现行居民身份证由 17 位数字本体码和 1 位数字校验码组成，其中第 17 位数字表示性别，奇数代表男性，偶数代表女性。如图 13-3 所示，需要根据身份证号码判断性别。

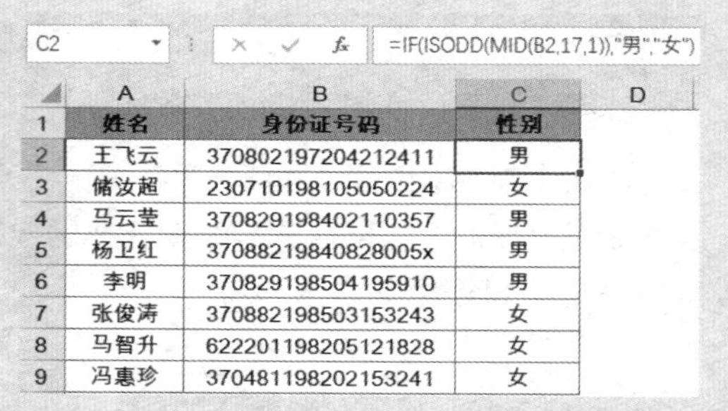

C2 =IF(ISODD(MID(B2,17,1)),"男","女")

	A	B	C
1	姓名	身份证号码	性别
2	王飞云	370802197204212411	男
3	储汝超	230710198105050224	女
4	马云莹	370829198402110357	男
5	杨卫红	37088219840828005x	男
6	李明	370829198504195910	男
7	张俊涛	370882198503153243	女
8	马智升	622201198205121828	女
9	冯惠珍	370481198202153241	女

图 13-3 根据身份证号码判断性别

在 C2 单元格输入以下公式，并将公式复制到 C2:C9 单元格区域。

```
=IF(ISODD(MID(B2,17,1)),"男","女")
```

公式首先利用 MID 函数提取单元格中的第 17 个字符，再使用 ISODD 函数判断该结果的奇偶性，最后使用 IF 函数根据 ISODD 函数返回的逻辑值返回相对应的值。

根据同样的思路，也可以使用以下公式。

```
=IF(ISEVEN(MID(B2,17,1)),"女","男")
```

13.3.2　用 ISNUMBER 函数判断参数是否为数值

ISNUMBER 函数用于判断参数是否为数值。该函数支持数组运算，与其他函数嵌套使用，可以完成指定条件的汇总计算。

示例13-3　统计各部门的考核人数

图 13-4 所示为某公司部分员工的考核情况表，C 列的考核情况包括考核成绩和一些备注说明。要求统计各部门参与考核的实际人数，即各部门有考核成绩的员工人数。

F3　=SUMPRODUCT((B$2:B$14=E3)*ISNUMBER(C$2:C$14))

	A	B	C	D	E	F	G
1	姓名	部门	考核情况				
2	申杰	财务部	95		部门	考核人数	
3	何光	采购部	86		销售部	3	
4	杨洪斌	销售部	婚假		采购部	4	
5	曾玉琨	采购部	89		财务部	3	
6	曾桂芬	采购部	事假				
7	陈世巧	财务部	81				
8	和彦中	销售部	93				
9	周婕	销售部	85				
10	朵健	采购部	87				
11	段金玲	采购部	97				
12	郑德莉	财务部	88				
13	刘树芝	销售部	事假				
14	张卫	销售部	84				

图 13-4　各部门的考核人数汇总

在 F3 单元格输入以下公式，并将公式向下复制到 F5 单元格。

```
=SUMPRODUCT((B$2:B$14=E3)*ISNUMBER(C$2:C$14))
```

公式中包含两个条件判断，一是使用等式判断 B2:B14 单元格区域是否与指定部门相等，二是用 ISNUMBER 函数判断 C2:C14 单元格区域是否为数值，最后用 SUMPRODUCT 函数返回同时满足两个条件的数据个数。

13.4　逻辑判断函数

使用逻辑函数可以对单个或多个表达式进行逻辑计算，然后返回一个逻辑值。

13.4.1　逻辑函数与乘法、加法运算

AND 函数、OR 函数和 NOT 函数分别对应“与”“或”和“非”3 种逻辑关系。

当所有参数为逻辑值真时，AND 函数返回 TRUE。只要有一个参数为逻辑值假，AND 函数就返回 FALSE。

只要有一个参数为逻辑值真，OR 函数就返回 TRUE。当所有参数均为逻辑值假时，OR 函数返回 FALSE。

如果参数为逻辑值真，NOT 函数返回 FALSE。如果参数为逻辑值假，NOT 函数返回 TRUE。

参与四则运算时，逻辑值 TRUE 相当于数值 1，FALSE 相当于数值 0（零）。对于乘法运算，只要有一个乘数为 0，结果就为 0（零）。当所有乘数非零时，结果才非零，这与 AND 函数的逻辑关系是一致的。对于加法运算，只要有一个加数非零，结果就为非零。当所有加数为 0（零）时，结果为 0（零），这与 OR 函数的逻辑关系是一致的。因此在实际运用中，常用乘法代替 AND 函数，用加法代替 OR 函数。

示例13-4 判断订单是否包邮

图13-5所示为某网店订单信息表的部分数据，根据规定，钻石会员订单金额大于 59 元或者其他会员订单金额大于 79 元可以包邮。现要求根据订单的会员级别和金额，判断是否包邮。

	A	B	C	D
1	订单号	会员级别	订单金额	是否包邮
2	539490	钻石会员	72	包邮
3	554681	其他会员	48	
4	606477	其他会员	128	包邮
5	582551	钻石会员	60	包邮
6	586062	钻石会员	65	包邮
7	552318	其他会员	29	
8	606727	其他会员	66	
9	544194	其他会员	88	包邮
10	576939	钻石会员	50	

图 13-5 订单信息表

D2 单元格输入以下公式，并将公式复制到 D2:D10 单元格区域。

```
=IF(OR(AND(B2="钻石会员",C2>59),AND(B2="其他会员",C2>79)),"包邮","")
```

公式中的“AND(B2="钻石会员",C2>59)”部分判断订单是否满足会员级别为“钻石会员”且订单金额大于 59，若同时满足，则返回 TRUE，否则返回 FALSE。

公式中的“AND(B2="其他会员",C2>79)”部分判断订单是否满足会员级别为“其他会员”且订单金额大于 79，若同时满足，则返回 TRUE，否则返回 FALSE。

OR 函数以两个 AND 函数的运算结果作为参数，任意一个参数为 TRUE，即返回逻辑值 TRUE。

最后用 IF 函数对不同的逻辑运算结果返回相应的结果。

使用乘法代替 AND 函数，加法代替 OR 函数，可得到相同的结果，公式如下。

```
=IF((B2="钻石会员")*(C2>59)+(B2="其他会员")*(C2>79),"包邮","")
```

乘法运算和加法运算可以进行数组间的逻辑运算，返回数组结果，而AND函数和OR函数只能返回单一的逻辑值结果。

13.4.2 使用 IF 函数进行条件判断

IF 函数能根据第一参数逻辑值的“真”与“假”，返回预先定义的内容。当第一参数为 TRUE 或非 0 数值时，返回第二参数的值。反之，则返回第三参数的值。如果第三参数省略，将返回逻辑值 FALSE。

IF 函数可以嵌套 64 层，从而可构造复杂的判断条件进行综合评测。在实际运用中，使用 IF 函数进行多条件判断，公式会非常冗长，逻辑也难以厘清，可以用其他办法替代 IF 函数，使公式更加简洁。

示例13-5　IF函数评定考核等级

图 13-6 展示了某公司员工考核成绩表的部分内容，需要根据考核成绩评定考核等级。成绩大于等于 90 分为优秀，大于等于 80 分为良好，大于等于 60 分为合格，其他为不合格。

	A	B	C	D
1	姓名	考核成绩	考核等级	LOOKUP函数
2	钱世明	73	合格	合格
3	马旭	88	良好	良好
4	杨加寿	68	合格	合格
5	董景涛	72	合格	合格
6	杨秀坤	93	优秀	优秀
7	张健	62	合格	合格
8	李亚娟	51	不合格	不合格
9	常加仙	97	优秀	优秀
10	丁绍晖	78	合格	合格

图 13-6　员工考核成绩表

C2 单元格输入以下公式，并将公式复制到 C2:C10 单元格区域。

```
=IF(B2>=90,"优秀",IF(B2>=80,"良好",IF(B2>=60,"合格","不合格")))
```

如果成绩大于等于 90，返回“优秀”。如果不满足第一个条件，继续判断成绩是否大于等于 80，满足条件，返回“良好”。如果也不满足第二个条件，继续判断成绩是否大于等于 60，满足条件，返回“合格”。如果以上条件均不满足，则返回“不合格”。

可以使用 LOOKUP 函数来完成考核评级，D2 单元格公式如下。

```
=LOOKUP(B2,{0,60,80,90;"不合格","合格","良好","优秀"})
```

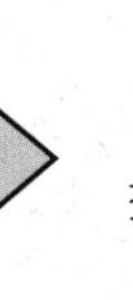

关于 IF 函数和 AND、OR 函数的综合逻辑判断应用，请扫描右侧二维码观看视频讲解。

13.4.3　用 IFNA 函数和 IFERROR 函数屏蔽错误值

在函数公式的应用中，由于多种原因常会返回错误值，为了使表格更加美观，往往需要屏蔽这些错误值的显示。

IFNA 函数和 IFERROR 函数可以屏蔽错误值，它们的语法如下。

```
IFNA(value, value_if_na)
IFERROR(value, value_if_error)
```

参数 value 是需要检查错误的表达式。

当 value 参数为 #N/A 错误值时，IFNA 函数返回 value_if_na 参数的值，否则返回 value 参数本身。

当 value 参数为任意错误值时，IFERROR 函数返回 value_if_error 参数和值，否则返回 value 参数本身。

第 14 章 数学计算

掌握和利用 Excel 数学计算类函数的基础应用技巧，可以在工作表中快速完成求和、取余、随机和修约等数学计算过程。

同时，常用数学函数的应用技巧，在构造数组序列、单元格引用位置变换、日期函数综合应用及文本函数的提取中都起着重要的作用。

本章学习要点

（1）取余函数及应用。
（2）常用舍入函数介绍。
（3）随机函数的应用。

14.1 取余函数

在数学概念中，余数是被除数与除数进行整除运算后剩余的数值，余数的绝对值必定小于除数的绝对值。例如，13 除以 5，余数为 3。

MOD 函数用来返回两数相除后的余数，其结果的正负号与除数相同。MOD 函数的语法结构为：

```
MOD(number,divisor)
```

其中，number 是被除数，divisor 是除数。

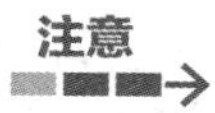
注意

在Excel 2016中，被除数与除数的商必须小于1 125 900 000 000，否则函数返回错误结果#NUM!。

14.1.1 利用 MOD 函数计算余数

示例14-1 利用MOD函数计算余数

计算数值 23 除以 7.2 的余数，可以使用以下公式，得出结果为 1.4。

```
=MOD(23,7.2)
```

如果被除数是除数的整数倍，MOD 函数将返回结果 0。以下公式用于计算数值 17.5 除以 3.5 的余数，结果为 0。

```
=MOD(17.5,3.5)
```

MOD 函数的被除数和除数允许使用负数，以下公式用于计算数值 22 除以 -6 的余数，结果为 -2。

```
=MOD(22,-6)
```

MOD 函数结果的正负号与除数相同。

14.1.2　用 MOD 函数生成有规律的循环序列

学校考试座位排位和引用固定间隔单元格区域等应用中经常用到循环序列。循环序列是基于自然数序列，按固定的周期重复出现的数字序列。其典型形式是 1,2,3,4,1,2,3,4…3,4。MOD 函数可辅助生成这样的数字序列。

示例14-2　利用MOD函数生成循环序列

如图 14-1 所示，A 列是用户指定的循环周期，B 列是初始值，利用 MOD 函数结合自然数序列可以生成指定周期和初始值的循环序列。

	A	B	C	D	E	F	G	H	I	J
1	自然数序列		1	2	3	4	5	6	7	8
2	周期	初始值	生成循环序列							
3	4	1	1	2	3	4	1	2	3	4
4	3	2	2	3	4	2	3	4	2	3

图 14-1　利用 MOD 函数生成循环序列

假如 A3 的周期为 4，B3 的初始值为 1，需要生成横向的循环序列。C3 单元格输入以下公式，并复制填充至 C3:J4 单元格区域。

```
=MOD(C$1-1,$A3)+$B3
```

利用自然数序列生成循环序列的通用公式为：

```
=MOD（自然数序列（或行号、列号引用）-1，周期）+ 初始值
```

14.2　数值取舍函数

在对数值的处理中，经常会遇到进位或舍去的情况。例如，去掉某数值的小数部分、按 1 位小数四舍五入或保留 4 位有效数字等。

为了便于处理此类问题，Excel 2016 提供了以下常用的取舍函数，如表 14-1 所示。

表 14-1　常用取舍函数汇总

函数名称	功能描述
INT	取整函数，将数字向下舍入为最接近的整数
TRUNC	将数字直接截尾取整，与数值符号无关
ROUND	将数字四舍五入到指定位数
MROUND	返回参数按指定基数进行四舍五入后的数值
ROUNDUP	将数字朝远离零的方向舍入，即向上舍入
ROUNDDOWN	将数字朝向零的方向舍入，即向下舍入

续表

函数名称	功能描述
CEILING 或 CEILING.MATH	将数字向上舍入为最接近的整数，或最接近的指定基数的整数倍
FLOOR 或 FLOOR.MATH	将数字向下舍入为最接近的整数，或最接近的指定基数的整数倍
EVEN	将数字向上（绝对值增大的方向）舍入为最接近的偶数
ODD	将数字向上（绝对值增大的方向）舍入为最接近的奇数

以上函数处理的结果都是对数值进行物理的截位，数据精度已经发生改变。

14.2.1 INT 和 TRUNC 函数

INT 函数和 TRUNC 函数通常用于舍去数值的小数部分，仅保留整数部分，因此常称为“取整函数”。虽然这两个函数功能相似，但在实际使用上又存在一定的区别。

INT 函数用于取得不大于目标数值的最大整数，其语法结构为：

```
INT(number)
```

其中，number 是需要取整的实数。

TRUNC 函数是对目标数值进行直接截位，其语法结构为：

```
TRUNC(number, [num_digits])
```

其中，number 是需要截尾取整的实数，num_digits 是可选参数，用于指定取整精度的数字，num_digits 的默认值为 0。

两个函数对正数的处理结果相同，对负数的处理结果会有一定的差异。

示例14-3 对数值进行取整计算

对于正数 7.28，两个函数的取整结果相同。

```
=INT(7.28)=7
=TRUNC(7.28)=7
```

对于负数 –5.1，两个函数的取整结果不同。

=INT(–5.1)=–6 结果为不大于 –5.1 的最大整数。

=TRUNC(–5.1)=–5 结果为直接截去小数部分的数值。

INT 函数只能保留数值的整数部分，而 TRUNC 函数可以指定小数位数，相对而言，TRUNC 函数更加灵活。例如，需要将数值 37.639 仅保留 1 位小数，直接截去 0.039，TRUNC 函数就非常方便，INT 函数则相对复杂。

```
=TRUNC(37.639,1)=37.6
=INT(37.639*10)/10=37.6
```

14.2.2 ROUNDUP 函数和 ROUNDDOWN 函数

从函数名称来看，ROUNDUP 函数与 ROUNDDOWN 函数对数值的取舍方向相反。ROUNDUP 函数向绝对值增大的方向舍入，ROUNDDOWN 函数向绝对值减小的方向舍去。两个函数的语法结构如下。

```
ROUNDUP(number, num_digits)
ROUNDDOWN(number, num_digits)
```

其中，number 是需要舍入的任意实数，num_digits 是要将数字舍入到的位数。

示例14-4 对数值保留两位小数的计算

对于数值 15.2758，保留两位小数，两个函数都不会进行四舍五入，而是直接进行数值的舍入和舍去。

```
=ROUNDUP(15.2758,2)=15.28
=ROUNDDOWN(15.2758,2)=15.27
```

由于 ROUNDDOWN 函数向绝对值减小的方向舍去，其原理与 TRUNC 函数完全相同，因此 TRUNC 函数可代替 ROUNDDOWN 函数。如。

```
=TRUNC(15.2758,2)=15.27
```

对于负数 -7.4573，保留两位小数的结果如下。

```
=ROUNDUP(-7.4573,2)=-7.46
=ROUNDDOWN(-7.4573,2)=-7.45
=TRUNC(-7.4573,2)=-7.45
```

ROUNDUP 函数结果向绝对值增大的方向舍入，ROUNDDOWN 函数和 TRUNC 函数结果则向绝对值减小的方向舍去。

14.2.3 CEILING 函数和 FLOOR 函数

CEILING 函数与 FLOOR 函数也是取舍函数，但是它们与上一节的两个函数取舍的原理不同。ROUNDUP 函数和 ROUNDDOWN 函数是按小数位数进行取舍，而 CEILING 函数和 FLOOR 函数则是按指定基数的整数倍进行取舍。

CEILING 函数是向上舍入，FLOOR 函数是向下舍去，两者的取舍方向相反。

两个函数的语法结构相同。

```
CEILING(number,significance)
FLOOR(number,significance)
```

其中，number 是需要进行舍入计算的值，significance 是舍入的基数。

示例14-5 将数值按照整数倍进行取舍计算

如图 14-2 所示，A 列为需要进行舍入计算的值，B 列为舍入的基数。在 C 列和 D 列分别使用 CEILING 函数和 FLOOR 函数进行取舍。

在 C2 单元格输入以下公式，并向下填充至 C5 单元格。

```
=CEILING(A2,B2)
```

在 D2 单元格输入以下公式，并向下填充至 D5 单元格。

```
=FLOOR(A2,B2)
```

	A	B	C	D
1	number	significance	CEILING	FLOOR
2	4.724	2.4	4.8	2.4
3	-9.2	-3.1	-9.3	-6.2
4	-7.91	3.4	-6.8	-10.2
5	6.38	-1.9	#NUM!	#NUM!

图 14-2 将数值按整数倍进行取舍

以上公式表明，CEILING 函数向绝对值增大的方向舍入，FLOOR 函数向绝对值减小的方向舍去。当舍入数值为正数，基数为负数时，结果返回错误值 #NUM!。

CEILING.MATH 函数和 FLOOR.MATH 函数会忽略第二参数中数值符号的影响，避免函数运算结果出现错误值，语法结构如下。

```
CEILING.MATH(number,[significance],[mode])
FLOOR.MATH(number,[significance],[mode])
```

增加了可选参数 mode，用于控制负数的舍入方向（接近或远离零）。significance 参数为可选参数，默认时，按 significance 等于 1 处理。

示例14-6 将负数按指定方向进行取舍计算

对于负数 -7.6424，按 1.3 的整数倍进行取舍，几个函数结果如下。

```
=CEILING.MATH(-7.6424,1.3,0)=-6.5  朝接近零的方向舍入
=CEILING.MATH(-7.6424,1.3,1)=-7.8  朝远离零的方向舍入
=FLOOR.MATH(-7.6424,1.3,0)=-7.8  与 CEILING.MATH 相反
=FLOOR.MATH(-7.6424,1.3,1)=-6.5  与 CEILING.MATH 相反
```

14.3 四舍五入函数

14.3.1 用 ROUND 函数对数值四舍五入

ROUND 函数是最常用的四舍五入函数，用于将数字四舍五入到指定的位数。该函数对需要保留位数的右边 1 位数值进行判断，若小于 5 则舍弃，若大于等于 5 则进位。

其语法结构为：

```
ROUND(number,num_digits)
```

第 2 个参数 num_digits 是小数位数。若为正数，则对小数部分进行四舍五入；若为负数，则对整数部分进行四舍五入。

例如，对于数值 728.492，四舍五入保留 2 位小数为 728.49，公式如下。

```
=ROUND(728.492,2)
```

对于数值 –257.1，四舍五入到十位为 –260，公式如下。

```
=ROUND(-257.1,-1)
```

14.3.2 用 MROUND 函数实现特定条件下的舍入

在实际工作中，不仅需要按照常规的四舍五入法来进行取舍计算，而且需要更灵活的特定舍入方式，下面介绍两则算法技巧。

按 0.5 单位取舍技巧：将目标数值乘以 2，按其前 1 位置数值进行四舍五入后，所得数值再除以 2。

按 0.2 单位取舍技巧：将目标数值乘以 5，按其前 1 位置数值进行四舍五入后，所得数值再除以 5。

另外，MROUND 函数可返回参数按指定基数四舍五入后的数值，语法结构为：

```
MROUND(number,multiple)
```

如果数值 number 除以基数 multiple 的余数大于或等于基数的一半，则 MROUND 函数向远离 0 的方向舍入。

当MROUND函数的两个参数符号相反时，函数返回错误值#NUM!。

示例14-7 特定条件下的舍入计算

如图 14-3 所示，分别使用不同的公式对数值进行按条件取舍运算。

	A	B	C	D	E
1	数值	按0.2单位取舍		按0.5单位取舍	
2		ROUND应用	MROUND应用	ROUND应用	MROUND应用
3	-3.6183	-3.6	-3.6	-3.5	-3.5
4	2.27	2.2	2.2	2.5	2.5
5	4.9	5	5	5	5
6	-15.43	-15.4	-15.4	-15.5	-15.5

图 14-3 按指定条件取舍实例

B3 单元格使用 ROUND 函数的公式：

```
=ROUND(A3*5,0)/5
```

C3 单元格使用 MROUND 函数的公式：

```
=MROUND(A3,SIGN(A3)*0.2)
```

其中 SIGN 函数取得数值的符号，确保 MROUND 函数的两个参数符号相同，避免 MROUND 函数返回错误值。

利用上述原理，可以将数值舍入至 0.5 单位。

D3 单元格的公式：

```
=ROUND(A3*2,0)/2
```

E3 单元格的公式：

```
=MROUND(A3,SIGN(A3)*0.5)
```

14.3.3 四舍六入五成双法则

常规的四舍五入直接进位，从统计学的角度来看会偏向大数，误差积累而产生系统误差。而四舍六入五成双的误差均值趋向于 0，因此是一种比较科学的计数保留法，是较为常用的数字修约规则。

四舍六入五成双，具体讲就是保留数字后一位小于等于 4 时舍去，大于等于 6 时进位，等于 5 且后面有非零数字时进位，等于 5 且后面没有非零数字时分两种情况：保留数字为偶数时舍去，保留数字为奇数时进位。

示例14-8 利用取舍函数解决四舍六入五成双问题

如图 14-4 所示，对 A 列的数值按四舍六入五成双法则进行修约计算。

B2 单元格使用以下公式：

```
=ROUND(A2,2)-(MOD(A2*10^3,20)=5)*10^(-2)
```

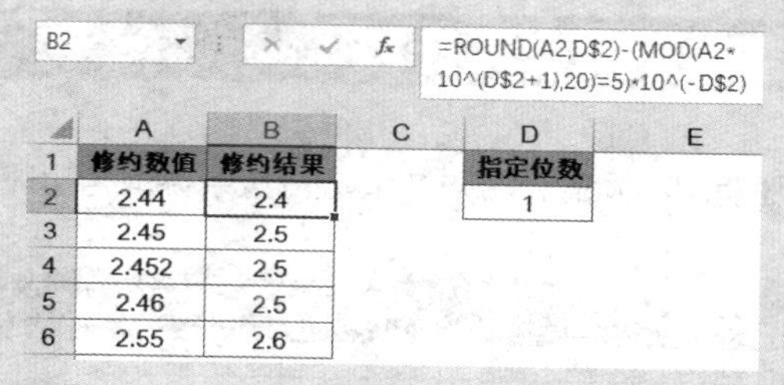

图 14-4 利用 ROUND 函数实现四舍六入

若 D2 为指定的保留小数位数，其 B2 单元格修约的通用公式如下。

```
=ROUND(A2,D$2)-(MOD(A2*10^(D$2+1),20)=5)*10^(-D$2)
```

14.4 用 RAND 函数和 RANDBETWEEN 函数生成随机数

随机数是一个事先不确定的数，在随机抽取试题、随机安排考生座位、随机抽奖等应用中，都需要使用随机数进行处理。RAND 函数和 RANDBETWEEN 函数均能产生随机数。

RAND 函数不需要参数，可以随机生成一个大于等于 0 且小于 1 的小数，而且产生的随机小数几乎不会重复。

RANDBETWEEN 函数的语法结构为：

```
RANDBETWEEN(bottom,top)
```

两个参数分别为下限和上限，用于指定产生随机数的范围，生成一个大于等于下限值且小于等于上限值的整数。

这两个函数都是“易失性”函数，每激活一个单元格或在一个单元格输入数据，甚至只是打开工作簿，具有易失性的函数都会自动重新计算。常见的易失性函数有获取随机数的RAND和RANDBETWEEN函数，获取当前日期、时间的TODAY函数和NOW函数，返回单元格引用的OFFSET函数、INDIRECT函数及获取单元格信息的CELL函数和INFO函数等。

在 ANSI 字符集中大写字母 A~Z 的代码为 65~90，因此利用随机函数生成随机数的原理，先在此数值范围中生成一个随机数，再用 CHAR 函数进行转换，即可得到随机生成的大写字母，公式如下。


```
=CHAR(RANDBETWEEN(65,90))
```

示例14-9 随机产生数字与大小写字母

在 ANSI 字符集中，数字 0~9 的代码为 48~57，字母 A~Z 的代码为 65~90，字母 a~z 的代码为 97~122。

因此，利用 ROW 函数产生 1~26 的数字再加上 {31,64,96} 就可以生成 32~57、65~90、97~122 的字符代码数字集合。

利用随机函数产生 1~62 的随机数，再利用 LARGE 函数从大到小提取代码值，过滤掉 32~47 之间的代码值，就必定包含所有的数字和字母的代码值，最后用 CHAR 函数转换得到结果。

如图 14-5 所示，A2 单元格输入以下公式，按 <Ctrl+Shift+Enter> 组合键，并将 A2 单元格的公式复制到 A2:J11 单元格区域。

```
{=CHAR(LARGE(ROW($1:$26)+{31,64,96},RANDBETWEEN(1,62)))}
```

	A	B	C	D	E	F	G	H	I	J
1	随机产生数字与大小写字母的测试数据									
2	V	4	W	U	L	a	y	R	w	u
3	U	E	3	U	P	m	u	G	2	W
4	O	9	2	y	e	J	x	h	B	L
5	c	A	n	4	o	x	2	7	9	z
6	E	9	I	G	Q	4	V	8	L	i
7	W	g	K	4	e	4	A	f	C	K
8	f	P	d	G	A	S	e	U	I	D
9	1	Y	0	3	J	u	H	E	V	9
10	C	A	U	i	2	J	U	T	E	V
11	3	f	1	1	8	D	y	K	5	U

图 14-5 随机产生数字和大小写字母

也可以用 RAND 函数代替 RANDBETWEEN 函数，缩短公式字符长度。

```
{=CHAR(-SMALL(-ROW($1:$26)-{31,64,96},RAND()*62+1))}
```

注意

公式中分别使用了LARGE函数和SMALL函数来提取数值，关于这两个函数的详细用法，请参阅17.2.1小节。

14.5 数学函数的综合应用

14.5.1 计扣个人所得税

示例14-10 速算个人所得税

根据 2011 年 9 月 1 日启用的个人所得税率，提缴区间等级为 7 级，起征点为 3500 元，如图 14-6 所示。

	A	B	C	D	E	F
1		2011年9月1日开始启用的个税税率表				
2					起征点	3,500
3		级数	应纳税所得额	级别	税率	速算扣除数
4		1	1,500以下	0	0.03	0
5		2	1,500~4,500	1,500	0.10	105
6		3	4,500~9,000	4,500	0.20	555
7		4	9,000~35,000	9,000	0.25	1,005
8		5	35,000~55,000	35,000	0.30	2,755
9		6	55,000~80,000	55,000	0.35	5,505
10		7	80,000以上	80,000	0.45	13,505

图 14-6 现行个人所得税税率表

应纳个人所得税 = 应纳税所得额 × 税率 – 速算扣除数

应纳税所得额 = 应发薪金 – 个税起征点金额

假设某员工应发薪金为 8200 元，那么应纳税所得额 =8200– 起征点金额 =8200–3500=4700（元），对应 4500~9000 的级数，税率为 0.20，速算扣除数为 555，应纳个人所得税公式如下。

```
=(8200-3500)*0.20-555=385
```

由上所示，计算个人所得税的关键是根据“应纳税所得额”找到对应的“税率”和“速算扣除数”，LOOKUP 函数可实现此模糊查询。

如图 14-7 所示，D14 单元格的公式如下。

```
=IF(C14<F$2,0,LOOKUP(C14-F$2,D$4:D$10,(C14-F$2)*E$4:E$10-F$4:F$10))
```

其中 LOOKUP 函数根据“应纳税所得额”查找对应的个人所得税，考虑“应发薪金”可能小于起征点，使用 IF 函数确保该种情况下返回 0。

使用速算法还可以直接使用以下数组公式，按 <Ctrl+Shift+Enter> 组合键。

```
{=MAX((C14-F$2)*E$4:E$10-F$4:F$10,0)}
```

其中，MAX 函数的第一个参数部分将“应纳税所得额”与各个“税率”“速算扣除数”进行运算，得到一系列备选“应纳个人所得税”，其中数值最大的一个即为所求。MAX 函数的第二个参数 0 是为了处理应发薪金小于起征点的情况。

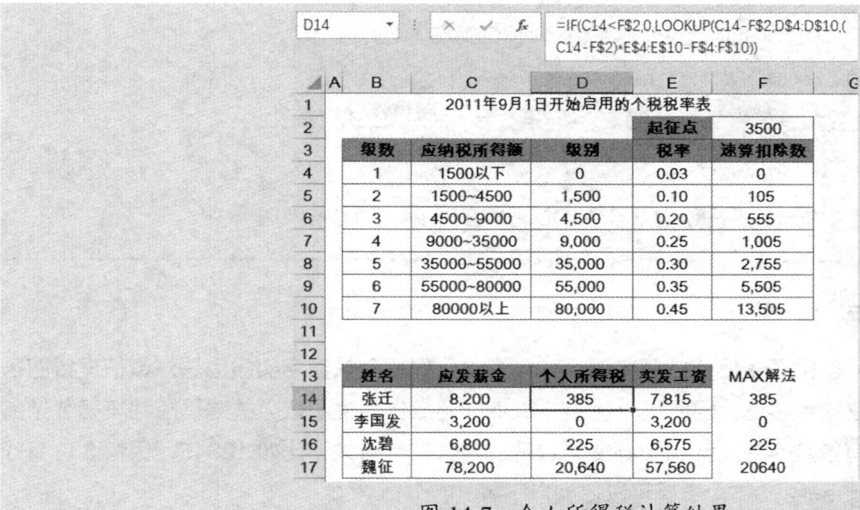

D14　=IF(C14<F$2,0,LOOKUP(C14-F$2,D$4:D$10,(C14-F$2)*E$4:E$10-F$4:F$10))

	A	B	C	D	E	F
1		2011年9月1日开始启用的个税税率表				
2					起征点	3500
3		级数	应纳税所得额	级别	税率	速算扣除数
4		1	1500以下	0	0.03	0
5		2	1500~4500	1,500	0.10	105
6		3	4500~9000	4,500	0.20	555
7		4	9000~35000	9,000	0.25	1,005
8		5	35000~55000	35,000	0.30	2,755
9		6	55000~80000	55,000	0.35	5,505
10		7	80000以上	80,000	0.45	13,505
11						
12						
13		姓名	应发薪金	个人所得税	实发工资	MAX解法
14		张迁	8,200	385	7,815	385
15		李国发	3,200	0	3,200	0
16		沈碧	6,800	225	6,575	225
17		魏征	78,200	20,640	57,560	20640

图 14-7　个人所得税计算结果

14.5.2　数字校验应用

示例14-11　利用MOD函数生成数字检测码

如图 14-8 所示，模拟了一份产品检测的动态码生成实例。该产品检测过程中将通过 3 台仪器对每个产品生成一个两位数检测值，并按照下列要求生成检测动态码。

E2　=MOD(-MOD(SUM(B2:D2)-1,9)*3-3,10)

	A	B	C	D	E
1	产品名称	仪器X	仪器Y	仪器Z	检测动态码
2	A产品	45	68	49	3
3	B产品	85	65	61	8
4	C产品	78	74	65	7
5	D产品	53	99	80	9

图 14-8　生成数字检测动态码

步骤① 3 个检测值进行求和，将汇总结果的个、十、百位数字逐位相加，直到得出个位数值 X。

步骤② 用 10 减去 X 与 3 的乘积，得数值 R。

步骤③ 数值 R 若为正数，则对 10 取余得出结果；数值 R 若为负数，则将其累加 10 直到得出正个位数，即得最终结果。

由于需要将检测数值之和按各位数逐位累加为个位数，利用 MOD 函数的特性，则可以使用 MOD(数值 −1,9)+1 的技巧来实现，从而得出个位数值 X。同时针对数值 R 的负数转换，同样也可以利用 MOD 函数来解决。E2 单元格生成动态检测码的公式如下。

```
=MOD(10-(MOD(SUM(B2:D2)-1,9)+1)*3,10)
```

E2 单元格检测码的计算步骤如下。

X 结果：

直接计算：=45+68+49=162　→ 1+6+2=9

利用 MOD 函数计算：MOD(SUM(B2:D2)-1,9)+1=MOD(162-1,9)+1=9

R 结果：=10-9*3=-17 → MOD(-17,10)=3

利用 MOD 函数对负数取余的特性，将第 2 步与第 3 步合并，公式可简化为：

```
=MOD(-MOD(SUM(B2:D2)-1,9)*3-3,10)
```

在原公式中，第 2 步中的 10 正好是第 3 步 MOD 函数的周期，可以做如上简化。

14.5.3 指定有效数字

在数字修约应用中，经常需要根据有效数字进行数字舍入。保留有效数字实质也是对数值进行四舍五入，关键是确定需要保留的数字位。因此可以使用 ROUND 函数作为主函数，关键是控制其第 2 个参数 num_digits。除规定的有效数字外，num_digits 与数值的整数位数有关，比如 12345，保留 3 位有效数字变成 12300，num_digits=-2=3-5，于是可以得到以下等式。

```
num_digits= 有效数字 - 数值的整数位数
```

数值的整数位数可由 LOG 函数求得，比如 LOG(1000)=3，LOG(100)=2。

示例14-12 按要求返回指定有效数字

在如图 14-9 所示的数据表中，B 列为待舍入的数值，E1 单元格指定需要保留的有效数字位数为 3，要求返回 3 位有效数字的结果。

E3　=ROUND(B3,INT(E$1-LOG(ABS(B3))))

	A	B	C	D	E
1				有效数字位数	3
2	序号	模拟数值	LOG结果	num_digits	3位有效数字结果
3	1	5.340806669	0.727607	2	5.34
4	2	-479.5531708	2.680837	0	-480
5	3	0.00565254	-2.247756	5	0.00565
6	4	72.51426147	1.860423	1	72.5
7	5	-0.451287379	-0.345547	3	-0.451
8	6	359104970937	11.55522	-9	359000000000

图 14-9　按要求返回指定有效数字

E3 单元格的公式如下。

```
=ROUND(B3,INT(E$1-LOG(ABS(B3))))
```

在公式中，ABS 函数返回数字的绝对值，用于应对负数，使 LOG 函数能够返回模拟数值的整数位数。再利用 INT 函数截尾取整的原理，使用 INT 函数返回小于等于 E$1-LOG(ABS(B3)) 的最大整数，即为 ROUND 函数的第 2 参数。

14.5.4 生成不重复随机序列

为了模拟场景或出于公平公正的考虑，经常需要用到随机序列。例如，在面试过程中面试的顺序对评分有一定的影响，因此需要随机安排出场顺序。

示例14-13 随机安排面试顺序

如图14-10所示，有9人参加面试，出于公平公正的考虑，使用1~9的随机序列来安排出场顺序。

	A	B	C	D	E
1	序号	姓名	性别	学历	面试顺序
2	1	柳品琼	女	研究生	6
3	2	赵琳	女	本科	1
4	3	黄传义	男	双学位	7
5	4	汪雪芹	女	本科	8
6	5	陈美芝	女	本科	3
7	6	董明	男	研究生	4
8	7	林天蓉	女	本科	2
9	8	谷春	男	双学位	9
10	9	杨国富	男	本科	5

图14-10 随机安排面试顺序

选中E2:E10单元格区域，然后输入以下数组公式，按<Ctrl+Shift+Enter>组合键。

```
{=MOD(SMALL(RANDBETWEEN(ROW(1:9)^0,999)*10+ROW(1:9),ROW(1:9)),10)}
```

首先利用RANDBETWEEN函数生成一个数组，共包含9个元素，各元素为1~999之间的一个随机整数。由于各元素都是随机产生的，因此数组元素的大小是随机排列的。

然后对上述生成的数组乘以10，再加上由1~9构成的序数数组，如此在确保数组元素大小随机的前提下，最后1位数字为序数1~9。

再用SMALL函数对经过乘法和加法处理后的数组进行重新排序，由于原始数组的大小是随机的，因此排序使得各元素最后1位数字对应的序数成为随机排列。

最后，用MOD函数取出各元素最后1位数字，即可得到由序数1~9组成的随机序列。

第 15 章　日期和时间计算

日期与时间是 Excel 中主要的数据类型之一，在初学者的使用中经常存在误区。本章针对日期和时间格式及相应的函数进行深入的讲解和探讨，并着重介绍多种工作中实战使用的案例。

本章学习要点

（1）日期与时间的本质。

（2）主要日期与时间、星期函数。

（3）DATEDIF 函数。

15.1　认识日期及时间

除了文本与数值外，日期及时间也是一类主要的数据类型。

15.1.1　日期及时间的本质

从根本上讲，在 Excel 中日期和时间的本质就是数字。日期的范围是从 1900 年 1 月 1 日到 9999 年 12 月 31 日。对于负数和超出范围的数字，设置为日期格式后显示错误值。

日期是数字的整数部分，数字 1 代表 1 天。例如，2017 年 5 月 7 日，转化为数字格式后，显示为序列号 42862，这是因为它距原点 1900 年 1 月 0 日有 42 862 天。

时间是数字的小数部分，1/24 代表 1 小时，1/24/60 代表 1 分钟，1/24/60/60 代表 1 秒钟。

15.1.2　标准日期格式

在 Excel 中，日期的年月日之间的标准连接符号是“-”或“/”，如 2017-5-7 或 2017/5/7，都是标准的日期格式。在 Excel 中默认显示为 2017-5-7 还是 2017/5/7，是由操作系统决定的。如图 15-1 所示，左侧为 Excel 中日期及时间的显示方式，右侧为系统右下角日期及时间的显示格式。

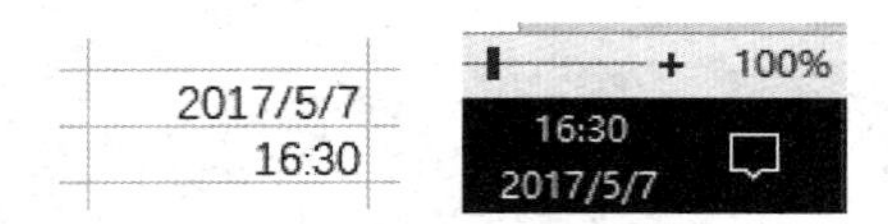

图 15-1　默认显示日期格式

不可以用“.”作为日期连接符号，如 2017.5.7，这样得到的是一个文本型字符串，并不是标准的日期，相应的日期函数都无法对此做计算。

15.1.3　快速生成日期或时间

在单元格中按 <Ctrl+;> 组合键，可以快速地生成当前的日期；在单元格中按 <Ctrl+Shift+;> 组合键，可以快速地生成当前的时间。

15.2　常规日期及时间函数

Excel 中提供了多种专门处理日期及时间的函数，如表 15-1 所示。

表 15-1 常规日期及时间函数

日期函数	函数解释
TODAY	返回当前日期
DATE	返回指定日期
YEAR	返回某日期对应的年份
MONTH	返回某日期对应的月份
DAY	返回某日期对应的日
NOW	返回当前日期和时间
TIME	返回指定时间
HOUR	返回时间值的小时数
MINUTE	返回时间值的分钟数
SECOND	返回时间值的秒数

15.2.1 基本日期函数 TODAY、YEAR、MONTH 和 DAY 函数

TODAY 函数用于返回当前日期。在任意单元格输入以下公式，可以得到当前系统的日期 2017/5/7。


```
=TODAY()
```

TODAY 函数得到的日期是一个变量，会随着系统日期而变化。而使用 <Ctrl+;> 组合键得到的日期是一个常量，输入后不会发生变化。

DATE 函数用于返回指定日期，函数语法为：

```
DATE(year,month,day)
```

3 个参数分别指定输入相应的年、月、日。在任意单元格输入以下公式，可以得到指定的日期 2017/5/7。

```
=DATE(2017,5,7)
```

如果第二参数小于 1，则从指定年份的一月份开始递减该月份数，然后再加上 1 个月。如 DATE(2018,-3,2)，将返回表示 2017 年 9 月 2 日的序列号。

如果第三参数大于指定月份的天数，则从指定月份的第一天开始累加该天数。如 DATE(2018,1,35)，将返回表示 2018 年 2 月 4 日的序列号。

如果第三参数小于 1，则从指定月份的第一天开始递减该天数，然后再加上 1 天。如 DATE(2018,1,-15)，将返回表示 2017 年 12 月 16 日的序列号。

YEAR 函数、MONTH 函数和 DAY 函数分别返回指定日期的年、月、日。

如图 15-2 所示，在 B1 到 B3 单元格依次输入以下下公式，可以分别提取出 A1 单元格日期中的年、月、日。

```
=YEAR(A1)
=MONTH(A1)
=DAY(A1)
```

	A	B	C
1	2017/5/7	2017	=YEAR(A1)
2		5	=MONTH(A1)
3		7	=DAY(A1)

图 15-2 返回某日期的年、月、日

15.2.2 日期之间的天数

日期的本质是数字，计算两个日期之间的天数差，也可以像普通数学计算一样，直接使用减法。例如，使用以下公式可以计算出今天距 2017 年国庆节还有多少天。

```
=DATE(2017,10,1)-TODAY()
```

用 DATE 函数生成指定日期 2017/10/1，减去系统当前日期 2017/5/7，返回天数之差。

15.2.3 返回月末日期

利用 DATE 函数，能够返回每个月的月末日期。

示例15-1 返回月末日期

如图 15-3 所示，在 B2 单元格输入以下公式，然后向下复制到 B2:B13 单元格区域，可以得到 2017 年每个月月末的日期。

```
=DATE(2017,A2+1,0)
```

以 B2 单元格为例，其中的 A2+1 返回结果 2，于是函数等同于 DATE(2017,2,0)。DATE 函数第三参数等于 0，所以得到 2017 年 2 月 1 日前 1 天，即 1 月最后一天的日期序列值。

B2 =DATE(2017,A2+1,0)

	A	B	C	D	E
1	月份	月末日期			
2	1	2017/1/31			
3	2	2017/2/28			
4	3	2017/3/31			
5	4	2017/4/30			
6	5	2017/5/31			
7	6	2017/6/30			
8	7	2017/7/31			
9	8	2017/8/31			
10	9	2017/9/30			
11	10	2017/10/31			
12	11	2017/11/30			
13	12	2017/12/31			

图 15-3 返回月末日期

15.2.4 利用 DATE 函数返回月末日期

在任意单元格输入以下公式，能够根据系统当前日期，得到上一个月的月末日期。

```
=DATE(YEAR(TODAY()),MONTH(TODAY()),0)
```

使用 YEAR(TODAY()) 先得到当前系统日期的年份，然后用 MONTH(TODAY()) 得到当前系统日期的月份，最后的 day 参数写 0，即可得到上月月末日期。

15.2.5 将英文月份转化为数字

在部分外资或合资企业，经常会用英文来表示月份，如 Jan、February、June、Sep 等，为了便于计算，需要将这部分英文转化为数字。

示例15-2 将英文月份转换为数字

如图 15-4 所示，在 B2 单元格输入以下公式，然后向下复制到 B5 单元格，可以将相应的英文月份转换为数字。

```
=MONTH(A2&-1)
```

	A	B
1	月份	数字
2	Jan	1
3	February	2
4	June	6
5	Sep	9

图 15-4　将英文月份转化为数字

以 B2 单元格为例，用 A2&-1 得到 Jan-1，构造出 Excel 能识别的具有日期样式的文本字符串。然后使用 MONTH 函数提取其中的月份，得到数字 1，即 1 月。

15.2.6　基本时间函数 NOW、TIME、HOUR、MINUTE 和 SECOND

NOW 函数返回日期时间格式的当前日期和时间。在任意单元格输入以下公式，可以得到当前的日期及时间。

```
=NOW()
```

TIME 函数用于返回指定时间，函数参数为：

```
TIME(hour, minute, second)
```

3 个参数分别指定输入相应的时、分、秒。

在单元格输入以下公式，可以得到指定的时间 5:07 PM。

```
=TIME(17,7,28)
```

HOUR 函数、MINUTE 函数和 SECOND 函数分别返回指定时间的时、分、秒。

如图 15-5 所示，在 B1 到 B3 单元格依次输入以下公式，可以分别提取出 A1 单元格时间中的时、分、秒。

```
=HOUR(A1)
=MINUTE(A1)
=SECOND(A1)
```

	A	B	C
1	17:07:28	17	=HOUR(A1)
2		7	=MINUTE(A1)
3		28	=SECOND(A1)

图 15-5　返回某时间的时、分、秒

15.2.7　计算 90 分钟之后的时间

示例15-3　计算90分钟之后的时间

以现在时间为基准，要计算 90 分钟之后的时间，有多种方法可以实现。

方法 1：使用 TIME 函数构造，公式为：

```
=TIME(HOUR(NOW()),MINUTE(NOW())+90,SECOND(NOW()))
```

先用 NOW 函数返回当前的时间，然后用 HOUR、MINUTE、SECOND 函数提取当前时间的时、分、秒。其中 MINUTE 提取出的分钟数加上 90，并最终使用 TIME 函数将三部分组合在一起。

其中 MINUTE(NOW())+90 的结果大于时间进制 60，TIME 函数会将大于 60 的部分自动进位到小时上，不会生成错误值。

方法 2：使用 NOW 函数加上 90 分钟，以下 3 个公式都可以完成计算。

```
=NOW()+"00:90"
=NOW()+TIME(0,90,0)
=NOW()+90*1/24/60
```

在函数公式中直接使用日期和时间时，需要在日期和时间外侧加上一对半角双引号，否则Excel无法正确识别。

15.2.8 使用鼠标快速填写当前时间

示例15-4 使用鼠标快速填写当前时间

如图 15-6 所示，在 A2 单元格输入以下公式。

```
=NOW()
```

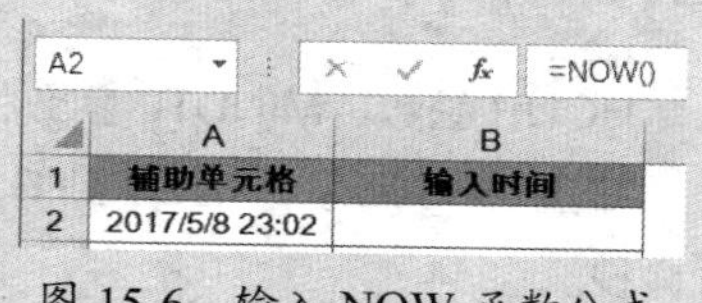

图 15-6 输入 NOW 函数公式

然后选中 B2:B7 单元格区域，单击【数据】选项卡下的【数据验证】命令按钮，在弹出的【数据验证】对话框中，设置【允许】的内容为“序列”，设置【来源】为“=$A$2”，单击【确定】按钮，如图 15-7 所示。

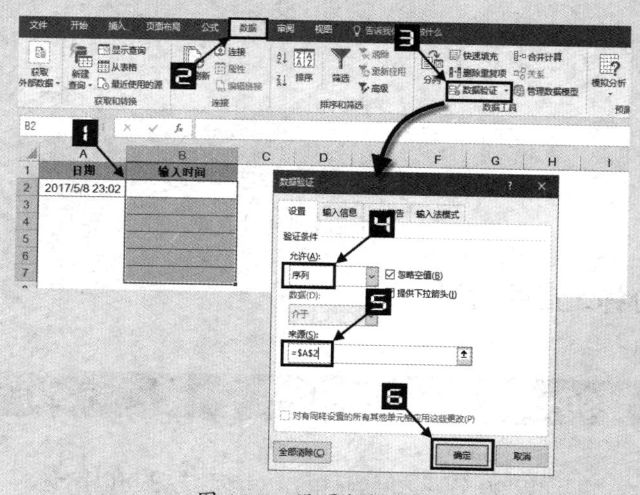

图 15-7 设置数据验证

保持 B2:B7 单元格区域的选中状态，按 <Ctrl+1> 组合键，打开【设置单元格格式】对话框。选择完整包含日期及时间的日期格式，单击【确定】按钮关闭对话框，如图 15-8 所示。

设置完成后，选中 B2:B7 单元格区域的任意单元格，单击单元格右侧的下拉箭头，即可使用鼠标选中后快速录入当前日期和时间，如图 15-9 所示。

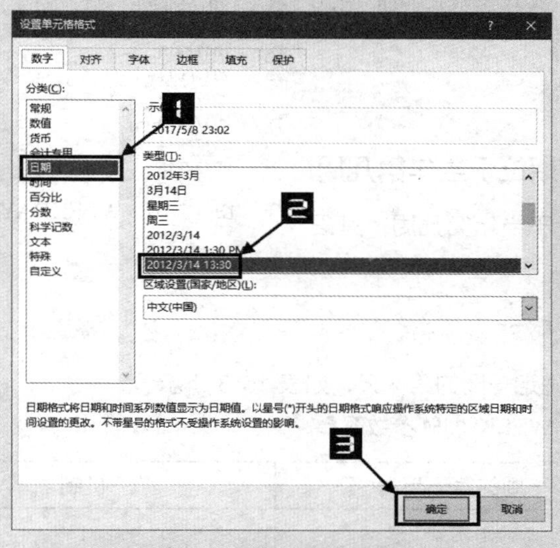

图 15-8　设置日期格式

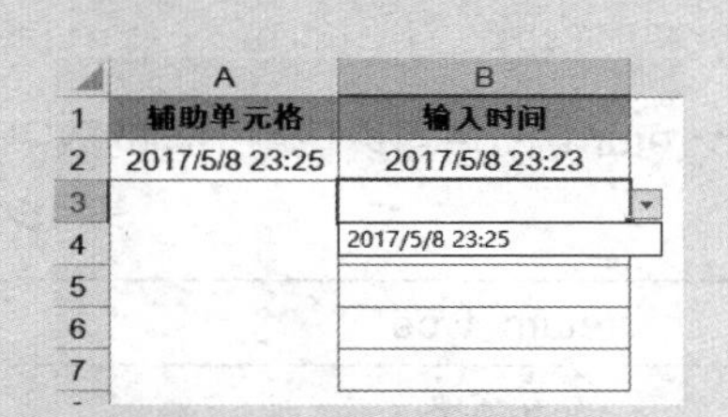

图 15-9　快速填写当前时间

15.3　星期函数

在 Excel 中包含两个专门计算星期的函数，分别是 WEEKDAY 和 WEEKNUM。

15.3.1　用 WEEKDAY 函数计算某个日期是星期几

使用 WEEKDAY 函数可以计算得到星期几，其语法是：

```
WEEKDAY(serial_number,[return_type])
```

参数 return_type 可以是 1~3 和 11~17 的数字，使用不同数字时，作用如表 15-2 所示。

表 15-2　WEEKDAY 参数解释

return_type	返回的数字
1 或省略	数字 1（星期日）到数字 7（星期六），同 Microsoft Excel 早期版本
2	数字 1（星期一）到数字 7（星期日）
3	数字 0（星期一）到数字 6（星期日）
11	数字 1（星期一）到数字 7（星期日）
12	数字 1（星期二）到数字 7（星期一）
13	数字 1（星期三）到数字 7（星期二）
14	数字 1（星期四）到数字 7（星期三）
15	数字 1（星期五）到数字 7（星期四）
16	数字 1（星期六）到数字 7（星期五）
17	数字 1（星期日）到数字 7（星期六）

在日常工作中，WEEKDAY 的第 2 个参数一般使用数字 2，用 1 表示星期一、2 表示星期二……7 表示星期日。

如图 15-10 所示，在 B2 单元格输入以下公式，然后向下填充到 B9 单元格，即可得到 A 列日期对应的星期。

```
=WEEKDAY(A1,2)
```

B2 =WEEKDAY(A2,2)

	A	B	C	D
1	日期	星期		
2	2017/5/8	1		
3	2017/5/9	2		
4	2017/5/10	3		
5	2017/5/11	4		
6	2017/5/12	5		
7	2017/5/13	6		
8	2017/5/14	7		
9	2017/5/15	1		

图 15-10 WEEKDAY 函数

15.3.2 用 WEEKNUM 函数计算指定日期位于当年第几周

使用 WEEKNUM 函数可以计算某日期位于当年第几周，其语法是：

```
WEEKNUM(serial_number,[return_type])
```

参数 return_type 可以使用不同的数字来确定一周的第一天，如表 15-3 所示。

表 15-3 WEEKNUM 参数解释

return_type	一周的第一天为	机制
1 或省略	星期日	1
2	星期一	1
11	星期一	1
12	星期二	1
13	星期三	1
14	星期四	1
15	星期五	1
16	星期六	1
17	星期日	1
21	星期一	2

其中的机制 1 是指包含 1 月 1 日的周为该年的第 1 周，其编号为第 1 周。机制 2 是指包含该年的第一个星期四的周为该年的第 1 周，其编号为第 1 周。

如图 15-11 所示，WEEKNUM 函数使用不同的第二参数，对于同一日期返回不同的结果。

	A	B	C
1	日期	WEEKNUM结果	公式
2	2017/1/1	1	=WEEKNUM(A2,1)
3	2017/1/1	1	=WEEKNUM(A3,2)
4	2017/1/1	52	=WEEKNUM(A4,21)
5	2017/1/2	1	=WEEKNUM(A5,1)
6	2017/1/2	2	=WEEKNUM(A6,2)
7	2017/1/2	1	=WEEKNUM(A7,21)

图 15-11 WEEKNUM 函数参数对比

2017-1-1 是星期日。在 B4 单元格中，参数 21 表示以星期一到星期日为完整的一周，并且包含第一个星期四的周为该年第一周。而 2017 年第一个星期四是 2017-1-5，2017 年的第一周即为 2017-1-2 至 2017-1-8。所以 2017-1-1 是计算在 2016 年中，是属于 2016 年的第 52 周。

2017-1-2 是星期一。B6 单元格的参数 2 表示以星期一到星期日为完整的一周。而默认 1 月 1 日为第 1 周，所以 1 月 2 日就是 2017 年的第 2 周。

15.4　用 EDATE 和 EOMONTH 函数计算几个月之后的日期

在 Excel 中有两个函数专门用于计算几个月之后的日期，分别是 EDATE 和 EOMONTH。函数的语法和作用如下。

```
EDATE(start_date, months)
```

计算与指定日期相隔几个月之后的日期。

```
EOMONTH(start_date, months)
```

计算与指定日期相隔几个月之后月末的日期。

EDATE 与 EOMONTH 函数的基础用法如图 15-12 所示。

	A	B	C	D	E
1	日期	EDATE	公式	EOMONTH	公式
2	2017/2/8	2017/7/8	=EDATE(A2,5)	2017/7/31	=EOMONTH(A2,5)
3		2017/2/8	=EDATE(A2,0)	2017/2/28	=EOMONTH(A2,0)
4		2016/10/8	=EDATE(A2,-4)	2016/10/31	=EOMONTH(A2,-4)

图 15-12　EDATE 与 EOMONTH 基础用法

两个函数的第一参数都是指定的日期，第二参数是相隔的月数，可以是整数、0 或负数。负数表示指定日期向前几个月的日期。

对于月末的日期，EDATE 函数会返回不同的结果，如图 15-13 所示。

	A	B	C
7	月底为31日	EDATE	公式
8	2017/1/31	2017/7/31	=EDATE(A8,6)
9		2017/1/31	=EDATE(A8,0)
10		2016/9/30	=EDATE(A8,-4)
11		2017/2/28	=EDATE(A8,1)
12		2016/2/29	=EDATE(A8,-11)
13			
14	月底不为31日	EDATE	公式
15	2017/4/30	2017/10/30	=EDATE(A15,6)
16		2017/4/30	=EDATE(A15,0)
17		2016/12/30	=EDATE(A15,-4)
18		2017/2/28	=EDATE(A15,-2)
19		2016/2/29	=EDATE(A15,-14)

图 15-13　EDATE 对于月末日期的处理

以 2017/1/31 为例，=EDATE(A8,-4) 应返回结果 2016/9/31，但是 9 月只有 30 天，所以返回结果 2016/9/30。同样，当结果是在 2 月的时候，也会对应返回 2 月的月末日期。

以 2017/4/30 为例，=EDATE(A15,6) 返回结果 2017/10/30，虽然 4/30 是月末的日期，它的结果也只会得到对应的 10/30，而不是 10 月末的日期。

15.4.1　计算退休日期

示例15-5　计算退休日期

假定男性为 60 周岁退休，女性为 55 周岁退休，出生日期为 1980/9/15，那么退休日各为哪一天？

如图 15-14 所示，在 B4 和 B5 单元格分别输入以下公式，得到相应的退休日期。

```
=EDATE(B1,60*12)
=EDATE(B1,55*12)
```

EDATE 的第 2 个参数是指定的月份数，因此需要以年数乘以 12。

	A	B	C
1	生日	1980/9/15	
2			
3	性别	退休日期	公式
4	男	2040/9/15	=EDATE(B1,60*12)
5	女	2035/9/15	=EDATE(B1,55*12)

图 15-14　计算退休日期

15.4.2　计算合同到期日

示例15-6　计算合同到期日

某员工在 2017/2/8 与公司签订了一份 3 年期限的合同，需要计算合同到期日是哪一天。

劳动合同签订时，大部分公司会按照整 3 年的日期与员工签订，还有一部分公司为了减少人事部门的工作量，合同到期日会签订到 3 年后到期月份的月末日期。两种方法都符合有关法规的规定。

如图 15-15 所示，按照整 3 年计算，在 B4 单元格输入以下公式，计算结果为 2020/2/7。

```
=EDATE(B1,3*12)-1
```

	A	B	C
1	合同签订日期	2017/2/8	
2			
3	签订方式	合同到期日	公式
4	整3年	2020/2/7	=EDATE(B1,3*12)-1
5	3年后月末日	2020/2/29	=EOMONTH(B1,3*12)

图 15-15　计算合同到期日

公式最后的“-1”，是因为在劳动合同签订上，头尾的两天也算工作日。如果不减 1，则合同到期日为 2020/2/8，相当于合同签订了 3 年零 1 天，并不是整 3 年。

按照 3 年后月末日计算，可以在 B5 单元格输入以下公式，计算结果为 2020/2/29。

```
=EOMONTH(B1,3*12)
```

15.4.3　计算每月的天数

示例15-7　计算当前年份每月的天数

如图 15-16 所示，在 B2 单元格输入以下公式，并向下复制到 B2:B13 单元格区域。

```
=DAY(EOMONTH(A2&"1 日",0))
```

首先将 A 列的月份连接字符串“1 日”，构造出 Excel 能识别的中文日期样式的字符串：“1 月 1 日”“2 月 1 日”……“12 月 1 日”。如果输入日期的时候省略年份，则 Excel 默认识别为系统当前年份。

然后用 EOMONTH(A2&"1 日 ",0)，得到该月份的月末日期，最后使用 DAY 函数提取出该日期的天数。

B2　=DAY(EOMONTH(A2&"1日",0))

	A	B
1	月份	天数
2	1月	31
3	2月	28
4	3月	31
5	4月	30
6	5月	31
7	6月	30
8	7月	31
9	8月	31
10	9月	30
11	10月	31
12	11月	30
13	12月	31

图 15-16　计算当前年份每月的天数

15.5　认识 DATEDIF 函数

DATEDIF 函数是 Excel 中一个非常强大的隐藏函数，可以用于计算两个日期之间的间隔年数、月数和天数。

函数基本语法如下。

```
DATEDIF(start_date,end_date,unit)
```

第一参数是开始日期，第二参数是结束日期，结束日期必须在开始之后，否则会返回错误值。第三参数有 6 个不同的选项，作用如表 15-4 所示。

表 15-4　DATEDIF 函数的 unit 参数

unit	返回
Y	时间段中的整年数
M	时间段中的整月数
D	时间段中的天数
MD	天数的差。忽略日期中的月和年
YM	月数的差。忽略日期中的日和年
YD	天数的差。忽略日期中的年

15.5.1　函数的基本用法

如图 15-17 所示，在 D2 单元格输入以下公式，并向下复制到 D2:D7 单元格区域。

```
=DATEDIF(B2,C2,A2)
```

在 D10 单元格输入以下公式，并向下复制到 D10:D15 单元格区域。

```
=DATEDIF(B10,C10,A10)
```

	A	B	C	D	E
1	unit	start_date	end_date	DATEDIF	简述
2	Y	2016/2/8	2019/7/28	3	整年数
3	M	2016/2/8	2019/7/28	41	整月数
4	D	2016/2/8	2019/7/28	1266	天数
5	MD	2016/2/8	2019/7/28	20	天数，忽略月和年
6	YM	2016/2/8	2019/7/28	5	整月数，忽略日和年
7	YD	2016/2/8	2019/7/28	171	天数，忽略年
8					
9	unit	start_date	end_date	DATEDIF	简述
10	Y	2016/7/28	2019/2/8	2	整年数
11	M	2016/7/28	2019/2/8	30	整月数
12	D	2016/7/28	2019/2/8	925	天数
13	MD	2016/7/28	2019/2/8	11	天数，忽略月和年
14	YM	2016/7/28	2019/2/8	6	整月数，忽略日和年
15	YD	2016/7/28	2019/2/8	195	天数，忽略年

图 15-17　DATEDIF 函数的基本用法

以图 15-17 中的计算结果为例。

D2 和 D10 单元格，第三参数使用“Y”，计算两个日期之间的整年数。2016/2/8 到 2019/7/28 超过 3 年，所以其结果返回 3。而 2016/7/28 到 2019/2/8 不满 3 年，所以其结果返回 2。

D3 和 D11 单元格，第三参数使用“M”，计算两个日期之间的整月数。2016/2/8 到 2019/7/28 超过 41 个月，所以返回结果 41。由于 28 大于 8，所以 2016/7/28 到 2019/2/8 不满 31 个月，返回结果为 30。

D4 和 D12 单元格，第三参数使用“D”，计算两个日期之间的天数，相当于 C4-B4 和 C12-B12。

D5 和 D13 单元格，第三参数使用“MD”，忽略月和年计算天数之差，前者相当于计算 7/8 与 7/28 之间的天数差，后者相当于计算 1/28 与 2/8 之间的天数差。

D6 和 D14 单元格，第三参数使用“YM”，忽略日和年计算两个日期之间的整月数，前者相当于计算 2019/2/8 与 2019/7/28 的整月数，后者相当于计算 2018/7/28 与 2019/2/8 的整月数。

D7 和 D15 单元格，第三参数使用“YD”，忽略年计算天数差，前者相当于计算 2019/2/8 与 2019/7/28 之间的天数差，后者相当于计算 2018/7/28 与 2019/2/8 之间的天数差。

15.5.2 计算法定年假天数

根据有关规定：参加工作满 1 年不满 10 年的，年假为 5 天。参加工作满 10 年不满 20 年的，年假为 10 天。参加工作满 20 年及以上的，年假为 15 天。使用 DATEDIF 函数，可以快速计算法定年假的天数。

示例15-8 计算法定年假天数

如图 15-18 所示，假定统计截止日期为 2017/7/28，在 B2 单元格输入以下公式，并复制到 B2:B9 单元格区域，计算出工作年数。

```
=DATEDIF(A2,DATE(2017,7,28),"Y")
```

在 C2 单元格输入以下公式，并复制到 C2:C9 单元格区域，计算出年假天数。

```
=LOOKUP(B2,{0,1,10,20},{0,5,10,15})
```

	A	B	C
1	参加工作日期	工作年数	年假天数
2	1991/12/6	25	15
3	1994/1/9	23	15
4	1999/8/16	17	10
5	2007/7/27	10	10
6	2007/7/28	10	10
7	2007/7/29	9	5
8	2016/3/4	1	5
9	2016/11/16	0	0

图 15-18 计算法定年假天数

DATEDIF 函数的第 3 参数使用“Y”，计算年数之差。A6 单元格中的日期和 A7 单元格中的日期只相差一天，但是由于 DATEDIF 函数计算的是整年数，因此在 2017/7/28 这一天统计时，两者之间年数结果会相差 1 年，年休假天数相差 5 天。

15.5.3 计算员工工龄

示例15-9 计算员工工龄

实际工作中，员工工龄是福利待遇的一项重要参考指标。

如图 15-19 所示，假定统计结束日期为 2017/7/28，在 B2 单元格输入以下公式，并复制到 B2:B9 单元格区域，计算出员工工龄。

```
=DATEDIF(A2,"2017/7/28","Y")&"年"&DATEDIF(A2,"2017/7/28","YM")&"个月"
```

使用参数“Y”，计算出工作日期距现在的年数，使用参数“YM”，忽略日期中的年和日，计算距现在的月数。然后使用“&”连接符，将公式各个部分连在一起，得到最终结果。

	A	B
1	参加工作日期	员工工龄
2	1991/12/6	25年7个月
3	1994/1/9	23年6个月
4	1999/8/16	17年11个月
5	2007/7/27	10年0个月
6	2007/7/28	10年0个月
7	2007/7/29	9年11个月
8	2016/3/4	1年4个月
9	2016/11/16	0年8个月

图 15-19 计算员工工龄

15.5.4 生日到期日提醒

示例15-10 生日到期日提醒

部分公司会在员工生日时，发送祝福短信或是发放小礼物。对于记录到工作表中的员工生日信息，需要随着日期的变化，显示出距离每个员工过生日还有几天。

为了计算结果的统一，假定今天的日期为 2017/7/28。如图 15-20 所示，在 C2 单元格输入以下公式，并向下复制到 C2:C11 单元格区域。

```
=EDATE(B2,(DATEDIF(B2,DATE(2017,7,28)-1,"y")+1)*12)-DATE(2017,7,28)
```

计算生日到期日，首先要得到该员工下一个生日是哪一天。然后将此日期与当天的日期直接做减法，其差值便是距离员工生日的天数。

	A	B	C
1	姓名	出生日期	距离员工生日天数
2	刘备	1977/7/21	358
3	关羽	1980/3/20	235
4	张飞	1983/6/12	319
5	赵云	1986/7/28	0
6	曹操	1970/8/24	27
7	荀彧	1980/11/14	109
8	许褚	1982/7/30	2
9	孙权	1980/2/28	215
10	甘宁	1981/2/28	215
11	太史慈	1972/10/2	66

图 15-20 生日到期日提醒

先通过 DATEDIF(B2,DATE(2017,7,28)-1,"y")，来计算得到出生日到当天之间的整年数。

再通过 EDATE(B2,(DATEDIF(B2,DATE(2017,7,28)-1,"y")+1)*12) 部分，得到该员工下一个生日的日期。

最后减去当天日期 DATE(2017,7,28)，便得到最终的结果。在实际工作中，可将此公式中的 DATE(2017,7,28) 换成 TODAY()。

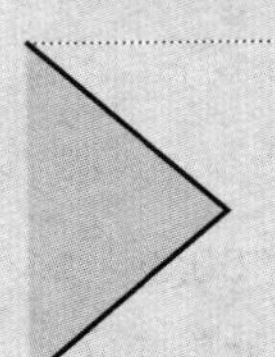

扫描右侧二维码，可以观看更详细的视频讲解。

15.6 日期和时间函数的综合运用

在实际工作当中，可以使用很多数学、统计等函数来完成对日期及时间的计算。

15.6.1 分别提取单元格中的日期和时间

示例15-11 分别提取单元格中的日期和时间

如图 15-21 所示，A1 单元格中包含日期和时间，在 B2 单元格输入以下公式可以提取日期。

```
=INT(A1)
```

在 B3 单元格输入以下公式，可以提取时间。

```
=MOD(A1,1)
```

	A	B	C
1	2017/5/14 18:05		
2			
3	日期	2017/5/14	=INT(A1)
4	时间	18:05:00	=MOD(A1,1)

图 15-21 分别提取单元格中的日期和时间

因为日期和时间的本质就是由整数和小数构成的数字，所以使用 INT 函数向下取整，得到该数字的整数部分，即日期。

使用 MOD 函数计算日期除以 1 的余数，得到的结果就是该数字的小数部分，即时间。

15.6.2 计算加班时长

示例15-12 计算加班时长

某公司规定，加班时每满 30 分钟按照 30 分钟来计算，不足 30 分钟的部分不计算。
如图 15-22 所示，在 B2 单元格输入以下公式，并向下复制到 B2:B6 单元格区域。

```
=FLOOR(A2,"00:30")
```

	A	B
1	实际加班时长	加班计算时间
2	0:25:00	0:00:00
3	0:45:00	0:30:00
4	1:01:00	1:00:00
5	1:59:00	1:30:00
6	2:32:00	2:30:00

图 15-22 计算加班时长

FLOOR 函数用于将数字向下舍入到最接近的基数的倍数。本例中，第 2 参数使用“00:30”，表示 30 分钟。FLOOR 函数将时间向下舍入到最接近的 30 分钟的倍数，得到相应的加班计算时间。

15.6.3　计算母亲节与父亲节日期

示例15-13 计算母亲节与父亲节日期

已知母亲节是每年 5 月第 2 个星期日，父亲节是每年 6 月第 3 个星期日。需要计算 2017 年的母亲节和父亲节各是哪一天。

如图 15-23 所示，在 C2 单元格输入以下数组公式，按 <Ctrl+Shift+Enter> 组合键结束，计算出母亲节的日期为 2017/5/14。

```
{=SMALL(IF(WEEKDAY(DATE(2017,5,ROW(1:31)),2)=7,DATE(2017,5,ROW(1:31))),2)}
```

在 C3 单元格输入以下数组公式，按 <Ctrl+Shift+Enter> 组合键结束，计算出父亲节的日期为 2017/6/18。

```
{=SMALL(IF(WEEKDAY(DATE(2017,6,ROW(1:31)),2)=7,DATE(2017,6,ROW(1:31))),3)}
```

	A	B	C
1	节日	说明	日期
2	母亲节	5月份第2个星期日	2017/5/14
3	父亲节	6月份第3个星期日	2017/6/18

图 15-23　计算母亲节与父亲节日期

以 C2 单元格计算母亲节的公式为例。

首先，根据每个月最多有 31 天，因此使用 DATE(2017,5,ROW(1:31)) 即可得到 5 月份的所有日期。

如果对应月份不足 31 天，如 6 月，那么 DATE(2017,6,ROW(1:31)) 公式的结果仍然可以全部覆盖 6 月的所有日期，因此并不影响当月中第几个星期日的判断。

然后通过 WEEKDAY 函数来计算得到 5 月每一天是星期几，并使用 IF 函数进行判断，如果是星期日，即 WEEKDAY 的结果为 7，则返回其对应日期，否则返回逻辑值 FALSE，结果得到如下数组。

```
{FALSE;FALSE;FALSE;FALSE;FALSE;FALSE;42862;FALSE;FALSE;FALSE;FALSE;FALSE;FALSE;42869;......;FALSE}
```

最后，在这一串内存数组中，提取第 2 个最小值，相当于得到 5 月份的第 2 个星期日，即母亲节的日期 2017/5/14。

15.7　计算工作日

在 Excel 中提供了 WORKDAY.INTL 和 NETWORKDAYS.INTL 来计算工作日，但是我国的休假方式中，会增加相应的假期，同时也会将一部分假日调整为工作日。所以这两个函数都无法很完美地解决工作日计算问题。使用变通的方式，能够准确地计算工作日。

15.7.1 计算日期属性

如图 15-24 所示，首先制作一个对照表，列出 2014~2017 年连续 4 年的日期属性。

	A	B	C	D	E	F	G	H	I
1	日期	日期性质	星期	财务年份	财务月份	关账日	年份	月份	季度
1091	2016/12/25	假日	7	2016	12	否	2016	12	4
1092	2016/12/26	工作日	1	2016	12	是	2016	12	4
1093	2016/12/27	工作日	2	2017	1	否	2016	12	4
1094	2016/12/28	工作日	3	2017	1	否	2016	12	4
1095	2016/12/29	工作日	4	2017	1	否	2016	12	4
1096	2016/12/30	工作日	5	2017	1	否	2016	12	4
1097	2016/12/31	假日	6	2017	1	否	2016	12	4
1098	2017/1/1	节日	7	2017	1	否	2017	1	1
1099	2017/1/2	假日	1	2017	1	否	2017	1	1
1100	2017/1/3	工作日	2	2017	1	否	2017	1	1
1101	2017/1/4	工作日	3	2017	1	否	2017	1	1
1102	2017/1/5	工作日	4	2017	1	否	2017	1	1
1103	2017/1/6	工作日	5	2017	1	否	2017	1	1
1104	2017/1/7	假日	6	2017	1	否	2017	1	1
1105	2017/1/8	假日	7	2017	1	否	2017	1	1
1106	2017/1/9	工作日	1	2017	1	否	2017	1	1
1107	2017/1/10	工作日	2	2017	1	否	2017	1	1

图 15-24 计算日期属性

步骤① 在 A 列将日期逐一列出，本表列出 2014/1/1 到 2017/12/31 之间的所有日期。

步骤② 在 C 列使用 WEEKDAY 函数，计算得出每一个日期是星期几。

步骤③ 在 B 列使用以下公式标注出工作日和假日。

```
=IF(C2<=5," 工作日 "," 假日 ")
```

步骤④ 根据年度放假安排，将每一个调休的节日进行手动修改。如图 15-24 所示，将 B1098 单元格修改为“节日”，将 B1099 单元格修改为“假日”。

步骤⑤ 继续细化可以掌握的日期属性，手动标记每个月的财务关账日，在 F 列标记为“是”，其余日期标记为“否”。

步骤⑥ 根据财务关账日，标注出每一个日期的财务年份和财务月份。如图 15-24 中 D1093:E1097 单元格区域，2016/12/27 至 2016/12/31 虽然属于 2016 年 12 月，但是在财务日期中，它们属于 2017 年 1 月。

步骤⑦ 在 G、H、I 列分别提取出每一个日期的年、月、季度的信息。

至此，日期属性的表格制作完成。

15.7.2 工作日统计

完成了日期属性表格的制作，可以把日期的计算转变为多条件统计问题，使用 COUNTIFS 等函数来完成对日期的统计。

示例15-14 日期统计

➲ I　2017 年每月有多少个工作日

如图 15-25 所示，在 M4 单元格输入以下公式，并向下复制到 M4:M15 单元格区域。

```
=COUNTIFS(G:G,2017,H:H,L4,B:B,"工作日")
```

M4　=COUNTIFS(G:G,2017,H:H,L4,B:B,"工作日")

	A	B	C	D	E	F	G	H	I
1	日期	日期性质	星期	财务年份	财务月份	关账日	年份	月份	季度
2	2014/1/1	节日	3	2014	1	否	2014	1	1
3	2014/1/2	工作日	4	2014	1	否	2014	1	1
4	2014/1/3	工作日	5	2014	1	否	2014	1	1
5	2014/1/4	假日	6	2014	1	否	2014	1	1
6	2014/1/5	假日	7	2014	1	否	2014	1	1
7	2014/1/6	工作日	1	2014	1	否	2014	1	1
8	2014/1/7	工作日	2	2014	1	否	2014	1	1
9	2014/1/8	工作日	3	2014	1	否	2014	1	1
10	2014/1/9	工作日	4	2014	1	否	2014	1	1
11	2014/1/10	工作日	5	2014	1	否	2014	1	1
12	2014/1/11	假日	6	2014	1	否	2014	1	1
13	2014/1/12	假日	7	2014	1	否	2014	1	1
14	2014/1/13	工作日	1	2014	1	否	2014	1	1
15	2014/1/14	工作日	2	2014	1	否	2014	1	1

一、2017年每月有多少个工作日

月份	工作日
1	19
2	19
3	23
4	19
5	21
6	22
7	21
8	23
9	22
10	17
11	22
12	21

图 15-25　2017 年每月有多少个工作日

COUNTIFS 函数统计 G 列中的年份为 2017，H 列中的月份为 L 列指定月份，并且 B 列为“工作日”的单元格个数，同时符合三个条件的单元格数量，就是该月的工作日数。

➲ II　2017 年每个季度有多少个工作日

如图 15-26 所示，在 M19 单元格输入以下公式，并向下复制到 M19:M22 单元格区域。

```
=COUNTIFS(G:G,2017,I:I,L19,B:B,"工作日")
```

M19　=COUNTIFS(G:G,2017,I:I,L19,B:B,"工作日")

	A	B	C	D	E	F	G	H	I
1	日期	日期性质	星期	财务年份	财务月份	关账日	年份	月份	季度
17	2014/1/16	工作日	4	2014	1	否	2014	1	1
18	2014/1/17	工作日	5	2014	1	否	2014	1	1
19	2014/1/18	假日	6	2014	1	否	2014	1	1
20	2014/1/19	假日	7	2014	1	否	2014	1	1
21	2014/1/20	工作日	1	2014	1	否	2014	1	1
22	2014/1/21	工作日	2	2014	1	否	2014	1	1

二、2017年每个季度有多少个工作日

季度	工作日
1	61
2	62
3	66
4	60

图 15-26　2017 年每个季度有多少个工作日

与统计每月工作日原理相同，只把其中对 H 列月份的统计，换成 I 列对季度的统计。

➲ III　任意两个日期间有多少个工作日

如图 15-27 所示，如果需要计算 2017/3/1 到 2017/7/28 之间有多少个工作日，可以在 M25 单元格输入以下公式。

```
=COUNTIFS(A:A,">=2017-3-1",A:A,"<=2017-7-28",B:B,"工作日")
```

M25　=COUNTIFS(A:A,">=2017-3-1",A:A,"<=2017-7-28",B:B,"工作日")

	A	B	C	D	E	F	G	H	I
1	日期	日期性质	星期	财务年份	财务月份	关账日	年份	月份	季度
23	2014/1/22	工作日	3	2014	1	否	2014	1	1
24	2014/1/23	工作日	4	2014	1	否	2014	1	1
25	2014/1/24	工作日	5	2014	1	否	2014	1	1

三、2017-3-1到2017-7-28之间，共有多少个工作日

105

图 15-27　任意两个日期间有多少个工作日

COUNTIFS 函数统计符合以下 3 个条件的单元格个数。A 列日期大于等于 2017/3/1，并且小于等于 2017/7/28，B 列等于“工作日”。符合以上 3 个条件的数量，即是两个日期间的工作日数。

➲ IV　员工离职薪资计算

如图 15-28 所示，假定某员工离职日期为 2017/9/15，要计算该员工当月计薪有多少天，可以在 M29 单元格输入以下公式。

```
=COUNTIFS(A:A,">"&EOMONTH(M28,-1),A:A,"<="&M28,B:B," 工作日 ")
```

M29　=COUNTIFS(A:A,">"&EOMONTH(M28,-1),A:A,"<="&M28,B:B,"工作日")

	A	B	C	D	E	F	G	H	I
1	日期	日期性质	星期	财务年份	财务月份	关账日	年份	月份	季度
26	2014/1/25	假日	6	2014	1	否	2014	1	1
27	2014/1/26	工作日	7	2014	1	是	2014	1	1
28	2014/1/27	工作日	1	2014	2	否	2014	1	1
29	2014/1/28	工作日	2	2014	2	否	2014	1	1

四、员工2017-9-15离职，那么本月计薪多少天

日期	2017/9/15
计薪天数	11

图 15-28　员工离职薪资计算

员工离职计算，日期的起点要从本月开始计薪的那一天开始，这里按照当月 1 日来统计。因此使用 EOMONTH(M28,-1) 得到上月月末的日期，作为 COUNTIFS 函数的判断条件。

COUNTIFS 函数统计大于上月末日期，且小于或等于离职日期，同时日期性质为工作日的数量，也就是该员工本月应计薪天数。

➲ V　指定间隔多少个工作日后的日期

如图 15-29 所示，需要计算 2017/7/28 之后，第 20 个工作日的日期是哪一天。可以在 M32 单元格输入以下数组公式，按 <Shift+Ctrl+Enter> 组合键。

```
{=SMALL(IF((A2:A1462>--"2017-7-28")*(B2:B1462=" 工 作 日 "),$A$2:$A$1462),20)}
```

M32　{=SMALL(IF((A2:A1462>--"2017-7-28")*(B2:B1462="工作日"),$A$2:$A$1462),20)}

	A	B	C	D	E	F	G	H	I
1	日期	日期性质	星期	财务年份	财务月份	关账日	年份	月份	季度
30	2014/1/29	工作日	3	2014	2	否	2014	1	1
31	2014/1/30	工作日	4	2014	2	否	2014	1	1
32	2014/1/31	节日	5	2014	2	否	2014	1	1

五、2017-7-28之后的第20个工作日是哪天

2017/8/25

图 15-29　指定间隔多少个工作日后的日期

2014—2017 年日期表全部数据为 1462 行。

使用 IF 函数进行判断，如果 A 列日期大于 2017/7/28，并且 B 列日期性质为工作日，则返回相应的 A 列中的日期，否则返回逻辑值 FALSE。

最后通过 SMALL 函数，在内存数组中提取第 20 个最小值，也就是 2017/7/28 之后的第 20 个工作日。

➲ VI　加班薪资计算

假定某员工从 2017/10/1 到 2017/10/10 连续工作 10 天，按规定，用人单位需要在节日按 3 倍支付工资，假日按照 2 倍支付工资。那么该员工应领取多少天的工资。如图 15-30 所示，在 M35 单元格输入以下公式。

```
=SUM(COUNTIFS(A:A,">=2017-10-1",A:A,"<=2017-10-10",B:B,{" 工 作 日 "," 假日 "," 节日 "})*{1,2,3})
```

M35 =SUM(COUNTIFS(A:A,">=2017-10-1",A:A,"<=2017-10-10",B:B,{"工作日","假日","节日"})*{1,2,3})

	A	B	C	D	E	F	G	H	I
1	日期	日期性质	星期	财务年份	财务月份	关账日	年份	月份	季度
33	2014/2/1	节日	6	2014	2	否	2014	2	1
34	2014/2/2	节日	7	2014	2	否	2014	2	1
35	2014/2/3	假日	1	2014	2	否	2014	2	1

六、2017-10-1到2017-10-10连续工作10天，应计薪多少倍

22

图 15-30 加班薪资计算

2017/10/1 到 2017/10/10 之间，其中 1 日到 4 日为节日，包含国庆假期和中秋假期。5 日到 8 日为假日，包含周末调休。9 日、10 日是正常的工作日。

首先，对 A 列日期判断是否在此范围内。然后对 B 列的日期性质分别统计出工作日、假日、节日各有多少天，并将统计出的天数分别乘以 1、2、3，得到工作日、假日和节日的薪资倍数。最后使用 SUM 函数求和，得到实际应领取多少天的工资。

第 16 章　查找与引用

查找与引用函数是 Excel 中较常用的函数类型之一，可以在指定单元格区域完成查找的相关任务，本章将对常用的查找与引用函数进行深入讲解。

本章学习要点

（1）行列函数生成序列。
（2）精确查找。
（3）构建引用区域。

16.1　用 ROW 函数和 COLUMN 函数返回行号列号信息

常用的行列函数包含 ROW 函数和 COLUMN 函数，ROW 函数用来返回对应单元格或区域的行号，COLUMN 函数用来返回对应单元格或区域的列号。它们的语法分别为：

返回行号：ROW([reference])

返回列号：COLUMN([reference])

16.1.1　返回当前单元格的行列号

ROW 函数和 COLUMN 函数的参数是可选的，如果省略了参数 reference，则结果返回当前单元格的行列号，如图 16-1 所示。

	A	B	C	D	E	F	G	H
1	一、返回当前单元格的行列号							
2		=ROW()				=COLUMN()		
3		3	3	3		6	7	8
4		4	4	4		6	7	8
5		5	5	5		6	7	8

图 16-1　返回当前单元格的行列号

在 B3 单元格输入公式：=ROW()，并向下向右复制到 B3:D5 单元格区域，会返回每一个单元格当前的行号，结果为 3、4、5。

在 F3 单元格输入公式：=COLUMN()，并向下向右复制到 F3:H5 单元格区域，会返回每一个单元格当前的列号的序数，结果为 6、7、8。

16.1.2　返回指定单元格的行列号

当 reference 参数不省略的时候，则返回指定单元格的行列号，如图 16-2 所示。

	A	B	C	D	E	F	G
8	二、返回指定单元格的行列号						
9		结果	公式			结果	公式
10		1	=ROW(A1)			1	=COLUMN(A1)
11		5	=ROW(H5)			8	=COLUMN(H5)
12		100	=ROW(AB100)			28	=COLUMN(AB100)
13		1	=ROW(1:1)			1	=COLUMN(A:A)
14		5	=ROW(5:5)			8	=COLUMN(H:H)
15		100	=ROW(100:100)			28	=COLUMN(AB:AB)

图 16-2　返回指定单元格的行列号

以公式 =ROW(H5) 为例，H5 单元格位于表格中的第 5 行，所以结果为 5。同理，H5 单元格位于表格中的 H 列，即第 8 列，所以 =COLUMN(H5) 公式返回结果为 8。

其中 1:1、5:5、100:100，代表表格中的第 1 行、第 5 行、第 100 行；A:A、H:H、AB:AB，代表表格中的 A 列、H 列、AB 列。

16.1.3　返回单元格区域的自然数数组序列

ROW 函数和 COLUMN 函数不仅可以对单个单元格返回行列序数，还可以对单元格区域返回一组自然数数组序列，如图 16-3 所示。

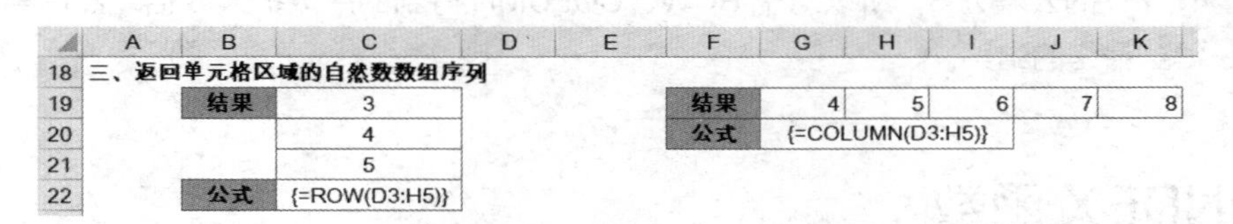

	A	B	C	D	E	F	G	H	I	J	K
18	三、返回单元格区域的自然数数组序列										
19		结果	3			结果	4	5	6	7	8
20			4			公式	{=COLUMN(D3:H5)}				
21			5								
22		公式	{=ROW(D3:H5)}								

图 16-3　返回单元格区域的自然数数组序列

选中 C19:C21 单元格区域，输入以下公式，按 <Ctrl+Shift+Enter> 组合键，可以得到纵向序列 {3;4;5}。

```
{=ROW(D3:H5)}
```

选中 G19:K19 单元格区域，输入以下公式，按 <Ctrl+Shift+Enter> 组合键，可以得到横向序列 {4,5,6,7,8}。

```
{=COLUMN(D3:H5)}
```

16.1.4　其他行列函数

行列函数还包含 ROWS 函数和 COLUMNS 函数，它们的语法分别为：

返回单元格区域或数组的行数：ROWS(array)

返回单元格区域或数组的列数：COLUMNS(array)

例如，输入公式：=ROWS(D3:H5)，返回结果为 3；输入公式：=COLUMNS(D3:H5)，返回结果为 5。因为 D3:H5 单元格区域一共有 3 行 5 列。

提示

使用ROW函数和COLUMN函数返回单元格的行列号时，实质上也是返回了数组。如ROW(H5)的结果为{5}，是仅包含了单一元素的数组。

在结合 OFFSET、INDEX 等函数的时候，会形成多维引用，常使用 N 函数或 T 函数进行降维处理。有时也可以使用 ROWS、COLUMNS 来代替。

16.1.5　生成等差数列

行列函数可以生成连续序列，如在任意单元格输入公式：=ROW(1:1)，然后向下拖动，即可得到自然数序列：1，2，3，4…

还可以借用行列函数来生成等差数列 1，4，7，10，13，16，如图 16-4 所示。

在 A2 单元格输入以下公式，并向下复制到 A2:A7 单元格区域，可以得到纵向等差数列。

```
=ROW(1:1)*3-2
```

在 C2 单元格输入以下公式，并向右复制到 C2:H2 单元格区域，可以得到横向等差数列。

```
=COLUMN(A:A)*3-2
```

	A	B	C	D	E	F	G	H
1	纵向等差数列		横向等差数列					
2	1		1	4	7	10	13	16
3	4							
4	7							
5	10							
6	13							
7	16							

图 16-4　生成等差数列

由于 1，4，7…的公差为 3，所以对于 ROW、COLUMN 得到的序数扩大 3 倍，然后再“-2”进行相应的调整，得到最终的结果。

16.2　INDEX 函数

INDEX 函数是重要的引用函数之一，通过指定相应的行列号，在一个单元格区域或数组中返回对应位置的元素值。常用的 INDEX 函数语法为：

数组形式：INDEX(array, row_num, [column_num])

引用形式：INDEX(reference, row_num, [column_num], [area_num])

- 参数 row_num，必需，指定数组中的某行。
- 参数 column_num，可选，指定数组中的某列。
- 参数 array，单元格区域或数组常量。如果 array 只有一行或一列，则可以只指定参数 row_num，而省略参数 column_num。如果将 row_num 或 column_num 设置为 0，函数 INDEX 则分别返回 array 整个列或行的数组数值。
- 参数 reference，对一个或多个单元格区域的引用。如果为引用输入一个不连续的区域，必须将其用括号括起来。
- 参数 area_num，可选，选择 reference 中的一个区域。

16.2.1　INDEX 函数基础应用

Ⅰ　参数 array 只有一列时

可以使用以下公式来提取相应信息，如图 16-5 所示，在 C2 单元格输入公式。

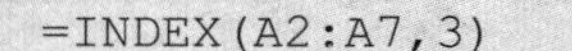

```
=INDEX(A2:A7,3)
```

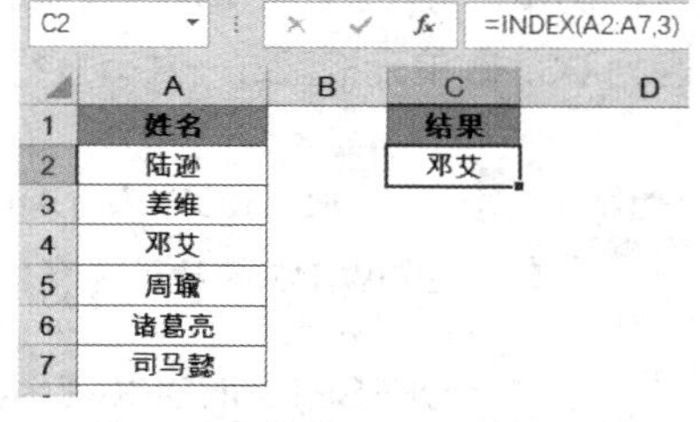

C2　=INDEX(A2:A7,3)

	A	B	C	D
1	姓名		结果	
2	陆逊		邓艾	
3	姜维			
4	邓艾			
5	周瑜			
6	诸葛亮			
7	司马懿			

图 16-5　参数 array 只有一列

返回结果为“邓艾”，即 A2:A7 单元格区域中的第 3 个元素。

Ⅱ　参数 array 只有一行时

可以使用以下公式来提取相应信息，如图 16-6 所示，在 B12 单元格输入公式。

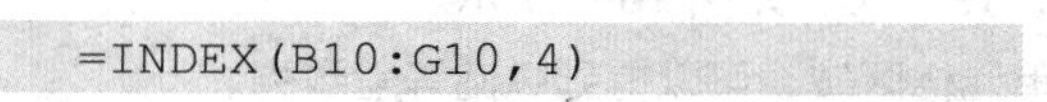

```
=INDEX(B10:G10,4)
```

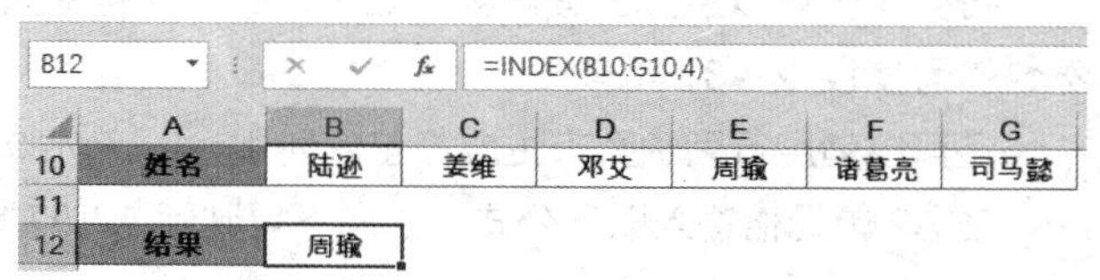

B12　=INDEX(B10:G10,4)

	A	B	C	D	E	F	G
10	姓名	陆逊	姜维	邓艾	周瑜	诸葛亮	司马懿
11							
12	结果	周瑜					

图 16-6　参数 array 只有一行

返回结果为“周瑜”，即 B10:G10 单元格区域中的第 4 个元素。

➲ III 参数 array 为多行多列时

需要同时指定参数 row_num 和 column_num 以返回结果，如图 16-7 所示。

在 F16 单元格输入公式：=INDEX(A16:D21,5,2)，返回 A16:D21 单元格区域中第 5 行第 2 列的值，即“诸葛亮”。

在 F17 单元格输入公式：=INDEX(A16:D21,6,4)，返回 A16:D21 单元格区域中第 6 行第 4 列的值，即“5000”。

	A	B	C	D	E	F	G
15	组别	姓名	销售日期	销售金额		结果	公式
16	吴国	陆逊	2017/5/20	4000		诸葛亮	=INDEX(A16:D21,5,2)
17	蜀国	姜维	2017/5/29	3000		5000	=INDEX(A16:D21,6,4)
18	魏国	邓艾	2017/6/7	3000			
19	吴国	周瑜	2017/6/16	6000			
20	蜀国	诸葛亮	2017/6/25	8000			
21	魏国	司马懿	2017/7/28	5000			

图 16-7 参数 array 为多行多列

➲ IV 参数 row_num 设置为 0 时

表示对某一列的引用，如图 16-8 所示，在 F20 单元格输入公式。

```
=SUM(INDEX(A16:D21,0,4))
```

	A	B	C	D	E	F	G
15	组别	姓名	销售日期	销售金额		结果	公式
16	吴国	陆逊	2017/5/20	4000		诸葛亮	=INDEX(A16:D21,5,2)
17	蜀国	姜维	2017/5/29	3000		5000	=INDEX(A16:D21,6,4)
18	魏国	邓艾	2017/6/7	3000			
19	吴国	周瑜	2017/6/16	6000		结果	公式
20	蜀国	诸葛亮	2017/6/25	8000		29000	=SUM(INDEX(A16:D21,0,4))
21	魏国	司马懿	2017/7/28	5000			

图 16-8 参数 row_num 设置为 0

INDEX(A16:D21,0,4) 部分表示 A16:D21 单元格区域中的第 4 列，即 D16:D21，然后使用 SUM 函数对这个区域进行求和，即得到最后的结果 29 000。

INDEX 函数的第一个参数还可以换成数组，以参数 array 只有一列的情况为例说明，可以输入公式。

```
=INDEX({"陆逊";"姜维";"邓艾";"周瑜";"诸葛亮";"司马懿"},3)
```

返回结果为“邓艾”，即数组中的第 3 个元素。

➲ V 多区域的引用

可以通过 area_num 参数在不同区域中进行引用，如图 16-9 所示。

在 F26 单元格输入公式：=INDEX((A25:D27,A29:D31,A33:D35),3,2,2)，表示在 (A25:D27,A29:D31,A33:D35) 这三个区域中，选择其中的第 2 个 A29:D31，再返回这个区域中第 3 行第 2 列的值，即“周瑜”。

在 F27 单元格输入公式：=INDEX((A25:D27,A29:D31,A33:D35),2,4,3)，表示在 (A25:D27,A29:D31,A33:D35) 这三个区域中，选择其中的第 3 个 A33:D35，再返回这个区域中第 2 行第 4 列的值，即“8000”。

	A	B	C	D	E	F	G
25	组别	姓名	销售日期	销售金额		结果	公式
26	吴国	陆逊	2017/5/20	4000		周瑜	=INDEX((A25:D27,A29:D31,A33:D35),3,2,2)
27	蜀国	姜维	2017/5/29	3000		8000	=INDEX((A25:D27,A29:D31,A33:D35),2,4,3)
28							
29	组别	姓名	销售日期	销售金额			
30	魏国	邓艾	2017/6/7	3000			
31	吴国	周瑜	2017/6/16	6000			
32							
33	组别	姓名	销售日期	销售金额			
34	蜀国	诸葛亮	2017/6/25	8000			
35	魏国	司马懿	2017/7/28	5000			

图 16-9　多区域的引用

16.2.2　制作分数条

示例16-1 制作分数条

在工作中，为了打印和裁剪方便，会把基础统计数据制作成分数条格式。如图 16-10 所示，A:G 列是基础数据源，I:O 列是可供打印的分数条格式。

	A	B	C	D	E	F	G	H	I	J	K	L	M	N	O
1	部门	学号	姓名	语文	数学	英语	总分		部门	学号	姓名	语文	数学	英语	总分
2	吴国	901	陆逊	46	67	59	172		吴国	901	陆逊	46	67	59	172
3	蜀国	902	姜维	60	24	18	102								
4	魏国	903	邓艾	57	51	54	162		部门	学号	姓名	语文	数学	英语	总分
5	吴国	904	周瑜	61	52	54	167		蜀国	902	姜维	60	24	18	102
6	蜀国	905	诸葛亮	52	38	42	132								
7	魏国	906	司马懿	71	54	56	181		部门	学号	姓名	语文	数学	英语	总分
8									魏国	903	邓艾	57	51	54	162
9															
10									部门	学号	姓名	语文	数学	英语	总分
11									吴国	904	周瑜	61	52	54	167
12															
13									部门	学号	姓名	语文	数学	英语	总分
14									蜀国	905	诸葛亮	52	38	42	132
15															
16									部门	学号	姓名	语文	数学	英语	总分
17									魏国	906	司马懿	71	54	56	181

图 16-10　制作分数条

在 I1 单元格输入以下公式，然后复制到 I1:O17 单元格区域。

```
=INDEX(A:A,IF(MOD(ROW(),3)=1,1,0)+IF(MOD(ROW(),3)=0,999,0)+IF(MOD(ROW
(),3)=2,(ROW()+1)/3+1,0))&""
```

公式中 INDEX 的第二参数使用了 IF 函数的并列的技巧，首先 MOD(ROW(),3)，将行号除以 3 取余数，通过余数判断相应的取值。

IF(MOD(ROW(),3)=1,1,0)，如果余数等于 1，说明当前位于第 1、4、7……行，此时让结果返回数字 1，对于其他行返回数字 0。

IF(MOD(ROW(),3)=0,999,0)，如果余数等于 0，说明当前位于第 3、6、9……行，此时让结果返回数字 999，一个足够大的数字，确定在 999 行没有任何数据，对于其他行返回数字 0。

IF(MOD(ROW(),3)=2,(ROW()+1)/3+1,0)，如果余数等于 2，说明当前位于第 2、5、8……行，此时利用等差数列的规律，使用 (ROW()+1)/3+1，将 2、5、8……变成数字 2、3、4……其他行返回数字 0。

将此 3 个并列的 IF 相加，即得到需要引用的行号，并使用 INDEX 进行相应位置的引用。

最后通过 &""，屏蔽掉因引用了空白单元格而得到的无意义数字 0，使结果显示为空白。

分数条的基本雏形制作完成，再使用格式刷调整一下格式即可进行打印。

16.3　MATCH 函数

MATCH 函数是 Excel 中重要的查找函数，它通过在单元格区域中搜索指定项，返回该项在单元格区域中的相对位置。基础语法如下。

```
MATCH(lookup_value, lookup_array, [match_type])
```

- ❖ 参数 lookup_value，表示需要查找的值。
- ❖ 参数 lookup_array，要搜索的单元格区域或数组，而且此参数必须是一行或一列的数据范围。
- ❖ 参数 match_type，可以为数字 0、−1、1，用来指定 MATCH 函数的查找方式。
- ❖ 参数 match_type，为 0 时，表示精确匹配，参数 lookup_array 中的值可以按任何顺序排列；为 1 时，表示模糊匹配，要求参数 lookup_array 必须按升序排列；为 −1 时，表示模糊匹配，要求参数 lookup_array 必须按降序排列。

16.3.1　MATCH 函数精确匹配基础应用

当 match_type 为 0，MATCH 会查找等于 lookup_value 的第一个值的位置，如图 16-11 所示，在 C2 单元格输入以下公式，即返回“邓艾”在 A2:A7 单元格区域的位置 3。

```
=MATCH("邓艾",A2:A7,0)
```


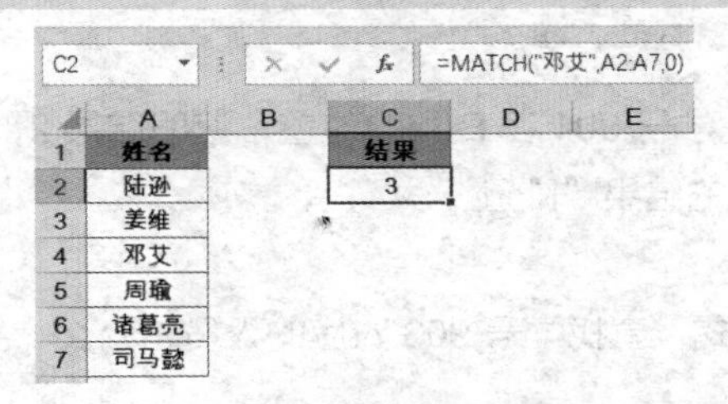

图 16-11　查找区域为纵向一列时

如图 16-12 所示，在 B12 单元格输入以下公式，即返回“周瑜”在 B10:G10 单元格区域的位置 4。

```
=MATCH("周瑜",B10:G10,0)
```

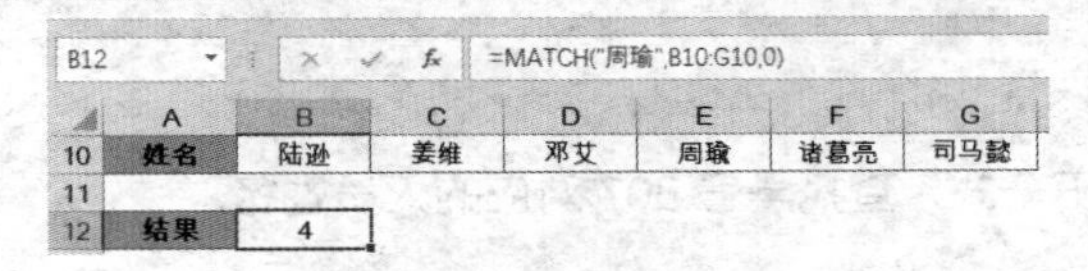

图 16-12　查找区域为横向一行时

提示

MATCH返回的结果是表示查找值相对位置的数字，当查找不到指定内容时，会返回错误值 #N/A。

16.4 INDEX+MATCH 函数组合

在实际应用中，把 INDEX 函数和 MATCH 函数结合在一起，可以发挥更大的作用。

16.4.1 INDEX+MATCH 常规精确查找

示例16-2 INDEX+MATCH常规精确查找

如图 16-13 所示，A~G 列是基础数据源，I~P 列是根据不同情况及需求进行相应的查找。

部门	学号	姓名	语文	数学	英语	总分
吴国	901	陆逊	60	67	59	186
蜀国	902	黄月英	60	24	18	102
魏国	903	邓艾	57	51	54	162
吴国	904	周瑜	61	52	54	167
蜀国	905	黄忠	52	38	42	132
魏国	906	司马懿	71	54	56	181

一、常规查找

学号	姓名
901	陆逊

二、文本数字查找

学号	总分
903	162

三、屏蔽错误值

学号	姓名
907	查无此人

四、通配符查找

第一个姓黄人员的总分：
102

五、查找一系列值

姓名	语文	数学	英语	总分
陆逊	60	67	59	186
邓艾	57	51	54	162

六、逆向查找

姓名	部门	学号
陆逊	吴国	901
邓艾	魏国	903

七、查找指定列

姓名	数学	总分
陆逊	67	186
邓艾	51	162

图 16-13 INDEX+MATCH 常规精确查找

Ⅰ 常规查找

在 K3 单元格输入以下公式，查找学号 901 对应的人员姓名。

```
=INDEX(C:C,MATCH(J3,B:B,0))
```

通过 MATCH 函数，查找学号 901 在 B 列的位置，返回结果 2，然后使用 INDEX 函数取 C 列的第 2 个单元格，即得到最后的结果“陆逊”。

Ⅱ 文本数字查找

在 O3 单元格输入以下公式，查找学号 903 对应的人员总分。

```
=INDEX(G:G,MATCH(--N3,B:B,0))
```

N3 单元格中的 903 是文本型数字，如果直接写 MATCH(N3,B:B,0)，会因为数据类型不一致而返回错误值 #N/A。这里通过使用“--”（减负运算），将文本型数字转换为数值型，即可正常完成查找。

Ⅲ 屏蔽错误值

在 K6 单元格输入以下公式，查找学号 907 对应的人员姓名。

```
=IFERROR(INDEX(C:C,MATCH(J6,B:B,0)),"查无此人")
```

在分数表中，学号信息没有对应的 907 记录，所以 INDEX(C:C,MATCH(J6,B:B,0)) 部分会返回错误值 #N/A。在此公式外层嵌套 IFERROR 函数处理错误值，使结果返回“查无此人”。

Ⅳ 通配符查找

在 O6 单元格输入以下公式，查找第一个姓“黄”人员的总分。

```
=INDEX(G:G,MATCH("黄*",C:C,0))
```

MATCH 支持通配符查找，通配符“*”代表任意多个字符，所以“黄 *”代表第一个字为“黄”，后面有任意多个字符。于是 MATCH(“黄 *”,C:C,0) 返回结果为黄月英所在 C 列的行号，即数字 3，然后使用 INDEX 从 G 列提取第 3 个值，即最终结果为 102。

➲ V　查找一系列值

在 K9 单元格输入以下公式，并复制到 K9:N10 单元格区域，可以完成对一个目标值返回一系列结果。

```
=INDEX(D:D,MATCH($J9,$C:$C,0))
```

首先通过 MATCH($J9,$C:$C,0) 查找 J9 单元格姓名在 C 列的位置，然后使用 INDEX 返回对应的 D 列语文的分数。其中 MATCH 中的参数使用“$”，在公式横向、纵向拖动的过程中，查找值所在的 J 列及查询区域所在列 C 列始终不变，达到查询时位置固定的目的。

➲ VI　逆向查找

在 K13 单元格输入以下公式，并复制到 K13:L14 单元格区域，可以完成查找列在右侧，结果列在左侧的逆向查找。

```
=INDEX(A:A,MATCH($J13,$C:$C,0))
```

从公式解读上，与普通的查找方式一致。

➲ VII　查找指定列

在 O13 单元格输入以下公式，并复制到 O13:P14 单元格区域，可以完成在多行多列的二维区域内的查找。

```
=INDEX($A:$G,MATCH($N13,$C:$C,0),MATCH(O$12,$A$1:$G$1,0))
```


首先通过 MATCH($N13,$C:$C,0) 确定出 N13 单元格的“陆逊”在 C 列中的行号，然后使用 MATCH(O$12,$A$1:$G$1,0) 确定出数学科目在 A1:G1 单元格区域中位于第几列。通过确定行、列号，最后使用 INDEX 在 A:G 区域中返回相应位置的分数 67。

使用“$”形成相对位置的混合引用，使公式在拖动过程中仍能准确确定位置。

当 O12:P12 或 N13:N14 单元格区域变换查询内容时，不用修改公式即可自动更新结果，如图 16-14 所示。

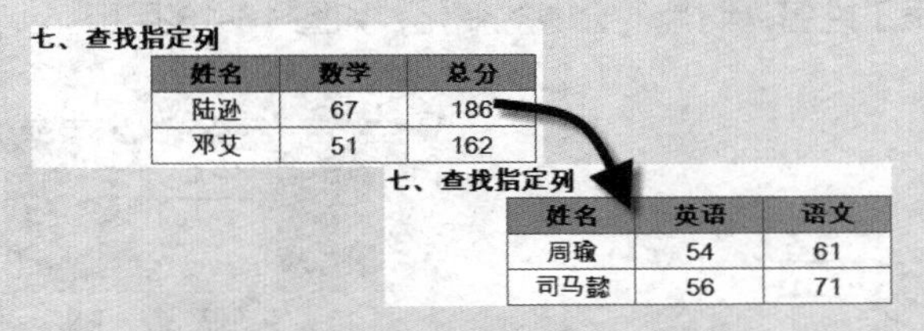

七、查找指定列

姓名	数学	总分
陆逊	67	186
邓艾	51	162

七、查找指定列

姓名	英语	语文
周瑜	54	61
司马懿	56	71

图 16-14　自动更新结果

16.4.2　动态引用照片

在员工信息卡中，通过选择不同的姓名，可以查看该员工的基础人事信息，并且员工的照片可以随之变化，如图 16-15 所示。

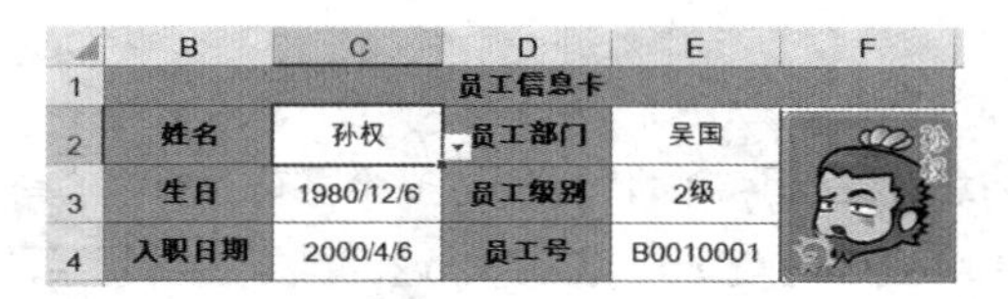

	B	C	D	E	F
1	员工信息卡				
2	姓名	孙权	员工部门	吴国	
3	生日	1980/12/6	员工级别	2级	
4	入职日期	2000/4/6	员工号	B0010001	

图 16-15　员工信息卡

示例16-3 动态引用照片

现有一份人事清单信息，如图 16-16 所示，其中 C 列是每位员工的照片，其余列是员工的入职日期、员工部门等信息。制作动态引用照片的步骤如。

	A	B	C	D	E	F	G	H
1	序号	姓名	照片	生日	入职日期	员工部门	员工级别	员工号
2	1	孙权		1980/12/6	2000/4/6	吴国	2级	B0010001
3	2	甄姬		1987/1/20	2012/5/24	魏国	9级	B1210007
4	3	郭嘉		1980/7/9	2012/10/3	魏国	6级	B1210014
5	4	华佗		1980/3/25	2011/12/11	吴国	10级	B1120002

例1　人事清单

图 16-16　人事清单信息

步骤① 在【公式】选项卡下定义名称“照片”，公式为：

```
=INDEX(人事清单!$C:$C,MATCH(例1!$C$2,人事清单!$B:$B,))
```

步骤② 复制“人事清单”工作表中的任意一张照片，粘贴到“例 1”工作表中的 F2 单元格。

步骤③ 选中 F2 单元格中的照片，在编辑栏输入公式：“= 照片”，按 <Enter> 键，如图 16-17 所示。

步骤④ 补充完善员工部门、生日等信息，完成员工信息卡的制作。

修改 C2 单元格的员工姓名，照片便会随之变化，如图 16-18 所示。

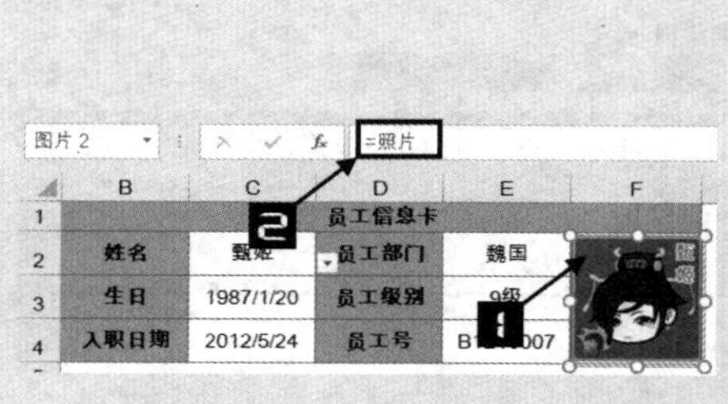

	B	C	D	E	F
1	员工信息卡				
2	姓名	甄姬	员工部门	魏国	
3	生日	1987/1/20	员工级别	9级	
4	入职日期	2012/5/24	员工号	B[illegible]007	

图 16-17　编辑图片的公式

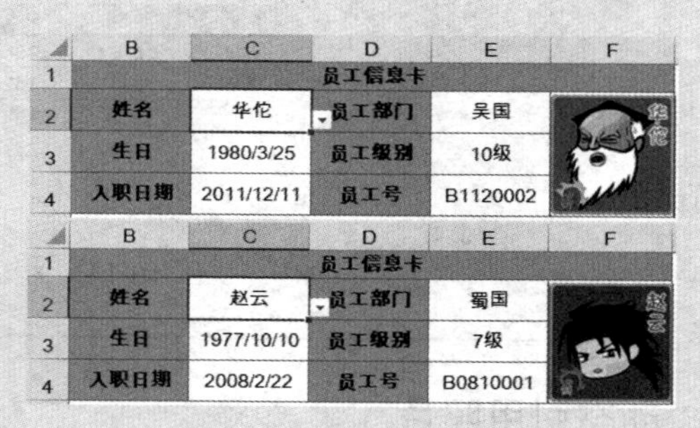

	B	C	D	E	F
1	员工信息卡				
2	姓名	华佗	员工部门	吴国	
3	生日	1980/3/25	员工级别	10级	
4	入职日期	2011/12/11	员工号	B1120002	

	B	C	D	E	F
1	员工信息卡				
2	姓名	赵云	员工部门	蜀国	
3	生日	1977/10/10	员工级别	7级	
4	入职日期	2008/2/22	员工号	B0810001	

图 16-18　员工信息卡更新

16.4.3　多条件查找

示例16-4　多条件查找

如图 16-19 所示，A~F 列为基础数据源，I~K 列为要查询的值，L~M 列为需要用公式得到的查询结果。在这个查询中，B~D 列的任何一列的数据都不是唯一确定的，所以用常规的查询方式无法得到结果。但是将此三列的数据合并在一起，便得到了一个唯一确定的查询值。

L2　=INDEX(E:E,MATCH($I2&$J2&$K2,$G:$G,0))

	A	B	C	D	E	F	G
1	序号	姓名	学期	科目	分数	分数等级	辅助列
2	1	汉献帝	第一学期	语文	95	B	汉献帝第一学期语文
3	2	汉献帝	第一学期	数学	62	A	汉献帝第一学期数学
4	3	汉献帝	第一学期	英语	52	C	汉献帝第一学期英语
5	4	汉献帝	第二学期	语文	98	B	汉献帝第二学期语文
6	5	汉献帝	第二学期	数学	74	A	汉献帝第二学期数学
7	6	汉献帝	第二学期	英语	93	B	汉献帝第二学期英语
8	7	刘备	第一学期	语文	79	B	刘备第一学期语文
9	8	刘备	第一学期	数学	59	D	刘备第一学期数学
10	9	刘备	第一学期	英语	64	D	刘备第一学期英语
11	10	刘备	第二学期	语文	55	C	刘备第二学期语文
12	11	刘备	第二学期	数学	51	A	刘备第二学期数学
13	12	刘备	第二学期	英语	98	A	刘备第二学期英语
14	13	曹操	第一学期	语文	85	C	曹操第一学期语文
15	14	曹操	第一学期	数学	82	D	曹操第一学期数学
16	15	曹操	第一学期	英语	52	D	曹操第一学期英语
17	16	曹操	第二学期	语文	85	C	曹操第二学期语文
18	17	曹操	第二学期	数学	73	B	曹操第二学期数学
19	18	曹操	第二学期	英语	84	D	曹操第二学期英语

	I	J	K	L	M
1	姓名	学期	科目	分数	分数等级
2	汉献帝	第一学期	数学	62	A
3	刘备	第二学期	语文	55	C
4	曹操	第二学期	英语	84	D
5	孙权	第一学期	数学	61	A
6	汉献帝	第一学期	英语	52	C

图 16-19　多条件查找

在 G 列添加辅助列，将 B~D 三列的数据组合在一起，G2 单元格输入公式。

```
=B2&C2&D2
```

将 G2 公式向下填充，然后在 L2 单元格输入以下公式，并复制到 L2:M6 单元格区域。

```
=INDEX(E:E,MATCH($I2&$J2&$K2,$G:$G,0))
```

$I2&$J2&$K2 部分，首先将查询值组合在一起，形成一个唯一的查询值，然后在 G 列中查询此值的位置，并返回相应单元格结果。

在多条件查找时，如果查询的结果为数字，还可以使用多条件统计函数 SUMIFS 完成查询，在 L2 单元格输入以下公式。

```
=SUMIFS(E:E,B:B,I2,C:C,J2,D:D,K2)
```

对 B:D 三列的数据进行多条件求和，因为只有唯一的值与之相对应，所以对一个数字的求和，也就相当于查询到此数字本身。

16.4.4　一对多查询

MATCH 函数使用精确匹配方式时，返回的是查找区域内满足条件的第一个值的位置。当查找区域中有多个值满足要求的时候，可以将这些满足条件的值依次标记序列数 1，2，3…之后查找数字 1，2，3…的位置，即可将全部满足条件的值依次提取出来。

示例16-5 一对多查询

如图 16-20 所示，A:E 列是基础销售统计数据，I2 单元格为要查询的条件，列出所有部门为“蜀国”的销售信息。

H3 =IFERROR(INDEX(A:A,MATCH(ROW(1:1),$F:$F,0)),"")

	A	B	C	D	E	F	G	H	I	J	K	L
1	部门	姓名	性别	日期	销售金额	辅助列		部门	蜀国			
2	吴国	陆逊	男	2017/1/1	500	0		部门	姓名	性别	日期	销售金额
3	蜀国	黄月英	女	2017/1/8	1300	1		蜀国	黄月英	女	2017/1/8	1300
4	魏国	邓艾	男	2017/1/22	1200	1		蜀国	黄忠	男	2017/2/7	700
5	吴国	周瑜	男	2017/1/31	800	1						
6	蜀国	黄忠	男	2017/2/7	700	2						
7	魏国	司马懿	男	2017/2/19	400	2						
8	魏国	张辽	男	2017/3/3	1100	2						
9	魏国	曹操	男	2017/3/7	200	2						
10	吴国	孙尚香	女	2017/3/19	300	2						
11	吴国	小乔	女	2017/3/25	1000	2						

图 16-20 一对多查询

在 F 列增加辅助列，F2 单元格输入以下公式，并向下复制到 F11 单元格。

```
=(A2=$I$1)+N(F1)
```

(A2=$I$1) 部分，是逐一判断 A 列的部门是否等于 I1 的“蜀国”，得到逻辑值 TRUE 或者 FALSE，在计算过程中，TRUE 相当于数字 1，FALSE 相当于数字 0。将此逻辑值与当前单元格上方的单元格数值相加，达到叠加的目的，即在每一个蜀国对应的行，F 列的标记数字就比上一行加 1。

这里用到 N(F1)，N 函数将所有的文本都返回结果数字 0，将数字保持本身的值。如果没有 N 函数，由于 F1 单元格是文本字符，(A2=$I$1)+F1 将返回错误值 #VALUE!。

在 H3 单元格输入以下公式，并复制到 H3:L8 单元格区域。

```
=IFERROR(INDEX(A:A,MATCH(ROW(1:1),$F:$F,0)),"")
```

MATCH(ROW(1:1),$F:$F,0) 部分，首先将常规的查询“蜀国”，转化为序列数 1，2，3…的位置信息，这样就可以依次查询出第 *n* 次蜀国出现的位置。

然后，使用 INDEX 函数返回相应的 A~E 的信息，最后使用 IFERROR 屏蔽错误值。

16.4.5 目标值含有通配符的查找

Excel 中的通配符有 3 个：“*”“?”“~”。当查询的目标值含有通配符的时候，常常不能返回正确的结果。这时候需要在公式中做相应的处理，使公式能够准确查询。

示例16-6 目标值含有通配符的查找

如图 16-21 所示，A~B 列为某品牌桌子的基础尺寸，A 列为桌子的长 × 宽的规格，B 列为对应的价格。D 列为相应的查找目标值。

E2 =INDEX(B:B,MATCH(D2,A:A,0))

	A	B	C	D	E
1	规格（cm）	价格		规格（cm）	价格
2	160*140	1820		160*40	1820
3	140*70	783		220*80	2350
4	160*40	891			
5	220*180	2350			
6	220*80	1530			
7	280*100	2250			

图 16-21 错误查找方式

在 E2 单元格输入常规查找公式。

```
=INDEX(B:B,MATCH(D2,A:A,0))
```

规格 160*40 返回结果为 1820，而从 A~B 列的基础数据中可以看到，1820 元对应的规格为 160*140。

这是因为 D2 单元格中的 160*40 含有通配符“*”，表示的是以“160”开头，以“40”结尾，中间有任意多个字符的字符串形式。A 列中第一个满足条件的是规格 160*140。

所以当查询的目标值中含有通配符的时候，首先要将通配符识别为字符本身，才可得到正确的结果，如图 16-22 所示。

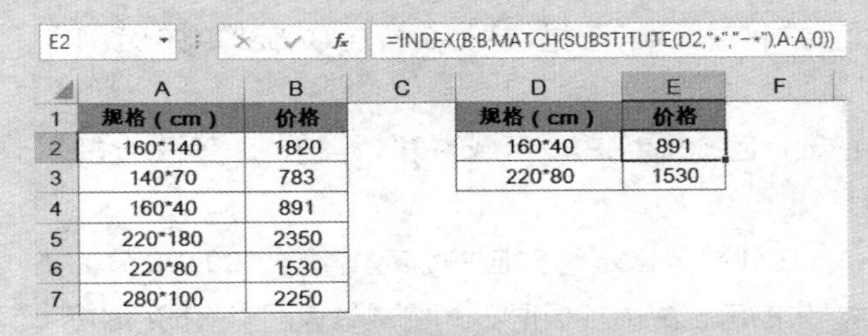

E2 =INDEX(B:B,MATCH(SUBSTITUTE(D2,"*","~*"),A:A,0))

	A	B	C	D	E	F
1	规格（cm）	价格		规格（cm）	价格	
2	160*140	1820		160*40	891	
3	140*70	783		220*80	1530	
4	160*40	891				
5	220*180	2350				
6	220*80	1530				
7	280*100	2250				

图 16-22 目标值含有通配符的查找

在 E2单元格输入以下公式，并向下复制到 E3 单元格。

```
=INDEX(B:B,MATCH(SUBSTITUTE(D2,"*","~*"),A:A,0))
```

SUBSTITUTE(D2,"*","~*") 返回结果为："160~*40"，“~”是转义符，“~*”表示字符“*”本身，而不是表示任意多个字符。

然后使用 INDEX+MATCH 组合即可完成查找。

16.4.6 MATCH 函数模糊查找

MATCH 函数的第三个参数 match_type 为 1 时，表示模糊匹配，要求参数 lookup_array 必须按升序排列，如果在查询区域内找不到查询值，则以查询区域中小于查询值的最大值进行匹配，并返回其对应的位置。

MATCH 函数的第三个参数 match_type 为 –1 时，表示模糊匹配，要求参数 lookup_array 必须按降序排列，如果在查询区域内找不到查询值，则以查询区域中大于查询值的最小值进行匹配，并返回其对应的位置。

示例16-7 返回分数等级

Ⅰ 分数段升序排列

如图 16-23 所示，A:B 列是考试成绩对应的分数等级，0~59 分为 E，60~69 分为 D……90 分及以上为 A。D 列为学生的考试成绩，根据 D 列的成绩返回对应成绩的等级。

E2 =INDEX($B$2:$B$6,MATCH(D2,$A$2:$A$6,1))

	A	B	C	D	E	F
1	分数段	对应等级		成绩	等级	
2	0	E		49	E	
3	60	D		75	C	
4	70	C		99	A	
5	80	B		60	D	
6	90	A				

图 16-23 分数段升序排列

在 E2 单元格输入以下公式，并向下复制到 E2:E5 单元格区域。

```
=INDEX($B$2:$B$6,MATCH(D2,$A$2:$A$6,1))
```

MATCH(D2,$A$2:$A$6,1) 部分，MATCH 函数的第三个参数是数字 1，所以查找方式是模糊查找，并且要求查找区域升序排列。于是得到 49 分在 $A$2:$A$6 范围内，位于 0~60 分之间，所以返回数字 1。

然后使用 INDEX 函数返回 $B$2:$B$6 区域的第 1 个值，即等级为“E”。

Ⅱ 分数段降序排列

如图 16-24 所示，A:B 列是考试成绩对应的分数等级，100~90 分为 A，89~80 分为 B……59 分及以下为 E。D 列为学生的考试成绩，根据 D 列的成绩返回对应成绩的等级。

E12 =INDEX($B$12:$B$16,MATCH(D12,$A$12:$A$16,-1))

	A	B	C	D	E	F	G
11	分数段	对应等级		成绩	等级		
12	100	A		49	E		
13	89	B		75	C		
14	79	C		99	A		
15	69	D		60	D		
16	59	E					

图 16-24 分数段降序排列

在 E12 单元格输入以下公式，并向下复制到 E12:E15 单元格区域。

```
=INDEX($B$12:$B$16,MATCH(D12,$A$12:$A$16,-1))
```

MATCH(D12,$A$12:$A$16,-1) 部分，MATCH 函数的第三个参数是数字 –1，所以查找方式是模糊查找，并且要求查找区域降序排列。于是得到 49 分在 $A$12:$A$16 范围内，位于 59 分及以下范围，所以返回数字 5。

然后使用 INDEX 函数返回 $B$12:$B$16 区域的第 5 个值，即等级为“E”。

16.5 LOOKUP 函数

LOOKUP 函数也是常用的查询函数之一，具有向量和数组两种语法形式，基本语法如下。

```
LOOKUP(lookup_value,lookup_vector,[result_vector])
LOOKUP(lookup_value,array)
```

向量语法是在由单行或单列构成的第 2 个参数中，查找第 1 个参数，并返回第 3 个参数中对应位置的值。

第一参数可以使用单元格引用和数组。第二参数为查找范围。第三参数可选，为结果范围，同样支持单元格引用和数组，必须与第二参数大小相同。

如需在查找范围中查找一个明确的值，查找范围必须升序排列；当需要查找一个不确定的值时，如查找一列或一行数据的最后一个值，查找范围并不需要严格地升序排列。

如果 LOOKUP 函数找不到查询值，则该函数会与查询区域中小于或等于查询值的最大值进行匹配。

如果查询值小于查询区域中的最小值，则 LOOKUP 函数会返回 #N/A 错误值。

如果查询区域中有多个符合条件的记录，则 LOOKUP 函数仅返回最后一条记录。

16.5.1 LOOKUP 函数常规查找应用

示例16-8 查找极大值

Ⅰ 查找最后一个数字

如图 16-25 所示，A2:A8 单元格区域为目标区域，在 C2~C4 单元格分别输入以下 3 个不同的公式，均可以得到该区域中的最后一个数字。

```
=INDEX(A2:A8,MATCH(9E+307,A2:A8,1))
=LOOKUP(9E+307,A2:A8,A2:A8)
=LOOKUP(9E+307,A2:A8)
```

	A	B	C	D
1	数字		最后一个数字	公式
2	1986		99	=INDEX(A2:A8,MATCH(9E+307,A2:A8,1))
3	7		99	=LOOKUP(9E+307,A2:A8,A2:A8)
4	28		99	=LOOKUP(9E+307,A2:A8)
5	2017			
6	99			
7				
8				

图 16-25 查找最后一个数字

当 MATCH 函数第三参数使用 1 或是使用 LOOKUP 函数进行查询时，查询区域均要求升序排序，即最大值总是排在数据区域的最后。但是在实际应用过程中，即便不对数据进行排序，Excel 仍然会按照已经排序进行处理。

9E+307 是 Excel 里的科学计数法，即 9*10^307，被认为是接近 Excel 允许键入的最大数值。用它做查询值时，Excel 找不到精确匹配内容，就会以小于该值的最大值进行匹配，同时会默认最大值总是排在数据区域的最后，因此可以返回一列或一行中的最后一个数值。

当 LOOKUP 的查询区域和返回结果区域一致的时候，可以省略其中一个参数，即简化成公式“LOOKUP(9E+307,A2:A8)”。

➲ II　查找最后一个文本

如图 16-26 所示，A12:A18 单元格区域为目标区域，在 C12:C14 单元格分别输入以下 3 个不同的公式，均可以得到该区域中的最后一个文本。

```
=INDEX(A12:A18,MATCH(CHAR(41385),A12:A18,1))
=LOOKUP(CHAR(41385),A12:A18,A12:A18)
=LOOKUP(CHAR(41385),A12:A18)
```

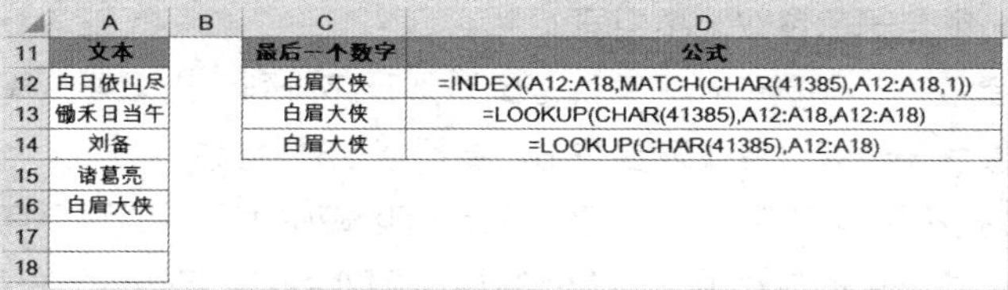

	A	B	C	D
11	文本		最后一个数字	公式
12	白日依山尽		白眉大侠	=INDEX(A12:A18,MATCH(CHAR(41385),A12:A18,1))
13	锄禾日当午		白眉大侠	=LOOKUP(CHAR(41385),A12:A18,A12:A18)
14	刘备		白眉大侠	=LOOKUP(CHAR(41385),A12:A18)
15	诸葛亮			
16	白眉大侠			
17				
18				

图 16-26　查找最后一个文本

CHAR(41385) 返回的结果为“々”，通常被看作是一个编码较大的字符，大于所有的文本字符。

一般情况下，第一参数写成“做”，即《新华字典》中的最后一个字，也可以返回一列或一行中的最后一个文本内容。如果查询区域中以“做”字开头，还可以写为“做做做”或“REPT(“做”,99)”。

➲ III　混合数据查找

如图 16-27 所示，在 C22 单元格输入以下公式，返回该区域中最后一个数字。

```
=LOOKUP(9E+307,A22:A28)
```

在 C25 单元格输入以下公式，返回该区域中最后一个文本。

```
=LOOKUP(CHAR(41385),A22:A28)
```

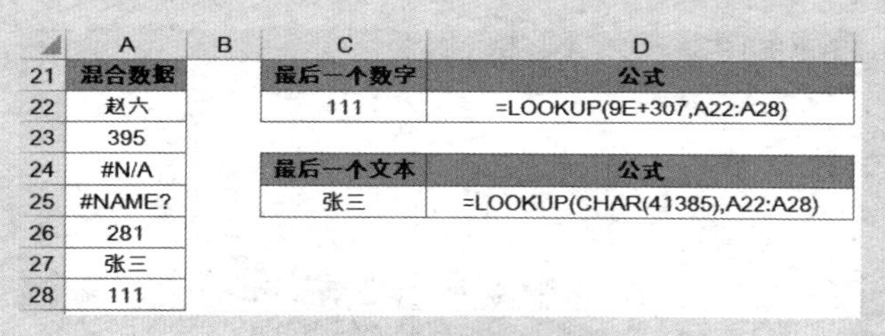

	A	B	C	D
21	混合数据		最后一个数字	公式
22	赵六		111	=LOOKUP(9E+307,A22:A28)
23	395			
24	#N/A		最后一个文本	公式
25	#NAME?		张三	=LOOKUP(CHAR(41385),A22:A28)
26	281			
27	张三			
28	111			

图 16-27　混合数据查找

当查找区域中含有多个类型数据时，会根据查找值的数据类型，查找相同类型的数据。

16.5.2　查询员工最近一次合同签订日期

示例16-9　查询员工最近一次合同签订日期

如图 16-28 所示，A~D 列是一个人事部门记录的员工合同签订的起始日期。员工多次签订合同，则会有多次记录，并且从上到下按照日期依次排序。根据 F2 单元格的员工姓名，查询该员工最近的一次合同签订日期。

在 G2 单元格输入以下公式，并向右复制到 H2 单元格。

```
=LOOKUP(1,0/($B$2:$B$12=$F$2),C2:C12)
```

G2　=LOOKUP(1,0/($B$2:$B$12=$F$2),C2:C12)

	A	B	C	D	E	F	G	H
1	工号	姓名	合同起始日期	合同终止日期		姓名	合同起始日期	合同终止日期
2	901	马岱	2006/4/6	2009/4/5		黄月英	2014/8/8	长期
3	902	黄月英	2006/8/8	2009/8/7				
4	901	马岱	2009/4/6	2014/4/5				
5	902	黄月英	2009/8/8	2014/8/7				
6	903	黄忠	2009/5/17	2012/5/16				
7	904	黄盖	2009/9/25	2012/9/24				
8	903	黄忠	2012/5/17	2017/5/16				
9	904	黄盖	2012/9/25	2017/9/24				
10	901	马岱	2014/4/6	长期				
11	902	黄月英	2014/8/8	长期				
12	905	孙乾	2015/9/9	2018/9/8				

图 16-28　查询员工最近一次合同签订日期

$B$2:$B$12=$F$2 部分，对 B 列的员工姓名逐一对照，看是否与 F2 的目标值相等，返回一个含有逻辑值 TRUE 和 FALSE 的数组。

```
{FALSE;TRUE;FALSE;TRUE;FALSE;FALSE;FALSE;FALSE;FALSE;TRUE;FALSE}
```

0/($B$2:$B$12=$F$2) 部分，在四则计算中，TRUE 相当于数字 1，FALSE 相当于数字 0。数字 0 除以逻辑值，得到含有数字 0 和错误值“#DIV/0!”的内存数组。

```
{#DIV/0!;0;#DIV/0!;0;#DIV/0!;#DIV/0!;#DIV/0!;#DIV/0!;#DIV/0!;0;#DIV/0!}
```

最后使用 1 作为查找值，由于在此数组中找不到 1，因此以小于 1 的最大值 0 进行匹配，并返回 C 列对应位置的内容，最终得到该员工的最近一次合同签订日期。

16.5.3　使用 LOOKUP 函数实现多条件查找

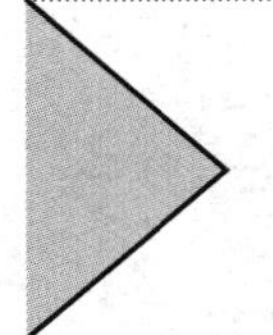

LOOKUP 函数不仅能够实现单个条件的查找，而且可以实现多个条件的查找。例如，通过姓名和部门两个信息查找对应的工资标准，就能够排除重名时的查找问题。扫描右侧的二维码，观看用 LOOKUP 函数实现多条件查找的视频讲解。

16.6　VLOOKUP 函数

VLOOKUP 函数是使用频率非常高的查询函数之一，函数名称中的“V”表示 Vertical，即“垂直的”。VLOOKUP 函数的语法为：

```
VLOOKUP(lookup_value,table_array,col_index_num,[range_lookup])
```

第一参数是要在表格或区域的第一列中查询的值。

第二参数是需要查询的单元格区域，这个区域中的首列必须要包含查询值，否则公式将返回错误值。如果查询区域中包含多个符合条件的查询值，VLOOKUP 函数只能返回首个结果。

第三参数用于指定返回查询区域中第几列的值，如果该参数超出待查询区域的总列数，VLOOKUP 函数将返回错误值 #N/A。

第四参数决定函数的查找方式，如果为 0 或 FALSE，用精确匹配方式，而且支持无序查找；如果为 TRUE 或被省略，则使用近似匹配方式，同时要求查询区域的首列按升序排序。

示例16-10 VLOOKUP常规精确查找

如图 16-29 所示，A~G 列是基础数据源，I~P 列是根据不同情况及需求进行相应的查找。

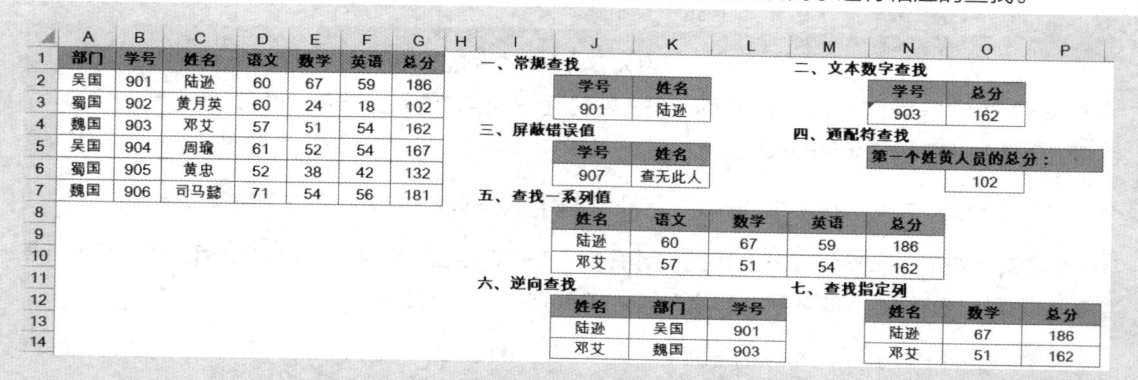

部门	学号	姓名	语文	数学	英语	总分
吴国	901	陆逊	60	67	59	186
蜀国	902	黄月英	60	24	18	102
魏国	903	邓艾	57	51	54	162
吴国	904	周瑜	61	52	54	167
蜀国	905	黄忠	52	38	42	132
魏国	906	司马懿	71	54	56	181

一、常规查找

学号	姓名
901	陆逊

二、文本数字查找

学号	总分
903	162

三、屏蔽错误值

学号	姓名
907	查无此人

四、通配符查找

第一个姓黄人员的总分：
102

五、查找一系列值

姓名	语文	数学	英语	总分
陆逊	60	67	59	186
邓艾	57	51	54	162

六、逆向查找

姓名	部门	学号
陆逊	吴国	901
邓艾	魏国	903

七、查找指定列

姓名	数学	总分
陆逊	67	186
邓艾	51	162

图 16-29 VLOOKUP 常规精确查找

Ⅰ 常规查找

在 K3 单元格输入以下公式，查找学号 901 对应的人员姓名。

```
=VLOOKUP(J3,B:C,2,0)
```

目标值 J3 位于查找区域 B:C 的第一列 B 列中，返回区域中的第 2 列，即 C 列对应位置的值“陆逊”。

Ⅱ 文本数字查找

在 O3 单元格输入以下公式，查找学号 903 对应的人员总分。

```
=VLOOKUP(--N3,B:G,6,0)
```

N3 单元格中的 903 是文本型数字，所以需要将其转化为数值型数字。

Ⅲ 屏蔽错误值

在 K6 单元格输入以下公式，查找学号 907 对应的人员姓名。

```
=IFERROR(VLOOKUP(J6,B:C,2,0),"查无此人")
```

在分数表中，学号信息没有对应的 907 这个人，所以 VLOOKUP 部分会返回错误值 #N/A。在此公式外层嵌套 IFERROR 函数处理错误值，使结果返回“查无此人”。

➲ IV 通配符查找

在 O6 单元格输入以下公式，查找第一个姓“黄”人员的总分。

```
=VLOOKUP(" 黄 *",C:G,5,0)
```

VLOOKUP 支持通配符查找，“黄 *”代表以“黄”字开头的单元格，即返回结果为黄月英对应的总分 102。

➲ V 查找一系列值

在 K9 单元格输入以下公式，并复制到 K9:N10 单元格区域，可以完成对一个目标值返回一系列结果。

```
=VLOOKUP($J9,$C:$G,COLUMN(B:B),0)
```

COLUMN(B:B) 计算结果为 2，向右复制时，得到起始值为 2、步长为 1 的自然数序列，用作 VLOOKUP 函数的第三参数。

VLOOKUP 函数根据 J9 单元格中的员工姓名，在 $C:$G 单元格区域中查找其位置，并分别返回同一行中第 *n* 列的内容。

➲ VI 逆向查找

在 K13 单元格输入以下公式，并复制到 K13:L14 单元格区域，可以完成查找列在右，结果列在左的逆向查找。

```
=VLOOKUP($J13,IF({1,0},$C$2:$C$7,A$2:A$7),2,0)
```

IF({1,0},$C$2:$C$7,A$2:A$7) 部分，当 IF 函数第一参数为 1 时，返回第二参数指定的内容，当 IF 函数第一参数为 0 时，返回第三参数指定的内容。本例中，IF 函数第一参数使用常量数组 {1,0}，因此返回 C 列在左，A 列在右的内存数组，相当于区域的重排。

然后通过 VLOOKUP 函数根据 J13 的查找值，返回这个新区域中的第 2 列的内容。

➲ VII 查找指定列

在 O13 单元格输入以下公式，并复制到 O13:P14 单元格区域，可以完成在多行多列的二维区域内的查找。

```
=VLOOKUP($N13,$C:$G,MATCH(O$12,$C$1:$G$1,0),0)
```

MATCH(O$12,$A$1:$G$1,0) 确定出数学科目在 A1:G1 单元格区域中位于第几列，将此参数作为 VLOOKUP 的第 3 参数。

当 O12:P12 或 N13:N14 单元格区域变换查询内容时，不用修改公式即可自动更新结果，如图 16-30 所示。

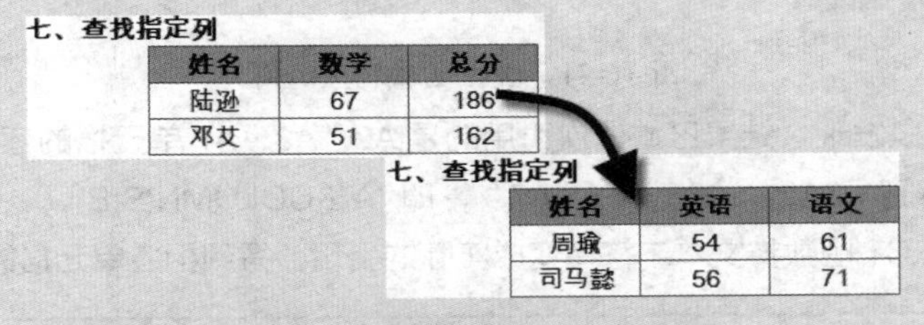

七、查找指定列

姓名	数学	总分
陆逊	67	186
邓艾	51	162

七、查找指定列

姓名	英语	语文
周瑜	54	61
司马懿	56	71

图 16-30 自动更新结果

注意

VLOOKUP函数第三参数中的列号，不能理解为工作表中实际的列号，而是指定要返回查询区域中第几列的值。如果有多条满足条件的记录，VLOOKUP函数默认只能返回第一个满足条件的记录。

用 VLOOKUP 函数查询数据的同时，可以借助 IFERROR 函数屏蔽公式返回的错误值，请扫描左侧的二维码，观看更详细的视频讲解。

16.7 INDIRECT 函数

INDIRECT 函数能够根据第一参数的文本字符串，生成具体的单元格或单元格区域的引用。该函数的基本语法如下。

```
INDIRECT(ref_text,[a1])
```

第一参数 ref_text 是一个表示单元格地址的文本，可以是 A1 或是 R1C1 引用样式的字符串。

第二参数 [a1] 是一个逻辑值，如果该参数为 TRUE 或省略，则第一参数中的文本被解释为 A1 样式的引用。如果为 FALSE，则解释为 R1C1 样式的引用。

16.7.1 数据区域转置引用

示例16-11 数据区域转置引用

如图 16-31 所示，A2:A7 单元格区域是纵向排列的姓名，需要将其横向排列。在 D2 单元格输入以下公式，并向右复制到 D2:I2 单元格区域。

```
=INDIRECT("A"&COLUMN(B:B))
```

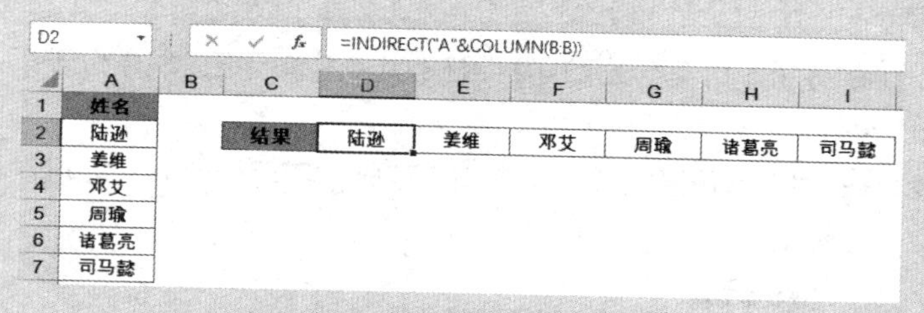

图 16-31 数据区域转置引用

首先通过观察可以发现，结果区域依次引用的是 A2，A3…A7 单元格的值，所以在 D2:I2 单元格区域先构造文本字符：“A2” “A3” … “A7”，即 "A"&COLUMN(B:B)。

然后使用 INDIRECT 函数将文本字符串变成实际的引用，得到相应单元格的值。

16.7.2 根据工作表名称跨工作表查询

一般构造公式的时候，引用的工作表都是固定的。通过 INDIRECT 函数，可以在单元格中输入工作表的名称，根据此名称引用相应工作表的值。

示例16-12 根据工作表名称跨工作表查询

图 16-32 所示是多个工作表的数据源，工作表名称依次为 2015 年、2016 年和 2017 年。

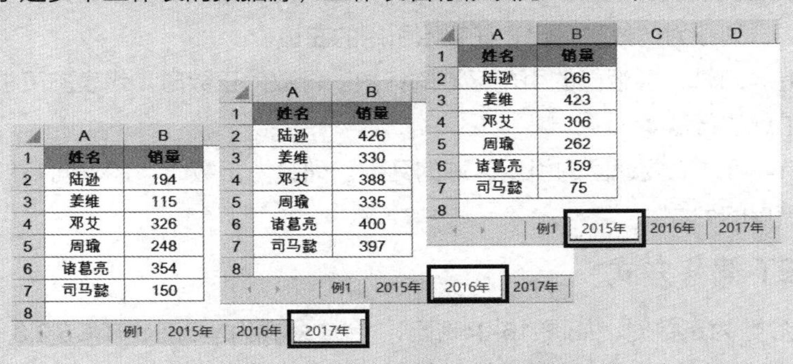

2017年

	A	B
1	姓名	销量
2	陆逊	194
3	姜维	115
4	邓艾	326
5	周瑜	248
6	诸葛亮	354
7	司马懿	150
8		

2016年

	A	B
1	姓名	销量
2	陆逊	426
3	姜维	330
4	邓艾	388
5	周瑜	335
6	诸葛亮	400
7	司马懿	397
8		

2015年

	A	B	C	D
1	姓名	销量		
2	陆逊	266		
3	姜维	423		
4	邓艾	306		
5	周瑜	262		
6	诸葛亮	159		
7	司马懿	75		
8				

例1 2015年 2016年 2017年

图 16-32 多个工作表数据源

如图 16-33 所示，A 列为需要查询的人员姓名，B 列为需要查询此人相应年份的销量。在 C2 单元格输入以下公式，并向下复制到 C2:C7 单元格区域。

```
=VLOOKUP(A2,INDIRECT("'"&B2&"'!A:B"),2,0)
```

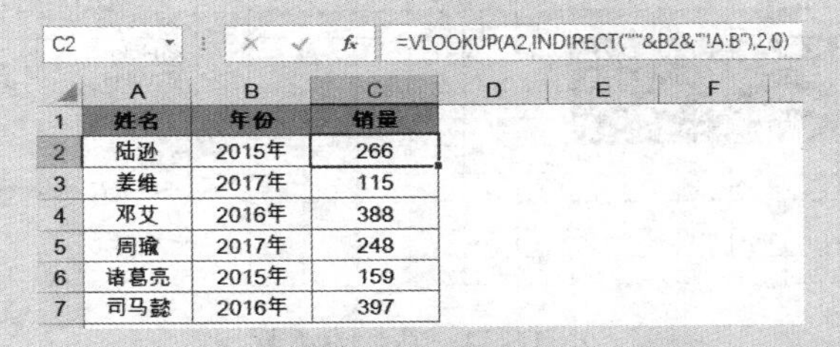

C2 =VLOOKUP(A2,INDIRECT("'"&B2&"'!A:B"),2,0)

	A	B	C	D	E	F
1	姓名	年份	销量			
2	陆逊	2015年	266			
3	姜维	2017年	115			
4	邓艾	2016年	388			
5	周瑜	2017年	248			
6	诸葛亮	2015年	159			
7	司马懿	2016年	397			

图 16-33 根据工作表名称跨工作表查询

C2 单元格常规的公式应为：=VLOOKUP(A2,'2015 年 '!A:B,2,0)，但是由于需要查询的年份是变化的，所以 VLOOKUP 函数的第二个参数使用 INDIRECT 函数来构造。

“"'"&B2&"'!A:B"”部分，B2 单元格的值为“2015 年”，使用公式构造出文本字符串“"'2015 年 '!A:B"”。

然后通过 INDIRECT 函数，将文本字符串“"'2015 年 '!A:B"”变成真正的单元格区域的引用“'2015 年 '!A:B”。从而达到根据 B 列的参数值，即可在相应的工作表中查询销量结果的目的。

16.8 OFFSET 函数

OFFSET 函数以指定的引用为参照系，通过给定的偏移量返回新的引用，返回的引用可以为一个单元格或单元格区域。能够为动态数据透视表、动态图表等提供动态数据源，以及在多维引用中进行使用。

函数基本语法如下。

```
OFFSET(reference,rows,cols,[height],[width])
```

第一参数 reference，作为偏移量参照的起始引用区域。该参数必须为对单元格或相连单元格区域的引用，否则 OFFSET 返回错误值 #VALUE!。

第二参数 rows，相对于偏移量参照系的左上角单元格，向上或向下偏移的行数。行数为正数时，代表在起始引用的下方。行数为负数时，代表在起始引用的上方。

第三参数 cols，相对于偏移量参照系的左上角单元格，向左或向右偏移的列数。列数为正数时，代表在起始引用的右边。列数为负数时，代表在起始引用的左边。

第四参数 height，可选。要返回的引用区域的行数。行数为正数时，代表向下扩展的行数。行数为负数时，代表向上扩展的行数。

第五参数 width，可选。要返回的引用区域的列数。列数为正数时，代表向右扩展的列数。列数为负数时，代表向左扩展的列数。

16.8.1 OFFSET 偏移方式

当 OFFSET 的参数为正数时，如图 16-34 所示，合成公式为 =OFFSET(C5,2,3,4,5)，表示从 C5 单元格向下偏移 2 行，向右偏移 3 列，向下扩展 4 行，向右扩展 5 列，即最终结果为 F7:J10 单元格区域。

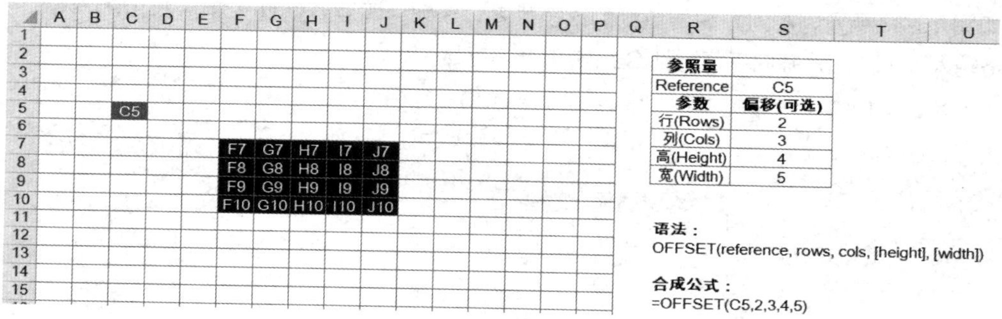

参照量	
Reference	C5
参数	偏移(可选)
行(Rows)	2
列(Cols)	3
高(Height)	4
宽(Width)	5

语法：
OFFSET(reference, rows, cols, [height], [width])

合成公式：
=OFFSET(C5,2,3,4,5)

图 16-34 参数为正数

当 OFFSET 的参数为负数时，如图 16-35 所示，合成公式为 =OFFSET(L12,-2,-3,-4,-5)，表示从 L12 单元格向上偏移 2 行，向左偏移 3 列，向上扩展 4 行，向左扩展 5 列，即最终结果为 E7:I10 单元格区域。

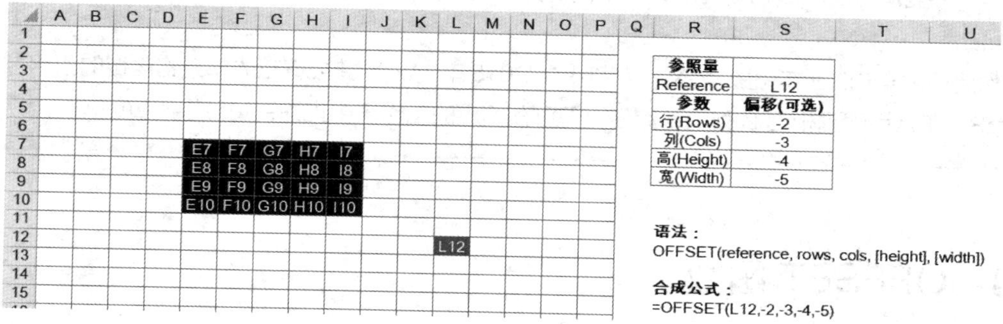

参照量	
Reference	L12
参数	偏移(可选)
行(Rows)	-2
列(Cols)	-3
高(Height)	-4
宽(Width)	-5

语法：
OFFSET(reference, rows, cols, [height], [width])

合成公式：
=OFFSET(L12,-2,-3,-4,-5)

图 16-35 参数为负数

16.8.2　创建动态数据区域

示例16-13　创建动态数据区域

如图 16-36 所示，A1:E11 单元格区域为基础数据源，按 <Ctrl+F3> 组合键调出名称管理器，创建定义名称“动态区域”，公式为：

```
=OFFSET(例1!$A$1,0,0,COUNTA(例1!$A:$A),COUNTA(例1!$1:$1))
```

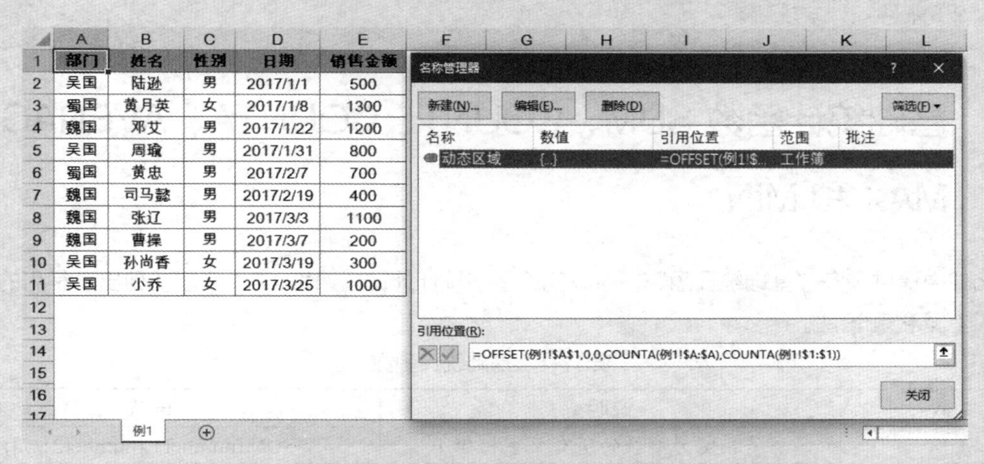

部门	姓名	性别	日期	销售金额
吴国	陆逊	男	2017/1/1	500
蜀国	黄月英	女	2017/1/8	1300
魏国	邓艾	男	2017/1/22	1200
吴国	周瑜	男	2017/1/31	800
蜀国	黄忠	男	2017/2/7	700
魏国	司马懿	男	2017/2/19	400
魏国	张辽	男	2017/3/3	1100
魏国	曹操	男	2017/3/7	200
吴国	孙尚香	女	2017/3/19	300
吴国	小乔	女	2017/3/25	1000

图 16-36　创建动态数据区域

一般标准的数据区域，在第 1 列及第 1 行的数据是完整、不存在空值的，所以通过计算第 1 列及第 1 行的数据个数，即可确定出整个区域的行数及列数。

COUNTA(例 1!$A:$A) 计算出 A 列非空单元格的数量，即数据区域的行数为 11。

COUNTA(例 1!$1:$1) 计算出第 1 行非空单元格的数量，即数据区域的列数为 5。

然后通过 OFFSET 函数，确定起始点为 A1 单元格，向下偏移 0 行，向右偏移 0 列，向下扩展 11 行，向右扩展 5 列，即得到 A1:E11 单元格区域。

当数据区域的行数及列数增加的时候，COUNTA 计算的行、列数也会相应地增加，则 OFFSET 得到的数据区域也会变化，形成新的动态数据区域。

用 OFFSET 函数创建动态数据区域，在数据汇总、数据验证及高级图表制作时都有广泛的应用，扫描右侧的二维码，可观看更详细的视频讲解。

第 17 章　统计与求和

Excel 提供了丰富的统计与求和函数，其处理数据的功能十分强大，在工作中有多种应用。本章介绍常用的统计与求和函数的基本用法，并结合实例介绍其在多种场景下的实际应用方法。

本章学习要点

（1）认识基础统计函数。
（2）条件统计与求和。
（3）筛选状态下的统计与求和。

17.1　基础统计函数 SUM、COUNT、COUNTA、AVERAGE、MAX 和 MIN

Excel 中提供了多种基础统计函数，可以完成诸多统计计算。如表 17-1 所示，列出了常用的 6 个统计函数及其功能和语法。

表 17-1　基础统计函数

函数	说明	语法
SUM	将指定为参数的所有数字相加	SUM(number1,[number2],...])
COUNT	计算参数列表中数字的个数	COUNT(value1, [value2], ...)
COUNTA	计算区域中不为空的单元格的个数	COUNTA(value1, [value2], ...)
AVERAGE	返回参数的算术平均值	AVERAGE(number1, [number2], ...)
MAX	返回一组值中的最大值	MAX(number1, [number2], ...)
MIN	返回一组值中的最小值	MIN(number1, [number2], ...)

参数解释如下。

number1、value1：必需。进行相应统计的第一个数字、单元格引用或区域。

number2、value2……：可选。进行相应统计的其他数字、单元格引用或区域。

17.1.1　基础统计函数应用

示例17-1　基础统计函数应用

如图 17-1 所示，是某班级考试成绩的部分内容，需要对此班级的考试成绩进行相应的统计。

	A	B	C	D
1	学号	姓名	性别	考试成绩
2	901	陆逊	男	83
3	902	黄月英	女	93
4	903	邓艾	男	98
5	904	周瑜	男	缺考
6	905	黄忠	男	85
7	906	司马懿	男	93
8	907	张辽	男	75
9	908	曹操	男	79
10	909	孙尚香	女	96
11	910	小乔	女	93

F	G	H
	结果	公式
总成绩	795	=SUM(D2:D11)
考试人数	9	=COUNT(D2:D11)
总人数	10	=COUNTA(D2:D11)
平均分	88.33	=AVERAGE(D2:D11)
最高分	98	=MAX(D2:D11)
最低分	75	=MIN(D2:D11)

图 17-1　基础统计函数应用

在 G2 单元格输入以下公式，计算出全班考试的总成绩，结果为 795。

```
=SUM(D2:D11)
```

在 G3 单元格输入以下公式，计算出本次参加考试的人数，结果为 9。COUNT 函数只统计数字的个数，所以 D5 单元格的“缺考”不统计在内。

```
=COUNT(D2:D11)
```

在 G4 单元格输入以下公式，计算出该班级的总人数，结果为 10。COUNTA 函数统计不为空的单元格的个数，所以数字和文本全都统计在内。

```
=COUNTA(D2:D11)
```

在 G5 单元格输入以下公式，计算出全班的平均分，结果为 83.33。AVERAGE 函数计算引用区域中所有数字的算术平均值。D5 单元格的“缺考”不是数字，不在统计范围内。

```
=AVERAGE(D2:D11)
```

在 G6 单元格输入以下公式，计算出该班级的最高分，结果为 98。

```
=MAX(D2:D11)
```

在 G7 单元格输入以下公式，计算出该班级的最低分，结果为 75。

```
=MIN(D2:D11)
```

17.1.2　使用 SUM 函数实现累计求和

使用 SUM 函数结合相对和绝对引用，可以完成对累计值的计算。

示例17-2 累计求和

如图 17-2 所示，B3:M6 单元格区域是各分公司每一个月的销量计划。需要在 B10:M13 单元格区域计算出各分公司在各月份累计的销量计划是多少。

B10　=SUM($B3:B3)

	A	B	C	D	E	F	G	H	I	J	K	L	M
1	分月计划												
2	分公司	1月	2月	3月	4月	5月	6月	7月	8月	9月	10月	11月	12月
3	魏国	90	52	44	94	76	88	34	95	47	21	60	19
4	蜀国	74	68	46	77	44	91	23	38	89	31	93	76
5	吴国	35	79	61	39	36	91	95	83	71	46	31	33
6	群雄	52	64	75	53	42	43	27	42	49	29	79	45
7													
8	累计计划												
9	分公司	1月	2月	3月	4月	5月	6月	7月	8月	9月	10月	11月	12月
10	魏国	90	142	186	280	356	444	478	573	620	641	701	720
11	蜀国	74	142	188	265	309	400	423	461	550	581	674	750
12	吴国	35	114	175	214	250	341	436	519	590	636	667	700
13	群雄	52	116	191	244	286	329	356	398	447	476	555	600

图 17-2　累计求和

在 B10 单元格输入以下公式，并复制到 B10:M13 单元格区域。

```
=SUM($B3:B3)
```

SUM 函数的参数使用混合引用和相对引用相结合的方式，当公式向右拖动时，B 列始终固定，区域不断向右扩展，形成对每一个月份的累计求和。

17.1.3 合并单元格统计

对于合并单元格，可以通过错位相减的方式来对其进行求和及计数。

示例17-3 合并单元格统计

如图17-3所示，A列是各部门名称，不同部门使用了合并单元格，B列是员工姓名，C列是员工的工资。需要在 D 列、E 列的合并单元格计算出各部门的总工资及人数。

	A	B	C	D	E
1	部门	姓名	工资	部门工资	部门人数
2	群雄	张角	2600		
3		董卓	2800		
4		王允	1600		
5	魏国	邓艾	2200		
6		司马懿	1900		
7		张辽	2800		
8		曹操	2100		
9	蜀国	黄月英	2000		
10		黄忠	3400		
11	吴国	陆逊	1800		
12		周瑜	2500		
13		孙尚香	2200		
14		小乔	2100		

	A	B	C	D	E
1	部门	姓名	工资	部门工资	部门人数
2	群雄	张角	2600	7000	3
3		董卓	2800		
4		王允	1600		
5	魏国	邓艾	2200	9000	4
6		司马懿	1900		
7		张辽	2800		
8		曹操	2100		
9	蜀国	黄月英	2000	5400	2
10		黄忠	3400		
11	吴国	陆逊	1800	8600	4
12		周瑜	2500		
13		孙尚香	2200		
14		小乔	2100		

图 17-3 合并单元格统计

同时选中 D2:D14 单元格区域，输入以下公式，按 <Ctrl+Enter> 组合键，计算出各部门工资总和。

```
=SUM(C2:$C$14)-SUM(D3:$D$15)
```

同时选中 E2:E14 单元格区域，输入以下公式，按 <Ctrl+Enter> 组合键，计算出各部门人数。

```
=COUNT(C2:$C$14)-SUM(E3:$E$15)
```

SUM(C2:$C$14) 部分，使用 SUM 函数对 C 列的工资进行求和，区域范围是相应公式所在行到第 14 行截止。

SUM(D3:$D$15) 部分，使用 SUM 函数对 D 列数据求和，区域范围是当前公式所在行的下一行，到第 15 行截止。如果此部分参数使用 D3:D$14，在最后一个部门只有一个人的情况下会造成循环引用。因此，选择范围时要比实际数据区域多出一行。

当在多单元格同时输入公式后，随公式所在单元格的不同，求和范围逐渐缩小。同时，公式的计算结果会被上方的公式再次引用，以错位计算的方式统计出各部门的工资总和。

COUNT(C2:$C$14) 部分，使用 COUNT 函数对 C 列的工资进行计数，区域范围是相应公式所在行到第 14 行截止。

SUM(E3:$E$15) 部分，使用 SUM 函数对 E 列数据求和，区域范围是当前公式所在行的下一行

到第 15 行截止。

与计算部门工资的公式原理近似，二者错位计算统计出各部门人数。

17.1.4 跨工作表求和

示例17-4 跨工作表求和

如图 17-4 所示，右侧部分是以 1 月到 12 月命名的 12 个工作表，各工作表中的格式完全一致，A 列是部门，B 列是员工姓名，C 列是销售数量。左侧部分是汇总表，与 12 个月的工作表格式完全一致。

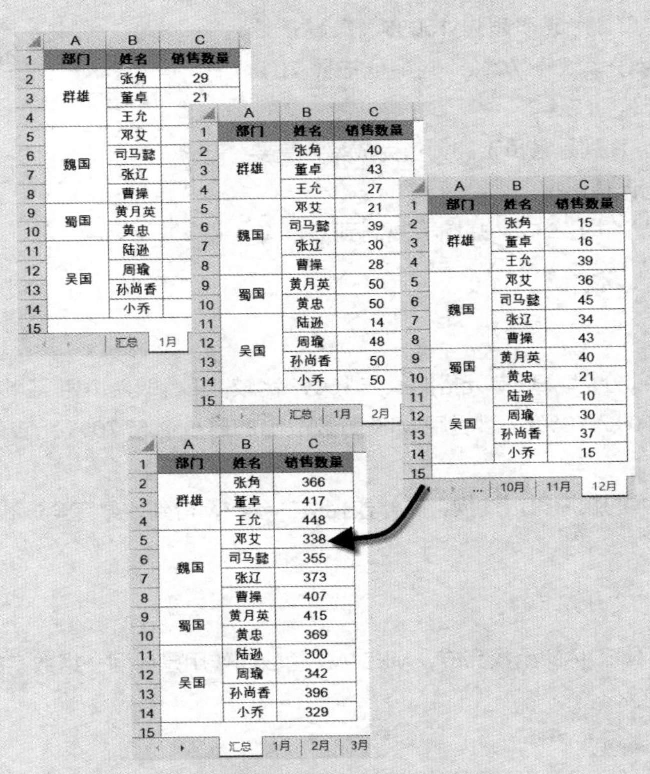

图 17-4 跨工作表求和

在汇总工作表的 C2 单元格输入以下公式，并向下复制到 C2:C14 单元格区域，计算出 1~12 月各工作表中的销售数量总和。

```
=SUM('1月:12月'!C2)
```

提示

除了SUM函数外，COUNT、COUNTA、AVERAGE、MAX、MIN等函数也支持这种跨工作表的引用方式，使用时需要所有表格格式完全一致。

对于一些特定样式的数据，还可以使用组合键实现快速求和。请扫描左侧的二维码，查看详细内容。

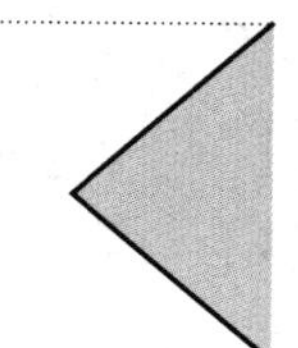

17.1.5 用 MAX 结合 MIN 函数设置上下限

MAX 和 MIN 函数结合使用，可以达到快速设置上下限的目的。

示例17-5 设置销售提成上下限

某公司计算销售提成，其中提成系数与当月销售计划完成率相关。如果完成率超过 150%，最高按照 150% 统计。如果完成率低于 70%，则最低按照 70% 统计。其他部分按实际值统计。

如图 17-5 所示，B 列是各员工的销售完成率，需要根据以上规则在 C 列计算出提成系数。

在 C2 单元格输入以下公式，并向下复制到 C11 单元格。

```
=MAX(MIN(B2,150%),70%)
```

C2 =MAX(MIN(B2,150%),70%)

	A	B	C	D
1	姓名	销售完成率	提成系数	
2	陆逊	111%	111%	
3	黄月英	158%	150%	
4	邓艾	199%	150%	
5	周瑜	74%	74%	
6	黄忠	87%	87%	
7	司马懿	38%	70%	
8	张辽	113%	113%	
9	曹操	65%	70%	
10	孙尚香	183%	150%	
11	小乔	97%	97%	

图 17-5 设置上下限

MIN(B2,150%) 部分，取 B2 单元格的值与 150% 比较，二者取最小值，即达到设定上限的目的。

MAX(MIN(B2,150%),70%)，然后用 MIN 函数取出的最小值与 70% 比较，二者取最大值，即达到设定下限的目的。

MAX 和 MIN 函数的顺序可以交换，并修改相应的参数，得到效果完全一致，如将 C2 单元格改成以下公式。

```
=MIN(MAX(B2,70%),150%)
```

本例也可以使用 MEDIAN 函数完成，MEDIAN 函数的作用是返回一组数字的中位数（中值）。

```
=MEDIAN(B2,70%,150%)
```

17.2 其他常用统计函数

17.2.1 认识 LARGE 与 SMALL 函数

LARGE 和 SMALL 函数分别返回数据集中第 *k* 个最大值和第 *k* 个最小值，语法为：

```
LARGE(array,k)
```

```
SMALL(array,k)
```

array：需要找到第 *k* 个最大 / 小值的数组或数字型数据区域。

k：要返回的数据在数组或数据区域里的位置。

示例17-6　列出前三笔销量

如图 17-6 所示是某公司销售记录的部分内容，A 列是日期，B 列是每天的销量统计。需要统计最大的三笔销量和最小的三笔销量各是多少，并且按照降序排列。

	A	B	C	D	E
1	日期	销量		最大三笔	公式
2	2017/6/1	2600		9000	=LARGE($B$2:$B$16,ROW(1:1))
3	2017/6/2	2800		7000	=LARGE($B$2:$B$16,ROW(2:2))
4	2017/6/3	1600		5400	=LARGE($B$2:$B$16,ROW(3:3))
5	2017/6/4	7000			
6	2017/6/5	2200			
7	2017/6/6	1900		最小三笔	公式
8	2017/6/7	2800		1900	=SMALL($B$2:$B$16,4-ROW(1:1))
9	2017/6/8	2100		1800	=SMALL($B$2:$B$16,4-ROW(2:2))
10	2017/6/9	9000		1600	=SMALL($B$2:$B$16,4-ROW(3:3))
11	2017/6/10	2000			
12	2017/6/11	3400			
13	2017/6/12	5400			
14	2017/6/13	1800			
15	2017/6/14	2500			
16	2017/6/15	2200			

图 17-6　列出前三笔销量

在 D2 单元格输入以下公式，向下复制到 D4 单元格。

```
=LARGE($B$2:$B$16,ROW(1:1))
```

通过 ROW 函数生成连续的序列 1，2，3…LARGE 函数依次提取出数据区域中对应的第 1、2、3 个最高销量。

在 D8 单元格输入以下公式，向下复制到 D10 单元格。

```
=SMALL($B$2:$B$16,4-ROW(1:1))
```

由于需要降序排列，所以使用 4-ROW(1:1)，得到结果依次为 3、2、1。SMALL 函数依次提取出数据区域中对应的第 3、2、1 个最小值。

示例17-7　列出前三笔销量对应的日期

如图 17-7 所示，需要在销售记录表中提取出最大的三笔销量和最小的三笔销量所对应的日期，并且按销量降序排列。

	A	B	C	D
1	日期	销量		最大三笔
2	2017/6/1	2600		2017/6/9
3	2017/6/2	2800		2017/6/4
4	2017/6/3	1600		2017/6/12
5	2017/6/4	7000		
6	2017/6/5	2200		最小三笔
7	2017/6/6	1800		2017/6/13
8	2017/6/7	2800		2017/6/6
9	2017/6/8	2100		2017/6/3
10	2017/6/9	9000		
11	2017/6/10	2000		
12	2017/6/11	3400		
13	2017/6/12	5400		
14	2017/6/13	1800		
15	2017/6/14	2500		
16	2017/6/15	2200		

图 17-7　列出前三笔销量对应的日期

在 D2 单元格输入以下数组公式，按 <Ctrl+Shift+Enter> 组合键，向下复制到 D4 单元格，依次返回最大三笔销量对应的日期：

```
{=INDEX(A:A,MOD(LARGE($B$2:$B$16+ROW($B$2:$B$16)%,ROW(1:1)),1)/1%)}
```

由于销量全部为整数，$B$2:$B$16+ROW($B$2:$B$16)% 部分，得到含有销量和相应行号的数组，其中整数部分为 B 列的销量，小数部分为相应的行号。

```
{2600.02;2800.03;1600.04;7000.05;2200.06;……;1800.14;2500.15;2200.16}
```

使用 LARGE 函数提取出此数组中的最大值，返回结果为 9000.1。

然后用 MOD(9000.1,1)/1%，先使用 MOD 函数计算 9000.1 除以 1 的余数，得到此数字的小数部分 0.1。再将它除以 1%，即扩大 100 倍，返回结果 10。也就是说最大销量对应的行号为 10。

最后使用 INDEX(A:A,10) 从 A 列中提取第 10 个元素，得到对应的日期 2017/6/9。

公式复制到 D3、D4 单元格，依次提取出第二大销量、第三大销量对应的日期。

在 D8 单元格输入以下数组公式，按 <Ctrl+Shift+Enter> 组合键结束，向下复制到 D10 单元格，依次返回最小三笔销量对应的日期。

```
{=INDEX(A:A,MOD(SMALL($B$2:$B$16+ROW($B$2:$B$16)%,4-ROW(1:1)),1)/1%)}
```

其计算原理与提取前三大销量对应的日期基本一致，此处不再赘述。

17.2.2 用 RANK.EQ 和 RANK.AVG 函数对数据排名

RANK.EQ 函数返回一个数字在数字列表中的排位。其大小与列表中的其他值相关。如果多个值具有相同的排位，则返回该组数值的最高排位。

RANK.AVG 函数返回一个数字在数字列表中的排位。其大小与列表中的其他值相关。如果多个值具有相同的排位，则将返回平均排位。

它们的语法分别为：

```
RANK.EQ(number,ref,[order])
RANK.AVG(number,ref,[order])
```

number：必需，需要找到排位的数字。

ref：必需，数字列表数组或对数字列表的引用。ref 中的非数值型值将被忽略。

order：可选。一个数字，指明数字排位的方式。如果为 0 或省略，则按照降序排列；如果不为 0，则按照升序排列。

示例17-8 员工综合排名

如图 17-8 所示是某企业员工销量和投诉量的汇总表，A 列为员工姓名，B 列为每位员工的销量，C 列是每位员工被投诉的数量。现在对每个员工的指标进行排名，销量高者排名靠前，投诉量低者排名靠前。

	A	B	C	D	E	F	G
1				销量排名		投诉量排名	
2	员工	销量	投诉量	RANK.EQ	RANK.AVG	RANK.EQ	RANK.AVG
3	陆逊	310	2	3	4	2	2
4	黄月英	310	10	3	4	10	10
5	邓艾	390	4	1	1.5	4	4.5
6	周瑜	250	3	8	8.5	3	3
7	黄忠	250	5	8	8.5	6	7
8	司马懿	390	5	1	1.5	6	7
9	张辽	270	5	7	7	6	7
10	曹操	310	4	3	4	4	4.5
11	孙尚香	300	7	6	6	9	9
12	小乔	220	1	10	10	1	1

图 17-8 员工综合排名

计算销量排名的步骤如下。

在 D3 单元格输入以下公式，向下复制到 D12 单元格。

```
=RANK.EQ(B3,$B$3:$B$12)
```

在 E3 单元格输入以下公式，向下复制到 E12 单元格。

```
=RANK.AVG(B3,$B$3:$B$12)
```

两个函数都省略了第 3 参数 order，所以是按照降序排名。

以 B6 和 B7 单元格对比二者的差异。RANK.EQ 函数返回的结果为 8，是取销量 250 的最好排名。而 RANK.AVG 函数返回的结果为 8.5，因为数据表中有两个 250，其对应排名一个为 8，一个为 9，所以取二者的平均数为 8.5。

计算投诉量排名的步骤如下。

在 F3 单元格输入以下公式，向下复制到 F12 单元格。

```
=RANK.EQ(C3,$C$3:$C$12,1)
```

在 G3 单元格输入以下公式，向下复制到 G12 单元格。

```
=RANK.AVG(C3,$C$3:$C$12,1)
```

投诉量排名的规则是投诉量低者排名靠前，所以使用升序排列。函数的第三参数 order 使用不为 0 的数字，通常情况下使用数字 1。

17.3　条件统计函数

条件统计函数包括单条件统计函数 COUNTIF、SUMIF 和 AVERAGEIF，以及多条件统计函数 COUNTIFS、SUMIFS 和 AVERAGEIFS 函数。

17.3.1　单条件计数 COUNTIF 函数

COUNTIF 函数对区域中满足单个指定条件的单元格进行计数。其基本语法为：

```
COUNTIF(range,criteria)
```

range：必需。表示要统计数量的单元格的范围。range 可以包含数字、数组或数字的引用。

criteria：必需。用于决定要统计哪些单元格的数量的数字、表达式、单元格引用或文本字符串。

示例17-9　COUNTIF函数基础应用

如图 17-9 所示，是某公司销售记录的部分内容。其中 A 列为组别，B 列为员工姓名，C 列为销售日期，D 列为对应销售日期的销售金额记录，F~L 列为各种方式的统计结果。

	A	B	C	D	E	F	G	H	I	J	K	L
1	组别	姓名	销售日期	销售金额		1、	统计汉字			3、	统计数字	
2	1组	陆逊	2017/2/3	5000			组别	人数			条件	人数
3	1组	刘备	2017/2/3	5000			1组	4			大于5000元	4
4	1组	孙坚	2017/2/22	3000			2组	6			等于5000元	5
5	1组	孙策	2017/3/22	9000			3组	3			小于等于5000元	9
6	2组	刘璋	2017/2/3	5000								
7	2组	司马懿	2017/2/24	7000		2、	使用通配符				>5000	4
8	2组	周瑜	2017/3/8	8000			条件	人数			5000	5
9	2组	曹操	2017/3/9	5000			姓氏为孙	4			<=5000	9
10	2组	孙尚香	2017/3/10	4000			姓孙且姓名为2个字	3				
11	2组	小乔	2017/3/31	2000			姓孙且姓名为3个字	1			5000	4
12	3组	孙权	2017/1/3	4000								5
13	3组	刘表	2017/2/4	5000								9
14	3组	诸葛亮	2017/2/5	8000								

图 17-9　COUNTIF 函数基础应用

➲ Ⅰ　统计汉字

在 H3 单元格输入以下公式，向下复制到 H5 单元格，计算各个组别的人数。

```
=COUNTIFS(A:A,G3)
```

G3 单元格为“1 组”，COUNTIF 函数以此为统计条件，计算 A 列为 1 组的个数。

➲ Ⅱ　使用通配符

在 H9~H11 单元格依次输入以下公式，分别统计姓氏为孙、姓孙且姓名为 2 个字、姓孙且姓名为 3 个字的人数。

```
=COUNTIF(B:B," 孙 *")
=COUNTIF(B:B," 孙 ?")
=COUNTIF(B:B," 孙 ??")
```

通配符“*”代表任意多个字符，“?”代表任意一个字符。

条件统计函数支持通配符的使用，这里依次使用孙 *、孙 ?、孙 ??，来完成相应的统计。

➲ Ⅲ　统计数字

在 L3~L5 单元格分别输入以下公式，用于统计销售金额大于 5000 元、等于 5000 元、小于等于 5000 元的人数。

```
=COUNTIF(D:D,">5000")
=COUNTIF(D:D,"=5000")
=COUNTIF(D:D,"<=5000")
```

条件统计类函数的统计条件支持比较运算符，因此“>5000”是按照数字大小比较，统计有多少个大于 5000 的数字。

在 L7 单元格输入以下公式，并向下复制到 L9 单元格，计算出各个销售金额段的人数。

```
=COUNTIF(D:D,K7)
```

除了在公式中直接输入比较运算符，还可以使用函数公式引用单元格中的运算符。

在 L11~L13 单元格分别输入以下 3 个公式，分别统计销售金额大于 5000 元、等于 5000 元、小于或等于 5000 元的人数。

```
=COUNTIF(D:D,">"&G17)
```

```
=COUNTIF(D:D,"="&G17)
=COUNTIF(D:D,"<="&G17)
```

作为参考的相应数字可以单独放在单元格中，在统计时引用此单元格即可。注意引用时必须写成 ">"&G17，将比较运算符与 G17 单元格用 & 连接。不可写成 ">G17"，如果把 G17 放在双引号中，它不再表示单元格地址，而是“G17”这个字符串。

17.3.2　某单字段同时满足多条件的计数

示例17-10　某单字段同时满足多条件的计数

在图 17-10 所示的销售记录表中，需要计算单字段同时满足多个条件的计数。

在 F2 单元格输入以下公式，统计 1 组和 3 组的人数。

```
=SUM(COUNTIF(A:A,{"1 组 ","3 组 "}))
```

COUNTIF(A:A,{"1 组 ","3 组 "}) 部分，统计条件使用常量数组的形式，表示分别对 1 组和 3 组两个条件进行统计，返回结果为数组 {4,3}，即有 4 个 1 组，3 个 3 组。

然后使用 SUM 函数对数组 {4,3} 求和，得到最终的人数合计。

F2　=SUM(COUNTIF(A:A,{"1组","3组"}))

	A	B	C	D	E	F
1	组别	姓名	销售日期	销售金额		人数
2	1组	陆逊	2017/2/3	5000		7
3	1组	刘备	2017/2/3	5000		
4	1组	孙坚	2017/2/22	3000		
5	1组	孙策	2017/3/22	9000		
6	2组	刘璋	2017/2/3	5000		
7	2组	司马懿	2017/2/24	7000		
8	2组	周瑜	2017/3/8	8000		
9	2组	曹操	2017/3/9	5000		
10	2组	孙尚香	2017/3/10	4000		
11	2组	小乔	2017/3/31	2000		
12	3组	孙权	2017/1/3	4000		
13	3组	刘表	2017/2/4	5000		
14	3组	诸葛亮	2017/2/5	8000		

图 17-10　某单字段同时满足多条件的计数

17.3.3　验证身份证号是否重复

示例17-11　验证身份证号是否重复

如图 17-11 所示，B 列是各个员工的身份证号。可以使用 COUNTIF 函数来验证身份证号是否重复。统计与 B 列相应单元格相同的有几个，统计结果为 1 的即为不重复，大于 1 的即为重复。

如果在 C2 单元格输入以下公式，并向下复制到 C11 单元格，将无法得到准确结果。

```
=COUNTIF(B:B,B2)
```

C3:C5 单元格的结果都为 3，而三名员工的身份证号只有前 15 位是一致的。这是因为 COUNTIFS 在统计数字的时候，只统计前 15 位有效数字，后面的数字全部按照 0 处理。

正确的统计方式是在 D2 单元格输入以下公式，并向下复制到 D11 单元格。

	A	B	C	D
1	员工	身份证号	错误方式	正确方式
2	陆逊	530827198003035959	1	1
3	黄月英	330326198508167286	3	1
4	邓艾	330326198508167331	3	1
5	周瑜	330326198508167738	3	1
6	黄忠	330326198508162856	1	1
7	司马懿	130927198108260950	1	1
8	张辽	42050119790412529X	1	1
9	曹操	420501197904125070	1	1
10	孙尚香	510132197912179874	1	1
11	小乔	211281198511163334	1	1

图 17-11　验证身份证号是否重复

```
=COUNTIF(B:B,B2&"*")
```

在 B2 单元格后连接一个星号，使身份证号变成一个字符串，表示查找以 B2 单元格内容开始的文本，最终返回单元格区域 B 列中该身份证号码的个数。

17.3.4 中国式排名

中国式排名，即无论有几个并列名次，后续的排名紧跟前面的名次顺延生成，并列排名不占用名次。

示例17-12 中国式排名

如图 17-12 所示，A 列为员工姓名，B 列为各员工的销量统计。现在对员工的销量采用中国式排名的方式进行排序。

以 C 列作为辅助列，在 C2 单元格输入以下公式，并向下复制到 C11 单元格。

```
=IF(COUNTIF(B$2:B2,B2)=1,B2)
```

	A	B	C	D
1	员工	销量	辅助列	中国式排名
2	陆逊	310	310	2
3	黄月英	310	FALSE	2
4	邓艾	390	390	1
5	周瑜	250	250	5
6	黄忠	250	FALSE	5
7	司马懿	390	FALSE	1
8	张辽	270	270	4
9	曹操	310	FALSE	2
10	孙尚香	300	300	3

图 17-12 中国式排名

中国式排名即是统计有多少个不重复的数字大于本身。COUNTIF(B$2:B2,B2) 部分是统计相应单元格在 B2 到自己当前位置中，对于自己的数字出现了几次。如果等于 1，说明当前数字是第一次出现，如果大于 1，则说明该数字在当前单元格上方部分已经出现过。

然后使用 IF 函数进行判断，如果等于 1，则返回 B 列对应的单元格，否则返回 FALSE。

在 D2 单元格输入以下公式，并向下复制到 D11 单元格，完成中国式排名。

```
=COUNTIF(C:C,">="&B2)
```

C 列得到不重复的数字，其中有多少个大于等于 B2 数值的，即 B2 的销量排名。

17.3.5 统计非重复值数量

示例17-13 统计非重复值数量

如图 17-13 所示，A 列为员工姓名，B 列为员工对应的部门。统计出一共有多少个部门。

在 D2 单元格输入以下数组公式，按 <Ctrl+Shift+Enter> 组合键。

```
{=SUM(1/COUNTIF(B2:B9,B2:B9))}
```

COUNTIF(B2:B9,B2:B9) 部分，统计出 B2:B9 单元格的值在这个区域中各有多少个，返回结果为数组：{4;2;1;4;2;1;4;4}。

然后使用数字 1 除以此数组得到其倒数：{1/4;1/2;1;1/4;1/2;1;1/4;1/4}。

如果单元格的值在区域中是唯一值，这一步的结果是 1。如果重复出现两次，这一步的结果就有两个 1/2。如果单元格的值在区域中重复出现 3 次，结果就有 3 个 1/3……即每个元素对应的倒数合计起来结果仍是 1。

最后用 SUM 函数求和，结果就是不重复部门的个数。

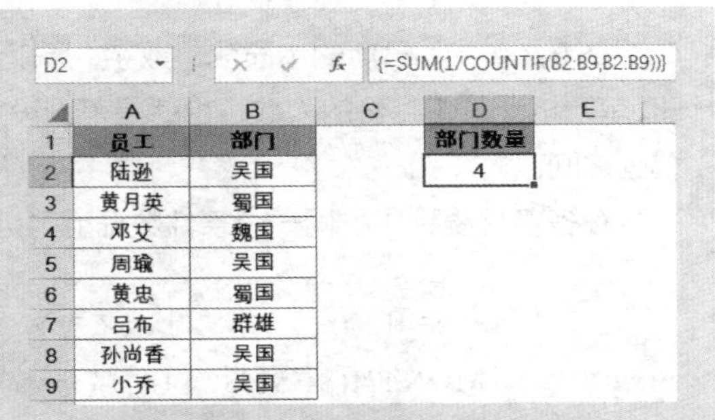

D2 {=SUM(1/COUNTIF(B2:B9,B2:B9))}

	A	B	C	D
1	员工	部门		部门数量
2	陆逊	吴国		4
3	黄月英	蜀国		
4	邓艾	魏国		
5	周瑜	吴国		
6	黄忠	蜀国		
7	吕布	群雄		
8	孙尚香	吴国		
9	小乔	吴国		

图 17-13 统计非重复值数量

17.3.6 多条件计数 COUNTIFS 函数

COUNTIFS 函数的作用是对区域中满足多个条件的单元格计数。

其基本语法为：

```
COUNTIFS(criteria_range1,criteria1,[criteria_range2,criteria2]…)
```

criteria_range1：必需。在其中计算关联条件的第一个区域。

criterial：必需。条件的形式为数字、表达式、单元格引用或文本，可用来定义将对哪些单元格进行计数。

criteria_range2,criteria2：可选。附加的区域及其关联条件。最多允许 127 个区域及条件对。

每一个附加的区域都必须与参数 criteria_range1 具有相同的行数和列数。这些区域无须彼此相邻。

示例17-14 COUNTIFS函数基础应用

如图 17-14 所示，是某公司销售记录的部分内容，其中 A 列为组别，B 列为员工姓名，C 列为销售日期，D 列为对应销售日期的销售金额记录，F~H 列为各种方式的统计结果。

	A	B	C	D
1	组别	姓名	销售日期	销售金额
2	1组	陆逊	2017/2/3	5000
3	1组	刘备	2017/2/3	5000
4	1组	孙坚	2017/2/22	3000
5	1组	孙策	2017/3/22	9000
6	2组	刘璋	2017/2/3	5000
7	2组	司马懿	2017/2/24	7000
8	2组	周瑜	2017/3/8	8000
9	2组	曹操	2017/3/9	5000
10	2组	孙尚香	2017/3/10	4000
11	2组	小乔	2017/3/31	2000
12	3组	孙权	2017/1/3	4000
13	3组	刘表	2017/2/4	5000
14	3组	诸葛亮	2017/2/5	8000

1、 统计日期

月份	人数
1	1
2	7
3	5

2、 多条件统计

条件	人数
1组且姓氏为孙	2
2组3月销售数据	4

图 17-14 COUNTIFS 函数基础应用

➲ Ⅰ 统计日期

在 H3 单元格分别输入以下公式，向下复制到 H5 单元格，计算出 1~3 月份的人数。

```
=COUNTIFS(C:C,">="&DATE(2017,L3,1),C:C,"<"&DATE(2017,L3+1,1))
```

17章

在 Excel 中，日期的本质就是数字，所以计算日期范围时，相当于对某一个数字范围进行统计。H3 单元格计算 1 月份的人数，也就是范围设定在大于等于 2017-1-1，并且小于 2017-2-1 这个日期范围之间。

在多条件统计时，同一个条件数据范围可以被多次使用。

注意

按月份统计日期时，不可以写成：=COUNTIFS(MONTH($C$2:$C$14),G3)，因为MONTH($C$2:$C$14)部分计算的结果是一个数组{2;2;2;3;2;2;3;3;3;3;1;2;2}，而COUNTIFS的参数要求必须是单元格引用。

➲ II　多条件统计

在 H9 单元格输入以下公式，统计 1 组且姓氏为孙的人数。

```
=COUNTIFS(A:A,"1 组",B:B,"孙*")
```

在 H10 单元格输入以下公式，统计 2 组 3 月的人数。

```
=COUNTIFS(A:A,"2 组",C:C,">="&DATE(2017,3,1),C:C,"<"&DATE(2017,4,1))
```

在多条件统计时，每一个区域都需要有相同的行数和列数。

17.3.7　多字段同时满足多条件的计数

示例17-15　多字段同时满足多条件的计数

在图 17-15 所示的销售记录表中，需要计算多个字段同时满足多个条件的计数。

F2　=SUM(COUNTIFS(A:A,{"1组","3组"},D:D,{">7000";"<5000"}))

	A	B	C	D	E	F
1	组别	姓名	销售日期	销售金额		人数
2	1组	陆逊	2017/2/3	5000		4
3	1组	刘备	2017/2/3	5000		
4	1组	孙坚	2017/2/22	3000		
5	1组	孙策	2017/3/22	9000		
6	2组	刘璋	2017/2/3	5000		
7	2组	司马懿	2017/2/24	7000		
8	2组	周瑜	2017/3/8	8000		
9	2组	曹操	2017/3/9	5000		
10	2组	孙尚香	2017/3/10	4000		
11	2组	小乔	2017/3/31	2000		
12	3组	孙权	2017/1/3	4000		
13	3组	刘表	2017/2/4	5000		
14	3组	诸葛亮	2017/2/5	8000		

图 17-15　多字段同时满足多条件的计数

在 F2 单元格输入以下公式，统计 1 组和 3 组销售金额大于 7000 或小于 5000 的人数及销售金额。

```
=SUM(COUNTIFS(A:A,{"1 组","3 组"},D:D,{">7000";"<5000"}))
```

第一个数组 {"1 组","3 组"} 中的参数是逗号分隔，第二个数组 {">7000";"<5000"} 中的参数是分号分隔，这样即形成了 4 组条件，分别为："1 组"且">7000"，"1 组"且"<5000"，"3 组"

且“>7000”，“3 组”且“<5000”。

统计出满足条件的为 4 人。

17.3.8 单条件求和 SUMIF 函数

SUMIF 函数的作用是对区域中满足单个条件的单元格求和。其基本语法为：

```
SUMIF(range,criteria,[sum_range])
```

range：必需。表示要统计数量的单元格的范围。range 可以包含数字、数组或数字的引用。

criteria：必需。用于决定要统计哪些单元格的数量的数字、表达式、单元格引用或文本字符串。

sum_range：可选。要求和的实际单元格（如果要对未在 range 参数中指定的单元格求和）。如果省略 sum_range 参数，Excel 会对在 range 参数中指定的单元格（即应用条件的单元格）求和。

sum_range 参数与 range 参数的大小和形状可以不同。求和的实际单元格通过以下方法确定：使用 sum_range 参数中左上角的单元格作为起始单元格，然后包括与 range 参数大小和形状相对应的单元格。

示例17-16 SUMIF函数基础应用

如图 17-16 所示，是某公司销售记录的部分内容。其中 A 列为组别，B 列为员工姓名，C 列为销售日期，D 列为对应销售日期的销售金额记录，F~L 列为各种方式的统计结果。

	A	B	C	D
1	组别	姓名	销售日期	销售金额
2	1组	陆逊	2017/2/3	5000
3	1组	刘备	2017/2/3	5000
4	1组	孙坚	2017/2/22	3000
5	1组	孙策	2017/3/22	9000
6	2组	刘璋	2017/2/3	5000
7	2组	司马懿	2017/2/24	7000
8	2组	周瑜	2017/3/8	8000
9	2组	曹操	2017/3/9	5000
10	2组	孙尚香	2017/3/10	4000
11	2组	小乔	2017/3/31	2000
12	3组	孙权	2017/1/3	4000
13	3组	刘表	2017/2/4	5000
14	3组	诸葛亮	2017/2/5	8000

1、统计汉字

组别	销售金额
1组	22000
2组	31000
3组	17000

2、使用通配符

条件	销售金额
姓氏为孙	20000
姓孙且姓名为2个字	16000
姓孙且姓名为3个字	4000

3、统计数字

条件	销售金额
大于5000元	32000
等于5000元	25000
小于等于5000元	38000

>5000	32000
5000	25000
<=5000	38000

5000	32000
	25000
	38000

图 17-16 SUMIF 函数基础应用

➲ Ⅰ 统计汉字

在 H3 单元格输入以下公式，向下复制到 H5 单元格，计算各个组别的销售金额。

```
=SUMIF(A:A,G3,D:D)
```

G3 单元格为“1 组”，SUMIF 函数以此为统计条件，如果 A 列为 1 组，则对 D 列对应位置的数值求和。

➲ Ⅱ 使用通配符

在 H9~H11 单元格依次输入以下公式，分别统计姓氏为孙、姓孙且姓名为 2 个字、姓孙且姓名为 3 个字的销售金额。

```
=SUMIF(B:B," 孙 *",D1)
=SUMIF(B:B," 孙 ?",D1)
=SUMIF(B:B," 孙 ??",D1)
```

通配符“*”代表任意多个字符，“?”代表任意一个字符。

条件统计函数支持通配符的使用，这里依次使用孙 *、孙 ?、孙 ??，来完成相应的统计。

SUMIF 的 sum_range 参数与 range 的单元格个数不同，会将 sum_range 以 D1 单元格为起点，并将区域延伸至大小和形状与 range 参数相同的单元格区域，即按照 D:D 计算。

➲ III 统计数字

SUMIF 函数的第三参数省略时，会对第一参数进行条件求和。在 L3~L5 单元格分别输入以下公式，分别统计大于 5 000、等于 5 000、小于或等于 5 000 的销售金额。

```
=SUMIF(D:D,">5000")
=SUMIF(D:D,"=5000")
=SUMIF(D:D,"<=5000")
```

条件统计类函数的统计条件支持比较运算符，因此 ">5000" 是按照数字大小比较，统计有多少个大于 5000 的数字。

在 L7 单元格输入以下公式，并向下复制到 L9 单元格，计算出各个销售金额段的销售金额。

```
=SUMIF(D:D,K7)
```

除了在公式中直接输入比较运算符外，还可以使用函数公式引用单元格中的运算符。

在 L11~L13 单元格分别输入以下 3 个公式，分别统计大于 5 000、等于 5 000、小于或等于 5 000 的销售金额。

```
=SUMIF(D:D,">"&G17)
=SUMIF(D:D,"="&G17)
=SUMIF(D:D,"<="&G17)
```

作为参考的相应数字可以单独放在单元格中，在统计的时候引用此单元格即可。SUMIF 函数第二参数的使用规则与 COUNTIF 函数的第二参数规则类似，引用时必须写成 ">"&G17，将比较运算符与 G17 单元格用 & 连接。

17.3.9 某单字段同时满足多条件的求和

示例17-17 某单字段同时满足多条件的求和

在图 17-17 所示的销售记录表中，需要计算单字段同时满足多个条件的求和。

在 F2 单元格输入以下公式，统计 1 组和 3 组的人数。

```
=SUM(SUMIF(A:A,{"1 组 ","3 组 "},D:D))
```

SUMIF(A:A,{"1 组 ","3 组 "},D:D) 部分，统计条件使用常量数组的形式，表示分别对 1 组和 3 组

两个条件进行统计，返回结果为数组 {22000,17000}，即 1 组销售金额为 22 000，3 组销售金额为 17 000。

然后使用 SUM 函数对数组 {22000,17000} 求和，得到最终的销售金额合计 39 000。

F2 =SUM(SUMIF(A:A,{"1组","3组"},D:D))

	A	B	C	D	E	F
1	组别	姓名	销售日期	销售金额		销售金额
2	1组	陆逊	2017/2/3	5000		39000
3	1组	刘备	2017/2/3	5000		
4	1组	孙坚	2017/2/22	3000		
5	1组	孙策	2017/3/22	9000		
6	2组	刘璋	2017/2/3	5000		
7	2组	司马懿	2017/2/24	7000		
8	2组	周瑜	2017/3/8	8000		
9	2组	曹操	2017/3/9	5000		
10	2组	孙尚香	2017/3/10	4000		
11	2组	小乔	2017/3/31	2000		
12	3组	孙权	2017/1/3	4000		
13	3组	刘表	2017/2/4	5000		
14	3组	诸葛亮	2017/2/5	8000		

图 17-17　某单字段同时满足多条件的求和

17.3.10　多条件求和 SUMIFS 函数

SUMIFS 函数的作用是对区域中满足多个条件的单元格求和。

其基本语法为：

```
SUMIFS(sum_range,criteria_range1,criteria1,[criteria_range2,
criteria2]…)
```

sum_range：必需。对一个或多个单元格求和，包括数字或包含数字的名称、区域或单元格引用。忽略空白和文本值。

criteria_range1：必需。在其中计算关联条件的第一个区域。

criterial：必需。条件的形式为数字、表达式、单元格引用或文本，可用来定义将对哪些单元格进行计数。

criteria_range2,criteria2：可选。附加的区域及其关联条件。最多允许 127 个区域及条件对。

每一个附加的区域都必须与参数 criteria_range1 具有相同的行数和列数，这些区域无须彼此相邻。

示例17-18　SUMIFS函数基础应用

如图 17-18 所示，是某公司销售记录的部分内容。其中 A 列为组别，B 列为员工姓名，C 列为销售日期，D 列为对应销售日期的销售金额记录，F~H 列为各种方式的统计结果。

	A	B	C	D
1	组别	姓名	销售日期	销售金额
2	1组	陆逊	2017/2/3	5000
3	1组	刘备	2017/2/3	5000
4	1组	孙坚	2017/2/22	3000
5	1组	孙策	2017/3/22	9000
6	2组	刘璋	2017/2/3	5000
7	2组	司马懿	2017/2/24	7000
8	2组	周瑜	2017/3/8	8000
9	2组	曹操	2017/3/9	5000
10	2组	孙尚香	2017/3/10	4000
11	2组	小乔	2017/3/31	2000
12	3组	孙权	2017/1/3	4000
13	3组	刘表	2017/2/4	5000
14	3组	诸葛亮	2017/2/5	8000

1、统计日期

月份	销售金额
1	4000
2	38000
3	28000

2、多条件统计

条件	销售金额
1组且姓氏为孙	12000
2组3月销售数据	19000

图 17-18　SUMIFS 函数基础应用

Ⅰ　统计日期

在 H3 单元格分别输入以下公式，向下

复制到 H5 单元格，计算出 1~3 月的销售金额。

```
=SUMIFS(D:D,C:C,">="&DATE(2017,G3,1),C:C,"<"&DATE(2017,G3+1,1))
```

在 Excel 中，日期的本质就是数字，所以计算日期范围时，相当于对某一个数字范围进行统计。H3 单元格计算 1 月份的销售金额，也就是设定在大于等于 2017-1-1 且小于 2017-2-1 这个日期范围之间。

在多条件统计时，同一个条件数据范围可以被多次使用。

➲ II 多条件统计

在 H9 单元格输入以下公式，统计 1 组且姓氏为孙的人员的销售金额。

```
=SUMIFS(D:D,A:A,"1 组 ",B:B," 孙 *")
```

在 H10 单元格输入以下公式，统计 2 组 3 月的销售金额。

```
=SUMIFS(D:D,A:A,"2 组 ",C:C,">="&DATE(2017,3,1),C:C,"<"&DATE(2017,4,1))
```

在多条件统计时，每一个区域都需要有相同的行数和列数。

17.3.11 多字段同时满足多条件的求和

示例17-19 多字段同时满足多条件的求和

在图 17-19 所示的销售记录表中，需要计算多个字段同时满足多个条件的求和。

在 F2 单元格输入以下公式，统计 1 组和 3 组大于 7 000 或小于 5 000 的销售金额。

```
=SUM(SUMIFS(D:D,A:A,{"1 组 ","3 组 "},D:D,{">7000";"<5000"}))
```

第一个数组 {"1 组 ","3 组 "} 中的参数是逗号分隔，第二个数组 {">7000";"<5000"} 中的参数是分号分隔，这样即形成了 4 组条件，分别为：“1 组”且“>7000”，“1 组”且“<5000”，“3 组”且“>7000”，“3 组”且“<5000”。

统计出满足条件的人员的销售金额合计为 24 000。

F2 =SUM(SUMIFS(D:D,A:A,{"1组","3组"},D:D,{">7000";"<5000"}))

	A	B	C	D	E	F	G
1	组别	姓名	销售日期	销售金额		人数	
2	1组	陆逊	2017/2/3	5000		24000	
3	1组	刘备	2017/2/3	5000			
4	1组	孙坚	2017/2/22	3000			
5	1组	孙策	2017/3/22	9000			
6	2组	刘璋	2017/2/3	5000			
7	2组	司马懿	2017/2/24	7000			
8	2组	周瑜	2017/3/8	8000			
9	2组	曹操	2017/3/9	5000			
10	2组	孙尚香	2017/3/10	4000			
11	2组	小乔	2017/3/31	2000			
12	3组	孙权	2017/1/3	4000			
13	3组	刘表	2017/2/4	5000			
14	3组	诸葛亮	2017/2/5	8000			

图 17-19 多字段同时满足多条件的求和

17.3.12 AVERAGEIF 函数与 AVERAGEIFS 函数

AVERAGEIF 函数返回满足单个条件的所有单元格的算术平均值。

AVERAGEIFS 函数返回满足多个条件的所有单元格的算术平均值。其基本语法分别为：

```
AVERAGEIF(range,criteria,[average_range])
AVERAGEIFS(average_range,criteria_range1,criteria1,[criteria_
range2,criteria2],…)
```

AVERAGEIF 函数与 SUMIF 函数的语法及参数完全一致，AVERAGEIFS 函数与 SUMIFS 函数的语法及参数完全一致，差异只在于 SUMIF 和 SUMIFS 是对满足条件的单元格求和，AVERAGEIF 和 AVERAGEIFS 是求算术平均数。

如示例 17-18 中图 17-18 的数据所示，计算 1 组平均销售金额，可以输入以下公式 .

```
=AVERAGEIF(A:A,"1 组 ",D:D)
```

计算 1 月份平均销售金额，可以输入以下公式 .

```
=AVERAGEIFS(D:D,C:C,">="&DATE(2017,1,1),C:C,"<"&DATE(2017,2,1))
```

17.4　SUMPRODUCT 函数

17.4.1　认识 SUMPRODUCT 函数

SUMPRODUCT 函数对给定的几组数组中，将数组间对应的元素相乘，并返回乘积之和。其基本语法为：

```
SUMPRODUCT(array1,[array2],[array3],…)
```

array1：必需。其相应元素需要进行相乘并求和的第一个数组参数。

array2, array3：可选。2 到 255 个数组参数，其相应元素需要进行相乘并求和。

➲ Ⅰ　对纵向数组计算

如图 17-20 所示，A2:A4 与 B2:B4 是两个纵向数组。

在 F2 单元格输入以下公式，可以计算两个纵向数组乘积之和。

F2　=SUMPRODUCT(A2:A4,B2:B4)

	A	B	C	D	E	F
1	array1	array2				SUMPRODUCT
2	1	4				32
3	2	5				
4	3	6				

图 17-20　对纵向数组计算


```
=SUMPRODUCT(A2:A4,B2:B4)
```

A2:A4 与 B2:B4 两部分相应单元格乘积之后再求和，即 1*4=4，2*5=10，3*6=18。然后 4+10+18=32，即最终结果返回 32。

➲ Ⅱ　对横向数组计算

如图 17-21 所示，B7:D7 与 B8:D8 是两个横向数组。

在 F8 单元格输入以下公式，可以计算两个横向数组乘积之和。

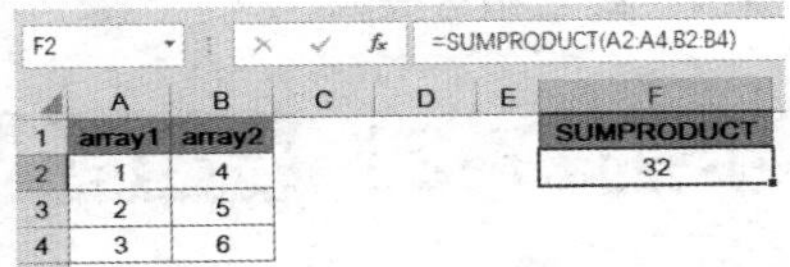
F8　=SUMPRODUCT(B7:D7,B8:D8)

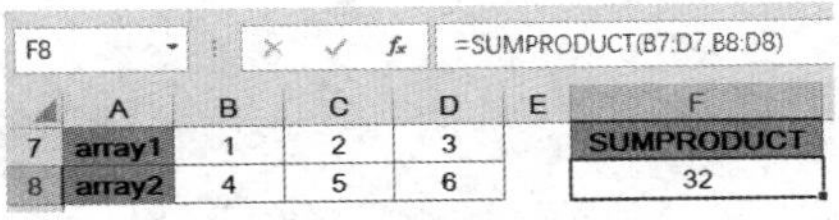

	A	B	C	D	E	F
7	array1	1	2	3		SUMPRODUCT
8	array2	4	5	6		32

图 17-21　对横向数组计算

```
=SUMPRODUCT(B7:D7,B8:D8)
```

B7:D7 与 B8:D8 两部分相应单元格乘积之后再求和，即 1*4=4，2*5=10，3*6=18。然后 4+10+18=32，即最终结果返回 32。

➲ Ⅲ　对二维数组计算

如图 17-22 所示，A12:B14 与 A16:B18 是两个二维区域。

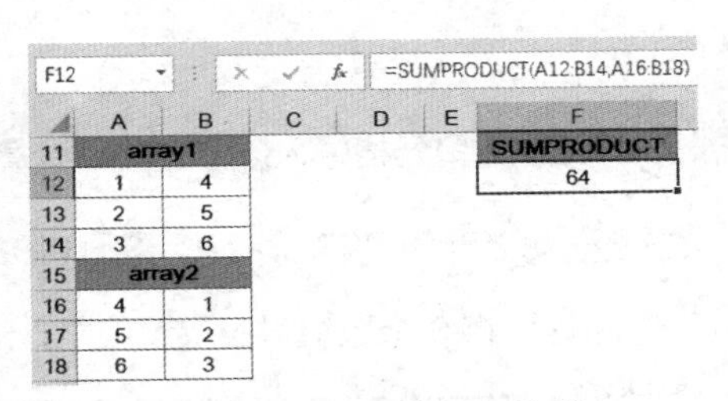
F12　=SUMPRODUCT(A12:B14,A16:B18)

	A	B	C	D	E	F
11	array1					SUMPRODUCT
12	1	4				64
13	2	5				
14	3	6				
15	array2					
16	4	1				
17	5	2				
18	6	3				

图 17-22　对二维数组计算

在 F12 单元格输入以下公式，可以计算两个二维数组乘积之和，返回结果为 64。

```
=SUMPRODUCT(A12:B14,A16:B18)
```

A12:B14 与 A16:B18 两部分相应单元格乘积之后再求和，即 1*4=4，2*5=10，3*6=18，4*1=4，5*2=10，6*3=18。然后 4+10+18+4+10+18=64，即最终结果返回 64。

➲ Ⅳ　演讲比赛评分

示例17-20 演讲比赛评分

如图 17-23 所示，是公司组织的一次演讲比赛，评委根据每位选手演讲的创意性、完整性等 5 个方面进行打分，每一个方面的比重不同，计算出每位选手的加权总分。

G3　=SUMPRODUCT($B$2:$F$2,B3:F3)

	A	B	C	D	E	F	G
1	打分项	创意性	完整性	实用性	可拓展性	现场表达	总分
2	比重	20%	15%	25%	30%	10%	100%
3	罗贯中	100	95	90	85	100	92.25
4	刘备	90	100	75	95	85	88.75
5	曹操	90	85	65	70	95	77.5
6	孙权	70	80	100	80	95	84.5

图 17-23　演讲比赛评分

在 G3 单元格输入以下公式，并向下复制到 G3:G6 单元格区域。

```
=SUMPRODUCT($B$2:$F$2,B3:F3)
```

使用第 2 行的权重与第 3 行评分相乘，并对乘积求和，即计算出每名选手的总分。

➲ Ⅴ　综合销售提成

示例17-21 综合销售提成

如图 17-24 所示，是某销售员的销售数量统计。A 列为产品名称，B 列为每种产品的销售价，C 列为每种产品的销售员提成比例，D 列为此销售员本月的销售数量。

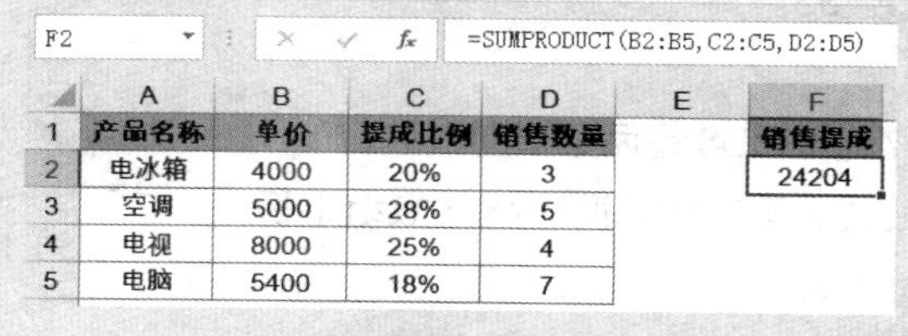

F2　=SUMPRODUCT(B2:B5,C2:C5,D2:D5)

	A	B	C	D	E	F
1	产品名称	单价	提成比例	销售数量		销售提成
2	电冰箱	4000	20%	3		24204
3	空调	5000	28%	5		
4	电视	8000	25%	4		
5	电脑	5400	18%	7		

图 17-24　综合销售提成

在 F2 单元格输入以下公式，计算出此销售员本月的销售提成为 24 204 元。

```
=SUMPRODUCT(B2:B5,C2:C5,D2:D5)
```

这里将 3 个数组对应位置相乘，然后计算乘积之和。

17.4.2 SUMPRODUCT 条件统计计算

示例17-22 SUMPRODUCT条件统计计算

如图 17-25 所示，A~D 列是某公司销售记录的部分内容。A 列为组别，B 列为员工姓名，C 列为销售日期，D 列为对应销售日期的销售金额记录。F~I 列为各种方式的统计结果。

	A	B	C	D
1	组别	姓名	销售日期	销售金额
2	1组	陆逊	2017/2/3	5000
3	1组	刘备	2017/2/3	5000
4	1组	孙坚	2017/2/22	3000
5	1组	孙策	2017/3/22	9000
6	2组	刘璋	2017/2/3	5000
7	2组	司马懿	2017/2/24	7000
8	2组	周瑜	2017/3/8	8000
9	2组	曹操	2017/3/9	5000
10	2组	孙尚香	2017/3/10	4000
11	2组	小乔	2017/3/31	2000
12	3组	孙权	2017/1/3	4000
13	3组	刘表	2017/2/4	5000
14	3组	诸葛亮	2017/2/5	8000

1、 统计汉字

组别	人数	销售金额
1组	4	22000
2组	6	31000
3组	3	17000

2、 大于5000元的销售金额合计

32000

3、 2组人员3月份销售金额

19000

图 17-25 SUMPRODUCT 条件统计计算

➲ Ⅰ 统计汉字

在 H3 单元格输入以下公式，向下复制到 H5 单元格，计算出各个组别的人数。

```
=SUMPRODUCT(--($A$2:$A$14=G3))
```

$A$2:$A$14=G3 部分，G3 单元格为“1 组”，即统计 A2:A14 单元格区域哪些等于“1 组”，返回一个数组。

```
{TRUE;TRUE;TRUE;TRUE;FALSE;…;FALSE}
```

SUMPRODUCT 函数会将非数值型的元素作为 0 处理，所以增加“--”（减负运算），将逻辑值转化成 1 和 0 的数字数组：{1;1;1;1;0;0;0;0;0;0;0;0;0}，最后通过 SUMPRODUCT 函数进行求和，即返回 1 组的人数，结果为 4。

在 I3 单元格输入以下公式，向下复制到 I5 单元格，计算出各个组别的销售金额。

```
=SUMPRODUCT(($A$2:$A$14=G3)*1,$D$2:$D$14)
```

先使用 ($A$2:$A$14=G3) 得到一个由逻辑值构成的数组，然后乘以 1，得到一个由 0 和 1 构成的新数组。

```
{1;1;1;1;0;0;0;0;0;0;0;0;0}
```

最后使用 SUMPRODUCT 函数将新数组和 $D$2:$D$14 相乘的结果求和，即返回 1 组的销售金额，结果为 22 000。

➲ Ⅱ 大于 5 000 元的销售金额合计

在 H8 单元格输入以下公式，计算大于 5 000 元的销售金额合计。

```
=SUMPRODUCT((D2:D14>5000)*1,D2:D14)
```

公式计算原理与统计汉字的公式原理相同。

➲ Ⅲ　2 组人员 3 月份销售金额

在 H14 单元格输入以下公式，计算 2 组人员 3 月份的销售金额。

```
=SUMPRODUCT((A2:A14="2 组 ")*(MONTH(C2:C14)=3),D2:D14)
```

首先，(A2:A14="2 组 ") 部分判断出是否满足组别为“2 组”。

其次，使用 MONTH 函数提取 C2:C14 单元格区域的月份，并判断是否等于 3。

最后乘以 D2:D14 的销售金额完成统计。

还可以使用以下公式。

```
=SUMPRODUCT((A2:A14="2 组 ")*(MONTH(C2:C14)=3)*D2:D14)
```

SUMPRODUCT 函数进行多条件求和可以使用如下两种形式的公式。

```
=SUMPRODUCT(条件区域 1*条件区域 2*...*条件区域 n,求和区域)
```

```
=SUMPRODUCT(条件区域 1*条件区域 2*...*条件区域 n*求和区域)
```

两个公式的区别在于最后连接求和区域时使用的是逗号“，”还是乘号“*”。

当 D 列销售中含有文本字符，如 D6 单元格为“休假”时，使用连乘方式的公式会返回错误值 #VALUE!，使用逗号间隔的公式依然可以返回正确结果。

关于 SUMPRODUCT 函数的更多应用，请扫描左侧的二维码观看视频讲解。

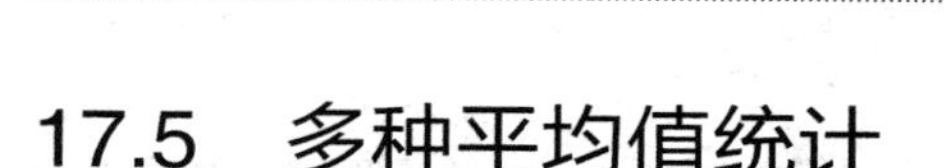

17.5　多种平均值统计

常用的平均值计算函数包括计算算数平均值的 AVERAGE 函数，计算修剪平均值的 TRIMMEAN 函数，计算几何平均值的 GEOMEAN 函数及计算调和平均值的 HARMEAN 函数。

17.5.1　内部平均值 TRIMMEAN 函数

TRIMMEAN 函数返回数据集的内部平均值。先从数据集的头部和尾部除去一定百分比的数据点，然后再求平均值。其基本语法为：

```
TRIMMEAN(array,percent)
```

array：必需。需要进行整理并求平均值的数组或数值区域。

percent：必需。计算时所要除去的数据点的比例，例如，如果 percent=0.2，在 20 个数据点的集合中，就要除去 4 个数据点（20x0.2），即头部和尾部各除去两个。

TRIMMEAN 函数将除去的数据点数目向下舍入为最接近的 2 的倍数。如果 percent=30%，30 个数据点的 30% 等于 9 个数据点，向下舍入最接近的 2 的倍数为数字 8。TRIMMEAN 函数将对称地在数据集的头部和尾部各除去 4 个数据。

示例17-23 工资的内部平均值

如图 17-26 所示，A 列为员工姓名，B 列为每名员工的基本工资。

	A	B	C	D	E
1	姓名	基本工资		内部平均值	公式
2	陆逊	35000		5082	=TRIMMEAN(B2:B14,20%)
3	刘备	2900			
4	孙坚	4300			
5	孙策	6300		算术平均值	公式
6	刘璋	6300		7108	=AVERAGE(B2:B14)
7	司马懿	2400			
8	周瑜	7600			
9	曹操	5900			
10	孙尚香	1500			
11	小乔	4400			
12	孙权	5100			
13	刘表	3200			
14	诸葛亮	7500			

图 17-26　工资的内部平均值

在 D2 单元格输入以下公式，除去基本工资中的 20% 计算内部平均值，返回结果为 5 082。

```
=TRIMMEAN(B2:B14,20%)
```

区域中共有 13 个数据，剔除 20% 得到 13*20%=2.6，向下舍入到最接近的 2 的整数倍，即结果为 2，也就是在数据集的头部和尾部各除去 1 个数据。所以最终的结果是剔除了 B2 单元格的 35000 和 B10 单元格的 1500 之后计算算术平均值。

D6 单元格是直接输入的算术平均值，返回结果为 7108。可以看出算术平均值明显比内部平均值要高。

内部平均值在计算时剔除了头部和尾部一定比例的数据，避免了因某些极大或极小值对整体数据造成明显的影响，可以更客观地反映出数据的整体水平情况。

17.5.2　几何平均值 GEOMEAN 函数

GEOMEAN 函数返回正数数组或区域的几何平均值。其基本语法为：

```
GEOMEAN(number1,[number2],...)
```

number1：必需，后续数值是可选的。这是用于计算平均值的一组参数，参数的个数可以为 1 到 255 个。也可以用单一数组或对某个数组的引用来代替用逗号分隔的参数。

示例17-24 计算平均增长率

如图 17-27 所示是某项投资各年份的收益记录，A 列为年份，B 列为每年对应的收益率。

在 D2 单元格输入以下数组公式，按 <Ctrl+Shift+Enter> 组合键，返回结果为 6.3%。

```
{=GEOMEAN(1+B2:B7)-1}
```

1+B2:B7 部分计算出每年的本利比例，使用 GEOMEAN 函数计算出几何平均值，再减去 1，即可得到这 6 年的平均增长率。

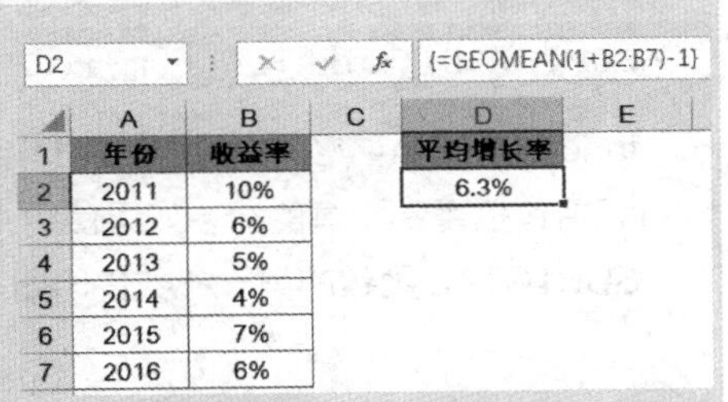
D2　{=GEOMEAN(1+B2:B7)-1}

	A	B	C	D	E
1	年份	收益率		平均增长率	
2	2011	10%		6.3%	
3	2012	6%			
4	2013	5%			
5	2014	4%			
6	2015	7%			
7	2016	6%			

图 17-27　计算平均增长率

17.5.3 调和平均值 HARMEAN 函数

HARMEAN 函数返回数据集合的调和平均值。调和平均值与倒数的算术平均值互为倒数。其基本语法为：

```
HARMEAN(number1,[number2],...)
```

number1：必需，后续数值是可选的。这是用于计算平均值的一组参数，参数的个数可以为 1 到 255 个。也可以用单一数组或对某个数组的引用来代替用逗号分隔的参数。

示例17-25 计算水池灌满水的时间

如图 17-28 所示，有 3 个灌水口，单独开 1 号灌水口需要 3 小时可以灌满水池，单独开 2 号需要 5 小时，单独开 3 号需要 8 小时。现在将 3 个灌水口同时打开，需要多长时间可以灌满水池?

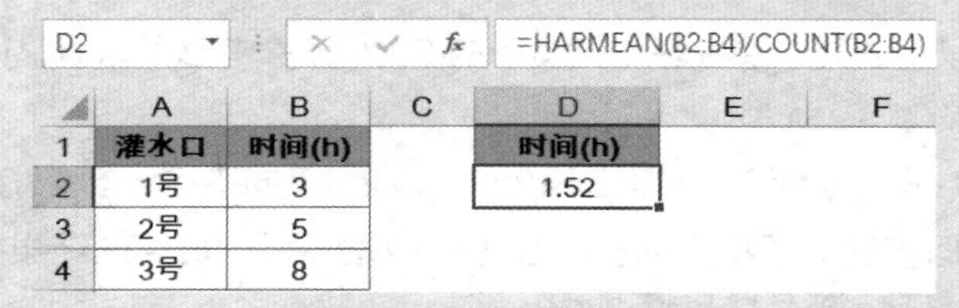

图 17-28 计算水池灌满水的时间

在 D2 单元格输入以下公式，计算出总计需要 1.52 小时可以将水池灌满。

```
=HARMEAN(B2:B4)/COUNT(B2:B4)
```

首先通过 HARMEAN(B2:B4) 计算出灌水后的调和平均值，然后除以灌水口的数量，即 COUNT (B2:B4) 部分，得到同时打开灌水口的总时间。

17.6 筛选和隐藏状态下的统计与求和

17.6.1 认识 SUBTOTAL 函数

SUBTOTAL 函数返回列表或数据库中的分类汇总，包括求和、计数、平均值、最大值、最小值、标准差、方差等多种统计方式。其基本语法为：

```
SUBTOTAL(function_num,ref1,[ref2]...)
```

function_num：必需。数字 1~11 或 101~111，用于指定要为分类汇总使用的函数。如果使用 1~11，将包括手动隐藏的行，如果使用 101~111，则排除手动隐藏的行；始终排除已筛选掉的单元格。

SUBTOTAL 函数的第一参数说明如表 17-2 所示。

表 17-2　SUBTOTAL 函数不同的第一参数及作用

function_num（包含隐藏值）	function_num（忽略隐藏值）	函数	说明
1	101	AVERAGE	求平均值
2	102	COUNT	求数值的个数
3	103	COUNTA	求非空单元格的个数
4	104	MAX	求最大值
5	105	MIN	求最小值
6	106	PRODUCT	求数值连乘的乘积
7	107	STDEV	求样本标准偏差
8	108	STDEVP	求总体标准偏差
9	109	SUM	求和
10	110	VAR	求样本的方差
11	111	VARP	求总体方差

ref1：必需。要对其进行分类汇总计算的第一个命名区域或引用。

ref2...：可选。要对其进行分类汇总计算的第 2 个至第 254 个命名区域或引用。

说明：

❖ 如果在 ref1、ref2... 中有其他的分类汇总（嵌套分类汇总），将忽略这些嵌套分类汇总，以避免重复计算。

❖ 当 function_num 为从 1 到 11 的常数时，SUBTOTAL 函数将包括通过【隐藏行】命令所隐藏的行中的值。当 function_num 为从 101 到 111 的常数时，SUBTOTAL 函数将忽略通过【隐藏行】命令所隐藏的行中的值。

❖ SUBTOTAL 函数适用于数据列或垂直区域，不适用于数据行或水平区域。

示例17-26　SUBTOTAL函数在筛选状态下的统计

如图 17-29 所示，是某公司的销售金额统计。其中 A 列为组别，D 列为对应销售日期的销售金额记录，需要对 1 组和 3 组的销售金额进行统计分析。

对 A 列进行筛选，保留“1 组”和“3 组”两个参数，如图 17-30 所示。

	A	B	C	D
1	组别	姓名	销售日期	销售金额
2	1组	陆逊	2017/2/3	5000
3	1组	刘备	2017/2/3	5000
4	1组	孙坚	2017/2/22	3000
5	1组	孙策	2017/3/22	9000
6	1组	刘璋	2017/2/3	5000
7	2组	司马懿	2017/2/24	7000
8	2组	周瑜	2017/3/8	8000
9	2组	曹操	2017/3/9	5000
10	2组	孙尚香	2017/3/10	4000
11	2组	小乔	2017/3/31	2000
12	3组	孙权	2017/1/3	4000
13	3组	刘表	2017/2/4	5000
14	3组	诸葛亮	2017/2/5	8000

图 17-29　基础数据

	A	B	C	D	E	F	G
1	组别	姓名	销售日期	销售金额		求和	公式
2	1组	陆逊	2017/2/3	5000		44000	=SUBTOTAL(9,D2:D14)
3	1组	刘备	2017/2/3	5000		44000	=SUBTOTAL(109,D2:D14)
4	1组	孙坚	2017/2/22	3000		计数	公式
5	1组	孙策	2017/3/22	9000		8	=SUBTOTAL(2,D2:D14)
6	1组	刘璋	2017/2/3	5000		8	=SUBTOTAL(102,D2:D14)
12	3组	孙权	2017/1/3	4000		平均值	公式
13	3组	刘表	2017/2/4	5000		5500	=SUBTOTAL(1,D2:D14)
14	3组	诸葛亮	2017/2/5	8000		5500	=SUBTOTAL(101,D2:D14)

图 17-30　SUBTOTAL 函数在筛选状态下的统计

在 F2 和 F3 单元格分别输入以下公式，对筛选后的单元格区域进行求和。

```
=SUBTOTAL(9,D2:D14)
=SUBTOTAL(109,D2:D14)
```

在 F5 和 F6 单元格分别输入以下两个公式，对筛选后的单元格区域进行计数。

```
=SUBTOTAL(2,D2:D14)
=SUBTOTAL(102,D2:D14)
```

在 F13 和 F14 单元格分别输入以下两个公式，对筛选后的单元格区域求平均值。

```
=SUBTOTAL(1,D2:D14)
=SUBTOTAL(101,D2:D14)
```

SUBTOTAL 函数的计算只包含筛选后的行，所以其第一参数不论使用从 1 到 11 的常数还是从 101 到 111 的常数，都可以得到正确结果。

示例17-27 隐藏行数据统计

如图 17-29 中的基础数据，将其中的第 7~9 行手动隐藏，然后对相应数据做统计，如图 17-31 所示，参数 1-11 与 101-111 的统计结果不一致。

	A	B	C	D	E	F	G
1	组别	姓名	销售日期	销售金额		求和	公式
2	1组	陆逊	2017/2/3	5000		70000	=SUBTOTAL(9,D2:D14)
3	1组	刘备	2017/2/3	5000		50000	=SUBTOTAL(109,D2:D14)
4	1组	孙坚	2017/2/22	3000		计数	公式
5	1组	孙策	2017/3/22	9000		13	=SUBTOTAL(2,D2:D14)
6	1组	刘璋	2017/2/3	5000		10	=SUBTOTAL(102,D2:D14)
10	2组	孙尚香	2017/3/10	4000		平均值	公式
11	2组	小乔	2017/3/31	2000		5385	=SUBTOTAL(1,D2:D14)
12	3组	孙权	2017/1/3	4000		5000	=SUBTOTAL(101,D2:D14)
13	3组	刘表	2017/2/4	5000			
14	3组	诸葛亮	2017/2/5	8000			

图 17-31 隐藏行数据统计

当 function_num 为从 1 到 11 的常数时，SUBTOTAL 函数将包括通过【隐藏行】命令所隐藏的行中的值，即手动隐藏行的数据将被统计在内。

当 function_num 为从 101 到 111 的常数时，SUBTOTAL 函数将忽略通过【隐藏行】命令所隐藏的行中的值，即忽略手动隐藏行的数据。

示例17-28 筛选状态下生成连续序号

如图 17-32 所示，在 A2 单元格输入以下公式，并向下复制到 A2:A14 单元格区域，可以生成连续的序号。

```
=SUBTOTAL( 103,$B$1:B1)*1
```

第一参数使用 103，表示使用 COUNTA 函数的计算规则，统计 B 列非空单元格数量。直接使用 SUBTOTAL 函数时，筛选状态下 Excel 会将末行当做汇总行。最后乘以 1 是为了避免筛选时导致末行序号出错。

应用公式后，分别筛选“1 组”“2 组”“3 组”，A 列的序号始终保持连续，如图 17-33 所示。

A2　=SUBTOTAL(103,$B$1:B1)*1

	A	B	C
1	序号	组别	姓名
2	1	1组	陆逊
3	2	3组	刘表
4	3	1组	刘备
5	4	2组	曹操
6	5	2组	孙尚香
7	6	1组	刘璋
8	7	2组	司马懿
9	8	2组	周瑜
10	9	1组	孙坚
11	10	3组	孙权
12	11	1组	孙策
13	12	2组	小乔
14	13	3组	诸葛亮

图 17-32　生成连续序号公式

	A	B	C
1	序号	组别	姓名
2	1	1组	陆逊
4	2	1组	刘备
7	3	1组	刘璋
10	4	1组	孙坚
12	5	1组	孙策

	A	B	C
1	序号	组别	姓名
5	1	2组	曹操
6	2	2组	孙尚香
8	3	2组	司马懿
9	4	2组	周瑜
13	5	2组	小乔

	A	B	C
1	序号	组别	姓名
3	1	3组	刘表
11	2	3组	孙权
14	3	3组	诸葛亮

图 17-33　筛选状态下生成连续序号

扫描右侧的二维码，可以观看更详细的视频讲解。

17.6.2　认识 AGGREGATE 函数

AGGREGATE 函数返回列表或数据库中的合计。其用法与 SUBTOTAL 近似，但在某些方面比 SUBTOTAL 更强大。AGGREGATE 函数支持忽略隐藏行和错误值的选项，其基本语法如下。

引用形式：

```
AGGREGATE(function_num,options,ref1,[ref2]…)
```

数组形式：

```
AGGREGATE(function_num,options,array,[k])
```

第一参数 function_num 为一个介于 1 到 19 之间的数字，为 AGGREGATE 函数指定要使用的汇总方式。对应的功能如表 17-3 所示。

表 17-3 function_num 参数含义

数字	对应函数	功能
1	AVERAGE	计算平均值
2	COUNT	计算参数中数字的个数
3	COUNTA	计算区域中非空单元格的个数
4	MAX	返回参数中的最大值
5	MIN	返回参数中的最小值
6	PRODUCT	返回所有参数的乘积
7	STDEV.S	基于样本估算标准偏差
8	STDEV.P	基于整个样本总体计算标准偏差
9	SUM	求和
10	VAR.S	基于样本估算方差
11	VAR.P	计算基于样本总体的方差
12	MEDIAN	返回给定数值的中值
13	MODE.SNGL	返回数组或区域中出现频率最多的数值
14	LARGE	返回数据集中第 k 个最大值
15	SMALL	返回数据集中的第 k 个最小值
16	PERCENTILE.INC	返回区域中数值的第 $k(0 \leqslant k \leqslant 1)$ 个百分点的值
17	QUARTILE.INC	返回数据集的四分位数（包含 0 和 1）
18	PERCENTILE.EXC	返回区域中数值的第 k（$0<k<1$）个百分点的值
19	QUARTILE.EXC	返回数据集的四分位数 (不包括 0 和 1)

第二参数 options 为一个介于 0~7 之间的数字，决定在计算区域内要忽略哪些值，不同 options 参数对应的功能如表 17-4 所示。

表 17-4 不同 options 参数代表忽略的值

数字	作用
0 或省略	忽略嵌套 SUBTOTAL 和 AGGREGATE 函数
1	忽略隐藏行、嵌套 SUBTOTAL 和 AGGREGATE 函数
2	忽略错误值、嵌套 SUBTOTAL 和 AGGREGATE 函数
3	忽略隐藏行、错误值、嵌套 SUBTOTAL 和 AGGREGATE 函数
4	忽略空值
5	忽略隐藏行
6	忽略错误值
7	忽略隐藏行和错误值

第三参数 ref1 为区域引用。第四参数 ref2 可选，要为其计算聚合值的 2 至 253 个数值参数。

对于使用数组的函数，ref1 可以是一个数组或数组公式，也可以是对要为其计算聚合值的单元格区域的引用。ref2 是某些函数必需的第二个参数。以下函数支持 ref1 使用数组形式，并需要 ref2 参数：LARGE、SMALL、PERCENTILE.INC、QUARTILE.INC、PERCENTILE.EXC 和 QUARTILE.EXC 函数。

示例17-29　包含错误值的统计

如图 17-34 所示，是某班同学的考试成绩，其中部分单元格显示错误值 #N/A。

	A	B	C	D	E	F
1	姓名	考试成绩			结果	公式
2	陆逊	83		总成绩	795	=AGGREGATE(9,6,B2:B11)
3	黄月英	93		平均分	88.33	=AGGREGATE(1,6,B2:B11)
4	邓艾	98		最高的三个分数	98	=AGGREGATE(14,6,$B$2:$B$11,ROW(1:1))
5	周瑜	#N/A			96	=AGGREGATE(14,6,$B$2:$B$11,ROW(2:2))
6	黄忠	85			93	=AGGREGATE(14,6,$B$2:$B$11,ROW(3:3))
7	司马懿	93				
8	张辽	75				
9	曹操	79				
10	孙尚香	96				
11	小乔	93				

图 17-34　含错误值的统计

在 E2、E3 单元格分别输入以下两个公式，用于计算求和的总成绩和平均分。

```
=AGGREGATE(9,6,B2:B11)
=AGGREGATE(1,6,B2:B11)
```

第一个参数使用数字 9 和数字 1，分别表示使用 SUM 函数和 AVERAGE 函数的计算规则进行求和及统计平均值。第二参数使用数字 6，表示忽略错误值。

在 E4 单元格输入以下公式，并向下复制到 E6 单元格，依次得到最高的三个分数为 98、96、93。

```
=AGGREGATE(14,6,$B$2:$B$11,ROW(1:1))
```

第一个参数 14 代表 LARGE，则其必须需要第 4 个参数来指定返回第几大的值。

17.7　频率函数 FREQUENCY

FREQUENCY 函数用于计算数值在某个区域内的出现频率，然后返回一个垂直数组，其基本语法为：

```
FREQUENCY(data_array,bins_array)
```

data_array：必需。要对其频率进行计数的一组数值或对这组数值的引用。

bins_array：必需。要将 data_array 中的值插入的间隔数组或对间隔的引用。如果 bins_array 中不包含任何数值，则 FREQUENCY 返回 data_array 中的元素个数。

FREQUENCY 函数将 data_array 中的数值以 bins_array 为间隔进行分组，计算数值在各个区域出现的频率，所以返回的数组中的元素比 bins_array 中的元素多一个。

示例17-30 分数段统计

如图 17-35 所示是某学校的学生考试成绩，需要统计位于指定分数段各有多少人。

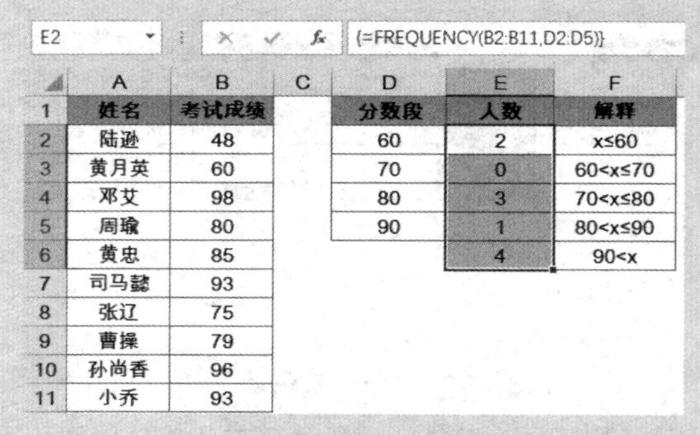

E2 {=FREQUENCY(B2:B11,D2:D5)}

	A	B	C	D	E	F
1	姓名	考试成绩		分数段	人数	解释
2	陆逊	48		60	2	x≤60
3	黄月英	60		70	0	60<x≤70
4	邓艾	98		80	3	70<x≤80
5	周瑜	80		90	1	80<x≤90
6	黄忠	85			4	90<x
7	司马懿	93				
8	张辽	75				
9	曹操	79				
10	孙尚香	96				
11	小乔	93				

图 17-35 分数段统计

同时选中 E2:E6 单元格区域，输入以下数组公式，按 <Ctrl+Shift+Enter> 组合键。

```
{=FREQUENCY(B2:B11,D2:D5)}
```

FREQUENCY 函数统计全都是“左开右闭”的区间，公式计算的结果表示：

（1）小于等于 60 共有 2 人；

（2）大于 60 且小于等于 70 共有 0 人；

（3）大于 70 且小于等于 80 共有 3 人；

（4）大于 80 且小于等于 90 共有 1 人；

（5）大于 90 共有 4 人。

这里将每一个临界点的数字都统计在靠下的一个区域中，如 60 分归属于 0~60 分的区间。如果需要将临界点的值归入靠上的一个区域，如将 60 分归属于 60~70 的区间，可以将参数 bins_array 减去一个很小的值，如图 17-36 所示。

同时选中 E2:E6 单元格区域，输入以下数组公式，按 <Ctrl+Shift+Enter> 组合键。

```
{=FREQUENCY(B2:B11,D2:D5-0.001)}
```

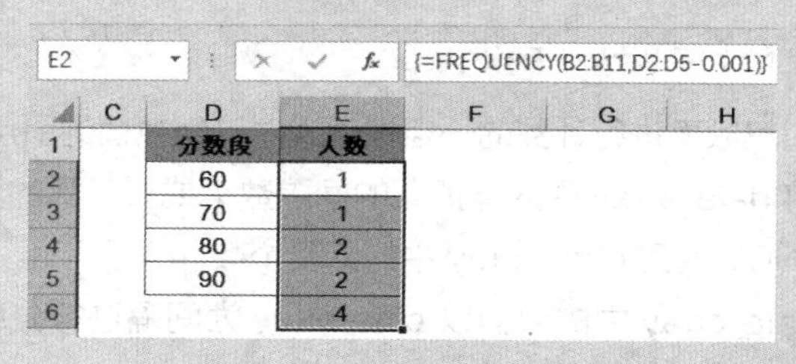

E2 {=FREQUENCY(B2:B11,D2:D5-0.001)}

	C	D	E	F	G	H
1		分数段	人数			
2		60	1			
3		70	1			
4		80	2			
5		90	2			
6			4			

图 17-36 调整临界点归属区间

第 18 章　财务金融函数

目前投资理财日渐普及，越来越多的人开始了解和学习财务金融方面的知识。本章主要学习利用 Excel 财务函数处理财务金融计算方面的需求。

本章学习要点

（1）财务相关的基础知识。　　（2）投资价值函数。

18.1　财务基础相关知识

18.1.1　货币时间价值

货币时间价值是指货币随着时间的推移而发生的增值。可以简单地认为，随着时间的增长，货币的价值会不断地增加。例如，将 100 元存入银行，会产生利息，到将来可以取出的金额超过 100 元。

18.1.2　单利和复利

利息有单利和复利两种计算方式。

单利是指按照固定的本金计算的利息，即本金固定，到期后一次性结算利息，而本金所产生的利息不再计算利息，比如银行的定期存款。

复利是指在每经过一个计息期后，都要将所生利息加入本金，以计算下期的利息。这样，在每一个计息期，上一个计息期的利息都将成为生息的本金。

示例18-1　单利和复利的对比

如图 18-1 所示，分别使用单利和复利两种方式来计算收益，本金为 200 元，利率为 8%。可以明显看出两种计息方式所获得收益的差异，随着期数越多，两者的差异越大。

在 B5 单元格输入以下公式，并向下复制到 B14 单元格。

```
=$B$2*$B$1*$A5
```

在 C5 单元格输入以下公式，并向下复制到 C14 单元格。

```
=$B$2*((1+$B$1)^$A5-1)
```

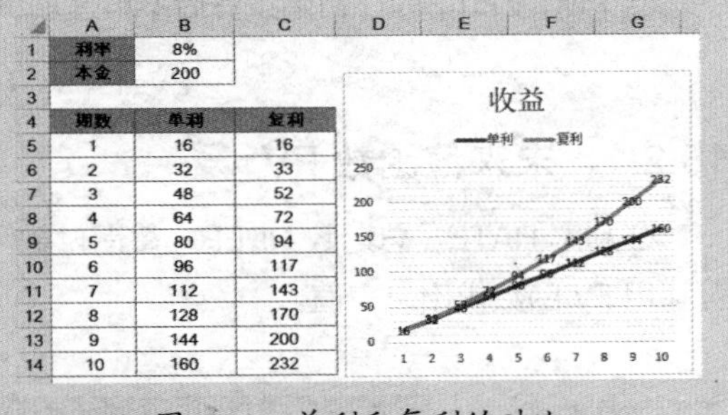

	A	B	C
1	利率	8%	
2	本金	200	
3			
4	期数	单利	复利
5	1	16	16
6	2	32	33
7	3	48	52
8	4	64	72
9	5	80	94
10	6	96	117
11	7	112	143
12	8	128	170
13	9	144	200
14	10	160	232

图 18-1　单利和复利的对比

18.1.3　现金的流入与流出

所有的财务公式都基于现金流，即现金流入与现金流出。所有的交易也都伴随着现金流入与现金流出。

例如，买车对于购买者是现金流出，而对于销售者就是现金流入。如果是存款，对于存款人是现金流出，取款是现金流入。而对于银行，存款是现金流入，取款则是现金流出。

所以在构建财务公式的时候，首先要确定决策者是谁，以确定每一个参数应是现金流入还是现金流出。在 Excel 内置的财务函数计算结果和参数中，正数代表现金流入，负数代表现金流出。

18.2 借贷和投资函数

Excel 中有五个常用的借贷和投资函数，它们彼此之间是相关的，分别是 FV 函数、PV 函数、RATE 函数、NPER 函数和 PMT 函数。各自的功能如表 18-1 所示。

表 18-1 Excel 中的基本财务函数

函数	功能	语法
FV	Future Value 的缩写。基于固定利率及等额分期付款方式，返回某项投资的未来值	FV(rate,nper,pmt,[pv],[type])
PV	Present Value 的缩写。返回投资的现值。现值为一系列未来付款的当前值的累积和	PV(rate,nper,pmt,[fv],[type])
RATE	返回年金的各期利率	RATE(nper,pmt,pv,[fv],[type],[guess])
NPER	Number of Periods 的缩写。基于固定利率及等额分期付款方式，返回某项投资的总期数	NPER(rate,pmt,pv,[fv],[type])
PMT	Payment 的缩写。基于固定利率及等额分期付款方式，返回贷款的每期付款额	PMT(rate,nper,pv,[fv],[type])

这五个财务函数之间的关系可以用以下表达式来表示。

$$FV+PV\times(1+RATE)^{NPER}+PMT\times\sum_{i=0}^{NPER-1}(1+RATE)^{i}=0$$

进一步简化为：

$$FV+PV\times(1+RATE)^{NPER}+PMT\times\frac{(1+RATE)^{NPER}-1}{RATE}=0$$

当 PMT 为 0，即在初始投资后不再追加资金，则公式可以简化为：

$$FV+PV\times(1+RATE)^{NPER}=0$$

18.2.1 未来值函数 FV

在利率 RATE、总期数 NPER、每期付款额 PMT、现值 PV 和支付时间类型 TYPE 已确定的情况下，可利用 FV 函数求出未来值。

示例18-2 整存整取

以 50000 元购买一款理财产品，年收益率是 4%，按月计息，计算 2 年后的本利合计，如图 18-2 所示。

在 C6 单元格输入以下公式。

```
=FV(C2/12,C3,0,-C4)
```

由于是按月计息，使用 4% 的年收益率除以 12 得到每个月的收益率。期数 24 代表 2 年共 24 个月。本金 50 000 元购买理财产品，是属于现金流出，所以使用负值 –C4。最终的本金收益结果为正值，说明是现金流入。

由财务函数得到的金额，默认会将单元格格式设置为“货币”格式。

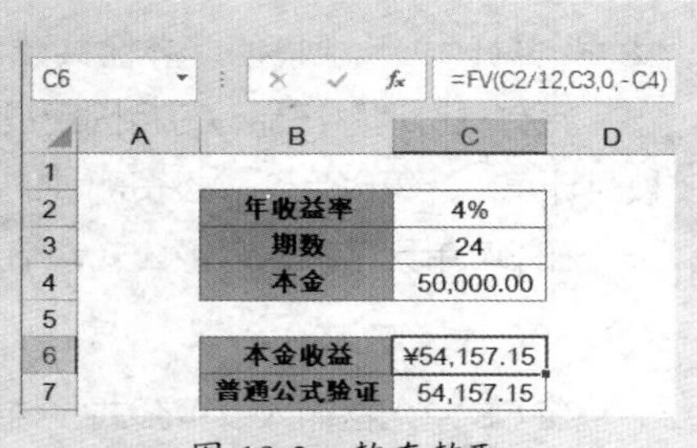

C6 =FV(C2/12,C3,0,-C4)

	A	B	C	D
1				
2		年收益率	4%	
3		期数	24	
4		本金	50,000.00	
5				
6		本金收益	¥54,157.15	
7		普通公式验证	54,157.15	

图 18-2　整存整取

C7 单元格中的普通验证公式为：

```
=C4*(1+C2/12)^C3
```

参数 TYPE 可选，其值为 1 或 0，用以指定各期的付款时间是在期初还是期末。期初发生为 1，期末发生为 0。如果省略 TYPE，则假定其值为 0。

通常情况下第一次付款是在第一期之后进行的，即付款发生在期末。例如，购房贷款是在 2017 年 5 月 28 日，则第一次还款是在 2017 年 6 月 28 日。

考虑 TYPE 参数的情况下，以上五个财务函数之间的表达式则为：

$$FV+PV\times(1+RATE)^{NPER}+PMT\times\frac{(1+RATE)^{NPER}-1}{RATE}\times(1+RATE\times TYPE)=0$$

示例18-3 零存整取

如图 18-3 所示，以 50 000 元购买一款理财产品，而且每月再固定投资 1000 元，年收益率是 4%，按月计息，计算 2 年后的本利合计。

在 C7 单元格输入公式：

```
=FV(C2/12,C3,-C5,-C4)
```

其中每月投资额是每月固定投资给理财产品，属于现金流出，所以使用 –C5。

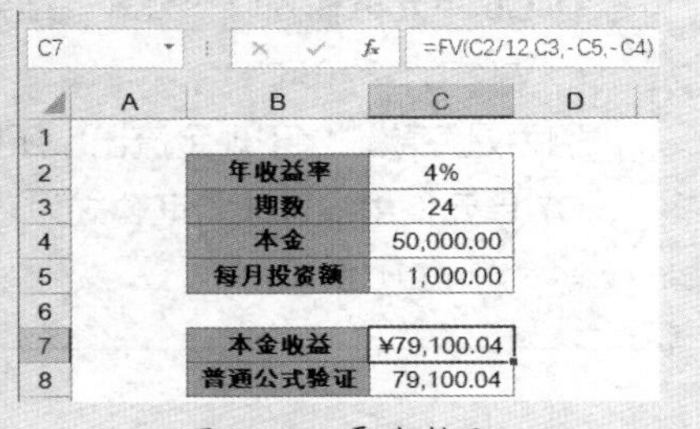

C7 =FV(C2/12,C3,-C5,-C4)

	A	B	C	D
1				
2		年收益率	4%	
3		期数	24	
4		本金	50,000.00	
5		每月投资额	1,000.00	
6				
7		本金收益	¥79,100.04	
8		普通公式验证	79,100.04	

图 18-3　零存整取

C7 单元格中的普通验证公式为：

```
=C4*(1+C2/12)^C3+C5*((1+C2/12)^C3-1)/(C2/12)
```

注意

银行的零存整取的利息计算方式并不适合于这个公式，因为在与银行签订的储蓄存期内，银行每月利息执行的是单利计算，不是复利。

示例18-4 对比投资保险收益

有这样一份保险产品：孩子从 8 岁开始投资，每个月固定交给保险公司 200 元，一直到孩子长到

18岁，共计10年。到期归还本金共计200×12×10=24 000元，如果孩子考上大学，额外奖励5 000元。

另有一份理财产品，每月固定投资200元，年收益率4%，按月计息。计算以上2种投资哪种的收益更高，如图18-4所示。

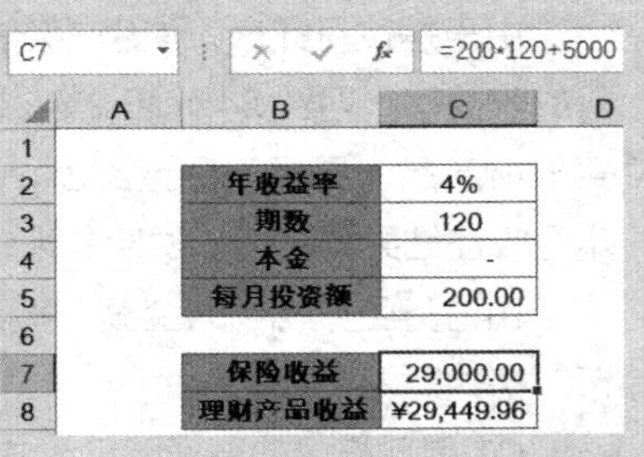

图 18-4 对比投资保险收益

在C7单元格输入以下公式，结果为29 000。

```
=200*120+5000
```

在C8单元格输入以下公式，结果为29 449.96。

```
=FV(C2/12,C3,-C5,-C4)
```

如果默认孩子能够考上大学并且在不考虑出险及保险责任的情况下，投资保险的收益要比投资合适的理财产品少近450元。

18.2.2 现值函数 PV

在利率RATE、总期数NPER、每期付款额PMT、未来值FV和支付时间类型TYPE已确定的情况下，可利用PV函数求出现值。

示例18-5 计算存款金额

如图18-5所示，银行1年期定期存款利率为2%，如果希望在30年后个人银行存款可以达到200万，那么现在一次性存入多少钱可以达到这个目标？

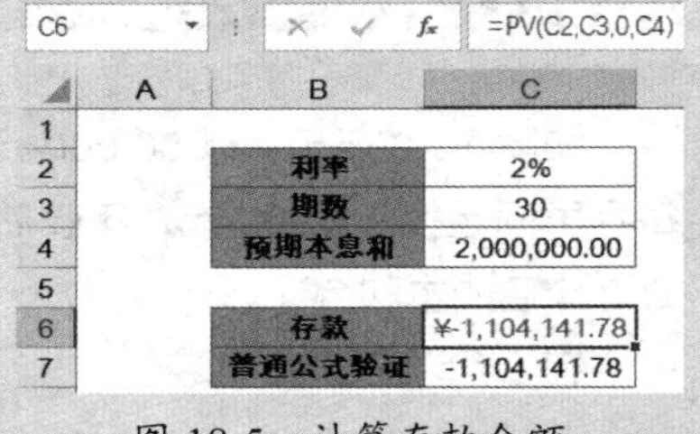

图 18-5 计算存款金额

在C6单元格输入以下公式，结果为 −1 104 141.78。

```
=PV(C2,C3,0,C4)
```

因为是存款，属于现金流出，所以最终计算结果为负值。

C7单元格中的普通验证公式为：

```
=-C4/(1+C2)^C3
```

示例18-6 整存零取

如图18-6所示，现在有一笔钱存入银行，银行1年期定期存款利率为2%，希望在之后的30年内每年从银行取8万元，直到将全部存款领完。计算现在需要存入多少？

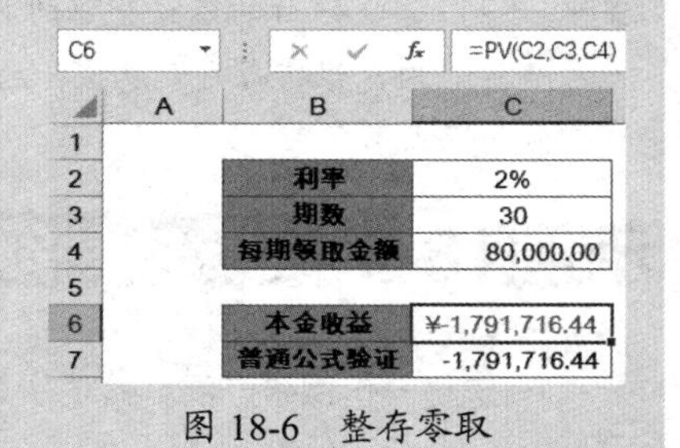

图 18-6 整存零取

在C6单元格输入以下公式，结果为1 791 716.44。

```
=PV(C2,C3,C4)
```

由于最终全部取完，即未来值FV为0，所以可以省略第4个参数。

C7单元格中的普通验证公式为：

```
=-C4*(1-1/(1+C2)^C3)/C2
```

18.2.3　利率函数 RATE

RATE 函数用于计算未来的现金流的利率或贴现利率。如果期数是按月计息，将结果乘以 12，可得到相应条件下的年利率。

示例18-7　房屋收益率

如图 18-7 所示，在 2000 年花 15 万元购买一套房屋，到 2017 年以 300 万元价格卖出，总计 17 年时间。计算平均每年的收益率为多少?

在 C6 单元格输入以下公式，结果为 19.27%。

```
=RATE(C2,0,-C3,C4)
```

其中 C2 单元格为从买房到卖房之间的期数。中间没有额外的投资，所以第二个参数 pmt 为 0。在 2000 年花 15 万元，所以在 2000 年属于现值，使用 –C2，现金流出 15 万元。卖房时间是 2017 年，相对于 2000 年属于未来值，所以最后一个参数 FV 使用 C4。

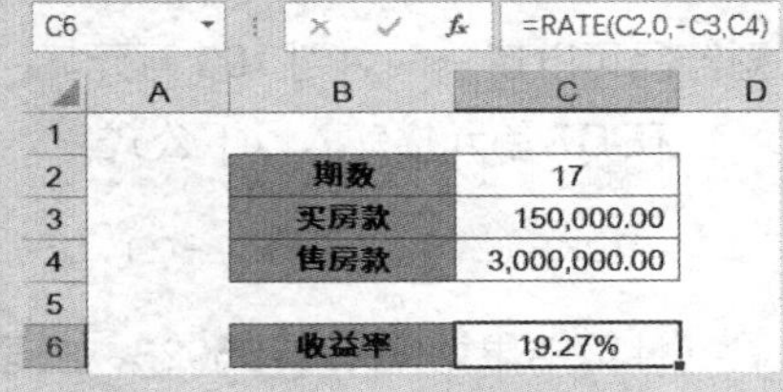

图 18-7　房屋收益率

示例18-8　借款利率

如图 18-8 所示，李四借款 20 万元，约定每季度还款 1.5 万元，共计 5 年还清，那么这个借款的利率为多少?

在 C6 单元格输入以下公式，结果为 4.22%。

```
=RATE(C2,-C3,C4)
```

由于期数 20 是按照季度来算的，即 5 年内共有 20 个季度，所以这里计算得到的利率为季度利率。

在 C7 单元格输入以下公式，结果为 16.87%。

```
=RATE(C2,-C3,C4)*4
```

将季度利率乘以 4，便得到了相应的年利率值。

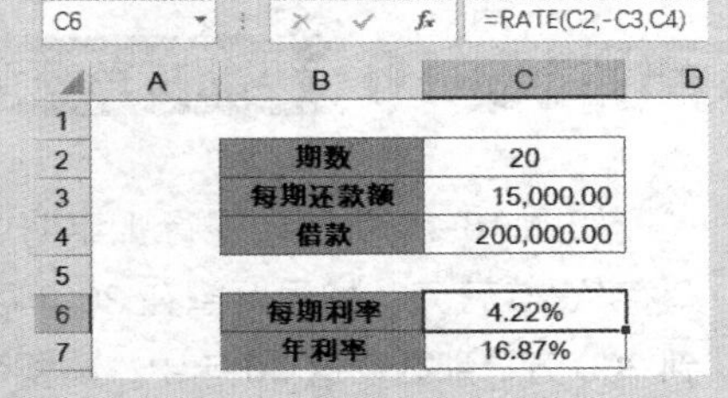

图 18-8　借款利率

RATE 是通过迭代计算的，如同解一元多次方程，可以有零个或多个解法。如果在 20 次迭代之后，RATE 的连续结果不能收敛于 0.000 000 1 之内，则 RATE 返回错误值 #NUM!。

RATE 函数的语法为：

```
RATE(nper,pmt,pv,[fv],[type],[guess])
```

其中最后一个参数 guess 为预期利率，是可选的。如果省略 guess，则假定其值为 10%。如果 RATE 不能收敛，请尝试不同的 guess 值。如果 guess 在 0 和 1 之间，RATE 通常会收敛。

18.2.4 期数函数 NPER

NPER 函数用于计算基于固定利率及等额分期付款方式，返回某项投资的总期数。其计算结果可能会包含小数，可根据实际情况将结果向上舍入或向下舍去得到合理的实际值。

示例18-9 计算存款期数

如图 18-9 所示，现有存款 20 万元，每月工资可以剩余 7 000 元用于购买理财产品。某理财产品的年利率为 4%，按月计息，需要连续多少期购买该理财产品可以使总额达到 100 万元。

在 C7 单元格输入以下公式：

```
=NPER(C2/12,-C3,-C4,C5)
```

计算结果为 89.69706028，由于期数都必须为整数，所以最终结果应为 90 个月。

C8 单元格中的普通验证公式为：

```
=LOG(((-C3)-C5*C2/12)/((-C3)+(-C4)*C2/12),1+C2/12)
```

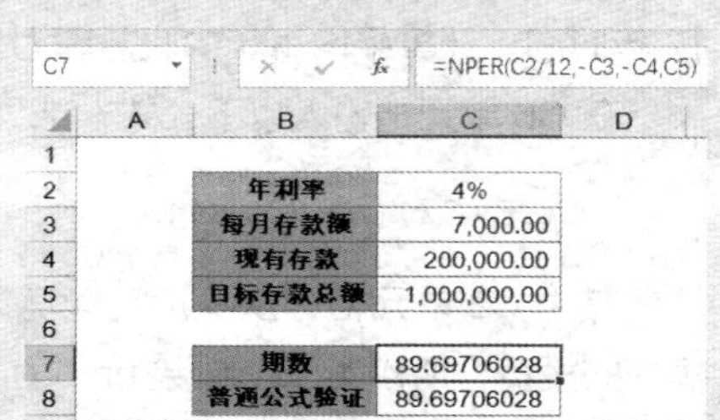

	A	B	C	D
1				
2		年利率	4%	
3		每月存款额	7,000.00	
4		现有存款	200,000.00	
5		目标存款总额	1,000,000.00	
6				
7		期数	89.69706028	
8		普通公式验证	89.69706028	

图 18-9 计算存款期数

18.2.5 付款额函数 PMT

PMT 函数的计算是把某个现值（PV）增加或降低到某个未来值（FV）所需要的每期金额。

示例18-10 每期存款额

如图 18-10 所示，银行 1 年期定期存款利率为 2%。现有存款 20 万元，如果希望在 30 年后，个人银行存款可以达到 200 万，那么在这 30 年中，需要每年向银行存款多少钱？

在 C7 单元格输入以下公式，结果为 40 369.86。

```
=PMT(C2,C3,-C4,C5)
```

相对于个人，存款过程属于现金流出，所以使用 –C4 表示。最终结果为负数，表明每月的存款是属于现金流出的过程。

C8 单元格中的普通验证公式为：

```
=(-C5*C2+C4*(1+C2)^C3*C2)/((1+C2)^C3-1)
```

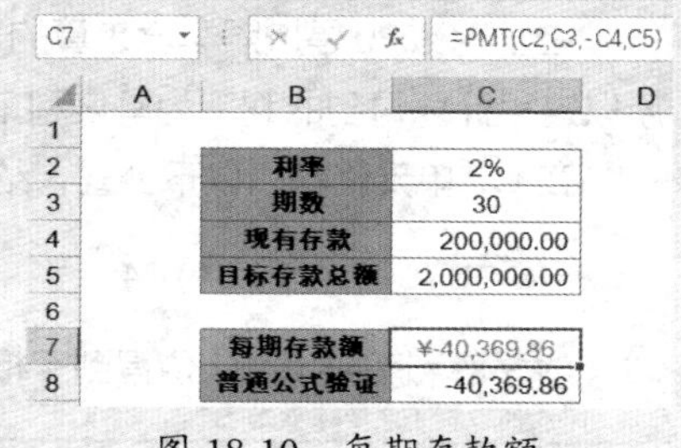

	A	B	C	D
1				
2		利率	2%	
3		期数	30	
4		现有存款	200,000.00	
5		目标存款总额	2,000,000.00	
6				
7		每期存款额	¥-40,369.86	
8		普通公式验证	-40,369.86	

图 18-10 每期存款额

示例18-11　贷款每期还款额计算

如图 18-11 所示，某人从银行贷款 200 万元，年利率为 4.75%，共贷款 25 年，采用等额还款方式，则每月还款额为多少?

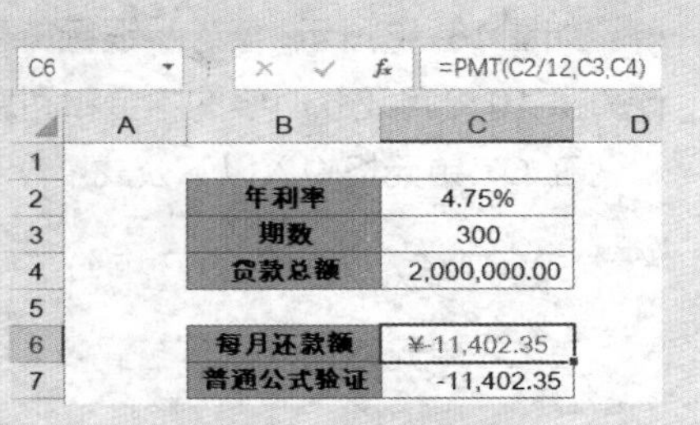

图 18-11　贷款每期还款额计算

在 C6 单元格输入以下公式，结果为 11 402.35。

```
=PMT(C2/12,C3,C4)
```

银行贷款的利率为年利率，由于是按月计息，所以需要除以 12 得到每月的利息。贷款的期数则用 25 年乘以 12，得到总计 300 个月。贷款属于现金流入，所以这里的现值使用正数。这里省略了第 4 个参数，是因为贷款金额最终全部还清，即未来值为 0。

C7 单元格中的普通验证公式为：

```
=(-C4*(1+C2/12)^C3*C2/12)/((1+C2/12)^C3-1)
```

18.3　计算本金与利息函数

除了计算投资、存款的起始或终止值等函数之外，还有一些函数是可以计算在这过程中某个时间点的本金与利息，或某两个时间段之间的本金与利息的累计值，如表 18-2 所示。

表 18-2　计算本金与利息函数

函数	功能	语法
PPMT	Principal of PMT 的缩写。返回根据定期固定付款和固定利率而定的投资在已知期间内的本金偿付额	PPMT(rate,per,nper,pv,[fv],[type])
IPMT	Interest of PMT 的缩写。基于固定利率及等额分期付款方式，返回给定期数内对投资的利息偿还额	IPMT(rate,per,nper,pv,[fv],[type])
CUM-PRINC	Cumulative Principal 的缩写。返回一笔贷款在给定的 start_period 到 end_period 期间累计偿还的本金数额	CUMPRINC(rate,nper,pv,tart_period,end_period,type)
CUMIP-MT	Cumulative IPMT 的缩写。返回一笔贷款在给定的 start_period 到 end_period 期间累计偿还的利息数额	CUMIPMT(rate,nper,pv,start_period,end_period,type)

18.3.1　每期还贷本金函数 PPMT 和利息函数 IPMT

PMT 函数常被用在等额还贷业务中，用来计算每期应偿还的贷款金额。而 PPMT 函数和 IPMT 函数则可分别用来计算该业务中每期还款金额中的本金和利息部分，PPMT 函数和 IPMT 函数的语法如下。

```
PPMT(rate,per,nper,pv,[fv],[type])
IPMT(rate,per,nper,pv,[fv],[type])
```

其中的参数 per 是 period 的缩写，用于计算其利息数额的期数，必须在 1 到 nper 之间。

示例18-12 贷款每期还款本金与利息

如图18-12所示，某人从银行贷款200万元，年利率为4.75%，共贷款25年，采用等额还款方式，计算第10个月还款时候的本金和利息各还多少？

在C7单元格输入以下公式：

```
=PPMT(C2/12,C5,C3,C4)
```

在C8单元格输入以下公式：

```
=IPMT(C2/12,C5,C3,C4)
```

在C9单元格输入以下公式计算每月还款额：

```
=PMT(C2/12,C3,C4)
```

	A	B	C
1			
2		年利率	4.75%
3		期数	300
4		贷款总额	2,000,000.00
5		第n期	10
6			
7		第n期还款本金	¥-3,611.84
8		第n期还款利息	¥-7,790.50
9		每月还款额	¥-11,402.35

图18-12 贷款每期还款本金与利息

C7和C8单元格分别计算出此贷款在第10个月还款时所还的本金与利息。在等额还款方式中，还款的初始阶段，所还的利息要远远大于本金。但二者金额的和始终等于每期的还款总额，即在相同条件下PPMT+IPMT=PMT。

18.3.2 累计还贷本金函数CUMPRINC和利息函数CUMIPMT

使用CUMPRINC函数和CUMIPMT函数可以计算某一个阶段所需要还款的本金和利息的和。CUMPRINC函数和CUMIPMT函数的语法如下。

```
CUMPRINC(rate,nper,pv,start_period,end_period,type)
CUMIPMT(rate,nper,pv,start_period,end_period,type)
```

示例18-13 贷款累计还款本金与利息

如图18-13所示，某人从银行贷款200万元，年利率为4.75%，共贷款25年，采用等额还款方式。需要计算第2年，即第13个月到第24个月期间需要还款的累计本金和利息。

在C8单元格输入以下公式：

```
=CUMPRINC(C2/12,C3,C4,C5,C6,0)
```

在C9单元格输入以下公式：

```
=CUMIPMT(C2/12,C3,C4,C5,C6,0)
```

在C10单元格输入以下公式计算第二年的还款总额：

```
=PMT(C2/12,C3,C4)*(C6-C5+1)
```

	A	B	C
1			
2		年利率	4.75%
3		期数	300
4		贷款总额	2,000,000.00
5		start_period	13
6		end_period	24
7			
8		第2年还款本金和	¥-44,826.39
9		第2年还款利息和	¥-92,001.78
10		第2年还款总和	¥-136,828.17

图18-13 贷款累计还款本金与利息

C8和C9单元格分别计算出此贷款在第2年时所还款的本金和与利息和，它们和PMT的关系为：

CUMPRINC+CUMIPMT=PMT* 求和期数

这两个函数与之前介绍的财务函数不同，最后一个参数 TYPE 不可省略，通常情况下，第一次付款是在第一期之后发生的，所以 TYPE 一般使用参数 0。

18.3.3 制作贷款计算器

利用财务函数可以制作贷款计算器，以方便了解还款过程中的每一个细节。

示例18-14 制作贷款计算器

如图 18-14 所示，C2 单元格输入贷款的年利率，C3 单元格输入贷款的总月数，即贷款年数乘以 12。C4 单元格输入贷款总额。本例中以年利率为 4.75%，共贷款 25 年，贷款总额 200 万元为参考。

	A	B	C	D	E	F	G	H	I
1		等额贷款还款计算			第n期	所还本金	所还利息	剩余未还本金	剩余未还利息
2		年利率	4.75%		1	-3,485.68	-7,916.67	1,996,514.32	1,412,787.50
3		期数（月）	300		2	-3,499.48	-7,902.87	1,993,014.84	1,404,884.63
4		贷款总额	2,000,000.00		3	-3,513.33	-7,889.02	1,989,501.51	1,396,995.62
5					4	-3,527.24	-7,875.11	1,985,974.27	1,389,120.51
6		每月还款额	¥-11,402.35		5	-3,541.20	-7,861.15	1,982,433.08	1,381,259.36
7		还款总金额	¥-3,420,704.17		6	-3,555.22	-7,847.13	1,978,877.86	1,373,412.23
8		还款利息总金额	¥-1,420,704.17		7	-3,569.29	-7,833.06	1,975,308.57	1,365,579.17
9					8	-3,583.42	-7,818.93	1,971,725.15	1,357,760.24
294					293	-11,047.62	-354.73	78,567.53	1,248.90
295					294	-11,091.35	-311.00	67,476.18	937.90
296					295	-11,135.25	-267.09	56,340.93	670.81
297					296	-11,179.33	-223.02	45,161.59	447.79
298					297	-11,223.58	-178.76	33,938.01	269.03
299					298	-11,268.01	-134.34	22,670.00	134.69
300					299	-11,312.61	-89.74	11,357.39	44.96
301					300	-11,357.39	-44.96	-	-

图 18-14 制作贷款计算器

在 C6 单元格输入以下公式，计算每月的还款额。

```
=PMT(C2/12,C3,C4)
```

在 C7 单元格输入以下公式，计算连本带息的还款总金额。

```
=C6*C3
```

在 C8 单元格输入以下公式，计算还款利息总金额。

```
=C7+C4
```

此公式还可以使用 CUMIPMT 函数直接计算，公式为：

```
=CUMIPMT(C2/12,C3,C4,1,C3,0)
```

在 E2:E301 单元格区域输入 1 到 300 的序数。
在 F2 单元格输入以下公式，并向下复制到 F301 单元格，计算每一期还款中所还本金。

```
=PPMT($C$2/12,$E2,$C$3,$C$4)
```

在 G2 单元格输入以下公式，并向下复制到 G301 单元格，计算每一期还款中所还利息。

```
=IPMT($C$2/12,$E2,$C$3,$C$4)
```

在 H2 单元格输入以下公式，并向下复制到 H301 单元格，计算剩余未还本金。

```
=$C$4+CUMPRINC($C$2/12,$C$3,$C$4,1,E2,0)
```

此公式还可以使用 FV 函数做计算，理解为期初 200 万投资，每月取款 11402.35 元，第 *n* 期后的未来值是多少，公式为：

```
=-FV($C$2/12,E2,$C$6,$C$4)
```

在 I2 单元格输入以下公式，并向下复制到 I301 单元格，计算剩余未还利息。

```
=CUMIPMT($C$2/12,$C$3,$C$4,1,E2,0)-$C$8
```

至此贷款计算器便制作完成，可以较为直观地看到所需要还款的金额及每期的还款金额。通过每期的还款情况可以看出，初期还款所还利息远远大于本金。随着时间的推移，每月还款的本金越来越多，所还利息越来越少，直到为 0，如图 18-15 所示。

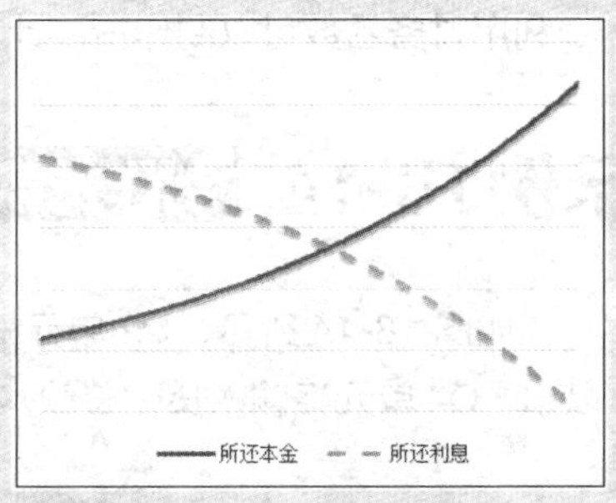

图 18-15　还款趋势图

18.4　投资评价函数

Excel 中常用的有 4 个投资评价函数，用以计算净现值和收益率，其功能和语法如表 18-3 所示。

表 18-3　投资评价函数

函数	功能	语法
NPV	使用贴现率和一系列未来支出（负值）与收益（正值）来计算一项投资的净现值	NPV(rate,value1,[value2],...)
IRR	返回一系列现金流的内部收益率	IRR(values,[guess])
XNPV	返回一组现金流的净现值，这些现金流不一定定期发生	XNPV(rate,values,dates)
XIRR	返回一组不一定定期发生的现金流的内部收益率	XIRR(values,dates,[guess])

18.4.1　净现值函数 NPV

净现值是指一个项目预期实现的现金流入的现值与实施该项计划的现金支出的差额。净现值为正值的项目可以为股东创造价值，净现值为负值的项目会损害股东价值。

NPV 是 Net Present Value 的缩写，是根据设定的贴现率或基准收益率来计算一系列现金流的合计。用 *n* 代表现金流的笔数，value 代表各期现金流，则 NPV 的公式如下：

$$\text{NPV}=\sum_{i=0}^{n}\frac{\text{value}_i}{(1+\text{RATE})^i}$$

NPV 投资开始于 value_1 现金流所在日期的前一期，并以列表中最后一笔现金流为结束。NPV 的计算基于未来的现金流。如果第一笔现金流发生在第一期的期初，则第一笔现金必须添加到 NPV 的结果中，

而不应包含在值参数中。

NPV 类似于 PV 函数。PV 与 NPV 的主要差别在于：PV 既允许现金流在期末开始，也允许现金流在期初开始。与可变的 NPV 的现金流值不同，PV 现金流在整个投资中必须是固定的。

示例18-15 计算投资净现值

已知贴现率为 5%，某工厂投资 80 000 元购买一套设备，之后的 5 年内每年的收益情况如图 18-16 所示，求得此项投资的净现值。

在 C10 单元格输入以下公式：

```
=NPV(C2,C4:C8)+C3
```

其中 C3 为第 1 年年初的现金流量。该公式等价于：

```
=NPV(C2,C3:C8)*(1+C2)
```

计算结果为负值，如果此设备的使用年限只有 5 年，那么截至目前来看，购买这个设备并不是一个好的投资。

在 C11 单元格中使用 PV 函数进行验证，输入以下数组公式，按 <Ctrl+Shift+Enter> 组合键。

```
{=SUM(-PV(C2,ROW(1:5),0,C4:C8))+C3}
```

在 C12 单元格中输入以下验证公式，按 <Ctrl+Shift+Enter> 组合键。

```
{=SUM(C4:C8/(1+C2)^(ROW(1:5)))+C3}
```

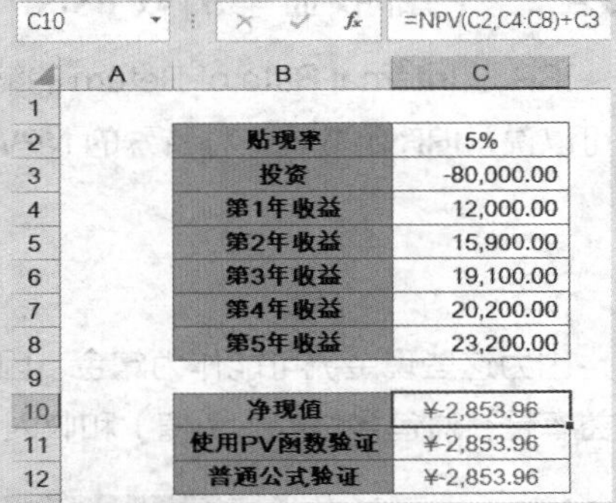

C10　=NPV(C2,C4:C8)+C3

	A	B	C
1			
2		贴现率	5%
3		投资	-80,000.00
4		第1年收益	12,000.00
5		第2年收益	15,900.00
6		第3年收益	19,100.00
7		第4年收益	20,200.00
8		第5年收益	23,200.00
9			
10		净现值	¥-2,853.96
11		使用PV函数验证	¥-2,853.96
12		普通公式验证	¥-2,853.96

图 18-16　计算投资净现值

示例18-16 出租房屋收益

如图 18-17 所示，已知贴现率为 5%，投资者投资 200 万元购买了一套房屋，然后以每月 4000 元价格出租，即 48 000 元的价格出租一年，以后每年的月租金比上一年增加 200 元，即每年增加 2 400 元。出租 5 年后，在第 5 年的年末以 240 万元的价格卖出，计算这个投资的收益情况。

在 C11 单元格输入以下公式：

```
=NPV(C2,C5:C9)+C3+C4
```

此公式等价于：

```
=NPV(C2,C3+C4,C5:C9)*(1+C2)
```

由于第 1 年的租金是在出租房屋之前立即收取，即收益发生在期初，所以第 1 年租金与买房投资的钱都在期初来做计算。房屋在第 5 年年末以升值后的价格卖出，相当于第 5 期的期末值。最终计算得到净现值 119 425.45 元，为一个正值，说明此项投资获得了较高的回报。

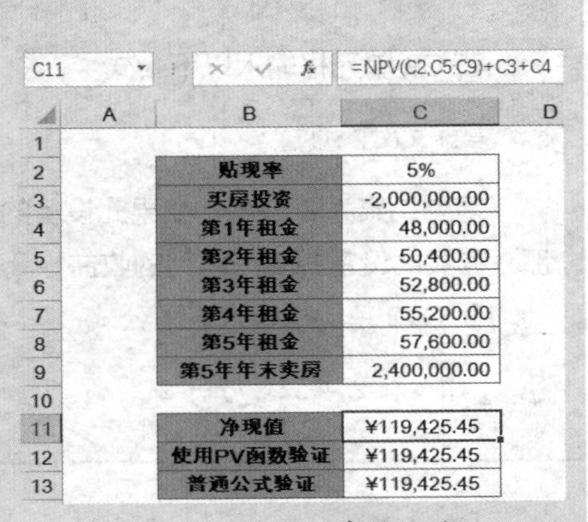

C11　=NPV(C2,C5:C9)+C3+C4

	A	B	C	D
1				
2		贴现率	5%	
3		买房投资	-2,000,000.00	
4		第1年租金	48,000.00	
5		第2年租金	50,400.00	
6		第3年租金	52,800.00	
7		第4年租金	55,200.00	
8		第5年租金	57,600.00	
9		第5年年末卖房	2,400,000.00	
10				
11		净现值	¥119,425.45	
12		使用PV函数验证	¥119,425.45	
13		普通公式验证	¥119,425.45	

图 18-17　出租房屋收益

C12 单元格中使用 PV 函数进行验证，输入以下数组公式，按 <Ctrl+Shift+Enter> 组合键。

```
{=SUM(-PV(C2,ROW(1:5),0,C5:C9))+C3+C4}
```

C13 单元格中输入以下验证公式，按 <Ctrl+Shift+Enter> 组合键。

```
{=SUM(C5:C9/(1+C2)^(ROW(1:5)))+C3+C4}
```

18.4.2 内部收益率函数 IRR

IRR 是 Internal Rate of Return 的缩写，返回一系列现金流的内部收益率，使得投资的净现值变成零。也可以说，IRR 函数是一种特殊的 NPV 的过程。

$$\sum_{i=0}^{n}\frac{value_i}{(1+IRR)^i}=0$$

因为这些现金流可能作为年金，因此不必等同。但是现金流必须定期（如每月或每年）出现。内部收益率是针对包含付款（负值）和收入（正值）的定期投资收到的利率。

示例18-17 计算内部收益率

某工厂投资 80 000 元购买了一套设备，之后的 5 年内每年的收益情况如图 18-18 所示，计算内部收益率为多少。

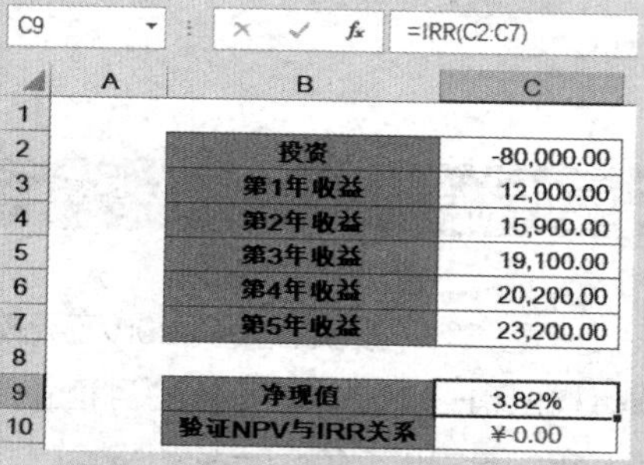

C9 =IRR(C2:C7)

	A	B	C
1			
2		投资	-80,000.00
3		第1年收益	12,000.00
4		第2年收益	15,900.00
5		第3年收益	19,100.00
6		第4年收益	20,200.00
7		第5年收益	23,200.00
8			
9		净现值	3.82%
10		验证NPV与IRR关系	¥-0.00

图 18-18 计算内部收益率

在 C9 单元格输入以下公式：

```
=IRR(C2:C7)
```

得到结果为 3.82%，如果此设备的使用年限只有 5 年，那么说明如果现在的贴现率低于 3.82%，那么购买此设备并生产得到的收益更高。反之，如果贴现率高于 3.82%，那么这样的投资便是失败的。

在 C10 单元格输入以下公式，其结果为 0，以此来验证 NPV 与 IRR 之间的关系。

```
=NPV(C9,C3:C7)+C2
```

18.4.3　不定期净现值函数 XNPV

XNPV 函数用于返回一组现金流的净现值，这些现金流不一定定期发生。它与 NPV 函数的区别如下。

- NPV 函数是基于相同的时间间隔定期发生，而 XNPV 是不定期的。
- NPV 的现金流发生是在期末，而 XNPV 是在每个阶段的开头。

P_i 代表第 i 个支付金额，d_i 代表第 i 个支付日期，d_1 代表第 0 个支付日期，则 XNPV 的计算公式如下。

$$\text{XNPV}=\sum_{i=1}^{n}\frac{P_i}{(1+\text{RATE})^{\frac{d_i-d_1}{365}}}$$

XNPV 函数是基于一年 365 天来计算，将年利率折算成等价的日实际利率。

示例18-18　不定期现金流量净现值

已知贴现率为 5%，某工厂在 2015 年 1 月 1 日投资 80000 元购买了一套设备，不等期的收益金额情况如图 18-19 所示，求得此项投资的净现值。

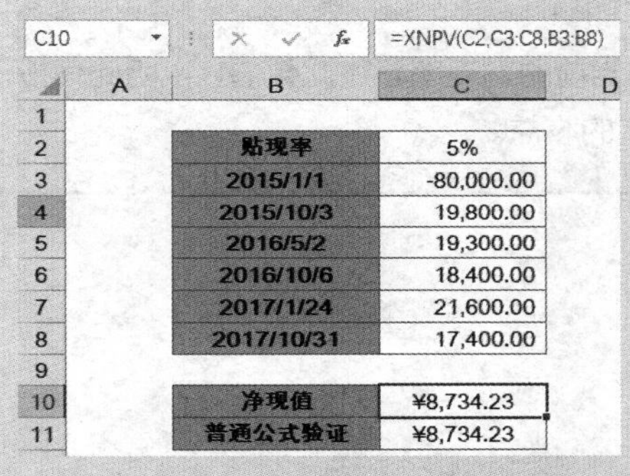

C10　=XNPV(C2,C3:C8,B3:B8)

	A	B	C	D
1				
2		贴现率	5%	
3		2015/1/1	-80,000.00	
4		2015/10/3	19,800.00	
5		2016/5/2	19,300.00	
6		2016/10/6	18,400.00	
7		2017/1/24	21,600.00	
8		2017/10/31	17,400.00	
9				
10		净现值	¥8,734.23	
11		普通公式验证	¥8,734.23	

图 18-19　不定期现金流量净现值

在 C10 单元格输入以下公式：

```
=XNPV(C2,C3:C8,B3:B8)
```

此结果为正值，说明此项投资是一个好的投资，有超过预期的收益。

在 C11 单元格中输入以下验证公式，按 <Ctrl+Shift+Enter> 组合键。

```
{=SUM(C3:C8/(1+C2)^((B3:B8-B3)/365))}
```

18.4.4　不定期内部收益率函数 XIRR

XIRR 函数用于返回一组不一定定期发生的现金流的内部收益率。与 XNPV 函数一样，它与 IRR 的区别也是需要具体日期，而这些日期不需要定期发生。

P_i 代表第 i 个支付金额，d_i 代表第 i 个支付日期，d_1 代表第 0 个支付日期，则 XIRR 计算的收益率即为函数 XNPV = 0 时的利率，其计算公式如下。

$$\sum_{i=1}^{n}\frac{P_i}{(1+\text{XIRR})^{\frac{d_i-d_1}{365}}}=0$$

示例18-19 不定期现金流量收益率

某工厂在 2015 年 1 月 1 日投资 80000 元购买了一套设备，不定期的收益金额情况如图 18-20 所示，求得此项投资的收益率。

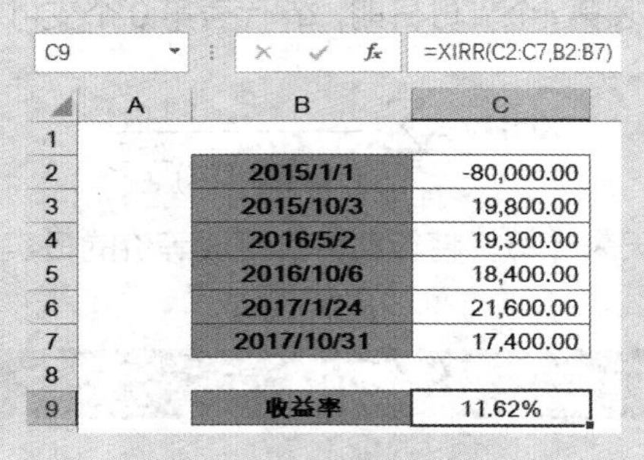

	A	B	C
1			
2		2015/1/1	-80,000.00
3		2015/10/3	19,800.00
4		2016/5/2	19,300.00
5		2016/10/6	18,400.00
6		2017/1/24	21,600.00
7		2017/10/31	17,400.00
8			
9		收益率	11.62%

图 18-20 不定期现金流量收益率

在 C9 单元格输入以下公式：

```
=XIRR(C2:C7,B2:B7)
```

其结果为 11.62%，如果当前的贴现率超过此数值，说明此项投资并不是一个好的投资。反之，则说明此项投资可以获得较高的收益。

第 19 章 工程函数

工程函数是专门为工程师们准备的，用于专业领域计算分析用的函数。

本章学习要点

（1）贝赛尔函数。
（2）数字进制转换函数。
（3）度量衡转换函数。
（4）与积分运算有关的误差函数。
（5）处理复数的函数。

19.1 贝赛尔（Bessel）函数

贝赛尔函数是数学上的一类特殊函数的总称。一般贝赛尔函数是下列常微分方程（常称为贝赛尔方程）的标准解函数 $y(x)$。

$$x^2\frac{d^2y}{dx^2}+x\frac{dy}{dx}+(x^2-\alpha^2)y=0$$

贝塞尔函数的具体形式随上述方程中任意实数 α 变化而变化（相应地，α 称为其对应贝塞尔函数的阶数）。实际应用中最常见的情形为 α 是整数 n，对应解称为 n 阶贝塞尔函数。

贝赛尔函数在波动问题及各种涉及有势场的问题中占有非常重要的地位，最典型的问题有：在圆柱形波导中的电磁波传播问题、圆柱体中的热传导问题及圆形薄膜的振动模态分析问题等。

Excel 共提供了 4 个贝赛尔函数，分别如下。

$$\text{BESSELJ}(x,n)=J_n(x)=\sum_{k=0}^{\infty}\frac{(-1)^k}{(k!\Gamma(n+k+1)}(\frac{x}{2})^{n+2k}$$

图 19-1 第一类贝赛尔函数——J 函数

$$\text{BESSELY}(x,n)=Y_n(x)=\lim_{v\to n}\frac{J_v(x)\cos(v\pi)-J_{-v}(x)}{(\sin(v\pi)}$$

图 19-2 第二类贝赛尔函数——诺依曼函数

$$\text{BESSELK}(x,n)=K_n(x)=\frac{\pi}{2}i^{n+1}[J_n(ix)+iY_n(ix)]$$

图 19-3 第三类贝赛尔函数——汉克尔函数

$$\text{BESSELI}(x,n)=I_n(x)=i^{-n}J_n(ix)$$

图 19-4 虚宗量的贝赛尔函数

注意

当 x 或 n 为非数值型时，贝赛尔函数返回错误值#VALUE!。如果 n 不是整数，将被截尾取整。当 n<0时，贝赛尔函数返回错误值#NUM!。

19.2 数字进制转换函数

工程函数中提供了二进制、八进制、十进制和十六进制之间的数值转换函数。这类函数名称比较容易记忆，其中二进制为 BIN，八进制为 OCT，十进制为 DEC，十六进制为 HEX，数字 2（英文 two、to 的谐音）表示转换的意思。例如，需要将十进制的数转换为十六进制，前面为 DEC，中间加 2，后面为 HEX，因此完成此转换的函数名为 DEC2HEX。所有进制转换函数如表 19-1 所示。

表 19-1 不同数字系统间的进制转换函数

	二进制	八进制	十进制	十六进制
二进制	—	BIN2OCT	BIN2DEC	BIN2HEX
八进制	OCT2BIN	—	OCT2DEC	OCT2HEX
十进制	DEC2BIN	DEC2OCT	—	DEC2HEX
十六进制	HEX2BIN	HEX2OCT	HEX2DEC	—

对于 BIN2DEC、OCT2DEC、HEX2DEC 三个函数，基础语法为：函数 (number)，其他进制转换函数的基础语法为：函数 (number, [places])

其中，参数 number 为待转换的数字进制下的非负数，如果 number 不是整数，将被截尾取整。参数 places 为需要使用的字符数，如果省略此参数，函数将使用必要的最少字符数；如果结果的位数少于指定的位数，将在返回值的左侧自动添加 0。

DEC2BIN、DEC2OCT、DEC2HEX 3个函数的number参数支持负数。当number参数为负数时，将忽略places参数，返回由二进制补码记数法表示的10个字符的二进制数、八进制数、十六进制数。

除此之外，Excel 2016 中还有 BASE 和 DECIMAL 两个进制转换函数。它们可以进行任意数字进制之间的转换，而不仅仅局限于二进制、八进制和十六进制。

BASE 函数可以将十进制数转换为给定基数下的文本，基本语法如下。

```
BASE(number, radix, [min_length])
```

其中，参数 number 为待转换的十进制数字，必须为大于等于 0 且小于 2^53 的整数。参数 radix 是要将数字转换成的基本基数，必须为大于等于 2 且小于等于 36 的整数。[min_length] 是可选参数，指定返回字符串的最小长度，必须为大于等于 0 的整数。如果 number、radix、[min_length] 不是整数，将被截尾取整。

DECIMAL 函数可以按给定基数将数字的文本表示形式转换成十进制数，基本语法如下。

```
DECIMAL(text, radix)
```

其中，参数 text 是给定基数数字的文本表示形式，字符串长度必须小于等于 255，text 参数可以是对于基数有效的字母数字字符的任意组合，并且不区分大小写。参数 radix 是 text 参数的基本基数，必须为大于等于 2 且小于等于 36 的整数。

示例19-1 不同进制数字的相互转换

将十进制数 11259375 转换为十六进制数值，可以使用以下两个公式，结果为“ABCDEF”。

```
=DEC2HEX(11259375)
=BASE(11259375,16)
```

将八进制数 725 转换为二进制数值，可以使用以下两个公式，结果为“111010101”。

```
=OCT2BIN(725)
=BASE(DECIMAL(725,8),2)
```

将十六进制数“ABCDEF2”转换为三十六进制数值，可以使用以下公式，结果为“2Z98MQ”。

```
=BASE(DECIMAL("ABCDEF2",16),36)
```

示例19-2 依次不重复地提取字符串中的大写字母

如图 19-5 所示，原数据中存在汉字、字母、数字混排的情况，为便于数据管理，需在 C 列提取出原字符串中不重复的大写字母。

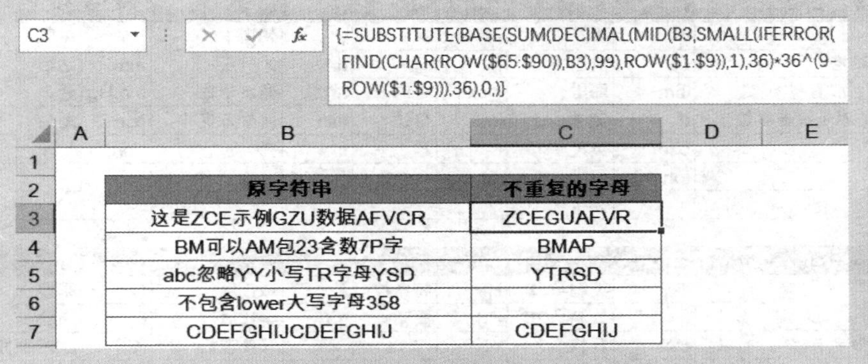

原字符串	不重复的字母
这是ZCE示例GZU数据AFVCR	ZCEGUAFVR
BM可以AM包23含数7P字	BMAP
abc忽略YY小写TR字母YSD	YTRSD
不包含lower大写字母358	
CDEFGHIJCDEFGHIJ	CDEFGHIJ

图 19-5　提取不重复的大写字母

C3 单元格输入以下数组公式，按 <Ctrl+Shift+Enter> 组合键。

```
{=SUBSTITUTE(BASE(SUM(DECIMAL(MID(B3,SMALL(IFERROR(FIND(CHAR(ROW($65:
$90)),B3),99),ROW($1:$9)),1),36)*36^(9-ROW($1:$9))),36),0,)}
```

公式利用 FIND 函数查找大写字母 A~Z 在 B3 单元格中出现的位置，IFERROR 函数将未在 B3 单元格中出现的字母对应位置转化为 99（大于 B3 字符串长度的值），使用 MID 结合 SAMLL 函数依次不重复地提取 B3 单元格中的大写字母。

```
{"Z";"C";"E";"G";"U";"A";"F";"V";"R"}
```

然后使用 DECIMAL 函数将字母转化为十进制数值，按位乘以 36^(9-ROW($1:$9)) 并求和，得到三十六进制的大写字母字符串对应的十进制数值。

最后通过 BASE 函数将十进制数值转化为三十六进制，得到不重复的大写字母组成的字符串。

提示

由于Excel 2016只有15位有效数字，所以待处理的每个单元格内不重复的大写字母个数不能超过9个，否则公式返回结果可能存在误差或者返回错误值。

19.3 用 CONVERT 函数转换度量衡

CONVERT 函数可以将数字从一种度量系统转换为另一种度量系统，基本语法如下。

```
CONVERT(number, from_unit, to_unit)
```

其中，参数 number 为以 from_unit 为单位的需要进行转换的数值，参数 from_unit 为数值 number 的单位，参数 to_unit 为结果的单位。

CONVERT 函数中 from_unit 参数和 to_unit 参数接受的部分文本值（区分大小写）如图 19-6 所示。from_unit 和 to_unit 必须是同一列，否则函数返回错误值 #N/A。

重量和质量	unit	距离	unit	时间	unit	压强	unit	力	unit
克	g	米	m	年	yr	帕斯卡	Pa	牛顿	N
斯勒格	sg	英里	mi	日	day	大气压	atm	达因	dyn
磅（常衡制）	lbm	海里	Nmi	小时	hr	毫米汞柱	mmHg	磅力	lbf
U（原子质量单位）	u	英寸	in	分钟	min	磅平方英寸	psi	朋特	pond
盎司	ozm	英尺	ft	秒	s	托	Torr		
吨	ton	码	yd						
		光年	ly						

能量	unit	功率	unit	磁	unit	温度	unit	容积	unit
焦耳	J	英制马力	HP	特斯拉	T	摄氏度	C	茶匙	tsp
尔格	e	公制马力	PS	高斯	ga	华氏度	F	汤匙	tbs
热力学卡	c	瓦特	W			开氏温标	K	U.S. 品脱	pt
IT卡	cal					兰氏度	Rank	夸脱	qt
电子伏	eV					列氏度	Reau	加仑	gal
马力-小时	HPh							升	L
瓦特-小时	Wh							立方米	m3
英尺磅	flb							立方英寸	ly3

图 19-6　CONVERT 函数的单位参数

例如，将 1 克转化为盎司，可以使用以下公式。

```
=CONVERT(1,"g","ozm")
```

公式结果为 0.0352739619495804，即 1g= 0.0352739619495804ozm。

19.4　用 ERFC 函数计算误差

在数学中，误差函数（也称为高斯误差函数）是一个非基本函数，在概率论、统计学及偏微分方程中都有广泛的应用。自变量为 x 的误差函数定义为：$\mathrm{erf}(x)=\frac{2}{\sqrt{\pi}}\int_0^x e^{-\eta^2}d\eta$，且有 $\mathrm{erf}(\infty)=1$ 和 $\mathrm{erf}(-x)=-\mathrm{erf}(x)$。余补误差函数定义为：$\mathrm{erf\,c}(x)=1-\mathrm{erf}(x)=\frac{2}{\sqrt{\pi}}\int_x^{\infty} e^{-\eta^2}d\eta$。

在 Excel 中，ERF 函数返回误差函数在上下限之间的积分，它的语法如下。

$$\mathrm{ERF(lower\_limit,\ [upper\_limit])}=\frac{2}{\sqrt{\pi}}\int_{lower\_limit}^{upper\_limit} e^{-\eta^2}d\eta$$

其中，lower_limit 参数为 ERF 函数的积分下限。upper_limit 参数为 ERF 函数的积分上限，如果省略，ERF 函数将在 0 到 lower_limit 之间积分。

ERFC 函数即余补误差函数，它的语法如下。

```
ERFC(x)
```

其中，x 为 ERFC 函数的积分下限。

例如，计算误差函数在 0.5 到 2 之间的积分，可以使用以下公式。

```
=ERF(0.5,2)
```

计算结果为 0.474822387205906。

19.5　用 IMSUM 函数处理复数计算

工程函数中有许多处理复数的函数。如 IMSUM 函数，可以返回以 $x+yi$ 文本格式表示的两个或多个复数的和，基本语法如下。

```
IMSUM(inumber1, [inumber2]...)
```

其中，inumber1、inumber2 等为文本格式表示的复数。

示例19-3　旅行费用统计

图 19-7 展示了前往美国旅行的费用明细，其中包括人民币和美元两部分，需要计算一次美国旅行的平均费用。

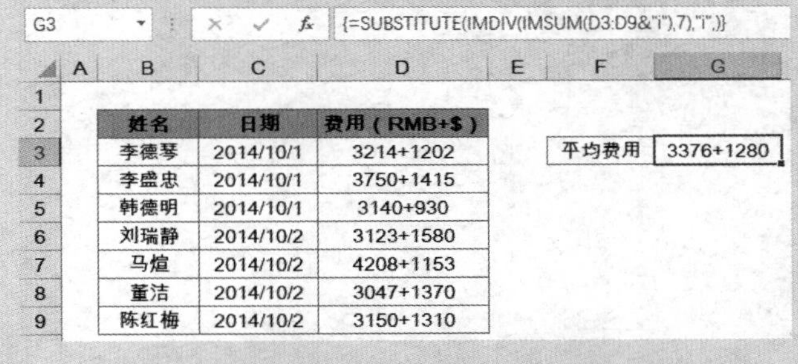

姓名	日期	费用（RMB+$）
李德琴	2014/10/1	3214+1202
李盛忠	2014/10/1	3750+1415
韩德明	2014/10/1	3140+930
刘瑞静	2014/10/2	3123+1580
马煊	2014/10/2	4208+1153
董洁	2014/10/2	3047+1370
陈红梅	2014/10/2	3150+1310

图 19-7　旅行费用明细

在 G3 单元格输入以下数组公式，按 <Ctrl+Shift+Enter> 组合键。

```
{=SUBSTITUTE(IMDIV(IMSUM(D3:D9&"i"),7),"i",)}
```

公式首先将费用与字母“i”连接，将其转换为文本格式表示的复数。然后利用 IMSUM 函数返回复数的和，再利用 IMDIV 函数返回平均值。最后利用 SUBSTITUTE 函数将作为复数标志的字母“i”替换为空，即得平均费用。

第 20 章　Web 类函数

Web 类函数目前只包含 3 个函数：ENCODEURL、WEBSERVICE 和 FILTERXML。使用此类函数可以通过网页链接直接用公式从 Web 服务器获取数据，将类似有道翻译、天气查询、股票、汇率等网络应用方便地引入 Excel，进而衍生出无数精妙的函数应用。

本章学习要点

（1）Web 类函数语法简介。　　（2）Web 类函数应用实例。

20.1　Web 类函数简介

20.1.1　ENCODEURL 函数

ENCODEURL 函数的作用是对 URL 地址（主要是中文字符）进行 UTF-8 编码，其基本语法是：

```
ENCODEURL(text)
```

其中，text 参数为需要进行 UTF-8 编码的字符串。

使用以下公式可以生成谷歌翻译的网址。

```
="http://translate.google.cn/?#zh-CN/en/"&ENCODEURL(" 函数 ")
```

公式将“函数”进行 UTF-8 编码，返回如下 URL 地址。

```
http://translate.google.cn/?#zh-CN/en/%E5%87%BD%E6%95%B0
```

将生成的网址复制到浏览器地址栏中，可以直接打开谷歌翻译页面，得到字符串“函数”的英文翻译结果，如图 20-1 所示。

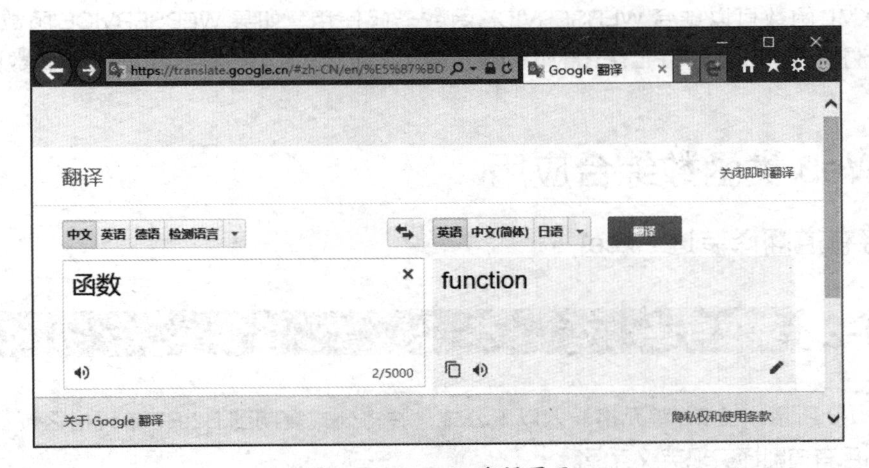

图 20-1　Google 翻译界面

ENCODEURL 函数不仅适用于生成网址，而且适用于所有以 UTF-8 编码方式对中文字符进行编码的场合。以前在 VBA 网页编程中可能需要自己编写函数来实现这个编码过程，现在使用这个工作表函数可以直接实现。

20.1.2 WEBSERVICE 函数

WEBSERVICE 函数可以通过网页链接地址直接从 Web 服务器获取数据，其基本语法是：

```
WEBSERVICE(url)
```

其中，url 是 Web 服务器的网页地址。如果 url 字符串长度超过 2048 个字符，则 WEBSERVICE 函数返回错误值 #VALUE!。

只有在计算机联网的前提下，才能使用WEBSERVICE函数从Web服务器获取数据。

示例20-1 获取本机IP地址

在工作表中任一单元格输入以下公式，就可以通过网页链接获取用户的 IP 地址。

```
=TRIM(LEFT(SUBSTITUTE(WEBSERVICE("http://api.liqwei.com/location/"),",",REPT(" ",15)),15))
```

公式利用 WEBSERVICE 函数通过网页链接获取数据，经过一系列文本函数处理，最终得到用户的 IP 地址。

20.1.3 FILTERXML 函数

FILTERXML 函数可以获取 XML 结构化内容中指定格式路径下的信息，其基本语法是：

```
FILTERXML(xml, xpath)
```

其中，xml 参数是有效 XML 格式文本，xpath 参数是需要查询的目标数据在 XML 中的标准路径。

FILTERXML 函数可以结合 WEBSERVICE 函数一起使用，如果 WEBSERVICE 函数获取到的是 XML 格式的数据，则可以通过 FILTERXML 函数直接从 XML 的结构化信息中过滤出目标数据。

20.2 Web 类函数综合应用

20.2.1 将有道翻译装进 Excel

示例20-2 英汉互译

如图 20-2 所示，在 B2 单元格输入以下公式，并将公式复制到 B2:B7 单元格区域，就可以在工作表中利用有道翻译实现英汉互译。

B2 =FILTERXML(WEBSERVICE("http://fanyi.youdao.com/translate?&i="&ENCODEURL(A2)&"&doctype=xml&version"),"//translation")

	A	B
1	原文	有道英汉互译
2	你真漂亮。	You are so beautiful.
3	I love you.	我爱你。
4	建筑抗震设计规范	Building seismic design code
5	appointments	任命
6	你好吗？	How are you?
7	I would like a cup of tea.	我想喝杯茶。

图 20-2 使用函数实现英汉互译

```
=FILTERXML(WEBSERVICE("http://fanyi.youdao.com/translate?&i="&ENCODEURL(A2)&"&doctype=xml&version"),"//translation")
```

公式利用 ENCODEURL 函数将原文转换为 UTF-8 编码，并应用于 url 中。然后利用 WEBSERVICE 函数从有道翻译获取包含对应译文的 XML 格式文本，最后利用 FILTERXML 函数从中提取出目标译文。

20.2.2 将天气预报装进 Excel

示例20-3 Excel版天气预报

如图 20-3 所示，A2 单元格为城市中文名称，在 B2 单元格输入以下公式，可从聚合天气预报获取相应城市天气信息的 XML 格式文本。

```
=WEBSERVICE("http://v.juhe.cn/weather/index?format=2&dtype=xml&cityname="&A2&"&key=0a479c4008c0eb6014333c5d924ca83c")
```

B2 =WEBSERVICE("http://v.juhe.cn/weather/index?format=2&dtype=xml&cityname="&A2&"&key=0a479c4008c0eb6014333c5d924ca83c")

	A	B	C	D	E
1	城市	从服务器获取的XML格式文本			
2	杭州	<?xml version="1.0" encoding="utf-8"?><root><resultcode>			
3					
4	date	week	weather	wind	temperature
5	20170512	星期五	小雨-中雨转阴	东北风4-5 级	16℃~22℃
6	20170513	星期六	多云	南风微风	18℃~29℃
7	20170514	星期日	多云转阴	东风微风	18℃~30℃
8	20170515	星期一	多云	东风微风	17℃~26℃
9	20170516	星期二	阵雨转阴	东风微风	18℃~25℃
10	20170517	星期三	多云转阴	东风微风	18℃~30℃
11	20170518	星期四	多云	南风微风	18℃~29℃

图 20-3 将天气预报装进 Excel

在 A5 单元格输入以下公式，并将公式复制到 A5:E11 单元格区域。

```
=INDEX(FILTERXML($B$2,"//"&A$4),ROW(1:1)+(A$4<>$A$4))
```

以 C5 单元格公式为例，公式利用 FILTERXML 函数提取 B2 单元格中 XML 数据 weather 路径下的内容。由于 weather 路径下存在多个内容，所以 FILTERXML 函数返回一个数组。如杭州从今往后 7 天的天气（当天的天气会重复两次）：{" 小雨 - 中雨转阴 ";" 小雨 - 中雨转阴 ";" 多云 ";" 多云转阴 ";" 多云 ";" 阵雨转阴 ";" 多云转阴 ";" 多云 "}。最后使用 INDEX 函数将各数据依次显示在 C5:C11 单元格中。

更多 Web 类函数的典型应用，请扫描左侧的二维码观看视频讲解。

第 21 章　数组公式

如果希望精通 Excel 函数与公式，那么数组公式是必须跨越的门槛。通过本章的介绍，能够深刻地理解数组公式和数组运算，并能够利用数组公式来解决实际工作中的一些疑难问题。

本章学习要点

（1）理解数组、数组公式与数组运算。
（2）掌握数组的构建及数组填充。
（3）理解并掌握数组公式的一些高级应用。
（4）统计类函数的综合应用。

21.1　理解数组

21.1.1　Excel 中数组的相关定义

在 Excel 函数与公式中，数组是指按一行、一列或多行多列排列的一组数据元素的集合。数据元素可以是数值、文本、日期、逻辑值和错误值等。

数组的维度是指数组的行列方向，一行多列的数组为横向数组，一列多行的数组为纵向数组。多行多列的数组则同时拥有纵向和横向两个维度。

数组的维数是指数组中不同维度的个数。只有一行或一列的数组，称为一维数组；多行多列拥有两个维度的数组称为二维数组。

数组的尺寸是以数组各行各列上的元素个数来表示的。一行 *N* 列的一维横向数组的尺寸为 1×*N*；一列 *N* 行的一维纵向数组的尺寸为 *N*×1；*M* 行 *N* 列的二维数组的尺寸为 *M*×*N*。

21.1.2　Excel 中数组的存在形式

➲ Ⅰ　常量数组

常量数组是指直接在公式中写入数组元素，并用大括号“{}”在首尾进行标识的字符串表达式。常量数组不依赖单元格区域，可直接参与公式的计算。

常量数组的组成元素只可为常量元素，不能是函数、公式或单元格引用。数值型常量元素中不可以包含美元符号、逗号和百分号。

一维纵向数组的各元素用半角分号“;”间隔，以下公式表示尺寸为 6×1 的数值型常量数组。

```
={1;2;3;4;5;6}
```

一维横向数组的各元素用半角逗号“,”间隔，以下公式表示尺寸为 1×4 的文本型常量数组。

```
={"二","三","四","五"}
```

文本型常量元素必须用半角双引号“"”将首尾标识出来。

二维数组的每一行上的元素用半角逗号“,”间隔，每一列上的元素用半角分号“;”间隔。以下公式表示尺寸为 4×3 的二维混合数据类型的数组，包含数值、文本、日期、逻辑值和错误值。

```
={1,2,3;"姓名","刘丽","2014/10/13";TRUE,FALSE,#N/A;#DIV/0!,#NUM!,#REF!}
```

将这个数组填入表格区域中，排列方式如图 21-1 所示。

1	2	3
姓名	刘丽	2014/10/13
TRUE	FALSE	#N/A
#DIV/0!	#NUM!	#REF!

图 21-1　4 行 3 列的数组

提示

手工输入常量数组的过程比较烦琐，可以借助单元格引用来简化常量数组的录入。例如，在单元格A1:A7中分别输入“A-G”的字符后，在B1单元格中输入公式：=A1:A7，然后在编辑栏中选中公式，按<F9>键即可将单元格引用转换为常量数组。

➲ II　区域数组

区域数组实际上就是公式中对单元格区域的直接引用，维度和尺寸与常量数组完全一致。例如，以下公式中的 A1:A9 和 B1:B9 都是区域数组。

```
=SUMPRODUCT(A1:A9*B1:B9)
```

➲ III　内存数组

内存数组是指通过公式计算，返回的多个结果值在内存中临时构成的数组。内存数组不必存储到单元格区域中，可作为一个整体直接嵌套到其他公式中继续参与计算。例如，

```
{=SMALL(A1:A9,{1,2,3})}
```

公式中，{1,2,3} 是常量数组，而整个公式的计算结果为 A1:A9 单元格区域中最小的 3 个数组成的 1 行 3 列的内存数组。

内存数组与区域数组的主要区别如下。

❖ 区域数组通过单元格区域引用获得，内存数组通过公式计算获得。

❖ 区域数组依赖于引用的单元格区域，内存数组独立存在于内存中。

➲ IV　命名数组

命名数组是使用命名公式（即名称）定义的一个常量数组、区域数组或内存数组，该名称可在公式中作为数组来调用。在数据验证（验证条件的序列除外）和条件格式的自定义公式中，不接受常量数组，但可使用命名数组。

21.2　数组公式与数组运算

21.2.1　认识数组公式

数组公式不同于普通公式，是以按 <Ctrl+Shift+Enter> 组合键完成编辑的特殊公式。作为数组公式的标识，Excel 会自动在数组公式的首尾添加大括号“{}”。数组公式的实质是单元格公式的一种书写形式，用来显式地通知 Excel 计算引擎对其执行多项计算。

多项计算是对公式中有对应关系的数组元素同时分别执行相关计算的过程。

但是，并非所有执行多项计算的公式都必须以数组公式的输入方式来完成编辑。在 array 数组型或 vector 向量类型的函数参数中使用数组，并返回单一结果时，不需要使用数组公式就能自动进行多项计算，如 SUMPRODUCT 函数、LOOKUP 函数、MMULT 函数及 MODE.MULT 函数等。

21.2.2　多单元格数组公式

在单个单元格中使用数组公式进行多项计算后，有时可以返回一组运算结果，但单元格中只能显示单个值（通常是结果数组中的首个元素），而无法显示整组运算结果。使用多单元格数组公式，则可以将结果数组中的每一个元素分别显示在不同的单元格中。

示例21-1　多单元格数组公式计算销售额

图 21-2 展示的是某超市销售记录表的部分内容。需要以 E3:E10 的单价乘以 F3:F10 的数量，计算不同业务员的销售额。

同时选中 G3:G10 单元格区域，在编辑栏输入以下公式（不包括两侧大括号），按 <Ctrl+Shift+Enter> 组合键。

```
{=E3:E10*F3:F10}
```

G3　{=E3:E10*F3:F10}

	A	B	C	D	E	F	G
1						利润率：	20%
2		序号	销售员	饮品	单价	数量	销售额
3		1	王志	可乐	2	36	72.00
4		2	张君玉	农夫山泉	1	92	92.00
5		3	凌海兴	营养快线	4	42	168.00
6		4	龙玥蓉	原味绿茶	3.5	45	157.50
7		5	王静华	雪碧	3	29	87.00
8		6	杨锦辉	冰红茶	2.5	55	137.50
9		7	孙道祥	鲜橙多	5	46	230.00
10		8	杜凤君	美年达	3.5	40	140.00

图 21-2　多单元格数组公式计算销售额

这种在多个单元格使用同一公式，并按 <Ctrl+Shift+Enter> 组合键结束编辑的公式，称为“多单元格数组公式”。

此公式将各种商品的单价分别乘以各自的销售数量，获得一个内存数组 {72;92;168;157.5;87;137.5;230;140}，并将其在 G3:G10 单元格区域中显示出来（在本示例中生成的内存数组与单元格区域尺寸完全一致）。

注意

多单元格数组公式计算所得的内存数组尺寸大于单元格区域尺寸时，单元格区域内只显示部分结果。当内存数组尺寸小于单元格区域尺寸时，多余的单元格区域显示错误值#N/A。

21.2.3　单个单元格数组公式

单个单元格数组公式是指在单个单元格中进行多项计算并返回单一值的数组公式。

示例21-2　单个单元格数组公式

沿用示例 21-1 的销售数据，可以使用单个单元格数组公式统计所有饮品的总销售利润。

如图 21-3 所示，在 G12 单元格输入以下数组公式，按 <Ctrl+Shift+Enter> 组合键。

```
{=SUM(E3:E10*F3:F10)*G1}
```

该公式先将各饮品的单价和销量分别相乘，然后用 SUM 函数汇总数组中的所有元素，得到总销售额。最后乘以 G1 单元格的利润率，即得出所有饮品的总销售利润。

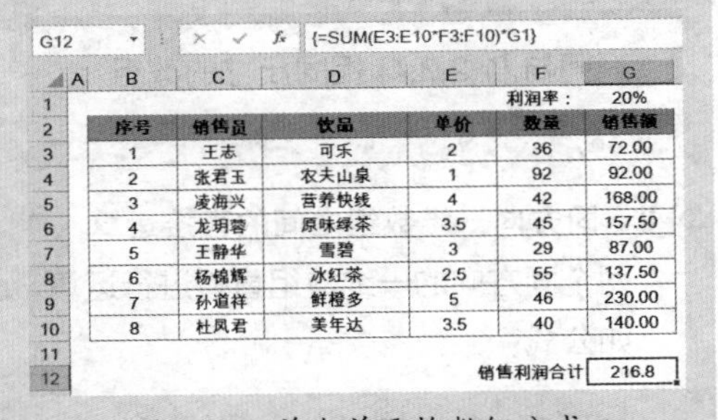

G12　{=SUM(E3:E10*F3:F10)*G1}

	A	B	C	D	E	F	G
1						利润率：	20%
2		序号	销售员	饮品	单价	数量	销售额
3		1	王志	可乐	2	36	72.00
4		2	张君玉	农夫山泉	1	92	92.00
5		3	凌海兴	营养快线	4	42	168.00
6		4	龙玥蓉	原味绿茶	3.5	45	157.50
7		5	王静华	雪碧	3	29	87.00
8		6	杨锦辉	冰红茶	2.5	55	137.50
9		7	孙道祥	鲜橙多	5	46	230.00
10		8	杜凤君	美年达	3.5	40	140.00
11							
12						销售利润合计	216.8

图 21-3　单个单元格数组公式

由于 SUM 函数的参数为 number 类型，不能直接支持多项运算，所以该公式必须以数组公式的形式按 <Ctrl+Shift+Enter> 组合键输入，显式通知 Excel 执行多项运算。

本例中的公式可用 SUMPRODUCT 函数代替。

```
=SUMPRODUCT(E3:E10*F3:F10)*G1
```

SUMPRODUCT 函数的参数是 array 数组类型，直接支持多项运算，因此该公式以普通公式的形式输入就能够得出正确结果。

21.2.4 数组公式的编辑

针对多单元格数组公式的编辑有如下限制。

- ❖ 不能单独改变数组公式区域中某一部分单元格的内容。
- ❖ 不能单独移动数组公式区域中某一部分单元格。
- ❖ 不能单独删除数组公式区域中某一部分单元格。
- ❖ 不能在数组公式区域插入新的单元格。

如需修改数组公式，操作步骤如下。

步骤① 选择公式所在单元格或单元格区域，按 <F2> 键进入编辑模式。

步骤② 修改公式内容后，按 <Ctrl+Shift+Enter> 组合键结束编辑。

如需删除数组公式，操作步骤如下。

步骤① 选择数组公式所在的任意一个单元格，按 <F2> 键进入编辑状态。

步骤② 删除该单元格公式内容后，按下 <Ctrl+Shift+Enter> 组合键结束编辑。

另外，还可以先选择数组公式所在的任意一个单元格，按 <Ctrl+/> 组合键选择多单元格数组公式区域后，按 <Delete> 键进行删除。

21.2.5 数组的直接运算

所谓直接运算，指的是不使用函数，直接使用运算符对数组进行运算。由于数组的构成元素包含数值、文本、逻辑值、错误值，因此数组继承着各类数据的运算特性（错误值除外）。数值型和逻辑型数组可以进行加、减、乘、除等常规的算术运算，文本型数组可以进行连接运算。

➲ Ⅰ 数组与单值直接运算

数组与单值（或单元素数组）可以直接运算，返回与原数组尺寸相同的数组。

如公式：

```
{={1,2,3,4}+5}
```

返回与 {1,2,3,4} 相同尺寸的数组：

```
{6,7,8,9}
```

➲ Ⅱ 同方向一维数组之间的直接运算

两个同方向的一维数组直接进行运算，会根据元素的位置进行一一对应运算，生成一个新的数组。

如公式：

```
{={1;2;3;4}*{2;3;4;5}}
```

返回结果为：

```
{2;6;12;20}
```

1	*	2	=	2
2	*	3	=	6
3	*	4	=	12
4	*	5	=	20

图 21-4　同方向一维数组的运算

公式的运算过程如图 21-4 所示。

参与运算的两个一维数组需要具有相同的尺寸，否则运算结果的部分数据为错误值 #N/A。例如，以下公式：

```
{={1;2;3;4}+{1;2;3}}
```

返回结果为：

```
{2;4;6;#N/A}
```

超出较小数组尺寸的部分会出现错误值。

示例21-3 多条件成绩查询

图 21-5 展示的是学生成绩表的部分内容，需要根据姓名和科目查询学生的成绩。

H5 | {=INDEX(E:E,MATCH(H3&H4,C1:C11&D1:D11,))}

序号	姓名	科目	成绩
1	任继先	语文	65
2	陈尚武	数学	56
3	李光明	英语	78
4	陈尚武	语文	91
5	陈尚武	英语	99
6	任继先	数学	76
7	李光明	数学	73
8	任继先	英语	60
9	李光明	语文	86

查询	
姓名	陈尚武
科目	语文
成绩	91

图 21-5　根据姓名和科目查询成绩

在 H5 单元格输入以下数组公式。

```
{=INDEX(E:E,MATCH(H3&H4,C1:C11&D1:D11,))}
```

公式中将两个一维区域引用进行连接运算，即 C1:C11&D1:D11，生成同尺寸的一维数组。然后利用 MATCH 函数进行查找定位，最终查询出指定学生的成绩。

➲ Ⅲ　不同方向一维数组之间的直接运算

$M\times1$ 的垂直数组与 $1\times N$ 的水平数组直接运算的运算方式是：数组中每个元素分别与另一数组的每个元素进行运算，返回 $M\times N$ 二维数组。

如以下公式：

```
{={1,2,3}+{1;2;3;4}}
```

返回结果为：

```
{2,3,4;3,4,5;4,5,6;5,6,7}
```

公式运算过程如图 21-6 所示。

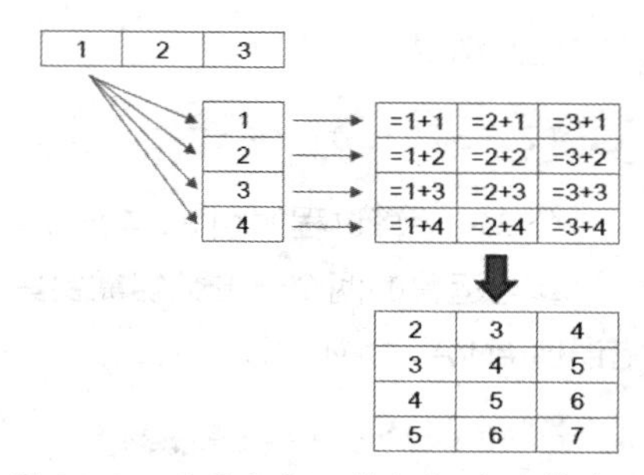

图 21-6　不同方向一维数组的运算过程

➲ IV　一维数组与二维数组之间的直接运算

如果一维数组的尺寸与二维数组的同维度上的尺寸一致，则可以在这个方向上进行一一对应的运算。即 $M \times N$ 的二维数组可以与 $M \times 1$ 或 $1 \times N$ 的一维数组直接运算，返回一个 $M \times N$ 的二维数组。

如以下公式：

```
{={1;2;3}*{1,2;3,4;5,6}}
```

返回结果为：

```
{1,2;6,8;15,18}
```

公式运算过程如图 21-7 所示。

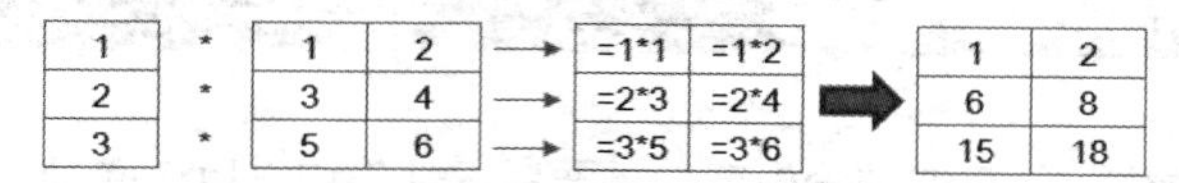

图 21-7　一维数组与二维数组的运算过程

如果一维数组与二维数组的同维度上的尺寸不一致，则结果将包含错误值 #N/A。

如以下公式：

```
{={1;2;3}*{1,2;3,4}}
```

返回结果为：

```
{1,2;6,8;#N/A,#N/A}
```

➲ V　二维数组之间的直接运算

两个具有相同尺寸的二维数组可以直接运算，运算过程是将相同位置的元素两两对应进行运算，返回一个与它们尺寸一致的二维数组。

如以下公式：

```
{={1,2;2,4;3,6;4,8}+{7,9;5,3;3,1;1,5}}
```

返回结果为：

```
{8,11;7,7;6,7;5,13}
```

公式运算过程如图 21-8 所示。

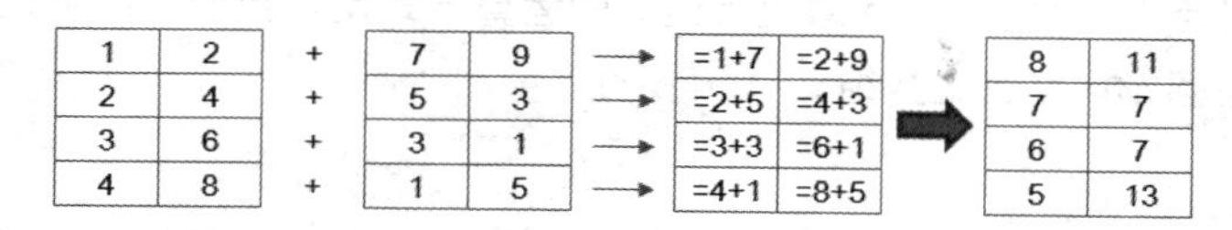

图 21-8　二维数组之间的运算过程

如果参与运算的两个二维数组尺寸不一致，生成的结果以两个数组中的最大行列尺寸为新的数组尺寸，但超出小尺寸数组的部分会产生错误值 #N/A。

如以下公式：

```
{={1,2;2,4;3,6;4,8}+{7,9;5,3;3,1}}
```

返回结果为：

```
{8,11;7,7;6,7;#N/A,#N/A }
```

21.2.6　数组的矩阵运算

MMULT 函数用于计算两个数组的矩阵乘积，其语法结构为：

```
MMULT(array1,array2)
```

其中，array1、array2 是要进行矩阵乘法运算的两个数组。array1 的列数必须与 array2 的行数相同，而且两个数组都只能包含数值元素。

示例21-4　和为30的随机内存数组

如图 21-9 所示，需要生成 4 个随机数，并满足和为 30 的条件。

在 C3:C6 单元格区域输入以下多单元格数组公式，按 <Ctrl+Shift+Enter> 组合键。

```
{=MMULT(N(RANDBETWEEN(COLUMN(A:AD)^0,4)={1;2;3;4}),
ROW(1:30)^0)}
```

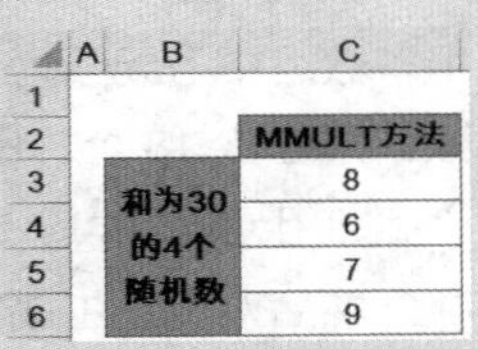

	A	B	C
1			
2			MMULT方法
3		和为30的4个随机数	8
4			6
5			7
6			9

图 21-9　随机内存数组

公式利用 RANDBETWEEN 函数生成 30 个大于等于 1 且小于等于 4 的随机数，然后与常量数组 {1;2;3;4} 进行比较运算，得到 4 × 30 的二维逻辑值数组。

然后利用 N 函数将逻辑值 TRUE 转化为数值 1，将 FALSE 转化为数值 0，以便 MMULT 函数的处理。

最后通过 MMULT 函数进行矩阵运算，计算二维数组每行元素的和，得到 30 个数中分别等于 1、2、3、4 的个数，即为所求的随机内存数组。

21.3　数组构建及填充

在数组公式中，经常使用函数来重新构造数组。掌握相关的数组构建方法，对于数组公式的运用有很大的帮助。

21.3.1　行列函数生成数组

数组公式中经常需要使用“自然数序列”作为函数的参数，如 LARGE 函数的第 2 个参数、OFFSET 函数除第 1 个参数以外的其他参数等。手工输入常量数组比较麻烦，且容易出错，而利用 ROW、COLUMN 函数生成序列则非常方便快捷。

以下公式产生 1~15 的自然数垂直数组。

```
{=ROW(1:15)}
```

以下公式产生 1~10 的自然数水平数组。

```
{=COLUMN(A:J)}
```

21.3.2　一维数组生成二维数组

示例21-5　随机安排考试座位

图 21-10 展示的是某学校的部分学员名单，要求将 B 列的 18 位学员随机排列到 6 行 3 列的考试座位中。

在 D3:F8 单元格区域输入以下多单元格数组公式，按 <Ctrl+Shift+Enter> 组合键。

```
{=INDEX(B2:B19,RIGHT(SMALL(RANDBETWEEN(A2:A19^0,999)/1%+A2:A19,
ROW(1:6)*3-{2,1,0}),2))}
```

首先利用 RANDBETWEEN 函数生成一个数组，数组中各元素为 1~1000 之间的一个随机整数，共包含 18 个。由于各元素都是随机产生，因此数组元素的大小是随机排列的。

然后对上述生成的数组乘以 100，再加上由 1~18 构成的序数数组，确保数组元素大小随机的前提下最后两位数字为序数 1~18。

再利用 ROW 函数生成垂直数组 {1;2;3;4;5;6}，结合常量数组 {2,1,0}，根据数组直接运算的原理生成 6 行 3 列的二维数组。该结果作为 SMALL 函数的第 2 个参数，对经过乘法和加法处理后的数组进行重新排序。由于原始数组的大小是随机的，因此排序使各元素最后两位数字对应的序数成为随机排列。

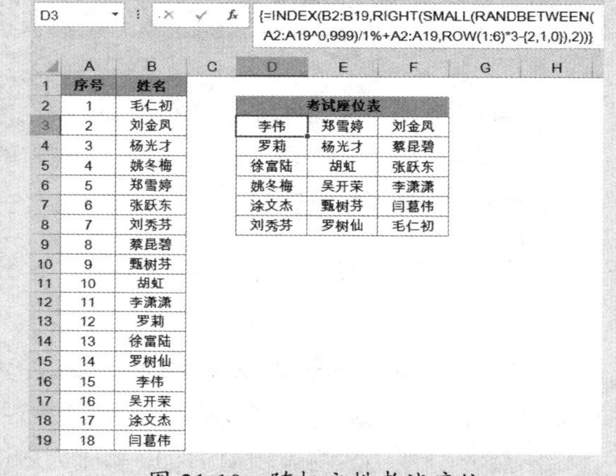

序号	姓名
1	毛仁初
2	刘金凤
3	杨光才
4	姚冬梅
5	郑雪婷
6	张跃东
7	刘秀芬
8	蔡昆碧
9	甄树芬
10	胡虹
11	李潇潇
12	罗莉
13	徐富陆
14	罗树仙
15	李伟
16	吴开荣
17	涂文杰
18	闫葛伟

考试座位表		
李伟	郑雪婷	刘金凤
罗莉	杨光才	蔡昆碧
徐富陆	胡虹	张跃东
姚冬梅	吴开荣	李潇潇
涂文杰	甄树芬	闫葛伟
刘秀芬	罗树仙	毛仁初

图 21-10　随机安排考试座位

最后，用 RIGHT 函数取出数组中各元素最后的两位数字，并通过 INDEX 函数返回 B 列相应位置的学员姓名，即得到随机安排的学员座位表。

21.3.3　提取子数组

➲ Ⅰ　从一维数据中提取子数组

在日常应用中，经常需要从一列数据中取出部分数据，并进行再处理。例如，在员工信息表中提取指定要求的员工列表、在成绩表中提取总成绩大于平均成绩的人员列表等。下面介绍从一列数据中提取部分数据形成子数组的方法。

示例21-6　按条件提取人员名单

图 21-11 展示的是某学校语文成绩表的部分内容，使用以下公式可以提取成绩大于 100 分的人员姓名生成内存数组。

```
{=T(OFFSET(B1,SMALL(IF(C2:C9>100,A2:A9),ROW(INDIRECT("1:"&COUNTIF(C2:C9,">100")))),))}
```

E3　{=T(OFFSET(B1,SMALL(IF(C2:C9>100,A2:A9),ROW(INDIRECT("1:"&COUNTIF(C2:C9,">100")))),))}

	A	B	C	D	E
1	序号	姓名	语文成绩		成绩大于100分的人员名单
2	1	李春梅	104		
3	2	李萍	120		李春梅
4	3	肖成彬	86		李萍
5	4	张丽莹	114		张丽莹
6	5	段远香	111		段远香
7	6	许聪	80		杨艳
8	7	张桂英	94		
9	8	杨艳	139		

图 21-11　提取成绩大于 100 分的人员名单

首先利用 IF 函数判断成绩是否满足条件，若成绩大于 100 分，则返回序号，否则返回逻辑值 FALSE。

然后利用 COUNTIF 函数统计成绩大于 100 分的人数 *n*，并结合 ROW 函数和 INDIRECT 函数生成 1~*n* 的自然数序列。

再利用 SMALL 函数提取成绩大于 100 分的人员序号，OFFSET 函数根据 SMALL 函数返回的结果逐个提取人员姓名。

最终利用 T 函数将 OFFSET 函数返回的多维引用转换为内存数组。

关于多维引用请参阅第 22 章。

➲ II　从二维区域中提取子数组

示例21-7　提取单元格区域内的文本

如图 21-12 所示，A2:D5 单元格区域包含文本和数值两种类型的数据。

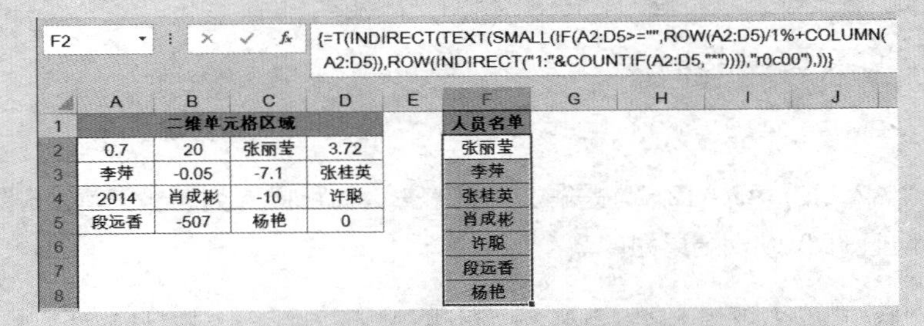

F2　{=T(INDIRECT(TEXT(SMALL(IF(A2:D5>="",ROW(A2:D5)/1%+COLUMN(A2:D5)),ROW(INDIRECT("1:"&COUNTIF(A2:D5,"*")))),"r0c00"),))}

	A	B	C	D	E	F
1	二维单元格区域					人员名单
2	0.7	20	张丽莹	3.72		张丽莹
3	李萍	-0.05	-7.1	张桂英		李萍
4	2014	肖成彬	-10	许聪		张桂英
5	段远香	-507	杨艳	0		肖成彬
6						许聪
7						段远香
8						杨艳

图 21-12　提取单元格区域内的文本

使用以下公式可以提取单元格区域内的文本，并形成内存数组。

```
{=T(INDIRECT(TEXT(SMALL(IF(A2:D5>="",ROW(A2:D5)/1%+COLUMN(A2:D5)),ROW
(INDIRECT("1:"&COUNTIF(A2:D5,"*")))),"r0c00"),))}
```

首先利用 IF 函数判断单元格区域内的数据类型。若为文本，则返回单元格行号扩大 100 倍后与其列号的和，否则返回逻辑值 FALSE。

然后利用 COUNTIF 函数统计单元格区域内的文本个数 *n*，结合 ROW 函数和 INDIRECT 函数生成 1~*n* 的自然数序列。

再利用 SMALL 函数提取文本所在单元格的行列位置信息，结果如下。

```
{203;301;304;402;404;501;503}
```

利用 TEXT 函数将位置信息转换为 R1C1 引用样式，再使用 INDIRECT 函数返回单元格引用。最终利用 T 函数将 INDIRECT 函数返回的多维引用转换为内存数组。

21.3.4 填充带空值的数组

在合并单元格中，往往只有第一个单元格有值，而其余单元格是空单元格。数据后续处理过程中，经常需要为合并单元格中的空单元格填充相应的值，以满足计算需要。

示例21-8 填充合并单元格

图 21-13 展示了某单位销售明细表的部分内容，因为数据处理的需要，需将 A 列的合并单元格中的空单元格填充对应的地区名称。

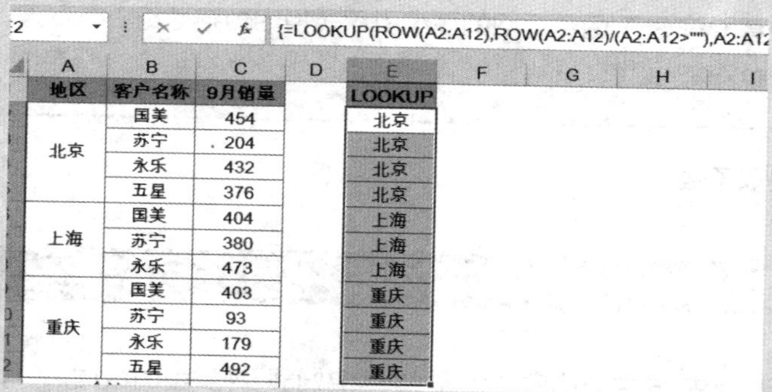

{=LOOKUP(ROW(A2:A12),ROW(A2:A12)/(A2:A12>""),A2:A1

A	B	C	D	E
地区	客户名称	9月销量		LOOKUP
北京	国美	454		北京
	苏宁	204		北京
	永乐	432		北京
	五星	376		北京
上海	国美	404		上海
	苏宁	380		上海
	永乐	473		上海
重庆	国美	403		重庆
	苏宁	93		重庆
	永乐	179		重庆
	五星	492		重庆

图 21-13 填充空单元格生成数组

使用以下公式可实现这种要求。

```
{=LOOKUP(ROW(A2:A12),ROW(A2:A12)/(A2:A12>""),A2:A12)}
```

公式中 ROW(A2:A12)/(A2:A12>"") 是解决问题的关键，它将 A 列的非空单元格赋值行号，空单元格则转化为错误值 #DIV/0!，结果为：

```
{2;#DIV/0!;#DIV/0!;#DIV/0!;6;#DIV/0!;#DIV/0!;9;#DIV/0!;#DIV/0!;
#DIV/0!}
```

然后利用 LOOKUP 模糊查询序号，返回对应的地区名称。

21.3.5　二维数组转换一维数组

一些函数的参数只支持一维数组，而不支持二维数组。例如，MATCH 函数的第 2 参数，LOOKUP 函数向量用法的第 2 参数等。如果希望在二维数组中完成查询，就需要先将二维数组转换成一维数组。

示例21-9　查询小于等于100的最大数值

如图 21-14 所示，A3:C6 单元格区域为一个二维数组，使用以下公式可以返回单元格区域中小于等于 100 的最大数值。

```
=LOOKUP(100,SMALL(A3:C6,ROW(1:12)))
```

E3　=LOOKUP(100,SMALL(A3:C6,ROW(1:12)))

	A	B	C	D	E	F
1	原始数组				小于等于100的最大数值	
2	列1	列2	列3		LOOKUP+SMALL	MAX+TEXT
3	A	51.57	93.3		98.760000001	98.76
4	113	-3.85	C			
5	98.760000001	B	-102.47			
6	9.249	0	D			

图 21-14　查询小于等于 100 的最大数值

因为单元格区域是 4 行 3 列共包含 12 个元素的二维数组，所以使用 ROW 函数产生 1~12 的自然数序列。然后利用 SMALL 函数对二维数组排序，转换成一维数组，结果为：

```
{-102.47;-3.85;0;9.249;51.57;93.3;98.760000001;113;…;#NUM!}
```

由于二维数组中包含文本，因此结果包含错误值 #NUM!。利用 LOOKUP 函数忽略错误值，进行模糊查找，返回小于等于 100 的最大数值 98.760000001。

除此之外，还可以利用 MAX 函数结合 TEXT 函数来实现相同的目的，公式如下。

```
{=MAX(--TEXT(A3:C6,"[<=100];;!0;!0"))}
```

首先利用 TEXT 函数将二维数组中的文本和大于 100 的数值都强制转化为 0，通过减负运算将 TEXT 函数返回的文本型数值转化为真正的数值。结果为：

```
{0,51.57,93.3;0,-3.85,0;98.76,0,-102.47;9.249,0,0}
```

最终利用 MAX 函数返回小于等于 100 的最大数值 98.76。

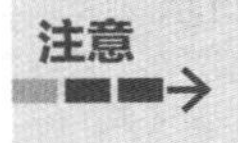

TEXT函数可能会导致浮点误差。如图21-14所示，TEXT函数在转化数值的过程中，丢失了数值98.760000001末尾的1。

21.4　条件统计应用

21.4.1　单条件不重复统计

在实际应用中，经常需要进行单条件下的不重复统计。如统计人员信息表中不重复人员数或部门数，某品牌不重复的型号数量等。以下主要学习利用数组公式针对单列或单行的一维数据进行不重复统计的方法。

示例21-10 多种方法统计不重复职务数量

图 21-15 展示的是某单位人员信息表的部分内容，需要统计不重复的职务个数。

G2 {=COUNT(1/(MATCH(D2:D9,D:D,)=ROW(D2:D9)))}

	A	B	C	D	E	F	G
1	员工号	姓名	部门	职务		职务统计	
2	1001	黄民武	技术支持部	技术支持经理		MATCH函数法	5
3	2001	董云春	产品开发部	技术经理		COUNTIF函数法	5
4	3001	昂云鸿	测试部	测试经理			
5	2002	李枝芳	产品开发部	技术经理			
6	7001	张永红	项目管理部	项目经理			
7	1045	徐芳	技术支持部				
8	3002	张娜娜	测试部	测试经理			
9	8001	徐波	人力资源部	人力资源经理			

图 21-15 统计不重复职务数量

因为部分员工没有职务，因此需要过滤掉空白单元格数据进行不重复统计。以下介绍两种处理方法。

（1）MATCH 函数法。

G2 单元格数组公式如下。

```
{=COUNT(1/(MATCH(D2:D9,D:D,)=ROW(D2:D9)))}
```

利用 MATCH 函数的定位结果与序号进行比较，来判断哪些职务是首次出现的记录。首次出现的职务返回逻辑值 TRUE，重复出现的职务返回逻辑值 FALSE，空白单元格返回错误值 #N/A。结果如下。

```
{TRUE;TRUE;TRUE;FALSE;TRUE;#N/A;FALSE;TRUE}
```

利用 1 除以 MATCH 函数的比较结果，将逻辑值 FALSE 转换为错误值 #DIV/0!。再用 COUNT 函数忽略错误值，统计数值个数，返回不重复的职务个数。

（2）COUNTIF 函数法。

G3 单元格数组公式如下。

```
{=SUM((D2:D9>"")/COUNTIF(D2:D9,D2:D9&""))}
```

利用 COUNTIF 函数返回区域内每个职务名称出现次数的数组，被 1 除后再对得到的商求和，即得不重复的职务数量。

公式原理为：假设职务“测试经理”出现了 *n* 次，则每次都转化为 1/*n*，*n* 个 1/*n* 求和得到 1，因此 *n* 个“测试经理”将被计数为 1。另外，（D2:D9>""）的作用是过滤掉空白单元格，让空白单元格计数为 0。

21.4.2 多条件统计应用

在 Excel 2016 中，有类似 COUNTIFS、SUMIFS 和 AVERAGEIFS 等函数可处理简单的多条件统计问题，但在特殊条件情况下仍需借助数组公式来处理。

示例21-11　统计特定身份信息的员工数量

图 21-16 展示的是某企业人员信息表的部分内容，出于人力资源管理的要求，需要统计出生在 20 世纪六七十年代并且目前已有职务的员工数量。

E16　{=SUM((MID(C2:C14,7,3)>="196")*(MID(C2:C14,7,3)<"198")*(E2:E14<>""))}

	A	B	C	D	E
1	工号	姓名	身份证号	性别	职务
2	D005	常会生	370826197811065178	男	项目总监
3	A001	袁瑞云	370828197602100048	女	
4	A005	王天富	370832198208051945	女	
5	B001	沙宾	370883196201267352	男	项目经理
6	C002	曾蜀明	370881198409044466	女	
7	B002	李姝亚	370830195405085711	男	人力资源经理
8	A002	王薇	370826198110124053	男	产品经理
9	D001	张锡媛	370802197402189528	女	
10	C001	吕琴芬	370811198402040017	男	
11	A003	陈虹希	370881197406154846	女	技术总监
12	D002	杨刚	370826198310016815	男	
13	B003	白娅	370831198006021514	男	
14	A004	钱智跃	37088119840928534x	女	销售经理
15					
16	统计出生在六七十年代并且已有职务的员工数量				3

图 21-16　统计特定身份的员工数量

由于身份证号码中包含了员工的出生日期，因此只需要取得相关的出生年份，就可以判断出生年代进行相应统计，在 E16 单元格输入以下数组公式，按 <Ctrl+Shift+Enter> 组合键。

```
{=SUM((MID(C2:C14,7,3)>="196")*(MID(C2:C14,7,3)<"198")*(E2:E14<>""))}
```

公式利用 MID 函数分别取得员工的出生年份进行比较判断，再判断 E 列区域是否为空（非空则写明了职务名称），最后统计出满足条件的员工数量。

除此之外，还可以借助 COUNTIFS 函数来实现，在 E16 单元格输入以下数组公式，按 <Ctrl+Shift+Enter> 组合键。

```
{=SUM(COUNTIFS(C2:C14,"??????"&{196,197}&"*",E2:E14,"<>"))}
```

先将出生在 20 世纪六七十年代的身份证号码用通配符构造出来，然后利用 COUNTIFS 函数进行多条件统计，得出出生在 60 年代和 70 年代并且已有职务的员工数量，结果为 {1,2}。最后利用 SUM 函数汇总上述结果，即得最终结果 3。

21.4.3　条件查询及定位

产品在一个时间段的销售情况是企业销售部门需要掌握的重要数据之一，以便对市场行为进行综合分析和制定销售策略。利用查询函数借助数组公式可以实现此类查询操作。

示例21-12 确定商品销量最大的最近月份

图 21-17 展示的是某超市近 6 个月的饮品销量明细表，每种饮品的最旺销售月份各不相同，以下数组公式可以查询各饮品的最近销售旺月。

```
{=INDEX(1:1,RIGHT(MAX(OFFSET(C1,MATCH(L3,B2:B11,),,,6)/1%+COLUMN
(C:H)),2))}
```

该公式利用 MATCH 函数查找饮品所在行，结合 OFFSET 函数形成动态引用，定位被查询饮品的销售量(数据行)。将销售量乘以 100，并加上列号序列，这样就在销量末尾附加了对应的列号信息。

通过 MAX 函数定位最大销售量的数据列，得出结果 20007，最后两位数字即为最大销量所在的列号。

最终利用 INDEX 函数返回查询的具体月份。

L4 　{=INDEX(1:1,RIGHT(MAX(OFFSET(C1,MATCH(L3,B2:B11,),,,6)/1%+COLUMN(C:H)),2))}

	B	C	D	E	F	G	H	I
1	产品	五月	六月	七月	八月	九月	十月	汇总
2	果粒橙	174	135	181	139	193	158	980
3	营养快线	169	167	154	198	150	179	1017
4	美年达	167	192	162	147	180	135	983
5	伊力牛奶	146	154	162	133	162	150	907
6	冰红茶	186	159	176	137	154	175	987
7	可口可乐	142	166	190	150	163	176	987
8	雪碧	145	194	190	158	170	143	1000
9	蒙牛特仑苏	142	137	166	144	200	155	944
10	芬达	159	170	159	130	137	199	954
11	统一鲜橙多	161	199	139	167	144	168	978

数据查询	
商品名称	蒙牛特仑苏
查询月份	九月

图 21-17 查询产品最佳销售量的最近月份

除此之外，还可以直接利用数组运算来完成查询，公式如下。

```
{=INDEX(1:1,RIGHT(MAX((C2:H11/1%+COLUMN(C:H))*(B2:B11=L3)),2))}
```

该公式直接将所有销量放大 100 倍后附加对应的列号，并利用商品名称完成过滤，结合 MAX 函数和 RIGHT 函数得到相应饮品最大销量对应的列号，最终利用 INDEX 函数返回查询的具体月份。

21.5 数据筛选技术

提取不重复数据是指在一个数据表中提取出唯一的记录，即重复的记录只算 1 条。使用“高级筛选”功能能够生成不重复记录结果，以下主要介绍使用函数的实现方法。

21.5.1 一维区域取得不重复记录

示例21-13 从销售业绩表提取唯一销售人员姓名

图 21-18 展示的是某单位的销售业绩表，为了便于发放销售人员的提成工资，需要取得唯一的销售人员姓名列表，并统计各销售人员的销售总金额。

	A	B	C	D	E	F	G
1	地区	销售人员	产品名称	销售金额		各销售人员销售总金额	
2	北京	陈玉萍	冰箱	¥14,000		销售人员	销售总金额
3	北京	刘品国	微波炉	¥8,700			
4	上海	李志国	洗衣机	¥9,400			
5	深圳	肖青松	热水器	¥10,300			
6	北京	陈玉萍	洗衣机	¥8,900			
7	深圳	王运莲	冰箱	¥11,500			
8	上海	刘品国	微波炉	¥12,900			
9	上海	李志国	冰箱	¥13,400			
10	上海	肖青松	热水器	¥7,000			
11	深圳	王运莲	洗衣机	¥12,300			
12	合计			¥108,400			

图 21-18　销售业绩表提取唯一销售人员姓名

根据 MATCH 函数查找数据原理，当查找的位置序号与数据自身的位置序号不一致时，表示该数据重复。F3 单元格可使用以下数组公式，按 <Ctrl+Shift+Enter> 组合键，并将公式复制到 F3:F9 单元格区域。

```
{=INDEX(B:B,SMALL(IF(MATCH(B$2:B$11,B:B,)=ROW($2:$11),ROW($2:$11),
65536),ROW(A1)))&""}
```

公式利用 MATCH 函数定位销售人员姓名，当 MATCH 函数结果与数据自身的位置序号相等时，返回当前数据行号，否则指定一个行号 65536（这是容错处理，工作表的 65536 行通常是无数据的空白单元格）。再通过 SMALL 函数将行号逐个取出，最终由 INDEX 函数返回不重复的销售人员姓名列表。

提取的销售人员姓名列表如图 21-19 所示。

	E	F	G
1		各销售人员销售总金额	
2		销售人员	销售总金额
3		陈玉萍	¥22,900
4		刘品国	¥21,600
5		李志国	¥22,800
6		肖青松	¥17,300
7		王运莲	¥23,800
8			
9			

图 21-19　销售汇总表

G3 单元格使用以下公式统计所有销售人员的销售总金额。

```
=IF(F3="","",SUMIF(B:B,F3,D:D))
```

SUMIF 函数用于统计各销售人员的销售总金额，IF 函数用于容错，处理 F8、F9 的空白单元格。

21.5.2　条件提取唯一记录

示例21-14　提取唯一品牌名称

图 21-20 展示的是某商场商品进货明细表的部分内容，当指定商品大类后，需要筛选其下品牌的不重复记录列表。

在 F7 单元格输入以下数组公式，按 <Ctrl+Shift+Enter> 组合键。

```
{=INDEX(B:B,1+MATCH(,COUNTIF(F$6:F6,B$2:B$18)+(A$2:A$18<>F$4)*(A$2:A$18<>""),))&""}
```

公式利用 COUNTIF 函数统计当前公式所在的 F 列中已经提取过的品牌名称，并借助“+(A$2:A$18<>F$4) & (A$2:A$18<>"")”的特殊处理，为不满足提取条件的数据计数增加 1，从而使未提取出来的品牌记录计数为 0。最终通过 MATCH 函数定位 0 值的技巧来取得唯一记录。

F7 {=INDEX(B:B,1+MATCH(,COUNTIF(F$6:F6,B$2:B$18)+(A$2:A$18<>F$4)*(A$2:A$18<>""),))&""}

	A	B	C	D
1	商品大类	品牌	型号	进货量
2	空调	美的	KFR-33GW	2
3	空调	美的	KFR-25GW	3
4	空调	海尔	KFR-65LW	6
5	空调	海尔	KFR-34GW	10
6	空调	格力	KFR-50LW	6
7	空调	格力	KFR-58LW	3
8	冰箱	海尔	KFR-39GW	6
9	冰箱	海尔	KFR-20LW	8
10	冰箱	美的	KFR-45LW	3
11	冰箱	西门子	KFR-33GW	9
12	冰箱	西门子	KFR-37LW	4
13	洗衣机	海尔	KFR-27GW	3
14	洗衣机	海尔	KFR-25LW	9
15	洗衣机	小天鹅	KFR-76LW	5
16	洗衣机	美的	KFR-79GW	6
17	洗衣机	美的	KFR-37LW	4

根据商品提取唯一品牌

提取条件
洗衣机

简化解法	常规解法
海尔	海尔
小天鹅	小天鹅
美的	美的

图 21-20　根据商品大类提取唯一品牌名称

除此之外，利用 INDEX 函数、SMALL 函数和 IF 函数的常规解法也可以实现，在 G7 单元格输入以下数组公式，按 <Ctrl+Shift+Enter> 组合键。

```
{=INDEX(B:B,SMALL(IF((F$4=A$2:A$17)*(MATCH(A$2:A$17&B$2:B$17,A$2:A$17&B$2:B$17,)=ROW($1:$16)),ROW($2:$17),4^8),ROW(A1)))&""}
```

该解法利用连接符将多关键字连接生成单列数据，利用 MATCH 函数的定位结果与序号比较，并结合提取条件的筛选，让满足提取条件且首次出现的品牌记录返回对应行号，而不满足提取条件或重复的品牌记录返回 65536。

然后利用 SMALL 函数逐个提取行号，借助 INDEX 函数返回对应的品牌名称。

21.5.3　二维数据表提取不重复记录

示例21-15　二维单元格区域提取不重复姓名

如图 21-21 所示，A2:C5 单元格区域内包含重复的姓名、空白单元格和数字，需要提取不重复的姓名列表。

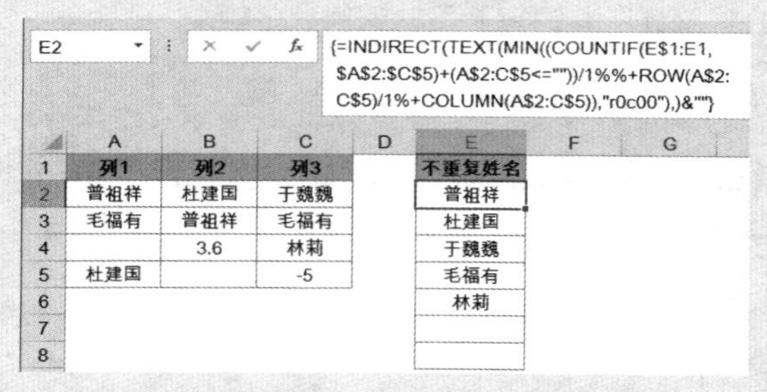

E2 {=INDIRECT(TEXT(MIN((COUNTIF(E$1:E1,$A$2:$C$5)+(A$2:C$5<=""))/1%%+ROW(A$2:C$5)/1%+COLUMN(A$2:C$5)),"r0c00"),)&""}

	A	B	C	D	E
1	列1	列2	列3		不重复姓名
2	普祖祥	杜建国	于巍巍		普祖祥
3	毛福有	普祖祥	毛福有		杜建国
4		3.6	林莉		于巍巍
5	杜建国		-5		毛福有
6					林莉
7					
8					

图 21-21　二维单元格区域提取不重复姓名

在 E2 单元格输入以下数组公式，按 <Ctrl+Shift+Enter> 组合键。

```
{=INDIRECT(TEXT(MIN((COUNTIF(E$1:E1,$A$2:$C$5)+(A$2:C$5<=""))/1%%+ROW(A$2:C$5)/1%+COLUMN(A$2:C$5)),"r0c00"),)&""}
```

该公式利用“+(A$2:C$5<="")”过滤掉空白单元格和数字单元格。利用 COUNTIF 函数统计当前公式所在的 E 列中已经提取过的姓名，达到去重复的目的。

通过数组运算“ROW(A$2:C$5)/1%+COLUMN(A$2:C$5)”构造 A2:C5 单元格区域行号列号位置信息数组。

利用 MIN 函数逐个提取不重复单元格的最小位置信息。

最终利用 INDIRECT 函数结合 TEXT 函数将位置信息转化为位置所指的单元格内容。

21.6　利用数组公式排序

21.6.1　快速中文排序

利用 SMALL 函数和 LARGE 函数可以对数值进行升降序排列。而利用函数对文本进行排序则相对复杂，需要根据各个字符在系统字符集中内码值的大小，借助 COUNTIF 函数才能实现。

示例21-16　将成绩表按姓名排序

图 21-22 展示的是某班级学生成绩表的部分内容，已经按学号升序排序。现需要通过公式将成绩表按姓名升序排列。

E2　{=INDEX(B:B,RIGHT(SMALL(COUNTIF(B$2:B$11,"<"&B$2:B$11)/1%%%+ROW($2:$11),ROW()-1),6))}

	A	B	C	D	E	F
1	学号	姓名	总分		姓名排序	总分
2	508001	何周利	516		毕祥	601
3	508002	鲁黎	712		何周利	516
4	508003	李美湖	546		姜禹贵	520
5	508004	王润恒	585		李波	582
6	508005	姜禹贵	520		李美湖	546
7	508006	熊有田	651		鲁黎	712
8	508007	许涛	612		汤汝琼	637
9	508008	汤汝琼	637		王润恒	585
10	508009	毕祥	601		熊有田	651
11	508010	李波	582		许涛	612

图 21-22　对姓名进行升序排序

在 E2单元格输入以下数组公式，按 <Ctrl+Shift+Enter> 组合键，并将公式复制到 E2:E11 单元格区域。

```
{=INDEX(B:B,RIGHT(SMALL(COUNTIF(B$2:B$11,"<"&B$2:B$11)/1%%%+ROW($2:$11),ROW()-1),6))}
```

该公式关键的处理技巧是利用 COUNTIF 函数对姓名按 ASCII 码值进行大小比较，统计出小于各姓名的姓名个数，即是姓名的升序排列结果。本例姓名的升序排列结果为：{1;5;4;7;2;8;9;6;0;3}。

将 COUNTIF 函数生成的姓名升序排列结果与行号组合生成新的数组，再由 SMALL 函数从小到大逐个提取，最后根据 RIGHT 函数提取的行号，利用 INDEX 函数返回对应的姓名。

在数据表中，可以使用“排序”菜单功能进行名称排序。但在某些应用中，需要将姓名排序结果生成内存数组，供其他函数调用进行数据再处理，这时就必须使用函数公式来实现。以下公式可以生成姓名排序后的内存数组。

```
{=LOOKUP(--RIGHT(SMALL(COUNTIF(B$2:B$11,"<"&B$2:B$11)/1%%%+ROW($2:$11),ROW($1:$10)),6),ROW($2:$11),B$2:B$11)}
```

提示

COUNTIF函数排序结果为按音序的排列，升序排列即公式中的"<"&B$2:B$11；降序排列只需将其修改为">"&B$2:B$11，或使用LARGE函数代替SMALL函数。

21.6.2 根据产品产量进行排序

示例21-17 按产品产量降序排列

图21-23展示的是某企业各生产车间钢铁生产的产量明细表，需要按产量降序排列产量明细表。

方法1：产量附加行号排序法

选择G2:G8单元格区域，在编辑栏输入以下数组公式，按<Ctrl+Shift+Enter>组合键。

```
{=INDEX(C:C,MOD(SMALL(ROW(2:8)-D2:D8/1%%%,ROW(1:7)),100))}
```

	A	B	C	D
1	生产部门	车间	产品类别	产量（吨）
2	钢铁一部	1车间	合金钢	833.083
3	钢铁二部	1车间	结构钢	1041.675
4	钢铁一部	4车间	碳素钢	1140
5	钢铁三部	1车间	角钢	639.06
6	钢铁三部	2车间	铸造生铁	1431.725
7	钢铁一部	3车间	工模具钢	1140
8	钢铁二部	2车间	特殊性能钢	618.7

图21-23 产量明细表

该公式利用ROW函数产生的行号序列与产量的1 000 000倍组合生成新的内存数组，再利用SMALL函数从小到大逐个提取，MOD函数返回排序后的行号，最终利用INDEX函数返回产品类别。

在H2单元格输入以下公式计算产量。

```
=VLOOKUP(G2,C:D,2,)
```

方法2：RANK函数化零为整排序法

选择K2:K8单元格区域，在编辑栏输入以下数组公式，按<Ctrl+Shift+Enter>组合键。

```
{=INDEX(C:C,RIGHT(SMALL(RANK(D2:D8,D2:D8)/1%+ROW(2:8),ROW()-1),2))}
```

利用RANK函数将产量按降序排名，与ROW函数产生的行号数组组合生成新的数组，再利用SMALL函数从小到大逐个提取，RIGHT函数返回排序后的行号，最终利用INDEX函数返回产品类别。

在L2单元格输入以下公式计算产量。

```
=SUMIF(C:C,K2,D:D)
```

方法3：SMALL函数结合COUNTIF函数排名法

在P2单元格使用以下公式先将产量降序排列。

```
=LARGE(D$2:D$8,ROW(A1))
```

在O2单元格输入以下数组公式，按<Ctrl+Shift+Enter>组合键。

```
{=INDEX(C:C,SMALL(IF(P2=D$2:D$8,ROW($2:$8)),COUNTIF(P$1:P2,P2)))}
```

根据产量返回对应的产品类别。当存在相同产量时，使用 COUNTIF 函数统计当前产量出现的次数，来分别返回不同的产品类别。

各方法的排序结果如图 21-24 所示。

	E	F	G	H	I	J	K	L	M	N	O	P
1		方法1	产品类别	产量		方法2	产品类别	产量		方法3	产品类别	产量
2		1	铸造生铁	1431.725		1	铸造生铁	1431.725		1	铸造生铁	1431.725
3		2	碳素钢	1140		2	碳素钢	1140		2	碳素钢	1140
4		3	工模具钢	1140		3	工模具钢	1140		3	工模具钢	1140
5		4	结构钢	1041.675		4	结构钢	1041.675		4	结构钢	1041.675
6		5	合金钢	833.083		5	合金钢	833.083		5	合金钢	833.083
7		6	角钢	639.06		6	角钢	639.06		6	角钢	639.06
8		7	特殊性能钢	618.7		7	特殊性能钢	618.7		7	特殊性能钢	618.7

图 21-24　按产量降序排序后的明细表

注意

当产量数值较大或小数位数较多时，方法1受到Excel的15位有效数字的限制，而不能返回正确排序结果。方法2利用RANK函数将数值化零为整，转化为数值排名，可有效应对大数值和小数位数多的数值，避免15位有效数字的限制，返回正确的排序结果。

21.7　数据表处理技术

21.7.1　总表拆分应用

示例21-18　按出入库类型将总表拆分到分表

图 21-25 展示的是某仓库出入库明细表的部分内容，包含了入库和出库两种类型的数据记录。需要通过函数公式分别将其拆分到“入库”和“出库”两个工作表中。

	A	B	C	D	E	F	G
1	出入库类型	单号	日期	商品名称	数量	单价	金额
2	入库	AR001	9月20日	A173	500	3.42	¥1,710.00
3	出库	AC001	9月28日	A173	85	3.6	¥306.00
4	入库	RR001	10月3日	RA929	300	5.37	¥1,611.00
5	出库	AC002	10月3日	A173	110	3.55	¥390.50
6	出库	AC003	10月3日	A173	171	3.7	¥632.70
7	入库	RR002	10月5日	RA929	100	5.4	¥540.00
8	出库	RC001	10月7日	RA929	140	5.72	¥800.80
9	出库	AC004	10月13日	A173	92	3.64	¥334.88
10	入库	AR002	10月19日	A173	200	3.45	¥690.00
11	出库	AC005	10月20日	A173	78	3.75	¥292.50

出入库明细表　入库　出库

图 21-25　出入库明细表

为了保证数据动态更新，使用以下公式将“出入库明细表”中的数据定义为工作簿级名称“总表”，来动态引用数据。

=OFFSET(出入库明细表!$A$1,,,COUNTA(出入库明细表!$A:$A),COUNTA(出入库明细

表!$1:$1))

为了使入库和出库工作表中的公式一致，使用以下公式定义工作簿级名称 ShtName 来取得当前工作表标签名。

```
=MID(GET.DOCUMENT(1),FIND("]",GET.DOCUMENT(1))+1,255)
```

下面以“入库”工作表为例进行介绍，提取结果如图 21-26 所示。

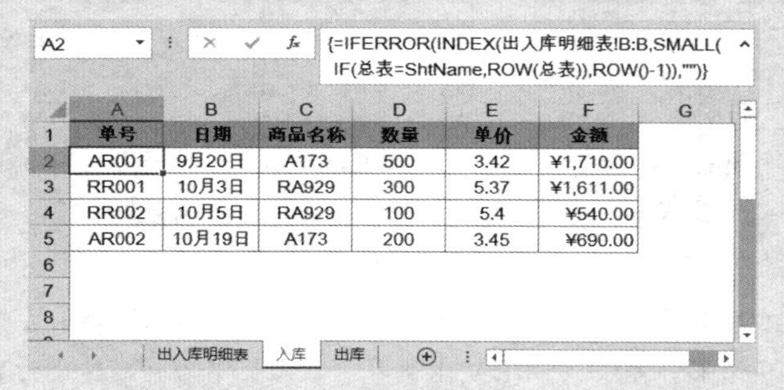

	A	B	C	D	E	F	G
1	单号	日期	商品名称	数量	单价	金额	
2	AR001	9月20日	A173	500	3.42	¥1,710.00	
3	RR001	10月3日	RA929	300	5.37	¥1,611.00	
4	RR002	10月5日	RA929	100	5.4	¥540.00	
5	AR002	10月19日	A173	200	3.45	¥690.00	
6							
7							
8							

图 21-26　将入库记录提取到“入库”工作表

在“入库”工作表的 A1:F1 单元格区域建立表头，在 A2 单元格输入以下数组公式，按 <Ctrl+Shift+Enter> 组合键，将公式复制到 A2:F8 单元格区域。

```
{=IFERROR(INDEX(出入库明细表!B:B,SMALL(IF(总表=ShtName,ROW(总表)),ROW()-1)),"")}
```

公式主要利用 SMALL 函数结合 IF 函数提取“出入库类型”为“入库”的记录行号，再利用 INDEX 函数来返回具体的记录信息，最后使用 IFERROR 函数做容错处理。

“出库”工作表的数据提取方法和“入库”工作表完全一致，此处不再赘述。

提示

使用宏表函数要将设置好的工作簿另存为启用宏的工作簿。

21.7.2　分表合并总表应用

在人事部门的工作中，如需将各个部门的员工列表汇总到总表，可以直接使用复制粘贴的方法，但如果人事数据经常变动，那么使用函数公式来生成动态的结果将是更好的方式。

示例21-19　将人员信息表汇总到总表

图 21-27 展示的是某企业各部门人员信息表的部分内容，需要将人力资源部、资产管理部、信息技术中心三个部门的人员信息汇总到总表。

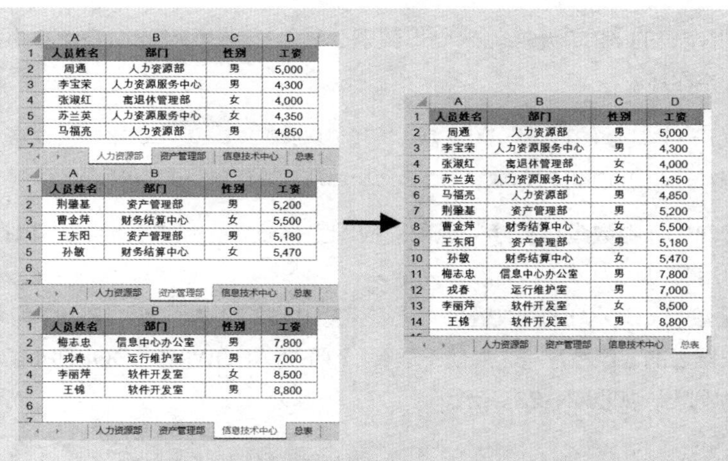

人员姓名	部门	性别	工资
周通	人力资源部	男	5,000
李宝荣	人力资源服务中心	男	4,300
张淑红	离退休管理部	女	4,000
苏兰英	人力资源服务中心	女	4,350
马福亮	人力资源部	男	4,850

人力资源部　资产管理部　信息技术中心　总表

人员姓名	部门	性别	工资
荆肇基	资产管理部	男	5,200
曹金萍	财务结算中心	女	5,500
王东阳	资产管理部	男	5,180
孙敏	财务结算中心	女	5,470

人力资源部　资产管理部　信息技术中心　总表

人员姓名	部门	性别	工资
梅志忠	信息中心办公室	男	7,800
戎春	运行维护室	男	7,000
李丽萍	软件开发室	女	8,500
王锦	软件开发室	男	8,800

人力资源部　资产管理部　信息技术中心　总表

人员姓名	部门	性别	工资
周通	人力资源部	男	5,000
李宝荣	人力资源服务中心	男	4,300
张淑红	离退休管理部	女	4,000
苏兰英	人力资源服务中心	女	4,350
马福亮	人力资源部	男	4,850
荆肇基	资产管理部	男	5,200
曹金萍	财务结算中心	女	5,500
王东阳	资产管理部	男	5,180
孙敏	财务结算中心	女	5,470
梅志忠	信息中心办公室	男	7,800
戎春	运行维护室	男	7,000
李丽萍	软件开发室	女	8,500
王锦	软件开发室	男	8,800

人力资源部　资产管理部　信息技术中心　总表

图 21-27　将各部门人员信息汇总到总表

为便于公式的理解，先将公式中涉及的要点定义为名称。

（1）当前工作表名称：ThisSh。

```
=SUBSTITUTE(GET.DOCUMENT(1),"["&GET.DOCUMENT(88)&"]",)
```

（2）工作簿中所有工作表的名称：ShtNames。

```
=SUBSTITUTE(GET.WORKBOOK(1),"["&GET.DOCUMENT(88)&"]",)
```

（3）1 到工作表总数的序数数组：RowAll。

```
=ROW(INDIRECT("1:"&COLUMNS(ShtNames)))
```

（4）1 到“工作表总数 -1”的序数数组：Row_1。

```
=ROW(INDIRECT("1:"&COLUMNS(ShtNames)-1))
```

（5）除当前“总表”工作表外，其余工作表名称数组：SH。

```
=LOOKUP(SMALL(IF(ShtNames<>ThisSh,TRANSPOSE(RowAll)),Row_1),RowAll,
ShtNames)
```

至此，创建了除当前“总表”工作表外，动态引用其余工作表名称的数组，结果为：{" 人力资源部 ";" 资产管理部 ";" 信息技术中心 "}。即使修改工作表名称，改变工作表顺序，公式也能得出正确的结果。

（6）各表记录数：SData。

```
=COUNTIF(INDIRECT(SH&"!A:A"),"<>")-1
```

利用三维引用统计各表的记录数，结果为：{5;4;4}。

（7）累加各表记录数：RecNum。

```
=MMULT(N(Row_1>TRANSPOSE(Row_1)),SData)
```

该名称主要利用 MMULT 函数的累加技术对内存数组 SData 进行逐个累加，结果为：{0;5;9}。

通过以上名称定义，再结合多个名称进行相应运算，就能够得到各表的数据记录序号，然后利用引用函数，即可返回具体的人员信息。

在“总表”工作表的 A2 单元格输入以下数组公式，按 <Ctrl+Shift+Enter> 组合键，将公式复制到 A2:D16 单元格区域。

```
{=IF(ROW()-1>SUM(SData),"",OFFSET(INDIRECT(LOOKUP(ROW()-2,RecNum,
SH)&"!A1"),ROW()-1-LOOKUP(ROW()-2,RecNum),COLUMN()-1))}
```

公式利用 LOOKUP 函数查找行序号返回对应的数据表名，通过 INDIRECT 函数返回各数据表中 A1 单元格的引用。

利用 ROW 函数与 LOOKUP 函数组合，通过查找 0~12 的序号返回对应的累计数，再与行号相减，即可得到各数据表的记录行序号。为便于理解，以下将“ROW()-1-LOOKUP(ROW()-2,RecNum)”部分公式运算过程列出，如图 21-28 所示。

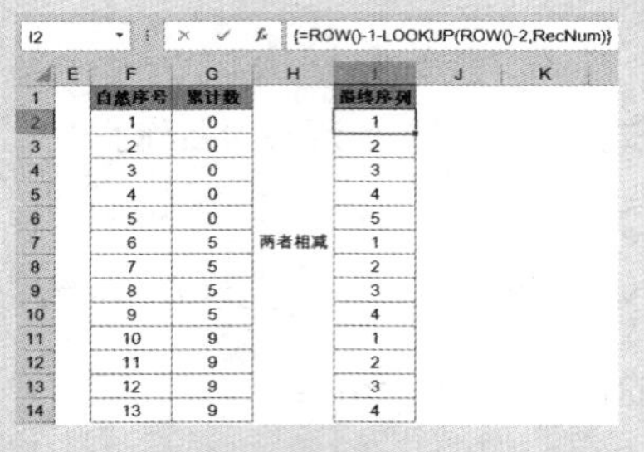

	E	F	G	H	I
1		自然序号	累计数		最终序列
2		1	0		1
3		2	0		2
4		3	0		3
5		4	0		4
6		5	0		5
7		6	5	两者相减	1
8		7	5		2
9		8	5		3
10		9	5		4
11		10	9		1
12		11	9		2
13		12	9		3
14		13	9		4

图 21-28 部分公式运算过程演示

最后利用 OFFSET 函数返回具体的人员信息。

第 22 章　多维引用

多维引用可取代辅助单元格公式，在内存中构造出对多个单元格区域的引用。各区域独立参与运算，同步返回结果，从而提高公式编辑和运算效率。本章将介绍多维引用的工作原理，并通过实例说明多维引用的使用方法。

本章学习要点

（1）多维引用的概念。

（2）多维引用的工作原理。

（3）多维引用的应用实例。

22.1　多维引用的工作原理

22.1.1　认识引用的维度和维数

引用的维度是指引用中单元格区域的排列方向。维数是引用中不同维度的个数。

单个单元格引用可视作一个无方向的点，没有维度和维数；一行或一列的连续单元格区域引用可视作一条直线，拥有一个维度，称为一维横向引用或一维纵向引用；多行多列的连续单元格区域引用可视作一个平面，拥有纵横两个维度，称为二维引用，如图 22-1 所示。

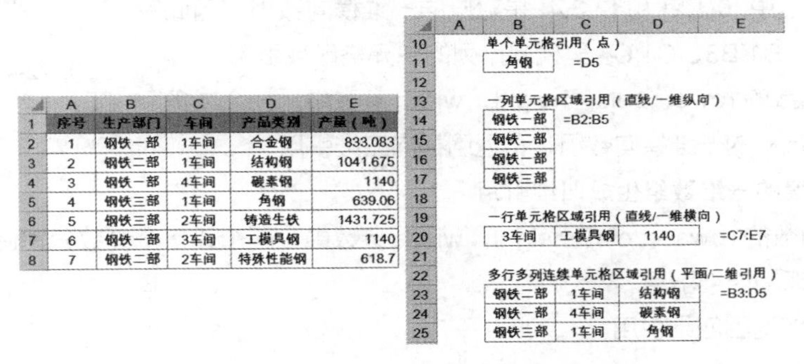

	A	B	C	D	E
1	序号	生产部门	车间	产品类别	产量（吨）
2	1	钢铁一部	1车间	合金钢	833.083
3	2	钢铁二部	1车间	结构钢	1041.675
4	3	钢铁一部	4车间	碳素钢	1140
5	4	钢铁三部	1车间	角钢	639.06
6	5	钢铁三部	2车间	铸造生铁	1431.725
7	6	钢铁一部	3车间	工模具钢	1140
8	7	钢铁二部	2车间	特殊性能钢	618.7

图 22-1　二维平面中引用的维度和维数

将多个单元格或多个单元格区域分别放在不同的二维平面上，就构成多维引用。若各平面在单一方向上扩展（横向或纵向），呈线状排列，就是三维引用。若各平面同时在纵横两个方向上扩展，呈面状排列，则是四维引用，如图 22-2 和图 22-3 所示。

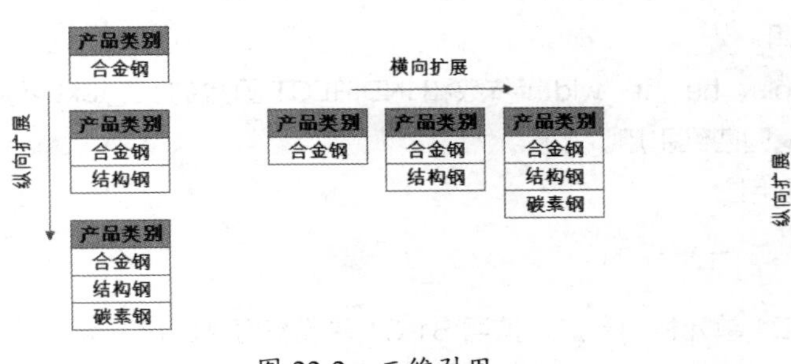

图 22-2　三维引用

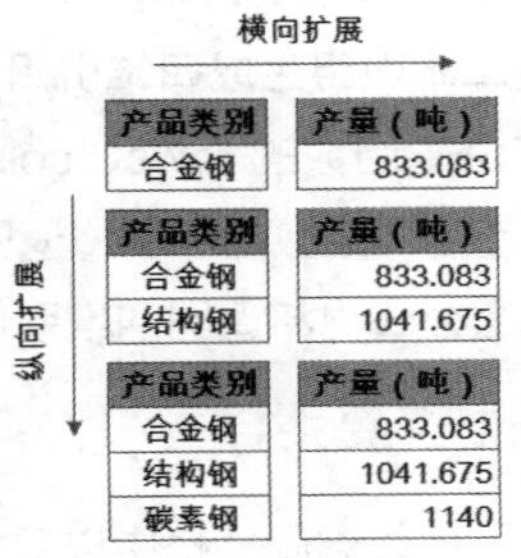

图 22-3　四维引用

三维、四维引用可看作以单元格“引用”或单元格区域“引用”为元素的一维、二维“数组”。各“引用”作为数组的元素，是以一个整体参与运算的。

22.1.2 引用函数生成的多维引用

OFFSET 和 INDIRECT 这两个函数通常用来生成多维引用。当它们对单元格或单元格区域进行引用时，在其部分或全部参数中使用数组（常量数组、内存数组或命名数组），所返回的引用即为多维引用。

➲ I 使用一维数组生成三维引用

以图 22-1 中左侧的数据表为引用数据源，以下数组公式可以返回纵向三维引用。

```
{=OFFSET(D1,,,{2;3;4})}
```

结果如图22-2左所示。公式表示在数据源表格中以D1单元格为基点，单元格区域的高度分别为2、3、4 行的三个单元格区域引用。由于其中的 {2;3;4} 为一维纵向数组，因此最终取得对 D1:D2、D1:D3、D1:D4 呈纵向排列的单元格区域引用。

该纵向三维引用是由 OFFSET 函数在 height 参数中使用一维纵向数组产生的。同理，在 OFFSET 函数的 rows、cols、width 参数中使用一维纵向数组，也将返回纵向三维引用。

仍以图 22-1 中左侧的数据表为引用数据源，以下数组公式可以返回横向三维引用。

```
{=OFFSET(A1,,{0,1,2},{2,3,4})}
```

结果如图22-4所示。公式表示在数据源表格中以A1单元格为基点，分别偏移 0、1、2 列，同时单元格区域高度分别为 2、3、4 行的单元格区域引用。由于其中 {0,1,2} 和 {2,3,4} 是对应的一维横向数组，因此最终取得对 A1:A2、B1:B3、C1:C4 呈横向排列的单元格区域引用。

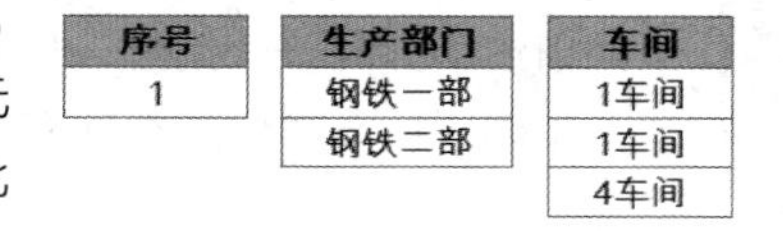

序号
1

生产部门
钢铁一部
钢铁二部

车间
1车间
1车间
4车间

图 22-4 横向三维引用

在 OFFSET 函数的 rows、cols、height、width 参数中，一个或多个参数同时使用等尺寸的一维横向数组，将返回横向三维引用。

➲ II 使用不同维度的一维数组生成四维引用

在 OFFSET 函数的 rows、cols、height、width 参数中，两个或多个参数分别使用一维横向数组和一维纵向数组，将返回四维引用。

以下数组公式将返回四维引用。

```
{=OFFSET(A2,{0;1;2},{2,3})}
```

公式表示在数据源表格中以 A2 单元格为基点，分别偏移 0 行 2 列、0 行 3 列、1 行 2 列、1 行 3 列、2 行 2 列、2 行 3 列的单元格引用。由于 {0;1;2} 是一维纵向数组，{2,3} 是一维横向数组，因此最终取得对“{C2,D2;C3,D3;C4,D4}”共 6 个单元格的引用，并呈 3 行 2 列二维排列。

➲ III 使用二维数组生成四维引用

在 OFFSET 函数的 rows、cols、height、width 参数和 INDIRECT 函数的 ref_text 参数中，如果任意一个参数使用二维数组，都将返回四维引用。

以下数组公式也将返回四维引用。

```
{=OFFSET(B1:C1,{1,2,3;4,5,6},)}
```

公式表示在数据源表格中以 B1 单元格为基点，按照 B1:C1 单元格区域的尺寸大小，分别偏移“{1

行 ,2 行 ,3 行 ;4 行 ,5 行 ,6 行 }”的单元格区域引用。由于其中 {1,2,3;4,5,6} 是二维数组，因此最终取得“{B2:C2,B3:C3,B4:C4;B5:C5,B6:C6,B7:C7}”共 6 个单元格区域的引用，并呈 2 行 3 列二维排列。

➲ IV　跨多表区域的多维引用

示例22-1 跨多表汇总工资

图 22-5 展示了某公司 8~10 月的部分员工工资明细表，需要在“工资汇总”工作表中汇总各位员工的工资。

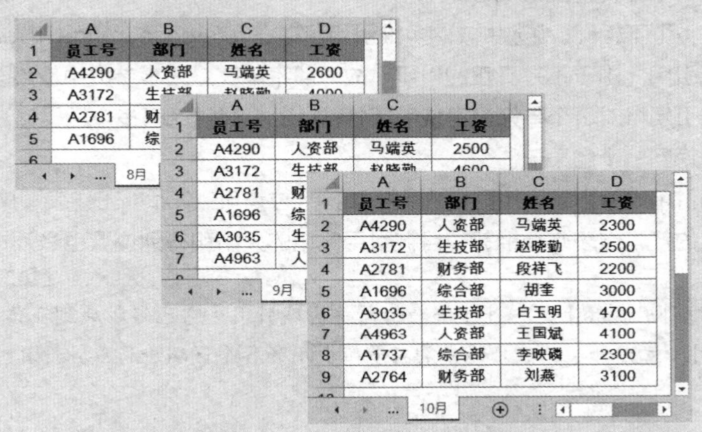

	A	B	C	D
1	员工号	部门	姓名	工资
2	A4290	人资部	马端英	2300
3	A3172	生技部	赵晓勤	2500
4	A2781	财务部	段祥飞	2200
5	A1696	综合部	胡奎	3000
6	A3035	生技部	白玉明	4700
7	A4963	人资部	王国斌	4100
8	A1737	综合部	李映磷	2300
9	A2764	财务部	刘燕	3100

图 22-5　员工工资明细表

在“工资汇总”工作表的 D2 单元格输入以下数组公式，按 <Ctrl+Shift+Enter> 组合键，并将公式复制到 D2:D9 单元格区域。

```
{=SUM(SUMIF(INDIRECT({8,9,10}&"月!A:A"),A2,INDIRECT({8,9,10}&"月!
D:D")))}
```

该公式首先利用 INDIRECT 函数返回对 8 月、9 月、10 月工作表的 A 列和 D 列的三维引用，然后利用支持多维引用的 SUMIF 函数分别统计各工作表中对应员工号的工资，最终利用 SUM 函数汇总三个工作表中对应员工的工资，结果如图 22-6 所示。

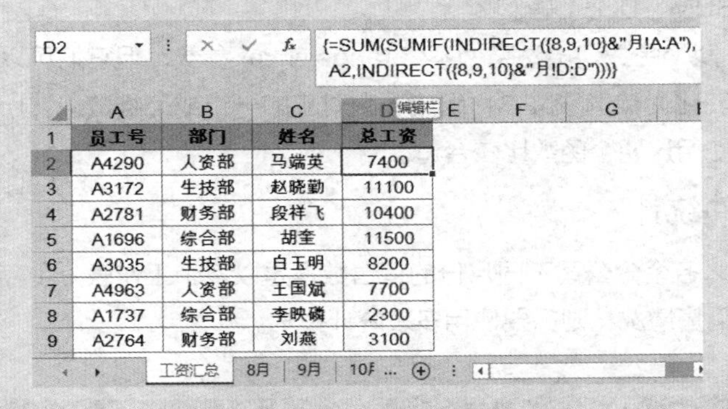

D2　{=SUM(SUMIF(INDIRECT({8,9,10}&"月!A:A"),A2,INDIRECT({8,9,10}&"月!D:D")))}

	A	B	C	D
1	员工号	部门	姓名	总工资
2	A4290	人资部	马端英	7400
3	A3172	生技部	赵晓勤	11100
4	A2781	财务部	段祥飞	10400
5	A1696	综合部	胡奎	11500
6	A3035	生技部	白玉明	8200
7	A4963	人资部	王国斌	7700
8	A1737	综合部	李映磷	2300
9	A2764	财务部	刘燕	3100

图 22-6　工资汇总结果

22.1.3 函数生成的多维引用和“跨多表区域引用”的区别

除了 OFFSET 函数和 INDIRECT 函数产生的多维引用外，还有一种“跨多表区域引用”。例如，公式“=SUM(1 学期 :4 学期 !A1:A6)”可以对 1 学期、2 学期、3 学期和 4 学期这 4 张工作表的 A1:A6 单元格区域进行求和，返回一个结果。

实际上，“跨多表区域引用”并非真正的引用，而是一个连续多表区域的引用组合。

函数生成的多维引用与“跨多表区域引用”的主要区别如下。

- 函数生成的多维引用将不同工作表上的各单元格区域引用作为多个结果返回给 Excel，而“跨多表区域引用”作为一个结果返回给 Excel。
- 两者支持的参数类型不相同。函数生成的多维引用可以在 reference、range 和 ref 类型的参数中使用，而“跨多表区域引用”由于不是真正的引用，故一般不能在这三类参数中使用。
- 函数生成的多维引用将对每个单元格区域引用分别计算，同时返回多个结果值。“跨多表区域引用”将作为一个整体返回一个结果值。
- 函数生成的多维引用中每个被引用区域的大小和行列位置可以不同，工作表顺序可以是任意的。“跨多表区域引用”的各工作表必须相邻，且被引用区域的大小和行列位置也必须相同。

多维引用实际上是一种非平面的简单区域引用，它已经扩展到立体空间上，各个引用区域相对独立，外层函数只能分别对多维引用的各个区域进行单独计算。

22.2 多维引用的应用

22.2.1 支持多维引用的函数

在 Excel 2016 中，带有 reference、range 或 ref 参数的部分函数及数据库函数，可对多维引用返回的各单元格区域引用进行独立计算，并对应每个引用，返回一个由计算结果值构成的一维或二维数组。结果值数组的元素个数和维度与多维引用返回的单元格区域引用个数和维度是一致的。

可处理多维引用的函数有 AREAS、AVERAGEIF、AVERAGEIFS、COUNTBLANK、COUNTIF、COUNTIFS、PHONETIC、RANK、RANK.AVG、RANK.EQ、SUBTOTAL、SUMIF、SUMIFS 等，以及所有数据库函数，如 DSUM、DGET 等。

此外，还有 N 和 T 两个函数，虽然它们不带 range 或 ref 参数，但它们可以返回多维引用中每个区域的第一个值，并将其转化为数值或文本，组成一个对应的一维或二维数组，所以当多维引用的每个区域都是一个单元格时，使用这两个函数比较合适。

22.2.2 多表单条件统计

通常在集团公司中，各个分公司不同月份的销售数据是以多个工作表分别存储的。如果希望统计各分公司在某个期间内的销售情况，则需要使用多表统计技术。

示例22-2 跨多表销量统计

图22-7 展示了某集团公司上半年的销售明细表，每个月的销售数据分别存放在不同的工作表中。

为了了解各业务员的销售情况，需要分季度统计各业务员的销售总量。

1月

客户名称	业务负责人	本月销量
永辉	李淳	107
山东	李亚萍	138
烟台	刘天华	127
北京	李亚萍	73
广州	刘天华	112

4月

客户名称	业务负责人	本月销量
烟台	李淳	120
香港	李亚萍	135
北京	周丽敏	173
青岛	周丽敏	143
泉州	李亚萍	141

2月

客户名称	业务负责人	本月销量
北京	李亚萍	76
广州	李亚萍	146
香港	周丽敏	135
天津	周丽敏	102
重庆	李亚萍	113

5月

客户名称	业务负责人	本月销量
南京	周丽敏	62
三明	刘天华	165
永辉	周丽敏	98
山东	周丽敏	198
福州	刘天华	168

3月

客户名称	业务负责人	本月销量
兰州	李亚萍	91
福州	周丽敏	138
深圳	李淳	132
南京	周丽敏	129
山东	李亚萍	107

6月

客户名称	业务负责人	本月销量
香港	刘天华	100
重庆	刘天华	71
天津	李淳	191
深圳	周丽敏	155
北京	刘天华	96

图 22-7 1~6 月销售明细表

为了便于多表的三维引用，定义一个工作表名的名称 ShtName。

```
={"1月","4月";"2月","5月";"3月","6月"}
```

这是一个二维数组，第一列表示一季度的工作表，第二列表示二季度的工作表，便于分季度统计。

选中“汇总”工作表的 B3:C3 单元格区域，输入以下数组公式，按 <Ctrl+Shift+Enter> 组合键，并将公式复制到 B3:C6 单元格区域，如图 22-8 所示。

```
{=MMULT({1,1,1},SUMIF(INDIRECT(ShtName&"!B:B"),A3,INDIRECT(ShtName&"!C:C")))}
```

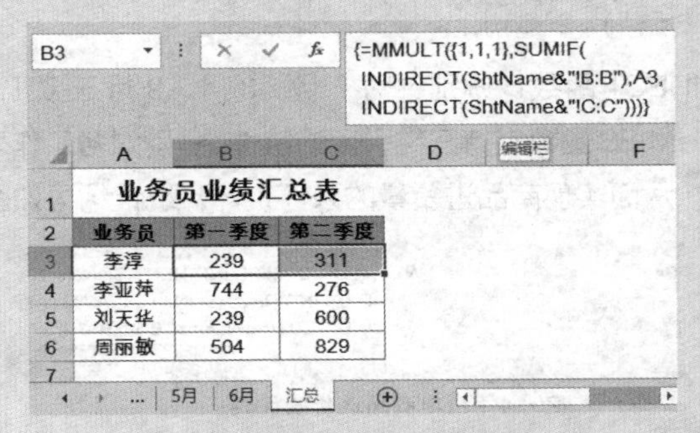

业务员业绩汇总表

业务员	第一季度	第二季度
李淳	239	311
李亚萍	744	276
刘天华	239	600
周丽敏	504	829

图 22-8 业务员分季度业绩汇总表

公式利用 INDIRECT 函数生成各月份工作表 B 列和 C 列的三维引用，借助 SUMIF 函数，根据指定的业务员姓名对销量进行求和，返回各月份指定业务员的销售总量。

根据名称 ShtName 的定义，第一列返回一季度各月份的销量，第二列返回二季度各月份的销量。最后利用 MMULT 函数分别汇总两列，即得业务员分季度的销售总量。

22.2.3 多表多条件统计

示例22-3 多表多条件商品进货统计

图 22-9 展示了某商城 3 季度白电商品进货明细表的部分内容，商城管理部希望了解所有商品的进货情况，需要用公式完成进货汇总统计。

7月

商品名称	品牌	型号	进货量
空调	格力	KFR-32GW	7
空调	格力	KFR-35GW	5
洗衣机	西门子	WS12M468TI	4
洗衣机	海尔	XQG60-QHZB1286	8
冰箱	美的	KA62NV00TI	2
冰箱	海尔	BCD-248WBCSF	10

8月

商品名称	品牌	型号	进货量
空调	格力	KFR-32GW	10
空调	美的	KFR-51LW	7
空调	格力	KFR-35GW	3
洗衣机	西门子	WS12M468TI	7
洗衣机	海尔	XQG60-QHZB1286	7
冰箱	美的	KA62NV00TI	3
冰箱	美的	BCD-210TSM	4
冰箱	海尔	BCD-539WT	8
冰箱	海尔	BCD-248WBCSF	8

9月

商品名称	品牌	型号	进货量
空调	格力	KFR-32GW	8
空调	美的	KFR-51LW	7
洗衣机	西门子	WS12M468TI	6
洗衣机	海尔	XQG60-QHZB1286	7
洗衣机	西门子	WS08M360TI	2
洗衣机	海尔	XQG55-H12866	4
冰箱	美的	KA62NV00TI	9
冰箱	美的	BCD-210TSM	8
冰箱	海尔	BCD-539WT	8
冰箱	海尔	BCD-248WBCSF	4

图 22-9 白电商品 3 季度进货明细表

为了便于多表的三维引用，定义一个工作表名的名称 ShtName。

```
={"7 月 ","8 月 ","9 月 "}
```

由于各类商品中存在多种品牌重复的情况，因此在统计表中需要针对不同品牌进行条件统计。

在“进货汇总”工作表 B4 单元格输入以下数组公式，按 <Ctrl+Shift+Enter> 组合键，并将公式复制到 B4:E6 单元格区域。

```
{=SUM(SUMIFS(INDIRECT(ShtName&"!D:D"),INDIRECT(ShtName&"!A:A"),$A4,
INDIRECT(ShtName&"!B:B"),B$3))}
```

该公式主要利用 INDIRECT 函数，分别针对 7 月、8 月、9 月三张工作表，生成 D 列、A 列和 B 列的三维引用。再利用 SUMIFS 函数支持三维引用的特性，分别对各工作表的商品类别和品牌名称，进行两个条件的数据汇总，从而实现商品进货量的条件统计，统计结果如图 22-10 所示。

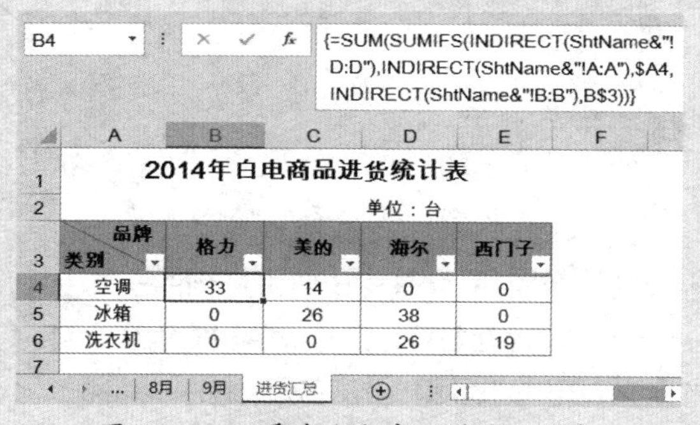

B4 {=SUM(SUMIFS(INDIRECT(ShtName&"!D:D"),INDIRECT(ShtName&"!A:A"),$A4,INDIRECT(ShtName&"!B:B"),B$3))}

2014年白电商品进货统计表

单位：台

品牌 / 类别	格力	美的	海尔	西门子
空调	33	14	0	0
冰箱	0	26	38	0
洗衣机	0	0	26	19

图 22-10 3 季度白电商品进货统计表

22.2.4 另类多条件汇总技术

22.2.3 小节演示了利用 SUMIFS 函数在跨多表区域引用中直接进行多条件统计的技术，但是如果需要对多表数据进行转换后的多条件汇总，则需要使用本节的技术。

示例22-4 另类多表多条件统计

图 22-11 展示了某集团公司 4 季度东西部片区的电子商品销售情况明细表，需要根据商品品牌按销售月份进行汇总。

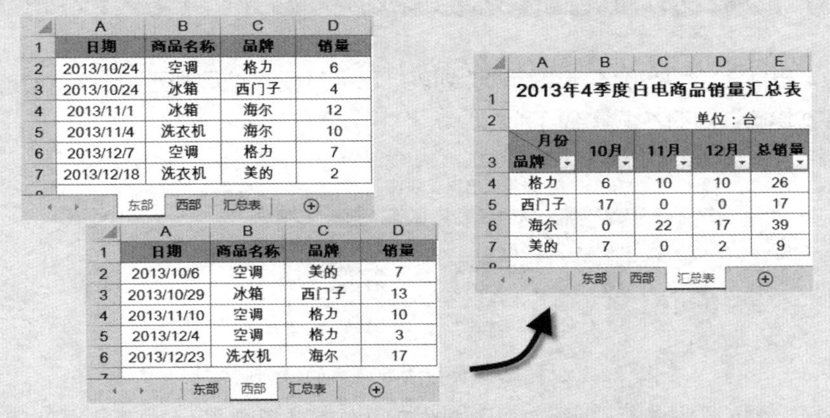

	A	B	C	D
1	日期	商品名称	品牌	销量
2	2013/10/24	空调	格力	6
3	2013/10/24	冰箱	西门子	4
4	2013/11/1	冰箱	海尔	12
5	2013/11/4	洗衣机	海尔	10
6	2013/12/7	空调	格力	7
7	2013/12/18	洗衣机	美的	2

东部 西部 汇总表

	A	B	C	D
1	日期	商品名称	品牌	销量
2	2013/10/6	空调	美的	7
3	2013/10/29	冰箱	西门子	13
4	2013/11/10	空调	格力	10
5	2013/12/4	空调	格力	3
6	2013/12/23	洗衣机	海尔	17

东部 西部 汇总表

	A	B	C	D	E
1	2013年4季度白电商品销量汇总表				
2				单位：台	
3	月份 品牌	10月	11月	12月	总销量
4	格力	6	10	10	26
5	西门子	17	0	0	17
6	海尔	0	22	17	39
7	美的	7	0	2	9

东部 西部 汇总表

图 22-11 另类多表多条件统计

由于 SUMIFS 函数的三维引用只能进行多条件区域直接引用的统计，而本示例需要按商品品牌和销售日期两个条件汇总，并且需要将销售日期转换为销售月份，因此 SUMIFS 函数不便在本示例中使用。本示例利用 INDIRECT 函数将各表的数据逐项提取出来，重新生成二维内存数组，再利用数组比较判断进行多条件求和，最终完成多条件统计。

为了简化公式，同时便于公式的理解，定义以下两个名称。

（1）工作表名 ShtName。

```
={"东部","西部"}
```

（2）数据行序列 DataRow。

```
=ROW(INDIRECT("2:"&MAX(COUNTIF(INDIRECT(ShtName&"!A:A"),"<>"))))
```

该名称利用 COUNTIF 函数结合三维引用分别统计各表 A 列数据个数，得出各表中最大的数据行数 7，并利用 ROW 函数和 INDIRECT 函数生成 2~7 的自然数序列，便于后续公式调用，提高统计公式的运行效率。

在“汇总表”工作表的 B4 单元格，输入以下公式，并将公式复制到 B4:D7 单元格区域。

```
=SUMPRODUCT((T(INDIRECT(ShtName&"!C"&DataRow))=$A4)"(MONTH(N(INDIRECT
(ShtName&"!A"&DataRow)))-LEFTB(B$3,2)=0)*N(INDIRECT(ShtName&"!D"&DataRow)))
```

该公式的一个关键点是 T(INDIRECT(ShtName&"!C"&DataRow)) 公式段，它通过 INDIRECT 函数将东部、西部两张工作表中的 C 列数据逐行提取出来，形成四维引用。再利用 T 函数返回各个区域第一个单元格的文本值，形成 6 行 2 列的二维数组，结果为：{" 格力 "," 美的 ";" 西门子 "," 西门子 ";" 海尔 "," 格力 ";" 海尔 "," 格力 ";" 格力 "," 海尔 ";" 美的 ",""}。

公式中另外两个 N 函数分别返回东部、西部工作表中的 A 列和 D 列数据形成的二维数组。最后通过多条件比较判断求和进行汇总。

22.2.5 筛选条件下提取不重复记录

示例22-5 筛选条件下提取不重复记录

图 22-12 展示了某企业 2014 年度培训计划表，已经对授课时间大于等于 5 课时的数据进行了筛选。需要提取出筛选后的不重复部门列表。

2014年度培训计划表

筛选条件：>=5课时

序号	类别	培训名称	部门	讲师	课时
2	技术	Flash Builder开发培训	开发部	刀锋	8
4	技术	Oracle系统优化及管理培训	信息部	毕琼华	14
5	技术	Java基础开发培训	开发部	杨艳凤	14
6	技术	Linux操作系统基础培训	技术部	王建昆	6
8	技术	Android系统开发培训	技术部	张哲	7
10	技术	Solaris system admin	系统部	蒋俊华	6

图 22-12 筛选大于等于 5 课时的培训明细表

由于数据已经按课时进行了筛选，因此解决问题的关键是确定哪些数据处于筛选状态。SUBTOTAL 函数可以判断数据是否处于筛选状态，将筛选状态下的数据计数为 1，隐藏的数据计数为 0。

利用该特性，在 D18 单元格输入以下数组公式，按 <Ctrl+Shift+Enter> 组合键，并将公式复制到 D18:D23 单元格区域。

```
{=INDEX(D:D,MIN(IF((COUNTIF(D$17:D17,D$3:D$13)=0)*SUBTOTAL(3,OFFSET
(D$2,ROW($1:$11),)),ROW($3:$13),4^8)))&""}
```

该解法利用 COUNTIF 函数过滤重复数据，利用 SUBTOTAL 函数判断筛选状态，最终提取出筛选条件下的唯一部门列表。

该公式的关键技术在于 SUBTOTAL 函数的三维引用用法，利用它能够排除非筛选状态下的数据记录，从而生成最终的部门列表。

提取出的不重复部门列表如图 22-13 中 D 列所示。

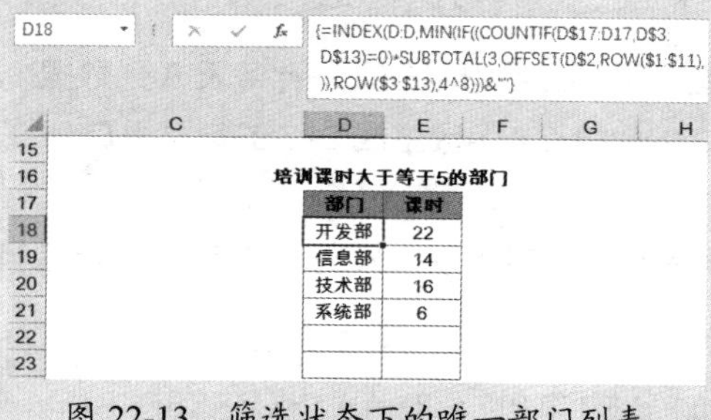

图 22-13 筛选状态下的唯一部门列表

22.2.6 根据比赛评分进行动态排名

在国际体育竞技比赛中，为了彰显公平公正，经常将所有得分的极值去掉一部分后再求平均值，作为运动员的最终成绩。常用的评分规则是：去掉一个最高分和一个最低分，取平均值为最后得分。

示例22-6 根据跳水比赛成绩动态排名

图 22-14 展示了某次跳水比赛的评分明细表，8 位裁判分别对 7 位选手进行评分，比赛成绩为去掉一个最高分和一个最低分的平均值。需要根据最终得分降序排列各选手的顺序。

	A	B	C	D	E	F	G	H	I
1	参赛选手	评委A	评委B	评委C	评委D	评委E	评委F	评委G	评委H
2	俄罗斯	8.5	8.5	8	8.5	9	7.5	9	8.5
3	中国	9	9.5	9.5	9.5	10	9.5	9	10
4	英国	8.5	9	8	9	8.5	7	9	9
5	加拿大	9.5	9	9.5	9.5	8.5	10	9	9.5
6	澳大利亚	9	8.5	9.5	9	9.5	9	8.5	8.5
7	美国	8	9.5	10	8.5	9.5	9	9.5	9
8	日本	7.5	9	8.5	9	9	9	8.5	9

图 22-14 跳水比赛评分明细表

为了简化公式和便于公式的理解，使用以下公式定义名称 Score，计算去掉最高分和最低分后的选手总得分。

```
{=MMULT(SUBTOTAL({9,5,4},OFFSET($B$1:$I$1,ROW($1:$7),)),{1;-1;-1})}
```

名称中主要使用 SUBTOTAL 函数结合三维引用，分别计算每个选手总分、最高分和最低分，再利用 MMULT 函数进行横向汇总，即与 {1;-1;-1} 逐项相乘，相当于总分减去最高分和最低分的最终总得分，其结果为：{51;57;52;56;53.5;55;53}。

L2 单元格输入以下数组公式，按 <Ctrl+Shift+Enter> 组合键，并将公式复制到 L2:L8 单元格区域。

```
{=INDEX(A:A,RIGHT(LARGE(Score*1000+ROW($2:$8),ROW()-1),2))}
```

将 Score 除以 6，即得各选手的最终得分。在 M2 单元格输入以下公式，并将公式复制到 M2:M8 单元格区域。

```
=LARGE(Score,ROW()-1)/6
```

排名结果如图 22-15 所示。

可以使用一个公式来同时提取选手姓名和得分，以减少公式输入操作步骤，提高工作效率。

同时选中 P2:Q8 单元格区域，在编辑栏输入以下数组公式，按 <Ctrl+Shift+Enter> 组合键。

```
{=INDEX(IF({1,0},A1:A8,ROW(1:600)/60),MID(LARGE(Score*1000+ROW(2:8),
ROW()-1),{4,1},3))}
```

该公式首先利用 IF 函数将参赛选手和可能出现的所有得分合并成一个二维数组，作为 INDEX 函数的第一参数。

然后将选手总得分 Score 与其对应的行序号组合，并利用 LARGE 函数对它降序排列，返回按选手得分降序排列的总得分和行序号，结果为：{57003;56005;55007;53506;53008;52004;51002}。

再利用 MID 函数取出总得分和行序号，最后利用 INDEX 函数返回对应的参赛选手姓名和最终得分。

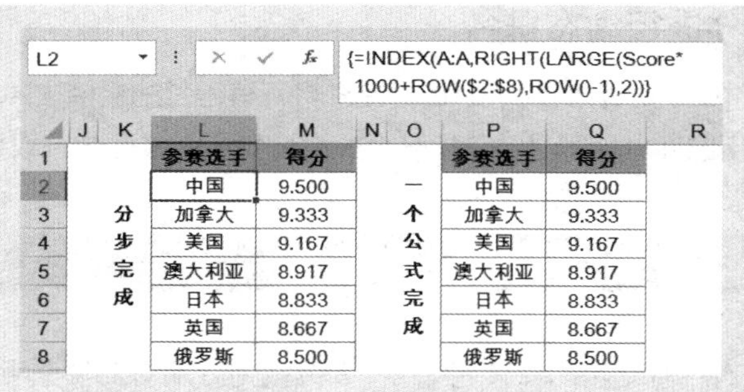

图 22-15　比赛成绩排名结果

22.2.7　先进先出法应用

示例22-7　先进先出法库存统计

图 22-16 展示了某产品原料出入库明细表，按先进先出法计算每次出库原料的实际价格。

根据先进先出核算法，出库价值先计出库时库存中最先入库批次的价值，不足部分再计下批次入库的货物价值，以此类推。L 列展示了出库金额的演算过程。

	A	B	C	D	E	F	G	H	I	J	K	L	M
1	日期	入库			出库			结余				出库金额演算	
2		数量	单价	金额	数量	单价	金额	数量	单价	金额		公式	结果
3	2013-10-1	50	1.20	60.00				50	1.200	60.00			
4	2013-10-2	12	1.30	15.60				62	1.219	75.60			
5	2013-10-4				51	1.202	61.30	11	1.300	14.30		50*1.2+1*1.3	61.30
6	2013-10-5				10	1.300	13.00	1	1.300	1.30		10*1.3	13.00
7	2013-10-6	34	1.40	47.60				35	1.397	48.90			
8	2013-10-8				12	1.392	16.70	23	1.400	32.20		1*1.3+11*1.4	16.70
9	2013-10-9				20	1.400	28.00	3	1.400	4.20		20*1.4	28.00
10	2013-10-12	32	1.50	48.00				35	1.491	52.20			
11	2013-10-13	88	1.20	105.60				123	1.283	157.80		3*1.4+32*1.5	
12	2013-10-14				48	1.413	67.80	75	1.200	90.00		+13*1.2	57.60

图 22-16　先进先出法计算出库金额

首先将光标定位到 G3 单元格，使用行相对引用定义两个名称，分别将入库数量和入库金额逐行累加，如图 22-17 所示。

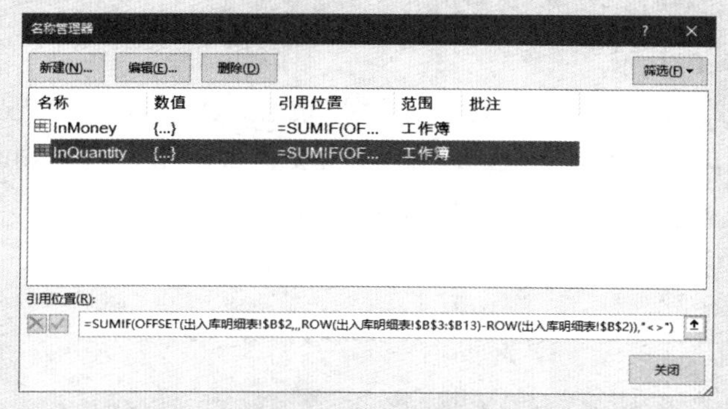

图 22-17　先进先出法名称定义

累加入库数量的名称 InQuantity：

=SUMIF(OFFSET(出入库明细表!$B$2,,,ROW(出入库明细表!$B$3:$B3)-ROW(出入库

明细表!$B$2)),"<>")

累加入库金额的名称 InMoney：

=SUMIF(OFFSET(出入库明细表!$D$2,,,ROW(出入库明细表!$D$3:$D3)-ROW(出入库明细表!$D$2)),"<>")

在 G3 单元格输入以下数组公式，按 <Ctrl+Shift+Enter> 组合键，并将公式复制到 G3:G12 单元格区域。

{=LOOKUP(SUM(E$2:E3),InQuantity,InMoney+(SUM(E$2:E3)-InQuantity)*C$3:C3)-SUM(G$2:G2)}

公式利用总出库量在累加入库数量 InQuantity 数组中查找，并根据累加入库金额返回具体出库金额。以 G12 单元格的出库金额为例，G12 单元格公式为：

{=LOOKUP(SUM(E$2:E12),InQuantity,InMoney+(SUM(E$2:E12)-InQuantity)*C$3:C12)-SUM(G$2:G11)}

截至 2013 年 10 月 14 日，总出库量为 141。

截至 2013 年 10 月 13 日，累加入库数量 InQuantity 为：{0;50;62;62;62;96;96;96;128;216}，累加入库金额 InMoney 为：{0;60;75.6;75.6;75.6;123.2;123.2;123.2;171.2;276.8}。

公式段 (SUM(E$2:E12)-InQuantity) & C$3:C12，将当前的总出库量与累加入库数量数组相减，得出出库数量中未在上一次入库中扣除的部分：{141;91;79;79;79;45;45;45;13;-75}，再与入库单价相乘得到本次部分出库的出库金额：{169.2;118.3;0;0;110.6;0;0;67.5;15.6;0}。

再利用 LOOKUP 函数模糊查询，返回截至目前的上次完全出库和本次部分出库之和：171.2+15.6=186.6。

最后减去之前已经出库的累计总金额 119 元，返回本次出库金额 67.80 元。

第三篇

创建图表和图形

图表具有直观形象的优点，可以形象地反映数据的差异、构成比例或变化趋势。图形能增强工作表或图表的视觉效果，从而可以创建出引人注目的报表。结合 Excel 的函数公式、定义名称、窗体控件、VBA 等功能，还可以创建实时变化的动态图表。

Excel 2016 提供了丰富的图表、迷你图、图片、形状、艺术字、剪贴画和 SmartArt 等常用图表与图形，使初学者很容易上手。此外，自定义图表和绘制自选图形的功能，更为追求特色效果的进阶用户提供了自由发挥的平台。

第 23 章 创建迷你图

迷你图是存在于单元格中的一种微型图表，能够反映一系列数据的变化趋势或者突出显示数据中的最大值和最小值。

本章学习要点

（1）创建迷你图。　　（2）设置迷你图样式。

23.1 认识迷你图

迷你图能够帮助用户快速识别数据变化趋势，结构简单紧凑，通常在数据表格的一侧成组使用，如图 23-1 所示。

	A	B	C	D	E	F
1		第一季度	第二季度	第三季度	第四季度	
2	销售计划	2,000	2,200	2,400	2,600	
3	实际完成	2,010	2,546	2,386	2,678	
4	差异	10	346	-14	78	

图 23-1 迷你图

23.1.1 迷你图与图表的区别

迷你图外观与图表相似，但功能与图表不同。

- ❖ 图表是嵌入到工作表中的图形对象，能够显示多个数据系列，而迷你图显示在一个单元格中，并且只能显示一个数据系列。
- ❖ 在使用了迷你图的单元格内，仍然可以输入文字和设置填充色。
- ❖ 使用填充的方法能够快速创建一组迷你图。
- ❖ 迷你图没有纵坐标轴、图表标题、图例项、网格线等元素。
- ❖ 不能制作多个类型的组合迷你图。

23.1.2 迷你图类型

Excel 支持折线迷你图、柱形迷你图和盈亏迷你图三种类型的迷你图，图 23-2 展示了使用三种不同迷你图的效果，每个迷你图都以左侧 6 个数据点绘制。

	A	B	C	D	E	F	G	H
1	2016	1月份	2月份	3月份	4月份	5月份	6月份	折线图
2	北京	3,381	4,097	7,139	4,003	5,771	7,139	
3	上海	5,043	5,833	2,976	6,279	7,013	2,976	
4	天津	2,807	7,408	6,354	2,079	6,545	6,354	
5	重庆	2,944	3,015	4,422	7,411	3,657	4,422	
6								
7	2017	1月份	2月份	3月份	4月份	5月份	6月份	柱形图
8	北京	6,408	4,454	2,740	4,002	4,015	2,740	
9	上海	6,337	7,329	7,273	5,607	7,165	7,273	
10	天津	5,668	3,205	3,975	6,418	4,714	3,975	
11	重庆	4,002	3,584	6,013	4,473	6,110	6,013	
12								
13	差异	1月份	2月份	3月份	4月份	5月份	6月份	盈亏图
14	北京	3,027	357	-4,399	-1	-1,756	-4,399	
15	上海	1,294	1,496	4,297	-672	152	4,297	
16	天津	2,861	-4,203	-2,379	4,339	-1,831	-2,379	
17	重庆	1,058	569	1,591	-2,938	2,453	1,591	

图 23-2 迷你图类型

❖ 折线迷你图：效果与折线图类似，分别展示不同城市各月份的数据趋势走向。

❖ 柱形迷你图：效果与柱形图类似，从中能够快速识别最高和最低点的数据。

❖ 盈亏迷你图：将数据点显示为正方向和负方向的方块，正方向表示盈利，负方向表示亏损。

23.2 创建迷你图

23.2.1 创建单个迷你图

以创建折线迷你图为例，操作步骤如下。

步骤① 选中要插入迷你图的单元格，如 H2，在【插入】选项卡下的【迷你图】命令组中单击【折线图】命令，打开【创建迷你图】对话框。

步骤② 单击【数据范围】编辑框右侧的折叠按钮，选择数据源 B2:G2。

步骤③ 单击【确定】按钮，关闭【创建迷你图】对话框，即可在 H2 单元格中创建一个折线迷你图，如图 23-3 所示。

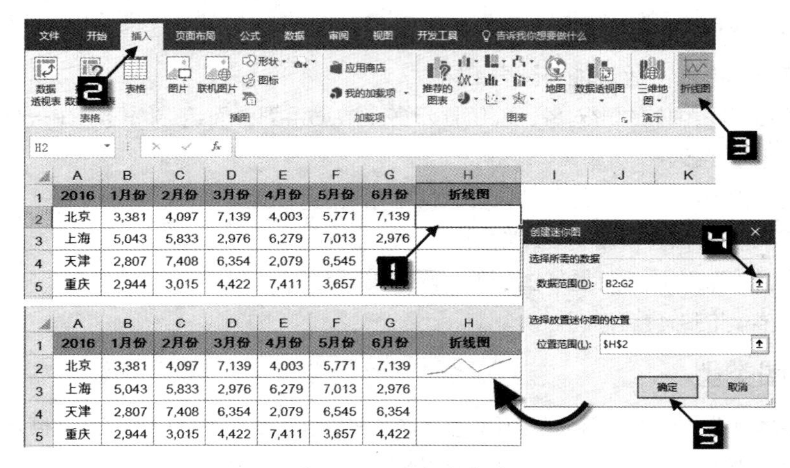

图 23-3 创建迷你图

步骤④ 鼠标指针靠近 H2 单元格右下角，拖动填充柄到 H5 单元格，即可在 H2~H5 单元格内快速生成多个迷你图，如图 23-4 所示。

	A	B	C	D	E	F	G	H
1	2016	1月份	2月份	3月份	4月份	5月份	6月份	折线图
2	北京	3,381	4,097	7,139	4,003	5,771	7,139	
3	上海	5,043	5,833	2,976	6,279	7,013	2,976	
4	天津	2,807	7,408	6,354	2,079	6,545	6,354	
5	重庆	2,944	3,015	4,422	7,411	3,657	4,422	

	A	B	C	D	E	F	G	H
1	2016	1月份	2月份	3月份	4月份	5月份	6月份	折线图
2	北京	3,381	4,097	7,139	4,003	5,771	7,139	
3	上海	5,043	5,833	2,976	6,279	7,013	2,976	
4	天津	2,807	7,408	6,354	2,079	6,545	6,354	
5	重庆	2,944	3,015	4,422	7,411	3,657	4,422	

图 23-4 使用填充柄创建迷你图

23.2.2　创建多个相同类型的迷你图

如果用户需要同时创建多个相同类型的迷你图，可以先选中要插入迷你图的单元格区域，然后在【插入】选项卡下的【迷你图】命令组中单击【折线图】命令。在弹出的【创建迷你图】对话框中单击【数据范围】编辑框右侧的折叠按钮，选择多行多列的数据源范围，最后单击【确定】按钮，如图 23-5 所示。

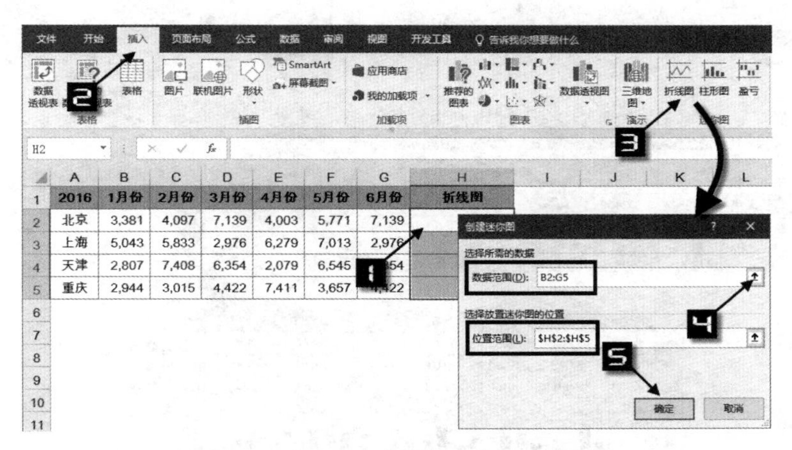

图 23-5　同时创建多个相同类型的迷你图

单元格的宽高比例将影响迷你图的外观效果。如图 23-6 所示，是同一个迷你图在不同单元格大小下的显示效果，实际使用时应注意由此对数据解读带来的影响。

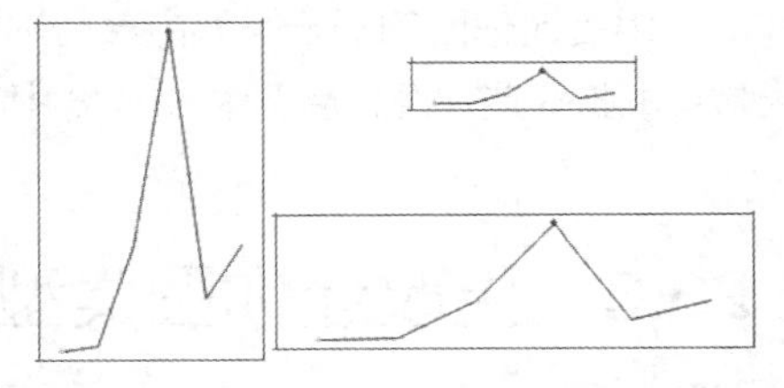

图 23-6　不同单元格大小的显示效果

23.2.3　迷你图组合

通过填充得到的多个迷你图或是同时创建的成组迷你图具有相同的特征，如果选中其中一个进行个性化设置，将影响当前成组图表中的每个迷你图。

选中一个迷你图，成组迷你图会显示蓝色的外框线，而独立迷你图则没有相应的外框线，如图 23-7 所示。

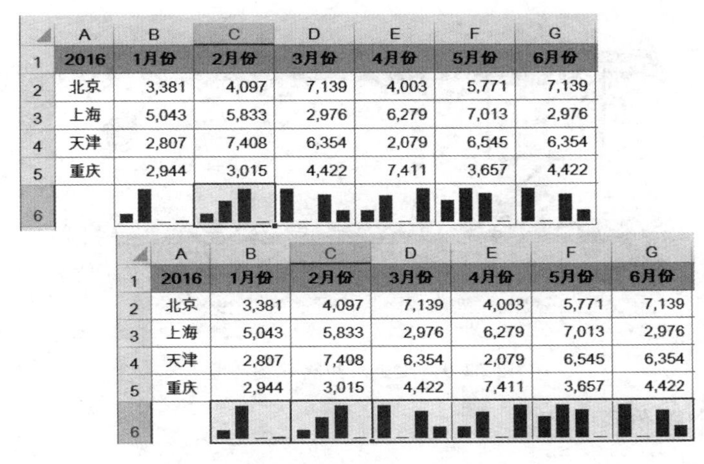

2016	1月份	2月份	3月份	4月份	5月份	6月份
北京	3,381	4,097	7,139	4,003	5,771	7,139
上海	5,043	5,833	2,976	6,279	7,013	2,976
天津	2,807	7,408	6,354	2,079	6,545	6,354
重庆	2,944	3,015	4,422	7,411	3,657	4,422

2016	1月份	2月份	3月份	4月份	5月份	6月份
北京	3,381	4,097	7,139	4,003	5,771	7,139
上海	5,043	5,833	2,976	6,279	7,013	2,976
天津	2,807	7,408	6,354	2,079	6,545	6,354
重庆	2,944	3,015	4,422	7,411	3,657	4,422

图 23-7　成组迷你图和多个独立迷你图

利用迷你图的组合功能，可以将不同的迷你图组合为成组迷你图。

如图 23-8 所示，选中已插入迷你图的 H2:H5 单元格区域，然后按住 <Ctrl> 键不放，再用鼠标选择包含迷你图的 B6:G6 单元格区域，选中两组迷你图。

在【设计】选项卡中单击【组合】命令，完成两组迷你图的组合，如图 23-8 所示。

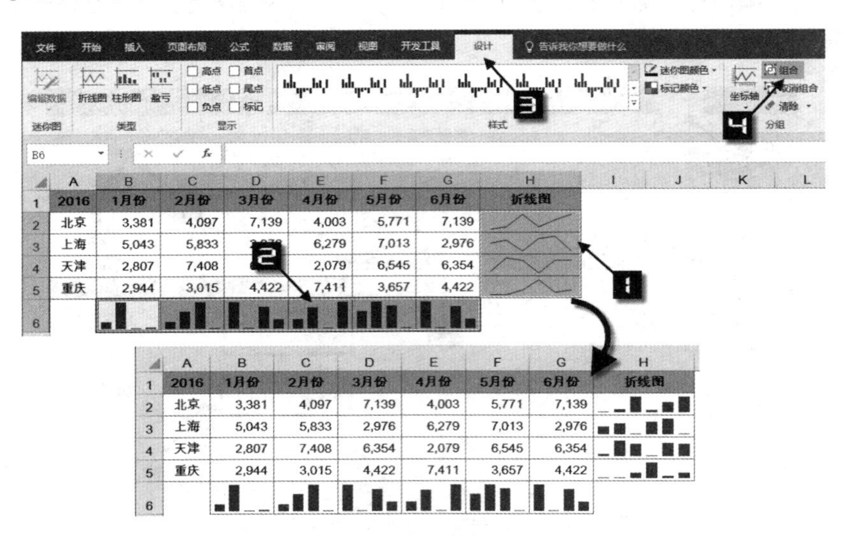

图 23-8 迷你图组合

组合迷你图的图表类型由最后选中的单元格中的迷你图类型决定。本例中先选中 H2:H5 单元格区域中的折线迷你图，后选中 B6:G6 中的柱形迷你图，所以组合迷你图类型全部变换为后选中的柱形图。

23.3 更改迷你图类型

23.3.1 改变成组迷你图类型

如需改变成组迷你图的图表类型，可以先选中迷你图所在单元格区域的任意一个单元格，然后在【设计】选项卡中单击【类型】命令组中的图表类型按钮，将成组迷你图全部更改为指定的迷你图类型，如图 23-9 所示。

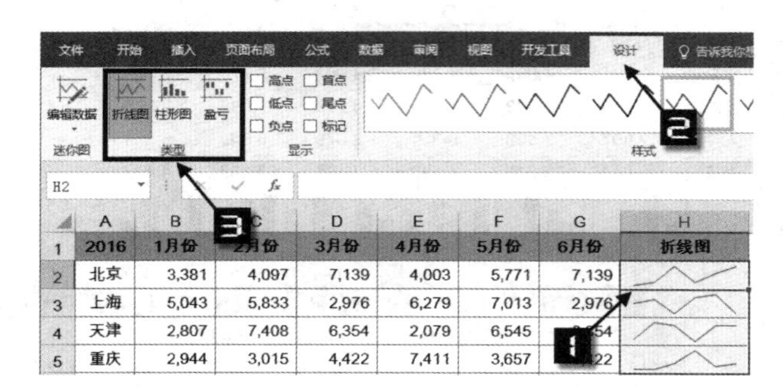

图 23-9 改变成组迷你图类型

23.3.2 改变单个迷你图类型

如需对成组迷你图中的单个迷你图类型进行更改，需要先取消迷你图组合，然后再改变迷你图类型。

选中需要更改迷你图类型的单元格，如 H2，在【设计】选项卡中单击【取消组合】命令取消迷你图的组合，再单击【折线图】类型按钮，将 H2 单元格中的柱形迷你图更改为折线迷你图，如图 23-10 所示。

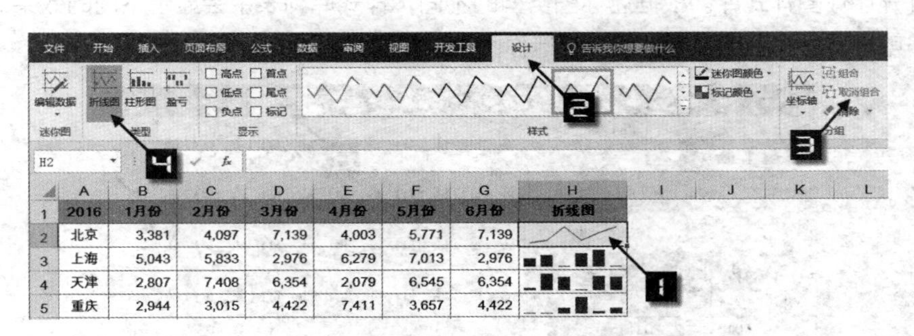

图 23-10 改变单个迷你图类型

23.4 设置迷你图样式

23.4.1 突出显示数据点

如图 23-11 所示，在【设计】选项卡下的【显示】命令组中，通过选择不同的选项，能够突出显示迷你图的数据。

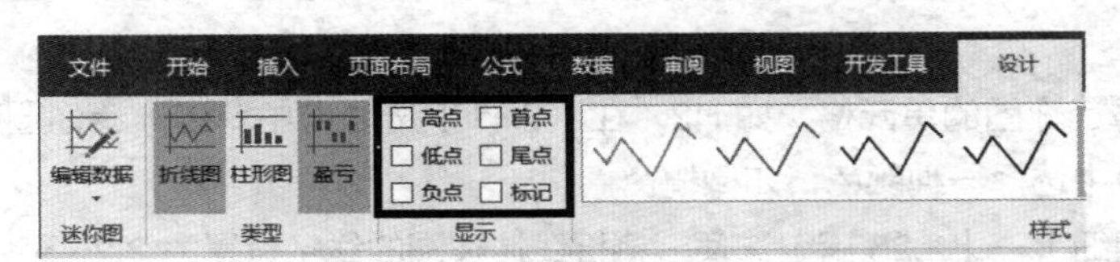

图 23-11 【显示】命令组

- ❖ 高点：为迷你图中的最高数据点应用不同颜色。
- ❖ 低点：为迷你图中的最低数据点应用不同颜色。
- ❖ 负点：为迷你图中的负值数据点应用不同颜色。
- ❖ 首点：为迷你图中的第一个数据点应用不同颜色。
- ❖ 尾点：为迷你图中的最后一个数据点应用不同颜色。
- ❖ 标记：在折线迷你图中显示数据点标记。

如图 23-12 所示，选中 H2 单元格，在【设计】选项卡中分别选中【高点】和【低点】复选框，即可突出显示迷你图的高点和低点数据。

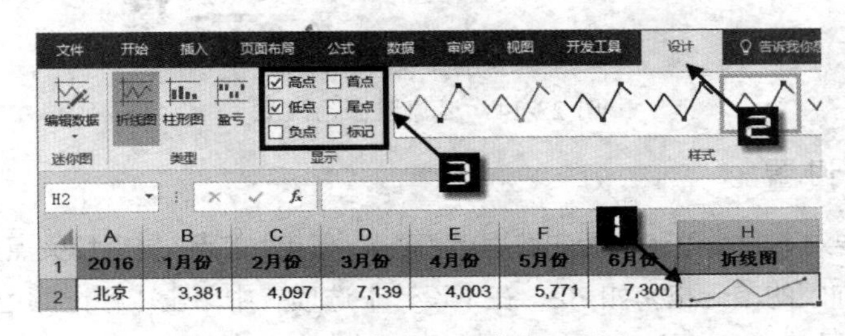

图 23-12 突出显示高点和低点

23.4.2 设置迷你图样式

Excel 内置了 36 种迷你图样式。选中包含迷你图的单元格，如 H2，在【设计】选项卡中单击【样式】下拉按钮，打开迷你图样式库。根据迷你图类型的不同，样式库列表中会显示不同的效果。选中一个迷你图样式，即可将该样式应用到所选的一组迷你图中，如图 23-13 所示。

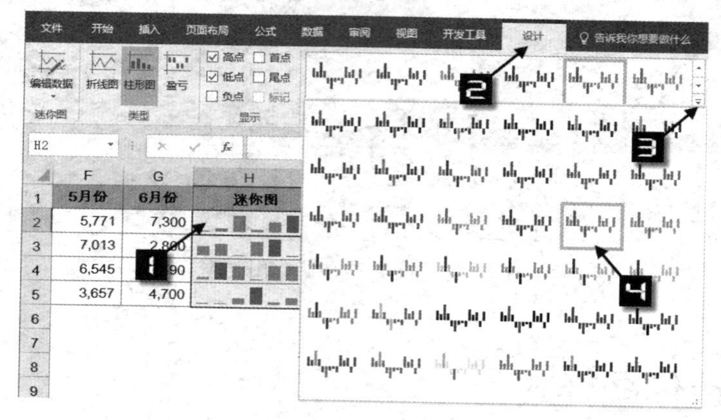

图 23-13 设置迷你图样式

23.4.3 设置迷你图颜色

在折线迷你图中，迷你图颜色是指折线的颜色，在柱形迷你图和盈亏迷你图中是指数据点柱形的颜色。用户可以根据需要为迷你图设置不同的颜色，如果是折线迷你图，还可以设置线条粗细。操作步骤如下。

步骤① 选择包含折线迷你图的单元格，如 H2，在【设计】选项卡中单击【迷你图颜色】下拉按钮，在主题颜色面板中选择一种颜色，如橄榄色。

步骤② 依次单击【粗细】→【2.25 磅】选项，将折线迷你图的线条设置为 2.25 磅，如图 23-14 所示。

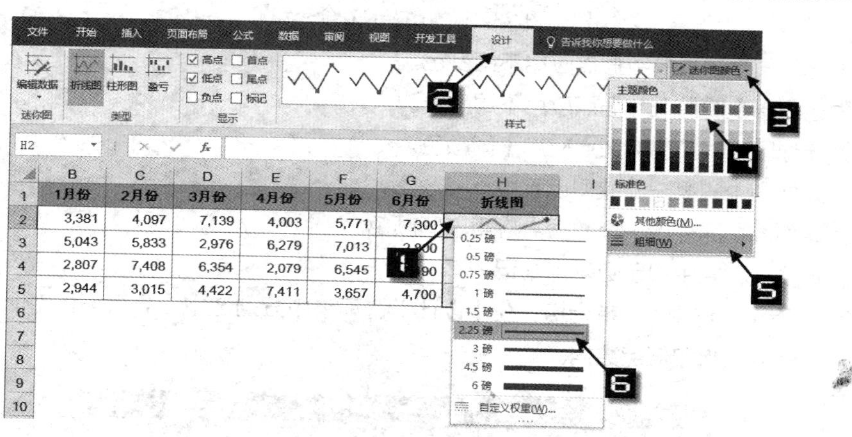

图 23-14 迷你图颜色设置

23.4.4 标记颜色设置

用户可以根据需要对不同类型迷你图的数据点、高点、低点、首点、尾点和负点分别设置不同的颜色。

选中包含柱形迷你图的单元格，如 H2，在【设计】选项卡中单击【标记颜色】下拉按钮，在下拉列表中依次单击【高点】→【红色】选项，将柱形迷你图的高点设置为红色，如图 23-15 所示。

	C	D	E	F	G	H
1	2月份	3月份	4月份	5月份	6月份	迷你图
2	4,097	7,139	4,003	5,771	7,300	
3	5,833	2,976	6,279	7,013	2,800	
4	7,408	6,354	2,079	6,545	[illegible]	
5	3,015	4,422	7,411	3,657	4,700	

图 23-15　标记颜色设置

23.4.5　设置迷你图垂直轴

23章

默认效果的迷你图会根据一组数据展示总的趋势变化，无法体现数据点之间的具体差异量。用户可以根据需要，手动设置迷你图的纵坐标最小值和最大值。

操作步骤如下。

步骤① 选中包含柱形迷你图的单元格，如 H2，在【设计】选项卡中单击【坐标轴】下拉按钮。

步骤② 在下拉列表中单击【纵坐标轴的最小值选项】中的【自定义值】命令，打开【迷你图垂直轴设置】对话框。

步骤③ 根据实际数据范围，设置垂直轴的最小值为 0.0，单击【确定】按钮，完成垂直轴的最小值设置，如图 23-16 所示。

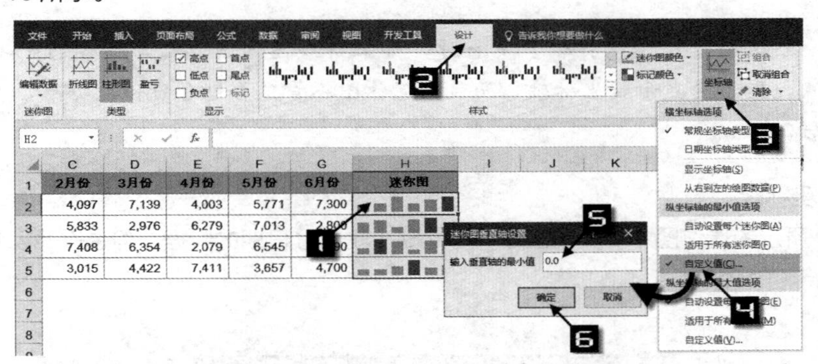

图 23-16　设置迷你图的纵坐标最小值

步骤④ 单击【纵坐标轴的最大值选项】中的【自定义值】命令，打开【迷你图垂直轴设置】对话框，设置垂直轴的最大值为 7500，单击【确定】按钮，完成垂直轴的最大值设置，完成后的迷你图效果如图 23-17 所示。

	A	B	C	D	E	F	G	H
1	2016	1月份	2月份	3月份	4月份	5月份	6月份	迷你图
2	北京	3,381	4,097	7,139	4,003	5,771	7,300	
3	上海	5,043	5,833	2,976	6,279	7,013	2,800	
4	天津	2,807	7,408	6,354	2,079	6,545	6,490	
5	重庆	2,944	3,015	4,422	7,411	3,657	4,700	

	A	B	C	D	E	F	G	H
1	2016	1月份	2月份	3月份	4月份	5月份	6月份	迷你图
2	北京	3,381	4,097	7,139	4,003	5,771	7,300	
3	上海	5,043	5,833	2,976	6,279	7,013	2,800	
4	天津	2,807	7,408	6,354	2,079	6,545	6,490	
5	重庆	2,944	3,015	4,422	7,411	3,657	4,700	

图 23-17　设置迷你图的纵坐标最大值

自定义设置后的迷你图比较客观地反映了数据的差异量状况，而设置前迷你图则只有高低差别，没有差异量的体现。

23.4.6 设置迷你图横坐标

Ⅰ 显示横坐标轴

默认情况下的迷你图不显示横坐标轴，如需在有负值的迷你图中显示横坐标轴，可以先选中包含迷你图的单元格，如 H2，然后在【设计】选项卡下单击【坐标轴】下拉按钮，在下拉列表中单击【显示坐标轴】命令，如图 23-18 所示。

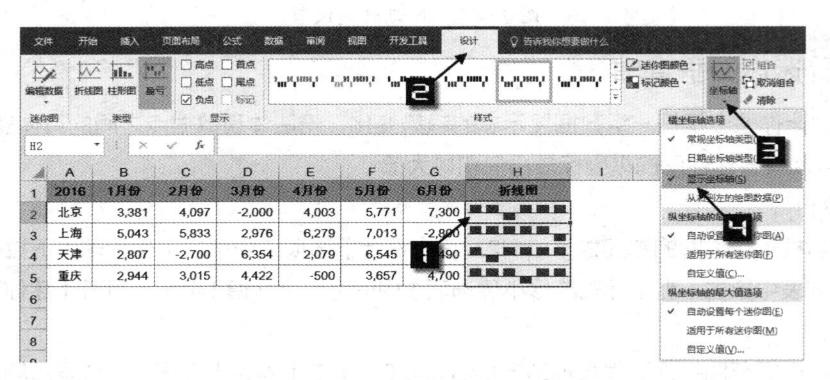

图 23-18　显示横坐标轴

提示

在选择【显示坐标轴】命令时，如果折线迷你图或柱形迷你图中不包含负值数据点，则不会显示横坐标轴。而盈亏迷你图不管是否包含负值数据点，都能显示横坐标轴。

Ⅱ 使用日期坐标轴

在图 23-19 所示的迷你图中，数据区域中虽然缺少了部分日期的数据，但是以此创建的迷你图仍然会以相同间隔显示各组数据。

	A	B	C	D	E	F	G	H
1	2016	1月25日	1月26日	2月2日	2月3日	2月4日	2月4日	迷你图
2	北京	3,381	4,097	-2,000	4,003	5,771	7,300	
3	上海	5,043	5,833	2,976	6,279	7,013	-2,800	
4	天津	2,807	-2,700	6,354	2,079	6,545	6,490	
5	重庆	2,944	3,015	4,422	-500	3,657	4,700	

图 23-19　相同间隔显示各组数据

为了更好地展示数据趋势，可以在迷你图中使用日期坐标轴，使缺少数据的日期在迷你图中显示空位。操作步骤如下。

步骤① 选中 H2 单元格，在【设计】选项卡中单击【坐标轴】下拉按钮，在下拉列表中单击【日期坐标轴类型】命令，打开【迷你图日期范围】对话框。

步骤② 单击右侧的折叠按钮，选择 B1:G1 单元格区域，最后单击【确定】按钮，如图 23-20 所示。

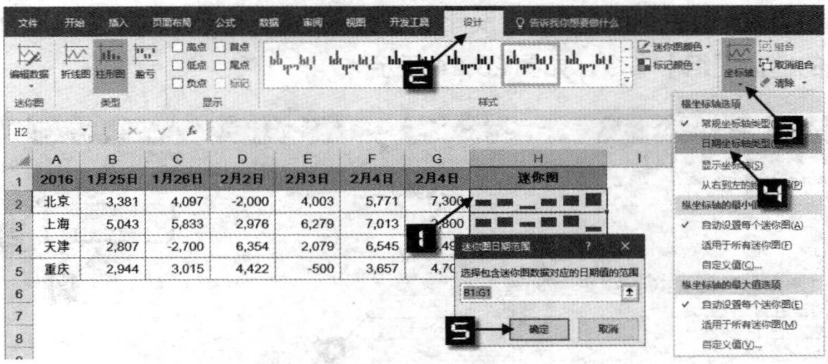

图 23-20 使用日期坐标轴

设置完成后的迷你图效果如图 23-21 所示。

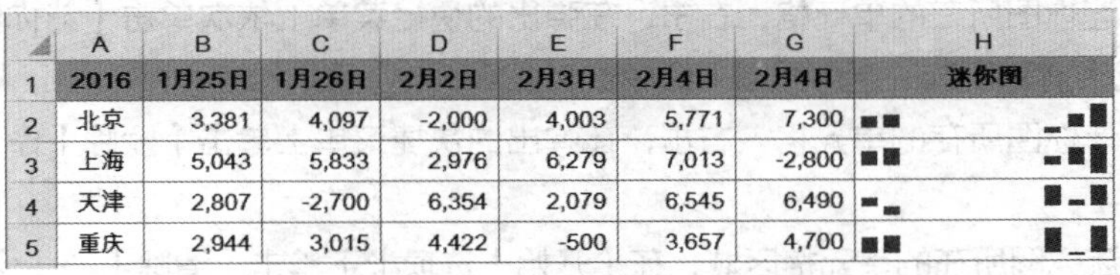

	A	B	C	D	E	F	G	H
1	2016	1月25日	1月26日	2月2日	2月3日	2月4日	2月4日	迷你图
2	北京	3,381	4,097	-2,000	4,003	5,771	7,300	
3	上海	5,043	5,833	2,976	6,279	7,013	-2,800	
4	天津	2,807	-2,700	6,354	2,079	6,545	6,490	
5	重庆	2,944	3,015	4,422	-500	3,657	4,700	

图 23-21 使用日期坐标轴的迷你图

23.4.7 处理空单元格和隐藏单元格

默认情况下，如果隐藏了迷你图数据源所在的行或列，在迷你图中将不显示隐藏的数据。除此之外，空单元格在迷你图中默认显示为空距。更改这些设置的操作步骤如下。

步骤① 先选中包含迷你图的单元格，如 H2，在【设计】选项卡下单击【编辑数据】下拉按钮，在下拉列表中选择【隐藏和清空单元格】命令，打开【隐藏和空单元格设置】对话框。

步骤② 选中【零值】单选按钮，再选中【显示隐藏行列中的数据】复选框，最后单击【确定】按钮，如图 23-22 所示。

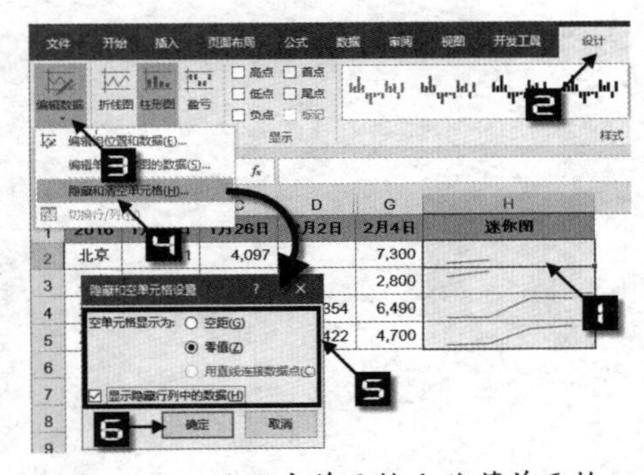

图 23-22 处理空单元格和隐藏单元格

完成设置后，空单元格在迷你图中显示为零值，隐藏单元格的数据也显示在迷你图中，如图 23-23 所示。

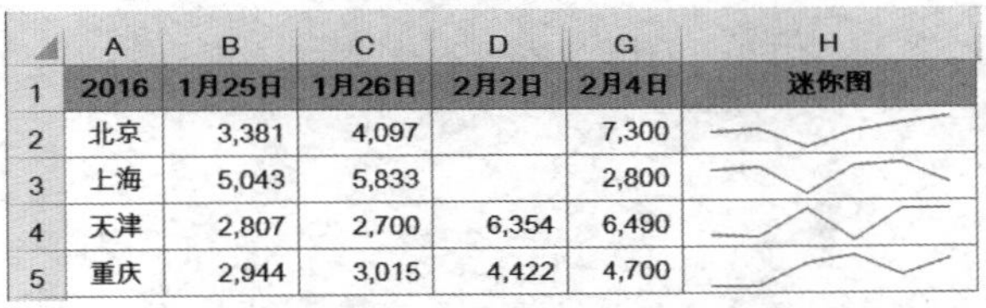

	A	B	C	D	G	H
1	2016	1月25日	1月26日	2月2日	2月4日	迷你图
2	北京	3,381	4,097		7,300	
3	上海	5,043	5,833		2,800	
4	天津	2,807	2,700	6,354	6,490	
5	重庆	2,944	3,015	4,422	4,700	

图 23-23 包含零值和隐藏数据的迷你图

23.5 清除迷你图

如需清除迷你图，可以使用以下几种方法。

❖ 方法 1：选中迷你图所在的单元格，在【设计】选项卡中依次单击【清除】→【清除所选的迷你图】或【清除所选的迷你图组】命令，如图 23-24 所示。

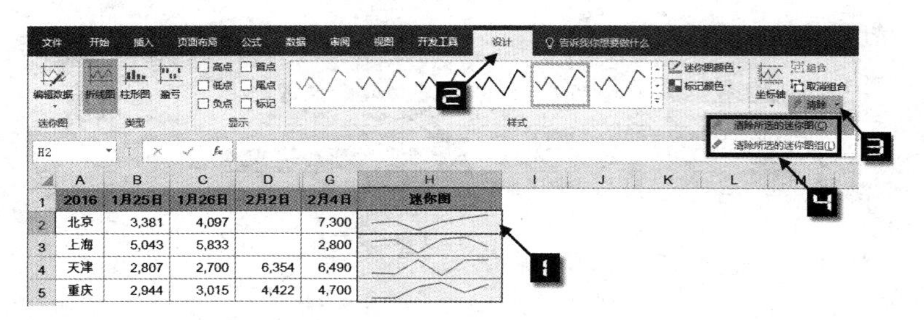

图 23-24 清除迷你图

❖ 方法 2：选中迷你图所在的单元格，右击，在弹出的快捷菜单上依次单击【迷你图】→【清除所选的迷你图】或【清除所选的迷你图组】命令。

❖ 方法 3：选中迷你图所在的单元格，右击，在弹出的快捷菜单上单击【删除】命令，同时删除单元格和迷你图。

❖ 方法 4：选中迷你图所在的单元格区域，在【开始】选项卡下单击【清除】→【全部清除】命令。

第 24 章　创建图表入门

Excel 在提供强大的数据处理功能的同时，也提供了丰富实用的图表功能。Excel 2016 图表与图形引入了全新的扁平化视觉效果、快速分析选项窗格，新增了 5 种图表类型，分别为树状图、旭日图、直方图、箱形图、瀑布图，以及各类组合图等，使数据图形化输出更加美观、快捷、实用。Excel 2016 图表以其丰富的图表类型、色彩样式和三维样式，成为常用的图表工具之一。本章主要介绍 Excel 图表的基础知识，以及如何创建、编辑、修饰和打印图表，并详细讲解各种图表类型的应用场合。

本章学习要点

（1）图表的组成。

（2）创建图表。

（3）标准图表类型。

（4）设置图表格式。

（5）图表布局与样式。

24.1　图表及其特点

图表是图形化的数据，由点、线、面与数据匹配组合而成。一般情况下，用户使用 Excel 工作簿内的数据制作图表，生成的图表也存放在该工作簿中。图表是 Excel 的重要组成部分，具有直观形象、种类丰富和实时更新等特点。

24.1.1　直观形象

图表最大的特点是直观形象，能使用户一眼看清数据的大小、差异和变化趋势，如图 24-1 所示。如果只是阅读左侧数据表中的数字，无法直观得到整组数据所包含的更有价值的信息，而图表至少反映了如下 3 个信息。

（1）10 月销量最高。

（2）每个月的销量均在 40 万 ~100 万之间。

（3）1~10 月销量持续上升，但在 11~12 月下降严重。

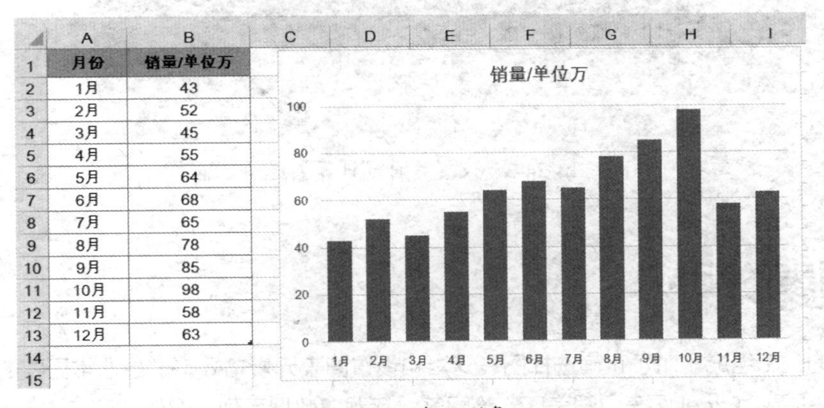

月份	销量/单位万
1月	43
2月	52
3月	45
4月	55
5月	64
6月	68
7月	65
8月	78
9月	85
10月	98
11月	58
12月	63

图 24-1　直观形象

24.1.2 种类丰富

Excel 2016 提供了 14 种标准图表类型：柱形图、折线图、饼图、条形图、面积图、XY（散点图）、股价图、曲面图、雷达图、树状图、旭日图、直方图、箱形图、瀑布图，如图 24-2 所示。14 种标准图表类型合计包括 55 种子图表类型，比早期版本更加丰富。

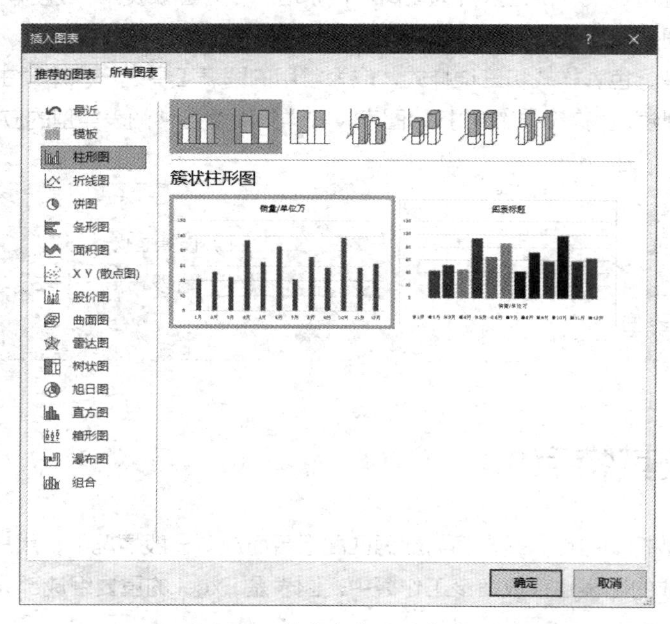

图 24-2 种类丰富的图表类型

另外，Excel 2016 自定义组合图功能，既可以自定义组合两种或将两种以上的标准图表类型绘制在同一个图表中，Excel 图表还允许用户创建自定义图表类型为图表模板，以方便调用。

24.1.3 实时更新

Excel 图表是动态的，换句话说，图表系列将链接到工作表中的数据，如果工作表中的数据发生变化，图表则会自动更新，以反映这些数据的变化。图表自动更新的前提是：在【公式】选项卡中依次单击【计算选项】→【自动】选项，将计算选项设置为工作簿计算的自动重算，如图 24-3 所示。

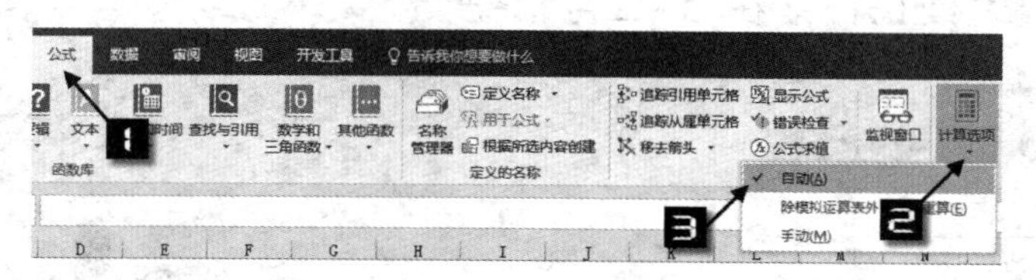

图 24-3 设置【自动计算】选项

24.2 图表的组成

认识图表的各个组成，对于正确选择图表元素和设置图表元素格式来说是非常重要的。

如图 24-4 所示，Excel 图表由图表区、绘图区、标题、数据系列、图例和网格线等基本部分构成。

在 Excel 2016 中，选中图表时会在图表的右上方显示快捷选项按钮，非选中状态时则隐藏该按钮。

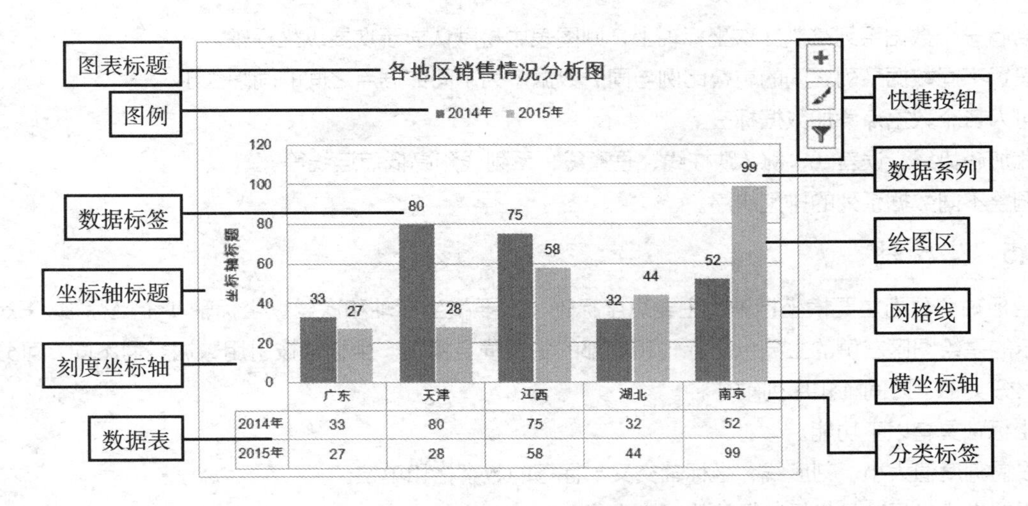

图 24-4 Excel 图表的组成

24.2.1 图表区

图表区是指图表的全部范围，Excel 默认的图表区是由白色填充区域和 50% 灰色细实线边框组成的。选中图表区时，将显示图表对象边框，以及用于调整图表大小的 8 个控制点。

图表区具有以下功能。

- ❖ 改变图表区的大小，即调整图表的大小及长宽比例。
- ❖ 设置图表的位置是否随单元格变化，以及选择是否打印图表。
- ❖ 选中图表区后，可以快速统一设置图表中文字的字体、大小和颜色。

24.2.2 绘图区

绘图区是指图表区内的图形表示的区域，即以 4 个坐标轴为边的长方形区域。选中绘图区时，将显示绘图区边框，以及用于调整绘图区大小的 8 个控制点。

绘图区具有以下功能：通过拖放控制点，可以改变绘图区的大小，以适合图表的整体效果。

24.2.3 标题

标题包括图表标题和坐标轴标题。图表标题是显示在绘图区上方的类文本框，坐标轴标题是显示在坐标轴外侧的类文本框。图表标题只有一个，而坐标轴标题最多允许 4 个。Excel 默认的标题是无边框的黑色文字。

图表标题的作用是对图表主要内容进行说明。坐标轴标题的作用是对坐标轴的内容进行标示。一般坐标轴标题使用率较低。

24.2.4 数据系列和数据点

数据系列是由数据点构成的，每个数据点对应于工作表中的某个单元格内的数据，数据系列对应于工作表中一行或者一列数据。数据系列在绘图区中表现为彩色的点、线、面等图形。

数据系列具备以下功能。

- ❖ 根据工作表中数据信息的大小呈现不同高低的数据点。
- ❖ 可单独修改某个数据点的格式。
- ❖ 当一个图表含有两个或两个以上的数据系列时，可以指定数据系列绘制在主坐标轴或者次坐标轴。

若有一个数据系列绘制在次坐标轴上，则图表中将默认显示次要纵坐标轴。

❖ 设置不同数据系列之间的重叠比例与同一数据系列不同数据点之间的间隔大小。
❖ 可为各个数据点添加数据标签。
❖ 添加趋势线、误差线、涨 / 跌柱线、垂直线、系列线和高低点连线等。
❖ 调整不同数据系列的排列次序。

24.2.5 坐标轴

坐标轴可分为主要横坐标轴、主要纵坐标轴、次要横坐标轴和次要纵坐标轴 4 个坐标轴。Excel 默认显示的是绘图区左侧的主要纵坐标轴和底部的主要横坐标轴。坐标轴按引用数据类型不同，可分为数据轴、分类轴、时间轴和序列轴 4 种。

坐标轴具有以下功能。

❖ 设置刻度值大小、刻度线、坐标轴交叉与标签的数字格和单位。
❖ 设置逆序坐标轴与坐标轴标签的对齐方式。

24.2.6 图例

图例由图例项和图例项标识组成。当图表只有一个数据系列时，默认不显示图例，当超过一个数据系列时，默认的图例则显示在绘图区下方。

图例具有以下功能。

❖ 对数据系列的名称进行标识。
❖ 设置图例在图表区中的显示位置。
❖ 单独对某个图例项进行格式设置与删除。

24.2.7 数据表

数据表可以显示图表中所有数据系列的数据，对于设置了显示数据表的图表，数据表将固定显示在绘图区下方，如果图表中已经显示了数据表，则可不再显示图例与数据标签。

数据表具有以下功能。

❖ 数据表是显示所有数据系列数据源的列表。
❖ 数据表可以在一定程度上取代图例、刻度值、数据标签和主要横坐标轴。

图表中的元素均可以通过设置填充、边框颜色、边框样式、阴影、发光和柔化边缘、三维格式等项目改变图表元素的外观。

24.2.8 快捷选项按钮

快捷选项按钮共有 3 个，分别是图表元素、图表样式和图表筛选器，如图 24-5 所示。

❖ 图表元素：可以快速添加、删除或更改图表元素，如图表标题、图例、网格线和数据标签等。
❖ 图表样式：可以快速设置图表样式和配色方案。
❖ 图例筛选器：可以快速选择在图表上显示哪些数据系列（数据点）和名称。

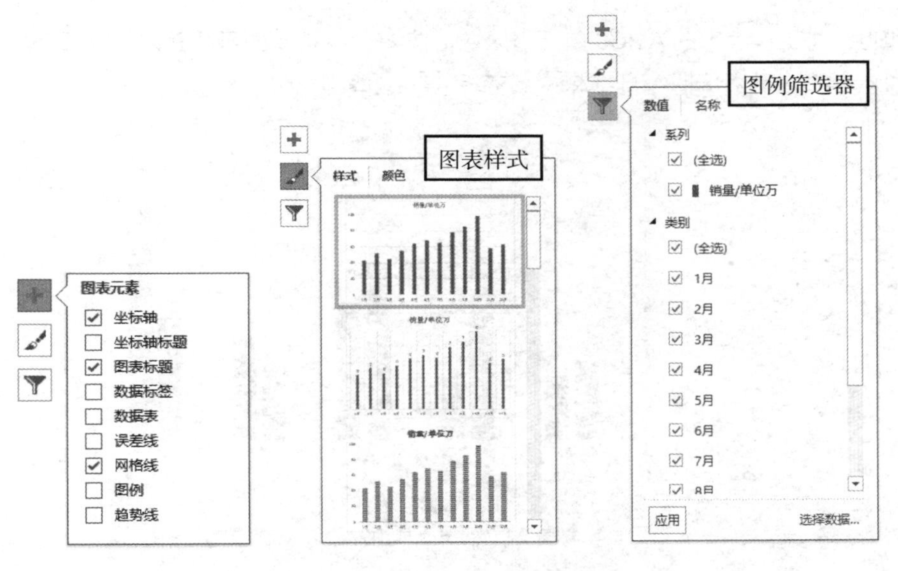

图 24-5　图表快捷选项按钮

24.3　创建图表

数据是图表的基础，若要创建图表，首先需要在工作表中为图表准备数据。插入的图表既可以嵌入工作表中，也可以显示在单独的图表工作表中，用户可以很容易地将一个嵌入式图表移动到图表工作表，反之亦然。

24.3.1　插入图表

示例24-1　插入图表

➲ Ⅰ　嵌入式图表

日常工作中常用的 Excel 图表即嵌入式图表，是嵌入在工作表单元格上层的图表对象，适合图文混排的编辑模式。

选中 A1:C6 单元格区域，单击【插入】选项卡中的【插入柱形图或条形图】→【簇状柱形图】命令，即可在工作表中插入柱形图，如图 24-6 所示。

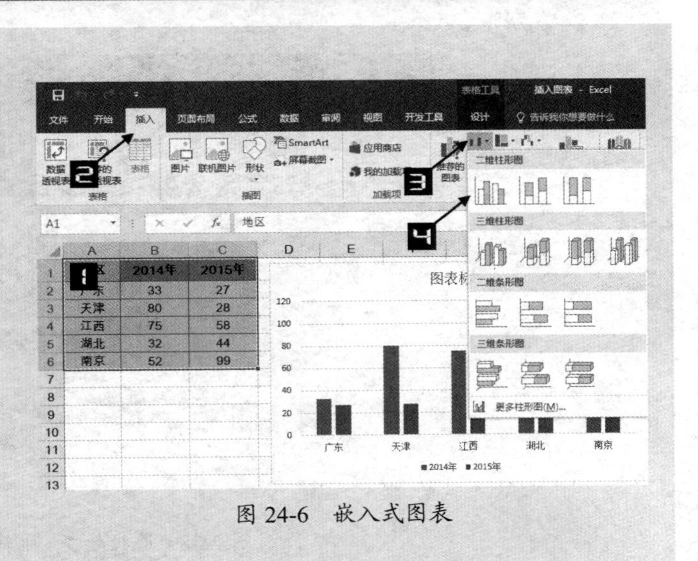

图 24-6　嵌入式图表

➲ Ⅱ　图表工作表

图表工作表是一种没有单元格的工作表，适合放置复杂的图表对象，以方便阅读。

选中 Sheet1 工作表中的 A1:C6 单元格区域，按 <F11> 键，即可在新建的图表工作表 Chart1 中创建一个柱形图，此方法插入的图表默认为柱形图，如图 24-7 所示。

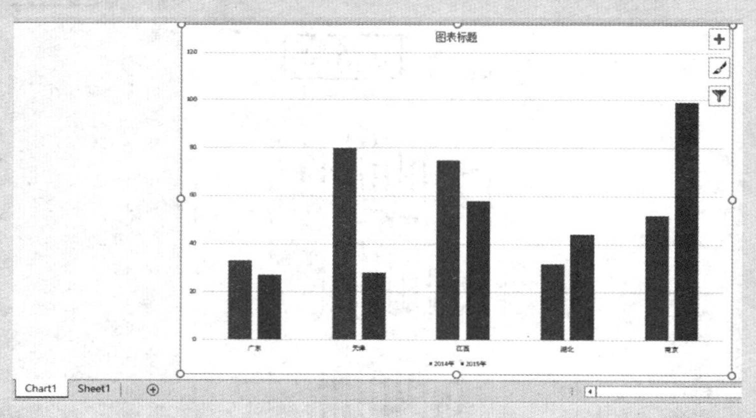

图 24-7　图表工作表

24.3.2　选择数据

示例24-2　为图表选择数据

选择数据包括添加、删除数据系列，编辑分类轴标签引用的数据区域等。

步骤① 选中图表，在【图表工具】的【设计】选项卡中单击【选择数据】按钮，打开【选择数据源】对话框，左侧【图例项（系列）】下有 5 个小按钮，分别为【添加】【编辑】【删除】【上移】和【下移】。单击【添加】按钮可增加新系列。

步骤② 单击【编辑】按钮，打开【编辑数据系列】对话框，分别修改系列名称和系列值，单击【确定】按钮关闭【编辑数据系列】对话框，最后单击【确定】按钮关闭【选择数据源】对话框，如图 24-8 所示。

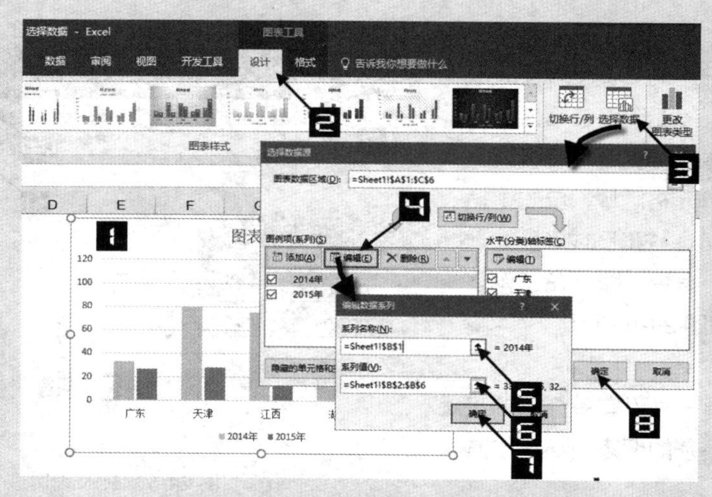

图 24-8　选择数据 - 编辑系列

在【选择数据源】对话框中选中任一系列，单击【删除】按钮可将此系列删除。【上移】和【下移】按钮可移动系列的上下位置。

步骤③ 在【选择数据源】对话框中单击右侧“水平（分类）轴标签”的【编辑】按钮，打开【轴标签】对话框，设定轴标签区域，单击【确定】按钮关闭【轴标签】对话框，最后再次单击【确定】按钮关闭【选择数据源】对话框，可更改图表坐标轴的分类标签，如图 24-9 所示。

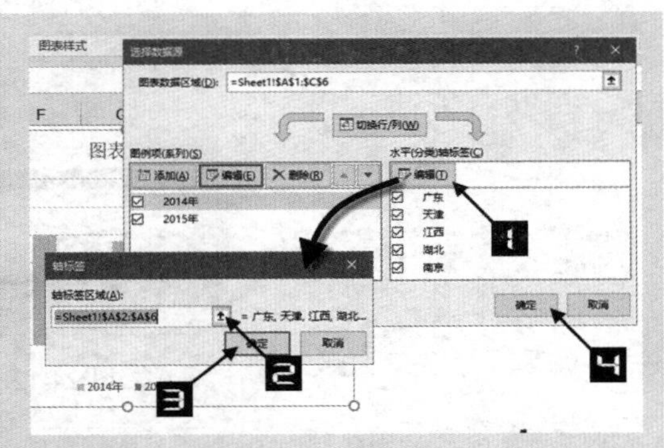

图 24-9　选择数据 - 编辑水平（分类）轴标签

步骤④ 选中图表，在【图表工具】的【设计】选项卡中单击【切换行 / 列】按钮，将所选图表的两个数据系列更换为 4 个数据系列，如图 24-10 所示。再次单击【切换行 / 列】按钮可恢复。另外，在【选择数据源】对话框中也可以通过单击【切换行 / 列】按钮进行系列切换。

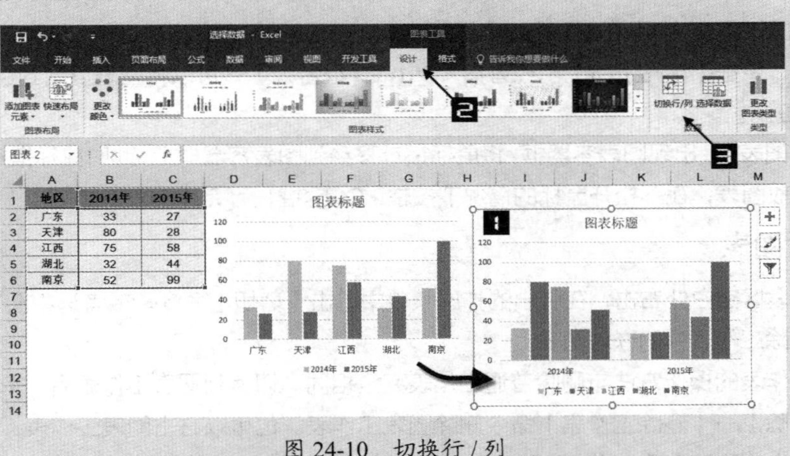

图 24-10　切换行 / 列

24.3.3　移动图表

➲ Ⅰ　工作表中移动图表

在图表区中单击选中图表，出现图表容器框，鼠标指针变为十字箭头，按下鼠标左键不放，拖动图表至合适的位置后释放鼠标，即可将图表移动到新的位置，如图 24-11 所示。

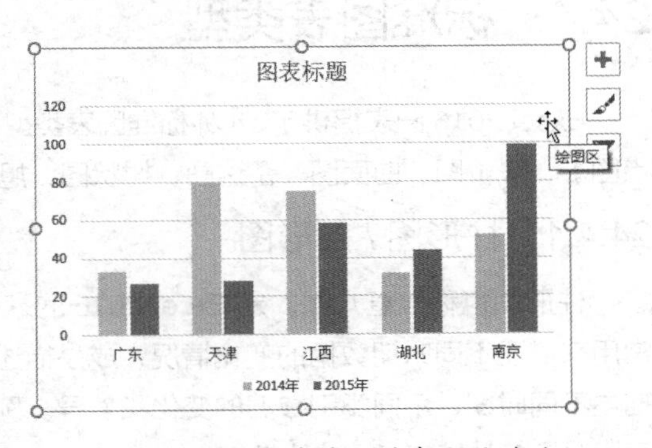

图 24-11　图表在工作表内的移动

➲ Ⅱ　工作表间移动图表

在图表区的空白处右击，在弹出的扩展菜单中单击【移动图表】命令，打开【移动图表】对话框。在【对象位于】复合框的下拉列表中选择目标工作表，单击【确定】按钮，如图 24-12 所示，即可将图表移动到目标工作表中。此外，也可以选择【新工作表】选项，Excel 会新建一个 Chart 图表工作表。

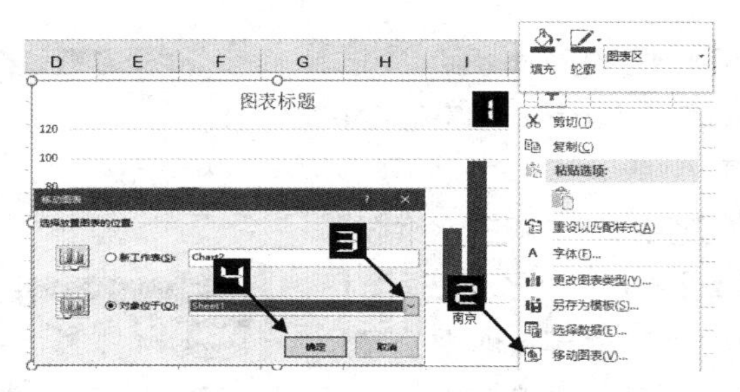

图 24-12　工作表间的移动

提示

利用【剪切】和【粘贴】命令，也可以实现移动图表的目的，并且图表粘贴的位置为所选单元格的左上角。

24.3.4　复制图表

（1）复制命令。

单击图表的图表区，然后单击【开始】选项卡下的【复制】命令（或者按 <Ctrl+C> 组合键），再选择目标单元格，单击【粘贴】命令（或者按 <Ctrl+V> 组合键），可以将图表复制到目标位置。

（2）快捷复制。

单击图表的图表区，出现图表容器框，将鼠标指针移动到图表容器框上，此时鼠标指针变为十字箭头，按住鼠标左键拖放图表，在不松开鼠标的情况下按住 <Ctrl> 键，可完成图表的复制。

24.3.5　删除图表

- 在图表的图表区空白处右击，在弹出的扩展菜单中单击【剪切】命令，或者选中图表后按 <Delete> 键，都可删除工作表中的嵌入图表。
- 删除图表工作表的操作方法与删除普通工作表完全相同。切换到图表工作表后，单击【开始】选项卡下的【删除】→【删除工作表】命令删除图表工作表。也可以右击图表工作表标签，在弹出的快捷菜单中单击【删除】命令进行删除。

24.4　标准图表类型

Excel 2016 图表提供了 14 种标准图表类型，包括柱形图、折线图、饼图、条形图、面积图、XY（散点图）、股价图、曲面图、雷达图、树状图、旭日图、直方图、箱形图和瀑布图。

24.4.1　柱形图 / 条形图

柱形图也称作直方图，是 Excel 2016 的默认图表类型，也是用户经常使用的一种图表类型。它通常用来描述不同时期数据的变化情况，或是描述不同类别数据（称作分类项）之间的差异，也可以同时描述不同时期、不同类别数据的变化和差异。例如，描述不同时期的生产指标，产品的质量分布，或是不同时期多种销售指标的比较等。

条形图类似于水平的柱形图，它使用水平的横条来表示数据值的大小。条形图主要用来比较不同类别数据之间的差异情况。一般把分类项在垂直轴上标出，而把数据的大小在水平轴上标出，这样可以突出数据之间差异的比较，而淡化时间的变化。例如，要分析某公司在不同地区的销售情况，可使用条形

图在垂直轴上标出地区名称，在水平轴上标出销售额数值。

柱形图 / 条形图包括：簇状柱形图、堆积柱形图、百分比堆积柱形图、三维簇状柱形图、三维堆积柱形图、三维百分比堆积柱形图、三维柱形图、簇状条形图、堆积条形图、百分比堆积条形图、三维簇状条形图、三维堆积条形图和三维百分比堆积条形图 13 种子图表类型，如图 24-13 所示。

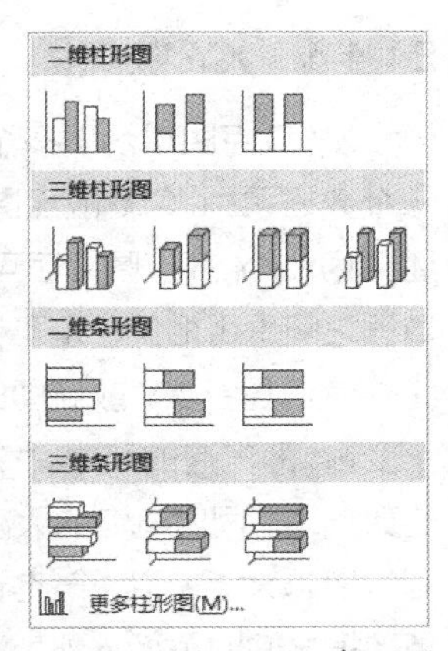

图 24-13　柱形图 / 条形图

24.4.2　折线图 / 面积图

折线图是用直线段将各数据点连接起来而组成的图形，以折线方式显示数据的变化趋势。折线图可以清晰地反映出数据是递增还是递减、增减的速率、增减的规律（周期性、螺旋性等），以及峰值等特征。因此，折线图常用来分析数据随时间的变化趋势，也可用来分析多组数据随时间变化的相互作用和相互影响。

例如，可用折线图来分析某类商品或是某几类相关商品随时间变化的销售情况，从而进一步预测未来的销售情况。在折线图中，一般水平轴（*X* 轴）用来表示时间的推移，并且间隔相同；而垂直轴（*Y* 轴）代表不同时期的数据的大小。

提示

折线图意在描绘趋势，但是当分类轴的时间跨度较大时，图表很可能会带有一定的视觉欺骗性，因此用户应该在折线图与柱形图之间谨慎选择。

面积图实际上是折线图的另一种表达形式，它使用折线和分类轴（*Y* 轴）组成的面积及两条折线之间的面积来显示数据系列的值，面积图除了具备折线图的特点，强调数据随时间的变化以外，还可以通过显示数据的面积来分析部分与整体的关系。例如，面积图可用来描述企业在不同时期销售预实数据等。

折线图 / 面积图包括：折线图、堆积折线图、百分比堆积折线图、带数据标记的折线图、带数据标记的堆积折线图、带数据标记的百分比堆积折线图、三维折线图、面积图、堆积面积图、百分比堆积面积图、三维面积图、三维堆积面积图和三维百分比堆积面积图 13 种子图表类型，如图 24-14 所示。

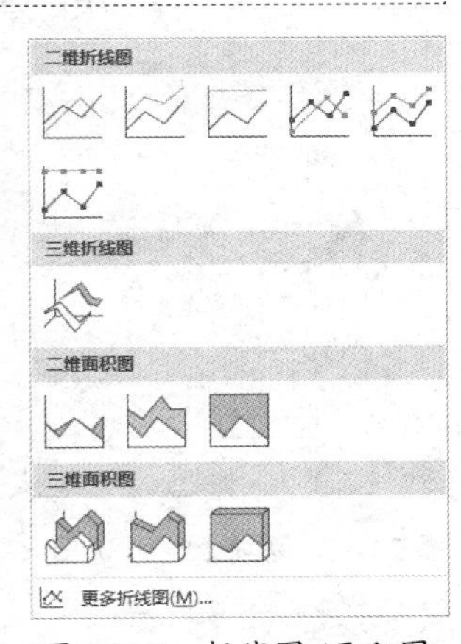

图 24-14　折线图 /面积图

24.4.3　饼图（圆环图）

饼图通常只有一组数据系列作为源数据，它将一个圆划分为若干个扇形，每个扇形代表数据系列中的一项数据值，其大小用来表示相应数据项占该数据系列总和的比例值。饼图通常用来描述比例、构成等信息。例如，某基金投资的各金融产品的比例，某企业的产品销售收入构成，某学校的各类人员构成等。

圆环图与饼图类似，也是用来描述比例和构成等信息的，不同之处在于圆环图可以显示多个数据系列。圆环图由多个同心的圆环组成，每个圆环划分为若干个圆环段，每个圆环段代表一个数据值在相应数据系列中所占的比例。圆环图常用来比较多组数据的比例和构成关系。

饼图（圆环图）包括饼图、复合饼图、复合条形图、三维饼图和圆环图 5 种子图表类型，如图 24-15 所示。

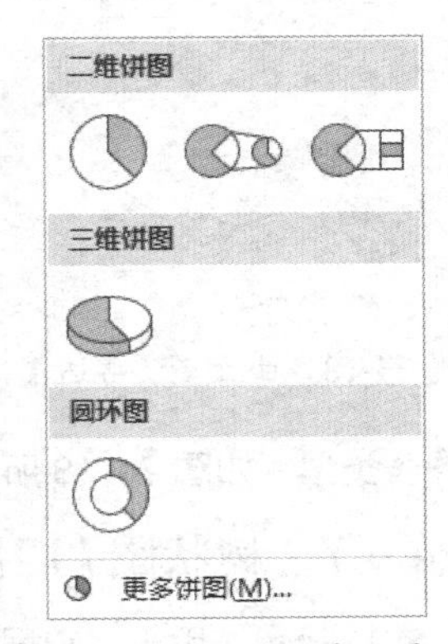

图 24-15　饼图（圆环图）

24.4.4 XY 散点图（气泡图）

XY 散点图显示了多个数据系列的数值间的关系，同时它还可以将两组数据绘制成 XY 坐标系中的一个数据系列。XY 散点图显示了数据的不规则间隔，它不仅可以用线段，而且可以用一系列的点来描述数据。XY 散点图除了可以显示数据的变化趋势以外，更多地用来描述数据之间的关系。例如，几组数据之间是否相关，是正相关还是负相关，以及数据之间的集中程度和离散程度等。

气泡图是 XY 散点图的扩展，它相当于在 XY 散点图的基础上增加了第三个变量，即气泡的尺寸。气泡所处的坐标分别对应水平轴（*X* 轴）和垂直轴（*Y* 轴）的数据值，同时气泡的大小可以展示数据系列中的第三个数据的值，数值越大，则气泡越大。所以，气泡图可以应用于分析更加复杂的数据关系。除了描述两组数据之间的关系之外，该图还可以描述数据本身的另一种指标。

XY 散点图（气泡图）包括：仅带数据标记的散点图、带平滑线和数据标记的散点图、带平滑线的散点图、带直线和数据标记的散点图、带直线的散点图、气泡图和三维气泡图 7 种子图表类型，如图 24-16 所示。

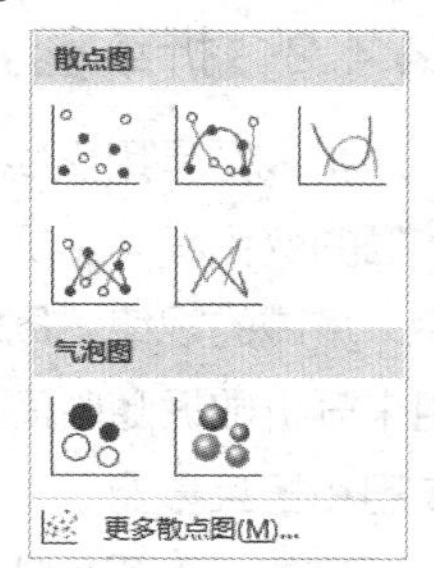

图 24-16 XY 散点图（气泡图）

24.4.5 瀑布图 / 股价图

瀑布图一般用于分类使用，便于反映各部分之间的差异。瀑布图是指通过巧妙的设置，使图表中数据点的排列形状看似瀑布。这种效果的图形能够在反映数据多少的同时，直观地反映出数据的增减变化，在工作中非常具有实用价值。

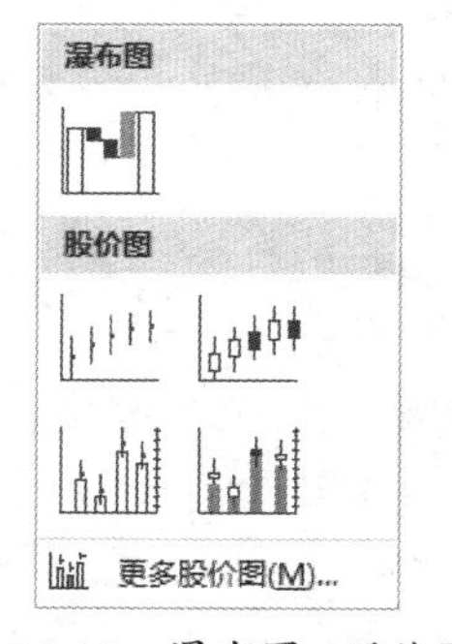

图 24-17 瀑布图 / 股价图

股价图常用来显示股票价格变化，这种图表也常用于科学数据，例如，用来指示温度的变化。需要注意的是必须以正确的顺序组织数据才能创建股价图。

瀑布图 / 股价图包括：瀑布图、盘高 - 盘低 - 收盘图、开盘 - 盘高 - 盘低 - 收盘图、成交量 - 盘高 - 盘低 - 收盘图和成交量 - 开盘 - 盘高 - 盘低 - 收盘图 5 种子图表类型，如图 24-17 所示。

24.4.6 曲面图 / 雷达图

如果需要得到两组数据间的最佳组合，曲面图很有帮助。例如，在地形图上，颜色和图案表示具有相同取值范围的地区。曲面图实际上是折线图和面积图的另一种形式，它在原始数据的基础上，通过跨两维的趋势线描述数据的变化趋势，而且可以通过拖放图形的坐标轴方便地变换观察数据的角度。

在雷达图中，每个分类都使用独立的由中心点向外辐射的数值轴，它们在同一系列中的值则是通过折线连接的。雷达图对于采用多项指标全面分析目标情况有着重要的作用，是诸如企业经营分析等分析活动中十分有效的图表，具有完整、清晰和直观的特点。

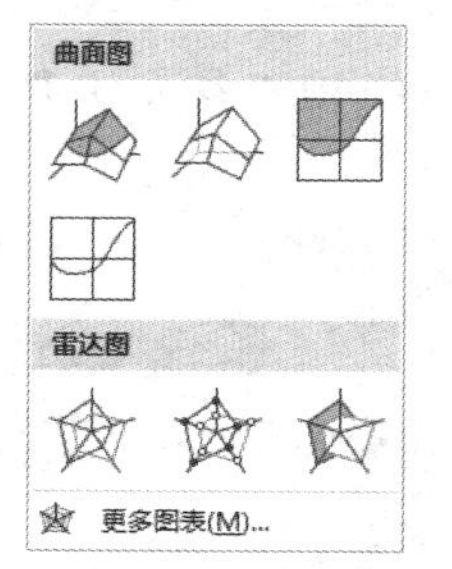

图 24-18 曲面图 / 雷达图

曲面图 / 雷达图包括：三维曲面图、三维曲面图（框架图）、曲面图、曲面图（俯视框架图）、雷达图、带数据标记的雷达图和填充雷达图 7 种子图表类型，如图 24-18 所示。

24.4.7 树状图 / 旭日图

树状图作用于比较层级结构不同级别的值，以矩形显示层次结构级别中的比例。一般在数据按层次

结构组织并具有较少类别时使用。

旭日图作用于比较层级结构不同级别的值，以环形显示层次结构级别中的比例。一般在数据按层次结构组织并具有较多类别时使用。

树状图/旭日图包括树状图和旭日图两种子图表类型，如图24-19所示。

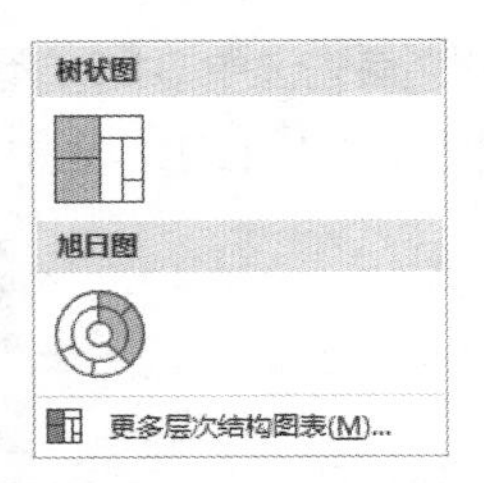

图 24-19 树状图 / 旭日图

24.4.8 直方图（排列图）/ 箱形图

直方图又称质量分布图，是一种统计报告图，由一系列高度不等的纵向条纹或线段表示数据分布的情况。一般用横轴表示数据类型，纵轴表示分布情况。

排列图又称帕累托图，排列图用双直角坐标系表示，左侧纵坐标表示频数，右侧纵坐标表示频率，分析线表示累积频率，横坐标表示影响质量的各项因素，按影响程度的大小（即出现频数多少）从左到右排列，通过对排列图的观察分析，可以抓住影响质量的主要因素。

箱形图又称为盒须图、盒式图或箱形图，是一种用作显示一组数据分散情况资料的统计图，因形状如箱子而得名。它在各种领域也经常被使用，常见于品质管理。其绘制须使用常用的统计量，能提供有关数据位置和分散情况的关键信息，尤其在比较不同的母体数据时更可表现其差异。

直方图 / 箱形图包括：直方图、排列图和箱形图 3 种子图表类型，如图 24-20 所示。

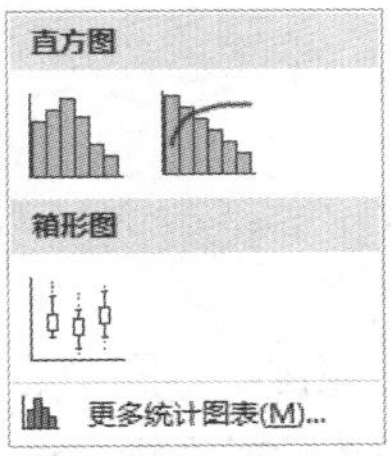

图 24-20 直方图（排列图）/ 箱形图

24.5 设置图表格式

在 Excel 中插入的图表，一般使用内置的默认样式，只能满足制作简单图表的要求。如果需要用图表清晰地表达数据的含义，或制作个性化的图表，就需要进一步对图表进行修饰和处理。

本小节将以几个示例对图表常用的格式设置展开介绍。用户只需要双击要设置的图表元素，即可调出对应的设置选项窗格进行格式设置。

24.5.1 设置柱形图数据系列选项

图 24-21 展示了一份某学校某班级的学生成绩表，为了了解学生分数重点落在哪个区间，使用相同的间距对数据进行了分组。

	A	B	C	D	E
1	学生姓名	得分		区间	人数
2	王琳	34		0-19	8
3	天天	90		20-39	13
4	秦阿禹	64		40-59	16
5	林琉璃	17		60-79	19
6	郭靖	22		80-100	10
7	王三小	26			
8	小小	73			
9	王思涵	36			
10	何笑婷	56			
11	郑颖君	69			
12	肖月晓	26			
13	林姗姗	63			
14	元朗琴	78			
15	冰冰	17			
16	郑妙洋	82			
17	王思成	54			
18	王尚信	72			
19	刘欣	58			

Sheet1

图 24-21 学生成绩表

首先选中 D1:E6 单元格区域，在【插入】选项卡中依次单击【插入柱形图或条形图】→【簇状柱形图】命令，在工作表中生成一个柱形图，如图 24-22 所示。

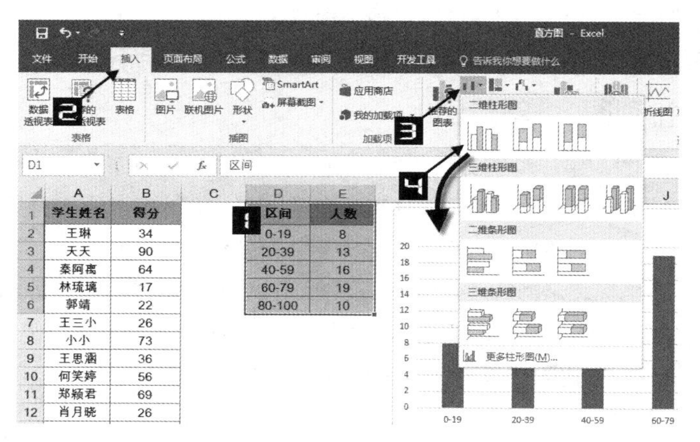

图 24-22　插入柱形图

双击柱形图中的数据系列的柱形，打开【设置数据系列格式】选项窗格，在【系列选项】选项卡中，设置【分类间距】选项为 0%，完成柱形大小与间距的调整，如图 24-23 所示。

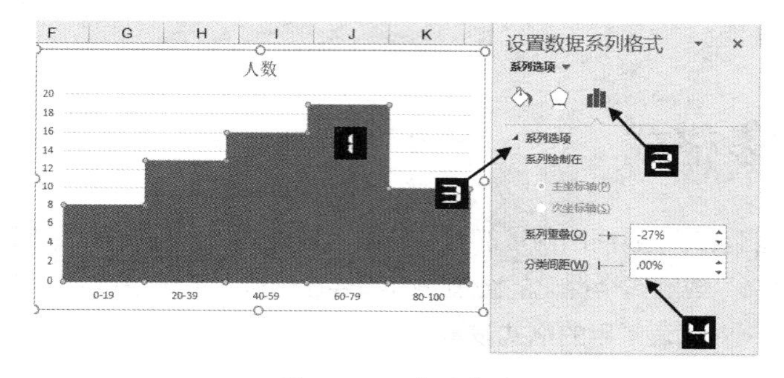

图 24-23　系列选项

柱形图数据系列的【系列选项】说明如下。

❖ 系列绘制在：当某个图表中包含两个或两个以上的数据系列时，可以设置数据系列的【系列选项】。指定数据系列绘制在【次坐标轴】，在图表中将显示右侧的次要纵坐标轴。

❖ 系列重叠：不同数据系列之间的重叠比例，比例范围为 −100%~100%。

❖ 分类间距：不同数据点之间的距离，间距范围为 0% 到 500%，同时调整柱形的宽度。

在【设置数据系列格式】选项窗格中，切换到【填充与线条】选项卡，依次选中【填充】→【纯色填充】单选按钮，设置【颜色】为蓝色。

如果默认的主题颜色不符合用户要求，可在【主题颜色】菜单中单击【其他颜色】调出【颜色】对话框，切换到【自定义】选项卡，用户可根据需要设置颜色 RGB 值，最后单击【确定】按钮关闭【颜色】对话框即可，如图 24-24 所示。

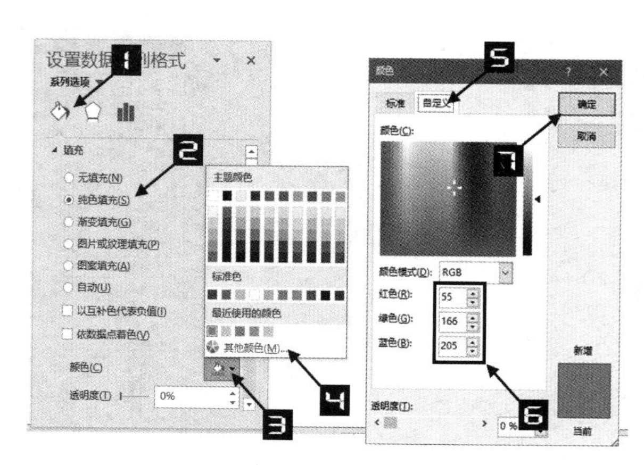

图 24-24　设置填充

柱形图系列的【填充】选项说明如下。

- ❖ 无填充：即透明。
- ❖ 纯色填充：即一种颜色。
- ❖ 渐变填充：即一种或几种颜色，从深到浅过渡变化的颜色。
- ❖ 图片或纹理填充：即填充自定义图片或内置图片。
- ❖ 图案填充：选择不同的条纹或图案作为背景。
- ❖ 自动：Excel 主题颜色。
- ❖ 以互补色代表负值：默认以白色填充，也可以分别设置正值和负值的逆转填充颜色。（此选项在正负数据对比图表中使用率较高。）
- ❖ 依数据点着色：为各个数据点柱形设置不同的颜色。
- ❖ 颜色：根据用户需要选择颜色进行填充。
- ❖ 透明度：可设置柱形填充颜色的透明度，透明度范围为 0% 到 100%，百分比数据越大，柱形越透明。

24.5.2　设置柱形图数据系列填充与线条

在【设置数据系列格式】选项窗格下的【填充与线条】选项卡中依次单击【边框】→【实线】单选按钮，设置【颜色】为白色，【宽度】为 1.5 磅，如图 24-25 所示。

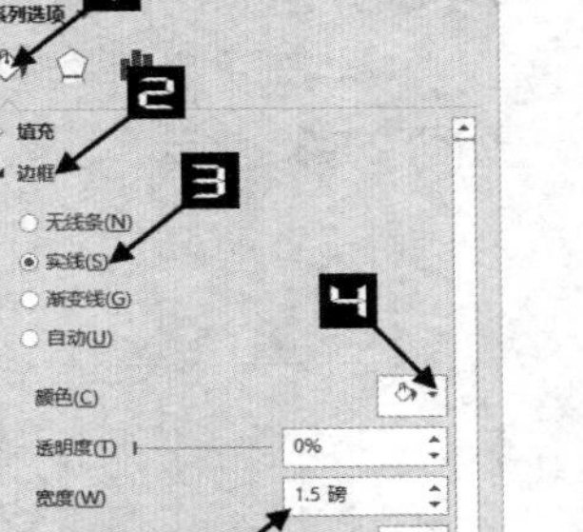

图 24-25　设置边框

柱形图系列的【边框】选项说明如下。

- ❖ 无线条：即无边框线。
- ❖ 实线：同一种颜色的边框线。
- ❖ 渐变线：颜色由深到浅变化的边框线。
- ❖ 自动：默认无边框线。
- ❖ 颜色：与填充色一样可根据需要设置边框颜色。
- ❖ 透明度：边框线的透明度为 0% 到 100%。
- ❖ 宽度：边框的粗细为 0 到 1584 磅。
- ❖ 复合类型：单线、双线、由粗到细、由细到粗、三线等。
- ❖ 短划线类型：实线、圆点、方点、短划线、划线 - 点、长划线、长划线 - 点、长划线 - 点 - 点等。
- ❖ 端点类型：正方形、圆形、平面。
- ❖ 联接类型：圆形、棱台、斜接。
- ❖ 箭头选项：即直线两端箭头的样式和大小，边框样式中不可使用此设置。

如果用户需要对某一个数据点单独设置不同的格式，可单击数据系列后再次单击需要设置不同格式的数据点进行设置。

24.5.3　设置数值与分类坐标轴格式

➲ Ⅰ　数值轴刻度

双击柱形图中的纵坐标轴，打开【设置坐标轴格式】选项窗格，切换到【坐标轴选项】选项卡，在【边界】的【最小值】输入框中输入 0，【最大值】输入框中输入 20，在【单位】的【主要】输入框中输入 4，

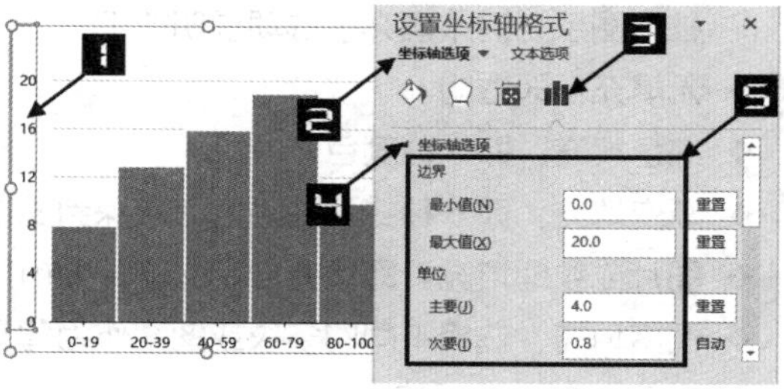

如图 24-26 所示。

数值轴的【坐标轴选项】说明如下。

❖ 边界 - 最小值：数值坐标轴的最小值。

❖ 边界 - 最大值：数值坐标轴的最大值。

❖ 单位 - 主要：主要刻度单位，显示坐标轴标签。

❖ 单位 - 次要：在坐标轴中不显示（影响次要横网格线）。

❖ 重置：设置刻度为自动。

图 24-26　设置刻度坐标轴

❖ 横坐标轴交叉：自动、坐标轴值、最大坐标轴值。（可设置横坐标轴显示位置。）

❖ 显示单位：无、百、千、万、十万、百万、千万、亿、十亿、兆。

❖ 对数刻度：刻度之间为等比数列。

❖ 逆序刻度值：坐标轴刻度方向相反。

➲ Ⅱ　**分类轴刻度**

单击柱形图中的横坐标轴，在【设置坐标轴格式】选项窗格中，单击【坐标轴选项】，切换到【填充与线条】选项卡，选中【线条】的【实线】单选按钮，设置【颜色】为黑色，【宽度】为 1 磅，如图 24-27 所示。

切换到【坐标轴选项】选项卡，单击【刻度线】的【次要类型】的下拉按钮，选择【外部】选项，如图 24-28 所示。

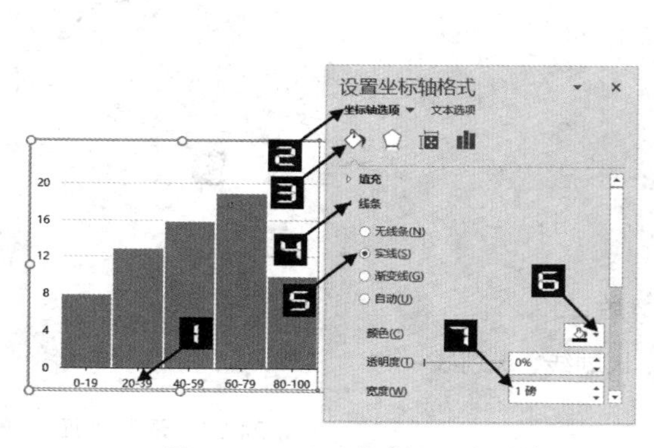

图 24-27　设置分类坐标轴线条

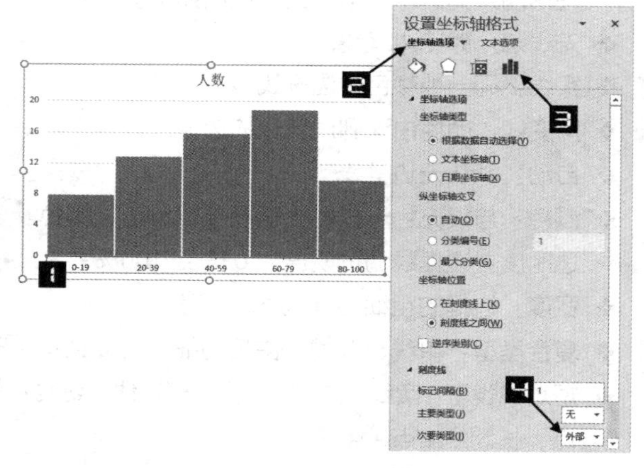

图 24-28　设置坐标轴刻度线

分类轴的【坐标轴选项】说明如下。

❖ 坐标轴类型：根据数据自动选择、文本坐标轴、日期坐标轴（在折线图与面积图中较常用）。

❖ 坐标轴位置：在刻度线上（在折线图与面积图中较常用）、刻度线之间。

❖ 其他选项可参阅数值轴选项。

坐标轴的【刻度线】说明如下。

❖ 标记间隔：默认为 1。可根据用户需要设置间隔。（此设置会影响网格线间隔。）

❖ 主要类型：无、内部、外部、交叉。（默认为无。）

❖ 次要类型：无、内部、外部、交叉。（默认为无。）

坐标轴的【标签】说明如下。

❖ 标签间隔：自动（默认为 1）、指定间隔单位。（设置为自动时，图表数据源有多少分类项均显示在图表分类轴上，设置指定间隔单位则可根据设置的单位间隔显示分类。）

❖ 与坐标轴的距离：默认的分类标签与横坐标轴距离为 100。

坐标轴的【数字】说明如下。

❖ 类别：常规、数字、货币、会计专用、日期、时间、百分比、分数、科学记数、文本、特殊格式、自定义。

❖ 格式代码：可根据用户需要自定义代码后单击添加。

❖ 链接到源：默认为选中状态。图表中的数字格式默认以数据源数字格式显示，把图表数字格式设置为其他格式后，链接到源会自动取消选中。

24.5.4　设置图表区格式

双击图表区，在弹出的【设置图表区格式】选项窗格中，单击【图表选项】选项卡，切换到【填充与线条】选项卡，选中【边框】选项卡下的【无线条】单选按钮，将图表区设置为无边框，如图 24-29 所示。

切换到【大小与属性】选项卡，单击展开【大小】选项卡，在【高度】输入框中输入 7.7 厘米，在【宽度】输入框中输入 8 厘米，如图 24-30 所示。

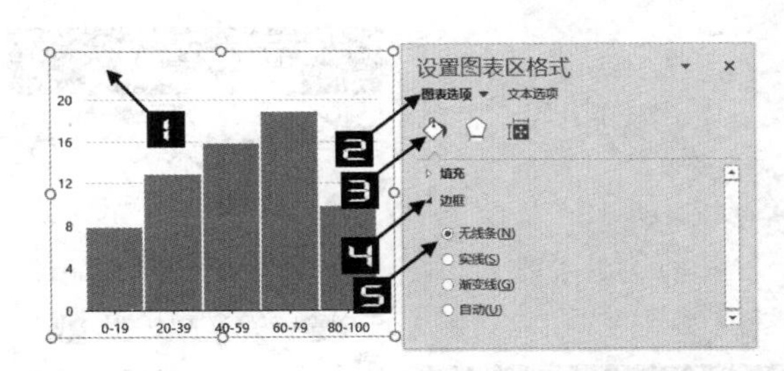

图 24-29　设置图表区格式

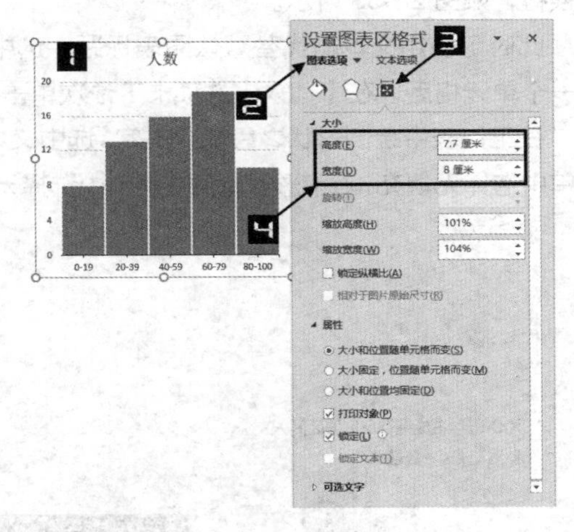

图 24-30　设置图表区大小

也可以选中图表区后，鼠标指针停在图表区各个控制点上，当鼠标指针形状变化后拖动控制点，可调整图表大小，如图 24-31 所示。

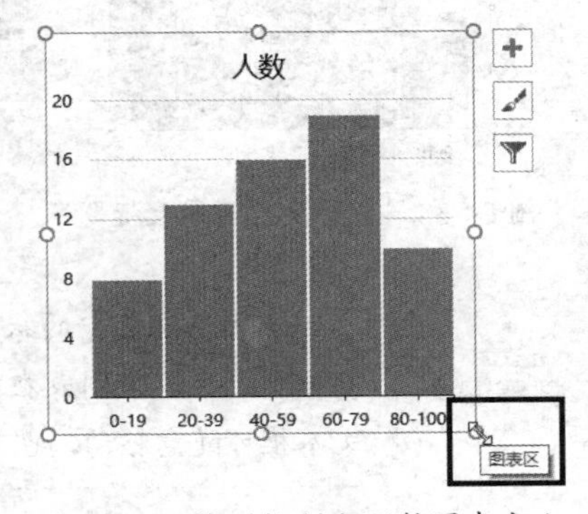

图 24-31　拖动控制点调整图表大小

绘图区的【大小与属性】选项说明如下。

❖ 大小：高度、宽度、旋转（默认的图表无法进行旋转）、缩放高度、缩放宽度、锁定纵横比。

❖ 属性：大小和位置随单元格而变，大小固定、位置随单元格而变，大小和位置均固定，打印对象（取消选中则打印时不显示图表），锁定（默认选中锁定，当保护工作表时，图表不可移动）。

24.5.5　设置图表字体

选中图表区，单击【开始】选项卡，依次设置【字体】为微软雅黑、【字号】为 10、【字体颜色】为黑色（选中图表区可快速统一设置整个图表字体），如图 24-32 所示。

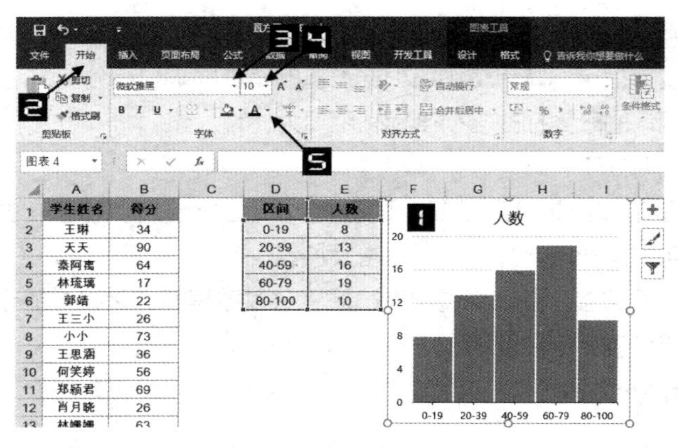

图 24-32　统一设置图表字体

24.5.6　设置图表标题

单击图表标题之后，再次单击可进入编辑状态，输入图表标题。当图表标题文字较多时，标题会自动换行，如图 24-33 所示。

此时可使用文本框代替默认图表标题。选中默认的图表标题，按 <Delete> 键删除。单击工作表任意一个单元格后，在【插入】选项卡下依次单击【形状】→【文本框】命令，如图 24-34 所示。

在工作表中绘制形状之后输入文字。选中文本框，单击【绘图工具】下的【格式】选项卡，在【形状填充】菜单中选择无填充，在【形状轮廓】菜单中选择无轮廓。最后将文本框拖动到图表上方，如图 24-35 所示。

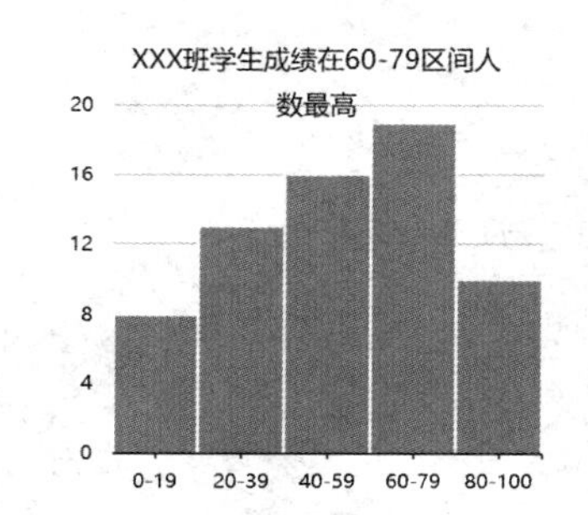

图 24-33　自动换行的图表标题

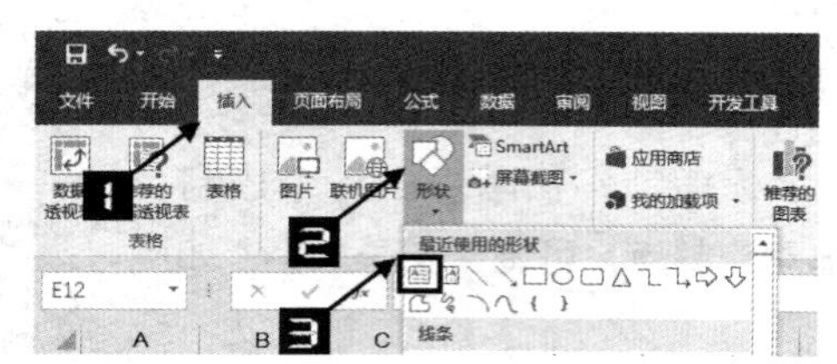

图 24-34　插入文本框

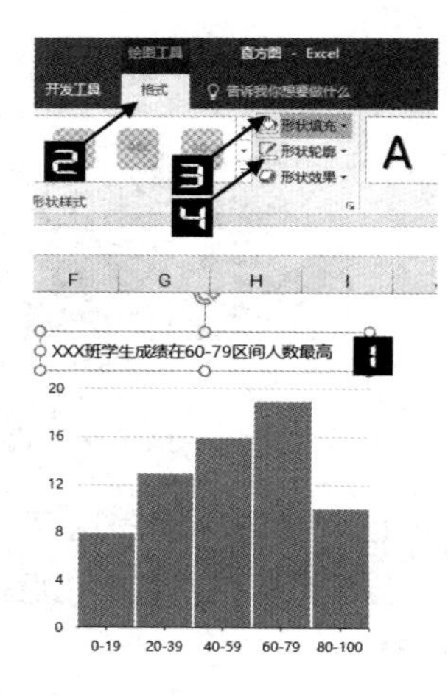

图 24-35　设置文本框格式

提示

当图表在选中的状态下插入文本框，则文本框与图表为同一个对象，文本框移动不可超出图表区。当图表在非选中的状态下插入文本框，则文本框与图表为两个独立的对象。文本框可随意移动，也可以使用键盘方向键进行位置微调。

24.5.7　设置分类轴标签

现有某产品 2017 年 3 月上半月的销售数据，用户需要了解这份数据的趋势走向。

首先选中 B1:B12 单元格区域，单击【插入】选项卡中的【插入折线图或面积图】→【折线图】命令，在工作表中生成一个折线图，如图 24-36 所示。

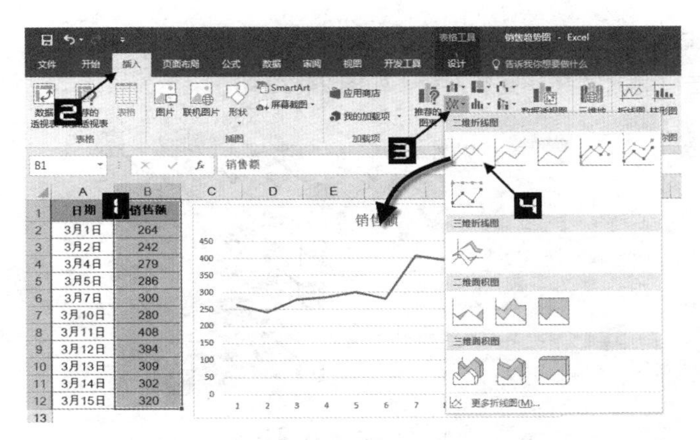

图 24-36　插入折线图

选中图表，在【图表工具】的【设计】选项卡中单击【选择数据】按钮，打开【选择数据源】对话框。

在【选择数据源】对话框中单击右侧【水平（分类）轴标签】的【编辑】按钮，打开【轴标签】对话框。设定轴标签区域为 A2:A12，单击【确定】按钮关闭【轴标签】对话框，最后再次单击【确定】按钮关闭【选择数据源】对话框，可更改图表坐标轴的分类标签，如图 24-37 所示。

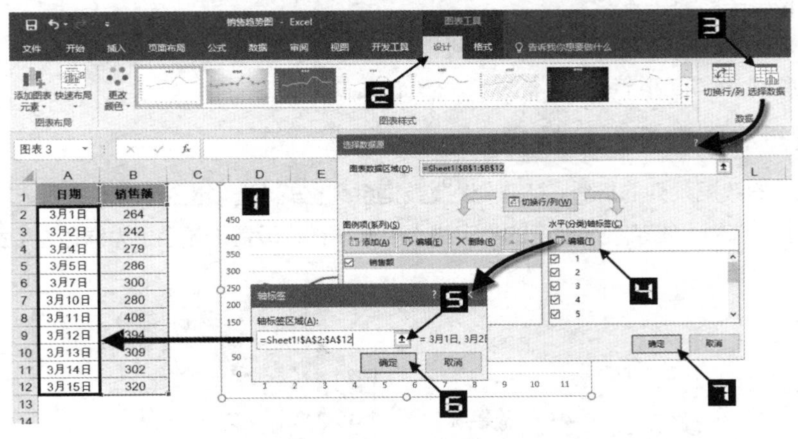

图 24-37　更改轴标签

24.5.8　设置日期坐标轴

默认的图表分类间距均相等，为了使图表能直观体现数据之间的日期间距，需将横坐标轴类型设置为日期坐标轴。

双击横坐标轴，打开【设置坐标轴格式】选项窗格，切换到【坐标轴选项】选项卡，在【坐标轴类型】中选中【日期坐标轴】单选按钮，如图 24-38 所示。

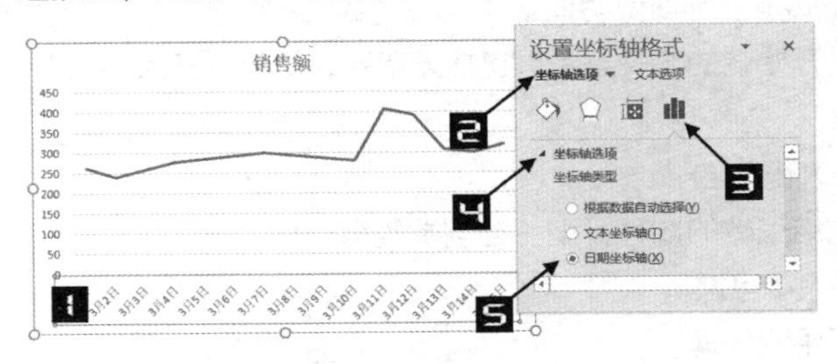

图 24-38　设置坐标轴类型

在【数字】选项卡中单击【类别】下拉按钮，在菜单中选择【自定义】选项，在【格式代码】框中输入 <m/d>，最后单击【添加】按钮完成设置，如图 24-39 所示。

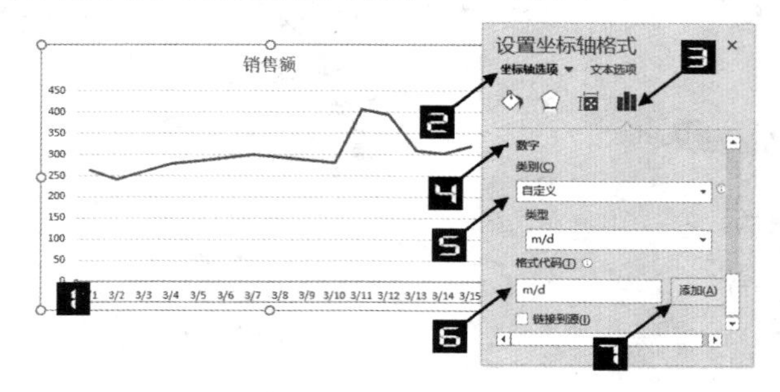

图 24-39 设置数字格式

日期坐标轴的【坐标轴选项】说明如下。

❖ 边界 - 最小值：最小日期。
❖ 边界 - 最大值：最大日期。
❖ 主要刻度单位：天、月、年。
❖ 次要刻度单位：天、月、年。
❖ 基准：天、月、年。（日期坐标轴日期分类以基准单位为准。）
❖ 其他选项请参阅 24.5.3 小节。

24.5.9 设置折线图数据系列格式

双击折线图中的数据系列的折线，打开【设置数据系列格式】选项窗格，在【系列选项】中切换到【填充与线条】选项卡，选中【线条】选项下的【实线】单选按钮，设置【颜色】为绿色，【宽度】为 2.5 磅，如图 24-40 所示。

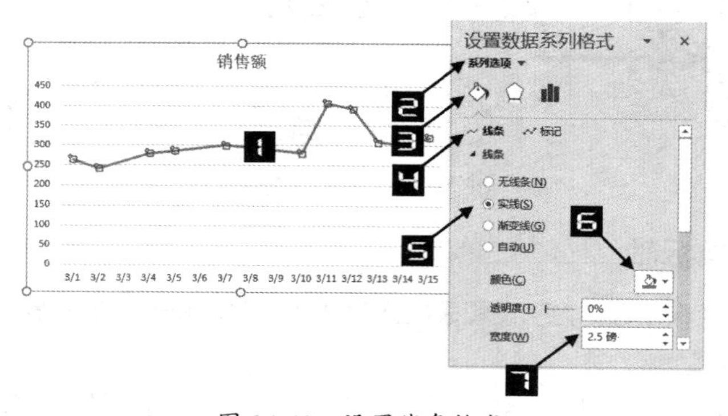

图 24-40 设置线条格式

折线图数据系列的【线条】选项说明如下。

❖ 箭头前端类型：折线开始端的 6 种类型，包括无箭头、箭头、开放型箭头、燕尾箭头、钻石形箭头、圆形箭头。
❖ 箭头前端大小：9 种大小可选。
❖ 箭头末端类型：折线结束端的 6 种类型（与前端类型一样）。
❖ 箭头末端大小：9 种大小可选。
❖ 平滑线：对折线进行平滑处理。
❖ 其他选项请参阅 24.5.1 小节。

在【填充与线条】选项中，单击【标记】选项卡下的【数据标记选项】→【内置】单选按钮，单击【类型】下拉按钮，在菜单中单击圆形作为标记类型，设置【大小】为 15。

单击【填充】选项，设置【填充】为纯色填充，【颜色】为橙色。

单击【边框】选项，设置【线条】为实线，【颜色】为绿色，【宽度】为 2.5 磅，如图 24-41 所示。

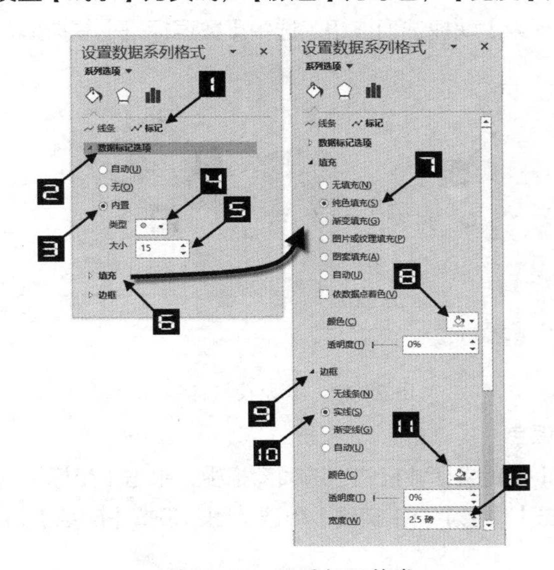

图 24-41　设置标记格式

折线图数据系列的【数据标记选项】说明如下。

- 自动：数据标记的图形大小默认为 5。
- 无：没有数据标记的折线。
- 内置：9 种数据标记的图形类型（可以使用图片），大小可以在 2 到 72 之间调节。

Ⅰ　添加垂直线

选中图表，在【图表工具】中单击【设计】选项卡，单击【添加图表元素】→【线条】→【垂直线】命令，为折线添加垂直线，可直观看出数据对应的日期坐标轴标签，如图 24-42 所示。双击图表中的垂直线，可设置垂直线线条格式，操作方法可参阅图 24-40。

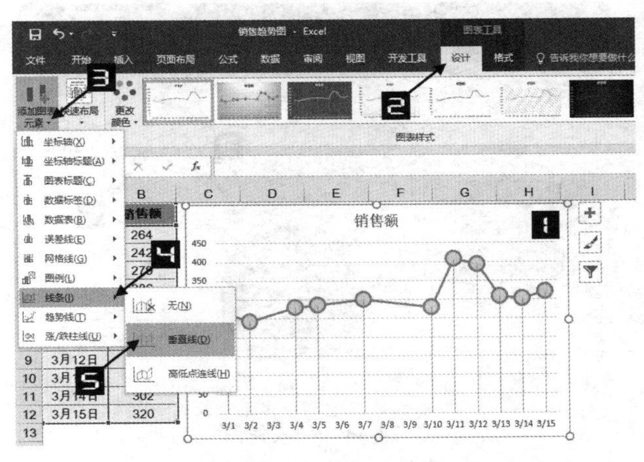

图 24-42　添加垂直线

提示

根据图表类型的不同，添加图表元素下拉选项有所不同。

➲ II 添加数据标签

依次单击图表纵坐标轴和网格线，按【Delete】键删除。

选中图表，单击【图表元素】快捷选项按钮，选中【数据标签】复选框，为折线图添加数据标签，如图 24-43 所示。

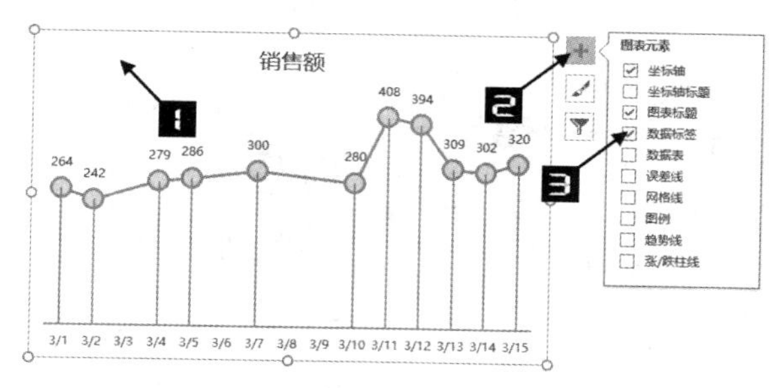

图 24-43　添加数据标签

➲ III 设置坐标轴和图表区颜色

双击图表横坐标轴，在【设置坐标轴格式】选项窗格中，单击【坐标轴选项】选项卡，切换到【填充与线条】选项卡，依次单击【线条】→【实线】单选按钮，设置【颜色】为绿色，【宽度】为 1.5 磅。具体操作可参阅图 24-27。

双击图表区，在【设置图表区格式】选项窗格中，单击【图表选项】选项卡，切换到【填充与线条】选项卡，依次单击【边框】→【无线条】单选按钮。

单击图表标题之后，再次单击可进入编辑状态，输入图表标题。为图表设置一个合适的高度与宽度，最后设置图表字体格式。

24.5.10　设置饼图数据点格式

使用饼图展示各省销售占比，可直观地看出各省占比情况。

选中 A1:B6 单元格区域，单击【插入】选项卡中的【插入饼图或圆环图】→【饼图】命令，在工作表中生成一个饼图，如图 24-44 所示。

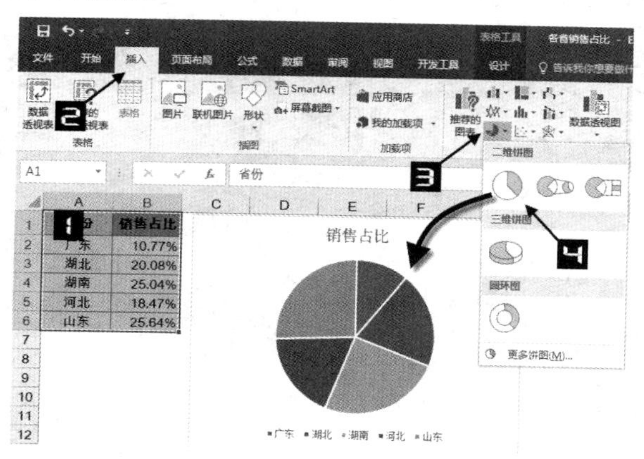

图 24-44　插入饼图

单击饼图系列，再次单击任意一个数据点可单独选中，双击数据点，调出【设置数据点格式】选项窗格。切换到【系列选项】选项卡，在【填充与线条】选项卡下依次单击【填充】→【纯色填充】→【颜

色】命令，设置颜色为蓝色，如图 24-45 所示。

依次设置其他数据点填充格式。

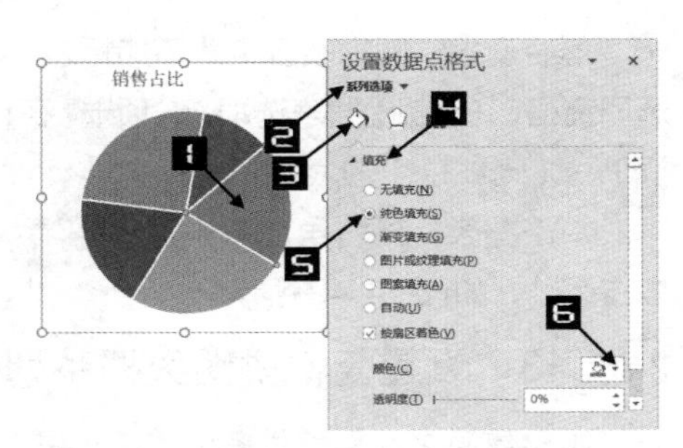

图 24-45　设置数据点格式

24.5.11　设置饼图数据系列格式

双击饼图系列，调出【设置数据系列格式】选项窗格，切换到【系列选项】，在【系列选项】选项卡下设置【第一扇区起始角度】为 10°，如图 24-46 所示。

饼图的【系列选项】选项卡说明如下。

- ❖ 系列绘制在：主坐标轴、次坐标轴。
- ❖ 第一扇区起始角度：0°~360° 。
- ❖ 饼图分离程度：0%~400%。（设置数据点格式时，此选项为【点爆炸型】。）

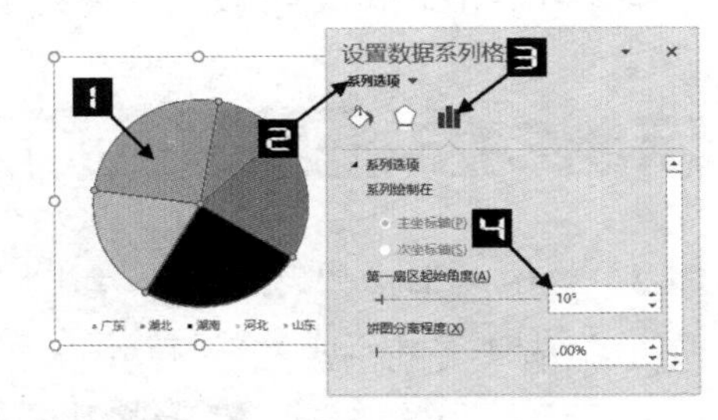

图 24-46　设置数据点起始角度

24.5.12　设置数据标签格式

单击图表绘图区，单击【图表元素】快速选项按钮，选中【数据标签】复选框，取消对【图例】复选框的选中，如图 24-47 所示。

双击数据标签，调出【设置数据标签格式】选项窗格，切换到【标签选项】选项卡。在【标签选项】选项卡下的【标签包括】选项中依次选中【类别名称】【值】复选框，单击【分隔符】下拉按钮，选择【（分行符）】，在【标签位置】下单击【最佳匹配】选项，如图 24-48 所示。

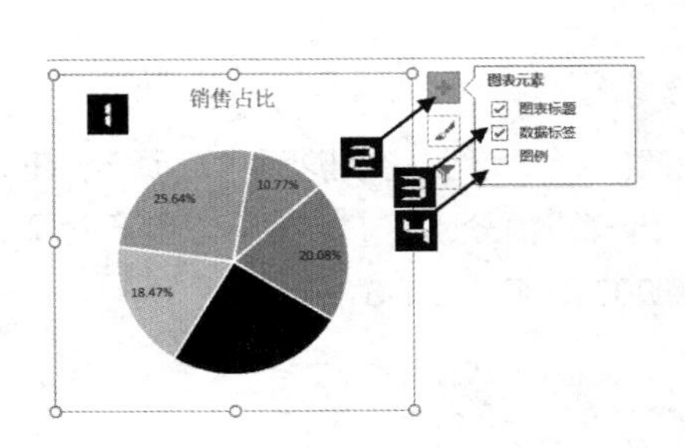

图 24-47　图表元素

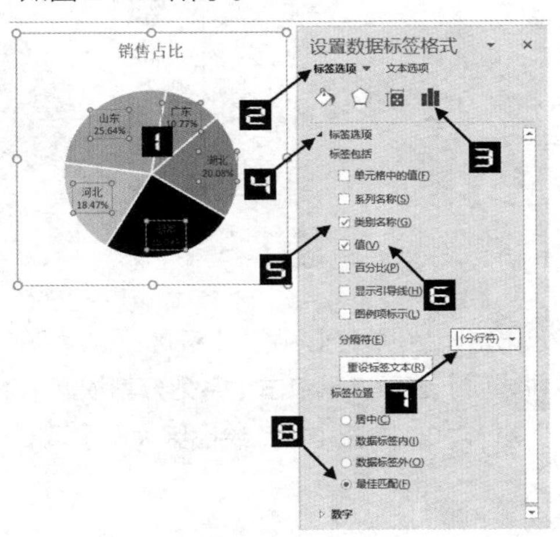

图 24-48　设置数据标签格式

保持数据标签选中状态，单击【开始】选项卡，依次设置【字体】为微软雅黑、【字号】为 8、【字体颜色】为黑色。再次单击黑色填充系列的数据标签可单独选中，设置【字体颜色】为白色。【数据标签】选项说明如下（图表类型不同，选项有部分也不同）。

标签包含：单元格中的值（可根据单元格区域的值更改图表数据标签）、系列名称、类别名称、值、百分比（只有圆环图与饼图有此选项）、显示引导线（只有圆环图与饼图有此选项）、图例项标示。

- ❖ 分隔符：,（逗号）、;（分号）、.（句号）、（换行符）、（空格）。
- ❖ 重设标签文本：重新设置标签文本。
- ❖ 标签位置：居中、数据标签内、数据标签外、最佳匹配。

最后设置饼图图表区格式添加标题。双击图表区，调出【设置图表区格式】选项窗格，切换到【图表选项】选项卡，在【填充与线条】选项卡下依次单击【边框】→【无线条】选项。

单击图表标题，再次单击进入编辑状态，更改图表标题文字为“各省销售占比”，如图 24-49 所示。

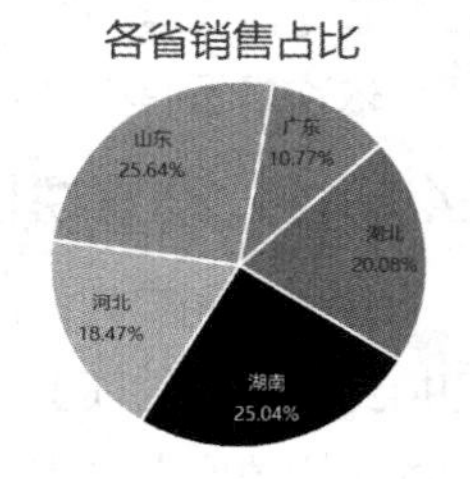

图 24-49　编辑图表标题

24.5.13　设置复合饼图数据系列格式

如果数值之间相差太多，使用饼图会使较小的数据无法正常显示，因此这种情况的占比图可以使用复合饼图来展示。

示例24-3　设置复合饼图数据系列格式

步骤① 选中 A1:B10 单元格区域，单击【插入】选项卡中的【插入饼图或圆环图】→【复合饼图】命令，在工作表中生成一个复合饼图，如图 24-50 所示。

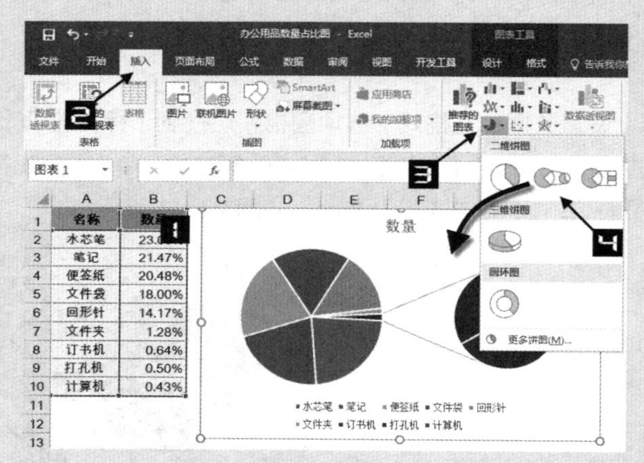

图 24-50　插入复合饼图

步骤② 双击饼图数据系列，调出【设置数据系列格式】选项窗格，切换到【系列选项】选项卡，在【系列选项】选项卡下单击【系列分割依据】下拉按钮，选择【百分比值】，在【值小于】调节框中输入 10%，在【第二绘图区大小】调节框中输入 100%，如图 24-51 所示。

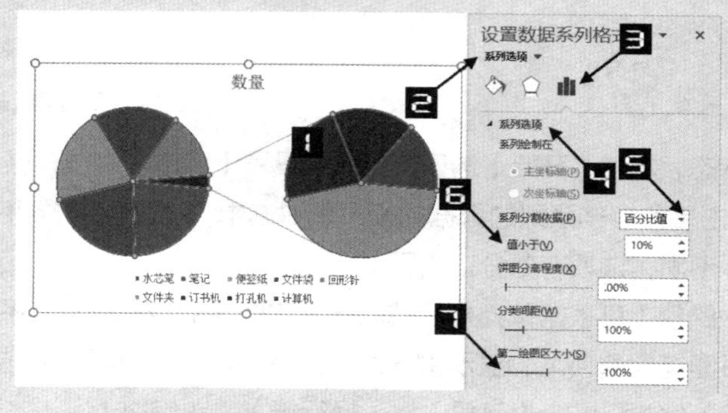

图 24-51　设置数据系列格式

单击饼图数据系列之后，再次单击数据点可单独选中，在【填充与线条】选项卡下依次设置数据点填充颜色。详细步骤可参阅 24.5.10 小节。

复合饼图的【系列选项】说明如下。

- 系列绘制在：主坐标轴、次坐标轴。
- 系列分割依据：位置（根据数据源位置）、值、百分比值（根据数据源数据占比）、自定义（选择自定义后，出现选择要在绘图区之间移动的数据点，选择饼图数据点，单击【点属于】下拉按钮，可选择点属于第一绘图区或第二绘图区）。
- 饼图分离程度：0%~400%。
- 分类间距：两个饼图之间的距离，0%~500%。
- 第二绘图区大小：5%~200%。

步骤③ 单击图表绘图区，单击【图表元素】快速选项按钮，选中【数据标签】复选框，取消选中【图例】复选框。

步骤④ 双击数据标签，调出【设置数据标签格式】选项窗格，切换到【标签选项】选项卡。在【标签选项】选项卡下的【标签包括】选项中依次选中【类别名称】→【值】，单击【分隔符】下拉按钮，选择【（分行符）】，在【标签位置】下单击【最佳匹配】选项。

步骤⑤ 保持数据标签选中状态，单击【开始】选项卡，依次设置【字体】为微软雅黑、【字号】为 8、【字体颜色】为白色。再次单击“其他”数据点的数据标签可单独选中，设置【字体颜色】为黑色。

步骤⑥ 双击图表区，调出【设置图表区格式】选项窗格，切换到【图表选项】选项卡，在【填充与线条】选项卡依次单击【边框】→【无线条】。

步骤⑦ 单击图表标题，再次单击进入编辑状态，更改图表标题文字为“办公用品数量占比图”。

步骤⑧ 双击饼图之间的系列线，调出【设置系列线格式】选项窗格，切换到【系列线选项】选项卡，在【填充与线条】选项卡下依次单击【线条】→【实线】→【颜色】命令，设置系列线颜色。

步骤⑨ 单击饼图数据系列，再次单击“其他”数据点可单独选中，调出【设置数据点格式】选项窗格，切换到【系列选项】选项卡，在【系列选项】选项卡的【点爆炸型】调节框中输入 15%，如图 24-52 所示。

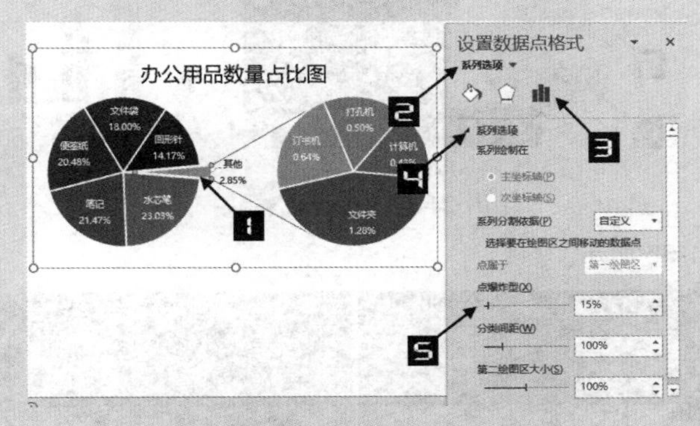

图 24-52　设置点爆炸型

提示

根据图表类型不同，每个图表元素设置稍微有点不同，但大部分设置大同小异，用户需知道，当要设置格式时如何双击图表元素调出设置选项窗格即可。

24.5.14 复制图表格式

在制作多个相同格式的图表时，Excel 2016 提供了一种简单的方法：复制图表格式。

选择工作表左侧的柱形图，单击【开始】选项卡下的【复制】命令，或者按 <Ctrl+C> 组合键，如图 24-53 所示。

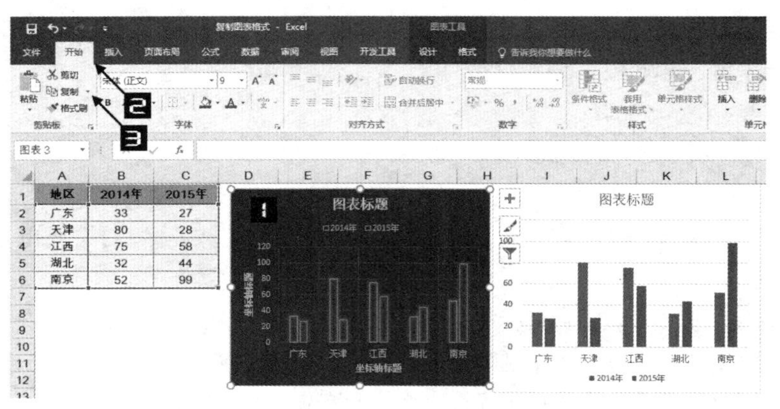

图 24-53 复制图表

选择工作表右侧的柱形图，单击【开始】选项卡下的【粘贴】下拉按钮，在下拉菜单中单击【选择性粘贴】命令，打开【选择性粘贴】对话框。选择【格式】选项，单击【确定】按钮关闭【选择性粘贴】对话框，如图 24-54 所示。

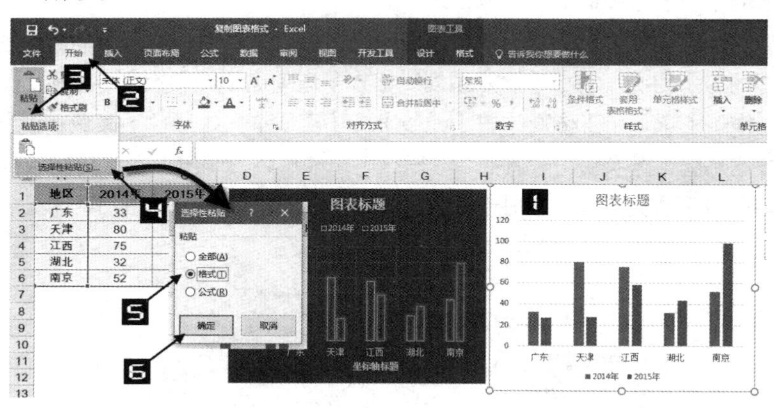

图 24-54 选择性粘贴

粘贴后的效果如图 24-55 所示。

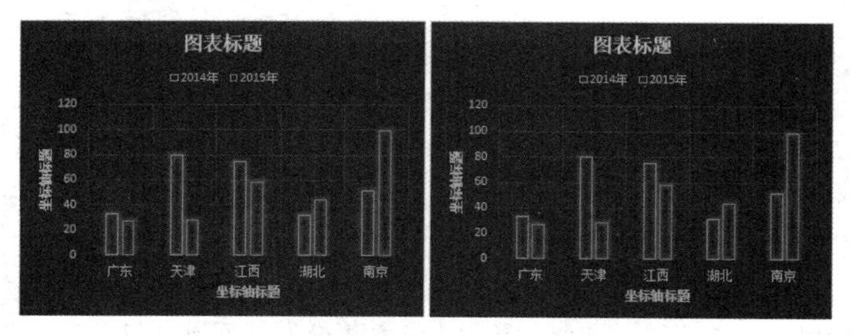

图 24-55 选择性粘贴后的效果

利用选择性粘贴的方法复制图表格式，一次只能设置一个图表，对于多个图表的格式复制，需要通过多次操作来完成。

24.6 图表模板

在制作多个相同格式的图表时，除了可以使用复制方法外，还可以将图表另存为模板进行调用。

24.6.1 保存模板

选中设置好的图表，在图表区的空白处右击，在弹出的扩展菜单中单击【另存为模板】命令，打开【保存图表模板】对话框，在【文件名】输入框中为模板文件设置一个文件名“图表 1.crtx”，其路径与文件类型保持默认选项，最后单击【保存】按钮关闭【保存图表模板】对话框，如图 24-56 所示。

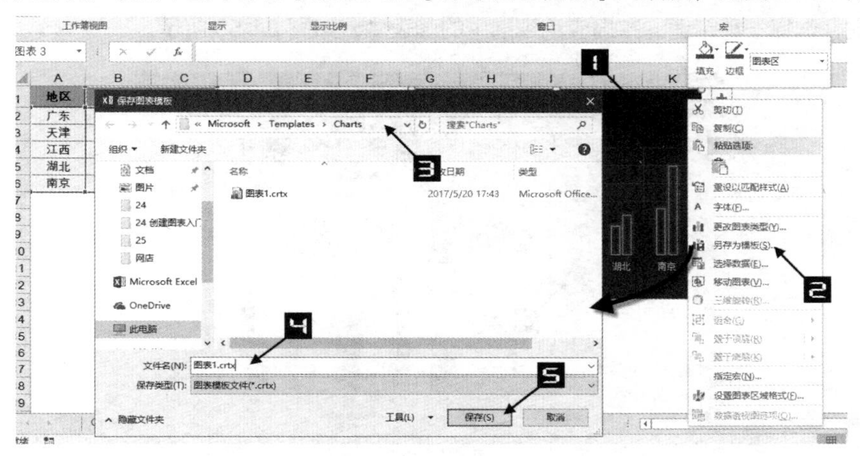

图 24-56　另存为模板

24.6.2 使用模板

选中 A1:C6 单元格区域，单击【插入】选项卡，单击图表工作组中的【查看所有图表】快速启动器按钮，调出【插入图表】对话框。切换到【所有图表】选项卡，单击【模板】选项，在【我的模板】中会出现所有保存的模板，单击要插入的模板类型，最后单击【确定】按钮关闭【插入图表】对话框，如图 24-57 所示。

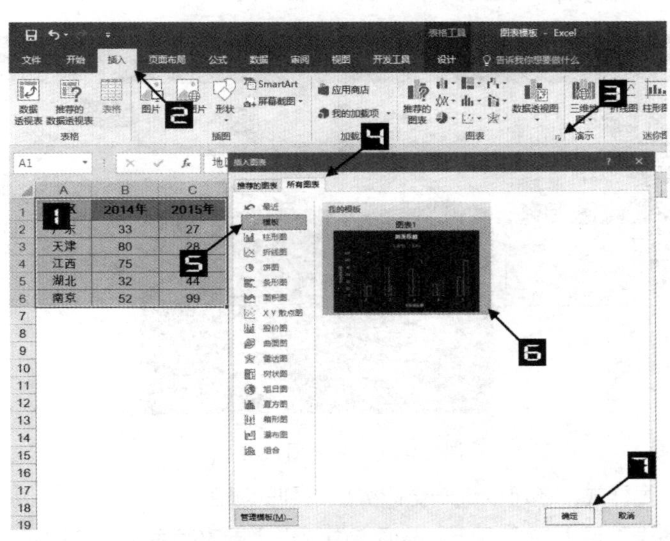

图 24-57　使用模板插入图表

24.7 图表布局与样式

Excel 除了提供图表元素格式设置选项窗格给用户进行操作外，还提供了默认的快速布局与图表样式供用户选择，可快速对图表进行设计。

24.7.1 图表布局

图表布局是指在图表中显示的图表元素及其位置的组合。

选中图表，在【图表工具】的【设计】选项卡下单击【快速布局】下拉按钮，下拉菜单中默认有 11 种布局方式，选择一种合适的布局应用到选中的图表中，如图 24-58 所示。

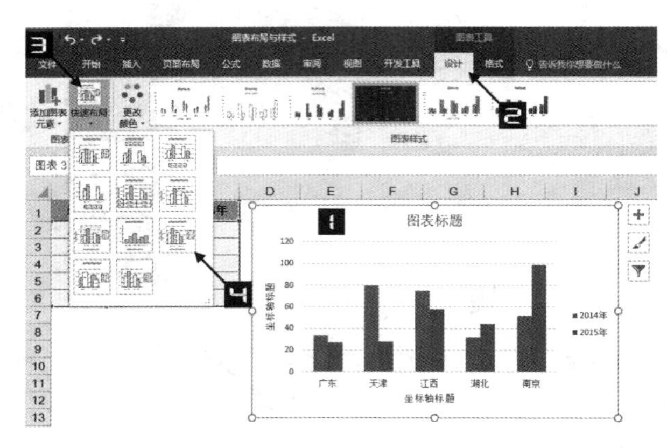

图 24-58 快速布局

除了使用默认的图表布局外，还可以自定义添加或删除图表元素。

24.7.2 图表样式

图表样式是指在图表中显示的数据点形状和颜色的组合。

选中图表，在【图表工具】的【设计】选项卡中单击【图表样式】下拉按钮，打开图表样式库，选择一种合适的样式即可应用到选中的图表中，如图 24-59 所示。

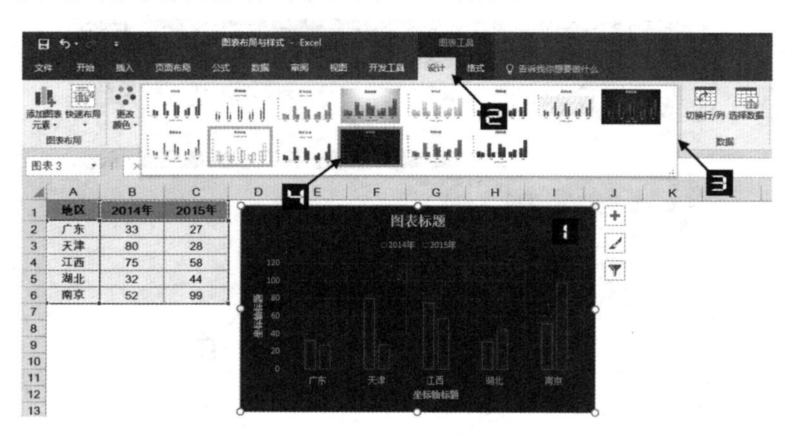

图 24-59 设置图表样式

除了使用默认的图表样式，还可以统一更改数据系列的颜色。

选中图表，在【图表工具】的【设计】选项卡中单击【更改颜色】下拉按钮，下拉列表中展现了彩色和单色 102 种颜色，选择一种合适的颜色可应用到选中的图表中，如图 24-60 所示。

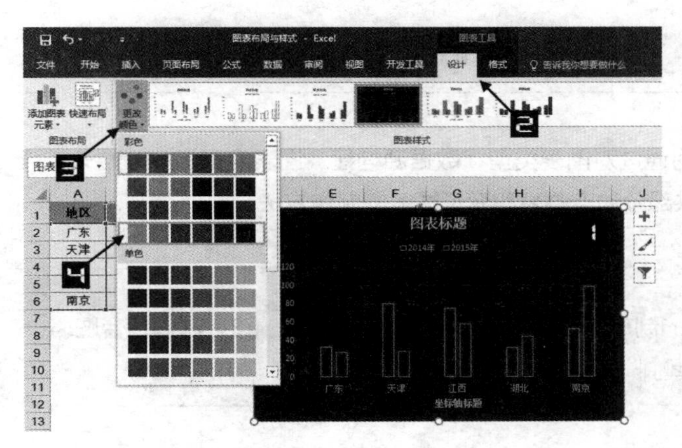

图 24-60　更改颜色

提示

图表设置完成后，可以按需要打印图表，打印之前应先预览打印效果，以减少一张图表打印在两张纸上的错误，避免纸张浪费。

第 25 章　高级图表制作

本章主要介绍如何通过对图表类型、数据源构建、图表元素进行设置来制作专业实用的图表，为希望进阶学习的读者提供部分动态图表和变形图表的制作方法。

本章学习要点

（1）新增图表的制作与设置。

（2）图表数据重排。

（3）制作组合图表。

25.1　2016 新增图表制作

在 Excel 2016 中，新增了瀑布图、树状图、旭日图、直方图、排列图和箱形图等内置图表类型，使用这些内置的图表类型，能够使图表制作过程更加简单。

25.1.1　瀑布图

瀑布图是由麦肯锡顾问公司独创的图表类型，因为形似瀑布流水而称为瀑布图。此种图表采用绝对值与相对值结合的方式，适用于表达数个特定数值之间的数量变化关系。使用内置的瀑布图类型，不需要用户构建数据，直接选择数据插入瀑布图即可。

示例25-1　瀑布图

步骤① 选择 A1:B8 单元格区域，执行【插入】选项卡中的【插入瀑布图或股价图】→【瀑布图】命令，即可在工作表中插入瀑布图，如图 25-1 所示。

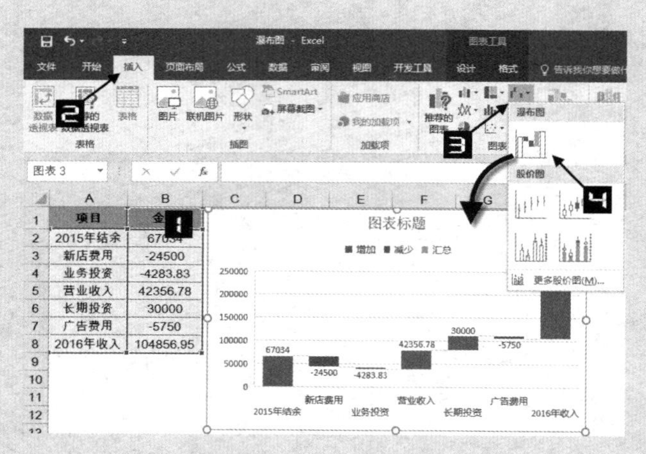

图 25-1　插入瀑布图

步骤② 单击瀑布图数据系列，在“2016 年收入”数据点上右击，在弹出的快捷菜单中选择【设置为汇总】选项，使用同样的方式设置“2015 年结余”数据点，如图 25-2 所示。

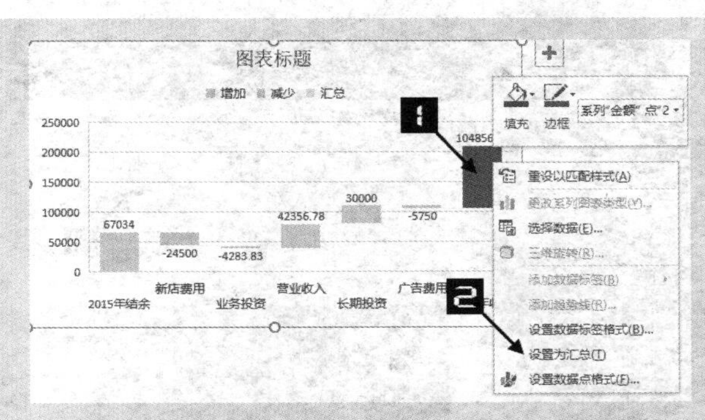
图 25-2　设置数据点为汇总

步骤③ 双击瀑布图系列，调出【设置数据系列格式】窗格，单击图表数据点，在【设置数据点格式】窗格中切换到【填充与线条】选项卡，执行【填充】→【纯色填充】→【颜色】命令，依次设置整个图表各个数据点的填充颜色。

步骤④ 分别单击图表【网格线】【刻度坐标轴】和【图例】，按 <Delete> 键依次删除。

步骤⑤ 双击图表区，在【设置图表区格式】窗格中切换到【填充与线条】选项卡，选中【边框】下的【无线条】单选按钮，将图表区设置为无边框。选中图表区，鼠标指针停在图表区各个控制点上，当鼠标指针形状变化后拖动控制点，调整图表大小。

步骤⑥ 双击图表标题，进入编辑状态，更改图表标题文字为“2016 年新店费用较高”。

步骤⑦ 双击瀑布图数据系列，调出【设置数据系列格式】窗格，选择【系列选项】选项卡，选中【显示连接符线条】复选框，如图 25-3 所示。连接符线条只有在柱形设置边框线条或者设置边框为自动时才显示。

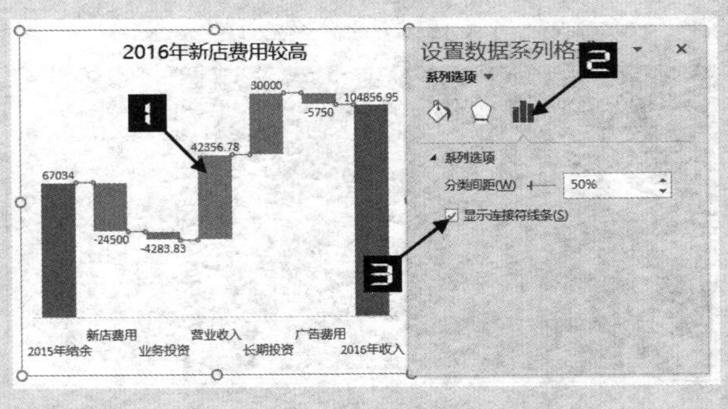

图 25-3　连接符线条

25.1.2　树状图

树状图适合展示数据的比例和数据的层次关系，可根据分类与数据快速完成占比展示。

示例25-2　树状图

步骤① 选择 A1:C13 单元格区域，执行【插入】选项卡中的【插入层次结构图表】→【树状图】命令，即可在工作表中插入树状图，如图 25-4 所示。

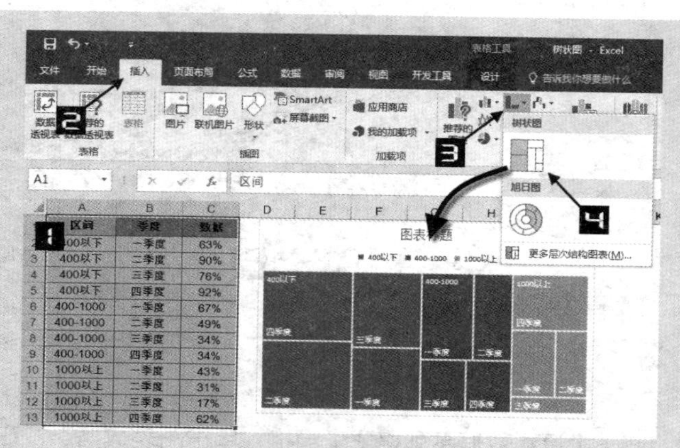

图 25-4　插入树状图

步骤② 双击树状图数据系列，调出【设置数据系列格式】窗格，单击图表数据点，在【设置数据点格式】窗格中切换到【填充与线条】选项卡，执行【填充】→【纯色填充】→【颜色】命令，分别设置整个图表的数据点。

步骤③ 双击图表区，在【设置图表区格式】窗格中切换到【填充与线条】选项卡，选中【边框】下的【无线条】单选按钮，将图表区设置为无边框。选中图表区，鼠标指针停在图表区各个控制点上，当鼠标指针形状变化后拖动控制点，调整图表大小。

步骤④ 双击图表标题进入编辑状态，更改图表标题文字为“400 以下区间占据所有区间接近 50%”，如图 25-5 所示。

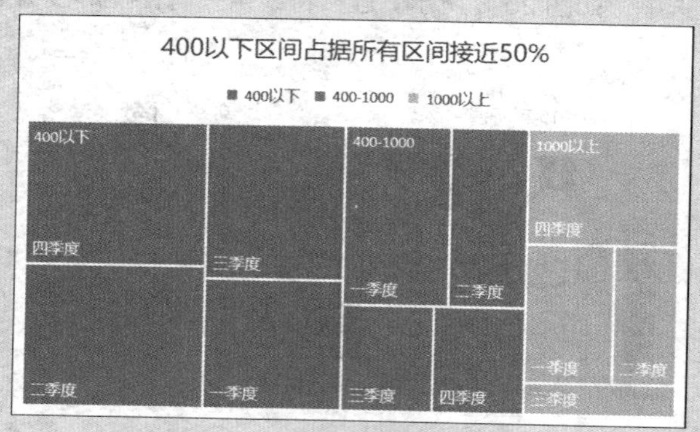

图 25-5　树状图

25.1.3　旭日图

旭日图类似于多个圆环的嵌套，每一个圆环代表了同一级别的比例数据，越接近内层的圆环级别越高，适合展示层级较多的比例数据关系。

示例25-3 旭日图

步骤① 选择 A1:D15 单元格区域，执行【插入】选项卡中的【插入层次结构图表】→【旭日图】命令，即可在工作表中插入旭日图，如图 25-6 所示。

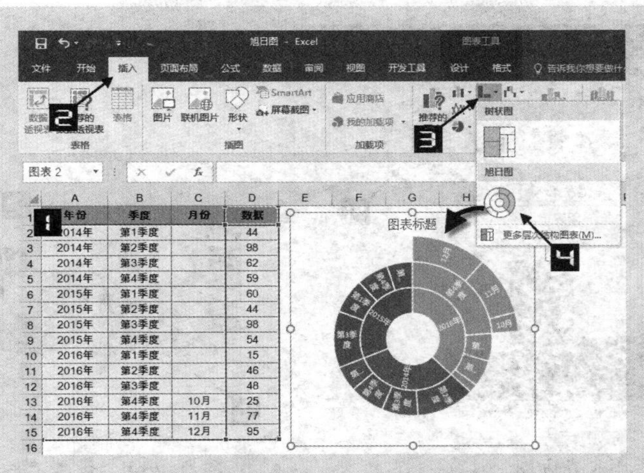

图 25-6　插入旭日图

步骤② 双击旭日图数据系列，调出【设置数据系列格式】窗格，单击图表数据点，在【设置数据点格式】窗格中切换到【填充与线条】选项卡，执行【填充】→【纯色填充】→【颜色】命令，分别设置整个图表的数据点。

步骤③ 双击图表区，在【设置图表区格式】窗格中切换到【填充与线条】选项卡，选中【边框】下的【无线条】单选按钮，将图表区设置为无边框。选中图表区，鼠标指针停在图表区各个控制点上，当鼠标指针形状变化后拖动控制点，调整图表大小。

步骤④ 双击图表标题，进入编辑状态，更改图表标题文字为“2016年第 4 季度销售达新高”，如图 25-7 所示。

在此图表中，年份是一个层级，季度是中间层级。而在销量较高的第四季度，同时展示了下一个层级的月销量。

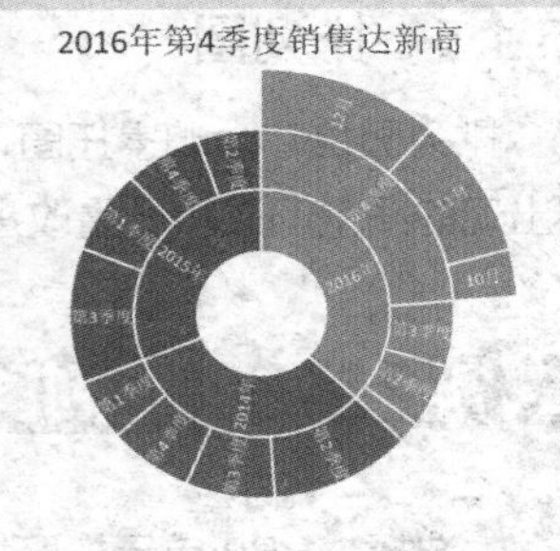

图 25-7　旭日图

25.1.4　直方图

直方图又称为质量分布图，是一种常用的统计报告图。一般用水平轴表示区间分布，垂直轴表示数据量的大小。

示例25-4　直方图

步骤① 选择 A1:B67 单元格区域，执行【插入】选项卡中的【插入统计图表】→【直方图】命令，即可在工作表中插入直方图，如图 25-8 所示。

步骤② 用户可以根据需要调整默认的区间分类。双击横坐标轴，打开【设置坐标轴格式】窗格。单击【坐标轴选项】选项，切换到【坐标轴选项】选项卡，在【箱】功能组中有多种选项可以选择，选中【箱数】单选按钮，在右侧的文本框中输入“5”。如果数据有极端值，还可以选中【溢出箱】或【下溢箱】复选框，在文本框中输入相应数值，如图 25-9 所示。

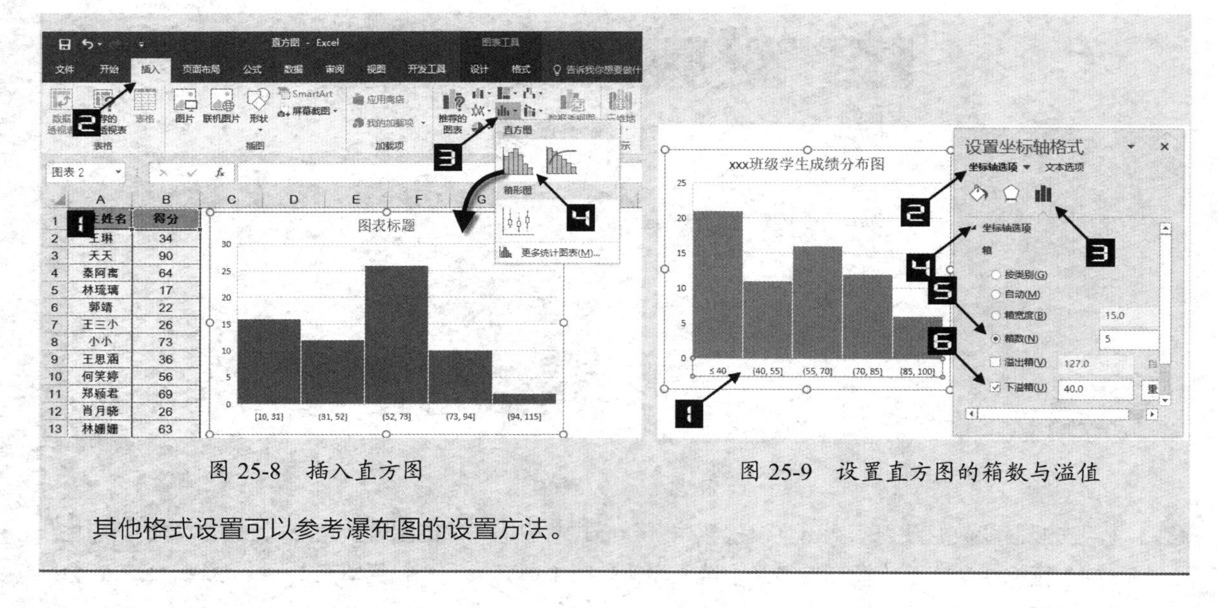

图 25-8 插入直方图

图 25-9 设置直方图的箱数与溢值

其他格式设置可以参考瀑布图的设置方法。

25.1.5 排列图

排列图也称为帕累托图，常用于分析质量问题，确定产生质量问题的主要因素。使用排列图，能够将出现的质量问题和质量改进项目按照重要程度依次排列。

示例25-5 排列图

选择 A1:B9 单元格区域，执行【插入】选项卡中的【插入统计图表】→【排列图】命令，即可在工作表中插入排列图，如图 25-10 所示。

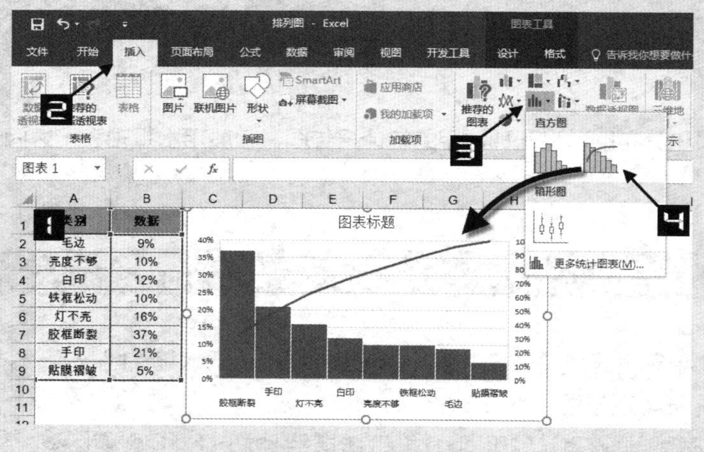

图 25-10 插入排列图

用户不需要对数据源进行排序，内置图表会根据数据对图表进行排序后展示。其他格式设置可以参考瀑布图的设置方法。

25.1.6　箱形图

箱形图也称为箱须图，是一种用于显示一组数据分散情况资料的统计图，因为形状如箱子而得名，适合多组样本进行比较，常用于产品的品质管理。

箱形图主要包含上边缘、上四分位数、中位数、平均值、下四分位数、下边缘和异常值等元素。箱形图图解如图 25-11 所示。

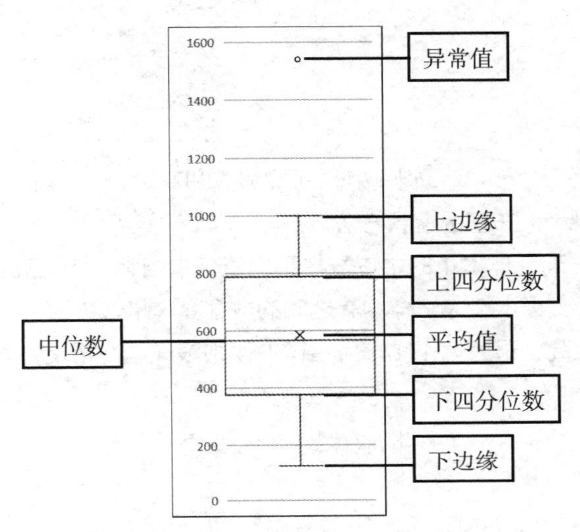

图 25-11　箱形图图解

示例25-6　箱形图

步骤① 选择 A1:D121 单元格区域，执行【插入】选项卡中的【插入统计图表】→【箱形图】命令，即可在工作表中插入箱形图，如图 25-12 所示。

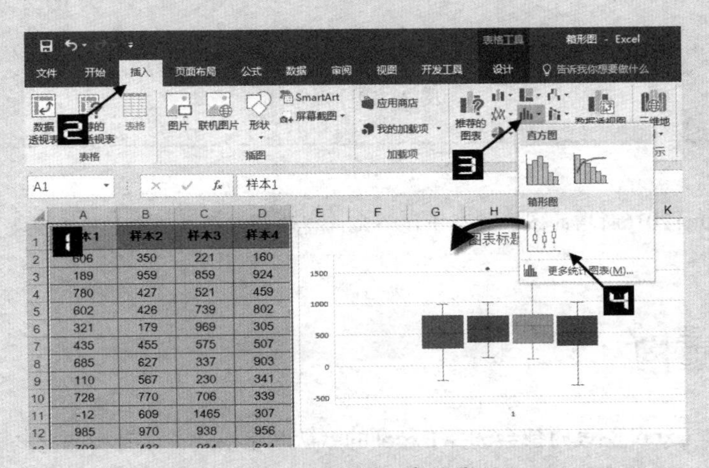

图 25-12　插入箱形图

步骤② 双击箱形图数据系列，调出【设置数据系列格式】窗格，切换到【系列选项】选项卡，设置【分类间距】为 0%，如图 25-13 所示。

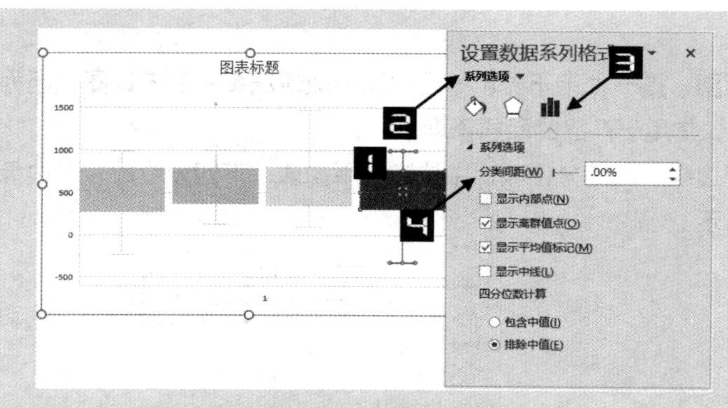

图 25-13　设置分类间距

其他格式设置可以参考瀑布图的设置方法。

通过观察图表可以发现，样本 1 的中位数与平均值基本相等，均落在箱子的中间部分，基本呈正态分布，但是数据变异比样本 2 大，样本 2 之间的数据变异是最小的，但样本 2 中出现了异常值。样本 3 的中位数相对比较高，最大值也比较大，样本 4 则跟样本 3 相反，如图 25-14 所示。

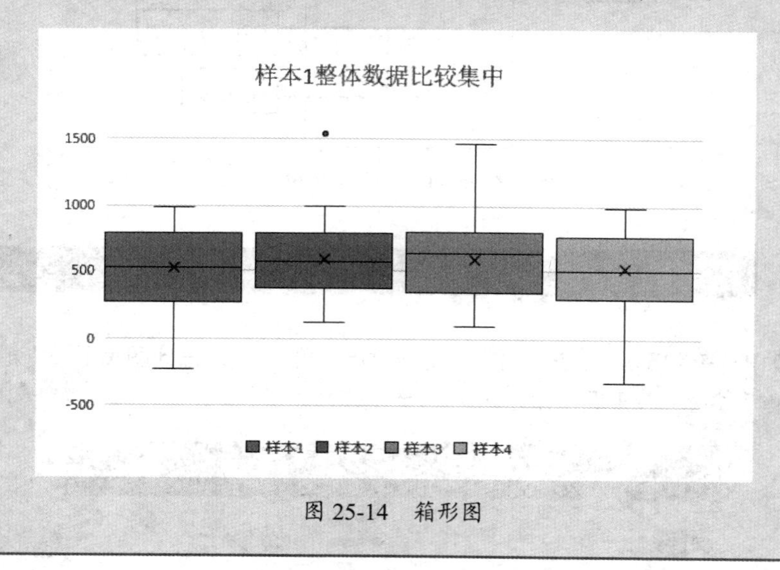

图 25-14　箱形图

提示

Excel 2016新增的图表类型中，不允许将两个或两个以上的图表类型进行组合成图。

25.2　数据重构

大多数用户制作 Excel 图表时都会选择 Excel 的默认图表格式，或者凭自己的感觉进行一些格式美化，但效果很难尽如人意。很多时候用户需要制作一些比较特殊的图表，就需要通过对数据进行重新排列，设置图表格式来完成。

本节将详细介绍如何对数据进行重新构建，如何对图表设置格式来完成一系列高级图表。

25.2.1　散点分布图

示例25-7　毛利与库存分布图

XY 散点图可以将两组数据绘制成 XY 坐标系中的一个数据系列。XY 散点图除了可以显示数据的变化趋势以外，更多地用来描述数据之间的关系。本例将毛利率与库存率两组数据进行展示比较，使用 XY 散点分布图找出最优产品与可改进产品区域。

步骤① 选择 B1:C21 单元格区域，执行【插入】选项卡中的【插入散点图（X，Y）或气泡图】→【散点图】命令，即可在工作表中插入散点图，如图 25-15 所示。

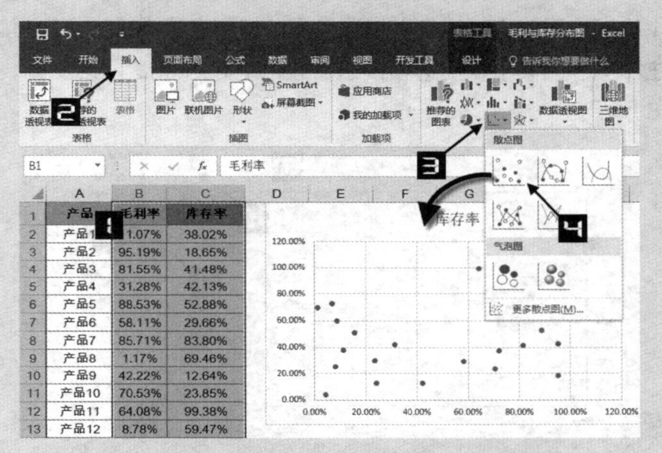

图 25-15　插入散点图

步骤② 双击散点图中的纵坐标轴，打开【设置坐标轴格式】窗格。切换到【坐标轴选项】选项卡，在【坐标轴选项】下【边界】的【最小值】文本框中输入 0、【最大值】文本框中输入 1，在【单位】的【主要】文本框中输入 0.2。选择【数字】选项，在【小数位数】文本框中输入 0，将小数舍去。切换到【填充与线条】选项卡，选中【线条】下的【无线条】单选按钮，如图 25-16 所示。使用同样的步骤设置横坐标轴。

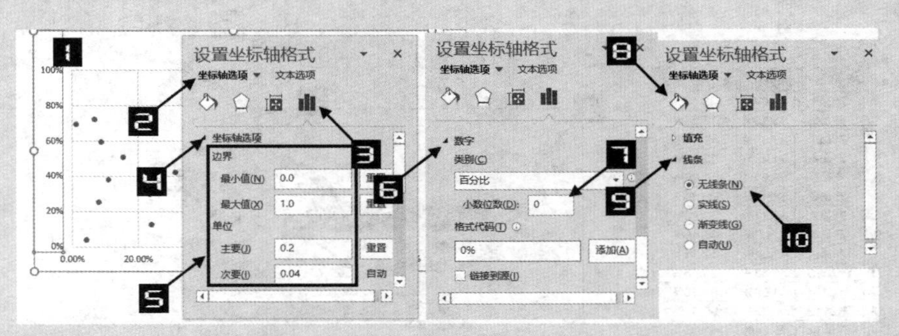

图 25-16　设置坐标轴格式

步骤③ 双击图表绘图区，打开【设置绘图区格式】窗格，切换到【填充与线条】选项卡，选中【边框】下的【实线】单选按钮，【颜色】设置为黑色，如图 25-17 所示。

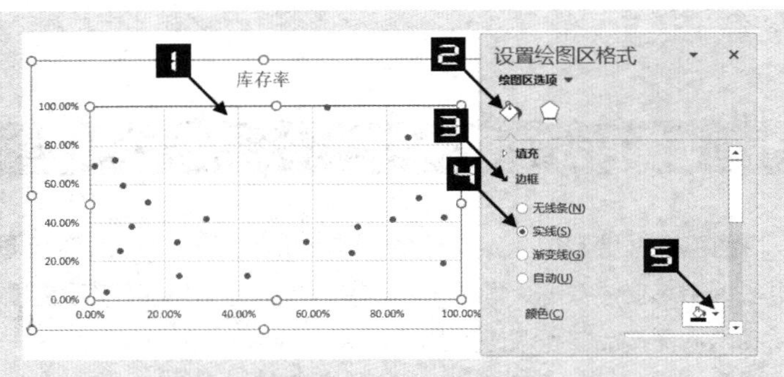

图 25-17　设置绘图区格式

步骤④ 双击图表区，在【设置图表区格式】窗格中选择【图表选项】选项卡，切换到【填充与线条】选项卡，选中【边框】下的【无线条】单选按钮，将图表区设置为无边框。

步骤⑤ 选中图表，单击【图表元素】快捷选项按钮，选中【数据标签】复选框，为散点图添加数据标签，如图 25-18 所示。

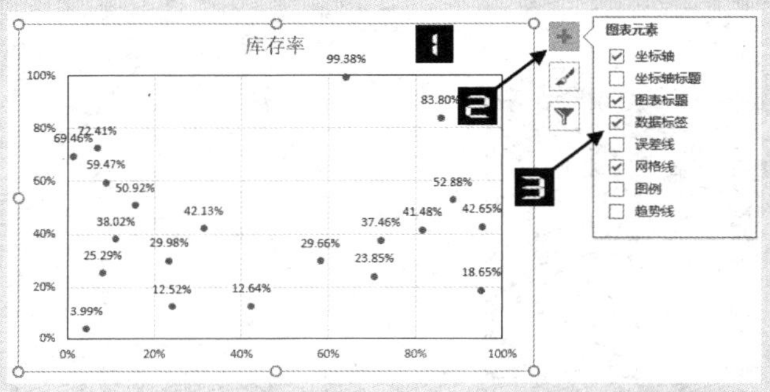

图 25-18　选中数据标签

步骤⑥ 双击图表数据标签，打开【设置数据标签格式】窗格。选择【标签选项】选项卡，在【标签包括】选项中取消选中【Y 值】复选框，选中【单元格中的值】复选框，此时会自动打开【数据标签区域】对话框，如果对已有参数进行修改，则需要单击【选择范围】按钮打开该对话框。设置【选择数据标签区域】为 A2:A21 单元格区域，单击【确定】按钮关闭【数据标签区域】对话框。在【标签位置】选项中选中【靠右】单选按钮，如图 25-19 所示。

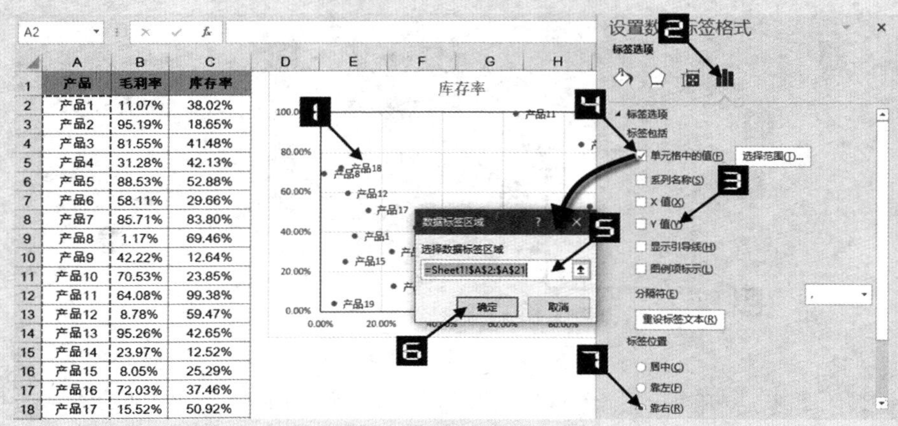

	A	B	C
1	产品	毛利率	库存率
2	产品1	11.07%	38.02%
3	产品2	95.19%	18.65%
4	产品3	81.55%	41.48%
5	产品4	31.28%	42.13%
6	产品5	88.53%	52.88%
7	产品6	58.11%	29.66%
8	产品7	85.71%	83.80%
9	产品8	1.17%	69.46%
10	产品9	42.22%	12.64%
11	产品10	70.53%	23.85%
12	产品11	64.08%	99.38%
13	产品12	8.78%	59.47%
14	产品13	95.26%	42.65%
15	产品14	23.97%	12.52%
16	产品15	8.05%	25.29%
17	产品16	72.03%	37.46%
18	产品17	15.52%	50.92%

图 25-19　设置数据标签

步骤⑦ 为了更好地体现数据优良区域，构建分隔数据点，在毛利率为 70% 处设置分割，在库存率为

25% 处设置分割，数据点落在毛利率为 70% 以上、库存率为 25% 以下区域为最优产品，数据如图 25-20 所示。

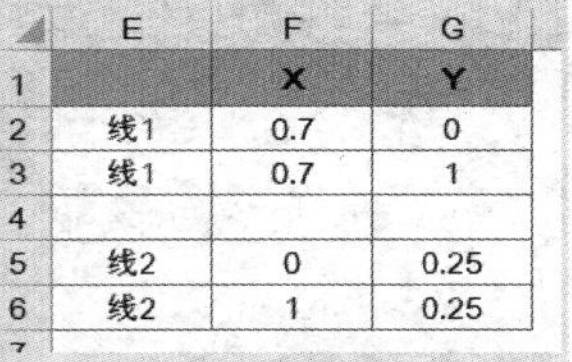

	E	F	G
1		X	Y
2	线1	0.7	0
3	线1	0.7	1
4			
5	线2	0	0.25
6	线2	1	0.25

图 25-20　分隔数据

步骤⑧ 为散点图增加一个新系列。选择 F2:G6 单元格区域，按 <Ctrl+C> 组合键复制区域。单击图表，在【开始】选项卡下依次单击【粘贴】下拉按钮→【选择性粘贴】命令，打开【选择性粘贴】对话框。在【选择性粘贴】对话框中依次选中【添加单元格为】→【新建系列】单选按钮和【数值 (Y) 轴在】→【列】单选按钮，选中【首列为分类 X 值】复选框，单击【确定】按钮关闭【选择性粘贴】对话框，如图 25-21 所示。

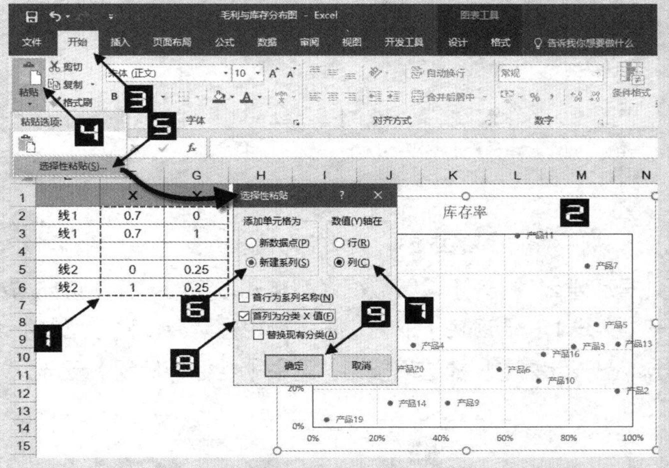

图 25-21　增加数据系列

此时散点图包括两个数据系列。

选中图表，在【图表工具 / 格式】选项卡中单击【在当前所选内容】命令组中的【图表元素】下拉按钮，在下拉菜单中将显示现有散点图中的所有图表元素，如图 25-22 所示。

当使用鼠标无法选中图表元素进行格式设置时，可运用此操作选中该图表元素后，单击【设置所选内容格式】命令，同样可以打开图表元素设置窗格进行格式设置。

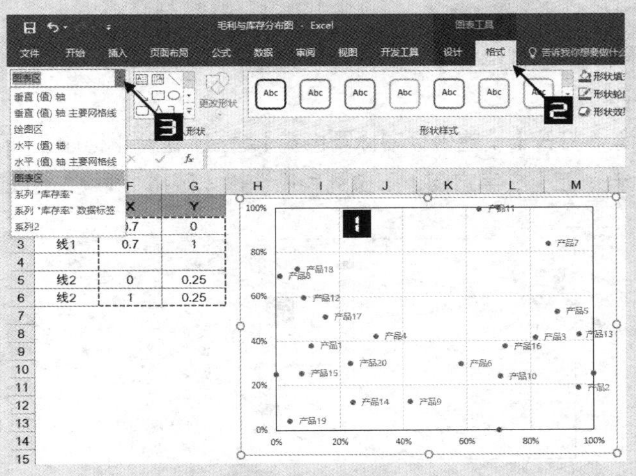

图 25-22　图表元素菜单

步骤⑨ 单击散点图，选中数据系列 2，单击【插入】选项卡中的【插入散点图（X，Y）或气泡图】→【带直线的散点图】命令，将数据系列 2 的图表类型更改为带直线的散点图，如图 25-23 所示。

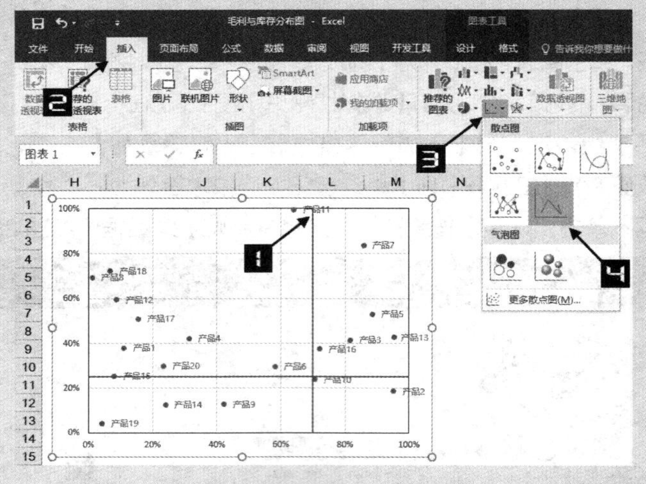

图 25-23　更改系列图表类型

步骤⑩ 双击散点图的数据系列 2，打开【设置数据系列格式】窗格，在【填充与线条】选项卡下依次单击【线条】→【实线】→【颜色】命令，设置颜色为黑色，将【宽度】设置为 1 磅。

步骤⑪ 选中图表，单击【图表元素】快捷选项按钮，选中【坐标轴标题】复选框，如图 25-24 所示。

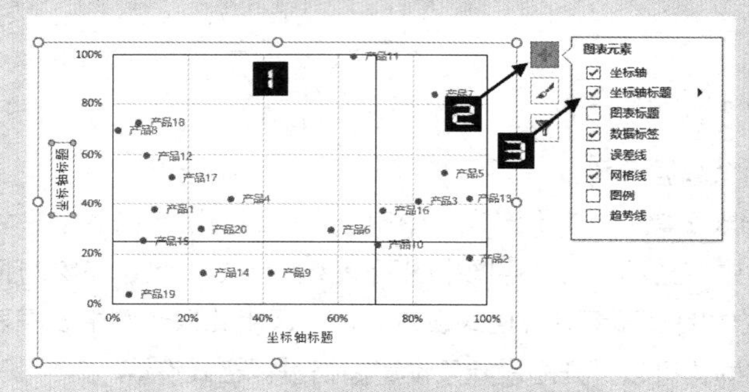

图 25-24　选中【坐标轴标题】复选框

双击纵坐标轴标题，进入编辑状态，输入“库存率”作为纵坐标轴标题，使用同样的方式将横坐标轴标题更改为“毛利率”。

步骤⑫ 双击纵坐标轴标题，打开【设置坐标轴标题格式】窗格，选择【标题选项】选项卡，切换到【大小与属性】选项卡，在【文字方向】下拉列表中选择【竖排】命令，如图 25-25 所示。

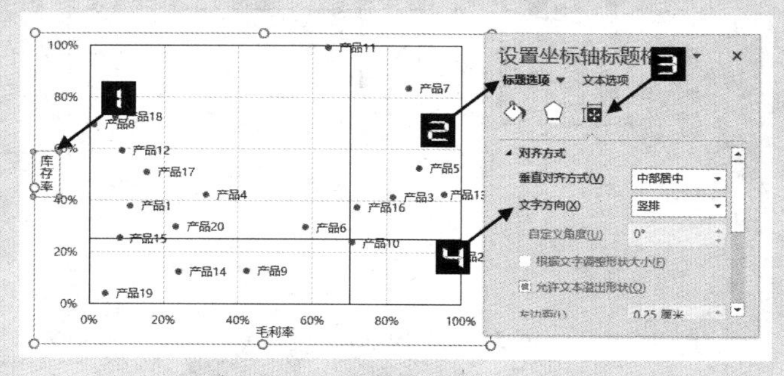

图 25-25　设置坐标轴文字方向

步骤⑬ 单击散点图系列，双击数据点，打开【设置数据点格式】窗格。单击【填充与线条】选项卡，依次单击【标记】→【数据标记选项】→【内置】→【类型】圆形→【大小】为 6 →【填充】→【纯色填充】→【颜色】。依次设置每个数据点，将 4 个区域的数据点设置为不同颜色进行区分，如图 25-26 所示。

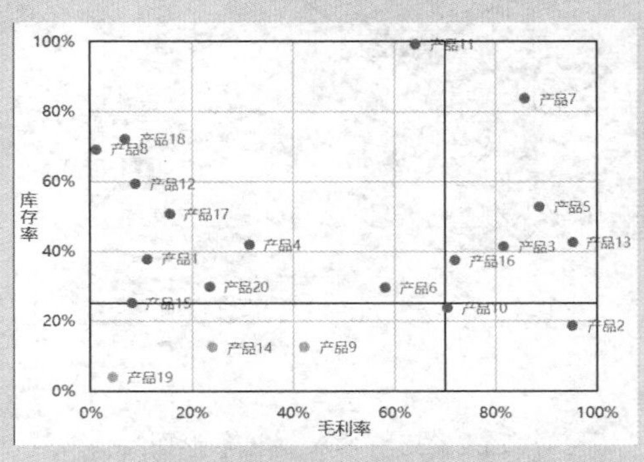

图 25-26　毛利与库存分布图

25.2.2　柱状展示图

示例25-8 长分类标签图表

当用户需要对一些分类名称很长的数据进行制图展示时，如果使用默认的图表和分类轴标签来展示，有时分类轴标签占据的位置比数据系列还大，甚至会出现显示不全或倾斜显示的情况，整个图表很不美观。遇到这样的情况，用户可以利用制图技巧，制作分类轴标签居于数据系列之间的条形图。

步骤① 对数据进行排序，单击 B3 单元格，在【数据】选项卡下单击【降序】按钮，将数据从大到小排序，如图 25-27 所示。使用排序后的数据制作条形图展示会更加直观。

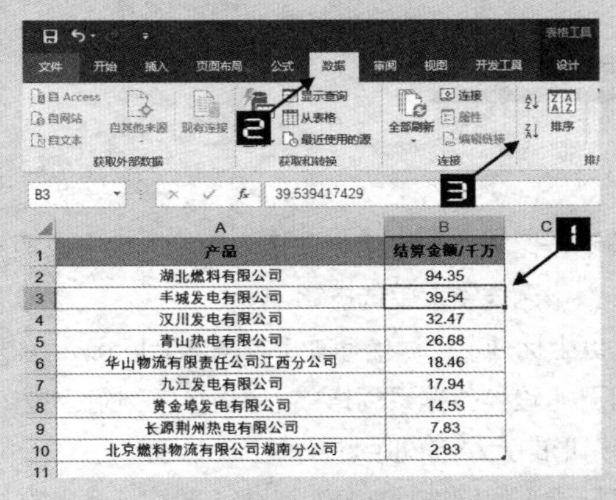

	A	B
1	产品	结算金额/千万
2	湖北燃料有限公司	94.35
3	丰城发电有限公司	39.54
4	汉川发电有限公司	32.47
5	青山热电有限公司	26.68
6	华山物流有限责任公司江西分公司	18.46
7	九江发电有限公司	17.94
8	黄金埠发电有限公司	14.53
9	长源荆州热电有限公司	7.83
10	北京燃料物流有限公司湖南分公司	2.83

图 25-27　排序

步骤② 选择 A1:B10 单元格区域，在【插入】选项卡下单击【插入柱形图或条形图】→【簇状条形图】命令，即可在工作表中插入条形图，如图 25-28 所示。

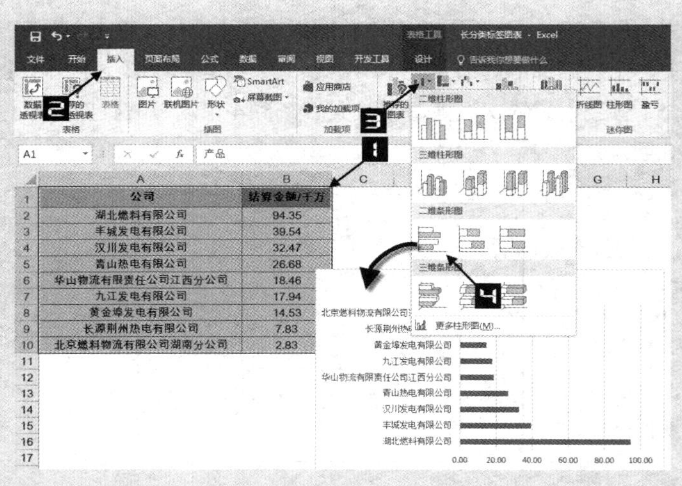

图 25-28　插入簇状条形图

步骤③ 选择 B1:B10 单元格区域，按 <Ctrl+C> 组合键复制，单击图表，按 <Ctrl+V> 组合键，将数据粘贴到图表中生成新的数据系列，如图 25-29 所示。

步骤④ 双击图表纵坐标轴，打开【设置坐标轴格式】窗格，选择【坐标轴选项】选项卡，切换到【坐标轴选项】选项卡，在【坐标轴选项】选项下选中【逆序类别】复选框，如图 25-30 所示。因默认的条形图纵坐标轴与数据源中“公司”的“结算金额”显示顺序相反，逆序类别后图表纵坐标轴与数据源显示顺序一致。

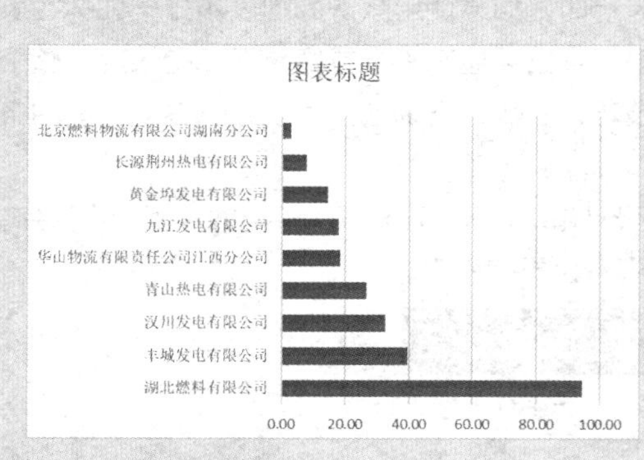

图 25-29　双系列条形图

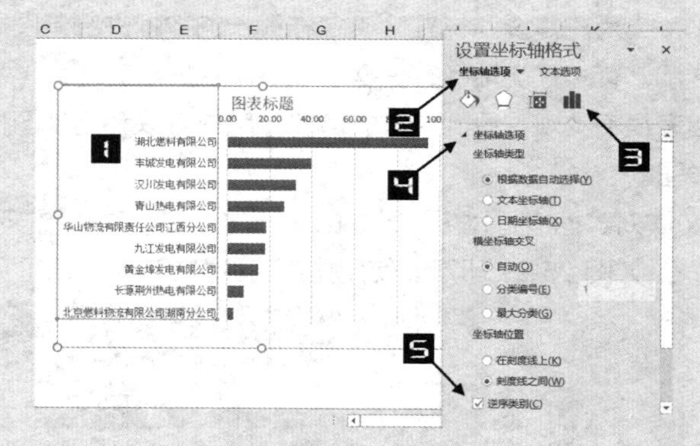

图 25-30　逆序类别

步骤⑤ 双击图表区，在【设置图表区格式】窗格中选择【图表选项】选项卡，切换到【填充与线条】选项卡，选中【边框】→【无线条】单选按钮。

步骤⑥ 分别选中【网格线】【纵坐标轴】【横坐标轴】，按 <Delete> 键依次删除，调整绘图区大小。

步骤⑦ 双击图表数据系列，打开【设置数据系列格式】窗格，在【系列选项】选项卡中设置【分类间距】为 0%，完成调整条形的大小与间距。

步骤⑧ 选中图表，单击【图表元素】快捷选项按钮，选中【数据标签】复选框，添加数据标签。

步骤⑨ 双击图表上层数据系列，打开【设置数据系列格式】窗格，选择【系列选项】选项卡，切换到【填充与线条】选项卡，选中【填充】下的【无填充】单选按钮，如图 25-31 所示。

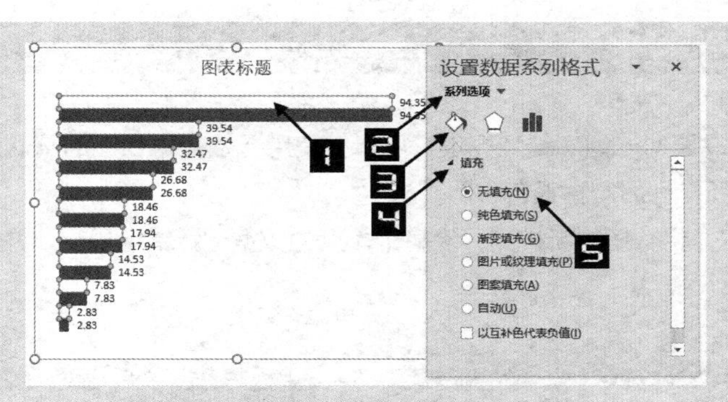

图 25-31　设置条形图数据系列格式

单击图表下层数据系列，依次单击【纯色填充】→【颜色】，将系列填充颜色设置为橙色。

步骤⑩ 双击上层数据系 列的数据标签，打开【设置数据标签格式】窗格，单击【标签选项】选项卡，切换到【标签选项】选项卡，在【标签选项】选项下的【标签包括】中取消选中【值】复选框，选中【类别名称】复选框。在【标签位置】中选中【轴内侧】复选框。切换到【大小与属性】选项卡，在【对齐方式】选项下取消选中【形状中的文字自动换行】复选框，如图 25-32 所示。此设置的目的为使用设置无填充的数据系列的数据标签来模拟图表的坐标轴分类标签。

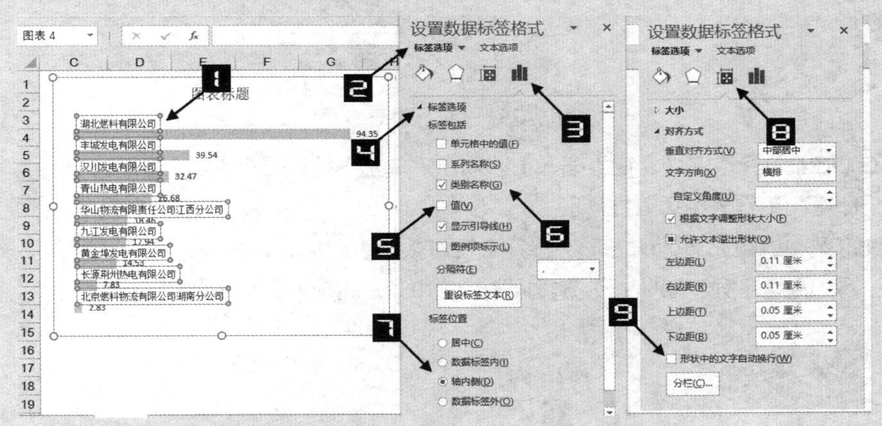

图 25-32　设置数据标签格式

步骤⑪ 双击图表标题进入编辑状态，输入“各公司结算金额展示图”，如图 25-33 所示。

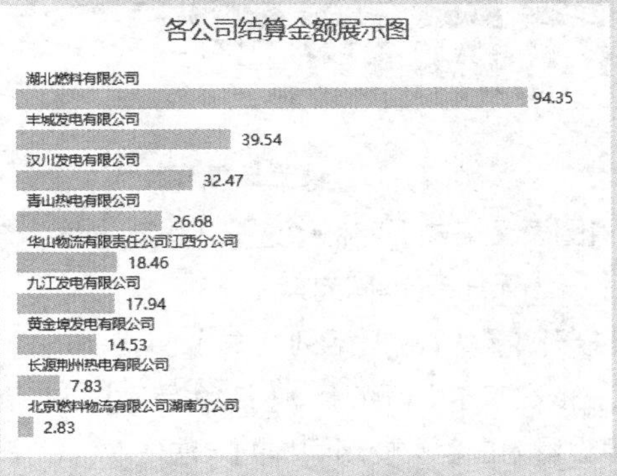

图 25-33　更改标题

示例25-9 分类柱形图

很多时候，用户需要对一组二维数据进行展示，使用原始数据创建的默认图表相对比较杂乱，所以适当地将数据重新排列后制图很有必要。

步骤① 如图 25-34 所示，将数据重新排列，使每个季度的数据进行错行显示，并且每个季度之间使用空行分隔。

产品	第一季度	第二季度	第三季度	第四季度
卸妆乳	33.00	52.00	36.00	26.00
化妆水	71.00	39.00	75.00	98.00
隔离霜	16.00	19.00	83.00	41.00
BB霜	45.00	17.00	100.00	24.00
精华液	61.00	48.00	93.00	85.00

产品	第一季度	第二季度	第三季度	第四季度
卸妆乳	33.00			
化妆水	71.00			
隔离霜	16.00			
BB霜	45.00			
精华液	61.00			
卸妆乳		52.00		
化妆水		39.00		
隔离霜		19.00		
BB霜		17.00		
精华液		48.00		
卸妆乳			36.00	
化妆水			75.00	
隔离霜			83.00	
BB霜			100.00	
精华液			93.00	

图 25-34 数据重新排列

步骤② 选择 G1:K24 单元格区域，在【插入】选项卡下单击【插入柱形图或条形图】→【簇状柱形图】命令，即可在工作表中插入柱形图。

步骤③ 双击柱形图中的数据系列的柱形，打开【设置数据系列格式】窗格，在【系列选项】选项卡中调整【系列重叠】为 100%，【分类间距】为 0%，完成调整柱形的大小与间距。

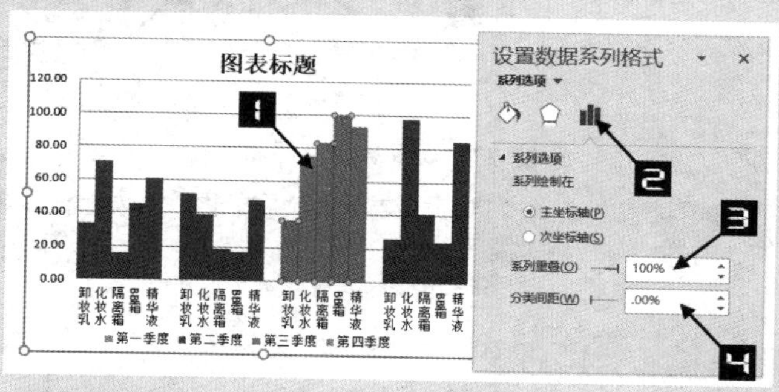

图 25-35 设置数据系列格式

步骤④ 双击图表区，在【设置图表区格式】窗格中选择【图表选项】选项卡，切换到【填充与线条】选项卡，选中【边框】→【无线条】单选按钮。

步骤⑤ 双击图表数据系列，打开【设置数据系列格式】窗格，选择【系列选项】选项卡，切换到【填充与线条】选项卡，依次单击【填充】→【纯色填充】→【颜色】命令。单击【边框】→【实线】→【颜色】，颜色设置为白色。使用同样的方法依次为每个系列设置填充颜色与线条颜色。

步骤⑥ 双击图表横坐标轴，在【设置坐标轴格式】窗格中选择【坐标轴选项】选项卡，切换到【大小与属性】选项卡，选择【文字方向】下拉列表中的【竖排】选项，如图 25-36 所示。

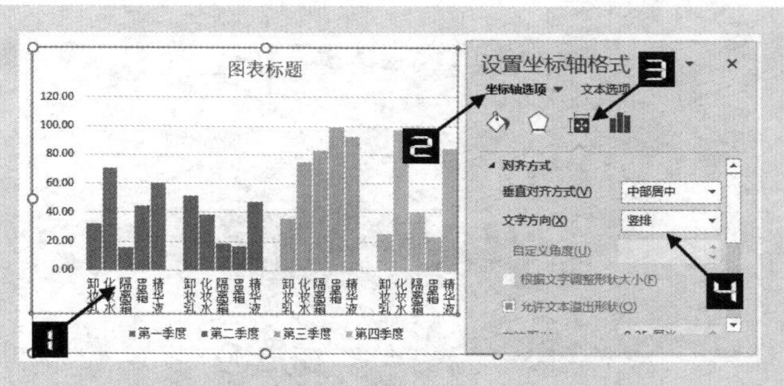

图 25-36　设置横坐标轴格式

步骤⑦ 双击图表标题进入编辑状态，输入“第三季度销量呈上升趋势”。

步骤⑧ 选中图表区，选择【开始】选项卡，设置【字体】为微软雅黑、【字号】为 10、【字体颜色】为灰色（选中图表区可快速统一设置整个图表字体）。

步骤⑨ 单击图例，鼠标指针停在图例边框上呈十字箭头后拖动，移动图例至绘图区上方，调整绘图区大小，如图 25-37 所示。

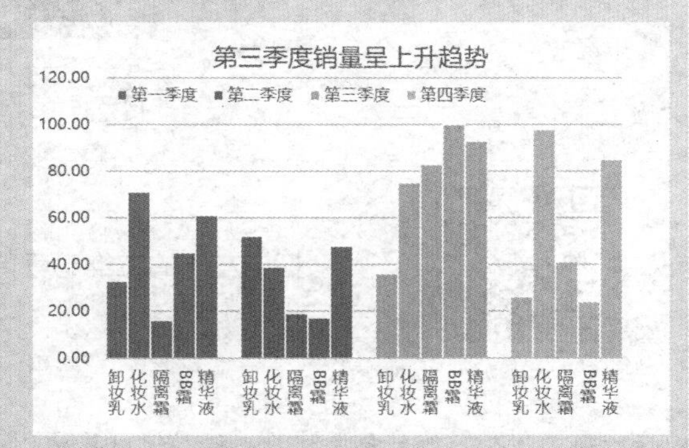

图 25-37　分类柱形图

重新排列后的数据源，空白区域为占位数据，作图时空白数据区域还是存在于图表系列中的，只不过数据源中没有数据，默认以 0 的高度显示数据点。用户可以在空白数据区域输入数值查看图表变化。如果用户需要对每个产品不同季度的数据进行分类，制作方法相同，只需在数据排列的时候，改变数据排列的方式，如图 25-38 所示。

	A	B	C	D	E	F	G	H	I	J	K	L
9	产品	第一季度	第二季度	第三季度	第四季度		第一季度	第二季度	第三季度	第四季度		第一季度
10	卸妆乳	33.00	52.00	36.00	26.00							
11	化妆水						71.00	39.00	75.00	98.00		
12	隔离霜											16.00
13	BB霜											
14	精华液											

图 25-38　按产品分类

25.2.3　多层对比柱形图

示例25-10　多层对比柱形图

除了以上这种分类外，还可以使用堆积柱形图或堆积条形图制作多层对比图，对比层次效果更加直观。多层对比图主要是利用占位数据制作系列后设置为无填充，将图表实际数据的系列垫高，形成多层图表，效果如图 25-39 所示。

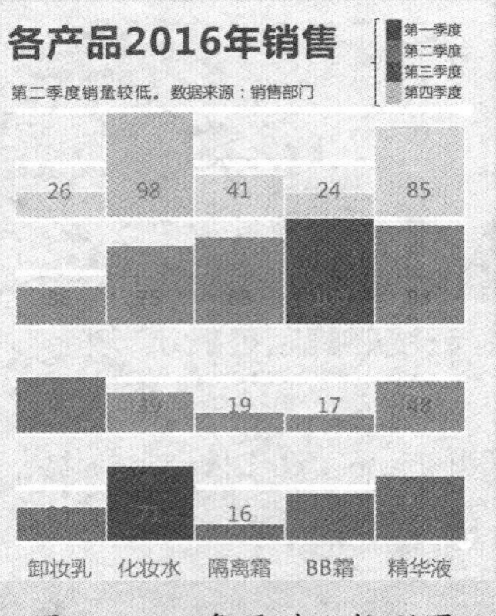

图 25-39 多层对比柱形图

扫描左侧的二维码可查看具体操作步骤。

提示

如果分类较多，可以使用多层对比条形图展示。

25.2.4 柱状温度计对比图

示例25-11 柱状温度计对比图

当用户需要对比目标与完成、去年与今年的数据时，大多使用柱形图或条形图来展示。本示例将详细讲解如何使用简单的柱状图制作专业美观的温度计对比图。

步骤① 选择 A1:C6 单元格区域，单击【插入】选项卡，单击【插入柱形图或条形图】→【簇状柱形图】命令，在工作表中插入柱形图，如图 25-40 所示。

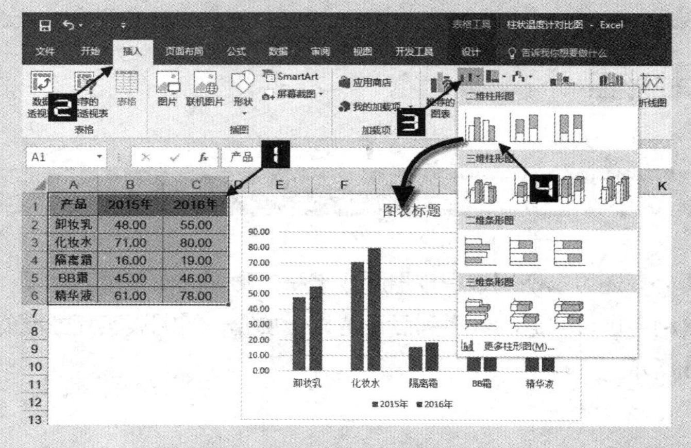

图 25-40 插入簇状柱形图

步骤② 为 2016 年数据系列设置填充颜色。

双击柱形图中 2016 年数据系列，打开【设置数据系列格式】窗格，单击【系列选项】选项卡，切换到【系列选项】选项卡，选中【系列选项】→【系列绘制在】→【次坐标轴】单选按钮，【分类间距】设置为 120%。

切换到【填充与线条】选项卡，选中【填充】→【纯色填充】单选按钮，将【颜色】设置为橙色，如图 25-41 所示。

将 2015 年数据系列的【分类间距】设置为 40%，填充颜色设置为灰色。

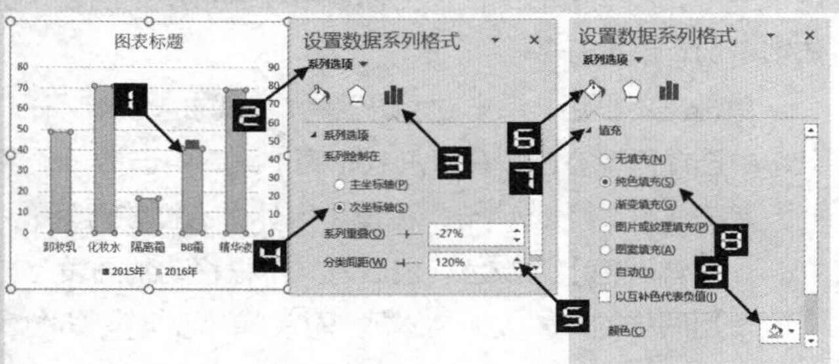

图 25-41 设置数据系列格式

步骤③ 双击柱形图右边的次要纵坐标轴，打开【设置坐标轴格式】窗格，切换到【坐标轴选项】选项卡，在【坐标轴选项】选项卡下设置【边界】的【最小值】为 0，【最大值】为 80，如图 25-42 所示。

在【标签】→【标签位置】下拉菜单中选择【无】命令，将次要纵坐标轴隐藏。

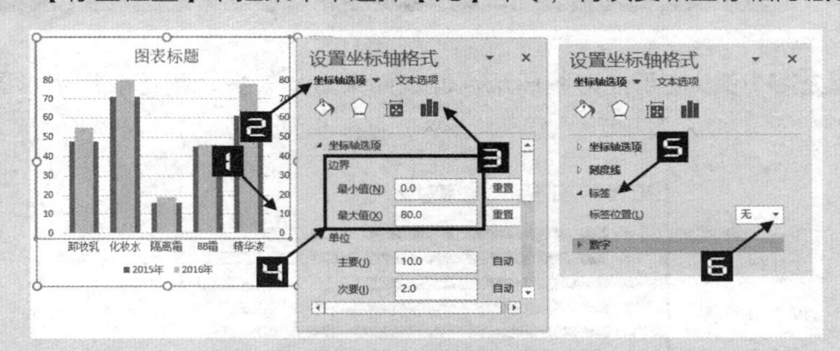

图 25-42 设置坐标轴格式（1）

单击柱形图左侧的主要纵坐标轴，在【设置坐标轴格式】窗格中切换到【坐标轴选项】选项卡，在【坐标轴选项】选项卡下的【边界】选项区域中，设置【最小值】为 0，【最大值】为 80，在【单位】选项区域的【主要】文本框中输入 20。

步骤④ 双击柱形图横坐标轴，打开【设置坐标轴格式】窗格，单击【坐标轴选项】选项卡，切换到【坐标轴选项】选项卡，在【坐标轴选项】下选中【纵坐标轴交叉】→【最大分类】单选按钮。将纵坐标轴从左侧移动到右侧，如图 25-43 所示。

步骤⑤ 双击图表区，在【设置图表区格式】窗格中单击【图表选项】选项卡，切换到【填充与线条】选项卡，选中【边框】选项卡下的【无线条】单选按钮，将图表区设置为无边框。

步骤⑥ 单击图例，鼠标指针停在图例边框上呈十字箭头后拖动，移动图例至绘图区上方，调整绘图区大小。

步骤⑦ 选中图表区，单击【开始】选项卡，设置【字体】为微软雅黑、【字号】为 10（选中图表区可快速统一设置整个图表字体）。

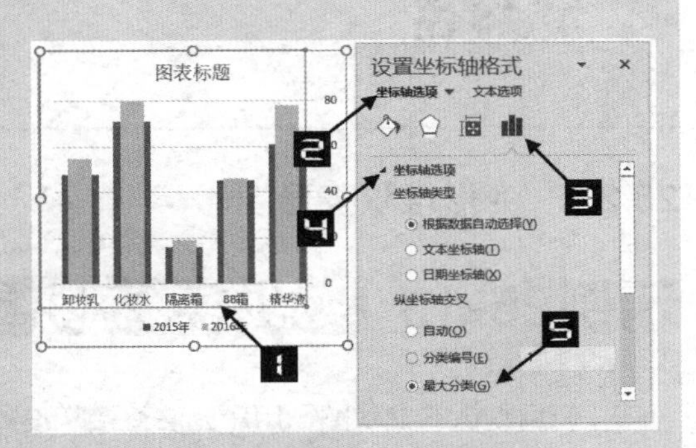

图 25-43 设置坐标轴格式（2）

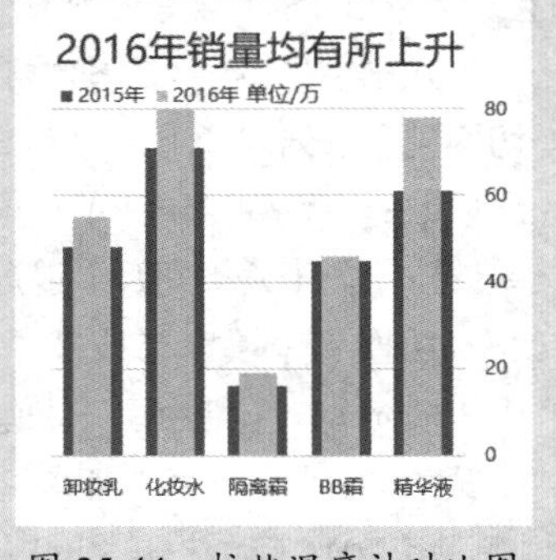

图 25-44　柱状温度计对比图

步骤⑧ 选中图表标题，按 <Delete> 键删除图表标题。

单击工作表任意一个单元格后，单击【插入】选项卡下的【形状】→【文本框】命令，在工作表中绘制形状之后输入文字“2016年销量均有所上升”。

单击文本框后，单击【绘图工具/格式】选项卡，在【形状填充】菜单中选择无填充在，在【形状轮廓】菜单中选择无轮廓。

单击【开始】选项卡，设置【字体】为微软雅黑、【字号】为18、【字体颜色】为灰色。最后将文本框移动到图表上方。

使用同样的方式插入文本框，输入“单位/万”，如图25-44所示。

25.2.5　条形温度计对比图

示例25-12 条形温度计对比图

在数据分类较少时可以使用柱形图展示，但是如果分类较多，则可使用条形图，图表效果如图 25-45 所示。

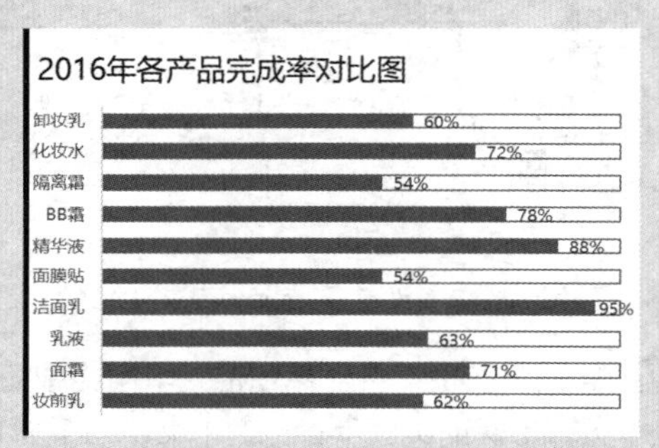

图 25-45　条形温度计对比图

扫描左侧的二维码可查看具体操作步骤。

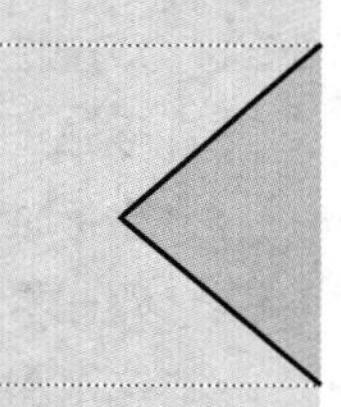

25.2.6　变形堆积菱形图

示例25-13 变形堆积菱形图

使用默认的柱状图，用户无法直接从设置格式窗格中改变柱形的形状。如果要更改已有柱形图的形状，可以使用【图片或纹理填充】选项。

图 25-46 所示是一份公司对离职率较高的部门进行调查的统计结果，现在需要对员工离职原因进行展示和分析。

步骤① 对数据进行重新排列，将数据进行累加，在 H2 单元格中输入公式，右拉至 K 列，下拉至第 4 行，如图 25-46 所示。

```
=SUM(B$2:B2)
```

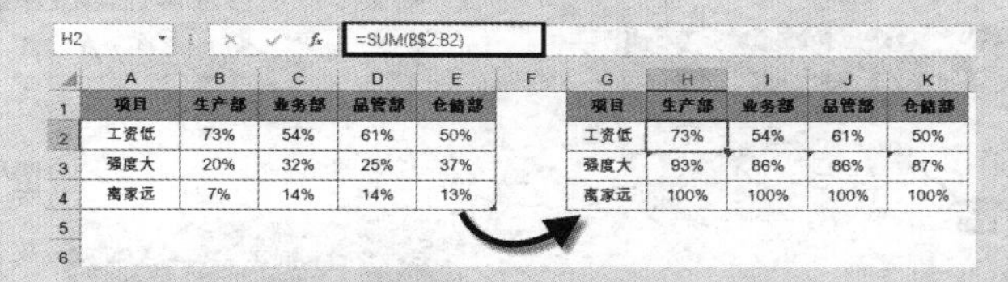

项目	生产部	业务部	品管部	仓储部
工资低	73%	54%	61%	50%
强度大	20%	32%	25%	37%
离家远	7%	14%	14%	13%

项目	生产部	业务部	品管部	仓储部
工资低	73%	54%	61%	50%
强度大	93%	86%	86%	87%
离家远	100%	100%	100%	100%

图 25-46　累加数据

步骤② 选择 G1:K4 单元格区域，单击【插入】选项卡，单击【插入柱形图或条形图】→【簇状柱形图】命令，即可在工作表中插入柱形图。

步骤③ 双击柱形图中的纵坐标轴，打开【设置坐标轴格式】窗格，切换到【坐标轴选项】选项卡，在【边界】选项区域的【最小值】文本框中输入 0，在【最大值】文本框中输入 1。

步骤④ 分别单击【纵坐标轴】【图表标题】【网格线】【图例】，按 <Delete> 键依次删除。

步骤⑤ 双击图表横坐标轴，在【设置坐标轴格式】窗格中单击【坐标轴选项】选项卡，切换到【填充与线条】选项卡，依次单击【线条】→【无线条】命令。

步骤⑥ 双击图表数据系列，打开【设置数据系列格式】窗格，单击【系列选项】选项卡，切换到【系列选项】选项卡，依次设置【系列重叠】为 100%，【分类间距】为 0%，如图 25-47 所示。

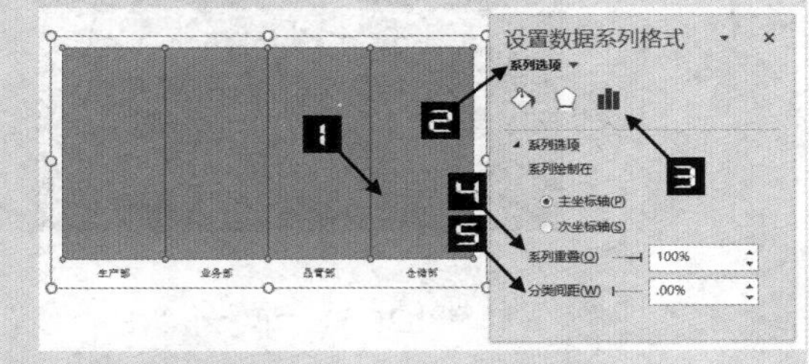

图 25-47　设置数据系列格式

步骤⑦ 此时最大数值的系列会遮挡住后面的系列，需要调整数据系列的次序。

单击数据系列，单击【图表工具 / 设计】选项卡，单击【选择数据】按钮，打开【选择数据源】对话框。在对话框中选中数据系列后单击【移动】按钮，可将数据系列上下排列。最后单击【确定】按钮关闭【选择数据源】对话框，如图 25-48 所示。

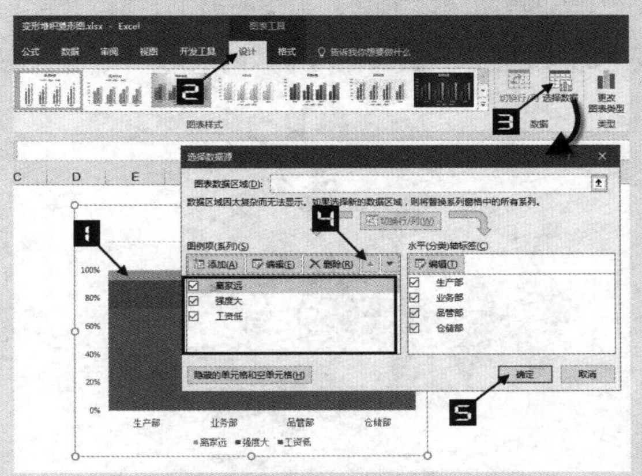

图 25-48　选择数据

步骤⑧ 单击工作表任意一个单元格后，单击【插入】选项卡下的【形状】→【基本形状】下的【菱形】命令，如图 25-49 所示。

在工作表中绘制形状后选中该形状，然后单击【绘图工具 / 格式】选项卡，在【形状填充】下拉菜单中选择一种颜色，在【形状轮廓】下拉菜单中选择无轮廓，如图 25-50 所示。

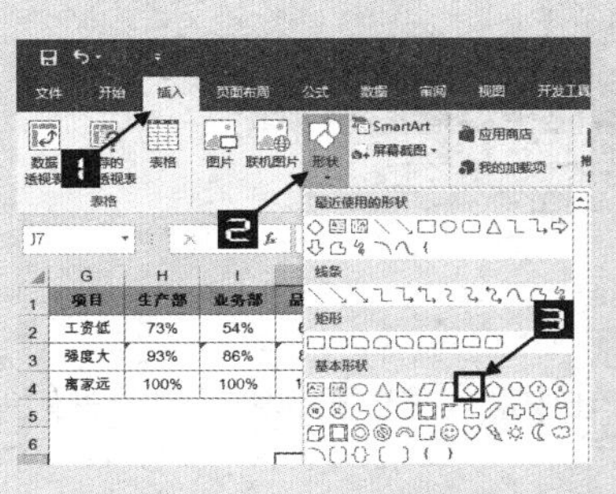

图 25-49 插入形状

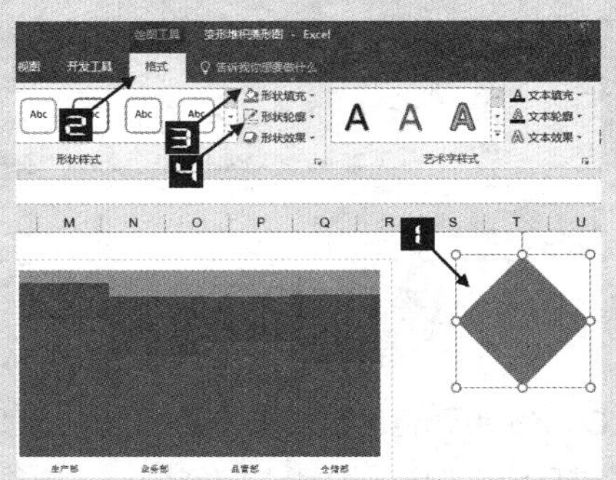

图 25-50 设置形状格式

步骤⑨ 单击菱形形状，按 <Ctrl+C> 组合键复制形状。然后单击图表“工资低”数据系列，按 <Ctrl+V> 组合键粘贴，将形状填充到图表系列中，如图 25-51 所示。

依次设置菱形形状填充颜色，并填充到图表数据系列中，如图 25-52 所示。

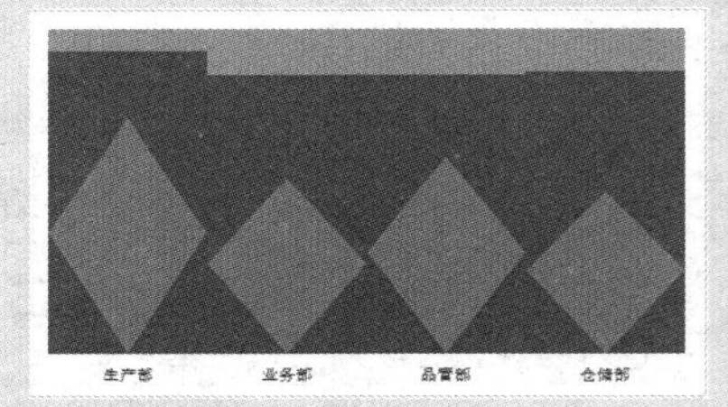

图 25-51 填充形状

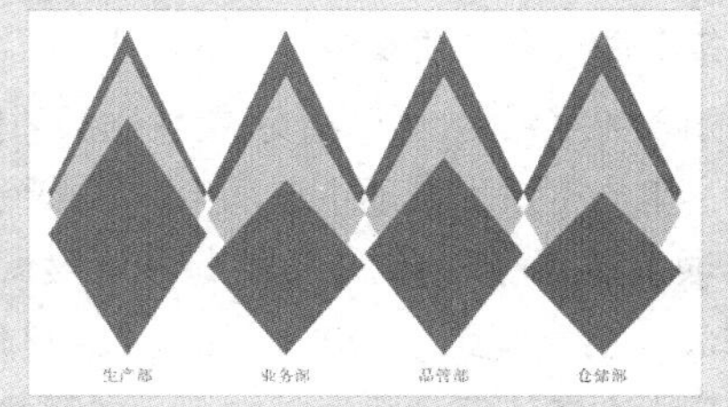

图 25-52 粘贴后的图表效果

步骤⑩ 将形状填充到图表系列后，默认会根据柱形的高度进行缩放变形，还需要对其进一步设置。

双击其中一个数据系列，打开【设置数据系列格式】窗格，单击【系列选项】选项卡，切换到【填充与线条】选项卡，在【填充】下选中【图片或纹理填充】与【层叠并缩放】单选按钮，在【Units/Picture】文本框中输入 1（因为图表纵坐标轴边界最大值为 1，现在需要形状在 1 的范围中缩放），如图 25-53 所示。使用同样的方法依次设置其他两个数据系列。

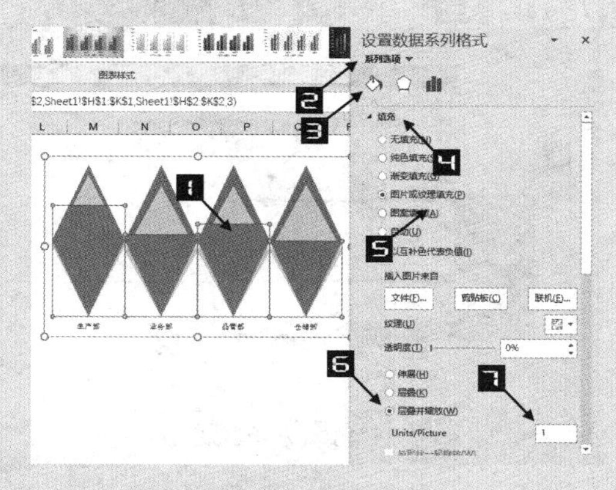

图 25-53 设置数据系列格式

步骤⑪ 选中图表，单击【图表元素】快捷选项按钮，选中【数据标签】复选框，为图表添加数据标签。

步骤⑫ 双击图表数据标签，在【设置数据标签格式】窗格中单击【标签选项】选项卡，切换到【标签选项】选项卡。在【标签选项】下的【标签包括】选项区域中取消选中【值】复选框，选中【单元格中的值】复选框，此时会自动打开【数据标签区域】对话框，如果对已有参数进行修改，则需要单击【选择范围】按钮打开该对话框。

在【数据标签区域】对话框中选择对应系列的实际值（因制图时使用的是累加数据）。在【标签位置】选项区域中依次将“强度大”“工资低”数据系列设置为【数据标签内】，如图 25-54 所示。

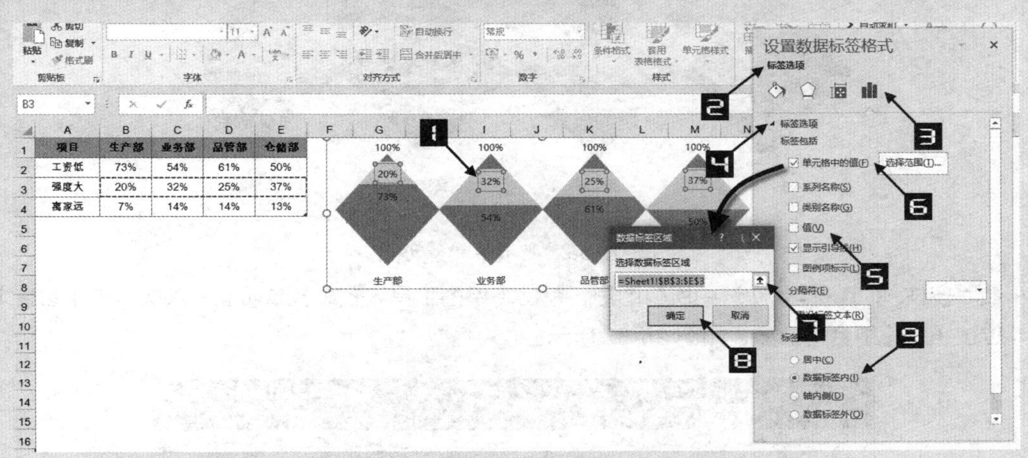

图 25-54　设置数据标签格式

步骤⑬ 双击图表区，在【设置图表区格式】窗格中单击【图表选项】选项卡，切换到【填充与线条】选项卡，选中【边框】下的【无线条】单选按钮，将图表区设置为无边框。调整图表的大小，使菱形显示轮廓接近正方形。

步骤⑭ 单击工作表任意单元格，在【插入】选项卡下单击【形状】→【文本框】命令，在工作表中绘制文本框。

选中文本框，然后单击【绘图工具/格式】选项卡，在【形状填充】下拉菜单中选择无填充，在【形状轮廓】下拉菜单中选择无轮廓。

使用复制粘贴功能，生成 4 个相同的文本框。依次单击文本框后，在编辑栏输入“XXX 公司员工离职原因分析图”“工资低”“强度大”“离家远”。最后单击【开始】选项卡，依次设置文本框字体格式。设置后效果如图 25-55 所示。

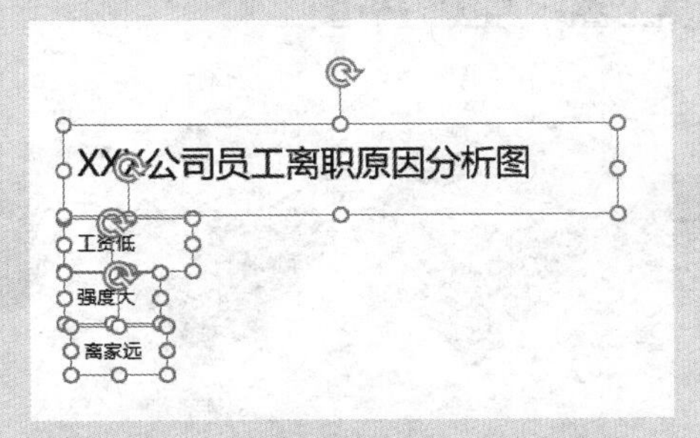

图 25-55　文本框

步骤15 单击工作表任意单元格，依次单击【插入】→【形状】→【等腰三角形】命令，在工作表中绘制形状。选中形状，单击【绘图工具 / 格式】选项卡，在【形状填充】下拉菜单中选择颜色，在【形状轮廓】下拉菜单中选择无轮廓。复制 3 个形状并依次设置为与系列同样的填充颜色。

步骤16 移动文本框、等腰三角形与图表进行排版，效果如图 25-56 所示。

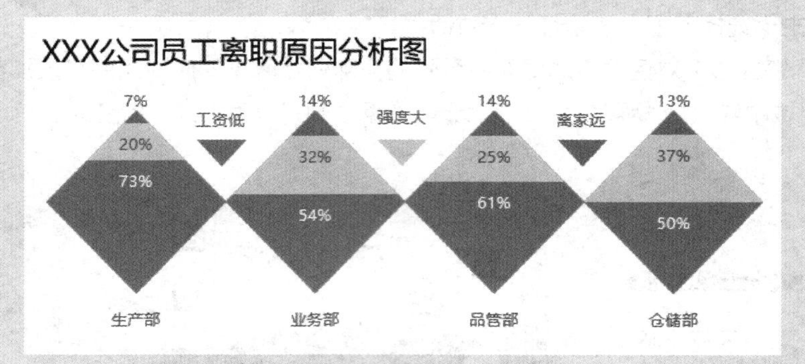

图 25-56 变形堆积菱形图

步骤17 最后按住 <Ctrl> 键依次选中所有图形，单击【绘图工具 / 格式】选项卡，依次单击【组合】下拉按钮→【组合】命令，如图 25-57 所示。

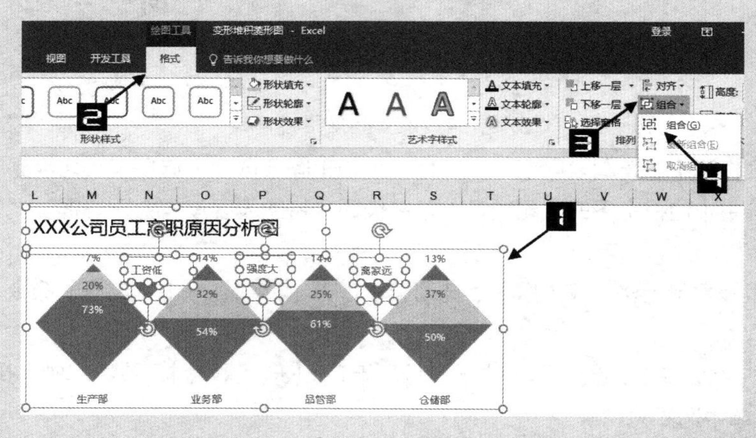

图 25-57 组合

完成后的图表效果如图 25-58 所示。

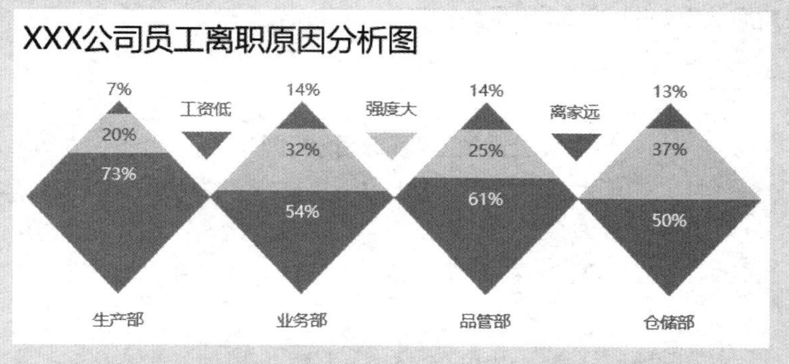

图 25-58 完成后的图表效果

25.2.7　温度计百分比图

示例25-14　温度计百分比图

用户可以使用各种形状制作不同的图表，最常用的是使用形状制作温度计百分比图表，效果如图 25-59 所示，此图的做法与变形堆积菱形图类似，使用形状填充后设置层叠并缩放即可。

图 25-59　温度计百分比图表

扫描右侧的二维码可查看具体操作步骤。

提示

除了线条之外的图表元素均可以使用形状或图片填充。

25.3　组合图表

25.3.1　填充式折线图

示例25-15　填充式折线图

图 25-60 展示了一份 1 月到 12 月的销售数据，如果用户需要展示数据随时间变化的销售趋势，可以使用折线图与面积图组合制作趋势图。

	A	B
1	月份	销售额
2	一月	303
3	二月	280
4	三月	313
5	四月	290
6	五月	430
7	六月	415
8	七月	456
9	八月	389
10	九月	406
11	十月	400
12	十一月	310
13	十二月	445

图 25-60　销售数据

步骤 1　如图 25-61 所示，在 C1 和 D1 单元格中分别输入“最大值”和“最小值”，在 C2单元格中输入以下公式，向下复制到 C13 单元格。

```
=IF(B2=MAX(B$2:B$13),B2,NA())
```

在 D2 单元格中输入以下公式，向下复制到 D13 单元格。

```
=IF(B2=MIN(B$2:B$13),B2,NA())
```

C2 =IF(B2=MAX(B$2:B$13),B2,NA())

	A	B	C	D
1	月份	销售额	最大值	最小值
2	一月	303	#N/A	#N/A
3	二月	280	#N/A	280
4	三月	313	#N/A	#N/A
5	四月	290	#N/A	#N/A
6	五月	430	#N/A	#N/A
7	六月	415	#N/A	#N/A
8	七月	456	456	#N/A
9	八月	389	#N/A	#N/A
10	九月	406	#N/A	#N/A
11	十月	400	#N/A	#N/A
12	十一月	310	#N/A	#N/A
13	十二月	445	#N/A	#N/A

图 25-61　数据重构

注意

制作折线图或散点图时，可使用NA()函数来代替0或空进行占位，当添加数据标签或设置数据系列标记时，NA()函数产生的数据点在图表中均不显示。

步骤2 选择A1:D13单元格区域，单击【插入】选项卡，依次单击【插入折线图或面积图】→【折线图】，在工作表中生成一个折线图。

步骤3 双击折线图数据系列，打开【设置数据系列格式】窗格，单击【系列选项】选项卡，切换到【填充与线条】选项卡，依次单击【线条】选项卡→【线条】→【实线】命令，将【颜色】设置为深蓝色，将【宽度】设置为2磅。

依次单击【标记】→【数据标记选项】→【内置】，【类型】设置为圆形，将【大小】设置为6。

依次单击【填充】→【纯色填充】，将【颜色】设置为白色。

依次单击【边框】→【实线】，将【颜色】设置为深蓝色，将【宽度】设置为2磅。

步骤4 由于添加的最大值与最小值系列只有一个点，此时使用鼠标无法选中。可单击图表，单击【图表工具/格式】选项卡，单击左侧【当前所选内容】命令组中的【图表元素】下拉按钮，在弹出的下拉列表中选择【系列“最大值”】选项，如图25-62所示。

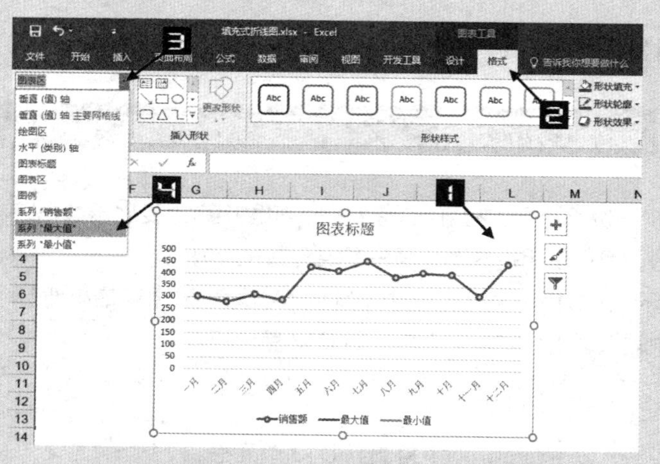

图 25-62　选择【系列“最大值”】选项

然后单击【设置所选内容格式】命令，打开【设置数据系列格式】窗格，单击【系列选项】选项卡，切换到【填充与线条】选项卡，依次单击【标记】→【数据标记选项】→【内置】按钮，将【类型】

设置为圆形，将【大小】设置为 6。

依次单击【填充】→【纯色填充】，将【颜色】设置为白色。

依次单击【边框】→【实线】，将【颜色】设置为黄色，将【宽度】设置为 2 磅。

使用同样的方法设置“最小值”系列格式。

步骤⑤ 双击图表纵坐标轴，打开【设置坐标轴格式】窗格，单击【坐标轴选项】选项卡，切换到【坐标轴选项】选项卡，依次在【边界】选项区域中的【最小值】文本框中输入 0，在【最大值】文本框中输入 500，在【单位】选项区域中的【主要】文本框中输入 100。

步骤⑥ 选择 B1:B13 单元格区域，按 <Ctrl+C> 组合键复制区域。单击图表，按 <Ctrl+V> 组合键粘贴，在图表中生成一个新系列。

右击图表任意数据系列，在快捷菜单中选择【更改系列图表类型】命令，打开【更改图表类型】对话框，选择【所有图表】选项卡下的【组合】命令，在【为您的数据系列选择图表类型和轴】下选中新增的系列后，在【图表类型】下拉列表中选择【面积图】选项，将新系列图表类型更改为面积图，最后单击【确定】按钮关闭【更改图表类型】对话框，如图 25-63 所示。

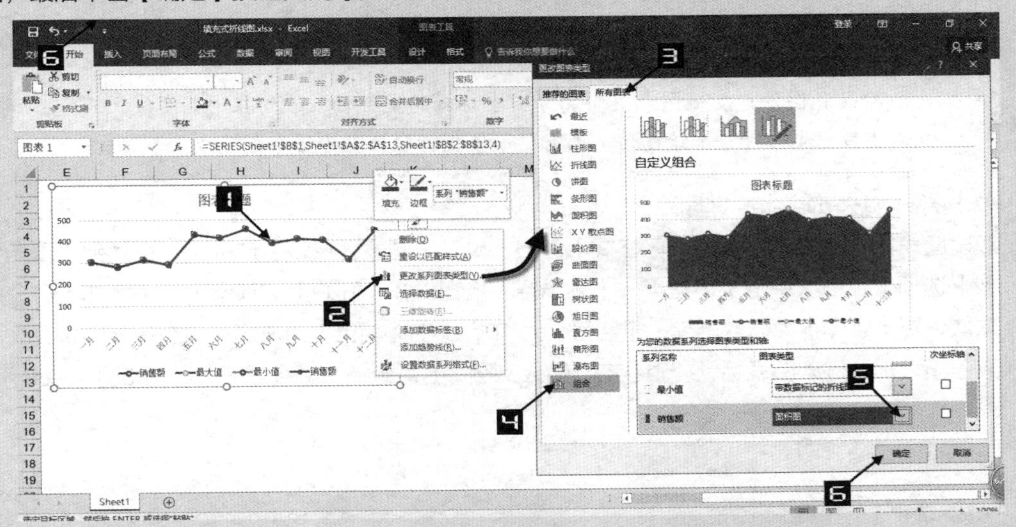

图 25-63　更改系列图表类型

步骤⑦ 双击图表中的面积图数据系列，打开【设置数据系列格式】窗格，单击【系列选项】选项卡，切换到【填充与线条】选项卡，依次单击【填充】→【纯色填充】按钮，将【颜色】设置为深蓝色，将【透明度】设置为 70%，如图 25-64 所示。

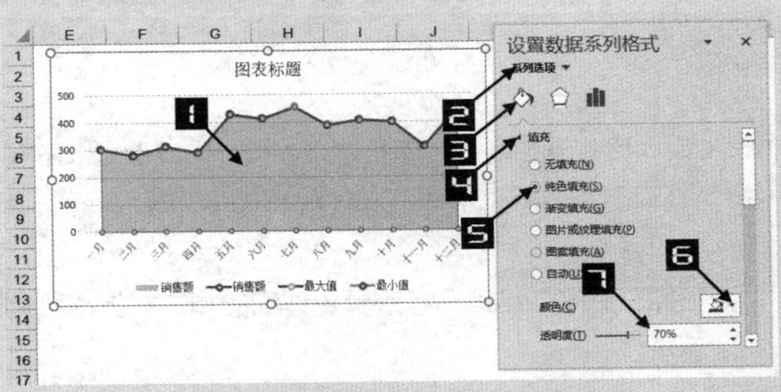

图 25-64　设置面积图数据系列格式

步骤⑧ 双击图表横坐标轴，打开【设置坐标轴格式】窗格，单击【坐标轴选项】选项卡，切换到【坐标轴选项】选项卡，选中【坐标轴选项】下的【坐标轴位置】选项区域中的【在刻度线上】单选按钮，如图 25-65 所示。

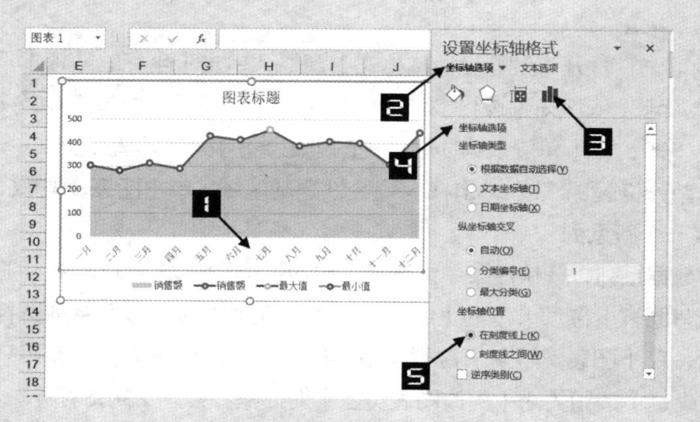

图 25-65 设置横坐标轴格式

注意

除面积图外，其他图表类型的分类坐标轴的坐标轴位置均在“刻度线之间”，如果用户需要数据点延伸整个绘图区，则需要设置坐标轴位置为【在刻度线上】。

步骤⑨ 单击图例，按 <Delete> 键删除。

步骤⑩ 双击图表区，打开【设置图表区格式】窗格，单击【图表区选项】选项卡，切换到【填充与线条】选项卡，依次单击【边框】→【无线条】按钮。在【开始】选项卡下的【字体】命令组中依次设置【字体】为微软雅黑，【字号】为 10，【字体颜色】为灰色。适当调整图表区大小。

步骤⑪ 双击图表标题进入图表标题编辑状态，输入文字“七月份销售额稳居第一”，如图 25-66 所示。

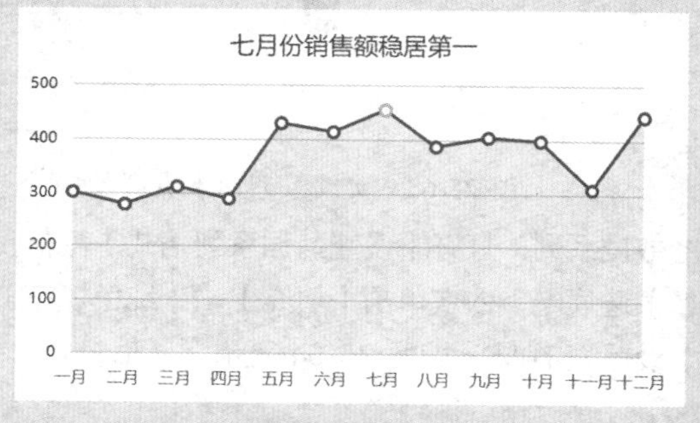

图 25-66 填充式折线图

提示

此示例使用面积图作为折线图的填充部分，使折线图看起来不再单一。

扫描左侧的二维码，可观看更详细的填充式折线图制作视频演示。

25.3.2 填充式圆环图

示例25-16 填充式圆环图

圆环图与饼图类似，都用来描述比例和构成等信息，每个扇形或圆环段都是代表数据系列中的一项数据值，其大小用来表示相应数据项占该数据系列总和的比例值。

图 25-67 展示了某个项目的完成率，使用填充式圆环图能够直观对比出完成率与未完成率之间的差距。首先在 B1 单元格输入“未完成率”，在 B2 单元格输入公式“=1-A2”，如图 25-67 所示。

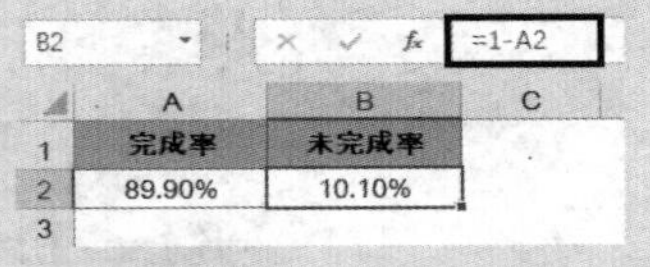

	A	B	C
1	完成率	未完成率	
2	89.90%	10.10%	
3			

图 25-67 数据源

步骤① 选择 A1:B2 单元格区域，在【插入】选项卡中依次单击【插入饼图或圆环图】→【饼图】命令，在工作表中生成一个饼图。

步骤② 选中饼图，选择【图表工具 / 设计】选项卡，单击【切换行 / 列】按钮，将饼图切换为两个系列，如图 25-68 所示。

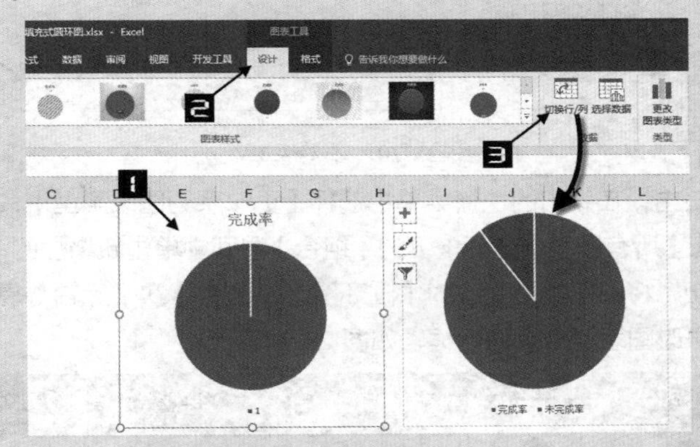

图 25-68 切换行 / 列

步骤③ 选中饼图系列，再次双击扇形，可单独选中扇形并打开【设置数据点格式】窗格，切换到【填充与线条】选项卡，选中【填充】→【纯色填充】单选按钮，设置【颜色】为浅灰色。再选中【边框】→【无线条】单选按钮，如图 25-69 所示。

以同样的方式设置未完成率数据点。

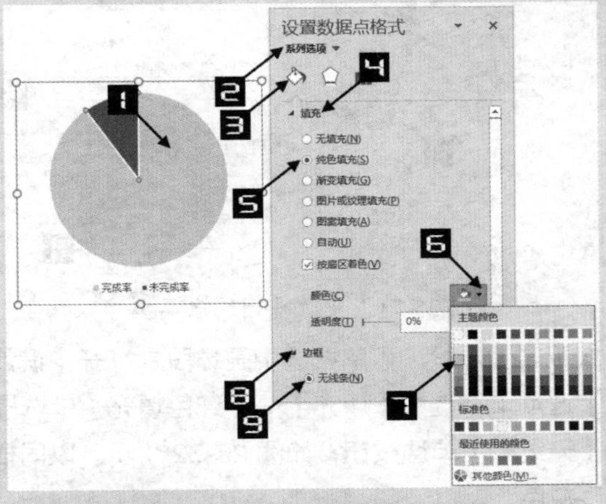

图 25-69 设置饼图数据点

步骤④ 选中饼图，选择【图表工具 / 设计】选项卡，单击【选择数据】按钮打开【选择数据源】对话框，在【选择数据源】对话框中单击【添加】按钮，打开【编辑数据系列】对话框，在【系列值】引用框中选择 A2:B2 单元格区域，单击【确定】按钮关闭【编辑数据系列】对话框，最后单击【确定】按钮关闭【选择数据源】对话框，如图 25-70 所示。

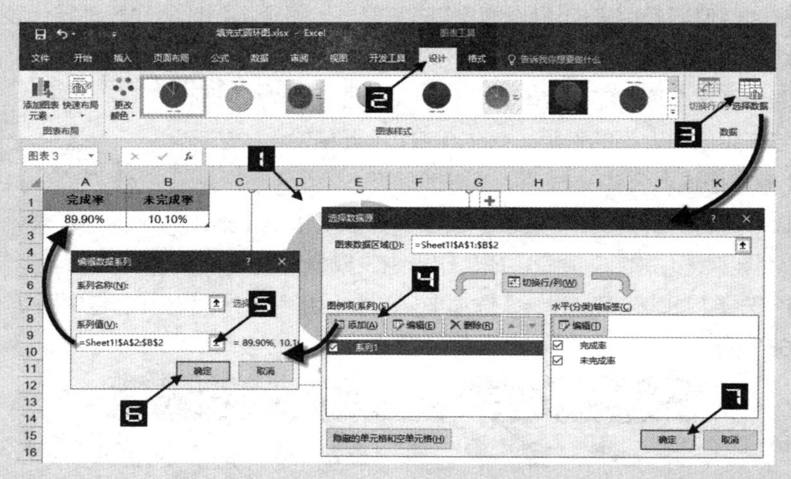

图 25-70　添加系列

步骤⑤ 选中饼图系列并右击，在弹出的快捷菜单中选择【更改系列图表类型】命令，打开【更改图表类型】对话框，在【所有图表】选项卡下的【组合】界面中单击新增加的“系列 2”右侧的【图表类型】下拉按钮，将图表类型更改为【圆环图】，选中【次坐标轴】复选框。最后单击【确定】按钮关闭【更改图表类型】对话框，如图 25-71 所示。

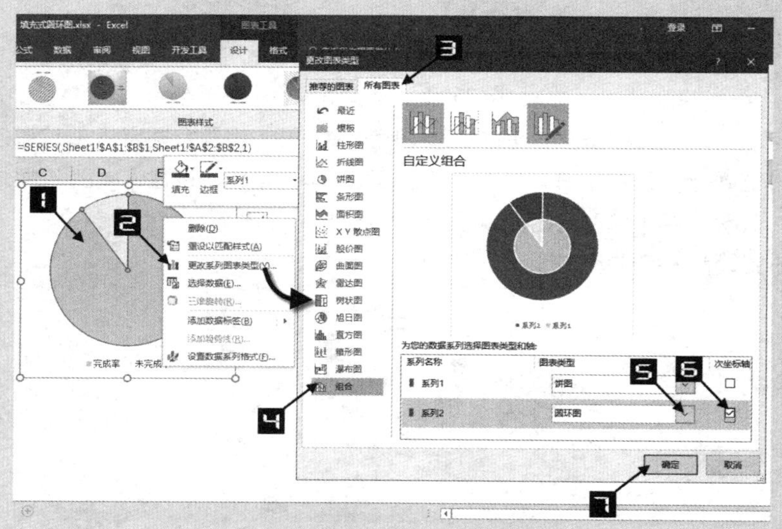

图 25-71　更改系列图表类型

步骤⑥ 单击圆环图系列，再次双击圆环段，可单独选中圆环段并打开【设置数据点格式】选项窗格，切换到【填充与线条】选项卡，选中【填充】→【纯色填充】单选按钮，设置【颜色】为粉红色，选中【边框】→【无线条】单选按钮，如图 25-72 所示。以同样的方式设置未完成率数据点，填充颜色设置为浅灰色。

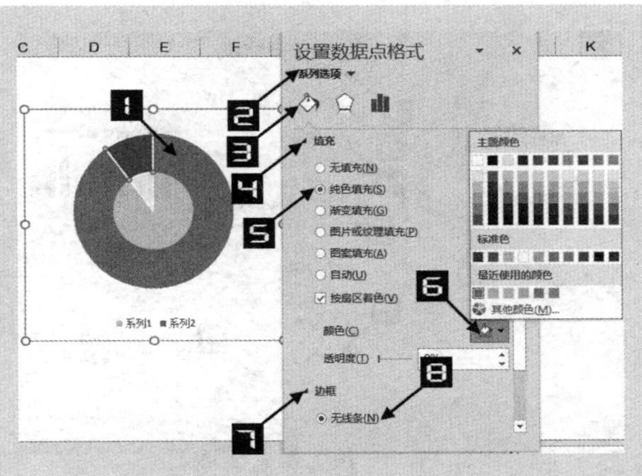

图 25-72　设置数据点格式

步骤⑦ 在【设置数据点格式】选项窗格中切换到【系列选项】选项卡，在【系列选项】选项中将【圆环图内径大小】设置为 90%，如图 25-73 所示。

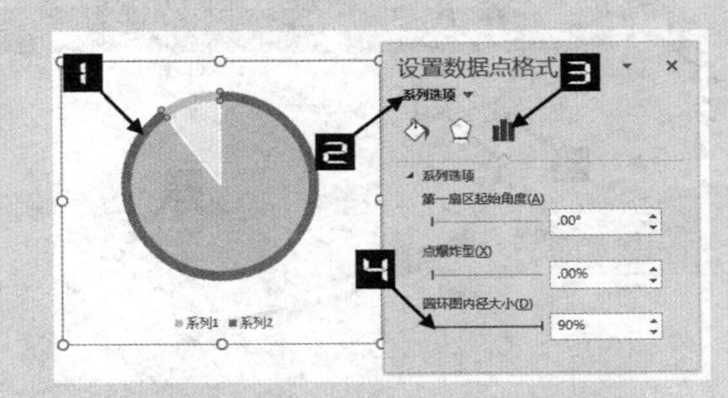

图 25-73　设置圆环图内径大小

Excel 默认的圆环图即使用户设置了圆环图内径大小为最大，但是圆环图看起来仍然比较粗。如果想让圆环图变得更细，可将步骤 4 重复一次，再添加一个系列，这时候添加的系列默认为圆环图类型，将此新系列设置为无填充、无线条作为占位即可，如图 25-74 所示。

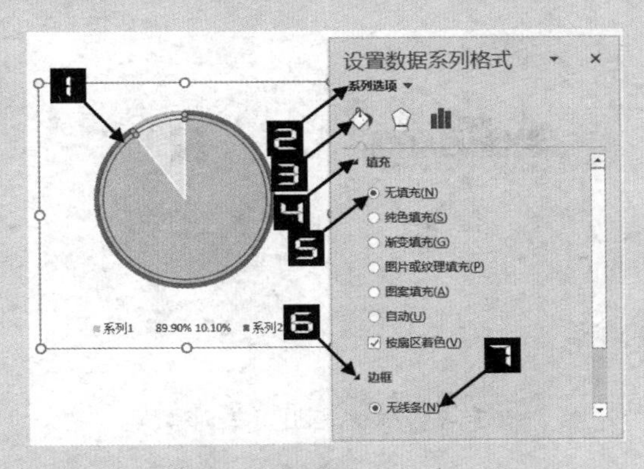

图 25-74　设置占位系列

步骤⑧ 单击图例按 <Delete> 键删除。

步骤⑨ 双击图表绘图区，打开【设置图表区格式】选项窗格，在【图表选项】选项卡中单击【填充与线条】选项卡，选中【填充】→【纯色填充】单选按钮，将【颜色】设置为浅灰色，将【边框】设置为【无线条】，如图 25-75 所示。

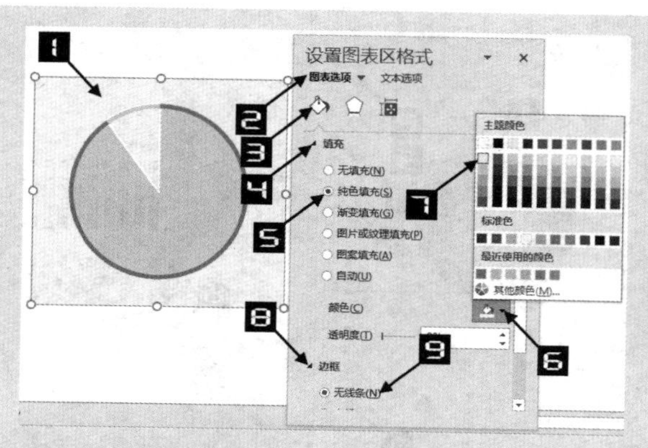

图 25-75　设置图表区格式

步骤⑩ 选中图表，在【插入】选项卡中依次单击【形状】→【文本框】命令，在图表区中绘制文本框，如图 25-76所示。

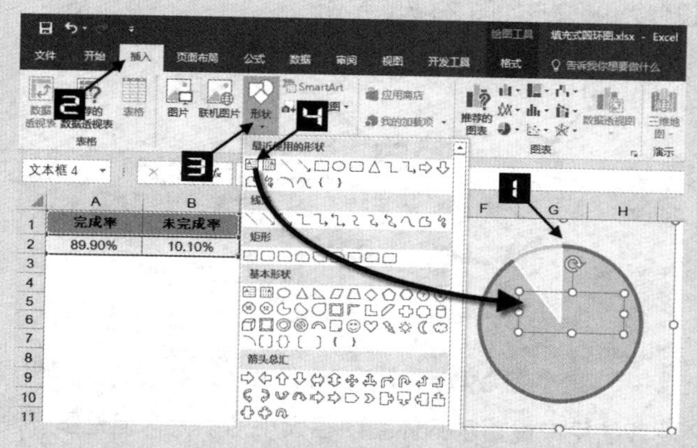

图 25-76　插入文本框

步骤⑪ 选中文本框，单击编辑栏，在编辑栏输入“=”后单击 A2 单元格，最后单击【输入】按钮，如图 25-77 所示。

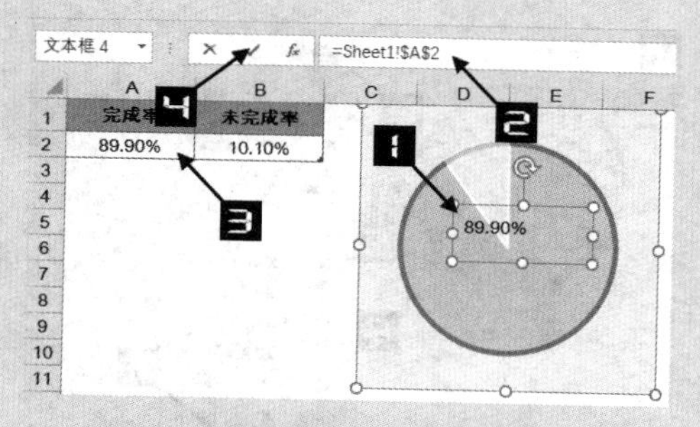

图 25-77　文本框引用单元格值

提示

利用此做法，当数据源完成率变化，文本框数值也会随时更新。

步骤⑫ 选中文本框，在【开始】选项卡下，单击【加粗】按钮，将【字号】设置为 24，【字体颜色】选择粉红色。然后在【对齐方式】命令组中依次单击【垂直居中】→【居中】命令，如图 25-78 所示。

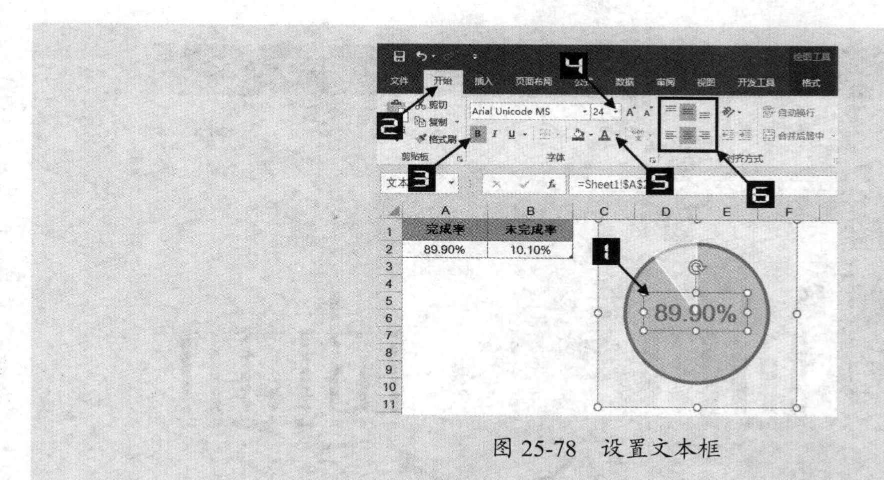

图 25-78 设置文本框

25.3.3 带参考线的柱形图

示例25-17 带参考线的柱形图

很多时候用户在制作对比图时，还需要添加一个平均值的参考线进行比较。

如图 25-79 所示的销售数量对比数据中，为了添加参考线，需要在 C 列计算出平均值作为辅助数据。首先在 C1 单元格输入“平均值”，然后在 C2 单元格输入以下公式，向下复制到 C9 单元格，如图 25-79 所示。

```
B2=AVERAGE(B$2:B$9)
```

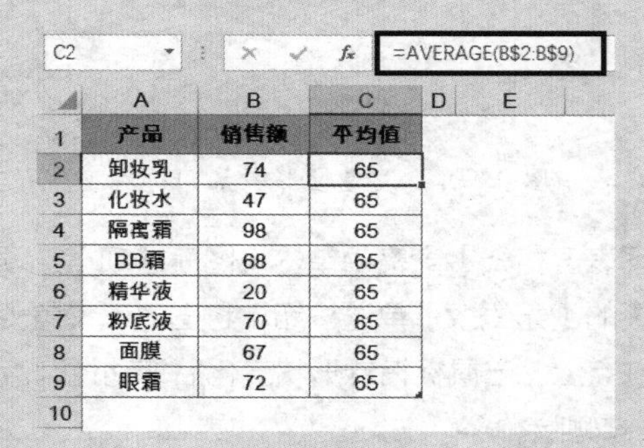

C2 =AVERAGE(B$2:B$9)

	A	B	C
1	产品	销售额	平均值
2	卸妆乳	74	65
3	化妆水	47	65
4	隔离霜	98	65
5	BB霜	68	65
6	精华液	20	65
7	粉底液	70	65
8	面膜	67	65
9	眼霜	72	65
10			

图 25-79 数据源

步骤① 选择 A1:C9 单元格区域，单击【插入】选项卡中的【插入柱形图或条形图】→【簇状柱形图】命令，在工作表中生成一个柱形图。

步骤② 单击平均值数据系列，在【插入】选项卡中依次单击【插入折线图或面积图】→【折线图】命令，将平均值系列图表类型更改为【折线图】，如图 25-80 所示。

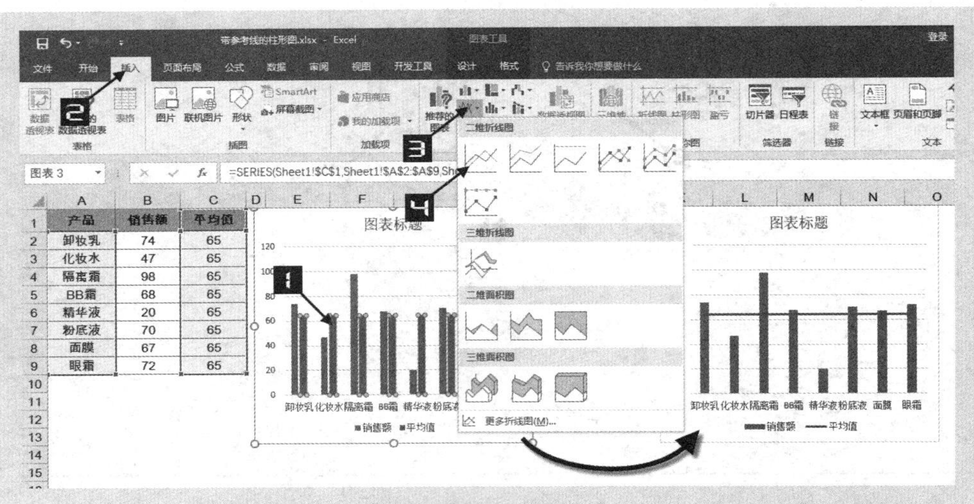

图 25-80　更改系列图表类型

步骤③ 双击图表中的销售额数据系列，打开【设置数据系列格式】窗格，在【系列选项】选项卡中设置【分类间距】为 30%，完成调整柱形的大小与间距。切换到【填充与线条】选项卡，选中【填充】→【纯色填充】单选按钮，设置【颜色】为蓝色，如图 25-81 所示。

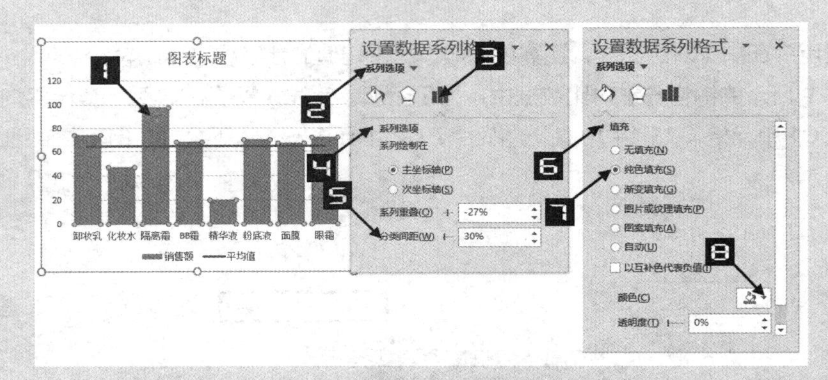

图 25-81　设置柱形图系列格式

步骤④ 选中图表区，在【设置图表区格式】窗格中单击【图表选项】选项卡，切换到【填充与线条】选项卡，选中【边框】下的【无线条】单选按钮，将图表区设置为无边框。选中图表区，鼠标指针停在图表区各个控制点上，当鼠标指针形状变化后拖动控制点，调整图表大小。

步骤⑤ 选中图例，按 <Delete> 键删除。

步骤⑥ 双击图表横坐标轴，打开【设置坐标轴格式】选项窗格，在【坐标轴选项】选项卡下选择【大小与属性】选项卡，单击【对齐方式】→【文字方向】下拉按钮，在弹出的下拉列表中选择【竖排】命令，如图 25-82 所示。

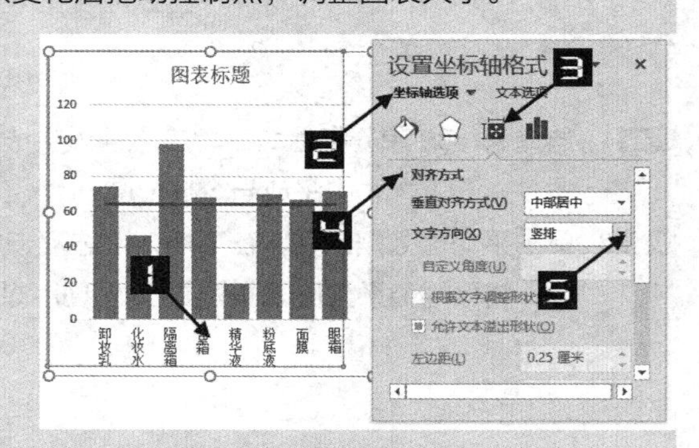

图 25-82　设置横坐标轴格式

Excel 创建的折线图默认的数据点在刻度线之间，也就是折线的第一个数据点与纵坐标轴之间有 0.5 的距离。而用户所期望的效果如图 25-83 所示，折线的第一个数据点与纵坐标轴之间的距离为零。

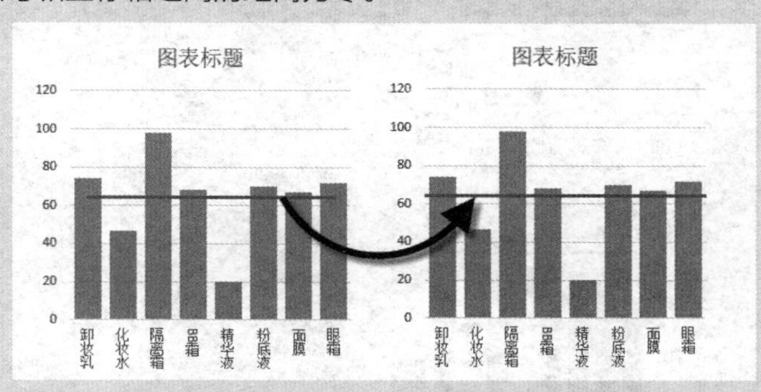

图 25-83 折线效果

步骤⑦ 选中平均值折线系列，在【设置数据系列格式】选项窗格中的【系列选项】选项卡下选中【系列选项】→【系列绘制在】选项区域中的【次坐标轴】单选按钮，如图 25-84 所示。

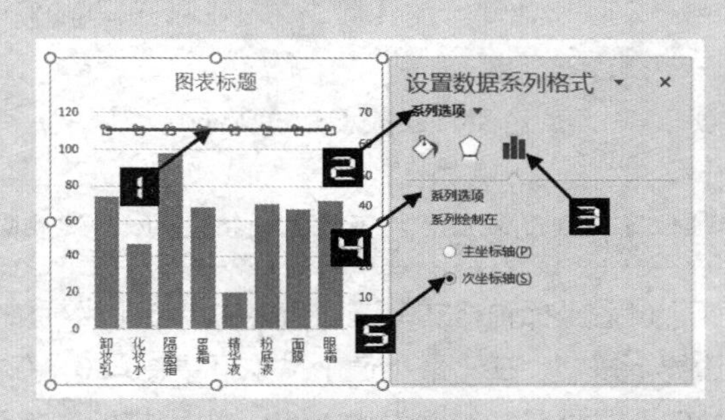

图 25-84 设置折线系列

步骤⑧ 单击图表绘图区，单击【图表元素】快速选项按钮，选中【坐标轴】扩展列表中的【次要横坐标轴】复选框，如图 25-85 所示。

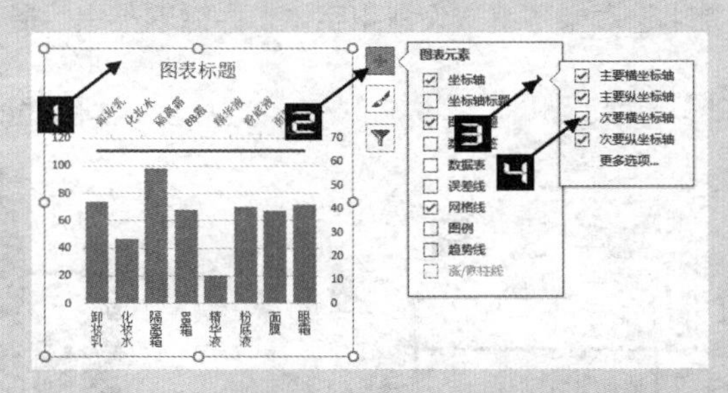

图 25-85 选中次要横坐标轴

提示

默认设置次要坐标轴时，只显示次要纵坐标轴，如果需要显示次要横坐标轴，需手动选中。

步骤⑨ 选中图表次要横坐标轴，在【设置坐标轴格式】窗格中的【坐标轴选项】选项卡下依次单击【坐标轴选项】→【坐标轴位置】为【在刻度线上】→【标签】，设置【标签位置】为【无】，如图 25-86 所示。

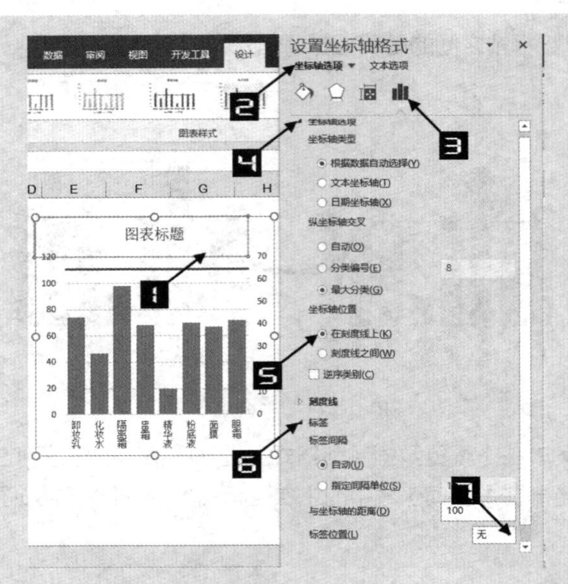

图 25-86 设置次要横坐标轴

注意

设置了坐标轴位置在刻度线上后，不能直接按<Delete>键删除横坐标轴。

步骤⑩ 单击主要纵坐标轴，在【设置坐标轴格式】选项窗格中单击【坐标轴选项】选项卡，依次单击【坐标轴选项】→【边界】按钮，在【最小值】文本框中输入 0，在【最大值】文本框中输入 100。单击【单位】，在【主要】文本框中输入 20，以同样的方式设置次要横纵坐标轴，如图 25-87 所示。设置完成后单击次要纵坐标轴，按 <Delete> 键删除。

步骤⑪ 双击图表标题进入编辑状态，更改图表标题为“精华液销量与平均值相距甚远”。

步骤⑫ 选中图表区，在【开始】选项卡下统一设置【字体】为微软雅黑，最终效果如图 25-88 所示。

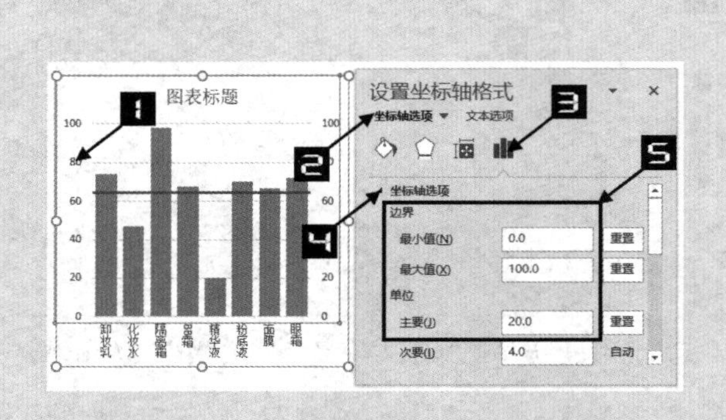

图 25-87 设置纵坐标轴格式

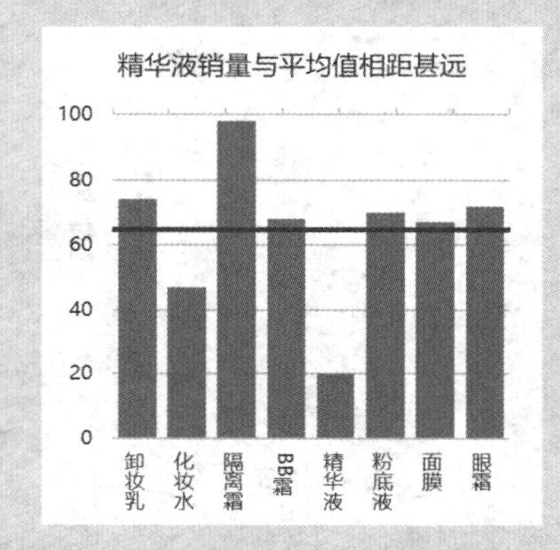

图 25-88 带参考线的柱形图

25.3.4 正负柱形图

示例25-18 正负柱形图

除了以上添加参考线对比的制作方式外，还可以直接制作柱形图，设置纵坐标轴的横坐标轴交叉值，形成一个正负对比柱形图。如图 25-89 所示，负数为实际数据与参考值的差距，正数为实际超出参考值的部分。

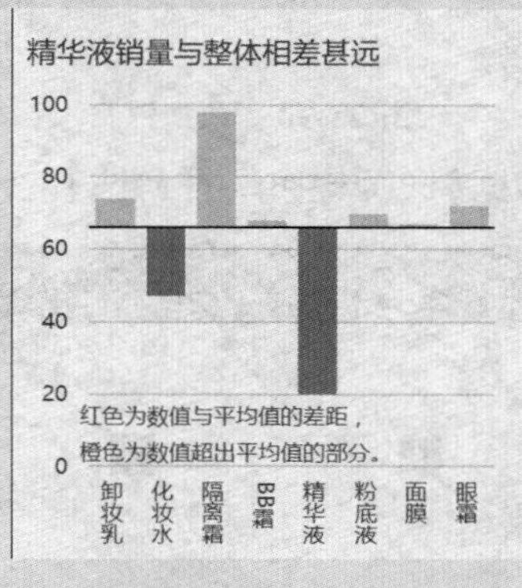

图 25-89 正负柱形图

扫描右侧的二维码可查看具体操作步骤。

提示

Excel组合图表可以使用多种图表类型组合，实现多种个性化的效果。但是图表的主旨在于简单易懂，能够强有力地展示观点，实际图表制作过程中请勿画蛇添足。

25.4 动态图表

25.4.1 自动筛选动态图表

示例25-19 自动筛选动态图

图 25-90 使用一个简单的柱形图展示了一份 2011—2016 年各个季度的数值对比，用户如果需要从现有的数据与图表中筛选符合条件的数据进行展示，可以使用 Excel 的自动筛选功能制作动态效果的图表。

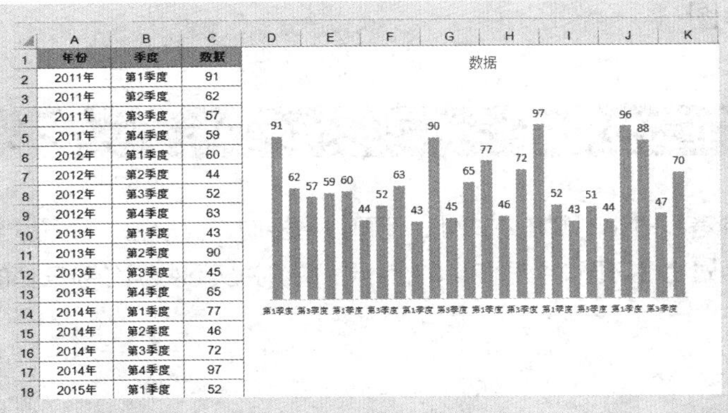

年份	季度	数据
2011年	第1季度	91
2011年	第2季度	62
2011年	第3季度	57
2011年	第4季度	59
2012年	第1季度	60
2012年	第2季度	44
2012年	第3季度	52
2012年	第4季度	63
2013年	第1季度	43
2013年	第2季度	90
2013年	第3季度	45
2013年	第4季度	65
2014年	第1季度	77
2014年	第2季度	46
2014年	第3季度	72
2014年	第4季度	97
2015年	第1季度	52

图 25-90　数据源

步骤① 选择 A1:C1 单元格区域，在【数据】选项卡中单击【筛选】按钮，添加筛选功能，如图 25-91 所示。

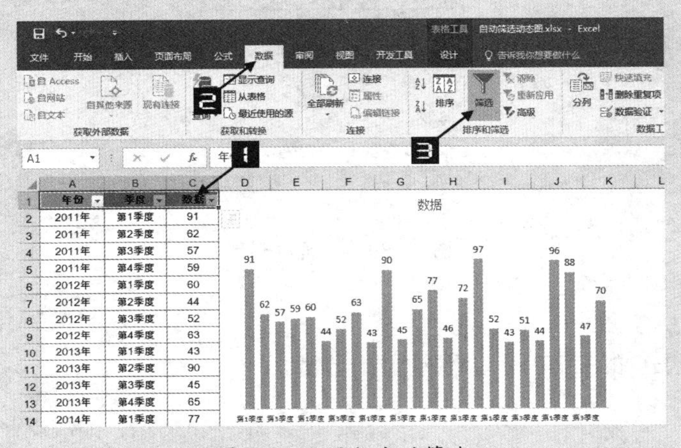

图 25-91　添加自动筛选

步骤② 双击柱形图图表区，打开【设置图表区格式】选项窗格，单击【图表选项】选项卡，在【大小与属性】选项卡下选中【属性】→【大小和位置均固定】单选按钮，如图 25-92 所示。

提示

因筛选时部分数据行会被隐藏，图表【属性】为【大小和位置随单元格而变】时，隐藏数据行，图表也会跟着隐藏一部分，使图表整体变短，甚至会完全隐藏。

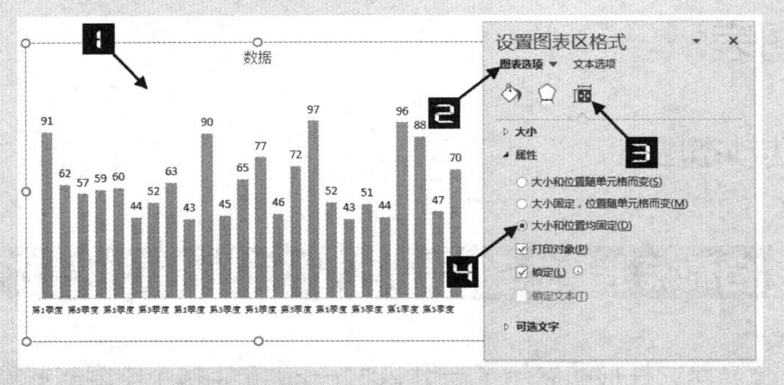

图 25-92　设置图表区格式

步骤③ 单击数据表字段名右下角的筛选按钮，选中要显示的年份，最后单击【确定】按钮，可得到筛选后的数据源与图表，如图 25-93 所示。

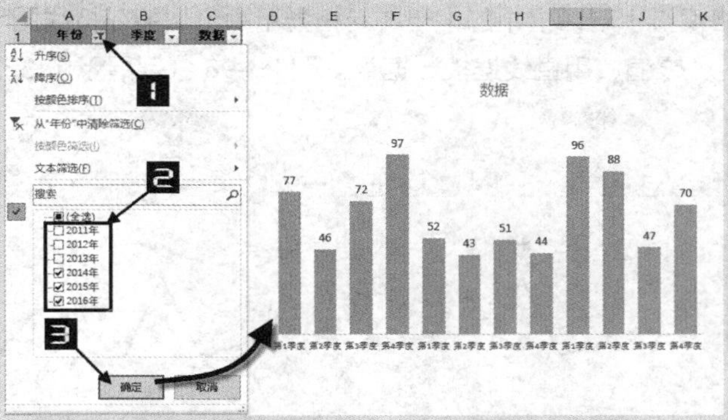

图 25-93　筛选

如果用户设置了【显示隐藏行列中的数据】命令，将会使自动筛选动态图失效。

选中图表后，在【图表工具 / 设计】选项卡中单击【选择数据】按钮，打开【选择数据源】对话框。在【选择数据源】对话框中单击【隐藏的单元格和空单元格】按钮，打开【隐藏和空单元格设置】对话框，选中【显示隐藏行列中的数据】复选框，单击【确定】按钮关闭【隐藏和空单元格设置】对话框。再单击【确定】按钮关闭【选择数据源】对话框，如图 25-94 所示。

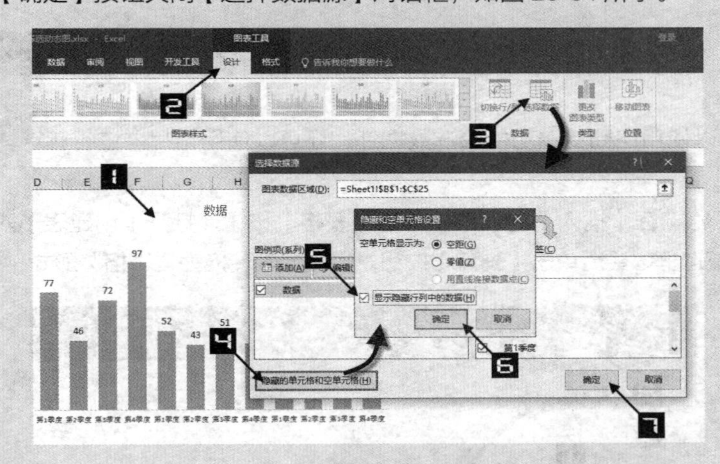

图 25-94　隐藏的单元格和空单元格

筛选后图表仍然是全部显示状态，如图 25-95 所示。

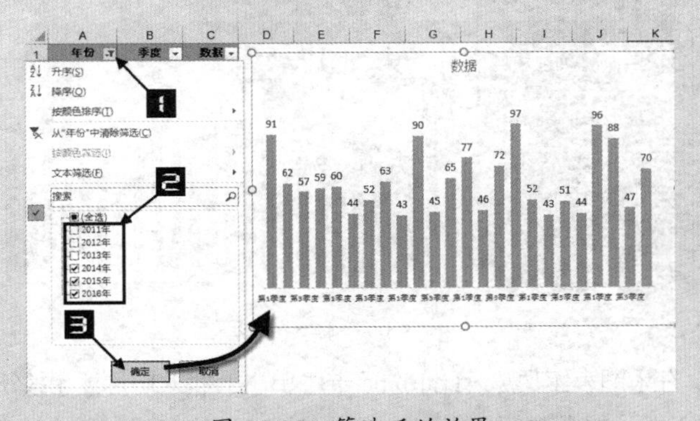

图 25-95　筛选后的效果

【隐藏和空单元格设置】对话框中的【空单元格显示为】功能在折线图与面积图中比较常用，3 个选项分别为：空距、零值、用直线连接数据点。图 25-96 分别展示了 3 个不同设置的折线图表现方式。

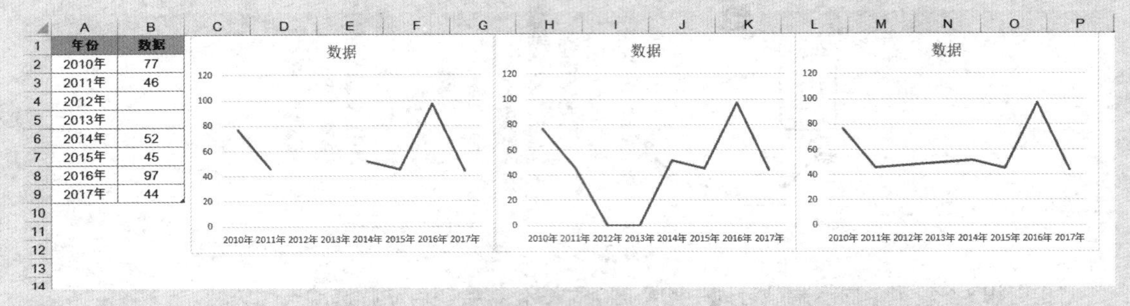

图 25-96　空单元格不同设置展示

25.4.2　切片器动态图表

示例25-20 表格切片器动态图

Excel 除了可以使用自动筛选功能筛选数据外，还可以使用切片器进行筛选，切片器比自动筛选更直观、更智能。

步骤① 单击 A1 单元格，在【插入】选项卡中单击【表格】按钮，打开【创建表】对话框，选中【表包含标题】复选框，最后单击【确定】按钮，将数据表转换为“表格”形式，如图 25-97 所示。

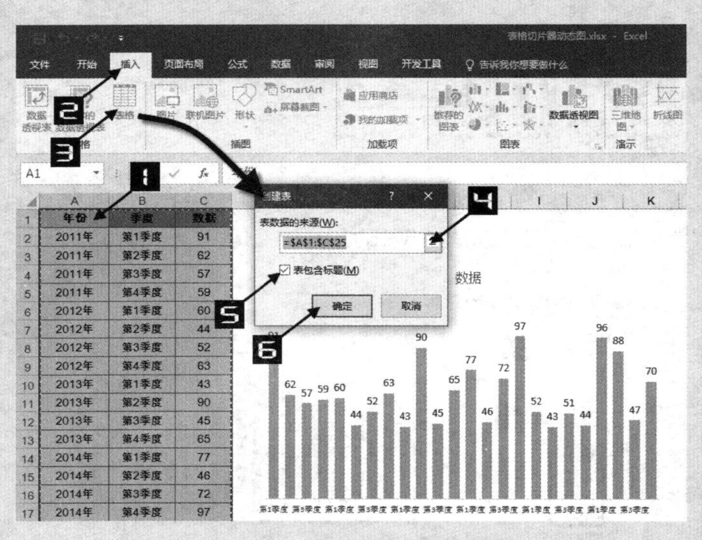

图 25-97　插入表格

步骤② 选择 A1 单元格，在【图表工具 / 设计】选项卡中单击【插入切片器】按钮，打开【插入切片器】对话框，在【插入切片器】对话框中选中需要进行筛选的字段，单击【确定】按钮关闭【插入切片器】对话框，如图 25-98 所示。

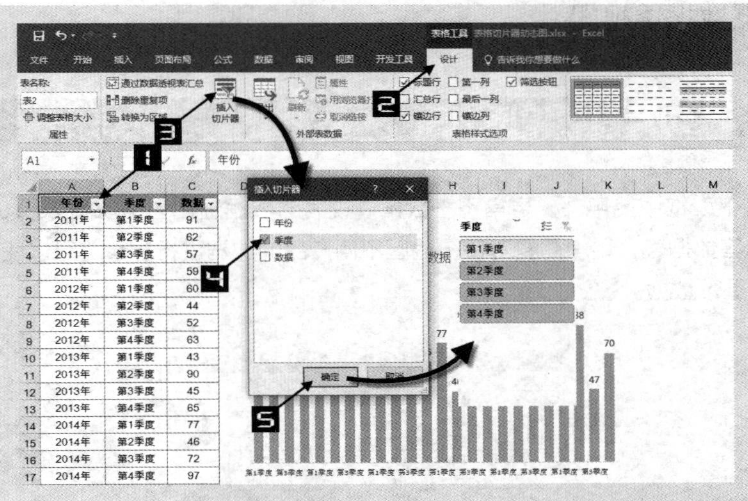

图 25-98　插入切片器

用户只需要在切片器中选择分类项，即可完成数据与图表的筛选，如图 25-99 所示。

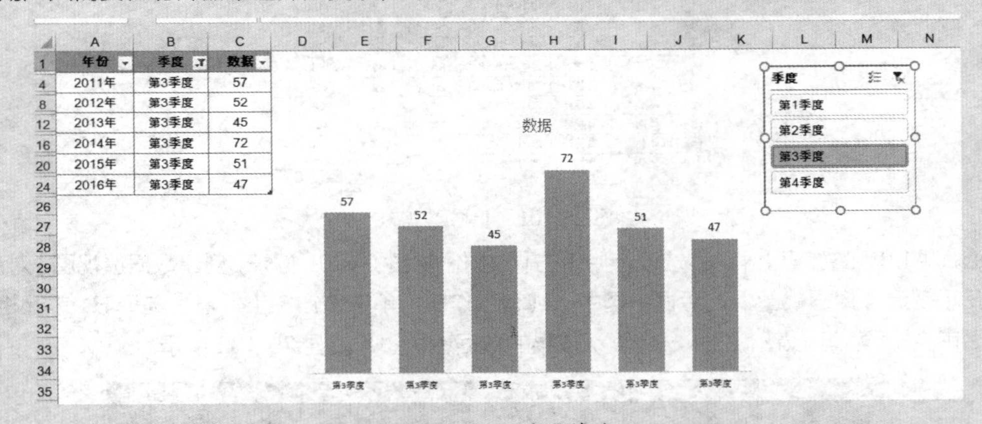

图 25-99　切片器筛选

如果用户需要多选分类项，可以先单击切片器左上角的【多选】按钮，然后依次选择分类项。如果想释放筛选，也可以单击切片器右上角的【清除筛选器】按钮，如图 25-100 所示。

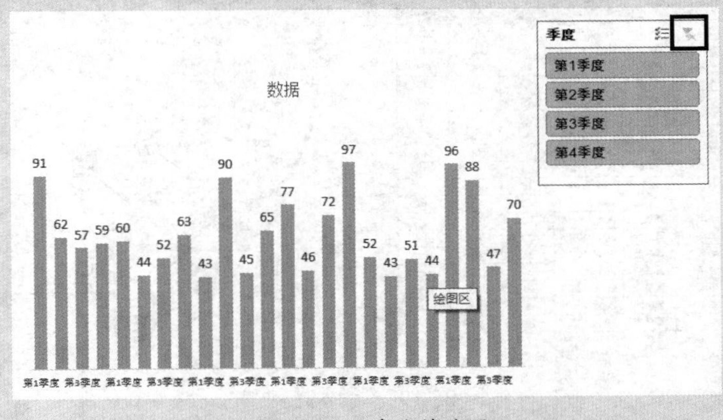

图 25-100　清除筛选器

25.4.3 切片器数据透视图

示例25-21 切片器数据透视图

切片器除了在表格中使用外，更常用于数据透视表与数据透视图中。图 25-101 展示了一份各地区各产品的销售数据表，用户需要对每个地区不同产品的数据进行展示，可以使用数据透视图与切片器结合动态展示数据。

	A	B	C	D	E	F
1	地区	产品名称	订购日期	数量	单价	总价
2	东北	绿茶	2016/10/26	49	194	9506
3	华东	绿茶	2016/10/30	4	2	8
4	华东	绿茶	2016/11/3	50	13	650
5	东北	绿茶	2016/11/14	10	246	2460
6	华南	绿茶	2016/12/2	20	242	4840
7	华东	绿茶	2016/12/2	30	289	8670
8	华北	绿茶	2016/12/10	30	199	5970
9	华北	绿茶	2016/12/24	50	68	3400
10	华南	绿茶	2016/12/31	20	241	4820
11	华北	绿茶	2017/1/4	15	89	1335
12	华北	绿茶	2017/1/13	40	135	5400
13	华南	蜜桃汁	2016/10/16	30	197	5910
14	西南	蜜桃汁	2016/10/17	70	40	2800
15	华东	蜜桃汁	2016/10/18	35	81	2835
16	华南	蜜桃汁	2016/10/23	20	22	440
17	华北	蜜桃汁	2016/10/29	21	95	1995
18	西南	蜜桃汁	2016/10/30	8	56	448
19	华北	蜜桃汁	2016/10/31	100	250	25000

Sheet1

图 25-101 销售数据表

步骤① 选择 A1 单元格，在【插入】选项卡中单击【数据透视图】按钮，打开【创建数据透视图】对话框，在【创建数据透视图】对话框中选中【现有工作表】单选按钮，【位置】选择 H1 单元格，最后单击【确定】按钮，插入一个默认效果的数据透视图，如图 25-102 所示。

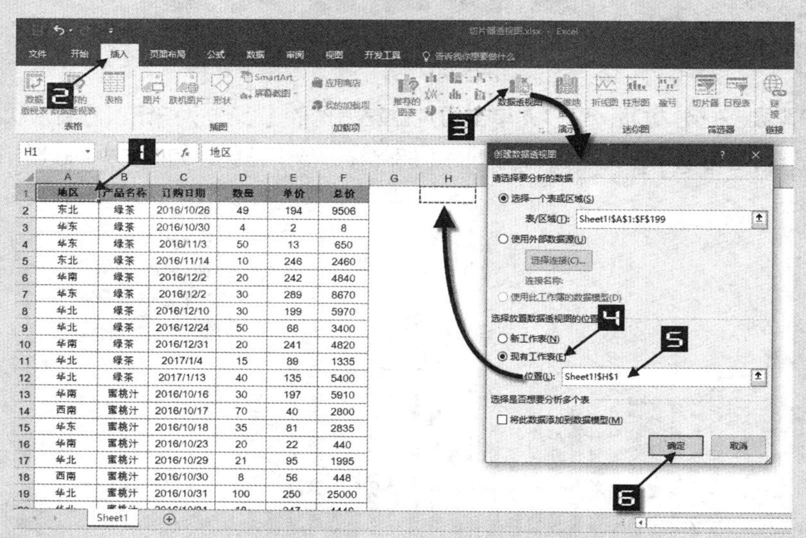

图 25-102 插入透视图

步骤② 选中数据透视图图表区，在【数据透视图字段】窗格中依次将【产品名称】字段拖到【轴（类别）】区域，将【数量】字段拖到【值】区域，如图 25-103 所示。

步骤③ 单击数据透视图图表区，在【数据透视图工具 / 分析】选项卡中单击【字段按钮】按钮，将透视图中的字段按钮隐藏，如图 25-104 所示。

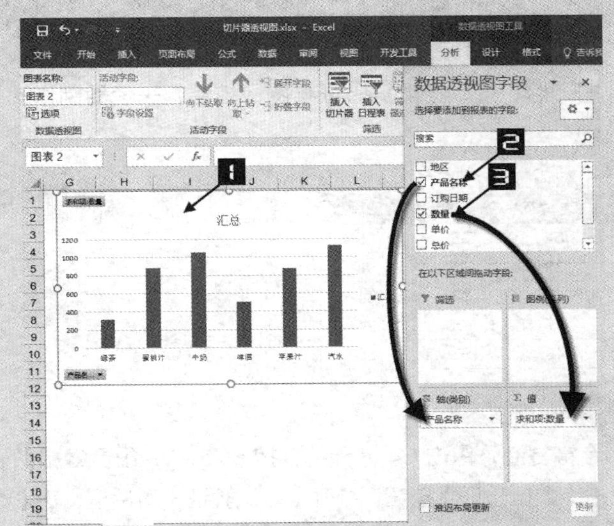

图 25-103 数据透视图字段

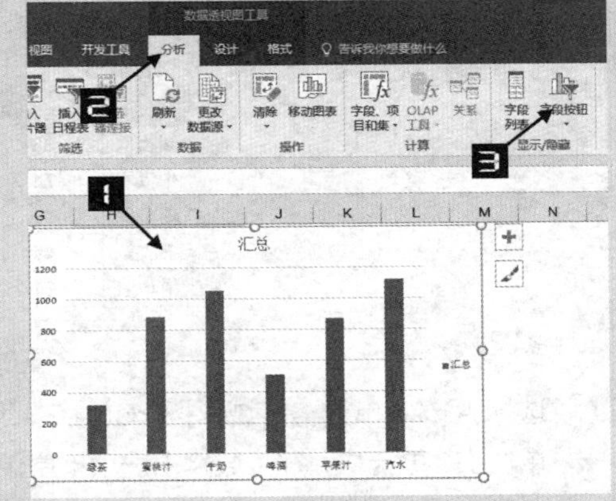

图 25-104 字段按钮

25

步骤④ 单击数据透视图图例，按 <Delete> 键删除。

步骤⑤ 单击数据透视图图表区，在【数据透视图工具 / 分析】选项卡中单击【插入切片器】按钮，打开【插入切片器】对话框。在【插入切片器】对话框中选中【地区】字段，单击【确定】按钮关闭【插入切片器】对话框，如图 25-105 所示。

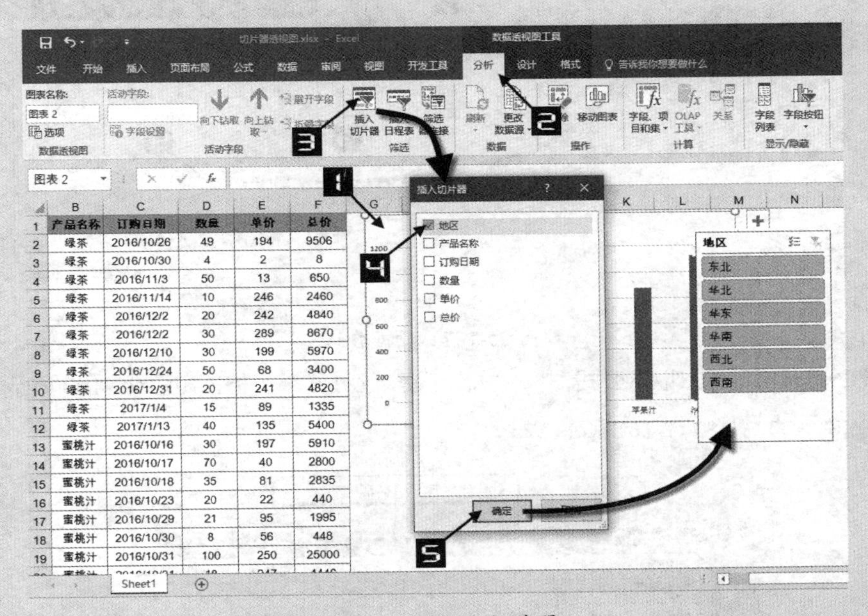

图 25-105 插入切片器

步骤⑥ 在切片器中单击任意地区分类项，即可实现对数据与透视图进行动态筛选。

25.4.4 函数动态图表

示例25-22 函数动态图表

图 25-106 展示了一年 4 个季度的销售数据，用户可以把数据验证与函数结合起来使用制作动态柱形图。

	A	B	C	D	E
1	产品	第一季度	第二季度	第三季度	第四季度
2	卸妆乳	33	52	36	26
3	化妆水	71	39	75	98
4	隔离霜	16	19	83	41
5	BB霜	45	17	100	24
6	精华液	61	48	93	85

图 25-106 数据源

步骤① 选择 A1:A6 单元格区域，按 <Ctrl+C> 组合键复制，单击 G1 单元格，按 <Ctrl+V> 组合键粘贴。单击 H1 单元格，在【数据】选项卡中单击【数据验证】按钮，打开【数据验证】对话框，在【数据验证】对话框中单击【允许】下拉按钮，选择【序列】选项，【来源】引用选择 B1:E1 单元格区域，最后单击【确定】按钮关闭【数据验证】对话框，如图 25-107 所示。

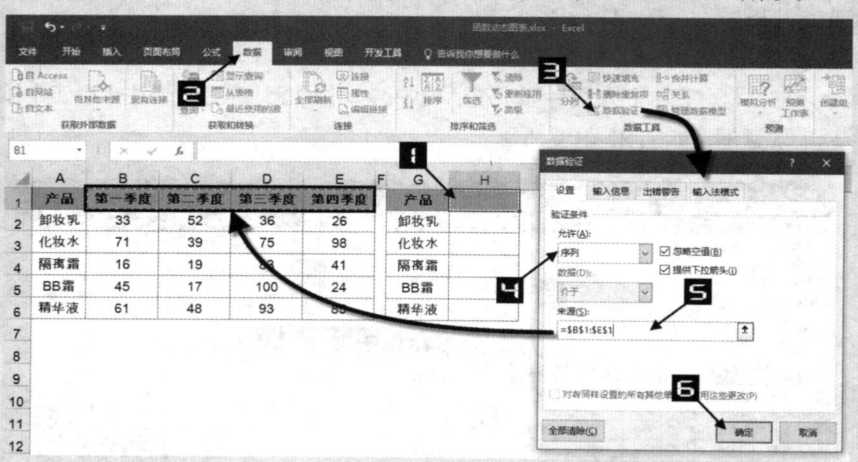

图 25-107 数据验证

步骤② 单击 H2 单元格，输入以下公式，将公式向下复制到 H6 单元格，如图 25-108 所示。

```
=HLOOKUP(H$1,B$1:E$6,ROW(A2),)
```

H2 =HLOOKUP(H$1,B$1:E$6,ROW(A2),)

	A	B	C	D	E	F	G	H
1	产品	第一季度	第二季度	第三季度	第四季度		产品	第一季度
2	卸妆乳	33	52	36	26		卸妆乳	33
3	化妆水	71	39	75	98		化妆水	71
4	隔离霜	16	19	83	41		隔离霜	16
5	BB霜	45	17	100	24		BB霜	45
6	精华液	61	48	93	85		精华液	61
7								

图 25-108 数据构建

步骤③ 选择 G1:H6 单元格区域，在【插入】选项卡中依次单击【插入柱形图或条形图】→【簇状柱形图】按钮，在工作表中生成一个柱形图。

步骤④ 单击 H1 单元格的下拉按钮，根据需要选择季度，随着季度的变化，H2:H6 单元格区域中的数据和图表也会随之变化，如图 25-109 所示。

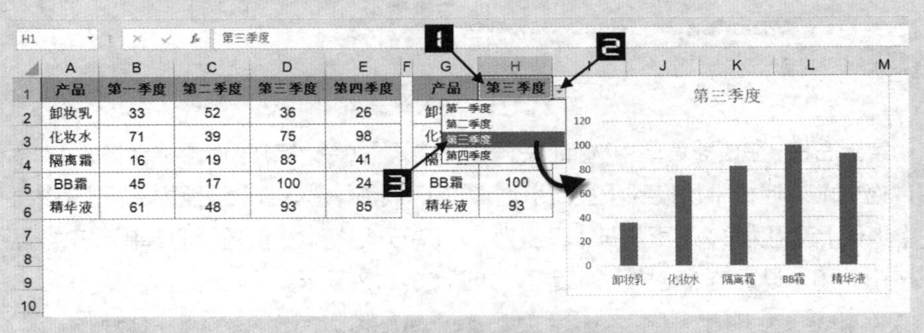

图 25-109 下拉选项

25.4.5 控件动态图表

示例25-23 动态折线图

图 25-110 展示了一个月的销售数据，D1:F2 单元格区域为辅助区域。

步骤① 选择 A1:B32 单元格区域，在【插入】选项卡中依次单击【插入折线图或面积图】→【折线图】按钮，在工作表中生成一个折线图，如图 25-110 所示。

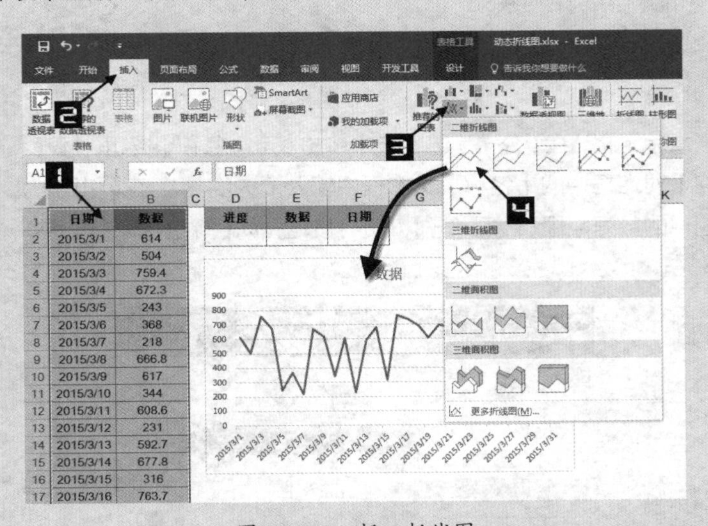

图 25-110 插入折线图

步骤② 单击工作表任意单元格，在【开发工具】选项卡中单击【插入】→【滚动条】按钮，在工作表中绘制一个滚动条，如图 25-111 所示。

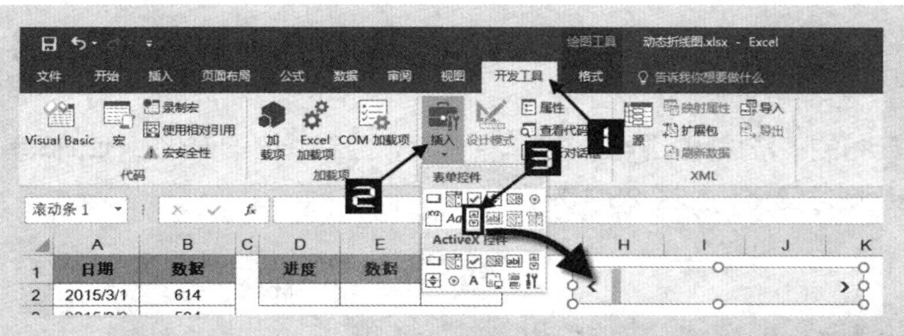

图 25-111　插入滚动条

步骤③ 在滚动条上右击，在快捷菜单中选择【设置控件格式】命令，打开【设置控件格式】对话框，在【设置控件格式】对话框中切换到【控制】选项卡下，将【最小值】设置为 2，【最大值】设置为 31，【步长】设置为 1，【页步长】设置为 5，【单元格链接】设置为 D2 单元格，最后单击【确定】按钮关闭【设置控件格式】对话框，如图 25-112 所示。

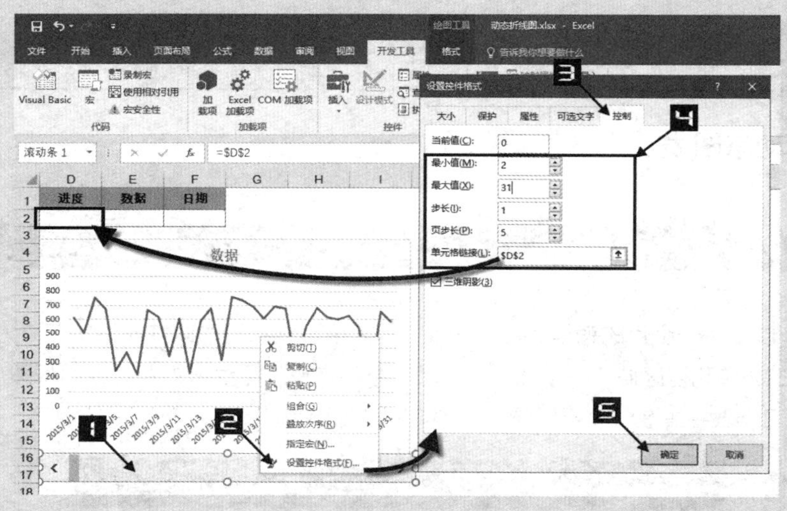

图 25-112　设置控件格式

步骤④ 单击工作表任意单元格，在【公式】选项卡中单击【定义名称】按钮，打开【新建名称】对话框，在【新建名称】对话框中的【名称】文本框中输入“进度”，在【引用位置】参数框中输入以下公式获取控件的数据范围。最后单击【确定】按钮关闭【新建名称】对话框，如图 25-113 所示。

```
=OFFSET(Sheet1!$B$1,1,,Sheet1!$D$2,)
```

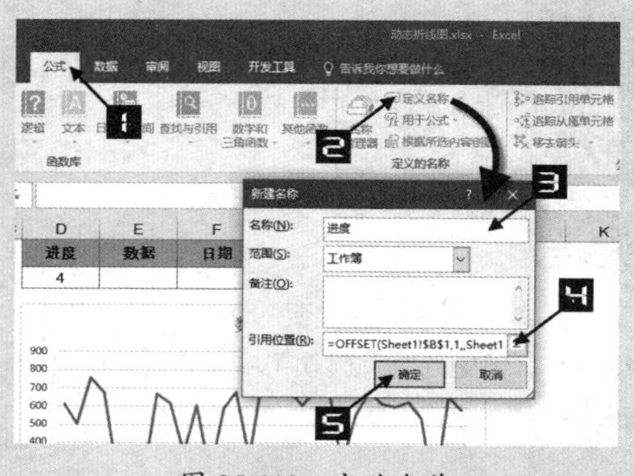

图 25-113　定义名称

步骤⑤ 在 E2 单元格中输入以下公式，获取控件数字对应的数据，如图 25-114 所示。

```
=INDEX(B:B,D2+1)
```

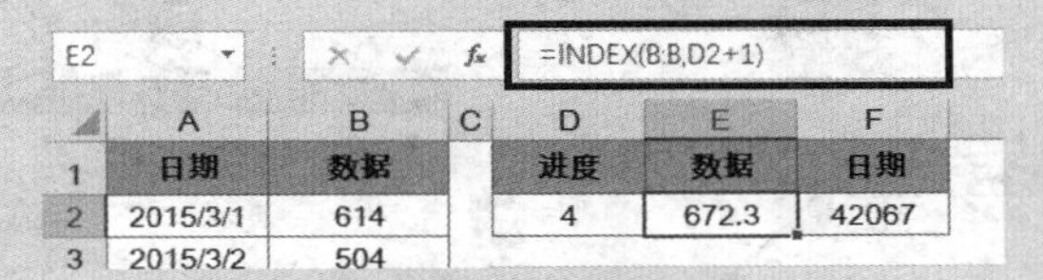

图 25-114　数据公式

在 F2 单元格中输入以下公式，获取控件数字对应的日期，如图 25-115 所示。

```
=INDEX(A:A,D2+1)
```

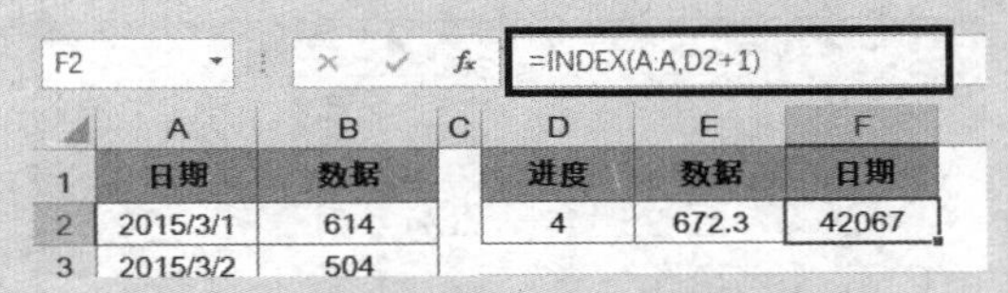

图 25-115　日期公式

步骤⑥ 单击 F2单元格，按 <Ctrl+1> 组合键打开【设置单元格格式】对话框，切换到【数字】选项卡下，在【分类】列表框中选择【自定义】选项，在【类型】文本框中输入“m/d”代码，将格式设置为月 / 日，最后单击【确定】按钮关闭【设置单元格格式】对话框，如图 25-116 所示。

图 25-116　设置单元格格式

步骤⑦ 选中图表，在【图表工具 / 设计】选项卡中单击【选择数据】命令，打开【选择数据源】对话框。在【选择数据源】对话框中单击【添加】命令，打开【编辑数据系列】对话框，在【系列名称】文本框中输入“进度”，在【系列值】文本框中输入工作表名称和定义的名称“=Sheet1! 进度”，单击【确定】按钮关闭【编辑数据系列】对话框，最后单击【确定】按钮关闭【选择数据源】对话框，如图 25-117 所示。

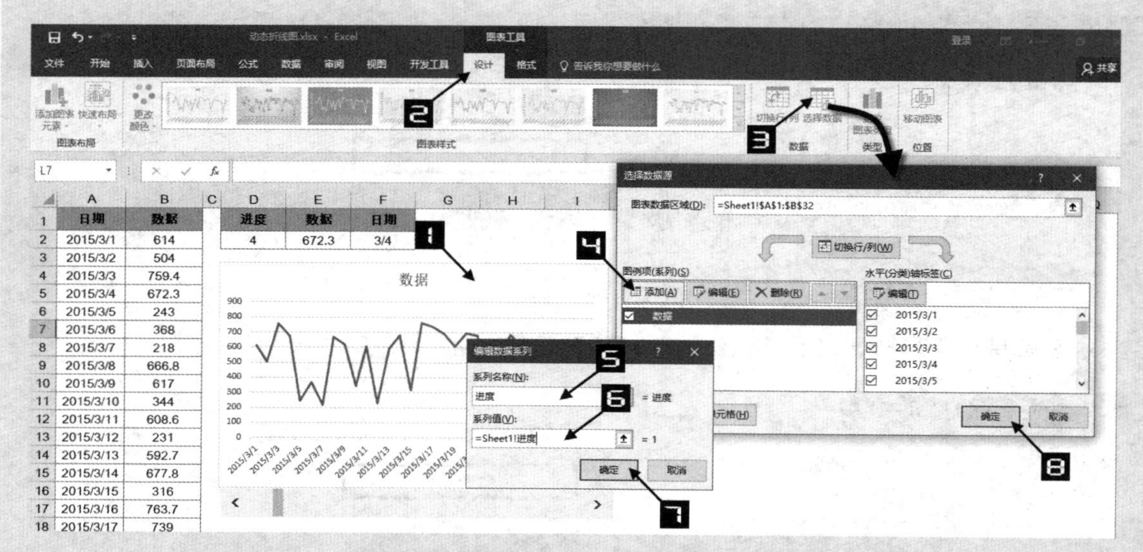

图 25-117　添加系列

步骤⑧ 双击图表横坐标轴，打开【设置坐标轴格式】窗格，在【坐标轴选项】选项卡下依次单击【坐标轴选项】→【数字】→【类别】为【自定义】→【格式代码】为“m/d”，最后单击【添加】命令，将横坐标轴日期格式更改为月 / 日，如图 25-118 所示。

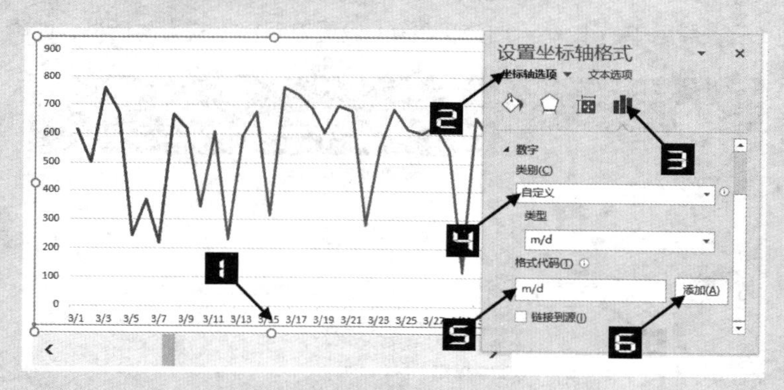

图 25-118　设置横坐标轴格式

步骤⑨ 选中图表区，在【设置图表区格式】选项窗格的【图表区选项】选项卡中单击【填充与线条】选项卡，选中【填充】→【纯色填充】单选按钮，颜色设置为灰色。选中【边框】→【无线条】单选按钮。

步骤⑩ 选中图表绘图区，在【设置绘图区格式】选项窗格的【绘图区选项】选项卡中单击【填充与线条】选项卡，选中【填充】→【纯色填充】单选按钮，颜色设置为浅灰色，选中【边框】→【无线条】单选按钮。

步骤⑪ 选中折线图系列，在【设置数据系列格式】选项窗格的【系列选项】选项卡中单击【填充与线条】选项卡，选中【线条】→【实线】单选按钮，颜色设置为灰色，将【宽度】设置为 4 磅，选中【平滑线】复选框，如图 25-119 所示。

以同样的方式设置进度系列颜色为红色。

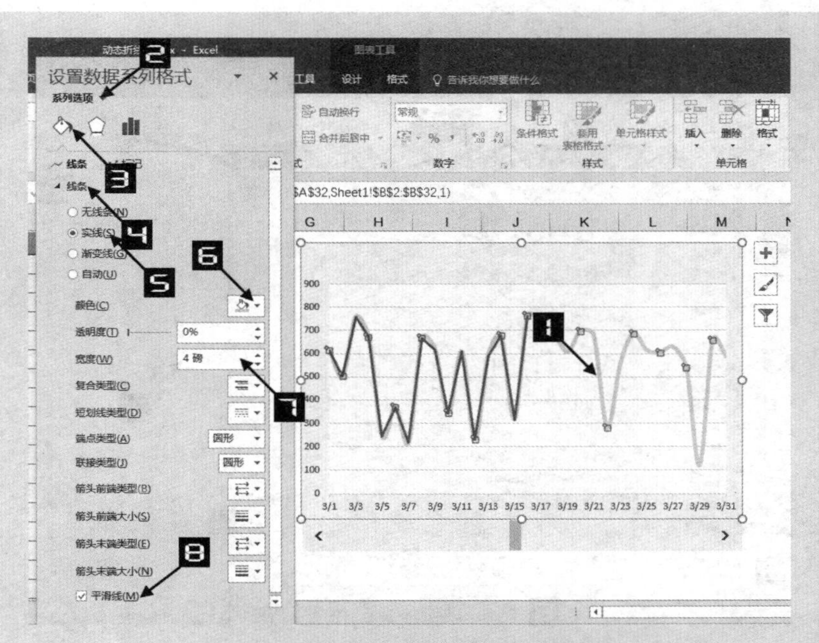

图 25-119 设置折线系列格式

步骤⑫ 选择 D2:E2 单元格区域，按 <Ctrl+C> 组合键复制。选中图表，在【开始】选项卡中单击【粘贴】下拉按钮→【选择性粘贴】命令，打开【选择性粘贴】对话框，设置【添加单元格为】为【新建系列】，【数值 (Y) 轴在】为【列】，选中【首列中的类别 (X 标签)】复选框，单击【确定】按钮关闭【选择性粘贴】对话框，如图 25-120 所示。

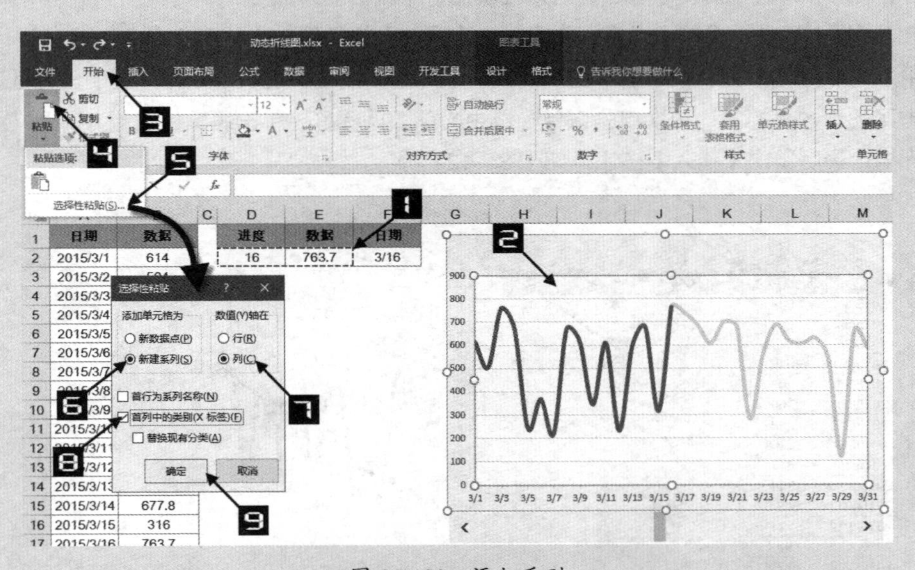

图 25-120 添加系列

步骤⑬ 单击图表数据系列，在【图表工具 / 设计】选项卡中单击【更改图表类型】按钮，打开【更改图表类型】对话框，在【所有图表】选项卡下的【组合】界面中将系列 3 的图表类型设置为【散点图】，取消选中【次坐标轴】复选框，最后单击【确定】按钮关闭【更改图表类型】对话框，如图 25-121 所示。

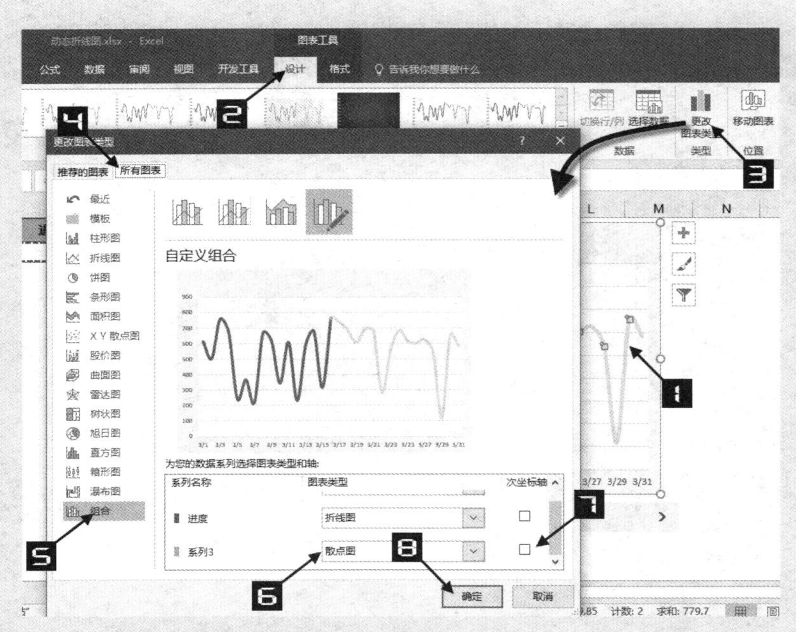

图 25-121　更改图表类型

步骤14 双击系列 3 数据系列，打开【设置数据系列格式】选项窗格，在【系列选项】选项卡下选择【填充与线条】选项卡，单击【标记】下的【数据标记选项】按钮，选中【内置】单选按钮。

单击【类型】下拉按钮，在菜单中选择【圆形】作为标记类型，设置【大小】为 10。

单击【填充】选项，设置【填充】为纯色填充，【颜色】为白色。

单击【边框】选项，设置【线条】为实线，【颜色】为红色，【宽度】为 2.5 磅。

步骤15 选中系列 3 数据系列，再单击【图表元素】快速选项按钮，选中【数据标签】复选框。

步骤16 单击系列 3 数据标签，再次单击以单独选中当前数据标签。单击编辑栏，输入“=”后单击 F2 单元格，最后单击【输入】按钮，如图 25-122 所示。

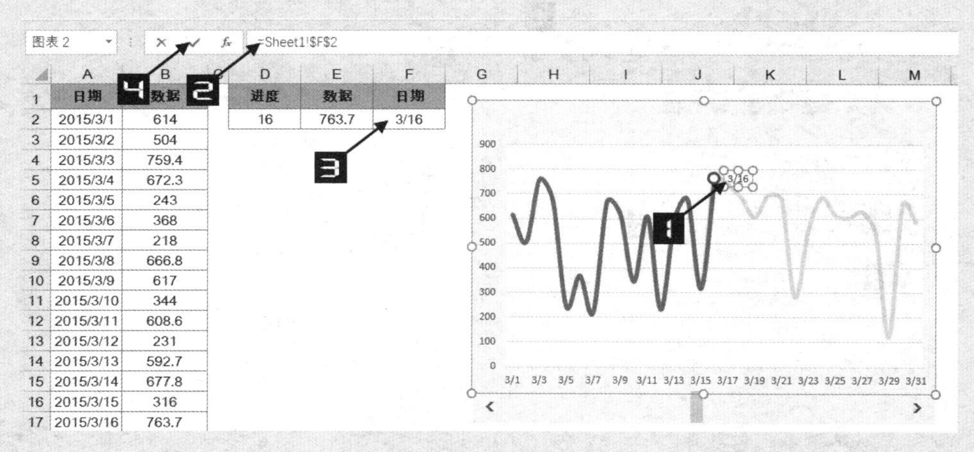

图 25-122　设置数据标签

步骤17 双击图表数据标签，打开【设置数据标签格式】选项窗格，在【标签选项】选项卡下选中【标签选项】→【标签位置】下的【靠上】单选按钮，如图 25-123 所示。

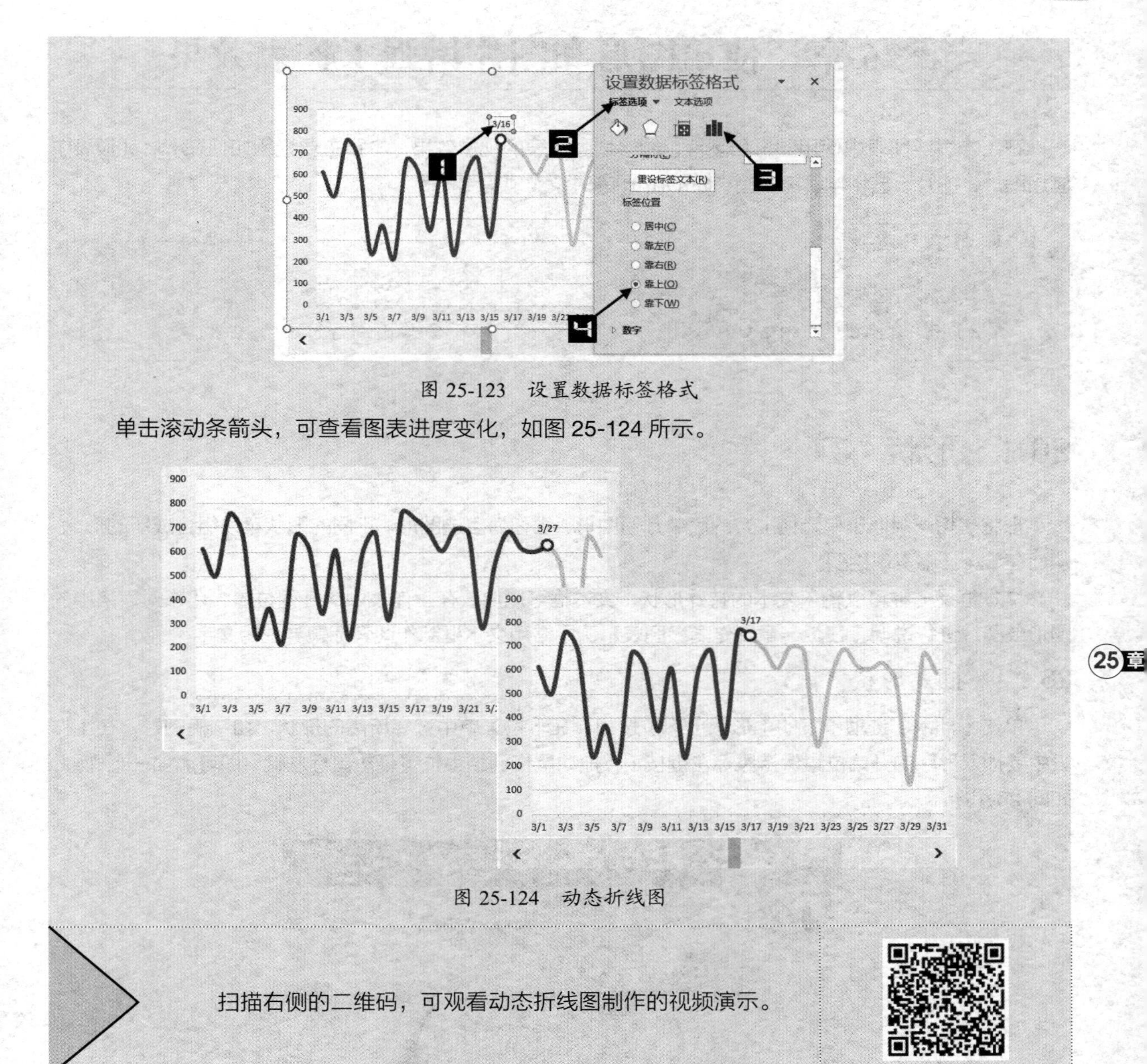

图 25-123　设置数据标签格式

单击滚动条箭头，可查看图表进度变化，如图 25-124 所示。

图 25-124　动态折线图

扫描右侧的二维码，可观看动态折线图制作的视频演示。

动态图表除了可以使用筛选、切片器、函数、控件外，还可以结合 VBA 代码制作，限于篇幅，本书中不再展开讲解，用户可以访问 ExcelHome 技术论坛（http://club.excelhome.net/）搜索有关教程。

第 26 章 使用图形和图片增强工作表效果

在工作表或图表中使用图形和图片，能够增强报表的视觉效果，本章主要介绍如何在 Excel 报表中应用图形、图片、艺术字、剪贴画、SmartArt 等对象实现美化报表。

本章学习要点

（1）插入图形与艺术字。

（2）图片的处理与 SmartArt 图示。

（3）插入文件对象。

（4）对象的对齐分布与组合。

26.1 形状

形状是指一组浮于单元格上方的简单几何图形，也称为自选图形。不同的形状可以组合成新的形状，从而在 Excel 中实现绘图。

文本框是一种可以输入文本的特殊形状，文本框可以放置在工作表中的任何位置，用来对表格中的图形或图片进行说明，在上一章制作高级图表示例中常用文本框制作图表标题与说明文字。

26.1.1 插入形状

单击【插入】选项卡下的【形状】下拉按钮，在下拉菜单中选择所需的形状，如“椭圆”，在工作表中要插入形状的开始位置保持鼠标左键按下，拖动鼠标到结束位置释放鼠标左键，即可添加一个椭圆，如图 26-1 所示。

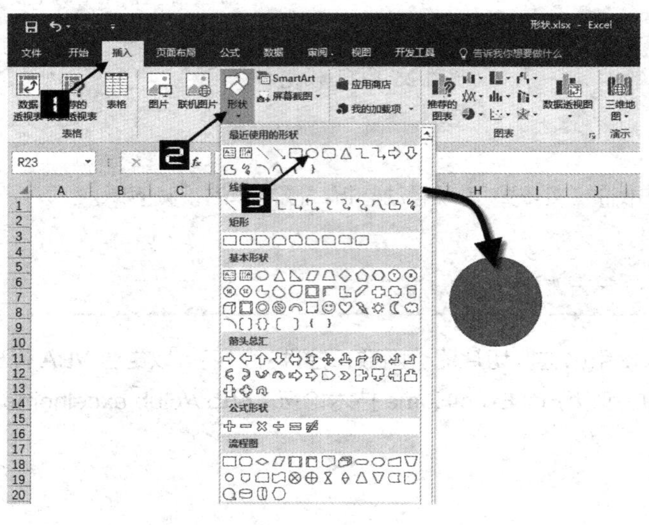

图 26-1 插入椭圆形状

提示

插入线条时，如果同时按住<Shift>键，可以绘制水平、垂直和45°方向旋转的直线。如果同时按住<Alt>键，可以绘制终点在单元格角上的直线。

26.1.2　编辑形状

Excel 形状是由点、线、面组成的，通过拖放操作形状的顶点位置，可以实现对形状的编辑。

选择形状，在【绘图工具 / 格式】选项卡中单击【编辑形状】→【编辑顶点】命令，使形状进入编辑状态，在圆形上显示顶点，拖动顶点即可改变图形形状。单击顶点时，出现左右两个调整点，如果用户需要对顶点类型更改，可在顶点上右击，在弹出的快捷菜单中有【添加顶点】【删除顶点】【开放路径】【关闭路径】【平滑顶点】【直线点】【角部顶点】【退出编辑顶点】等命令，椭圆形默认的顶点为【平滑顶点】，将顶部与底部的顶点更改为【角部顶点】，拖动顶点上的调整点，进行形状调整，可以将椭圆更改为心形，如图 26-2 所示。

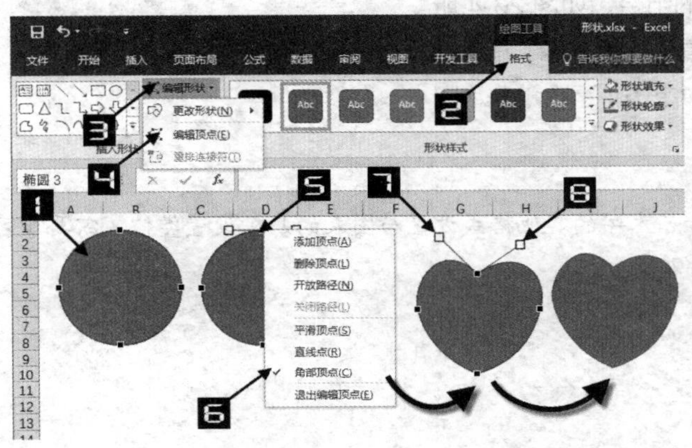

图 26-2　编辑形状

26.1.3　对齐与组合

➲ Ⅰ　对齐和分布

当工作表中有多个对象时，可以使用对齐和分布功能对对象进行排列。

按住 <Shift> 键的同时，逐个单击对象，可同时选择多个对象，在【绘图工具 / 格式】选项卡中单击【对齐】→【顶端对齐】命令，将多个对象排列到同一水平线上，再单击【对齐】→【横向分布】命令，将多个对象均匀地排列在同一水平线上，如图 26-3 所示。用户还可以尝试使用【对齐】下拉菜单中的其他对齐选项进行对齐。

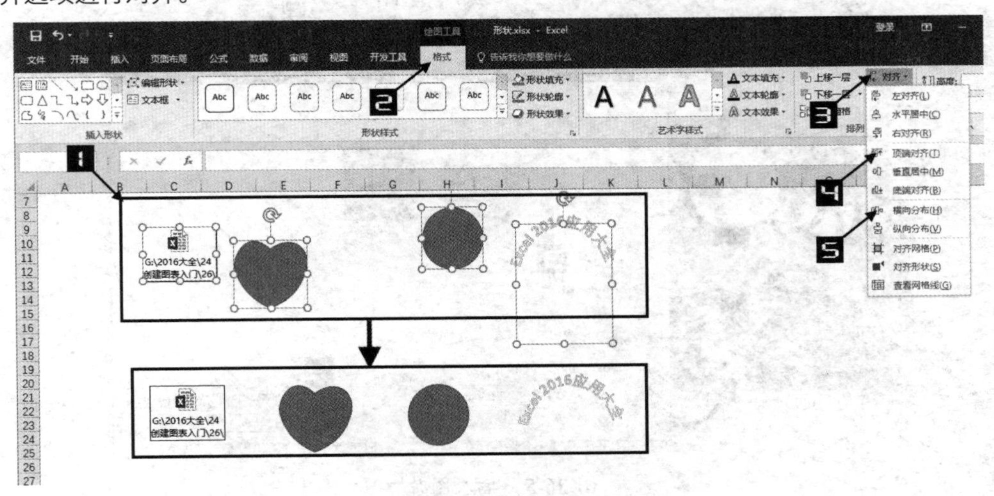

图 26-3　对齐对象

如果【对齐】下拉菜单中的【对齐网格】为选择状态，则移动或编辑对象时，对象会自动对齐到单元格网格。如果【对齐】下拉菜单中的【对齐形状】为选择状态，则移动对象时，对象会自动与其他对象进行对齐。

➲ Ⅱ 对象组合

多个不同的对象可以组合成一个新的形状。

选择多个对象，在【绘图工具/格式】选项卡中单击【组合】→【组合】命令，将4个对象组合成一个新的组合，如图26-4所示。若要将组合图形恢复为单个对象，在【绘图工具/格式】选项卡中单击【组合】→【取消组合】命令即可。

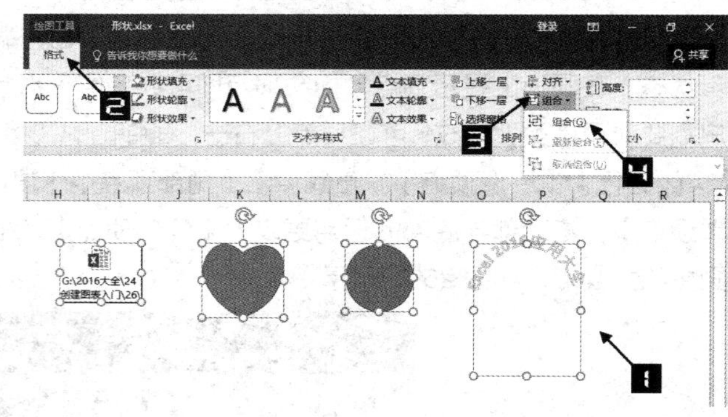

图 26-4 组合对象

提示

形状和艺术字的其他格式设置与图表的基础设置类似，需要学习的用户可参考图表基础设置操作部分。

26.2 图片

26.2.1 插入图片

在工作表中插入图片主要有以下两种方法。

❖ 直接从图片浏览软件中复制图片，粘贴到工作表中。

❖ 单击【插入】选项卡中的【图片】按钮，打开【插入图片】对话框，选择一个图片文件，单击【插入】按钮，将图片插入工作表中所选单元格的右下方，如图26-5所示。

图 26-5 插入图片

26.2.2　删除背景

删除背景可以删除图片中相应的颜色，删除的部分图片变为透明的背景。

步骤① 选择图片，在【图片工具 / 格式】选项卡中单击【删除背景】按钮，单击图片背景区，在功能区显示【背景消除】选项卡，图片背景变更为紫红色，如图 26-6 所示。

图 26-6　删除背景

步骤② 调整图片内的 8 个控制点，将需要保留的图片设置在控制框内，部分深紫色区域如果不需要删除，可单击【背景消除】选项卡中的【标记要保留的区域】按钮，再单击图片中要保留的区域，最后单击【保留更改】按钮，或单击工作表中的任意单元格，将图片背景设置为透明色，如图 26-7 所示。

图 26-7　标记要保留的区域

26.2.3　裁剪图片

裁剪图片可以删除图片中不需要的矩形部分，裁剪为形状可以将图片外形设置为任意形状。

选择图片，在【图片工具 / 格式】选项卡中单击【裁剪】→【裁剪】命令，在图片的 4 个角显示角部裁剪点，4 个边的中点显示边线裁剪点。将鼠标指针定位到裁剪点上，按下鼠标左键不放，移动鼠标指针到目的位置，可以裁剪掉鼠标移动的部分图片，如图 26-8 所示。

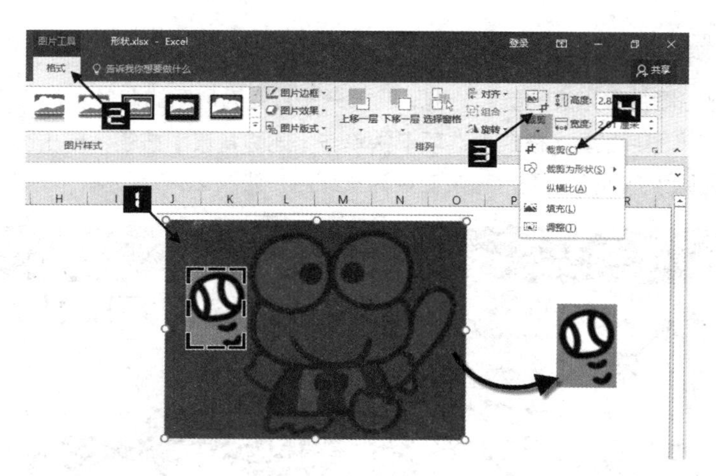

图 26-8　裁剪图片

提示

除了以上裁剪方式外，还可以单击【裁剪】→【裁剪为形状】命令，在【形状】列表中选择形状，将图片裁剪为指定形状，还可以单击【裁剪】→【纵横比】命令调整图片的纵横比，单击【裁剪】→【填充】命令可以改变填充图片的大小。

26.2.4　动态图片

示例26-1　动态图片

动态图片通过对数据验证下拉列表的选择，可以在同一位置显示不同的照片。

步骤1 将准备好的图片移动到对应的单元格中，图片的四周必须在单元格网格线之内。选择D1单元格，在【数据】选项卡下单击【数据验证】命令，打开【数据验证】对话框，在【设置】选项卡中单击【允许】下拉按钮，选择【序列】，在【来源】编辑框中选择A2:A6单元格区域，单击【确定】按钮关闭【数据验证】对话框。完成单元格下拉菜单的制作，如图26-9所示。

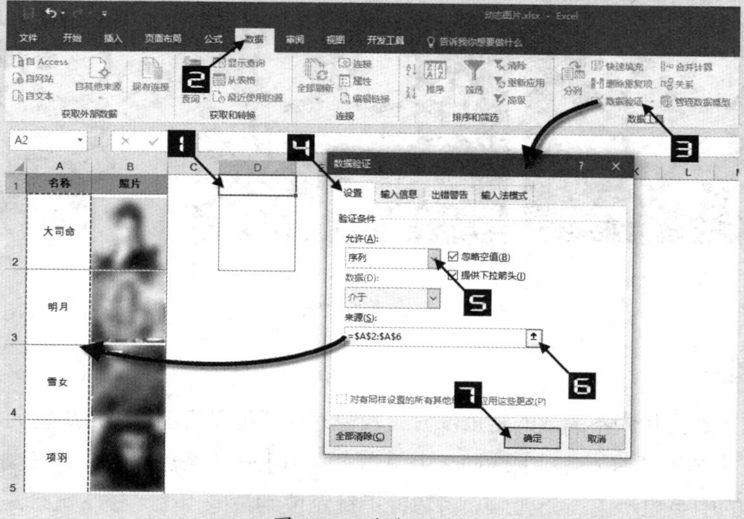

图 26-9　数据验证

步骤② 单击【公式】选项卡中的【定义名称】命令，打开【新建名称】对话框，在【名称】输入框中输入公式名称“图”，在【引用位置】输入框中输入以下公式，单击【确定】按钮关闭【新建名称】对话框，如图 26-10 所示。

```
=OFFSET($B$1,MATCH($D$1,$A$2:$A$6,),)
```

图 26-10　定义名称

步骤③ 单击 D2 单元格，按 <Ctrl+C> 组合键复制单元格，右击任意一个单元格，鼠标指针移动到快捷菜单中的【选择性粘贴】扩展箭头上，在扩展菜单中单击【图片】按钮，将单元格粘贴为图片，如图 26-11 所示。

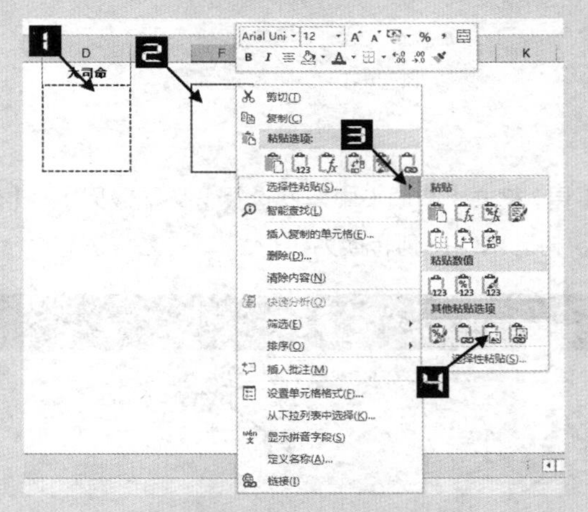

图 26-11　选择性粘贴

步骤④ 单击粘贴好的图片，在编辑栏中输入公式“= 图”，最后单击【输入】按钮，如图 26-12 所示。单击 D1 单元格下拉按钮，选择任意一个名称，均会变化为对应的图片。

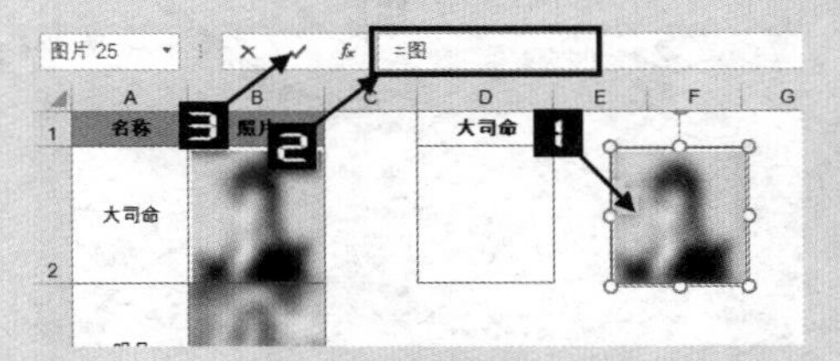

图 26-12　编辑图片

26.3 艺术字

艺术字和文本框一样，是浮于工作表单元格之上的一种形状对象，通过对艺术字设置形状、空心、阴影、镜像等效果，为报表增加装饰作用。

26.3.1 插入艺术字

单击【插入】选项卡中的【艺术字】按钮，打开【艺术字】样式列表，单击一种艺术字样式，在工作表中显示一个矩形框，矩形框中显示文本“请在此放置您的文字”，直接输入文本“Excel 2016 应用大全”，如图 26-13 所示。单击任意单元格，完成插入艺术字的操作。

图 26-13　插入艺术字

26.3.2 艺术字转换

单击艺术字，在【绘图工具 / 格式】选项卡中依次选择【文本效果】→【转换】→【跟随路径】→【拱形】选项，如图 26-14 所示，将艺术字排列转换为拱形。

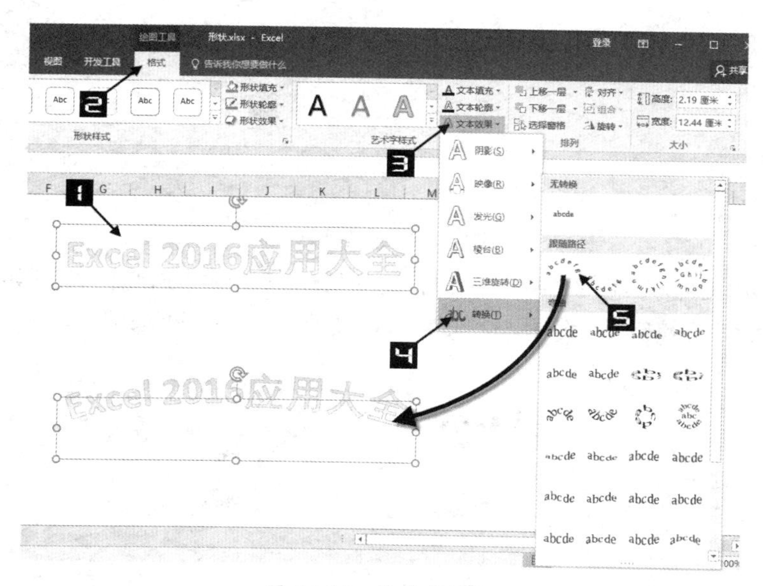

图 26-14　艺术字转换

提示

单击艺术字上的黄色控制点，可以调整艺术字的拱形状态，单击艺术字，调整艺术字的8个控制点也可以调整拱形状态。

26.4　SmartArt

SmartArt 在 Office 2010 以前的版本中称为“图示”，即结构化的图文混排模式。

26.4.1　插入 SmartArt

单击【插入】选项卡中的【SmartArt】按钮，打开【选择 SmartArt 图形】对话框，切换到【关系】选项卡，选择【不定向循环】图示样式，单击【确定】按钮在工作表中插入一个关系图示，如图 26-15 所示。

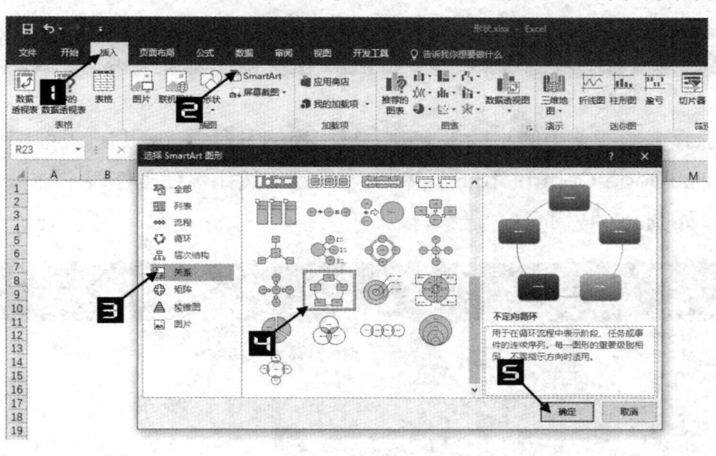

图 26-15　插入 SmartArt

26.4.2　插入文字

选择 SmartArt，在【SmartArt 工具 / 设计】选项卡中单击【文本窗格】按钮，打开【在此处键入文字】对话框，逐行输入文本，如图 26-16 所示。

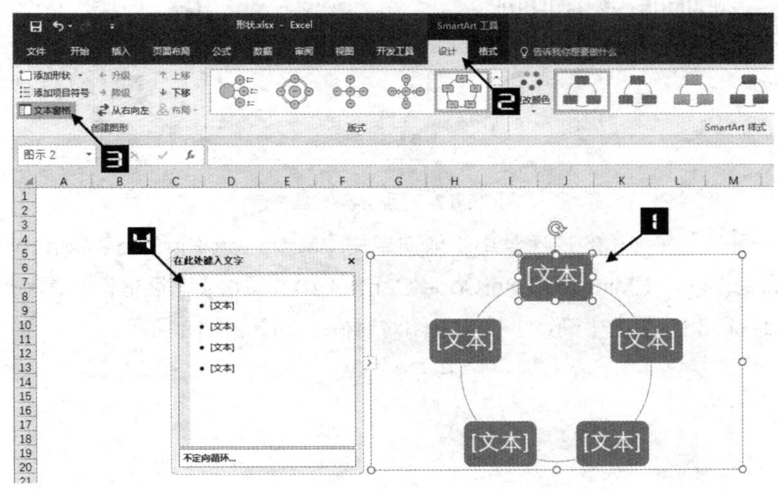

图 26-16　输入文字

借助 SmartArt，能够快速创建出类型各异的组织结构图。扫描左侧的二维码，可观看创建组织结构图的视频讲解。

26.5 条形码

条形码（Barcode）是将宽度不等的多个黑条和空白按照一定的编码规则排列，用于表达一组信息的图形标识符。

示例26-2 条形码

步骤① 单击【开发工具】选项卡中的【插入】→【其他控件】命令，打开【其他控件】对话框，选择【Microsoft BarCode Control 16.0】，单击【确定】按钮，在工作表中画一个矩形，得到一个条形码图形，如图 26-17 所示。

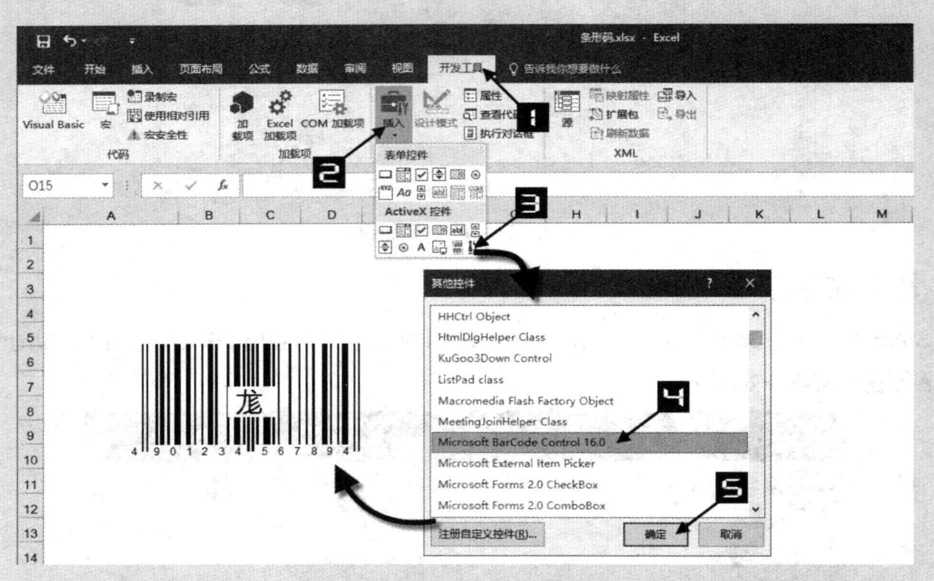

图 26-17 插入其他控件

步骤② 右击条形码图形，在弹出的快捷菜单中依次单击【Microsoft BarCode Control 16.0 对象】→【属性】命令，打开【Microsoft BarCode Control 16.0 属性】对话框，设置条形码的【样式】为【7-Code-128】，单击【确定】按钮关闭对话框，如图 26-18 所示。

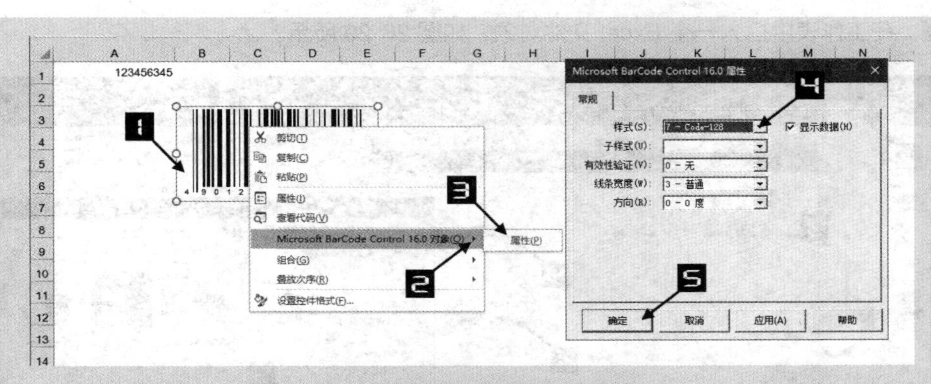

图 26-18　设置条形码的属性

步骤③ 单击【开发工具】选项卡中的【属性】按钮，打开【属性】对话框，设置【LinkedCell】属性为 A1 单元格。再单击【开发工具】选项卡中的【设计模式】按钮，退出设计模式，条形码自动与 A1 单元格建立链接，显示 A1 单元格中的文本和数字，如图 26-19 所示。修改 A1 单元格中的文字，条形码可以自动实现更新。

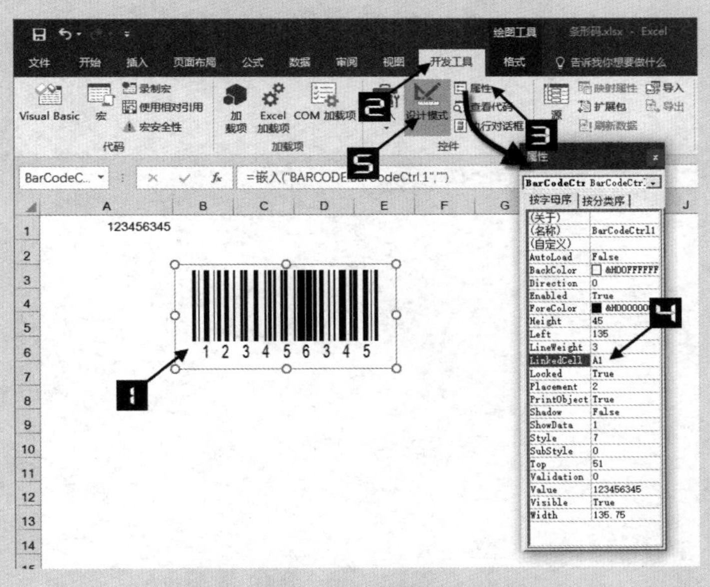

图 26-19　设置条形码链接

26.6　文件对象

Excel 工作表中可以嵌入常用的办公文件，如 Excel 文件、Word 文件、PPT 文件和 PDF 文件等。嵌入 Excel 工作表的文件，将包含在工作簿中，并且可以双击打开。

单击【插入】选项卡中的【对象】按钮，打开【对象】对话框，切换到【由文件创建】选项卡，单击【浏览】按钮，打开【浏览】对话框，在【浏览】对话框中选择一个名为“条形码 .xlsx”的文件，单击【插入】按钮关闭【浏览】对话框，在【对象】对话框中选中【显示为图标】复选框，单击【确定】按钮关闭【对象】对话框，在工作表中插入一个 Excel 文件对象，如图 26-20 所示。

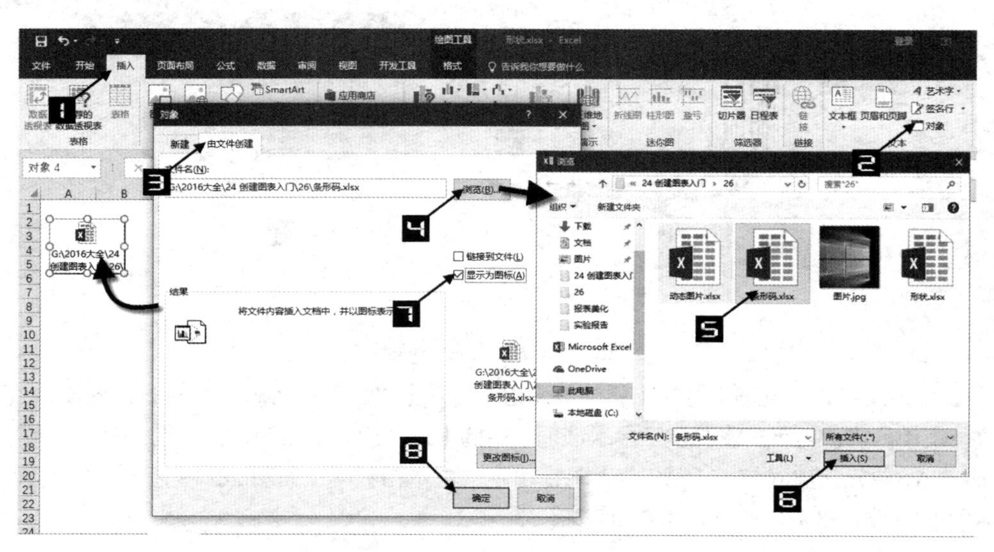

图 26-20　插入文件对象

第四篇

使用Excel进行数据分析

当用户面对海量的数据时，要想从中获取有价值的信息，不仅要选择数据分析的方法，还必须掌握数据分析的工具。Excel 2016 提供了大量帮助用户进行数据分析的功能。本篇主要讲解如何在 Excel 中运用各种分析工具进行数据分析，重点介绍排序、筛选、“表格”、合并计算、数据透视表、Microsoft Query、Power View、分析工具库、单变量求解、模拟运算表和规划求解等功能，同时配以各种典型的实例，使用户能够迅速掌握运用 Excel 进行数据分析的各种功能和方法。

第 27 章　在数据列表中简单分析数据

本章将向读者介绍如何在数据列表中使用排序及筛选、高级筛选、分类汇总、合并计算等基本功能，还讲解了 Excel 2016 中增强的表格功能。通过本章内容的学习，使读者掌握在数据列表中基本的操作方法和运用技巧。

本章学习要点

（1）Excel 记录单功能。
（2）在数据列表中排序及筛选。
（3）删除重复值。
（4）高级筛选的运用。
（5）在数据列表中创建分类汇总。
（6）Excel 中的“表格”功能。
（7）合并计算功能。

27.1　了解 Excel 数据列表

Excel 数据列表是由多行多列数据构成的有组织的信息集合，它通常有位于顶部的一行字段标题，以及多行数值或文本作为数据行。

图 27-1 展示了一个 Excel 数据列表的实例。此数据列表的第一行是字段标题，下面包含若干行数据。它一共包含 9 列，A~H 列由文本、数值、日期 3 种类型的数据构成，I 列“年终奖金”则是根据月工资和绩效系数借助公式计算而得出。数据列表中的列又称为字段，行称为记录。为了保证数据列表能够有效地工作，它必须具备以下特点。

	A	B	C	D	E	F	G	H	I
1	工号	姓名	性别	籍贯	出生日期	入职日期	月工资	绩效系数	年终奖金
2	A00001	林达	男	哈尔滨	1978/6/17	2016/6/20	6,750	0.50	6,075
3	A00002	贾丽丽	女	成都	1983/6/25	2016/6/13	4,750	0.95	8,123
4	A00003	赵春	男	杭州	1974/6/14	2016/6/14	4,750	1.00	8,550
5	A00004	师丽莉	男	广州	1977/5/28	2016/6/11	6,750	0.60	7,290
6	A00005	岳恩	男	南京	1983/12/29	2016/6/10	6,250	0.75	8,438
7	A00006	李勤	男	成都	1975/9/25	2016/6/17	5,250	1.00	9,450
8	A00007	郝尔冬	男	北京	1980/1/21	2016/6/4	5,750	0.90	9,315
9	A00008	朱丽叶	女	天津	1972/1/6	2016/6/3	5,250	1.10	10,395
10	A00009	白可燕	女	山东	1970/10/18	2016/6/2	4,750	1.30	11,115
11	A00010	师胜昆	男	天津	1986/10/18	2016/6/16	5,750	1.00	10,350
12	A00011	郝河	男	广州	1969/6/1	2016/6/12	5,250	1.20	11,340
13	A00012	艾思迪	女	北京	1966/5/24	2016/6/1	5,250	1.20	11,340
14	A00013	张祥志	男	桂林	1989/12/23	2016/6/18	5,250	1.30	12,285
15	A00014	岳凯	男	南京	1977/7/13	2016/6/9	5,250	1.30	12,285
16	A00015	孙丽星	男	成都	1966/12/25	2016/6/15	5,750	1.20	12,420
17	A00016	艾利	女	厦门	1980/11/11	2016/6/6	6,750	1.00	12,150
18	A00017	李克特	男	广州	1988/11/23	2016/6/8	5,750	1.30	13,455
19	A00018	邓星丽	女	西安	1967/6/16	2016/6/19	5,750	1.30	13,455

图 27-1　数据列表实例

- ❖ 每列必须包含同类的信息，且每列的数据类型相同。
- ❖ 列表的第一行应该是标题，用于描述所对应的列的内容。
- ❖ 列表中不能存在重复的标题。
- ❖ 在 Excel 2016 的普通工作表中，单个数据列表的列不能超过 16 384 列，行不能超过 1 048 576 行。

如果一个工作表中包含多个数据列表，列表之间应该以空行或空列进行分隔。

27.2　数据列表的使用

Excel 常见的任务之一是管理各种数据列表，如电话号码清单、消费者名单、供应商名称等。这些数据列表都是根据用户需要而命名的。用户可以对数据列表进行如下操作。

- ❖ 在数据列表中输入数据。
- ❖ 根据特定的条件对数据列表进行排序和筛选。
- ❖ 对数据列表进行分类汇总。
- ❖ 在数据列表中使用函数和公式达到特定的计算目的。
- ❖ 根据数据列表创建数据透视表。

27.3　创建数据列表

用户可以根据自己的需要创建一张数据列表来满足存储数据的要求，具体参照以下步骤。

步骤① 表格中的第一行称为“表头”，为其对应的每一列数据输入描述性的文字，如果文字过长，可以使用“自动换行”来避免列宽的增加。

步骤② 单击数据列表的每一列设置相应的单元格格式，使需要输入的数据能够以正常形态显示。

步骤③ 在每一列中输入相同类型的信息。

创建完成的数据列表如图 27-1 所示。

注意

以图27-1显示的数据列表为例，在【视图】选项卡中单击【冻结窗格】下拉按钮，在下拉菜单中选择【冻结首行】命令，这样在滚动数据列表时，始终可以看到标题行。

27.4　使用“记录单”添加数据

用户可以在数据列表内直接输入数据，也可以使用 Excel 记录单功能让输入更加方便，尤其是喜欢使用对话框来输入数据的用户。

Excel 2016 的功能区默认不显示记录单的相关命令，如果要使用此功能，单击数据列表中的任意单元格，依次按下 <Alt> 键、<D> 键和 <O> 键，即可调出“记录单”。

示例27-1　使用“记录单”高效输入数据

以图 27-1 所示的数据列表为例，要使用“记录单”功能添加新的数据，可参照以下步骤。

步骤① 单击数据列表区域中的任意一个单元格（如 A13）。

步骤② 依次按下 <Alt> 键、<D> 键和 <O> 键，弹出【数据列表】对话框，对话框的名称取决于工作表的名称，单击【新建】按钮进入新记录输入状态，如图 27-2 所示。

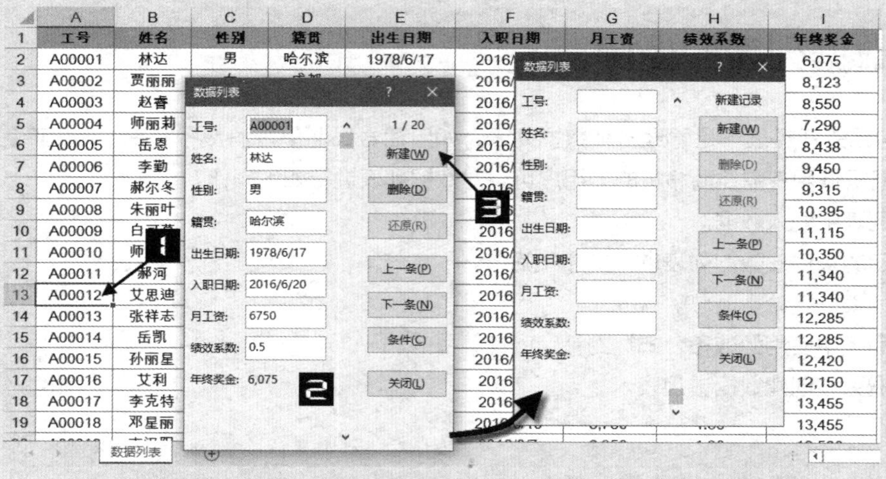

图 27-2　通过“记录单”输入和编辑的对话框

步骤③ 在【数据列表】对话框的各个文本框中输入相关信息，用户可以使用 <Tab> 键在文本框之间依次移动，一条数据记录输入完毕后，可以在对话框内单击【新建】或【关闭】按钮，也可以直接按 <Enter> 键，新增的数据即可保存到数据列表中。

“年终奖金”是利用公式计算出来的，Excel会自动把它们添加到新记录中。

有关“记录单”对话框中按钮的用途如表 27-1 所示。

表 27-1　Excel“记录单”对话框按钮的用途

“记录单”按钮	用途
新建	单击【新建】按钮可以在数据列表中添加新记录
删除	删除当前显示的记录
还原	在单击【新建】按钮前，恢复所编辑的全部信息
上一条	显示数据列表中的前一条记录
下一条	显示数据列表中的下一条记录
条件	用户输入设置搜索记录的条件，单击【上一条】和【下一条】按钮显示符合条件的记录
关闭	关闭“记录单”对话框

27.5　删除重复值

用户在实际工作中经常需要在一列或多列数据中提取不重复的数据记录，采用先排序再依次删除的人工处理方式非常低效甚至难以完成。利用 Excel【数据】选项卡中【删除重复值】的强大功能，可以快速删除单列或多列数据中的重复值。

27.5.1　删除单列数据中的重复数据

示例27-2　快速删除重复记录

如图 27-3 所示，A 列是各种商品的中类名称，目前需要从中提取一份不重复的商品中类名称清单，具体操作步骤如下。

步骤① 单击数据区域中的任意一个单元格（如 A5），在【数据】选项卡中单击【删除重复值】命令，打开【删除重复值】对话框。

步骤② 单击【确定】按钮关闭【删除重复值】对话框，在弹出的【Microsoft Excel】对话框中单击【确定】按钮，如图 27-4 所示。此时，直接在原始区域返回删除重复值后的商品中类名称清单。

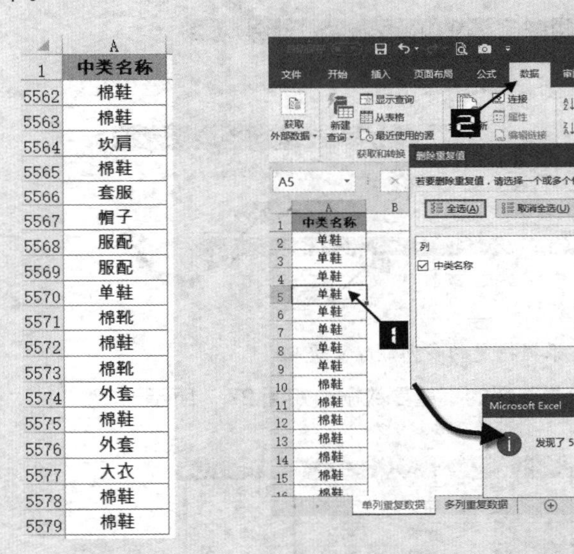

	A
1	中类名称
5562	棉鞋
5563	棉鞋
5564	坎肩
5565	棉鞋
5566	套服
5567	帽子
5568	服配
5569	服配
5570	单鞋
5571	棉靴
5572	棉鞋
5573	棉靴
5574	外套
5575	棉鞋
5576	外套
5577	大衣
5578	棉鞋
5579	棉鞋

图 27-3　单列数据中的重复值　　　　图 27-4　删除单列数据中的重复值

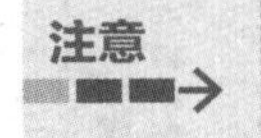

注意：受Excel版本更新的差异影响，此功能按钮在部分用户的Excel 2016中显示为【删除重复项】。

27.5.2　删除多列数据中的重复数据

如图 27-5 所示的数据表是一份商品的销售记录表，现需要确定各个商店有哪些特色分类商品参与了销售，具体操作步骤如下。

步骤① 选中数据区域内的任意单元格，如 A5 单元格。

步骤② 单击【数据】选项卡中的【删除重复值】命令，打开【删除重复值】对话框。

步骤③ 单击【取消全选】按钮，在【列】列表中选中【商店名称】和【特色分类名称】复选框，单击【确定】按钮，关闭【删除重复值】对话框，然后再单击【确定】按钮，关闭【Microsoft Excel】提示框，如图 27-6 所示。

	A	B	C	D	E	F
1	商店名称	中类名称	季节名称	风格名称	大类名称	特色分类名称
1483	旗舰店	棉鞋	冬	休闲	布鞋	PU底平跟
1484	旗舰店	棉鞋	冬	休闲	布鞋	硫化底
1485	旗舰店	棉鞋	冬	休闲	布鞋	硫化底
1486	旗舰店	棉鞋	冬	休闲	布鞋	硫化底
1487	旗舰店	棉鞋	冬	中式改良	布鞋	PU底平跟
1488	旗舰店	棉鞋	冬	休闲	布鞋	PU底平跟
1489	旗舰店	棉鞋	冬	中式改良	皮鞋	成型底平跟
1490	旗舰店	棉鞋	冬	休闲	皮鞋	PU底平跟
1491	旗舰店	棉鞋	冬	休闲	皮鞋	PU底平跟
1492	旗舰店	棉鞋	冬	中式改良	布鞋	PU底平跟
1493	旗舰店	棉鞋	常年	中式	布鞋	千层底

图 27-5　多列数据中的重复值

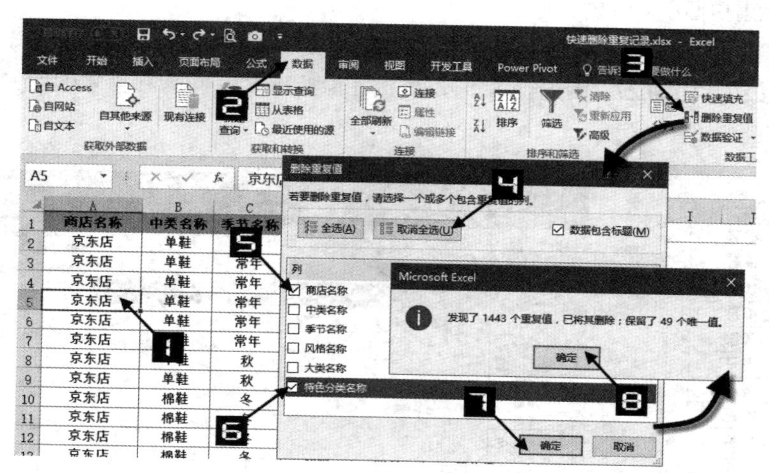

图 27-6　根据指定的多列删除重复值

最终得到各个商店参与销售的特色分类商品的不重复数据，如图 27-7 所示。

	A	B	C	D	E	F
1	商店名称	中类名称	季节名称	风格名称	大类名称	特色分类名称
2	京东店	单鞋	常年	中式	布鞋	胶片千层底
3	京东店	单鞋	常年	中式	布鞋	千层底
4	京东店	单鞋	常年	中式	布鞋	皮底
5	京东店	单鞋	常年	休闲	布鞋	PU底平跟
6	京东店	单鞋	秋	中式改良	布鞋	牛筋底坡跟
7	京东店	棉鞋	冬	中式	布鞋	胶底手工
8	京东店	棉鞋	冬	休闲	皮鞋	成型底平跟
9	京东店	棉鞋	冬	休闲	布鞋	硫化底

图 27-7　各个商店参与销售的特色分类商品的不重复数据

【删除重复值】命令在判定重复值时不区分字母大小写，但是对于数值型数据将考虑对应单元格的格式，如果数值相同但单元格格式不同，则可能判断为不同的数据。因此想要避免此种情况，需要保证同列的数据具有相同的单元格格式，这也是数据表的基本要求。

27.6 数据列表排序

Excel 提供了多种方法对数据列表进行排序，用户可以根据需要按行或列、按升序或降序来排序，也可以使用自定义排序命令。Excel 2016 的【排序】对话框可以指定多达 64 个排序条件，还可以按单元格的背景颜色及字体颜色进行排序，甚至还能按单元格内显示的图标进行排序。

27.6.1 一个简单排序的例子

未经排序的数据列表看上去杂乱无章，不利于用户查找并分析数据，如图 27-8 所示。

	A	B	C	D	E	F	G	H
1	月	日	凭证号数	科目编码	科目名称	摘要	部门	借方
2	03	07	记-0073	41010302	办公公交	*车费	业务四部	9
3	03	07	记-0002	41010304	运费	*车间运费	业务三部	15
4	03	07	记-0037	41010303	办公车租费	*张去大友谊为顾客试衣打车费	业务二部	21
5	03	07	记-0072	41010302	办公公交	*车费	业务三部	22
6	03	07	记-0049	41010304	运费	*车间运费	业务二部	30
7	03	07	记-0070	41010202	邮件	*顺丰，德邦快递费	业务三部	46
8	03	07	记-0072	41010303	办公车租费	*车费	业务三部	50
9	03	07	记-0017	41010202	邮件	*顺丰快递费	业务三部	60
10	03	07	记-0014	41010302	办公公交	*车费	业务四部	60

图 27-8 未经排序的数据列表

要对图 27-8 所示的数据列表按“科目名称”升序排序，可选中表格在 E 列中的任意一个单元格（如 E7），在【数据】选项卡中单击【升序】按钮，如图 27-9 所示。这样就可以按照“科目名称”为关键字对表格进行升序排序，其具体规则是根据“科目名称”的拼音字母为序，进行升序排列。

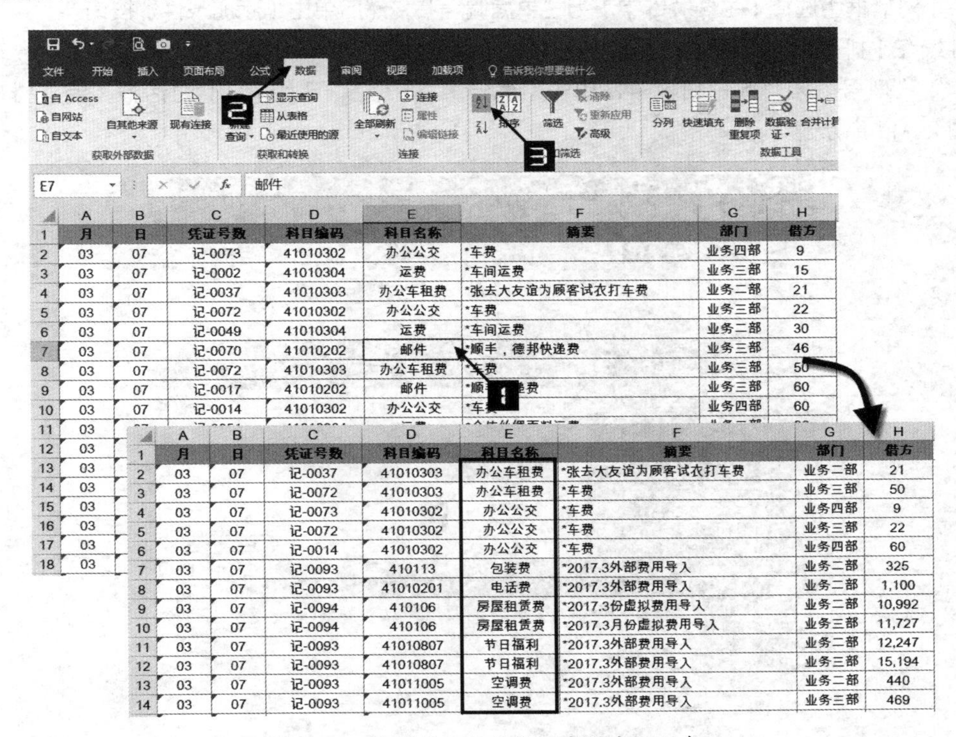

	A	B	C	D	E	F	G	H
1	月	日	凭证号数	科目编码	科目名称	摘要	部门	借方
2	03	07	记-0037	41010303	办公车租费	*张去大友谊为顾客试衣打车费	业务二部	21
3	03	07	记-0072	41010303	办公车租费	*车费	业务三部	50
4	03	07	记-0073	41010302	办公公交	*车费	业务四部	9
5	03	07	记-0072	41010302	办公公交	*车费	业务三部	22
6	03	07	记-0014	41010302	办公公交	*车费	业务四部	60
7	03	07	记-0093	410113	包装费	*2017.3外部费用导入	业务二部	325
8	03	07	记-0093	41010201	电话费	*2017.3外部费用导入	业务二部	1,100
9	03	07	记-0094	410106	房屋租赁费	*2017.3份虚拟费用导入	业务二部	10,992
10	03	07	记-0094	410106	房屋租赁费	*2017.3月份虚拟费用导入	业务三部	11,727
11	03	07	记-0093	41010807	节日福利	*2017.3外部费用导入	业务二部	12,247
12	03	07	记-0093	41010807	节日福利	*2017.3外部费用导入	业务三部	15,194
13	03	07	记-0093	41011005	空调费	*2017.3外部费用导入	业务二部	440
14	03	07	记-0093	41011005	空调费	*2017.3外部费用导入	业务三部	469

图 27-9 按“科目名称”升序排序的列表

27.6.2 按多个关键字进行排序

示例27-3 同时按多个关键字进行排序

假设要对图 27-10 所示表格中的数据进行排序，关键字依次为“单据编号”“商品编号”“商品名称”“型号”和“单据日期”，可参照以下步骤。

	仓库	单据编号	单据日期	商品编号	商品名称	型号	单位	数量
2	1号库	XK-T-20080702-0013	2008-07-02	50362	鑫五福竹牙签（8袋）	1*150	个	1
3	1号库	XK-T-20080702-0020	2008-07-02	2717	微波单层大饭煲	1*18	个	1
4	1号库	XK-T-20080702-0009	2008-07-02	0207	31CM通用桶	1*48	个	1
5	1号库	XK-T-20080704-0018	2008-07-04	0412	大号婴儿浴盆	1*12	个	1
6	1号库	XK-T-20080704-0007	2008-07-04	1809-A	小型三层三角架	1*8	个	1
7	1号库	XK-T-20080701-0005	2008-07-01	2707	微波大号专用煲	1*15	个	2
8	1号库	XK-T-20080702-0014	2008-07-02	2703	微波双层保温饭煲	1*18	个	2
9	1号库	XK-T-20080702-0059	2008-07-02	1508-A	19CM印花脚踏卫生桶	1*24	个	2
10	1号库	XK-T-20080703-0011	2008-07-03	1502-A	24CM印花脚踏卫生桶	1*12	个	2
11	1号库	XK-T-20080703-0004	2008-07-03	2703	微波双层保温饭煲	1*18	个	2
12	1号库	XK-T-20080703-0014	2008-07-03	1802-B	孔底型三角架	1*6	个	2
13	1号库	XK-T-20080703-0003	2008-07-03	2601	便利保健药箱	1*72	个	2
14	1号库	XK-T-20080701-0001	2008-07-01	2602	居家保健药箱	1*48	个	3
15	1号库	XK-T-20080701-0005	2008-07-01	0403	43CM脸盆	1*60	个	3
16	1号库	XK-T-20080702-0005	2008-07-02	1805-A	三层鞋架（三体）	1*10	个	3
17	1号库	XK-T-20080702-0055	2008-07-02	1805-A	三层鞋架（三体）	1*10	个	3
18	1号库	XK-T-20080702-0059	2008-07-02	1502-A	24CM印花脚踏卫生桶	1*12	个	3

图 27-10 需要进行排序的表格

步骤① 选中表格中的任意单元格（如 A6），在【数据】选项卡中单击【排序】按钮，在弹出的【排序】对话框中选择【主要关键字】为“单据编号”，然后单击【添加条件】按钮。

步骤② 继续在【排序】对话框中设置新条件，将【次要关键字】依次设置为“商品编号”“商品名称”“型号”和“单据日期”，单击【确定】按钮，关闭【排序】对话框，完成排序，如图 27-11 所示。

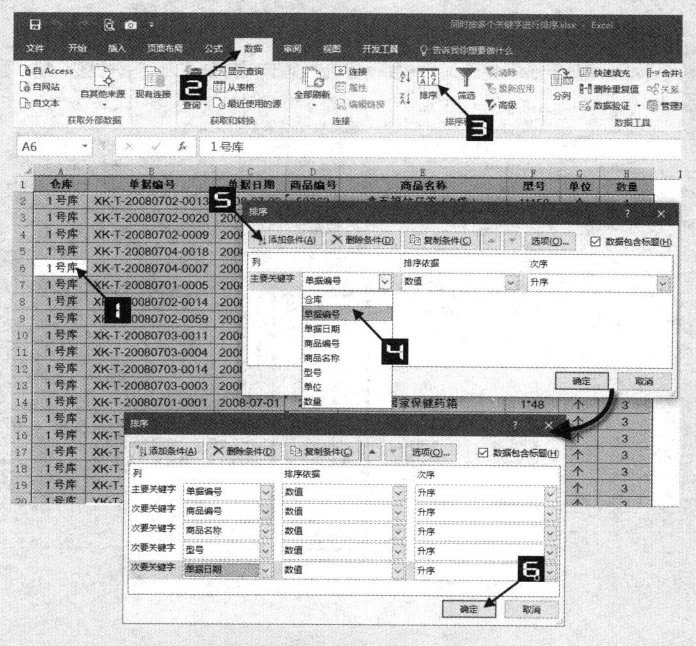

图 27-11 同时添加多个排序关键字

当要排序的某个数据列中含有文本格式的数字时，会出现【排序提醒】对话框，如图 27-12 所示。

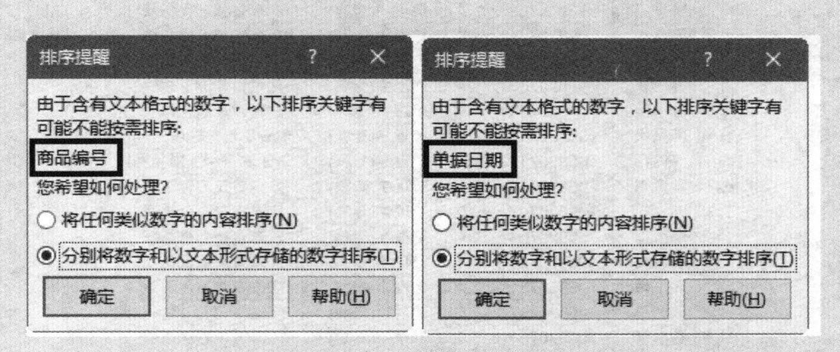

图 27-12　排序提醒

如果整列数据都是文本型数字，可以在【排序提醒】对话框中直接单击【确定】按钮，排序不受影响。此时选择不同选项会对应不同的排序结果。

经过排序后的表格如图 27-13 所示。

	A	B	C	D	E	F	G	H
1	仓库	单据编号	单据日期	商品编号	商品名称	型号	单位	数量
2	1号库	XK-T-20080701-0001	2008-07-01	0311	23CM海洋果蔬盆	1*60	个	10
3	1号库	XK-T-20080701-0001	2008-07-01	0601	CH-2型砧板（43X28cm)	1*20	个	5
4	1号库	XK-T-20080701-0001	2008-07-01	1440	小号欧式鼓型杯	1*120	个	18
5	1号库	XK-T-20080701-0001	2008-07-01	2106	欧式水壶	1*30	个	8
6	1号库	XK-T-20080701-0001	2008-07-01	2213	卫生皂盒	1*100	个	10
7	1号库	XK-T-20080701-0001	2008-07-01	2235	椭圆滴水皂盘	1*144	个	20
8	1号库	XK-T-20080701-0001	2008-07-01	2602	居家保健药箱	1*48	个	3
9	1号库	XK-T-20080701-0001	2008-07-01	2907	双色强力粘钩（1*3）	1*288	个	10
10	1号库	XK-T-20080701-0001	2008-07-01	H606	强力粘钩H606	1*160	个	10
11	1号库	XK-T-20080701-0001	2008-07-01	Y54485	云蕾家用桑拿巾30x100	1*100	个	10
12	1号库	XK-T-20080701-0001	2008-07-01	Y89906	云蕾高级沐浴条	1*100	个	10
13	1号库	XK-T-20080701-0001	2008-07-01	Y96088	云蕾泡泡搓得洁	1*100	个	10
14	1号库	XK-T-20080701-0001	2008-07-01	Y98731	云蕾万用擦巾（2片装）	1*100	个	10
15	1号库	XK-T-20080701-0001	2008-07-01	YB8102	奶瓶刷8102	1*48	个	5
16	1号库	XK-T-20080701-0002	2008-07-01	2114	居家保温饭壶	1*24	个	175
17	1号库	XK-T-20080701-0003	2008-07-01	0311	23CM海洋果蔬盆	1*60	个	60
18	1号库	XK-T-20080701-0003	2008-07-01	0431	38CM洗碗盆	1*60	个	60

图 27-13　多关键字排序后的表格

此外，可以使用 27.6.1 小节中介绍的方法，依次按“单据日期”“型号”“商品名称”“商品编号”和“单据编号”来排序，即分成多轮次进行排序。

Excel 对多次排序的处理原则为：先被排序过的列会在后续其他列的排序过程中尽量保持自己的顺序。因此，在使用这种方法时应该遵循的规则为：先排序较次要（或称为排序优先级较低）的列，后排序较重要（或称为排序优先级较高）的列。

27.6.3　按笔画排序

在默认情况下，Excel 对汉字是按照字母顺序排序的，以中文姓名为例，字母顺序即按姓名第一个字的拼音首字母在 26 个英文字母中出现的顺序进行排列，如果同姓，则依次比较姓名的第二字、第三字。图 27-14 显示的表格中包含了对姓名字段按字母顺序升序排列的数据。

	A	B	C	D	E
1	姓名	学号	性别	层次及专业	单位
2	蔡玲	05820759	女	护理学(专科)	广东省茂石化医院
3	蔡亚婵	05820760	女	护理学(专科)	广东省茂石化医院
4	曹玉玲	05820750	女	护理学(专科)	广东省茂石化医院
5	曾俊丽	05820758	女	护理学(专科)	广东省茂石化医院
6	陈春秀	05820711	女	护理学(专科)	广东省茂石化医院
7	陈翠恒	05820712	女	护理学(专科)	广东省茂石化医院
8	陈普	05820713	女	护理学(专科)	化州市江湖卫生院
9	陈小丽	05820714	女	护理学(专科)	广东省茂石化医院
10	陈颖娟	05820715	女	护理学(专科)	广东省茂石化医院院门诊
11	陈粤	05820716	女	护理学(专科)	广东医学院第三附属医院
12	程贤杰	05820756	女	护理学(专科)	广东省茂石化医院
13	冯剑	05820703	女	护理学(专科)	广东省茂石化医院
14	冯少梅	05820704	女	护理学(专科)	广东省茂石化医院
15	葛辉梅	05820757	女	护理学(专科)	广东省茂石化医院
16	龚小玲	05820751	女	护理学(专科)	广东省茂石化医院
17	何亦芹	05820717	女	护理学(专科)	广东医学院第三附属医院
18	黄小红	05820753	女	护理学(专科)	广东省茂石化医院

图 27-14　按字母顺序排列的姓名

然而，在中国人的习惯中，常常是按照笔画的顺序来排列姓名的。这种排序的规则大致是：按姓字的笔画数多少排列，同笔画数内的姓字按起笔顺序排列（横、竖、撇、捺、折），笔画数和笔形都相同的字，按字形结构排列，先左右，再上下，最后整体字。如果姓字相同，则依次看姓名第二字、第三字，规则同姓字。

示例27-4 按笔画排列姓名

在 Excel 中，已经考虑到了这种需求。以图 27-14 所示的表格为例，使用姓氏笔画的顺序来排序的方法如下。

步骤① 单击数据区域中的任意单元格（如 A8）。

步骤② 在【数据】选项卡中单击【排序】按钮，出现【排序】对话框。

步骤③ 在【排序】对话框中选择【主要关键字】为“姓名”，排序方式为升序。

步骤④ 单击【排序】对话框中的【选项】按钮，在出现的【排序选项】对话框中选中【方法】选项区域中的【笔画排序】单选按钮，如图 27-15 所示。

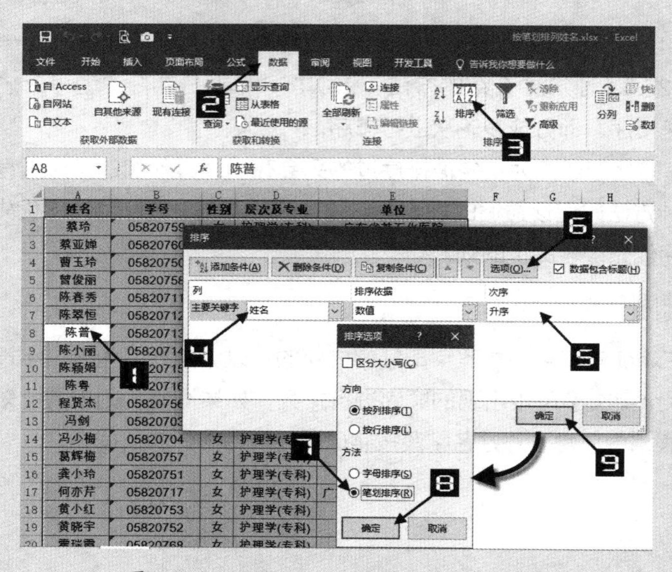

图 27-15　设置以姓名为关键字按画排序

步骤⑤ 先单击【确定】按钮，关闭【排序选项】对话框，再单击【确定】按钮，关闭【排序】对话框。最后的排序结果如图 27-16 所示。

	A	B	C	D	E
1	姓名	学号	性别	层次及专业	单位
2	王红	05820700	女	护理学(专科)	广东省茂石化医院
3	王晓娟	05820701	女	护理学(专科)	广东省茂石化医院
4	文兰玉	05820702	女	护理学(专科)	广东省茂石化医院
5	卢涛	05820705	女	护理学(专科)	广东省茂石化医院
6	邝冬明	05820706	女	护理学(专科)	广东省茂石化医院
7	冯少梅	05820704	女	护理学(专科)	广东省茂石化医院
8	冯剑	05820703	女	护理学(专科)	广东省茂石化医院
9	朱美玲	05820709	女	护理学(专科)	广东省茂石化医院
10	朱艳玲	05820710	女	护理学(专科)	广东省茂石化医院
11	刘丽梅	05820707	女	护理学(专科)	广东省茂石化医院
12	许小红	05820708	女	护理学(专科)	广东省茂石化医院
13	苏艳伟	05820724	女	护理学(专科)	广东省茂石化医院
14	李文金	05820721	女	护理学(专科)	广东省茂石化医院
15	李东霞	05820718	女	护理学(专科)	广东省茂石化医院
16	李肖丽	05820722	女	护理学(专科)	广东省茂石化医院
17	李国萍	05820719	女	护理学(专科)	广东省茂石化医院
18	李艳芬	05820723	女	护理学(专科)	广东省茂石化医院

图 27-16　按笔画排序的结果

Excel中按笔画排序的规则并不完全符合前文所提到的中国人的习惯。对于相同笔画数的汉字，Excel实际上按照其内码顺序进行排列，而不是按照笔画顺序进行排列。

27.7　更多排序方法

27.7.1　按颜色排序

在实际工作中，用户经常会通过为单元格设置背景色或字体颜色来标注表格中较特殊的数据。Excel 2016 能够在排序的时候识别单元格颜色和字体颜色，从而帮助用户进行更加灵活的数据整理操作。

➲ Ⅰ　按单元格颜色排序

示例27-5　将红色单元格在表格中置顶

在如图 27-17 所示的表格中，部分学号所在单元格被设置成了红色，如果希望将这些特别的数据排列到表格的上方，可以按如下步骤操作。

步骤① 选中表格中任意一个红色单元格（如 A6）。

步骤② 在 A6 单元格上右击，在弹出的快捷菜单中依次单击【排序】→【将所选单元格颜色放在最前面】命令，即可将所有的红色单元格排列到表格最前面，如图 27-18 所示。

学号	姓名	语文	数学	英语	总分
406	包丹青	56	103	81	240
447	贝万雅	90	127	95	312
442	蔡晓玲	88	97	97	282
444	陈洁	113	120	101	334
424	陈怡	44	83	105	232
433	董颖子	84	117	87	288
428	杜东颖	96	103	89	288
422	樊军明	51	111	111	273
419	方旭	86	72	55	213
416	富裕	88	100	94	282
448	高香香	89	109	105	303
403	顾锋	74	97	77	248
421	黄华	90	102	103	295
417	黄佳清	38	92	92	222
414	黄阚凯	45	115	78	238
431	黄燕华	92	128	96	316
443	金婷	78	144	102	324

图 27-17　部分单元格背景颜色被设置为红色的表格

学号	姓名	语文	数学	英语	总分
406	包丹青	56	103	81	240
424	陈怡	44	83	105	232
422	樊军明	51	111	111	273
417	黄佳清	38	92	92	222
414	黄阚凯	45	115	78	238
409	徐荣弟	59	108	86	253
401	俞毅	55	81	65	201
447	贝万雅	90	127	95	312
442	蔡晓玲	88	97	97	282
444	陈洁	113	120	101	334
433	董颖子	84	117	87	288
428	杜东颖	96	103	89	288
419	方旭	86	72	55	213
416	富裕	88	100	94	282
448	高香香	89	109	105	303

图 27-18　所有的红色单元格排列到表格最前面

Ⅱ　按单元格多种颜色排序

示例27-6　按红色、茶色和浅蓝色的顺序排列表格

如果表格中被手工设置了多种单元格颜色，而又希望按颜色的次序来排列数据，例如，要对图 27-19 所示的表格按 3 种颜色“红色”“茶色”和“浅蓝色”的分布来排序，可以按以下步骤操作。

学号	姓名	语文	数学	英语	总分
401	俞毅	55	81	65	201
402	吴超	83	123	107	313
403	顾锋	74	97	77	248
404	马辰	77	22	58	157
405	张晓帆	91	98	94	283
406	包丹青	56	103	81	240
407	卫骏	87	95	88	270
408	马治政	73	103	99	275
409	徐荣弟	59	108	86	253
410	姚巍	84	49	82	215
411	张军杰	84	114	88	286
412	莫爱洁	90	104	68	262
413	王峰	87	127	75	289
414	黄阚凯	45	115	78	238
415	张琛	88	23	64	175
416	富裕	88	100	94	282
417	黄佳清	38	92	92	222
418	倪天峰	82	110	78	270
419	方旭	86	72	55	213
420	唐燕	95	133	93	321
421	黄华	90	102	103	295
422	樊军明	51	111	111	273

图 27-19　包含 3 种不同颜色单元格的表格

步骤① 选中表格中的任意一个单元格（如 C2），在【数据】选项卡中单击【排序】按钮，弹出【排序】对话框。

步骤② 在弹出的【排序】对话框中设置【主要关键字】为“总分”，【排序依据】为“单元格颜

色”，【次序】为“红色”在顶端，单击【复制条件】按钮。

步骤③ 继续添加条件，单击【复制条件】按钮，分别设置“茶色”和“浅蓝色”为次级次序，最后单击【确定】按钮关闭对话框，如图 27-20 所示。

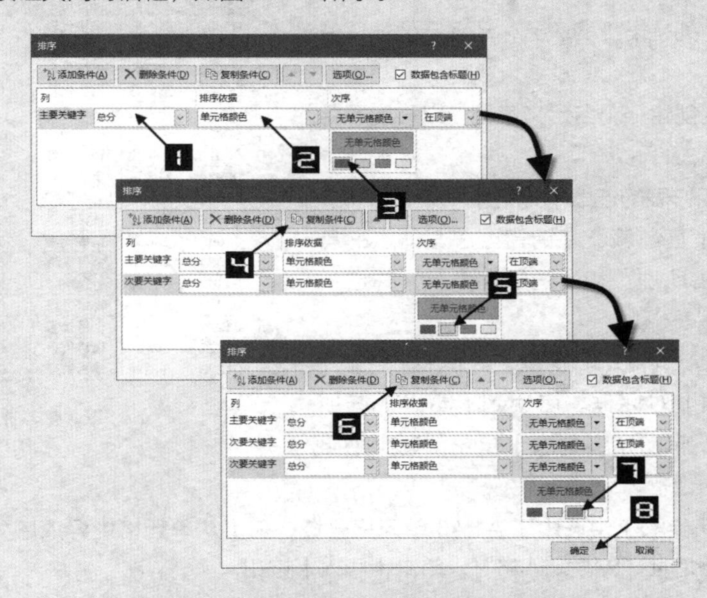

图 27-20　设置 3 种不同颜色的排序次序

排序完成后的局部效果如图 27-21 所示。

	A	B	C	D	E	F
1	学号	姓名	语文	数学	英语	总分
26	440	倪佳璇	95	131	101	327
27	441	朱霜霜	77	113	95	285
28	442	蔡晓玲	88	97	97	282
29	443	金婷	78	144	102	324
30	444	陈洁	113	120	101	334
31	445	叶怡	103	131	115	349
32	447	贝万雅	90	127	95	312
33	448	高香香	89	109	105	303
34	403	顾锋	74	97	77	248
35	409	徐荣弟	59	108	86	253
36	430	倪燕华	88	77	99	264
37	412	莫爱洁	90	104	68	262
38	404	马辰	77	22	58	157
39	415	张琛	88	23	64	175
40	401	俞毅	55	81	65	201

图 27-21　按多种颜色排序完成后的表格

27.7.2　按字体颜色和单元格图标排序

除了按单元格颜色排序外，Excel 还能根据字体颜色和由条件格式生成的单元格图标进行排序，方法与按单元格颜色排序相同，在此不再赘述。

27.7.3　自定义排序

Excel 可以根据数字顺序或字母顺序进行排序，而且不局限于使用标准的排序顺序。如果用户想按照特殊的次序进行排序，可以使用自定义序列的方法。

示例27-7 按职务大小排列表格

在如图 27-22 所示的表格中记录着某公司员工的津贴数据，其中 C 列是员工的职务，现在需要按职务对表格进行排序。

	A	B	C	D	E
1	人员编号	姓名	职务	工作津贴	联系方式
2	00697	郎会坚	销售代表	750	022-8888800697
3	00717	李珂	销售代表	995	022-8888800717
4	00900	张勇	销售代表	535	022-8888800900
5	00906	王丙柱	销售代表	675	022-8888800906
6	00918	赵永福	销售总裁	1,275	022-8888800918
7	00930	朱体高	销售助理	1,240	022-8888800930
8	00970	王俊松	销售助理	895	022-8888800970
9	00974	刘德瑞	销售代表	895	022-8888800974
10	01002	胥和平	销售副总裁	870	022-8888801002
11	01026	薛滨峰	销售代表	870	022-8888801026
12	01069	王志为	销售代表	870	022-8888801069
13	01084	高连兴	销售经理	675	022-8888801084
14	01142	苏荣连	销售副总裁	970	022-8888801142
15	01201	刘恩树	销售经理	645	022-8888801201
16	01221	丁涛	销售代表	645	022-8888801221
17	01222	刘恺	销售代表	510	022-8888801222
18	01223	许丽萍	销售助理	645	022-8888801223

图 27-22　员工津贴数据

首先，用户需要创建一个自定义序列，以确定职务的排序规则，操作方法如下。

步骤① 在一张空白工作表的连续单元格中（如 A1:A5）依次输入“销售总裁”“销售副总裁”“销售经理”“销售助理”和“销售代表”，并选中该单元格区域。

步骤② 依次按下 <Alt> 键、<T> 键、<O> 键，打开【Excel 选项】对话框。切换到【高级】选项卡，单击【编辑自定义列表】按钮，调出【自定义序列】对话框。

步骤③ 此时，由于在步骤 1 中选中了 A1:A5 单元格区域，在【从单元格中导入序列】文本框中会自动填入单元格地址“$A$1:$A$5”，单击【导入】按钮。

步骤④ 单击【确定】按钮，关闭【自定义序列】对话框，再次单击【确定】按钮，关闭【Excel 选项】对话框，完成自定义序列的创建，如图 27-23 所示。

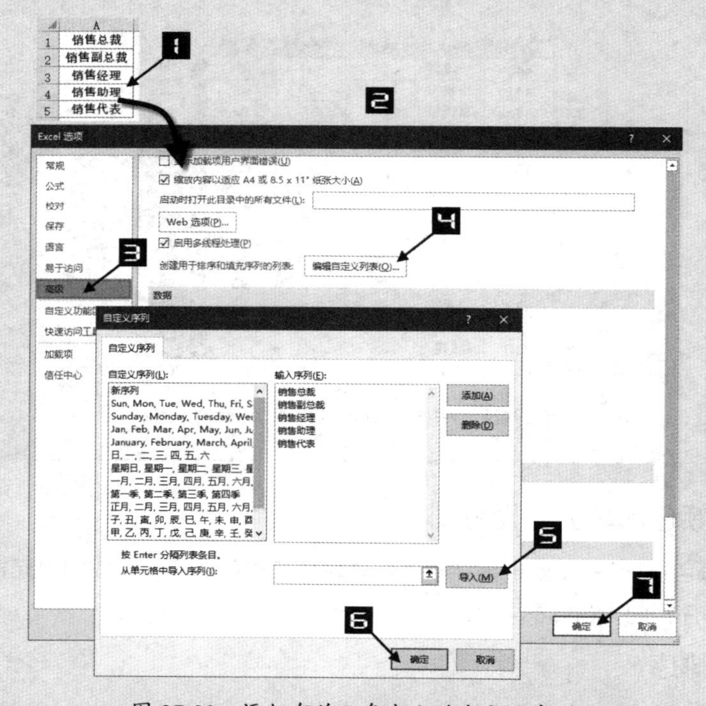

图 27-23　添加有关职务大小的自定义序列

然后，使用以下方法，对表格按照职务大小排序。

步骤① 单击数据区域中的任意单元格（如 A2）。

步骤② 在【数据】选项卡中单击【排序】按钮，弹出【排序】对话框。

步骤③ 在【排序】对话框中选择【主要关键字】为“职务”，【次序】为“自定义序列”，在弹出的【自定义序列】对话框中选中刚才添加的新序列，单击【确定】按钮，如图 27-24 所示。

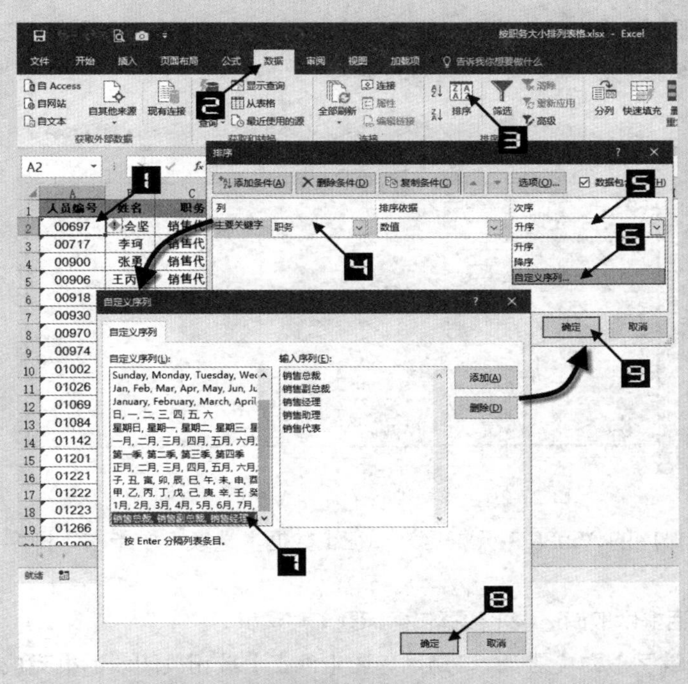

图 27-24　在【排序】对话框中设置自定义序列

步骤④ 单击【排序】对话框中的【确定】按钮，即可完成排序，效果如图 27-25 所示。

	A	B	C	D	E
1	人员编号	姓名	职务	工作津贴	联系方式
2	00918	赵永福	销售总裁	1,275	022-8888800918
3	01142	苏荣连	销售副总裁	970	022-8888801142
4	01002	胥和平	销售副总裁	870	022-8888801002
5	01201	刘恩树	销售经理	645	022-8888801201
6	01084	高连兴	销售经理	675	022-8888801084
7	05552	刘忠诚	销售助理	620	022-8888805552
8	01223	许丽萍	销售助理	645	022-8888801223
9	00970	王俊松	销售助理	895	022-8888800970
10	00930	朱体高	销售助理	1,240	022-8888800930
11	05775	凌勇刚	销售代表	535	022-8888805775
12	05763	阎京明	销售代表	590	022-8888805763
13	05616	董连清	销售代表	610	022-8888805616
14	05592	秦勇	销售代表	610	022-8888805592
15	05579	张国顺	销售代表	620	022-8888805579
16	05572	张占军	销售代表	620	022-8888805572
17	05386	刘凤江	销售代表	735	022-8888805386
18	05380	李洪民	销售代表	630	022-8888805380

图 27-25　按职务排序的表格

注意

Excel 2016允许同时对多个字段使用不同的自定义次序进行排序。

27.7.4 对数据列表中的某部分进行排序

示例27-8 对数据列表中的某部分进行排序

如果用户只希望对数据列表中的某一特定部分进行排序，例如，对图 27-26 所示的数据列表中的 A5:I20 单元格区域按“性别”排序，具体的操作步骤如下。

	A	B	C	D	E	F	G	H	I
1	工号	姓名	性别	籍贯	出生日期	入职日期	月工资	绩效系数	年终奖金
2	A00001	林达	男	哈尔滨	1978/6/17	2016/6/20	6,750	0.50	6,075
3	A00002	贾丽丽	女	成都	1983/6/25	2016/6/13	4,750	0.95	8,123
4	A00003	赵春	男	杭州	1974/6/14	2016/6/14	4,750	1.00	8,550
5	A00004	师丽莉	男	广州	1977/5/28	2016/6/11	6,750	0.60	7,290
6	A00005	岳恩	男	南京	1983/12/29	2016/6/10	6,250	0.75	8,438
7	A00006	李勤	男	成都	1975/9/25	2016/6/17	5,250	1.00	9,450
8	A00007	郝尔冬	男	北京	1980/1/21	2016/6/4	5,750	0.90	9,315
9	A00008	朱丽叶	女	天津	1972/1/6	2016/6/3	5,250	1.10	10,395
10	A00009	白可燕	女	山东	1970/10/18	2016/6/2	4,750	1.30	11,115
11	A00010	师胜昆	男	天津	1986/10/18	2016/6/16	5,750	1.00	10,350
12	A00011	郝河	男	广州	1969/6/1	2016/6/12	5,250	1.20	11,340
13	A00012	艾思迪	女	北京	1966/5/24	2016/6/1	5,250	1.20	11,340
14	A00013	张祥志	男	桂林	1989/12/23	2016/6/18	5,250	1.30	12,285
15	A00014	岳凯	男	南京	1977/7/13	2016/6/9	5,250	1.30	12,285
16	A00015	孙丽星	男	成都	1966/12/25	2016/6/15	5,750	1.20	12,420
17	A00016	艾利	女	厦门	1980/11/11	2016/6/6	6,750	1.00	12,150
18	A00017	李克特	男	广州	1988/11/23	2016/6/8	5,750	1.30	13,455
19	A00018	邓星丽	女	西安	1967/6/16	2016/6/19	5,750	1.30	13,455
20	A00019	吉汉阳	男	上海	1968/1/25	2016/6/7	6,250	1.20	13,500
21	A00020	马豪	男	上海	1958/3/21	2016/6/5	6,250	1.50	16,875

图 27-26 将要进行某部分排序的数据列表

步骤① 选中将要进行排序的 A5:I20 单元格区域，在【数据】选项卡中单击【排序】按钮，弹出【排序】对话框。

步骤② 在【排序】对话框中取消选中【数据包含标题】复选框。

步骤③ 设置【主要关键字】为“列 C”，最后单击【确定】按钮关闭对话框完成排序，如图 27-27 所示。

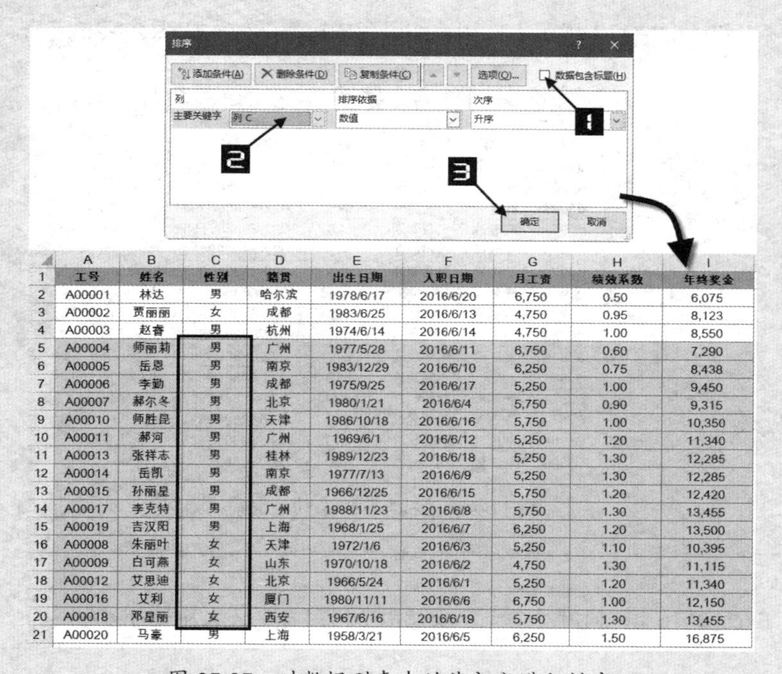

	A	B	C	D	E	F	G	H	I
1	工号	姓名	性别	籍贯	出生日期	入职日期	月工资	绩效系数	年终奖金
2	A00001	林达	男	哈尔滨	1978/6/17	2016/6/20	6,750	0.50	6,075
3	A00002	贾丽丽	女	成都	1983/6/25	2016/6/13	4,750	0.95	8,123
4	A00003	赵春	男	杭州	1974/6/14	2016/6/14	4,750	1.00	8,550
5	A00004	师丽莉	男	广州	1977/5/28	2016/6/11	6,750	0.60	7,290
6	A00005	岳恩	男	南京	1983/12/29	2016/6/10	6,250	0.75	8,438
7	A00006	李勤	男	成都	1975/9/25	2016/6/17	5,250	1.00	9,450
8	A00007	郝尔冬	男	北京	1980/1/21	2016/6/4	5,750	0.90	9,315
9	A00010	师胜昆	男	天津	1986/10/18	2016/6/16	5,750	1.00	10,350
10	A00011	郝河	男	广州	1969/6/1	2016/6/12	5,250	1.20	11,340
11	A00013	张祥志	男	桂林	1989/12/23	2016/6/18	5,250	1.30	12,285
12	A00014	岳凯	男	南京	1977/7/13	2016/6/9	5,250	1.30	12,285
13	A00015	孙丽星	男	成都	1966/12/25	2016/6/15	5,750	1.20	12,420
14	A00017	李克特	男	广州	1988/11/23	2016/6/8	5,750	1.30	13,455
15	A00019	吉汉阳	男	上海	1968/1/25	2016/6/7	6,250	1.20	13,500
16	A00008	朱丽叶	女	天津	1972/1/6	2016/6/3	5,250	1.10	10,395
17	A00009	白可燕	女	山东	1970/10/18	2016/6/2	4,750	1.30	11,115
18	A00012	艾思迪	女	北京	1966/5/24	2016/6/1	5,250	1.20	11,340
19	A00016	艾利	女	厦门	1980/11/11	2016/6/6	6,750	1.00	12,150
20	A00018	邓星丽	女	西安	1967/6/16	2016/6/19	5,750	1.30	13,455
21	A00020	马豪	男	上海	1958/3/21	2016/6/5	6,250	1.50	16,875

图 27-27 对数据列表中的某部分进行排序

注意

> 如果排序对象是“表格”中的一部分，而不是数据列表中的一部分，则【排序】对话框中的【数据包含标题】复选框不可用。

27.7.5　按行排序

Excel 不但可以按列排序，也能按行来排序。

示例27-9　按行排序

在如图 27-28 所示的表格中，A 列是行标题，用来表示部门；第 1 行是列标题，用来表示月份。现在需要依次按“月份”来对表格排序。

	A	B	C	D	E	F	G	H	I	J	K	L	M	N
1	项　目	10	11	12	1	2	3	4	5	6	7	8	9	总计
2	财务部	22	5	11	7	4	5	6	6	5	10	12	12	78
3	总经办	11	5	6	9	9	8	8	24	5	8	6	6	88
4	品牌管理部	3	21	21	6	6	7	19	21	25	8	123	28	264
5	人力资源部	22	21	17	36	12	14	32	26	26	11	17	15	206
6	运营部	58	53	60	58	30	36	64	76	63	37	158	62	644
7	总计	116	105	115	117	61	71	128	152	125	73	315	122	1,280

图 27-28　同时具备行、列标题的二维表格

具体操作步骤如下。

步骤① 选中 B1:M6 单元格区域。

步骤② 在【数据】选项卡中单击【排序】按钮，弹出【排序】对话框。

步骤③ 单击【排序】对话框中的【选项】按钮，在弹出的【排序选项】对话框中选中【方向】选项区域中的【按行排序】单选按钮，再依次单击【确定】按钮关闭对话框，如图 27-29 所示。

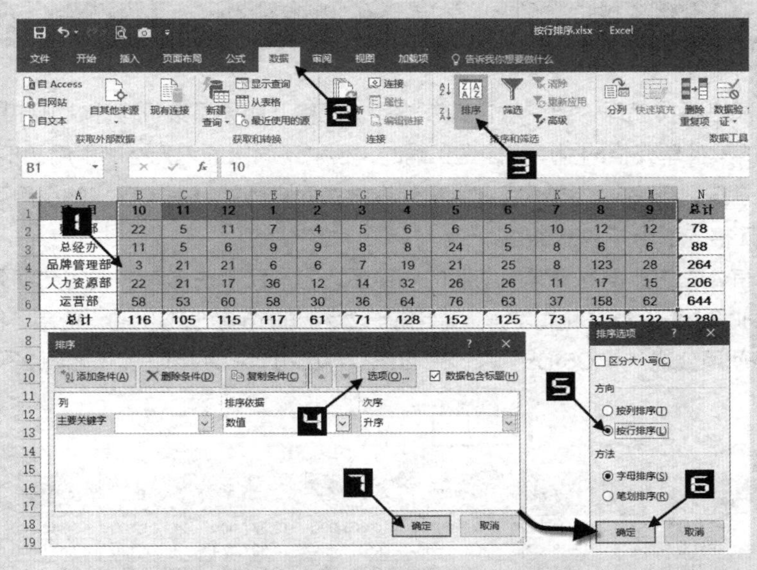

图 27-29　设置排序选项

步骤④ 此时，【排序】对话框中【主要关键字】下拉列表框中的内容发生了改变。选择【主要关键

字】为“行 1”，【排序依据】为“数值”，【次序】为“升序”，单击【确定】按钮关闭对话框，结果如图 27-30 所示。

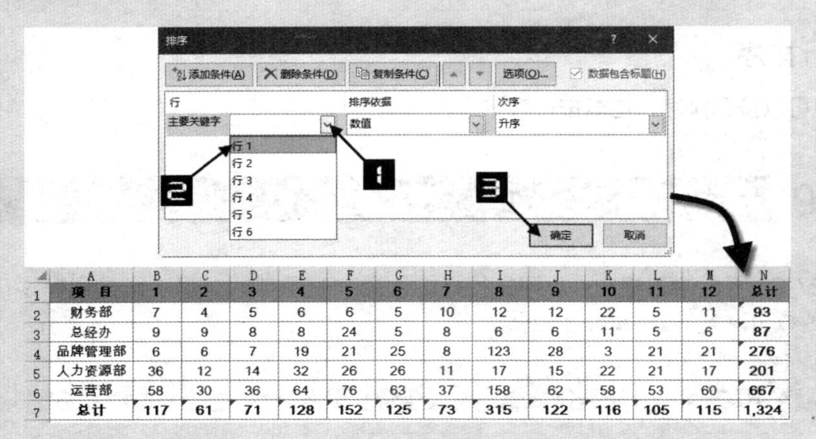

项　目	1	2	3	4	5	6	7	8	9	10	11	12	总计
财务部	7	4	5	6	6	5	10	12	12	22	5	11	93
总经办	9	9	8	8	24	5	8	6	6	11	5	6	87
品牌管理部	6	6	7	19	21	25	8	123	28	3	21	21	276
人力资源部	36	12	14	32	26	26	11	17	15	22	21	17	201
运营部	58	30	36	64	76	63	37	158	62	58	53	60	667
总计	117	61	71	128	152	125	73	315	122	116	105	115	1,324

图 27-30　按行排序的最后结果

注意

在使用按行排序时，不能像使用按列排序一样选中整个目标区域。因为Excel的排序功能中没有“行标题”的概念，如果选中全部数据区域再按行排序，包含行标题的数据列也会参与排序。因此在本例的步骤1中，只选中行标题所在列以外的数据区域。

27.7.6　排序时注意含有公式的单元格

示例27-10　含有公式的数据排序

当对数据列表进行排序时，要注意含有公式的单元格。如果是按行排序，则在排序之后，数据列表中对同一行的其他单元格的引用可能是正确的，但对不同行的单元格的引用却不再是正确的。

同样，如果是按列排序，则排序后，数据列表中对同一列的其他单元格的引用可能是正确的，但对不同列的单元格的引用却是错误的。

以下是对含有公式的数据列表排序前后的对照图，它显示了对含有公式的数据列表进行排序存在的风险。数据列表中第 6 行“利润差异”是用来计算利润的年差值变化的，使用了相对引用公式。例如，C6 单元格使用公式“= C5-B5”来计算 2012 年和 2011 年的利润差，如图 27-31 所示。

C6　=C5-B5

年份 / 项目	2011	2012	2013	2014	2015	2016
主营业务收入	18,213,000	10,368,000	10,008,000	12,377,000	14,731,100	15,348,200
主营业务成本	15,483,506	8,819,665	8,512,633	10,527,174	12,527,420	13,047,003
期间费用	364,260	207,360	200,160	247,540	294,622	306,964
净利润	2,365,234	1,340,975	1,295,207	1,602,286	1,909,058	1,994,233
利润差异		-1,024,259	-45,768	307,079	306,771	85,176

图 27-31　包含公式的数据列表排序前

按年份降序排序（按行排序）后，2012 年“利润差异”年差值数据发生改变，如图 27-32 所示。为了能正确计算年差值，F6 单元格 2012 年“利润差异”的公式应为“=F5-G5”，第 6 行的其他公式也是错误的。

F6　=F5-E5

	A	B	C	D	E	F	G
1	年份 项目	2016	2015	2014	2013	2012	2011
2	主营业务收入	15,348,200	14,731,100	12,377,000	10,008,000	10,368,000	18,213,000
3	主营业务成本	13,047,003	12,527,420	10,527,174	8,512,633	8,819,665	15,483,506
4	期间费用	306,964	294,622	247,540	200,160	207,360	364,260
5	净利润	1,994,233	1,909,058	1,602,286	1,295,207	1,340,975	2,365,234
6	利润差异	#VALUE!	-85,176	-306,771	-307,079	45,768	

图 27-32　包含公式的数据列表排序后

为了避免在对含有公式的数据列表排序时出错，可以遵守以下规则。

- ❖ 数据列表单元格的公式中引用了数据列表外的单元格数据，请使用绝对引用。
- ❖ 对行排序，避免使用引用其他行的单元格的公式。
- ❖ 对列排序，避免使用引用其他列的单元格的公式。

27.8　筛选数据列表

简单地说，筛选数据列表就是只显示符合用户指定的特定条件的行，隐藏其他的行。Excel 提供了两种筛选数据列表的命令。

- ❖ 筛选：适用于简单的筛选条件。
- ❖ 高级筛选：适用于复杂的筛选条件。

27.8.1　筛选

在管理数据列表时，根据某种条件筛选出匹配的数据是一项常见的需求。Excel 提供了一种称为“筛选”的功能，专门帮助用户解决这类问题。

对于工作表中的普通数据列表，可以使用下面的方法进入筛选状态。

以图 27-33 所示的数据列表为例，先选中列表中的任意一个单元格（如 B3），然后单击【数据】选项卡中的【筛选】按钮，即可启用筛选功能。此时，功能区中的【筛选】按钮将呈现高亮显示状态，数据列表中所有字段的标题单元格中也会出现下拉按钮。

因为 Excel 的“表格”（Table）默认启用筛选功能，所以也可以先将普通数据列表转换为表格，然后就能使用筛选功能。

数据列表进入筛选状态后，单击每个字段的标题单元格中的下拉按钮，都将弹出下拉菜单，提供有关“排序”和“筛选”的详细选项。例如，单击 D1 单元格中的下拉按钮，弹出的下拉菜单如图 27-34 所示。不同数据类型的字段所能够使用的筛选选项也不同。

通过简单的选中，即可完成筛选。被筛选字段的下拉按钮形状会发生改变，同时数据列表中的行号颜色也会改变，如图 27-35 所示。

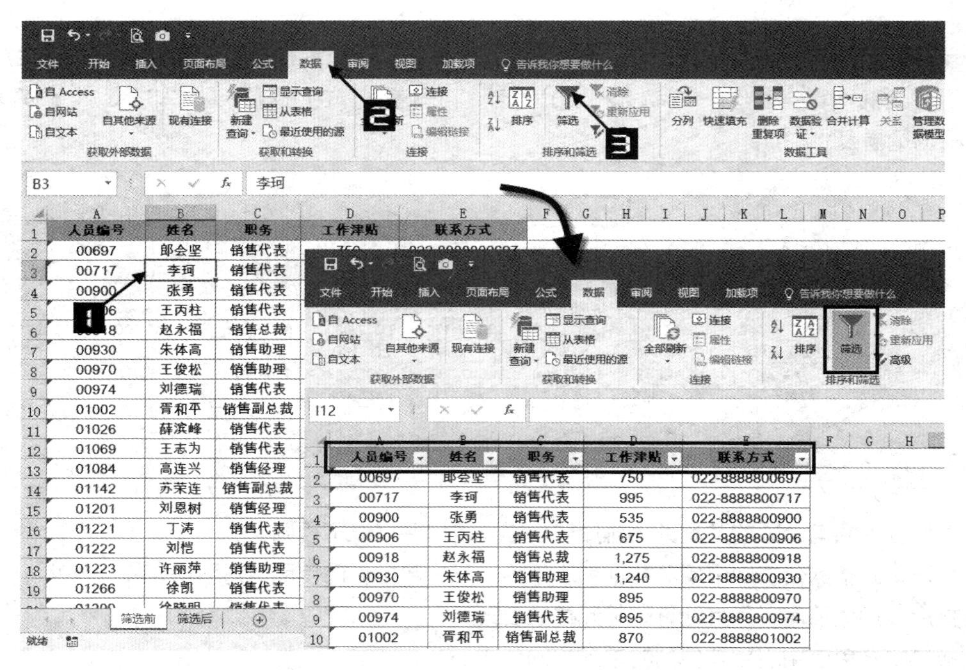

图 27-33　对普通数据列表启用筛选

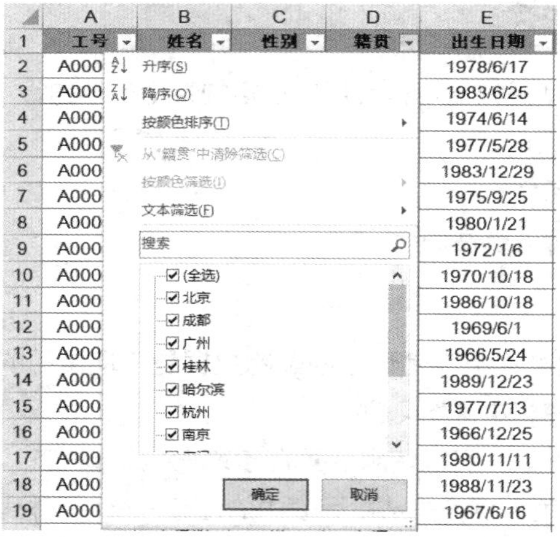

	A	E
1	工号	出生日期
2	A000	1978/6/17
3	A000	1983/6/25
4	A000	1974/6/14
5	A000	1977/5/28
6	A000	1983/12/29
7	A000	1975/9/25
8	A000	1980/1/21
9	A000	1972/1/6
10	A000	1970/10/18
11	A000	1986/10/18
12	A000	1969/6/1
13	A000	1966/5/24
14	A000	1989/12/23
15	A000	1977/7/13
16	A000	1966/12/25
17	A000	1980/11/11
18	A000	1988/11/23
19	A000	1967/6/16

The header row also shows the column headings B 姓名, C 性别 and D 籍贯. The drop-down menu covers those columns and contains:

- 升序(S)
- 降序(O)
- 按颜色排序(T)
- 从"籍贯"中清除筛选(C)
- 按颜色筛选(I)
- 文本筛选(F)
- 搜索
- (全选)
- 北京
- 成都
- 广州
- 桂林
- 哈尔滨
- 杭州
- 南京
- 确定
- 取消

图 27-34　包含排序和筛选选项的下拉菜单

	B	C	D	E	F	G	H	I
1	姓名	性别	籍贯	出生日期	入职日期	月工资	绩效系数	年终奖金
8	郝尔冬	男	北京	1980/1/21	2016/6/4	5,750	0.90	9,315
9	朱丽叶	女	天津	1972/1/6	2016/6/3	5,250	1.10	10,395
11	师胜昆	男	天津	1986/10/18	2016/6/16	5,750	1.00	10,350
13	艾思迪	女	北京	1966/5/24	2016/6/1	5,250	1.20	11,340
19	邓星丽	女	西安	1967/6/16	2016/6/19	5,750	1.30	13,455

数据列表

就绪　在 20 条记录中找到 5 个

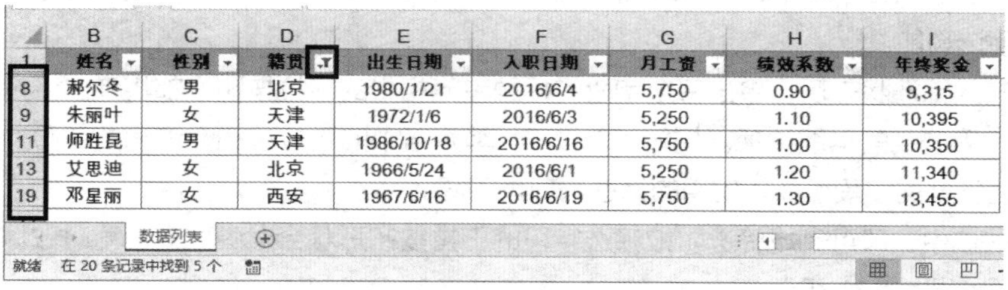

图 27-35　筛选状态下的数据列表

27.8.2　按照文本的特征筛选

示例27-11　按照文本的特征筛选

对于文本型数据字段，下拉菜单中会显示【文本筛选】的相关选项，如图 27-36 所示。事实上，无论选择其中哪一个选项，最终都将进入【自定义自动筛选方式】对话框，通过选择逻辑条件和输入具体条件值，才能完成自定义筛选。

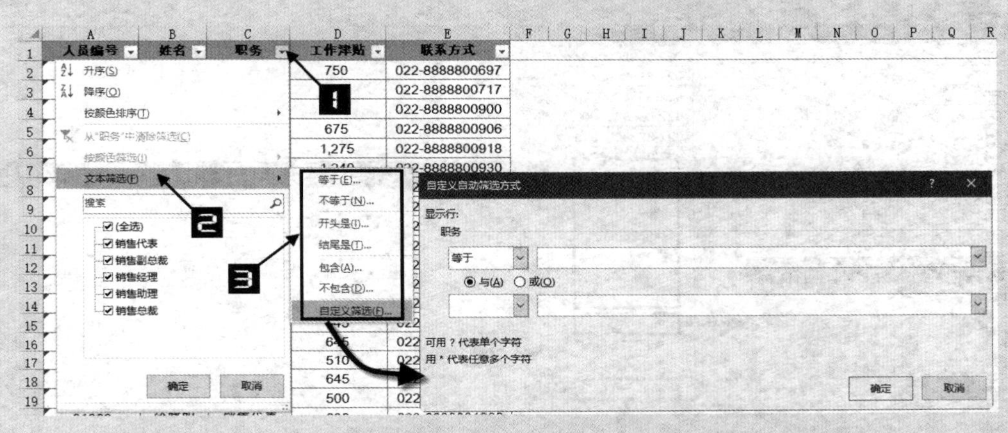

图 27-36　文本型数据字段相关的筛选选项

例如，要筛选出职务为“销售助理”的所有数据，可以参照图 27-37 所示的方法来设置。

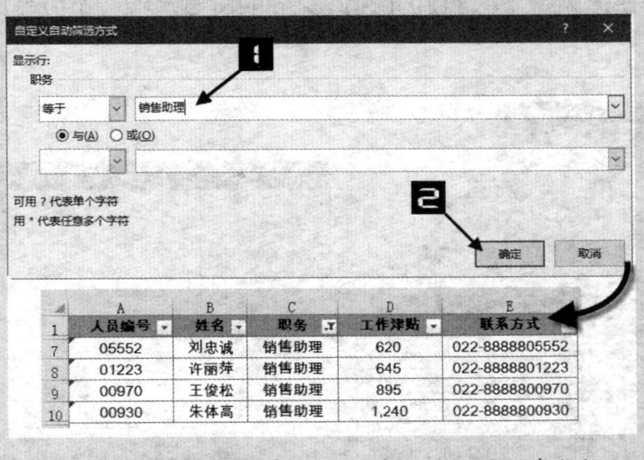

图 27-37　筛选出职务为“销售助理”的所有数据

- ❖ 在【自定义自动筛选方式】对话框中设置的条件，Excel 不区分字母大小写。
- ❖ 【自定义自动筛选方式】对话框是筛选功能的公共对话框，其列表框中显示的逻辑运算符并非适用于每种数据类型的字段，如“包含”运算符就不能适用于数值型数据。

27.8.3 按照数字的特征筛选

对于数值型数据字段，下拉菜单中会显示【数字筛选】的相关选项，如图 27-38 所示。事实上，大部分选项都将进入【自定义自动筛选方式】对话框，通过选择逻辑条件和输入具体条件值，才能完成自定义筛选。

选择【前 10 项】选项，则会进入【自动筛选前 10 个】对话框，用于筛选最大（或最小）的 *N* 个项（百分比）。

选择【高于平均值】和【低于平均值】选项，则根据当前字段所有数据的值来进行相应的筛选。

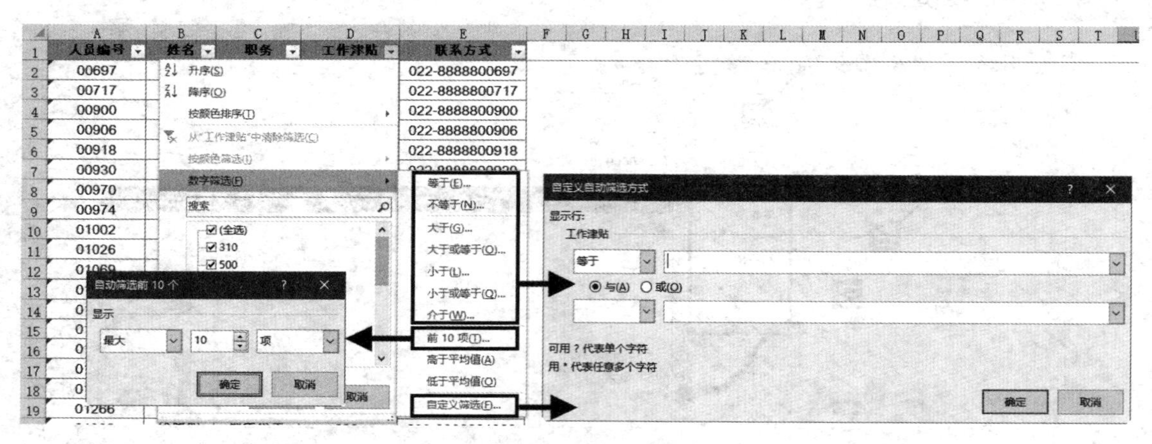

图 27-38 数值型数据字段相关的筛选选项

例如，要筛选出“工作津贴”最多前 10 名的所有数据，可以参照图 27-39 所示的方法来设置。

例如，要筛选出“工作津贴”介于 900~1 300 之间的所有数据，可以参照图 27-40 所示的方法来设置。

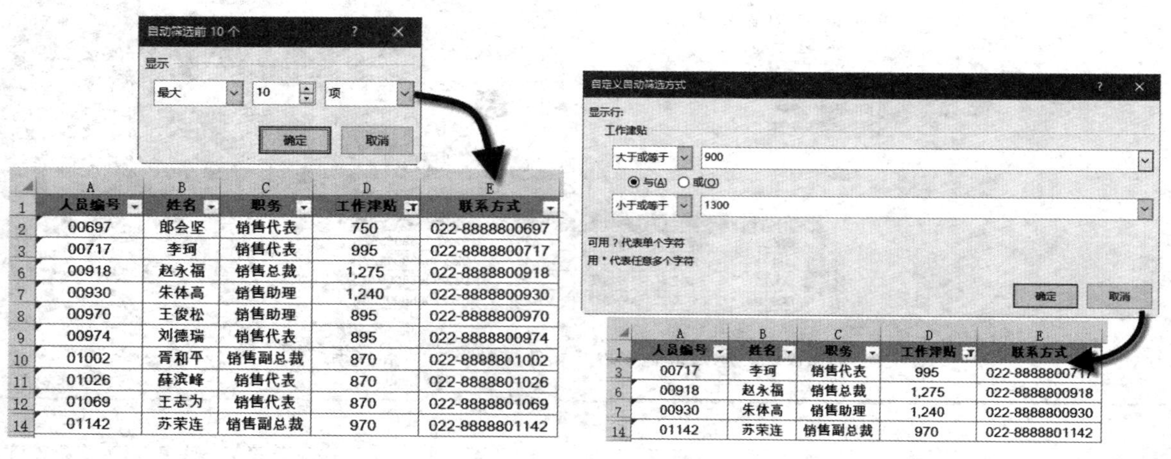

	人员编号	姓名	职务	工作津贴	联系方式
2	00697	郎会坚	销售代表	750	022-8888800697
3	00717	李珂	销售代表	995	022-8888800717
6	00918	赵永福	销售总裁	1,275	022-8888800918
7	00930	朱体高	销售助理	1,240	022-8888800930
8	00970	王俊松	销售助理	895	022-8888800970
9	00974	刘德瑞	销售代表	895	022-8888800974
10	01002	胥和平	销售副总裁	870	022-8888801002
11	01026	薛滨峰	销售代表	870	022-8888801026
12	01069	王志为	销售代表	870	022-8888801069
14	01142	苏荣连	销售副总裁	970	022-8888801142

	人员编号	姓名	职务	工作津贴	联系方式
3	00717	李珂	销售代表	995	022-8888800717
6	00918	赵永福	销售总裁	1,275	022-8888800918
7	00930	朱体高	销售助理	1,240	022-8888800930
14	01142	苏荣连	销售副总裁	970	022-8888801142

图 27-39 筛选“工作津贴”最多前 10 名的所有数据　图 27-40 筛选“工作津贴”介于 900~1 300 之间的所有数据

27.8.4 按照日期的特征筛选

对于日期型数据字段，下拉菜单中会显示【日期筛选】的更多选项，如图 27-41 所示。与文本筛选和数字筛选相比，这些选项更具特色。

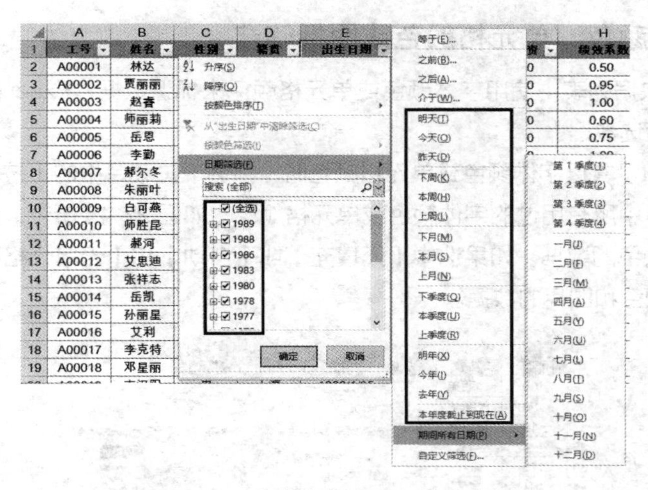

图 27-41　更具特色的日期筛选选项

- ❖ 日期分组列表并没有直接显示具体的日期，而是以年、月、日分组后的分层形式显示。
- ❖ Excel 提供了大量的预置动态筛选条件，将数据列表中的日期与当前日期（系统日期）的比较结果作为筛选条件。
- ❖【期间所有日期】菜单下面的命令则只按日期区间进行筛选，而不考虑年。例如，【第 4 季度】表示数据列表中任何年度的第 4 季度，这在按跨若干年的时间段来筛选日期时非常实用。
- ❖ 除了上面的选项外，仍然提供了【自定义筛选】选项。

遗憾的是，虽然 Excel 提供了大量有关日期特征的筛选条件，但仅能用于日期，而不能用于时间，因此也就没有提供类似于“前一小时”“后一时”“上午”“下午”这样的筛选条件。Excel 的筛选功能将时间仅视作数字来处理。

如果希望取消筛选菜单中的日期分组状态，以便可以按具体的日期值进行筛选，可以按下面的步骤操作。

在【Excel 选项】对话框中单击【高级】选项卡，在【此工作簿的显示选项】选项区域取消选中【使用“自动筛选”菜单分组日期】复选框，单击【确定】按钮，如图 27-42 所示。

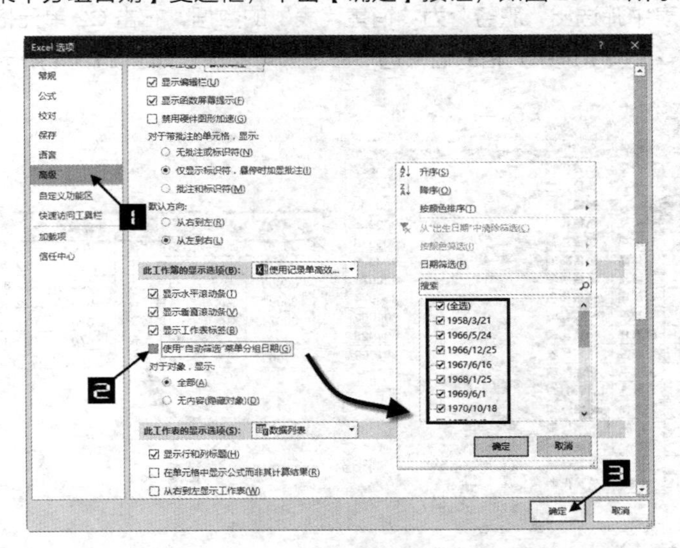

图 27-42　取消选中【使用“自动筛选”菜单分组日期】复选框

27.8.5　按照字体颜色、单元格颜色或图标筛选

许多用户喜欢在数据列表中使用字体颜色或单元格颜色来标识数据，Excel 的筛选功能支持以这些特殊标识作为条件来筛选数据。

当要筛选的字段中设置过字体颜色或单元格颜色时，筛选下拉菜单中的【按颜色筛选】选项会变为可用，并列出当前字段中所有用过的字体颜色或单元格颜色，如图 27-43 所示。选中相应的颜色项，可以筛选出应用了该种颜色的数据。如果选中【无填充】或【自动】和【无单元格图标】命令，则可以筛选出完全没有应用过颜色和图标的数据。

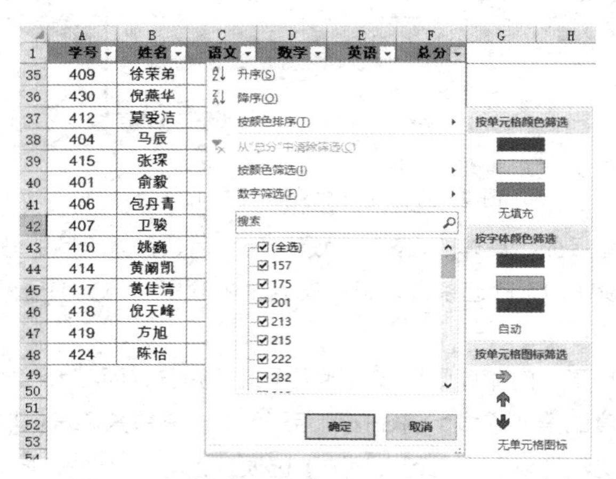

图 27-43　按照字体颜色或单元格颜色筛选

注意：无论是单元格颜色还是字体颜色，一次只能按一种颜色进行筛选。

27.8.6　按所选单元格进行筛选

用户还可以在不设置筛选的状态下，利用右键快捷菜单对所选单元格的值、颜色、字体颜色和图标进行快速筛选，具体操作方法如下。

如果需要在工作表中筛选出“职务”为“销售代表”的数据，右击 C2 单元格，在弹出的快捷菜单中依次选择【筛选】→【按所选单元格的值筛选】命令即可完成，如图 27-44 所示。

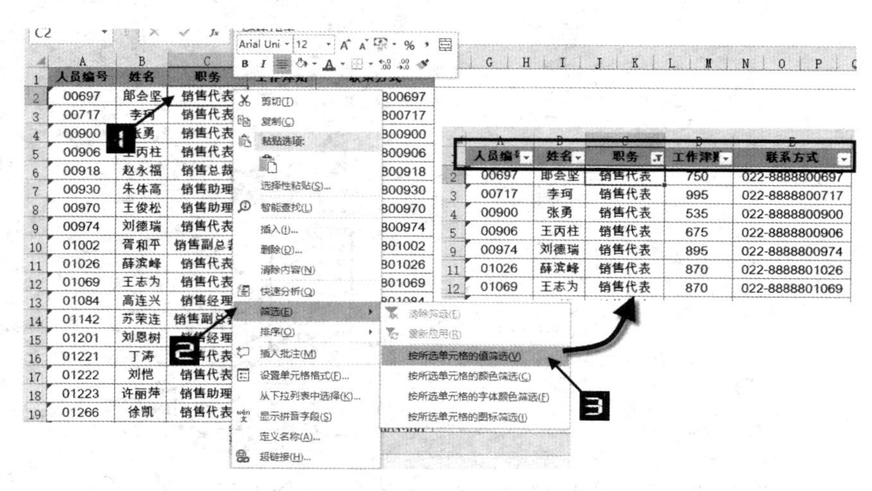

图 27-44　按所选单元格进行筛选

此时，数据列表启用了筛选功能，功能区中的【筛选】按钮将呈现高亮显示状态，所有字段的标题单元格中也会出现下拉按钮。

27.8.7 使用通配符进行模糊筛选

用于筛选数据的条件，有时并不能明确指定为某一项内容，而是某一类内容，如所有名字中有“华”字的员工、产品编号中第三位是 B 的产品等。在这种情况下，可以借助 Excel 提供的通配符来进行筛选。

模糊筛选中通配符的使用必须借助【自定义自动筛选方式】对话框来完成，并允许使用两种通配符条件，可用问号“？”代表一个（且仅有一个）字符，用星号“*”代表 0 到任意多个连续字符（可以是零个字符），如图 27-45 所示。

图 27-45 【自定义自动筛选方式】对话框

注意

通配符仅能用于文本型数据，而对数值和日期型数据无效。要筛选“*”“？”字符本身时，可以在前面添加波形符“~”，如“~*”和“~？”。

有关通配符使用的说明如表 27-2 所示。

表 27-2 通配符使用说明

条件		符合条件的数据
等于	Sh?ll	Shall，Shell
等于	杨？天	杨昊天，杨顶天
等于	H??e	Huge，Hide，Hive，Have
等于	L*n	Lawn，Lesson，Lemon
包含	~?	可以筛选出数据中含有？的数据
包含	~*	可以筛选出数据中含有 * 的数据

27.8.8 筛选多列数据

用户可以对数据列表中的任意多列同时指定筛选条件。也就是说，先对数据列表中的某一列设置条件进行筛选，然后在筛选出的记录中对另一列设置条件进行筛选，以此类推。在对多列同时应用筛选时，筛选条件之间是“与”的关系。

示例27-12 筛选多列数据

例如，要筛选出“职务”为“销售代表”，“工作津贴”为“500”的所有数据，可以参照图 27-46 所示的方法来设置。

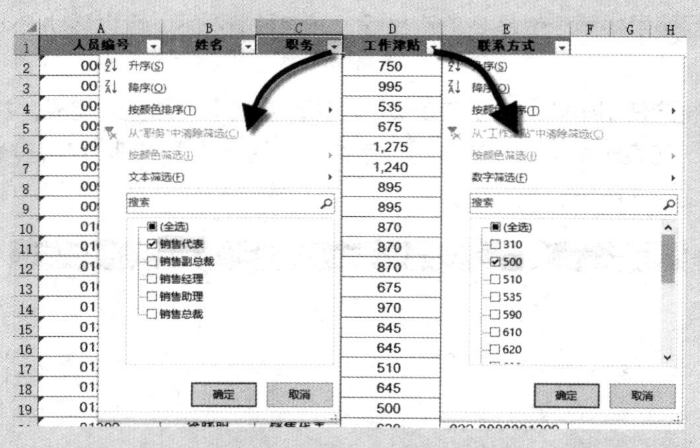

图 27-46 设置两列值的筛选条件

筛选后的结果如图 27-47 所示。

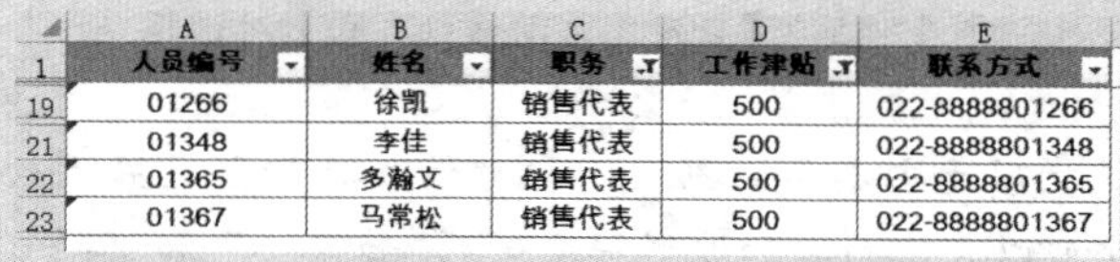

	人员编号	姓名	职务	工作津贴	联系方式
19	01266	徐凯	销售代表	500	022-8888801266
21	01348	李佳	销售代表	500	022-8888801348
22	01365	多瀚文	销售代表	500	022-8888801365
23	01367	马常松	销售代表	500	022-8888801367

图 27-47 对数据列表进行两列值的筛选

27.8.9 取消筛选

如果要取消对指定列的筛选，则可以单击该列的下拉按钮，在筛选列表框中选中【（全选）】复选框，或者单击【从 XXX 中清除筛选】命令，如图 27-48 所示。

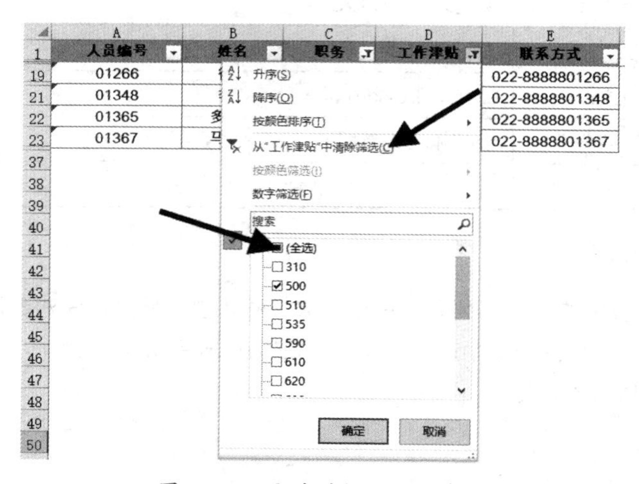

图 27-48 取消对指定列的筛选

如果要取消数据列表中的所有筛选，则可以单击【数据】选项卡中的【清除】按钮，如图 27-49 所示。

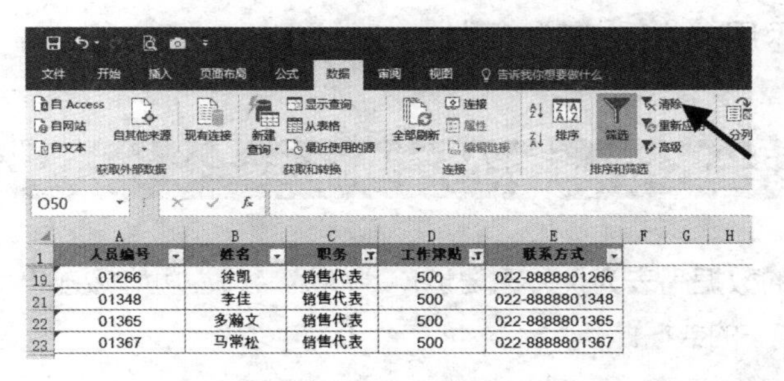

图 27-49 清除筛选内容

如果要取消所有的“筛选”下拉按钮，则可以再次单击【数据】选项卡中的【筛选】按钮，退出筛选状态，如图 27-50 所示。

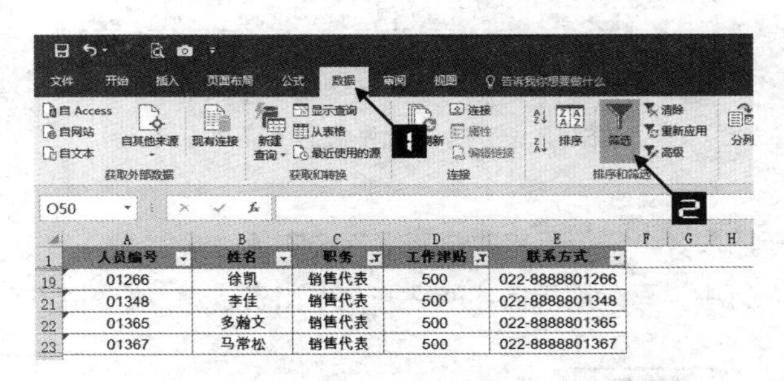

图 27-50 取消所有的“筛选”下拉按钮

27.8.10 复制和删除筛选后的数据

当复制筛选结果中的数据时，只有可见的行被复制。

同样，如果删除筛选结果，只有可见的行被删除，隐藏的行将不受影响。

27.9 使用高级筛选

Excel 高级筛选功能是筛选的升级，它不但包含了筛选的所有功能，而且还可以设置更多更复杂的筛选条件。高级筛选能够提供以下功能。

- ❖ 可以设置更复杂的筛选条件。
- ❖ 可以将筛选出的结果输出到指定的位置。
- ❖ 可以指定包含计算的筛选条件。
- ❖ 可以筛选出不重复的记录项。

27.9.1 设置高级筛选的条件区域

【高级筛选】与【筛选】不同，它要求在一个工作表区域内单独指定筛选条件，并与数据列表的数据分开。在执行筛选的过程中，不符合条件的行将被隐藏，所以如果把筛选条件放在数据列表的左侧或右侧时，可能导致条件区域也同时被隐藏。因此，通常把这些条件区域放置在数据列表的顶端或底端。

一个【高级筛选】的条件区域至少要包含两行，第一行是列标题，列标题应和数据列表中的标题匹配，建议采用【复制】【粘贴】命令将数据列表中的标题粘贴到条件区域的首行，第二行必须由筛选条件值构成。条件区域并不需要含有数据列表中的所有列的标题，与筛选过程无关的列标题可以不使用。

27.9.2 两列之间运用“关系与”条件

示例27-13 “关系与”条件的高级筛选

以图 27-51 所示的数据列表为例，需要运用“高级筛选”功能筛选出“性别”为“男”并且“绩效系数”为“1.00”的数据。

工号	姓名	性别	籍贯	出生日期	入职日期	月工资	绩效系数	年终奖金
535353	林达	男	哈尔滨	1988/4/5	2016/6/20	6,750	0.50	6,075
626262	贾丽丽	女	成都	1993/4/13	2016/6/13	4,750	0.95	8,123
727272	赵春	男	杭州	1984/4/2	2016/6/14	4,750	1.00	8,550
424242	师丽莉	男	广州	1987/3/17	2016/6/11	6,750	0.60	7,290
323232	岳恩	男	南京	1993/10/17	2016/6/10	6,250	0.75	8,438
131313	李勤	男	成都	1985/7/14	2016/6/17	5,250	1.00	9,450
414141	郝尔冬	男	北京	1989/11/9	2016/6/4	5,750	0.90	9,315
313131	朱丽叶	女	天津	1981/10/25	2016/6/3	5,250	1.10	10,395
212121	白可燕	女	山东	1980/8/6	2016/6/2	4,750	1.30	11,115

图 27-51 需要设置“关系与”条件的表格

具体操作步骤如下。

步骤① 在数据列表上方新插入 3 个空行用来放置高级筛选的条件。

步骤② 在新插入的 1 到 2 行中，写入用于描述条件的文本和表达式，如图 27-52 所示。

性别	绩效系数
男	1.00

工号	姓名	性别	籍贯	出生日期	入职日期	月工资	绩效系数	年终奖金
535353	林达	男	哈尔滨	1988/4/5	2016/6/20	6,750	0.50	6,075
626262	贾丽丽	女	成都	1993/4/13	2016/6/13	4,750	0.95	8,123
727272	赵春	男	杭州	1984/4/2	2016/6/14	4,750	1.00	8,550
424242	师丽莉	男	广州	1987/3/17	2016/6/11	6,750	0.60	7,290

图 27-52 设置“高级筛选”“关系与”的条件区域

步骤③ 单击数据列表中的任意单元格，如 A8 单元格。

步骤④ 单击【数据】选项卡中的【高级】按钮，弹出【高级筛选】对话框。

步骤⑤ 将光标定位到【条件区域】文本框内，输入“$A$1:$B$2”，最后单击【确定】按钮，如图 27-53 所示。

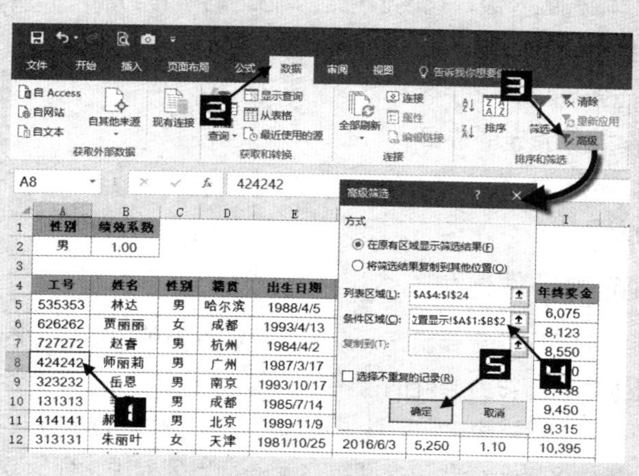

图 27-53 设置参数以进行高级筛选

筛选后的结果如图 27-54 所示。

	A	B	C	D	E	F	G	H	I
1	性别	绩效系数							
2	男	1.00							
3									
4	工号	姓名	性别	籍贯	出生日期	入职日期	月工资	绩效系数	年终奖金
7	727272	赵睿	男	杭州	1984/4/2	2016/6/14	4,750	1.00	8,550
10	131313	李勤	男	成都	1985/7/14	2016/6/17	5,250	1.00	9,450
14	929292	师胜昆	男	天津	1996/8/6	2016/6/16	5,750	1.00	10,350

图 27-54 按“关系与”条件筛选得到的数据

如果不希望将筛选出的结果在原表位置显示，可以将筛选结果复制到其他位置，具体操作步骤如下。

步骤① 在【高级筛选】对话框中选中【将筛选结果复制到其他位置】单选按钮。

步骤② 将光标定位到【复制到】文本框内输入目标单元格地址，如“$A$26”，最后单击【确定】按钮，如图 27-55 所示。

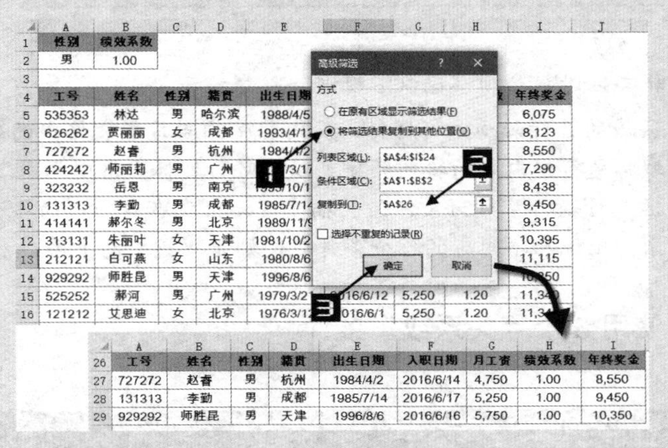

图 27-55 将高级筛选结果复制到其他位置

27.9.3 两列之间运用“关系或”条件

示例27-14 “关系或”条件的高级筛选

以图 27-51 所示的数据列表为例，需要运用“高级筛选”功能筛选出“性别”为“男”或“绩效系数”为“1.00”的数据，可参照两列之间运用“关系与”条件的步骤，只是设置条件区域的范围略有不同，如图 27-56 所示。

	A	B
1	性别	绩效系数
2	男	
3		1.00

图 27-56 设置“高级筛选”“关系或”的条件区域

筛选后的结果如图 27-57 所示。

	A	B	C	D	E	F	G	H	I
1	性别	绩效系数							
2	男								
3		1.00							
4									
5	工号	姓名	性别	籍贯	出生日期	入职日期	月工资	绩效系数	年终奖金
6	535353	林达	男	哈尔滨	1978/5/28	2016/6/20	6,750	0.50	6,075
8	727272	赵春	男	杭州	1974/5/25	2016/6/14	4,750	1.00	8,550
9	424242	师丽莉	男	广州	1977/5/8	2016/6/11	6,750	0.60	7,290
10	323232	岳恩	男	南京	1983/12/9	2016/6/10	6,250	0.75	8,438
11	131313	李勤	男	成都	1975/9/5	2016/6/17	5,250	1.00	9,450
12	414141	郝尔冬	男	北京	1980/1/1	2016/6/4	5,750	0.90	9,315
15	929292	师胜昆	男	天津	1986/9/28	2016/6/16	5,750	1.00	10,350
16	525252	郝河	男	广州	1969/5/12	2016/6/12	5,250	1.20	11,340
18	232323	张祥志	男	桂林	1989/12/3	2016/6/18	5,250	1.30	12,285
19	919191	岳凯	男	南京	1977/6/23	2016/6/9	5,250	1.30	12,285
20	828282	孙丽星	男	成都	1966/12/5	2016/6/15	5,750	1.20	12,420
21	616161	艾利	女	厦门	1980/10/22	2016/6/6	6,750	1.00	12,150
22	818181	李克特	男	广州	1988/11/3	2016/6/8	5,750	1.30	13,455
24	717171	吉汉阳	男	上海	1968/1/5	2016/6/7	6,250	1.20	13,500
25	515151	马豪	男	上海	1958/3/1	2016/6/5	6,250	1.50	16,875

图 27-57　运用“关系或”条件“高级筛选”后的结果

注意

在编辑条件时，必须遵循以下规则。

- 条件区域的首行必须是标题行，其内容必须与目标表格中的列标题匹配。但是条件区域标题行中内容的排列顺序可以不必与目标表格中相同。
- 条件区域标题行下方为条件值的描述区，出现在同一行的各个条件之间是“与”的关系，出现在不同行的各个条件之间则是“或”的关系。

27.9.4　在一列中使用 3 个“关系或”条件

示例27-15　在一列中使用3个“关系或”条件

以图 27-51 所示的数据列表为例，需要运用“高级筛选”功能从“姓名”所在列中筛选出姓氏为“师”“郝”和“李”的人员记录。这时，应将“姓名”标题列入条件区域，并在标题下面的三行中输入“师”“郝”“李”，如图 27-58 所示。

筛选后的结果如图 27-59 所示。

图 27-58　设置“高级筛选”3 个“关系或”的条件区域

	A	B	C	D	E	F	G	H	I
1	姓名								
2	师								
3	郝								
4	李								
5									
6	工号	姓名	性别	籍贯	出生日期	入职日期	月工资	绩效系数	年终奖金
10	424242	师丽莉	男	广州	1977/5/8	2016/6/11	6,750	0.60	7,290
12	131313	李勤	男	成都	1975/9/5	2016/6/17	5,250	1.00	9,450
13	414141	郝尔冬	男	北京	1980/1/1	2016/6/4	5,750	0.90	9,315
16	929292	师胜昆	男	天津	1986/9/28	2016/6/16	5,750	1.00	10,350
17	525252	郝河	男	广州	1969/5/12	2016/6/12	5,250	1.20	11,340
23	818181	李克特	男	广州	1988/11/3	2016/6/8	5,750	1.30	13,455

图 27-59　运用 3 个“关系或”条件的筛选结果

27.9.5　同时使用“关系与”和“关系或”条件

示例27-16　同时使用“关系与”和“关系或”条件的高级筛选

要对如图 27-60 所示的数据列表同时使用“关系与”和“关系或”的高级筛选条件。

例如，“顾客”为“天津大宇”，“宠物垫”产品的“销售额总计”大于 500 的记录；

或者“顾客”为“北京福东”，“宠物垫”产品的“销售额总计”大于 100 的记录；

或者“顾客”为“上海嘉华”，“雨伞”产品的“销售额总计”小于 400 的记录；

或者“顾客”为“南京万通”的所有记录。

可以参照图 27-61 所示进行设置。

	A	B	C	D
1	日期	顾客	产品	销售额总计
2	2016/1/1	上海嘉华	衬衫	302
3	2016/1/3	天津大宇	香草枕头	293
4	2016/1/3	北京福东	宠物垫	150
5	2016/1/3	南京万通	宠物垫	530
6	2016/1/4	上海嘉华	睡袋	223
7	2016/1/11	南京万通	宠物垫	585
8	2016/1/11	上海嘉华	睡袋	0
9	2016/1/18	天津大宇	宠物垫	876
10	2016/1/20	上海嘉华	睡袋	478
11	2016/1/20	上海嘉华	床罩	191
12	2016/1/21	上海嘉华	雨伞	684
13	2016/1/21	南京万通	宠物垫	747
14	2016/1/25	上海嘉华	睡袋	614
15	2016/1/25	天津大宇	雨伞	782
16	2016/1/26	天津大宇	床罩	162
17	2016/1/26	天津大宇	宠物垫	808
18	2016/2/3	北京福东	睡袋	203

图 27-60　待筛选的数据列表

	A	B	C	D
1	顾客	产品	销售额总计	
2	天津大宇	宠物垫	>500	
3	北京福东	宠物垫	>100	
4	上海嘉华	雨伞	<400	
5	南京万通			
6				

图 27-61　同时设置多种关系的筛选条件

筛选后的结果如图 27-62 所示。

	A	B	C	D
1	顾客	产品	销售额总计	
2	天津大宇	宠物垫	>500	
3	北京福东	宠物垫	>100	
4	上海嘉华	雨伞	<400	
5	南京万通			
6				
7	日期	顾客	产品	销售额总计
10	2006/1/3	北京福东	宠物垫	150
11	2006/1/3	南京万通	宠物垫	530
13	2006/1/11	南京万通	宠物垫	585
15	2006/1/18	天津大宇	宠物垫	876
19	2006/1/21	南京万通	宠物垫	747
23	2006/1/26	天津大宇	宠物垫	808
29	2006/2/17	上海嘉华	雨伞	380
31	2006/2/22	上海嘉华	雨伞	120
36	2006/3/4	天津大宇	宠物垫	533
37	2006/3/4	南京万通	雨伞	561
40	2006/3/12	南京万通	宠物垫	746
51	2006/4/4	南京万通	床罩	275
57	2006/4/18	上海嘉华	雨伞	277

图 27-62　使用多种条件进行筛选后的结果

扫描右侧的二维码，可观看本节内容的详细操作视频演示。

27.9.6 高级筛选中通配符的运用

数据列表高级筛选的功能运用中，对于文本条件可以使用通配符。

- 星号“*”表示可以与任意多的字符相匹配。
- 问号“? ”表示只能与单个的字符相匹配。

更多的例子如表 27-3 所示。

表 27-3 文本条件实例

条件设置	筛选效果
= "= 天津 "	文本中只等于“天津”字符的所有记录
天	以“天”开头的所有文本的记录
<>D*	包含除了字符 D 开头的任何文本的记录
>=M	包含以 M 至 Z 字符开头的文本的记录
* 天 *	文本中包含“天”字字符的记录
Ch*	包含以 Ch 开头的文本的记录
C*e	以 C 开头并包含 e 的文本记录
="=C*e"	包含以 C 开头并以 e 结尾的文本记录
C?e	第一个字符是 C，第三个字符是 e 的文本记录
="=a?c"	长度为 3，并以字符 a 开头、以字符 c 结尾的文本记录
<>*f	包含不以字符 f 结尾的文本的记录
="=???"	包含 3 个字符的记录
<>????	不包含 4 个字符的记录
<>*w*	不包含字符 w 的记录
~?	以 ? 号开头的文本记录
~?	包含 ? 号的文本记录
~*	以 * 号开头的文本记录
=	记录为空
<>	任何非空记录

27.9.7 使用计算条件

示例27-17 使用计算条件的高级筛选

“计算条件”由根据数据列表中的数据以某种算法计算而来。使用计算条件可以使高级筛选功能更加强大，图 27-63 展示了一个运用计算条件进行高级筛选的例子。

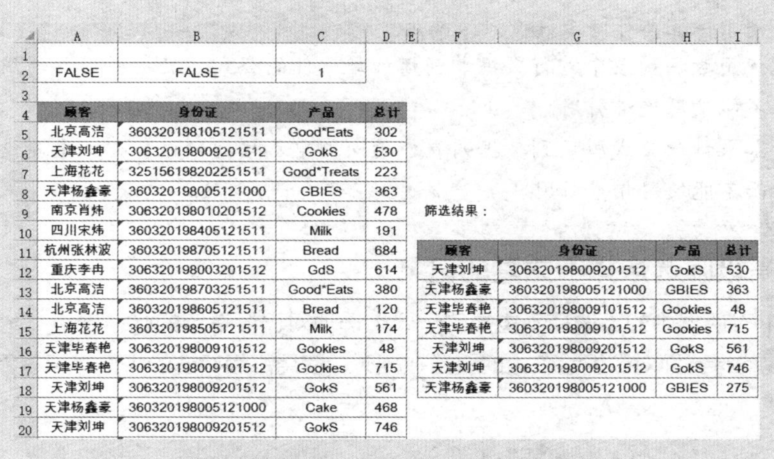

	A	B	C	D
1				
2	FALSE	FALSE	1	
3				
4	顾客	身份证	产品	总计
5	北京高洁	360320198105121511	Good*Eats	302
6	天津刘坤	306320198009201512	GokS	530
7	上海花花	325156198202251511	Good*Treats	223
8	天津杨鑫豪	360320198005121000	GBIES	363
9	南京肖炜	306320198010201512	Cookies	478
10	四川宋炜	360320198405121511	Milk	191
11	杭州张林波	360320198705121511	Bread	684
12	重庆李冉	306320198003201512	GdS	614
13	北京高洁	360320198703251511	Good*Eats	380
14	北京高洁	360320198605121511	Bread	120
15	上海花花	360320198505121511	Milk	174
16	天津毕春艳	306320198009101512	Gookies	48
17	天津毕春艳	306320198009101512	Gookies	715
18	天津刘坤	306320198009201512	GokS	561
19	天津杨鑫豪	360320198005121000	Cake	468
20	天津刘坤	306320198009201512	GokS	746

筛选结果：

顾客	身份证	产品	总计
天津刘坤	306320198009201512	GokS	530
天津杨鑫豪	360320198005121000	GBIES	363
天津毕春艳	306320198009101512	Gookies	48
天津毕春艳	306320198009101512	Gookies	715
天津刘坤	306320198009201512	GokS	561
天津刘坤	306320198009201512	GokS	746
天津杨鑫豪	360320198005121000	GBIES	275

图 27-63　利用计算条件进行“高级筛选”

要求在数据列表中筛选出“顾客”列中含有“天津”且在 1980 年出生，“产品”列中第一个字母为 G 最后一个字母为 S 的数据。

A2 单元格输入以下公式。

```
=ISNUMBER(FIND("天津",A5))
```

公式通过在“客户”列中寻找“天津”并做出数值判断。

B2 单元格输入以下公式。

```
=MID(B5,7,4)="1980"
```

公式通过在“身份证”列中第 7 个字符开始截取 4 位字符来判断是否等于“1980”。

C2 单元格输入以下公式。

```
=COUNTIF(C5,"G*S")
```

公式通过在“产品”列中对包含“G*S”，即第一个字母为 G 最后一个字母为 S 的产品计数，来判断是否符合第一个字母为 G 最后一个字母为 S 的条件。

如图 27-64 所示，执行高级筛选时条件区域要选择 A1:C2。条件区域没有使用数据列表中的标题，而是使用空白标题。在设置计算条件时允许使用空白字段或创建一个新的字段标题，而不允许使用与数据列表中同名的字段标题。

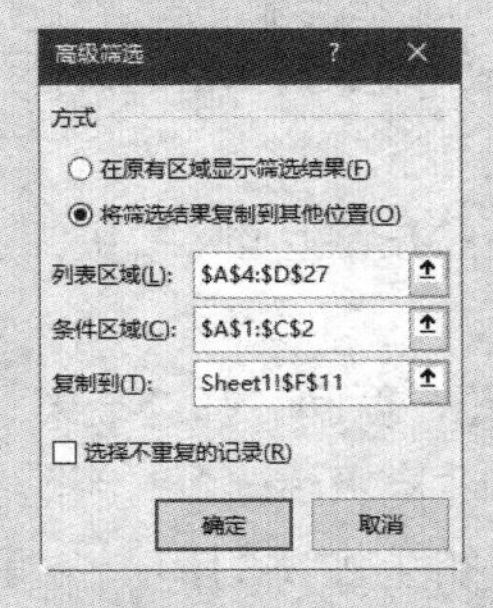

图 27-64　注意条件区域的范围

注意

使用计算条件时要注意以下两点。

❖ 使用数据列表中首行数据来创建计算条件的公式，数据引用要使用相对引用，而不能使用绝对引用。

❖ 如果计算公式引用到数据列表外的同一单元格的数据，公式中要使用绝对引用，而不能使用相对引用。

27.9.8 利用高级筛选选择不重复的记录

【高级筛选】对话框中的【选择不重复的记录】选项对已经指定的筛选区域又附加了新的筛选条件，它将删除重复的行。面对数据量较大的重复数据时，使用高级筛选的【选择不重复的记录】功能无疑是最佳的选择。

示例27-18 筛选不重复数据项并输出到其他工作表

如果希望将“原始数据”表中的不重复数据筛选出来并复制到“筛选结果”表中，可以按以下步骤操作。

步骤① 单击“筛选结果”工作表标签激活该工作表，在【数据】选项卡中单击【高级】按钮，弹出【高级筛选】对话框，如图 27-65 所示。

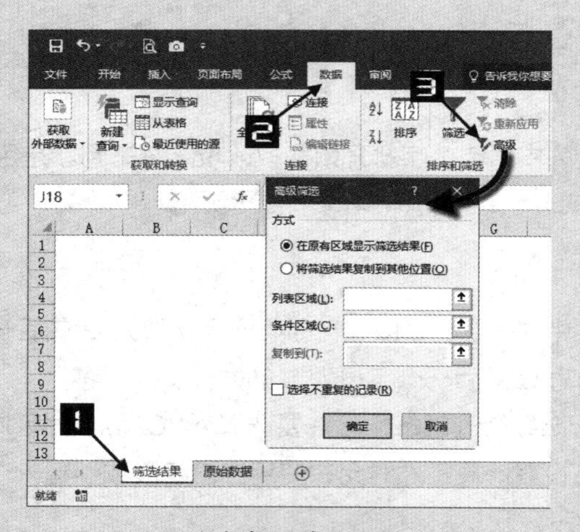

图 27-65 选中复制筛选结果的工作表

步骤② 单击【高级筛选】对话框中【列表区域】编辑框的折叠按钮，单击“原始数据”工作表标签并选择 A1:G99 单元格区域。

步骤③ 再次单击【列表区域】编辑框的折叠按钮返回【高级筛选】对话框，选中【将筛选结果复制到其他位置】单选按钮。

步骤④ 单击【复制到】编辑框的折叠按钮，返回“筛选结果”工作表并单击 A1 单元格，再次单击【复制到】编辑框的折叠按钮返回【高级筛选】对话框，选中【选择不重复的记录】复选框，最后单击【确定】按钮完成设置，如图 27-66 所示。

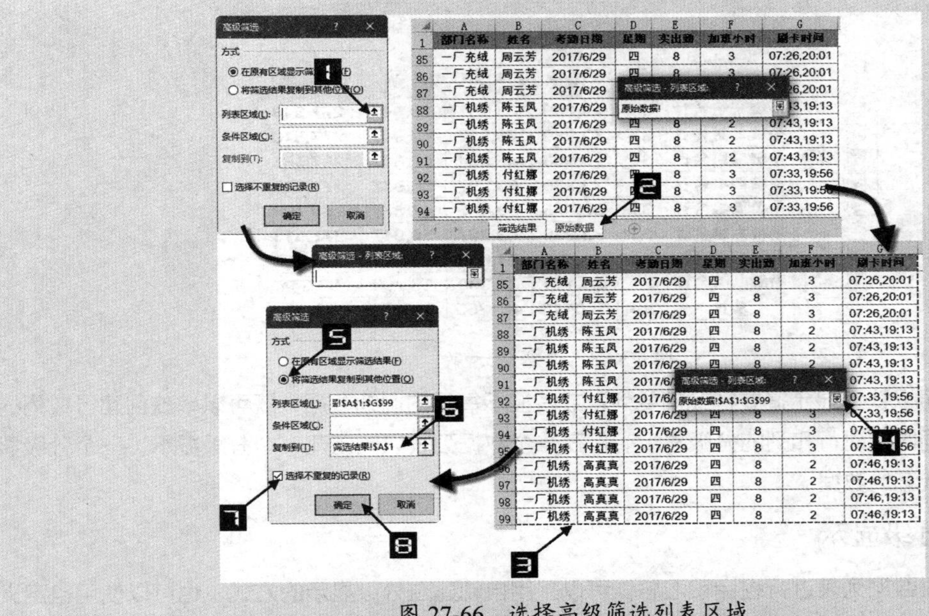

图 27-66　选择高级筛选列表区域

“原始数据”工作表中的不重复数据筛选出来并复制到“筛选结果”工作表中，如图 27-67 所示。

	A	B	C	D	E	F	G
1	部门名称	姓名	考勤日期	星期	实出勤	加班小时	刷卡时间
2	一厂充绒	王海霞	2017/6/29	四	8	3	07:32,19:46
3	一厂充绒	王焕军	2017/6/29	四	8	3	06:56,19:52
4	一厂充绒	王利娜	2017/6/29	四	8	3	07:32,19:45
5	一厂充绒	王瑞霞	2017/6/29	四	8	3	07:26,19:58
6	一厂充绒	王闪闪	2017/6/29	四	8	3	07:47,19:47
7	一厂充绒	王淑香	2017/6/29	四	8	3	07:54,20:01
8	一厂充绒	王文丽	2017/6/29	四	8	3	07:45,19:46
9	一厂充绒	吴传贤	2017/6/29	四	8	2.5	07:50,19:43
10	一厂充绒	姚道侠	2017/6/29	四	8	3	07:48,19:51
11	一厂充绒	于洪秀	2017/6/29	四	8	2	07:42,19:13
12	一厂充绒	于维芝	2017/6/29	四	8	2.5	07:39,19:42

原始数据　筛选结果

图 27-67　选择不重复的记录后的数据列表

27.10　分级显示和分类汇总

27.10.1　分级显示概述

分级显示功能可以将包含类似标题且行列数据较多的数据列表进行组合和汇总，分级后会自动产生工作表视图的符号（加号、减号和数字 1、2、3 或 4），单击这些符号，可以显示或隐藏明细数据，如图 27-68 所示。

	A	B	J	N	R	S
1	工种	人数	二季度	三季度	四季度	工资合计
6	平缝一组合计	33	73,289	63,297	50,947	277,513
11	平缝二组合计	33	73,289	63,297	50,947	277,513
16	平缝三组合计	34	75,953	65,594	52,803	287,583
21	平缝四组合计	33	73,289	63,297	50,947	277,513
26	平缝五组合计	31	68,875	59,485	47,878	260,798
31	平缝六组合计	33	73,289	63,297	50,947	277,513
36	平缝七组合计	44	98,023	84,656	68,144	371,158
41	平缝八组合计	21	24,414	21,330	16,760	93,344
42	总计	262	560418	484255	389372	2122936

图 27-68　分级显示

使用分级显示可以快速显示摘要行或摘要列，或者显示每组的明细数据；既可以单独创建行或列的分级显示，也可以同时创建行和列的分级显示。但在一个数据列表只能创建一个分级显示，一个分级显示最多允许有 8 层嵌套的数据。

27.10.2　建立分级显示

用户如果需要对数据列表进行组合和汇总，可以采用自动建立分级显示的方式，也可以使用自定义样式的分级显示。

➲ Ⅰ　自动建立分级显示

示例27-19　自动建立分级显示

如果用户希望将图 27-69 所示的数据列表自动建立分级显示，达到如图 27-68 所示的效果，可以按下面的步骤操作。

	A	B	M	N	O	P	Q	R	S
1	工种	人数	9月工资合计	三季度	10月工资合计	11月工资合计	12月工资合计	四季度	工资合计
26	平缝五组合计	31	19,749	59,485	12,390	17,896	17,593	47,878	260,798
27	车工	24	15,195	45,751	9,527	13,762	13,529	36,818	200,581
28	副工	4	2,533	7,625	1,588	2,294	2,255	6,136	33,431
29	检验	4	2,533	7,625	1,588	2,294	2,255	6,136	33,431
30	组长	1	756	2,296	480	694	682	1,856	10,071
31	平缝六组合计	33	21,016	63,297	13,184	19,043	18,720	50,947	277,513
32	车工	32	20,260	61,001	12,703	18,349	18,038	49,090	267,440
33	副工	5	3,166	9,531	1,985	2,867	2,818	7,670	41,788
34	检验	5	3,166	9,531	1,985	2,867	2,818	7,670	41,788
35	组长	2	1,511	4,592	961	1,388	1,364	3,712	20,141
36	平缝七组合计	44	28,103	84,656	17,634	25,471	25,039	68,144	371,158
37	车工	16	5,430	15,539	3,152	4,553	4,476	12,181	67,987
38	副工	2	679	1,942	394	569	559	1,523	8,499
39	检验	2	679	1,942	394	569	559	1,523	8,499
40	组长	1	633	1,906	397	573	564	1,534	8,358
41	平缝八组合计	21	7,421	21,330	4,337	6,265	6,158	16,760	93,344
42	总计	262	161106.716	484254.7126	100758.4182	145539.9374	143073.1588	389371.5144	2122936.03

图 27-69　建立分级显示前的数据列表

步骤 1 在【数据】选项卡中依次单击【创建组】→【自动建立分级显示】命令，即可创建一张分级显示的数据列表，如图 27-70 所示。

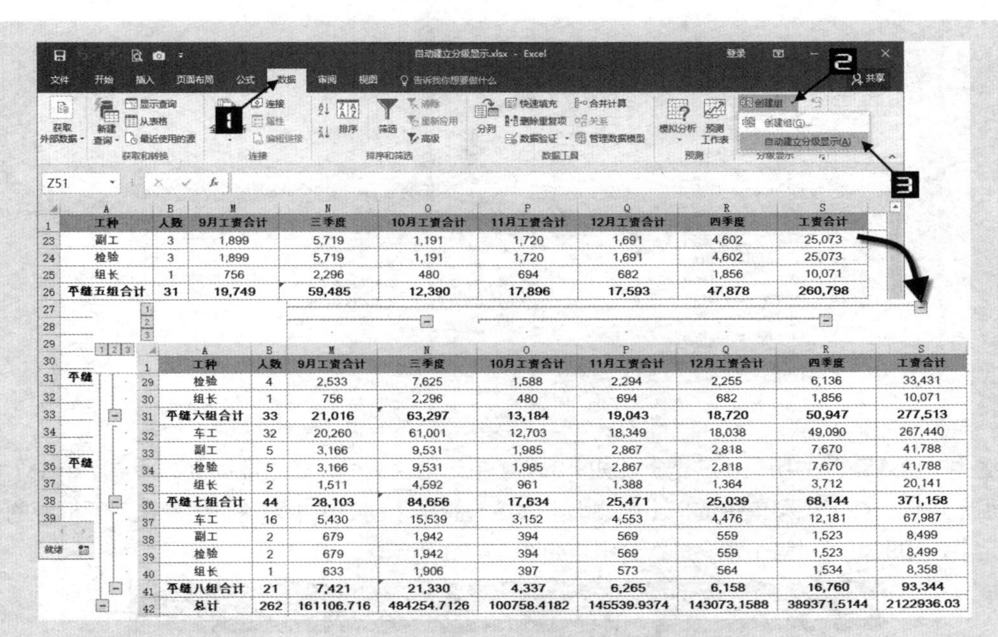

	工种	人数	9月工资合计	三季度	10月工资合计	11月工资合计	12月工资合计	四季度	工资合计
23	副工	3	1,899	5,719	1,191	1,720	1,691	4,602	25,073
24	检验	3	1,899	5,719	1,191	1,720	1,691	4,602	25,073
25	组长	1	756	2,296	480	694	682	1,856	10,071
26	平缝五组合计	31	19,749	59,485	12,390	17,896	17,593	47,878	260,798

	工种	人数	9月工资合计	三季度	10月工资合计	11月工资合计	12月工资合计	四季度	工资合计
29	检验	4	2,533	7,625	1,588	2,294	2,255	6,136	33,431
30	组长	1	756	2,296	480	694	682	1,856	10,071
31	平缝六组合计	33	21,016	63,297	13,184	19,043	18,720	50,947	277,513
32	车工	32	20,260	61,001	12,703	18,349	18,038	49,090	267,440
33	副工	5	3,166	9,531	1,985	2,867	2,818	7,670	41,788
34	检验	5	3,166	9,531	1,985	2,867	2,818	7,670	41,788
35	组长	2	1,511	4,592	961	1,388	1,364	3,712	20,141
36	平缝七组合计	44	28,103	84,656	17,634	25,471	25,039	68,144	371,158
37	车工	16	5,430	15,539	3,152	4,553	4,476	12,181	67,987
38	副工	2	679	1,942	394	569	559	1,523	8,499
39	检验	2	679	1,942	394	569	559	1,523	8,499
40	组长	1	633	1,906	397	573	564	1,534	8,358
41	平缝八组合计	21	7,421	21,330	4,337	6,265	6,158	16,760	93,344
42	总计	262	161106.716	484254.7126	100758.4182	145539.9374	143073.1588	389371.5144	2122936.03

图 27-70　自动建立分级显示

步骤② 分别单击行、列的分级显示符号 2，完成对分级显示工作表二级汇总数据的查看，如图 27-71 所示。

	工种	人数	1月工资合计	2月工资合计	3月工资合计	一季度	4月工资合计	5月工资合计	6月工资合计
2	车工	24	22,159	20,233	22,652	65,043	13,762	18,214	20,993
3	副工	4	3,693	3,372	3,776	10,841	2,294	3,036	3,499
4	检验	4	3,693	3,372	3,776	10,841	2,294	3,036	3,499
5	组长	1	1,117	989	1,149	3,254	694	912	1,058
6	平缝一组合计	33	30,662	27,965	31,353	89,980	19,043	25,197	29,049
7	车工	24	22,159	20,233	22,652	65,043	13,762	18,214	20,993

	工种	人数	一季度	二季度	三季度	四季度	工资合计
6	平缝一组合计	33	89,980	73,289	63,297	50,947	277,513
11	平缝二组合计	33	89,980	73,289	63,297	50,947	277,513
16	平缝三组合计	34	93,234	75,953	65,594	52,803	287,583
21	平缝四组合计	33	89,980	73,289	63,297	50,947	277,513
26	平缝五组合计	31	84,560	68,875	59,485	47,878	260,798
31	平缝六组合计	33	89,980	73,289	63,297	50,947	277,513
36	平缝七组合计	44	120,335	98,023	84,656	68,144	371,158
41	平缝八组合计	21	30,840	24,414	21,330	16,760	93,344
42	总计	262	688891.3964	560418.4064	484254.7126	389371.5144	2122936.03

图 27-71　分级显示数据

➲ Ⅱ　自定义分级显示

示例27-20 自定义分级显示

自定义方式分级显示比较灵活，用户可以根据自己的具体需要进行手动组合显示特定的数据，如果用户希望将图 27-72 所示的数据列表按照大纲的章节号自定义分级显示，可以按下面的步骤操作。

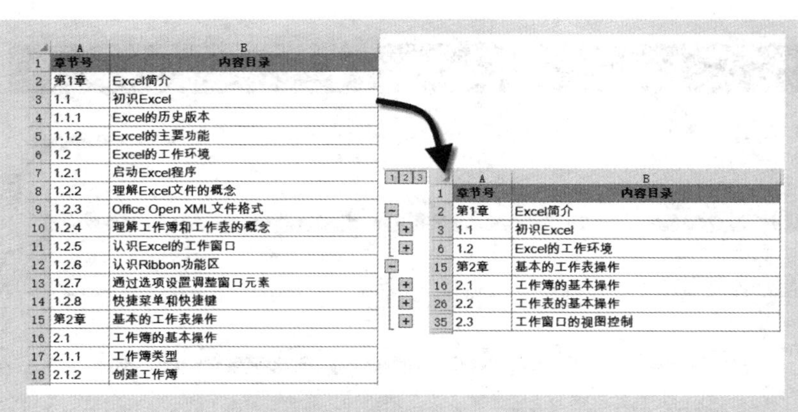

图 27-72　自定义方式分级显示

步骤① 选中“第 1 章”的所有小节数据（如 A3:A14 单元格区域），在【数据】选项卡中单击【创建组】按钮，在下拉菜单中选择【创建组】命令，弹出【创建组】对话框，单击对话框中的【确定】按钮即可对“第 1 章”进行分组，如图 27-73 所示。

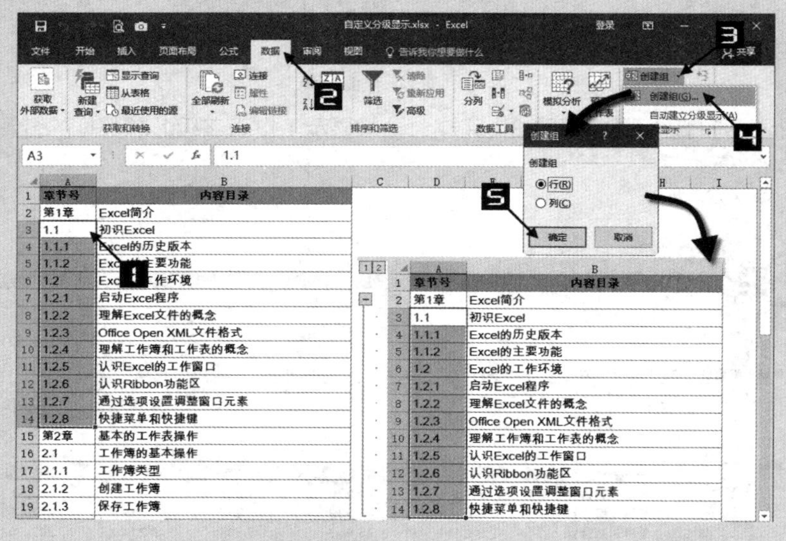

图 27-73　创建自定义方式分级显示

注意

选中数据A3:A14后，也可以按<Shift＋Alt＋→>组合键调出【创建组】对话框。

步骤② 分别选中 A4:A5 和 A7:A14 单元格区域，重复步骤 1，即可对“第 1 章”项下的小节进行分组，第一章节完成分组后如图 27-74 所示。

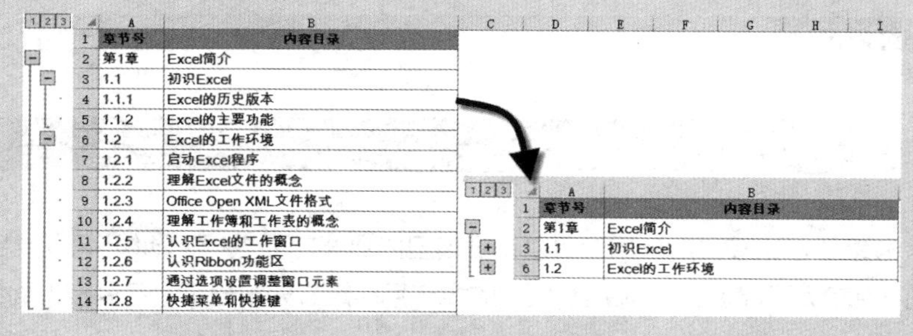

图 27-74　对“第 1 章”项下的小节进行分组

步骤③ 重复以上步骤对“第 2 章”及项下的小节进行分组，完成后如图 27-75 所示。

	A	B
1	章节号	内容目录
2	第1章	Excel简介
3	1.1	初识Excel
6	1.2	Excel的工作环境
15	第2章	基本的工作表操作
16	2.1	工作簿的基本操作
26	2.2	工作表的基本操作
35	2.3	工作窗口的视图控制

图 27-75　自定义方式分级显示

注意

分级显示创建完成后，用户可以分别单击工作表左侧的加号、减号和数字 1、2或 3，显示或隐藏明细数据。

27.10.3　清除分级显示

分级显示创建完成后，用户如果希望将数据列表恢复到建立分级显示前的状态，只需在【数据】选项卡中依次单击【取消组合】→【清除分级显示】命令即可，如图 27-76 所示。

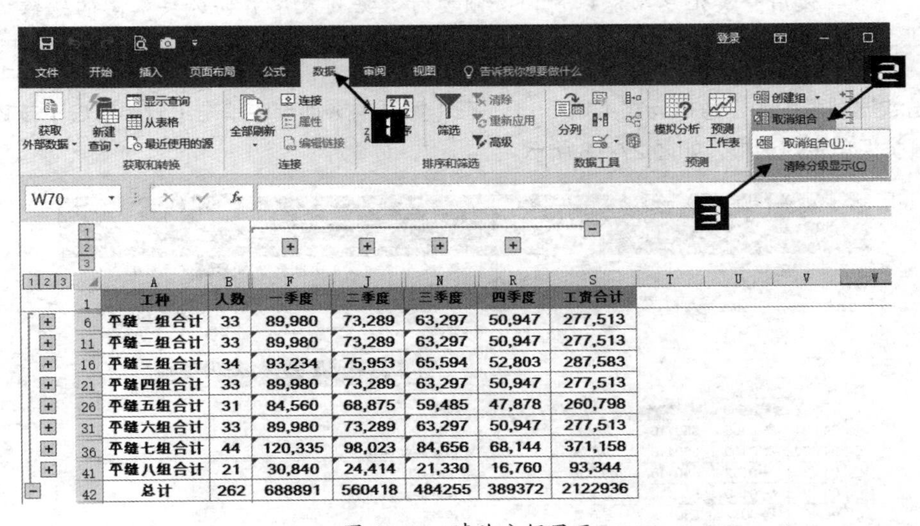

	A	B	F	J	N	R	S
1	工种	人数	一季度	二季度	三季度	四季度	工资合计
6	平缝一组合计	33	89,980	73,289	63,297	50,947	277,513
11	平缝二组合计	33	89,980	73,289	63,297	50,947	277,513
16	平缝三组合计	34	93,234	75,953	65,594	52,803	287,583
21	平缝四组合计	33	89,980	73,289	63,297	50,947	277,513
26	平缝五组合计	31	84,560	68,875	59,485	47,878	260,798
31	平缝六组合计	33	89,980	73,289	63,297	50,947	277,513
36	平缝七组合计	44	120,335	98,023	84,656	68,144	371,158
41	平缝八组合计	21	30,840	24,414	21,330	16,760	93,344
42	总计	262	688891	560418	484255	389372	2122936

图 27-76　清除分级显示

注意

无法使用撤销按钮或<Ctrl+Z>组合键来完成清除分级显示。

27.10.4　创建简单的分类汇总

分类汇总能够快速地以某一个字段为分类项，对数据列表中的其他字段的数值进行各种统计计算，如求和、计数、平均值、最大值、最小值、乘积等。

示例27-21 创建简单的分类汇总

以图 27-77 所示的表格为例，如果希望在数据列表中计算每个科目名称的费用发生额合计，可以参照以下步骤。

月	日	凭证号数	科目编号	科目名称	摘要	借方
04	21	现-0105	550116	办公费	文具	207.00
04	30	现-0130	550116	办公费	护照费	1,000.00
04	30	现-0152	550116	办公费	ARP用C盘	140.00
03	27	现-0169	550116	办公费	打印纸	85.00
04	04	现-0032	550102	差旅费	差旅费	3,593.26
03	06	现-0037	550102	差旅费	差旅费	474.00
05	23	现-0087	550102	差旅费	差旅费	26,254.00
05	23	现-0088	550102	差旅费	差旅费	3,510.00
05	23	现-0088	550102	差旅费	差旅费	5,280.00
05	23	现-0088	550102	差旅费	差旅费	282.00
04	30	现-0141	550123	交通工具费	出租车费	35.00
01	30	现-0149	550123	交通工具费	出租车费	18.00
01	30	现-0149	550123	交通工具费	出租车费	186.00
01	30	现-0158	550123	交通工具费	出租车费	10.00
01	30	现-0160	550123	交通工具费	出租车费	15.00
03	27	现-0163	550123	交通工具费	出租车费	43.50
02	13	银-0022	550111	空运费	友津货运公司 空运费	2,345.90

图 27-77　分类汇总前的数据列表

注意　使用分类汇总功能以前，必须要对数据列表中需要分类汇总的字段进行排序，图27-77所示的数据列表已经对“科目名称”字段进行了排序。

步骤① 单击数据列表中的任意单元格（如 C5），在【数据】选项卡中单击【分类汇总】按钮，弹出【分类汇总】对话框，如图 27-78 所示。

图 27-78　【分类汇总】对话框

步骤② 在【分类汇总】对话框中，【分类字段】选择“科目名称”，【汇总方式】选择“求和”，【选

定汇总项】选中“借方”项，并选中【汇总结果显示在数据下方】复选框，如图 27-79 所示。

步骤③ 单击【确定】按钮后，Excel 会分析数据列表，插入包含 SUBTOTAL 函数的公式，完成分类汇总计算，结果如图 27-80 所示。

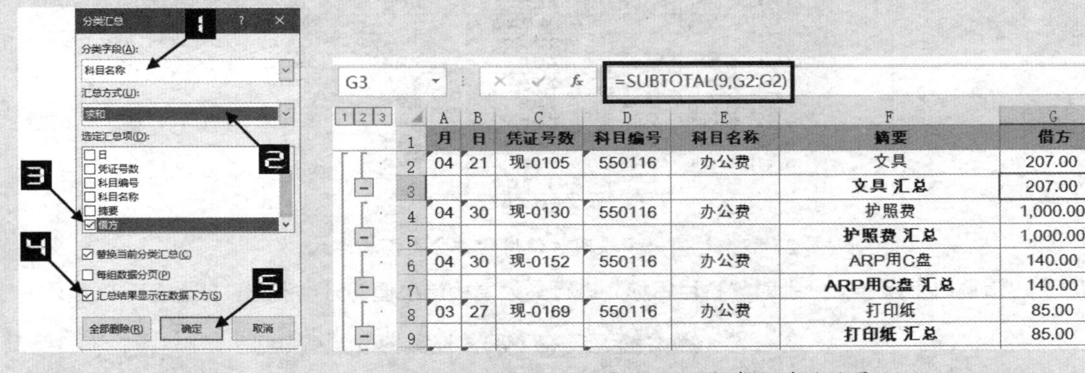

图 27-79　设置分类汇总　　图 27-80　分类汇总的结果

27.10.5　多重分类汇总

示例27-22　多重分类汇总

如果希望在图 27-80 所示的数据列表中增加显示每个“科目名称”的费用平均值、最大值、最小值，则需要进行多重分类汇总，具体可以参照以下步骤操作。

步骤① 单击分类汇总求和后的数据列表中的任意单元格（如 E7），在【数据】选项卡中单击【分类汇总】按钮，弹出【分类汇总】对话框，【分类字段】选择“科目名称”，【汇总方式】选择“平均值”，同时取消选中【替换当前分类汇总】复选框，如图 27-81 所示。

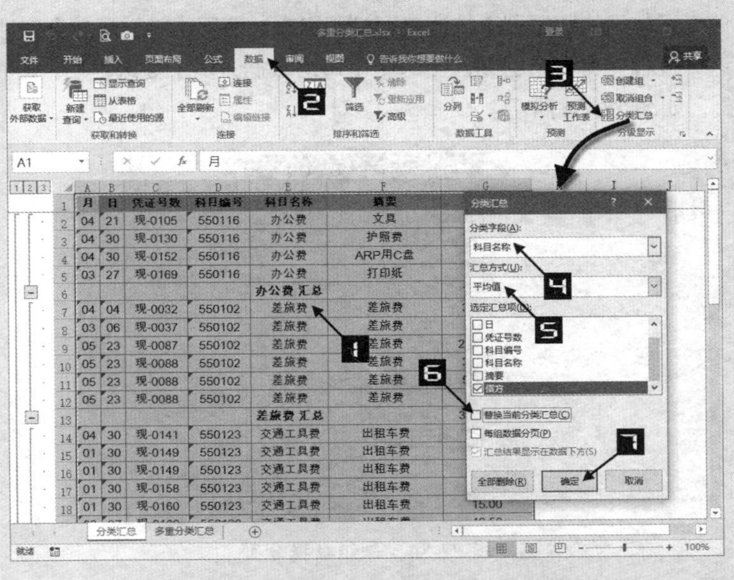

图 27-81　设置分类汇总

步骤② 单击【分类汇总】对话框中的【确定】按钮完成操作，效果如图 27-82 所示。

	月	日	凭证号数	科目编号	科目名称	摘要	借方
2	04	21	现-0105	550116	办公费	文具	207.00
3	04	30	现-0130	550116	办公费	护照费	1,000.00
4	04	30	现-0152	550116	办公费	ARP用C盘	140.00
5	03	27	现-0169	550116	办公费	打印纸	85.00
6					办公费 平均值		358.00
7					办公费 汇总		1,432.00
8	04	04	现-0032	550102	差旅费	差旅费	3,593.26
9	03	06	现-0037	550102	差旅费	差旅费	474.00
10	05	23	现-0087	550102	差旅费	差旅费	26,254.00
11	05	23	现-0088	550102	差旅费	差旅费	3,510.00
12	05	23	现-0088	550102	差旅费	差旅费	5,280.00
13	05	23	现-0088	550102	差旅费	差旅费	282.00
14					差旅费 平均值		6,565.54
15					差旅费 汇总		39,393.26

图 27-82　对同一字段同时使用两种分类汇总方式

步骤③ 重复以上操作，分别对“科目名称”进行最大值和最小值的分类汇总，如图 27-83 所示。

	月	日	凭证号数	科目编号	科目名称	摘要	借方
2	04	21	现-0105	550116	办公费	文具	207.00
3	04	30	现-0130	550116	办公费	护照费	1,000.00
4	04	30	现-0152	550116	办公费	ARP用C盘	140.00
5	03	27	现-0169	550116	办公费	打印纸	85.00
6					办公费 最小值		85.00
7					办公费 最大值		1,000.00
8					办公费 平均值		358.00
9					办公费 汇总		1,432.00
10	04	04	现-0032	550102	差旅费	差旅费	3,593.26
11	03	06	现-0037	550102	差旅费	差旅费	474.00
12	05	23	现-0087	550102	差旅费	差旅费	26,254.00
13	05	23	现-0088	550102	差旅费	差旅费	3,510.00
14	05	23	现-0088	550102	差旅费	差旅费	5,280.00
15	05	23	现-0088	550102	差旅费	差旅费	282.00
16					差旅费 最小值		282.00
17					差旅费 最大值		26,254.00
18					差旅费 平均值		6,565.54
19					差旅费 汇总		39,393.26

图 27-83　对“科目名称”进行多重分类汇总

27.10.6　使用自动分页符

如果用户想将分类汇总后的数据列表按汇总项打印出来，使用【分类汇总】对话框中的【每组数据分页】选项，会使这一过程变得非常容易。当选中【每组数据分页】复选框后，Excel 就可以将每组数据单独打印在一页上，如图 27-84 所示。

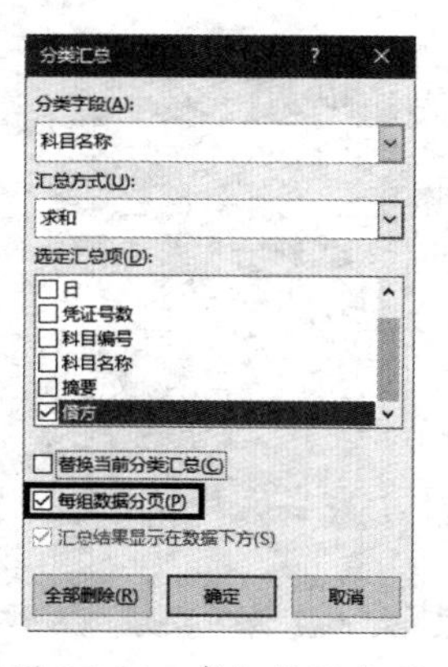

图 27-84　每组数据分页

27.10.7　取消和替换当前的分类汇总

如果想取消已经设置好的分类汇总，只需打开【分类汇总】对话框，单击【全部删除】按钮即可。如果想替换当前的分类汇总，则要在【分类汇总】对话框中选中【替换当前分类汇总】复选框。

27.11　Excel 的“表格”工具

Excel 的“表格”称为“智能表”，可以自动扩展数据区域，还可以自动求和、极值、平均值等又不用输入任何公式，同时能随时转换为普通的单元格区域，从而极大地方便了数据管理和分析操作。

用户可以将工作表中的数据设置为多个“表格”，它们都相对独立，从而可以根据需要将数据划分为易于管理的不同数据集。

27.11.1　创建“表格”

示例27-23　创建“表格”

要创建如图 27-85 所示的“表格”，可以按照下面的步骤来操作。

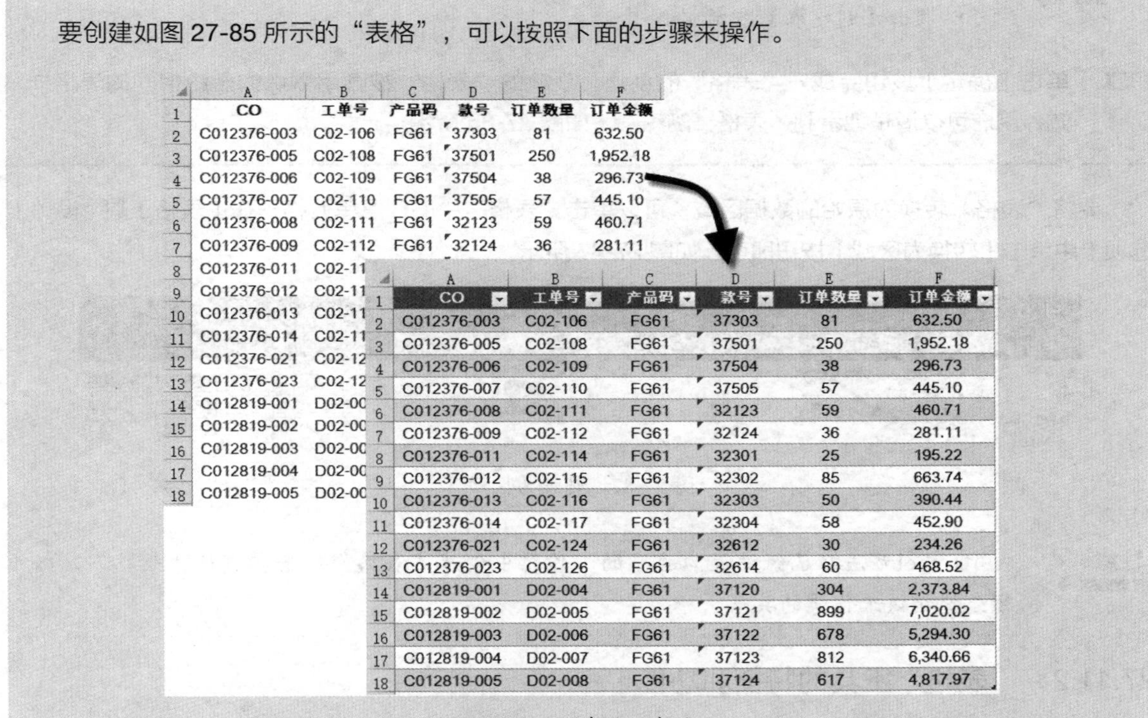

CO	工单号	产品码	款号	订单数量	订单金额
C012376-003	C02-106	FG61	37303	81	632.50
C012376-005	C02-108	FG61	37501	250	1,952.18
C012376-006	C02-109	FG61	37504	38	296.73
C012376-007	C02-110	FG61	37505	57	445.10
C012376-008	C02-111	FG61	32123	59	460.71
C012376-009	C02-112	FG61	32124	36	281.11
C012376-011	C02-114	FG61	32301	25	195.22
C012376-012	C02-115	FG61	32302	85	663.74
C012376-013	C02-116	FG61	32303	50	390.44
C012376-014	C02-117	FG61	32304	58	452.90
C012376-021	C02-124	FG61	32612	30	234.26
C012376-023	C02-126	FG61	32614	60	468.52
C012819-001	D02-004	FG61	37120	304	2,373.84
C012819-002	D02-005	FG61	37121	899	7,020.02
C012819-003	D02-006	FG61	37122	678	5,294.30
C012819-004	D02-007	FG61	37123	812	6,340.66
C012819-005	D02-008	FG61	37124	617	4,817.97

图 27-85　创建的“表格”

步骤 1　单击数据列表中的任意单元格（如 A5），在【插入】选项卡中单击【表格】按钮，弹出【创建表】对话框，如图 27-86 所示。

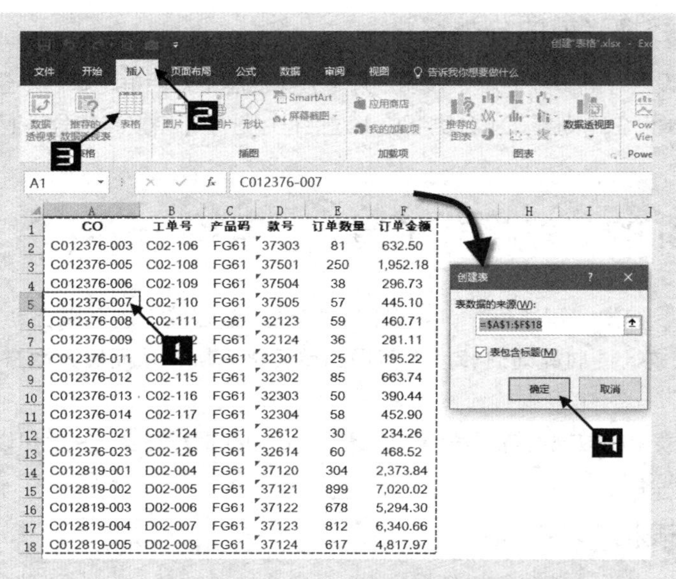

	A	B	C	D	E	F
1	CO	工单号	产品码	款号	订单数量	订单金额
2	C012376-003	C02-106	FG61	37303	81	632.50
3	C012376-005	C02-108	FG61	37501	250	1,952.18
4	C012376-006	C02-109	FG61	37504	38	296.73
5	C012376-007	C02-110	FG61	37505	57	445.10
6	C012376-008	C02-111	FG61	32123	59	460.71
7	C012376-009	C0[illegible]2	FG61	32124	36	281.11
8	C012376-011	C0[illegible]4	FG61	32301	25	195.22
9	C012376-012	C02-115	FG61	32302	85	663.74
10	C012376-013	C02-116	FG61	32303	50	390.44
11	C012376-014	C02-117	FG61	32304	58	452.90
12	C012376-021	C02-124	FG61	32612	30	234.26
13	C012376-023	C02-126	FG61	32614	60	468.52
14	C012819-001	D02-004	FG61	37120	304	2,373.84
15	C012819-002	D02-005	FG61	37121	899	7,020.02
16	C012819-003	D02-006	FG61	37122	678	5,294.30
17	C012819-004	D02-007	FG61	37123	812	6,340.66
18	C012819-005	D02-008	FG61	37124	617	4,817.97

图 27-86 【创建表】对话框

注意

此外，单击数据列表中的任意单元格后按下<Ctrl+T>或<Ctrl+L>组合键，也可以调出【创建表】对话框。

步骤② 单击【确定】按钮完成对“表格”的创建，现在的“表格”被套用默认的蓝白相间的表格样式，用户可以清楚地看到“表格”的轮廓，如图 27-85 所示。

要将“表格”转换为原始的数据区域，可以单击“表格”中的任意单元格，在【表格工具 / 设计】选项卡中单击【转换为区域】按钮即可，如图 27-87 所示。

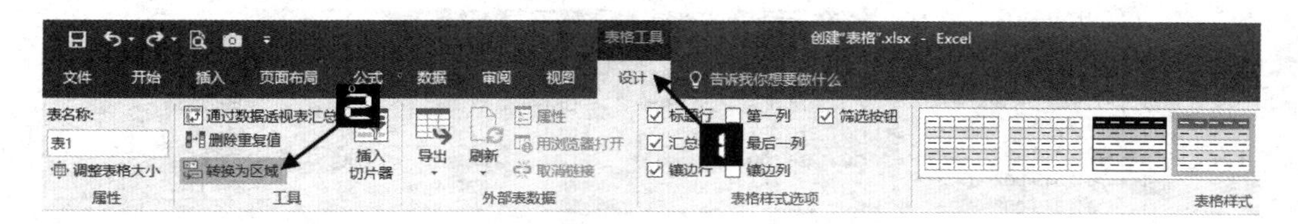

图 27-87 转换为区域

Excel无法在已经设置为共享的工作簿中创建“表格”。若要创建“表格”，必须先撤销该工作簿的共享。

27.11.2 “表格”工具的特征和功能

Ⅰ 在“表格”中添加汇总行

要想在指定的“表格”中添加汇总行，可以单击“表格”中的任意单元格（如 A5），在【表格工具 / 设计】选项卡下选中【汇总行】复选框，Excel 将在“表格”的最后一行自动增加一个汇总行。

“表格”汇总行默认的汇总函数为 SUBTOTAL 函数（第一个参数为 109）。可以单击“表格”中“订单金额”汇总行的数据，单击出现的下拉按钮，可以从弹出的列表框中选择自己需要的汇总方式，如图 27-88 所示。

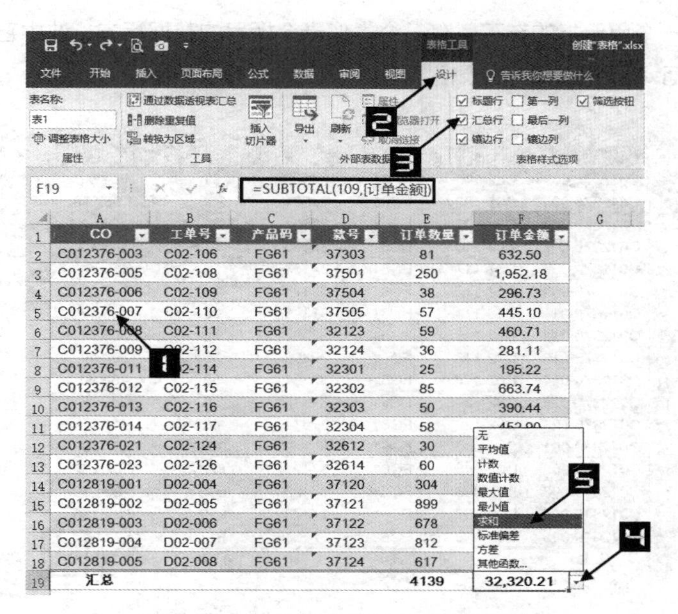

图 27-88　改变“表格”汇总行的函数

注意

> 单击“表格”中其他字段的汇总行，也可以添加汇总公式。

➲ Ⅱ　在“表格”中添加数据

“表格”具有自动扩展特性。利用这一特性，用户可以随时向“表格”中添加新的行或列。

单击“表格”中最后一个数据单元格 F18（不包括汇总行数据），按下 <Tab> 键即可向“表格”中添加新的一行，如图 27-89 所示。

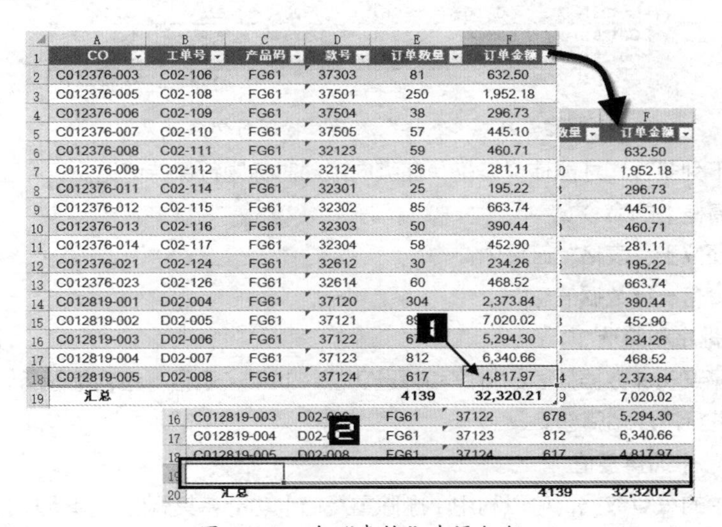

图 27-89　向“表格”中添加行

此外，取消“表格”的汇总行以后，只要在“表格”下方相邻的空白单元格中输入数据，也可向“表格”中添加新的一行数据。

如果希望向“表格”中添加新的一列，可以将光标定位到“表格”最后一个标题右侧的空白单元

格，输入新的列标题即可。

“表格”中最后一个单元格的右下角有一个类似半个括号的数据标志，选中它并向下拖动可以增加“表格”的行，向右拖动则可以增加“表格”的列，如图 27-90 所示。

	A	B	C	D	E	F
1	CO	工单号	产品码	款号	订单数量	订单金额
2	C012376-003	C02-106	FG61	37303	81	632.50
3	C012376-005	C02-108	FG61	37501	250	1,952.18
4	C012376-006	C02-109	FG61	37504	38	296.73
5	C012376-007	C02-110	FG61	37505	57	445.10
6	C012376-008	C02-111	FG61	32123	59	460.71
7	C012376-009	C02-112	FG61	32124	36	281.11
8	C012376-011	C02-114	FG61	32301	25	195.22
9	C012376-012	C02-115	FG61	32302	85	663.74
10	C012376-013	C02-116	FG61	32303	50	390.44
11	C012376-014	C02-117	FG61	32304	58	452.90
12	C012376-021	C02-124	FG61	32612	30	234.26
13	C012376-023	C02-126	FG61	32614	60	468.52
14	C012819-001	D02-004	FG61	37120	304	2,373.84
15	C012819-002	D02-005	FG61	37121	899	7,020.02
16	C012819-003	D02-006	FG61	37122	678	5,294.30
17	C012819-004	D02-007	FG61	37123	812	6,340.66
18	C012819-005	D02-008	FG61	37124	617	4,817.97
19	汇总				4139	32,320.21

图 27-90　手工调整“表格”的大小

➲ Ⅲ　“表格”滚动时标题行仍然可见

当用户单击“表格”中的任意一个单元格后再向下滚动浏览“表格”时，可以发现“表格”中的标题将出现在 Excel 的列标上面，使“表格”滚动时标题行仍然可见，如图 27-91 所示。

	CO	工单号	产品码	款号	订单数量	订单金额
13	C012376-023	C02-126	FG61	32614	60	468.52
14	C012819-001	D02-004	FG61	37120	304	2,373.84
15	C012819-002	D02-005	FG61	37121	899	7,020.02
16	C012819-003	D02-006	FG61	37122	678	5,294.30
17	C012819-004	D02-007	FG61	37123	812	6,340.66
18	C012819-005	D02-008	FG61	37124	617	4,817.97
19	汇总				4139	32,320.21

图 27-91　“表格”滚动时标题行仍然可见

必须同时满足下列条件，才能使“表格”在纵向滚动时标题行保持可见。

❖ 未使用【冻结窗格】的命令。

❖ 活动单元格必须位于“表格”区域内。

❖ “表格”中至少有一行数据信息。

➲ Ⅳ　“表格”的排序和筛选

“表格”整合了 Excel 数据列表的排序和筛选功能，如果“表格”包含标题行，可以用标题行的下拉按钮对“表格”进行排序和筛选。

➲ Ⅴ　删除“表格”中的重复值

对于“表格”中的重复数据，可以利用【删除重复值】功能将其删除，具体方法请参阅 27.5 节。

➲ Ⅵ　使用“套用表格样式”功能

如果用户对系统默认的“表格”的表格样式不满意，可以套用【表格工具】中的表格样式。【表格工具】中有 61 种可供用户套用的表格样式，其中浅色 22 种（其中有一个为“无”样式）、中等深浅 28 种、深色 11 种。

单击“表格”中的任意单元格（如 E15），在【表格工具 / 设计】选项卡中单击【表格样式】下拉按钮，在弹出的样式列表中选择【浅色】中的【橙色，表样式浅色 14】样式，如图 27-92 所示。

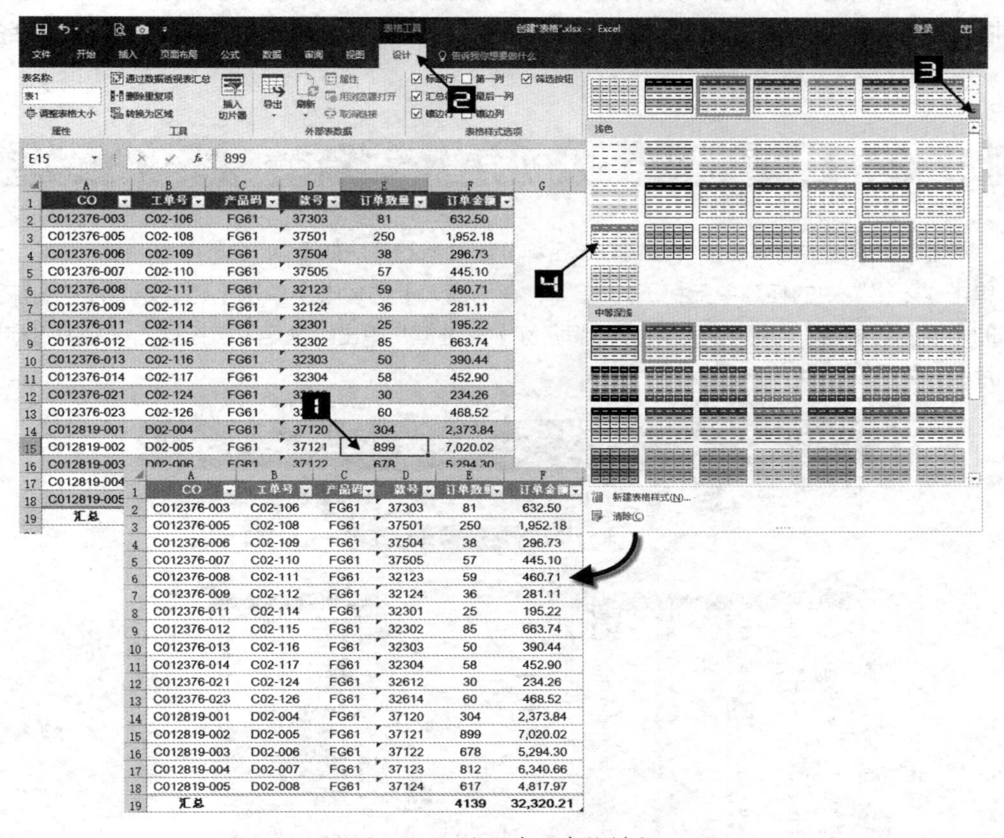

图 27-92　自动套用表格样式

如果用户希望创建自己的报表样式，可以通过新建表样式对“表格”的样式进行自定义设置，一旦保存后便存放于【表格工具】自定义的表格样式库中，可以随时调用。

要设置自定义的“表格”样式，可以按如下步骤操作。

步骤① 单击“表格”中的任意单元格，在【表格工具 / 设计】选项卡中单击【表格样式】下拉按钮，在弹出的下拉列表中选择【新建表格样式】命令，弹出【新建表样式】对话框，如图 27-93 所示。

步骤② 在【名称】编辑框内输入自定义样式的名称，在【表元素】列表框中选择【整个表】选项可以对表格整体进行设置，单击【格式】按钮，弹出【设置单元格格式】对话框，进行边框、填充效果和颜色及字体方面的设置，最后通过单击【确定】按钮依次关闭【设置单元格格式】对话框和【新建表样式】对话框，完成设置。

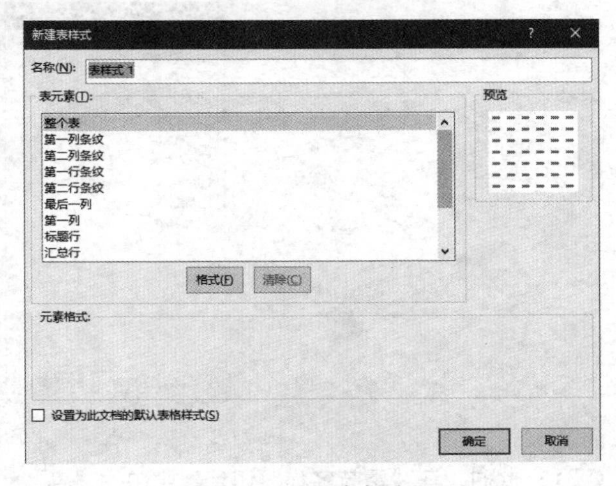

图 27-93　新建表样式

27.11.3 在“表格”中插入切片器

切片器实际上就是以一种图形化的筛选方式，单独为“表格”中的每个字段创建一个选取器，浮动于“表格”之上。通过对选取器中的字段项筛选，实现了比字段下拉列表筛选按钮更加方便灵活的筛选功能。

示例27-24 在“表格”中插入切片器

在“表格”中插入“品牌名称”和“季节名称”切片器的方法如下。

步骤① 单击“表格”中的任意单元格（如 A5），在【插入】选项卡中单击【切片器】按钮，在弹出的【插入切片器】对话框中选中【品牌名称】复选框，单击【确定】按钮插入“品牌名称”切片器，如图 27-94 所示。

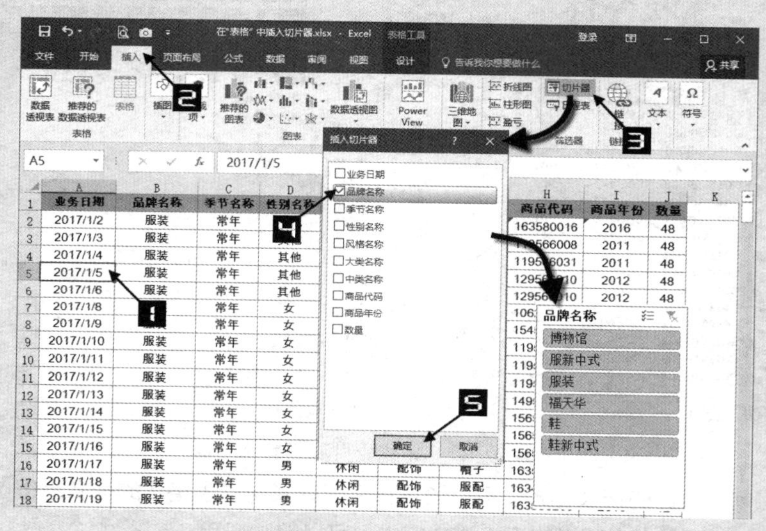

图 27-94 在“表格”中插入“品牌名称”切片器

步骤② 重复步骤 1，插入“季节名称”切片器，如图 27-95 所示。

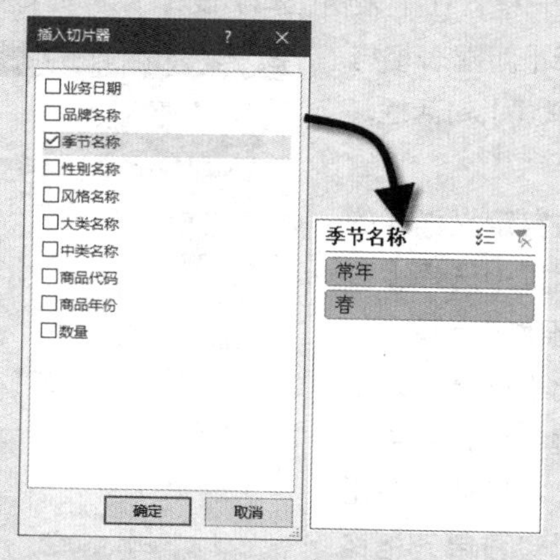

图 27-95 在“表格”中插入“季节名称”切片器

步骤③ 此时，在“季节名称”切片器中单击“春”，“表格”中即可出现春季的所有数据记录。在

"品牌名称"切片器中单击"服新中式"，"表格"中即可出现春季数据记录中的"品牌名称"是"服新中式"的数据记录，如图 27-96 所示。

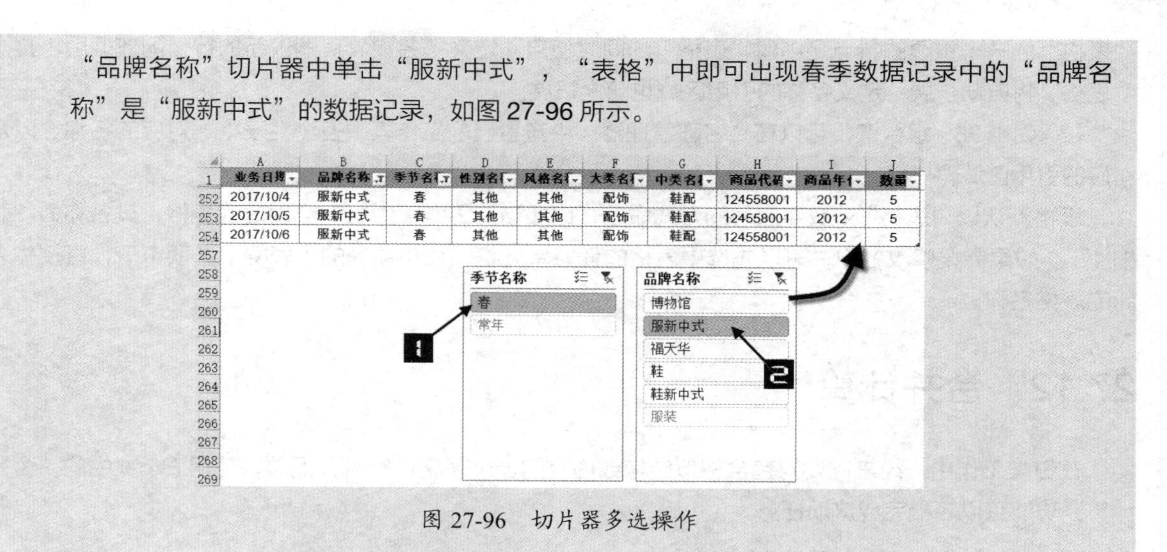

图 27-96　切片器多选操作

27.11.4　与 SharePoint 服务器的协同处理

如果用户使用了微软的 SharePoint 服务，可以把 Excel"表格"发布到 Microsoft SharePoint Services 网站上，从而使其他用户在没有安装 Excel 的情况下仅在 Web 浏览器中便能查看和编辑数据。

单击"表格"中的任意单元格（如 A2），在【表格工具 / 设计】选项卡中选择【导出】→【将表格导出到 SharePoint 列表】选项，在弹出的【将表导出为 SharePoint 列表】对话框中输入 SharePoint 网站地址即可创建 SharePoint 列表，如图 27-97 所示。

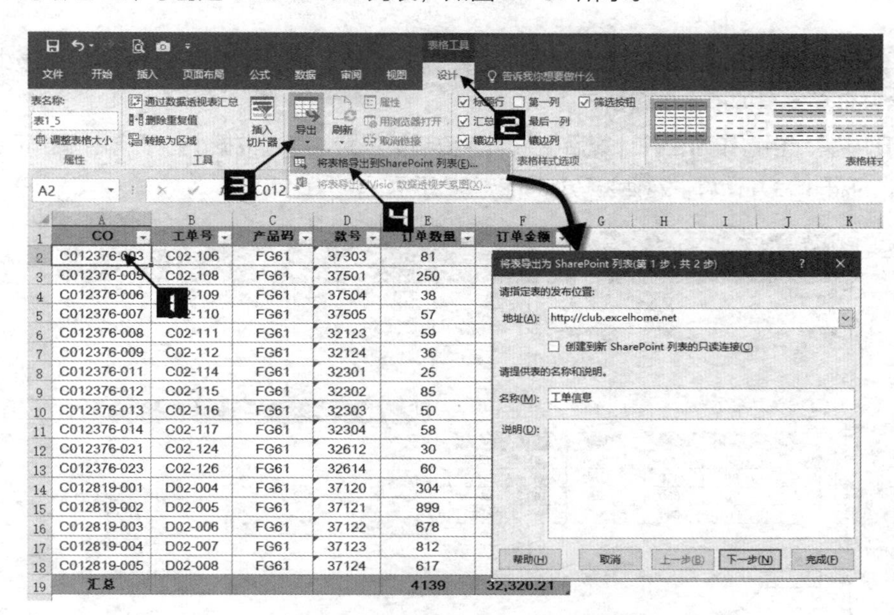

图 27-97　将表格导出到 SharePoint

27.11.5　通过"表格"定义动态名称

若要定义一个包含动态区域的名称，最常用的方法是利用 OFFSET+COUNTA 函数组合。实际上，

“表格”的一个重要的特点是创建“表格”的同时便自动定义了名称。在插入新的行、列数据后，整个“表格”将自动扩展，定义名称的引用区域也随之拓展。

按 <Ctrl+F3> 组合键，可以在“名称管理器”中查看当前工作表中各个“表格”对应的名称，以及对应的引用区域。

表格默认以“表格”+ 数字序号的方式命名，比如当前工作簿中第一个创建的表格，其名称为“表格 1”。如果需要修改名称，可以先选中表格的任意单元格，在功能区的【表格】选项卡下，直接输入新的表格名称。

27.12 合并计算

在日常工作中，经常需要对包含相似结构或内容的多个表格进行合并汇总，使用 Excel 中的“合并计算”功能可以轻松完成这项任务。

27.12.1 合并计算的基本功能

Excel 的“合并计算”功能可以汇总或合并多个数据源区域中的数据，具体方法有两种：一种是按类别合并计算；另一种是按位置合并计算。

合并计算的数据源区域可以是同一工作表中的不同表格，也可以是同一工作簿中的不同工作表，还可以是不同工作簿中的表格。

➲ Ⅰ 按类别合并

示例27-25 快速合并汇总两张数据表

在图 27-98 中有两个结构相同的数据表“表一”和“表二”，利用合并计算可以轻松地将这两个表进行合并汇总，具体操作步骤如下。

步骤① 选中 B10 单元格，作为合并计算后结果的存放起始位置，在【数据】选项卡中单击【合并计算】按钮，打开【合并计算】对话框，如图 27-98 所示。

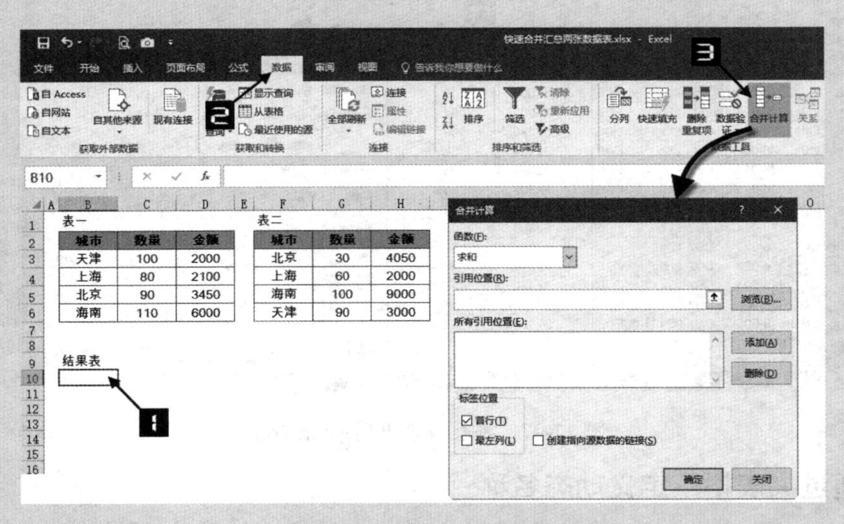

图 27-98 打开【合并计算】对话框

步骤② 单击【引用位置】编辑框右侧的折叠按钮，选中“表一”的 B2:D6 单元格区域，然后在【合并计算】对话框中单击【添加】按钮，所引用的单元格区域地址会出现在【所有引用位置】列表框中，如图 27-99 所示。

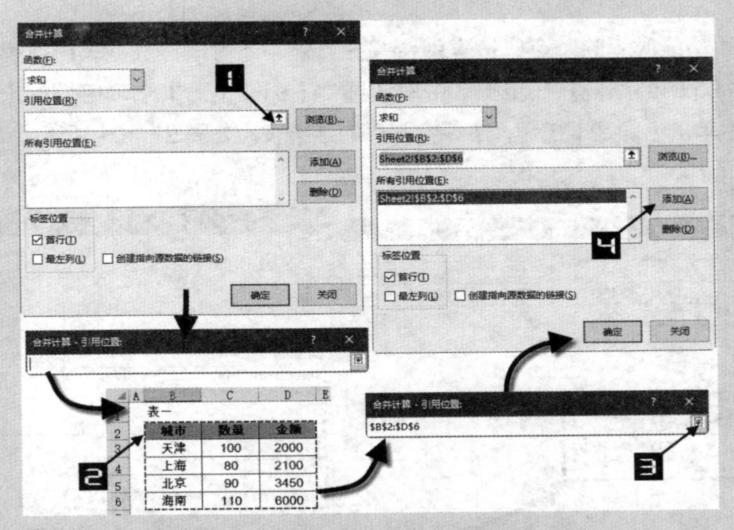

图 27-99　添加“合并计算”引用位置

步骤③ 使用同样的方法将“表二”的 F2:H6 单元格区域添加到【所有引用位置】列表框中。依次选中【首行】和【最左列】复选框，然后单击【确定】按钮，即可生成合并计算结果表，如图 27-100 所示。

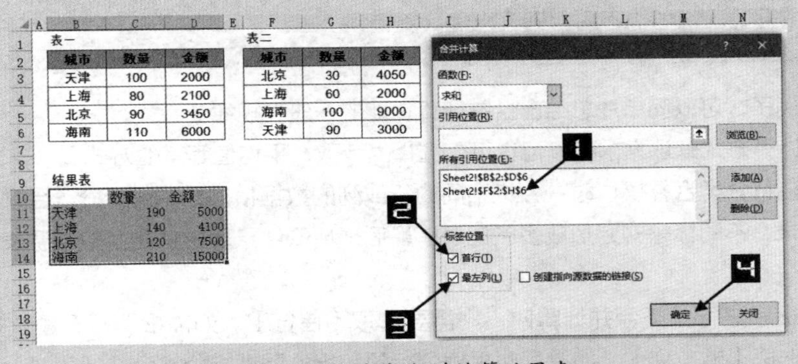

图 27-100　生成合并计算结果表

注意

- 在使用按类别合并的功能时，数据源列表必须包含行或列标题，并且在【合并计算】对话框【标签位置】选项区域中选中相应的复选框。
- 合并的结果表中包含行列标题，但在同时选中【首行】和【最左列】复选框时，所生成的合并结果表会缺失第一列的列标题。
- 合并后，结果表的数据项排列顺序是按第一个数据源表的数据项顺序排列的。
- 合并计算过程不能复制数据源表的格式。如果要设置结果表的格式，可以使用【格式刷】将数据源表的格式复制到结果表中。

Ⅱ 按位置合并

示例27-26 按数据表的所在位置进行合并

使用合并计算功能时，除了可以按类别合并计算外，还可以按数据表的数据位置进行合并计算。沿用示例 27-25 的数据，并在步骤 3 中取消选中【标签位置】选项区域的【首行】和【最左列】复选框，然后单击【确定】按钮，生成合并后的结果表，如图 27-101 所示。

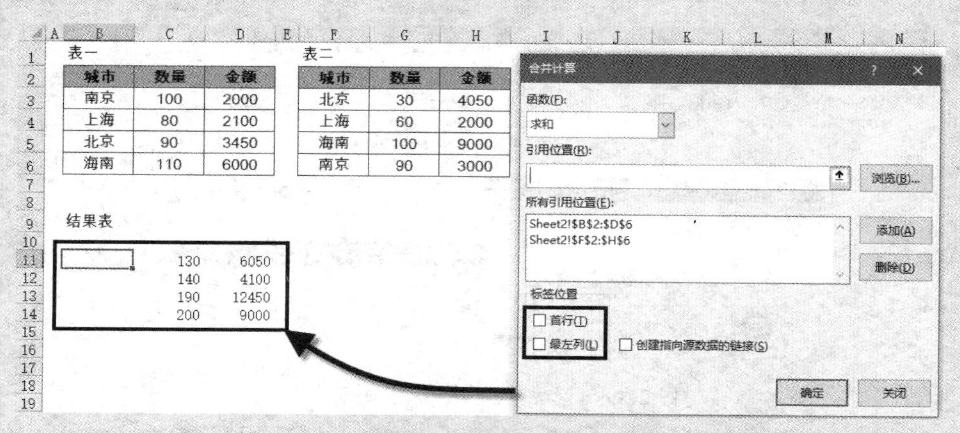

图 27-101 按位置合并

使用按位置合并的方式，Excel 只是将数据源表格相同位置上的数据进行简单合并计算，而忽略多个数据源表的行列标题内容是否相同。这种合并计算多用于数据源表结构完全一致情况下的数据合并。如果数据源表格结构不同，则会出现计算错误。

由以上两个例子，可以简单地总结出合并计算功能的一般性规律。

- 合并计算的计算方式默认为求和，但也可以选择为计数、平均值等其他方式。
- 当合并计算执行分类合并操作时，会将不同的行或列的数据根据标题进行分类合并。相同标题的合并成一条记录，不同标题的则形成多条记录。最后形成的结果表中包含了数据源表中所有的行标题或列标题。
- 如需根据列标题进行分类合并计算时，则需要选取【首行】。如需根据行标题进行分类合并计算时，则需要选取【最左列】，如需同时根据列标题和行标题进行分类合并计算时，则需要同时选取【首行】和【最左列】。
- 如果数据源列表中没有列标题或行标题（仅有数据记录），而用户又选择了【首行】和【最左列】，Excel 将数据源列表的第一行和第一列分别默认作为列标题和行标题。
- 如果用户对【首行】和【最左列】两个复选框都不选中，则 Excel 将按数据源列表中数据的单元格位置进行计算，不会进行分类计算。

27.12.2 合并计算的应用

Ⅰ 多表分类汇总

运用合并计算功能可以对多个结构相同的数据表的数据进行分类汇总。

示例27-27 分类汇总多张销售报表

如图 27-102 所示，“表一”“表二”和“表三”是三张结构相同，但数据项不同的销售报表，要求将这三张销售报表进行合并的同时按城市分类汇总，结果填入结果表内。

表一

城市	数量	金额
南京	10	200
上海	8	210
北京	9	345
海南	11	600

表二

城市	数量	金额
海南	10	900
北京	3	405
西藏	9	800

表三

城市	数量	金额
天津	5	800
西藏	8	210
北京	9	345
广东	11	600

结果表

城市	数量	金额

图 27-102 数据源表

用户可以使用合并计算功能快捷地实现多表合并及分类汇总，具体操作步骤如下。

步骤① 选中 A11 单元格，打开【合并计算】对话框。

步骤② 将“表一”“表二”和“表三”数据区域的单元格地址依次添加到【合并计算】对话框的【所有引用位置】列表框内。

步骤③ 依次选中【首行】和【最左列】复选框，然后单击【确定】按钮，生成“结果表”，如图 27-103 所示。

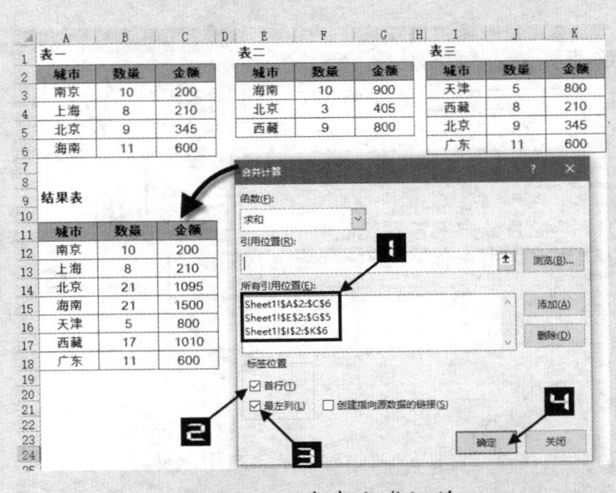

图 27-103 多表分类汇总

Ⅱ 创建分户报表

合并计算可以按类别进行合并，如果引用区域的行列方向均包含了多个类别，则可以利用合并计算功能将引用区域中的全部类别汇总到同一表格中并显示所有明细。

示例27-28 创建分户销售汇总报表

2017 年 12 月南京、上海、海口和珠海 4 个城市的销售额数据分别在 4 个不同的工作表中，报表结构和数据如图 27-104 所示。

图 27-104　四城市销售情况表

运用合并计算功能可以方便地制作出 4 个城市的销售分户汇总报表，具体操作步骤如下。

步骤① 在“汇总”工作表中选中 A2 单元格，打开【合并计算】对话框。

步骤② 在【所有引用位置】列表框中分别添加“南京”“上海”“海口”“珠海”4 个工作表中的数据区域，并在【标签位置】选项区域中选中【首行】和【最左列】复选框，然后单击【确定】按钮，即可生成各个城市销售额的分户汇总表，如图 27-105 所示。

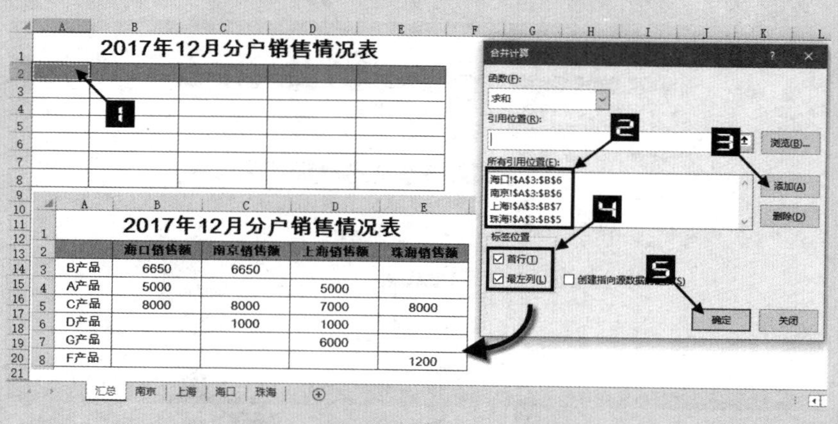

	海口销售额	南京销售额	上海销售额	珠海销售额
B产品	6650	6650		
A产品	5000		5000	
C产品	8000	8000	7000	8000
D产品		1000	1000	
G产品			6000	
F产品				1200

图 27-105　制作销售分户汇总报表

Ⅲ 多表筛选不重复值

从多个工作表数据中筛选出不重复值是数据分析处理过程中经常会遇到的问题，利用合并计算功能可以简便、快捷地解决这一类问题。

示例27-29　多表筛选不重复编号

如图 27-106 所示，工作表“1”“2”“3”“4”的 A 列各有某些编号，现要在“汇总”工作表中将这 4 张工作表中不重复的编号全部列示出来。

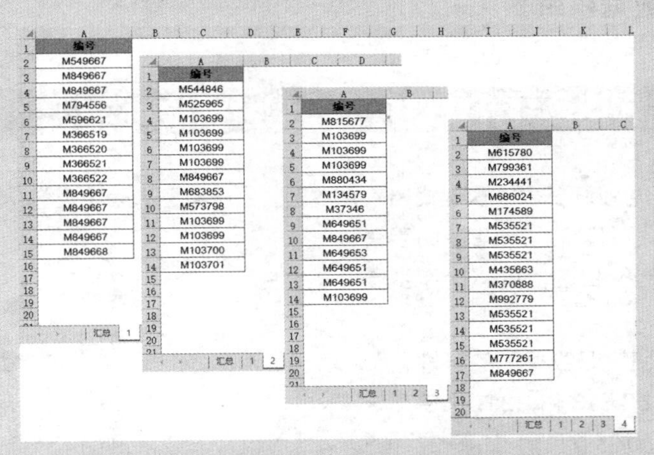

图 27-106　多个包含重复数据项的数据表

合并计算的【求和】功能无法对不包含任何数值数据的数据区域进行合并计算操作，但只要选择合并的区域内包含有一个数值，即可进行合并计算相关操作。利用这一特性，可在源表中添加辅助数据来实现多表筛选不重复值的目的，具体操作步骤如下。

步骤① 在工作表“1”的 B2 单元格中输入任意一个数值，如“0”。

步骤② 选中“汇总”工作表的 A2 单元格作为结果表的起始单元格。单击【数据】选项卡中的【合并计算】按钮，打开【合并计算】对话框。

步骤③ 在【合并计算】对话框中的【所有引用位置】列表框中分别添加“1”“2”“3”“4”4 个工作表中的数据区域地址，并在【标签位置】选项区域中选中【最左列】复选框，最后单击【确定】按钮，即可得到最终合并计算结果，如图 27-107 所示。

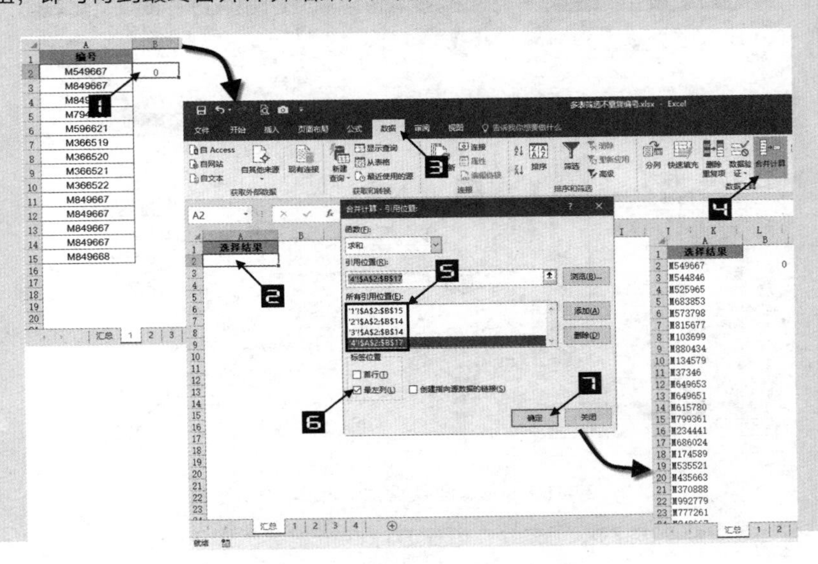

图 27-107　多表筛选不重复值

参照此方法，还可以对数值型数据源表筛选不重复值。此外，此方法还适用于对同一个工作表内的单个数据区域或多个数据区域筛选不重复值。

27.12.3 文本型数据核对

示例27-30 利用合并计算进行文本型数据核对

利用合并计算还可以在多表间快速找出差异数据。由于数据列表中仅包含了“姓名”字段，不包含数值数据，因此可以通过一些辅助手段来实现最终数据核对的目的，具体操作步骤如下。

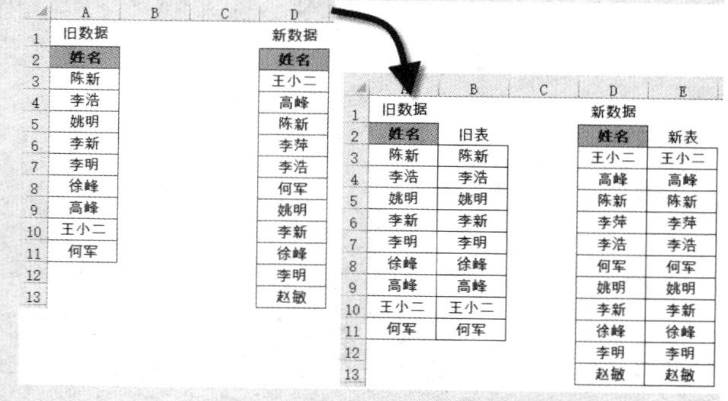

图 27-108 添加辅助列标题

步骤① 将“新数据”和“旧数据”的“姓名”列分别复制到 E2:E13 和 B2:B11 单元格区域，并分别添加列标题，如图 27-108 所示。

步骤② 选中 A16 单元格作为存放结果表的起始位置，在【数据】选项卡中单击【合并计算】按钮，打开【合并计算】对话框。

步骤③ 在【合并计算】对话框中的【函数】下拉列表中选择【计数】计算方式。

步骤④ 在【所有引用位置】列表框中分别添加旧数据表的 A2:B11 单元格区域地址和新数据表的 D2:E13 单元格区域的数据地址，在【标签位置】选项区域中同时选中【首行】和【最左列】复选框，然后单击【确定】按钮，如图 27-109 所示，即可生成初步核对结果。

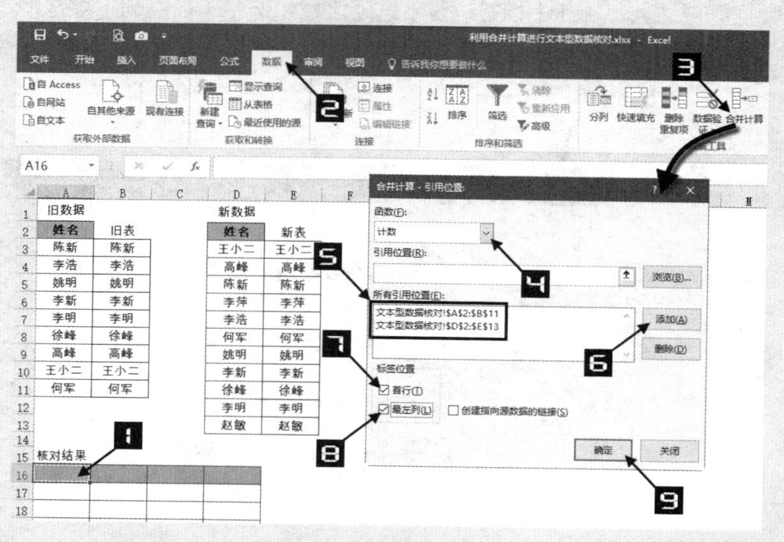

图 27-109 文本型数据核对操作步骤之一

步骤⑤ 为进一步显示出新旧数据的不同之处，可在 D17 单元格输入以下公式。

```
=N(B17<>C17)
```

并复制公式向下填充至 D27 单元格。

步骤⑥ 补齐列标题后，借助筛选功能即可得到新旧数据的差异对比结果，如图 27-110 所示。

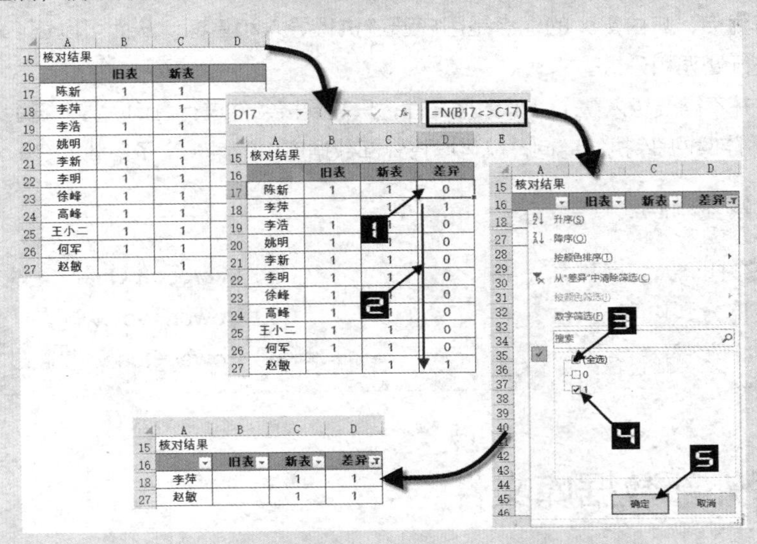

图 27-110　设置核对公式筛选核对结果

注意

在合并计算的统计方式中，“计数”适用于数值和文本数据计数，而“数值计数”仅适用于数值型数据计数，如图27-111所示。

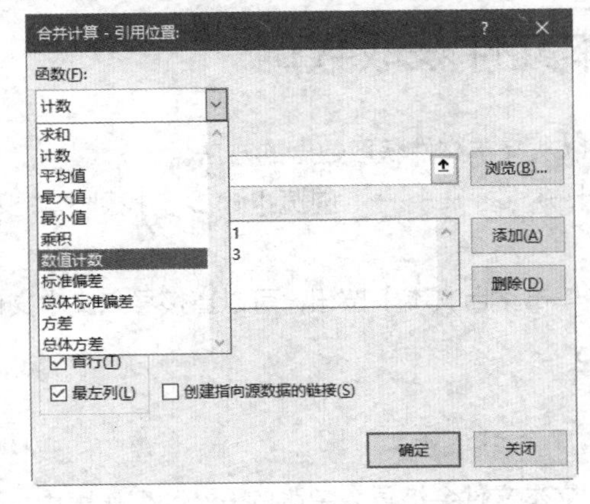

图 27-111　数值计数

第 28 章　使用多样性的数据源

在使用 Excel 进行工作时，不但可以使用工作表中的数据，还可以访问外部数据库文件。使用外部数据库文件有很多优点，其中最大的优点是用户通过执行导入和查询，从而可以在 Excel 中使用熟悉的工具对外部数据进行处理和分析。

多数情况下，并不需要导入整个外部数据文件，只需要按条件进行查询后导入符合条件的数据即可。此时，用户只需对外部数据库执行查询，就可以将外部数据库中的某一个子集载入 Excel 工作表中。

本章学习要点

（1）文本文件的导入。
（2）Excel 的分列功能。
（3）导入外部数据。
（4）Microsoft Query 功能。
（5）PowerPivot 功能。
（6）Power Query 功能。

28.1　了解外部数据库文件

虽然 Excel 2016 工作表的行达到 1 048 576 行，列达到 16 384 列，但可能仍然无法满足用户的需求。而许多其他类型的数据文件则可以远超 Excel 工作表，同时在性能上也超过 Excel。这些数据文件可以是文本文件、Access、SQL Server、AnalysisServices、Windows Azure Marketplace、OData、XML 数据等。

28.2　利用文本文件获取数据

Excel 提供了多种可以从文本文件获取数据的方法。

❖ 单击【文件】选项卡→【打开】→【浏览】命令，找到文本文件所在路径，可以直接导入文本文件。
❖ 在【数据】选项卡中单击【自文本】按钮，可以直接导入文本文件。
❖ 使用 Microsoft Query。
❖ 使用 Power Query。
❖ 使用 PowerPivot。

使用第一种方法时，文本文件会被导入单张的 Excel 工作表中，这种方式，如果文本文件的数据发生变化，并不会在 Excel 中进行实时更新，除非重新导入。

使用其他方法时，Excel 会在当前工作表的指定位置上显示导入的数据，同时 Excel 会将文本文件作为外部数据源。一旦文本文件中的数据发生变化，用户只需右击鼠标，在弹出的快捷菜单中选择【刷新】命令即可获得最新的数据。

如果用户的文本文件数据量巨大，超过 Excel 的行列限量，不能导入全部数据，可以使用 Microsoft Query、Power Query、PowerPivot，通过设置查询条件将导入操作限制在实际需要的记录上。

28.2.1　编辑文本导入

导入文本文件时，虽然不能满足用户只导入指定记录的需要，它却能够向用户提供其他形式上的控制。例如，用户在导入文本文件时可以将不需要的列删除，还能够设置导入列的数据类型，主要为常规、文本、日期类型。

示例28-1　向Excel中导入文本数据

如果要将如图 28-1 所示的文本文件导入 Excel 中，可以参照以下步骤。

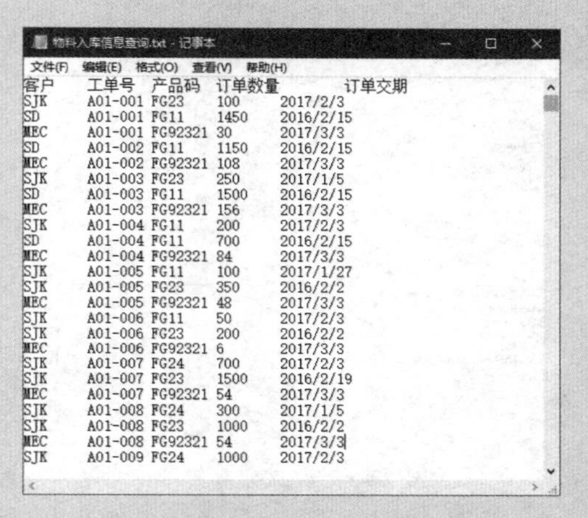

客户	工单号	产品码	订单数量	订单交期
SJK	A01-001	FG23	100	2017/2/3
SD	A01-001	FG11	1450	2016/2/15
MEC	A01-001	FG92321	30	2017/3/3
SD	A01-002	FG11	1150	2016/2/15
MEC	A01-002	FG92321	108	2017/3/3
SJK	A01-003	FG23	250	2017/1/5
SD	A01-003	FG11	1500	2016/2/15
MEC	A01-003	FG92321	156	2017/3/3
SJK	A01-004	FG11	200	2017/2/3
SD	A01-004	FG11	700	2016/2/15
MEC	A01-004	FG92321	84	2017/3/3
SJK	A01-005	FG11	100	2017/1/27
SJK	A01-005	FG23	350	2016/2/2
MEC	A01-005	FG92321	48	2017/3/3
SJK	A01-006	FG11	50	2017/2/3
SJK	A01-006	FG23	200	2016/2/2
MEC	A01-006	FG92321	6	2017/3/3
SJK	A01-007	FG24	700	2017/2/3
SJK	A01-007	FG23	1500	2016/2/19
MEC	A01-007	FG92321	54	2017/3/3
SJK	A01-008	FG24	300	2017/1/5
SJK	A01-008	FG23	1000	2016/2/2
MEC	A01-008	FG92321	54	2017/3/3
SJK	A01-009	FG24	1000	2017/2/3

图 28-1　文本文件

步骤① 新建一个 Excel 工作簿并打开。

步骤② 在【数据】选项卡中单击【自文本】按钮，在弹出的【导入文本文件】对话框中选择文本文件“物料入库信息查询 .txt”所在路径，单击【导入】按钮，出现【文本导入向导 – 第 1 步，共 3 步】对话框，如图 28-2 所示。

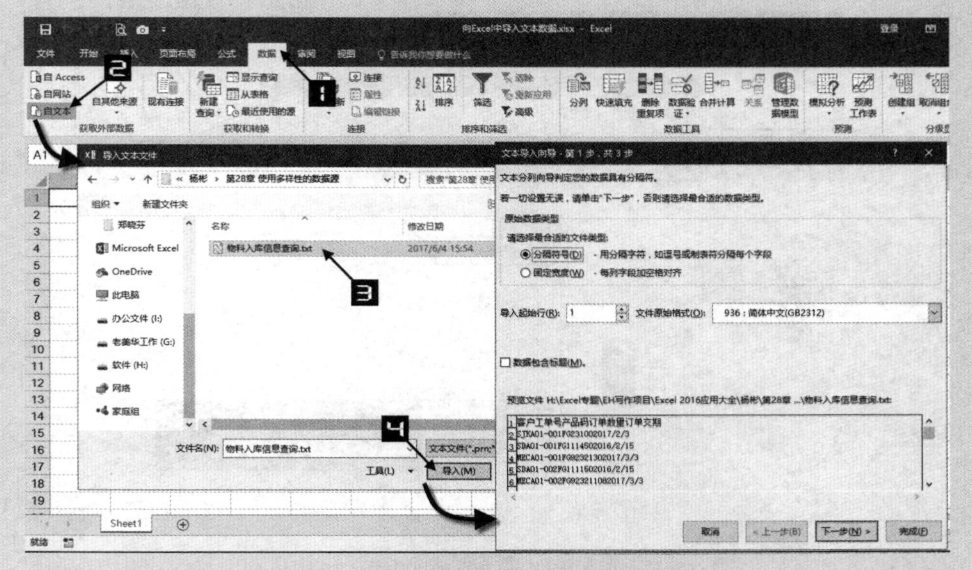

图 28-2　文本导入向导对话框

注意

【文本导入向导－第1步，共3步】对话框中的【导入起始行】默认为1，即从第1行（标题行）导入，如果选择2，则从第2行导入。【文件原始格式】下拉列表中显示了Excel检测到的目标文件的字符编码格式，如果用户在对话框下部的预览窗口中发现字符显示为乱码，可以在列表中手动选择一个匹配的字符集。

步骤3 单击【下一步】按钮，设置分列数据所包含的分隔符号，本例中保持选中【Tab键】复选框，如图28-3所示。

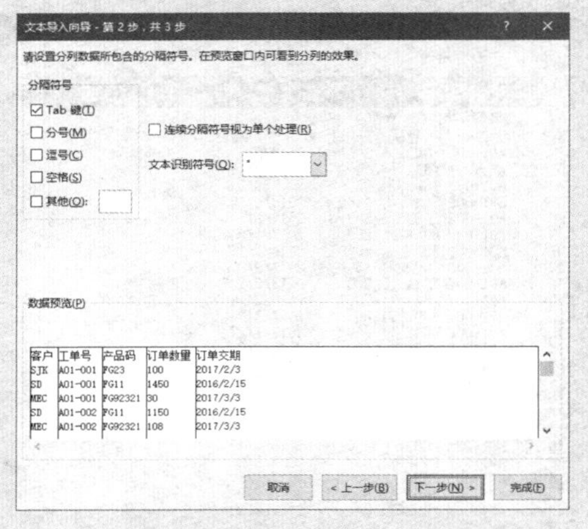

图 28-3　设置分隔符号

步骤4 单击【下一步】按钮，出现【文本导入向导－第3步，共3步】对话框，在此步骤中，可以取消对某列的导入，还可以设置每个导入列的数据格式。单击第二列“工单号”，在【列数据格式】选项区域中选中【不导入此列（跳过）】单选按钮；单击“产品码”列，在【列数据格式】选项区域中选中【文本】单选按钮；单击“订单交期”列，在【列数据格式】选项区域中选中【日期】单选按钮，如图28-4所示。

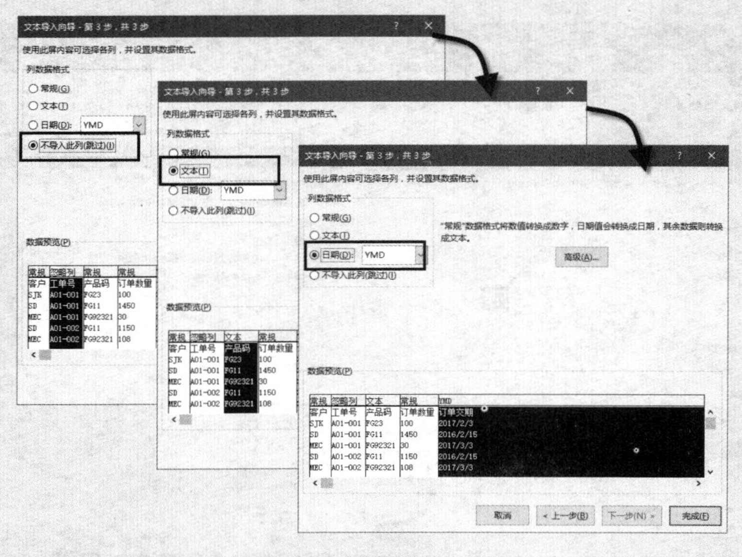

图 28-4　设置列数据格式

步骤⑤ 单击【完成】按钮，在弹出的【导入数据】对话框中输入导入的开始位置（如 A1 单元格），单击【确定】按钮完成导入，效果如图 28-5 所示。

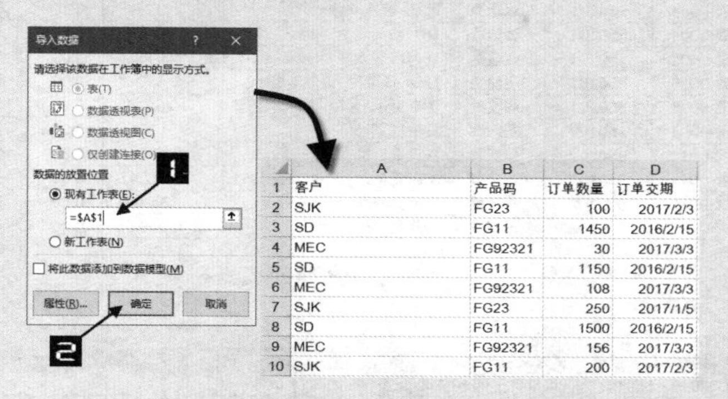

图 28-5　在 Excel 中完成文本文件的导入

如果文本文件中的数据信息发生了改变，可以在导入数据的任意单元格中右击，在弹出的扩展菜单中选择【刷新】命令，在【导入文本文件】对话框中确认目标文件后单击【导入】按钮，即可完成对文本文件的更新，如图 28-6 所示。

图 28-6　刷新文本文件数据

28.2.2　Excel 中的分列功能

Excel 中的分列功能可以将一整列数据按照某种方式快速分隔成多列，以满足用户的需要，也可以一次性转化数据的类型。

示例28-2　在会计凭证的摘要中拆分部门

图 28-7 所示的数据列表是从财务软件中导出的费用数据，其中的 G 列“借方”为文本型数值，不能统计金额合计，F 列的“摘要”中“_”后面都是发生费用的各个部门，如图 28-7 所示。

	A	B	C	D	E	F	G	H	I	J
1	月	日	凭证号数	科目编码	科目名称	摘要	借方	贷方	方向	余额
2	06	02	银-0006	550101	运输费	华丰货运 运费_国外一组	13495	0.00	借	461,493.40
3	12	02	现-0004	550101	运输费	运费_国外二组	60	0.00	借	883,464.41
4	12	02	银-0004	550101	运输费	10月份陆运费 中外运_国外一组	13480	0.00	借	896,944.41
5	12	02	银-0004	550101	运输费	10月份陆运费 中外运_国外三组	615	0.00	借	897,559.41
6	03	05	银-0036	550101	运输费	捷丰 运杂费_国外二组	330	0.00	借	96,543.34
7	04	07	银-0041	550101	运输费	华丰货运 运费_国外二组	25910	0.00	借	208,302.84
8	11	01	现-0004	550102	差旅费	差旅费_军品	1336	0.00	借	237,878.35
9	11	01	现-0011	550102	差旅费	差旅费补助_国外一组	3287.47	0.00	借	241,165.82
10	11	01	现-0011	550102	差旅费	差旅费补助_国外二组	3287.47	0.00	借	244,453.29
11	11	01	现-0011	550102	差旅费	差旅费补助_国外三组	3287.46	0.00	借	247,740.75
12	11	01	现-0011	550102	差旅费	差旅费_国外一组	10969.55	0.00	借	258,710.30

图 28-7　准备进行分列的数据列表

	A	B	C	D	E	F	G	H	I	J	K
1	月	日	凭证号数	科目编码	科目名称	摘要	部门	借方	贷方	方向	余额
2	06	02	银-0006	550101	运输费	华丰货运 运费	国外一组	13495	-	借	461,493.40
3	12	02	现-0004	550101	运输费	运费	国外二组	60	-	借	883,464.41
4	12	02	银-0004	550101	运输费	10月份陆运费 中外运	国外一组	13480	-	借	896,944.41
5	12	02	银-0004	550101	运输费	10月份陆运费 中外运	国外三组	615	-	借	897,559.41
6	03	05	银-0036	550101	运输费	捷丰 运杂费	国外二组	330	-	借	96,543.34
7	04	07	银-0041	550101	运输费	华丰货运 运费	国外二组	25910	-	借	208,302.84
8	11	01	现-0004	550102	差旅费	差旅费	军品	1336	-	借	237,878.35
9	11	01	现-0011	550102	差旅费	差旅费补助	国外一组	3287.47	-	借	241,165.82
10	11	01	现-0011	550102	差旅费	差旅费补助	国外二组	3287.47	-	借	244,453.29
11	11	01	现-0011	550102	差旅费	差旅费补助	国外三组	3287.46	-	借	247,740.75
12	11	01	现-0011	550102	差旅费	差旅费	国外一组	10969.55	-	借	258,710.30

图 28-8　对“摘要”进行分列后的效果

要达到如图 28-8 所示的效果，可以参照以下步骤。

步骤① 选中 G 列后右击，在弹出的快捷菜单中选择【插入】命令插入一列空白列。因为 F 列分列后将变为“摘要”和“部门”两列，新增加的列需要存储空间，否则会覆盖现有数据列。

步骤② 选中 F 列，在【数据】选项卡中单击【分列】按钮，在弹出的【文本分列向导－第 1 步，共 3 步】对话框中，选择【分隔符号】选项，单击【下一步】按钮，此时出现【文本分列向导－第 2 步，共 3 步】对话框。

步骤③ 在【其他】复选框右侧的编辑框中输入下画线“_”，此时【数据预览】区域中会发生变化，如图 28-9 所示。

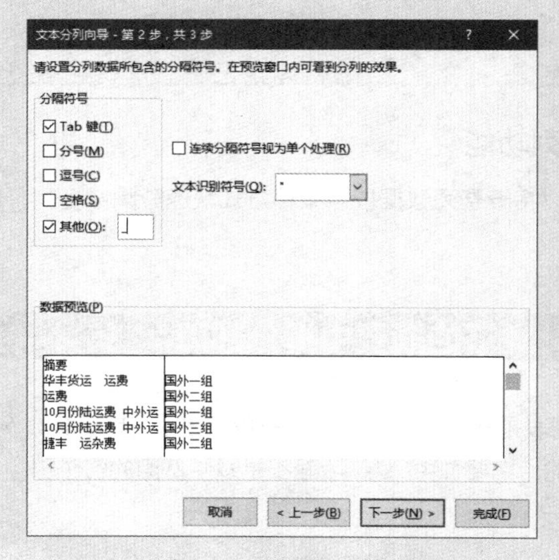

图 28-9　输入分隔符号

步骤④ 单击【下一步】按钮，出现【文本分列向导－第 3 步，共 3 步】对话框，单击【完成】按钮。此时，部门作为单独的一列被分离出来了，输入列标题“部门”，如图 28-8 所示。

同样，对“借方”进行文本与数值的转换，可以在【文本分列向导－第 3 步，共 3 步】对话框中的【列数据格式】区域中选择【常规】选项即可。

使用分列功能，除了能够拆分数据外，还经常用于清理数据中的不可见字符、转换不规范日期格式等，扫描右侧的二维码，可观看更详细的分列功能视频讲解。

28.3　从 Access 获取外部数据

用户还可以通过使用 Excel【获取外部数据】的功能来达到引用 Access 数据库数据的目的。

示例28-3　读取Access数据库中的工时数据

如果将“标准工时数据 .accdb”中的数据引用到 Excel 中并保持自动更新，可参照以下步骤进行。

步骤① 新建一个 Excel 工作簿文件，将其保存为“读取 Access 数据库中的工时数据”。

步骤② 在【数据】选项卡中单击【自 Access】按钮，在弹出的【选取数据源】对话框中，定位到“标准工时数据 .accdb”，单击【打开】按钮，如图 28-10 所示。

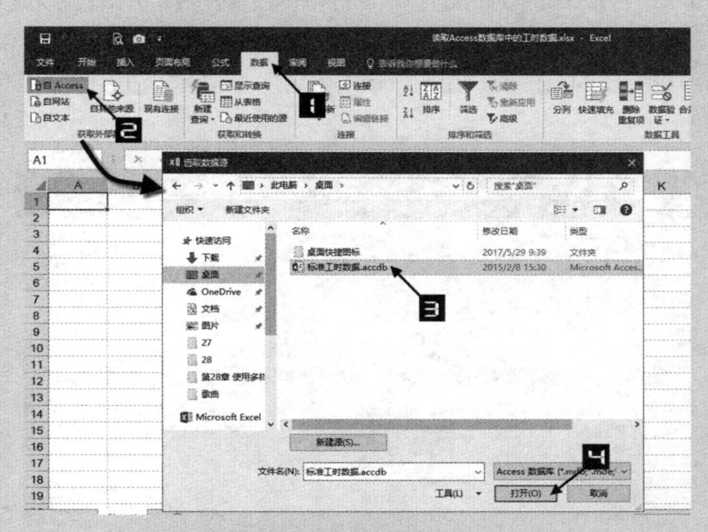

图 28-10　选择数据源“标准工时数据”

步骤③ 在弹出的【选择表格】对话框中选择【标准工时数据】选项，单击【确定】按钮，在出现的【导入数据】对话框中的【数据的放置位置】选项区域中选中【现有工作表】单选按钮，并单击 A1 单元格，导入的数据将从当前工作表的 A1 单元格起顺序排列；用户也可以根据需要选中【新工作表】单选按钮，Excel 将新建一个工作表，然后从 A1 单元格开始导入数据，如图 28-11 所示。

步骤④ 在【导入数据】对话框中单击【属性】按钮，出现【连接属性】对话框，选中【打开文件时刷新数据】复选框。这样，每次打开本工作簿时，就会自动更新外部数据，如图 28-12 所示。

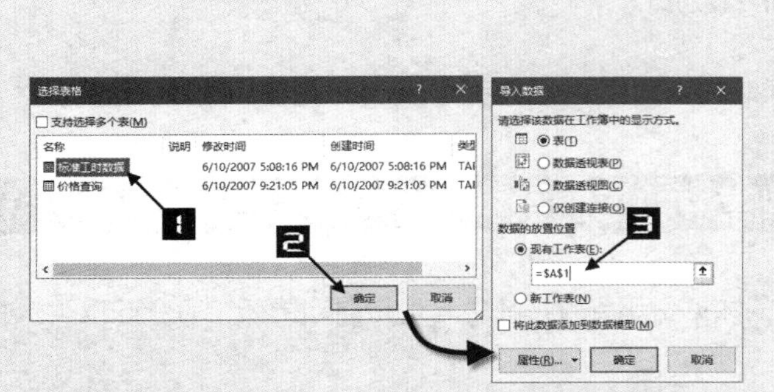

图 28-11 选择导入数据的放置位置

图 28-12 导入的外部数据

步骤⑤ 单击【确定】按钮返回【导入数据】对话框，再单击【确定】按钮，完成设置，工作表中将会出现“标准工时数据：正在获取数据……”的提示行，几秒后就会出现导入的外部数据。

当用户首次打开已经导入外部数据的工作簿时就会出现【安全警告】提示栏，这是微软公司出于文件安全方面考虑给出的用户确认提示，单击【启用内容】按钮后即可正常打开文件，如图 28-13 所示。

安全警告 已禁用外部数据连接 启用内容

ID	款号	包装	裁剪	充绒	多针	辅助	平缝	做皮	工时合计
1	0009760A00	0.0333	0.0069			0.0089	0.0611		0.1102
2	0009761A00	0.0333	0.0069			0.0089	0.0611		0.1102
3	0009900A00	0.0583	0.0667	0		0.0972	0.7222		0.9444
4	005682RREI	0.0583	0.3117	0	0	0.2222	1.9444		2.5366
5	005684RREI	0.0583	0.3117	0	0	0.2222	2		2.5922
6	005685RREI	0.0583	0.3117	0	0	0.2222	2.0556		2.6478
7	005690RREI	0.0583	0.3117	0	0	0.2361	2.4222		3.0283
8	005691RREI	0.0583	0.3117	0	0	0.2361	2.4778		3.0839
9	005692RREI	0.0583	0.3117	0	0	0.2361	2.4778		3.0839

图 28-13 首次打开工作簿的安全警告

右击工作表数据区域的任意单元格，在出现的快捷菜单中选择【刷新】命令，可以随时手动更新数据，如图 28-14 所示。

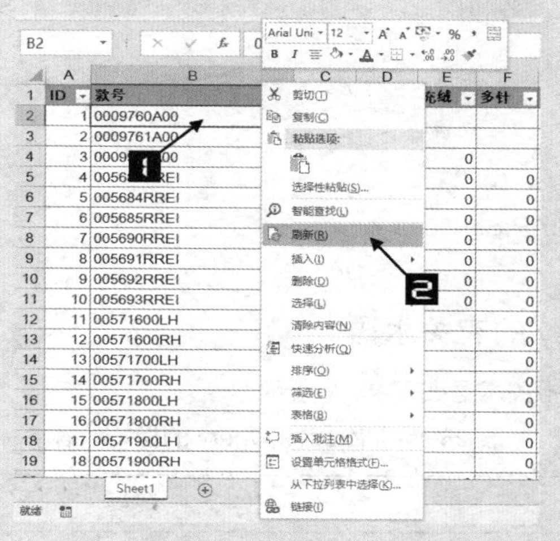

图 28-14　刷新数据

同时，【表格工具】专有工具栏的【设计】选项卡中包含【属性】【工具】【外部表数据】【表格样式选项】和【表格样式】组等诸多设置选项与功能，可以根据需要进行设置，如图 28-15 所示。

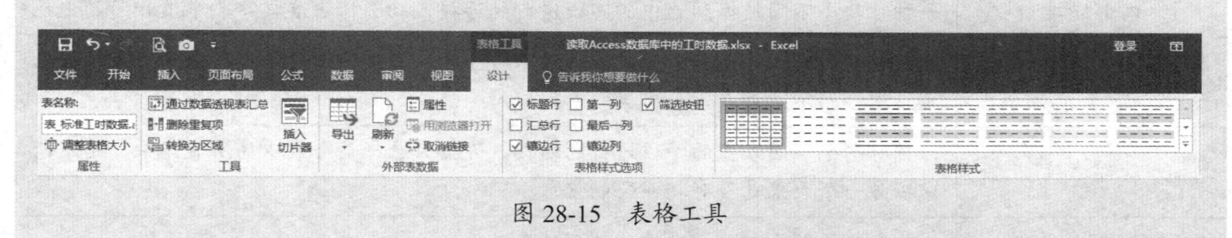

图 28-15　表格工具

28.4　利用 Microsoft Query 创建查询

Microsoft Query 可以充当 Excel 和外部数据源之间的桥梁。使用 Microsoft Query 可以连接到外部数据源后从中选择数据，并将该数据导入 Excel 中，还可以根据需要刷新数据，与外部数据源中的数据保持同步。

28.4.1　Microsoft Query 简介

在 Microsoft Query 中将特定数据库设置数据源以后，只要想创建查询，便可以从该数据源中检索数据，而不必重新输入所有连接信息。创建查询并将数据返回到 Excel 数据列表后，Microsoft Query 会为 Excel 工作簿提供查询和数据源信息，以便用户在需要刷新数据时重新连接到数据库，如图 28-16 所示。

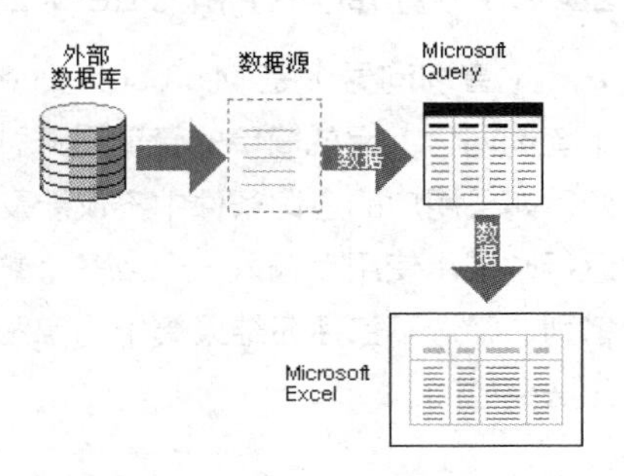

图 28-16　Microsoft Query 程序的作用

用户可以利用 Microsoft Query 来访问任何安装了 ODBC、OLE-DB 或 OLAP 驱动程序的数据源。Excel 为下列数据源提供了驱动程序。

- Access。
- dBASE。
- Excel。
- Oracle。
- Paradox。
- Microsoft SQL Server OLAP Services。
- 文本文件数据库。

28.4.2 Microsoft Query 的有关术语

有关 Microsoft Query 的相关术语如表 28-1 所示。

表 28-1 Microsoft Query 的相关术语

Microsoft Query 术语	解释
数据源	一组存储的数据，允许 Excel 连接到外部数据库
字段 / 列	相当于一个 Excel 数据列表中的列
字段名	相当于 Excel 数据列表中的一个列标题
内部连接	一种对两个不同数据列表中的字段进行的连接，只选择被连接字段中值相同的记录
OLAP	联机分析处理，只是一种查询和报表，OLAP 数据以结构化层次存储于“多维数据集”中，而不是存在于表单里
外部连接	一种对两个不同表中的字段进行的连接，连接时选择某个表中的所有记录，而不论它在另一个表里是否有相匹配的记录
查询	为获取数据而存储的、可重复使用的规范
记录	相当于数据列表中的一列
结果集	满足用户当前的记录，Microsoft Query 将在数据窗格中显示结果集
SQL	结构化查询语言，是 Microsoft Query 从外部数据库中获取数据时所采用的语言
表	关于某个主题的信息集合，以字段和记录的形式组织在一起，相当于 Excel 中的一个数据列表

28.4.3 查询向导和 Query 的异同

【查询向导】是 Microsoft Query 的一种接口，可以帮助用户方便地设置条件和筛选方案。利用【查询向导】完成简单的查询是一种非常理想的方法，但它并不具备 Microsoft Query 的所有功能。例如，如果用户的查询条件中不仅涉及简单的比较，还涉及了对数据的计算，或者用户建立的查询需要在运行时提示使用者输入一个或多个参数，就必须使用 Microsoft Query。同时，Microsoft Query 的重命名列、筛选不包括在结果集中的字段、将结果集限制为唯一项、完成汇总计算等功能也是【查询向导】无法完成的。

28.4.4　直接使用 Microsoft Query

示例28-4　利用Microsoft Query创建参数查询

如果用户想要直接在 Microsoft Query 中创建带有参数的查询，可以参照以下步骤进行。

步骤① 在桌面新建一个 Excel 工作簿，命名为“利用 Microsoft Query 创建参数查询”，双击打开，在【数据】选项卡中依次选择【自其他来源】→【来自 Microsoft Query】命令，弹出【选择数据源】对话框，如图 28-17 所示。

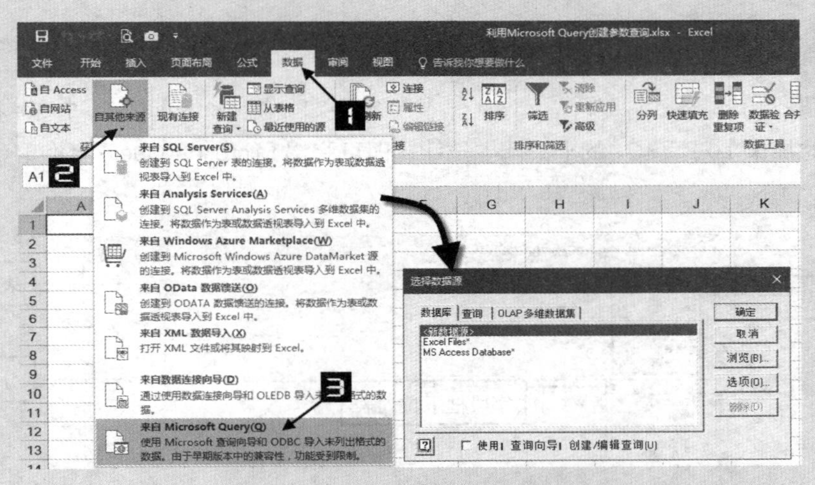

图 28-17　【选择数据源】对话框

步骤② 由于是对“Microsoft Query 检索数据源 .accdb”文件创建参数查询，所以在【数据库】选项卡中选择【MS Access Database *】文件类型，同时取消选中【使用｜查询向导｜创建 / 编辑查询】复选框，如图 28-18 所示。

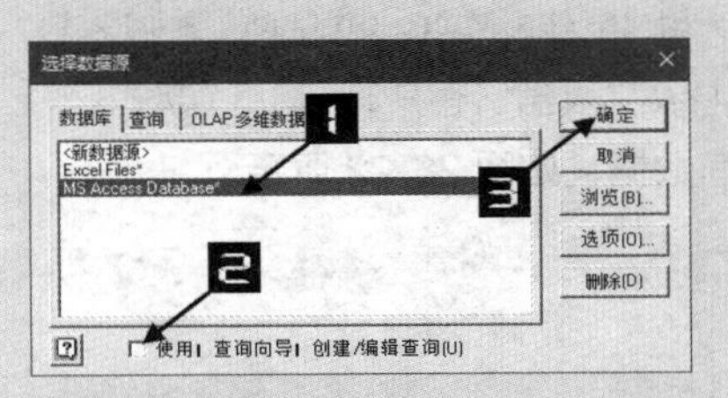

图 28-18　选择数据库

注意：必须先取消选中【使用｜查询向导｜创建/编辑查询】复选框，否则将进入【查询向导】模式，而不是Microsoft Query的完整功能界面。

步骤③ 单击【确定】按钮后弹出【选择数据库】对话框，在【目录】中指定数据源文件“Microsoft Query 检索数据源 .accdb”所在的位置，如图 28-19 所示。

步骤④ 单击【选择数据库】对话框中的【确定】按钮，弹出 Microsoft Query【添加表】对话框，选择【价格查询】选项，单击【添加】按钮，Microsoft Query 中会出现来自【价格查询】的字段列表，如图 28-20 所示。

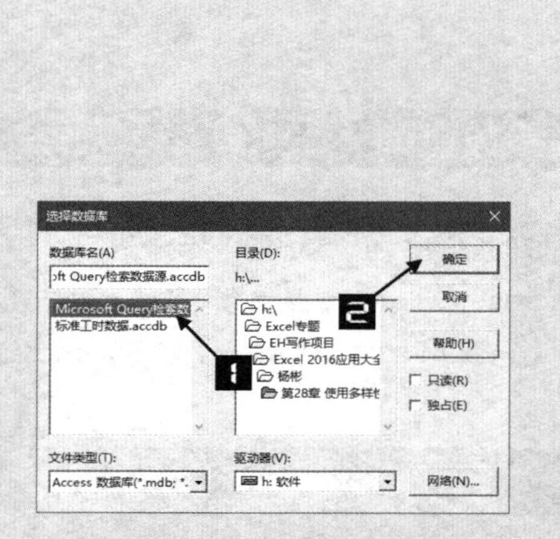

图 28-19　指定数据源

图 28-20　向 Microsoft Query 中添加表

步骤⑤ 单击【添加表】对话框中的【关闭】按钮，即可弹出 Microsoft Query 查询窗口，如图 28-21 所示。

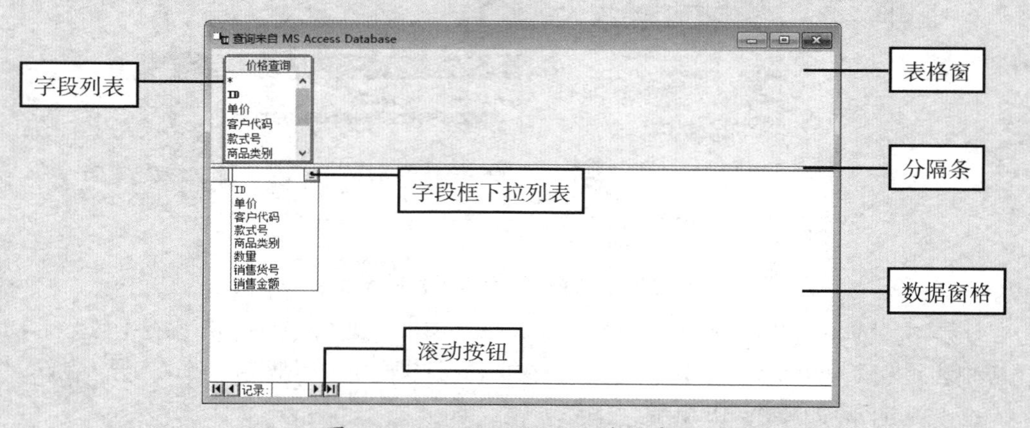

图 28-21　Microsoft Query 查询窗口

步骤⑥ 在【价格查询】字段列表中依次双击“客户代码”“款式号”“商品类别”和“单价”字段，向“数据窗格”中添加查询数据，如图 28-22 所示。

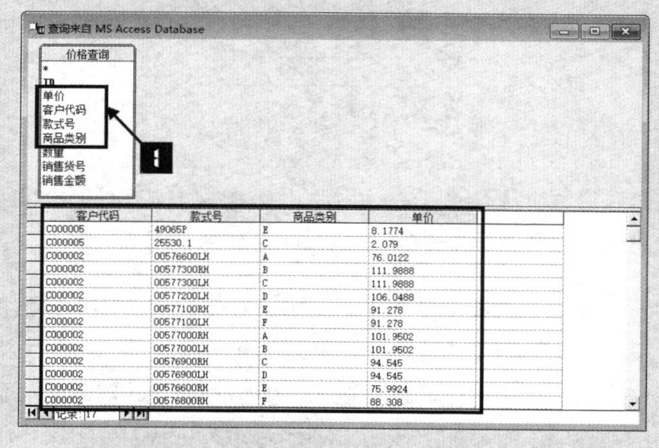

客户代码	款式号	商品类别	单价
C000005	49065P	E	8.1774
C000005	25530.1	C	2.079
C000002	00576600LH	A	76.0122
C000002	00577300RH	B	111.9888
C000002	00577300LH	C	111.9888
C000002	00577200LH	D	106.0488
C000002	00577100RH	E	91.278
C000002	00577100LH	F	91.278
C000002	00577000RH	A	101.9502
C000002	00577000LH	B	101.9502
C000002	00576900RH	C	94.545
C000002	00576900LH	D	94.545
C000002	00576600RH	E	75.9924
C000002	00576800RH	F	88.308

图 28-22　向“数据窗格”中添加查询数据

步骤⑦ 在 Microsoft Query 工具栏中依次单击【视图】→【条件】选项，在【条件字段】下拉列表中选择“客户代码”，在【值】中输入“[ ]”，按 <Enter> 键，在弹出的【输入参数值】对话框中输入客户代码“C000005”，也可以输入其他的客户代码，如图 28-23 所示。

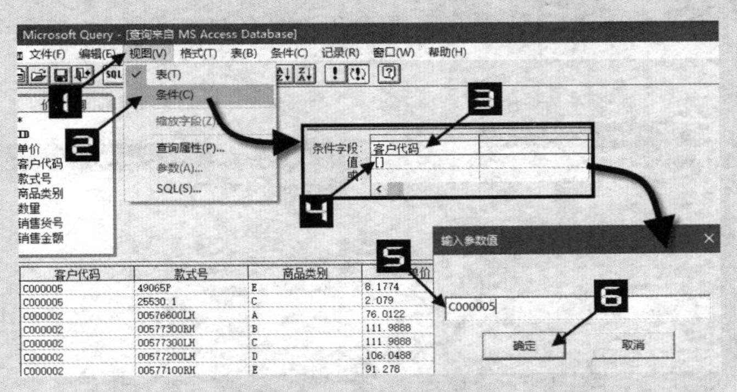

图 28-23　设置查询参数

步骤⑧ 单击【确定】按钮关闭【输入参数值】对话框，重复步骤 7，设置第二个条件查询字段为“商品类别”，参数设置为“A”，如图 28-24 所示。

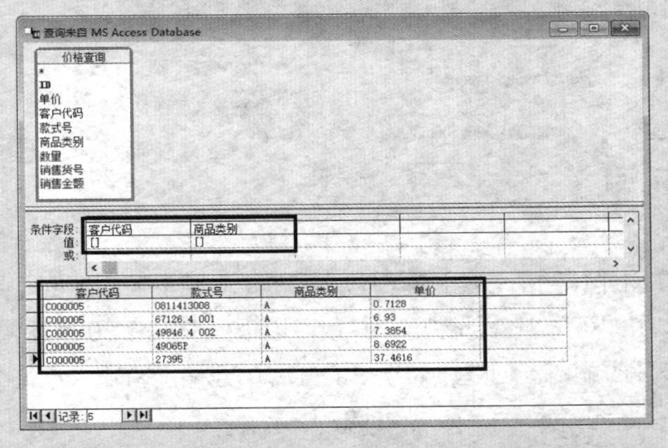

图 28-24　向 Microsoft Query 中添加查询字段和查询条件

步骤⑨ 单击 Microsoft Query 工具栏中的【文件】→【将数据返回 Microsoft Excel】选项，在弹出的【导入数据】对话框中设置【数据的放置位置】为“现有工作表”的 A4 单元格，如图 28-25 所示。

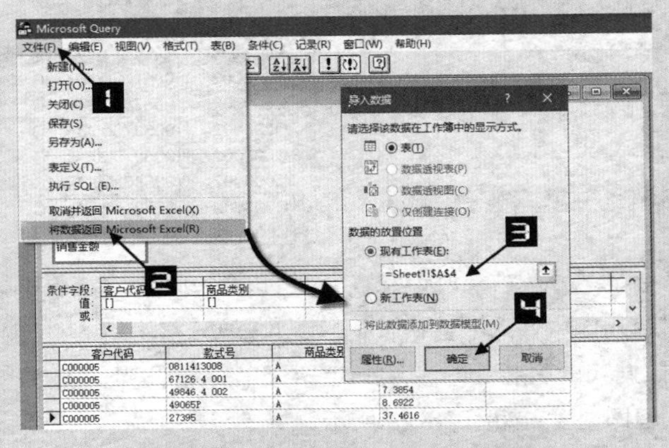

图 28-25　设置导入数据的放置位置

步骤⑩ 单击【属性】按钮，在【连接属性】对话框中单击【定义】选项卡，单击【参数】按钮，在【查询参数】对话框中，“参数 1”的【获取参数值的方式】选择【从下列单元格中获取数值】选项，在编辑框中输入“=Sheet1!$B$2”，同时选中【单元格值更改时自动刷新】复选框；“参数 2”的设置同“参数 1”，只是获取数值的链接位置为“=Sheet1!$B$3”，如图 28-26 所示。

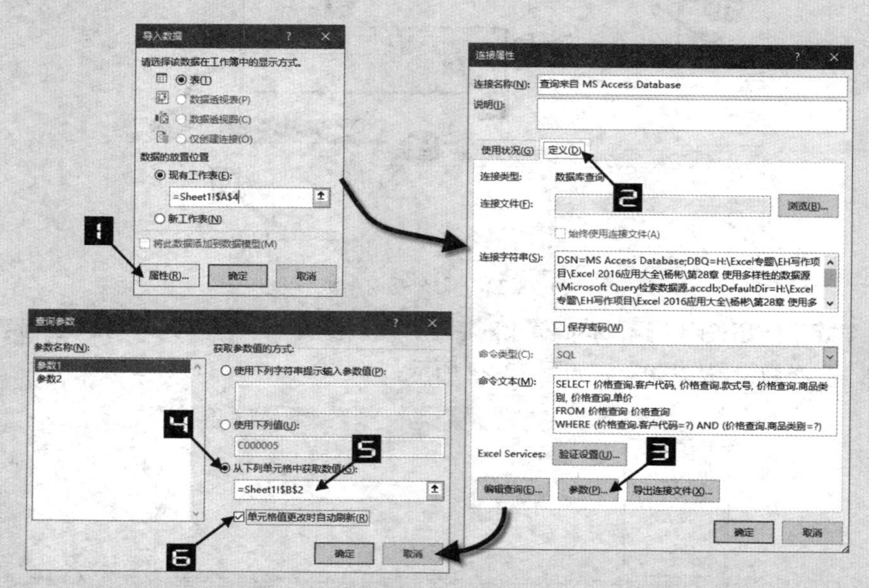

图 28-26　设置查询参数

步骤⑪ 单击【确定】按钮返回【连接属性】对话框，单击【确定】按钮返回【导入数据】对话框，再次单击【确定】按钮即可导入外部数据，并且可以根据 B2 和 B3 单元格的参数变换，A4 以下单元格的数据会被及时刷新。但是，如果 B2、B3 单元格没有输入查询参数，查询表中将只会显示一行标题，并没有查询数据，如图 28-27 所示。

步骤⑫ 在 B2 单元格中输入参数“C000002”，B3 单元格中输入参数“C”，立即可见查询的外部数据，如图 28-28 所示。

	A	B	C	D
1				
2				
3				
4	客户代码	款式号	商品类别	单价
5				

图 28-27　未输入查询参数的查询表

	A	B	C	D
1				
2		C000002		
3		C		
4	客户代码	款式号	商品类别	单价
5	C000002	00577300LH	C	111.9888
6	C000002	00576900RH	C	94.545
7	C000002	00587805LL	C	157.9644
8	C000002	00587905LR	C	152.955
9	C000002	00585205LR	C	90.7434
10	C000002	00585505LL	C	139.7286
11	C000002	00583405RR	C	142.56

图 28-28　输入查询参数的查询表

步骤⑬ 在查询表中的 A2 单元格中输入“客户代码”，A3 单元格中输入“商品类别”，并在 B2 和 B3 单元格中运用数据验证功能，将“客户代码”和“商品类别”作为下拉列表的可选项，可以大大提高用户的查询速度，如图 28-29 所示。

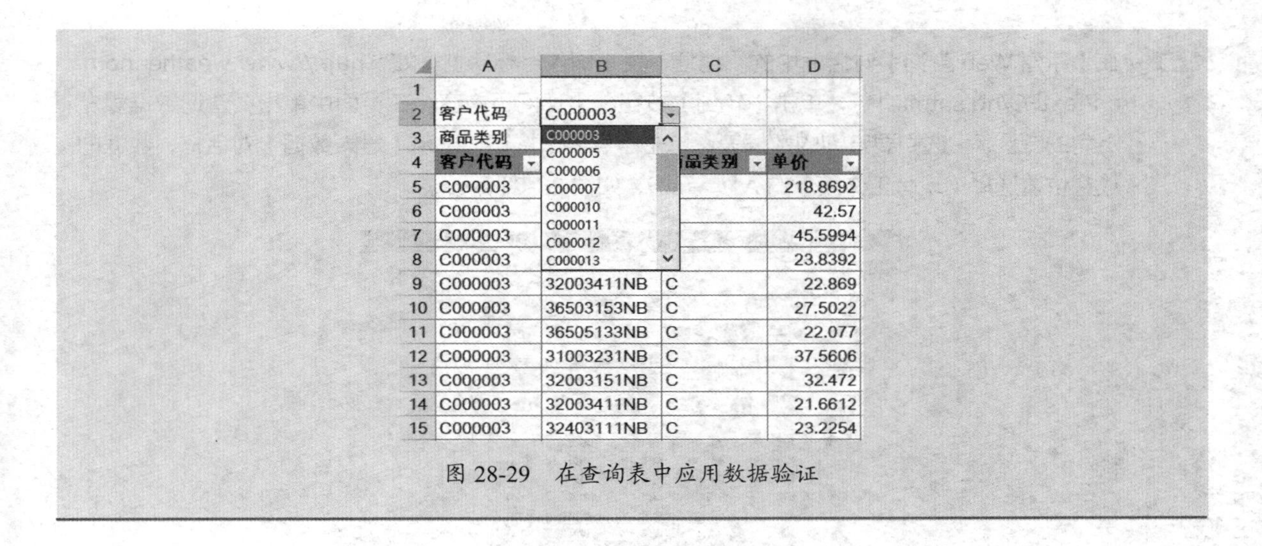

	A	B	C	D
1				
2	客户代码	C000003		
3	商品类别	C000003		
4	客户代码	C000005	品类别	单价
5	C000003	C000006		218.8692
6	C000003	C000007		42.57
7	C000003	C000010 C000011		45.5994
8	C000003	C000012 C000013		23.8392
9	C000003	32003411NB	C	22.869
10	C000003	36503153NB	C	27.5022
11	C000003	36505133NB	C	22.077
12	C000003	31003231NB	C	37.5606
13	C000003	32003151NB	C	32.472
14	C000003	32003411NB	C	21.6612
15	C000003	32403111NB	C	23.2254

图 28-29　在查询表中应用数据验证

28.5　自网站获取数据

示例28-5 制作自动更新的天气预报

Excel 不但可以从外部数据库中获取数据，也可以从 Web 网页中轻松地获取数据，具体操作步骤如下。

步骤① 在桌面新建一个 Excel 工作簿，将其命名为“制作自动更新的天气预报 .xlsx”，并打开它。

步骤② 在【数据】选项卡中单击【自网站】按钮，弹出【新建 Web 查询】对话框，如图 28-30 所示。

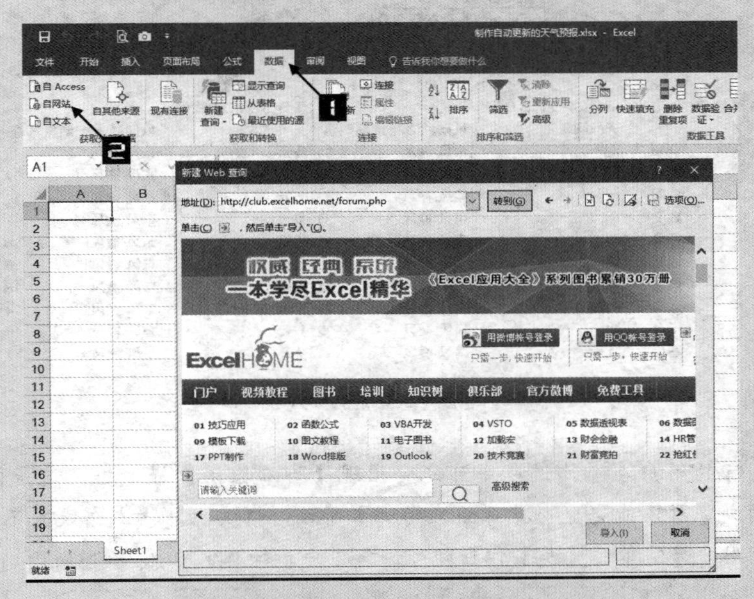

图 28-30　新建 Web 查询

步骤③ 在【新建 Web 查询】对话框中的【地址】栏中输入目标网址，如“http://www.weather.com.cn/textFC/hb.shtml#1”，单击【转到】按钮，出现网页内容。在页面中单击要查询数据表左上角的☑图标，选中要查询的数据表，单击【导入】按钮，出现【导入数据】对话框，数据的放置位置选择【现有工作表】的 A1 单元格，如图 28-31 所示。

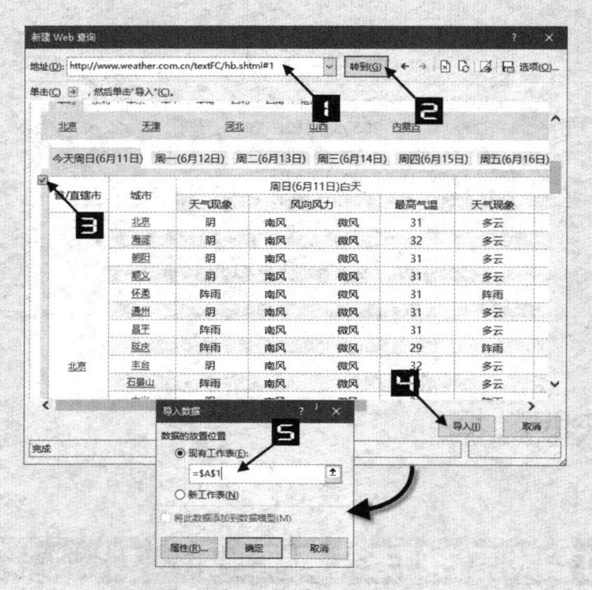

图 28-31　设置打开文件时刷新数据

步骤④ 单击【确定】按钮返回【导入数据】对话框，再单击【确定】按钮，完成设置，工作表中 A1 单元格将会出现“hb.shtml#1：正在获取数据...”的提示行，几秒后就会出现导入的外部数据，如图 28-32 所示。

	A	B	C
1	hb.shtml#1: 正在获取数据 ...		
2			

	A	B	C	D	E	F	G	H	I
1	省/直辖市	城市	周日(6月11日)白天			周日(6月11日)夜间			
2			天气现象	风向风力	最高气温	天气现象	风向风力	最低气温	
3	北京	北京	阴	南风 微风	31	多云	东风 微风	18	详情
4		海淀	阴	南风 微风	32	多云	东风 微风	17	详情
5		朝阳	阴	南风 微风	31	多云	东风 微风	17	详情
6		顺义	阴	南风 微风	31	多云	东风 微风	17	详情
7		怀柔	阵雨	南风 微风	31	阵雨	东风 微风	16	详情
8		通州	阴	南风 微风	31	多云	东风 微风	16	详情
9		昌平	阵雨	南风 微风	31	多云	东风 微风	18	详情
10		延庆	阵雨	南风 微风	29	阵雨	东风 微风	14	详情
11		丰台	阴	南风 微风	32	多云	东风 微风	18	详情
12		石景山	阵雨	南风 微风	31	多云	东风 微风	17	详情

图 28-32　获取的天气预报数据

注意

有的用户在查询过程中可能会出现【脚本错误】提示框，这是因为用户所使用的浏览器不能完全支持页面里的脚本所致，事实上，脚本错误并不会影响Web查询，用户只需单击【是】按钮即可进行下一步操作，如图28-33所示。

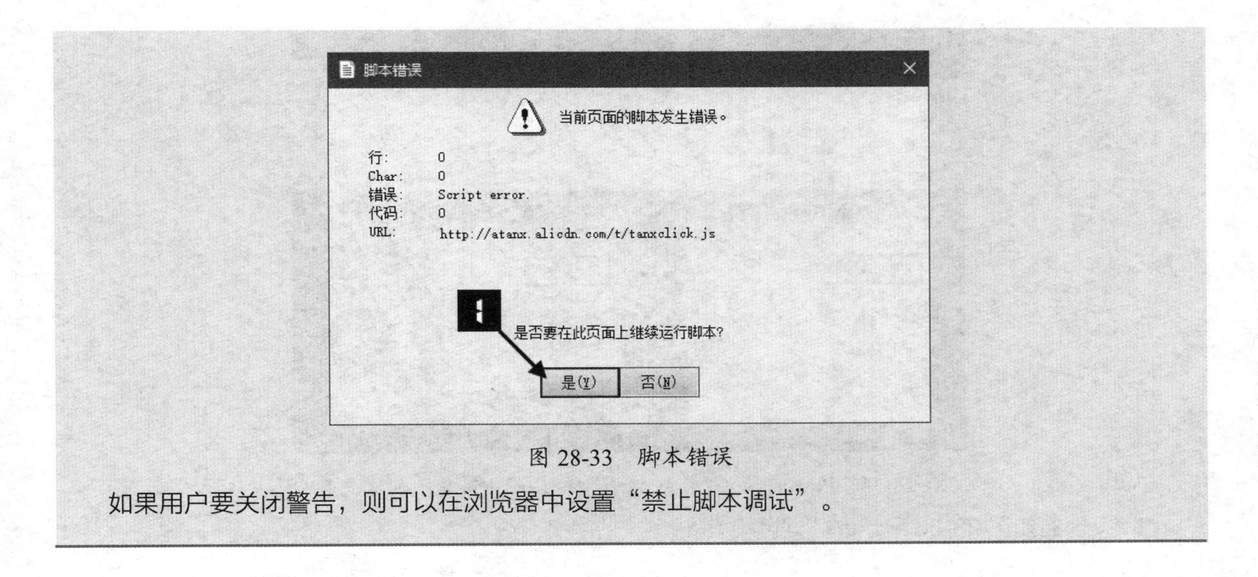

图 28-33　脚本错误

如果用户要关闭警告，则可以在浏览器中设置“禁止脚本调试”。

28.6　PowerPivot for Excel 2016

在 Excel 2016 中，PowerPivot 成为 Excel 的内置功能，无须安装任何加载项即可使用。运用 PowerPivot，用户可以从多个不同类型的数据源将数据导入到 Excel 的数据模型中并创建关系。数据模型中的数据可供数据透视表、Power View 等其他数据分析工具使用。

图 28-34 展示了某公司一定时期内的“销售数量”和“产品信息”数据列表，如果用户希望利用 PowerPivot 功能将这两张数据列表进行关联生成图文并茂的综合分析表，可以运用以下主要功能。

	A	B	C	D	E	F	G
1	批号	1月销量	2月销量	3月销量	4月销量	5月销量	6月销量
2	B12-121	1433	3110	1971	1313	52.80	1,993.00
3	B12-120	269	104	1362	1882	2,961.60	345.00
4	B12-122	1962	1394	1066	1777	211.20	1,274.00
5	B12-119	514					48.00
6	B01-158	434					,042.00
7	B12-118	1398					,107.00
8	B12-116	814					,083.00
9	B03-049	835					,720.00
10	B03-047	891					452.00
11	C12-207	294					158.00

销售数量

	A	B	C	D
1	批号	货位	产品码	款号
2	B01-158	FG-2	睡袋	076-0705-4
3	B03-047	FG-1	睡袋	076-0733-6
4	B03-049	FG-1	睡袋	076-0705-4
5	B12-116	FG-3	睡袋	076-0733-6
6	B12-118	FG-3	睡袋	076-0837-0
7	B12-119	FG-3	睡袋	076-0786-0
8	B12-120	FG-3	睡袋	076-0734-4
9	B12-121	FG-3	睡袋	076-0837-0
10	B12-122	FG-3	睡袋	076-0732-8
11	C01-048	FG-3	服装	SJM9700

销售数量　产品信息

图 28-34　“销售数量”和“产品信息”数据列表

（1）在【PowerPivot for Excel】窗口中以“商品代码”为基准创建 PowerPivot“销售数量”和“产品信息”两表的关联，如图 28-35 所示。

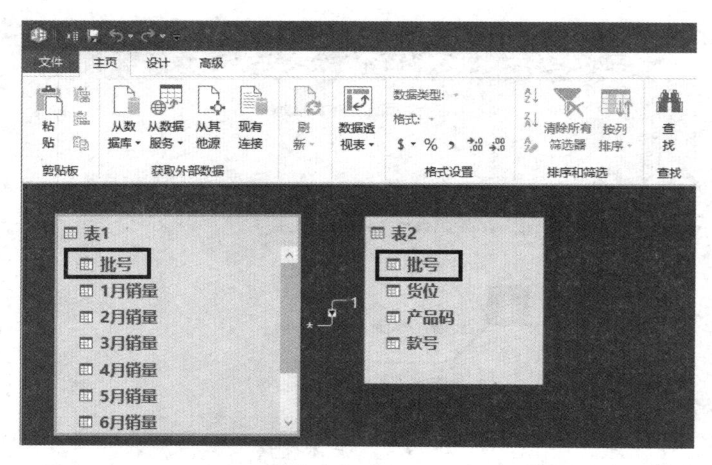

图 28-35　PowerPivot“销售数量”和“产品信息”创建关系

（2）创建如图 28-36 所示的数据透视表。

批号	款号	货位	以下项目的总和:1月销量	以下项目的总和:2月销量	以下项目的总和:3月销量	以下项目的总和:4月销量
B01-158	076-0705-4	FG-2	434	1906	543	1896
B03-047	076-0733-6	FG-1	891	2494	1981	1557
B03-049	076-0705-4	FG-1	835	484	1978	1221
B12-116	076-0733-6	FG-3	814	2258	1637	1387
B12-118	076-0837-0	FG-3	1398	1442	752	1697
B12-119	076-0786-0	FG-3	514	990	215	1786
B12-120	076-0734-4	FG-3	269	104	1362	1882
B12-121	076-0837-0	FG-3	1433	3110	1971	1313
B12-122	076-0732-8	FG-3	1962	1394	1066	1777
C01-048	SJM9700	FG-3	274	2448	1214	1699
C01-049	SJM9700	FG-3	1513	126	371	355
C01-067	SJM9700	FG-3	1731	1376	414	843
C01-072	SJM9700	FG-3	1389	1034	1729	44
C01-103	38007002	FG-3	230	1086	164	1880

数据透视表字段
活动　全部
选择要添加到报表的字段:
在以下区域间拖动字段:
筛选
列：Σ 数值
行：批号、款号
Σ 值：以下项目的总和:1月销量、以下项目的总和:2月销量
表1：批号、1月销量、2月销量、3月销量、4月销量、5月销量、6月销量
表2：批号、货位、产品码、款号
推迟布局更新　更新

图 28-36　创建数据透视表

（3）创建并美化如图 28-37 所示的数据透视图。

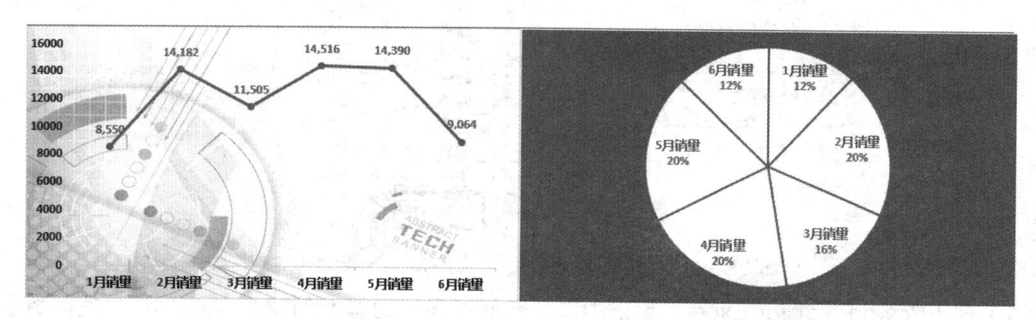

图 28-37　创建并美化数据透视图

（4）插入【产品码】的切片器，并将数据透视表和数据透视图进行连接，如图 28-38 所示。

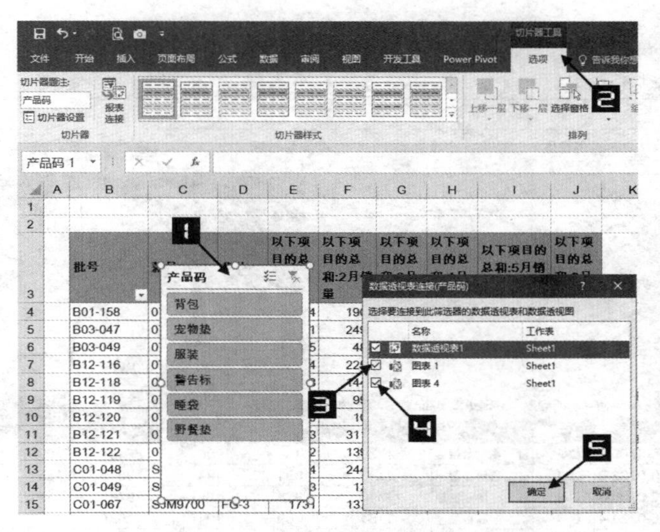

图 28-38　设置切片器的连接

（5）在【PowerPivot for Excel】窗口中添加计算字段“CalculatedColumn1”计算 6 个月的平均销量，“CalculatedColumn2”为插入迷你图预留空间，如图 28-39 所示。

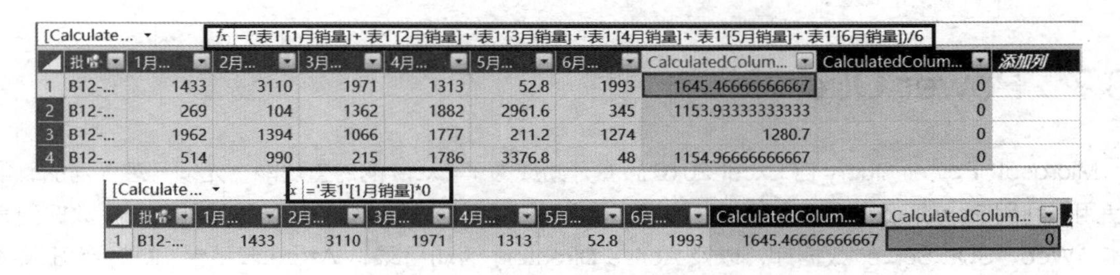

图 28-39　在“销售数量”表中添加列

（6）在数据透视表中插入“迷你图”，如图 28-40 所示。

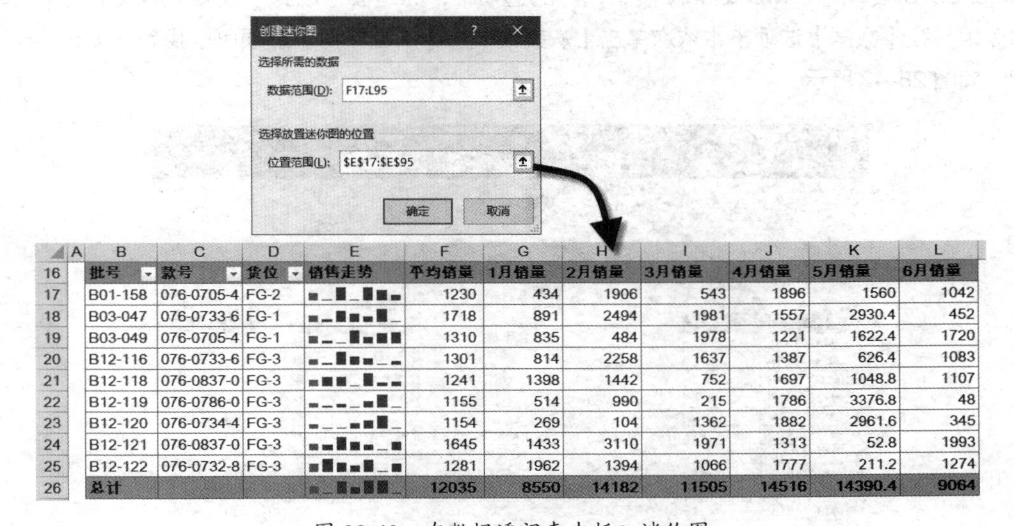

批号	款号	货位	销售走势	平均销量	1月销量	2月销量	3月销量	4月销量	5月销量	6月销量
B01-158	076-0705-4	FG-2		1230	434	1906	543	1896	1560	1042
B03-047	076-0733-6	FG-1		1718	891	2494	1981	1557	2930.4	452
B03-049	076-0705-4	FG-1		1310	835	484	1978	1221	1622.4	1720
B12-116	076-0733-6	FG-3		1301	814	2258	1637	1387	626.4	1083
B12-118	076-0837-0	FG-3		1241	1398	1442	752	1697	1048.8	1107
B12-119	076-0786-0	FG-3		1155	514	990	215	1786	3376.8	48
B12-120	076-0734-4	FG-3		1154	269	104	1362	1882	2961.6	345
B12-121	076-0837-0	FG-3		1645	1433	3110	1971	1313	52.8	1993
B12-122	076-0732-8	FG-3		1281	1962	1394	1066	1777	211.2	1274
总计				12035	8550	14182	11505	14516	14390.4	9064

图 28-40　在数据透视表中插入迷你图

将数据透视图和切片器进行组合，进一步美化和调整数据透视表，最终完成的综合分析表如图

28-41 所示。

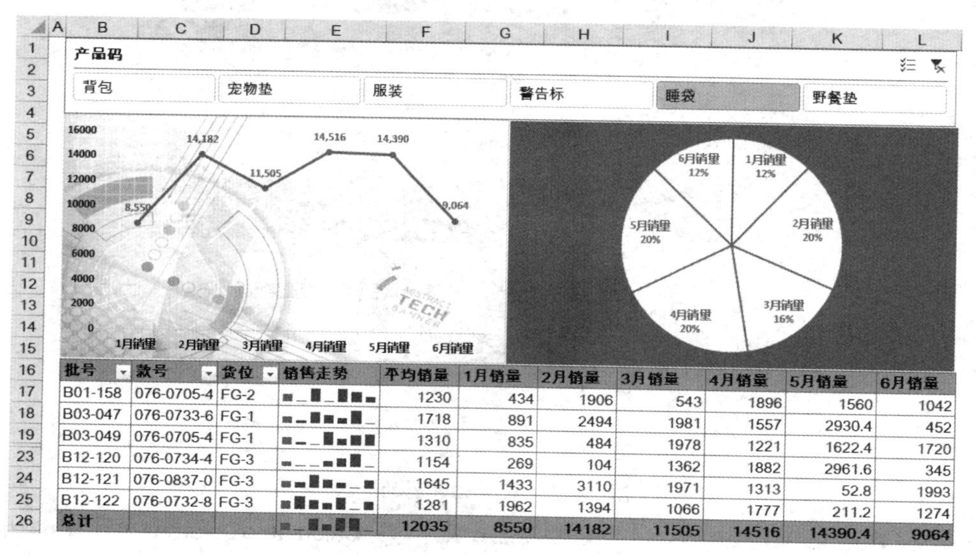

图 28-41 利用 PowerPivot for Excel 创建的综合分析数据表

28.7 Power Query

Microsoft Power Query 自 Excel 2016 版本开始成为了 Excel 的内置功能，无须安装任何加载项即可使用。利用 Power Query 可以导入、转置、合并来自各种不同数据源的数据，如 Excel 数据列表、文本、Web、SQL Server 数据库，以及 Active Directory 活动目录、Azure 云平台、OData 开源数据和 Hadoop 分布式系统等多种来源的数据。Power Query 凭借简单迅捷的数据搜寻与访问，构成微软 Power BI for Excel 的四大组件之一，极大地提升了用户的 BI 体验。

Excel 2016 版本的 Power Query 没有单独的选项卡，而是被集成到【数据】选项卡的【获取和转换】命令组，在【数据】选项卡中依次单击【从文件】→【从工作簿】选项可以找到 Excel 文件进行编辑查询，如图 28-42 所示。

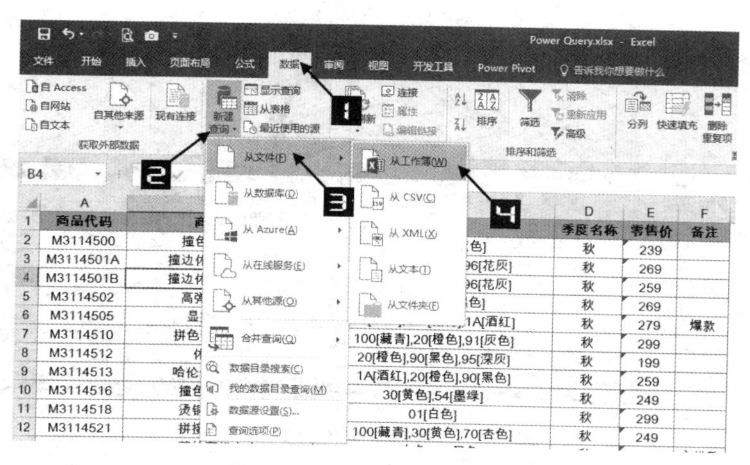

图 28-42 Power Query 界面

Power Query 查询编辑器界面如图 28-43 所示。

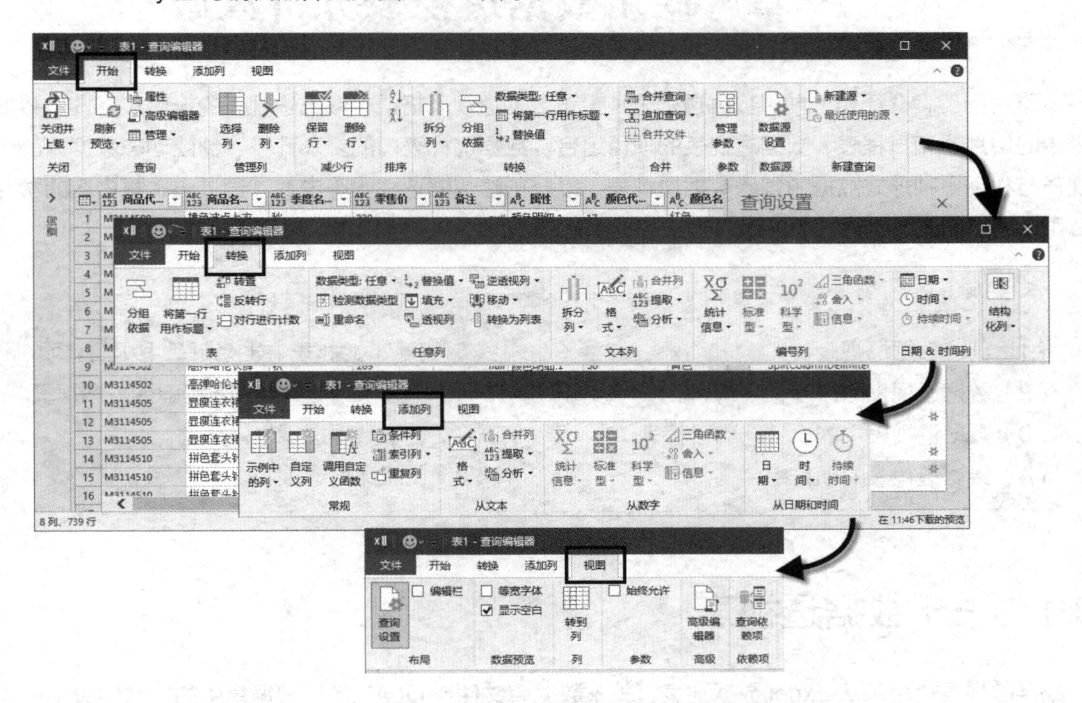

图 28-43　Power Query 查询编辑器界面

Power Query 关闭并上载后，单击数据区域内的任意单元格，就会出现【查询工具】的【查询】Power Query 专有工具栏，用户可以在命令组中对数据进行编辑、合并、刷新等快捷操作，如图 28-44 所示。

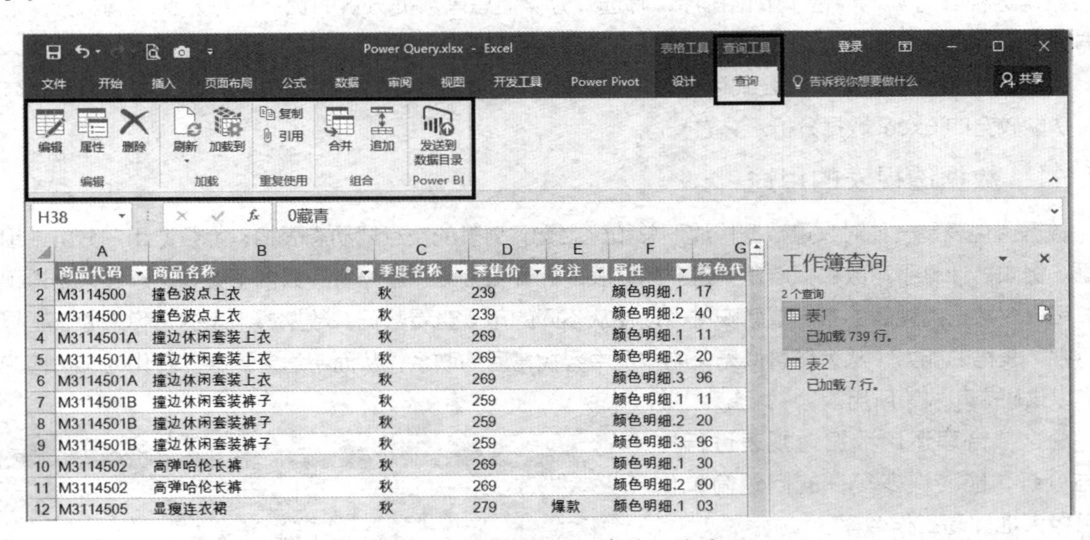

图 28-44　Power Query 查询工具界面

第 29 章　使用数据透视表分析数据

本章将向读者介绍如何创建数据透视表、设置数据透视表格式、数据透视表的排序和筛选、数据透视表中的切片器和日程表、数据透视表的项目组合、数据透视表内的复杂计算、创建动态数据源的数据透视表与利用多种形式数据源创建数据透视表，以及创建数据透视图等内容。通过对本章内容的学习，读者可以掌握创建数据透视表的基本方法和运用技巧。

本章学习要点

（1）创建数据透视表。
（2）数据透视表的排序和筛选。
（3）数据透视表中的切片器和日程表。
（4）数据透视表的项目组合。
（5）在数据透视表中插入计算字段及计算项。
（6）利用多种形式数据源创建数据透视表。
（7）钻取数据透视表。
（8）创建数据透视图。

29.1　关于数据透视表

数据透视表是用来从 Excel 数据列表、关系数据库文件或 OLAP 多维数据集中的特殊字段中总结信息的分析工具。它是一种交互式报表，可以快速分类汇总、比较大量的数据，并可以随时选择其中页、行和列中的不同元素，以达到快速查看源数据的不同统计结果，同时还可以随意显示和打印出用户所感兴趣区域的明细数据。

数据透视表有机地综合了数据排序、筛选、分类汇总等数据分析的优点，可方便地调整分类汇总的方式，灵活地以多种方式展示数据的特征。仅靠鼠标移动字段位置，即可变换出各种类型的报表。同时，数据透视表也是解决函数公式运行速度瓶颈的一种非常高效的替代方法。因此，该工具是比较常用、功能较全的 Excel 数据分析工具之一。

29.1.1　数据透视表的用途

数据透视表是一种对大量数据快速汇总和建立交叉列表的交互式动态表格，能帮助用户分析、组织数据。例如，计算平均数和标准差、建立列联表、计算百分比、建立新的数据子集等。建好数据透视表后，可以对数据透视表的布局重新安排，以便从不同的角度查看数据。数据透视表的名称来源于它具有“透视”表格的能力，从大量看似无关的数据中寻找背后的联系，从而将纷繁的数据转化为有价值的信息，以供研究和决策所用。

总之，合理运用数据透视表进行计算与分析，能使许多复杂的问题简单化并且极大地提高工作效率。

29.1.2　一个简单的例子

图 29-1 所示的数据展示了一家贸易公司的销售数据清单。清单中包括年份、季度、用户名称、销售人员、产品规格、

	A	B	C	D	E	F	G
1	年份	季度	用户名称	销售人员	产品规格	销售数量	销售额
149	2017	2	广西省	王心刚	SX-D-256	1	158000
150	2016	2	广西省	侯士杰	SX-D-256	1	158000
151	2016	4	黑龙江省	李立新	SX-D-256	1	100000
152	2016	3	天津市	杨则力	SX-D-256	1	240000
153	2016	1	浙江省	王心刚	SX-D-256	1	153000
154	2016	4	浙江省	侯士杰	SX-D-256	1	153000
155	2017	2	四川省	李立新	SX-D-192	1	142000
156	2017	2	新疆	杨则力	SX-D-256	1	300000
157	2017	4	四川省	王心刚	SX-D-256	1	200000
158	2017	3	内蒙古	侯士杰	SX-D-192	1	250000
159	2017	3	宁夏	李立新	SX-D-256	1	300000

图 29-1　用来创建数据透视表的数据列表

销售数量和销售额，时间跨度为 8 个季度（2016~2017 年）。利用数据透视表只需几步简单操作，就可以将这张“平庸”的数据列表变成有价值的报表，如图 29-2 所示。

此数据透视表显示了不同销售人员在不同年份所销售的各规格产品的销售金额汇总，最后一行还汇总出所有销售人员的销售额总计。

从图 29-2 所示的数据透视表中很容易找出原始数据清单中所记录的大多数信息，未显示的数据信息仅为用户名称和销售数量，只要将数据透视表做进一步调整，就可以将这些信息显示出来。

将用户名称、年份和产品规格移动到筛选器区域，数量与销售金额并排显示，只需简单地从用户名称、年份、产品规格字段标题的下拉列表中选择相应的数据项，即可查看不同时期和不同地区的数据记录，如图 29-3 所示。

	A	B	C	D	E	F	G
1	求和项:销售额			产品规格			
2	销售人员	年份	季度	SX-D-128	SX-D-192	SX-D-256	总计
3	王心刚	2016	1	430000	106000	413000	949000
4			2	590000	1377000	1395000	3362000
5			3	465000	1228000	644000	2337000
6			4	480000	126000		606000
7		2017	1	100000			100000
8			2	495000	470000	608000	1573000
9			3		158000	155000	313000
10			4	158000		370000	528000
11	王心刚 汇总			2718000	3465000	3585000	9768000
12	杨则力	2016	1	835000	1106000	695000	2636000
13			2	1636000	1079000	1810000	4525000
14			3		579000	364800	943800
15			4	260000			260000
16		2017	1	450000		170000	620000
17			2	108000		540000	648000
18			3	158000	336000		494000
19			4		378000		378000
20	杨则力 汇总			3447000	3478000	3579800	10504800
21	总计			6165000	6943000	7164800	20272800

图 29-2　根据数据列表创建的数据透视表

	A	B	C	D
1	用户名称	(全部)		
2	年份	(全部)		
3	产品规格	(全部)		
4				
5	销售人员	季度	销售数量	销售额
6	侯士杰	1	8	1690000
7		2	24	4000000
8		3	11	1697000
9		4	5	941000
10	侯士杰 汇总		48	8328000
11	李立新	1	14	2334000
12		2	20	3598500
13		3	8	2043000
14		4	8	1395000
15	李立新 汇总		50	9370500
16	王心刚	1	6	1049000
17		2	24	4935000
18		3	14	2650000
19		4	7	1134000
20	王心刚 汇总		51	9768000

图 29-3　从数据源中提炼出符合特定视角的数据

29.1.3　数据透视表的数据组织

用户可以从以下 4 种类型的数据源中来创建数据透视表。

（1）Excel 数据列表。

如果以 Excel 数据列表作为数据源，则标题行不能有空白单元格或者合并单元格，否则会出现错误提示，无法生成数据透视表，如图 29-4 所示。

图 29-4　错误提示

（2）外部数据源。

例如，文本文件、Access 数据库、SQL Server、Analysis Services、Windows Azure Marketplace、OData 数据库等。

（3）多个独立的 Excel 数据列表。

数据透视表在创建过程中可以将各个独立表格中的数据信息汇总到一起。

（4）其他的数据透视表。

创建完成的数据透视表也可以作为数据源，来创建另一个数据透视表。

29.1.4　数据透视表中的术语

数据透视表中的相关术语如表 29-1 所示。

表 29-1　数据透视表相关术语

术语	解释
数据源	用于创建数据透视表的数据列表或多维数据集
轴	数据透视表中的一维，如行、列、筛选器
列字段	信息的种类，等价于数据列表中的列
行字段	在数据透视表中具有行方向的字段
筛选器	数据透视表中进行分页筛选的字段
字段标题	描述字段内容的标志可以通过拖动字段标题对数据透视表进行透视
项目	组成字段的成员
组	一组项目的集合，可以自动或手动组合项目
透视	通过改变一个或多个字段的位置来重新安排数据透视表布局
汇总函数	对透视表值区域数据进行计算的函数，文本和数值的默认汇总函数为计数和求和
分类汇总	数据透视表中对一行或一列单元格的分类汇总
刷新	重新计算数据透视表，反映目前数据源的状态

29.1.5　用推荐的数据透视表创建自己的第一个数据透视表

从 Excel 2013 版本开始，新增了【推荐的数据透视表】按钮，单击这个按钮，即可获取系统为用户量身定制的数据透视表，使从没接触过数据透视表的用户也可轻松创建数据透视表。

示例29-1　创建自己的第一个数据透视表

如图 29-5 所示的数据列表，是某公司各部门在一定时期内的费用发生额流水账。

	A	B	C	D	E	F
1	月	日	凭证号数	部门	科目划分	发生额
1033	12	20	记-0096	营运部	广告费	5850
1034	12	07	记-0017	经理室	招待费	6000
1035	12	20	记-0061	研发中心	技术开发费	8833
1036	12	12	记-0039	财务部	公积金	19134
1037	12	27	记-0121	研发中心	技术开发费	20512.82
1038	12	19	记-0057	研发中心	技术开发费	21282.05
1039	12	03	记-0001	研发中心	技术开发费	34188.04
1040	12	20	记-0089	研发中心	技术开发费	35745
1041	12	31	记-0144	第一分公司	设备使用费	42479.87
1042	12	31	记-0144	第一分公司	设备使用费	42479.87
1043	12	04	记-0009	第一分公司	其他	62000
1044	12	20	记-0068	研发中心	技术开发费	81137

图 29-5　费用发生额流水账

面对这个上千行的费用发生额流水账，如果用户希望从各个统计视角进行数据分析，可以参照以下步骤。

步骤① 单击数据列表区域中的任意一个单元格（如 A8），在【插入】选项卡中单击【推荐的数据透视表】按钮，弹出【推荐的数据透视表】对话框，如图 29-6 所示。

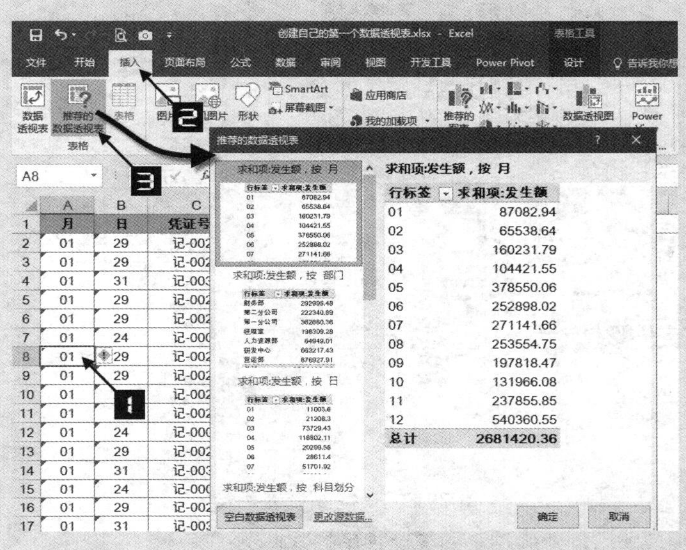

图 29-6　【推荐的数据透视表】对话框

【推荐的数据透视表】对话框中列示出按发生额求和、按凭证号计数等 8 种不同统计视角的推荐项，根据数据源的复杂程度不同，推荐数据透视表的数目也不尽相同，用户可以在【推荐的数据透视表】对话框左侧选择不同的推荐项，在右侧即可显示出相应的数据透视表预览，如图 29-7 所示。

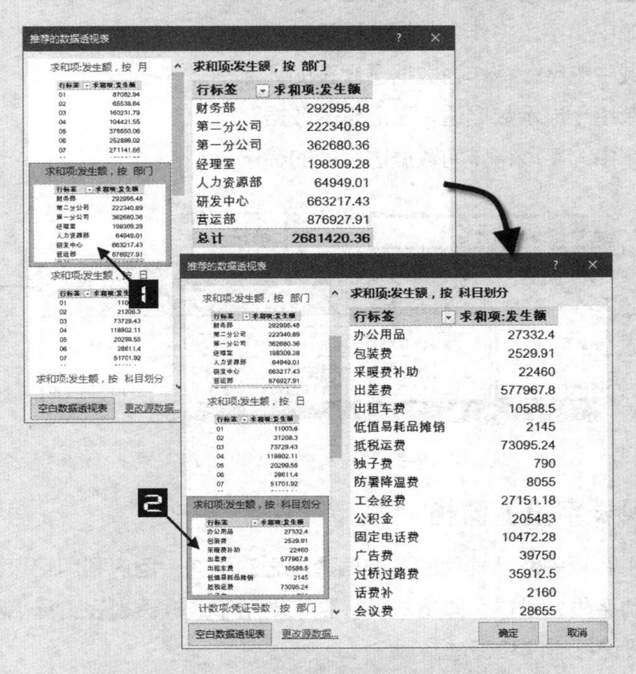

图 29-7　选择推荐的不同数据透视表

步骤② 如果用户希望统计不同科目的费用发生额，可以选择【求和项：发生额，按科目划分】选项，单击【确定】按钮即可迅速创建一张数据透视表，且不用进行字段布局，如图 29-8 所示。

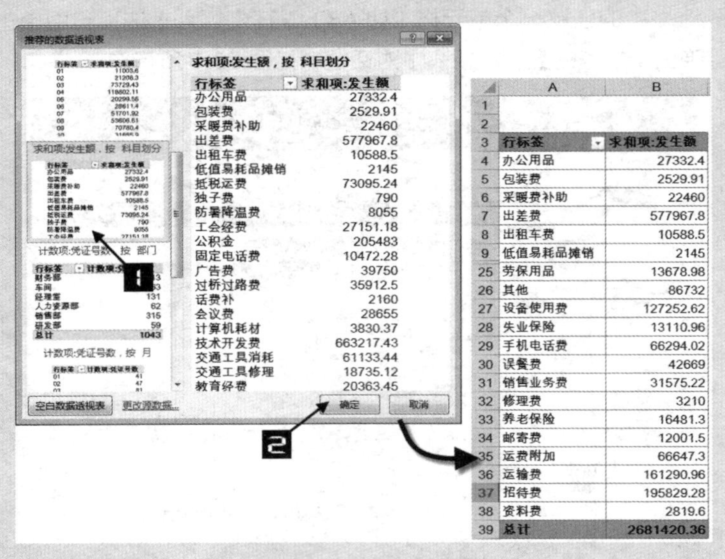

图 29-8　创建数据透视表

重复以上操作，用户即可创建各种不同统计视角的数据透视表。

29.1.6　数据透视表的结构

从结构上看，数据透视表分为 4 个部分，如图 29-9 所示。

❖ 行区域：此标志区域中的字段将作为数据透视表的行标签。

❖ 列区域：此标志区域中的字段将作为数据透视表的列标签。

❖ 值区域：此标志区域用于显示数据透视表汇总的数据。

❖ 筛选器：此标志区域中的字段将作为数据透视表的筛选页。

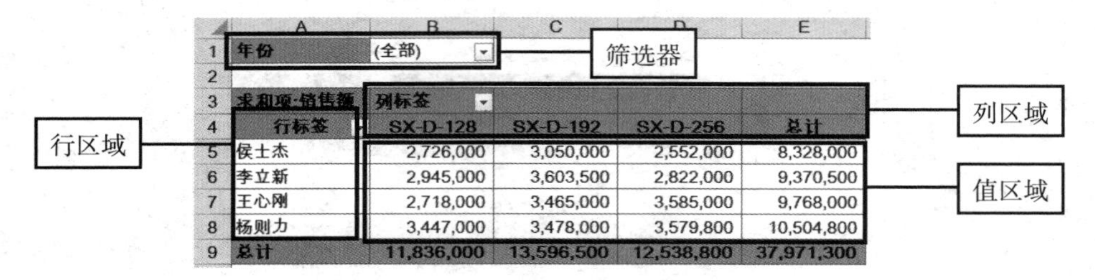

图 29-9　数据透视表的结构

29.1.7　【数据透视表字段】窗格

【数据透视表字段】窗格中清晰地反映了数据透视表的结构，用户利用它可以轻而易举地向数据透视表内添加、删除、移动字段，设置字段格式，甚至不动用【数据透视表工具】和数据透视表本身，便能对数据透视表中的字段进行排序和筛选。

➲ I 反映数据透视表结构

在【数据透视表字段】窗格中也能清晰地反映出数据透视表的结构，如图 29-10 所示。

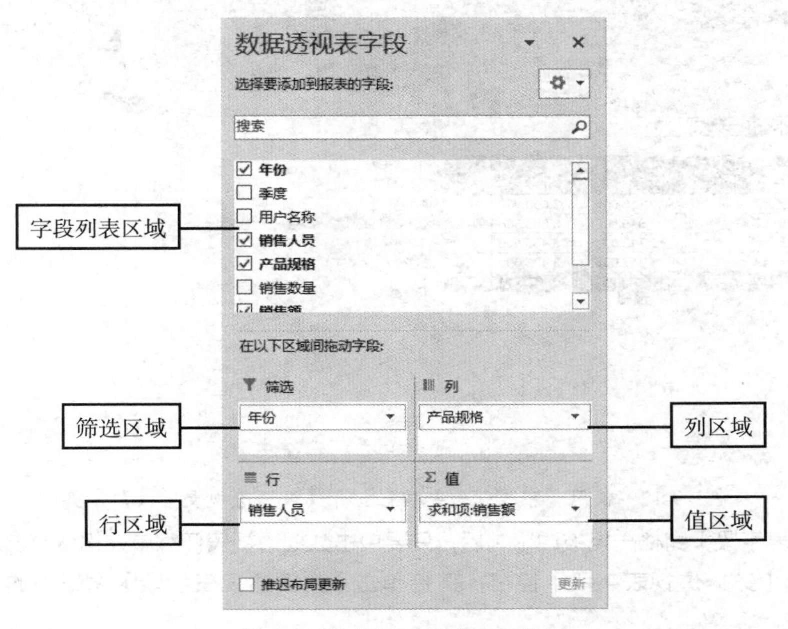

图 29-10 数据透视表的结构

➲ II 打开和关闭【数据透视表字段】窗格

在数据透视表中的任意单元格上（如 A5）右击，在弹出的快捷菜单中选择【显示字段列表】命令，即可调出【数据透视表字段】窗格，如图 29-11 所示。

图 29-11 使用快捷菜单打开【数据透视表字段】窗格

单击数据列表区域中任意一个单元格（如 C7），在【数据透视表工具】的【分析】选项卡中单击【字段列表】按钮，也可调出【数据透视表字段】窗格，如图 29-12 所示。

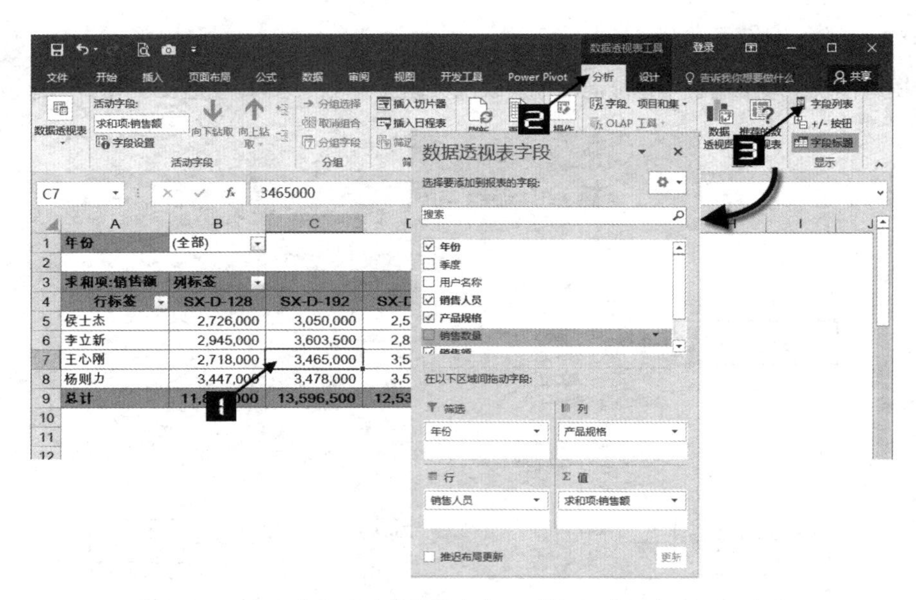

图 29-12　使用【字段列表】按钮打开【数据透视表字段】窗格

【数据透视表字段】窗格一旦被调出之后，只要单击数据透视表任意单元格就会自动显示。

如果要关闭【数据透视表字段】窗格，直接单击【数据透视表字段】窗格中的【关闭】按钮即可。

➲ III　在【数据透视表字段】窗格中显示更多的字段

如果用户使用超大表格作为数据源创建数据透视表，数据透视表创建完成后，很多字段在【选择要添加到报表的字段】列表框内将无法显示，只能靠拖动滚动条来选择要添加的字段，从而影响用户创建报表的速度，如图 29-13 所示。

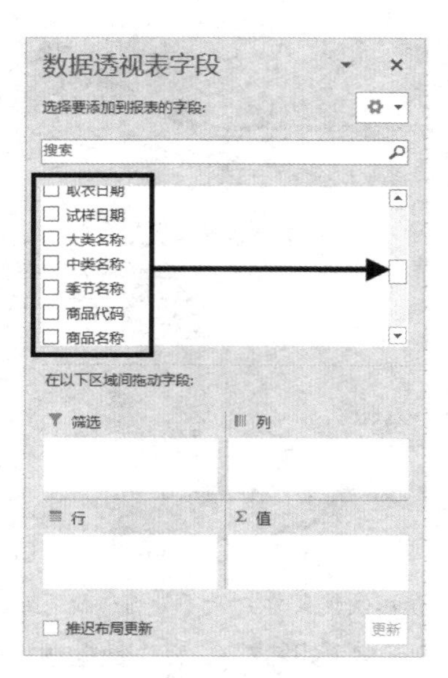

图 29-13　【数据透视表字段】窗格中的列表框字段显示不完整

单击【选择要添加到报表的字段】右侧的下拉按钮，选择【字段节和区域节并排】命令，即可展开【选择要添加到报表的字段】列表框内的所有字段，如图 29-14 所示。

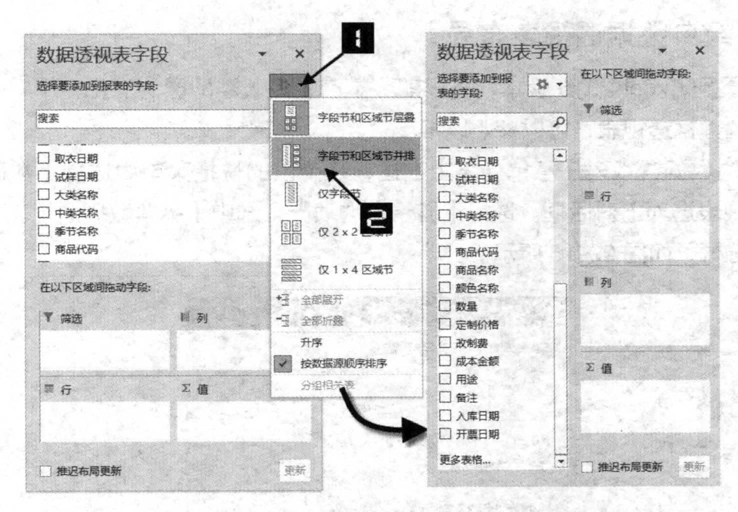

图 29-14　展开【选择要添加到报表的字段】窗格中的所有字段

➲ IV　在【数据透视表字段】窗格中搜索

当【数据透视表字段】窗格中的字段较多时，虽然可以通过拖动滚动条查找字段，但会影响操作效率，利用【数据透视表字段】窗格中的搜索框，可以轻松解决这个问题。如果需要搜索“入库日期”字段，只需在【数据透视表字段】窗格中的搜索框内输入“入库”即可，如图 29-15 所示。

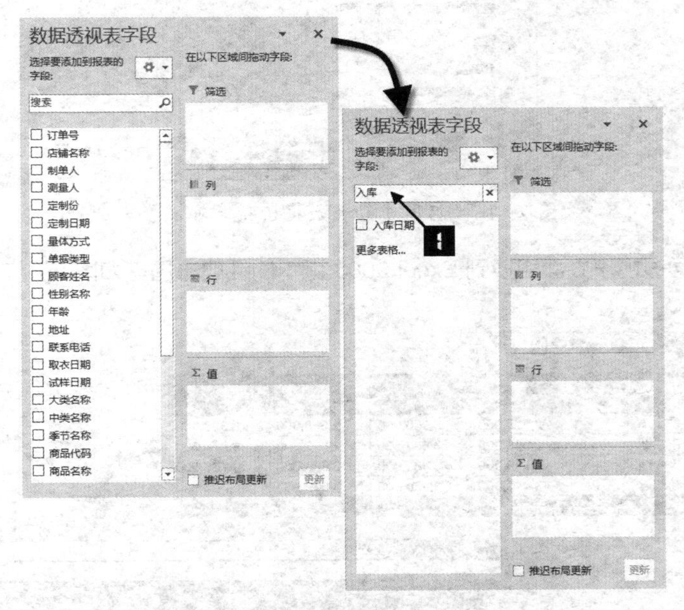

图 29-15　在【数据透视表字段】窗格中搜索

如果需要恢复所有字段的显示，单击搜索框右侧的【清除搜索】按钮即可。

29.2　改变数据透视表的布局

数据透视表创建完成后，用户可以通过改变数据透视表布局得到新的报表，以实现不同角度的数据分析需求。

29.2.1 启用【经典数据透视表布局】

数据透视表发展到 Excel 2016 版本，与早期版本产生了天翻地覆的变化，用户如果希望使用早期版本的拖曳方式创建数据透视表，可以参照以下步骤。

在已经创建好的数据透视表任意单元格上右击，在弹出的快捷菜单中选择【数据透视表选项】命令，调出【数据透视表选项】对话框。选择【显示】选项卡，选中【经典数据透视表布局（启用网格中的字段拖放）】复选框，如图 29-16 所示。

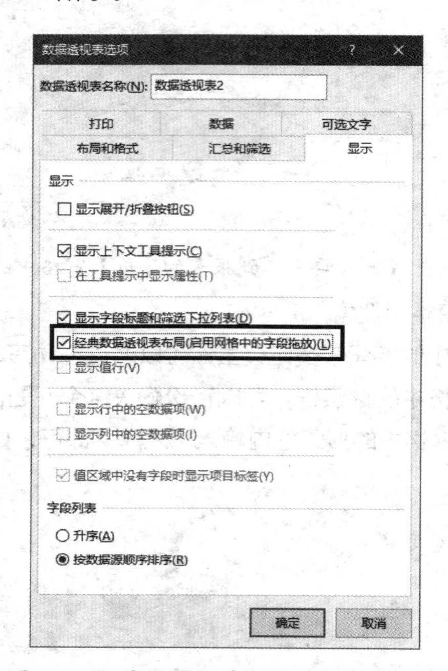

图 29-16　启用【经典数据透视表布局】

设置完成后，数据透视表界面切换到 Excel 2003 版本的经典布局，如图 29-17 所示。

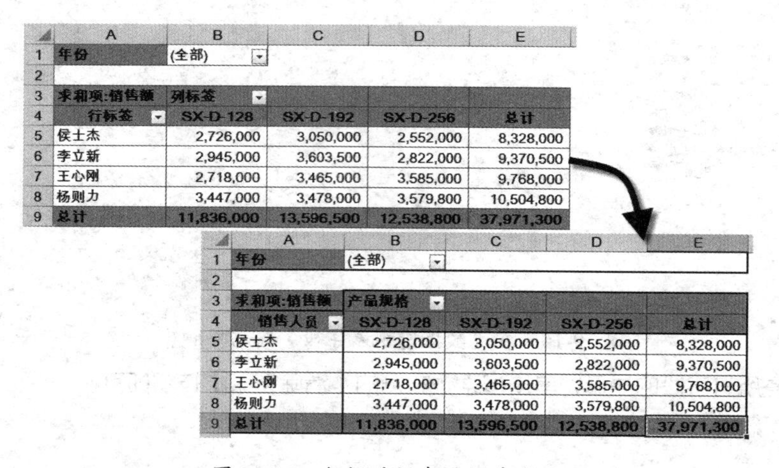

	A	B	C	D	E
1	年份	(全部)			
2					
3	求和项:销售额	列标签			
4	行标签	SX-D-128	SX-D-192	SX-D-256	总计
5	侯士杰	2,726,000	3,050,000	2,552,000	8,328,000
6	李立新	2,945,000	3,603,500	2,822,000	9,370,500
7	王心刚	2,718,000	3,465,000	3,585,000	9,768,000
8	杨则力	3,447,000	3,478,000	3,579,800	10,504,800
9	总计	11,836,000	13,596,500	12,538,800	37,971,300

	A	B	C	D	E
1	年份	(全部)			
2					
3	求和项:销售额	产品规格			
4	销售人员	SX-D-128	SX-D-192	SX-D-256	总计
5	侯士杰	2,726,000	3,050,000	2,552,000	8,328,000
6	李立新	2,945,000	3,603,500	2,822,000	9,370,500
7	王心刚	2,718,000	3,465,000	3,585,000	9,768,000
8	杨则力	3,447,000	3,478,000	3,579,800	10,504,800
9	总计	11,836,000	13,596,500	12,538,800	37,971,300

图 29-17　数据透视表的经典布局

29.2.2 改变数据透视表的整体布局

在任何时候，只需通过在【数据透视表字段】窗格中拖动字段按钮，就可以重新安排数据透视表的布局。

以图 29-18 所示的数据透视表为例，如果希望调整“部门”和“季度”的结构次序，只需在【数据透视表字段】窗格中单击“季度”字段，在弹出的快捷菜单中选择【上移】命令即可，如图 29-19 所示。

	A	B	C	D	E	F	G	H
1	求和项:发生额		科目划分					
2	部门	季度	固定电话费	会议费	教育经费	运输费	招待费	总计
3	经理室	1					27,288	27,288
4		2					45,104	45,104
5		3					51,386	51,386
6		4					72,051	72,051
7	经理室 汇总						195,829	195,829
8	人力资源部	1			5,726			5,726
9		2			3,901			3,901
10		3		10,321	5,579			15,900
11		4		18,334	5,157			23,491
12	人力资源部 汇总			28,655	20,363			49,018
13	第二分公司	2	2,377					2,377
14		3	2,748					2,748
15		4	5,348					5,348
16	第二分公司 汇总		10,472					10,472
17	营运部	1				750		750
18		2				18,679		18,679
19		3				109,542		109,542
20		4				32,320		32,320
21	营运部 汇总					161,291		161,291
22	总计		10,472	28,655	20,363	161,291	195,829	416,611

图 29-18　数据透视表

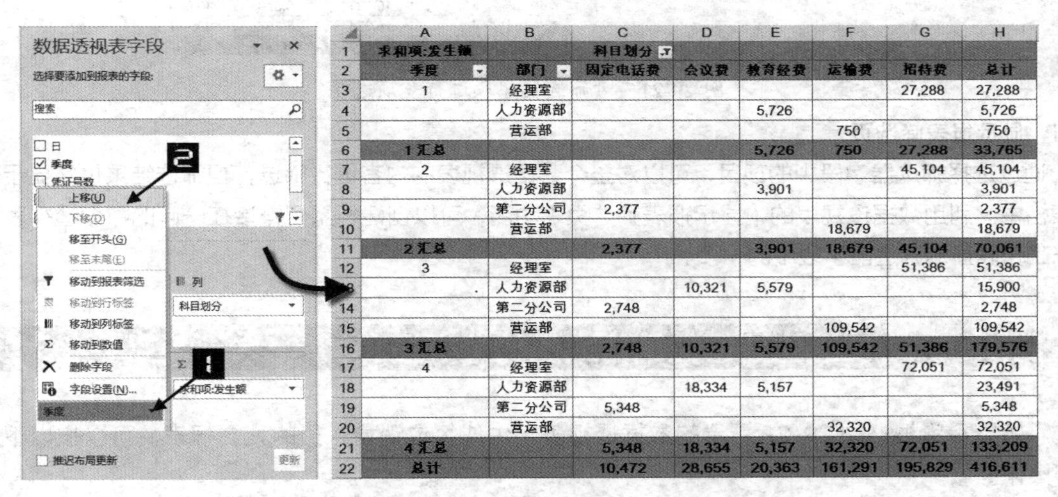

	A	B	C	D	E	F	G	H
1	求和项:发生额		科目划分					
2	季度	部门	固定电话费	会议费	教育经费	运输费	招待费	总计
3	1	经理室					27,288	27,288
4		人力资源部			5,726			5,726
5		营运部				750		750
6	1 汇总				5,726	750	27,288	33,765
7	2	经理室					45,104	45,104
8		人力资源部			3,901			3,901
9		第二分公司	2,377					2,377
10		营运部				18,679		18,679
11	2 汇总		2,377		3,901	18,679	45,104	70,061
12	3	经理室					51,386	51,386
13		人力资源部		10,321	5,579			15,900
14		第二分公司	2,748					2,748
15		营运部				109,542		109,542
16	3 汇总		2,748	10,321	5,579	109,542	51,386	179,576
17	4	经理室					72,051	72,051
18		人力资源部		18,334	5,157			23,491
19		第二分公司	5,348					5,348
20		营运部				32,320		32,320
21	4 汇总		5,348	18,334	5,157	32,320	72,051	133,209
22	总计		10,472	28,655	20,363	161,291	195,829	416,611

图 29-19　改变数据透视表布局

此外，利用【数据透视表字段】窗格在区域间拖动字段也可以对数据透视表进行重新布局。

29.2.3　数据透视表筛选区域的使用

当字段显示在列区域或行区域时，会显示字段中的所有项。当字段位于报表筛选区域时，字段中的所有项都成为数据透视表的筛选条件。单击字段右侧的下拉按钮，在弹出的下拉列表中会显示该字段的所有项目，选中其中一项并单击【确定】按钮，则数据透视表将根据此项进行筛选，如图 29-20 所示。

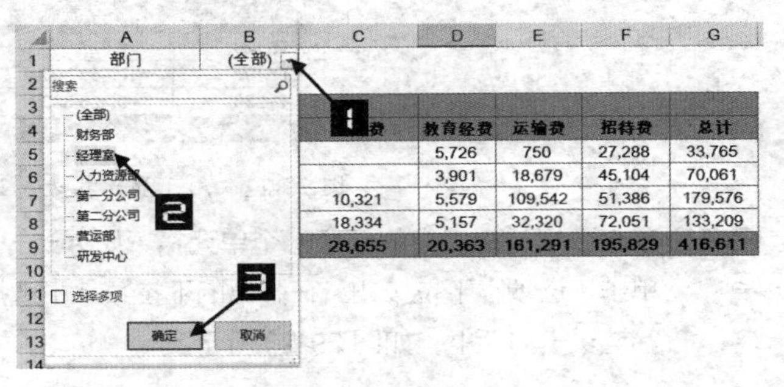

图 29-20　筛选器字段下拉列表的项目

➲ I 显示筛选器字段的多个数据项

如果希望对筛选器字段中的多个项进行筛选，请参照以下步骤操作。

单击筛选器字段【部门】下拉按钮，在弹出的下拉列表框中选中【选择多项】复选框，取消选中【(全部)】复选框，依次选中【财务部】和【人力资源部】复选框，最后单击【确定】按钮，筛选器字段“部门”的内容由“(全部)”变为“(多项)”，数据透视表的内容也发生相应的变化，如图29-21所示。

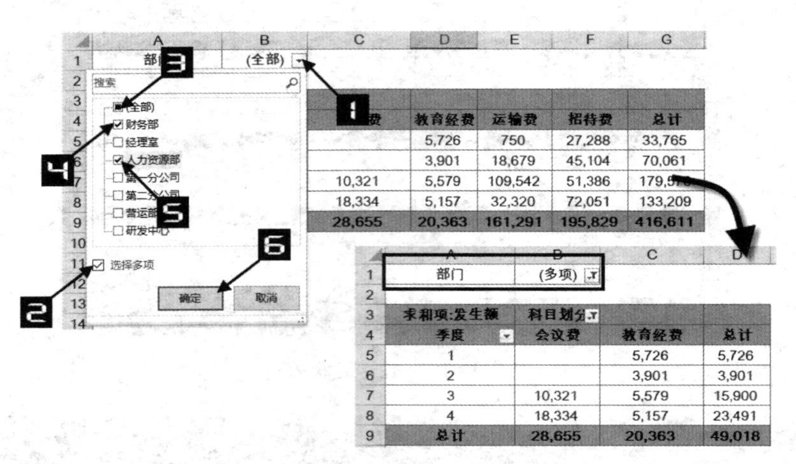

图 29-21 对筛选器字段进行多项选择

➲ II 显示报表筛选页

通过选择筛选器字段中的项目，可以对整个数据透视表的内容进行筛选，但筛选结果仍然显示在一张表格中。利用数据透视表的【显示报表筛选页】功能，可以创建一系列链接在一起的数据透视表，每一张工作表显示筛选器字段中的一项。

示例29-2 快速生成每位销售人员的分析报表

如果希望根据图29-22所示的数据透视表，生成每位销售人员的独立报表，可以按以下步骤操作。

	A	B	C	D
1	用户名称	(全部)		
2	销售人员	(全部)		
3				
4	求和项:销售额	列标签		
5	行标签	2016	2017	总计
6	SX-D-128	8,827,000	3,009,000	11,836,000
7	SX-D-192	10,568,500	3,028,000	13,596,500
8	SX-D-256	9,325,800	3,213,000	12,538,800
9	总计	28,721,300	9,250,000	37,971,300

图 29-22 用于显示报表筛选页的数据透视表

步骤① 单击数据透视表中的任意一个单元格（如A6），在【数据透视表工具】的【分析】选项卡中单击【选项】下拉按钮，在弹出的下拉菜单中选择【显示报表筛选页】命令，调出【显示报表筛选页】对话框，如图29-23所示。

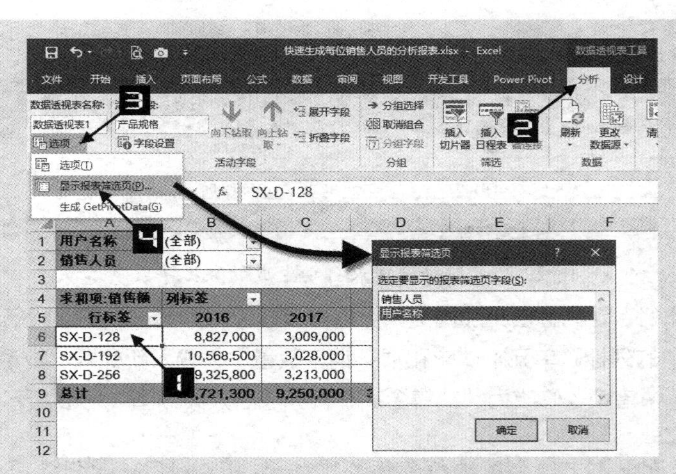

图 29-23　调出【显示报表筛选页】对话框

步骤② 在【显示报表筛选页】对话框中选择【销售人员】字段，单击【确定】按钮就可将【销售人员】字段中每位销售人员的数据分别显示在不同的工作表中，并且按照【销售人员】字段中的各项对工作表命名，如图 29-24 所示。

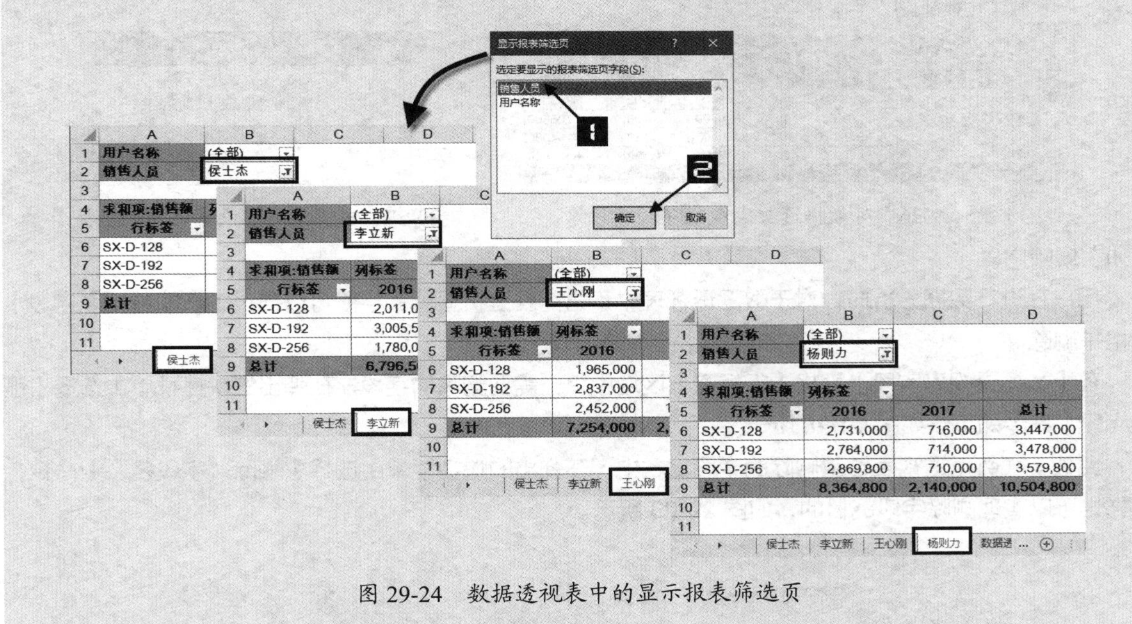

图 29-24　数据透视表中的显示报表筛选页

29.2.4　整理数据透视表字段

整理数据透视表的筛选器区域字段，可以从指定角度筛选数据的内容，而对数据透视表其他字段的整理，可以满足用户对数据透视表格式上的需求。

➲ Ⅰ　重命名字段

当用户向值区域添加字段后，它们都将被 Excel 重命名，如“销售数量”变成了“求和项：销售数量”或“计数项：销售数量”，这样就会加大字段所在列的列宽，影响表格的美观，如图 29-25 所示。

	A	B	C	D	E	F	G
1	用户名称	(全部)					
2							
3		列标签					
4		2014		2015		求和项:销售数量汇总	求和项:销售额汇总
5	行标签	求和项:销售数量	求和项:销售额	求和项:销售数量	求和项:销售额		
6	侯士杰	19	3023000	18	3283000	37	6306000
7	李立新	19	3172000	19	3624500	38	6796500
8	王心刚	20	3504000	19	3750000	39	7254000
9	杨则力	19	3747800	20	4617000	39	8364800
10	总计	77	13446800	76	15274500	153	28721300

图 29-25　数据透视表自动生成的数据字段名

如果要对字段重命名，让列标题更加简洁，可以直接修改数据透视表的字段名称。

单击数据透视表中的列标题单元格“求和项：销售数量”，输入新标题“数量”，按 <Enter> 键即可。同理，“求和项：销售额”修改为“销售金额”，完成后效果如图 29-26 所示。

注意

数据透视表中每个字段的名称必须唯一，Excel不接受任意两个字段具有相同的名称，即创建的数据透视表的各个字段的名称不能相同，创建的数据透视表字段名称与数据源表头标题行的名称也不能相同，否则将会出现错误提示，如图29-27所示。

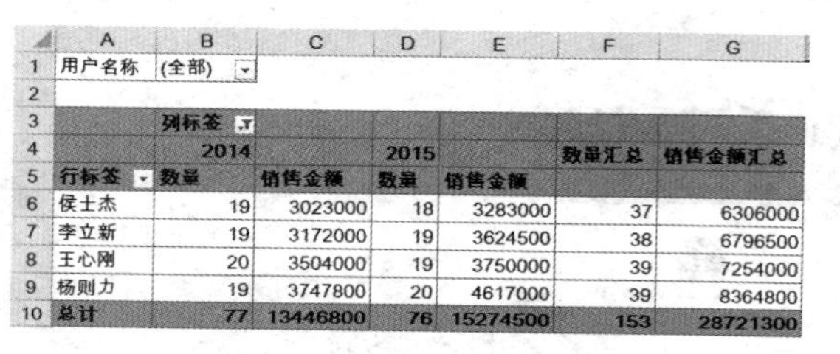

	A	B	C	D	E	F	G
1	用户名称	(全部)					
2							
3		列标签					
4		2014		2015		数量汇总	销售金额汇总
5	行标签	数量	销售金额	数量	销售金额		
6	侯士杰	19	3023000	18	3283000	37	6306000
7	李立新	19	3172000	19	3624500	38	6796500
8	王心刚	20	3504000	19	3750000	39	7254000
9	杨则力	19	3747800	20	4617000	39	8364800
10	总计	77	13446800	76	15274500	153	28721300

图 29-26　对数据透视表数据字段重命名

图 29-27　出现相同字段名称的错误提示

Ⅱ　删除字段

用户在进行数据分析时，对于数据透视表中不再需要分析显示的字段可以通过【数据透视表字段】窗格来删除。

在【数据透视表字段】窗格【行标签】区域中单击需要删除的字段，在弹出的快捷菜单中选择【删除字段】命令即可，如图 29-28 所示。

此外，在数据透视表希望删除的字段上右击，在弹出的快捷菜单中选择【删除“字段名”】命令，同样也可以实现删除字段的目的，如图 29-29 所示。

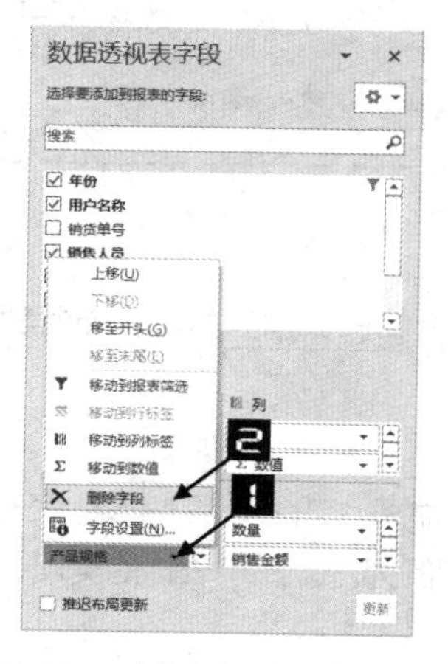

图 29-28　删除数据透视表字段 1

图 29-29　删除数据透视表字段 2

➲ III　隐藏字段标题

用户如果不希望在数据透视表中显示行或列字段的标题，可以通过以下步骤实现隐藏字段标题。

单击数据透视表任意单元格（如 A4），在【数据透视表工具】的【分析】选项卡中单击【字段标题】按钮，原有数据透视表中的行字段标题“销售人员”、列字段标题“年份”将被隐藏，如图 29-30 所示。

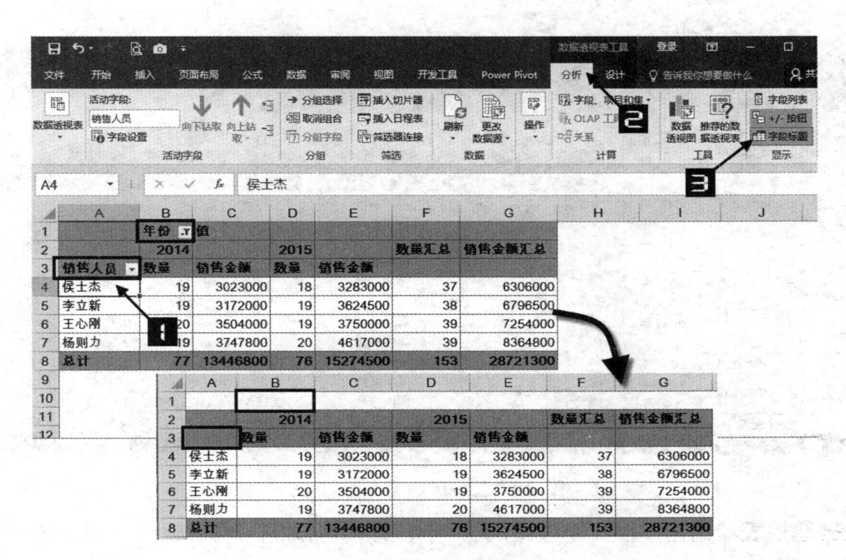

图 29-30　隐藏字段标题

再次单击【字段标题】按钮，可以显示被隐藏的行、列字段标题。

➲ IV　活动字段的折叠与展开

单击数据透视表工具栏中的【折叠字段】与【展开字段】按钮，可以使用户在不同的场合显示和隐藏明细数据。

如果希望在图 29-31 所示的数据透视表中将“年”字段先隐藏起来，在需要显示时再展开，可以参照以下步骤。

	A	B	C	D	E	F	G	H
1	订单金额			季度				
2	销售人员	销售途径	年	第一季	第二季	第三季	第四季	总计
3	⊟ 苏珊	⊟ 国际业务	2016年			8,795		8,795
4		⊟ 国内市场	2016年				642	642
5			2017年		831	2,762		3,593
6		苏珊 汇总			831	11,557	642	13,030
7	⊟ 杨光	⊟ 国际业务	2016年			8,624		8,624
8		⊟ 国内市场	2016年			269	7,148	7,417
9			2017年	408	6,530	920	1,335	9,193
10		杨光 汇总		408	6,530	9,813	8,483	25,234
11	⊟ 林明	⊟ 国际业务	2016年			15,590	2,709	18,299
12		⊟ 国内市场	2016年				3,011	3,011
13			2017年	19,394	1,151	3,685	3,161	27,391
14		林明 汇总		19,394	1,151	19,275	8,880	48,700
15	⊟ 张波	⊟ 国际业务	2016年			10,704	3,741	14,445
16		⊟ 国内市场	2016年			336		336
17			2017年	3,164	1,772	1,326		6,261
18		张波 汇总		3,164	1,772	12,366	3,741	21,043
19		总计		22,965	10,284	53,010	21,747	108,007

图 29-31　字段折叠前的数据透视表

步骤① 单击数据透视表中的“年”或“销售途径”字段或字段下的各项（如 C3 单元格），在【数据透视表工具】的【分析】选项卡中单击【活动字段】组中的【折叠字段】按钮，将“年”字段折叠

隐藏，如图 29-32 所示。

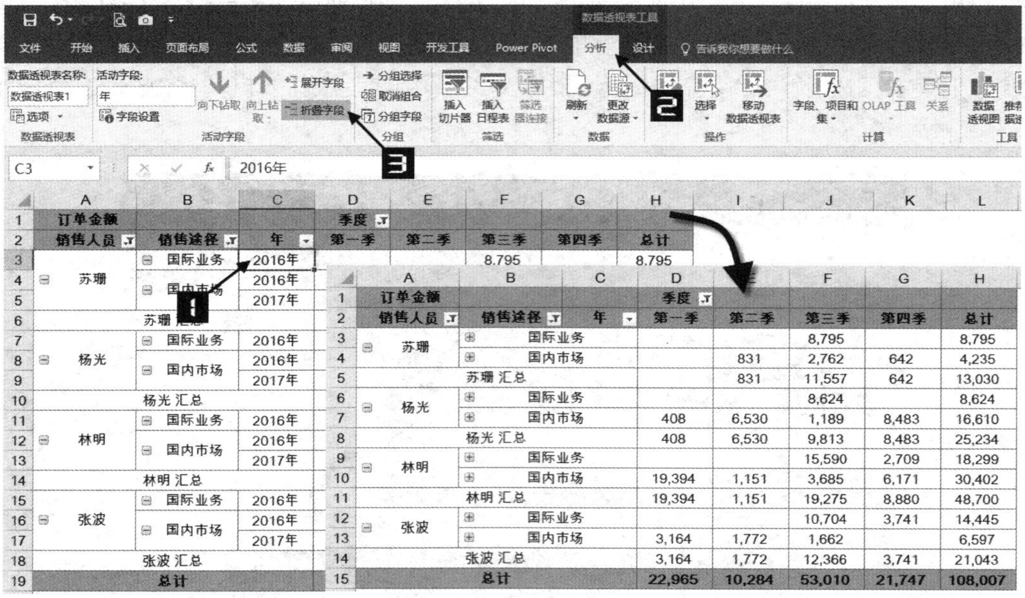

	A	B	C	D	E	F	G	H
1	订单金额			季度				
2	销售人员	销售途径	年	第一季	第二季	第三季	第四季	总计
3	苏珊	国际业务	2016年			8.795		8.795
4		国内市场	2016年					
5			2017年					
6		苏珊 汇总						
7	杨光	国际业务	2016年					
8		国内市场	2016年					
9			2017年					
10		杨光 汇总						
11	林明	国际业务	2016年					
12		国内市场	2016年					
13			2017年					
14		林明 汇总						
15	张波	国际业务	2016年					
16		国内市场	2016年					
17			2017年					
18		张波 汇总						
19		总计						

	A	B	C	D	E	F	G	H
1	订单金额			季度				
2	销售人员	销售途径	年	第一季	第二季	第三季	第四季	总计
3	苏珊	国际业务				8,795		8,795
4		国内市场			831	2,762	642	4,235
5		苏珊 汇总			831	11,557	642	13,030
6	杨光	国际业务				8,624		8,624
7		国内市场		408	6,530	1,189	8,483	16,610
8		杨光 汇总		408	6,530	9,813	8,483	25,234
9	林明	国际业务				15,590	2,709	18,299
10		国内市场		19,394	1,151	3,685	6,171	30,402
11		林明 汇总		19,394	1,151	19,275	8,880	48,700
12	张波	国际业务				10,704	3,741	14,445
13		国内市场		3,164	1,772	1,662		6,597
14		张波 汇总		3,164	1,772	12,366	3,741	21,043
15		总计		22,965	10,284	53,010	21,747	108,007

图 29-32　折叠“年”字段

步骤② 单击数据透视表“销售途径”字段中的【+】按钮，可以将“项”展开，用以显示指定项的明细数据，如图 29-33 所示。

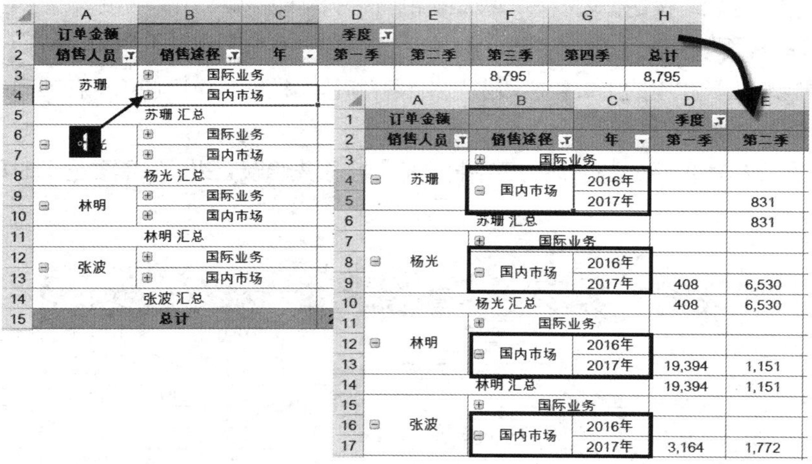

	A	B	C	D	E	F	G	H
1	订单金额			季度				
2	销售人员	销售途径	年	第一季	第二季	第三季	第四季	总计
3	苏珊	国际业务				8,795		8,795
4		国内市场						
5		苏珊 汇总						
6	杨光	国际业务						
7		国内市场						
8		杨光 汇总						
9	林明	国际业务						
10		国内市场						
11		林明 汇总						
12	张波	国际业务						
13		国内市场						
14		张波 汇总						
15		总计						

	A	B	C	D	E
1	订单金额			季度	
2	销售人员	销售途径	年	第一季	第二季
3	苏珊	国际业务			
4		国内市场	2016年		
5			2017年		831
6		苏珊 汇总			831
7	杨光	国际业务			
8		国内市场	2016年		
9			2017年	408	6,530
10		杨光 汇总		408	6,530
11	林明	国际业务			
12		国内市场	2016年		
13			2017年	19,394	1,151
14		林明 汇总		19,394	1,151
15	张波	国际业务			
16		国内市场	2016年		
17			2017年	3,164	1,772

图 29-33　显示指定项的明细数据

提示

在数据透视表中各项所在的单元格上双击，也可以显示或隐藏该项的明细数据。

数据透视表中的字段被折叠后，在【数据透视表工具】的【分析】选项卡中单击【展开字段】按钮，即可展开所有字段。

如果用户不希望显示数据透视表中各字段项的【+/-】按钮，在【数据透视表工具】的【分析】选项卡中单击【+/- 按钮】即可，如图 29-34 所示。

图 29-34　显示或隐藏【+/- 按钮】

29.2.5　改变数据透视表的报告格式

	A	B
1	行标签	求和项:订单金额
2	⊟高鹏	
3	国际业务	3058.82
4	国内市场	1423
5	送货上门	47129.65
6	网络销售	16664.78
7	邮购业务	516
8	高鹏 汇总	68792.25
9	⊟贾庆	
10	国际业务	10779.6
11	国内市场	23681.12
12	送货上门	173558.39
13	网络销售	61067.99
14	邮购业务	7157.21
15	贾庆 汇总	276244.31

图 29-35　数据透视表“以压缩形式显示”

数据透视表创建完成后，用户可以通过【数据透视表工具 / 设计】选项卡中的【布局】组来改变数据透视表的报告格式。

➲ Ⅰ　报表布局

数据透视表为用户提供了“以压缩形式显示”“以大纲形式显示”和“以表格形式显示”3 种报表布局的显示形式。

新创建的数据透视表显示方式都是系统默认的“以压缩形式显示”，如图 29-35 所示。

“以压缩形式显示”的数据透视表所有的行字段都堆积在一列中，虽然此种显示方式很适合【展开字段】和【折叠字段】按钮的使用，但复制后进行粘贴的数据透视表将无法显示行字段标题，没有利用价值，如图 29-36 所示。

用户可以将系统默认的“以压缩形式显示”报表布局改变为“以表格形式显示”，来满足不同的数据分析的需求，具体方法请参照以下步骤。

以图 29-35 所示的数据透视表为例，单击数据透视表中的任意一个单元格（如 A6），在【数据透视表工具 / 设计】选项卡中依次单击【报表布局】按钮→【以表格形式显示】命令，如图 29-37 所示。

	A	B
1	行标签	求和项:订单金额
2	高鹏	
3	国际业务	3058.82
4	国内市场	1423
5	送货上门	47129.65
6	网络销售	16664.78
7	邮购业务	516
8	高鹏 汇总	68792.25
9	贾庆	
10	国际业务	10779.6
11	国内市场	23681.12
12	送货上门	173558.39
13	网络销售	61067.99
14	邮购业务	7157.21
15	贾庆 汇总	276244.31

图 29-36　复制数据透视表后粘贴为数值的效果

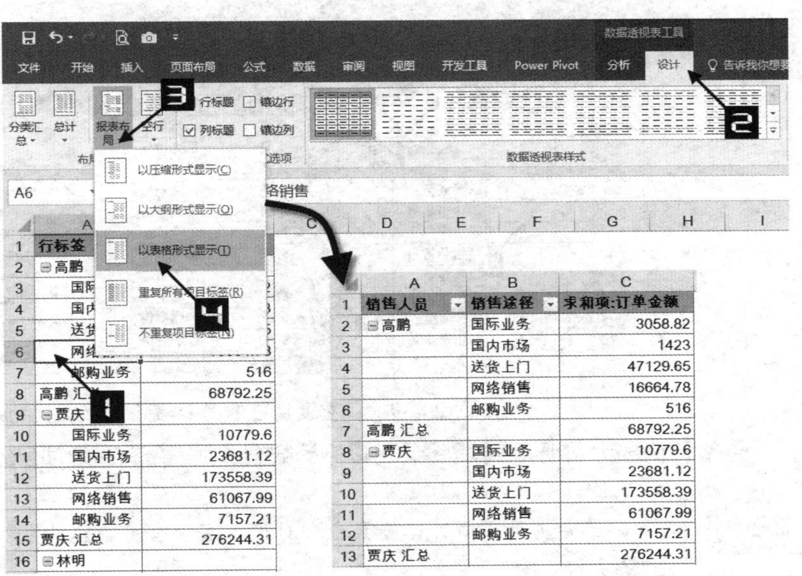

	A	B	C
1	销售人员	销售途径	求和项:订单金额
2	⊟高鹏	国际业务	3058.82
3		国内市场	1423
4		送货上门	47129.65
5		网络销售	16664.78
6		邮购业务	516
7	高鹏 汇总		68792.25
8	⊟贾庆	国际业务	10779.6
9		国内市场	23681.12
10		送货上门	173558.39
11		网络销售	61067.99
12		邮购业务	7157.21
13	贾庆 汇总		276244.31

图 29-37　“以表格形式显示”的数据透视表

重复以上步骤，在【报表布局】的快捷菜单中选择【以大纲形式显示】命令，也可使数据透视表以大纲的形式显示，如图 29-38 所示。

	A	B	C
1	销售人员	销售途径	求和项:订单金额
2	⊟高鹏		68792.25
3		国际业务	3058.82
4		国内市场	1423
5		送货上门	47129.65
6		网络销售	16664.78
7		邮购业务	516
8	⊟贾庆		276244.31
9		国际业务	10779.6
10		国内市场	23681.12
11		送货上门	173558.39
12		网络销售	61067.99
13		邮购业务	7157.21

图 29-38　“以大纲形式显示”的数据透视表

提示

以表格形式显示的数据透视表更加直观，更便于用户阅读，是首选的数据透视表显示方式。

如果希望将数据透视表中空白字段填充相应的数据，使复制后的数据透视表数据完整或满足特定的报表显示要求，可以使用【重复所有项目标签】命令。

以图 29-37 所示的数据透视表为例，单击数据透视表中的任意一个单元格（如 A9），在【数据透视表工具 / 设计】选项卡中单击【报表布局】→【重复所有项目标签】命令，如图 29-39 所示。

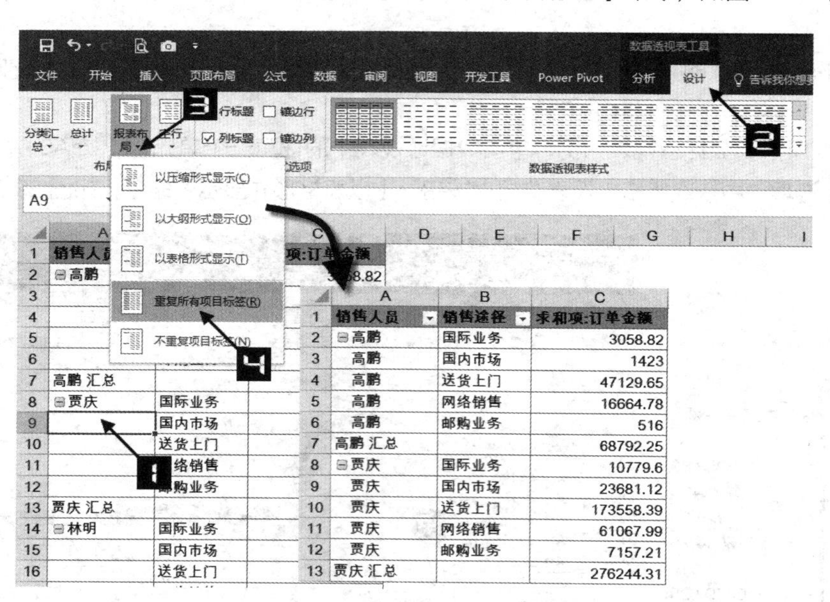

图 29-39　“重复所有项目标签”的数据透视表

选择【不重复项目标签】命令，可以撤销数据透视表所有重复项目的标签。

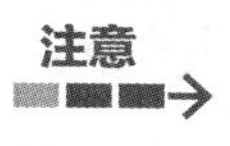
注意

【重复所有项目标签】命令对设置了“合并且居中排列带标签的单元格”的数据透视表无效。

➲ II　分类汇总的显示方式

如图 29-40 所示的数据透视表中，“销售人员”字段应用了分类汇总，用户可以通过多种方法将分类汇总删除。

首先，可以利用工具栏按钮删除。单击数据透视表中的任意一个单元格（如 A8），在【数据透视表工具 / 设计】选项卡中单击【分类汇总】按钮→【不显示分类汇总】命令，如图 29-41 所示。

	A	B	C
1	销售人员	销售途径	求和项:订单金额
2	高鹏	国际业务	3058.82
3		国内市场	1423
4		送货上门	47129.65
5		网络销售	16664.78
6		邮购业务	516
7	高鹏 汇总		68792.25
8	贾庆	国际业务	10779.6
9		国内市场	23681.12
10		送货上门	173558.39
11		网络销售	61067.99
12		邮购业务	7157.21
13	贾庆 汇总		276244.31
14	林明	国际业务	18298.72
15		国内市场	30401.68
16		送货上门	143187.25
17		网络销售	26466.4
18		邮购业务	7409.63
19	林明 汇总		225763.68

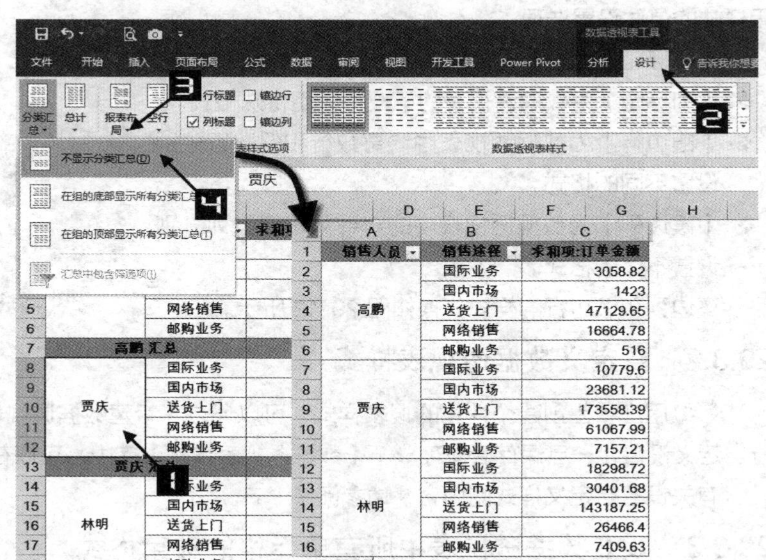

	A	B	C
1	销售人员	销售途径	求和项:订单金额
2	高鹏	国际业务	3058.82
3		国内市场	1423
4		送货上门	47129.65
5		网络销售	16664.78
6		邮购业务	516
7	贾庆	国际业务	10779.6
8		国内市场	23681.12
9		送货上门	173558.39
10		网络销售	61067.99
11		邮购业务	7157.21
12	林明	国际业务	18298.72
13		国内市场	30401.68
14		送货上门	143187.25
15		网络销售	26466.4
16		邮购业务	7409.63

图 29-40 显示分类汇总的数据透视表　　　　图 29-41 不显示分类汇总

此外，通过字段设置也可以删除分类汇总，单击数据透视表中“销售人员”列的任意单元格，在【数据透视表工具】的【分析】选项卡中单击【字段设置】按钮，弹出【字段设置】对话框。在【分类汇总和筛选】选项卡中选中【无】单选按钮，最后单击【确定】按钮关闭对话框。

在数据透视表中“销售人员”列的任意单元格上右击，在弹出的快捷菜单中取消选中【分类汇总“销售人员”】复选框，也可以快速删除分类汇总。

对于以联机分析处理OLAP数据为数据源创建的数据透视表，可以利用【分类汇总】下拉菜单中的【汇总中包含筛选项】命令来计算有筛选项或没有筛选项的分类汇总和总计，以非OLAP数据为数据源创建的数据透视表，【汇总中包含筛选项】命令则显示为灰色不可用。

29.3 设置数据透视表的格式

在通常情况下，数据透视表创建完成后，还需要做进一步的修饰美化，才能得到更令人满意的效果。除了使用普通的单元格格式（如字体类型、字体大小、颜色等）设置方法以外，Excel 还提供了许多控制选项来帮助用户达到目标。

29.3.1 数据透视表自动套用格式

【数据透视表工具 / 设计】选项卡中的【数据透视表样式】库中提供了 85 种可供用户套用的表格样式，其中浅色 29 种、中等深浅 28 种、深色 28 种，位于第一的格式为“无格式”。

单击数据透视表，使用鼠标在【数据透视表样式】库的各种样式缩略图上移动，数据透视表即显示相应的预览。选中某种样式，数据透视表则会自动套用该样式。

【数据透视表样式选项】命令组中还提供了【行标题】【列标题】【镶边行】和【镶边列】4 种应用样式的具体设置选项。

❖ 【行标题】为数据透视表的第一列应用特殊格式。
❖ 【列标题】为数据透视表的第一行应用特殊格式。
❖ 【镶边行】为数据透视表中的奇数行和偶数行分别设置不同的格式。
❖ 【镶边列】为数据透视表中的奇数列和偶数列分别设置不同的格式。

镶边列和镶边行的样式变换如图 29-42 所示。

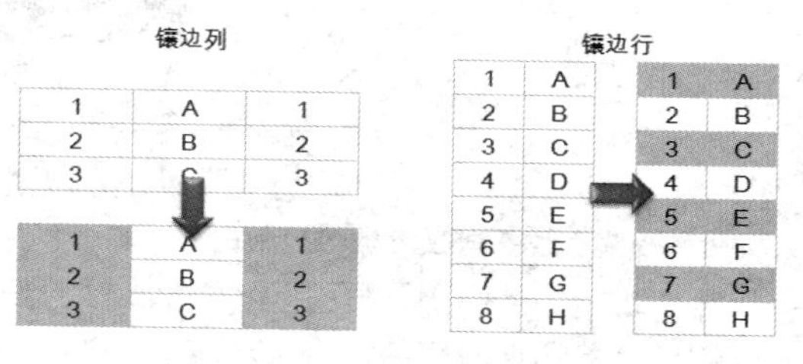

图 29-42 镶边列和镶边行的样式变换

29.3.2 自定义数据透视表样式

如果用户希望创建个性化的报表样式，可以通过【新建数据透视表样式】命令对数据透视表格式进行自定义设置，一旦保存后便存放于【数据透视表样式】库中，可以在当前工作簿中随时调用。

有关设置自定义样式的内容，请参阅 7.1 节。

29.3.3 改变数据透视表中所有单元格的数字格式

如果要改变数据透视表中所有单元格的数字格式，只需选中这些单元格，再设置单元格格式即可，具体操作步骤如下。

步骤① 单击数据透视表中的任意一个单元格。

步骤② 按下 <Ctrl+A> 组合键，选中除数据透视表筛选器以外的内容，按 <Ctrl+1> 组合键。

步骤③ 在弹出的【设置单元格格式】对话框中选择【数字】选项卡，设置数字格式。

当调整数据透视表布局或是进行刷新操作时，数据透视表筛选器中的格式将应用新设置的数字格式。

29.3.4 数据透视表与条件格式

如果将 Excel 的条件格式功能应用于数据透视表，可以增强数据透视表的可视化效果。

图 29-43 和图 29-44 分别展示了在数据透视表中设置“数据条”和“图标集”后的效果。有关条件格式的更多相关内容，请参阅第 34 章。

	A	B	C	D
1	求和项:线上电商	列标签		
2	行标签	第一季	第二季	总计
3	连衣裙	652,543	512,919	1,165,462
4	卫衣	517,335	265,679	783,014
5	T恤	350,068	430,611	780,679
6	针织衫	450,703	260,068	710,771
7	羽绒服	267,074	95,016	362,089
8	毛衣	167,040	155,413	322,452
9	大码女装	111,353	164,894	276,247
10	妈妈装	84,253	92,556	176,809
11	套装	93,337	78,696	172,033
12	总计	2,693,705	2,055,852	4,749,557

图 29-43 数据透视表中应用“数据条”

	A	B	C	D
1	求和项:线上电商	列标签		
2	行标签	第一季	第二季	总计
3	连衣裙	652,543	512,919	1,165,462
4	卫衣	517,335	265,679	783,014
5	T恤	350,068	430,611	780,679
6	针织衫	450,703	260,068	710,771
7	羽绒服	267,074	95,016	362,089
8	毛衣	167,040	155,413	322,452
9	大码女装	111,353	164,894	276,247
10	妈妈装	84,253	92,556	176,809
11	套装	93,337	78,696	172,033
12	总计	2,693,705	2,055,852	4,749,557

图 29-44 数据透视表中应用“三色旗图标”

29.4　数据透视表的刷新

29.4.1　刷新本工作簿的数据透视表

➲ Ⅰ　手动刷新数据透视表

如果数据透视表的数据源内容发生了变化，用户需要对数据透视表手动刷新，方法是在数据透视表的任意一个单元格上右击，在弹出的快捷菜单中选择【刷新】命令，如图 29-45 所示。

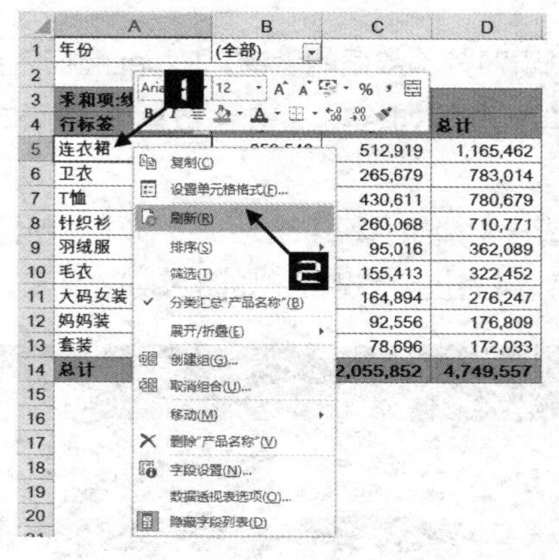

图 29-45　手动刷新数据透视表

此外，在【数据透视表工具】的【分析】选项卡中单击【刷新】按钮，也可以实现对数据透视表的刷新。

➲ Ⅱ　在打开文件时刷新

用户还可以设置数据透视表的自动刷新，设置数据透视表在打开时自动刷新的步骤如下。

步骤① 在数据透视表的任意一个区域右击，在弹出的快捷菜单中选择【数据透视表选项】命令，弹出【数据透视表选项】对话框。

步骤② 在【数据透视表选项】对话框中切换到【数据】选项卡下，选中【打开文件时刷新数据】复选框，最后单击【确定】按钮，如图 29-46 所示。

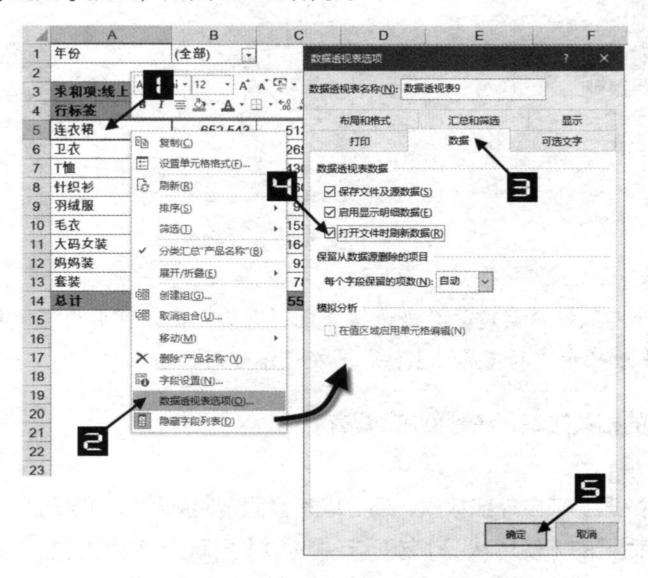

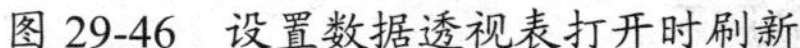
图 29-46　设置数据透视表打开时刷新

设置打开文件时刷新以后，每当用户打开数据透视表所在的工作簿时，数据透视表都会自动刷新数据。

➲ III　刷新链接在一起的数据透视表

当数据透视表用作其他数据透视表的数据源时，对其中任何一张数据透视表进行刷新，都会对链接在一起的数据透视表进行刷新。

29.4.2　刷新引用外部数据的数据透视表

➲ I　后台刷新

如果数据透视表的数据源是基于对外部数据的查询，Excel 会在后台执行数据刷新。

步骤① 单击数据透视表中的任意单元格（如 A4），在【数据】选项卡中单击【属性】按钮，弹出【连接属性】对话框。

步骤② 在【连接属性】对话框中选择【使用状况】选项卡，在【刷新控件】选项区域中选中【允许后台刷新】复选框，单击【确定】按钮完成设置，如图 29-47 所示。

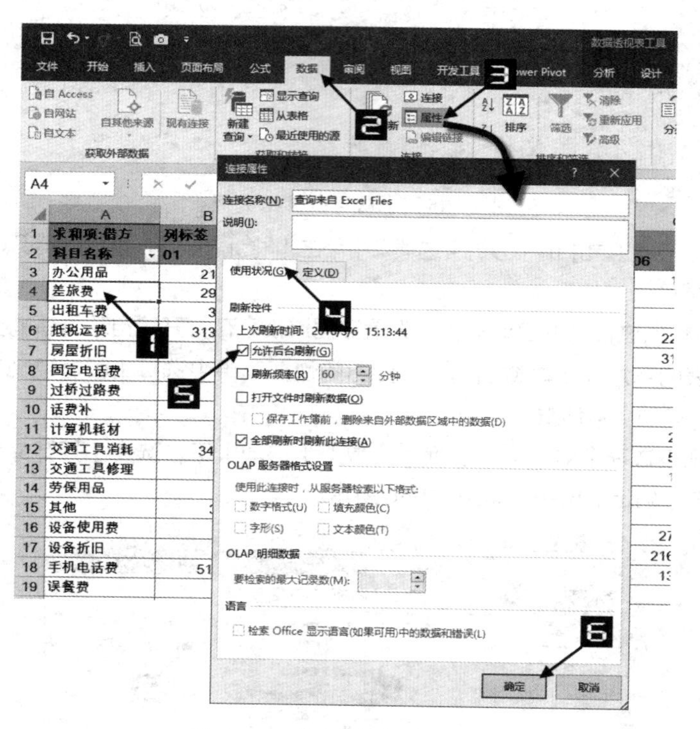

图 29-47　设置允许后台刷新

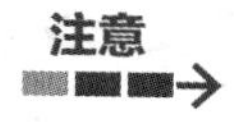

> 使用外部数据源创建的数据透视表或“表格”，才可调用【连接属性】对话框，否则【数据】选项卡中的【属性】按钮为灰色不可用状态。

关于引用外部数据的相关知识，请参阅第 28 章。

➲ II　定时刷新

如果数据透视表的数据源来自外部数据，还可以设置固定时间间隔的自动刷新频率。

在【连接属性】对话框的【使用状况】选项卡中选中【刷新频率】复选框，并在右侧的微调框内选择刷新频率为 10 分钟，如图 29-48 所示。

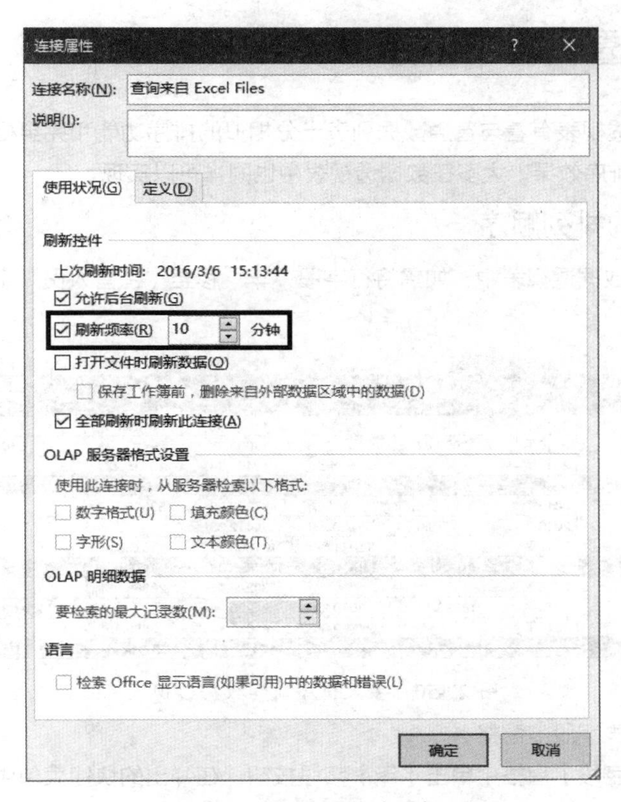

图 29-48　设置定时刷新

设置好刷新频率后，数据透视表会自动计时，每隔 10 分钟就会对数据透视表刷新一次。

➲ Ⅲ　在打开文件时刷新

如果数据透视表的数据源来自外部数据，也可以设置数据透视表在打开时自动刷新。在【连接属性】对话框的【刷新控件】选项区域中选中【打开文件时刷新数据】复选框即可。

29.4.3　全部刷新数据透视表

如果要刷新工作簿中包含的多个数据透视表，可以单击任意一个数据透视表中的任意单元格，在【数据透视表工具】的【分析】选项卡中依次单击【刷新】→【全部刷新】命令，如图 29-49 所示。

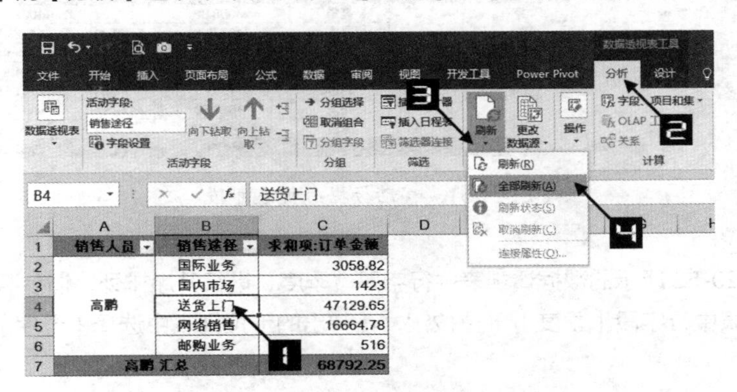

图 29-49　全部刷新数据透视表

在【数据】选项卡中单击【全部刷新】按钮，也可以同时刷新一个工作簿中的多个数据透视表。

29.5 在数据透视表中排序

在 Excel 中，数据透视表有着与普通数据列表十分相似的排序功能和完全相同的排序规则，在普通数据列表中可以实现的排序效果，大多在数据透视表中也同样可以实现。

29.5.1 改变字段的排列顺序

如图 29-50 所示的数据透视表中，如需将行字段“年”移至“销售人员”字段的前方，请参照以下步骤。

	A	B	C	D	E	F	G	H
1	求和项:订单金额		销售途径					
2	销售人员	年	国际业务	国内市场	送货上门	网络销售	邮购业务	总计
3	高鹏	2015年			13572.33	6119.56		19691.89
4		2016年	3058.82		14092.38		516	17667.2
5		2017年		1423	19464.94	10545.22		31433.16
6	高鹏 汇总		3058.82	1423	47129.65	16664.78	516	68792.25
7	贾庆	2015年			67340.09	52309.79		119649.88
8		2016年	10779.6	5769.28	4412.38		7157.21	28118.47
9		2017年		17911.84	101805.92	8758.2		128475.96
10	贾庆 汇总		10779.6	23681.12	173558.39	61067.99	7157.21	276244.31
11	林明	2015年			30296.06	20866.95		51163.01
12		2016年	18298.72	3010.82	21225.94		7409.63	49945.11
13		2017年		27390.86	91665.25	5599.45		124655.56
14	林明 汇总		18298.72	30401.68	143187.25	26466.4	7409.63	225763.68

图 29-50　字段排序前的数据透视表

步骤① 调出【数据透视表字段】窗格。

步骤② 在【数据透视表字段】窗格中单击【年】字段按钮，在弹出的快捷菜单中选择【上移】命令，如图 29-51 所示。

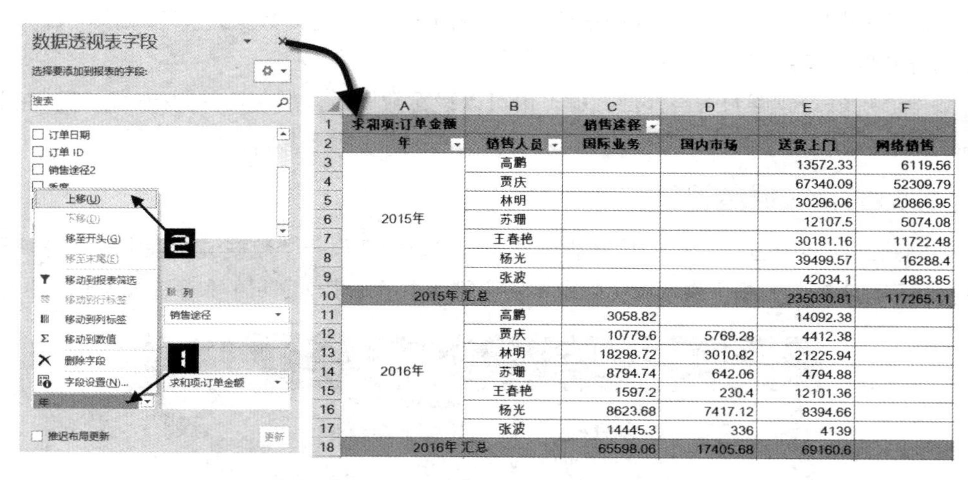

	A	B	C	D	E	F
1	求和项:订单金额		销售途径			
2	年	销售人员	国际业务	国内市场	送货上门	网络销售
3	2015年	高鹏			13572.33	6119.56
4		贾庆			67340.09	52309.79
5		林明			30296.06	20866.95
6		苏珊			12107.5	5074.08
7		王春艳			30181.16	11722.48
8		杨光			39499.57	16288.4
9		张波			42034.1	4883.85
10	2015年 汇总				235030.81	117265.11
11	2016年	高鹏	3058.82		14092.38	
12		贾庆	10779.6	5769.28	4412.38	
13		林明	18298.72	3010.82	21225.94	
14		苏珊	8794.74	642.06	4794.88	
15		王春艳	1597.2	230.4	12101.36	
16		杨光	8623.68	7417.12	8394.66	
17		张波	14445.3	336	4139	
18	2016年 汇总		65598.06	17405.68	69160.6	

图 29-51　移动数据透视表字段

Ⅰ 排序字段项

如果要对如图 29-52 所示的数据透视表中行字段“季度”进行升序排列，请参照以下步骤。

单击数据透视表中行字段【季度】下拉按钮，在弹出的下拉列表中选择【升序】命令，如图 29-53 所示。

求和项:订单金额	销售途径					
季度	国际业务	国内市场	送货上门	网络销售	邮购业务	总计
第二季		20007.06	204853.08	10345.32		235205.46
第一季		26613.62	232437.12	114170.67		373221.41
第四季	6450.1	26168.58	202065.21	11359.15	23340.74	269383.78
第三季	59147.96	18000.16	78964.75	31900.1		188012.97
总计	65598.06	90789.42	718320.16	167775.24	23340.74	1065823.62

图 29-52　排序前的数据透视表

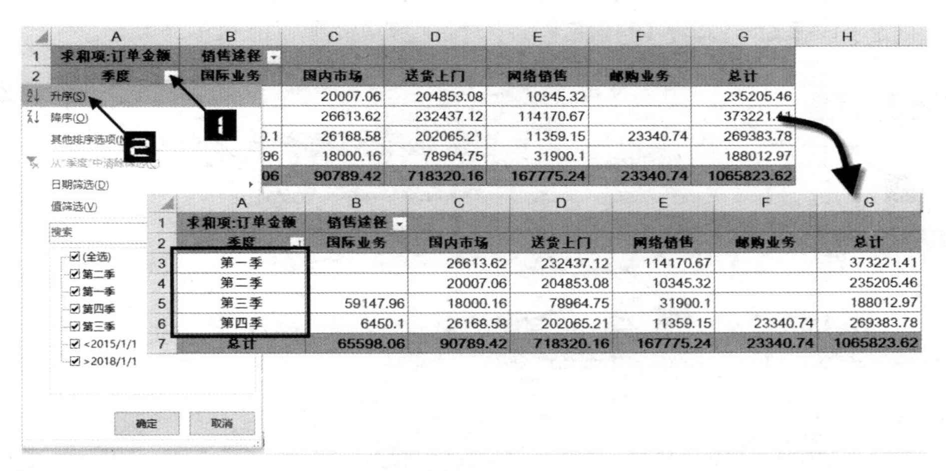

图 29-53　排序后的数据透视表

➲ II　按值排序

如果要对如图 29-53 所示数据透视表行字段“季度”中的“第一季”项按照品名的销售金额进行从左到右降序排列，请参照以下步骤。

步骤① 单击行字段“季度”中“第一季”项所在行的销售金额单元格（如 B3），在【数据】选项卡中单击【排序】按钮，弹出【按值排序】对话框。

步骤② 在【按值排序】对话框中的【排序选项】选项区域中选中【降序】单选按钮，在【排序方向】选项区域中选中【从左到右】单选按钮，单击【确定】按钮完成排序，如图 29-54 所示。

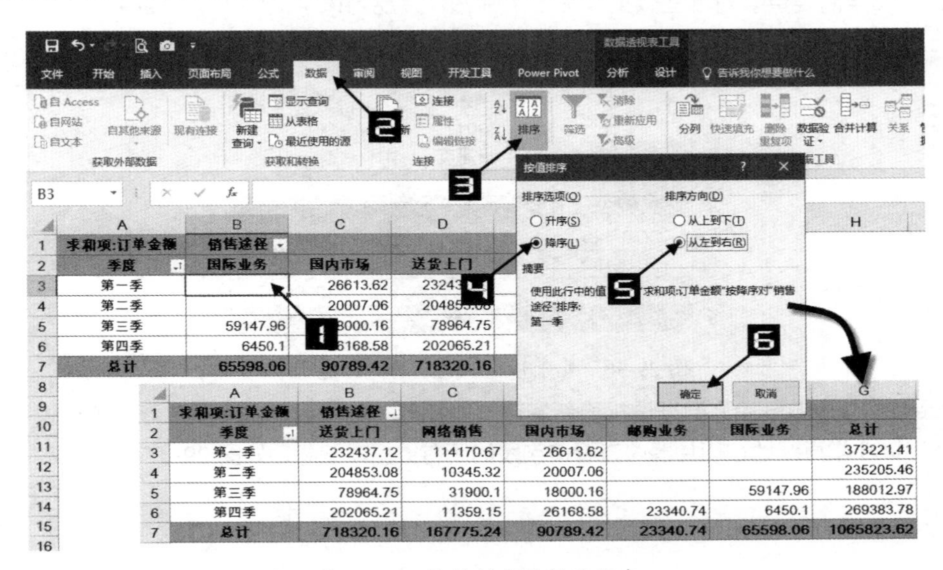

图 29-54　按值排序数据透视表

➲ Ⅲ 设置字段自动排序

在 Excel 中每次更新数据透视表时都可以进行自动排序。

步骤① 在数据透视表行字段上右击，在弹出的快捷菜单中选择【排序】→【其他排序选项】命令。

步骤② 在弹出的【排序（科目名称）】对话框中单击【其他选项】按钮。

步骤③ 在弹出的【其他排序选项（科目名称）】对话框中选中【自动排序】选项区域中的【每次更新报表时自动排序】复选框，单击【确定】按钮关闭【其他排序选项（科目名称）】对话框，再次单击【确定】按钮关闭【排序（科目名称）】对话框完成设置，如图 29-55 所示。

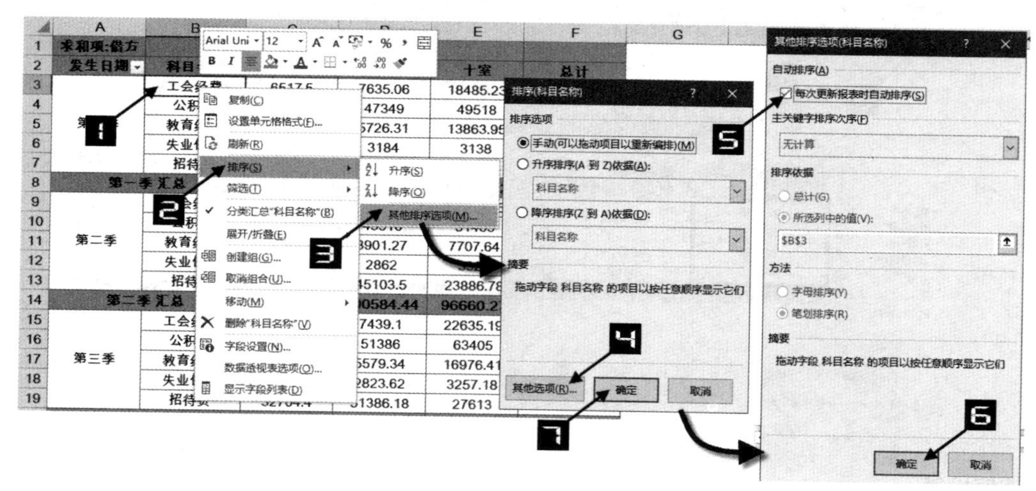

图 29-55 设置数据透视表自动排序

29.6 数据透视表的切片器

在 Excel 2010 之前版本的数据透视表中，当对某个字段进行筛选后，数据透视表显示的只是筛选后的结果，但如果需要查看对哪些数据项进行了筛选，只能到该字段的下拉列表中，很不直观，如图 29-56 所示。

	A	B	C
1	年份	2017	
2	用户名称	天津市	
3			
4	产品规格	求和项:销售数量	求和项:销售额
5	CCS-128	2	390000
6	CCS-192	1	200000
7	CCS-256	1	350000
8	总计	4	940000

图 29-56 处于筛选状态下的数据透视表

自 Excel 2010 版本开始，数据透视表新增了“切片器”功能，不仅能够对数据透视表字段进行筛选操作，还可以非常直观地在切片器内查看该字段的所有数据项信息，如图 29-57 所示。

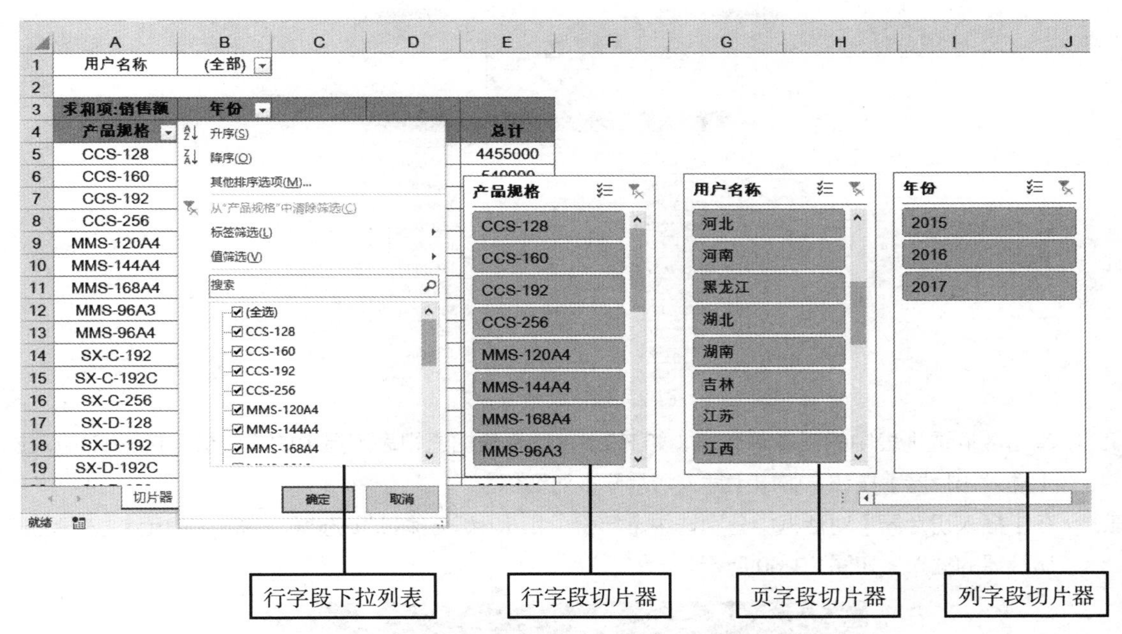

图 29-57 数据透视表字段下拉列表与切片器对比

“切片”就是将物质切成极微小的横断面薄片，以观察其内部的组织结构。数据透视表的切片器实际上就是以一种图形化的筛选方式，单独为数据透视表中的每个字段创建一个选取器，浮动于数据透视表之上。通过对选取器中的字段项筛选，实现了比字段下拉列表筛选按钮更加方便灵活的筛选功能。共享后的切片器还可以应用到其他的数据透视表中，从而在多个数据透视表数据之间架起了一座桥梁，轻松地实现了多个数据透视表联动。有关数据透视表的切片器结构如图 29-58 所示。

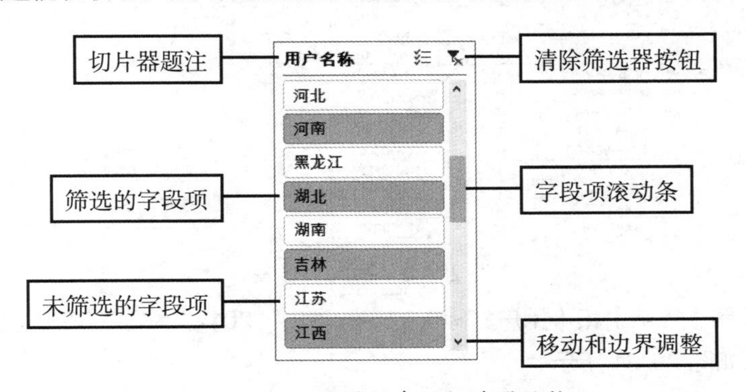

图 29-58 数据透视表的切片器结构

29.6.1 为数据透视表插入切片器

示例29-3 为数据透视表插入切片器

如果希望在如图 29-59 所示的数据透视表中插入“年份”和“用户名称”字段的切片器，可参照如下步骤。

	A	B	C
1	年份	(全部)	
2	用户名称	(全部)	
3			
4	产品规格	求和项:销售数量	求和项:销售额
5	CCS-128	20	4455000
6	CCS-160	2	540000
7	CCS-192	13	4028000
8	CCS-256	2	630000
9	MMS-120A4	20	3581000
10	MMS-144A4	6	1850000
11	MMS-168A4	18	4106000
12	MMS-96A3	2	305000
13	MMS-96A4	17	3050000
14	SX-C-192	1	350000
15	SX-C-192C	1	230000

图 29-59　数据透视表

步骤① 单击数据透视表中的任意单元格（如 B8），在【数据透视表工具】的【分析】选项卡中单击【插入切片器】按钮，弹出【插入切片器】对话框。

步骤② 在【插入切片器】对话框中分别选中【年份】和【用户名称】复选框，单击【确定】按钮完成切片器的插入，如图 29-60 所示。

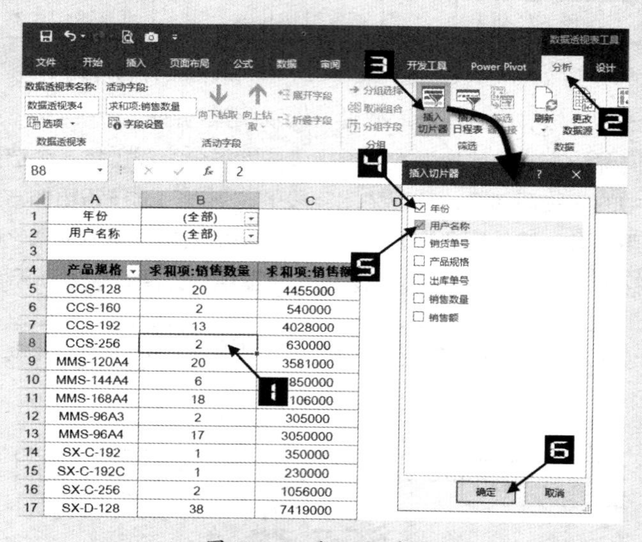

图 29-60　插入切片器

分别选择切片器【年份】和【用户名称】的字段项为“2017”和“广东”，数据透视表会立即显示出筛选结果，如图 29-61 所示。

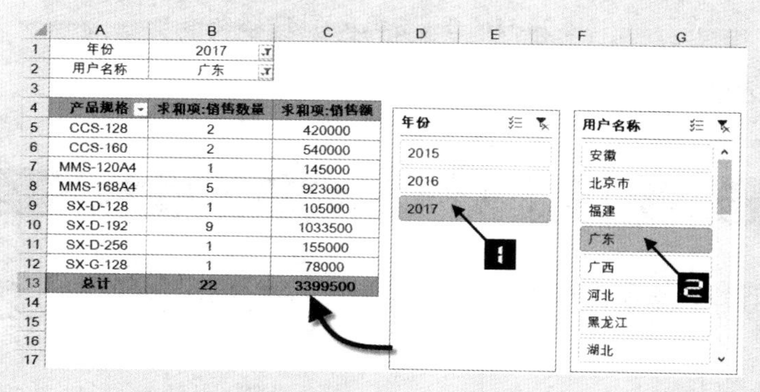

	A	B	C
1	年份	2017	
2	用户名称	广东	
3			
4	产品规格	求和项:销售数量	求和项:销售额
5	CCS-128	2	420000
6	CCS-160	2	540000
7	MMS-120A4	1	145000
8	MMS-168A4	5	923000
9	SX-D-128	1	105000
10	SX-D-192	9	1033500
11	SX-D-256	1	155000
12	SX-G-128	1	78000
13	总计	22	3399500

图 29-61　筛选切片器

此外，在【插入】选项卡中单击【切片器】按钮，也可以调出【插入切片器】对话框为数据透视表插入切片器，如图 29-62 所示。

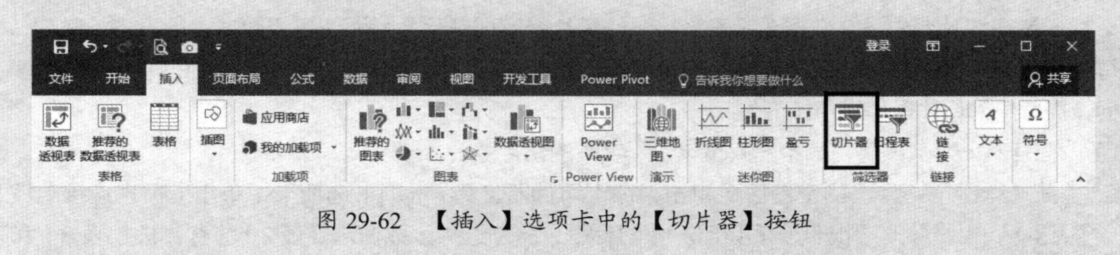

图 29-62　【插入】选项卡中的【切片器】按钮

29.6.2　筛选多个字段项

单击切片器筛选框右上角的【多选】按钮 ，即可在列表中选择多个字段项进行筛选，如图 29-63 所示。

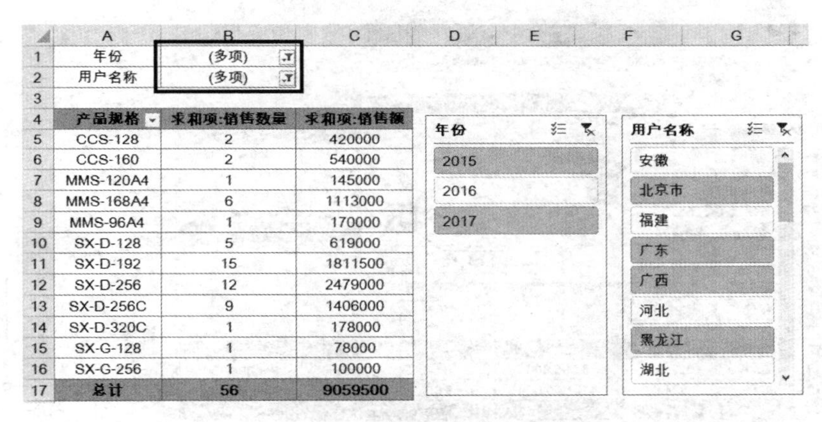

	A	B	C
1	年份	(多项)	
2	用户名称	(多项)	
3			
4	产品规格	求和项:销售数量	求和项:销售额
5	CCS-128	2	420000
6	CCS-160	2	540000
7	MMS-120A4	1	145000
8	MMS-168A4	6	1113000
9	MMS-96A4	1	170000
10	SX-D-128	5	619000
11	SX-D-192	15	1811500
12	SX-D-256	12	2479000
13	SX-D-256C	9	1406000
14	SX-D-320C	1	178000
15	SX-G-128	1	78000
16	SX-G-256	1	100000
17	总计	56	9059500

图 29-63　切片器的多字段项筛选

29.6.3　共享切片器实现多个数据透视表联动

图 29-64 所示的数据透视表是依据同一个数据源创建的不同分析角度的数据透视表，对页字段“年份”在各个数据透视表中分别进行不同的筛选后，数据透视表显示出相应的结果。

	A	B	C
1	年份	2017	
3	供货商	数量	金额
4	杭州华丝	3,435.900	129,635.500
5	鸿纺织	1,019.200	48,617.800
6	湖州	4,369.800	238,407.300
7	黄健	622.000	6,095.600
8	总计	9,446.900	422,756.200

	E	F	G
1	年份	2017	
3	颜色	数量	金额
4	宝兰色	277.900	12,672.100
5	翠绿	3,664.600	171,362.100
6	黑色	1,440.100	66,763.150
7	紫红色	4,064.300	171,958.850
8	总计	9,446.900	422,756.200

	A	B	C
15	年份	2017	
17	大类	数量	金额
18	里料	622.000	6,095.600
19	面料	8,824.900	416,660.600
20	总计	9,446.900	422,756.200

	E	F	G
15	年份	2017	
17	库位	数量	金额
18	D5区	4,033.600	183,694.100
19	E6区	5,413.300	239,062.100
20	总计	9,446.900	422,756.200

图 29-64　不同分析角度的数据透视表

示例29-4 多个数据透视表联动

通过在切片器内设置数据透视表连接，使切片器实现共享，从而使多个数据透视表进行联动。每当筛选切片器内的一个字段项时，多个数据透视表同时刷新，显示出同一年份中的不同分析角度的数据信息，具体操作步骤如下。

步骤① 在任意一个数据透视表中插入“年份”字段的切片器。

步骤② 在“年份”切片器的空白区域单击，在【切片器工具 / 选项】选项卡中单击【报表连接】按钮，调出【数据透视表连接（年份）】对话框，分别选中【数据透视表 2】【数据透视表 3】和【数据透视表 4】复选框，最后单击【确定】按钮完成设置，如图 29-65 所示。

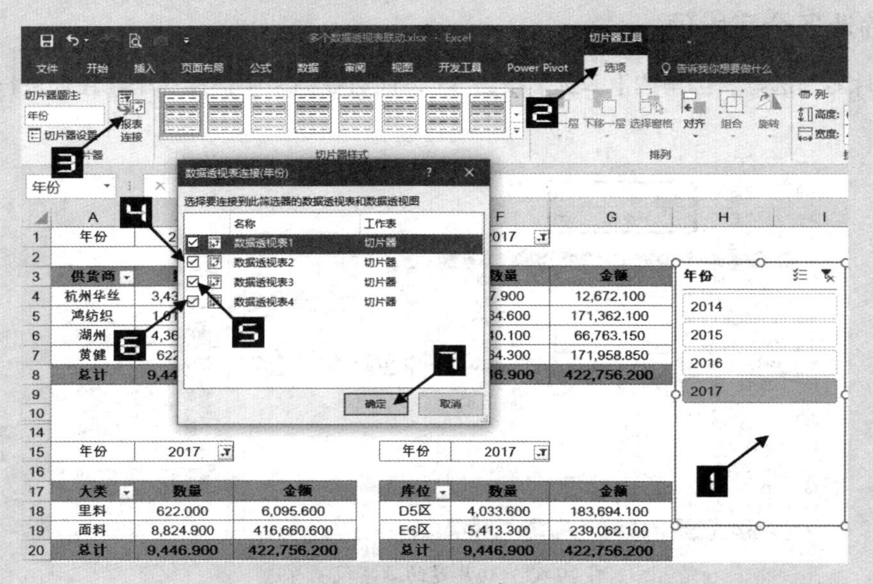

图 29-65 设置报表连接

在“年份”切片器内选择“2016”字段项后，所有数据透视表都显示出 2016 年的数据，如图 29-66 所示。

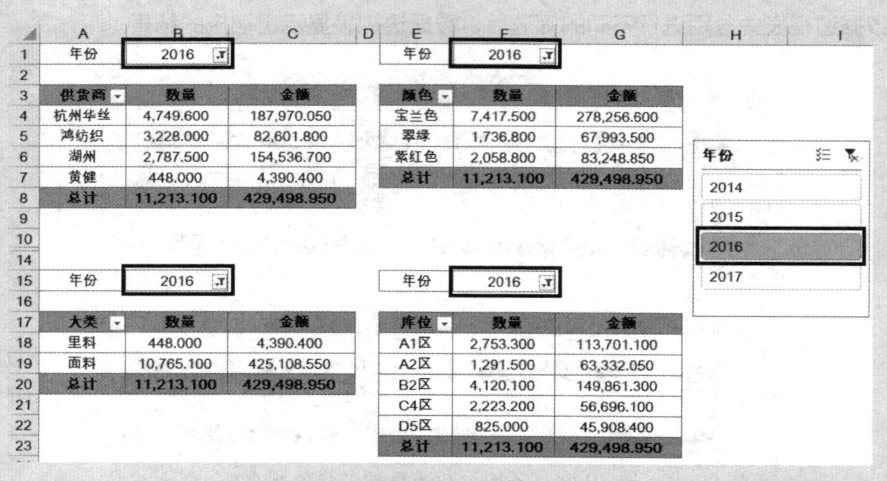

图 29-66 多个数据透视表联动

此外，在“年份”切片器的任意区域右击，在弹出的快捷菜单中选择【报表连接】命令，也可调出【数据透视表连接（年份）】对话框。

29.6.4　清除切片器的筛选器

清除切片器筛选器的方法主要有以下几种。

- ❖ 单击切片器内右上方的【清除筛选器】按钮。
- ❖ 单击切片器，按 <Alt+C> 组合键也可快速地清除筛选器。
- ❖ 在切片器中右击，在弹出的快捷菜单中选择【从“年份”中清除筛选器】命令，如图 29-67 所示。

29.6.5　删除切片器

在切片器内右击，在弹出的快捷菜单中选择【删除“年份”】命令可以删除切片器，如图 29-68 所示。

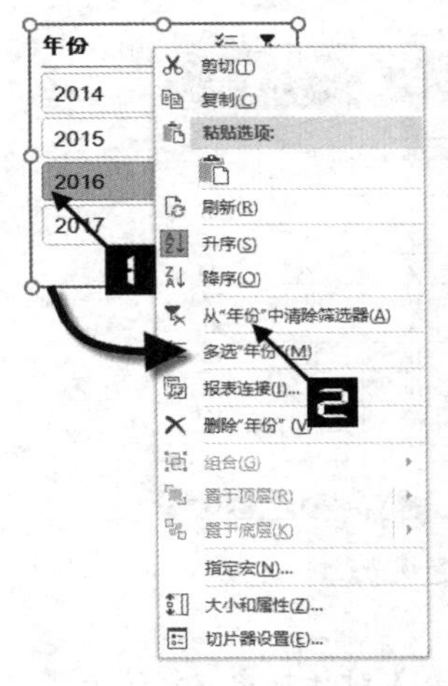

图 29-67　清除筛选器　　　　图 29-68　删除切片器

此外，选中切片器，按 <Delete> 键也可快速删除切片器。

29.7　数据透视表的日程表

“日程表”是 Excel 2013 版本新增的功能。对于数据源中存在的日期字段，可以在数据透视表中插入日程表，实现按年、季度、月和日的分析。此功能类似数据透视表按日期的分组，但“日程表”完全脱离了数据透视表，且无须使用筛选器便可对不同日期的数据进行查看。

示例29-5 利用日程表分析各门店不同时期商品的销量

图 29-69 展示了某知名品牌公司各门店不同上市日期的各款商品的销售量，如果希望插入日程表进行数据分析，请参照以下步骤。

	A	B	C	D	E	F	G	H	I	J
1	商品名称	性别名称	风格名称	款式名称	上市日期	大类名称	季节名称	商店名称	颜色名称	数量
2	00112-19D12	女	现代	长袖衬衫	2012/3/16	单衣	春	门店1	1号色	1
3	00112-601J12	女	现代	上衣	2012/7/22	夹衣	秋	门店2	2号色	1
4	00112-601J12	女	现代	上衣	2012/7/22	夹衣	秋	门店3	2号色	1
5	00112-601J12	女	现代	上衣	2012/7/22	夹衣	秋	门店4	2号色	3
6	00112-601J12	女	现代	上衣	2012/7/22	夹衣	秋	门店5	2号色	1
7	00112-602J12	女	现代	上衣	2012/8/19	夹衣	秋	门店6	1号色	1
8	00112-704J12	女	现代	上衣	2012/9/11	夹衣	秋	门店7	1号色	1
9	00112-704J12	女	现代	上衣	2012/9/11	夹衣	秋	门店8	1号色	3
10	00112-746J12	女	现代	上衣	2012/9/28	夹衣	秋	门店9	2号色	1

图 29-69　各门店不同时期商品的销量

步骤① 根据图 29-69 所示的数据源创建如图 29-70 所示的数据透视表。

	A	B	C	D	E	F	G
1	求和项:数量	列标签					
2	行标签	单衣	夹衣	棉衣	下装	服配	总计
15	门店20	52	16	2	20	15	105
16	门店21	217	47		54	15	333
17	门店22	38	9		9	2	58
18	门店23	14	8		1	2	25
19	门店24	17	4		2	2	25
20	门店25	8	2		2	2	14
21	门店3	85	21	1	18	3	128
22	门店4	28	9		3		40
23	门店5	102	26	1	13	12	154
24	门店6	12	7		12		31
25	门店7	65	18		22		105
26	门店8	48	29	2	15		94
27	门店9	195	32	1	31		259
28	总计	1800	500	7	447	3219	5973

图 29-70　创建数据透视表

注意

创建数据透视表时，在【创建数据透视表】对话框中取消选中【将此数据添加到数据模型】复选框，否则数据透视表将进入数据模型的关联模式，如图29-71所示。

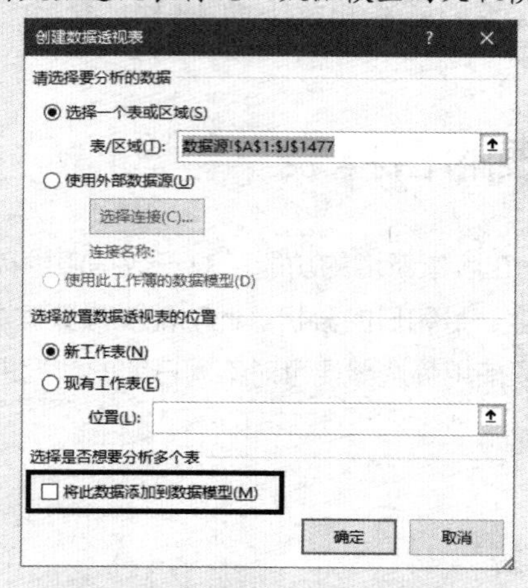

图 29-71　取消选中【将此数据添加到数据模型】复选框

步骤② 单击数据透视表中的任意单元格（如 A3），在【数据透视表工具】的【分析】选项卡中单击【插入日程表】按钮，在弹出的【插入日程表】对话框中选中【上市日期】复选框，单击【确定】按钮，即可插入【上市日期】日程表，如图 29-72 所示。

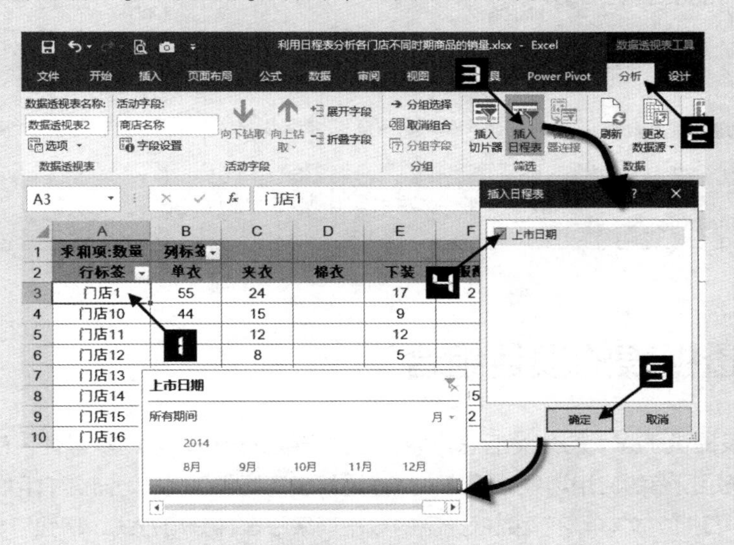

图 29-72　插入日程表操作

步骤③【上市日期】日程表的【月】下拉按钮→选择【年】选项，即可变为按年显示的日程表。同时，分别单击“2012”和“2014”年份项，可以得到不同上市日期各门店各款商品的销量，如图 29-73 所示。

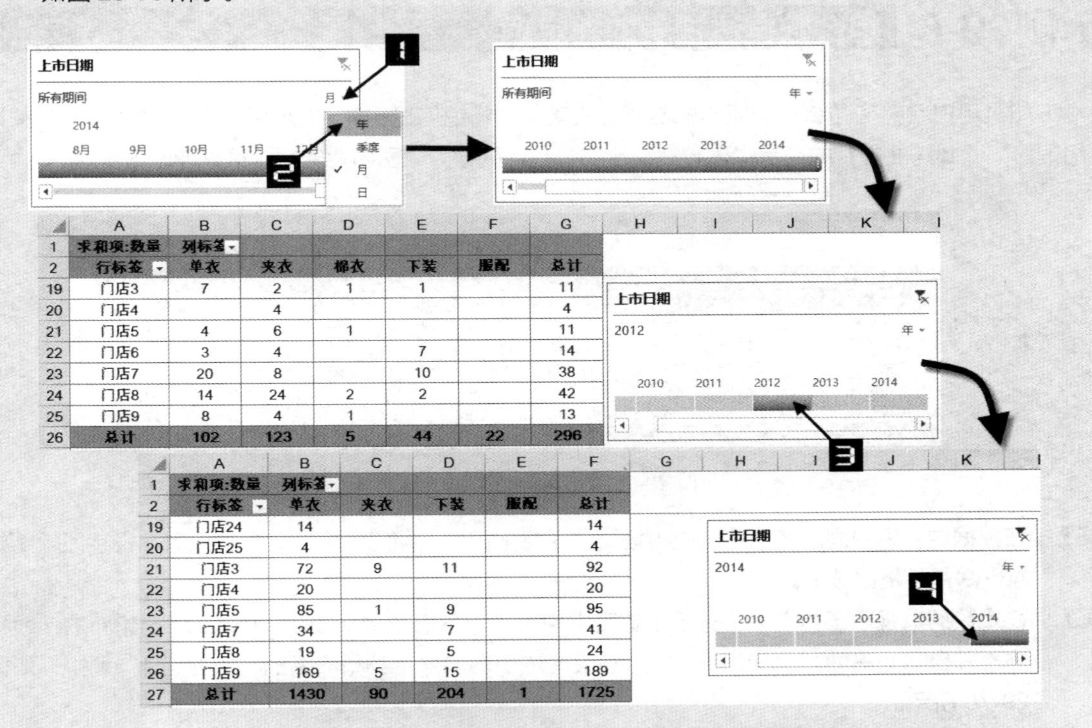

图 29-73　查看不同上市日期各门店各款商品的销量

此外，单击【上市日期】日程表的【年】下拉按钮→选择【季度】或【月】【日】选项，可以得到不同上市季度和日期下各门店各款商品的销量，如图 29-74 所示。

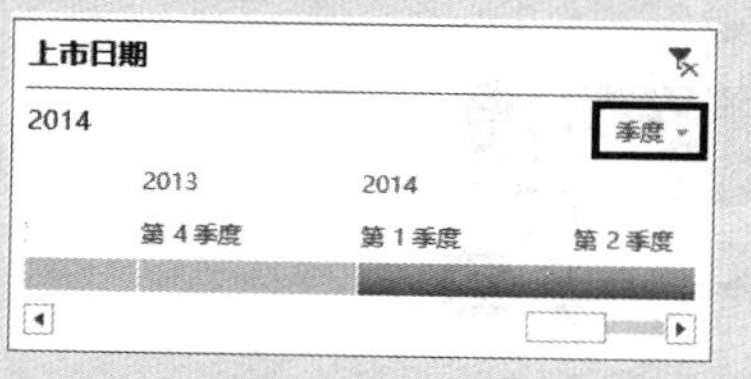

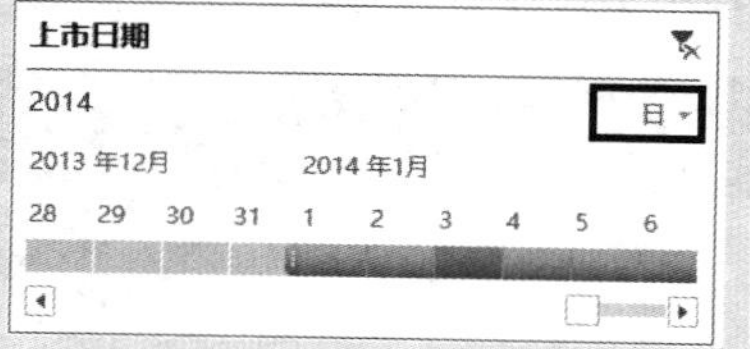

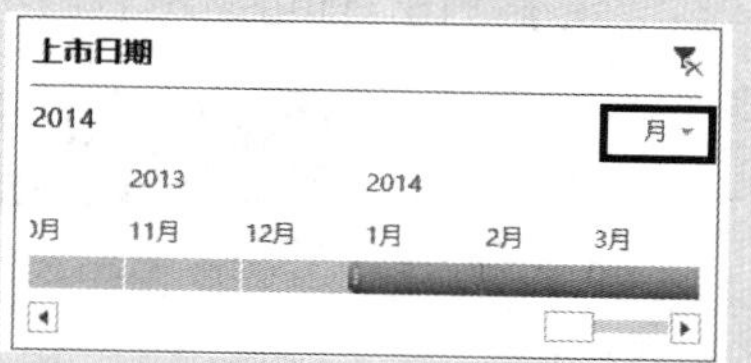

图 29-74　按季度或日期进行统计

29.8　数据透视表的项目组合

虽然数据透视表提供了强大的分类汇总功能，但由于数据分析需求的多样性，使得数据透视表的常规分类方式无法满足所有的应用场景。因此，数据透视表还提供了另一项非常有用的功能，即项目分组。它通过对数字、日期、文本等不同数据类型的数据项采取多种分组方式，增强了数据透视表分类汇总的适用性。

29.8.1　组合数据透视表的指定项

示例29-6　组合数据透视表的指定项

如果用户希望在图 29-75 所示的数据透视表中，将销售途径为“国内市场”“送货上门”“网络销售”“邮购业务”的所有销售数据组合在一起，并称为“国内业务”，可参考以下步骤。

	A	B	C	D	E	F	G	H	I
1									
2									
3	订单金额	销售人员							
4	销售途径	苏珊	杨光	高鹏	林明	贾庆	张波	王春艳	总计
5	国际业务	8,795	8,624	3,059	18,299	10,780	14,445	1,597	65,598
6	国内市场	4,235	16,610	1,423	30,402	23,681	6,597	7,841	90,789
7	送货上门	51,456	124,045	47,130	143,187	173,558	92,711	86,232	718,320
8	网络销售	7,753	26,795	16,665	26,466	61,068	9,038	19,989	167,775
9	邮购业务	288	6,426	516	7,410	7,157	240	1,303	23,341
10	总计	72,528	182,500	68,792	225,764	276,244	123,033	116,963	1,065,824

图 29-75　组合前的数据透视表

步骤① 在数据透视表中同时选中“国内市场”“送货上门”“网络销售”“邮购业务”行字段项（如 A6:A9 单元格区域）。

步骤② 在【数据透视表工具】的【分析】选项卡中单击【分组选择】按钮，Excel 将创建新的字段标题，并自动命名为“销售途径 2”，然后将选中的项组合到新命名的“数据组 1”项中，如图 29-76 所示。

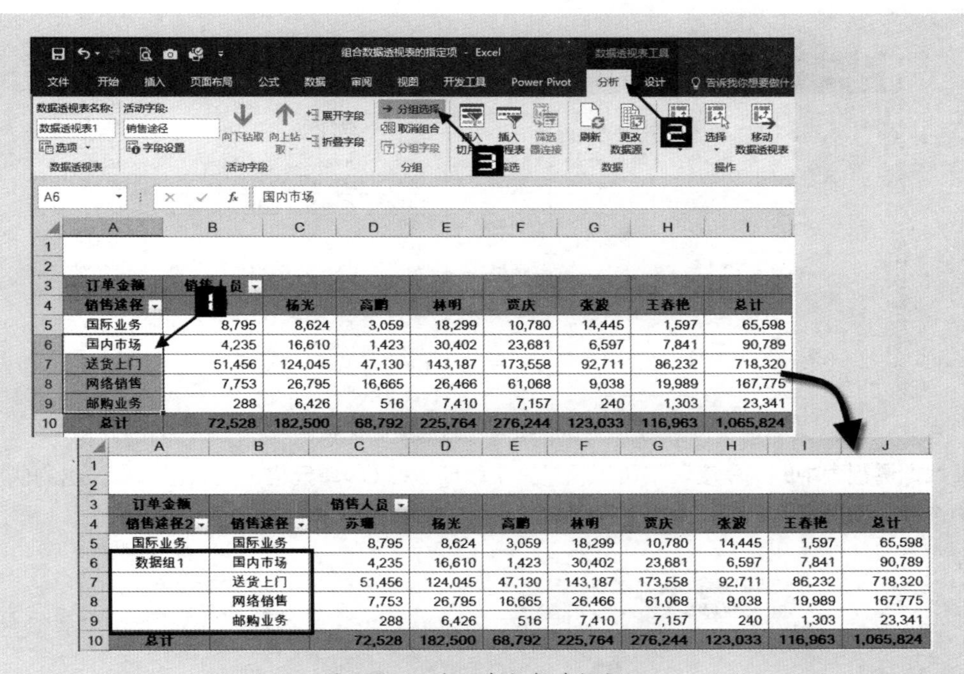

	A	B	C	D	E	F	G	H	I
3	订单金额	销售人员							
4	销售途径		杨光	高鹏	林明	贾庆	张波	王春艳	总计
5	国际业务	8,795	8,624	3,059	18,299	10,780	14,445	1,597	65,598
6	国内市场	4,235	16,610	1,423	30,402	23,681	6,597	7,841	90,789
7	送货上门	51,456	124,045	47,130	143,187	173,558	92,711	86,232	718,320
8	网络销售	7,753	26,795	16,665	26,466	61,068	9,038	19,989	167,775
9	邮购业务	288	6,426	516	7,410	7,157	240	1,303	23,341
10	总计	72,528	182,500	68,792	225,764	276,244	123,033	116,963	1,065,824

	A	B	C	D	E	F	G	H	I	J
3	订单金额		销售人员							
4	销售途径2	销售途径	苏珊	杨光	高鹏	林明	贾庆	张波	王春艳	总计
5	国际业务	国际业务	8,795	8,624	3,059	18,299	10,780	14,445	1,597	65,598
6	数据组1	国内市场	4,235	16,610	1,423	30,402	23,681	6,597	7,841	90,789
7		送货上门	51,456	124,045	47,130	143,187	173,558	92,711	86,232	718,320
8		网络销售	7,753	26,795	16,665	26,466	61,068	9,038	19,989	167,775
9		邮购业务	288	6,426	516	7,410	7,157	240	1,303	23,341
10	总计		72,528	182,500	68,792	225,764	276,244	123,033	116,963	1,065,824

图 29-76　将所选内容进行分组

步骤3 单击“数据组 1”单元格，输入新的名称“国内业务”，并对“销售途径 2”字段进行分类汇总，如图 29-77 所示。

	A	B	C	D	E	F	G	H	I	J
1										
2										
3	订单金额		销售人员							
4	销售途径2	销售途径	苏珊	杨光	高鹏	林明	贾庆	张波	王春艳	总计
5	国际业务	国际业务	8,795	8,624	3,059	18,299	10,780	14,445	1,597	65,598
6	**国际业务 汇总**		**8,795**	**8,624**	**3,059**	**18,299**	**10,780**	**14,445**	**1,597**	**65,598**
7	国内业务	国内市场	4,235	16,610	1,423	30,402	23,681	6,597	7,841	90,789
8		送货上门	51,456	124,045	47,130	143,187	173,558	92,711	86,232	718,320
9		网络销售	7,753	26,795	16,665	26,466	61,068	9,038	19,989	167,775
10		邮购业务	288	6,426	516	7,410	7,157	240	1,303	23,341
11	**国内业务 汇总**		**63,733**	**173,876**	**65,733**	**207,465**	**265,465**	**108,587**	**115,366**	**1,000,226**
12	总计		72,528	182,500	68,792	225,764	276,244	123,033	116,963	1,065,824

图 29-77　创建指定项的组合

29.8.2　数字项组合

对于数据透视表中的数值型字段，Excel 提供了自动组合功能，使用这一功能可以更方便地对数据进行分组。

示例29-7　数字项组合数据透视表字段

如果用户希望将图 29-78 所示的数据透视表的“季度”字段按每两个季度分为一组，请参照以下步骤。

	A	B	C	D	E	F	G	H	I
1	求和项:订单金额			销售途径					
2	销售人员	年份	季度	国际业务	国内市场	送货上门	网络销售	邮购业务	总计
3	周萍	2015	1			10,063	16,288		26,351
4			2			29,437			29,437
5		2016	1		408	17,478			17,886
6			2		6,530	6,764	2,632		15,926
7			3		920	25,059	6,416		32,395
8			4		1,335	26,850	1,459		29,644
9		2017	3	8,624	269				8,892
10			4		7,148	8,395		6,426	21,969
11	周萍 汇总			8,624	16,610	124,045	26,795	6,426	182,500
12	苏珊	2015	1			8,246	5,074		13,320
13			2			3,861			3,861
14		2016	1			5,583			5,583
15			2		831	12,893	520		14,245
16			3		2,762	1,097	1,623		5,482
17			4			14,980	536		15,516

图 29-78　组合前的数据透视表

步骤① 在数据透视表中的“季度”字段标题或其字段项（如 C3 单元格）上右击，在弹出的快捷菜单中选择【创建组】命令，调出【组合】对话框，如图 29-79 所示。

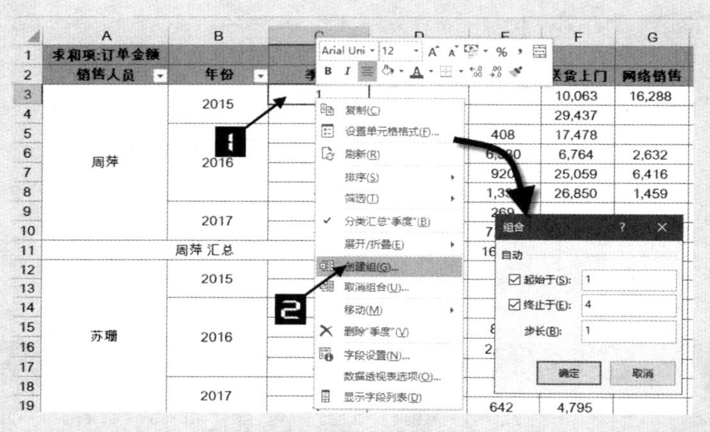

图 29-79　利用【创建组】分组

步骤② 在【组合】对话框中的【步长】文本框中输入“2”，单击【确定】按钮，完成设置，如图 29-80 所示。

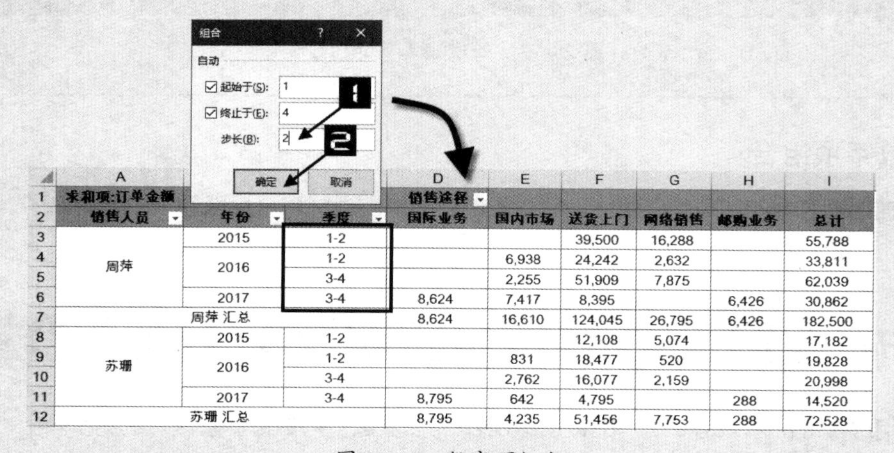

	A	B	C	D	E	F	G	H	I
1	求和项:订单金额			销售途径					
2	销售人员	年份	季度	国际业务	国内市场	送货上门	网络销售	邮购业务	总计
3	周萍	2015	1-2			39,500	16,288		55,788
4		2016	1-2		6,938	24,242	2,632		33,811
5			3-4		2,255	51,909	7,875		62,039
6		2017	3-4	8,624	7,417	8,395		6,426	30,862
7	周萍 汇总			8,624	16,610	124,045	26,795	6,426	182,500
8	苏珊	2015	1-2			12,108	5,074		17,182
9		2016	1-2		831	18,477	520		19,828
10			3-4		2,762	16,077	2,159		20,998
11		2017	3-4	8,795	642	4,795		288	14,520
12	苏珊 汇总			8,795	4,235	51,456	7,753	288	72,528

图 29-80　数字项组合

29.8.3 按日期或时间项组合

对于日期型数据，数据透视表提供了更多的组合选项，可以按秒、分、小时、日、月、季度、年等多种时间单位进行组合。

示例29-8 按日期或时间项组合数据透视表

如图 29-81 所示的数据透视表显示了按订单日期统计的报表，如果对日期项进行分组，可以使表格变得更有意义，请参照以下步骤。

	A	B	C	D	E	F	G	H	I
1	求和项:订单金额	销售人员							
2	订单日期	周莽	苏珊	张林波	张珊	唐彬	万春艳	吴爽	总计
3	2015-1-1		1,830						1,830
4	2015-1-2		315					2,943	3,258
5	2015-1-5	1,469				1,993	420		3,882
6	2015-1-6							1,193	1,193
7	2015-1-7		2,278				140		2,418
8	2015-1-8			852		191			1,043
9	2015-1-9	602							602
10	2015-1-12				1,693		833		2,526

图 29-81 日期按原始项目排列的数据透视表

步骤① 单击数据透视表“订单日期”字段标题或其字段项（如 A3 单元格），在【数据透视表工具】的【分析】选项卡中单击【分组选择】按钮，弹出【组合】对话框，如图 29-82 所示。

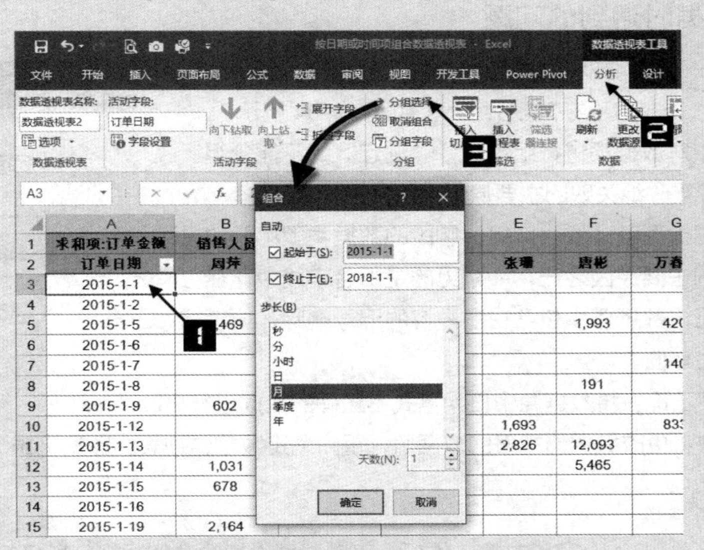

图 29-82 创建组

步骤② 在【组合】对话框中，保持起始和终止日期的默认设置，单击【步长】列表框中的“年”，使列表框中同时选择【月】和【年】选项，单击【确定】按钮完成设置，如图 29-83 所示。

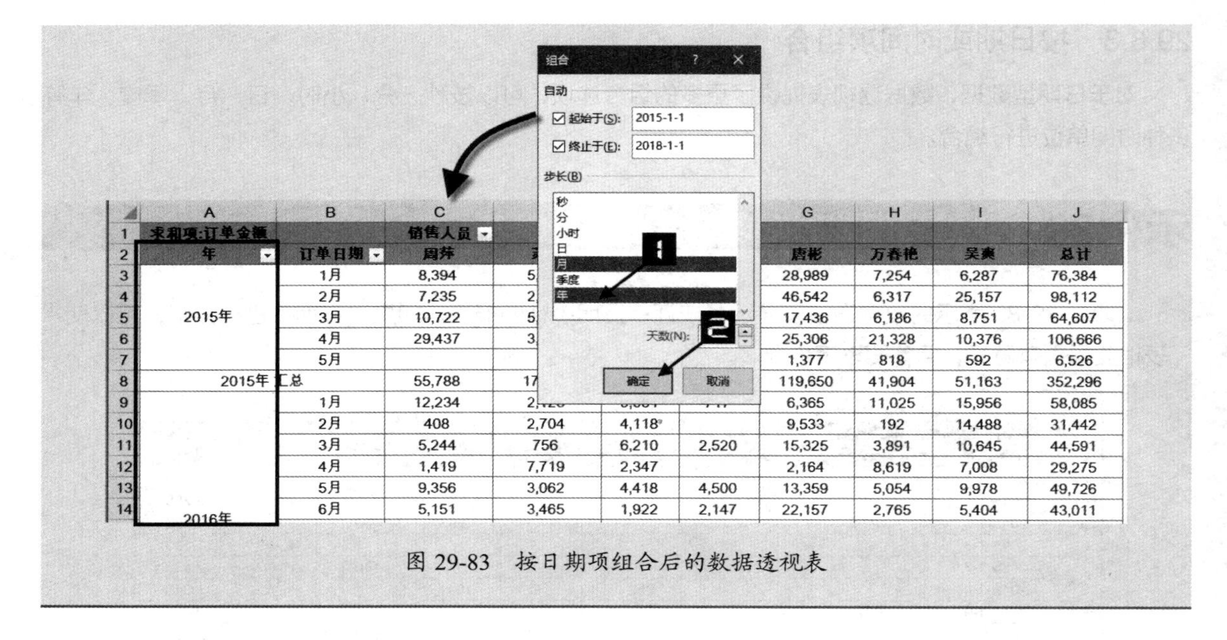

图 29-83　按日期项组合后的数据透视表

29.8.4　取消项目组合

如果用户不再需要已经创建好的某个组合，可以在这个组合字段上右击，在弹出的快捷菜单中选择【取消组合】命令，即可删除组合，将字段恢复到组合前的状态。

29.8.5　组合数据时遇到的问题

当用户试图对一个日期或字段进行分组时，可能会得到一个错误信息警告，内容为“选定区域不能分组”，如图 29-84 所示。

图 29-84　选定区域不能分组

在数据透视表中对数据项进行组合时，“选定区域不能分组”是最常见的问题，导致分组失败的主要原因及解决方案如下。

❖ 组合字段的数据类型不一致：待组合字段的数据类型不一致是导致分组失败的主要原因之一，最常见的是组合字段中存在空白。解决方法是将数据源中包含空白内容的记录删除，或者将空白内容替换为零值。
❖ 日期数据格式不正确：将数据源中日期格式不正确的数据进行更改。
❖ 数据源引用失效：更改数据透视表的数据源，重新划定数据透视表的数据区域。

扫描左侧二维码，可观看更详细的数据透视表项目组合视频讲解。

29.9　在数据透视表中执行计算

在默认状态下，Excel 数据透视表对数据区域中的数值字段使用求和方式汇总，对非数值字段则使用计数方式汇总。

事实上，除了“求和”和“计数”外，数据透视表还提供了其他多种汇总方式，包括“平均值”“最大值”“最小值”和“乘积”等。

如果要设置汇总方式，可在数据透视表数据区域相应字段的单元格上（如 B5）右击，在弹出的快捷菜单中选择【值字段设置】命令，在弹出的【值字段设置】对话框中选择要采用的汇总方式，最后单击【确定】按钮完成设置，如图 29-85 所示。

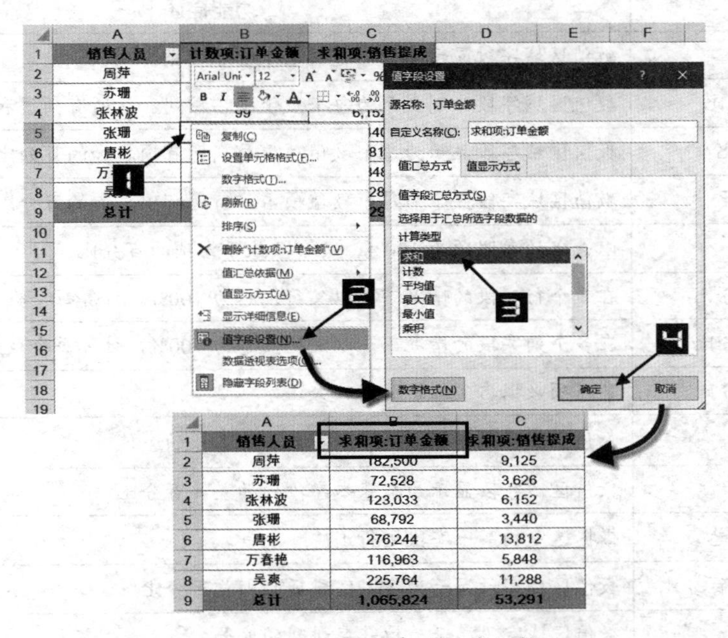

	A	B	C
1	销售人员	求和项:订单金额	求和项:销售提成
2	周萍	182,500	9,125
3	苏珊	72,528	3,626
4	张林波	123,033	6,152
5	张珊	68,792	3,440
6	唐彬	276,244	13,812
7	万春艳	116,963	5,848
8	吴爽	225,764	11,288
9	总计	1,065,824	53,291

图 29-85　设置数据透视表值汇总方式（1）

此外，在弹出的右键快捷菜单中选择【值汇总依据】→选择要采用的汇总方式，也可以快速地对字段进行设置，如图 29-86 所示。

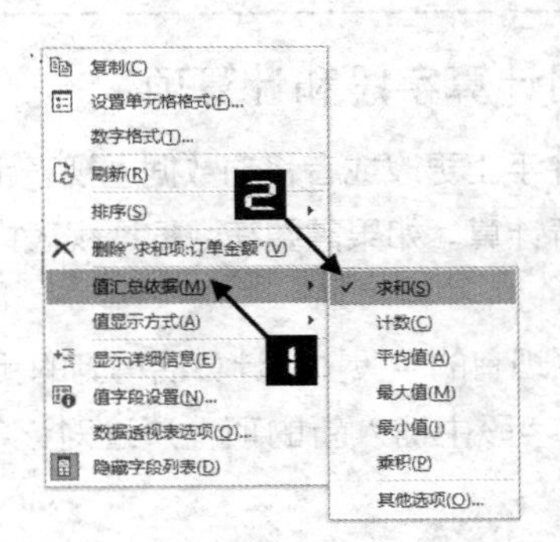

图 29-86　设置数据透视表值汇总方式（2）

29.9.1　对同一字段使用多种汇总方式

用户可以对数值区域中的同一个字段同时使用多种汇总方式。要实现这种效果，只需在【数据透视表字段】窗格中将该字段多次添加到数据透视表的数值区域中，并利用【值字段设置】对话框分别选择不同的汇总方式即可。

29.9.2 自定义数据透视表的数据显示方式

如果【值字段设置】对话框中的汇总方式仍然不能满足需求，Excel 还允许选择更多的值显示方式。利用此功能，可以显示数据透视表的数据区域中每项占同行或同列数据总和的百分比，或显示每个数值占总和的百分比等。

有关数据透视表值显示方式功能描述，如表 29-2 所示。

表 29-2 数据透视表值显示方式功能描述

选项	功能描述
无计算	数值区域字段显示为数据透视表中的原始数据
全部汇总百分比	数值区域字段分别显示为每个数值项占该列和行所有项总和的百分比
列汇总百分比	数值区域字段显示为每个数值项占该列所有项总和的百分比
行汇总百分比	数值区域字段显示为每个数值项占该行所有项总和的百分比
百分比	以选定的参照项为 100%，其余项基于该项的百分比
父行汇总的百分比	在多个行字段的情况下，以父行汇总为 100%，计算每个数值项的百分比
父列汇总的百分比	在多个列字段的情况下，以父列汇总为 100%，计算每个数值项的百分比
父级汇总的百分比	某一项数据占父级总和的百分比
差异	数值区域字段与指定的基本字段和基本项的差值
差异百分比	数值区域字段显示为与基本字段项的差异百分比
按某一字段汇总	根据选定的某一字段进行汇总
按某一字段汇总的百分比	数值区域字段显示为基本字段项的汇总百分比
升序排列	数值区域字段显示为按升序排列的序号
降序排列	数值区域字段显示为按降序排列的序号
指数	使用公式：[(单元格的值)×(总体汇总之和)]/[(行汇总)×(列汇总)]

29.9.3 在数据透视表中使用计算字段和计算项

数据透视表创建完成后，不允许手工更改或者移动数据透视表中的任何区域，也不能在数据透视表中直接插入单元格或者添加公式进行计算。如果需要在数据透视表中执行自定义计算，必须使用“添加计算字段”或“添加计算项”功能。

计算字段是通过对数据透视表中现有的字段执行计算后得到的新字段。

计算项是在数据透视表的现有字段中插入新的项，通过对该字段的其他项执行计算后得到该项的值。

计算字段和计算项可以对数据透视表中的现有数据（包括其他的计算字段和计算项生成的数据）及指定的常数进行运算，但无法引用数据透视表之外的工作表数据。

➲ Ⅰ　创建计算字段

示例29-9　创建销售人员提成计算字段

图 29-87 展示了一张由销售订单数据列表所创建的数据透视表，如果希望根据销售人员业绩计算奖金提成，可以通过添加计算字段的方法来完成，具体操作步骤如下。

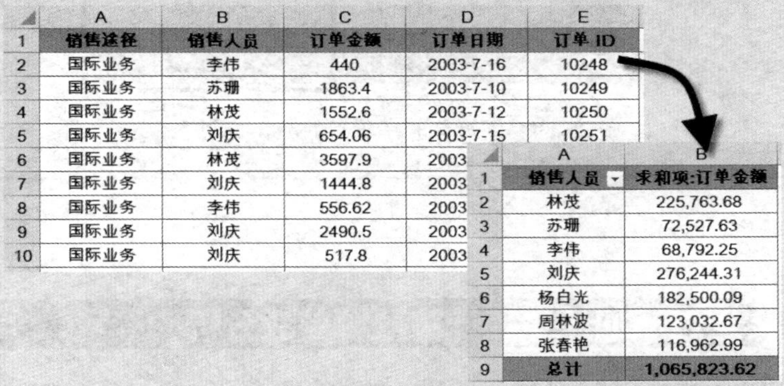

	A	B	C	D	E
1	销售途径	销售人员	订单金额	订单日期	订单 ID
2	国际业务	李伟	440	2003-7-16	10248
3	国际业务	苏珊	1863.4	2003-7-10	10249
4	国际业务	林茂	1552.6	2003-7-12	10250
5	国际业务	刘庆	654.06	2003-7-15	10251
6	国际业务	林茂	3597.9	2003	
7	国际业务	刘庆	1444.8	2003	
8	国际业务	李伟	556.62	2003	
9	国际业务	刘庆	2490.5	2003	
10	国际业务	刘庆	517.8	2003	

	A	B
1	销售人员	求和项:订单金额
2	林茂	225,763.68
3	苏珊	72,527.63
4	李伟	68,792.25
5	刘庆	276,244.31
6	杨白光	182,500.09
7	周林波	123,032.67
8	张春艳	116,962.99
9	总计	1,065,823.62

图 29-87　需要创建计算字段的数据透视表

步骤 1 单击数据透视表列字段下的任意单元格（如 A6），在【数据透视表工具】的【分析】选项卡中依次单击【字段、项目和集】→【计算字段】命令，打开【插入计算字段】对话框。

步骤 2 在【插入计算字段】对话框的【名称】文本框中输入“销售人员提成”，将光标定位到【公式】文本框中，并清除原有的数据“=0”。双击【字段】列表框中的“订单金额”字段，然后输入“*0.02”（销售人员的提成按 2% 计算），得到计算“销售人员提成”的计算公式，单击【添加】按钮，最后单击【确定】按钮关闭对话框，如图 29-88 所示。

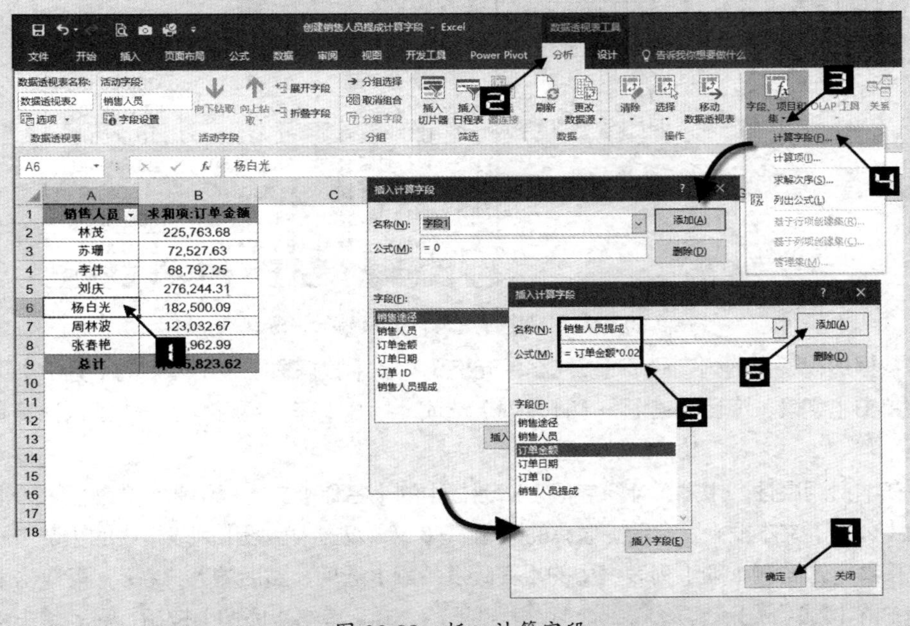

图 29-88　插入计算字段

步骤③ 此时，数据透视表中新增了一个“销售人员提成”字段，如图 29-89 所示。

	A	B	C
1	销售人员	求和项:订单金额	求和项:销售人员提成
2	林茂	225,763.68	4,515.27
3	苏珊	72,527.63	1,450.55
4	李伟	68,792.25	1,375.85
5	刘庆	276,244.31	5,524.89
6	杨白光	182,500.09	3,650.00
7	周林波	123,032.67	2,460.65
8	张春艳	116,962.99	2,339.26
9	总计	1,065,823.62	21,316.47

图 29-89　添加计算字段后的数据透视表

➲ II　添加计算项

示例29-10　通过添加计算项计算预算差额分析

图 29-90 展示了一张由费用预算额与实际发生额明细表创建的数据透视表，在这张数据透视表的数值区域中，只包含“实际发生额”和“预算额”字段。如果希望得到各个科目费用的“实际发生额”与“预算额”之间的差异，可以通过添加计算项的方法来完成。

	A	B	C	D
1	费用属性	月份	科目名称	金额
2	预算额	01月	办公用品	500.00
3	预算额	01月	出差费	20,000.00
4	预算额	01月	过桥过路费	1,000.00
5	预算额	01月	交通工具消耗	[illegible]
6	预算额	01月	手机电话	
7	预算额	02月	办公用品	
8	预算额	02月	出差费	
9	预算额	02月	过桥过路	
10	预算额	02月	交通工具消	

	A	B	C
1	求和项:金额	列标签	
2	行标签	实际发生额	预算额
3	办公用品	27,332.40	26,600.00
4	出差费	577,967.80	565,000.00
5	固定电话费	10,472.28	10,000.00
6	过桥过路费	35,912.50	29,500.00
7	计算机耗材	3,830.37	4,300.00
8	交通工具消耗	61,133.44	55,000.00
9	手机电话费	66,294.02	60,000.00
10	总计	782,942.81	750,400.00

图 29-90　需要创建自定义计算项的数据透视表

步骤① 单击数据透视表中的列字段项（如 C2 单元格），在【数据透视表工具】的【分析】选项卡中依次单击【字段、项目和集】→【计算项】选项，打开【在“费用属性”中插入计算字段】对话框。

步骤② 在【在“费用属性”中插入计算字段】对话框中的【名称】文本框中输入“差额”，把光标定位到【公式】文本框中，并清除原有的数据“=0”，双击【字段】列表框中的【费用属性】选项，接着双击右侧【项】列表框中的【实际发生额】选项，然后输入“–”，再双击【项】列表框中的【预算额】选项，得到计算“差额”的公式，单击【添加】按钮，最后单击【确定】

按钮关闭对话框，如图 29-91 所示。

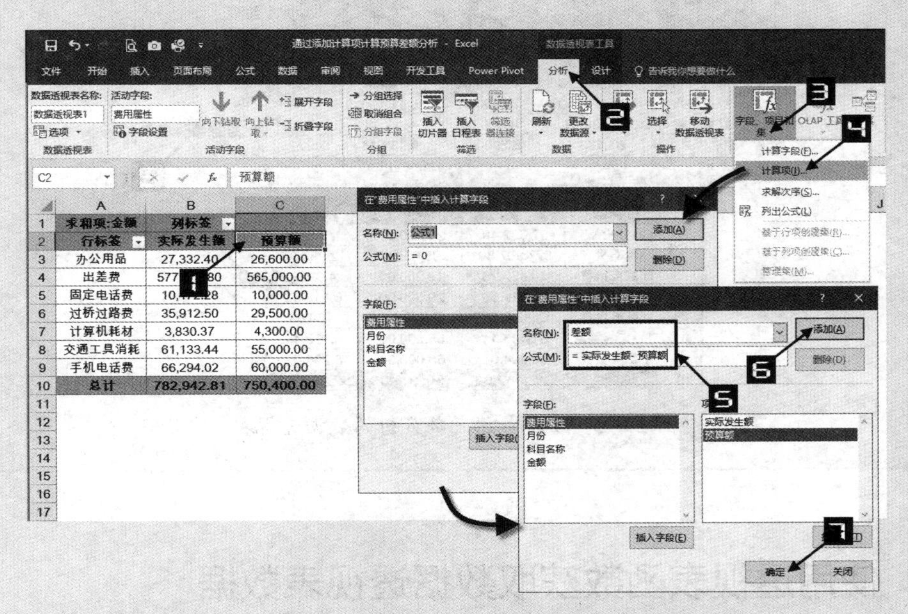

图 29-91 添加“差额”计算项

注意

事实上，此处用于设置“计算项”的对话框名称并不是【在某字段中插入计算项】，而是【在某字段中插入计算字段】，这是Excel简体中文版中的一个bug。

步骤③ 此时，数据透视表的列字段区域中已经插入了一个新的项目“差额”，其数值就是“实际发生额”项的数据与“预算额”项的数据的差值，如图 29-92 所示。

	A	B	C	D	E
1	求和项:金额	列标签			
2	行标签	实际发生额	预算额	差额	总计
3	办公用品	27,332.40	26,600.00	732.40	54,664.80
4	出差费	577,967.80	565,000.00	12,967.80	1,155,935.60
5	固定电话费	10,472.28	10,000.00	472.28	20,944.56
6	过桥过路费	35,912.50	29,500.00	6,412.50	71,825.00
7	计算机耗材	3,830.37	4,300.00	-469.63	7,660.74
8	交通工具消耗	61,133.44	55,000.00	6,133.44	122,266.88
9	手机电话费	66,294.02	60,000.00	6,294.02	132,588.04
10	总计	782,942.81	750,400.00	32,542.81	1,565,885.62

图 29-92 添加“差额”计算项后的数据透视表

由于数据透视表中的行“总计”将汇总所有的行项目，包括新添加的“差额”项，因此其结果不再具有实际意义。可通过设置去掉“总计”列。

步骤④ 在数据透视表的“总计”列上右击，在弹出的快捷菜单中选择【删除总计】命令，完成后的数据透视表如图 29-93 所示。

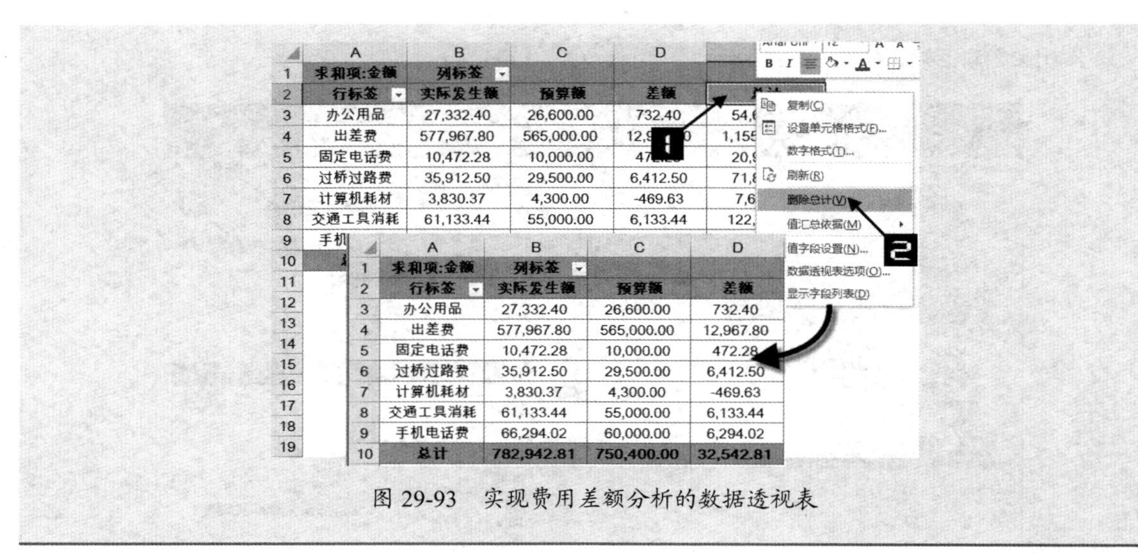

	A	B	C	D
1	求和项:金额	列标签		
2	行标签	实际发生额	预算额	差额
3	办公用品	27,332.40	26,600.00	732.40
4	出差费	577,967.80	565,000.00	12,967.80
5	固定电话费	10,472.28	10,000.00	472.28
6	过桥过路费	35,912.50	29,500.00	6,412.50
7	计算机耗材	3,830.37	4,300.00	-469.63
8	交通工具消耗	61,133.44	55,000.00	6,133.44
9	手机电话费	66,294.02	60,000.00	6,294.02
10	总计	782,942.81	750,400.00	32,542.81

图 29-93　实现费用差额分析的数据透视表

29.10　使用透视表函数获取数据透视表数据

Excel 提供了 GETPIVOTDATA 函数来返回存储在数据透视表中的数据。如果数据透视表中的汇总数据可见，则可以使用 GETPIVOTDATA 函数从中检索相关数据。

GETPIVOTDATA 函数的语法如下。

```
GETPIVOTDATA(data_field, pivot_table, [field1, item1, field2, item2]...)
```

其中参数 data_field 表示包含要检索数据的字段名称，其格式必须是以成对双引号输入的文本字符串。

参数 pivot_table 表示在数据透视表中对任何单元格引用，该信息用于决定哪个数据透视表包含要检索的数据。

参数 field1，item1，field2，item2 可以为单元格引用和常量文本字符串，主要用于描述检索数据的“字段名称”和“项名称”。

如果参数为数据透视表中“不可见”或“不存在”的字段，则GETPIVOTDATA 函数将返回 #REF!错误。

示例29-11　使用GETPIVOTDATA函数从数据透视表中检索相关数据

图 29-94 是一个销售数据汇总透视表，反映的是 3 个城市 2017 年 10 月两天的分品种的销售金额和销售量汇总情况。

	A	B	C	D	E
1	销售门店	品种	日期	求和项:数量	求和项:金额
2	苍南店	新中式服装	2017-10-2	900	4,905
3		连衣裙	2017-10-1	3600	22,608
4			2017-10-2	2400	15,072
5		套服	2017-10-1	900	5,976
6			2017-10-2	700	4,648
7		绣花旗袍	2017-10-1	600	3,558
8			2017-10-2	100	593
9	苍南店 汇总			9200	57,360
10	黄章店	新中式服装	2017-10-1	4800	26,160
11			2017-10-2	2700	14,715
12		连衣裙	2017-10-1	8200	51,496
13			2017-10-2	4300	27,004
14		套服	2017-10-1	1000	6,640
15			2017-10-2	500	3,320
16	黄章店 汇总			21500	129,335
17	龙湾店	新中式服装	2017-10-1	2600	14,170
18			2017-10-2	2500	13,625
19		连衣裙	2017-10-1	2800	17,584
20			2017-10-2	1800	11,304
21		绣花旗袍	2017-10-1	500	2,965
22			2017-10-2	300	1,779
23	龙湾店 汇总			10500	61,427
24	总计			41200	248,122

G	H
1、销售总量	41,200
2、黄章店销售金额	129,335
3、龙湾店2017年10月2日连衣裙的销售量	1,800
4、连衣裙的销售总金额	#REF!

图 29-94　使用透视表函数获取数据透视表中的数据并计算

用户可以根据需要，从数据透视表中获取相关信息。

（1）要获取销售总量的数据 41200，则在 H2 单元格中输入如下公式。

```
=GETPIVOTDATA("求和项：数量",$A$1)
```

如果仅指定检索字段 data_field，GETPIVOTDATA 函数将直接返回该字段的汇总数。

（2）要获取黄章店销售金额的数据 129 335，则在 H3 单元格中输入如下公式。

```
=GETPIVOTDATA("求和项：金额",$A$1,"销售门店","黄章店")
```

该公式返回“销售门店”字段中项目为“黄章店”的金额汇总数。

（3）要获取龙湾店 2017 年 10 月 2 日连衣裙的销售量 1800，则在 H4 单元格输入如下公式。

```
=GETPIVOTDATA("求和项：数量",$A$1,"品种","连衣裙","销售门店","龙湾店","日期",DATE(2017,10,2))
```

注意

日期数据除了用DATE函数计算得到外，还可以用“2017-10-2”的格式输入，但必须与数据透视表中的日期格式相一致。

（4）要获取连衣裙的销售总金额，在 H6 单元格中输入如下公式。

```
=GETPIVOTDATA("求和项：金额",$A$1,"品种","连衣裙")
```

因为数据透视表中并无连衣裙的销售总金额汇总数据，所以此公式会返回 #REF! 错误。

29.11　创建动态的数据透视表

用户创建数据透视表后，如果数据源增加了新的行或列，即使刷新数据透视表，新增的数据仍无法出现在数据透视表中。为了避免这种情况的发生，可以为数据源定义名称或使用数据列表功能来获得动态的数据源，从而创建动态的数据透视表。

29.11.1 定义名称法创建动态的数据透视表

示例29-12 定义名称法创建动态的数据透视表

在图 29-95 所示的销售明细表中定义名称。

	A	B	C	D	E	F	G	H
1	销售地区	销售人员	品名	数量	单价￥	销售金额￥	销售年份	销售季度
2	北京	苏珊	按摩椅	13	800	10400	2017-3-6	2
3	北京	苏珊	显示器	98	1500	147000	2017-3-6	3
4	北京	苏珊	显示器	49	1500	73500	2017-3-6	4
5	北京	苏珊	显示器	76	1500	114000	2017-3-6	1
6	北京	苏珊	显示器	33	1500	49500	2017-3-6	2
7	北京	苏珊	液晶电视	53	5000	265000	2017-3-6	3
8	北京	苏珊	液晶电视	47	5000	235000	2017-3-6	4
9	北京	苏珊	液晶电视	1	5000	5000	2017-3-6	1
10	北京	白露	液晶电视	43	5000	215000	2017-3-6	2

图 29-95 销售明细表

```
data=OFFSET(销售明细表!$A$1,0,0,COUNTA(销售明细表!$A:$A),COUNTA(销售明细表!$1:$1))
```

有关定义名称的更多内容请参阅第 11 章。

将定义的名称范围应用于数据透视表的步骤如下。

步骤① 单击“销售明细表”中任意一个有效的数据单元格（如 A5），在【插入】选项卡下单击【数据透视表】按钮，弹出【创建数据透视表】对话框，在【创建数据透视表】对话框中【表/区域】文本框中输入已经定义好的动态名称 data，单击【确定】按钮完成区域指定，如图 29-96 所示。

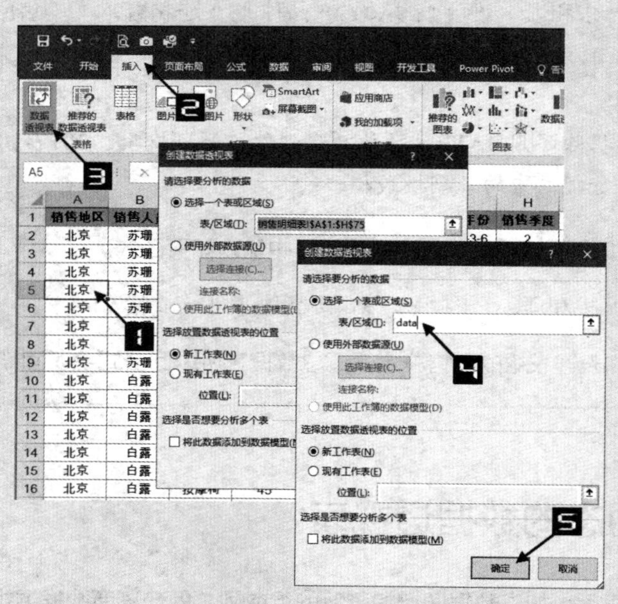

图 29-96 将定义的名称用于数据透视表

步骤② 向数据透视表中添加字段，完成布局设置。

现在，用户可以向作为数据源的销售明细表中添加一些新记录，如新增一条“销售地区”为“天津”，“销售人员”为“杨彬”的记录，在数据透视表中右击，在弹出的快捷菜单中选择【刷新】命令，即可看到新增的数据，如图 29-97 所示。

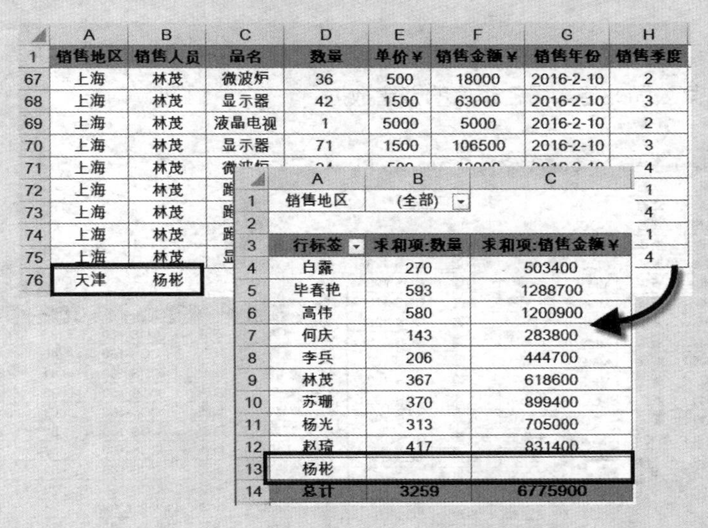

	A	B	C	D	E	F	G	H
1	销售地区	销售人员	品名	数量	单价￥	销售金额￥	销售年份	销售季度
67	上海	林茂	微波炉	36	500	18000	2016-2-10	2
68	上海	林茂	显示器	42	1500	63000	2016-2-10	3
69	上海	林茂	液晶电视	1	5000	5000	2016-2-10	2
70	上海	林茂	显示器	71	1500	106500	2016-2-10	3
71	上海	林茂						4
72	上海	林茂						1
73	上海	林茂						4
74	上海	林茂						1
75	上海	林茂						4
76	天津	杨彬						

	A	B	C
1	销售地区	(全部)	
2			
3	行标签	求和项:数量	求和项:销售金额￥
4	白露	270	503400
5	毕春艳	593	1288700
6	高伟	580	1200900
7	何庆	143	283800
8	李兵	206	444700
9	林茂	367	618600
10	苏珊	370	899400
11	杨光	313	705000
12	赵琦	417	831400
13	杨彬		
14	总计	3259	6775900

图 29-97 动态数据透视表自动增添新数据

注意

由于在数据源“销售明细表”中添加的新记录只有销售地区和销售人员的数据，而没有相应地增加销售年份、销售季度、品名及数量、金额数据，因此数据透视表中销售年份等字段会显示为“（空白）”。

29.11.2 使用“表格”功能创建动态的数据透视表

利用表格的自动扩展特性也可以创建动态的数据透视表。有关“表格”功能的详细信息可以参阅 27.11 节。使用外部数据源创建的数据透视表，也都具有动态特性。

29.12 利用多种形式的数据源创建数据透视表

本节将讲述如何同时使用多个 Excel 数据列表作为数据源，以及如何使用外部数据源创建数据透视表。

29.12.1 创建复合范围的数据透视表

用户可以使用来自同一工作簿的不同工作表或不同工作簿中的数据来创建数据透视表，前提是它们的结构完全相同。在创建好的数据透视表中，每个源数据区域均显示为页字段的一项。通过页字段上的下拉列表，用户可以查看各个源数据区域及对各数据区域合并计算后的汇总表格。

示例29-13 创建单页字段的数据透视表

图 29-98 展示了同一个工作簿中的 3 张数据列表，分别位于“1 季度”“2 季度”和“3 季度”工作表中，记录了某公司业务人员各季度的销售数据。

1季度

	A	B	C	D	E
1	业务员	销售地区	产品名称	销售数量	销售金额
2	张勇	江西	CCS-192	24	86400
3	秦勇	江西	CCS-192	4	14400
4	凌勇刚	江西	CC		
5	杜忠	浙江	CC		
6	侯启龙	浙江	CC		
7	廉欢	浙江	MMS		
8	丁涛	浙江	MMS		
9	徐晓明	浙江	MMS		
10	李新	浙江	MMS		
11	朱体高	浙江	MMS		
12	王双	浙江	MMS		
13	王志为	浙江	CC		
14	薛滨峰	浙江	CC		
15	高连兴	黑龙江	MM		

2季度

	A	B	C	D	E
1	业务员	销售地区	产品名称	销售数量	销售金额
2	张勇	新疆	CCS-128	46	128800
3	秦勇	新疆	CCS-128	86	240800
4	凌勇刚	新疆	CCS-128		
5	杜忠	新疆	CCS-128		
6	侯启龙	新疆	CCS-128		
7	廉欢	天津	CCS-192		
8	丁涛	天津	CCS-192		
9	徐晓明	天津	CCS-192		
10	李新	天津	CCS-192		
11	朱体高	天津	CCS-192		
12	王双	四川	CCS-192		
13	王志为	四川	CCS-192		
14	薛滨峰	四川	CCS-192		
15	高连兴	四川	CCS-192		

3季度

	A	B	C	D	E
1	业务员	销售地区	产品名称	销售数量	销售金额
2	张勇	江西	CCS-160	33	89100
3	秦勇	江西	CCS-160	46	124200
4	凌勇刚	江西	CCS-160	41	110700
5	杜忠	江西	CCS-160	35	94500
6	侯启龙	新疆	CCS-160	63	170100
7	廉欢	新疆	CCS-160	88	237600
8	丁涛	新疆	CCS-160	37	99900
9	徐晓明	新疆	CCS-160	52	140400
10	李新	新疆	CCS-160	20	54000
11	朱体高	内蒙	MMS-120A4	71	149100
12	王双	内蒙	MMS-120A4	34	71400
13	王志为	内蒙	MMS-120A4	96	201600
14	薛滨峰	四川	MMS-120A4	52	109200
15	高连兴	四川	MMS-120A4	87	182700

汇总 1季度 2季度 3季度

图 29-98　可以进行合并计算的同一工作簿中的 3 个工作表

要对图 29-28 所示的“1 季度”“2 季度”和“3 季度”3 个数据列表进行合并计算并生成数据透视表，可以参照以下步骤。

步骤① 依次按下 <Alt> 键、<D> 键和 <P> 键，调出【数据透视表和数据透视图向导 -- 步骤 1（共 3 步）】对话框，选中【多重合并计算数据区域】单选按钮，单击【下一步】按钮，调出【数据透视表和数据透视图向导 -- 步骤 2a（共 3 步）】对话框，选中【创建单页字段】单选按钮，如图 29-99 所示。

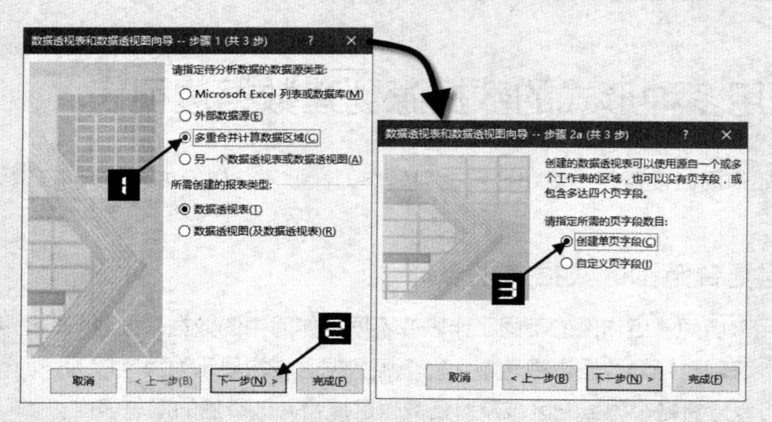

图 29-99　选择多重合并计算数据区域选项

步骤② 在弹出的【数据透视表和数据透视图向导 -- 步骤 2a（共 3 步）】对话框中单击【下一步】按钮，调出【数据透视表和数据透视图向导 -- 第 2b 步，共 3步】对话框，如图 29-100 所示。

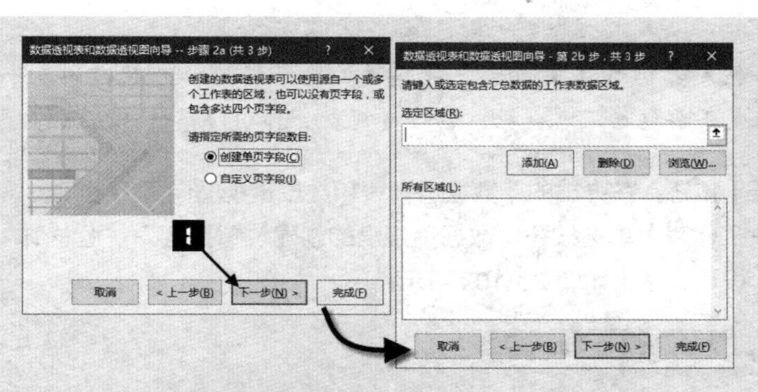

图 29-100　调出【数据透视表和数据透视图向导 -- 第 2b 步，共 3 步】对话框

步骤③ 单击【选定区域】文本框中的折叠按钮，单击工作表标签“1 季度”，然后选定“1 季度”工作表的 A1:E15 单元格区域。再次单击折叠按钮，【选定区域】文本框中出现了待合并的数据区域 '1 季度 '!$A$1:$E$15，单击【添加】按钮完成第一个待合并数据区域的添加，如图 29-101 所示。

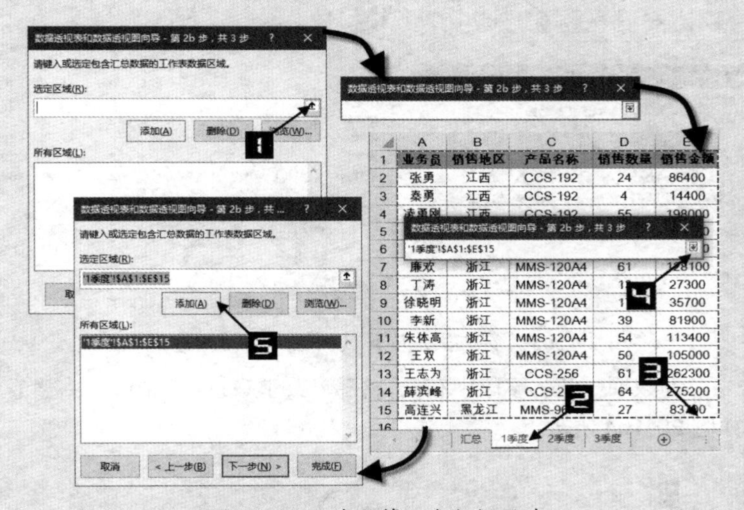

图 29-101　选定第一个数据区域

步骤④ 重复步骤 3 中的操作，将“2 季度”“3 季度”工作表中的数据列表依次添加到【所有区域】列表框中，如图 29-102 所示。

图 29-102　选定数据区域

注意

在指定数据区域进行合并计算时，要包括待合并数据列表中的行标题和列标题，但是不要包括汇总数据，数据透视表会自动计算数据的汇总。

步骤⑤ 单击【下一步】按钮，在弹出的【数据透视表和数据透视图向导 -- 步骤 3（共 3 步）】对话框中选中【现有工作表】单选按钮，数据透视表的创建位置指定为“汇总 !$A$3”单元格，然后单击【完成】按钮，结果如图 29-103 所示。

图 29-103　多重合并计算数据区域的数据透视表

步骤⑥ 在数据透视表“计数项：值”字段上右击，在弹出的快捷菜单中选择【值汇总依据】→【求和】命令，如图 29-104 所示。

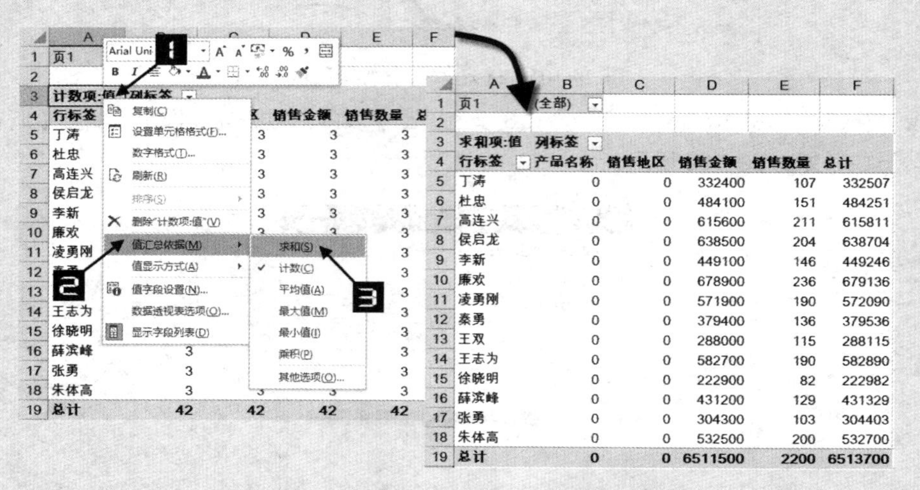

图 29-104　改变数据透视表的值汇总依据

步骤⑦ 单击“列标签”B3 单元格的下拉按钮，取消选中下拉列表中的【产品名称】【销售地区】复选框，然后单击【确定】按钮。

步骤⑧ 删除无意义的行总计后，套用自定义的数据透视表样式，最终完成的数据透视表如图 29-105 所示。

	A	B	C
1	页1	(全部)	
2			
3	求和项:值	列标签	
4	行标签	销售金额	销售数量
5	丁涛	332400	107
6	杜忠	484100	151
7	高连兴	615600	211
8	侯启龙	638500	204
9	李新	449100	146
10	廉欢	678900	236
11	凌勇刚	571900	190
12	秦勇	379400	136
13	王双	288000	115
14	王志为	582700	190
15	徐晓明	222900	82
16	薛滨峰	431200	129
17	张勇	304300	103
18	朱体高	532500	200
19	总计	6511500	2200

图 29-105　删除无意义行后的“总计”

现在页字段的显示项为“(全部)”，显示了工作簿中所有季度工作表的销售数据汇总；如果在页字段中选择其他选项，则可单独地显示各个季度工作表的销售数据。

➲ II　创建自定义页字段的数据透视表

所谓创建“自定义”的页字段，是事先为待合并的多重数据源命名，在将来创建好的数据透视表页字段的下拉列表中将会出现用户已经命名的选项。

示例29-14　创建自定义页字段的数据透视表

仍以图 29-98 所示的一组同一个工作簿中的三张数据列表为例，创建自定义页字段的数据透视表的方法与创建单页字段数据透视表的方法类似，区别在于在步骤 2 中选中【自定义页字段】单选按钮，如图 29-106 所示。

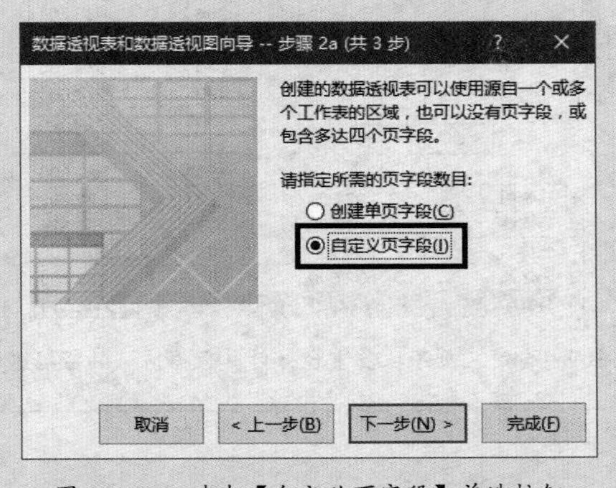

图 29-106　选中【自定义页字段】单选按钮

步骤① 在弹出的【数据透视表和数据透视图向导 -- 第 2b 步，共 3 步】对话框中单击【选定区域】文本框中的折叠按钮，选定工作表“1 季度”的 A1:E15 单元格区域，单击【添加】按钮完成第一个合并区域的添加，选择页字段数目为“1”，在【字段 1】下方的下拉列表框中输入“1 季度”，如图 29-107 所示。

步骤② 重复操作步骤 1，将“2 季度”“3 季度”工作表中的数据区域依次进行添加，分别将其命名为“2 季度”“3 季度”，完成后如图 29-108 所示。

图 29-107 编辑自定义页字段

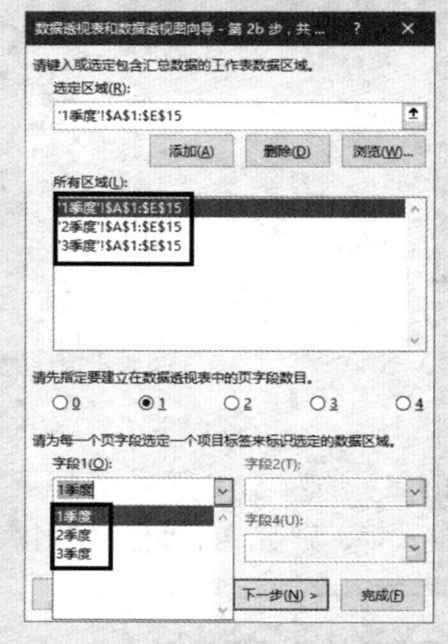

图 29-108 继续编辑自定义页字段

步骤③ 单击【下一步】按钮，在弹出的【数据透视表和数据透视图向导 -- 步骤 3（共 3 步）】对话框中指定数据透视表的创建位置“汇总 !$A$3”，然后单击【完成】按钮，创建完成的数据透视表的页字段选项中出现了自定义的名称“1 季度”“2 季度”“3 季度”，如图 29-109 所示。

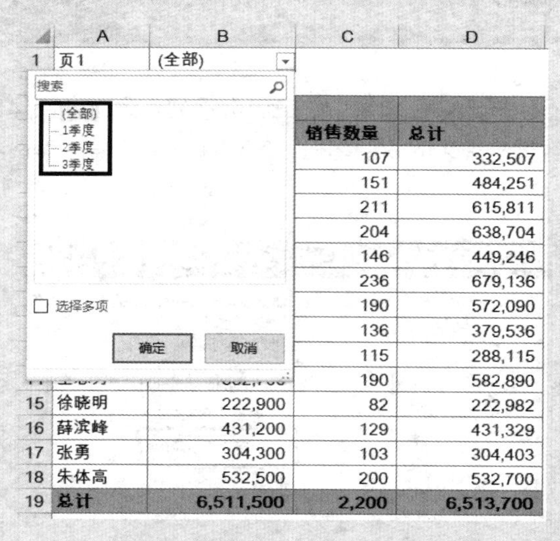

图 29-109 自定义页字段多重合并计算数据区域的数据透视表

➲ III　创建多重合并计算数据区域数据透视表行字段的限制

在创建多重合并计算数据区域的数据透视表时，Excel 会以各个待合并数据列表的第一列数据作为合并基准。即使子表需要合并的数据列有多个，创建后的数据透视表也只会选择第一列作为行字段，其他列则作为列字段显示。

29.12.2　利用外部数据源创建数据透视表

➲ I　通过编辑 OLE DB 查询创建数据透视表

OLE DB 的全称为 Object Linking and Embedding Database。其中，“Object Linking and Embedding”是指对象连接与嵌入，“Database”是指数据库。简单地说，OLE DB 是一种技术标准，目的是提供一种统一的数据访问接口。

运用“编辑 OLE DB 查询”技术，可以将不同工作表，甚至不同工作簿中的多个数据列表进行合并汇总生成动态的数据透视表，该方法可以避免创建多重合并计算数据区域数据透视表只能选择第一列作为行字段的限制。

➲ II　Microsoft Query 做数据查询创建透视表

“Microsoft Query”是由 Microsoft Office 提供的一个查询工具。它使用 SQL 语言生成查询语句，并将这些语句传递给数据源，从而可以更精准地将外部数据源中匹配条件的数据导入 Excel 中。实际上，Microsoft Query 承担了外部数据源与 Excel 之间的纽带作用，使数据共享变得更容易。

➲ III　使用文本文件创建数据透视表

许多企业管理软件或业务系统所创建的数据文件类型通常为 *.TXT 或 *.CSV 格式，如果希望对这些数据创建数据透视表进行分析，常规方法是先将它们导入 Excel 中，然后再创建数据透视表。事实上，Excel 数据透视表完全支持文本文件作为可动态更新的外部数据源。

➲ IV　使用 Microsoft Access 数据创建数据透视表

作为 Microsoft Office 组件之一的 Microsoft Access 是一种桌面级的关系型数据库管理系统。Access 数据库可以直接作为外部数据源在 Excel 中创建数据透视表。

➲ V　在数据透视表中操作 OLAP

OLAP 英文全称为 On-Line Analysis Processing，其中文名称为联机分析处理。使用 OLAP 数据库的目的是提高检索数据的速度。因为在创建或更改报表时，OLAP 服务器（而不是 Microsoft Excel）将计算汇总值，这样就只需要将较少数据传送到 Microsoft Excel 中。OLAP 数据库按照明细数据级别（也就是维的层次）组织数据，采用这种分层的组织方法使得数据透视表和数据透视图更加容易显示较高级别的汇总数据。

在【数据】选项卡中单击【自其他来源】→【来自 Analysis Services】选项，弹出【数据连接向导】对话框，在【服务器名称】编辑框中输入服务器的 IP 地址，选中【使用下列用户名和密码】单选按钮，在【用户名】和【密码】编辑框中输入相应的用户名和密码，单击【下一步】按钮连接到 OLAP 数据库，如图 29-110 所示。

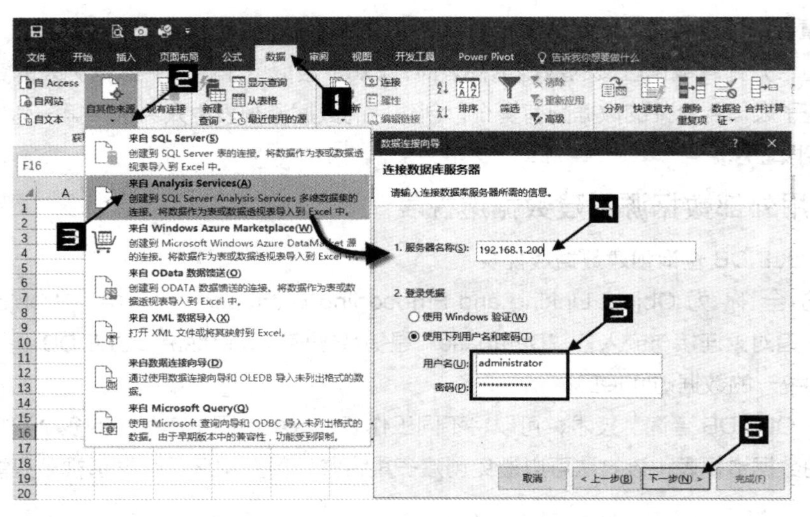

图 29-110　连接 OLAP 数据库

OLAP 数据库一般由数据库管理员创建并维护，服务器在安装 SQL Server 后还需安装 Analysis Service 服务选项，否则无法与服务器进行连接。

连接数据库后，选择多维数据源即可创建数据透视表，使用 OLAP 多维数据集数据创建的【数据透视表字段列表】，如图 29-111 所示。

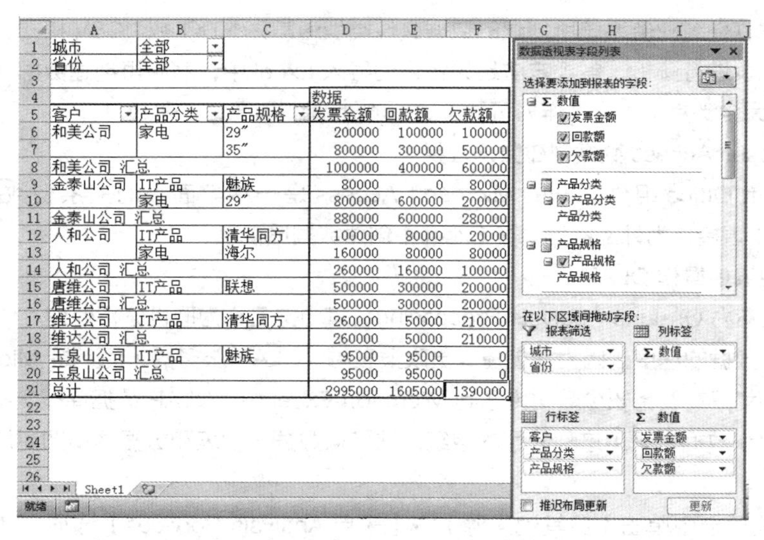

城市	全部				
省份	全部				
			数据		
客户	产品分类	产品规格	发票金额	回款额	欠款额
和美公司	家电	29″	200000	100000	100000
		35″	800000	300000	500000
和美公司 汇总			1000000	400000	600000
金泰山公司	IT产品	魅族	80000	0	80000
	家电	29″	800000	600000	200000
金泰山公司 汇总			880000	600000	280000
人和公司	IT产品	清华同方	100000	80000	20000
	家电	海尔	160000	80000	80000
人和公司 汇总			260000	160000	100000
唐维公司	IT产品	联想	500000	300000	200000
唐维公司 汇总			500000	300000	200000
维达公司	IT产品	清华同方	260000	50000	210000
维达公司 汇总			260000	50000	210000
玉泉山公司	IT产品	魅族	95000	95000	0
玉泉山公司 汇总			95000	95000	0
总计			2995000	1605000	1390000

图 29-111　使用 OLAP 多维数据集数据创建的数据透视表

使用OLAP多维数据集数据创建数据透视表时，在数据透视表字段列表框中，字段有两种不同的标识。▤代表OLAP多维数据集中的“维”，该类字段只能被拖到数据透视表的行、列标签区域或者报表筛选字段区域。“∑数值”代表OLAP多维数据集中的“度量”，该类字段只能被拖到数据透视表的数值区域。

29.13　利用 Excel 数据模型进行多表分析

"Excel 数据模型"可以使用户在创建数据透视表过程中进行多表关联并获取强大的分析功能。

示例29-15　利用Excel数据模型创建多表关联的数据透视表

图 29-112 展示了某公司一定时期内的"成本数据"和"产品信息"数据列表，如果希望在"成本数据"表中引入"产品信息"表中的相关数据信息，请参阅以下步骤。

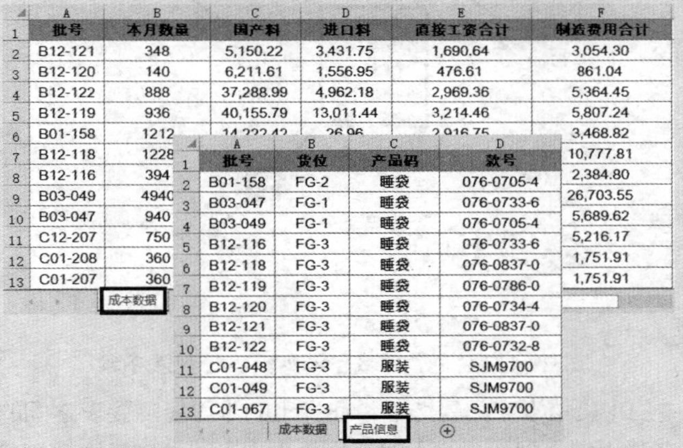

批号	本月数量	国产料	进口料	直接工资合计	制造费用合计
B12-121	348	5,150.22	3,431.75	1,690.64	3,054.30
B12-120	140	6,211.61	1,556.95	476.61	861.04
B12-122	888	37,288.99	4,962.18	2,969.36	5,364.45
B12-119	936	40,155.79	13,011.44	3,214.46	5,807.24
B01-158	1212	14,222.42	26.96	2,916.75	3,468.82
B12-118	1228				10,777.81
B12-116	394				2,384.80
B03-049	4940				26,703.55
B03-047	940				5,689.62
C12-207	750				5,216.17
C01-208	360				1,751.91
C01-207	360				1,751.91

成本数据

批号	货位	产品码	款号
B01-158	FG-2	睡袋	076-0705-4
B03-047	FG-1	睡袋	076-0733-6
B03-049	FG-1	睡袋	076-0705-4
B12-116	FG-3	睡袋	076-0733-6
B12-118	FG-3	睡袋	076-0837-0
B12-119	FG-3	睡袋	076-0786-0
B12-120	FG-3	睡袋	076-0734-4
B12-121	FG-3	睡袋	076-0837-0
B12-122	FG-3	睡袋	076-0732-8
C01-048	FG-3	服装	SJM9700
C01-049	FG-3	服装	SJM9700
C01-067	FG-3	服装	SJM9700

成本数据　产品信息

图 29-112　数据列表

步骤① 选中"成本数据"表中的任意一个单元格（如 A3），在【插入】选项卡中单击【数据透视表】按钮，在弹出的【创建数据透视表】对话框中选中【将此数据添加到数据模型】复选框，最后单击【确定】按钮，在新创建的【数据透视表字段】窗格中出现了数据模型"区域"，如图 29-113 所示。

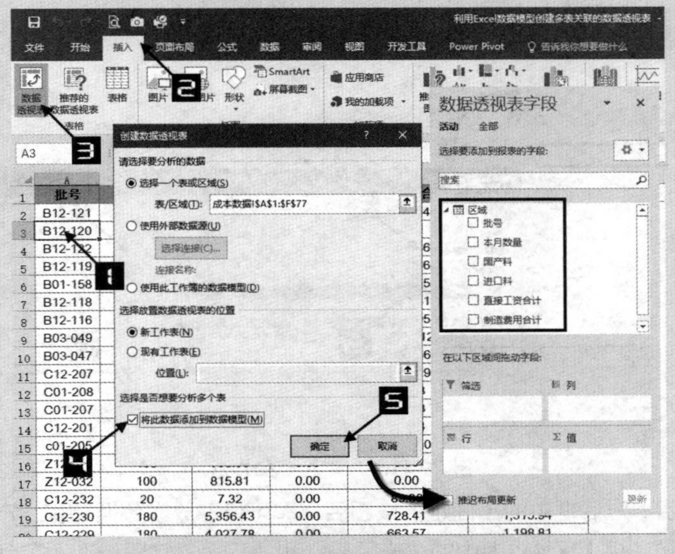

图 29-113　将数据添加到数据模型"区域"

步骤② 重复操作步骤 1，将“产品信息”表也添加到数据模型中，成为“区域 1”。

步骤③ 在【数据透视表字段】窗格中选择【全部】选项卡，单击【区域】按钮，分别选中【本月数量】【国产料【进口料】【直接工资合计】【制造费用合计】字段复选框，将数据添加进【∑值】选项区域，将【批号】字段移动至【行】选项区域，如图 29-114 所示。

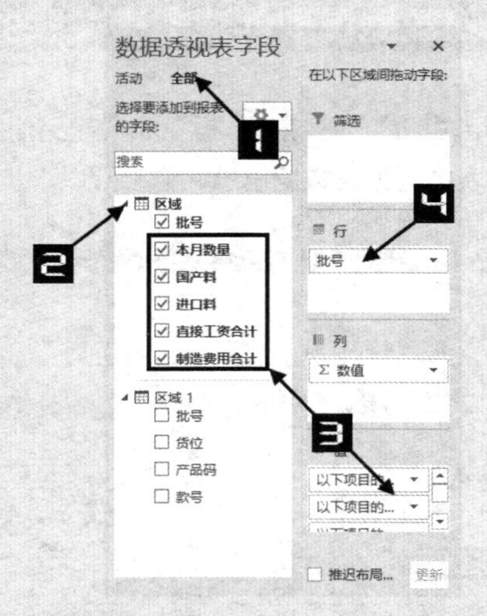

图 29-114 向“区域”添加数据透视表字段

步骤④ 选中【区域 1】中的【货位】字段复选框，在弹出的【可能需要表之间的关系】提示框中单击【创建】按钮，在弹出的【创建关系】对话框中【表】下拉列表中选择【数据模型表：区域】选项，在【列（外来）】下拉列表中选择【批号】选项；【相关表】下拉列表中选择【数据模型表：区域 1】选项，在【相关列（主要）】下拉列表中会自动带出“批号”，如图 29-115 所示。

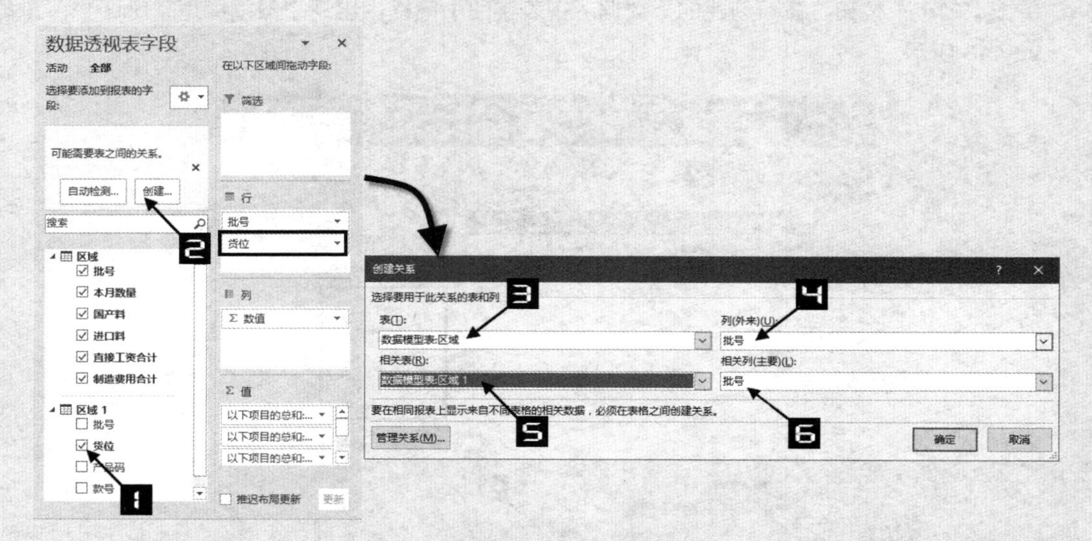

图 29-115 创建多表关系

步骤⑤ 单击【创建关系】对话框中的【确定】按钮后，即可将“成本数据”和“产品信息”在数据透视表中进行关联，将【区域 1】中的“产品码”和“款号”字段依次添加到数据透视表，最终

完成的数据透视表如图 29-116 所示。

	A	B	C	D	E	F	G	H
1	产品码	All						
2								
3	批号	货位	款号	本月数量	国产料	进口料	直接工资合计	制造费用合计
4	B01-158	FG-2	076-0705-4	1,212	14,222	27	2,917	3,469
5	B03-047	FG-1	076-0733-6	940	33,490	7,711	3,149	5,690
6	B03-049	FG-1	076-0705-4	4,940	86,011	47,402	14,781	26,704
7	B12-116	FG-3	076-0733-6	394	16,787	3,286	1,320	2,385
8	B12-118	FG-3	076-0837-0	1,228	18,154	12,110	5,966	10,778
9	B12-119	FG-3	076-0786-0	936	40,156	13,011	3,214	5,807
10	B12-120	FG-3	076-0734-4	140	6,212	1,557	477	861
11	B12-121	FG-3	076-0837-0	348	5,150	3,432	1,691	3,054
12	B12-122	FG-3	076-0732-8	888	37,289	4,962	2,969	5,364
13	C01-048	FG-3	SJM9700	504	3,550	552	484	874

图 29-116　多表关联的数据透视表

此外，如果不选中【将此数据添加到数据模型】复选框，直接创建传统数据透视表后，在【数据透视表字段】窗格中单击【更多表格】按钮，在弹出的【创建新的数据透视表】对话框中单击【是】按钮，也可以将数据添加到数据模型中，如图 29-117 所示。

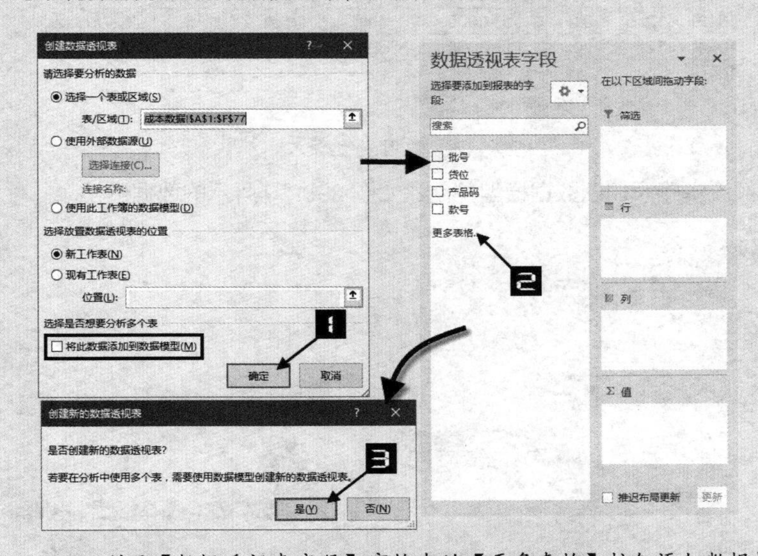

图 29-117　利用【数据透视表字段】窗格中的【更多表格】按钮添加数据模型

扫描右侧的二维码，可观看利用 Excel 数据模型进行多表分析的视频讲解。

29.14　钻取数据透视表数据

将数据列表添加到数据模型创建数据透视表后，用户便可以实现对数据透视表的钻取，从而更加快速地进行不同统计视角的切换，甚至不用拖动数据透视表的字段。

29.14.1 钻取到数据透视表某个字段

示例29-16 通过钻取数据透视表快速进行不同统计视角的切换

图 29-118 展示了某公司一定时期的费用发生额流水账，如果希望通过这张数据列表完成对数据透视表的数据钻取，请参照以下步骤。

	A	B	C	D	E	F
1	月	日	凭证号数	部门	科目划分	发生额
1035	12	20	记-0061	技改办	技术开发费	8,833.00
1036	12	12	记-0039	财务部	公积金	19,134.00
1037	12	27	记-0121	技改办	技术开发费	20,512.82
1038	12	19	记-0057	技改办	技术开发费	21,282.05
1039	12	03	记-0001	技改办	技术开发费	34,188.04
1040	12	20	记-0089	技改办	技术开发费	35,745.00
1041	12	31	记-0144	一车间	设备使用费	42,479.87
1042	12	31	记-0144	一车间	设备使用费	42,479.87
1043	12	04	记-0009	一车间	其他	62,000.00
1044	12	20	记-0068	技改办	技术开发费	81,137.00
1045						

费用发生额流水账

图 29-118 费用发生额流水账

步骤① 将费用发生额流水账添加到数据模型并创建如图 29-119 所示的数据透视表。

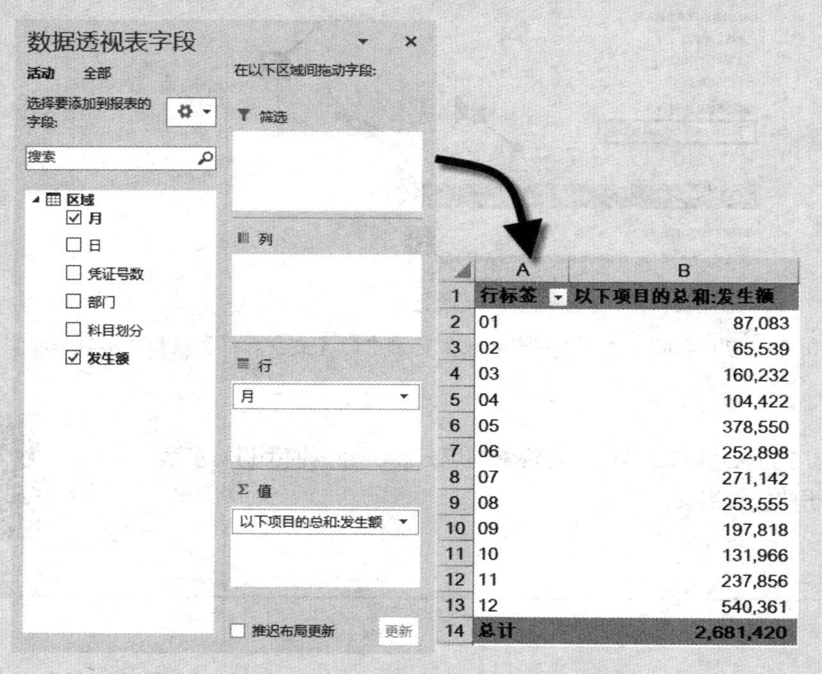

	A	B
1	行标签	以下项目的总和:发生额
2	01	87,083
3	02	65,539
4	03	160,232
5	04	104,422
6	05	378,550
7	06	252,898
8	07	271,142
9	08	253,555
10	09	197,818
11	10	131,966
12	11	237,856
13	12	540,361
14	总计	2,681,420

图 29-119 创建基于数据模型的数据透视表

步骤② 如果用户希望对 6 月各部门的费用发生额进行快速统计，只需在数据透视表中选定“06”字段项，单击【快速浏览】按钮，在弹出的【浏览】对话框中依次单击【部门】→【钻取到部门】选项即可快速切换统计视角，如图 29-120 所示。

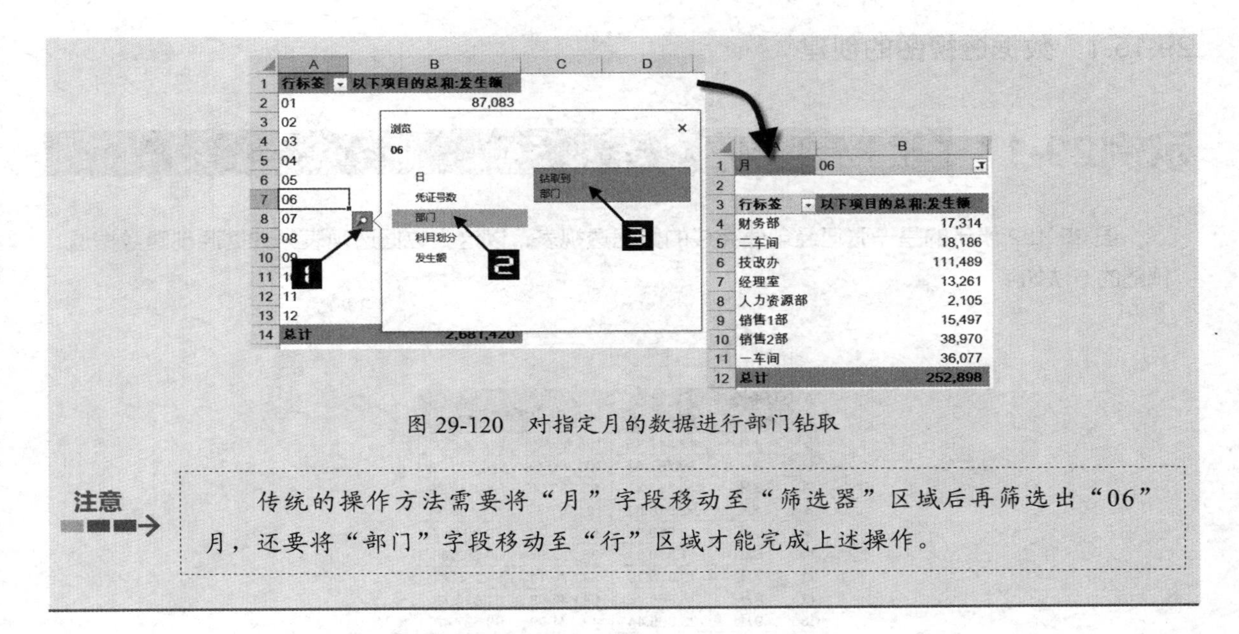

图 29-120　对指定月的数据进行部门钻取

注意

传统的操作方法需要将“月”字段移动至“筛选器”区域后再筛选出“06”月，还要将“部门”字段移动至“行”区域才能完成上述操作。

29.14.2　向下或向上钻取数据透视表

【数据透视表工具】的【分析】选项卡中新增了【向下钻取】和【向上钻取】按钮，可以用来对更加复杂的字段项进行钻取分析，如图 29-121 所示。

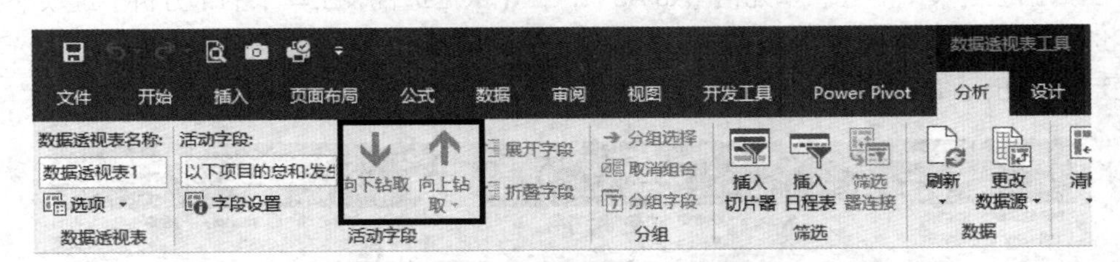

图 29-121　【向下钻取】和【向上钻取】按钮

注意

对于来自Analysis Services或联机分析处理OLAP的多维数据集文件创建的数据透视表，才能进行向下或向上钻取分析，否则【向下钻取】和【向上钻取】按钮呈灰色不可用状态。

29.15　创建数据透视图

数据透视图建立在数据透视表基础之上，以图形方式展示数据，使数据透视表更加生动。从另一个角度说，数据透视图也是 Excel 创建动态图表的主要方法之一。

29.15.1 数据透视图的创建

示例29-17 创建数据透视图

图 29-122 所示的是一张已经创建完成的数据透视表，以这张数据透视表为数据源创建数据透视图的方法如下。

	A	B	C	D
1	销售人员	(全部)		
2				
3	订单金额	列标签		
4	行标签	加拿大	美国	总计
5	1月	42,447.15	105,950.88	148,398.03
6	2月	39,757.67	106,833.58	146,591.25
7	3月	26,763.31	98,280.58	125,043.89
8	4月	52,618.81	121,879.57	174,498.38
9	5月	13,989.30	56,918.27	70,907.57
10	6月	11,860.01	38,222.97	50,082.98
11	7月	18,676.10	39,579.11	58,255.21
12	8月	16,868.75	64,643.98	81,512.73
13	9月	26,365.44	42,171.99	68,537.43
14	10月	34,520.11	83,476.77	117,996.88
15	11月	28,461.42	51,442.59	79,904.01
16	12月	21,002.84	85,596.20	106,599.04

图 29-122 数据透视表

单击数据透视表中的任意单元格（如 A5），在【数据透视表工具】的【分析】选项卡中单击【数据透视图】按钮，弹出【插入图表】对话框，依次单击【柱形图】→【簇状柱形图】选项，单击【确定】按钮，如图 29-123 所示。

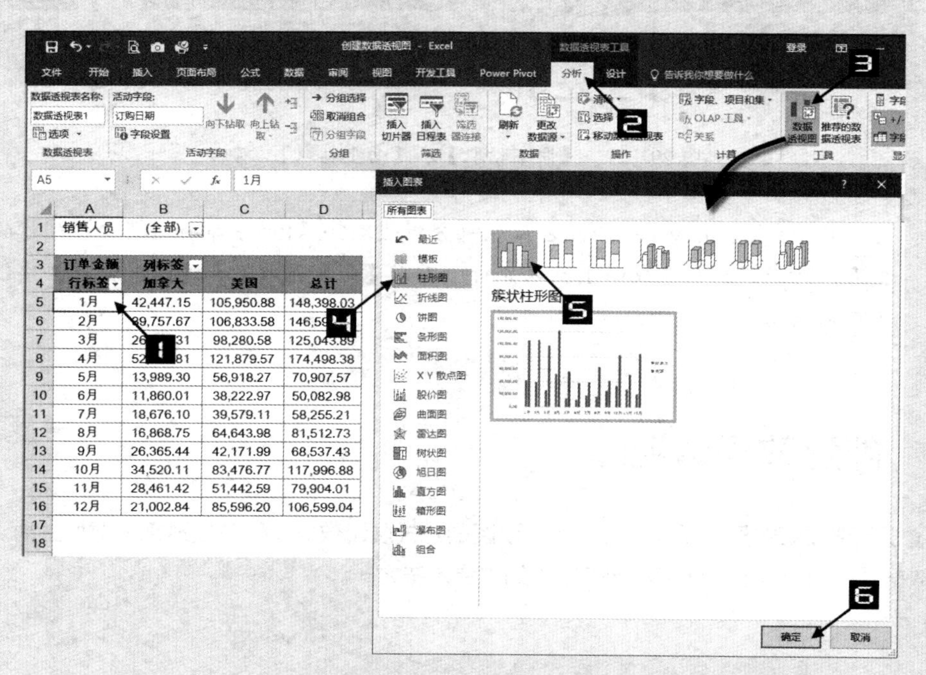

图 29-123 打开【插入图表】对话框

生成的数据透视图如图 29-124 所示。

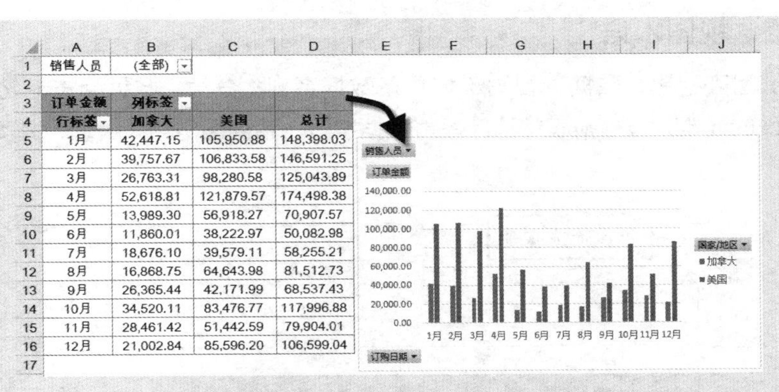

销售人员	(全部)		
订单金额	列标签		
行标签	加拿大	美国	总计
1月	42,447.15	105,950.88	148,398.03
2月	39,757.67	106,833.58	146,591.25
3月	26,763.31	98,280.58	125,043.89
4月	52,618.81	121,879.57	174,498.38
5月	13,989.30	56,918.27	70,907.57
6月	11,860.01	38,222.97	50,082.98
7月	18,676.10	39,579.11	58,255.21
8月	16,868.75	64,643.98	81,512.73
9月	26,365.44	42,171.99	68,537.43
10月	34,520.11	83,476.77	117,996.88
11月	28,461.42	51,442.59	79,904.01
12月	21,002.84	85,596.20	106,599.04

图 29-124　数据透视图

此外，单击数据透视表中的任意单元格（如 A5），在【插入】选项卡中依次单击【插入柱形图】→【簇状柱形图】选项，也可快速生成一张数据透视图，如图 29-125 所示。

图 29-125　创建数据透视图

如果用户希望将数据透视图单独存放在一张工作表上，可以单击数据透视表中的任意单元格，然后按 <F11> 键，即可创建一张数据透视图并存放在“Chart1”工作表中，如图 29-126 所示。

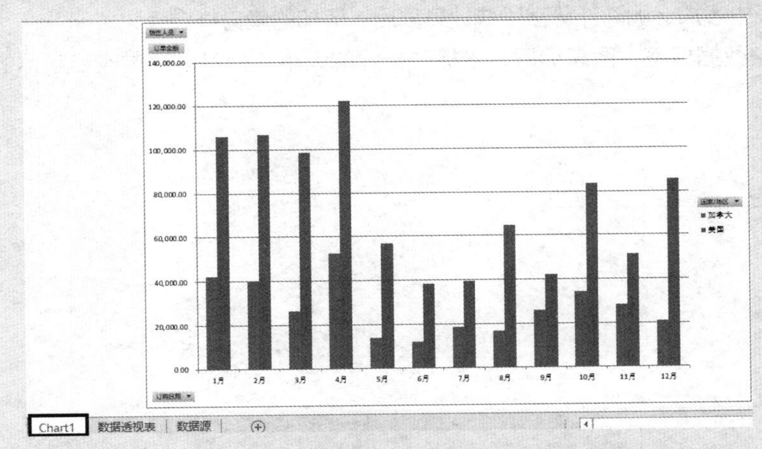

图 29-126　创建在“Chart1”工作表中的数据透视图

29.15.2 数据透视图术语

与其他 Excel 图表相比，数据透视图不但具备数据系列、分类、数据标志、坐标轴等通常的元素，还有一些特殊的元素，包括报表筛选字段、数据字段、系列图例字段、项、分类轴字段等，如图 29-127 所示。

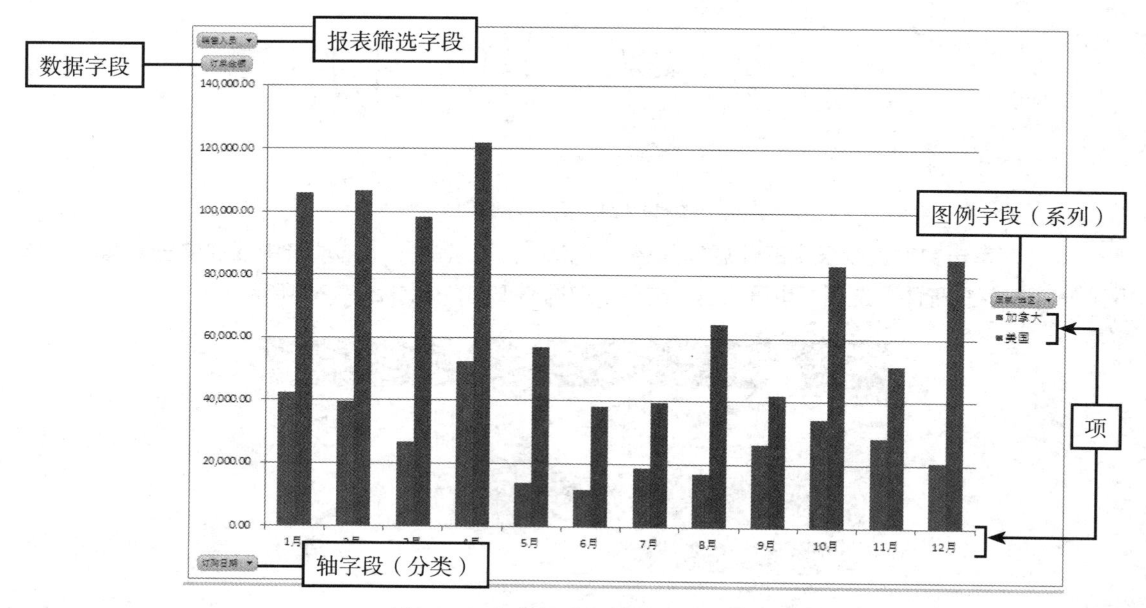

图 29-127 数据透视图的结构元素

用户可以像处理 Excel 图表一样处理数据透视图，包括改变图表类型，设置图表格式等。如果在数据透视图中改变字段布局，与之关联的数据透视表也会一起发生改变。同样，如果在数据透视表中改变字段布局，与之关联的数据透视图也会发生改变。

29.15.3 数据透视图中的限制

相对于普通图表，数据透视图存在很多限制，了解这些限制将有助于用户更好地使用数据透视图。

- 不能使用某些特定图表类型，如不能使用散点图、股价图、气泡图等。
- 在数据透视表中添加、删除计算字段或计算项后，添加的趋势线会丢失。

无法直接调整数据标签、图表标题、坐标轴标题的大小，但可以通过改变字体的大小间接地进行调整。

第 30 章 使用 Power View 分析数据

Power View 自 Excel 2016 版本开始成为了 Excel 的内置功能，无须安装任何加载项即可使用，用于快速创建交互式仪表盘式报表，是微软 Power BI for Excel 的组件之一。在较早版本的 Excel 中，要实现具有交互功能的动态图表需借助控件、名称，甚至是 VBA，而利用 Power View，用户只需轻点几下鼠标便可创建功能更加丰富的交互式图表。

本章学习要点

（1）创建 Power View 报表。
（2）在 Power View 报表中显示图片。
（3）在 Power View 中创建可自动播放的动画报表。

30.1 利用 Power View 制作仪表盘式报表

使用 Power View 之前必须安装 Microsoft Silverlight，如果没有安装，系统会提示“Power View 需要 Silverlight 的当前版本。请安装或更新 Silverlight，然后单击【重新加载】按钮以重试。”，同时系统会自动给出下载地址以供安装。

示例30-1 利用Power View制作仪表盘式报表

图 30-1 展示了某水果批发公司某个时期内向全国各地区销售水果的数量列表，可以借助 Power View 快速制作仪表盘式报表进行 BI 分析，获取有价值的信息，具体操作步骤如下。

	A	B	C
1	销售地区	商品名称	销售数量
2	天津	草莓	8,023
3	天津	西瓜	850
4	天津	青椒	1,566
5	天津	葡萄	9,088
6	天津	苹果	3,283
7	天津	南瓜	7,582
8	天津	黄瓜	2,368
9	天津	胡萝卜	1,479
10	天津	旱萝卜	2,693

图 30-1 水果销售数据

步骤 1 单击水果销售数据中的任意单元格（如 A6），在【插入】选项卡中单击【Power View】按钮，Excel 会创建一张新的 Power View 工作表，并且绘制一份数据表格，如图 30-2 所示。

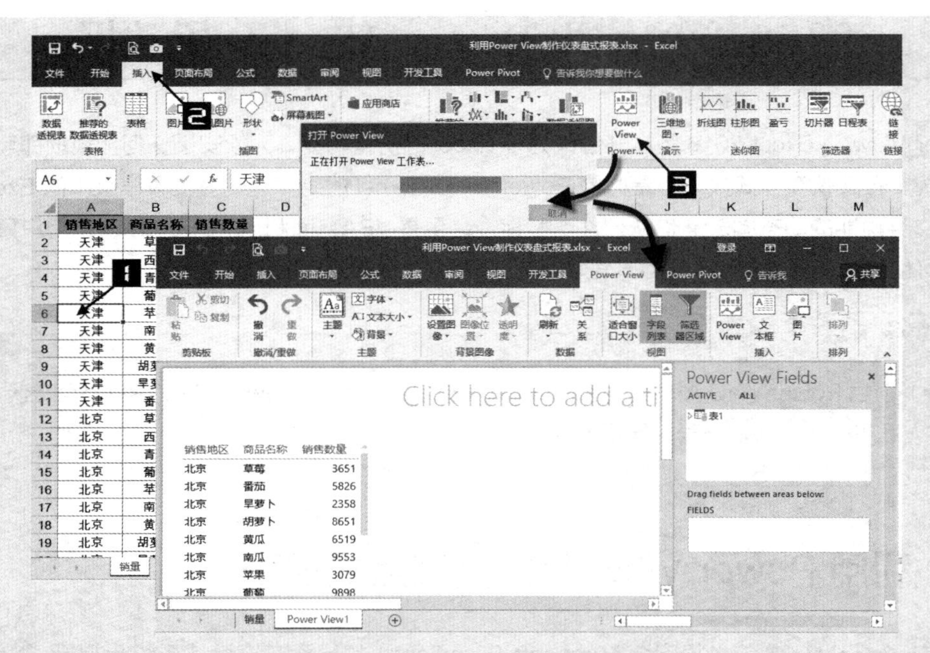

图 30-2　插入 Power View 报表

提示

Excel 2016版本中的【Power View】按钮默认不显示在功能区中，用户可以在【Excel选项】对话框的【自定义功能区】中自定义显示【Power View】按钮。

步骤 2 在【Power View Fields】列表中取消选中【销售地区】字段复选框，目的是按商品名称分析销售量。

步骤 3 单击现有的产品销量数据表格，在【设计】选项卡中依次选择【柱形图】→【簇状柱形图】选项，将其更改为柱形图，然后适当调整图表大小，结果如图 30-3 所示。

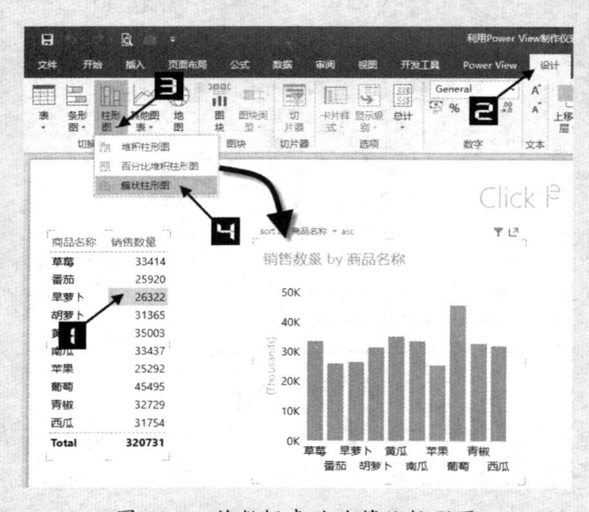

图 30-3　将数据表改为簇状柱形图

步骤 4 单击簇状柱形图以外的任意区域，在【Power View 字段】列表中分别选中【销售地区】和【销售数量】复选框，新增一份关于不同地区销量的数据报表。在【设计】选项卡中依次选择【其他图表】→【饼图】选项，将其更改为饼图，如图 30-4 所示。

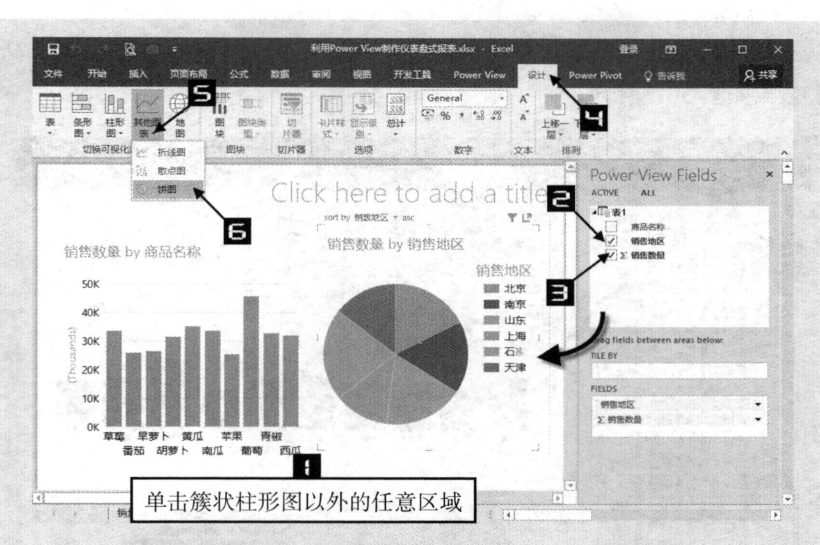

图 30-4　插入饼图

步骤⑤ 使用类似的操作方法新增一张簇状条形图，用来进行不同地区的销售排名比较，如图 30-5 所示。

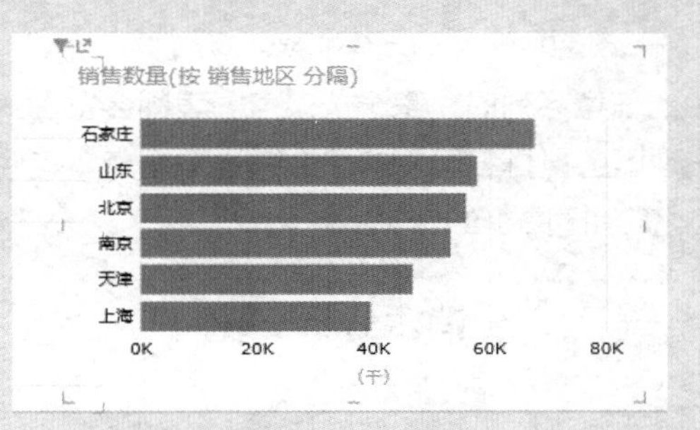

图 30-5　插入簇状条形图

步骤⑥ 单击【单击此处添加标题】占位符，输入图表标题“销售分析一览”，调整 3 份报表的大小和位置，关闭【Power View Fields】列表，如图 30-6 所示。

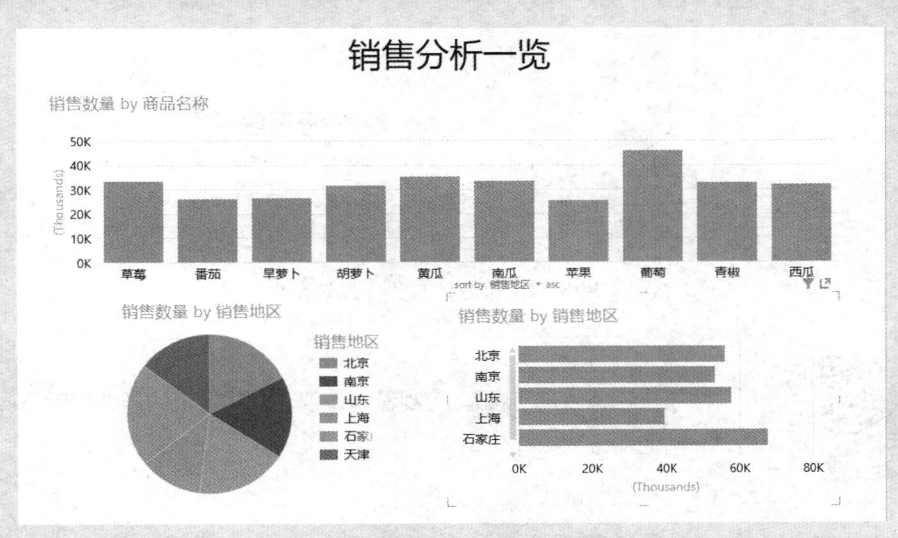

图 30-6　BI 动态仪表盘

步骤⑦ 在【Power View】选项卡中依次选择【主题】→【Theme3】选项美化 Power View 仪表盘，完成后的效果如图 30-7 所示。

图 30-7 美化后的 Power View 仪表盘

当用户单击任意图表中的任意系列时，整个仪表盘图表都会发生变化，突出显示与该系列相关的元素或数据。例如，单击地区销量排名图中的"北京"数据点，其他条形会显示为较淡的颜色，其他图表也会发生类似的变化，如图 30-8 所示。

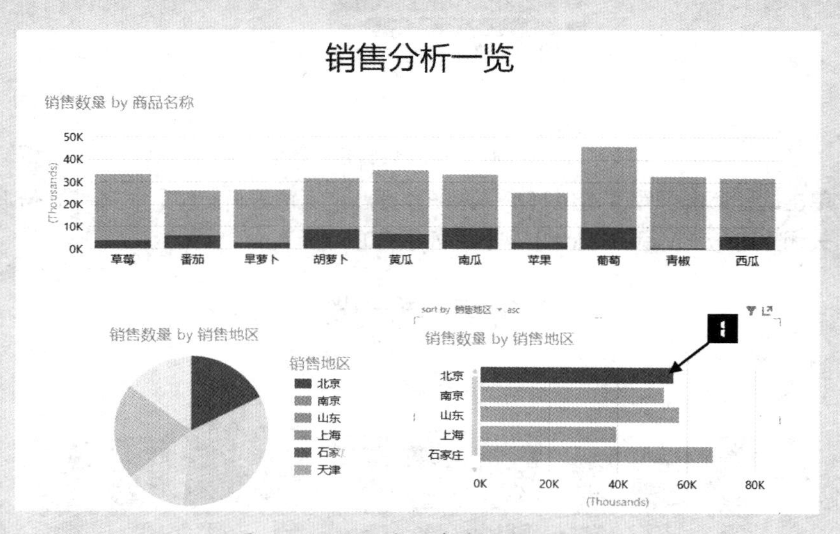

图 30-8 BI 动态仪表盘发生的变化

扫描左侧的二维码，可观看制作仪表盘式报表的详细视频演示。

30.2　在 Power View 中使用自定义图片筛选数据

Power View 允许使用图块划分方式来筛选图表数据，而且允许使用自定义的图片来作为图块，下面的步骤演示了这一特性。

示例30-2　Power View让你的数据会说话

图 30-9 展示的是“图片链接”表中相关出版图书名称和存放在网站的商品图片链接地址。

	出版图书	图片链接
2	Excel应用大全	http://b158.photo.store.qq.com/psb?/V11eGjGr2kdabh/7XzuEVPZK
3	Excel 2007应用大全	http://b158.photo.store.qq.com/psb?/V11eGjGr2kdabh/kq.Zc6CuW
4	Excel 2010应用大全	http://b159.photo.store.qq.com/psb?/V11eGjGr2kdabh/OcodB0mUI
5	Excel 数据透视表应用大全	http://b159.photo.store.qq.com/psb?/V11eGjGr2kdabh/vF1ELpDwc
6	Excel 2007数据透视表应用大全	http://b158.photo.store.qq.com/psb?/V11eGjGr2kdabh/u36*FllvcZB
7	Excel 2010数据透视表应用大全	http://b265.photo.store.qq.com/psb?/V11eGjGr2kdabh/Jp*mWPhQ
8	Excel数据处理与实战技巧精粹	http://b159.photo.store.qq.com/psb?/V11eGjGr2kdabh/Lk.zuwPIPY
9	Excel 2007数据处理与实战技巧精粹	http://b166.photo.store.qq.com/psb?/V11eGjGr2kdabh/6PTfC5bVe
10	Excel 2010数据处理与实战技巧精粹	http://b170.photo.store.qq.com/psb?/V11eGjGr4ZudVt/n18.F1xmSk
11	Excel 2007实战技巧精粹	http://b158.photo.store.qq.com/psb?/V11eGjGr2kdabh/wWCOwaf4
12	Excel 2010实战技巧精粹	http://b161.photo.store.qq.com/psb?/V11eGjGr2kdabh/maMaXoo0
13	Excel 2013实战技巧精粹	http://a3.qpic.cn/psb?/V11eGjGr2kdabh/z3cUrTza6XAyjgx.8DujgJU

图 30-9　“图片链接”表

步骤① 单击“图书销量”工作表中任意一个单元格（如 A8），在【Power Pivot】选项卡中单击【添加到数据模型】按钮，弹出【创建表】对话框，选中【我的表具有标题】复选框，单击【确定】按钮完成“表 1”的添加，如图 30-10 所示。

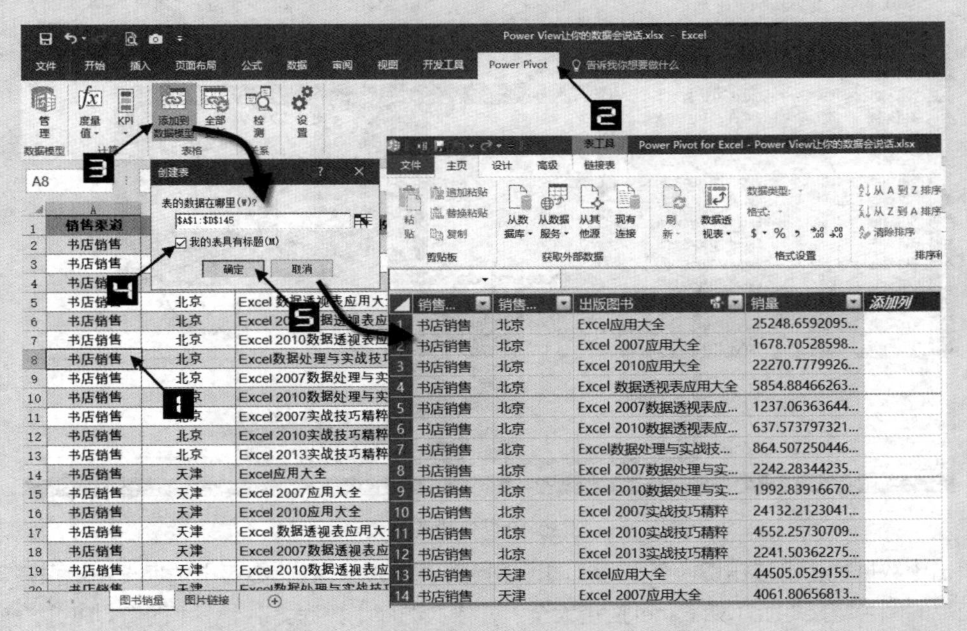

图 30-10　向 Power Pivot 中添加链接表“表 1”

步骤② 单击“图片链接”工作表中的任意一个单元格，重复步骤 1 的操作，向 Power Pivot 中添加链接表“表 2”，如图 30-11 所示。

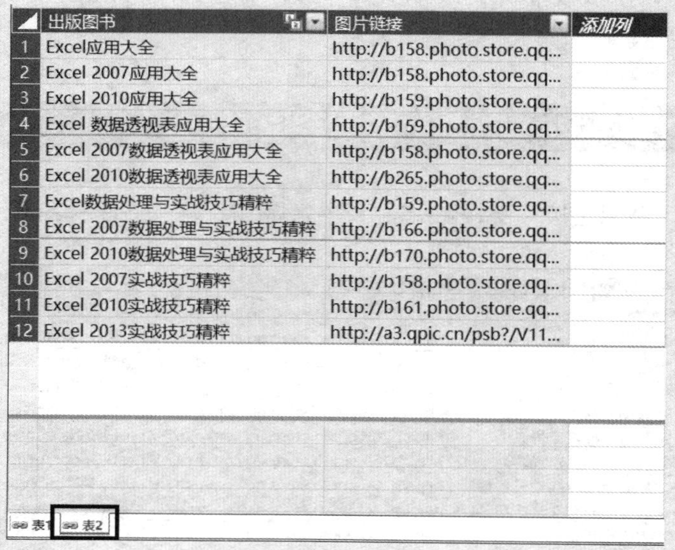

	出版图书	图片链接	添加列
1	Excel应用大全	http://b158.photo.store.qq...	
2	Excel 2007应用大全	http://b158.photo.store.qq...	
3	Excel 2010应用大全	http://b159.photo.store.qq...	
4	Excel 数据透视表应用大全	http://b159.photo.store.qq...	
5	Excel 2007数据透视表应用大全	http://b158.photo.store.qq...	
6	Excel 2010数据透视表应用大全	http://b265.photo.store.qq...	
7	Excel数据处理与实战技巧精粹	http://b159.photo.store.qq...	
8	Excel 2007数据处理与实战技巧精粹	http://b166.photo.store.qq...	
9	Excel 2010数据处理与实战技巧精粹	http://b170.photo.store.qq...	
10	Excel 2007实战技巧精粹	http://b158.photo.store.qq...	
11	Excel 2010实战技巧精粹	http://b161.photo.store.qq...	
12	Excel 2013实战技巧精粹	http://a3.qpic.cn/psb?/V11...	

表1 表2

图 30-11　向 Power Pivot 中添加链接表“表 2”

步骤③ 在【主页】选项卡中单击【关系图视图】按钮，在展开的视图界面中将“表 2”中的“出版图书”字段拖曳至“表 1”中的“出版图书”字段上，在两表中创建关系，如图 30-12 所示。

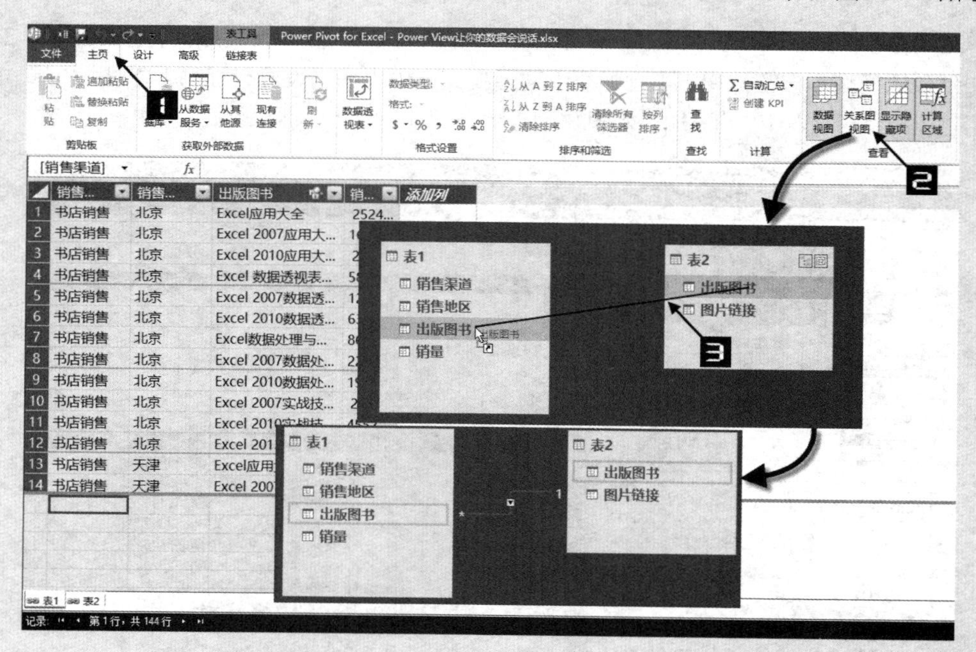

图 30-12　创建关系

步骤④ 单击【数据视图】按钮切换至数据视图，切换到“表 2”，在【高级】选项卡中单击任意一个商品的图片链接地址（如 Excel 应用大全），依次选择【数据类别】→【图像 URL】选项，为图片链接地址指定数据类型，如图 30-13 所示。

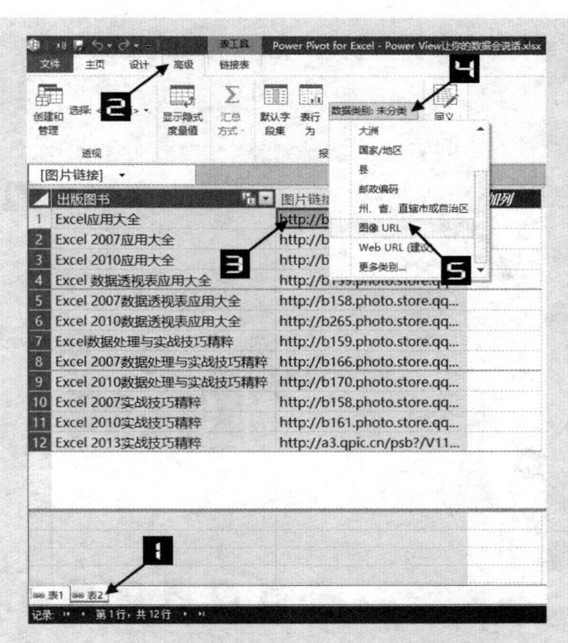

图 30-13　指定图片链接网址的“数据类型”

> **提示**
>
> 如果没有找到【高级】选项卡，可以单击【开始】选项卡左侧的下拉按钮，在弹出的下拉列表中选择【切换到高级模式】选项。

步骤⑤ 利用“图书销量”表插入一个 Power View 工作表，取消“表 1”中对【销售渠道】的选中并修改为簇状柱形图，如图 30-14 所示。具体方法请参阅 30.1 节。

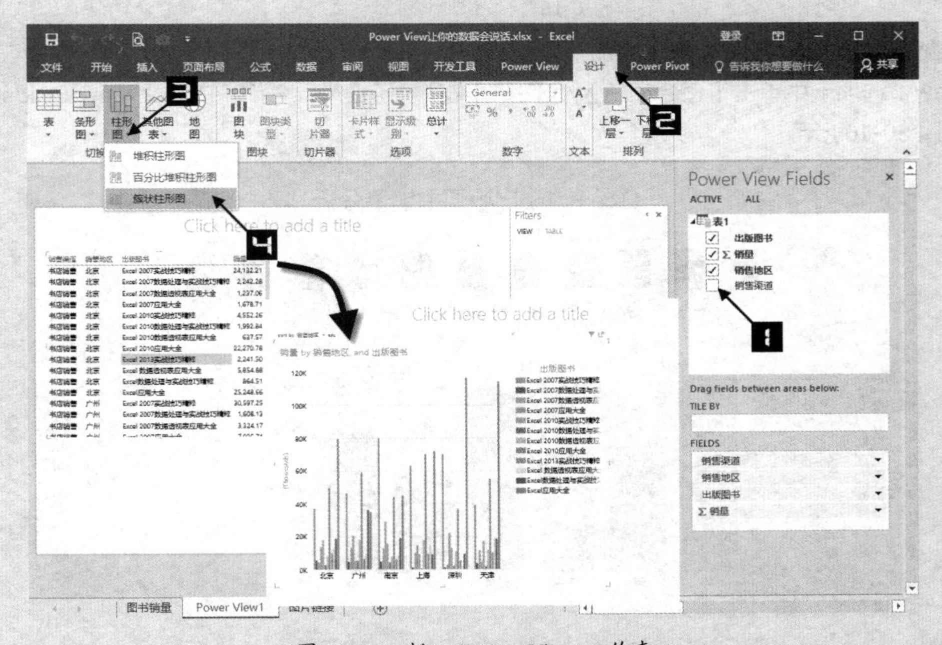

图 30-14　插入 Power View 工作表

步骤⑥ 在【Power View Fields】列表中选择【ALL】选项，将“表 2”中的“图片链接”字段拖曳至

【LILE BY】编辑框中，单击“安全警告”中的【Enable Content】按钮得到商品的图片，如图 30-15 所示。

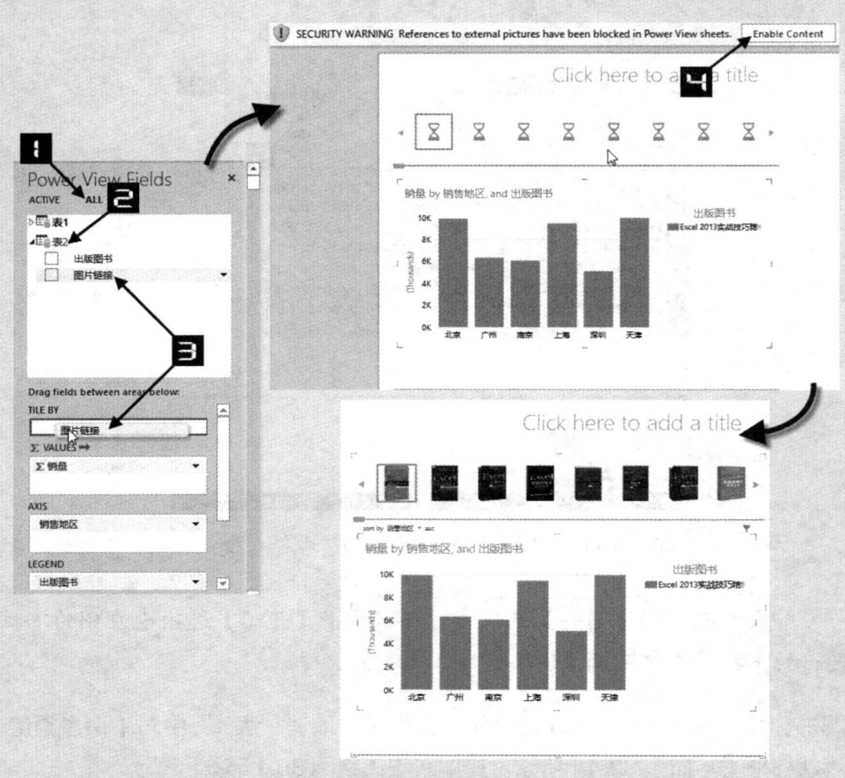

图 30-15　设置图块划分方式

步骤⑦ 调整图块区域至全部显示，添加报告标题“ExcelHome 出版图书销量分析”，并在【Power View】选项卡中单击【适合窗口大小】按钮充分展示报表，关闭【Power View Fields】列表，如图 30-16 所示。

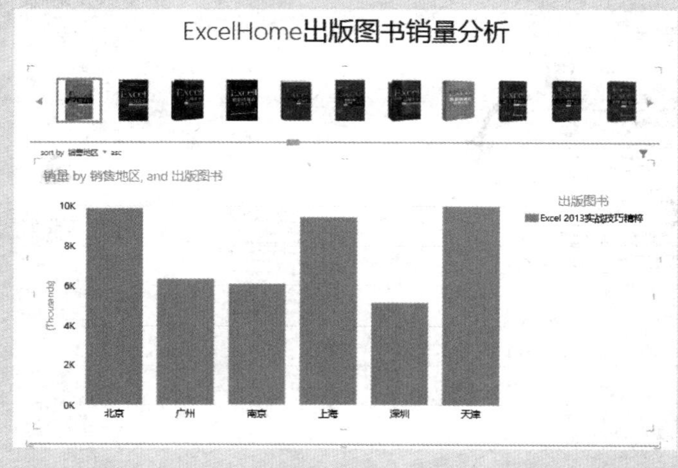

图 30-16　调整 Power View 报表

步骤⑧ 美化 Power View 报表，调整图例、数据标签和背景，如图 30-17 所示。

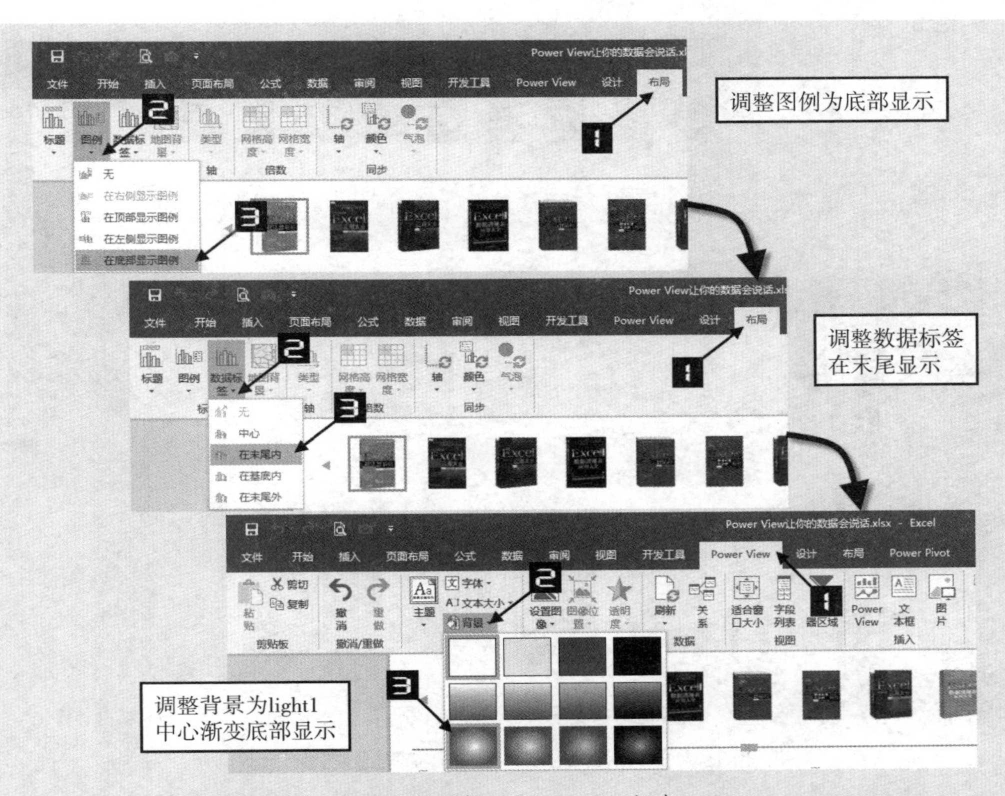

图 30-17　美化 Power View 报表

美化后的 Power View 报表如图 30-18 所示。

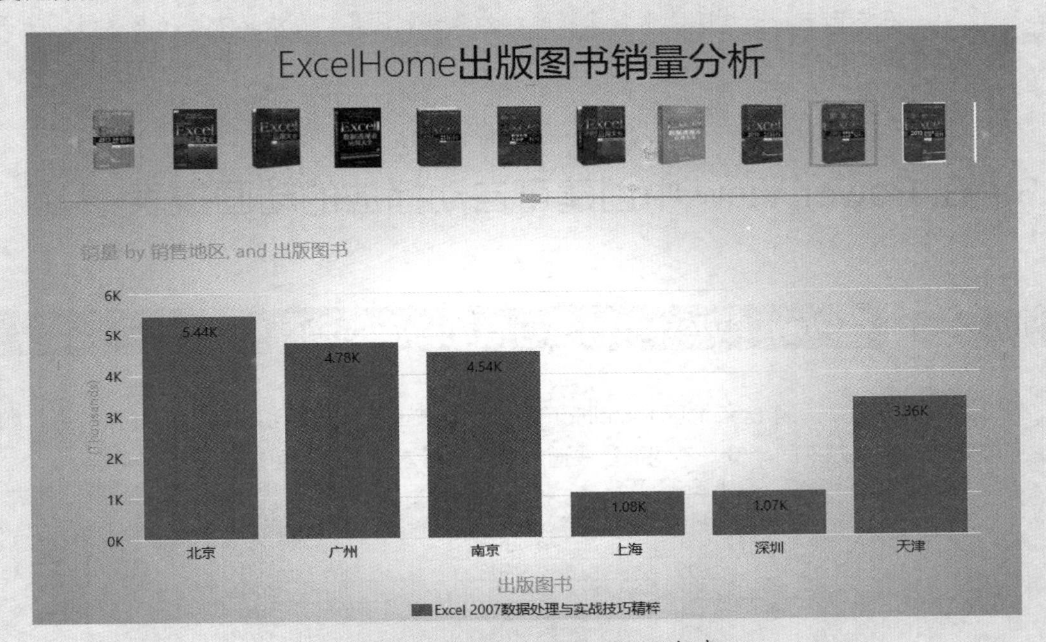

图 30-18　美化后的 Power View 报表

分别单击【Excel 2013 实战技巧精粹】和【Excel 2010 数据透视表应用大全】图片，将显示出不同的数据和图表信息，如图 30-19 所示。

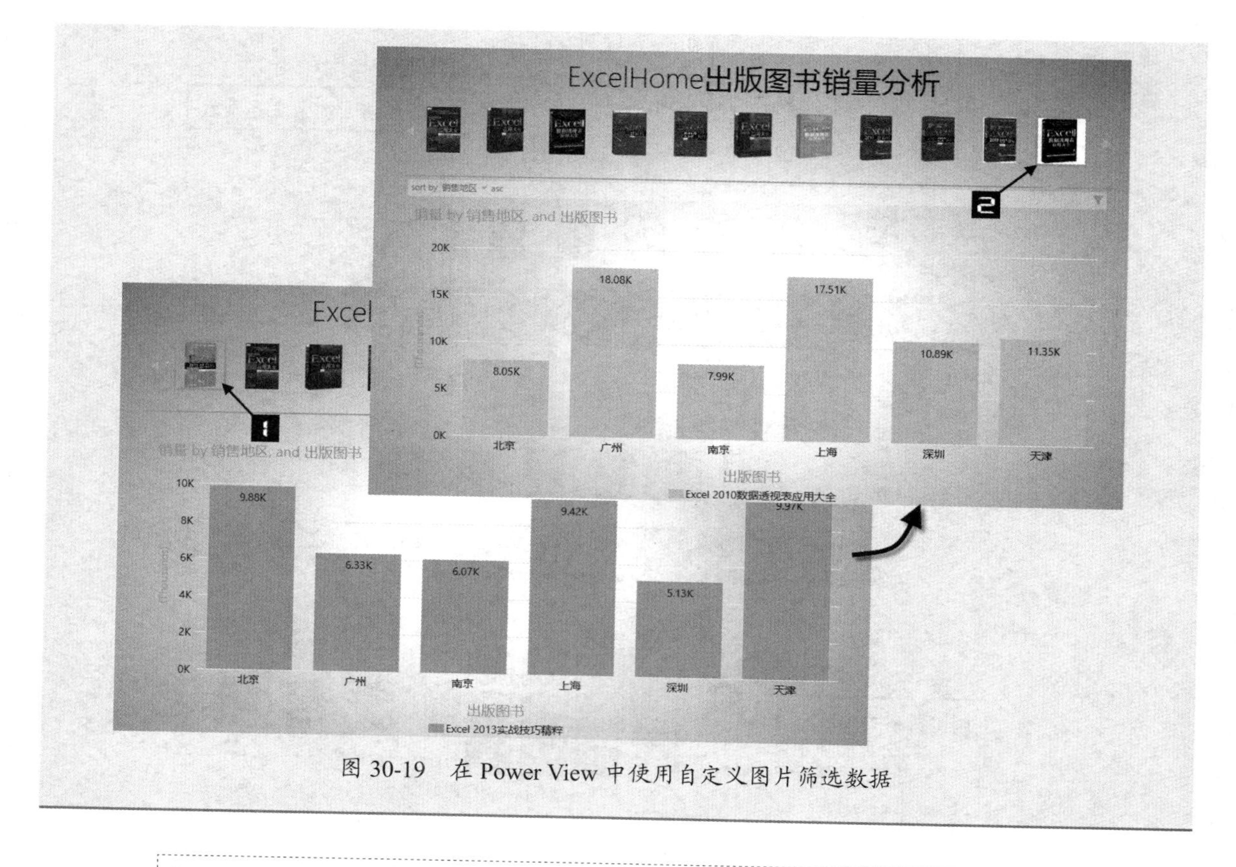

图 30-19　在 Power View 中使用自定义图片筛选数据

注意

在本例中，图片URL来自互联网。如果当前计算机无法正常连接互联网，将不能正常显示图块区域中的图片。

30.3　在 Power View 中创建可自动播放的动画报表

示例30-3　在Power View中创建可自动播放的动画报表

图 30-20 列示了不同年份和地区 ExcelHome 出版图书在实体书店和网络上的销售数量，如果希望通过动画的方式对不同年份、不同销售渠道的销售数量进行展示，可按以下步骤操作。

	A	B	C	D	E
1	销售年份	销售地区	出版图书	书店销售	网络销售
2	2013	北京	Excel 2007实战技巧精粹	24,132	12,895
3	2011	广州	Excel 2007实战技巧精粹	30,597	15,414
4	2008	南京	Excel 2007实战技巧精粹	21,191	58,675
5	2009	上海	Excel 2007实战技巧精粹	22,340	31,630
6	2015	深圳	Excel 2007实战技巧精粹	12,744	40,782
7	2010	天津	Excel 2007实战技巧精粹	7,300	57,225
8	2013	北京	Excel 2007数据处理与实战技巧精粹	2,242	3,194
9	2013	广州	Excel 2007数据处理与实战技巧精粹	1,608	3,174
10	2015	南京	Excel 2007数据处理与实战技巧精粹	1,536	3,002

图 30-20　ExcelHome 出版图书销售量

步骤① 利用“图书销量”表插入一个 Power View 工作表，并将默认数据表格更改为散点图，如图 30-21 所示。

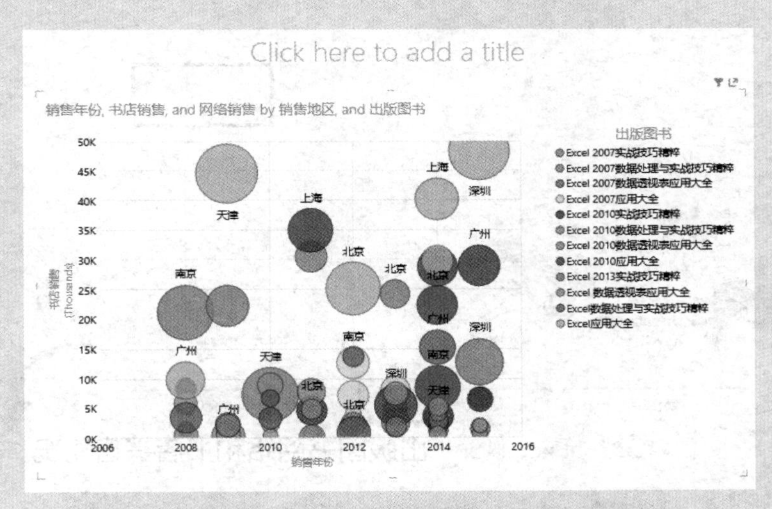

图 30-21　在 Power View 中插入“散点图”

步骤② 在【Power View Fields】列表中，分别将“网络销售”移动至【∑ X VALUE】编辑框，“书店销售”移动至【∑ Y VALUE】编辑框，将“销售地区”移动至【∑ SIZE】编辑框，将“出版图书”移动至【DETAILS】编辑框，将“销售年份”移动至【PLAY AXIS】编辑框，最后设置报告标题为“ExcelHome 出版图书网络和书店销售情况”，如图 30-22 所示。

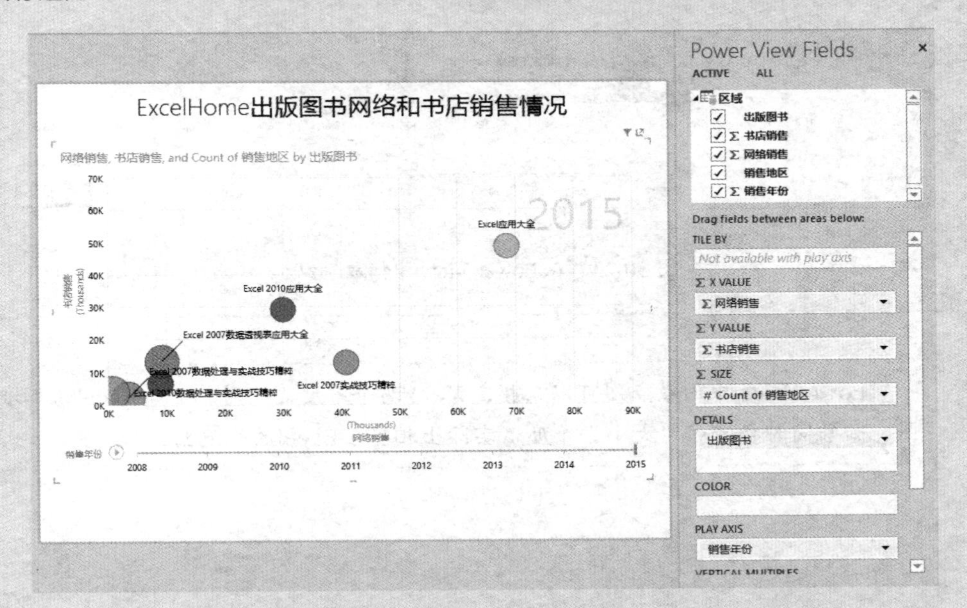

图 30-22　设置“播放轴”

步骤③ 单击【销售年份】的播放按钮，就会呈现出逐年不同图书网络销售和实体书店销售动态变化的图表，如图 30-23 所示。播放过程中可以随时暂停。

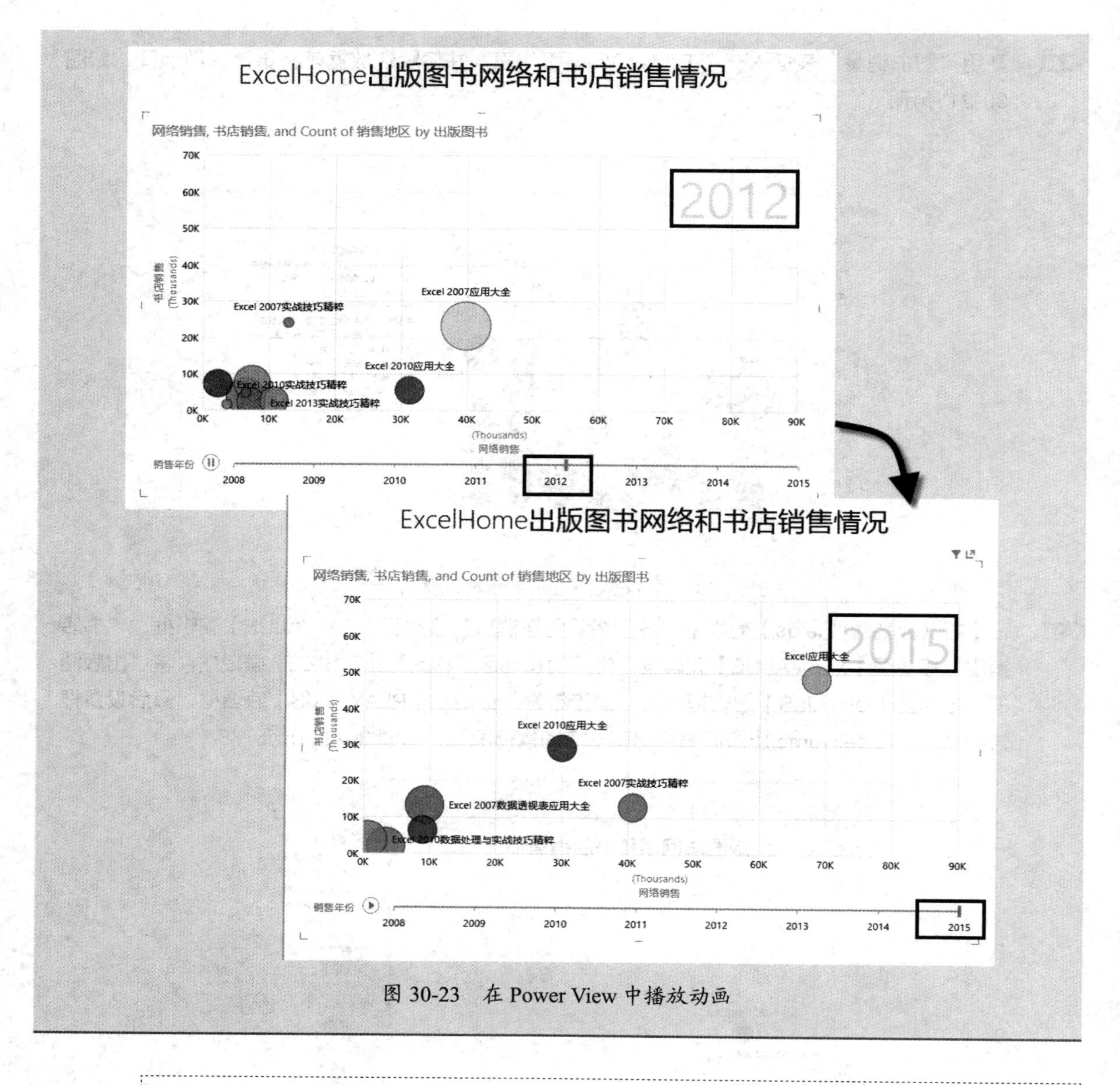

图 30-23　在 Power View 中播放动画

注意

Power View中的散点图可以只指定*X*、*Y*两个维度，此时相当于Excel的标准散点图。如果同时指定了“大小”维度，实际上相当于Excel的气泡图。

第 31 章　模拟分析和预测工作表

模拟分析又称假设分析，或称为“What-if”分析，是管理经济学中的一项重要分析手段。它主要是基于现有的计算模型，在影响最终结果的诸多因素中进行测算与分析，以寻求最接近目标的方案。例如，公司在进行投资决策时，必须事先计算和分析贷款成本与盈利水平，这就需要对利率、付款期数、每期付款额、投资回报率等因素做充分的考虑，通过关注和对比这些因素的变化而产生的不同结果来进行判断。

Excel 2016 版本新增了“预测工作表”功能，如果用户有基于历史时间的数据，可以将其用于创建预测。创建预测时，Excel 将创建一个新工作表，其中包含历史值和预测值，以及表达此数据的图表，可以帮助用户预测将来的销售额、库存需求或消费趋势之类的信息。

本章学习要点

（1）利用公式进行手动模拟运算。

（2）使用模拟运算表进行单因素分析或多因素分析。

（3）创建方案进行分析。

（4）单变量求解的原理及应用。

（5）预测工作表。

31.1　模拟运算表

借助 Excel 公式或 Excel 模拟运算表功能来组织计算试算表格，能够处理较为复杂的模拟分析要求。

31.1.1　使用公式进行模拟运算

示例31-1　借助公式试算分析汇率变化对外贸交易额的影响

图 31-1 展示了一张某外贸公司用于 A 产品交易情况的试算表格。此表格的上半部分是交易中的各相关指标的数值，下半部分则是根据这些数值用公式统计出的交易量与交易额。

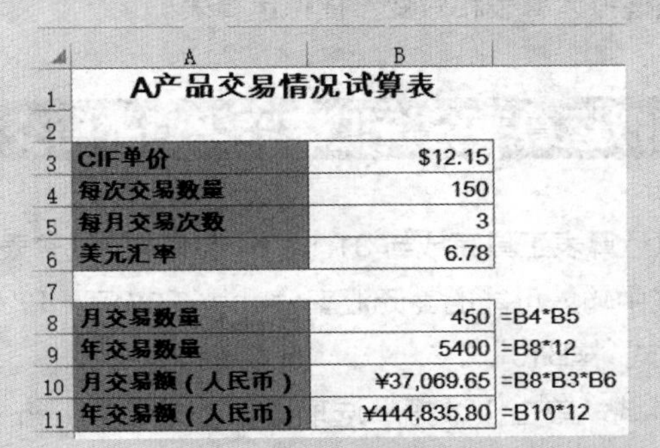

	A	B	
1	A产品交易情况试算表		
2			
3	CIF单价	$12.15	
4	每次交易数量	150	
5	每月交易次数	3	
6	美元汇率	6.78	
7			
8	月交易数量	450	=B4*B5
9	年交易数量	5400	=B8*12
10	月交易额（人民币）	¥37,069.65	=B8*B3*B6
11	年交易额（人民币）	¥444,835.80	=B10*12

图 31-1　A 产品对外贸易试算模型表格

在这个试算模型中，CIF 单价、每次交易数量、每月交易次数和美元汇率都直接影响着月交易额。相关的模拟分析需求可能是：

- ❖ 如果 CIF 单价增加 0.1 元会增加多少交易额？
- ❖ 如果每次交易数量提高 50 会增加多少交易额？
- ❖ 如果美元汇率下跌会怎么样？……

在对外贸易中最不可控的是汇率因素，本例将围绕汇率的变化来分析对交易额的影响，使用公式完成试算表格的计算。具体操作步骤如下。

步骤① 在 D3:E3 单元格区域输入试算表格的列标题，然后在 D4:D11 单元格区域中输入可能的美元汇率值，从 6.98 开始以 0.05 为步长进行递减。

步骤② 在 E4 单元格输入公式计算当前汇率值下的月交易额，然后将公式向下复制到 E11 单元格，如图 31-2 所示。

```
=D4*$B$8*$B$3
```

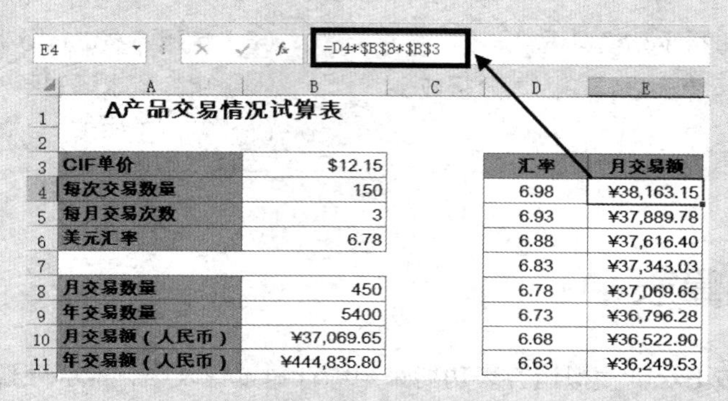

E4 =D4*$B$8*$B$3

	A	B	C	D	E
1	A产品交易情况试算表				
2					
3	CIF单价	$12.15		汇率	月交易额
4	每次交易数量	150		6.98	¥38,163.15
5	每月交易次数	3		6.93	¥37,889.78
6	美元汇率	6.78		6.88	¥37,616.40
7				6.83	¥37,343.03
8	月交易数量	450		6.78	¥37,069.65
9	年交易数量	5400		6.73	¥36,796.28
10	月交易额（人民币）	¥37,069.65		6.68	¥36,522.90
11	年交易额（人民币）	¥444,835.80		6.63	¥36,249.53

图 31-2　借助公式试算分析汇率变化对外贸交易额的影响

通过新创建的试算表格，能够直观展示不同汇率下的月交易额。

31.1.2　单变量模拟运算表

除了使用公式外，Excel 的模拟运算表工具也是用于模拟试算的常用功能。模拟运算表实际上是一个单元格区域，它可以用列表的形式显示计算模型中某些参数的变化对计算结果的影响。在这个区域中，生成的值所需要的若干个相同公式被简化成一个公式，从而简化了公式的输入。根据模拟运算行、列变量的个数，可分为单变量模拟运算表和双变量模拟运算表。

示例31-2　借助模拟运算表分析汇率变化对外贸交易额的影响

以下步骤将演示借助模拟运算表工具完成与 31.1.1 小节相同的试算表格。

步骤① 在 D4:D11 单元格区域中输入可能的美元汇率值，从 6.98 开始以 0.05 为步长进行递减，然后在 E3 单元格中输入公式“=B10”。

步骤② 选中 D3:E11 单元格区域，单击【数据】选项卡下的【模拟分析】按钮，在下拉列表中选择【模拟运算表】选项，弹出【模拟运算表】对话框。

步骤③ 把光标定位到【输入引用列的单元格】编辑框内，然后选中 B6 单元格，即美元汇率，【输入引用列的单元格】编辑框中将自动输入“$B$6”，最后单击【确定】按钮，如图 31-3 所示。

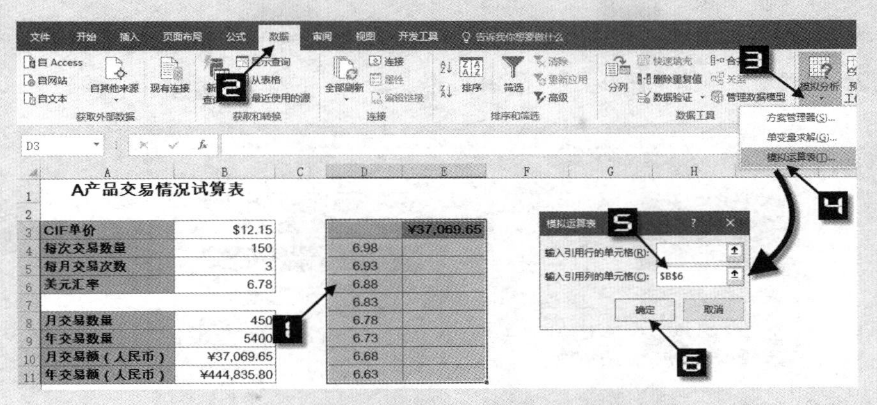

图 31-3　借助模拟运算表工具创建试算表格

创建完成的试算表格如图 31-4 所示。选中 E4:E11 中任意一个单元格，编辑栏中均显示公式为“{=TABLE(,B6)}”。利用此表格，用户可以快速查看不同汇率水平下的交易额情况。

E4　{=TABLE(,B6)}

	A	B	C	D	E
1	A产品交易情况试算表				
2					
3	CIF单价	$12.15			¥37,069.65
4	每次交易数量	150		6.98	¥38,163.15
5	每月交易次数	3		6.93	¥37,889.78
6	美元汇率	6.78		6.88	¥37,616.40
7				6.83	¥37,343.03
8	月交易数量	450		6.78	¥37,069.65
9	年交易数量	5400		6.73	¥36,796.28
10	月交易额（人民币）	¥37,069.65		6.68	¥36,522.90
11	年交易额（人民币）	¥444,835.80		6.63	¥36,249.53

图 31-4　使用模拟运算表分析汇率影响

“{=TABLE(,B6)}”是一个比较特殊的数组公式，有关数组公式的更多内容，请参阅第 21 章。

在已经生成结果的模拟运算表中，D4:D11 单元格区域中的汇率和 E3 单元格中的公式引用都可以被修改，而存放结果的 E4:E11 单元格则不能被修改。如果原有的数值和公式引用有变化，结果区域会自动更新。

深入了解：模拟运算表的计算过程

初次接触 Excel 模拟运算表的用户在被这个强大工具所吸引的同时，可能较难理解每一步骤对最终结果产生的作用。

步骤 1 和步骤 2 是向 Excel 告知了两个规则前提：一是模拟运算表的表格区域是 D3:E11；二是本次计算要生成的结果是月交易额，以及月交易额是如何计算得到的。

步骤 3 的设置是告诉 Excel 本次计算只有美元汇率一个变量，而且这个变量可能出现的数值都存放于 D 列中。当然，也正因为这些美元汇率值已经存放于 D 列中，所以在步骤 3 中，“B6”是“引用列的单元格”，而不是“引用行的单元格”，而且将“引用行的单元格”留空。

不必去关心 D3 为什么为空，Excel 现在已经得到了足够的信息来生成用户需要的结果。

为了让用户充分理解这个计算过程，以下将用另一种形式生成模拟运算表。

步骤① 在 E3:L3 单元格区域中输入可能的美元汇率值，从 6.98 开始以 0.05 为步长进行递减，然后在 D4 单元格中输入公式“=B10”。

步骤② 选中 D3:L4 单元格区域，依次选择【数据】→【模拟分析】→【模拟运算表】选项，在弹出的【模拟运算表】对话框【输入引用行的单元格】编辑框中输入“$B$6”，如图 31-5 所示。

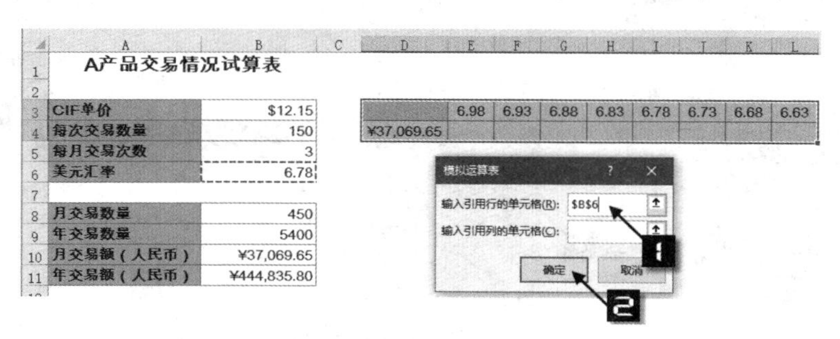

图 31-5 创建用于横向的模拟运算表格区域

单击【确定】按钮后，生成的计算结果如图 31-6 所示。

	6.98	6.93	6.88	6.83	6.78	6.73	6.68	6.63
¥37,069.65	¥38,163.15	¥37,889.78	¥37,616.40	¥37,343.03	¥37,069.65	¥36,796.28	¥36,522.90	¥36,249.53

图 31-6 横向的模拟运算表结果

在进行单变量模拟运算时，运算结果可以是一个公式，也可以是多个公式。在本例中，如果在 F3 单元格中输入公式“=B11”，然后选中 D3:F11 单元格区域，再创建模拟运算表，则会得到如图 31-7 所示的结果（为了便于阅读，可在 E2 和 F2 单元格中分别加入标题）。

	A	B	C	D	E	F
1	A产品交易情况试算表					
2					月交易额（人民币）	年交易额（人民币）
3	CIF单价	$12.15			¥37,069.65	¥444,835.80
4	每次交易数量	150		6.98	¥38,163.15	¥457,957.80
5	每月交易次数	3		6.93	¥37,889.78	¥454,677.30
6	美元汇率	6.78		6.88	¥37,616.40	¥451,396.80
7				6.83	¥37,343.03	¥448,116.30
8	月交易数量	450		6.78	¥37,069.65	¥444,835.80
9	年交易数量	5400		6.73	¥36,796.28	¥441,555.30
10	月交易额（人民币）	¥37,069.65		6.68	¥36,522.90	¥438,274.80
11	年交易额（人民币）	¥444,835.80		6.63	¥36,249.53	¥434,994.30

图 31-7 单变量模拟运算多个公式结果

31.1.3 双变量模拟运算表

双变量模拟运算可以帮助用户同时分析两个因素对最终结果的影响。

示例31-3 分析美元汇率和交货单价两个因素对外贸交易额的影响

除了美元汇率外，交货单价也是影响交易额的重要因素，以下使用模拟运算表分析这两个因素同时变化的情况下对交易额的影响。

步骤① 在 D4:D11 单元格区域中输入可能的美元汇率值，在 E3:J3 单元格区域中输入不同的单价，然后在 D3 单元格中输入公式“=B10”。

步骤② 选中 D4:J11 单元格区域，依次选择【数据】→【模拟分析】→【模拟运算表】选项，弹出【模拟运算表】对话框。

步骤③ 在【输入引用行的单元格】编辑框中输入“$B$3”，即 CIF 单价所在单元格。在【输入引用列的单元格】编辑框中输入“$B$6”，即美元汇率所在单元格，如图 31-8 所示。

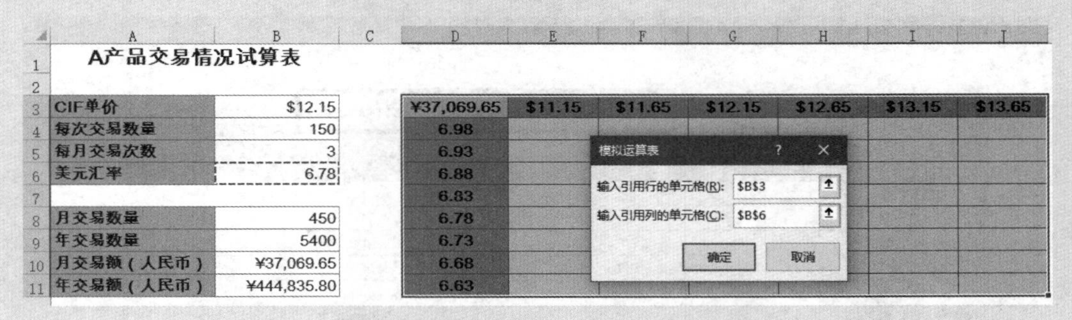

图 31-8　借助双变量模拟运算表进行分析

步骤④ 单击【确定】按钮，生成的计算结果如图 31-9 所示。

¥37,069.65	$11.15	$11.65	$12.15	$12.65	$13.15	$13.65
6.98	¥35,022.15	¥36,592.65	¥38,163.15	¥39,733.65	¥41,304.15	¥42,874.65
6.93	¥34,771.28	¥36,330.53	¥37,889.78	¥39,449.03	¥41,008.28	¥42,567.53
6.88	¥34,520.40	¥36,068.40	¥37,616.40	¥39,164.40	¥40,712.40	¥42,260.40
6.83	¥34,269.53	¥35,806.28	¥37,343.03	¥38,879.78	¥40,416.53	¥41,953.28
6.78	¥34,018.65	¥35,544.15	¥37,069.65	¥38,595.15	¥40,120.65	¥41,646.15
6.73	¥33,767.78	¥35,282.03	¥36,796.28	¥38,310.53	¥39,824.78	¥41,339.03
6.68	¥33,516.90	¥35,019.90	¥36,522.90	¥38,025.90	¥39,528.90	¥41,031.90
6.63	¥33,266.03	¥34,757.78	¥36,249.53	¥37,741.28	¥39,233.03	¥40,724.78

图 31-9　查看汇率与单价产生的双重影响结果

在双变量模拟运算表中，如果修改公式的引用，也能让计算结果全部自动更新。在本例中，如果将 D3 的公式改为“=B11”，或是修改年交易额所在单元格的数值，则表格结果会自动改为计算不同汇率和不同单价的年交易额，如图 31-10 所示。

¥444,835.80	$11.15	$11.65	$12.15	$12.65	$13.15	$13.65
6.98	¥420,265.80	¥439,111.80	¥457,957.80	¥476,803.80	¥495,649.80	¥514,495.80
6.93	¥417,255.30	¥435,966.30	¥454,677.30	¥473,388.30	¥492,099.30	¥510,810.30
6.88	¥414,244.80	¥432,820.80	¥451,396.80	¥469,972.80	¥488,548.80	¥507,124.80
6.83	¥411,234.30	¥429,675.30	¥448,116.30	¥466,557.30	¥484,998.30	¥503,439.30
6.78	¥408,223.80	¥426,529.80	¥444,835.80	¥463,141.80	¥481,447.80	¥499,753.80
6.73	¥405,213.30	¥423,384.30	¥441,555.30	¥459,726.30	¥477,897.30	¥496,068.30
6.68	¥402,202.80	¥420,238.80	¥438,274.80	¥456,310.80	¥474,346.80	¥492,382.80
6.63	¥399,192.30	¥417,093.30	¥434,994.30	¥452,895.30	¥470,796.30	¥488,697.30

图 31-10　修改公式引用将改变模拟运算表的计算结果

31.1.4　模拟运算表的单纯计算用法

利用模拟运算表的特性，用户在某些情况下可以将它当作一个公式辅助工具来使用，从而能够在大范围内快速创建数组公式。

示例31-4 使用双变量模拟运算制作九九乘法表

步骤① 在 B1:J1 和 A2:A10 单元格区域分别输入数字 1 ~ 9，然后在 A1 单元格输入以下公式，如图 31-11 所示。

```
=IF(A11<=A12,A11&"×"&A12&"="&A11*A12,"")
```

A1 =IF(A11<=A12,A11&"×"&A12&"="&A11*A12,"")

	A	B	C	D	E	F	G	H	I	J
1	×=0	1	2	3	4	5	6	7	8	9
2	1									
3	2									
4	3									
5	4									
6	5									
7	6									
8	7									
9	8									
10	9									
11										
12										

图 31-11 为九九乘法表准备数据

步骤② 选中 A1:J10 单元格区域，依次选择【数据】→【模拟分析】→【模拟运算表】选项，弹出【模拟运算表】对话框。

步骤③ 将光标定位到【输入引用行的单元格】编辑框中，然后选中 A11 单元格。再将光标定位到【输入引用列的单元格】编辑框中，选中 A12 单元格。

步骤④ 单击【确定】按钮，得到的结果如图 31-12 所示。

	A	B	C	D	E	F	G	H	I	J
1	x=0	1	2	3	4	5	6	7	8	9
2	1	1x1=1								
3	2	1x2=2	2x2=4							
4	3	1x3=3	2x3=6	3x3=9						
5	4	1x4=4	2x4=8	3x4=12	4x4=16					
6	5	1x5=5	2x5=10	3x5=15	4x5=20	5x5=25				
7	6	1x6=6	2x6=12	3x6=18	4x6=24	5x6=30	6x6=36			
8	7	1x7=7	2x7=14	3x7=21	4x7=28	5x7=35	6x7=42	7x7=49		
9	8	1x8=8	2x8=16	3x8=24	4x8=32	5x8=40	6x8=48	7x8=56	8x8=64	
10	9	1x9=9	2x9=18	3x9=27	4x9=36	5x9=45	6x9=54	7x9=63	8x9=72	9x9=81

图 31-12 九九乘法表

在日常习惯中，乘法表中每一格的计算式是列乘以行，所以根据A1公式中行、列的出现次序，在使用模拟运算表功能时，要将“输入引用行的单元格”指定到A11单元格，而将“输入引用列的单元格”指定到A12单元格。

示例31-5 利用双变量模拟运算解方程

有一方程式为“$z=5x-2y+3$”，现在要计算当 x 等于从 1 到 5 之间的所有整数，且 y 为 1 到 7 之间所有整数时所有 z 的值。具体操作步骤如下。

步骤① 在 B2 单元格输入以下公式。

```
=5*B1-2*A2+3
```

步骤② 选中 B2:G9 单元格区域，依次选择【数据】→【模拟分析】→【模拟运算表】选项，弹出【模拟运算表】对话框。

步骤③ 将光标定位到【输入引用行的单元格】编辑框中，然后选中 B1 单元格。将光标定位到【输入引用列的单元格】编辑框中，然后选中 A2 单元格。

步骤④ 单击【确定】按钮，所有 z 值的计算结果都将显示到 C3:G9 单元格区域中，如图 31-13 所示。

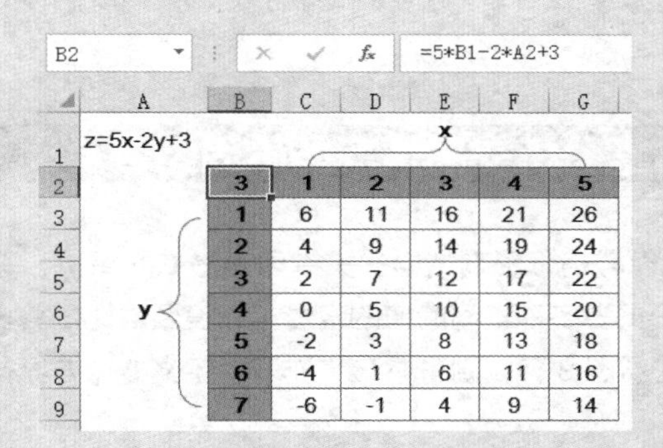

B2　=5*B1-2*A2+3

	A	B	C	D	E	F	G
1	z=5x-2y+3				x		
2		3	1	2	3	4	5
3		1	6	11	16	21	26
4		2	4	9	14	19	24
5		3	2	7	12	17	22
6	y	4	0	5	10	15	20
7		5	-2	3	8	13	18
8		6	-4	1	6	11	16
9		7	-6	-1	4	9	14

图 31-13　求方程解后的结果

注意

在模拟运算表中，应注意引用行、列的单元格位置。如上例中，行是C2:G2（即 x），列是B3:B9（即 y），B2中的公式为“=5*B1-2*A2+3”，即用B1代替 x，用A2代替 y，因此“引用行的单元格”是B1，而“引用列的单元格”是A2。

31.1.5　模拟运算表与普通的运算方式的差别

模拟运算表与普通的运算方式（输入公式，再复制到其他单元格区域）相比较，两者的特点如下。

➲ Ⅰ　模拟运算表

- ❖ 一次性输入公式，不用考虑在公式中使用绝对引用还是相对引用。
- ❖ 表格中计算生成的数据无法单独修改。
- ❖ 公式中引用的参数必须引用“输入引用行的单元格”或“输入引用列的单元格”指向的单元格。

➲ Ⅱ　普通的运算方式

- ❖ 公式需要复制到每个对应的单元格或单元格区域。

❖ 需要详细考虑每个参数在复制过程中，单元格引用是否需要发生变化，以决定使用绝对引用、混合引用还是相对引用。
❖ 每次如果需要更改公式，就必须将所有的公式再重新输入或复制一遍。
❖ 表中的公式可以单独修改（多单元格数组公式除外）。
❖ 公式中引用的参数直接指向数据的行或列。

31.2 使用方案

在计算模型中，如需分析 1~2 个关键因素的变化对结果的影响，使用模拟运算表非常方便。但是如果要同时考虑更多的因素来进行分析时，其局限性也是显而易见的。

另外，用户在进行分析时，往往需要对比某些特定的组合，而不是从一张充满可能性数据的表格中去目测甄别。在这种情况下，使用 Excel 的方案将更容易处理问题。

31.2.1 创建方案

示例31-6 使用方案分析交易情况的不同组合

沿用示例 31-1 中的试算表格，影响结果的关键因素是 CIF 单价、每次交易数量和汇率。根据试算目标可以为这些因素设置为多种不同的值的组合。假设要对比试算多种目标下的交易情况，如理想状态、保守状态和最差状态 3 种，则可以在工作表中定义 3 个方案与之对应，每个方案中都为这些因素设定不同的值。

假设理想状态的 CIF 单价为 14.15，每次交易数量为 200，美元汇率为 6.85。

保守状态的 CIF 单价为 13.05，每次交易数量为 180，美元汇率为 6.75。

最差状态的 CIF 单价为 12.00，每次交易数量为 150，美元汇率为 6.65。

具体操作步骤如下。

步骤① 选中 A3:B11 单元格区域，单击【公式】选项卡中的【根据所选内容创建】按钮，在弹出的【以选中区域创建名称】对话框中选中【最左列】复选框，最后单击【确定】按钮，为表格中现有的因素和结果单元格批量定义名称。

提示：在创建方案前先将相关的单元格定义易于理解的名称，可以在后续的创建方案过程中简化操作，也可以让将来生成的方案摘要更具有可读性。本步骤不是必需的，但是非常有实用意义。

步骤② 依次选择【数据】→【模拟分析】→【方案管理器】选项，弹出【方案管理器】对话框。如果之前没有在本工作表中定义过方案，对话框中将显示“未定义方案，若要增加方案，请选定‘添加’按钮”，如图 31-14 所示。

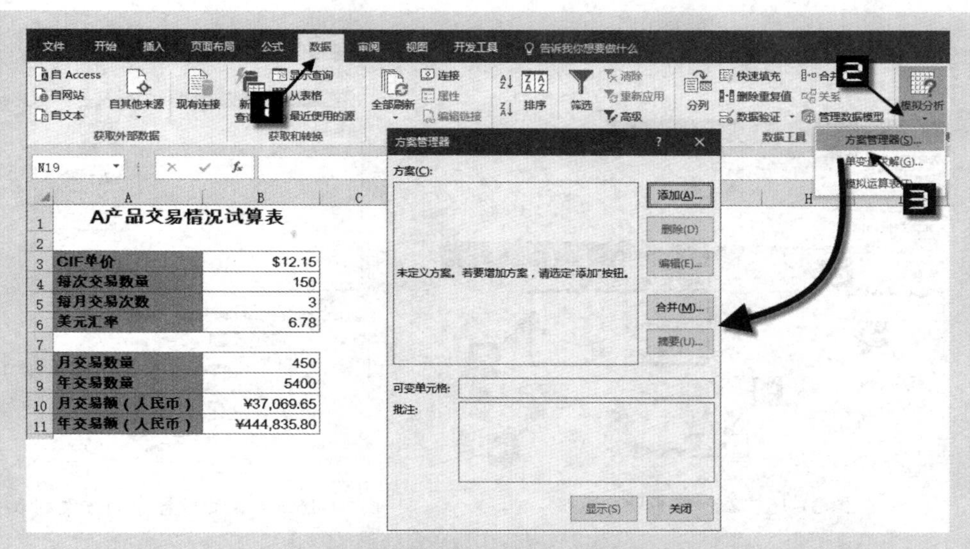

图 31-14　初次打开【方案管理器】对话框

注意

Excel的方案是基于工作表的，假设在Sheet1中定义了方案，如果切换到Sheet2，则方案管理器中不会显示在Sheet1中定义过的方案。

步骤3 单击【添加】按钮，弹出【添加方案】对话框，用户可以在此对话框中定义方案的各个要素，主要包括以下 4 个部分。

❖ 方案名：当前方案的名称。
❖ 可变单元格：也就是方案中的变量。每个方案允许用户最多指定 32 个变量，这些变量都必须是当前工作表中的单元格引用。被引用的单元格可以是连续的，也可以是不连续的，多个不连续的单元格引用之间用半角逗号隔开。
❖ 备注：用户可在此添加方案的说明。默认情况下，Excel 会将方案的创建者名字和创建日期，以及修改者的名字和修改日期保存在此处。
❖ 保护：当工作簿被保护且【保护工作簿】对话框中的【结构】选项被选中时，此处的设置才会生效。【防止更改】选项可以防止此方案被修改，【隐藏】选项可以使本方案不出现在【方案管理器中】。

步骤4 首先定义理想状态下的方案。在【添加方案】对话框中依次输入方案名和可变单元格，保持【防止更改】复选框的默认选中状态，单击【确定】按钮后，会弹出【方案变量值】对话框，要求用户输入指定变量在本方案中的具体数值。

因为在步骤 1 中定义了名称，所以在【方案变量值】对话框中每个变量都会显示相应的名称，否则会仅显示单元格地址。依次输入完毕后单击【确定】按钮，如图 31-15 所示。

步骤5 重复步骤 3 和步骤 4，依次添加保守状态和最差状态两个方案。【方案管理器】中会显示已创建方案的列表，如图 31-16 所示。

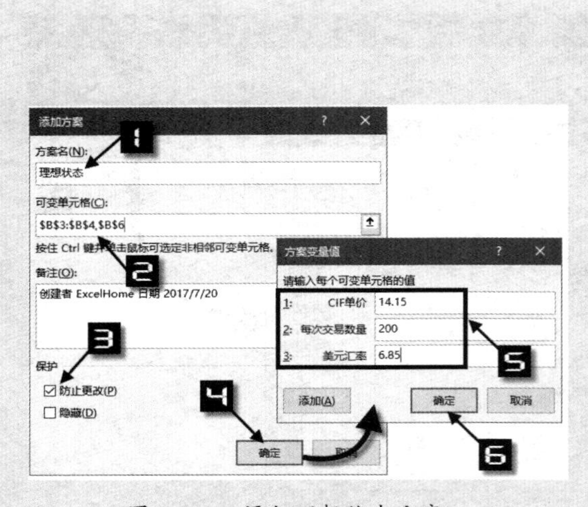

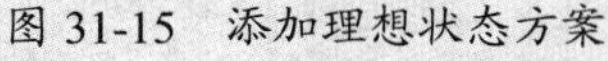

图 31-15　添加理想状态方案

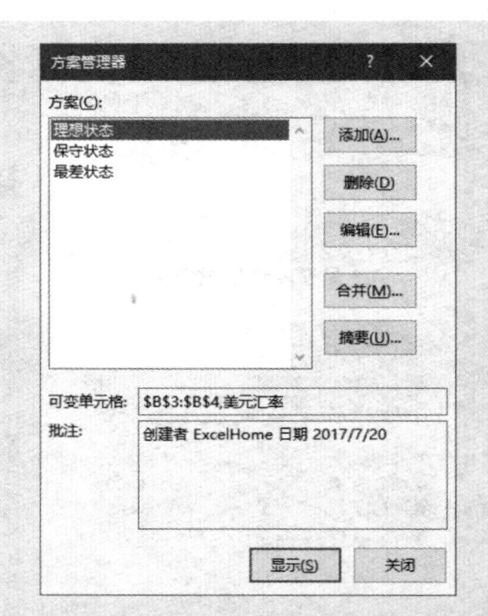

图 31-16　方案管理器中的方案列表

31.2.2　显示方案

在【方案管理器】对话框的方案列表中选中一个方案后，单击【显示】按钮或直接双击某个方案，Excel 将用该方案中设定的变量值替换工作表中相应单元格原有的值，以显示根据此方案的定义所生成的结果。

31.2.3　修改方案

在【方案管理器】对话框的方案列表中选中一个方案，单击【编辑】按钮，将打开【编辑方案】对话框。此对话框的内容与【添加方案】对话框的内容完全相同，用户可以在此修改方案的每一项设置。

31.2.4　删除方案

如果不再需要某个方案，可以在【方案管理器】对话框的方案列表中选中后，单击【删除】按钮。

31.2.5　合并方案

示例31-7　合并不同工作簿中的方案

如果计算模型有多个使用者，且都定义了不同的方案，或者在不同工作表中针对相同的计算模型定义了不同的方案，则可以使用“合并方案”功能，将所有方案集中到一起。

步骤① 如果从多个工作簿中合并方案，需要先打开所有需要合并方案的工作簿，然后激活要汇总方案的工作簿中方案所在的工作表。如果从相同工作簿的不同工作表中合并方案，则激活要汇总方案的工作表。本例中，要在“方案 1.xlsx”工作簿中去合并“方案 2.xlsx”工作簿中包含的方案，因此需要先将这两个工作簿打开。

步骤② 激活“方案 1.xlsx”工作簿的方案所在工作表，依次选择【数据】→【模拟分析】→【方案管理器】选项，在弹出的【方案管理器】对话框中单击【合并】按钮，弹出【合并方案】对话框。

步骤③ 在【工作簿】下拉列表中选择要合并方案的工作簿“方案 2.xlsx”，然后选中包含方案的工作

表。在【工作表】列表框中，选中不同工作表时，对话框会显示该工作表所包含的方案数量，如图 31-17 所示。

步骤④ 单击【确定】按钮后，返回【方案管理器】对话框，合并完成。现在方案列表中显示了合并后的所有 7 个方案，如图 31-18 所示。

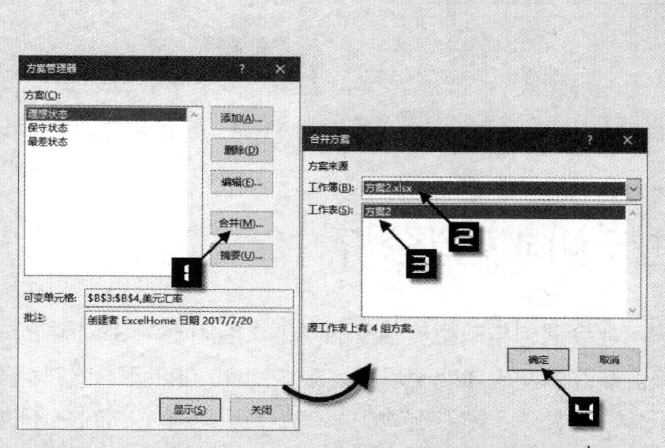

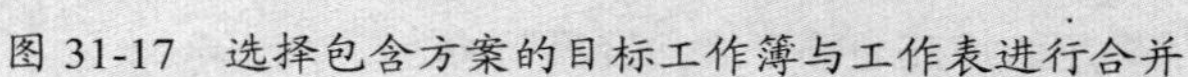

图 31-17 选择包含方案的目标工作簿与工作表进行合并

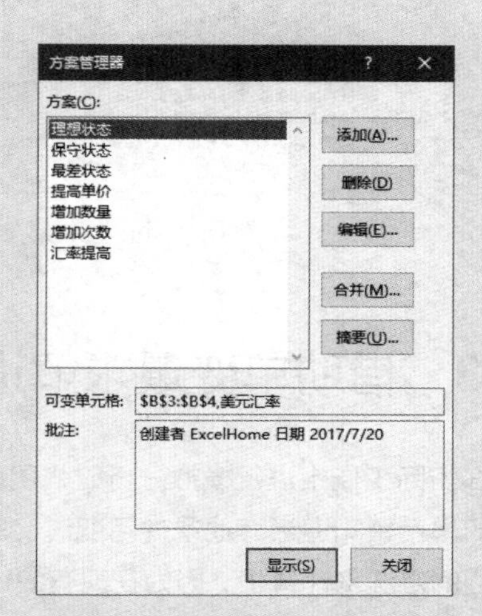

图 31-18 合并后的方案列表

31.2.6 生成方案报告

Excel 的方案功能允许用户生成报告，以方便进一步的分析。在【方案管理器】对话框中单击【摘要】按钮，将显示【方案摘要】对话框，如图 31-19 所示。

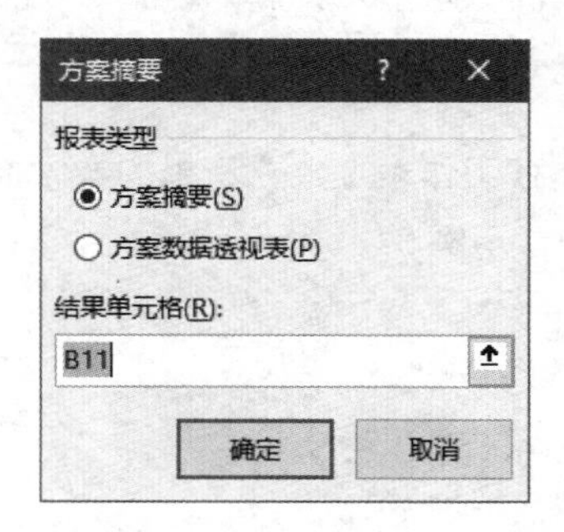

图 31-19 设置方案摘要

在该对话框中可以选择生成两种类型的摘要报告：【方案摘要】是以大纲形式展示报告，而【方案数据透视表】是数据透视表形式的报告。

【结果单元格】是指方案中的计算结果，也就是用户希望进行对比分析的最终指标。在默认情况下，Excel 会根据计算模型为用户主动推荐一个目标。本例中 Excel 推荐的结果单元格为 B11，即年交易额。用户可以按自己的需要改变【结果单元格】中的引用。

单击【确定】按钮，将在新的工作表中生成相应类型的报告，如图 31-20 和图 31-21 所示。

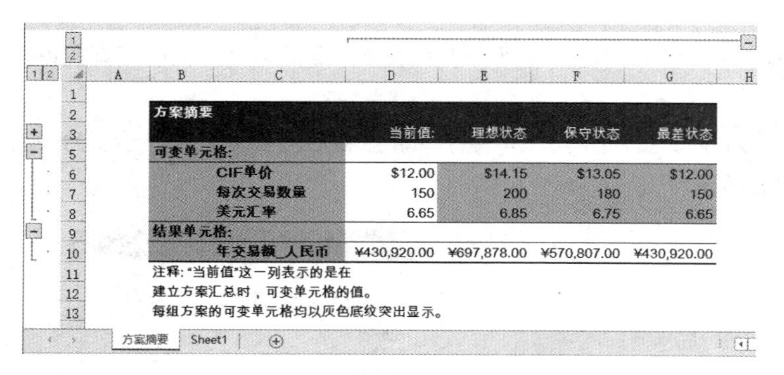

图 31-20　方案摘要报告

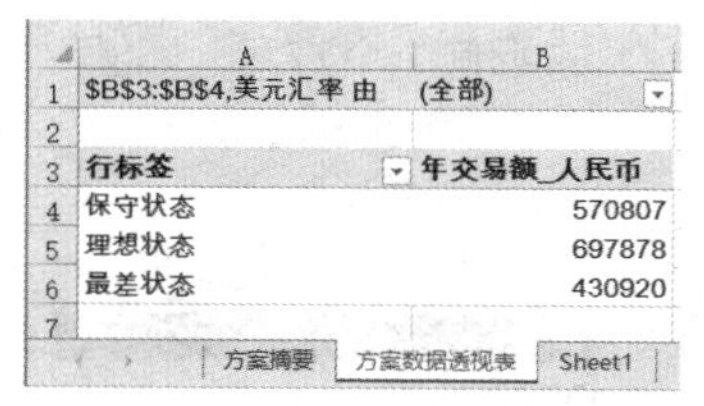

图 31-21　方案数据透视表报告

31.3　借助单变量求解进行逆向模拟分析

在实际工作中进行模拟分析时，用户可能会遇到与前两节相反的问题。沿用示例 31-1 中的试算表格，如果希望知道当其他条件不变时，单价修改为多少才能使月交易额达到 45 000 元，这时就无法使用普通的方法来计算了。因为在现有的计算模型中，月交易额是根据单价计算得到的，而这个问题需要根据单价与月交易额之间的关系，通过已经确定的月交易额来反向推算单价。

对于类似这种需要进行逆向模拟分析的问题，可以利用 Excel 单变量求解和规划求解功能来解决。对于只有单一变量的问题，可以使用单变量求解功能，而对于有多个变量和多种条件的问题，则需要使用规划求解功能。

31.3.1　在表格中进行单变量求解

示例31-8　计算要达到指定交易额时的单价

使用单变量求解功能的关键是在工作表上建立正确的数学模型，即通过有关的公式和函数描述清楚相应数据之间的关系。例如，示例 31-1 所示的表格中，月交易额及其他因素的关系计算公式分别为：

月交易额 = 月交易量 × 单价 × 美元汇率

月交易量 = 每次交易数量 × 每月交易次数

应用单变量求解功能的具体操作步骤如下。

步骤① 选中月交易额所在的 B10 单元格，在【数据】选项卡中依次选择【模拟分析】→【单变量求解】选项，弹出【单变量求解】对话框，Excel 自动将当前单元格的地址“B10”填入【目标单元格】编辑框中。

步骤② 在【目标值】编辑框中输入预定的目标“45000”，在【可变单元格】编辑框中输入单价所在的单元格地址“B3”，也可激活【可变单元格】编辑框后，直接在工作表中单击 B3 单元格。最后单击【确定】按钮，如图 31-22 所示。

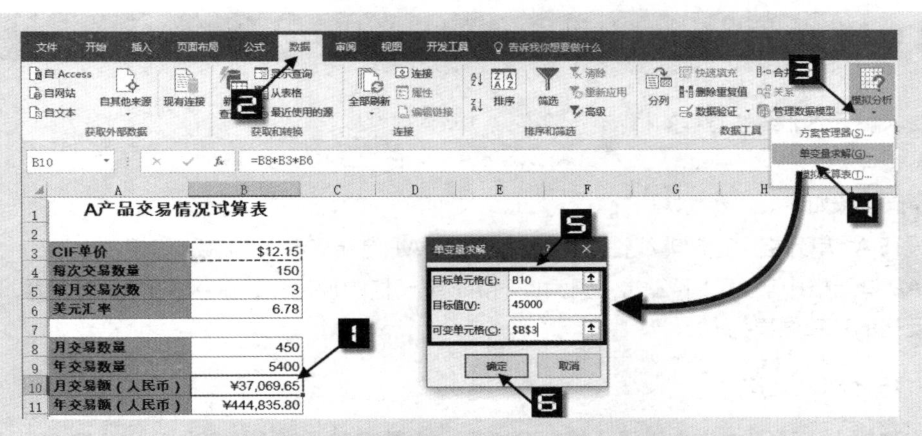

图 31-22　使用单变量求解功能反向推算单价

此时弹出【单变量求解状态】对话框，提示已找到一个解，并与所要求的解一致。同时，工作表中的单价和月交易额已经发生了改变，如图 31-23 所示。

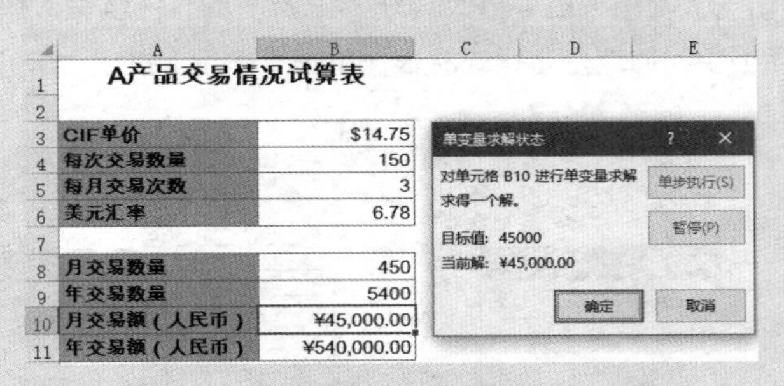

图 31-23　单变量求解完成

计算结果表明，在其他条件保持不变的情况下，要使月交易额增加到 45 000 元，需要将单价提高到 14.75 美元。

如果单击【单变量求解状态】对话框中的【确定】按钮，求解结果将被保留，如果单击【取消】按钮，则将取消本次求解运算，工作表中的数据恢复到之前的状态。

实际计算过程中，单变量求解的计算结果可能存在多个小数位，选中 B3 单元格后，在编辑栏中可以查看实际的结果。

扫描右侧的二维码，可观看本节内容更详细的视频演示。

31.3.2　求解方程式

实际计算模型中，可能会涉及诸多因素，而且这些因素之间还存在着相互制约的关系，归纳起来其实都是数学上的求解反函数问题，即对已有的函数和给定的值，反过来求解。Excel 的单变量求解功能可以直接计算各种方程的根。

示例31-9 使用单变量求解功能求解非线性方程

如果要求解下述非线性方程的根：

$$2x^3-2x^2+5x=12$$

具体操作步骤如下。

步骤① 假设在 A1 单元格中存放非线性方程的解，先将 A1 单元格定义名称为“X”。

步骤② 在 A2 单元格中输入以下公式，因为此时 A1 单元格的值为空，故 X 的值按 0 计算，所以 A2 单元格的计算结果为 0。

```
=2*X^3-2*X^2+5*X
```

步骤③ 在【数据】选项卡中依次选择【模拟分析】→【单变量求解】选项，弹出【单变量求解】对话框。在【目标单元格】编辑框中输入 A2，在【目标值】编辑框中输入 12，指定【可变单元格】为 A1，如图 31-24 所示。

步骤④ 单击【确定】按钮后，弹出【单变量求解状态】对话框，计算完成后，会显示已求得一个解。此时 A1 单元格中的值就是方程式的根，单击【确定】按钮，求解结果将得以保留，如图 31-25 所示。

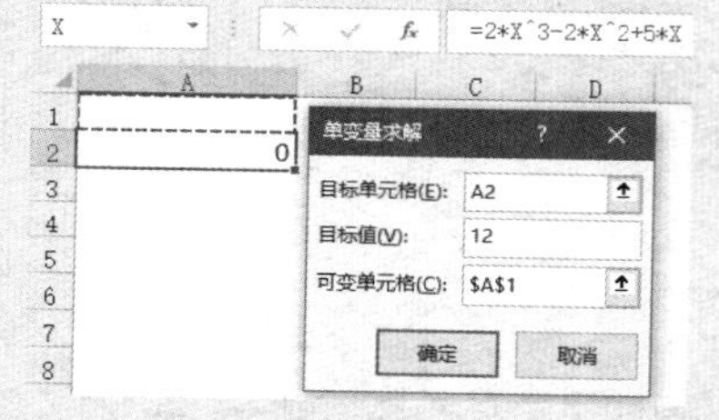

图 31-24 在【单变量求解】对话框中设置参数

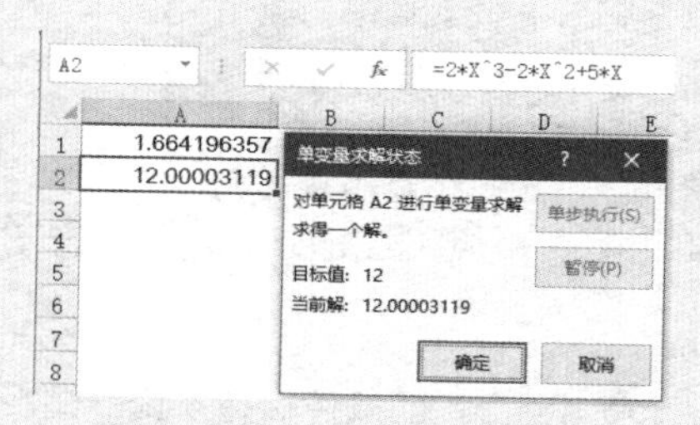

图 31-25 计算出方程式的根

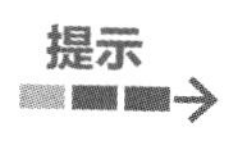

部分线性方程可能有不止一个根，但使用单变量求解每次只能计算得到其中的一个根。如果尝试修改可变单元格的初始值，有可能将计算得到其他的根。

31.3.3 使用单变量求解的注意事项

并非在每个计算模型中做逆向敏感分析都是有解的，如方程式“X^2=-1”。在这种情况下，【单变量求解状态】对话框会告知用户无解，如图 31-26 所示。

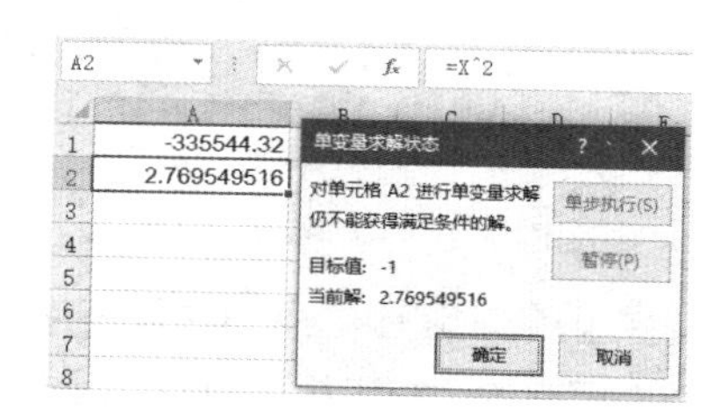

图 31-26 无解时的【单变量求解状态】对话框

在单变量求解根据用户的设置进行计算过程中，【单变量求解状态】对话框中会动态显示“在进行

第 *N* 次迭代计算”。事实上，单变量求解正是由反复的迭代计算来得到最终结果的。如果增加 Excel 允许的最多迭代计算次数，可以使每次求解进行更多的计算，以获得更多的机会求出精确结果。

要设置最多迭代次数，可以打开【Excel 选项】对话框，选择【公式】选项卡，在【最多迭代次数】编辑框中输入 1~32 767 之间的数值，最后单击【确定】按钮完成设置，如图 31-27 所示。

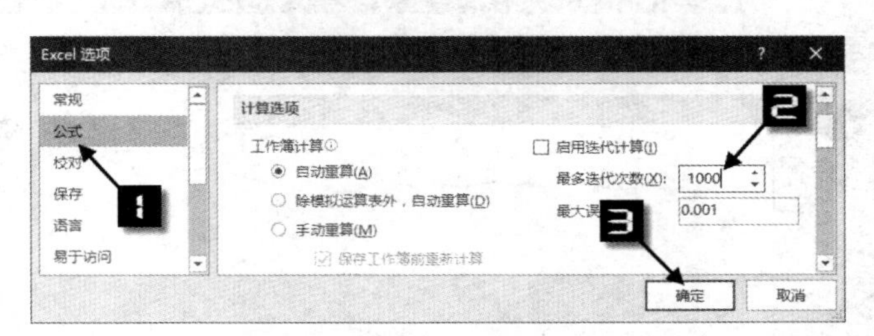

图 31-27　设置最多迭代次数

31.4　预测工作表

使用 Excel 2016 中新增的“预测工作表”功能，能够从历史数据分析出事物发展的未来趋势，并以图表的形式展现出来，方便用户直观地观察事物发展方向或发展趋势。

创建预测时，需要在工作表中输入相互对应的两个数据系列，一个系列中包含时间线的日期或时间条目，另一个系列中包含对应的历史数据，并且要求时间系列中各数据点之间的间隔保持相对恒定，提供的历史数据记录越多，预测结果的准确性也会越高。

示例31-10　使用“预测工作表”功能预测未来的产品销售量

图 31-28 所示为某公司机械设备的历史销售记录，需要根据这些记录预测未来的产品销售量。

	A	B
1	日期	销售量
23	2015年10月	151
24	2015年11月	156
25	2015年12月	152
26	2016年1月	157
27	2016年2月	161
28	2016年3月	165
29	2016年4月	168
30	2016年5月	174
31	2016年6月	182
32	2016年7月	184

历史销售数据

图 31-28　历史销售记录

具体操作步骤如下。

步骤① 单击数据区域中的任意单元格，如 A2，在【数据】选项卡下执行【预测工作表】命令，弹出【创建预测工作表】对话框。

步骤② 单击右上角的图表类型按钮，可以选择创建折线图或柱形图。单击【预测结束】右侧的日期控件按钮，选择预测结束日期，或者在编辑框中输入日期，如图 31-29 所示。

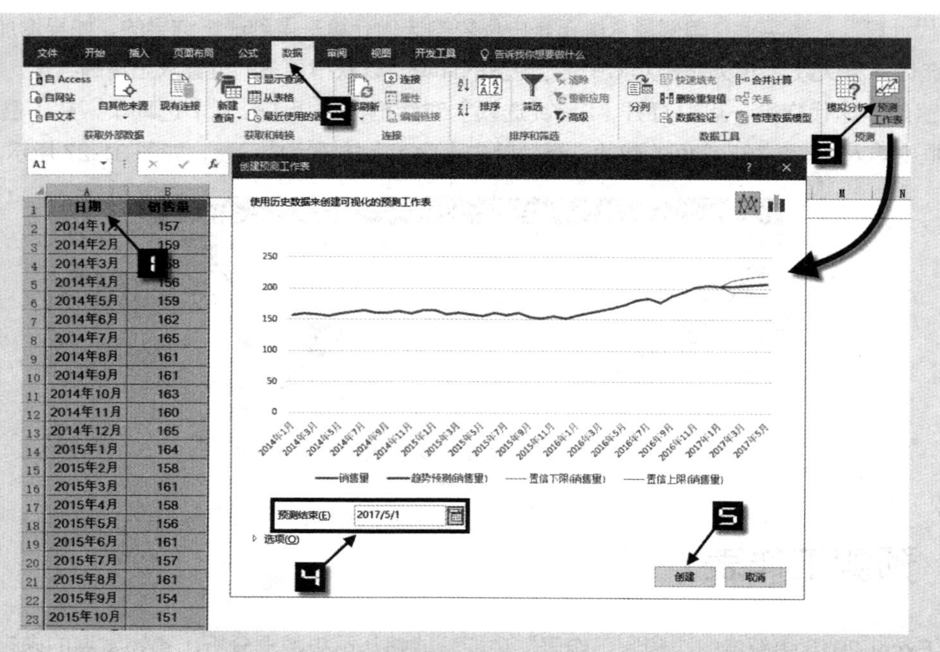

图 31-29　创建预测工作表

步骤③ 单击【创建】按钮，即可自动插入一个新工作表，新工作表中包含历史值和预测值，以及表达预测结果的图表，如图 31-30 所示。

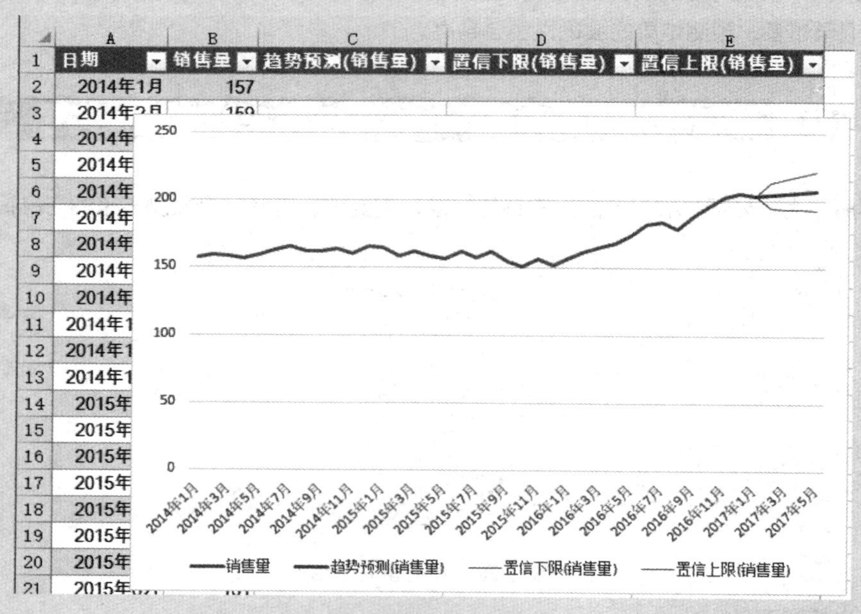

图 31-30　预测结果

提示

使用"预测工作表"功能时，日期或时间系列的数据不能使用文本型内容。

如果在【创建预测工作表】对话框中单击【选项】扩展按钮，用户还可以根据需要设置预测的高级选项，如图 31-31 所示。

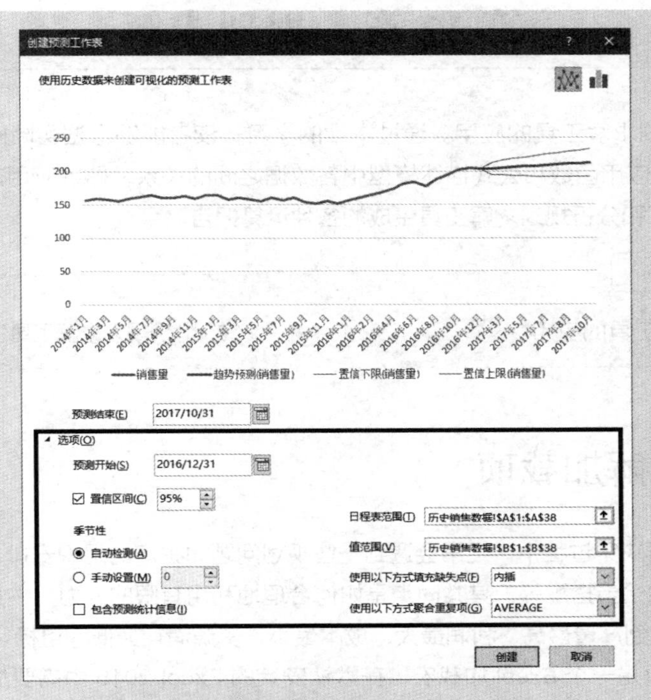

图 31-31　创建预测工作表选项

各选项的作用如表 31-1 所示。

表 31-1　预测选项作用

预测选项	描述
预测开始	设置预测的开始日期
置信区间	置信区间越大，置信水平越高
季节性	用于表示季节模式的长度（点数）的数字，默认使用自动检测
日程表范围	存放日期或时间数据的单元格区域
值范围	存放历史数据记录的单元格区域
使用以下方式填充缺失点	Excel 默认使用插值处理缺少点，只要缺少的点不到 30%，都将使用相邻点的权重平均值补足缺少的点。在下拉列表中选择【零】选项，可以将缺少的点视为零
使用以下方式聚合重复项	如果数据中包含时间相同的多个值，Excel 将计算这些重复项的平均值。用户可以根据需要从列表中选择其他计算方法
包含预测统计信息	选中此复选框时，能够将有关预测的其他统计信息包含在新工作表中，Excel 将添加一个使用 FORECAST.ETS.STAT 函数生成的统计信息表，且包括度量，如平滑系数和错误度量值等

注意

实际预测操作中，往往会有多个因素同时影响最终的预测结果，如原材料价格变动、季节性变化、筹资利率的影响等，而使用预测工作表功能时，仅考虑时间因素的影响，所以在使用时会有较大的局限性。

第 32 章　规划求解

本章主要介绍规划求解工具的应用。通过本章的学习，读者能够根据实际问题建立规划模型，在 Excel 工作表中正确地应用函数和公式描述模型中各数据之间的关系，熟练应用规划求解工具对规划模型进行求解，并能理解和分析规划求解工具生成的各种运算报告。

本章学习要点

（1）规划求解工具的应用。

（2）分析规划求解工具生成的各种运算报告。

32.1　规划求解加载项

在生产管理和经营决策过程中，经常会遇到一些规划问题如生产的组织安排、产品的运输调度、作物的合理布局及原料的恰当搭配等。其共同点是如何合理地利用有限的人力、物力、财力等资源，得到最佳的经济效果，即达到产量最高、利润最大、成本最小、资源消耗最低等目标。

“规划求解”工具是一个 Excel 加载宏，在默认安装的 Excel 2016 中需要加载后才能使用，加载该工具的具体操作步骤如下。

步骤① 依次选择【文件】→【选项】选项，在弹出的【Excel 选项】对话框中选择左侧列表中的【加载项】选项卡，然后在右下方【管理】下拉列表中选择【Excel 加载项】选项，并单击【转到】按钮。

步骤② 在弹出的【加载项】对话框中选中【规划求解加载项】复选框，单击【确定】按钮，如图 32-1 所示。

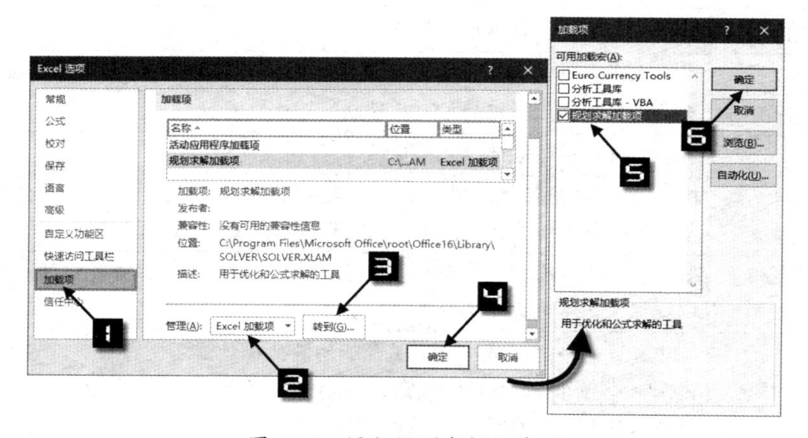

图 32-1　添加规划求解加载项

上述操作完成后，在【数据】选项卡中会显示【规划求解】按钮，如图 32-2 所示。

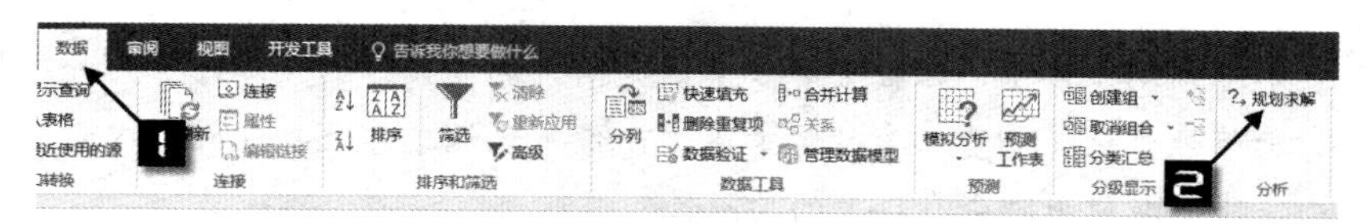

图 32-2　功能区中显示【规划求解】工具按钮

32.2 单纯线性规划

将 1~9 总共 9 个数字放到一个三角形的三条边中，每条边 4 个数字，数字不重复出现，如何放置能保证每条边的 4 个数字之和都等于 17 呢?

示例32-1 利用单纯线性规划解决数独问题

通常利用数学的方法，三条边之和为 51，减去 1~9 数字之和为 45，得知 3 个顶点的数字之和为 6，从而比较容易拼凑出答案。但是使用 Excel 规划求解工具来解决此问题更加方便，具体操作步骤如下。

步骤① 根据已知条件建立关系表格，如图 32-3 所示。

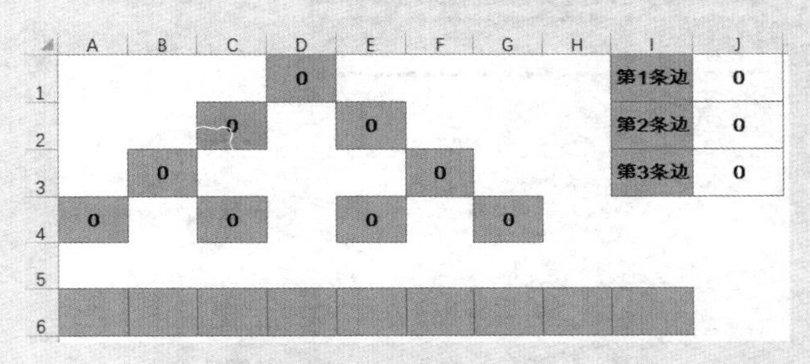

图 32-3 建立关系表

三角形区域是最终得出结果的目标区域，为了能够方便地处理，将三角形区域用 A6:I6 区域来替代，其中 A6:D6 代表第一条边，D6:G6 代表第二条边，G6:I6 和 A6 单元格代表第三条边。

对于此题来说，约束条件有 4 个，分别是：

❖ 第一条边之和为 17，在 J1 单元格输入以下公式。

```
=SUM(A6:D6)
```

❖ 同理，第二条边之和为 17，在 J2 单元格输入以下公式。

```
=SUM(D6:G6)
```

❖ 第三条边之和为 17，在 J3 单元格输入以下公式。

```
=SUM(G6:I6,A6)
```

❖ 第 4 个条件是 A6:I6 为 1~9 不重复的数字，下一个步骤会进行设置。

步骤② 在【数据】选项卡中单击【规划求解】按钮，打开【规划求解参数】对话框。在【通过更改可变单元格】编辑框中选择 A6:I6 单元格区域，再单击【添加】按钮，打开【添加约束】对话框添加约束条件，本例中所包含的约束条件如下。

```
条件 1: $J$1=17
条件 2: $J$2=17
条件 3: $J$3=17
条件 4: $A$6:$I$6=AllDifferent
```

提示

在添加约束条件时，选择“dif”，即可保证所选择区域为不重复的整数，显示为“AllDifferent”。

添加完成后单击【添加约束】对话框中的【确定】按钮，返回【规划求解参数】对话框，如图32-4所示。

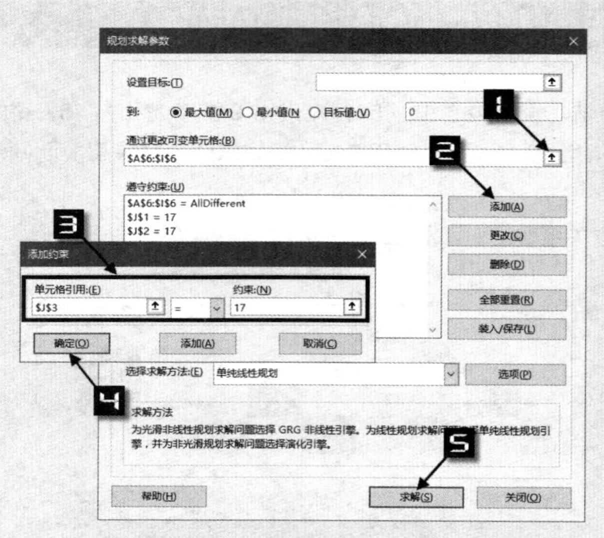

图 32-4　设置规划求解参数

步骤③ 此问题属于线性规划问题，使用线性求解模型可以提高求解的速度，同时保证有解，在【规划求解参数】对话框中的【选择求解方法】下拉列表中选择【单纯线性规划】选项，如图32-5所示。

图 32-5　单纯线性规划

步骤④ 单击【求解】按钮开始求解运算过程，并最终显示求解结果。

选中【规划求解结果】对话框中的【保留规划求解的解】单选按钮，单击【确定】按钮，可以关闭对话框并在表格中保留最终结果的数值。如果选中【还原初值】单选按钮或单击【取消】按钮，表格将恢复到使用规划求解之前的状态，如图 32-6 所示。

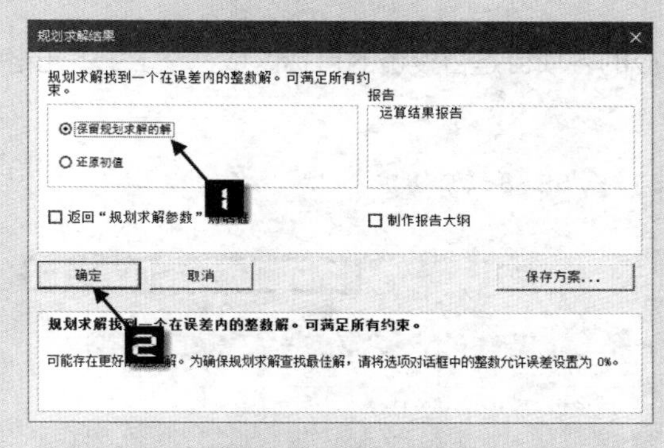

图 32-6　求解结果

提示

【规划求解结果】对话框显示找到一个在误差内的整数解，表格中直接显示了这个结果，其实这只是其中的一个解。绝大多数情况这个误差内的解就是最优解。

单击【确定】按钮后可以得出最终结果，如图 32-7 所示。

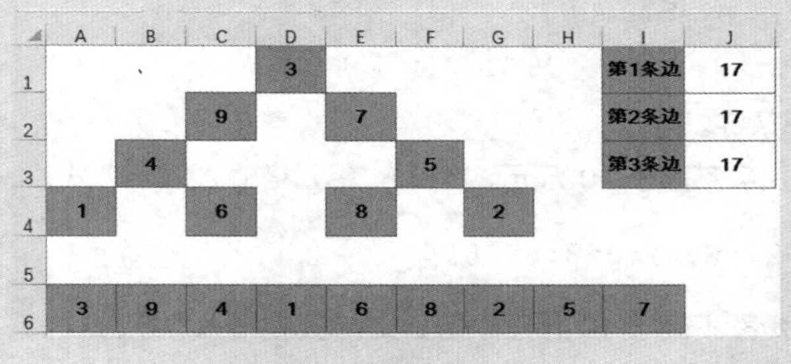

图 32-7　最终结果

32.3　投资收益最大化问题

规划求解能够很好地解决运筹学相关的问题，运筹学能够在生产经营过程中实现有效管理和正确的决策，使资源能够最大化地利用。本例中某公司有 5 项工程可进行投资。公司决定在前两年中每年投资 10 万元。在后两年中，每年投资 8 万元。5 个项目的投资需要量及其相应的收益情况如图 32-8 所示。

	项目A	项目B	项目C	项目D	项目E
第1年	2	4	0	3	2
第2年	2	1	5	3	-2
第3年	3	-2	4	4	2
第4年	3	3	5	0	2
四年净收入	14	17	15	11	14

图 32-8　投资需要量及其相应的收益情况

表中的负数表示当年的收益返回，现需要计算该公司应该如何进行投资决策来实现收益的最大化。

示例32-2 投资收益最大化问题

步骤① 设定 B8:F8 区域为对应的各项目是否投资的目标区域，在 B9 单元格中输入最大收益的公式，如图 32-9 所示。

```
=SUMPRODUCT($B$6:$F$6,$B$8:$F$8)
```

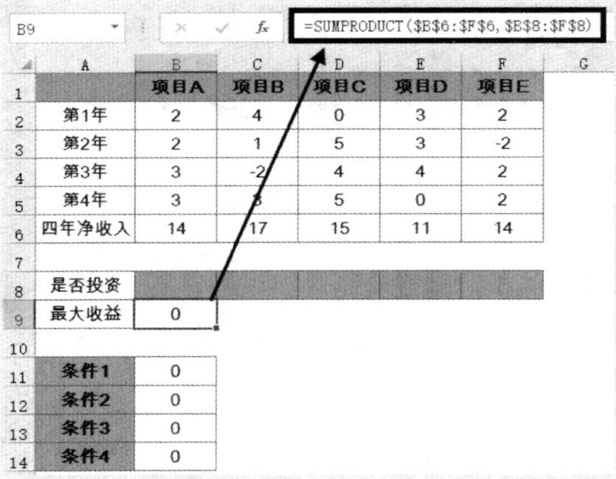

B9　=SUMPRODUCT($B$6:$F$6,$B$8:$F$8)

	A	B	C	D	E	F
1		项目A	项目B	项目C	项目D	项目E
2	第1年	2	4	0	3	2
3	第2年	2	1	5	3	-2
4	第3年	3	-2	4	4	2
5	第4年	3	3	5	0	2
6	四年净收入	14	17	15	11	14
7						
8	是否投资					
9	最大收益	0				
10						
11	条件1	0				
12	条件2	0				
13	条件3	0				
14	条件4	0				

图 32-9　投资组合模型

本例中共有 5 个约束条件。

❖ 条件 1：第一年的投资额不高于 10 万元。在 B11 单元格输入以下公式。

```
=SUMPRODUCT($B$2:$F$2,$B$8:$F$8)
```

❖ 条件 2：第二年的投资额不高于 10 万元。在 B12 单元格输入以下公式。

```
=SUMPRODUCT($B$3:$F$3,$B$8:$F$8)
```

❖ 条件 3：第三年的投资额不高于 8 万元。在 B13 单元格输入以下公式。

```
=SUMPRODUCT($B$4:$F$4,$B$8:$F$8)
```

❖ 条件 4：第四年的投资额不高于 8 万元。在 B14 单元格输入以下公式。

```
=SUMPRODUCT($B$5:$F$5,$B$8:$F$8)
```

❖ 条件 5：是否投资的目标区域只能是 0 或 1，格式为二进制，下一步骤将会设置。

步骤② 在【数据】选项卡中单击【规划求解】按钮，打开【规划求解参数】对话框。其中【设置目标】选择 B9 单元格，目标为最大化目标，故选中【最大值】单选按钮。

然后在【通过更改可变单元格】编辑框选择 B8:F8 单元格区域，再单击【添加】按钮打开【添加约束】对话框进行约束条件的添加，本例中所包含的约束条件如下。

条件 1：$B$11<=10

条件 2：$B$12<=10

条件 3：$B$13<=8

条件 4：$B$14<=8

条件 5：$B$8:$F$8= 二进制

提示　在添加约束条件时，单元格引用选择$B$8:$F$8，条件选择“bin”，即可将区域设置为限定二进制。

约束条件添加完成后，单击【添加约束】对话框中的【确定】按钮，返回【规划求解参数】对话框，在【选择求解方法】下拉列表中选择【非线性 GRG】选项，设置完成的参数如图 32-10 所示。

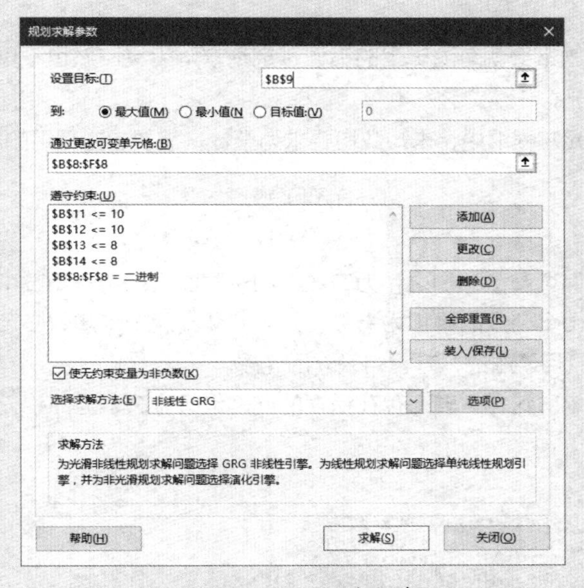

图 32-10　设置规划求解参数

步骤③ 单击【求解】按钮开始求解运算过程，并最终显示求解结果，如图 32-11 所示，单击【规划求解结果】对话框中的【确定】按钮保存此结果。

从结果中可以看出最优的投资组合为（1,1,0,0,1），最大收益为 45 万元，如图 32-12 所示。

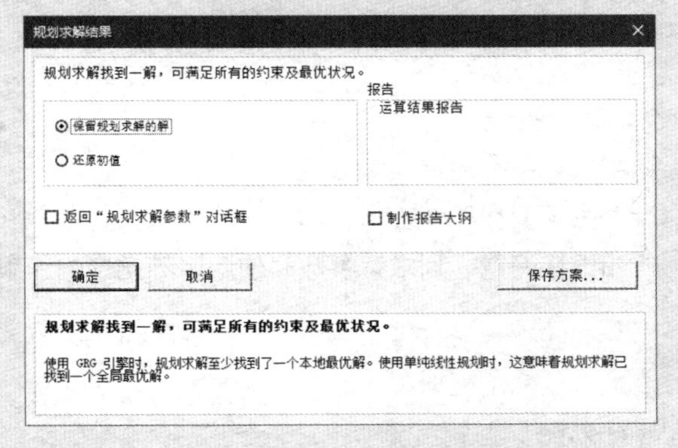

图 32-11　求解结果

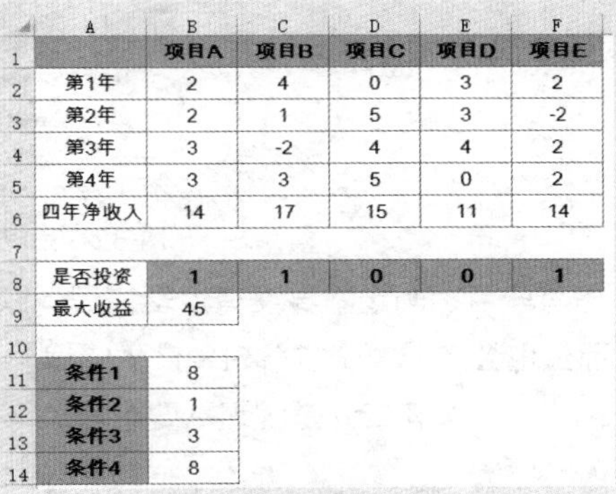

	A	B	C	D	E	F
1		项目A	项目B	项目C	项目D	项目E
2	第1年	2	4	0	3	2
3	第2年	2	1	5	3	-2
4	第3年	3	-2	4	4	2
5	第4年	3	3	5	0	2
6	四年净收入	14	17	15	11	14
7						
8	是否投资	1	1	0	0	1
9	最大收益	45				
10						
11	条件1	8				
12	条件2	1				
13	条件3	3				
14	条件4	8				

图 32-12　最终结果

32.4 规划求解常见问题及解决方法

有时，并不是使用规划求解都能够得到正确的结果或是符合用户要求的结果。不正确的公式模型、约束条件的缺失或不合理的选项设置都可能造成规划求解产生错误。

规划求解中常见的错误归纳总结如下。

32.4.1 逻辑错误

示例32-3 规划求解常见问题及解决方法

如果需要求解的问题本身就有逻辑上的错误，规划求解工具自然也不可能找到合适的答案，这类似于方程中的无解情况。

例如，以下整数二元方程组中，未知数均要求为整数，需要求方程组的解。

$$\begin{cases} X+Y=9 \\ XY=17 \end{cases}$$

在第 1 个方程中，两个整数相加之和为奇数，则可判断出两个未知数中必定有一个奇数和一个偶数；而第 2 个方程中两个整数的乘积为奇数，则可判断出两个未知数必定均为奇数。因此两个方程从数学逻辑上来说是互相矛盾的，方程组联立后无解。

通过规划求解工具来对这样逻辑上存在错误的问题进行求解，显然也无法得到正确的结果，如图 32-13 所示。

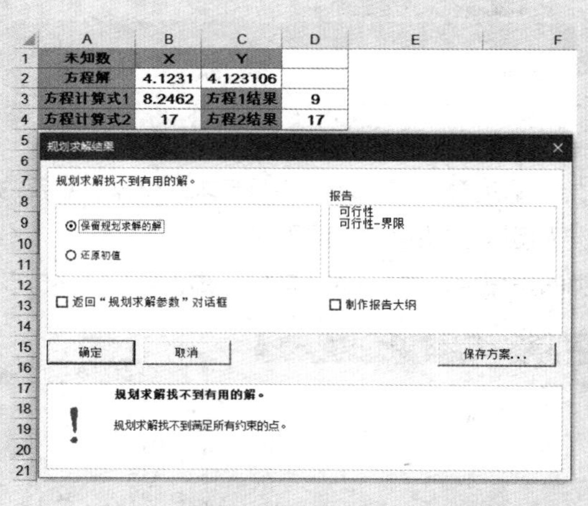

图 32-13 规划求解找不到有用的解

还有些目标问题本身没有逻辑错误问题，但如果在设置规划求解参数时使用了不正确的约束条件，那么也会造成整个求解对象产生错误。

例如，同样有二元方程组需要求解。

$$\begin{cases} X+Y=9.5 \\ X-Y=18 \end{cases}$$

这是一个简单的二元一次方程组，两个未知数的和是一个小数，那么未知数中肯定包含了非整

数，如果此时在约束条件中添加了未知数为整数的条件，显然也会产生逻辑上的错误，造成规划求解无法得到正确的结果。由于约束条件中有整数的条件未能满足，因此规划求解仍然显示无法找到有用解的结果。

32.4.2　精度影响

精度是指规划求解结果的精确程度，规划求解的迭代运算过程中，在满足所有的设置条件要求的情况下，当迭代运算的结果与目标结果值的差异小于预先设置的【约束精确度】参数选项时，即终止运算返回当前迭代结果，因此规划求解的最终计算结果的精确程度会受到计算精度的影响。

如图 32-14 所示，在【规划求解参数】对话框中单击【选项】按钮，弹出【选项】对话框。在【选项】对话框中将【约束精确度】数值设置得越小，规划求解的运算精度就越高，但这同样是以增加更多的运算时间为代价的，因此建议用户选择合理的精度设置。

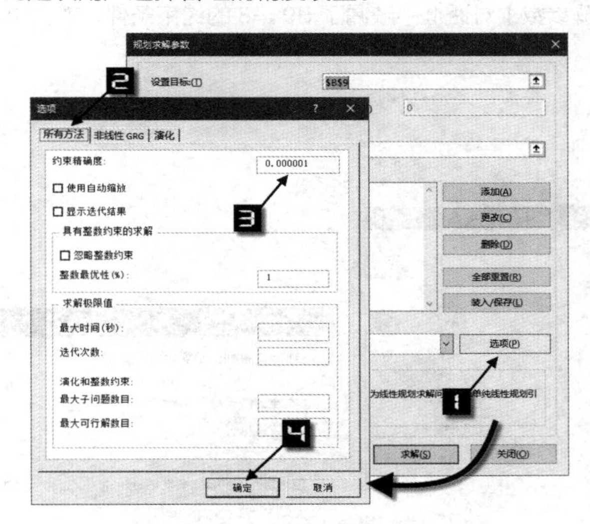

图 32-14　调整约束精确度

32.4.3　误差影响

误差的概念与精度有些相似，只不过误差的选项设置只在规划求解当中包含整数约束条件时才有效。当为规划求解添加整数约束条件时，求解的结果有时并非返回真正的整数结果，这是因为 Excel 的规划求解默认允许目标结果与最佳结果之间包含 5% 的偏差。

在【规划求解参数】对话框中单击【选项】按钮，打开【选项】对话框，在【整数最优性】文本框中输入 0，最后单击【确定】按钮，如图 32-15 所示。

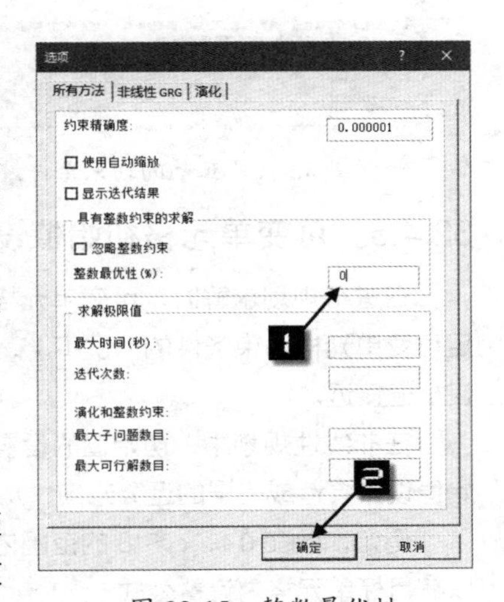

图 32-15　整数最优性

32.4.4　目标结果不收敛

对于非线性规划问题，通过迭代运算使得运算结果逼近目标值的方式与线性规划时有所不同，因此对于此类规划问题还存在着收敛度的参数要求。

所谓收敛度，就是指在最近的 5 次迭代运算中，如果目标单元格的数值变化小于预先设置的收敛度数值且满足约束要求条件，规划求解则停止迭代运算返回计算结果。

在某些情况下，收敛度要求设置太高可能会造成规划求解无法得到最终结果，为此可以在图 32-15 所示的【选项】对话框中调整【约束精确度】的设置。在 Excel 2016 中的默认设置为 0.0001，数值越小意味着收敛度要求越高，反之则可降低收敛度的要求。一般情况下不需要修改此处的设置。

另外，约束条件的设置错误也可能造成迭代运算结果忽大忽小，无法逐渐向目标结果收敛逼近，此时规划求解会返回目标数值不收敛的错误提示信息。

例如，要在 $2 \leqslant x \leqslant 8$ 的范围内，求计算式 $x^2+6/x+9$ 的最大值。假设可变单元格为 B9 单元格，可以在目标单元格内设置公式：

```
=B9^2+6/B9+9
```

并且添加约束条件 B9>=2 和 B9<=8，如图 32-16 所示。

如果此时在【规划求解参数】对话框中缺漏了 B9<=8 的约束条件，就会出现无法收敛结果的情况，如图 32-17 所示。

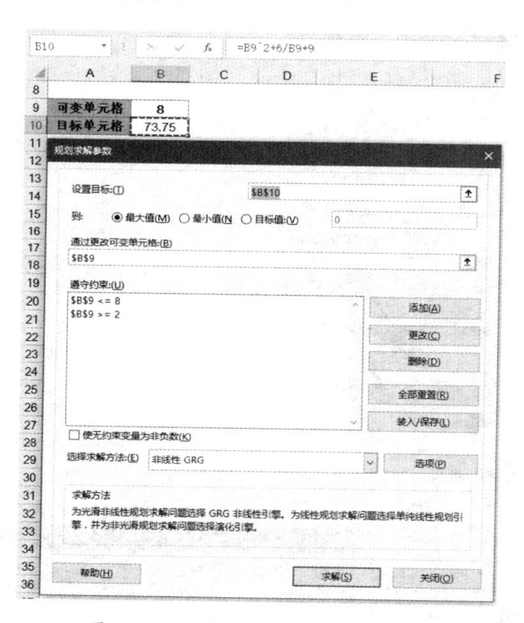

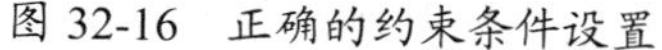
图 32-16　正确的约束条件设置

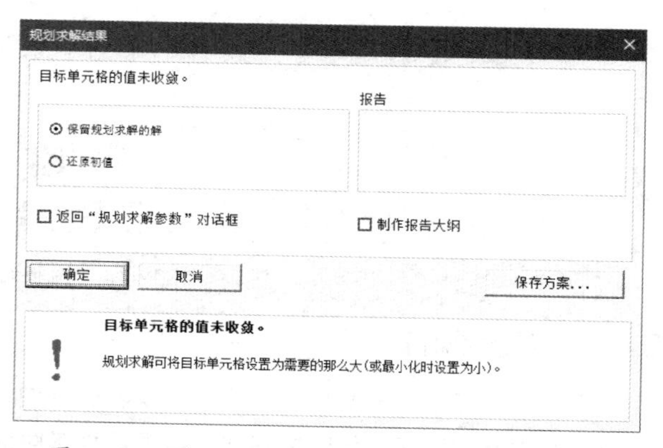

图 32-17　错误的约束条件造成目标结果不收敛

32.4.5　可变单元格初始值设置不合理

在进行规划求解时，可变单元格中的当前取值通常会作为规划求解迭代运算的初始值（在初始值满足可变单元格约束条件的情况下），在初始值的基础上逐渐增大或减小可变单元格取值来使运算结果向目标值接近。

在非线性规划中，初始值的设置往往可以决定规划求解究竟是增大还是减小迭代取值，不合理的初始值设置会造成错误的运算方向，从而导致错误的运算结果。

例如，要在 $0 \leqslant x \leqslant 8$ 的范围内，求计算式 x^2-6x+9 的最大值。假设可变单元格为 B9 单元格，可以在目标单元格内设置公式：

```
=B9^2-6*B9+9
```

并且添加约束条件 B9>=0 和 B9<=8，如图 32-18 所示。

假如保持可变单元格当前取值为空（即取值为 0），运行规划求解得到的结果并不正确，如图 32-19 所示。此时需要将可变单元格的初始值设置为 3 或更大的数，才可以得到正确的规划求解结果。

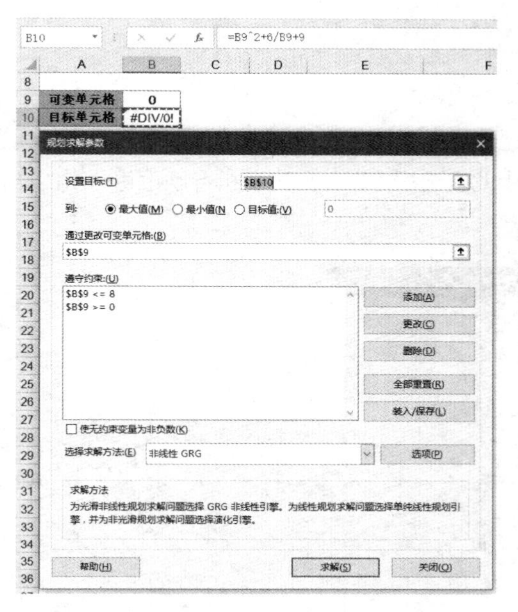

图 32-18 常规的规划求解参数设置

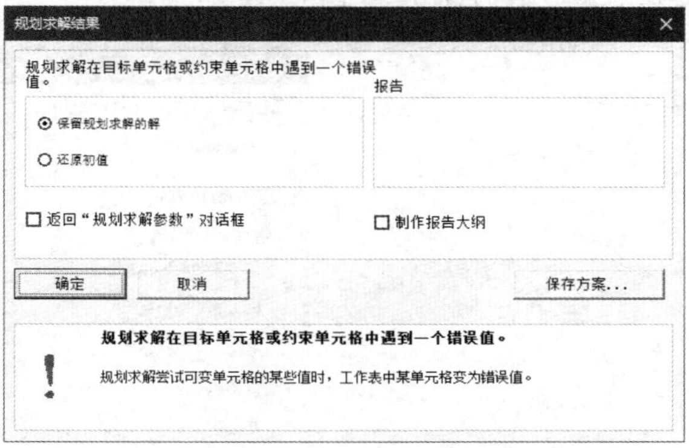

图 32-19 错误的规划结果

32.4.6 出现错误值

规划求解的迭代过程会不断地改变可变单元格的值。如果在变化的过程中相应的目标结果或中间计算结果在当前取值情况下产生了错误的结果，或者超出了 Excel 的计算范围，就会造成规划求解因此错误而中断。

32.4.7 非线性

当规划求解的目标结果函数为线性函数、约束条件为线性条件、规划问题为线性问题时，可以在【规划求解参数】对话框的【选择求解方法】下拉列表中选中【单纯线性规划】复选框，以便于提高规划求解的运算速度。

但是如果目标对象为非线性关系，又选择了单纯线性规划，就会在规划求解的过程中产生错误而中断，并出现“未满足此线性规划求解所需的线性条件”的提示信息，如图 32-20 所示。

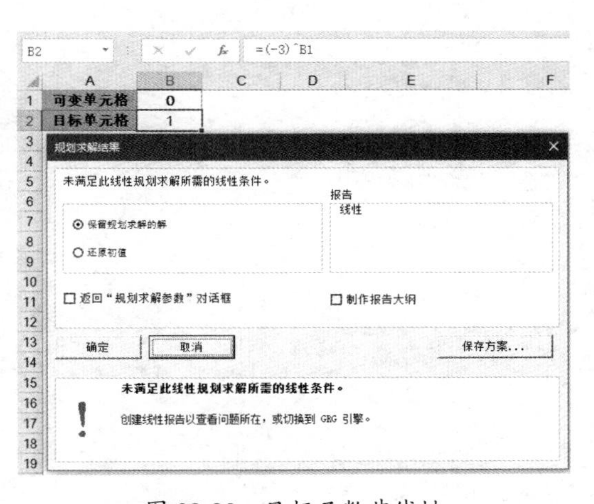

图 32-20 目标函数非线性

32.4.8 规划求解暂停

有些情况下，使用 Excel 规划求解的过程中会出现运算暂停，并显示中间结果，如图 32-21 所示。

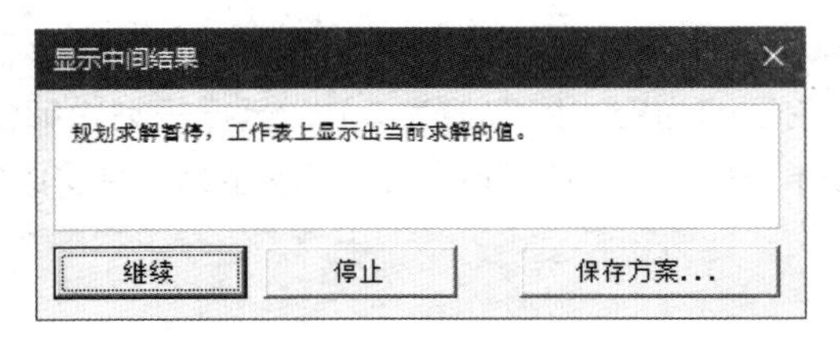

图 32-21　规划求解暂停

产生这样的暂停并非由于规划求解产生了错误，而是因为在图 32-22 所示的【选项】对话框【所有方法】选项卡中选中【显示迭代结果】复选框所致。选中此复选框可以让用户有机会观察每一次的迭代过程和结果，并可控制运算是否继续执行。

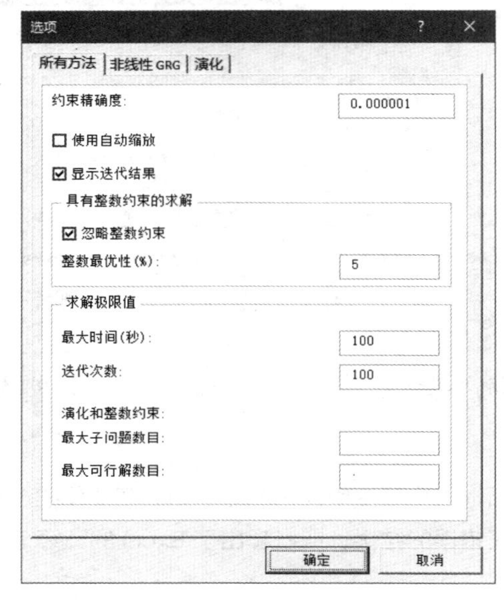

图 32-22　显示迭代结果

第五篇

使用Excel的高级功能

本篇内容主要包括运用分析工具进行数据分析、条件格式、数据验证、链接和超链接、使用语音引擎等。这些功能极大地加强了 Excel 处理电子表格数据的能力，使用户能够更轻松地驾驭自己的工作。同时，这些功能易于使用，读者无须花很多时间就能够快速掌握它们。

第 33 章　使用分析工具库分析数据

“分析工具库”是用于提供分析功能的加载项，能够为用户提供一些高级统计函数和实用的数据分析工具，本章将介绍分析工具库中常用的统计分析功能。

本章学习要点

（1）分析工具库的安装。
（2）描述性统计分析。
（3）相关系数分析。
（4）移动平均分析。
（5）排位与百分比排位。
（6）直方图分析。
（7）双因素方差分析。

33.1　加载分析工具库

分析工具库以加载项的形式实现，因此在使用分析工具库之前，需要手动加载此加载项。操作步骤如下。

步骤① 依次选择【文件】→【选项】选项，打开【Excel 选项】对话框。切换到【加载项】选项卡下，在【管理】右侧的下拉菜单中选择【Excel 加载项】选项，然后单击【转到】按钮。

步骤② 在弹出的【加载项】对话框中选中【分析工具库】复选框，最后单击【确定】按钮关闭对话框，如图 33-1 所示。

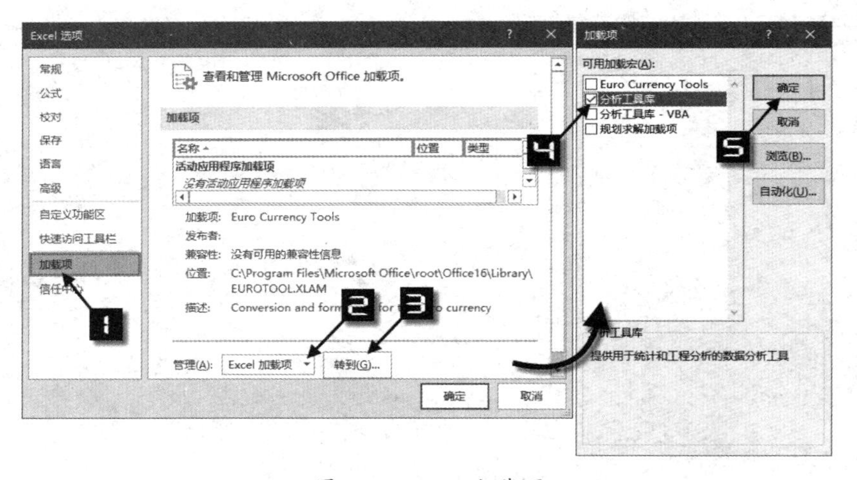

图 33-1　Excel 加载项

设置完成以后，在【数据】选项卡下将会出现【数据分析】按钮，单击该按钮，会弹出【数据分析】对话框，在列表中选中需要启用的分析工具，单击【确定】按钮，Excel 将显示针对所选工具的新对话框，如图 33-2 所示。

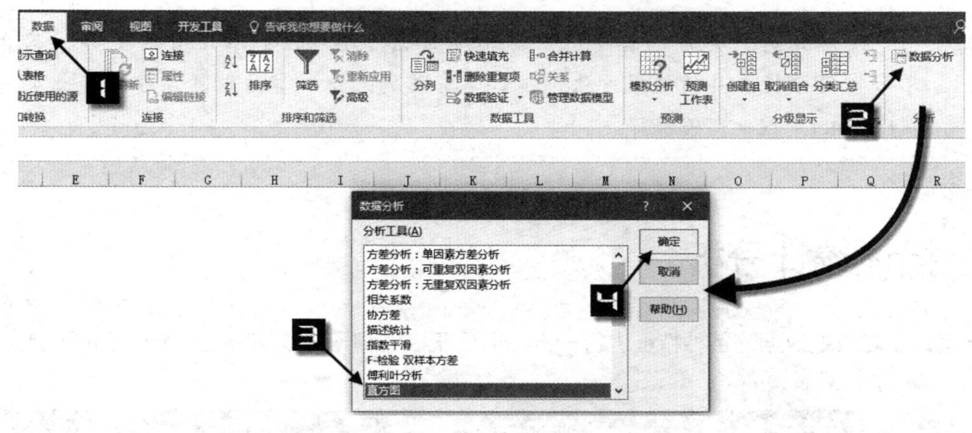

图 33-2　打开【数据分析】对话框

在【数据分析】对话框中，可选择的分析工具及作用如表 33-1 所示。

表 33-1　分析工具及作用

分析工具名称	作用
方差分析	分析类型包括单因素方差分析、无重复双因素方差分析和可重复双因素方差分析
相关系数分析	用于判断两组数据集之间的关系
协方差分析	用于返回各数据点的一对均值偏差之间的乘积的平均值
描述统计分析	用来概括、表述事物整体状况及事物间关联和类属关系，分析数据的趋中性和离散性
指数平滑分析	基于前期预测值导出相应的新预测值，并修正前期预测值的误差。以平滑常数 α 的大小决定本次预测对前期预测误差的修正程度
傅利叶分析	又称调和分析，研究如何将一个函数或信号表达为基本波形的叠加。通常用于解决线性系统问题，并能够通过快速傅利叶变换分析周期性数据
F 检验：双样本方差检验	用来比较两个样本总体的方差
直方图分析	计算数据的个别和累计频率，用于统计数据集中某个数值元素的出现次数
移动平均分析	基于特定的过去某段时期中变量的均值，对未来值进行预测
t- 检验分析	包括双样本等方差假设 t- 检验、双样本异方差假设 t- 检验和平均值的成对二样本分析 t- 检验 3 种类型
z- 检验：双样本平均差检验	以指定的显著水平检验两个样本均值是否相等
随机数发生器分析	以指定的分布类型生成一系列独立随机数字，可以通过概率分布来表示总体中的主体特征
回归分析	通过对一组观察值使用“最小二乘法”直线拟合，进行线性回归分析。可用来分析单个因变量是如何受一个或几个自变量的值影响的
抽样分析	以数据源区域为总体，为其创建一个样本。当总体太大而不能进行处理或绘制时，可以选用具有代表性的样本。如果确认数据源区域中的数据是周期性的，还可以仅对一个周期中特定时间段中的数值进行采样

提示

使用分析工具时，需要用户对相应的统计学理论和术语有所了解。本节主要学习常用分析工具的使用方法，统计学有关的知识和术语解释请参考专业类图书或在Internet中搜索有关条目。

33.2 描述统计分析

描述统计是对一组数据的各种特征进行分析，以便于描述测量样本的特征及所代表的总体的特征。

示例33-1 使用描述统计分析商品销售状况

如图 33-3 所示，展示了某公司两种商品的上年度销售数据，可以通过描述统计功能来分析各商品的销售状况。

	A	B	C
1	月份	A商品	B商品
2	1月	543	631
3	2月	621	594
4	3月	644	660
5	4月	464	671
6	5月	373	503
7	6月	408	561
8	7月	495	629
9	8月	218	579
10	9月	468	513
11	10月	418	534
12	11月	542	512
13	12月	697	607

图 33-3 两种商品的销售数据

操作步骤如下。

步骤1 依次单击【数据】→【数据分析】按钮，打开【数据分析】对话框。

步骤2 在【数据分析】对话框的【分析工具】列表框中选择【描述统计】选项，单击【确定】按钮，打开【描述统计】对话框。

步骤3 在【描述统计】对话框中设置相关参数。

（1）单击【输入区域】右侧的折叠按钮，选择要分析数据所在的 B1:C13 单元格区域。

（2）选中【分组方式】右侧的【逐列】单选按钮。

（3）选中【标志位于第一行】复选框。

（4）在【输出选项】区域下选中【新工作表组】单选按钮。

（5）选中【汇总统计】和【平均数置信度】复选框，并将【平均数置信度】设置为 95%。最后单击【确定】按钮，如图 33-4 所示。

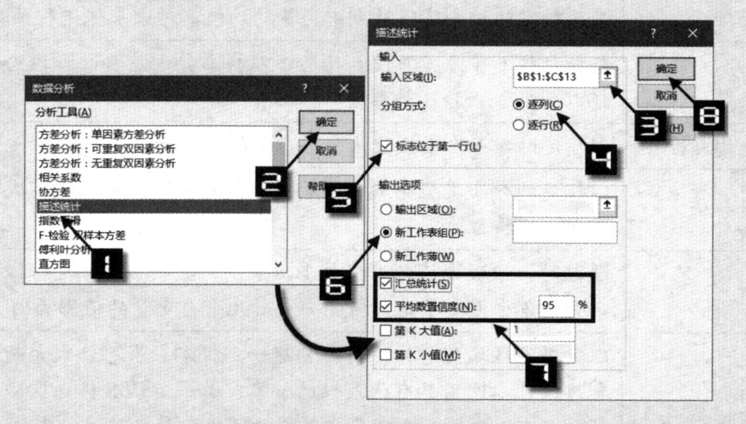

图 33-4 描述统计设置

Excel 将自动插入新工作表，并显示出描述统计结果，如图 33-5 所示。

	A	B	C	D
1	A商品		B商品	
2				
3	平均	490.9166667	平均	582.8333
4	标准误差	37.93883801	标准误差	16.97406
5	中位数	481.5	中位数	586.5
6	众数	#N/A	众数	#N/A
7	标准差	131.42399	标准差	58.79987
8	方差	17272.26515	方差	3457.424
9	峰度	0.440906467	峰度	-1.37509
10	偏度	-0.391233838	偏度	0.020838
11	区域	479	区域	168
12	最小值	218	最小值	503
13	最大值	697	最大值	671
14	求和	5891	求和	6994
15	观测数	12	观测数	12
16	置信度(95.0%)	83.50281944	置信度(95.0%)	37.35965

Sheet2　Sheet1

图 33-5　两种商品的描述统计分析结果

从统计的结果可以看出，A 商品月均销量约为 490.91，最低销量为 218，最高销量为 697。峰度大于 0，说明该产品总体数据分布与正态分布相比较为陡峭，为尖顶峰。偏度系数为负值，表示其数据分布形态与正态分布相比为负偏或称为左偏，说明数据左端有较多的极端值。综合各项描述统计结果，说明该商品各月份销售波动性较大，很可能受到季节性影响。

B 商品月均销量约为 582.83，最低销量为 503，最高销量为 671。峰度小于 0，表示该总体数据分布与正态分布相比较为平坦，为平顶峰。偏度系数接近 0，表示其数据分布形态与正态分布的偏斜程度接近。综合各项描述统计结果，说明该商品各月份销售比较平稳。

33.3　相关系数分析

相关系数或称线性相关系数、皮氏积矩相关系数等，是用以反映两变量之间线性相关关系密切程度的统计指标。

示例33-2　微信阅读量和广告收入的相关性系数

如图 33-6 所示，展示了某微信公众号近期阅读量和广告收入的部分数据，可以通过相关系数功能来分析阅读量和广告收入的相关性。

	A	B	C
1	日期	阅读量	广告收入
2	4月1日	39566	360
3	4月2日	47643	424
4	4月3日	46107	389
5	4月4日	32456	291
6	4月5日	34851	299
7	4月6日	35238	320
8	4月7日	30063	273
9	4月8日	44363	399
10	4月9日	28078	257
11	4月10日	32765	311
12	4月11日	44964	402
13	4月12日	35538	312

图 33-6　阅读量和广告收入

操作步骤如下。

步骤① 依次单击【数据】→【数据分析】按钮，打开【数据分析】对话框。

步骤② 在【数据分析】对话框的【分析工具】列表框中选择【相关系数】选项，单击【确定】按钮打开【相关系数】对话框。

步骤③ 在【相关系数】对话框中设置相关参数。

（1）单击【输入区域】右侧的折叠按钮，选择要分析数据所在的 B1:C13 单元格区域。

（2）选中【分组方式】右侧的【逐列】单选按钮。

（3）选中【标志位于第一行】复选框。

（4）在【输出选项】选项区域下选中【输出区域】单选按钮，然后单击右侧的折叠按钮，选择要存放结果的单元格，如 E1。

最后单击【确定】按钮，如图 33-7 所示。

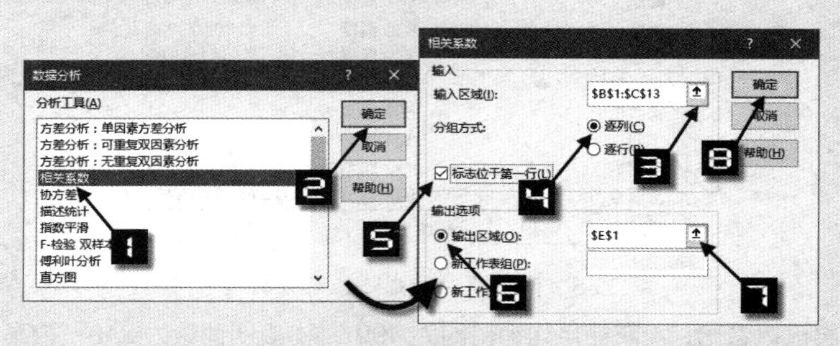

图 33-7 相关系数设置

设置完成后，即可在 E1 单元格生成分析结果，如图 33-8 所示。

	A	B	C	D	E	F	G
1	日期	阅读量	广告收入			阅读量	广告收入
2	4月1日	39566	360		阅读量	1	
3	4月2日	47643	424		广告收入	0.986039	1
4	4月3日	46107	389				
5	4月4日	32456	291				
6	4月5日	34851	299				
7	4月6日	35238	320				
8	4月7日	30063	273				
9	4月8日	44363	399				
10	4月9日	28078	257				
11	4月10日	32765	311				
12	4月11日	44964	402				
13	4月12日	35538	312				

图 33-8 相关系数分析结果

从分析结果来看，阅读量和广告收入的相关系数约为 0.986，说明两者之间的相关性较高，广告收入受阅读量的影响较大。

33.4 移动平均分析

移动平均法是根据时间序列逐项推移，依次计算包含一定项数的序时平均数，以此进行预测的方法。根据预测时使用的各元素的权重不同，可以分为简单移动平均和加权移动平均。

示例33-3 使用简单移动平均分析货运量增长趋势

移动平均数可以有效地消除实际数据值的随机波动，从而得到较为平滑的数据变动趋势图表，通过对历史趋势变动的分析，可以预测未来一期或几期内数据的变动方向。

如图 33-9 所示，展示了某运输公司历年货运量数据，可以通过移动平均法分析货运量增长趋势。

	A	B
1	年份	货运量（万吨）
2	2006	31.5
3	2007	87.8
4	2008	105
5	2009	209
6	2010	185
7	2011	253
8	2012	233
9	2013	289
10	2014	279
11	2015	434
12	2016	399

图 33-9　某运输公司历年货运量数据

操作步骤如下。

步骤① 依次单击【数据】→【数据分析】按钮，打开【数据分析】对话框。

步骤② 在【数据分析】对话框的【分析工具】列表框中选择【移动平均】选项，单击【确定】按钮打开【移动平均】对话框。

步骤③ 在【移动平均】对话框中设置相关参数。

（1）单击【输入区域】右侧的折叠按钮，选择要分析数据所在的 B1:B12 单元格区域。使用移动平均分析工具时，输入区域只能选择一行或一列的数据区域。

（2）由于 B1 是标题，因此选中【标志位于第一行】复选框。

（3）在【间隔】右侧的编辑框中输入指定间隔。移动平均数的计算是限定在间隔数之内的，本例间隔设置为 3，表示每个移动平均数都是前 3 个原始数据的平均值。

（4）在【输出选项】选项区域下单击【输出区域】右侧的折叠按钮，选择移动平均数放置位置的起始单元格，如 D1。

（5）选中【图表输出】复选框，表示将同时绘制折线图。

（6）选中【标准误差】复选框，将计算实际数据与预测数据（移动平均数据）的标准差，用以显示预测与实际值的差距，数字越小则表明预测情况越好。

最后单击【确定】按钮，如图 33-10 所示。

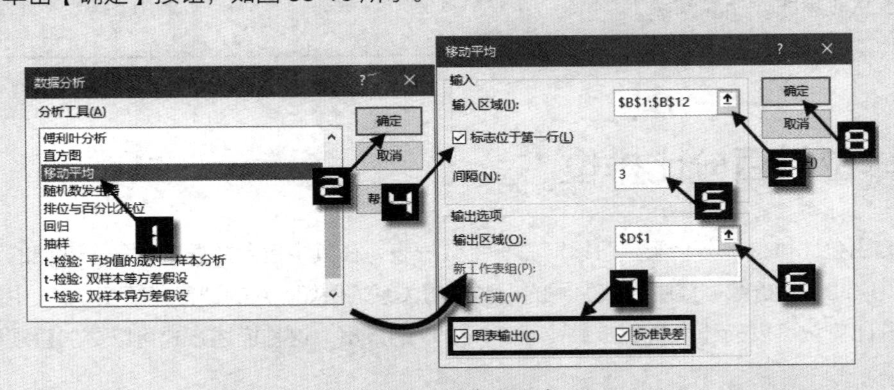

图 33-10　移动平均

设置完成后，在当前工作表中即可分别生成移动平均计算结果和绘制的图表，其中 D 列为预测值，E 列为标准误差值，如图 33-11 所示。

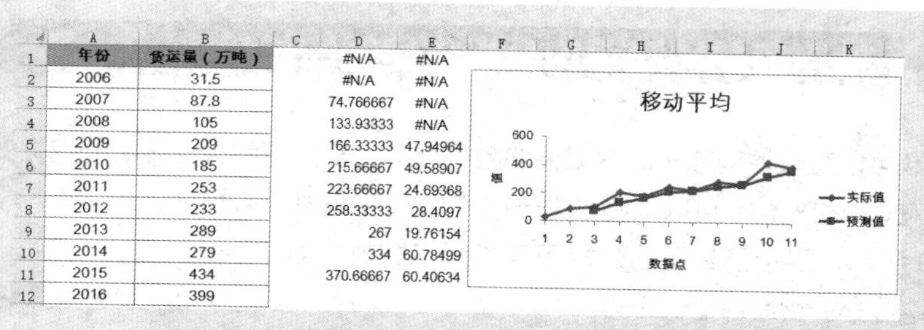

	A	B	C	D	E
1	年份	货运量（万吨）		#N/A	#N/A
2	2006	31.5		#N/A	#N/A
3	2007	87.8		74.766667	#N/A
4	2008	105		133.93333	#N/A
5	2009	209		166.33333	47.94964
6	2010	185		215.66667	49.58907
7	2011	253		223.66667	24.69368
8	2012	233		258.33333	28.4097
9	2013	289		267	19.76154
10	2014	279		334	60.78499
11	2015	434		370.66667	60.40634
12	2016	399			

图 33-11　使用简单移动平均分析货运量增长趋势

图中的“预测值”数据系列即是使用移动平均数绘制的折线图，可以看出比实际值更加平滑，因此更易于进行趋势的判断。

由于本例中指定间隔为 3，因此 D1、D2 的预测值为 #N/A。

移动平均对原序列有修匀或平滑的作用，并且加大间隔数会使平滑波动效果更好，但这也会使预测值对数据实际变动更不敏感，因此移动平均的间隔不宜过大。图 33-12 所示为在间隔为 6 的情况下绘制的折线图，可以看到“预测值”数据系列比图 33-11 中的更加平滑。

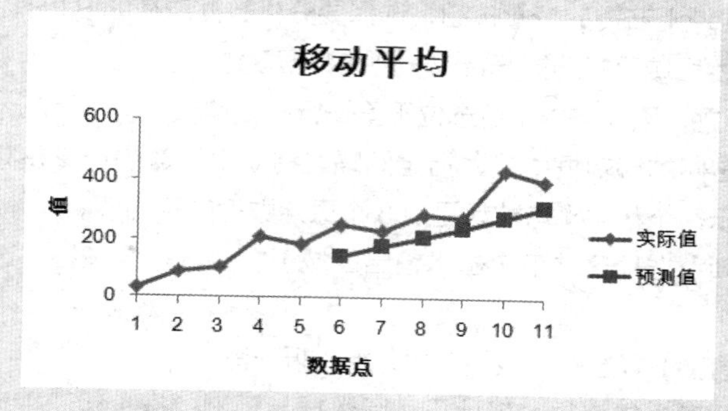

图 33-12　间隔为 6 时绘制的折线图

此外，当数据包含季节或周期性变动时，移动平均的间隔数应与季节、周期变动长度一致，才能消除其季节或周期变动的影响。

33.5　排位与百分比排位

【排位与百分比排位】分析工具可以产生一个数据表，在其中包含数据集中各个数值的顺序排位和百分比排位，以此来分析数据集中各数值间的相对位置关系。例如，A 的销售业绩在 35 人中排第 8 位，如果使用百分比排位可以描述为 A 的成绩高于 91.43% 的人员，这种描述方式可以更加直观地反映出数据自身的水平。

示例33-4　对销售数据进行排位和百分比排位

如图 33-13 所示，展示了某公司各业务员的销售数据，可以通过分析工具对销售额进行排位和百分比排位。

操作步骤如下。

	A	B
1	业务员	销售额(万元)
2	李远辛	843
3	敦大伟	821
4	童与莲	798
5	单怀仁	714
6	贾晓宇	711
7	郭雨晨	706
8	叶知秋	789
9	白玉雪	843
10	夏吾冬	746

图 33-13　销售数据

步骤① 依次单击【数据】→【数据分析】按钮，打开【数据分析】对话框。

步骤② 在【数据分析】对话框的【分析工具】列表框中选择【排位与百分比排位】选项，单击【确定】按钮打开【排位与百分比排位】对话框。

步骤③ 在【排位与百分比排位】对话框中设置相关参数。

（1）在【输入】选项区域下单击【输入区域】右侧的折叠按钮，选择要分析数据所在的 B1:B10 单元格区域。

（2）选中【分组方式】右侧的【列】单选按钮。

（3）选中【标志位于第一行】复选框。

（4）在【输出选项】选项区域下选中【输出区域】单选按钮，然后单击右侧的折叠按钮，选择要存放结果的单元格，如 C1。

最后单击【确定】按钮，如图 33-14 所示。

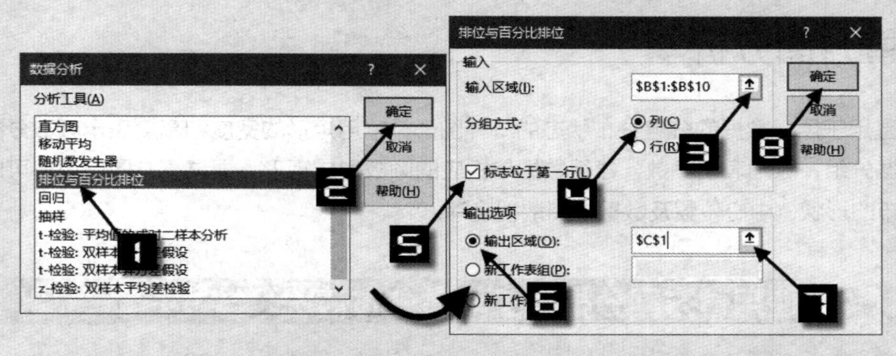

图 33-14　排位与百分比排位

设置完成后，即可在当前工作表中生成排位和百分比排位结果，如图 33-15 所示。

	A	B	C	D	E	F
1	业务员	销售额(万元)	点	销售额(万元)	排位	百分比
2	李远辛	843	1	843	1	87.50%
3	敦大伟	821	8	843	1	87.50%
4	童与莲	798	2	821	3	75.00%
5	单怀仁	714	3	798	4	62.50%
6	贾晓宇	711	7	789	5	50.00%
7	郭雨晨	706	9	746	6	37.50%
8	叶知秋	789	4	714	7	25.00%
9	白玉雪	843	5	711	8	12.50%
10	夏吾冬	746	6	706	9	0.00%

图 33-15　排位和百分比排位结果

其中百分比排名的计算，相当于使用 PERCENTRANK 函数，其计算规则为：

```
小于要排位的数据个数 /(数据总个数 -1)
```

步骤④ 在分析结果中，不能直接输出业务员姓名，但可以通过 INDEX 等函数按照“点”所在列的索引将信息补充完整。首先在 G1 单元格输入“业务员姓名”，然后在 G2 单元格输入以下公式，将公式向下复制到 G10 单元格。

```
=INDEX(A$2:A$10,C2)
```

最后隐藏 A~C 列并调整单元格格式，效果如图 33-16 所示。

	D	E	F	G
1	销售额(万元)	排位	百分比	业务员姓名
2	843	1	87.50%	李远辛
3	843	1	87.50%	白玉雪
4	821	3	75.00%	敦大伟
5	798	4	62.50%	童与莲
6	789	5	50.00%	叶知秋
7	746	6	37.50%	夏吾冬
8	714	7	25.00%	单怀仁
9	711	8	12.50%	贾晓宇
10	706	9	0.00%	郭雨晨

图 33-16 调整单元格格式后的效果

33.6 直方图分析

直方图是用于展示数据的分组分布状态的一种图形，它用矩形的宽度和高度表示频数分布，通常用横轴表示数据分组，纵轴表示频数，各组数据与相应的频数形成矩形。通过直方图，用户可以很直观地看出数据分布的形状、中心位置及数据的离散程度等。

示例33-5 使用直方图分析员工年龄分布情况

如图 33-17 所示，是某单位员工信息表的部分数据，包含姓名和员工的年龄。使用直方图，能够直观展示不同年龄段员工的分布情况。

操作步骤如下。

步骤① 在 D 列设置分段点，本例设置为 25、30、40、55，即分别统计 25 岁及以下、26~30 岁、31~40 岁、41~55 岁和 55 岁以上年龄段的人员分布情况，如图 33-18 所示。

	A	B
1	姓名	年龄
114	陈玉员	28
115	毕琨	25
116	王琼华	32
117	岳存友	48
118	孙阳紫	24
119	董迎辉	25
120	李俊霞	46
121	王云霞	24
122	王云芬	24
123	莫太良	41
124	张志明	42
125	杨正祥	25

Sheet1

图 33-17 员工信息表

	A	B	C	D
1	姓名	年龄		分段点
2	杨柳青	50		25
3	杨丽琼	47		30
4	贾伟卿	45		40
5	刘军新	54		55
6	陈丽娟	33		
7	刘雯和	50		
8	周志红	21		
9	杨路春	48		
10	寸世凡	44		
11	郭志赞	23		
12	魏靖晖	52		

图 33-18 设置分段点

步骤② 依次单击【数据】→【数据分析】按钮，在打开的【数据分析】对话框中选择【直方图】选项，单击【确定】按钮打开【直方图】对话框。

步骤③ 在【直方图】对话框中设置相关参数。

（1）单击【输入区域】右侧的折叠按钮，选择包含员工年龄信息的 B1:B128 单元格区域。

（2）单击【接收区域】右侧的折叠按钮，选择分段点所在的 D1:D5 单元格区域。

（3）选中【标志】复选框。

（4）在【输出选项】选项区域下单击【输出区域】右侧的折叠按钮，选择输出结果的存放起始位置，本例为 F1 单元格。

（5）选中【图表输出】复选框。

如果选中【柏拉图】复选框，在输出表中将按频率的降序显示数据；若取消选中该复选框，则会按照分段点排列顺序显示数据。此选项只有在选中【图表输出】复选框后才会产生效果。

如果选中【累积百分率】复选框，在输出表中将生成一列累积百分比值，并在直方图中生成累积百分比折线。

最后单击【确定】按钮，如图 33-19 所示。

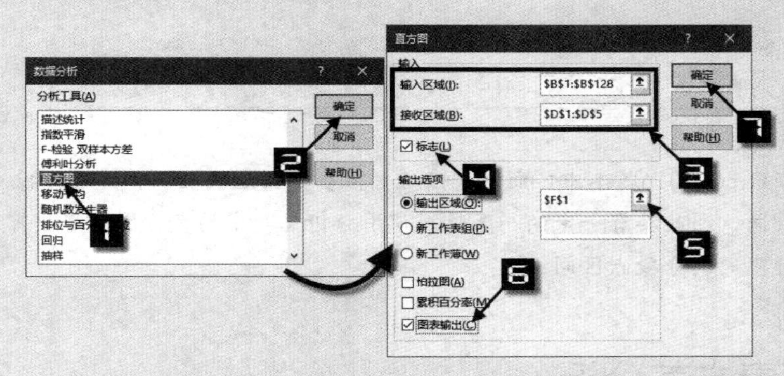

图 33-19　直方图设置

步骤④ 此时在工作表中生成输入表和默认效果的直方图，如图 33-20 所示。

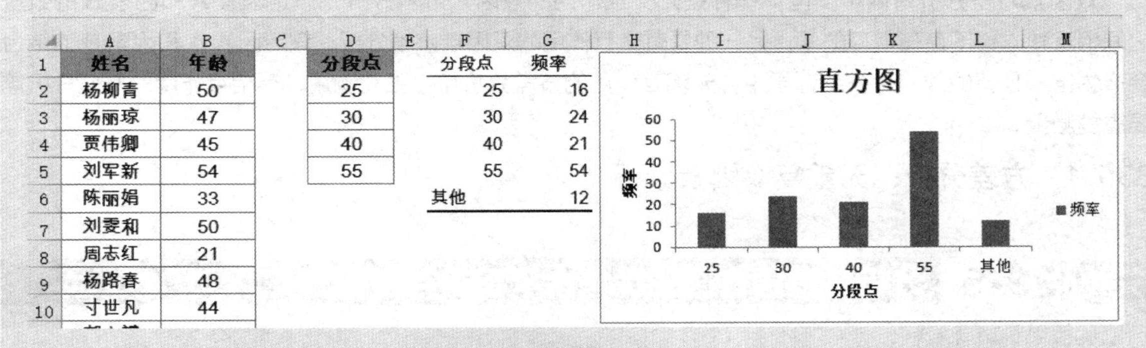

	A	B	C	D	E	F	G
1	姓名	年龄		分段点		分段点	频率
2	杨柳青	50		25		25	16
3	杨丽琼	47		30		30	24
4	贾伟卿	45		40		40	21
5	刘军新	54		55		55	54
6	陈丽娟	33				其他	12
7	刘雯和	50					
8	周志红	21					
9	杨路春	48					
10	寸世凡	44					

图 33-20　直方图输出效果

步骤⑤ 依次修改 F 列输出表中的分段点数据为 25 岁及以下、26~30 岁、31~40 岁、41~55 岁和 55 岁以上，以描述性的文字，使图表水平坐标轴更加直观。再将直方图分类间距设置为 2%，设置完成后的图表效果如图 33-21 所示。

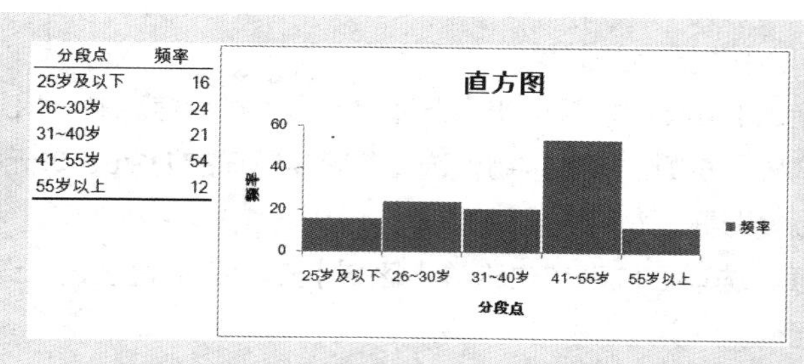

图 33-21 直方图最终效果

通过直方图可以看出，员工年龄段相对集中分布在 41~55 岁之间，需要注意年轻员工的招收和培养。

扫描左侧的二维码，可观看本节内容更详细的视频演示。

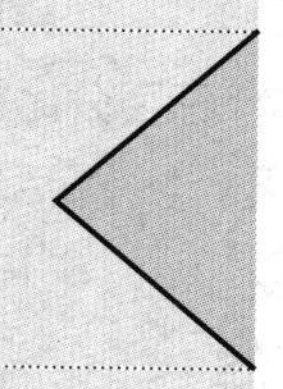

在Excel 2016版本中，新增了内置的直方图图表类型。但是各分段点之间的区间必须相同，因此具有一定的局限性。使用分析工具中的直方图，用户可以根据实际需要设置不同的分段点区间。

33.7 双因素方差分析

双因素方差分析有两种类型：一种是无交互作用的双因素方差分析，假定因素 A 和因素 B 的效应之间相互独立，不存在相互关系；另一种是有交互作用的双因素方差分析，假定因素 A 和因素 B 的结合会产生出一种新的效应。在统计学中，无相互作用的方差分析可以独立测量，有相互作用的方差分析需要重复测量。

33.7.1 方差分析：无重复双因素分析

示例33-6 分析各销售客服的销售水平是否存在差异

图 33-22 展示了某网店不同销售客服在一周内的转化成交情况。使用【方差分析：无重复双因素分析】工具，能够分析各销售客服的销售水平是否存在差异。

	A	B	C	D	E	F	G	H
2	销售客服	周一	周二	周三	周四	周五	周六	周日
3	晓文	12,690	103,493	17,180	23,450	104,385	72,302	45,453
4	晓霞	97,260	80,615	71,090	66,491	45,252	26,236	29,301
5	杜鹃	12,570	8,153	21,446	11,923	10,706	13,813	8,303
6	鹏程	19,750	22,304	45,257	17,923	40,965	17,640	27,410

图 33-22 销售客服一周成交情况

操作步骤如下。

步骤① 依次单击【数据】→【数据分析】按钮，打开【数据分析】对话框。

步骤② 在【数据分析】对话框的【分析工具】列表框中选择【方差分析：无重复双因素分析】选项，单击【确定】按钮，打开【方差分析：无重复双因素分析】对话框。

步骤③ 在【方差分析：无重复双因素分析】对话框中设置相关参数。

（1）单击【输入区域】右侧的折叠按钮，选择包含销售信息的 B2:H6 单元格区域。

（2）选中【标志】复选框。

（3）在【α】值右侧的编辑框中输入 0.05，以此指定显著性水平。

（4）在【输出选项】选项区域下选中【输出区域】单选按钮，然后单击【输出区域】右侧的折叠按钮，选择输出结果的存放起始位置，本例为 A8 单元格。

最后单击【确定】按钮，如图 33-23 所示。

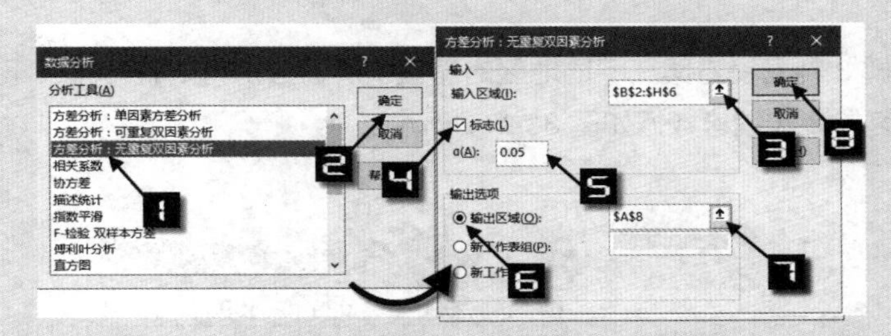

图 33-23　方差分析：无重复双因素分析设置

步骤④ 在当前工作表以 A8 为左上角的单元格区域中，显示出统计结果，如图 33-24 所示。

	A	B	C	D	E	F	G	H
2	销售客服	周一	周二	周三	周四	周五	周六	周日
3	晓文	12,690	103,493	17,180	23,450	104,385	72,302	45,453
4	晓霞	97,260	80,615	71,090	66,491	45,252	26,236	29,301
5	杜鹃	12,570	8,153	21,446	11,923	10,706	13,813	8,303
6	鹏程	19,750	22,304	45,257	17,923	40,965	17,640	27,410
7								
8	方差分析：无重复双因素分析							
9								
10	SUMMARY	观测数	求和	平均	方差			
11	12690	6	366263	61043.83333	1477508212			
12	97260	6	318985	53164.16667	521933500.6			
13	12570	6	74344	12390.66667	24349149.07			
14	19750	6	171499	28583.16667	141104563.8			
15								
16	周二	4	214565	53641.25	2087994764			
17	周三	4	154973	38743.25	617636594.3			
18	周四	4	119787	29946.75	615705365.6			
19	周五	4	201308	50327	1535164558			
20	周六	4	129991	32497.75	731153482.9			
21	周日	4	110467	27616.75	231344065.6			
22								
23								
24	方差分析							
25	差异源	SS	df	MS	F	P-value	F crit	
26	行	9017723360	3	3005907787	5.3427133	0.01052	3.28738	
27	列	2385203994	5	477040798.8	0.847894347	0.53709	2.90129	
28	误差	8439273132	15	562618208.8				
29								
30	总计	19842200486	23					

图 33-24　无重复双因素分析结果

当截尾概率 P值 < α 时，表示在显著水平 α 下效应显著。从统计结果中可以看出，行因素的 P

值为 0.01052，小于 α 值 0.05。而列因素的 P 值为 0.53709，大于 α 值 0.05，因此行因素的影响比较显著，列因素的影响不显著。即不同的销售客服销售技巧存在着显著的差异，但是每周中的不同天并没有对销售产生显著的影响。

33.7.2 方差分析：可重复双因素分析

可重复双因素方差分析与无重复双因素方差分析的区别在于考虑交互作用。为了分析两个因素是否存在交叉影响的情况，可以使用【方差分析：可重复双因素分析】工具进行分析。

示例33-7 分析不同地区、不同方案对销售额的影响

某公司为了了解 3 种营销方案在不同地区的销售状况，分别将 3 种方案在不同省区进行试验，各个方案在不同地区的 3 天销售数据如图 33-25所示。

	A	B	C	D	E	F
1	省区 方案	北京	天津	上海	重庆	广州
2	方案A	614	920	1,029	595	631
3		730	608	753	723	558
4		760	1,199	857	1,202	1,256
5	方案B	598	665	1,103	1,289	924
6		491	468	1,005	910	460
7		931	1,144	1,119	556	550
8	方案C	869	588	1,140	1,183	966
9		988	669	729	915	753
10		1,034	1,231	904	800	1,273

图 33-25 各个方案在不同地区的 3 天销售数据

要求在假设为 5% 的显著性水平下，使用可重复双因素分析法分析不同地区、不同方案，以及二者相交互分别对销售额的影响。

操作步骤如下。

步骤① 依次单击【数据】→【数据分析】按钮，打开【数据分析】对话框。

步骤② 在【数据分析】对话框的【分析工具】列表框中选择【方差分析：可重复双因素分析】选项，单击【确定】按钮，打开【方差分析：可重复双因素分析】对话框。

步骤③ 在【方差分析：可重复双因素分析】对话框中设置相关参数。

（1）单击【输入区域】右侧的折叠按钮，选择包含销售信息的 A1:F10 单元格区域。

（2）【每一样本的行数】为各因素每一水平搭配使用的次数，本例设置为 3。

（3）在【α】值右侧的编辑框中输入 0.05，以此指定显著性水平。

（4）在【输出选项】选项区域下选中【新工作表组】单选按钮。

最后单击【确定】按钮，如图 33-26 所示。

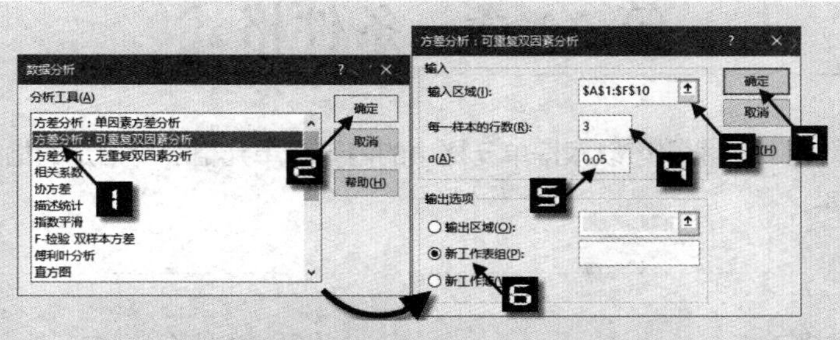

图 33-26　方差分析：可重复双因素分析设置

Excel 将插入一个新工作表，并将分析结果存放于该工作表中，如图 33-27 所示。

方差分析：可重复双因素分析

SUMMARY	北京	天津	上海	重庆	广州	总计
方案A						
观测数	3	3	3	3	3	15
求和	2104	2727	2639	2520	2445	12435
平均	701.3333	909	879.6667	840	815	829
方差	5945.333	87411	19429.33	102379	147193	57247.43
方案B						
观测数	3	3	3	3	3	15
求和	2020	2277	3227	2755	1934	12213
平均	673.3333	759	1075.667	918.3333	644.6667	814.2
方差	52656.33	120871	3809.333	134374.3	60545.33	81216.74
方案C						
观测数	3	3	3	3	3	15
求和	2891	2488	2773	2898	2992	14042
平均	963.6667	829.3333	924.3333	966	997.3333	936.1333
方差	7250.333	122642.3	42540.33	38623	68336.33	43543.41
总计						
观测数	9	9	9	9	9	
求和	7015	7492	8639	8173	7371	
平均	779.4444	832.4444	959.8889	908.1111	819	
方差	35700.03	86955.28	24358.86	71879.61	92347.75	

方差分析

差异源	SS	df	MS	F	P-value	F crit
样本	132821.6	2	66410.82	0.982402	0.386134	3.31583
列	190995.6	4	47748.89	0.70634	0.593906	2.689628
交互	329097.9	8	41137.24	0.608535	0.763388	2.266163
内部	2028013	30	67600.42			
总计	2680928	44				

图 33-27　可重复双因素分析结果

在分析结果的 SUMMARY（摘要）区域中，包含各个方案对应省区的样本观测数、求和、样本平均数、样本方差等数据。

在分析结果【方差分析】区域中，对比样本、列、交互 3 项的 F 统计量和各自的 F 临界值，F 统计量都小于 F 临界值，说明不同方案和省区两个因素对销售额的影响均不够显著。

Excel 分析工具库中其他分析工具的调用方法大致相同，用户可以结合实际需要选择使用对应的分析工具，限于篇幅，本章不再一一讲解。

第 34 章 条件格式

使用 Excel 的条件格式功能，可以根据单元格中的内容对单元格应用指定的格式，改变某些具有指定特征数据的显示效果。

本章学习要点

（1）认识条件格式。

（2）条件格式的设置。

（3）管理条件格式。

34.1 认识条件格式

条件格式能够以单元格的内容为基础，选择性地应用指定的单元格格式。实际应用时，可以快速识别特定类型的数据，再使用指定格式对其标识。

例如，应用条件格式将某个数据区域中的重复数据设置为红色字体进行突出标记。当用户在单元格中输入或修改数据时，Excel 会对内容进行自动检查，判断其是否符合条件格式规则。如果输入了重复内容，Excel 自动应用指定的规则，将字体设置为红色。如果输入的内容没有重复，则不应用用户指定的格式。

图 34-1 中显示了部分常用的条件格式规则效果。

图 34-1 常用的条件格式规则效果

以下是图 34-1 中所使用规则的简要说明。

- 大于指定值：与数值大小相关的规则之一，用不同的背景色突出显示年龄大于 30 的数值。
- 低于平均值：突出显示销售额低于平均值的数值。
- 重复值：突出显示指定区域中重复出现的内容。
- 包含特定字符的单元格：突出显示包含指定字符的单元格，如果是英文字符，将不区分大小写。
- 数据条：在单元格中显示水平的颜色条，同一组条件格式中，数据条的长度和数值的大小成正比。
- 色阶：根据所选区域数值的整体分布情况和每个单元格中数值的不同而变化背景色。
- 图标集：在单元格中显示图标，通常用以展示数值的上升或下降趋势，用户可以指定不同图标集类型来改变显示效果。

❖ 自定义规则：在条件格式中使用函数公式作为突出显示的规则。如果公式结果返回 TRUE 或返回不等于 0 的数值，Excel 返回用户指定的单元格格式。如果公式结果返回 FALSE 或返回数值 0，则不应用用户指定的单元格格式。

34.2　设置条件格式

要为某个单元格区域应用条件格式时，需要先选中该单元格区域，然后在【开始】选项卡下单击【条件格式】下拉按钮，再从下拉菜单中选择需要的规则选项。

下拉菜单中包括【突出显示单元格规则】【最前 / 最后规则】【数据条】【色阶】【图标集】【新建规则】【清除规则】和【管理规则】等选项，如图 34-2 所示。

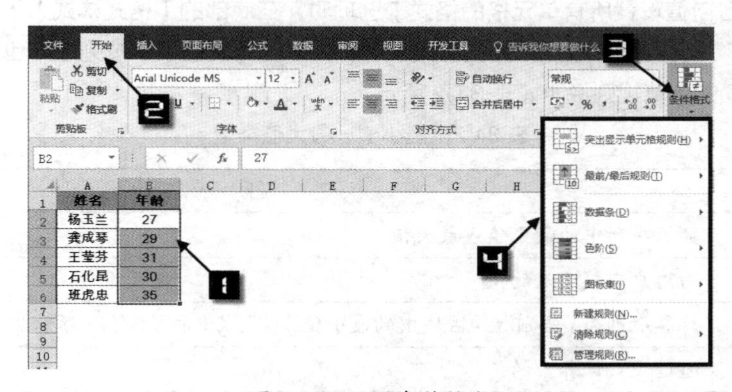

图 34-2　设置条件格式

如果在下拉菜单中选择【新建规则】命令，将打开【新建格式规则】对话框，并默认选择【基于各自值设置所有单元格的格式】类型选项。在此对话框中可以创建功能区中的所有条件格式规则，也可以创建自定义的规则，如图 34-3 所示。

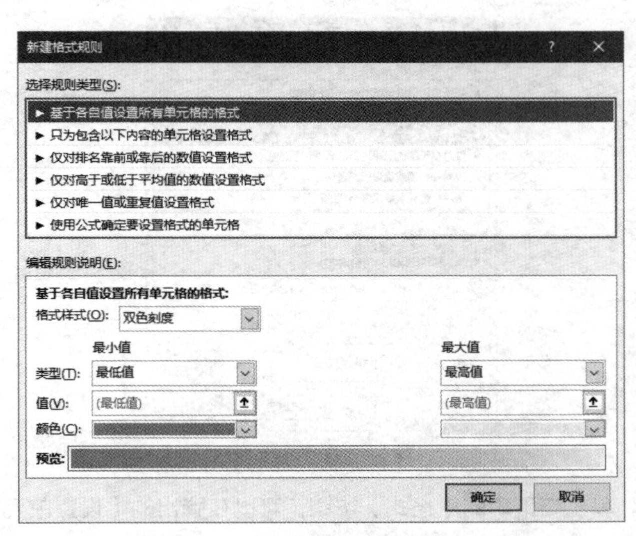

图 34-3　【新建格式规则】对话框 1

【选择规则类型】列表中包含多个类型选项，不同选项的说明如表 34-1 所示。

表 34-1 条件格式规则类型说明

规则类型	说明
基于各自值设置所有单元格的格式	创建显示数据条、色阶或图标集的规则
只为包含以下内容的单元格设置格式	创建基于数值大小比较的规则，如大于、小于、不等于、介于等。也可以基于文本内容创建“文本包含”规则
仅对排名靠前或靠后的数值设置格式	创建可标记前 *n* 个、前百分之 *n*、后 *n* 个、后百分之 *n* 项的规则
仅对高于或低于平均值的数值设置格式	创建可标记特定范围内数值的规则
仅对唯一值或重复值设置格式	创建可标记指定范围内的唯一值或重复值的规则
使用公式确定要设置格式的单元格	创建基于公式运算结果的规则

当选择【基于各自值设置所有单元格的格式】选项时，在底部的【格式样式】下拉列表中可以根据需要选择双色刻度、三色刻度、数据条和图标集 4 种样式。在【类型】下拉列表中包含 6 种不同的计算规则选项，不同选项的计算规则说明如表 34-2 所示。

表 34-2 最小值、最大值类型

类型	说明
最低值或最大值	数据序列中的最小值或最大值
数字	由用户直接输入的值
百分比	计算规则为 (当前值 - 区域中的最小值)/(区域中的最大值 - 区域中的最小值)
公式	通过公式计算出的值
百分点值	使用 PERCENTILE 函数规则计算出的第 *K* 个百分点的值

当用户在【选择规则类型】列表中选中其他规则名称后，对话框底部的【编辑规则说明】选项区域将依据所选规则显示不同的选项，如图 34-4 所示。

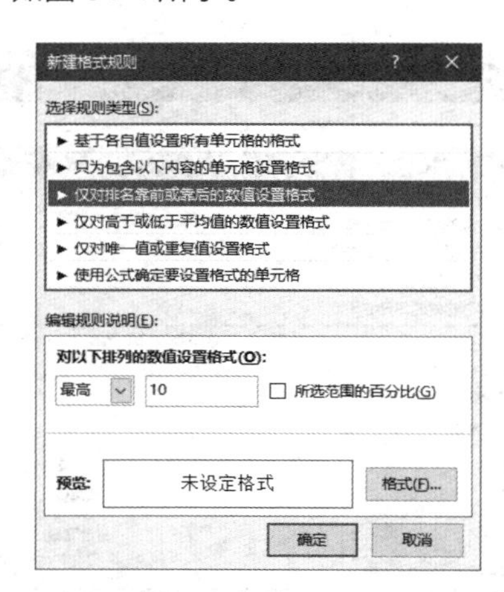

图 34-4 【新建格式规则】对话框 2

规则设置完成之后，单击右下角的【格式】按钮，可以在弹出的【设置单元格格式】对话框中继续设置在符合条件时要应用的格式类型。

【设置单元格格式】对话框中包括【数字】【字体】【边框】和【填充】4 个选项卡，每个选项卡下都包含用于清除所有已选定格式的【清除】按钮。另外，在【字体】选项卡下只可以选择字体样式、颜色、下画线和删除线效果，但是不能更改字体，如图 34-5 所示。

图 34-5　【设置单元格格式】对话框

在工作表中应用条件格式规则时，用户自定义的格式效果将优先于单元格格式。

34.2.1　应用内置条件格式规则

当用户在下拉菜单中选择【突出显示单元格规则】【最前 / 最后规则】两个命令下的规则选项时，Excel 会弹出基于所选规则的对话框，在对话框中包含常用格式设置的下拉列表，如图 34-6 所示。

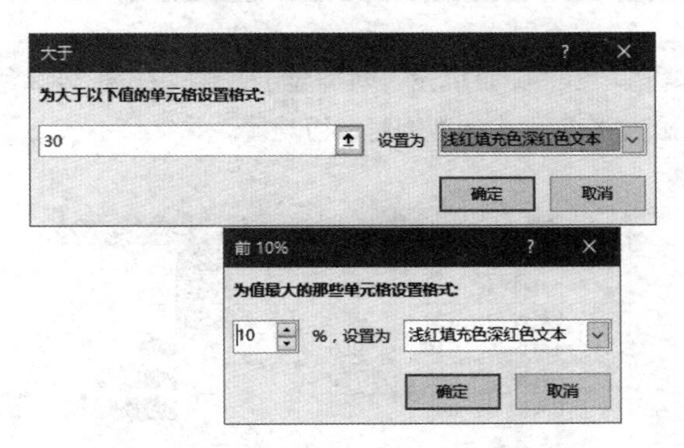

图 34-6　条件格式规则对话框

如果用户希望使用自定义的单元格格式，可以在规则对话框的【设置为】下拉列表中选择【自定义格式】命令，弹出【设置单元格格式】对话框。

Excel 内置了 7 种【突出显示单元格规则】选项，包括【大于】【小于】【介于】【等于】【文本包含】【发生日期】和【重复值】。

内置了 6 种【最前 / 最后规则】选项，包括【前 10 项】【前 10%】【最后 10 项】【最后

10%】【高于平均值】和【低于平均值】。其中最前/最后的显示项数“10”可以由用户根据需要设定。

如果需要突出显示考核成绩最高的前三项，操作步骤如下。

步骤① 选中 B2:B9 单元格区域，依次执行【开始】→【条件格式】→【最前/最后规则】→【前 10 项】命令。

步骤② 在弹出的【前 10 项】对话框中，单击左侧的微调按钮或输入数值 3，单击【设置为】右侧的下拉按钮，在下拉列表中选择【浅红色填充】命令，最后单击【确定】按钮，如图 34-7 所示。

设置完成后的显示效果如图 34-8 所示。

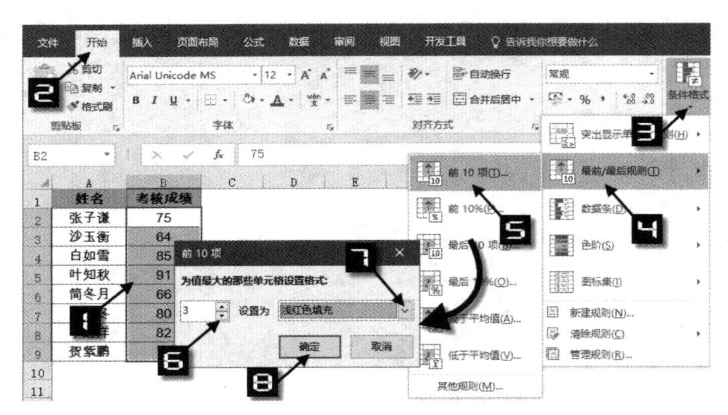

图 34-7 应用内置条件格式规则

	A	B
1	姓名	考核成绩
2	张子谦	75
3	沙玉衡	64
4	白如雪	85
5	叶知秋	91
6	简冬月	66
7	夏吾冬	80
8	于远洋	82
9	贺紫鹏	78

图 34-8 突出显示最高的前三项

34.2.2 应用内置图形效果样式

Excel 提供了【数据条】【色阶】和【图标集】3 种用于条件格式的图形效果样式，并且允许用户使用自定义的方式进一步进行设置。

示例34-1 使用数据条展示数据差异

数据条分为“渐变填充”和“实心填充”两类显示效果，在图 34-9 所示的销售数据表中，使用数据条来展示两个年份的销售差异，使数据更加直观。

	A	B	C	D
1	月份	2015	2016	差异
2	1月份	750	620	
3	2月份	640	580	
4	3月份	850	790	
5	4月份	910	950	
6	5月份	660	750	
7	6月份	800	920	

图 34-9 用数据条展示两个年份的销售差异

具体操作步骤如下。

步骤① 选中 D2:D7 单元格区域，依次单击【开始】→【条件格式】下拉按钮，在下拉菜单中依次选择【数据条】→【其他规则】选项，打开【新建格式规则】对话框，如图 34-10 所示。

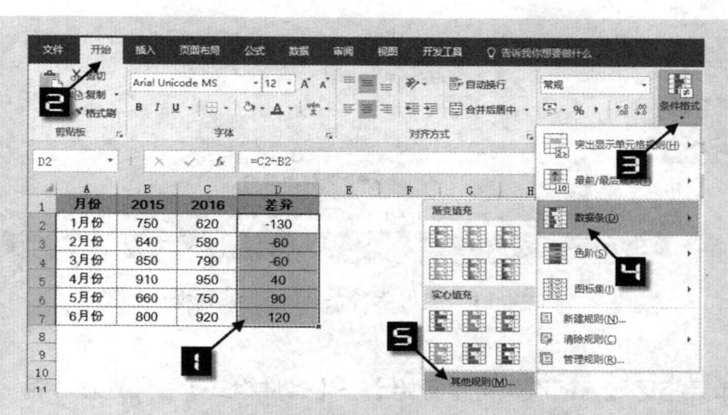

图 34-10　添加数据条

步骤② 在【新建格式规则】对话框中：

（1）选中【仅显示数据条】复选框。

（2）单击【填充】下拉按钮，在下拉菜单中选择【实心填充】选项。

（3）单击【颜色】下拉按钮，在主题颜色面板中选择红色。

最后单击【负值和坐标轴】按钮，如图 34-11 所示。

步骤③ 在弹出的【负值和坐标轴设置】对话框中，选中【填充颜色】单选按钮，在右侧的颜色下拉菜单中选择绿色。然后选中【单元格中点值】单选按钮，最后单击【确定】按钮返回【新建格式规则】对话框，再次单击【确定】按钮关闭对话框，如图 34-12 所示。

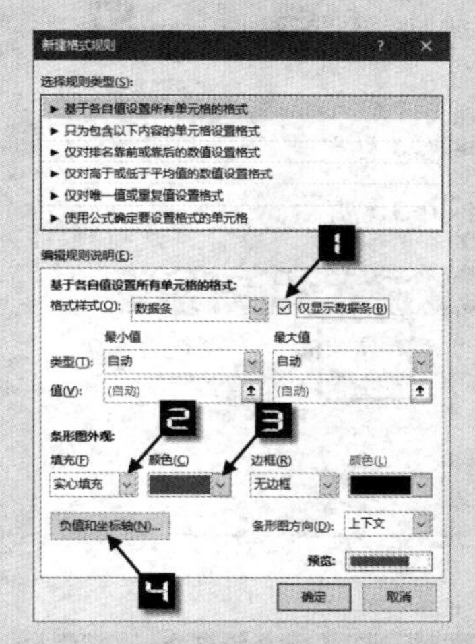

图 34-11　设置条件格式规则

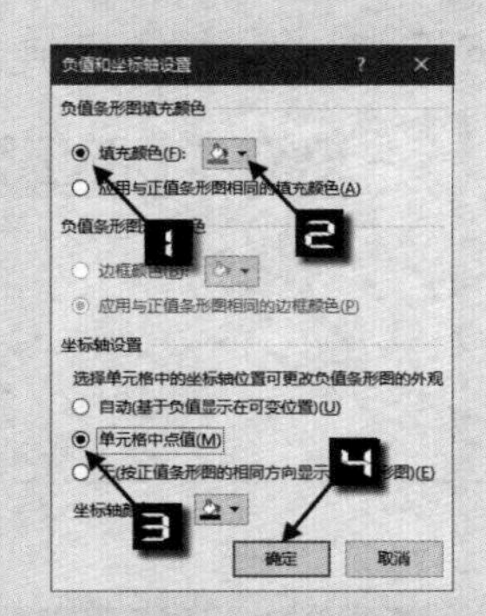

图 34-12　负值和坐标轴设置

示例34-2 使用色阶绘制"热图"效果

使用色阶可以用不同深浅、不同颜色的色块直观地反映数据大小，形成类似"热图"的效果。色阶包括 6 种"三色刻度"和 6 种"双色刻度"外观样式，用户可以根据数据的特点选择不同的外观效果。

图 34-13 是北京市历年日均最低气温数据，以及用色阶展示的效果。

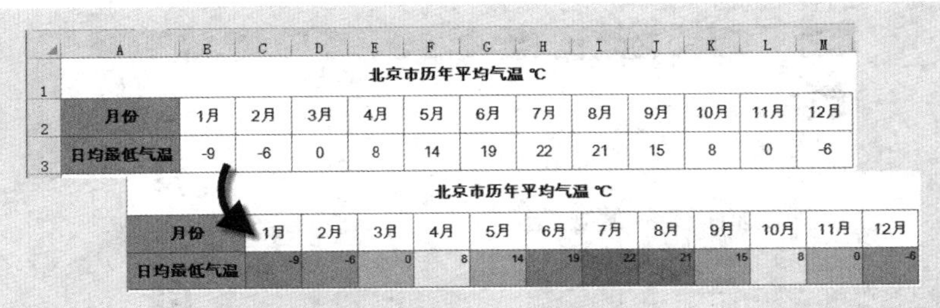

图 34-13　使用色阶展示的气温数据

操作步骤如下。

步骤① 选中 B3:M3 单元格区域，依次执行【开始】→【条件格式】→【色阶】命令。

步骤② 在展开的样式列表中移动鼠标指针，被选中的单元格中会同步显示出相应的效果。选中【红 - 黄 - 绿色阶】样式，如图 34-14 所示。

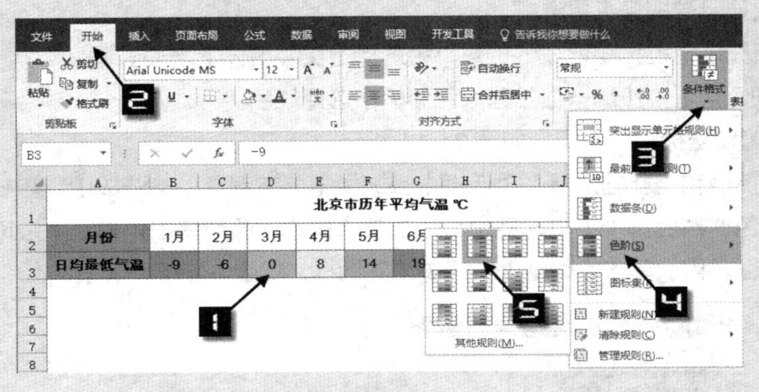

图 34-14　条件格式样式

步骤③ 调整字号为 8 号，设置单元格对齐方式，如图 34-15 所示。

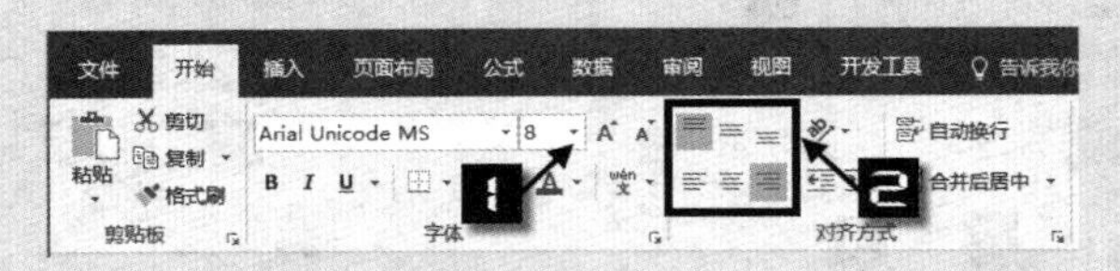

图 34-15　设置字号和对齐方式

示例34-3　使用图标集展示业绩变化趋势

使用“图标集”功能，能够依据单元格中的数值大小在单元格中显示特定的图标。在【条件格式】下拉菜单中选择【图标集】命令，在样式列表中包含【方向】【形状】【标记】【等级】4 种类型的图标样式，如图 34-16 所示。

当用户在此列表中选择图标集样式时，Excel 默认执行“百分比”的比较规则类型，并且依据所选图标集类型中图标个数的不同，自动进行等比的区间分段。用户可以根据需要指定执行不同的比较规则类型。

如图 34-17 所示，使用了图标集中的方向箭头展示两个年度的同比增减情况。负数时显示向下

的红色箭头，正数时显示向上的绿色箭头，等于 0 时显示水平方向的黄色箭头。

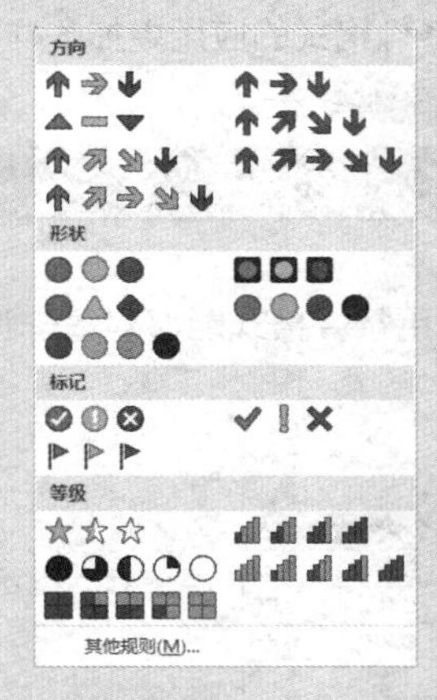

图 34-16　图标集类型

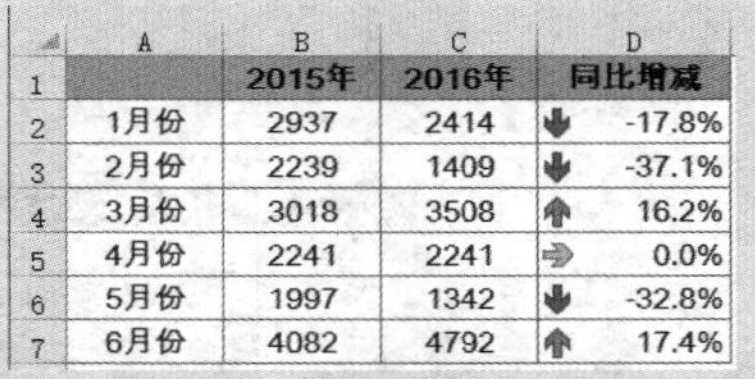

	A	B	C	D
1		2015年	2016年	同比增减
2	1月份	2937	2414	-17.8%
3	2月份	2239	1409	-37.1%
4	3月份	3018	3508	16.2%
5	4月份	2241	2241	0.0%
6	5月份	1997	1342	-32.8%
7	6月份	4082	4792	17.4%

图 34-17　使用图标集展示业绩变化趋势

操作步骤如下。

步骤① 选中 D2:D7 单元格区域，依次执行【开始】→【条件格式】→【新建规则】命令，打开【新建格式规则】对话框。

步骤② 在【新建格式规则】对话框中：

（1）单击【格式样式】右侧下拉按钮，选择【图标集】选项。

（2）单击【图标样式】右侧下拉按钮，选择【三向箭头（彩色）】选项。

（3）依次单击【类型】右侧下拉按钮，选择【数字】选项。

（4）单击【当值是】右侧下拉按钮，选择【>】选项。

最后单击【确定】按钮完成设置，如图 34-18 所示。

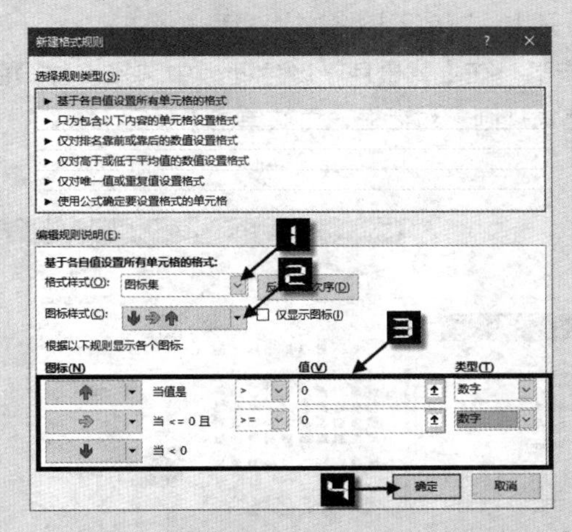

图 34-18　新建格式规则

提示

使用图标集时，不能使用由用户添加的外部图标样式。如果单元格中同时显示图标和数字，则图标只能靠单元格左侧显示。

34.2.3 设置自定义条件格式规则

Excel 允许用户使用公式设置自定义的条件格式规则，使条件格式的应用更加多样化。

示例34-4 突出显示商品最低价

图 34-19 显示了不同蔬菜在各主要市场的批发价格，使用条件格式能够对每一种商品的最低价进行标识。

	A	B	C	D	E	F
1	商品名称	新发地	大钟寺	大洋路	岳各庄	东郊市场
2	土豆	0.75	0.72	0.77	0.70	0.82
3	洋葱	0.99	1.13	0.92	0.95	1.06
4	白菜	0.35	0.41	0.37	0.38	0.45
5	大葱	1.25	1.32	1.50	1.38	1.29
6	韭菜	0.66	0.75	0.83	0.55	0.61
7	西葫	0.80	0.88	0.72	0.76	0.85
8	冬瓜	0.25	0.28	0.27	0.24	0.25

图 34-19　突出显示商品最低价

操作步骤如下。

步骤① 选中 B2:F8 单元格区域，依次执行【开始】→【条件格式】→【新建规则】命令，打开【新建格式规则】对话框。

步骤② 在【新建格式规则】对话框的【选择规则类型】列表框中选择【使用公式确定要设置格式的单元格】选项，然后在【为符合此公式的值设置格式】编辑框中输入以下公式。

```
=B2=MIN($B2:$F2)
```

步骤③ 单击【格式】按钮，打开【设置单元格格式】对话框。

步骤④ 切换到【填充】选项卡下，在【背景色】颜色面板中选择一种颜色，如橙色。最后单击【确定】按钮返回【新建格式规则】对话框，再次单击【确定】按钮，即可完成设置，如图 34-20 所示。

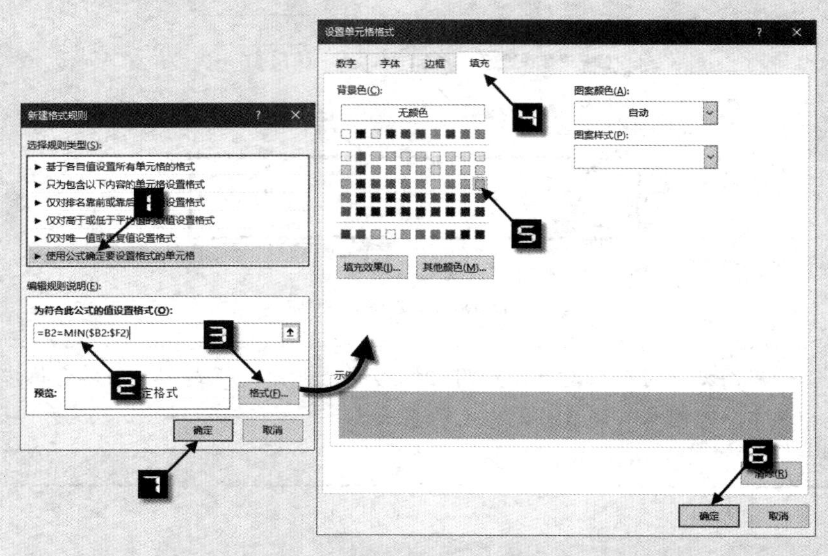

图 34-20　设置自定义条件格式规则

本例中条件格式的公式为：

```
=B2=MIN($B2:$F2)
```

首先使用 MIN($B2:$F2) 部分计算出公式所在行的最小值，然后判断 B2（活动单元格）是否等于公式所在行的最小值。

提示

在条件格式中使用公式时，需要注意公式的引用方式，一般以选中区域的活动单元格为参照进行设置，设置完成后，即可将条件格式规则应用到所选区域的每一个单元格。

示例34-5 合同到期提醒

在图 34-21所示的销售合同列表中，通过设置条件格式，使合同在到期前 7 天开始以橙色背景色突出显示。合同到期前 5 天开始，以红色背景色突出显示。

	A	B	C	D	E
1	合同编号	客户名	经手人	生效日期	合同到期
2	HT-001	无锡远达	叶知秋	2017/1/13	2017/5/13
3	HT-002	嘉城重工	白如雪	2017/2/15	2017/6/15
4	HT-003	锦州必成	夏无冬	2017/1/9	2017/5/9
5	HT-004	天津世昌	程元春	2017/2/2	2017/6/2
6	HT-005	北京嘉华	袁承志	2016/12/25	2017/4/25
7	HT-006	上海海华	祁同伟	2017/3/15	2017/7/15
8	HT-007	天津天戚	高育良	2017/5/16	2017/9/16

图 34-21　合同到期提醒

操作步骤如下。

步骤① 选中 A2:E8 单元格区域，依次执行【开始】→【条件格式】→【新建规则】命令，打开【新建格式规则】对话框。

步骤② 在【新建格式规则】对话框中选择【使用公式确定要设置格式的单元格】选项，然后在【为符合此公式的值设置格式】编辑框中输入以下公式。

```
=AND($E2>=TODAY(),$E2-TODAY()<7)
```

步骤③ 单击【格式】按钮，在【设置单元格格式】对话框的【填充】选项卡下选择一种颜色，如橙色，最后依次单击【确定】按钮关闭对话框。

步骤④ 重复步骤 1 和步骤 2，在【为符合此公式的值设置格式】编辑框中输入以下公式。

```
=AND($E2>=TODAY(),$E2-TODAY()<5)
```

重复步骤 3，在【填充】选项卡下的背景色颜色面板中选择一种颜色，如红色，最后依次单击【确定】按钮完成设置。

本例第一个条件格式规则的公式中，分别使用两个条件对 E2 单元格中的日期进行判断。

第一个条件 $E2>=TODAY()，用于判断 E2 单元格中的合同到期日期是否大于等于当前系统日期。

第二个条件 $E2-TODAY()<7，用于判断 E2 单元格中的合同到期日期是否与当前系统日期的间隔小于 7。

也可以使用以下公式。

```
=($E2>=TODAY())*($E2-TODAY()<7)
```

即条件 1 乘以条件 2，如果两个条件同时符合，则相当于 TRUE*TRUE，结果为 1，否则结果为 0。在条件格式中，如果公式结果等于 0，作用相当于逻辑值 FALSE，如果公式结果不等于 0，作用相当于逻辑值 TRUE。

第二个条件格式规则的公式原理与之相同。

示例34-6 突出显示重复录入的姓名

在图 34-22 所示的员工信息表中，使用条件格式能够对重复录入的姓名进行标识。

	A	B
1	工号	姓名
2	GH-001	叶知秋
3	GH-002	白如雪
4	GH-003	夏无冬
5	GH-004	程元春
6	GH-005	袁承志
7	GH-006	祁同伟
8	GH-007	高育良
9	GH-008	夏无冬
10	GH-009	孟飞腾

图 34-22 突出显示重复录入的姓名

步骤① 选中 B2:B10 单元格区域，依次执行【开始】→【条件格式】→【新建规则】命令，打开【新建格式规则】对话框。

步骤② 在【新建格式规则】对话框中选择【使用公式确定要设置格式的单元格】选项，然后在【为符合此公式的值设置格式】编辑框中输入以下公式。

```
=COUNTIF($B$2:B2,B2)>1
```

步骤③ 单击【格式】按钮，在【设置单元格格式】对话框的【填充】选项卡下选择一种颜色，如橙色，最后依次单击【确定】按钮关闭对话框。

COUNTIF 函数第一参数使用 $B$2:B2，用来形成一个从 $B$2 单元格开始到公式所在行的动态统计范围，在此范围中统计 B 列中的姓名个数是否大于 1。如果重复录入了姓名，则对出现重复姓名的单元格应用指定的突出显示规则。

使用条件格式功能，还能够制作出类似聚光灯的效果，便于查看数据量比较多的表格，效果如图 34-23 所示。

日期	莲花店	前门店	府前店	东胜店	新世纪	美丽华	京都园
2015/2/20	6585	1193	6965	4688	7428	5685	5818
2015/2/27	8483	1934	389	6377	8436	1834	5554
2015/2/22	1268	2517	8307	6896	5230	8580	856
2015/2/17	3464	4955	8275	2145	2151	2582	6896
2015/3/23	1607	2420	6844	591	1498	1816	3083
2015/2/12	1237	8629	2168	4053	4374	8012	4440
2015/3/13	4577	1175	2363	885	4978	2286	1608
2015/2/16	2693	8329	3874	3882	2654	8150	727
2015/4/24	1989	6412	3814	396	1905	8574	767
2015/2/15	4824	5272	1650	2224	7391	3757	7466
2015/1/18	6905	4878	733	491	2309	7119	3058
2015/2/14	7099	555	1532	2395	6806	4822	5377

店铺	东胜店
日期	2015/3/23

图 34-23　用条件格式制作的聚光灯效果

34

具体制作步骤，请扫描右侧二维码观看。

使用条件格式中的图标集结合自定义单元格格式功能，能够实现一些特殊的显示效果。如图 34-24 所示，在 G 列不仅使用文字标记出各项目的进行状态，而且在文字前加上了图标，使数据更加醒目。

项目	调研论证	方案制作	规划审批	采购安装	调试验收	完成情况
A项目	√	√	√	√		进行中
B项目	√	√				进行中
C项目						未开始
D项目	√	√	√	√	√	已完成
E项目	√	√	√	√		进行中

图 34-24　使用条件格式标记项目完成进度

具体制作步骤，请扫描右侧二维码观看。

条件格式还有哪些实用功能？扫描右侧二维码，可观看更详细的视频讲解。

34.3 管理条件格式

34.3.1 编辑条件格式规则

如需对已有的条件格式进行编辑修改，可以按以下步骤操作。

步骤① 选中需要修改条件格式的单元格区域，在【条件格式】下拉列表中选择【管理规则】命令，打开【条件格式规则管理器】对话框。

步骤② 在【条件格式规则管理器】对话框中，选中需要编辑的规则项目，单击【编辑规则】按钮打开【编辑格式规则】对话框，用户可以根据需要对已设置的条件格式进行修改，如图 34-25 所示。

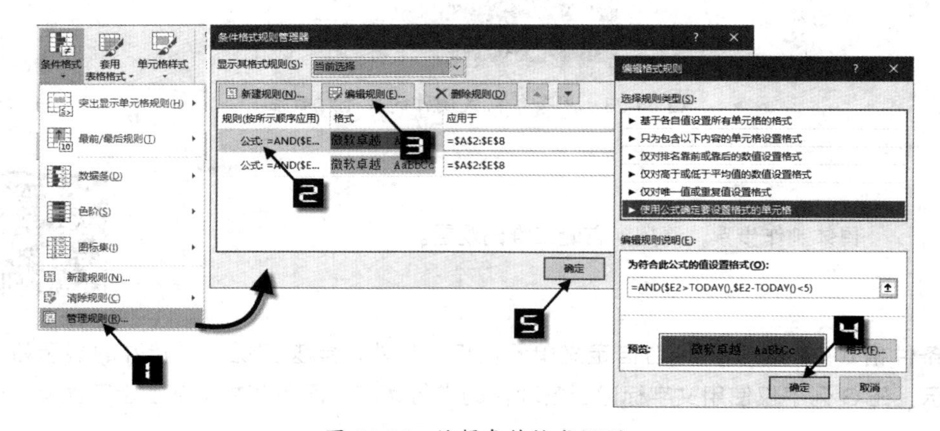

图 34-25 编辑条件格式规则

34.3.2 查找条件格式

通过目测的方法无法确定单元格中是否包含条件格式，如需要查找哪些单元格区域设置了条件格式，可以按 <Ctrl+G> 组合键打开【定位】对话框，然后单击【定位条件】按钮，打开【定位条件】对话框，选中【条件格式】单选按钮，最后单击【确定】按钮，如图 34-26 所示。

也可以在【开始】选项卡下单击【查找和选择】下拉按钮，在下拉菜单中选择【条件格式】命令，选中包含条件格式的单元格区域，如图 34-27所示。

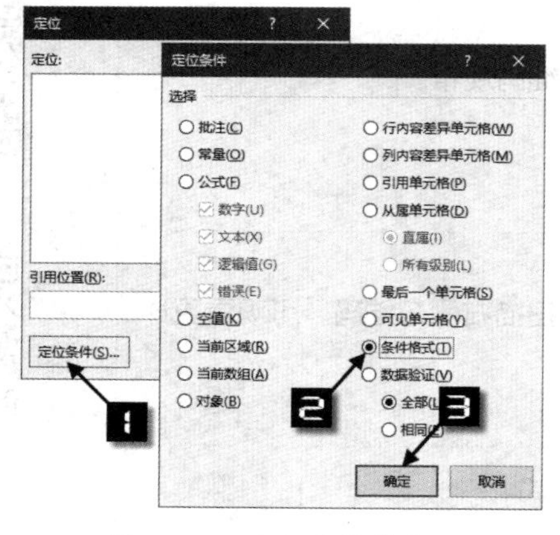

图 34-26 定位条件格式

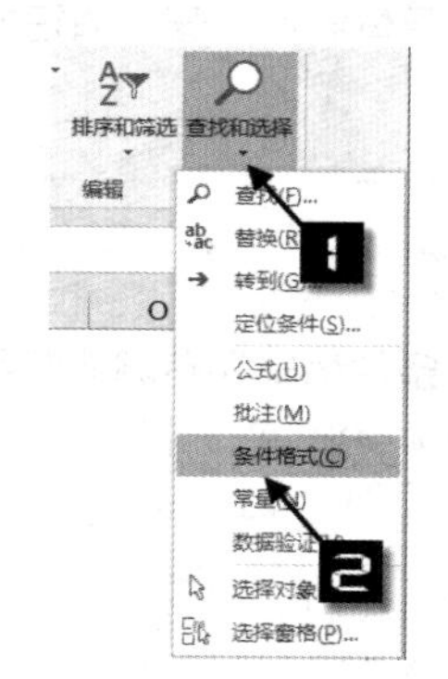

图 34-27 查找条件格式

34.3.3　删除条件格式

如果要清除某个单元格区域中的条件格式，可以先选中该单元格区域；如果是清除整个工作表中所有单元格区域的条件格式，则可以单击工作表中的任意单元格。

依次选择【开始】→【条件格式】→【清除规则】选项，在展开的级联菜单中选择针对不同作用范围的清除命令。

如果选择【清除所选单元格的规则】命令，则清除所选单元格的条件格式。如果选择【清除整个工作表的规则】命令，则清除当前工作表中所有单元格区域中的条件格式。

另外，根据条件格式作用的范围不同，还可以选择【清除此表的规则】和【清除此数据透视表的规则】命令，如图 34-28 所示。

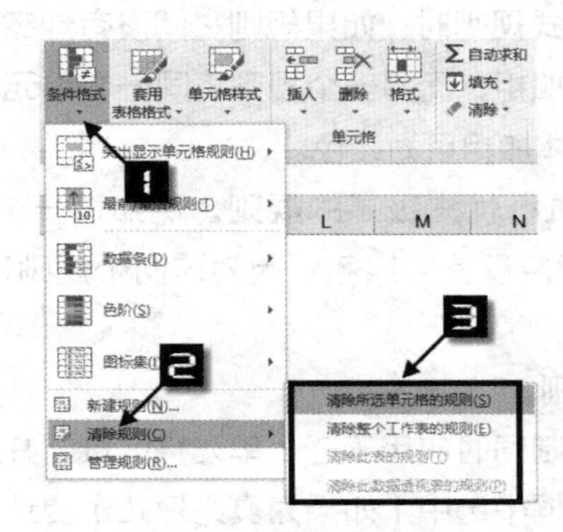

图 34-28　删除条件格式

除此之外，也可以在【条件格式规则管理器】对话框中删除已有的条件格式。操作步骤如下。

步骤① 在【条件格式】下拉列表中选择【管理规则】命令，打开【条件格式规则管理器】对话框。

步骤② 在【条件格式规则管理器】对话框中选中需要删除的规则项目，单击【删除规则】按钮，最后单击【确定】按钮关闭对话框，如图 34-29 所示。

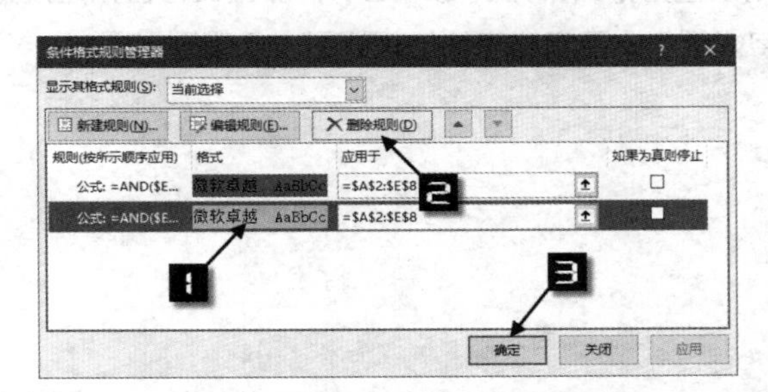

图 34-29　通过【条件格式规则管理器】删除条件格式

34.3.4　调整条件格式规则优先级

Excel 允许对同一个单元格区域设置多个条件格式。当两个或更多条件格式规则应用于一个单元格区域时，将按其在【条件格式规则管理器】对话框中列出的顺序依次执行这些规则。

➲ Ⅰ　调整条件格式优先级

在【条件格式规则管理器】对话框中如果包含多个条件格式规则，越是位于上方的规则，其优先级越高。默认情况下，新规则总是添加到列表的顶部，因此具有最高的优先级。用户也可以使用对话框中的【上移】和【下移】按钮更改不同规则的优先级顺序，如图 34-30 所示。

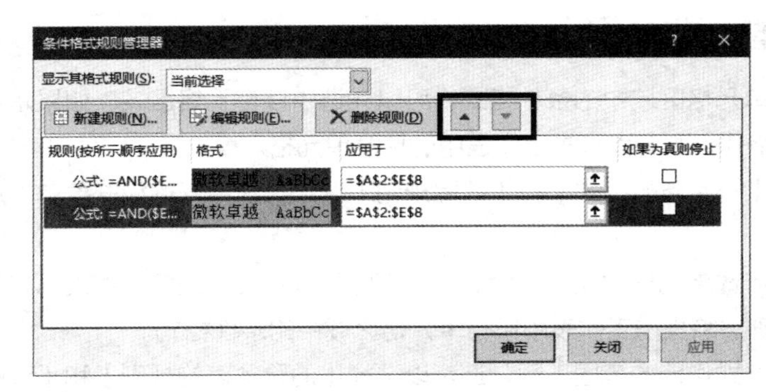

图 34-30　条件格式规则管理器

当同一单元格存在多个条件格式规则时，如果规则之间没有冲突，则全部规则都有效。例如，如果一个规则将单元格格式设置为字体加粗，而另一个规则将同一个单元格的格式设置为红色，则在符合规则条件时，该单元格格式设置为字体加粗且为红色。

如果规则之间有冲突，则只执行优先级高的规则。例如，一个规则将单元格字体颜色设置为红色，而另一个规则将单元格字体颜色设置为绿色。因为这两个规则存在冲突，所以只应用优先级较高的规则。

➲ II　应用“如果为真则停止”规则

如果将相同的多个条件格式规则同时应用于一个单元格区域，并且设置了不同的格式效果，用户可以在【条件格式规则管理器】对话框中选中【如果为真则停止】复选框，使 Excel 按照优先级来应用为真的第一个规则，忽略为真的优先级较低的规则。

例如，使用优先级高的规则将单元格字体颜色设置为红色，使用另一个规则将单元格格式设置为字体加粗。默认情况下，如果符合指定的规则，会同时返回两个规则的格式设置效果，将单元格字体颜色设置为红色并且加粗显示。

如果将优先级高的规则设置为【如果为真则停止】，那么在符合指定规则时，则只返回此规则的格式设置，单元格应用红色字体颜色，而忽略字体加粗的另一条规则设置。

第 35 章 数据验证

使用数据验证功能，能够为单元格指定数据录入的规则，限制在单元格中输入数据的类型和范围，防止用户输入无效数据。此外，还可以利用数据验证功能制作下拉菜单式输入或生成屏幕提示信息。

本章学习要点

（1）认识数据验证。
（2）数据验证的典型应用。
（3）数据验证的个性化设置。
（4）修改和清除已有数据验证规则。

35.1 认识数据验证

Excel 的数据验证功能可以根据用户指定的规则，对输入的数据自动进行检测，限制在单元格中可输入的内容。

35.1.1 设置数据验证方法

要对某个单元格或单元格区域设置数据验证，可以按以下步骤操作。

步骤① 选中要设置数据验证的单元格或单元格区域，如 B2:B10 单元格区域。

步骤② 在【数据】选项卡中单击【数据验证】按钮，打开【数据验证】对话框。

【数据验证】对话框包含【设置】【输入信息】【出错警告】和【输入法模式】4 个选项卡，用户可以在不同选项卡下对不同数据验证项目进行设置。每个选项卡的左下角都有一个【全部清除】按钮，方便用户删除已有的验证规则，如图 35-1 所示。

图 35-1 设置数据验证

35.1.2 指定数据验证条件

在【数据验证】对话框的【设置】选项卡下，单击【允许】下拉按钮，在下拉列表中包含 8 种内置的数据验证条件，当用户选择不同类型的验证条件时，会在对话框底部出现基于该规则类型的设置选项，如图 35-2 所示。

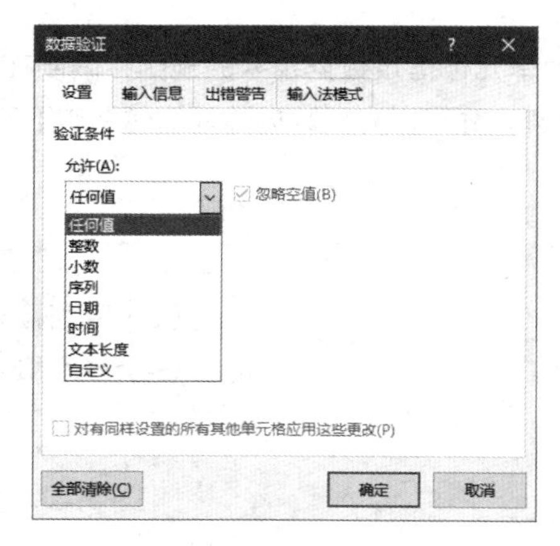

图 35-2　数据验证条件

不同验证条件的说明如表 35-1 所示。

表 35-1　数据验证规则类型说明

验证条件	说明
任何值	允许在单元格中输入任何数据而不受限制
整数	限制单元格只能输入整数，并且可以指定数据允许的范围
小数	限制单元格只能输入小数，并且可以指定数据允许的范围
序列	限制单元格只能输入包含在特定序列中的内容。序列的内容可以是单元格引用、公式，也可以手动输入
日期	限制单元格只能输入某一区间的日期，或者是排除某一日期区间之外的日期
时间	与日期条件的设置基本相同，用于限制单元格只能输入时间
文本长度	用于限制输入数据的字符个数
自定义	用于使用函数与公式来实现自定义的条件

如果用户在【允许】下拉列表中选择类型为【整数】【小数】【日期】【时间】及【文本长度】时，对话框中将出现【数据】下拉按钮及相应的区间设置选项。

单击【数据】下拉按钮，可使用的选项包括【介于】【未介于】【等于】【不等于】【大于】【小于】【大于或等于】及【小于或等于】8 种。

在【数据验证】对话框【允许】下拉列表的右侧，有一个【忽略空值】复选框，选中此复选框时，意味着允许将空白作为单元格中的有效条目。

当验证条件设置为“任何值”之外的其他选项，并且选中【忽略空值】复选框后，如果使用 <Backspace> 键删除单元格中已有的内容，Excel 将不会弹出任何提示，否则将弹出警告对话框。

当验证条件设置为“序列”时，如果数据来源是已定义了名称的范围，并且该范围中包含有空白单元格，此时选中【忽略空值】复选框，将允许用户键入任何条目而不会收到提示信息。

如果序列来源是指定范围的单元格地址，则无论是否选中【忽略空值】复选框，以及该单元格区域中是否包含空白单元格，数据验证都将阻止任何无效条目。

35.2 数据验证的典型应用

35.2.1 限制输入指定区间的数据

示例35-1 限制员工年龄范围

如图 35-3 所示，需要在员工信息表中输入员工年龄。因为员工年龄不会小于 18 岁，也不会大于 60 岁，因此输入员工年龄的区间应该是 18~60 之间的整数。通过设置数据验证，可以限制输入数据的区间范围。

	A	B
1	姓名	年龄
2	杨玉兰	
3	龚成琴	
4	王莹芬	
5	石化昆	
6	班虎忠	
7	補态福	
8	王天艳	
9	安德运	
10	岑仕美	

图 35-3 限制输入指定区间的数据

操作步骤如下。

步骤① 选中 B2:B10 单元格区域，依次执行【数据】→【数据验证】命令，打开【数据验证】对话框。

步骤② 在【数据验证】对话框的【设置】选项卡下：

（1）单击【允许】下拉按钮，在下拉列表中选择【整数】选项。

（2）单击【数据】下拉按钮，在下拉列表中选择【介于】选项。

（3）在【最小值】编辑框内输入 18。

（4）在【最大值】编辑框内输入 60。

也可以单击【最小值】和【最大值】右侧的折叠按钮选择单元格地址，以单元格中的数据作为参照，最后单击【确定】按钮，如图 35-4 所示。

设置完成后，如果在 B2:B10 单元格区域输入 18~60 之外的内容，将弹出如图 35-5 所示的警告对话框，拒绝用户输入数据。

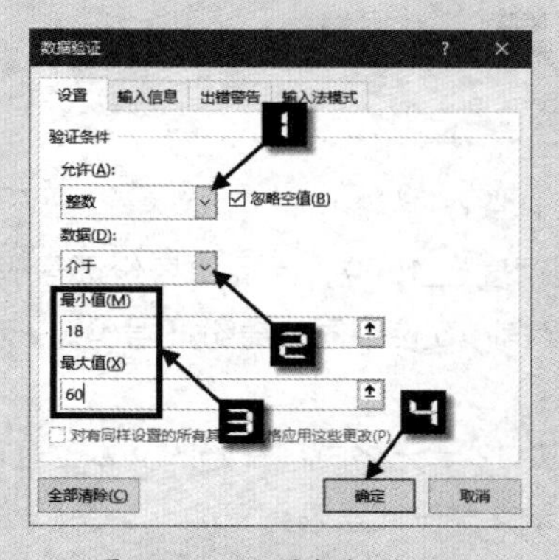

图 35-4 设置数据验证

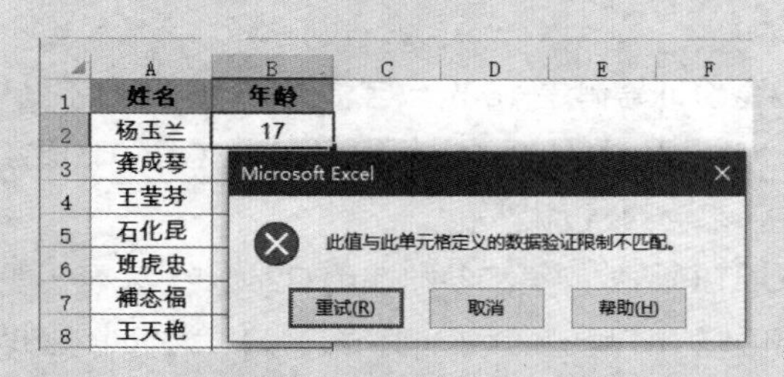

图 35-5 Excel 警告对话框

如果单击对话框中的【重试】按钮，当前单元格进入编辑状态，用户可继续尝试输入其他内容。如果单击【取消】按钮，则结束当前的输入操作。

35.2.2 限制输入重复数据

示例35-2 限制输入重复身份证号码

如图 35-6 所示，需要在员工信息表中输入身份证号码。使用数据验证功能，可以避免信息重复输入。

操作步骤如下。

步骤① 选中需要输入身份证号的 C2:C10 单元格区域，依次执行【数据】→【数据验证】命令，打开【数据验证】对话框。

步骤② 在【设置】选项卡下单击【允许】下拉按钮，在下拉列表中选择【自定义】选项，在【公式】编辑框中输入以下公式，最后单击【确定】按钮，如图 35-7 所示。

	A	B	C
1	姓名	年龄	身份证号码
2	杨玉兰	20	
3	龚成琴	18	
4	王莹芬	35	
5	石化昆	26	
6	班虎忠	45	
7	補态福	33	
8	王天艳	34	
9	安德运	42	
10	岑仕美	29	

图 35-6 限制输入重复数据

```
=COUNTIF(C:C,C2&"*")=1
```

图 35-7 自定义数据验证条件

因为身份证号码是 18 位数字，而 Excel 的数字处理精度是 15 位，因此对身份证号码中 15 位以后的数字都视为 0 处理。这种情况下，COUNTIF 函数对前 15 位相同的身份证号码，无论后 3 位是否一致，都会判断为相同。

COUNTIF 函数的第二参数使用 C2&"*"，表示查找以 C2 单元格内容开始的文本，最终返回 C 列单元格区域中该身份证号码的个数，如果大于 1，则表示该身份证号码重复。

注意

使用数据验证功能只能对用户输入内容进行限制，如果将其他位置的内容复制后粘贴到已设置数据验证的单元格区域，该单元格区域中的内容和数据验证规则将同时被新的内容和格式覆盖。

35.2.3　使用下拉菜单式输入

示例35-3　使用下拉菜单输入员工性别

如图 35-8 所示，需要在员工信息表中输入性别。使用数据验证功能，可以实现下拉菜单式输入。

	A	B	C	D
1	姓名	年龄	身份证号码	性别
2	杨玉兰	20	410901198211025620	女
3	龚成琴	18	410927198505062360	女
4	王莹芬	35	330183198501204385	女
5	石化昆	26	330183198511182416	男
6	班虎忠	45	330183198511234319	男 女
7	補态福	33	341024198306184179	
8	王天艳	34	330123195210104377	
9	安德运	42	330123195405174332	
10	岑仕美	29	330123195502214332	

图 35-8　使用下拉菜单式输入

操作步骤如下。

步骤① 选中需要输入性别信息的 D2:D10 单元格区域。依次执行【数据】→【数据验证】命令，打开【数据验证】对话框。

步骤② 在【设置】选项卡下单击【允许】下拉按钮，在下拉列表中选择【序列】选项。

步骤③ 保留右侧的【提供下拉箭头】复选框的选中，在【来源】编辑框中输入“男，女”，最后单击【确定】按钮，如图 35-9 所示。

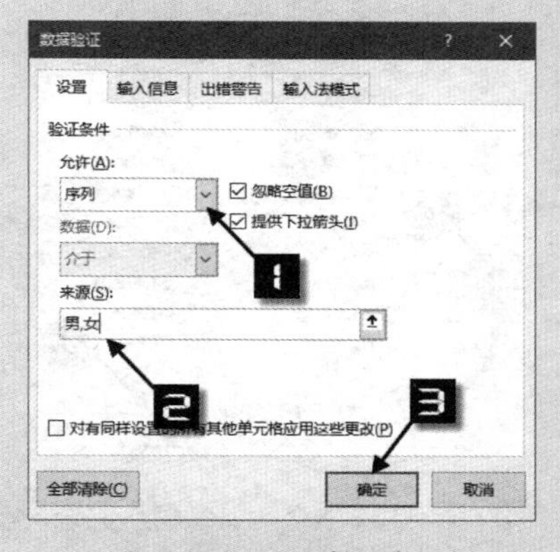

图 35-9　设置序列来源

设置完成后，单击单元格右侧的下拉按钮，即可在下拉菜单中选择输入内容。

提示 使用数据验证功能的序列选项时，序列来源可以选择指定的单元格区域，也可以输入允许的选项。输入时，不同项目之间需要使用半角逗号进行间隔。

35.2.4　制作二级下拉菜单

结合自定义名称和 INDIRECT 函数，可以方便地创建二级下拉列表，二级下拉列表的选项能够根据第一个下拉列表输入的内容调整范围。

示例35-4 制作客户信息二级下拉菜单

如图 35-10 所示，在客户信息表的 B 列使用下拉菜单选择不同的省份，C 列的下拉菜单中就会出现对应省份的部分城市名称。

操作步骤如下。

步骤① 准备一个包含客户所在省份和对应城市名称的对照表，如图 35-11 所示。

	A	B	C
1	客户名	所在省份	所在城市
2	白如雪	甘肃	酒泉
3	夏吾冬	广东	广州
4	叶知秋		广州
5	岳桑淮		河源
6	沙瑞金		惠州
7	李达康		江门
8	祁同伟		揭阳
9			茂名
10			梅州
			清远

客户区域对照表 Sheet1

图 35-10 二级下拉菜单

	A	B	C	D	E	F
1	江苏	福建	广东	甘肃	山东	湖北
2	南京	福州	广州	兰州	济南	武汉
3	镇江	龙岩	河源	酒泉	青岛	仙桃
4	常州	南平	惠州	张掖	淄博	咸宁
5	无锡	宁德	江门	金昌	枣庄	襄阳
6	苏州	莆田	揭阳	天水	东营	黄石
7	南通		茂名	平凉	潍坊	十堰
8	泰州		梅州		济宁	鄂州
9			清远		泰安	

客户区域对照表 Sheet1

图 35-11 对照表

步骤② 切换到“客户区域对照表”工作表，按 <F5> 功能键调出【定位】对话框，单击【定位条件】按钮，在弹出的【定位条件】对话框中选中【常量】单选按钮，然后单击【确定】按钮。此时表格中的常量全部被选中，如图 35-12 所示。

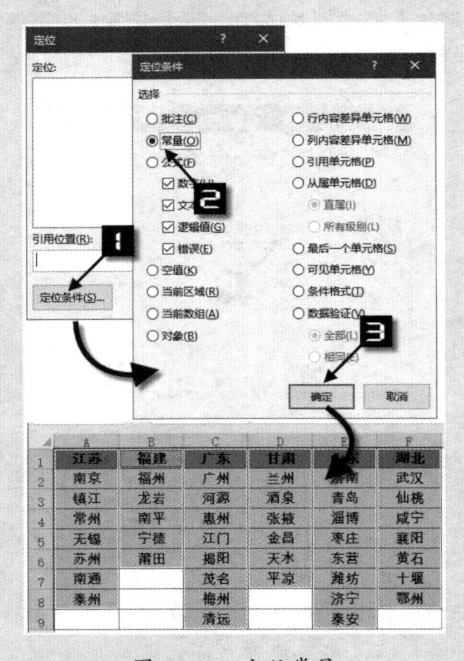

图 35-12 定位常量

步骤③ 依次单击【公式】→【根据所选内容创建】按钮，在弹出的【以选定区域创建名称】对话框中选中【首行】复选框，然后单击【确定】按钮，完成创建定义名称，如图 35-13 所示。

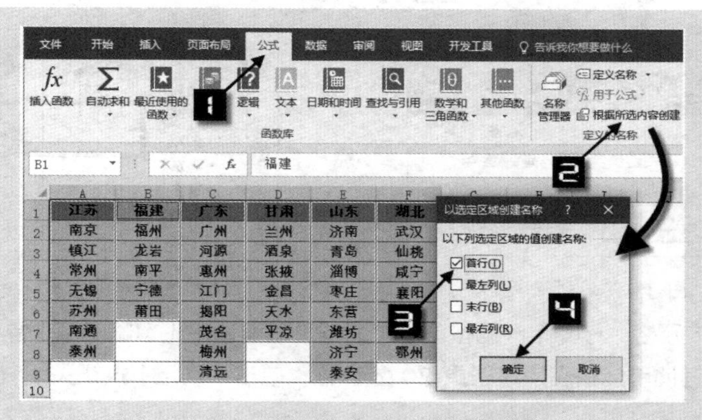

图 35-13　创建定义名称

步骤4 创建省份下拉列表。

切换到 Sheet1 工作表，选中要输入省份的 B2:B8 单元格区域，依次执行【数据】→【数据验证】命令，打开【数据验证】对话框。在【允许】下拉列表中选择【序列】选项，单击【来源】编辑框右侧的折叠按钮，选中“客户区域对照表”工作表的 A1:F1 单元格区域，单击【确定】按钮关闭对话框，如图 35-14 所示。

步骤5 创建二级下拉列表。

选中要输入城市名称的 C2:C8 单元格区域，依次执行【数据】→【数据验证】命令，打开【数据验证】对话框。在【允许】下拉列表中选择【序列】选项，在【来源】编辑框输入以下公式，单击【确定】按钮关闭对话框，如图 35-15 所示。

```
=INDIRECT(B2)
```

图 35-14　创建一级下拉列表

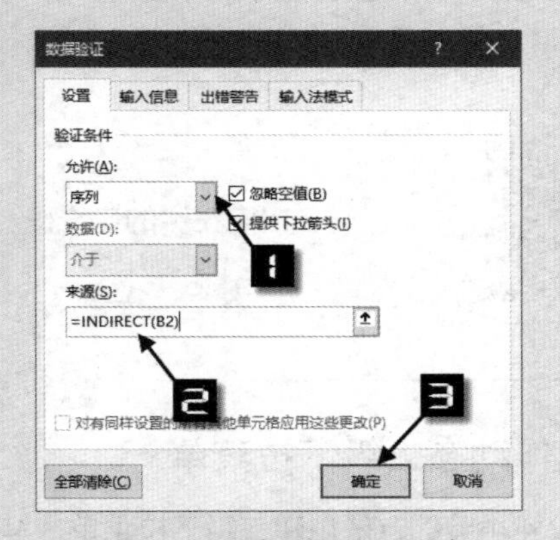

图 35-15　创建二级下拉列表

步骤6 此时会弹出【源当前包含错误。是否继续？】的警告对话框，这是因为 B2 单元格还没有输入省份内容，INDIRECT 函数无法返回正确的引用结果，单击【确定】按钮即可，如图 35-16 所示。

设置完成后，在 B 列单元格选择不同的省份，C 列的城市下拉列表就会动态变化。

但是通过这样设置的数据验证，在 B 列没有输入省份的情况下，C 列可以手工输入任意内容，且不会有任何错误提示，如图 35-17 所示。

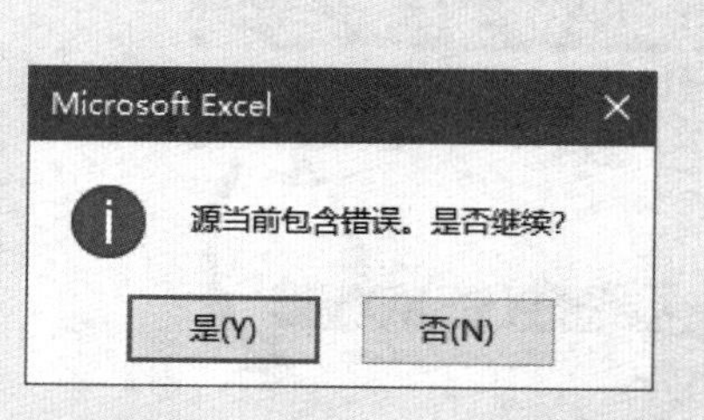

图 35-16　错误提示

	A	B	C
1	客户名	所在省份	所在城市
2	白如雪	江苏	镇江
3	夏吾冬		济南
4	叶知秋		德州
5	岳秦淮		
6	沙瑞金		
7	李达康		
8	祁同伟		

图 35-17　无法限制手工输入的不符合项

可以选中 C2 单元格，打开【数据验证】对话框。取消选中【忽略空值】复选框，再选中【对有同样设置的所有其他单元格应用这些更改】复选框，单击【确定】按钮关闭对话框，如图 35-18 所示。

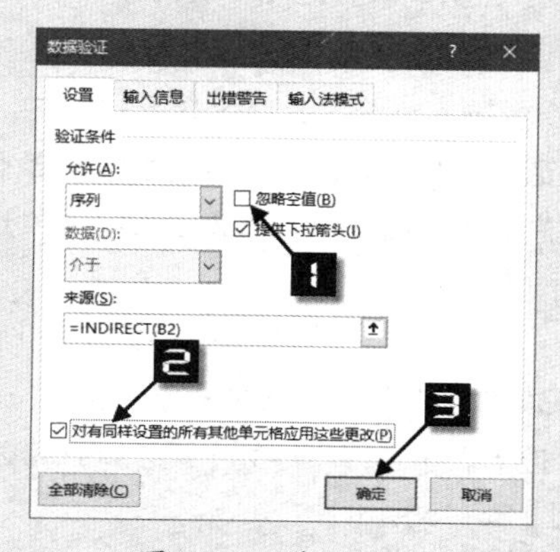

图 35-18　忽略空值

设置完成后，再次尝试在 C 列手工输入不符合项的内容，Excel 就会弹出警告对话框，拒绝用户输入。

扫描左侧的二维码，可观看本节内容更详细的视频演示。

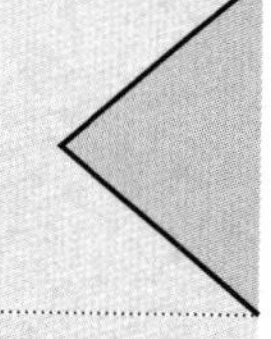

35.2.5　制作动态二级下拉菜单

使用 35.2.4 小节的方法创建二级下拉菜单，其优点是操作简单，缺点是不能随着数据的变化实现动态引用。如果在“客户区域对照表”中添加客户信息，Sheet1 中的下拉菜单将无法自动更新。

示例35-5　制作可动态扩展的二级下拉菜单

仍以 35.2.4 小节中的数据为例，学习制作动态二级下拉菜单的方法，操作步骤如下。

步骤① 切换到“客户区域对照表”工作表。依次执行【公式】→【定义名称】命令，弹出【新建名称】对话框，在【名称】文本框中输入“客户区域”，在【引用位置】编辑框内输入以下公

式，单击【确定】按钮，如图 35-19 所示。

```
=OFFSET($A$1,,,,COUNTA($1:$1))
```

提示

COUNTA($1:$1)的作用是计算第一行内不为空的单元格个数。

本例中OFFSET函数第二至第四参数省略，意思是以A1为基点，向下偏移的行数为0，向右偏移的列数为0，新引用的列数为COUNTA($1:$1)的计算结果。

步骤 2 切换到 Sheet1 工作表，选中要输入省份的 B2:B10 单元格区域，依次执行【数据】→【数据验证】命令，打开【数据验证】对话框。将【允许】类型设置为【序列】，在【来源】编辑框内输入以下公式，如图 35-20 所示。

```
=客户区域
```

步骤 3 选中 C2 单元格，依次执行【公式】→【定义名称】命令，弹出【新建名称】对话框，在【名称】文本框中输入“客户城市”，在【引用位置】编辑框内输入以下公式，单击【确定】按钮，如图 35-21 所示。

```
=OFFSET(客户区域对照表!$A$2,,MATCH($B2,客户区域对照表!$1:$1,)-1,COUNTA(OFFSET(客户区域对照表!$A$2,,MATCH($B2,客户区域对照表!$1:$1,)-1,100)))
```

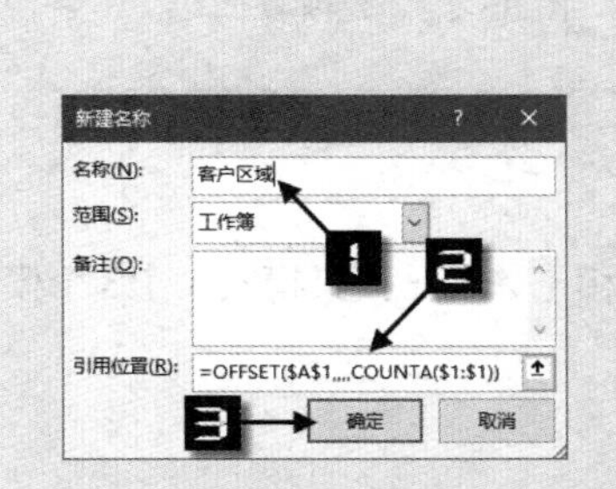

图 35-19　新建名称 1

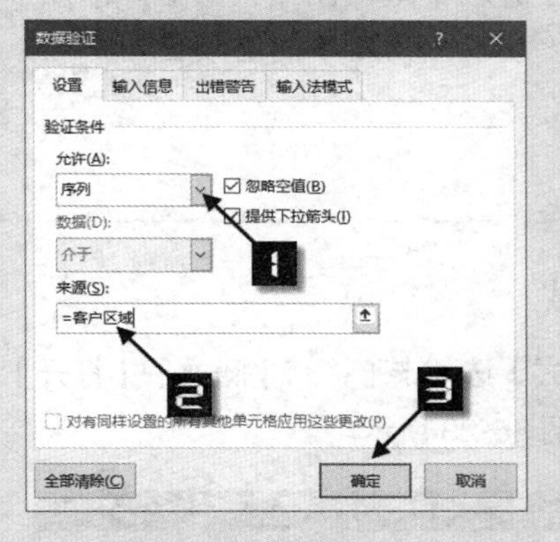

图 35-20　数据验证 1

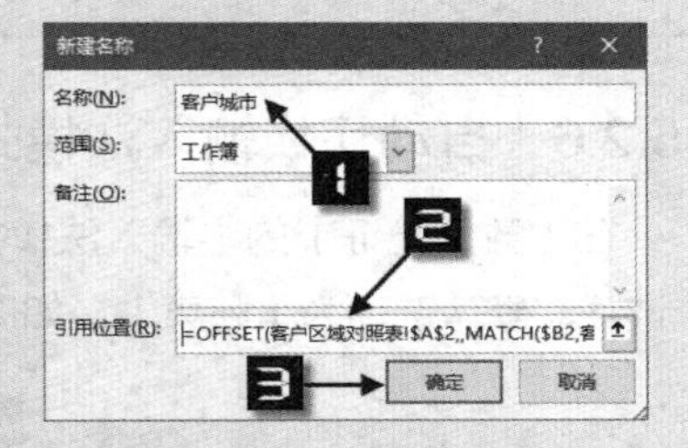

图 35-21　新建名称 2

“MATCH($B2, 客户区域对照表!$1:$1,)”部分，返回 B2 单元格中的客户省份在“客户区域对照表”工作表第一行的精确位置。例如，B2 单元格省份是“福建”，则 MATCH 函数返回结果为 2。MATCH 函数计算出的结果用作 OFFSET 函数的列偏移参数。

“OFFSET(客户区域对照表!$A$2,,MATCH($B2,客户区域对照表!$1:$1,)-1,100)”部分，以客户对照表!$A$2 为基点，向下偏移行数为 0 行，向右偏移列数为 MATCH 函数的计算结果减 1，新引用的行数为 100。

公式中的 100 可以根据实际数据情况写成一个较大的数值，只要能保证大于实际数据的最大行数即可。

公式相当于先以 B2 单元格中的客户省份为判断依据，在“客户区域对照表”中找到对应的列之后，返回该列 100 行的引用范围。

再用 COUNTA 函数计算出这个范围内有多少个非空单元格，计算结果作为最外层 OFFSET 函数的新引用行数。

整个公式的意思是：以客户区域对照表!$A$2 为基点，向下偏移行数为 0，向右偏移列数为 B 列的客户省份在该工作表第一行的位置减 1，新引用的行数为该列实际不为空的单元格个数。

如果“客户区域对照表”中的数据增加或减少，COUNTA 函数的统计结果也会发生变化，以此作为 OFFSET 函数的新引用列参数，就得到了动态的引用区域。

步骤④ 选中要输入城市的 C2:C10 单元格区域，依次执行【数据】→【数据验证】命令，打开【数据验证】对话框。将【允许】类型设置为【序列】，在【来源】编辑框内输入以下公式，如图 35-22 所示。

=客户城市

设置完成后，在 B 列选择客户省份，单击 C 列单元格中的下拉按钮，就可以选择对应的城市选项。如果“客户区域对照表”中的数据发生变化，下拉列表中的选项会自动更新。

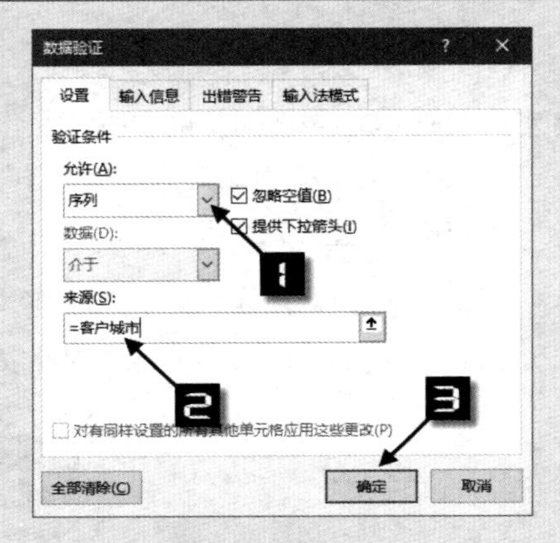

图 35-22 数据验证 2

35.2.6 自动切换输入法模式

在【数据验证】的【输入法模式】选项卡下，有【随意】【打开】和【关闭（英文模式）】3 个模式选项，默认选项为【随意】，如图 35-23 所示。

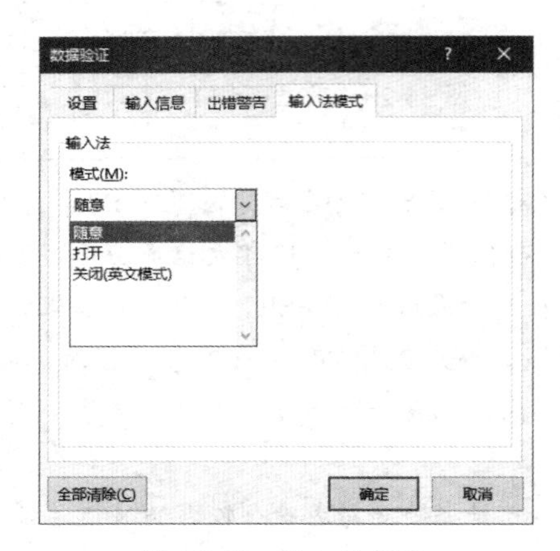

图 35-23 输入法模式

在使用此选项时，需要计算机内安装有英文键盘输入法，并且在计算机的【设置】→【时间和语言】→【区域和语言】选项中，将中文设置为系统默认语言，如图 35-24 所示。

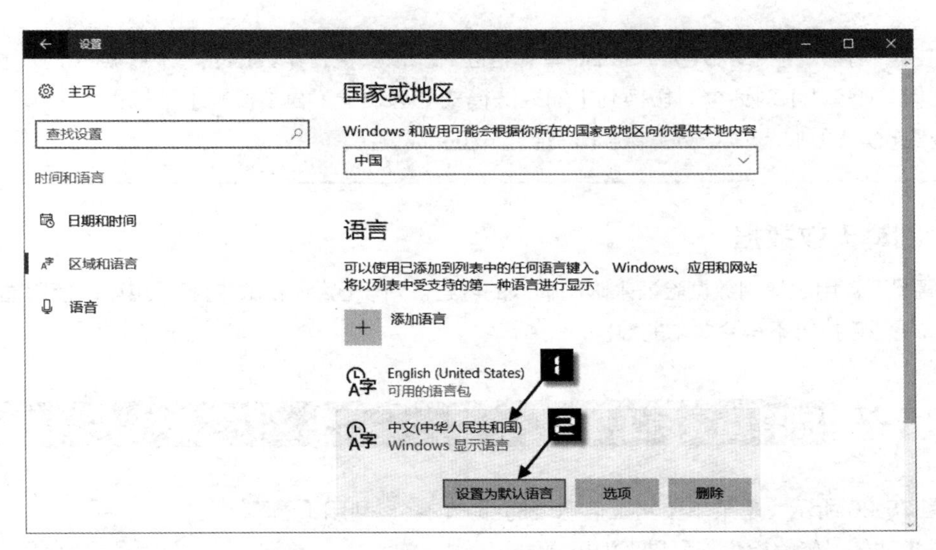

图 35-24　设置系统默认语言

示例35-6 自动切换输入法模式

如图 35-25 所示，需要在设备登记表中分别输入设备名称和规格型号。设备名称为中文，规格型号为英文字母和数字的组合。设置输入法模式后，在不同列输入内容时，系统能够自动切换输入法模式。

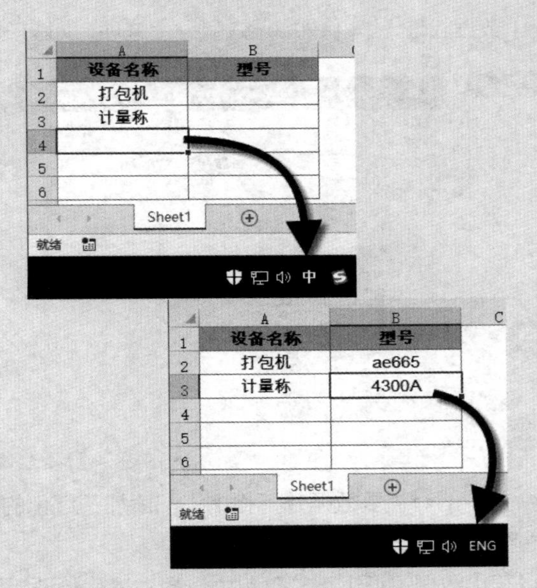

图 35-25　自动切换输入法模式

操作步骤如下。

步骤1 选中需要输入中文的 A2:A6 单元格区域，依次执行【数据】→【数据验证】命令，打开【数据验证】对话框。切换到【输入法模式】选项卡下，在【模式】下拉列表中选择【打开】选项，单击【确定】按钮，关闭对话框。

步骤② 选中需要输入英文 + 数字的 B2:B6 单元格区域，依次执行【数据】→【数据验证】命令，打开【数据验证】对话框。切换到【输入法模式】选项卡，在【模式】下拉列表中选择【关闭（英文模式）】选项，最后单击【确定】按钮完成设置。

35.2.7　圈释无效数据

通常情况下，用户使用数据验证来限制输入的内容。对于已经输入的内容，也可以使用圈释无效数据功能，方便地查找出不符合要求的数据。

示例35-7　圈释重复员工工号

如图 35-26 所示，是某单位员工信息表的部分内容，利用【圈释无效数据】功能，能够检查工号是否为重复输入。

	A	B
1	姓名	工号
2	叶知秋	13066
3	冷如雪	25833
4	白岩峰	17520
5	夏吾冬	43299
6	贺子鹏	13066
7	祁同伟	15668
8	高育良	27456
9	李达康	17520

图 35-26　圈释无效数据效果

操作步骤如下。

步骤① 选中 B2:B9 单元格区域，依次执行【数据】→【数据验证】命令，打开【数据验证】对话框。设置数据验证的【允许】规则为【自定义】，在公式编辑框中输入以下公式，限制 B 列输入的内容不能有重复项，如图 35-27 所示。

```
=COUNTIF(B:B,B2)=1
```

步骤② 依次选择【数据】→【数据验证】→【圈释无效数据】选项，如图 35-28 所示。

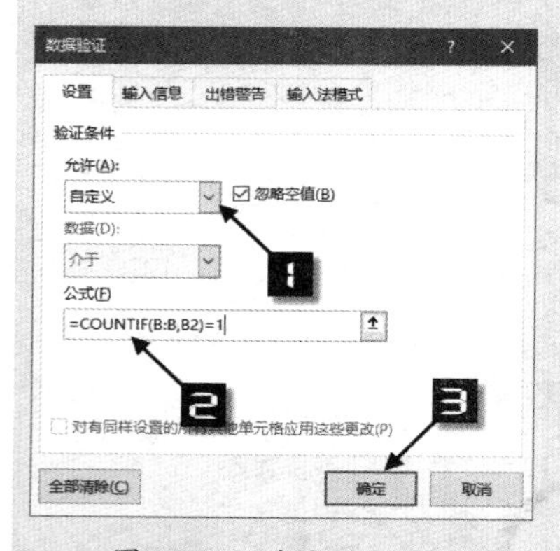

图 35-27　自定义规则

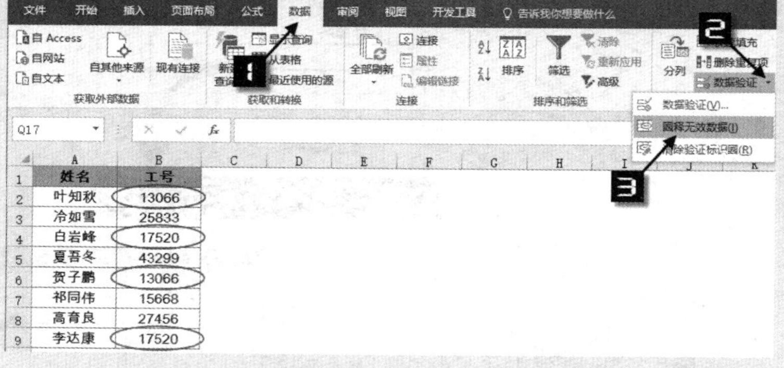

图 35-28　圈释无效数据

设置完成后，在不符合要求的有重复数据单元格上，都添加了红色的标识圈。将单元格修改为符合规则的数据后，标识圈将不再显示。

如需清除标识圈，可以在【数据验证】下拉菜单中选择【清除验证标识圈】命令或按 <Ctrl+S> 组合键。

35.3　数据验证的个性化设置

在【数据验证】对话框的【输入信息】选项卡下，用户可以为单元格区域预先设置输入提示信息。在【出错警告】选项卡下可以设置提示方式及自定义提示内容。

35.3.1　设置输入信息提示

示例35-8　在员工信息表中显示提示信息

如图 35-29 所示，是某单位员工信息表的部分内容，选中 B 列单元格时，能够显示输入提示信息，以此来提高数据输入的准确性。

	A	B	C
1	姓名	身份证号码	
2	叶知秋		
3	冷如雪		
4	白岩峰		
5	夏吾冬		
6	贺子鹏		
7	祁同伟		
8	高育良		
9	李达康		

请注意
请在B列输入18位身份证号码，输入完成后请保存。

图 35-29　输入信息提示

操作步骤如下。

步骤① 选中需要设置提示信息的 B2:B9 单元格区域。依次执行【数据】→【数据验证】命令，打开【数据验证】对话框。

步骤② 切换到【输入信息】选项卡，在【标题】编辑框中输入“请注意”，在【输入信息】编辑框中输入提示信息“请在 B 列输入 18 位身份证号码，输入完成后请保存。”。

步骤③ 单击【确定】按钮完成设置，如图 35-30 所示。

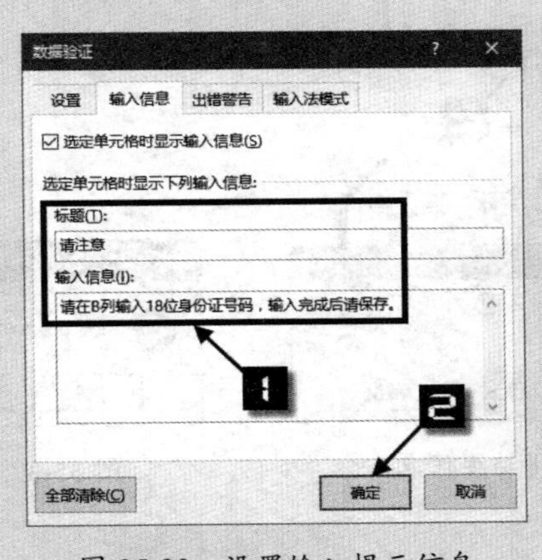

图 35-30　设置输入提示信息

35.3.2　设置出错警告提示信息

当用户在设置了数据验证的单元格中输入不符合验证条件的内容时，Excel 会默认弹出警告对话框并拒绝用户输入，用户可以对出错警告的提示方式和提示内容进行个性化设置。

在【数据验证】的【出错警告】选项卡下单击【样式】下拉按钮，可以选择【停止】【警告】和【信息】3 种提示样式，不同提示样式的说明如表 35-2 所示。

表 35-2 出错警告样式及说明

提示样式	说明
停止	禁止不符合验证条件数据的输入
警告	允许选择是否输入不符合验证条件的数据
信息	仅对输入不符合验证条件的数据进行提示

如图 35-31 所示，在【出错警告】选项卡下单击【样式】下拉按钮，选择【警告】选项，然后在右侧依次输入警告对话框的标题和提示内容，最后单击【确定】按钮。

完成设置后，如果在单元格中输入不符合验证条件的内容，Excel 将弹出用户设置的个性化对话框。单击【是】按钮，则保留当前输入内容；单击【否】按钮，单元格进入编辑状态等待用户继续输入；单击【取消】按钮，结束当前输入操作。

如果在【样式】下拉列表中选择【信息】选项，在单元格中输入不符合验证条件的内容时，弹出的警告对话框将如图 35-32 所示。此时如果单击【确定】按钮，Excel 将接受所输入的内容；如果单击【取消】按钮，则结束当前输入操作。

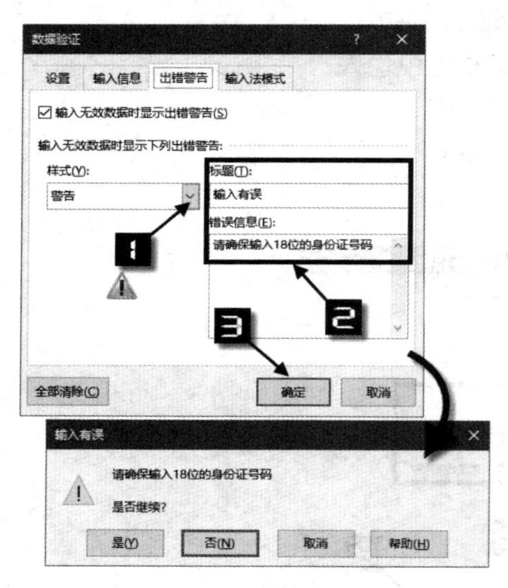

图 35-31 设置出错警告信息

图 35-32 【信息】警告

35.4 修改和清除数据验证规则

35.4.1 复制数据验证

复制包含数据验证规则的单元格时，单元格中的内容和数据验证规则会被一同复制。如果只需要复制单元格中的数据验证规则，可以使用选择性粘贴的方法，在【选择性粘贴】对话框中选择【验证】选项。

35.4.2 修改已有数据验证规则

如需修改已有数据验证规则，可以选中已设置数据验证规则的任意单元格，打开【数据验证】对话框。设置新的规则后，选中【对有同样设置的所有其他单元格应用这些更改】复选框，最后单击【确定】按钮，如图 35-33 所示。

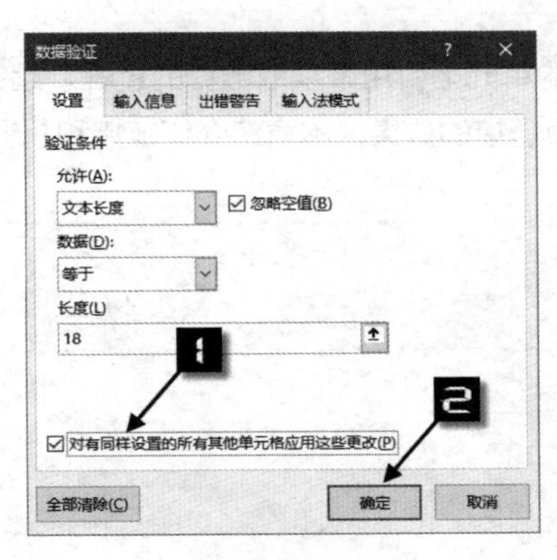

图 35-33 修改已有数据验证规则

35.4.3 清除数据验证规则

如果要清除单元格中已有的数据验证规则，可以使用以下两种方法。

方法 1：选中包含数据验证规则的单元格区域，打开【数据验证】对话框，在【数据验证】对话框的任意选项卡中，单击【全部清除】按钮，最后单击【确定】按钮关闭对话框。

方法 2：按 <Ctrl+A> 组合键选中当前工作表。依次执行【数据】→【数据验证】命令，Excel 会弹出如图 35-34 所示的警告对话框。单击【确定】按钮打开【数据验证】对话框，直接单击【确定】按钮，即可清除当前工作表内的所有数据验证规则。

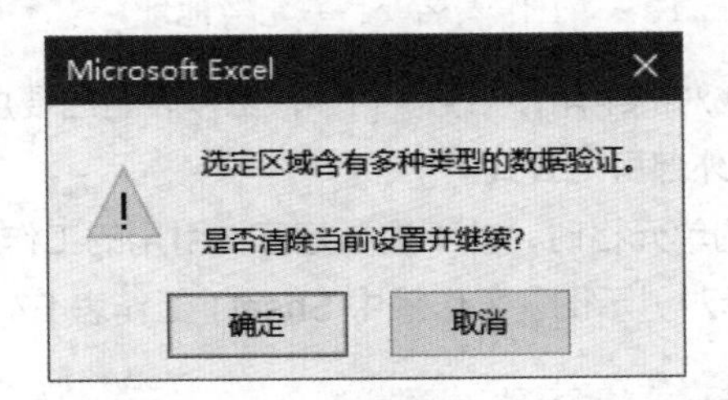

图 35-34 警告对话框

第 36 章　链接和超链接

链接是通过对外部工作簿中的单元格引用来获取数据的过程，超链接是在 Excel 的不同位置、不同对象之间进行跳转，实现类似网页链接的效果，本章将介绍链接和超链接的使用方法。

本章学习要点

（1）链接的建立和编辑。

（2）超链接的创建、编辑和删除。

36.1　链接工作簿

Excel 允许在公式中引用另一个工作簿中的单元格内容。当在工作簿 A 中使用公式引用工作簿 B 中的数据时，工作簿 A 是从属工作簿，工作簿 B 是源工作簿。

在不同工作簿中使用公式引用数据时，如果移动了源工作簿的位置，或是对源工作簿重命名，都会使公式无法正常运算。同时，部分函数在引用其他工作簿数据时，要求被引用的工作簿必须同时处于打开状态，否则将返回错误值。基于以上限制，实际工作中应尽量避免跨工作簿引用数据。

36.1.1　外部引用公式的结构

当公式引用其他工作簿中的数据时，其标准结构为：

```
='文件路径\[工作簿名.xlsx]工作表名'!单元格地址
```

工作簿名称的外侧要使用成对的半角中括号“[]”，工作表名后要加半角感叹号“!”。

Ⅰ　源文件处于关闭状态下的外部引用公式

当公式引用其他工作簿中的单元格时，并不需要打开被引用的工作簿，但是要在引用中添加完整的文件路径。例如，以下公式表示对“示例”工作簿中 Sheet1 工作表 E7 单元格的引用。

```
='C:\[示例.xlsx]Sheet1'!$E$7
```

Ⅱ　源文件处于打开状态下的外部引用公式

如果源文件工作簿处于打开状态，外部引用公式中会自动省略路径。如果工作簿和工作表名称中不包含空格等特殊字符，还会自动省略外侧的单引号，使公式成为简化结构：

```
=[示例.xlsx]Sheet1!$E$7
```

源文件工作簿关闭后，外部引用公式自动添加文件路径，变为标准结构。

36.1.2　常用建立链接的方法

Ⅰ　鼠标指向引用单元格

如果文件路径较为复杂，或是工作簿名称的字符较多，直接输入时容易导致错误。可以用鼠标指向源文件工作表中单元格的方法，建立外部引用链接。操作步骤如下。

步骤① 打开源工作簿和目标工作簿。在目标工作簿中，选定存放引用内容的单元格，输入等号“=”。

步骤② 选取源文件工作簿中要引用的单元格或单元格区域，按 <Enter> 键确认。

采用此方法时，单元格地址默认为绝对引用，用户可以根据实际需要修改不同的引用方式。

➲ II 粘贴链接

除了使用鼠标选取之外，还可以通过选择性粘贴来创建外部引用链接的公式。采用这种方法，同样要求源工作簿处于打开状态。操作步骤如下。

步骤① 在源工作簿中选中要引用的单元格，按 <Ctrl+C> 组合键复制。

步骤② 选定在目标工作簿中用于存放链接的单元格并右击，在弹出的快捷菜单中，单击【粘贴链接】按钮。

36.1.3 使用和编辑链接

➲ I 设置工作簿启动提示方式

当打开一个含有外部引用链接公式的工作簿时，如果源工作簿未处于打开状态，Excel 会弹出如图 36-1 所示的安全警告对话框，提示用户是否更新链接。

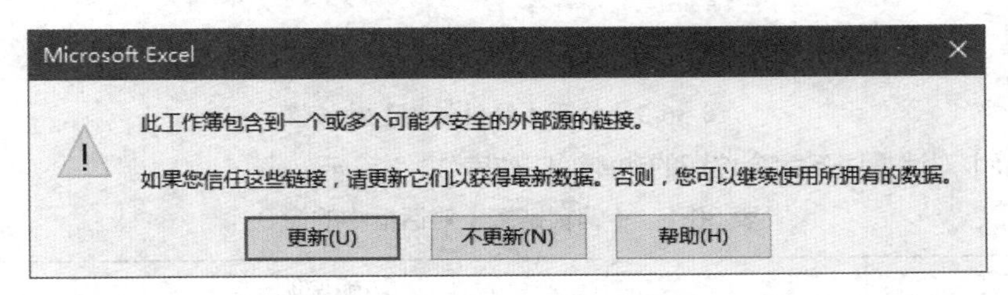

图 36-1 Excel 警告对话框

可以单击【更新】或【不更新】按钮来选择是否执行数据更新。如果源工作簿不存在或被移动，当用户单击【更新】按钮后，会出现警告提示对话框，单击【继续】按钮，则保持现有的链接不变。

单击【编辑链接】按钮时，将打开【编辑链接】对话框。在【编辑链接】对话框中用户可以对现有链接进行编辑，同时可以打开当前工作簿的【启动提示】对话框，如图 36-2 所示。

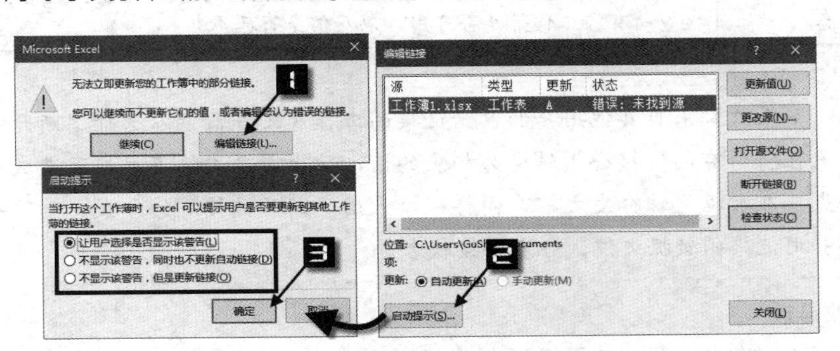

图 36-2 打开【启动提示】对话框

在【启动提示】对话框中，包括【让用户选择是否显示该警告】【不显示该警告，同时也不更新自动链接】【不显示该警告，但是更新链接】3 个选项。

如果选择【让用户选择是否显示该警告】选项，则在打开含有该链接的工作簿时，弹出警告提示对话框，要求用户进行相应的选择操作。如果用户不希望每次打开工作簿都弹出警告对话框，则可以根据需要选择其他启动提示方式。

➲ II 编辑链接

当用户在【启动提示】对话框中选择【不显示该警告，同时也不更新自动链接】或【不显示该警告，但是更新链接】选项，再次打开目标工作簿时，将不会弹出警告提示对话框。

此时如果希望编辑链接，可以在【数据】选项卡中单击【编辑链接】按钮，打开【编辑链接】对话框，如图 36-3 所示。

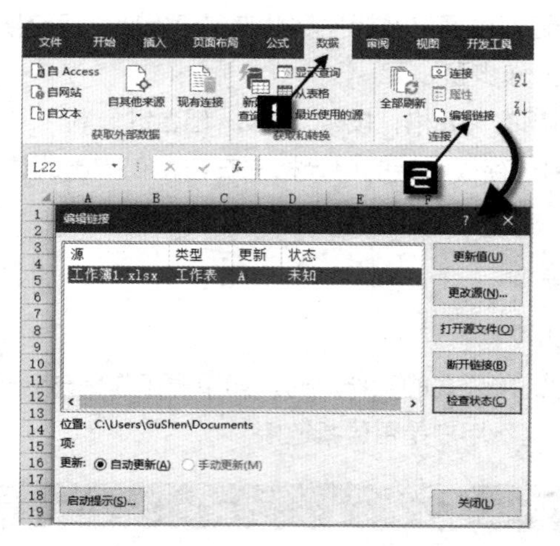

图 36-3　打开【编辑链接】对话框

【编辑链接】对话框中各命令按钮的功能说明如表 36-1 所示。

表 36-1　【编辑链接】对话框中的命令

命令按钮	功能说明
更新值	更新为用户所选定的源工作簿的最新数据
更改源	弹出【更改源】对话框，选择其他工作簿作为数据源
打开源文件	打开所选的源文件工作簿
断开链接	断开与所选的源工作簿的链接，只保留值
检查状态	检查所有源工作簿是否可用，以及值是否已更新

提示

如果收到来自其他用户的包括链接的工作簿文件，可以选择“断开链接”方式，一次性将所有的链接公式转变为相应的值，防止因源文件不存在而造成目标文件数据丢失。在数据文件分发之前，同样可以采用“断开链接”的方式，制作一份不包含外部引用链接的数据文件，分发给接收者。

Ⅲ　手工修改链接

用户可以手工修改链接地址，或是借助“查找和替换”功能批量替换链接地址。

36.1.4　在函数中使用链接

除了直接引用外部数据的单元格地址外，部分函数也支持外部引用链接，如 VLOOKUP 函数等。使用时除了数据源工作簿路径的选择之外，其他与在同一工作簿中的用法完全相同。

在某些函数参数中使用外部工作簿链接时，要求源工作簿必须打开才能更新数据，否则会出现错误值，如 SUMIF、COUNTIF、INDIRECT、OFFSET 函数等。

为了便于数据管理，避免引用时可能出现的错误，通常情况下，建议将同一类数据放到一个工作簿内，以不同工作表的形式进行引用。

36.2 超链接

超链接是指为了快速访问而创建的指向一个目标的连接关系。在浏览网页时，如果单击某些文字或图形，就会打开另一个网页。在 Excel 中，也可以利用文字、图片或图形创建具有跳转功能的超链接。

36.2.1 自动产生的超链接

对于用户输入的 Internet 及网络路径，Excel 会自动进行识别并将其替换为超链接。例如，在工作表中输入电子邮件地址“gushen668@sina.com”，按 <Enter> 键确认后，Excel 会将其转换为超链接的样式，如图 36-4 所示。

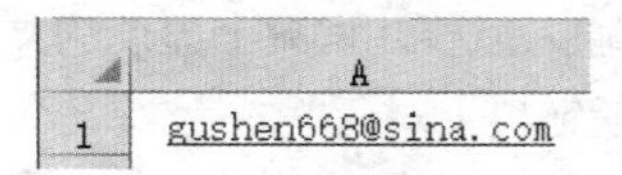

图 36-4 自动产生的超链接

如需关闭该功能，可以按以下步骤操作。

步骤① 依次选择【文件】→【选项】选项，打开【Excel 选项】对话框。

步骤② 切换到【校对】选项卡下，单击【自动更正选项】按钮，打开【自动更正】对话框。

步骤③ 在【自动更正】对话框中，切换到【键入时自动套用格式】选项卡，取消选中【Internet 及网络路径替换为超链接】复选框，单击【确定】按钮返回【Excel 选项】对话框，再次单击【确定】按钮关闭对话框，如图 36-5 所示。

完成设置后，再次输入电子邮件地址，Excel 则会自动以常规格式进行存储，如图 36-6 所示。

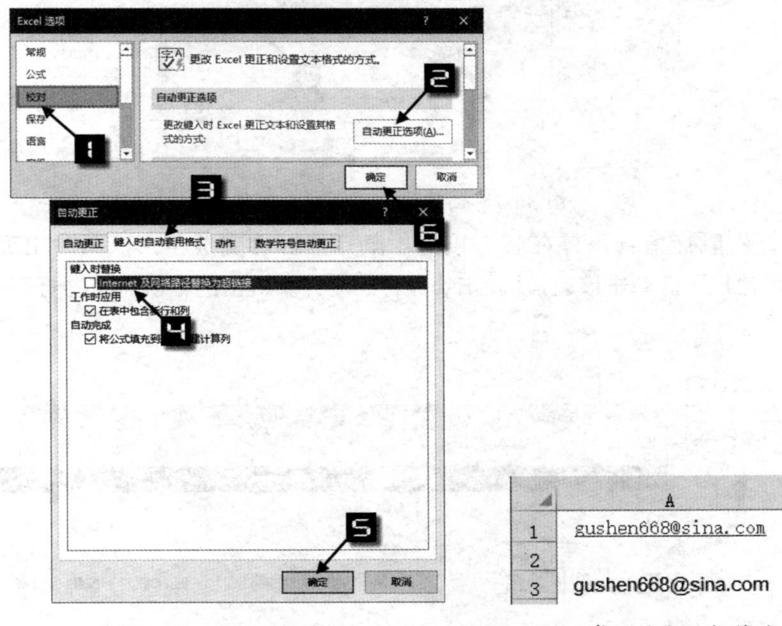

图 36-5 自动更正选项　　图 36-6 常规格式的邮件地址

36.2.2 创建超链接

用户可以根据需要在工作表中创建不同跳转目标的超链接。利用 Excel 的超链接功能，不但可以链接到工作簿中的任意一个单元格或区域，也可以链接到其他 Office 文件或文本文件、多媒体文件，以及电子邮件地址或网页等。

➲ Ⅰ 创建指向网页的超链接

如果要创建指向网页的超链接，可以按以下步骤操作。

步骤① 选中用于存放网页超链接的单元格，如 A3，依次单击【插入】→【超链接】按钮，打开【插入超链接】对话框。

步骤② 在左侧链接位置列表中，选择【现有文件或网页】选项。在【地址】编辑框中输入网址，如输入 http://www.excelhome.net/。

也可以单击【查找范围】右侧的【浏览 Web】按钮，打开要链接到的网页，然后再切换回 Excel。

步骤③ 单击右上角的【屏幕提示】按钮，打开【设置超链接屏幕提示】对话框。

步骤④ 在【屏幕提示文字】编辑框中输入需要在屏幕上显示的文字，如“ExcelHome 技术论坛”，单击【确定】按钮，返回【插入超链接】对话框。

步骤⑤ 单击【确定】按钮，关闭【插入超链接】对话框，如图 36-7 所示。

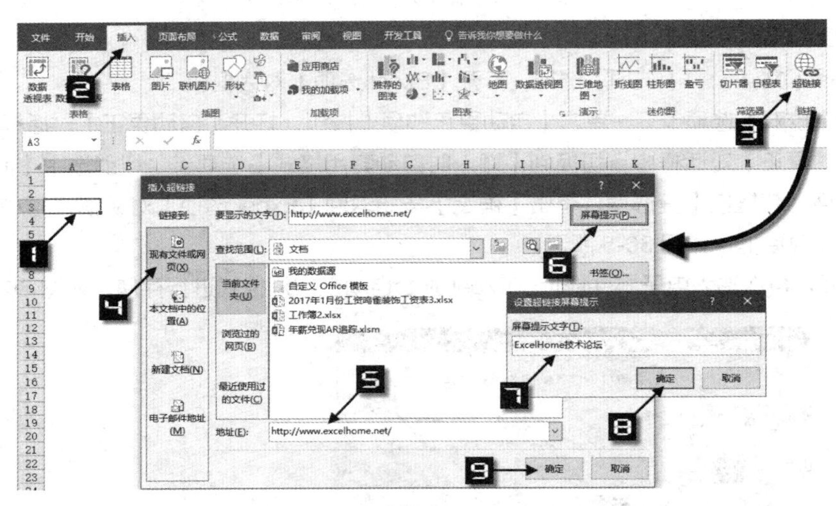

图 36-7 创建指向网页的超链接

设置完成后，将鼠标指针悬停在超链接处，鼠标指针会变成手形，同时出现屏幕提示信息“ExcelHome 技术论坛”。单击该超链接，Excel 会启动计算机上的默认浏览器打开目标网址，如图 36-8 所示。

图 36-8 使用超链接打开指定网页

➲ II　创建指向现有文件的超链接

如果要创建指向现有文件的超链接，可以按以下步骤操作。

步骤① 选中需要存放超链接的单元格，如 A4，依次单击【插入】→【超链接】按钮，或者按 <Ctrl+K> 组合键打开【插入超链接】对话框。

步骤② 在左侧链接位置列表中，选择【本文档中的位置】选项。在【要显示的文字】编辑框中输入要显示的文字“跳转到 Sheet2 的 B3 单元格”。

步骤③ 在【请输入单元格引用】编辑框中输入“B3”，在【或在此文档中选择一个位置】中选择引用工作表“Sheet2”。单击【确定】按钮，如图 36-9 所示。

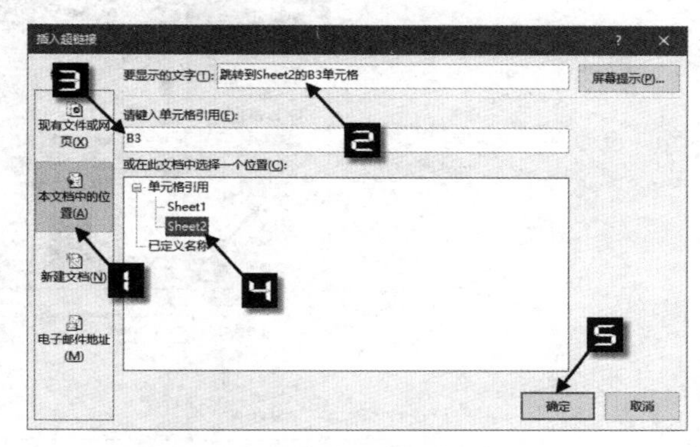

图 36-9　创建指向现有文件的超链接

设置完成后，A4 单元格中显示为“跳转到 Sheet2 的 B3 单元格”，单击单元格中的超链接，即可跳转到指定位置。

➲ III　创建指向新文件的超链接

创建超链接时，如果文件尚未建立，Excel 允许用户创建指向新文件的超链接，操作步骤如下。

步骤① 选中需要存放超链接的单元格（如 A1）并右击，在弹出的快捷菜单中选择【超链接】命令，打开【插入超链接】对话框。

步骤② 在左侧链接位置列表中，选择【新建文档】选项。

步骤③ 【何时编辑】选项区域包括【以后再编辑新文档】和【开始编辑新文档】两个单选按钮。如果选中【以后再编辑新文档】单选按钮，创建超链接后，将自动在指定位置新建一个指定类型的文档。如果选中【开始编辑新文档】单选按钮，创建超链接后，将自动在指定位置新建一个指定类型的文档，并自动打开等待用户编辑。

本例选中【开始编辑新文档】单选按钮，然后单击右侧的【更改】按钮，弹出【新建文档】对话框，如图 36-10 所示。

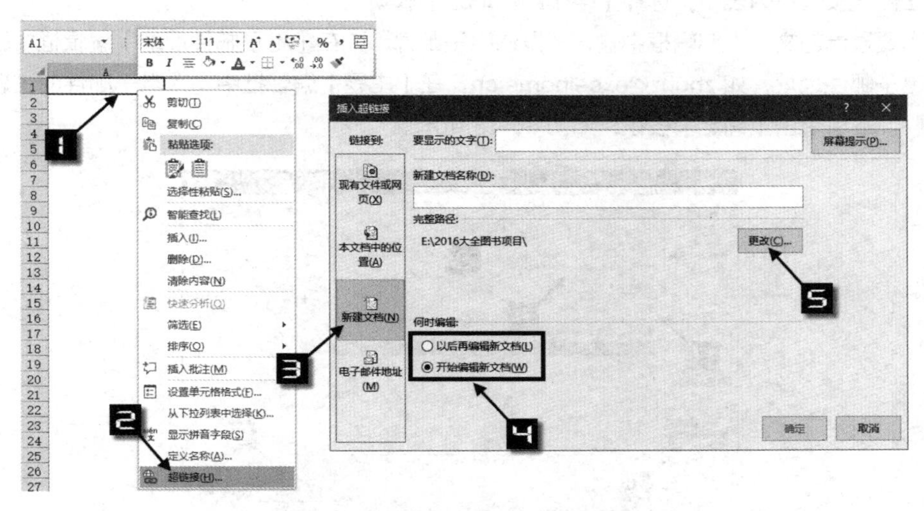

图 36-10　创建指向新建文档的超链接

步骤4 在弹出的【新建文档】对话框中，先指定存放新建文档的路径，然后在【保存类型】下拉列表中选择指定的格式类型，如“文本文件（*.txt）”。在【文件名】编辑框中输入新建文档的名称，如“文本文档 1”，最后单击【确定】按钮，如图 36-11 所示。

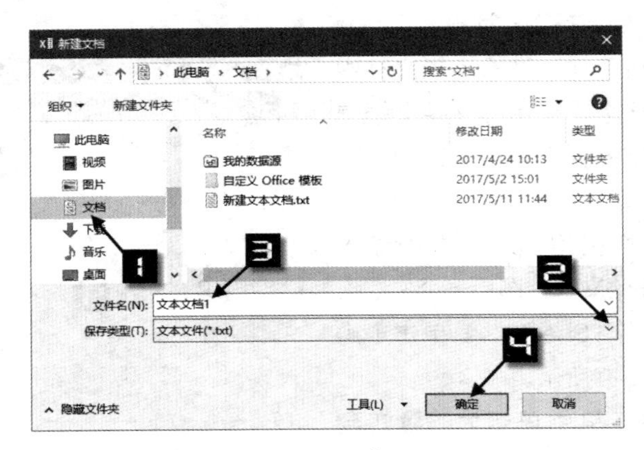

图 36-11　新建文档

操作完成后，在 A1 单元格插入了带有文件路径和文件名的超链接，并且自动打开新建的文档“文本文档 1.txt”，如图 36-12 所示。

图 36-12　新创建的文件

➲ IV　创建指向电子邮件的超链接

在【插入超链接】对话框中，还可以创建指向电子邮件的超链接，操作步骤如下。

步骤1 选中需要存放超链接的单元格，如 A5，按 <Ctrl+K> 组合键打开【插入超链接】对话框。

步骤2 在左侧链接位置列表中，选择【电子邮件地址】选项。

步骤3 在【要显示的文字】编辑框中输入“发送电子邮件”。在【电子邮件地址】编辑框中输入收件人的电子邮件地址，如 zhuhz@excelhome.cn。在【主题】编辑框中输入电子邮件的主题，如“测试”。最后单击【确定】按钮，如图 36-13 所示。

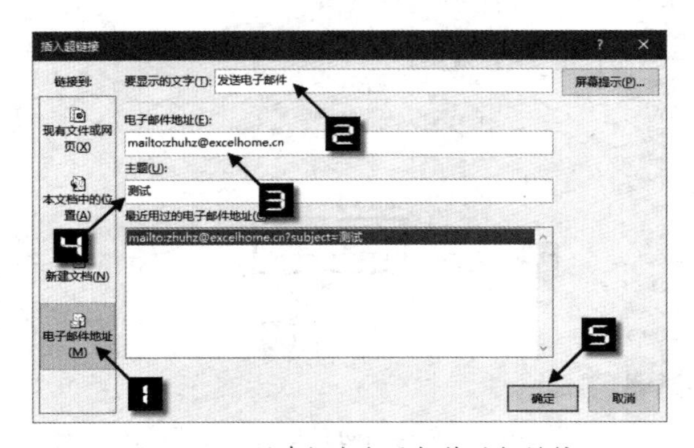

图 36-13　创建指向电子邮件的超链接

提示

在【电子邮件地址】编辑框中输入收件人的电子邮件地址后会自动加上前缀“mailto:”。

设置完成后，单击 A5 单元格中的超链接，即可打开系统默认的邮件程序，并自动进入邮件编辑状态。如果是初次使用该功能，会提示用户先进行必要的账户设置，如图 36-14 所示。

图 36-14　打开系统默认的邮件程序

➲ V　使用 HYPERLINK 函数创建自定义超链接

除了创建以上形式的超链接外，用户还可以利用 HYPERLINK 函数在单元格中创建超链接。HYPERLINK 函数是 Excel 中唯一一个除了可以返回数据值外，还能够生成链接的特殊函数，该函数的语法如下：

```
HYPERLINK(link_location,friendly_name)
```

参数 link_location 是要打开的文档的路径和文件名，可以指向 Excel 工作表或工作簿中特定的单元格或命名区域，或是指向 Microsoft Word 文档中的书签。路径可以是表示存储在硬盘驱动器上的文件，也可以是 UNC 路径或 URL 路径。除了使用直接的文本链接以外，还支持使用在 Excel 中定义的名称，但相应的名称前必须加上前缀“#”，如 #DATA、#Name。对于当前工作簿中的链接地址，也可以使用前缀“#”来代替当前工作簿名称。

参数 friendly_name 可选，表示单元格中显示的跳转文本或数字值。如果省略，HYPERLINK 函数建立超链接后将显示第一参数的内容。

若要选择一个包含超链接的单元格但不跳转到超链接目标，可以单击单元格并按住鼠标左键不放，直到指针变成✥形状，然后释放鼠标。

示例36-1 创建有超链接的工作表目录

图 36-15 是某单位财务处理系统的部分内容，为了方便查看数据，要求在目录工作表中创建指向各工作表的超链接。

	A	B	C	D
1		工作表名称	点击跳转	
2		银行存款余额调节表	银行存款余额调节表	
3		会计科目表	会计科目表	
4		凭证录入	凭证录入	
5		科目余额表	科目余额表	
6		汇总凭证	汇总凭证	
7		总账	总账	
8		明细分类账	明细分类账	
9		资产负债表	资产负债表	
10		利润表	利润表	
11		通用记账凭证	通用记账凭证	
12		分数记账凭证	分数记账凭证	

目录 | 银行存款余额调节表 | 会计科目表 | 凭证录入

图 36-15 为工作表名称添加超链接

C2 单元格使用以下公式，向下复制到 C12 单元格。

```
=HYPERLINK("#"&B2&"!A1",B2)
```

公式中“"#"&B2&"!A1"”部分指定了当前工作簿内链接跳转的具体单元格位置，第二参数为 B2，表示建立超链接后显示的内容为 B2 单元格的文字。

设置完成后，当鼠标指针靠近公式所在单元格时，会自动变为手形，单击超链接，即跳转到相应工作表的 A1 单元格。

扫描左侧二维码，可观看本节内容更详细的视频讲解。

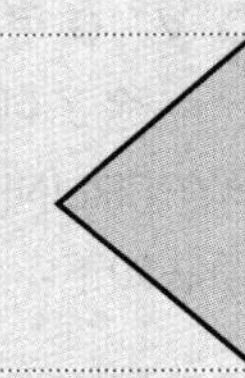

36.2.3 编辑超链接

Ⅰ 选中带有超链接的单元格

如果需要只选中包含超链接的单元格，而不触发跳转，可以选中该单元格，并按住鼠标左键稍微移动，待鼠标指针由手形变为空心十字形即可，如图 36-16 所示。

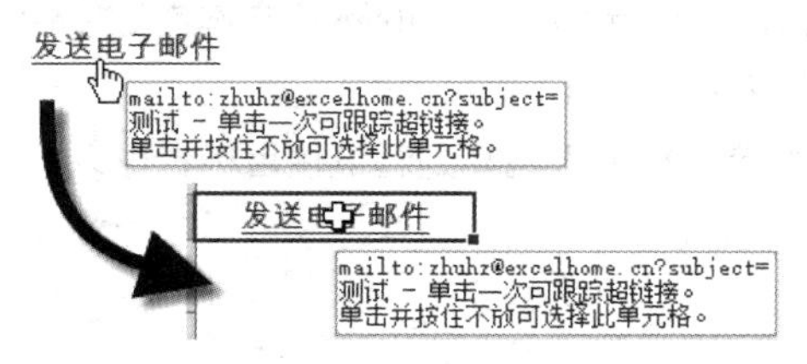

图 36-16 选中包含超链接的单元格

➲ II 更改超链接样式

如果要对超链接文本的外观进行修改，可以按以下步骤操作。

步骤① 在【开始】选项卡中单击【单元格样式】下拉按钮。

步骤② 在样式列表中右击【超链接】，然后在扩展菜单中选择【修改】命令，打开【样式】对话框。

步骤③ 在【样式】对话框中单击【格式】按钮，然后在打开的【设置单元格格式】对话框中进行自定义设置，设置完成后关闭【设置单元格格式】对话框，最后单击【确定】按钮关闭【样式】对话框，如图 36-17 所示。

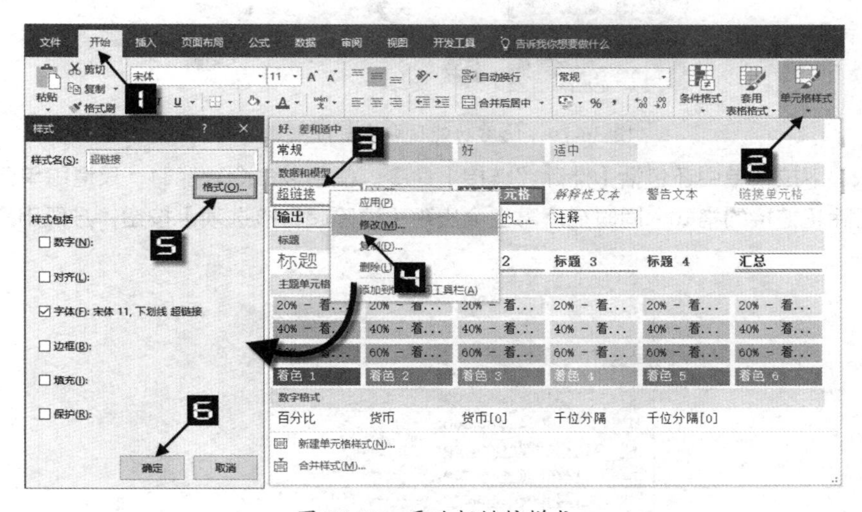

图 36-17 更改超链接样式

36.2.4 删除超链接

如果需要删除单元格中的超链接，仅保留显示的文字，可以使用以下两种方法。

方法 1：选中包含超链接的单元格或单元格区域并右击，在弹出的快捷菜单中选择【删除超链接】命令，如图 36-18 所示。

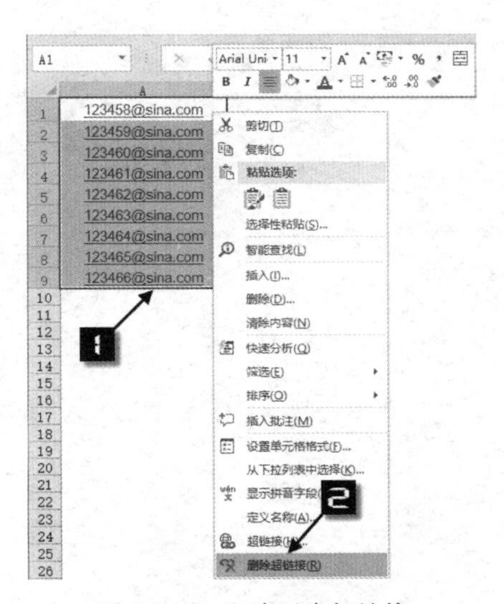

图 36-18 右键删除超链接

方法 2：选中含有超链接的单元格区域，依次单击【开始】→【清除】下拉按钮，在下拉菜单中选择【删除超链接】命令，如图 36-19 所示。

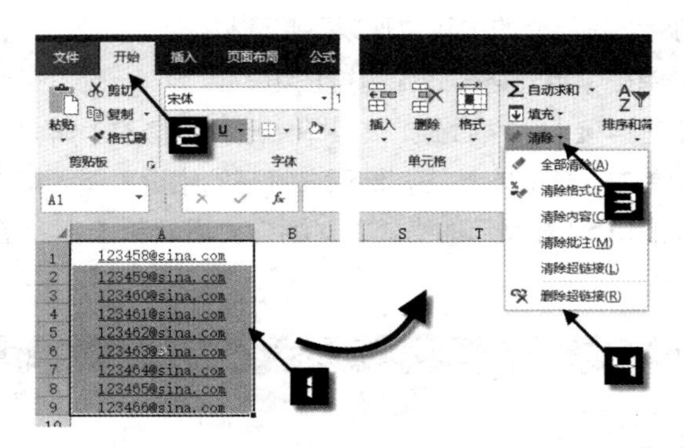

图 36-19　使用功能区命令删除超链接

在【清除】下拉菜单中还包括【清除超链接】命令。使用该命令功能时，只清除单元格中的超链接，而不会清除超链接的格式，同时在屏幕上会出现【清除超链接选项】按钮，方便用户选择，如图 36-20 所示。

图 36-20　清除超链接选项

第 37 章　使用 Excel 高级文本服务

随着用户处理电子表格任务的日趋复杂，Excel 不断增加各种功能来应对需求。利用 Excel 2016 的高级文本服务功能，用户可以利用朗读功能检验数据，利用简繁体转换功能让表格在简体中文和繁体中文之间进行转换，利用翻译功能快速地翻译文本。

本章学习要点

（1）语音朗读表格。

（2）中文简繁体转换。

（3）多国语言翻译。

37.1　语音朗读表格

Excel 2016 的“语音朗读”功能默认状态下并没有出现在功能区中。如果要使用该功能，必须先将相关的命令按钮添加到【快速访问工具栏】中，如“按行朗读单元格”“按列朗读单元格”及“按 Enter 开始朗读单元格”等。

有关“快速访问工具栏”的更多内容，请参阅第 2 章。

单击【快速访问工具栏】中的按钮，即可启用“按 Enter 开始朗读单元格”功能。当在单元格中输入数据后按 <Enter> 键，或者活动单元格中已经有数据时按 <Enter> 键，Excel 会自动朗读内容。再次单击按钮可关闭该功能。

选中需要朗读的单元格区域，单击【快速访问工具栏】中的按钮，Excel 将开始按行逐单元格朗读该区域中的所有内容。如果需要停止朗读，单击【快速访问工具栏】中的按钮或单击工作表中的任意一个单元格即可。

单击按钮或按钮，可以切换朗读方向。

如果在执行朗读功能前只选中了一个单元格，则 Excel 会自动扩展到此单元格所在的数据区域进行朗读。

深入了解：关于语音引擎

Excel 的文本朗读功能需要计算机系统中安装有语音引擎才可以正常使用。该功能以何种语言进行朗读，取决于当前安装并设置的语音引擎。

Windows Vista、Windows 7、Windows 8 和 Windows 10 都自带了多种语音引擎。因为 Office 2016 只支持安装在 Windows 7 及以上操作系统中，所以可以直接在 Excel 中使用文本朗读功能。

事实上，Windows 的语音功能非常强大，不但可以作为语音引擎支持各类软件的相关功能，还可以实现控制计算机程序、读写文字等。

37.2 中文简繁体转换

使用 Excel 的中文简繁体转换功能，可以快速地将工作表内容（不包含名称、批注、对象和 VBA 代码）在简体中文与繁体中文之间进行转换，这是中文版 Excel 所特有的一项功能。

此命令默认不显示在功能区中，要使用该功能，可以依次选择【文件】→【选项】选项，打开【Excel 选项】对话框。切换到【加载项】选项卡，单击【管理】右侧下拉按钮，选择【COM 加载项】选项，然后单击【转到】按钮，打开【COM 加载项】对话框。

在【COM 加载项】对话框中选中【中文转换加载项】复选框，最后单击【确定】按钮，如图 37-1 所示。

添加中文转换加载项之后，在【审阅】选项卡下即可增加【中文繁简转换】命令组。要将一个单元格区域由简体中文转化为繁体中文，先选中这个区域，然后单击【审阅】选项卡中的【简转繁】按钮，如图 37-2 所示。

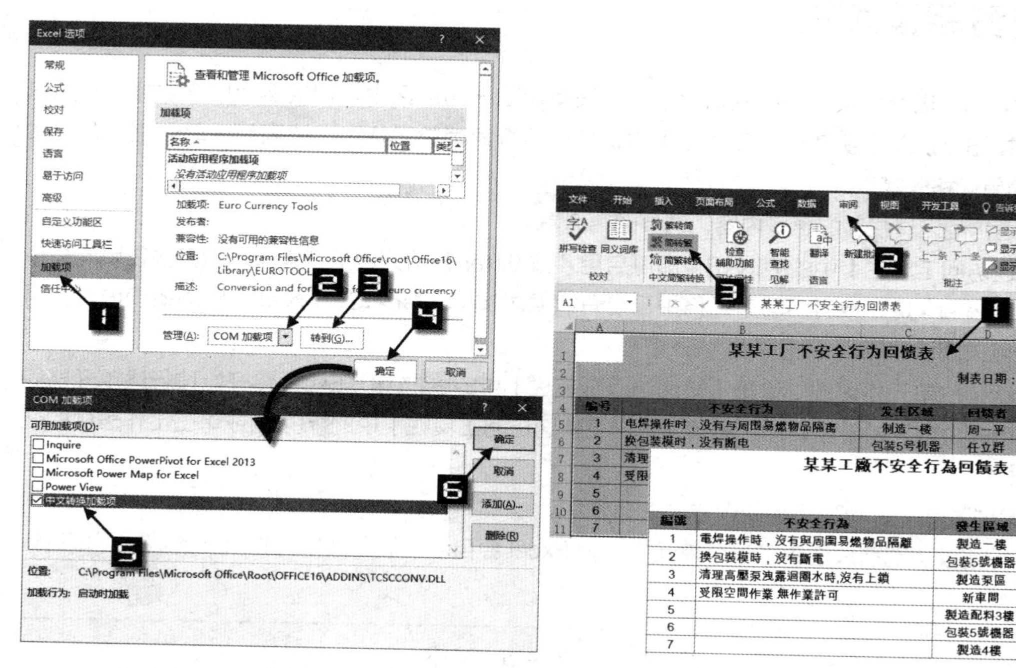

图 37-1 添加中文转换加载项

图 37-2 简体中文转化为繁体中文

如果此时工作簿尚未保存，将弹出对话框询问是否需要先保存再转换，如图 37-3 所示。单击【是】按钮可继续转换。

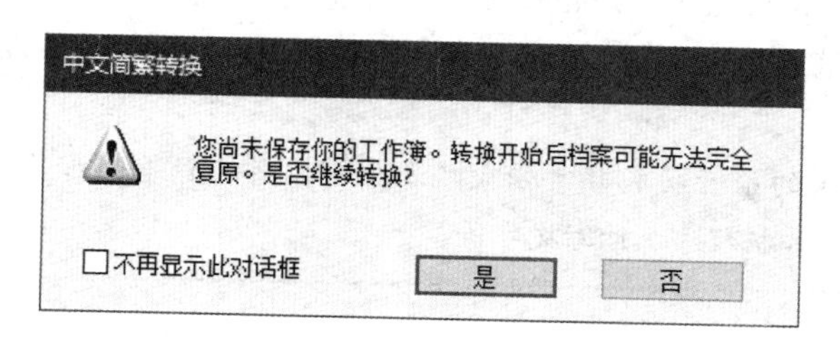

图 37-3 转化前关于保存文件的提示

注意

简繁转换操作无法撤销，为了避免数据损坏，应该先保存当前文件，或者为当前文件保存一份副本后再执行转换。

Excel 会按词或短语进行简繁转化，如将“单元格”转化为“儲存格”，将“模板”转化为“範本”等。将繁体中文转化为简体中文的操作基本相同，先选中目标区域后，单击【繁转简】按钮即可。

提示

如果将简体转换为繁体，再将这些繁体转换为简体时，可能无法得到之前的简体内容。例如，将“模板”转换为繁体的“範本”后，再次转换将得到简体的“范本”。

如果要一次性将整张工作表的内容进行简繁转换，可以先选中工作表中的任意一个单元格，然后开始转换。如果要将整个工作簿的内容进行简繁转换，需要先选中所有工作表，然后开始转换。

单击【审阅】选项卡中的【简繁转换】按钮，在弹出的【中文简繁转换】对话框中单击【自定义词典】按钮，将弹出【简体繁体自定义词典】对话框，如图 37-4 所示。用户可以在这里维护自己的词典，让转换结果更适应自己的工作。

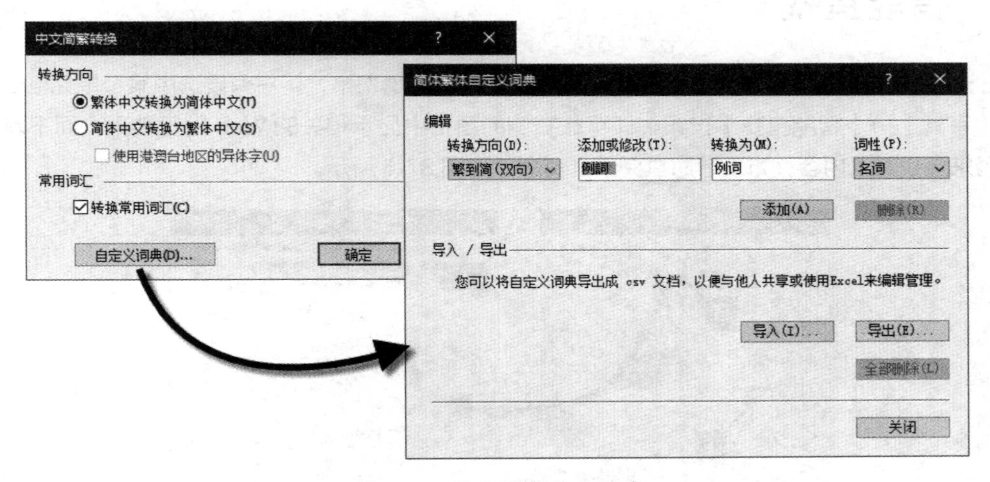

图 37-4　维护简繁转化词典

37.3　多国语言翻译

Office 2016 内置了由微软公司提供的在线翻译服务，该服务可以帮助用户翻译选中的文字、进行屏幕取词翻译或翻译整个文件。该服务支持多种语言之间的互相翻译。

要使用翻译服务，用户必须保持计算机与 Internet 的连接。

单击需要翻译的单元格，再单击【审阅】选项卡下的【翻译】按钮，将显示出【信息检索】窗格，显示详细的翻译选项与当前的翻译结果，如图 37-5 所示。

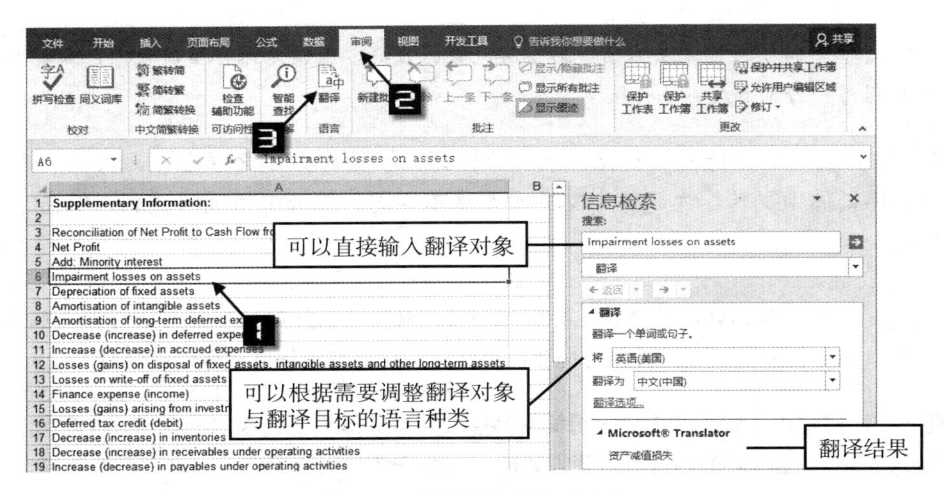

图 37-5　翻译单元格中的文字

37.4　智能查找

Excel 2016 新增了【智能查找】功能，在计算机联网的情况下，用户只要选中某个单元格，然后依次单击【审阅】→【智能查找】按钮，即可在右侧的窗格中显示相关的 Web 搜索结果，而不需要再打开浏览器来查找某些内容，方便随时查阅网上资源，如图 37-6 所示。

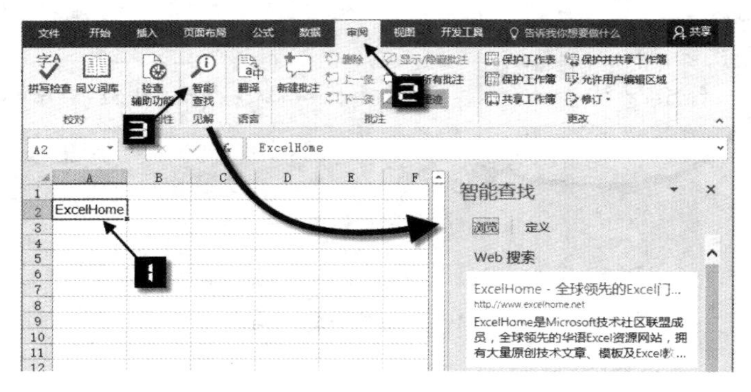

图 37-6　智能查找

第六篇

使用Excel进行协同

随着信息化办公环境的不断普及与互联网技术的不断改进，团队协同开始取代单机作业，在企业与组织中成为主要的工作模式。秉承这一理念的 Excel 2016，不但可以与其他 Office 组件无缝链接，而且可以帮助用户通过 Intranet 与其他用户进行协同工作、交换信息。同时，借助 IRM 技术和数字签名技术，用户的信息能够获得更强有力的保护。借助 Excel Online，用户可以随时随地协作处理电子表格。

第 38 章 信息安全控制

用户的 Excel 工作簿中可能包含着一些比较重要的敏感信息。当需要与其他用户共享此类文件时，就需要对敏感信息进行保护。尽管用户可以为 Excel 文件设置打开密码，但仅仅运用这样的机制来保护信息显然不能满足所有用户的需求。Excel 2016 在信息安全方面具备了许多优秀功能，尤其是“信息权限管理”（Information Rights Management，IRM）功能和数字签名功能，可以帮助用户保护文件中的重要信息。

本章学习要点

（1）借助 IRM 进行信息安全控制。
（2）保护工作表与工作簿。
（3）为工作簿添加数字签名。
（4）保护个人私有信息。
（5）自动备份。
（6）发布工作簿为 PDF 或 XPS。

38.1 借助 IRM 进行信息安全控制

IRM 允许个人和管理员指定可以访问指定 Office 文档的人，防止未经授权的人员打印、转发或复制敏感信息。此外，IRM 还允许用户定义文档的有效期，文件一旦过期将不可以再访问。

IRM 技术通过在计算机上安装一个数字证书来完成对文件的加密，此后的权限分配与权限验证均基于电子邮件地址进行，电子邮件地址用于保证用户身份的唯一合法性。

IRM 提供了比“用密码进行加密”更灵活的权限分配机制和更高的安全级别，文档的所有人只需单击【文件】→【信息】→【保护工作簿】→【限制访问】，指定谁可以具备何种操作权限就完成了加密。被授权的人在访问文档时，不需要使用任何密码，只需要向 RMS 服务器验证自己的身份即可。

在 Office 中使用 IRM 技术必须要在企业内部部署 RMS 服务器或带 RMS Online 的 Office 365。相关内容可参阅微软网站技术文档 https://msdn.microsoft.com/zh-SG/library/cc179103(v=office.16)。

多年来，Microsoft 公司一直向全球用户免费提供公用 IRM 服务，遗憾的是在 2015 年 8 月停止了该服务。

38.2 保护工作表

通过设置单元格的“锁定”状态，并使用“保护工作表”功能，可以禁止对单元格的编辑，此部分内容请参阅第 6 章。

在实际工作中，对单元格内容的编辑只是工作表编辑方式中的一项，除此以外，Excel 还允许用户设置更明确的保护方案。

38.2.1 设置工作表的可用编辑方式

单击【审阅】选项卡中的【保护工作表】按钮，可以执行对工作表的保护，在弹出的【保护工作表】对话框中有很多权限设置选项，如图 38-1 所示。

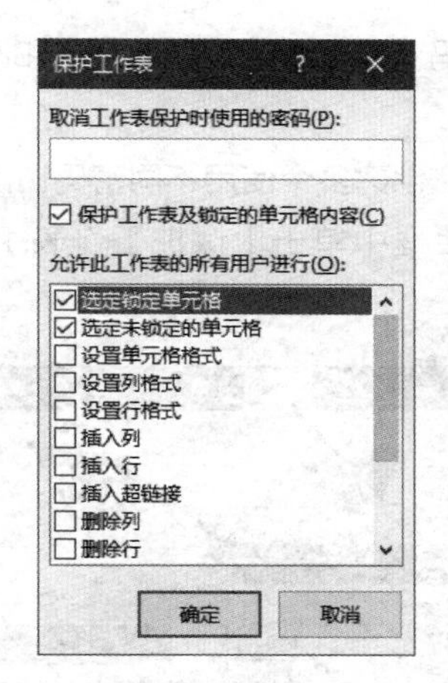

图 38-1 【保护工作表】对话框

这些权限选项决定了当前工作表在进入保护状态后，除了禁止编辑锁定单元格以外，还可以进行其他哪些操作。部分选项的含义如表 38-1 所示。

表 38-1 【保护工作表】对话框各选项的含义

选项	含义
选定锁定单元格	使用鼠标或键盘选定设置为锁定状态的单元格
选定未锁定的单元格	使用鼠标或键盘选定未被设置为锁定状态的单元格
设置单元格格式	设置单元格的格式（无论单元格是否锁定）
设置列格式	设置列的宽度，或者隐藏列
设置行格式	设置行的高度，或者隐藏行
插入超链接	插入超链接（无论单元格是否锁定）
排序	对选定区域进行排序（该区域中不能有锁定单元格）
使用自动筛选	使用现有的自动筛选，但不能打开或关闭现有表格的自动筛选
使用数据透视表	创建或修改数据透视表
编辑对象	修改图表、图形、图片，插入或删除批注
编辑方案	使用方案

38.2.2 凭密码或权限编辑工作表的不同区域

默认情况下，Excel 的“保护工作表”功能作用于整张工作表，如果希望对工作表中的不同区域设置独立的密码或权限来进行保护，可以按以下步骤操作。

步骤① 单击【审阅】选项卡中的【允许用户编辑区域】按钮，弹出【允许用户编辑区域】对话框。

步骤② 在此对话框中单击【新建】按钮，弹出【新区域】对话框。可以在【标题】编辑框中输入区域名称（或使用系统默认名称），然后在【引用单元格】编辑框中输入或选择区域的范围，再输入区域密码。

如果要针对指定计算机用户（组）设置权限，还可以单击【权限】按钮，在弹出的【区域 1 的权限】对话框中进行设置。

步骤③ 单击【新区域】对话框的【确定】按钮，根据提示重复输入密码后，返回【允许用户编辑区域】

对话框。之后用户就可凭此密码对以上所选定的单元格和区域进行编辑操作。此密码与工作表保护密码可以完全不同。

步骤④ 如果需要，可以使用同样的方法创建多个使用不同密码访问的区域。

步骤⑤ 在【允许用户编辑区域】对话框中单击【保护工作表】按钮，执行工作表保护，如图 38-2 所示。

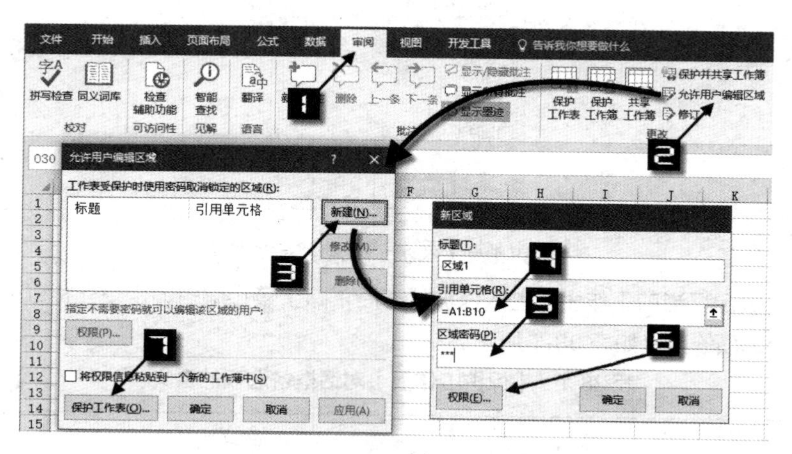

图 38-2　设置【允许用户编辑区域】对话框

完成以上单元格保护设置后，在试图对保护的单元格或区域内容进行编辑操作时，会弹出如图 38-3 所示的【取消锁定区域】对话框，要求用户提供针对该区域的保护密码。只有在输入正确密码后才能对其进行编辑。

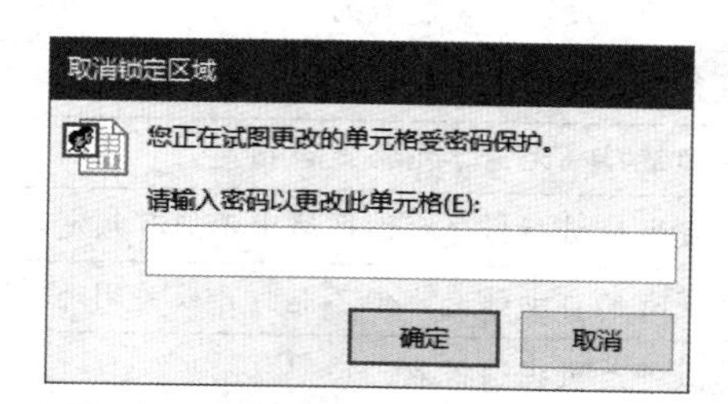

图 38-3　【取消锁定区域】对话框

如果在步骤 2 中设置了指定用户（组）对某区域拥有“允许”的权限，则该用户或用户组成员可以直接编辑此区域，不会再弹出要求输入密码的提示。

38.3　保护工作簿

Excel 2016 允许对整个工作簿进行不同方式的保护，一种是保护工作簿的结构，另一种是加密工作簿，设置打开密码。

38.3.1　保护工作簿结构

在【审阅】选项卡上单击【保护工作簿】按钮，将弹出【保护工作簿】对话框，如图 38-4 所示。

选中【结构】复选框后，禁止在当前工作簿中插入、删除、移动、复制、隐藏或取消隐藏工作表，以及禁止重新命名工作表。

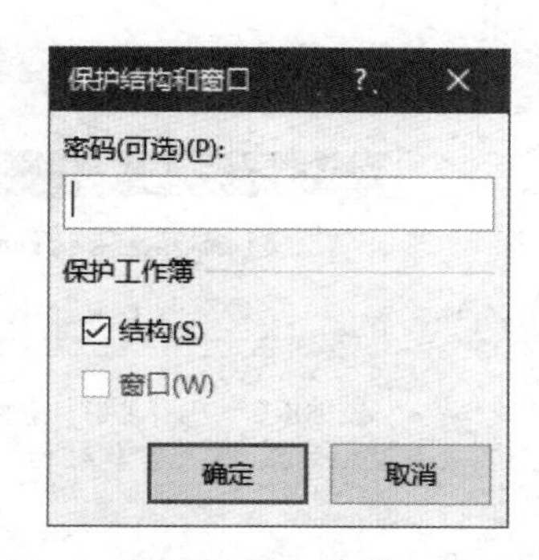

图 38-4　【保护工作簿】对话框

【窗口】复选框仅在 Excel 2007、Excel 2010、Excel for Mac 2011 和 Excel 2016 for Mac 中可用，选中此复选框后，当前工作簿的窗口按钮不再显示，禁止新建、放大、缩小、移动或拆分工作簿窗口，【全部重排】命令也对此工作簿不再有效。

如有必要，可以设置密码，此密码与工作表保护密码和工作簿打开密码没有任何关系。最后单击【确定】按钮即可。

38.3.2　加密工作簿

如果希望限定必须使用密码才能打开工作簿，除了在工作簿另存为操作时进行设置（请参阅第 3 章）外，也可以在工作簿处于打开状态时进行设置。

选择【文件】选项卡，在默认的【信息】页面中依次选择【保护工作簿】→【用密码进行加密】选项，将弹出【加密文档】对话框。输入密码并单击【确定】按钮后，Excel 会要求再次输入密码进行确认。确认密码后，此工作簿下次被打开时将提示输入密码，如果不能输入正确的密码，将无法打开此工作簿，如图 38-5 所示。

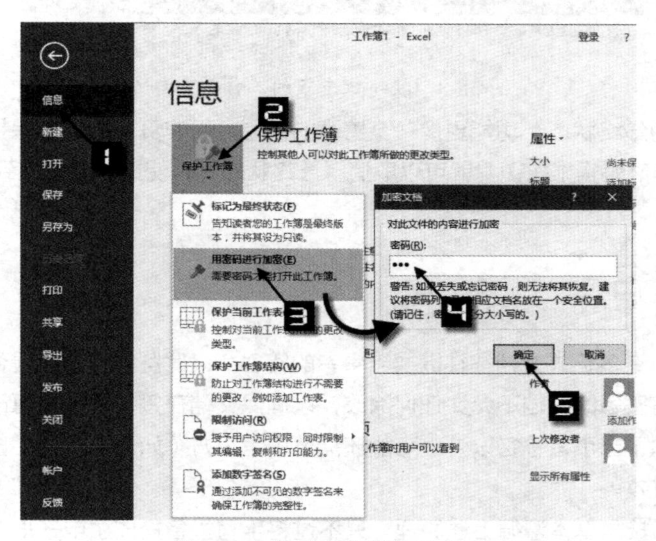

图 38-5　设置工作簿打开密码

如果要解除工作簿的打开密码，可以按上述步骤再次打开【加密文档】对话框，删除现有密码即可。

38.4　标记为最终状态

如果工作簿文件需要与其他人进行共享，或者被确认为一份可存档的正式版本，可以使用“标记为最终状态”功能，将文件设置为只读状态，防止被意外修改。

要使用此功能，可以选择【文件】选项卡，在默认的【信息】页面中依次选择【保护工作簿】→【标记为最终状态】选项，在弹出的对话框中单击【确定】按钮，如图 38-6 所示。

系统弹出如图 38-7 所示的消息框，提示用户本工作簿已经被标记为最终状态。

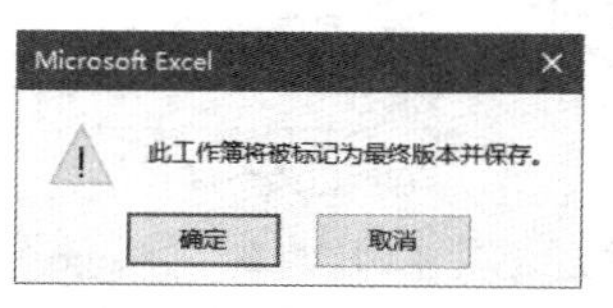

图 38-6　确认执行【标记为最终状态】对话框

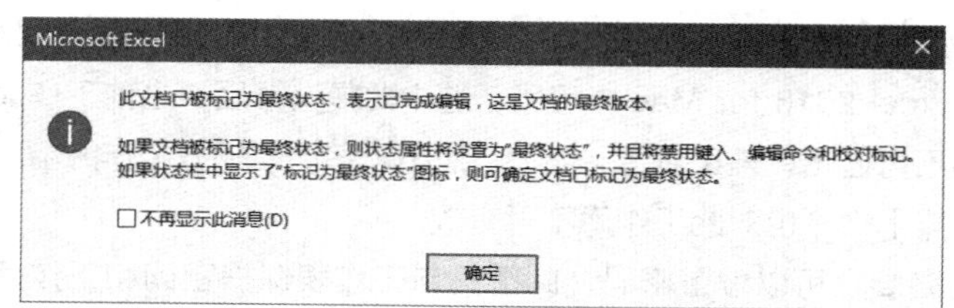

图 38-7　提示用户本工作簿已经被标记为最终状态

如果在一个新建的尚未保存过的工作簿上执行【标记为最终状态】命令，Excel会自动弹出【另存为】对话框，要求先对工作簿进行保存。

现在，工作簿窗口的外观如图 38-8 所示，文件名后显示为“只读”，功能区的下方提示当前为“标记为最终版本”的状态，文件将不再允许任何编辑。

图 38-8　最终状态下的工作簿窗口

事实上，“标记为最终状态”功能更像一个善意的提醒，而非真正的安全保护功能。任何时候只需单击功能区下方的【仍然编辑】按钮，就可以取消“最终状态”，使文件重新回到可编辑状态。

38.5　数字签名

在生活和工作中，许多正式文档往往需要当事者的签名，以此鉴别当事者是否认可文档内容或文档是否出自当事者。具有签名的文档不允许任何涂改，以确保文档在签名后未被篡改，是真实可信的。对于尤其重要的文档，除了当事者签名以外，可能还需要由第三方（如公证机关）出具的相关文书来证明该文档与签名的真实有效。

Office 的数字签名技术基本遵循上述原理，只不过将手写签名换成了电子形态的数字签名。众所周知，手工签名很容易被模仿，且难以鉴定。因此，在很多场合下，数字签名更容易确保自身的合法性和真实性，而且操作更方便。

有效的数字签名必须在证书权威机构（CA）注册，该证书由 CA 认证并颁发，具有不可复制的唯一性。如果用户没有 CA 颁发的正式数字签名，也可以使用 Office 的数字签名功能创建一个本机的数字签名，签名人为 Office 用户名。但这样的数字签名不具公信力，也很容易篡改，因为任何人在任何计算机上都可以创建一个完全相同的数字签名。

提示

全球有多家代理数字签名注册服务的公司，并按不同服务标准收取服务年费。在功能区的【插入】选项卡中单击【签名行】右侧的下拉按钮，在下拉列表中选择【添加签名服务】选项，将跳转到Office支持网站，并显示与之有关的支持信息，如图38-9所示。

图 38-9　微软推荐的部分证书类型

Excel 允许向工作簿文件中加入可见的签名标志后再签署数字签名，也可以签署一份不可见的数字签名。无论是哪一种数字签名，如果在数字签名添加完成后对文件进行编辑修改，签名都将自动被删除。

38.5.1　添加隐性数字签名

添加隐性数字签名的操作步骤如下。

步骤① 选择【文件】选项卡，在默认的【信息】页面中依次选择【保护工作簿】→【添加数字签名】选项。

步骤② 在弹出的【签名】对话框中，可以进行详细的数字签名设置，包括类型、目的和签名人信息等，如图 38-10 所示。对话框中的【承诺类型】【签署此文档的目的】【详细信息】等参数都是可选项，可以留空。单击【更改】按钮可以选择本机可用的其他数字签名。

根据需要填写各种签名信息后，单击【签名】按钮。

此时弹出【签名确认】对话框，显示签名完成，单击【确定】按钮即可，如图 38-11 所示。

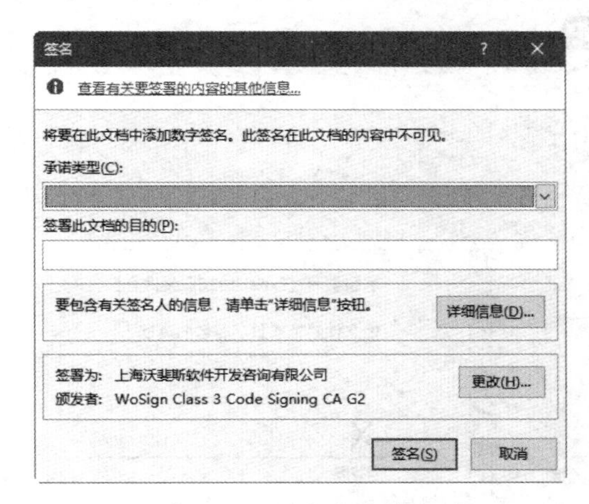

图 38-10　添加数字签名

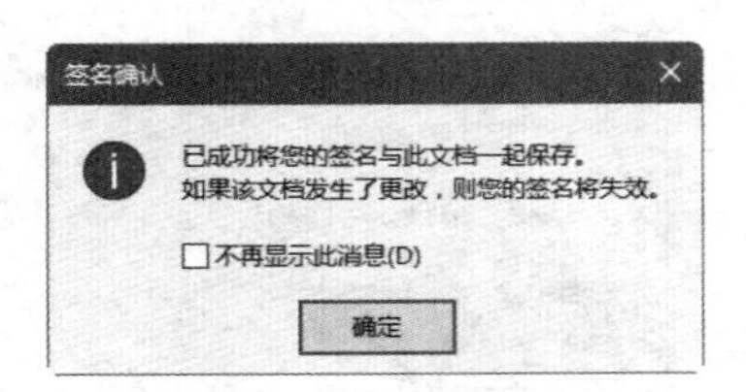

图 38-11　完成签名

成功添加数字签名后的工作簿文件将自动进入“标记为最终状态”模式，并在 Excel 状态栏的左侧

会出现一个 图标。单击此图标，将出现【签名】任务窗格，显示当前签名的详细信息，如图 38-12 所示。通过【签名】任务窗格，可以查看当前签名的详细信息，也可以删除签名。

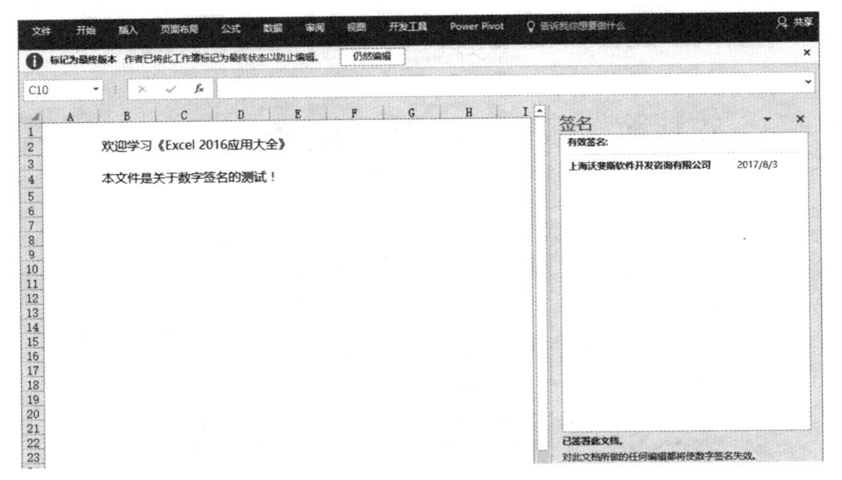

图 38-12 查看【签名】任务窗格

再次打开该文件时， Excel 窗口会显示如图 38-13 所示的提示栏。

图 38-13 包含有效签名的工作簿文件

38.5.2 添加 Microsoft Office 签名行

步骤 1 单击【插入】选项卡中【签名行】的下拉按钮，在下拉列表中选择【Microsoft Office 签名行】选项，将弹出【签名设置】对话框。根据具体情况输入姓名、职务、电子邮件地址等信息后，单击【确定】按钮，如图 38-14 所示。

此时，当前工作表中已经插入了一个类似图片的对象，显示了刚才填写的签名设置，这只是 Microsoft Office 签名行的一个半成品，如图 38-15 所示。

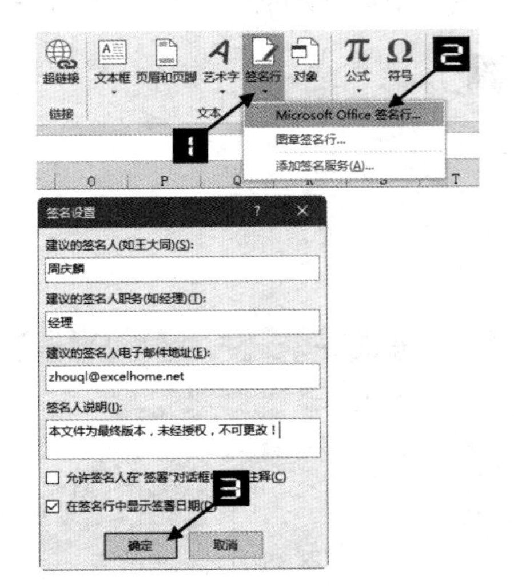

图 38-14 添加 Microsoft Office 签名行

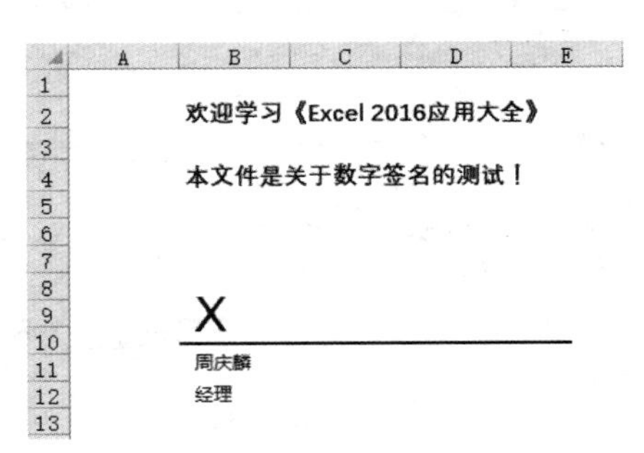

图 38-15 Microsoft Office 签名行

可以继续操作以添加数字签名，或者将工作簿文件保存后发送给其他人要求进行数字签名。

步骤② 要完成签名行的设置并添加数字签名，可以直接双击刚才的对象，弹出【签名】对话框，如图 38-16 所示。

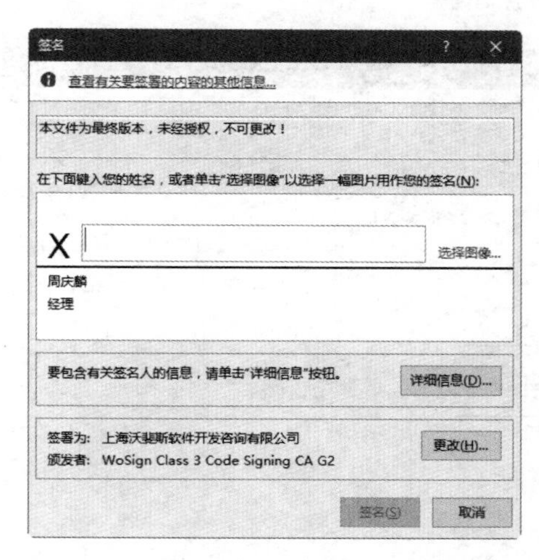

图 38-16　为签名行添加数字签名

步骤③ 在【签名】对话框中输入签署者的信息，或者单击【选择图像】按钮，选择一张图片添加到签名行区域，最后单击【签名】按钮，此时会弹出如图 38-17 所示的对话框，表示签名完成。

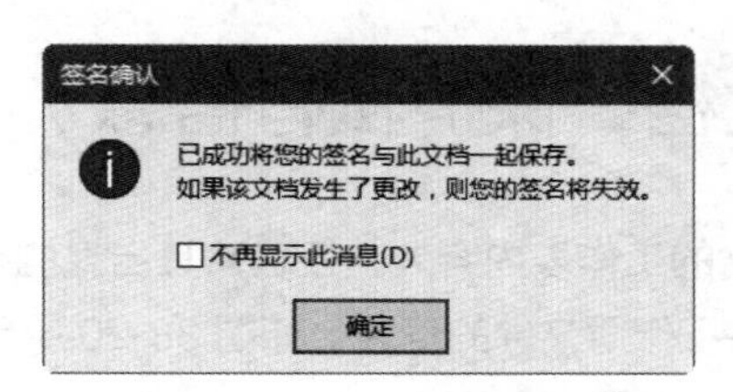

图 38-17　签名完成的提示

签署完成后的工作簿文件如图 38-18 所示，可以看到，除了在工作表中的签名行图片外，其他方面与添加隐性数字签名后的状态基本一致。

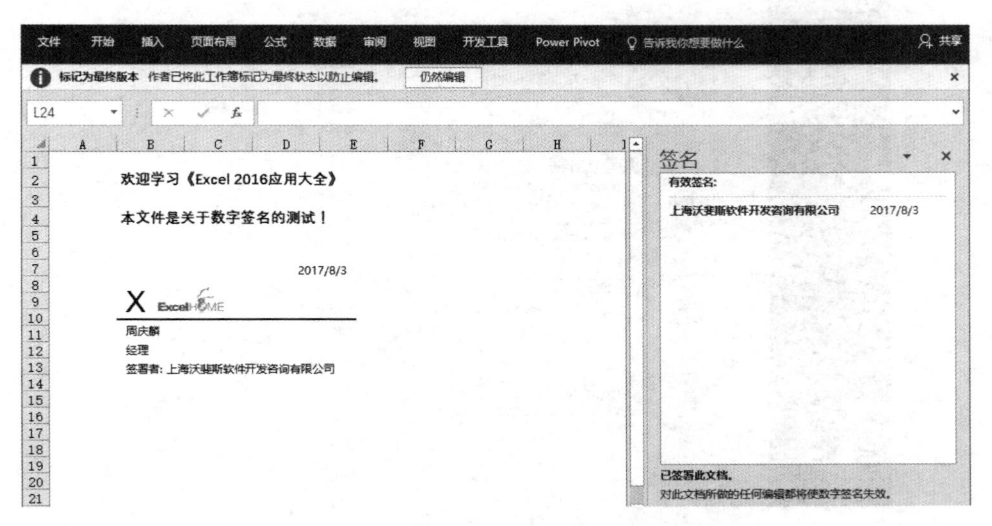

图 38-18　添加数字签名后的 Microsoft Office 签名行

38.5.3 添加图章签名行

添加图章签名行的方法与添加 Microsoft Office 签名行基本相同，在此不再赘述。

图章签名的效果如图 38-19 所示。

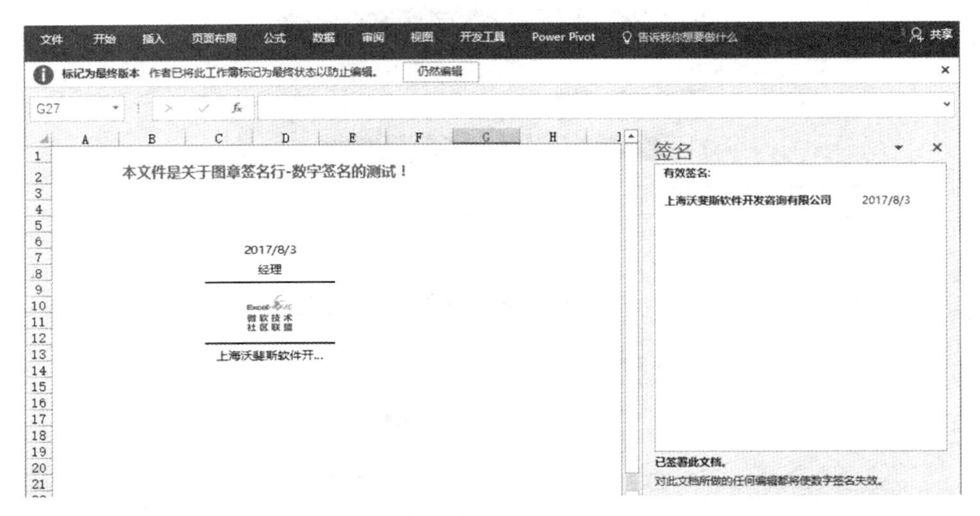

图 38-19 添加数字签名后的图章签名行

38.6 借助“检查文档”保护私有信息

每一个工作簿文件除了所包含的工作表内容外，还包含其自身的很多信息。选择【文件】选项卡，在默认的【信息】页面中可以查看工作簿文件的信息，如图 38-20 所示。

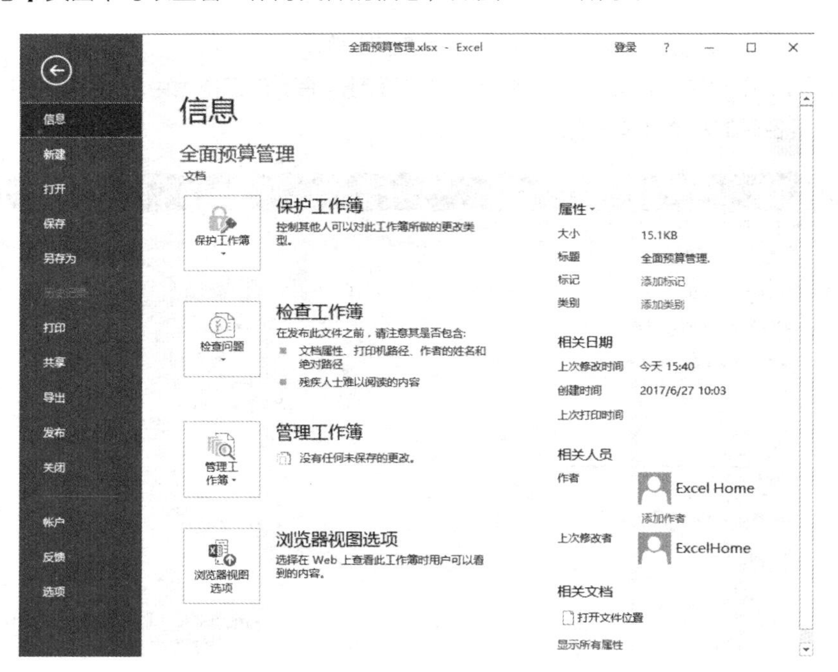

图 38-20 工作簿文件的自身信息

一部分信息是只读的，如文件大小、创建时间、上次修改时间、文件的当前位置等，另一部分信息则用于描述文件特征，是可编辑的，如标题、类别、作者等。在个人或企业内部使用 Excel 的时候，添加详细的文件信息描述是一个良好的习惯，可以帮助创建者本人和同事了解该文件的详细情况，并借助其他的应用（如 SharePoint Server）构建文件库，进行知识管理，同时也非常方便进行文件搜索。

单击【属性】按钮，在下拉菜单中选择【高级属性】选项，将弹出【属性】对话框，用户在此可进行详细的属性管理，如图 38-21 所示。

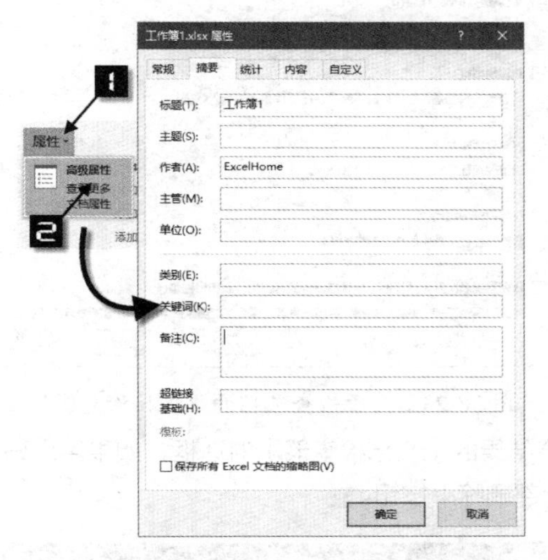

图 38-21　编辑文档属性

此外，工作簿中还有可能保存了由多人协作时留下的批注、墨迹等信息，记录了文件的所有修订记录。

如果工作簿要发送到组织机构以外的人员手中，以上这些信息可能会泄露私密信息，应该及时进行检查并删除。此时，可以使用“检查文档”功能，操作步骤如下。

步骤① 选择【文件】选项卡的【信息】选项，然后选择【检查问题】→【检查文档】选项，即可执行该功能，如图 38-22 所示。

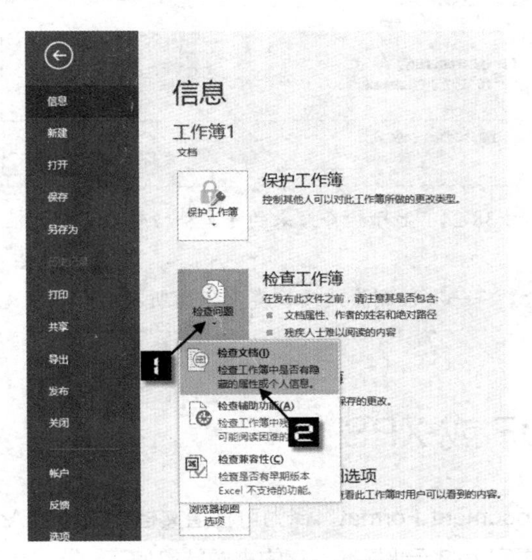

图 38-22　执行“检查文档”

步骤② 在弹出的【文档检查器】对话框中，列出可检查的各项内容，默认进行全部项目的检查，如图 38-23 所示。单击【检查】按钮即可开始进行检查。

图 38-23　用于检查文档的“文档检查器”

图 38-24 展示了显示检查结果的【文档检查器】对话框，如果用户确认检查结果的某项内容应该去除，可以单击该项右侧的【全部删除】按钮。

图 38-24　显示检查结果的【文档检查器】对话框

注意

【全部删除】将一次性删除该项目类别下的所有内容，且无法撤销，应该谨慎使用。

38.7　发布为 PDF 或 XPS

PDF 全称为 Portable Document Format，译为可移植文档格式，由 Adobe 公司设计开发，目前已成为数字化信息领域中一个事实上的行业标准。它的主要特点如下。

❖ 在大多数计算机平台上具有相同的显示效果。
❖ 较小的文件体积，最大限度地保持与源文件接近的外观。
❖ 具备多种安全机制，不易被修改。

XPS 全称为 XML Paper Specification，是由 Microsoft 公司开发的一种文档保存与查看的规范。用户可以简单地把它看作微软版的 PDF。

PDF 和 XPS 必须使用专门的程序打开，免费的 PDF 阅读软件不计其数，而微软也从 Vista 开始在操作系统内集成了 XPS 阅读软件。

Excel 支持将工作簿发布为 PDF 或 XPS，以便获得更好的阅读兼容性及某种程度上的安全性。以发布为 PDF 格式文件为例，具体方法是按 <F12> 键，在弹出的【另存为】对话框中选择【保存类型】为 PDF，如图 38-25 所示。可以根据情况选择不同的优化选项，然后单击【保存】按钮即可。

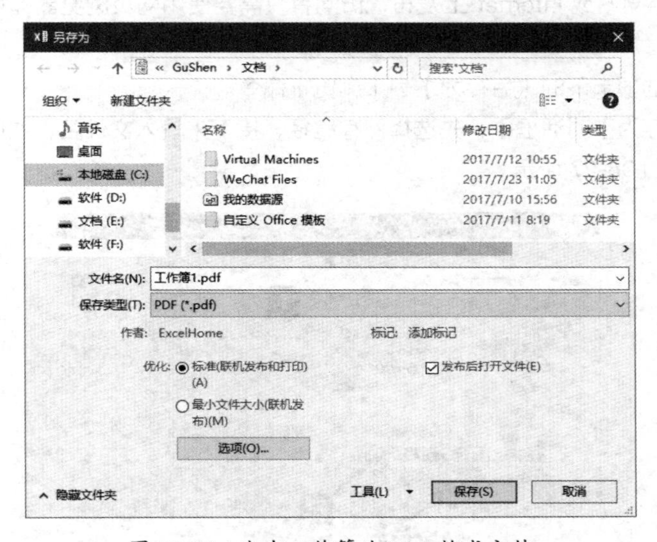

图 38-25 发布工作簿为 PDF 格式文件

如果希望设置更多的选项，可以在【另存为】对话框中单击【选项】按钮，在弹出的【选项】对话框中，可以设置发布的页范围、发布内容等参数，单击【确定】按钮可以保存设置，如图 38-26 所示。

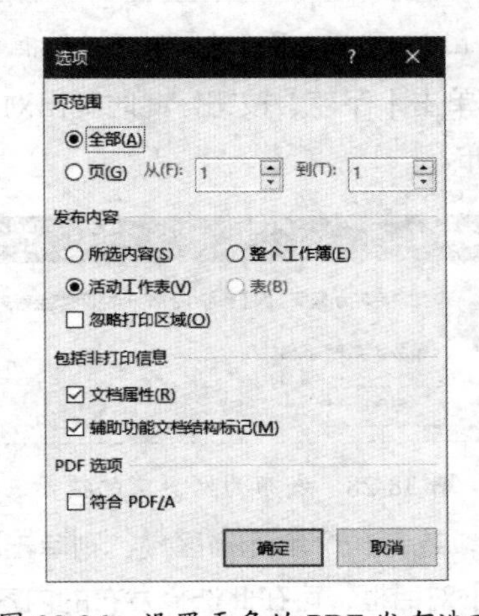

图 38-26 设置更多的 PDF 发布选项

发布为 XPS 文件的方法与此类似，在此不再赘述。

注意

将工作簿另存为 PDF或 XPS文件后，无法将其转换回 Microsoft Excel文件格式，除非使用专业软件或第三方加载项。但是，Word 2016支持docx文件和PDF文件之间的互相转换。

38.8 发布为 HTML 文件

HTML 全称为 Hypertext Markup Language，译为超文本链接标示语言，是目前网络上应用较为广泛的语言，也是构成网页文档的主要语言。Excel 2016 允许用户将工作簿文件保存为 HTML 格式文件，然后就可以在企业内部网站或 Internet 上发布，访问者只需要使用网页浏览器即可查看工作簿内容。操作步骤如下。

步骤① 选择【文件】选项卡下的【另存为】→【浏览】命令。

步骤② 在弹出的【另存为】对话框中，先选择保存路径，接下来输入文件名，然后设置【保存类型】为【网页】，如图 38-27 所示。

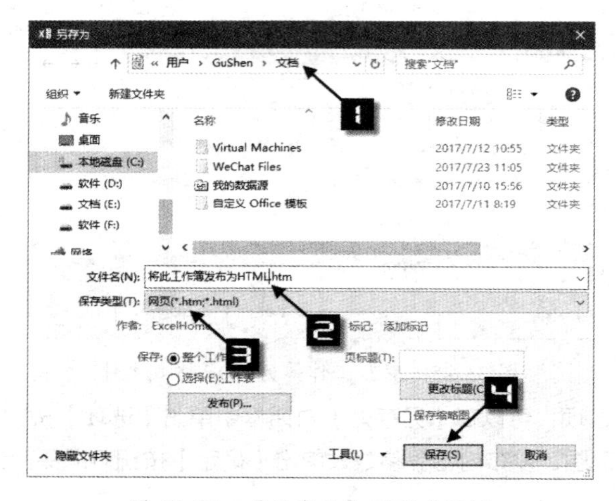

图 38-27 【另存为】网页对话框

步骤③ 如果发布整个工作簿，可以单击【保存】按钮，此时弹出对话框进行提示，如图 38-28 所示。单击【是】按钮可以完成发布。

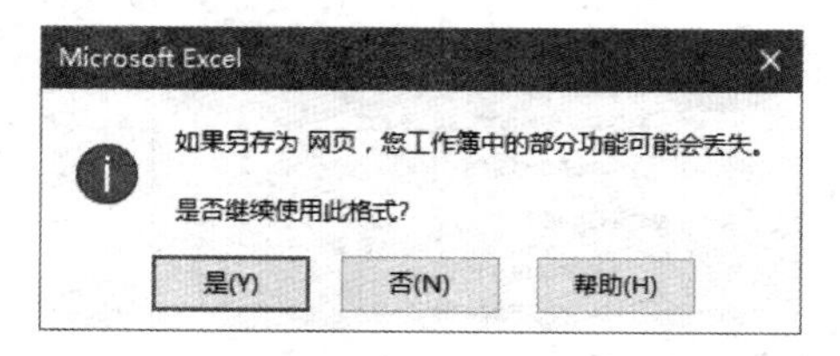

图 38-28 发布为网页前的提示

步骤④ 如果只希望发布一张工作表，或者一个单元格区域，则单击【另存为】对话框中的【发布】按钮，此时弹出【发布为网页】对话框，可在此选择发布的内容，以及其他一些相关的发布选项，最后单击【发布】按钮，如图 38-29 所示。

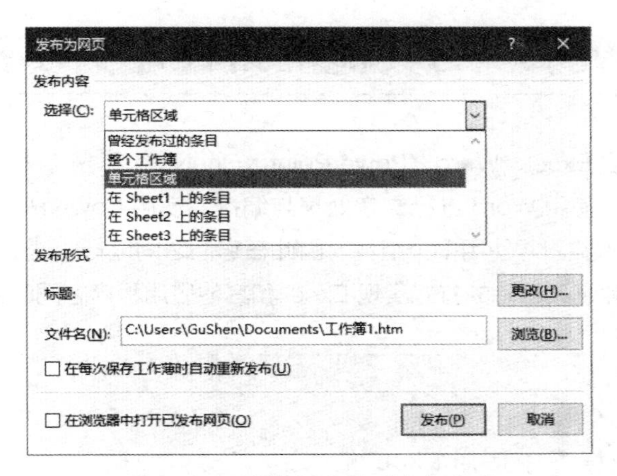

图 38-29 更详细的网页发布选项

图 38-30 展示了发布为网页的工作簿文件在 Edge 浏览器中的显示效果，工作表中的内容与在 Excel 中相似，但不显示 Excel 中的行号、列标和网格线。虽然是静态内容，但仍然在网页底部提供了按钮，以供切换不同的工作表。

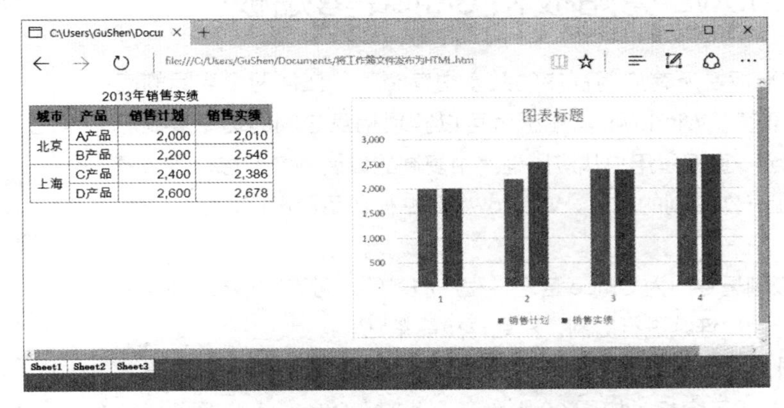

图 38-30 发布为网页的工作簿文件在浏览器中的显示效果

将工作簿文件保存为 HTML 格式后，该文件仍然可以用 Excel 打开和编辑，甚至重新保存为工作簿文件。但在这个过程中，一部分 Excel 功能特性将会丢失。

注意

从Excel 2007开始，Excel不再支持将工作簿发布为具有交互特性的网页，只能发布为静态网页。用户可以将工作簿保存到OneDrive中，然后使用Excel Online打开，就可以借助浏览器使用Excel的大多数交互特性。

第 39 章　与其他应用程序共享数据

微软 Office 程序包含 Excel、Word、PowerPoint、OneNote 等多个程序组件，用户可以使用 Excel 进行数据处理分析，使用 Word 进行文字处理与编排，使用 PowerPoint 设计演示文稿等。为了完成某项工作，用户常常需要同时使用多个组件，因此在它们之间进行快速准确的数据共享显得尤为重要。本章将重点讲解借助复制和粘贴的方式实现 Excel 和其他应用程序之间的数据共享。

本章学习要点

（1）了解剪贴板的作用。
（2）在其他应用程序中使用 Excel 的数据。
（3）在 Excel 中使用其他应用程序的数据。
（4）将 Excel 工作簿作为数据源。

39.1　Windows 剪贴板和 Office 剪贴板

Windows 剪贴板是所有应用程序的共享内存空间，任何两个实际的应用程序只要互相兼容，Windows 剪贴板就可以实现相互之间的信息复制。Windows 剪贴板会一直保留用户从应用程序中复制的最后一条信息，每次复制操作都将替换上一次复制的信息。Windows 剪贴板在后台运行，用户通常看不到它。

Office 剪贴板则是专门为 Office 各组件程序服务的，可以容纳最多 24 条复制的信息，支持用户连续进行复制，然后再按需粘贴。

单击【开始】选项卡中【剪贴板】命令组右下角的对话框启动器按钮，将显示【剪贴板】任务窗格，如图 39-1 所示。此时，Office 剪贴板将替代 Windows 剪贴板。用户的每一次复制（包含但不限于在 Office 应用程序中的复制）都会被记录下来，并在该窗格中按操作顺序列出所有复制信息。

图 39-1　显示【剪贴板】任务窗格

将鼠标指针悬浮于其中一项之上时，该项将出现下拉按钮，单击该按钮可显示下拉菜单。选择【粘贴】选项可将该项信息进行粘贴，选择【删除】选项将从 Office 剪贴板中清除该项信息。

Office 剪贴板是所有 Office 组件程序共用的，所以它在所有 Office 组件程序中将显示完全相同的信息项列表。

单击 Office 剪贴板窗格下方的【选项】按钮，可以在弹出的下拉菜单中设置 Office 剪贴板的运行方式，如图 39-2 所示。

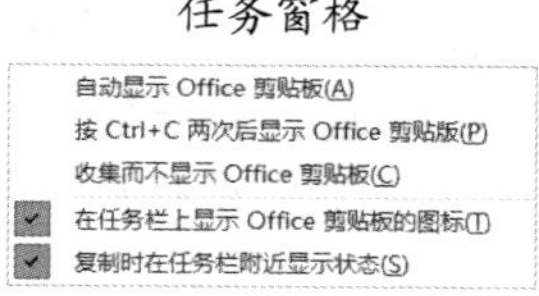

图 39-2　Office 剪贴板的运行方式

在Office组件程序中进行数据复制或剪切时，信息同时存储在Windows剪贴板和Office剪贴板上。尽管Windows剪贴板只保留最后一次复制的信息，但是它支持用户通过“选择性粘贴”转换信息的格式，这是Office剪贴板无法做到的。

39.2　将 Excel 数据复制到其他 Office 应用程序中

Excel 中的所有数据形式都可以被复制到其他 Office 应用程序中，包括工作表中的表格数据、图片、图表和其他对象等。不同的信息在复制与粘贴过程中有不同的选项，以适应用户的各种不同需求。

39.2.1　复制单元格区域

复制 Excel 某个单元格区域中的数据到 Word 或 PowerPoint 中，是较常见的一种信息共享方式。利用“选择性粘贴”功能，用户可以选择以多种方式将数据进行静态粘贴，也可以选择动态链接数据。静态粘贴的结果是源数据的静态副本，与源数据不再有任何关联；而动态链接则会在源数据发生改变时自动更新粘贴结果。

如果希望在复制后能够执行“选择性粘贴”功能，用户在复制 Excel 单元格区域后，应保持目标区域的四周仍有闪烁的虚线框状态。如果用户在复制单元格区域后又进行了其他某些操作，如按下 <Esc> 键，或者双击某个单元格，或者在某个单元格输入数据等，则刚才被复制区域的激活状态将消失。此时，用户只能利用 Office 剪贴板按默认方式粘贴数据，而不能使用“选择性粘贴”等其他粘贴选项。

如需将 Excel 表格数据复制到 Word 文档中，操作步骤如下。

步骤① 选择需要复制的 Excel 单元格区域，按 <Ctrl+C> 组合键进行复制。

步骤② 激活 Word 文档中的待粘贴位置。

如果直接按 <Ctrl+V> 组合键，或者使用 Office 剪贴板中的粘贴功能，将以 Word 当前设置的默认粘贴方式进行粘贴。

如果选择【开始】选项卡，再单击【粘贴】按钮下方的下拉按钮，可以在下拉菜单中找到更多的粘贴选项，以及【选择性粘贴】命令。执行【选择性粘贴】命令，会弹出【选择性粘贴】对话框，调整其中的选项，可以按不同方式和不同形式进行粘贴。默认的粘贴选项是粘贴为 HTML 格式，如图 39-3 所示。

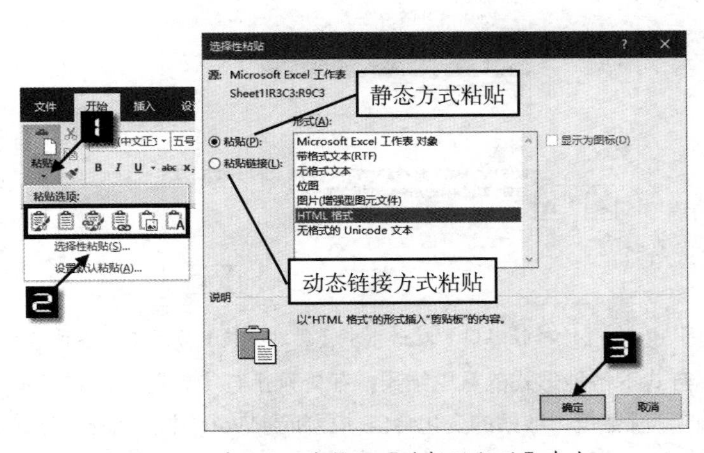

图 39-3　在 Word 中执行【选择性粘贴】命令

在静态方式下，各种粘贴形式的用途如表 39-1 所示。

表 39-1 静态方式下各种粘贴形式的用途

形式	用途
Microsoft Excel 工作表对象	作为一个完整的 Excel 工作表对象进行嵌入，在 Word 中双击该对象可以像在 Excel 中一样进行编辑处理
带格式文本（RTF）	成为带格式的文本表格，将保留源数据的行、列及字体格式
无格式文本	成为普通文本，没有任何格式
位图	成为 BMP 图片文件
图片（增加型图元文件）	成为 EMF 图片文件，文件体积比位图小
HTML 格式	成为 HTML 格式的表格，在格式上比 RTF 更接近源数据
无格式的 Unicode 文本	成为 Unicode 编码的普通文本，没有任何格式

如果希望粘贴后的内容能够随着源数据的变化而自动更新，可以使用“粘贴链接”方式进行粘贴。

注意

对于不同的复制内容，并非每一种选择性粘贴选项都是有效的。

示例39-1 链接Excel表格数据到Word文档中

复制 Excel 中的表格数据后，在 Word 文档中执行【选择性粘贴】命令，弹出【选择性粘贴】对话框。选中其中的【粘贴链接】单选按钮，如图 39-4 所示。

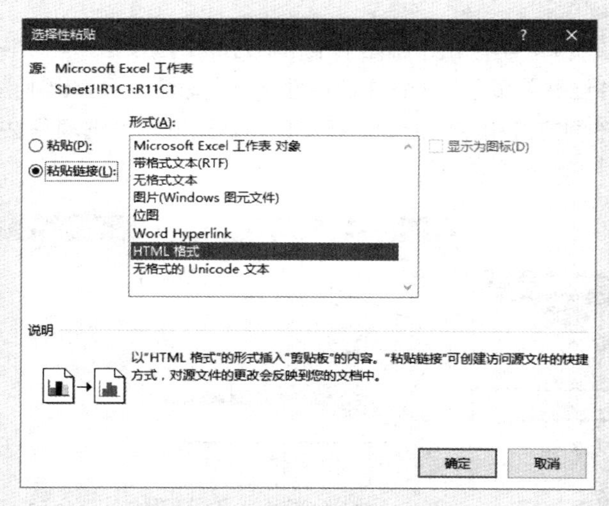

图 39-4 【选择性粘贴】对话框中【粘贴链接】方式下的各种形式

【粘贴链接】方式下各种形式的粘贴结果，在外观上与【粘贴】方式基本相同。如果粘贴以后，在 Excel 中修改了源数据，数据的变化会自动更新到 Word 中。此外，粘贴结果具备与源数据之间的超链接功能。以“粘贴链接”为“带格式文本（RTF）”为例，如果在粘贴结果中右击，在弹出的快捷菜单中选择【编辑链接】或【打开链接】命令，将激活 Excel 并定位到源文件的目标区域，如图 39-5 所示。

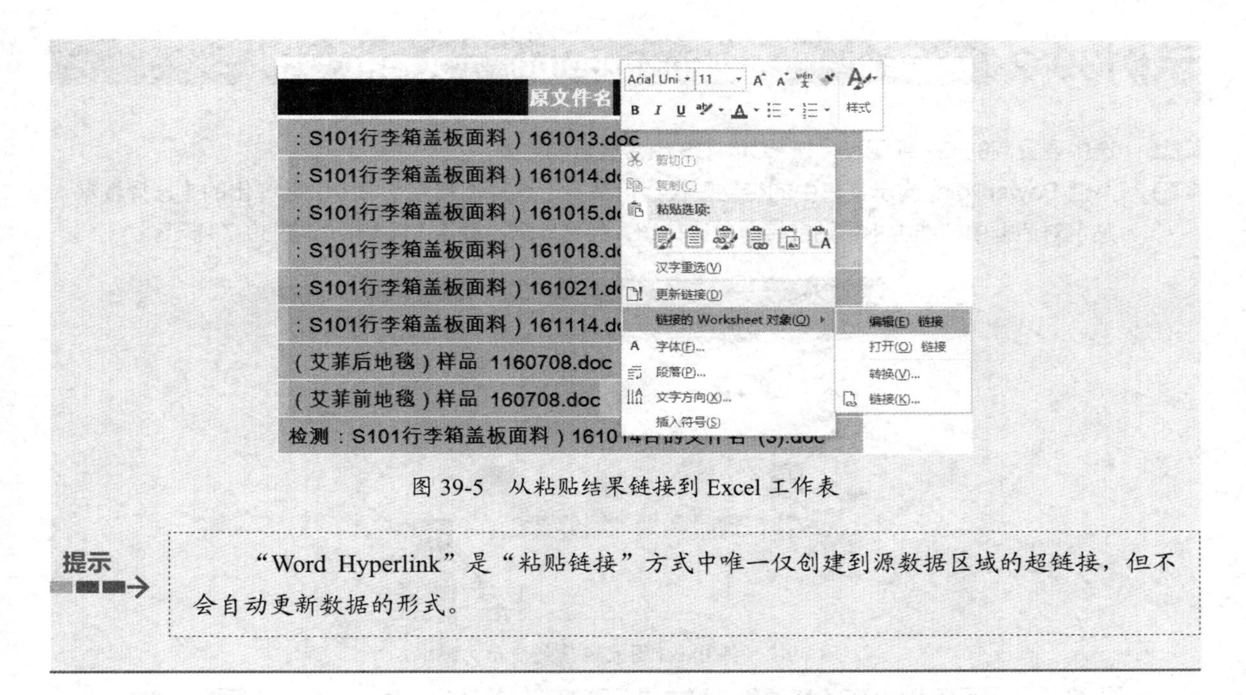

图 39-5　从粘贴结果链接到 Excel 工作表

提示

“Word Hyperlink”是“粘贴链接”方式中唯一仅创建到源数据区域的超链接，但不会自动更新数据的形式。

39.2.2　复制图片

复制 Excel 工作表中的图片、图形后，如果在其他 Office 应用程序中执行【选择性粘贴】命令，将弹出如图 39-6 所示的【选择性粘贴】对话框。

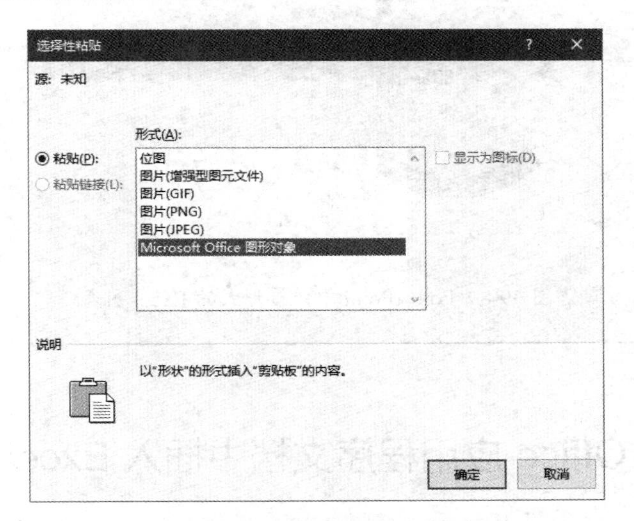

图 39-6　【选择性粘贴】对话框

选择性粘贴允许以多种格式的图片来粘贴，但只能进行静态粘贴。

与 Excel 单元格区域类似，Excel 图表同时支持静态粘贴和动态粘贴链接。

示例39-2 链接Excel图表到PowerPoint演示文稿中

步骤① 选中要复制的 Excel 图表，按 <Ctrl+C> 组合键复制。

步骤② 激活 PowerPoint 演示文稿中的待粘贴位置，执行【选择性粘贴】命令，在弹出的【选择性粘贴】对话框中，选中【粘贴链接】单选按钮，最后单击【确定】按钮，如图 39-7 所示。

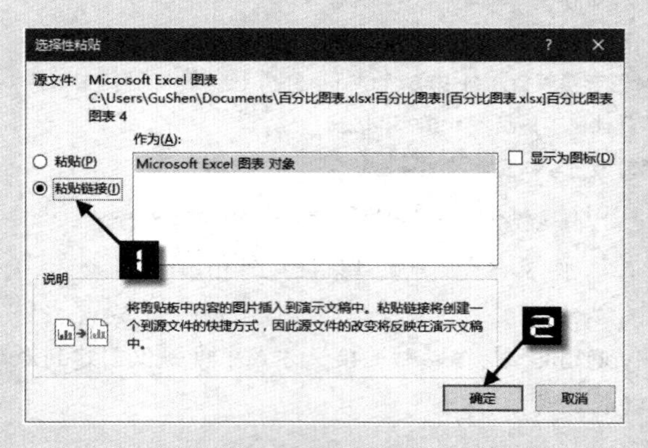

图 39-7 将 Excel 图表链接到演示文稿中

图 39-8 展示了在 PowerPoint 演示文稿中具备动态链接特性的 Excel 图表，当源图表发生变化以后，这里的图表也会自动更新。在图表中右击，可以执行相关的链接命令。

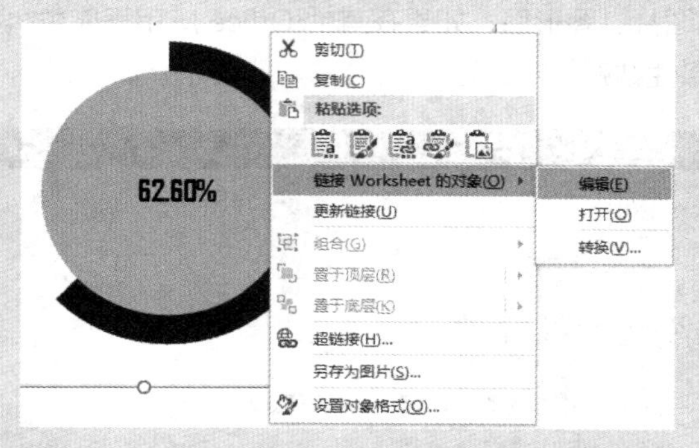

图 39-8 PowerPoint 中链接形式的 Excel 图表

39.3 在其他 Office 应用程序文档中插入 Excel 对象

除了使用复制粘贴的方法来共享数据外，用户还可以在 Office 应用程序文件中插入对象。例如，在 Word 文档或 PowerPoint 演示文稿中创建新的 Excel 工作表对象，将其作为自身的一部分。操作步骤如下。

步骤① 激活需要新建 Excel 对象的 Word 文档。

步骤② 单击【插入】选项卡中的【对象】按钮，弹出【对象】对话框，如图 39-9 所示。利用此对话框，可以“新建”一个对象，也可以链接到一个现有的对象文件。

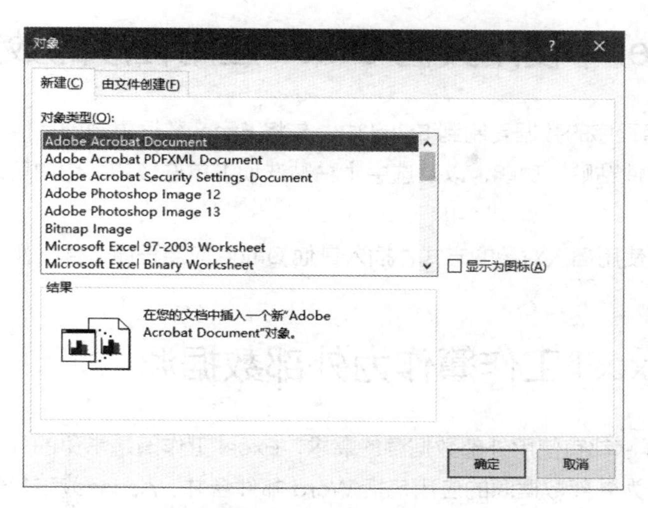

图 39-9 【对象】对话框

深入了解：【对象】对话框中的对象类型

【对象】对话框中显示的对象列表来源于本计算机安装的支持 OLE 的软件。例如，计算机上安装了 Auto CAD 制图软件，该列表中就会出现 CAD 对象，允许在 Word 文档中插入。

步骤③ 选择【Microsoft Excel Worksheet】选项，单击【确定】按钮。

Excel 工作表插入到 Word 文档后，如果不被激活，则只显示为表格。双击 Word 文档可以激活对象，进行编辑，此时的 Word 功能区变成了 Excel 功能区，如图 39-10 所示。

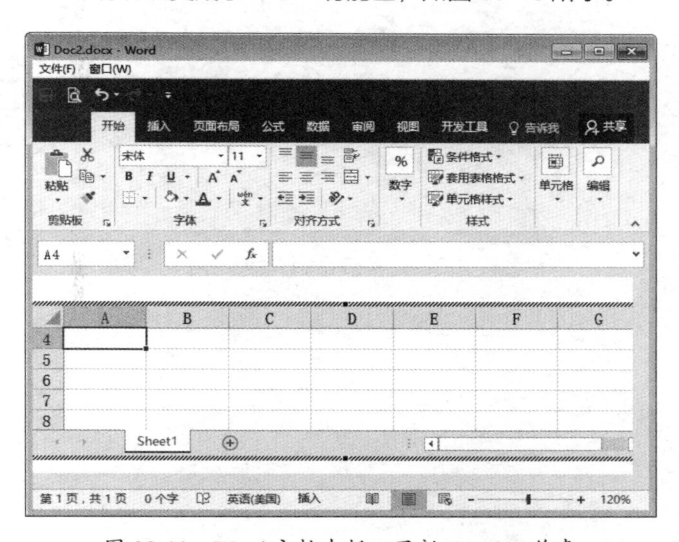

图 39-10 Word 文档中插入了新 Excel 工作表

用户在 Word 中使用 Excel 编辑完毕后，只需要激活 Word 文档中的其他位置，即可退出 Excel 工作表对象的编辑状态。

插入到 Word 文档中的 Excel 对象，既可以使用 Excel 的大多数功能特性，又可以成为 Word 文档的一部分，而不必单独保存为 Excel 工作簿文件。这一用法在需要创建复杂内容的文档时是非常有意义的。

39.4 在 Excel 中使用其他 Office 应用程序的数据

将其他 Office 应用程序的数据复制到 Excel 中，与将 Excel 数据复制到其他 Office 应用程序的方法基本类似。借助“选择性粘贴”功能，以及选中【粘贴选项】单选按钮，用户可以按自己的需求进行信息传递。

在 Excel 中也可以使用插入对象的方式，插入其他 Office 应用程序文件，作为工作表的一部分。

39.5 使用 Excel 工作簿作为外部数据源

许多 Office 应用程序都有使用外部数据源的需求，Excel 工作簿是常见的外部数据源之一。通常可以使用 Excel 工作簿作为外部数据源的应用包括 Word 邮件合并、Access 表链接、Visio 数据透视表与数据图形、Project 日程及 Outlook 通讯簿的导入 / 导出等。

第 40 章 协同处理 Excel 数据

尽管 Excel 是一款个人桌面应用程序，但它并不是让用户只能在自己的个人计算机上进行单独作业的应用程序。借助 Intranet 或电子邮件，Microsoft Excel 2016 提供了多项易于使用的功能，使用户可以方便地存储自己的工作成果、与同事共享数据及协作处理数据。

本章学习要点

（1）从远程计算机上获取或保存 Excel 数据。

（2）共享工作簿。

（3）审阅。

40.1 远程打开或保存 Excel 文件

Excel 2016 允许用户选择多种位置来保存和打开文件，如本地磁盘、FTP 文件夹、局域网共享文件夹、OneDrive 文件夹等。

在默认情况下，每一个 Excel 工作簿文件只能被一个用户以独占方式打开。如果试图在局域网共享文件夹中打开一个已经被其他用户打开的文件，Excel 会弹出【文件正在使用】对话框，表示该文件已经被锁定，如图 40-1 所示。

图 40-1 【文件正在使用】对话框

遇到这种情况，可以与正在使用该文件的用户进行协商，请对方先关闭该文件，否则只能以只读方式打开该文件。当以只读方式打开文件后，虽然可以编辑，但编辑后不能进行保存，而只能另存为一个副本。

如果单击【只读】按钮，将以只读方式打开文件。

如果单击【通知】按钮，仍将以只读方式打开。当对方关闭该文件后，Excel 将用一条信息通知后面打开文件的用户，如图 40-2 所示。

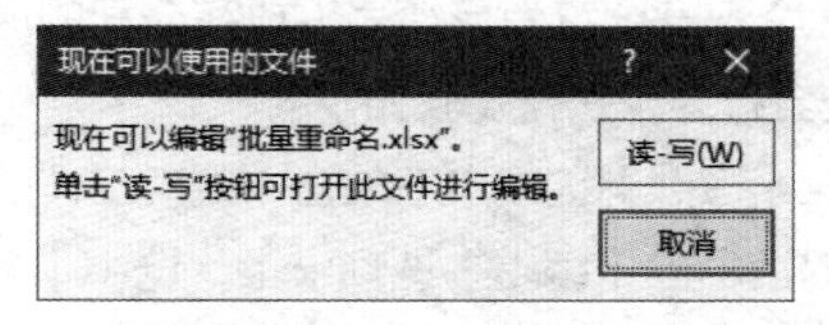

图 40-2 【现在可以使用的文件】对话框

单击【现在可以使用的文件】对话框中的【读 - 写】按钮，将取得当前 Excel 工作簿的“独占权”，可以编辑并保存该文件。

Excel 2016 打开 OneDrive 上的文件时，尽管实际上是先从 OneDrive 上将文件缓存到本地，保存

时再上传到 OneDrive 服务器，但仍然支持独占编辑。Excel 2016 允许使用同一个 Microsoft 账户在多台设备上登录，如果同时打开该账户的 OneDrive 中的文件，则后打开的设备会被提示无法修改，如图 40-3 所示。

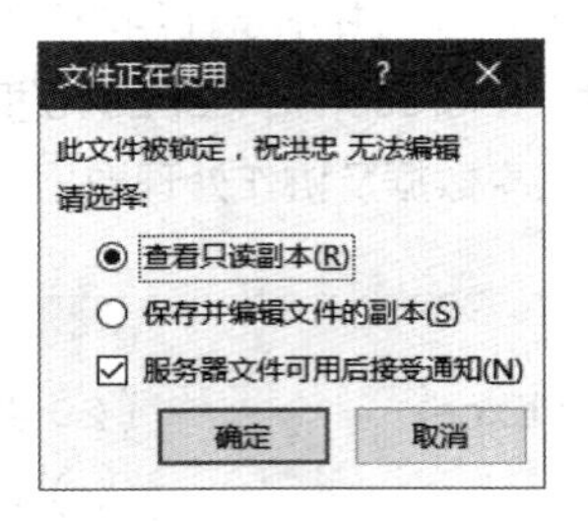

图 40-3 【文件正在使用】提示框

40.2 共享工作簿

Excel 支持“共享工作簿”的功能，这使局域网中多个用户同时编辑同一个 Excel 工作簿成为可能。例如，下面几种场景适合使用“共享工作簿”。

- 生产车间的不安全行为反馈。工厂的安全负责人可以设计一个不安全行为的反馈表格，放在局域网中某台计算机的共享文件夹里面。因为不安全行为一经发现必须立即反馈，而不同的人可能在同一时间要反馈不同的不安全行为。所以，记录这种信息的工作簿必须设置为共享，以允许多用户同时编辑。
- 项目清单和行动计划的更新。各个部门都有自己部门的项目清单或行动计划，需要定期更新并向负责人汇报。那么最好的方法是将不同部门的行动计划放在同一个工作簿的不同工作表里面，而且每个行动计划的模板是一样的。设置工作簿共享后，每个部门可以随时更新自己的部分，而负责人则可以随时查看所有部门最新的计划。

共享工作簿的所有者可以通过从共享的工作簿中删除用户并解决修订冲突，从而来管理此工作簿。在合并了所有更改后，可以停止工作簿的共享功能。

40.2.1 设置共享工作簿

示例40-1 以共享方式多人同时编辑“行为反馈表”

某工厂安全协调员设计了一个不安全行为反馈表，放在公司的局域网某台计算机上进行共享，使每个员工都能够及时反馈不安全行为，操作步骤如下。

步骤1 打开需要共享的工作簿，在【审阅】选项卡下单击【共享工作簿】按钮。

步骤2 在弹出的【共享工作簿】对话框的【编辑】选项卡上，选中【允许多用户同时编辑，同时允许工作簿合并】复选框，如图 40-4 所示。

步骤3 切换到【高级】选项卡，选择是否保存修订记录、设置何时更新、如何解决冲突，以及个人视图设置等，如图 40-5 所示。

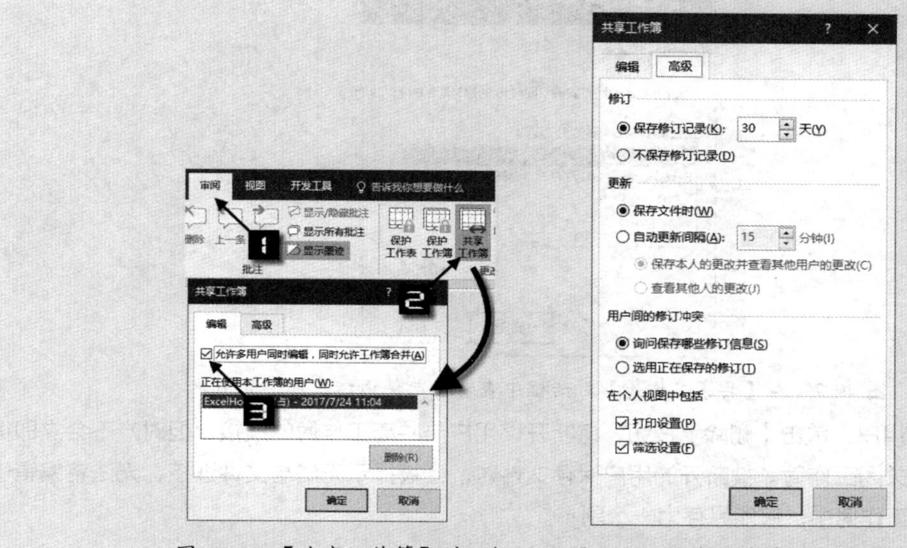

图 40-4　【共享工作簿】对话框　　图 40-5　共享工作簿的高级设置

步骤④ 单击【确定】按钮，Excel 会提醒用户保存工作簿，单击【确定】按钮即可。之后，此工作簿即成为共享工作簿，如图 40-6 所示。共享工作簿的 Excel 标题栏会显示“已共享”。

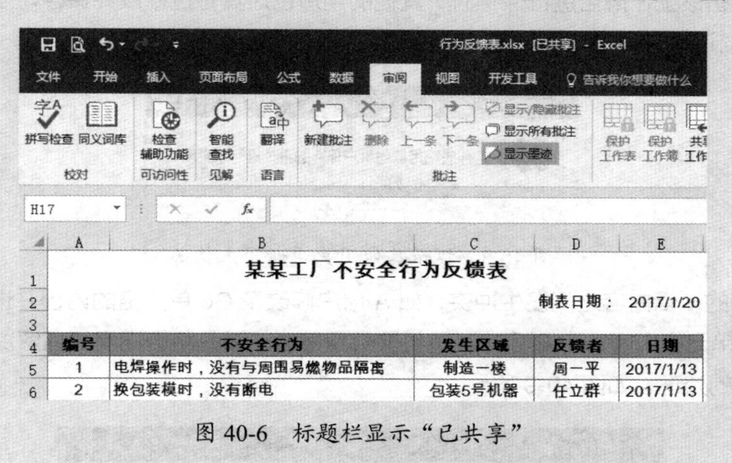

图 40-6　标题栏显示“已共享”

注意

要实现多人同时编辑，必须将共享工作簿存放于本地网络的共享文件夹中，并且授予用户对该文件夹的读写权限。

40.2.2　编辑与管理共享工作簿

任何一个用户打开共享工作簿后，可以单击【审阅】选项卡中的【共享工作簿】按钮，在弹出的【共享工作簿】对话框的【编辑】选项卡上会显示当前正在使用该工作簿的用户，如图 40-7 所示。

图 40-7　在【共享工作簿】对话框中查看当前使用该工作簿的用户

选中其中一个用户，单击【删除】按钮，将断开该用户与共享工作簿的连接，但对方不会立即得到相关提示，也不会关闭工作簿。被断开的用户保存文件时，会被提示无法与文件连接，无法将编辑修改的内容保存到共享工作簿中，只能另存为一个副本。

任何打开共享工作簿的用户，都拥有平等的控制权限。

如果用户在编辑该工作簿后进行保存时，其他的用户也对其做过修改并保存，当互相之间没有冲突时，Excel 会弹出对话框进行提示，如图 40-8 所示。

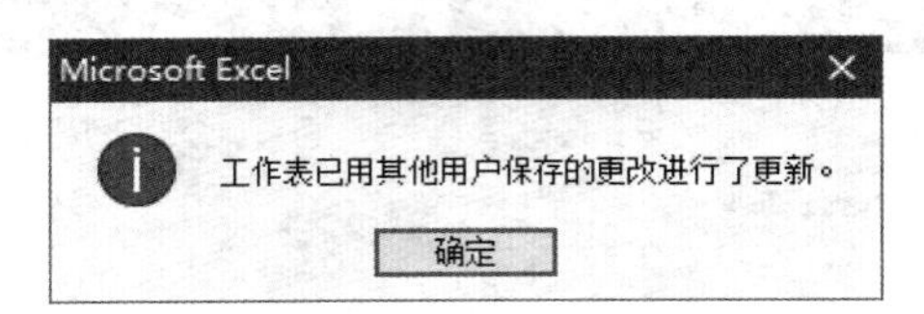

图 40-8　提示其他用户更新了工作簿

如果多位用户的编辑内容之间发生冲突，如 A 用户修改了 G6 单元格的内容并进行了保存，B 用户此后又修改了 G6 单元格内容，当 B 用户在进行文件保存时，系统将会询问如何解决冲突。用户可以互相协商后进行相应的处理，如图 40-9 所示。

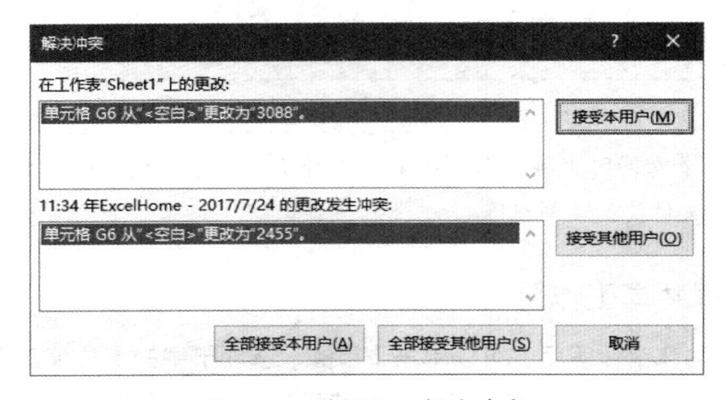

图 40-9　询问如何解决冲突

如果用户想查看工作簿曾经被更改的记录（称为“修订记录”），可以选择【审阅】选项卡中的【修订】→【突出显示修订】选项，在弹出的【突出显示修订】对话框中设置相关选项，然后单击【确定】按钮，如图 40-10 所示。

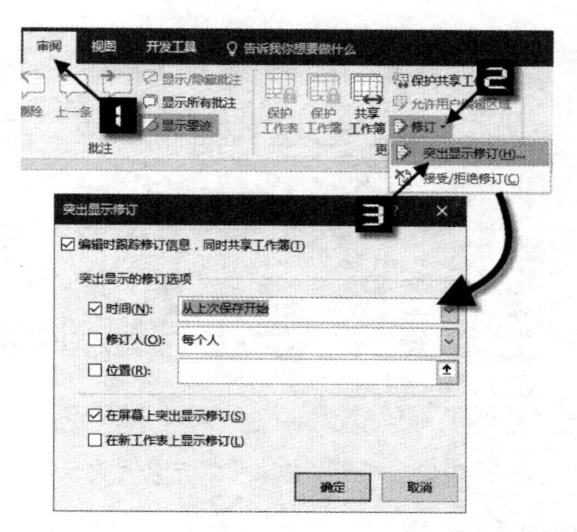

图 40-10　启用“突出显示修订”

这时，工作表中会出现多种颜色的三角符号，当鼠标指针移动到该单元格时，会出现相应的提示，如图 40-11 所示。

	B	C	D	E
3				
4	不安全行为	发生区域	反馈者	日期
5	电焊操作时，没有与周围易燃物品隔离	制造一楼	周一平	2017/1/13
6	换包装模时，没有断电	包装5号机器	任立群	2017/1/13
7	清理高压泵泄露循环水时,没有上锁	制造泵区	李佳	2017/1/13
8				2017/1/16
9				2017/1/17
10				2017/1/18
11		制造2楼	周一平	2017/1/18

ExcelHome, 2017/7/24 11:39:
单元格 B8 从“安装管道，高空作业，没有系安全带”更改为“<空白>”。

图 40-11　打开“突出显示修订”可以查看不同用户的修订记录

40.2.3　停止共享工作簿

如果协作结束，可以停止共享工作簿。选择【审阅】选项卡，在【更改】命令组中单击【共享工作簿】按钮，在弹出的【共享工作簿】对话框的【编辑】选项卡上，取消选中【允许多用户同时编辑，同时允许工作簿合并】复选框，单击【确定】按钮。经系统提示确认后，工作簿将解除共享状态，变为个人工作簿。

在停止共享工作簿前，应该确保所有用户都已经保存了修改。工作簿停止共享后，任何未保存的更改都将丢失，修订记录也将被删除。

40.2.4　打开或关闭工作簿的修订跟踪

共享后的工作簿可以保存每次更新的记录（修订记录），用户可以选择打开或关闭工作簿的修订记录。40.2.2 小节中介绍了如何在屏幕上显示工作簿的修订记录，本节介绍如何在新的工作表中显示更为详细的修订记录。

步骤 1 选择【审阅】选项卡中的【修订】→【突出显示修订】选项。

步骤 2 在弹出的【突出显示修订】对话框中，选中【在新工作表上显示修订】复选框，单击【确定】按钮，关闭对话框。

此时，工作簿会自动添加一个名为“历史记录”的工作表，记录指定时间内的修订记录，如图 40-12 所示。

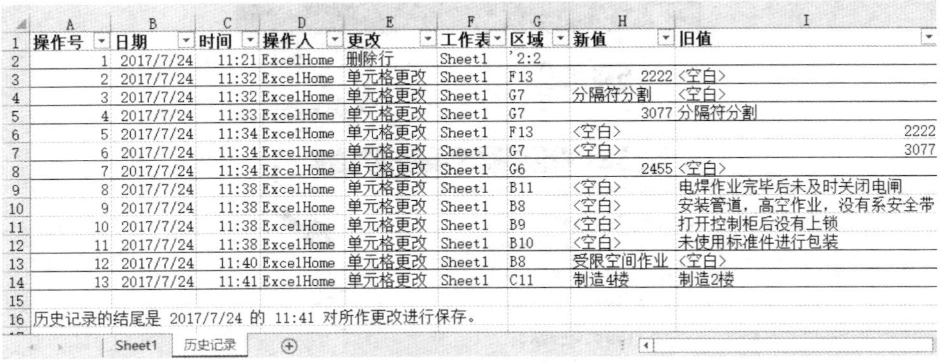

操作号	日期	时间	操作人	更改	工作表	区域	新值	旧值
1	2017/7/24	11:21	ExcelHome	删除行	Sheet1	'2:2		
2	2017/7/24	11:32	ExcelHome	单元格更改	Sheet1	F13	2222	<空白>
3	2017/7/24	11:32	ExcelHome	单元格更改	Sheet1	G7	分隔符分割	<空白>
4	2017/7/24	11:33	ExcelHome	单元格更改	Sheet1	G7	3077	分隔符分割
5	2017/7/24	11:34	ExcelHome	单元格更改	Sheet1	F13	<空白>	2222
6	2017/7/24	11:34	ExcelHome	单元格更改	Sheet1	G7	<空白>	3077
7	2017/7/24	11:34	ExcelHome	单元格更改	Sheet1	G6	2455	<空白>
8	2017/7/24	11:38	ExcelHome	单元格更改	Sheet1	B11	<空白>	电焊作业完毕后未及时关闭电闸
9	2017/7/24	11:38	ExcelHome	单元格更改	Sheet1	B8	<空白>	安装管道，高空作业，没有系安全带
10	2017/7/24	11:38	ExcelHome	单元格更改	Sheet1	B9	<空白>	打开控制柜后没有上锁
11	2017/7/24	11:38	ExcelHome	单元格更改	Sheet1	B10	<空白>	未使用标准件进行包装
12	2017/7/24	11:40	ExcelHome	单元格更改	Sheet1	B8	受限空间作业	<空白>
13	2017/7/24	11:41	ExcelHome	单元格更改	Sheet1	C11	制造4楼	制造2楼

历史记录的结尾是 2017/7/24 的 11:41 对所作更改进行保存。

Sheet1　历史记录

图 40-12　在新工作表中显示修订记录

40.2.5　共享工作簿的限制和问题

工作簿被共享之后，Excel 的部分功能会受到限制，甚至完全不能使用，详细情况如表 40-1 所示。

表 40-1　共享工作簿受限制的功能

无法使用的功能	可替代操作
创建“表”	无
插入或删除单元格	可以插入整行和整列
删除工作表	无
合并单元格或拆分合并的单元格	无
添加或更改条件格式	单元格值更改时，现有条件格式继续存在，但不可更改这些格式或重定义条件
添加或更改数据有效性	输入新值时，单元格继续有效，但不能更改现有数据有效性的设置
创建、更改图表或数据透视表	可以查看现有的图表和报表
插入、更改图片或其他对象	可以查看现有的图片和对象
插入或更改超链接	现有超链接继续有效
使用绘图工具	可以查看现有的图形对象和图形
指定、更改或删除密码	现有密码仍然有效
保护和取消保护工作表及工作簿	现有保护仍然有效
创建、更改或查看方案	无
创建组及分级显示数据	可以继续使用现有分级显示
插入自动分类汇总	可以查看现有分类汇总
创建模拟运算表	可以查看现有数据表
编写、录制、更改、查看或指定宏	可以运行现有的只使用可用功能的宏
添加或更改 Excel 4.0 宏表	无
更改或删除数组公式	原有数组公式能够继续正确地进行计算
使用数据表单添加新数据	可以使用数据表单查找记录
处理 XML 数据	无

注意

除了以上列出的共享工作簿受限制的功能外，共享工作簿还可能造成工作簿文件体积过大，甚至占满硬盘空间。所以，作为共享工作簿拥有者的用户必须定时检查文件大小，并且定时取消工作簿共享，删除不同用户所做的不必要的格式设置，再保存文件，最后在新保存的工作簿上重新设置共享。

提示

如果希望通过Internet实现更大范围的协作，可以借助Office Online实现，相关内容请参阅第41章。

40.3　审阅

在实际工作中，经常需要团队中的多个成员对文件进行审阅和修订，然后才能确定最终版本的正式文件。借助 Excel 的发送工作簿与比较和合并工作簿功能可以轻松地处理此类需求。

40.3.1　使用邮件发送工作簿审阅请求

假如用户需要将 list.xlsx 发送给其他项目负责人进行审阅和修订，并且希望保存每个项目负责人的修订记录，可以按照下述步骤实现。

步骤① 打开 list.xlsx 工作簿，按照 40.2.1 小节所介绍的方法设置共享工作簿。

步骤② 选择【文件】选项卡→【共享】→【电子邮件】→【作为附件发送】选项，如图 40-13 所示。

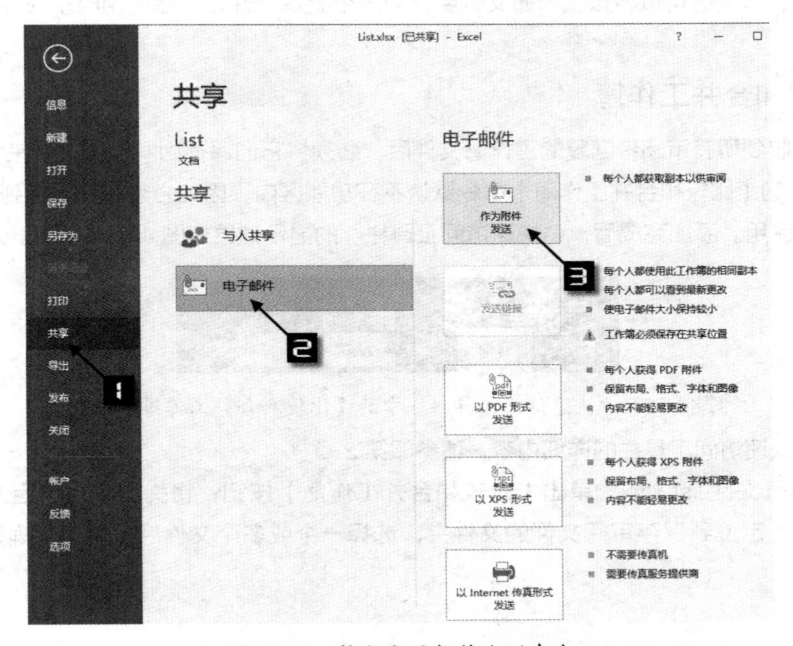

图 40-13　执行电子邮件发送命令

步骤③ 此时计算机上默认的电子邮件客户端程序将被启动（如 Microsoft Office Outlook），并创建了一份将当前工作簿文件作为附件的邮件。输入一个或多个收件人（审阅者）的邮件地址、邮件主题及正文后，单击【发送】按钮，工作簿将被发送到审阅者处，等待审阅，如图 40-14 所示。

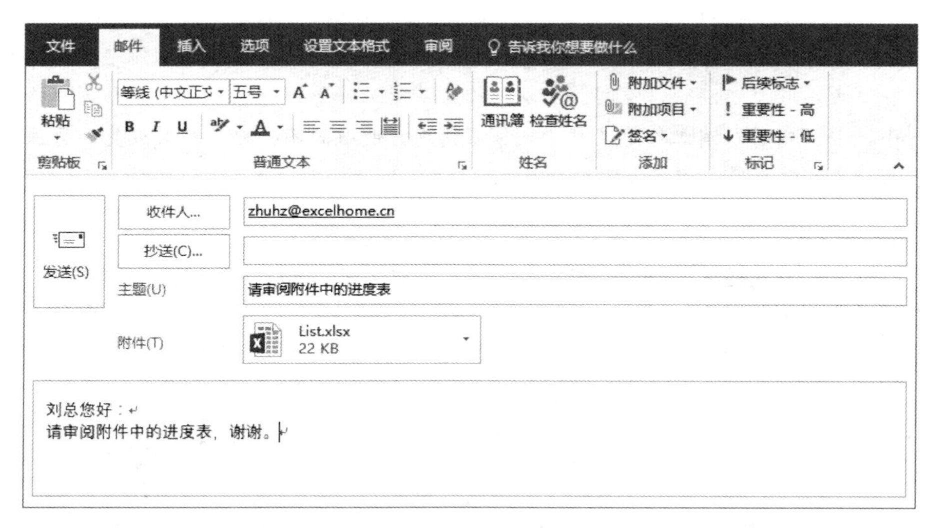

图 40-14　使用 Outlook 发送邮件

发送邮件只是传递文件的方式之一。实际上，还可以使用其他方式（如QQ、微信等）将文件发送给审阅者。

40.3.2　答复工作簿审阅请求

审阅者收到请求邮件后，可以打开附件进行审阅，此时工作簿将只能以“只读”方式打开。

修改完成后，审阅者可以将该工作簿文件另存为一个副本文件，然后使用电子邮件或其他方式发送给审阅请求者。

40.3.3　比较和合并工作簿

审阅请求者收到所有审阅者回复的工作簿文件后，必须将它们保存到同一个文件夹中。

Excel 2016 的【比较和合并工作簿】命令默认不在功能区内，因此必须将其添加到“快速访问工具栏”以后才可以使用。添加完成后，“快速访问工具栏”的显示效果如图 40-15 所示。

图 40-15　“快速访问工具栏”中的【比较和合并工作簿】命令

有关自定义快速访问工具栏的详细内容，请参阅第 2 章。

激活原工作簿文件 list.xlsx，单击【比较和合并工作簿】按钮，将弹出【将选定文件合并到当前工作簿】对话框，定位到保存审阅文件的文件夹，选择一个或多个文件后，单击【确定】按钮，如图 40-16 所示。

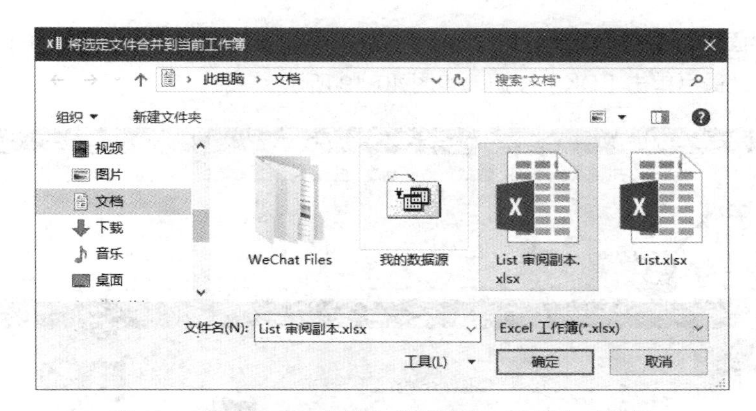

图 40-16　【将选定文件合并到当前工作簿】对话框

此时，审阅者所做的修订将合并到原工作簿，修订记录将突出显示，如图 40-17 所示。

技术部2017年项目追踪表

状态	项目名称	负责人	完成日期	项目类别	项目利润（万元）
进行	南京厂制造车间改造	李明	2017/4/18	工艺	300
完成	抚顺香精供应商考核	孙刚	2017/8/26	原料	150
进行	四川包装膜考核	蔡思灵	2017/5/8	包装	5
进行	活性剂备用供应商考核	孙刚	2017/6/16	原料	5
终止	天津合同加工厂考核	李明	2017/6/27	工艺	100
进行	北京厂第10号包装机和包装线	刘平生	2017/3/3	包装	22

gushouzouzhi, 2017/7/24 16:49:
单元格 F6 从"200"更改为"5"。

图 40-17　审阅者所做的修订将合并到原工作簿

40.4　Excel 工作簿内容比对

在实际工作中，Excel 工作簿的内容经过多次、多人修改后，往往存在多个版本。如果工作簿的内容较多，要正确识别不同版本之间的差异是件很困难的工作。Office 2016 自带了一款专用于 Excel 文件内容比较的工具，可以详细比对出两个工作簿的每一个相异之处。

用户可以在名为"Office 2016 工具"的应用程序组中找到【Spreadsheet Compare 2016】并且运行它，如图 40-18 所示。

图 40-18　"Office 2016 工具"应用程序组

在程序的主界面中，单击【Compare Files】按钮，然后在弹出的【Compare Files】对话框中指定待比较的两个文件，最后单击【OK】按钮，如图 40-19 所示。

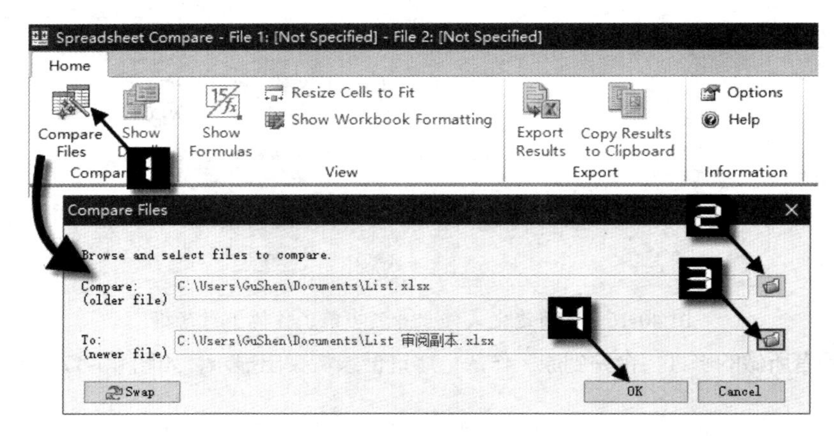

图 40-19　设置两个文件进行对比

图 40-20 所示为比对结果，每一处差异都会突出显示，供用户核对。

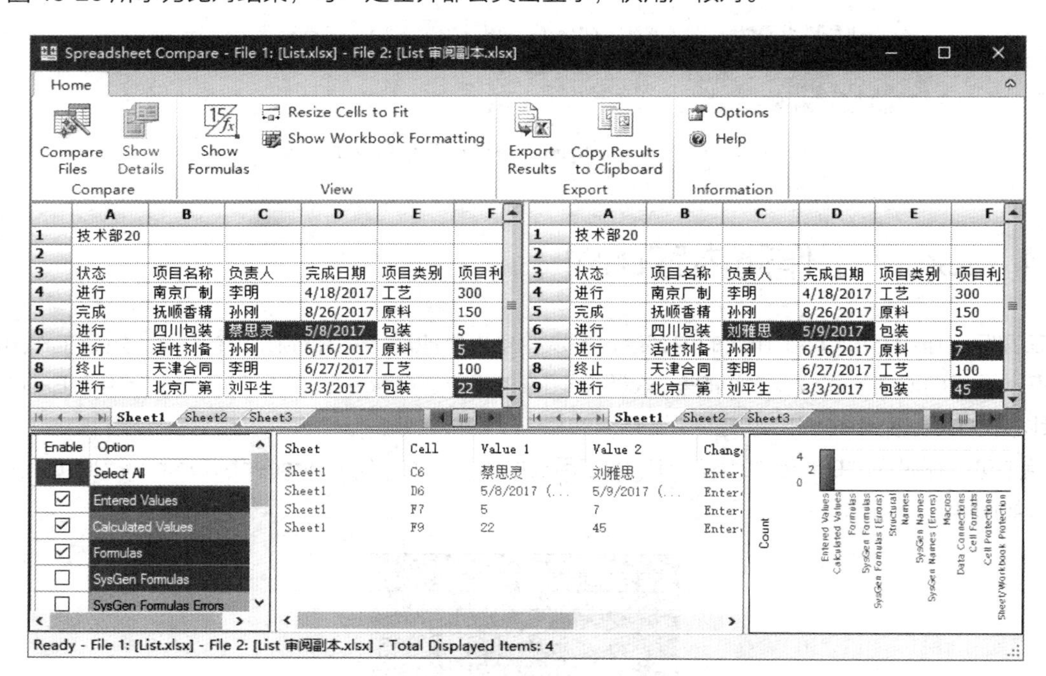

图 40-20　比对结果展示

第 41 章　云时代的 Excel

随着 Internet 的飞速发展，越来越多的应用软件和服务从个人计算机桌面转移到了互联网上，用户也已经习惯借助浏览器来使用所需的服务。服务后台在“云端”，客户端设备越来越瘦身，用户可以不必关心应用程序的安装维护，也不必花时间存储个人数据。

如今，Excel 也加入到这样的行列中，只需使用浏览器，就可以方便地访问及操作工作簿。另外，越来越多的 Excel 增强应用由传统的加载项变为部署在云端的 App，安装和使用都变得更加方便。

本章学习要点

（1）Excel Online。　　（2）Excel 应用程序。

41.1　Excel Online

使用 Microsoft 账户登录到 Excel 2016 后，能够将本地工作簿文件保存到 OneDrive 中，也可以在 Excel 2016 中打开 OneDrive 里面的文件。从这些功能特性可以了解到，云时代的 Office 2016 将在线存储和本地存储视为同等重要，内置了微软的 OneDrive 服务。

事实上，OneDrive 服务包含 Office Online 和在线存储，是微软一系列云服务产品的总称。Excel Online 作为微软 Office Online 的一部分，可以理解为基于浏览器的轻量级 Excel 应用程序。借助 Excel Online，只需要使用浏览器就可以通过任何设备查看并简单编辑 Excel 工作簿，而无须安装 Excel 客户端。另外，不仅可以使用 Excel Online 轻松与他人共享工作簿，还能够实现多人同时编辑。

个人和企业用户都能够使用 Excel Online。对于个人用户而言，可以通过 Microsoft 账户来免费使用其基本功能；企业用户则可以通过在企业安装 Office Web App Server 和相关服务器产品来组建私有的 Office Online 服务，供员工使用。本节将主要介绍个人用户的使用方法。

41.1.1　使用 Excel Online 查看和编辑工作簿

启动浏览器，访问网址 https://office.live.com/start/Excel.aspx，将直接到达 Excel Online 页面，如图 41-1 所示。

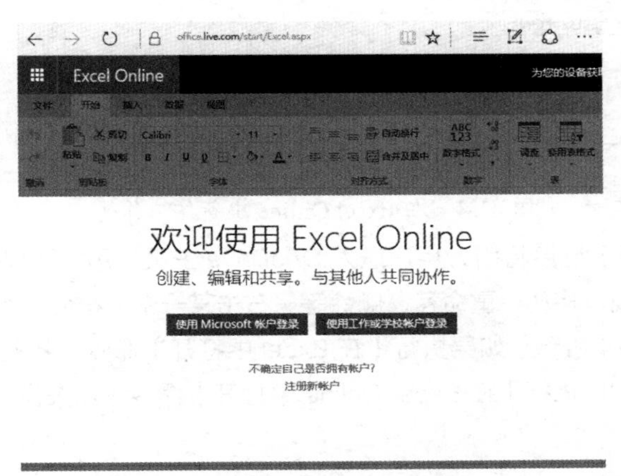

图 41-1　Office Online 首页

用户使用自己的 Microsoft 账户登录以后，即可进入到 Excel Online 的首页，该页面与 Excel 2016 的启动窗口极为相似，如图 41-2 所示。

图 41-2　Excel Online 首页

用户可以根据需要新建工作簿，或者打开已经保存在 OneDrive 里面的工作簿，如果在页面左侧“最近”列表里没有看到目标文件，可以单击【从 OneDrive 中打开】链接。

图 41-3 展示了新建空白工作簿后的 Excel Online 外观，用户可以使用多数常用的编辑功能对工作簿进行编辑，操作方法与 Excel 2016 基本相同。

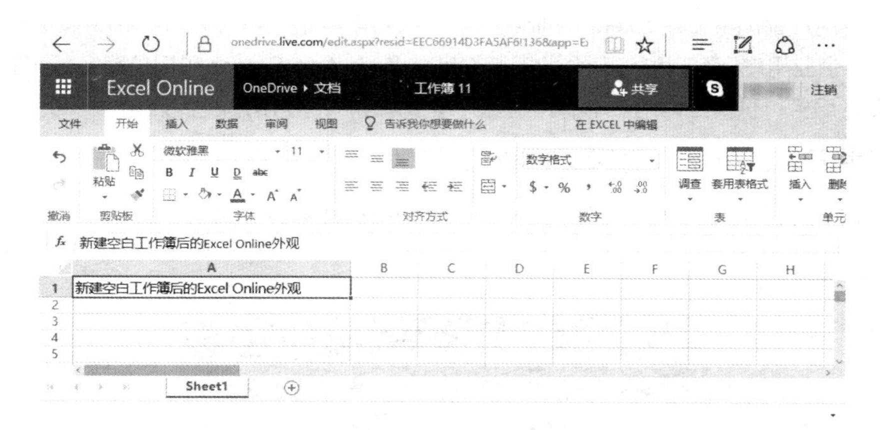

图 41-3　在 Excel Online 中新建工作簿

【从 OneDrive 中打开】链接将引导用户进入 OneDrive 主页，用户可以在这个页面中管理自己的所有文件，包括上传、下载、移动、重命名、删除等。右击某一个 Excel 工作簿，将弹出快捷菜单，罗列出所有操作项，如图 41-4 所示。如果执行【在 Excel 中打开】命令，将使用 Excel 客户端打开此文件（自动缓存到本地）；如果执行【在 Excel Online 中打开】命令，将在浏览器的新选项卡中用 Excel Online 打开。

图 41-4　在 OneDrive 中管理文件

在 OneDrive 页面中直接单击某个 Excel 工作簿链接，默认由 Excel Online 打开，如图 41-5 所示。工作簿的外观与在 Excel 客户端中看到的几乎没有区别：工作簿的表格、图表、条件格式及迷你图效果都丝毫无损地呈现出来。

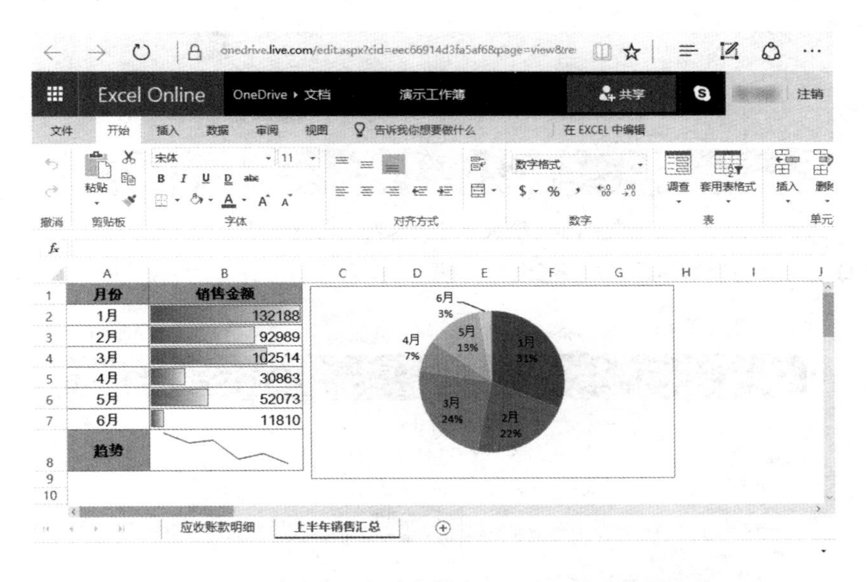

图 41-5　Excel Online 完美支持多数 Excel 功能特性的展示

Excel Online 是轻量级的 Excel 在线版本，如果需要使用完整的 Excel 功能，可以随时在页面中的功能区中单击【在 Excel 中编辑】链接，将文件转交本机的 Excel 客户端来进行完全编辑。

用户还能够在 Excel Online 中使用 Office 365 for Excel 中的新增函数，例如，可以像使用 SUMIFS 函数一样，使用 MINIFS、MAXIFS 函数来计算符合多个条件的最小值或最大值等。

注意

在使用Excel Online进行编辑时，所有的更改都直接自动保存，因此不需要Excel客户端中的“保存”操作。

41.1.2 通过 Excel Online 与他人共享工作簿，多人协作编辑

在云时代，利用先进的在线服务实现全球各地的工作者协同工作已经不再鲜见。Excel 的共享工作簿功能只能实现局域网环境下的共享，借助 Excel Online，则可以实现任何时间任何地点的共享。

对于已经保存在 OneDrive 中的文件，OneDrive、Excel Online 和 Excel 客户端都支持设置共享，共享时都可以设置权限是否包含编辑，非常方便。

➲ Ⅰ 发送共享邀请邮件

在 Excel Online 中为已经打开的工作簿设置共享，需要先在页面右上角单击【共享】链接，然后在出现的【共享】对话框中选择共享方式。默认的方式是给目标对象发送邀请邮件，输入收件人的邮箱和说明文字后，单击【共享】按钮即可，如图 41-6 所示。

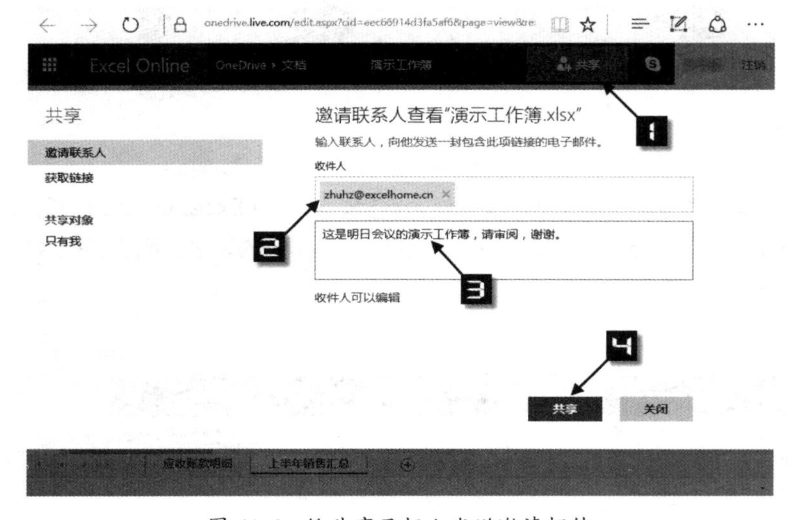

图 41-6　给共享目标人发送邀请邮件

邮件发送成功后，可以继续修改共享权限，如图 41-7 所示。

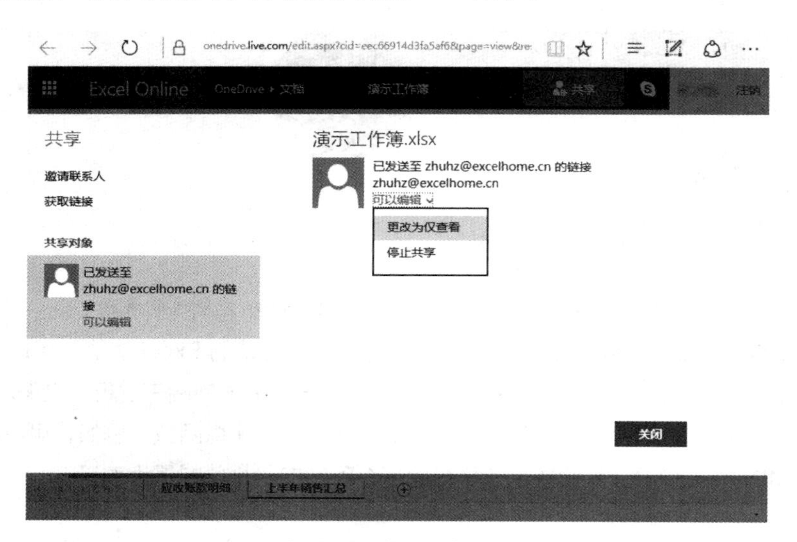

图 41-7　修改共享权限

受邀人收到的邮件内容如图 41-8 所示，只要单击邮件中的链接，即可进入 OneDrive 中查看或共同

编辑该文件，而无须使用 Microsoft 账户登录。

图 41-8　共享邀请邮件内容

➲ II　发送共享链接

如果不方便给对方发送邮件，还可以手动获得文件的链接网址，然后以合适的方式发送出去，甚至是创建一个所有人可以公开访问的网页。

获得链接网址的方法是：在【共享】对话框中单击【获取链接】按钮，然后选择一个权限设置，再单击【创建链接】按钮，如图 41-9 所示。

将此共享链接复制，然后用适合的方式告知受邀者，如图 41-10 所示。

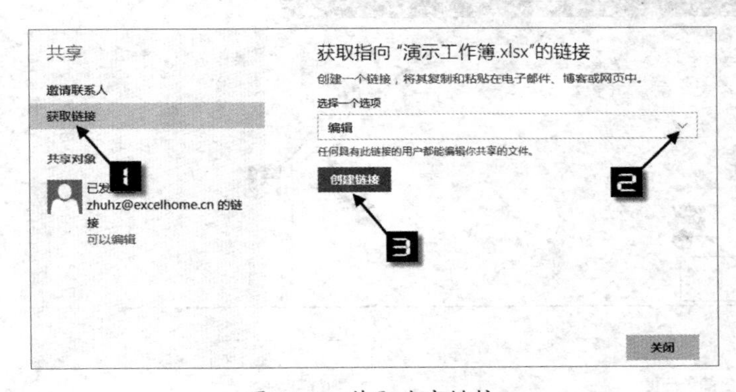

图 41-9　获取共享链接　　　图 41-10　生成共享链接

只要拥有对文件的编辑权限，那么无论此时是否已有其他人在编辑，用户都可以自如地对工作簿进行修改。当然，前提是协作各方都使用 Excel Online 打开工作簿。

协作编辑时，每个用户都可以几乎实时地看到其他人的修改内容，这样可以减少协作者之间的修改冲突。如果两人同时修改了同一个单元格的内容，Excel Online 将采用“最后者胜”的策略，根据提交时间来判定，以最后提交的内容为准。在浏览器的右上方，可以看到同时编辑的人有哪些，也可以看到此时谁正在工作簿中进行何种编辑，如图 41-11 所示。

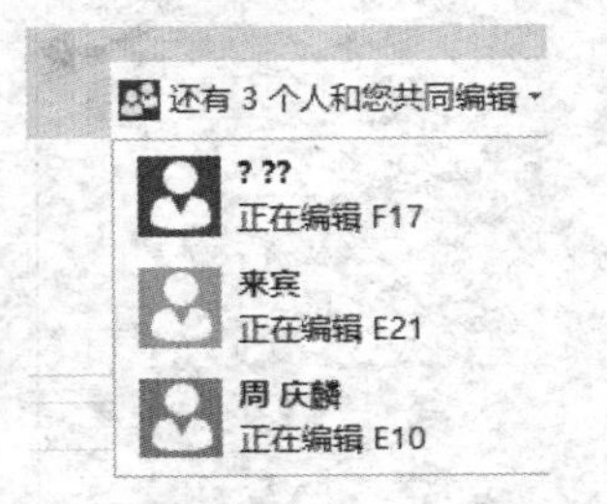

图 41-11　多人同时编辑

注意

微软会不定期更新OneDrive的各项功能特性，如果读者发现实际情况与本章内容有少许出入，请以微软的更新说明为准。

41.1.3 借助 Excel Online 实现在线调查

实际工作中常常需要通过调查问卷的方式进行各种数据收集，如针对产品的消费者市场调查、针对员工的工作内容调查等。传统的调查问卷费时费力，而且准确性和及时性都不高，因此基于互联网技术的在线调查方式特别受欢迎。借助 Excel Online，可以快速地设计、分发在线调查问卷，并且实时跟踪调查数据，非常方便。

示例41-1 创建"培训课程反馈表"在线调查

如果要创建一份面向培训学员的课程反馈表，供学员在线填写，然后统计调查数据，操作步骤如下。

步骤① 在 Excel Online 里面新建一个工作簿文件。

步骤② 选择【开始】选项卡中的【调查】→【新调查】选项，在出现的【编辑调查】对话框中，输入调查标题和调查说明。

步骤③ 单击【添加新问题】按钮，弹出【编辑问题】对话框，设置问题的详细内容，单击【完成】按钮确认问题的设置，如图 41-12 所示。

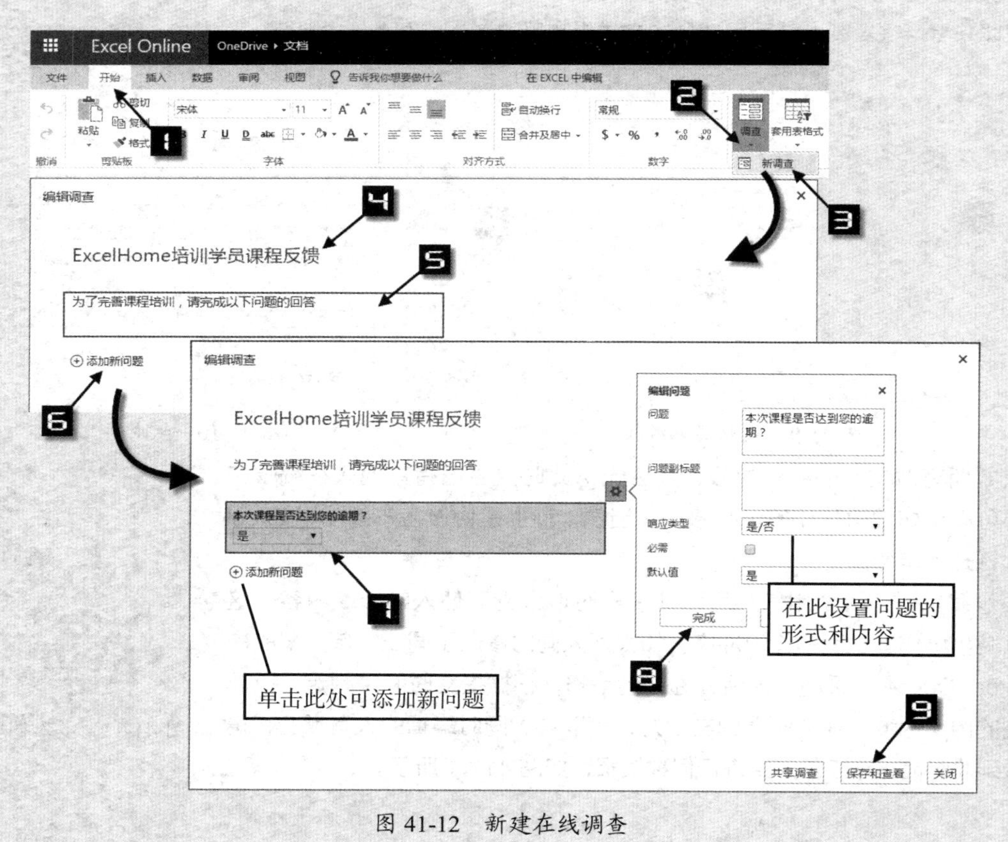

图 41-12 新建在线调查

步骤 4 继续单击【添加新问题】按钮，根据需要设置更多的问题。最后单击【保存和查看】按钮，完成调查的创建，如图 41-13 所示。

图 41-13　预览调查

确认无误后，单击【共享调查】按钮，参照 41.1.2 小节所介绍的办法，将调查的共享链接网址发送给调查对象，就可以开始接收数据了。所有得到共享链接网址的用户可以利用各种设备进入 Excel Online 填写并提交调查报告，相应数据会实时写入调查表所在工作簿中，如图 41-14 所示。

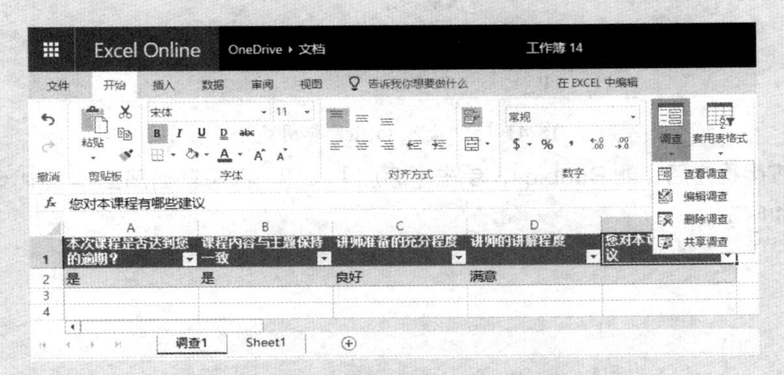

图 41-14　Excel Online 实时接收调查数据

创建者可以根据需要对调查和调查结果进行编辑加工，完成具体的调查任务。

41.2 Excel 应用程序

在较早版本的 Excel 中，如果需要增加额外的功能与特性，必须安装或加载 Excel 加载项程序。这种方式的缺点有以下几个。

❖ 加载项的安装较为麻烦，安装失败率高。

❖ 用户不了解从哪里可以得到自己需要的加载项。

❖ 开发者难以维护和更新已经发布的加载项。

❖ 加载项的功能没有限制，可能对用户数据带来不安全因素。

从 Excel 2013 开始，微软引入了一种新的机制——Apps for Office，用户可以在 Excel 中按需选择和使用应用程序。这些应用程序都托管在云端，计算处理也在云端，只将结果返回到 Excel 中。

单击【插入】选项卡中的【应用商店】按钮，将弹出【Office 相关加载项】对话框，用于浏览和查找主流应用程序，如图 41-15 所示。

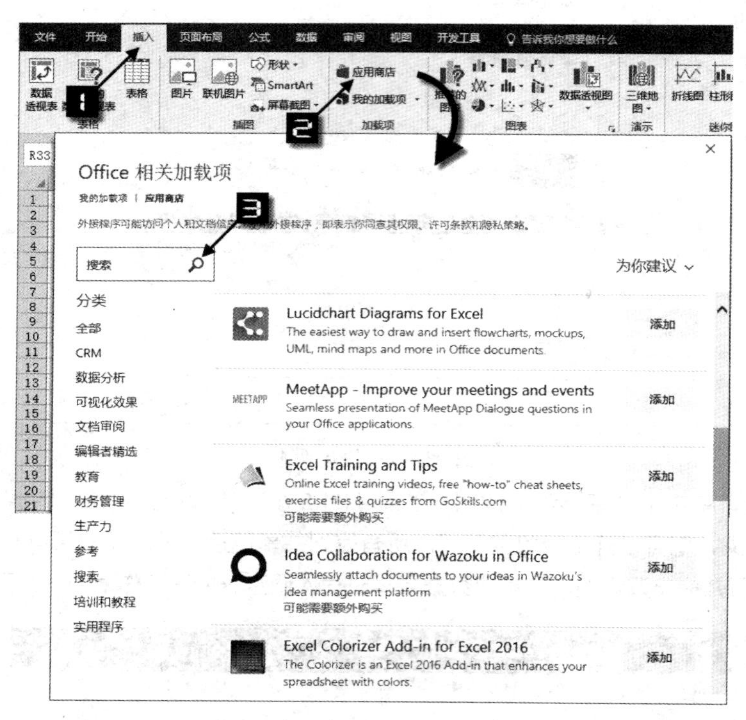

图 41-15　进入 Office 应用商店

找到需要的应用程序后，如 Bubbles，单击【添加】按钮，即可在当前工作表中添加一个应用程序对象，如图 41-16 所示。

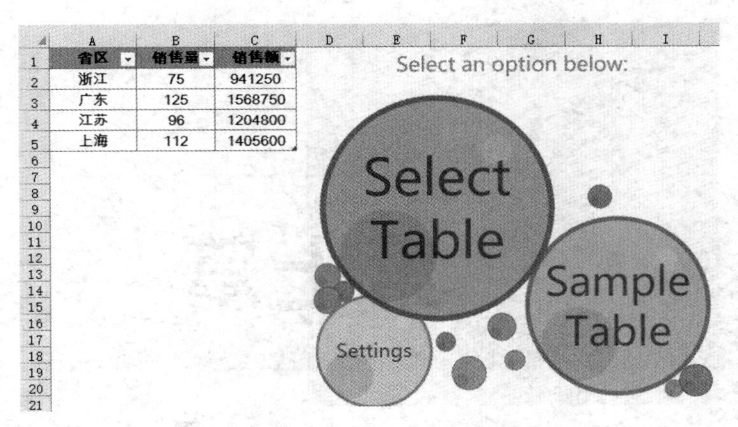

图 41-16 添加到工作表中的 Bubbles 应用程序对象

单击 Bubbles 应用程序任意位置，在弹出的【选择数据】对话框中选中左侧数据范围后，单击【确定】按钮，如图 41-17 所示。

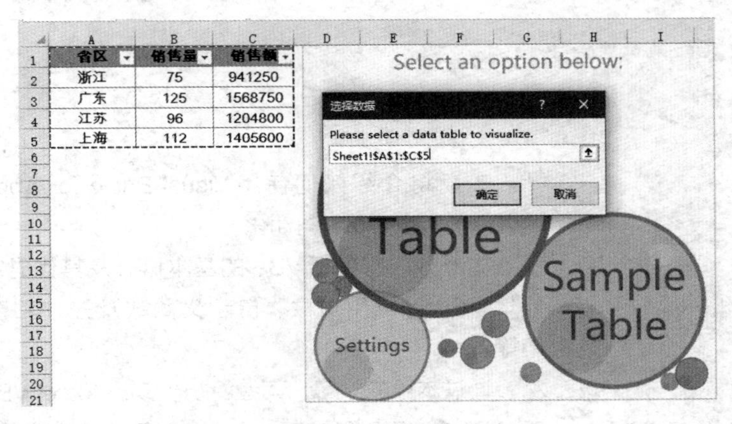

图 41-17 选择数据

Bubbles 应用程序对象即可生成气泡图，如图 41-18 所示。

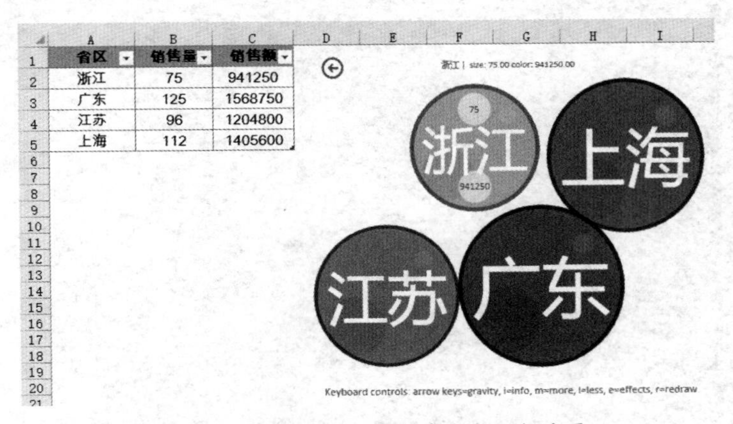

图 41-18 Bubbles 应用程序生成了气泡图

Office 应用商店中有很多实用的应用程序（部分可能需要收费），包括 Bing 地图、Modern Trend、People Graph 等热门应用。这些应用的使用方法各不相同，但都很容易掌握。

第七篇

Excel自动化

本篇将介绍如何使用 Visual Basic for Applications（VBA）实现 Excel 自动化。

本部分内容包括 VBA 的基本概念及其代码编辑调试环境、Excel 常用对象、自定义函数及控件和窗体的应用等。

通过本篇的学习，读者将初步掌握 Excel VBA，并能够将 VBA 应用于日常工作之中，提高 Excel 的使用效率。

第 42 章 初识 VBA

VBA 全称为 Visual Basic for Applications，它是 Visual Basic 的应用程序版本，为 Microsoft Office 等应用程序提供了更多扩展功能。VBA 作为功能强大的工具，使 Excel 形成了相对独立的编程环境。本章将简要介绍什么是 VBA 及如何开始学习 Excel VBA。

本章学习要点

（1）关于 VBA 的基本概念。

（2）如何录制宏。

42.1 什么是宏

在很多应用软件中可能都有宏的功能，“宏”这个名称来自英文单词 macro，其含义是软件提供一个特殊功能，利用这个功能可以组合多个命令，以实现任务的自动化。本书中讨论的宏仅限于 Excel 中提供的宏功能。

与大多数编程语言不同，宏代码只能“寄生”于 Excel 文件中，并且宏代码不能编译为可执行文件，所以不能脱离 Excel 运行。

宏和 VBA，一般情况下，可以认为两个名称是等价的，但是准确地来讲这二者是有区别的。VBA for Office 的历史可以追溯到 Office 4.2（Excel 5.0），在此之前的 Excel 只能使用“宏表”来实现部分 Excel 应用程序功能的自动化。时过境迁，即使在 VBA 得到普遍应用的今天，最新发布的 Office 2016（Excel 16.0）版本中仍然保留了宏表的功能，也就是说用户同样可以在 Excel 2016 中使用宏表功能。在 Excel 中，VBA 代码和宏表都可以统称为“宏”，由此可见宏和 VBA 是有区别的。但是为了和 Excel 及其相关官方文档的描述保持一致，本书中除了使用术语“Microsoft Excel 4.0 宏”特指宏表外，其他文字描述中“VBA”和“宏”具有相同的含义。

深入了解：什么是宏表

宏表的官方名称是“Microsoft Excel 4.0 宏”，也称为“XLM 宏”，其代码保存在 Excel 的特殊表格中，该表格外观和通常使用的工作表完全相同，但是功能却截然不同。由于宏表功能本身的局限性，导致现在的开发者已经几乎不再使用这个功能开发新的应用了。在 Excel 5.0 和 7.0 中，用户录制宏时可以选择生成 Microsoft Excel 4.0 宏或者生成 VBA 代码，但是从 Excel 8.0 开始，录制宏时 Excel 只能将操作记录为 VBA 代码，这从一个侧面印证了微软的产品思路，即逐渐放弃 Microsoft Excel 4.0 宏功能，希望广大用户更多地使用 VBA 功能。

从 Excel 2010（即 Excel 14.0）开始，微软开发人员已经成功地将 Microsoft Excel 4.0 宏的部分功能移植到 VBA 中，这将有助于用户将以前开发的 Microsoft Excel 4.0 宏迁移为 VBA 应用程序。

42.2 VBA 的版本

伴随着 Office 软件的版本升级，VBA 版本也有相应的升级。不同版本 Excel 中 VBA 的版本信息如图 42-1 所示。

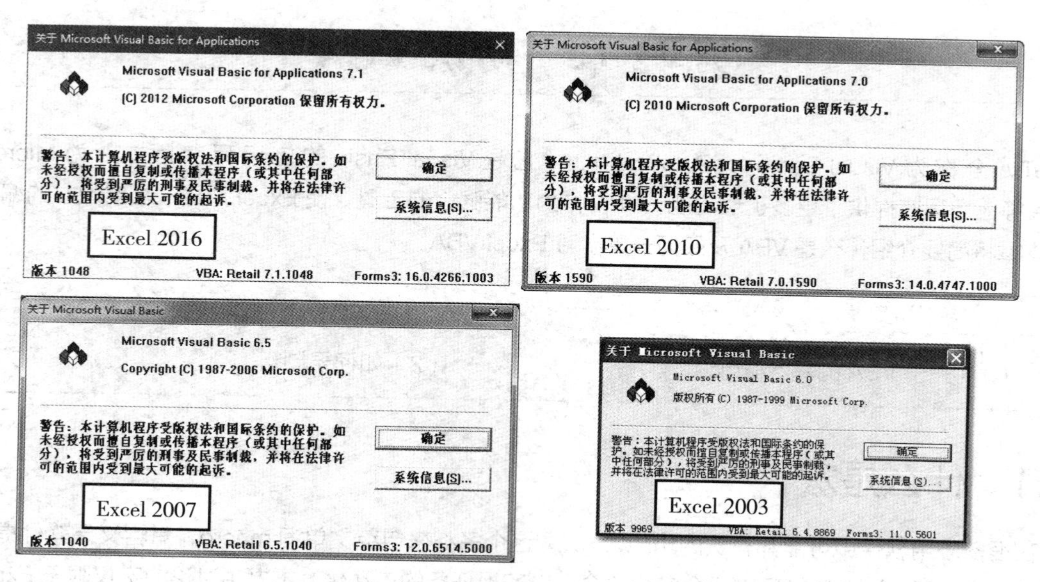

图 42-1　Excel 和 VBA 的版本

Office 2010 是微软发布的第一个支持 64 位的 Office 应用程序，与此同时在其中引入了 VBA 7.0，该版本 VBA 与低版本的显著区别是：能够开发和运行支持 64 位 Office 的代码。Office 2016 中的 VBA 版本为 7.1。

42.3　VBA 的应用场景

Excel VBA 作为一种扩展工具，得到了越来越广泛的应用，其原因在于很多 Excel 应用中的复杂操作都可以利用 Excel VBA 得到简化。一般来说，Excel VBA 可以应用在以下几个方面。

❖ 自动执行重复的操作。
❖ 进行复杂的数据分析对比。
❖ 生成报表和图表。
❖ 个性化用户界面。
❖ Office 组件的协同工作。
❖ Excel 二次开发。

42.4　VBA 与 VSTO

VSTO（Visual Studio Tools for Office）是一套基于微软 .NET 平台用于 Office 应用程序开发的 Visual Studio 工具包，开发人员可以使用强大的编程语言（Visual Basic 或 Visual C#）和 Visual Studio 开发环境来构建灵活的企业级解决方案，这使得开发 Office 应用程序更加简洁和高效，并且 VSTO 部分解决了 VBA Office 应用开发中的难于更新、扩展性差、安全性低等诸多问题。

虽然 VBA 开发本身具备很多局限性，但是其易用性是显而易见的，专业开发人员和普通用户都可以轻松地使用 VBA 开发 Office 扩展应用，然而 VSTO 更多的是面向专业开发者的平台，普通 Office 用户很难在较短时间内掌握该技术，因此，VSTO 和 VBA 是定位于不同路线的开发技术，VSTO 短期内并不会成为 VBA 的终结者。

扫描右侧二维码，可以阅读更多有关 VSTO 及 Office 专业开发的系列文章。

42.5 Excel 2016 中 VBA 的工作环境

42.5.1 【开发工具】选项卡

利用【开发工具】选项卡提供的相关功能，可以非常方便地使用与 VBA 相关的功能。然而在 Excel 2016 的默认设置中，功能区中并不显示【开发工具】选项卡。

在功能区中显示【开发工具】选项卡的操作步骤如下。

步骤① 单击【文件】选项卡中的【选项】命令，打开【Excel 选项】对话框。

步骤② 在打开的【Excel 选项】对话框中单击【自定义功能区】选项卡。

步骤③ 在右侧列表框中选中【开发工具】复选框，单击【确定】按钮，关闭【Excel 选项】对话框。

步骤④ 单击功能区中的【开发工具】选项卡，如图 42-2 所示。

图 42-2 在功能区中显示【开发工具】选项卡

【开发工具】选项卡的功能按钮分为 4 个组：【代码】组、【加载项】组、【控件】组和【XML】组。各按钮的功能如表 42-1 所示。

表 42-1 【开发工具】选项卡按钮功能

组	按钮名称	按钮功能
代码	Visual Basic	打开 Visual Basic 编辑器
	宏	查看宏列表，可在该列表中运行、创建或者删除宏
	录制宏	开始录制新的宏
	使用相对引用	录制宏时切换单元格引用方式（绝对引用 / 相对引用）
	宏安全性	自定义宏安全性设置
加载项	加载项	管理可用于此文件的 Office 应用商店加载项
	Excel 加载项	管理可用于此文件的 Excel 加载项
	COM 加载项	管理可用的 COM 加载项
控件	插入	在工作表中插入表单控件或 ActiveX 控件
	设计模式	启用或者退出设计模式
	属性	查看和修改所选控件属性
	查看代码	编辑处于设计模式的控件或活动工作表对象的 Visual Basic 代码
	执行对话框	执行自定义对话框
XML	源	打开【XML 源】任务窗格
	映射属性	查看或修改 XML 映射属性
	扩展包	管理附加到此文档的 XML 扩展包，或者附加新的扩展包
	刷新数据	刷新工作簿中的 XML 数据
	导入	导入 XML 数据文件
	导出	导出 XML 数据文件

在开始录制宏之后，【代码】组中的【录制宏】按钮将变成【停止录制】按钮，如图 42-3 所示。

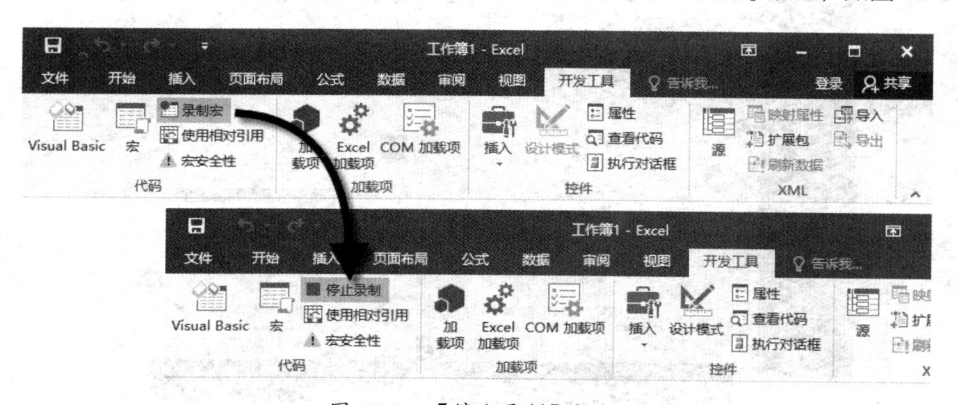

图 42-3 【停止录制】按钮

与宏相关的组合键在 Excel 2016 中仍然可以继续使用。例如，按 <Alt+F8> 组合键显示【宏】对话框，按 <Alt+F11> 组合键打开 VBA 编辑窗口等。

【XML】组提供了在 Excel 中操作 XML 文件的相关功能，使用这部分功能需要具备一定的 XML 基础知识，读者可以自行查阅相关资料。

42.5.2　【视图】选项卡中的【宏】按钮

对于【开发工具】选项卡【代码】组中【宏】【录制宏】和【使用相对引用】按钮所实现的功能，在【视图】选项卡中也提供了相同功能的命令。在【视图】选项卡中单击【宏】下拉按钮，弹出的下拉列表如图 42-4 所示。

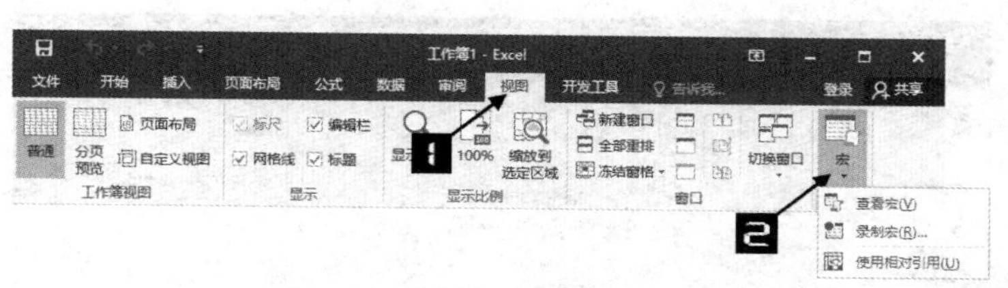

图 42-4　【视图】选项卡中的【宏】按钮

在开始录制宏之后，下拉列表中的【录制宏】将变为【停止录制】，如图 42-5 所示。

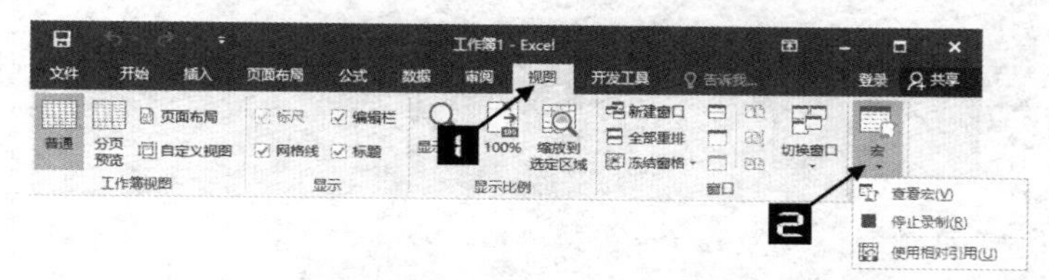

图 42-5　【视图】选项卡中的【停止录制】命令

注意

由于【开发工具】选项卡提供了更全面的与宏相关的功能，因此后续章节的操作均使用【开发工具】选项卡。

42.5.3　状态栏上的按钮

Excel 2016 状态栏左侧提供了一个【宏录制】按钮。单击此按钮，将弹出【录制宏】对话框，此时状态栏上的按钮变为【停止录制】按钮，如图 42-6 所示。

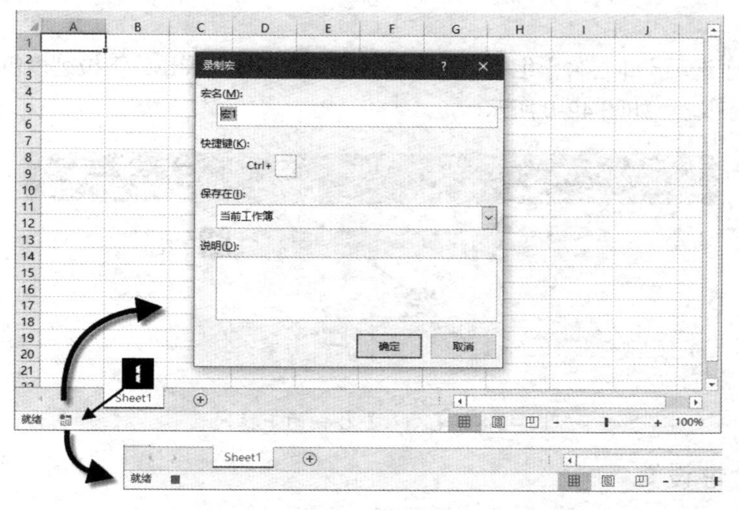

图 42-6　状态栏上的【宏录制】按钮和【停止录制】按钮

如果 Excel 2016 窗口状态栏左侧没有【宏录制】按钮，可以按照下述操作步骤使其显示在状态栏上。

步骤① 在 Excel 窗口的状态栏上右击。

步骤② 在弹出的快捷菜单中选择【宏录制】命令。

步骤③ 单击 Excel 窗口中的任意位置关闭快捷菜单。

此时，【宏录制】按钮将显示在状态栏左侧，如图 42-7 所示。

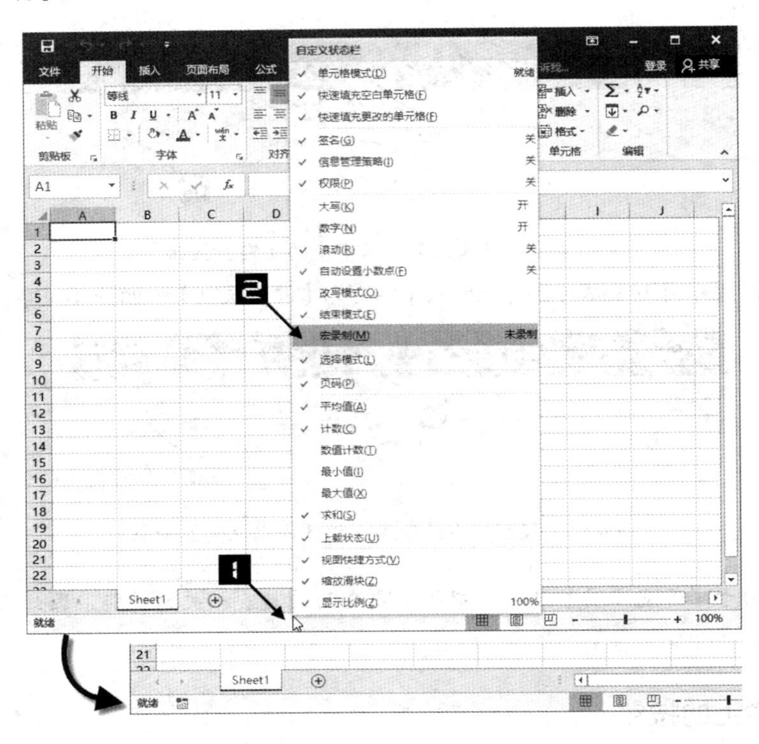

图 42-7 启用状态栏上的【宏录制】按钮

42.5.4 控件

在【开发工具】选项卡【控件】组中单击【插入】下拉按钮，弹出的下拉列表包括【表单控件】和【ActiveX 控件】两部分，如图 42-8 所示。

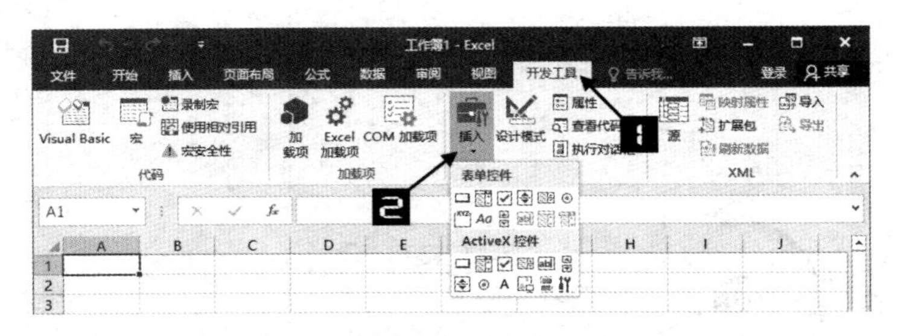

图 42-8 【插入】按钮的下拉列表

42.5.5 宏安全性设置

宏在为 Excel 用户带来极大便利的同时，也带来了潜在的安全风险。这是由于宏的功能并不仅仅局

限于重复用户在 Excel 中的简单操作，使用 VBA 代码也可以控制或者运行 Microsoft Office 之外的应用程序，此特性可以被用来制作计算机病毒或恶意功能。因此，用户非常有必要了解 Excel 中的宏安全性设置，合理使用这些设置可以帮助用户有效地降低使用宏的安全风险，操作步骤如下。

步骤① 单击【开发工具】选项卡中的【宏安全性】按钮，打开【信任中心】对话框。

提示

在【文件】选项卡中依次单击【选项】→【信任中心】→【信任中心设置】→【宏设置】选项，也可以打开【信任中心】对话框。

步骤② 在【宏设置】选项卡中选中【禁用所有宏，并发出通知】单选按钮。

步骤③ 单击【确定】按钮关闭【信任中心】对话框，如图 42-9 所示。

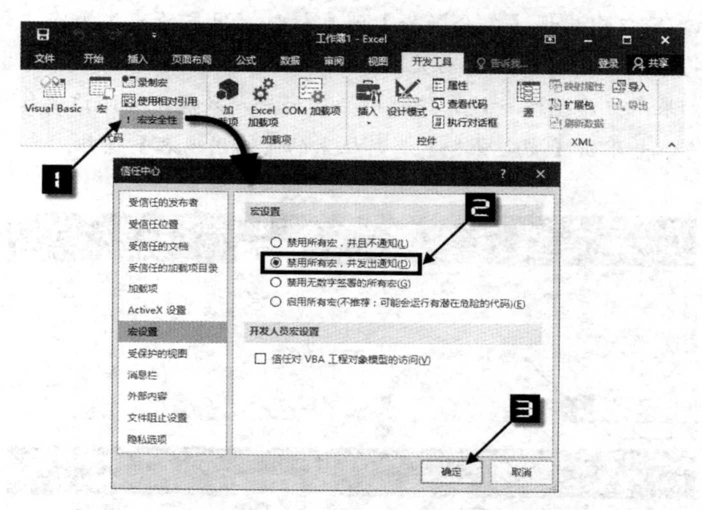

图 42-9　【信任中心】对话框中的【宏设置】选项卡

一般情况下，推荐使用【禁用所有宏，并发出通知】选项。启用该选项后，打开保存在非受信任位置的包含宏的工作簿时，在 Excel 功能区下方将显示“安全警告”消息栏，告知用户工作簿中的宏已经被禁用，具体使用方法请参阅 42.5.7 小节。

42.5.6　文件格式

Microsoft Office 2016 支持使用 Office Open XML 格式的文件，具体到 Excel 来说，除了 *.xls、*.xla 和 *.xlt 兼容格式外，Excel 2016 支持更多的存储格式，如 *.xlsx、*.xlsm 等。在众多的新文件格式中，二进制工作簿和扩展名以字母“m”结尾的文件格式才可以用于保存 VBA 代码和 Excel 4.0 宏工作表（通常简称为“宏表”）。可以用于保存宏代码的文件类型如表 42-2 所示。

表 42-2　支持宏的文件类型

扩展名	文件类型
xlsm	启用宏的工作簿
xlsb	二进制工作簿
xltm	启用宏的模板
xlam	加载宏

注意

在Excel 2016中为了兼容Excel 2003或者更早版本而保留的文件格式（*.xls、*.xla和*.xlt），仍然可以用于保存VBA代码和Excel 4.0宏工作表。

42.5.7 启用工作簿中的宏

在宏安全性设置中选用【禁用所有宏，并发出通知】选项后，打开包含代码的工作簿时，在功能区和编辑栏之间将出现如图 42-10 所示的【安全警告】消息栏。如果用户信任该文件的来源，可以单击【安全警告】消息栏上的【启用内容】按钮，【安全警告】消息栏将自动关闭。此时，工作簿的宏功能已经被启用，用户将可以运行工作簿的宏代码。

注意

Excel窗口中出现【安全警告】消息栏时，用户的某些操作（如添加一个新的工作表）将导致该消息栏的自动关闭，此时Excel已经禁用了工作簿中的宏功能。在此之后，如果用户希望运行该工作簿中的宏代码，只能先关闭该工作簿，然后再次打开该工作簿，并单击【安全警告】消息栏上的【启用内容】按钮。

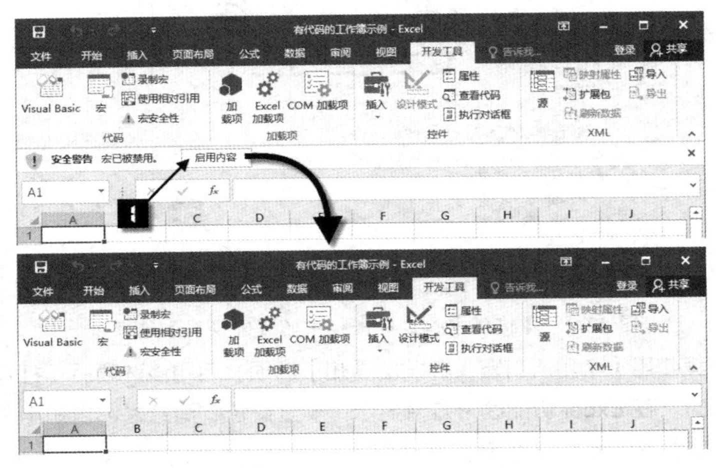

图 42-10 启用工作簿中的宏

上述操作后，该文档将成为受信任的文档。在 Excel 再次打开该文件时，将不再显示【安全警告】消息栏。值得注意的是，Excel 的这个“智能”功能可能会给用户带来潜在的危害。如果有恶意代码被人为地添加到这些受信任的文档中，并且原有文件名保持不变，那么当用户再次打开该文档时将不会出现任何安全警示，而直接激活其中包含恶意代码的宏程序，这将对计算机安全造成危害。因此，如果需要进一步提高文档的安全性，可以考虑为文档添加数字签名和证书，或按照如下步骤禁用“受信任文档”功能。

步骤① 单击【开发工具】选项卡中的【宏安全性】按钮，打开【信任中心】对话框，激活【受信任的文档】选项卡。

步骤② 选中【禁用受信任的文档】复选框。

步骤③ 单击【确定】按钮关闭对话框，如图 42-11 所示。

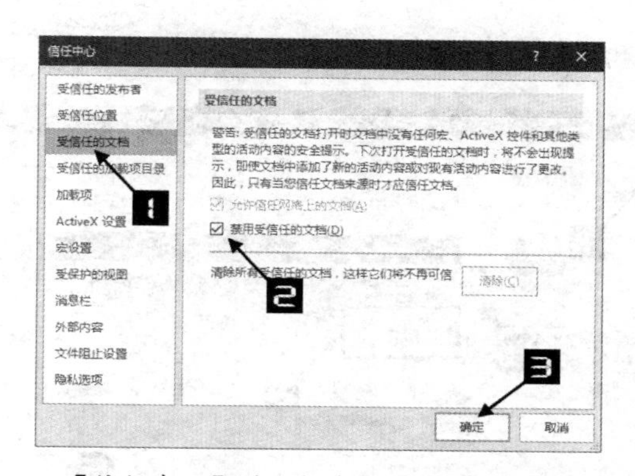

图 42-11 【信任中心】对话框中的【受信任的文档】选项卡

“受信任的文档”是从Excel 2010开始新增的功能，更早版本的Excel不支持此功能。有关为VBA代码添加数字签名的相关内容，请参阅其他资料。

如果用户在打开包含宏代码的工作簿之前已经打开了 VBA 编辑窗口，那么 Excel 将直接显示如图 42-12 所示的【Microsoft Excel 安全声明】对话框，用户可以单击【启用宏】按钮启用工作簿中的宏。

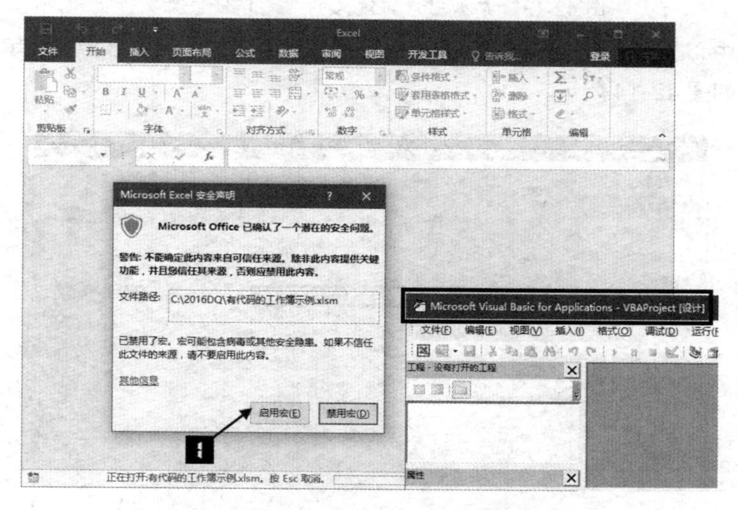

图 42-12 【Microsoft Excel 安全声明】对话框

42.5.8 受信任位置

对于广大 Excel 用户来说，为了提高安全性，打开任何包含宏的工作簿都需要手工启用宏，这个过程确实有些烦琐。利用 Excel 2016 中的“受信任位置”功能将可以在不修改安全性设置的前提下，方便快捷地打开工作簿并启用宏，操作步骤如下。

步骤① 打开【信任中心】对话框。

步骤② 选择【受信任位置】选项卡，在右侧窗口单击【添加新位置】按钮。

步骤③ 在弹出的【Microsoft Office 受信任位置】对话框中输入路径，或者单击【浏览】按钮选择要添加的目录。

步骤④ 选中【同时信任此位置的子文件夹】复选框。

步骤⑤ 在【描述】文本框中输入说明信息，此步骤也可以省略。

步骤⑥ 单击【确定】按钮关闭对话框，如图 42-13 所示。

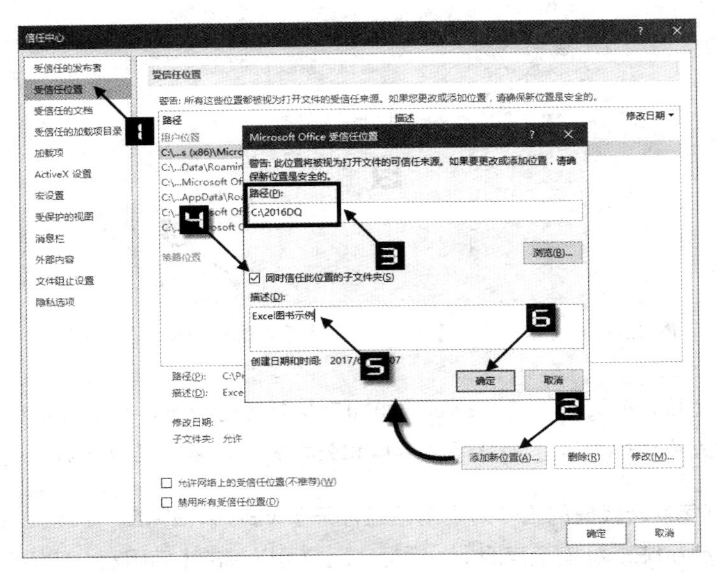

图 42-13　添加用户自定义的“受信任位置”

步骤⑦ 返回【信任中心】对话框，在右侧列表框中可以看到新添加的受信任位置，单击【确定】按钮关闭对话框，如图 42-14 所示。

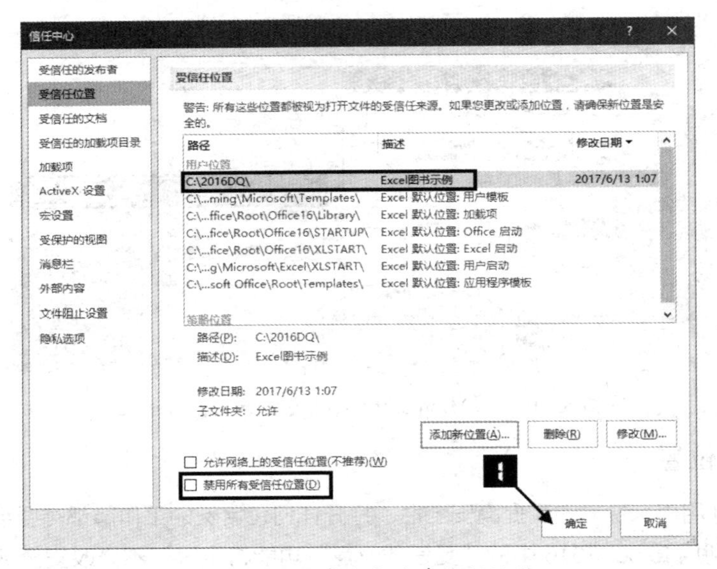

图 42-14　用户自定义受信任位置

此后打开保存于受信任位置（C:\2016DQ）中的任何包含宏的工作簿时，Excel 将自动启用宏，而不再显示安全警告提示窗口。

注意

如果在图42-14所示的【信任中心】对话框的【受信任位置】选项卡中选中【禁用所有受信任位置】复选框，那么所有的受信任位置都将失效。

42.6　在 Excel 2016 中录制宏代码

42.6.1　录制新宏

对于 VBA 初学者来说，最困难的事情往往是想要实现一个功能，却不知道代码从何写起，录制宏可以很好地帮助大家。录制宏作为 Excel 中一个非常实用的功能，对于广大 VBA 用户来说是不可多得的学习帮手。

在日常工作中大家经常需要在 Excel 中重复执行某个任务，这时可以通过录制一个宏来快速地自动执行这些任务。

按照如下步骤操作，可以在 Excel 2016 中开始录制一个新宏。

单击【开发工具】选项卡中【代码】组的【录制宏】按钮开始录制新宏，在弹出的【录制宏】对话框中可以设置宏名（FormatTitle）、快捷键（<Ctrl+Q>）、保存位置和添加说明，单击【确定】按钮关闭【录制宏】对话框，并开始录制一个新的宏，如图 42-15 所示。

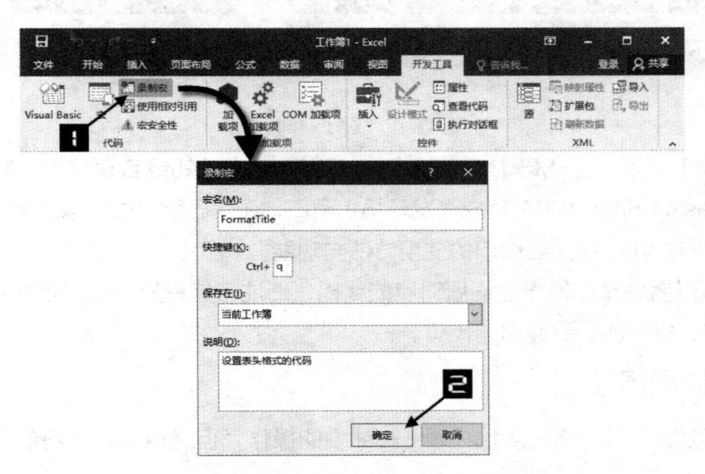

图 42-15　在 Excel 中开始录制一个新宏

录制宏时 Excel 提供的默认名称为“宏”加数字序号的形式（在 Excel 英文版本中为“Macro”加数字序号），如“宏 1”“宏 2”等，其中的数字序号由 Excel 自动生成，通常情况下数字序号依次增大。

宏的名称可以包含英文字母、中文字符、数字和下画线，但是第一个字符必须是英文字母或者中文字符，如“1Macro”不是合法的宏名称。为了使宏代码具有更好的通用性，尽量不要在宏名称中使用中文字符，否则在非中文版本的 Excel 中应用该宏代码时，可能会出现兼容性问题。除此之外，还应该尽量使用能够说明用途的宏名称，这样有利于日后的使用、维护与升级。

注意

如果宏名称为英文字母加数字的形式，那么需要注意，不可以使用与单元格引用相同的字符串，即“A1”至“XFD1048576”不可以作为宏名称使用。例如，在图42-15所示的【录制宏】对话框中输入“ABC168”作为宏名，单击【确定】按钮，将出现如图42-16所示的错误提示框。但是“ABC”或者“ABC1048577”就可以作为合法的宏名称，因为Excel 2016工作表中不可能出现引用名称为“ABC”或者“ABC1048577”的单元格。

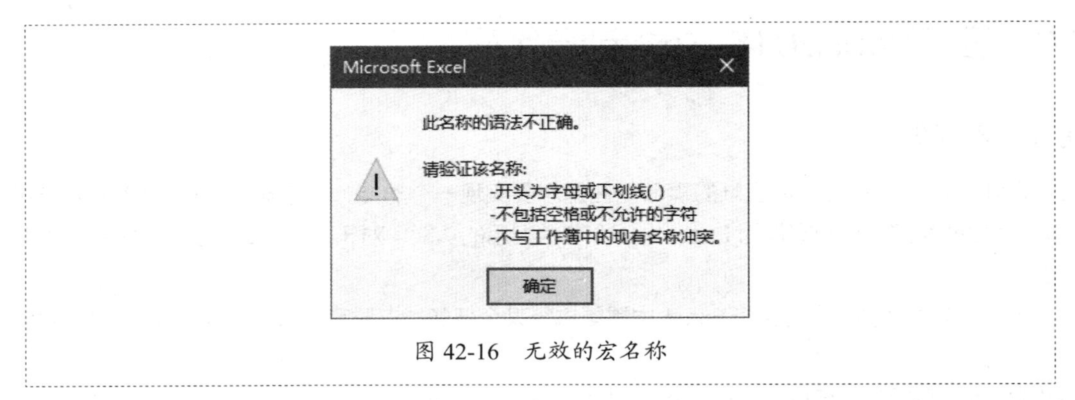

图 42-16　无效的宏名称

开始录制宏之后，用户可以在 Excel 中进行操作，其中绝大部分操作将被记录为宏代码。操作结束后，单击【停止录制】按钮，如图 42-17 所示，将停止本次录制宏。

图 42-17　停止录制宏

单击【开发工具】选项卡【代码】组中的【Visual Basic】按钮或者直接按 <Alt+F11> 组合键，将打开 VBE（Visual Basic Editor，VBA 集成开发环境）窗口，在代码窗口中可以查看刚才录制的宏代码，在第 43 章中将详细讲述 VBE 中主要窗口的使用方法与功能。

通过录制宏，可以看到整个操作过程所对应的代码，请注意这只是一个“半成品”，经过必要的修改，才能得到更高效、更智能、更通用的代码。

42.6.2　录制宏的局限性

Excel 的录制宏功能可以“忠实”地记录 Excel 中的操作，但是也有其本身的局限性，主要表现在以下几个方面。

- 录制宏产生的代码不一定完全等同于用户的操作。例如，用户设置保护工作表时输入的密码无法记录在代码中；设置工作表控件的属性也无法产生相关的代码。这样的例子还有很多，这里不再逐一罗列。
- 一般来说，录制宏产生的代码可以实现相关功能，但往往并不是最优代码，这是由于录制的代码中经常会有很多冗余代码。例如，用户仅选中某个单元格或者进行滚动屏幕之类的操作，都将被记录为代码，删除这些冗余代码后，宏代码将可以更高效地运行。
- 通常录制宏产生的代码执行效率不高，其原因主要有如下两点：第一，代码中大量使用 Activate 和 Select 等方法，影响了代码的执行效率，在实际应用中需要进行相应的优化；第二，录制宏无法产生控制程序流程的代码，如循环结构、判断结构等。

42.7　在 Excel 2016 中运行宏代码

在 Excel 中可采用多种方法运行宏，这些宏可以是在录制宏时由 Excel 生成的代码，也可以是由 VBA 开发人员编写的代码。

42.7.1 组合键

步骤① 打开示例文件，切换到“快捷键”工作表。

步骤② 按 <Ctrl+Q> 组合键运行宏，设置标题行效果如图 42-18 所示。

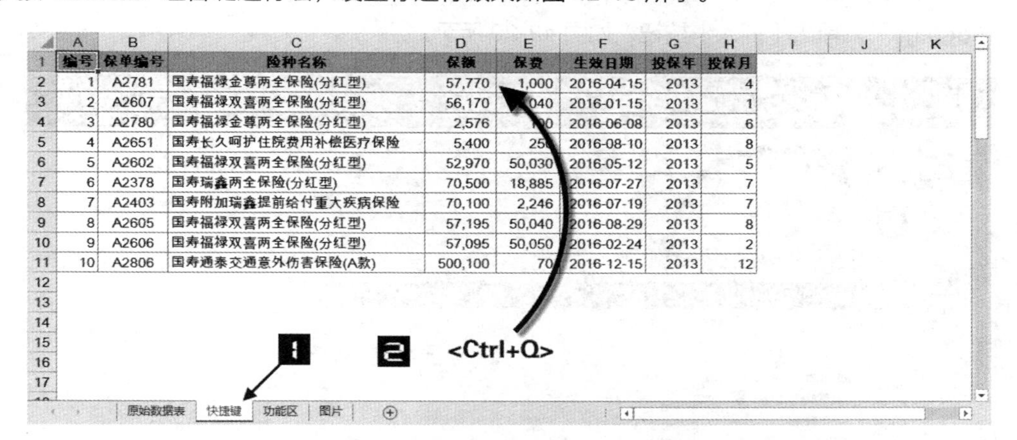

编号	保单编号	险种名称	保额	保费	生效日期	投保年	投保月
1	A2781	国寿福禄金尊两全保险(分红型)	57,770	1,000	2016-04-15	2013	4
2	A2607	国寿福禄双喜两全保险(分红型)	56,170	040	2016-01-15	2013	1
3	A2780	国寿福禄金尊两全保险(分红型)	2,576	00	2016-06-08	2013	6
4	A2651	国寿长久呵护住院费用补偿医疗保险	5,400	25	2016-08-10	2013	8
5	A2602	国寿福禄双喜两全保险(分红型)	52,970	50,030	2016-05-12	2013	5
6	A2378	国寿瑞鑫两全保险(分红型)	70,500	18,885	2016-07-27	2013	7
7	A2403	国寿附加瑞鑫提前给付重大疾病保险	70,100	2,246	2016-07-19	2013	7
8	A2605	国寿福禄双喜两全保险(分红型)	57,195	50,040	2016-08-29	2013	8
9	A2606	国寿福禄双喜两全保险(分红型)	57,095	50,050	2016-02-24	2013	2
10	A2806	国寿通泰交通意外伤害保险(A款)	500,100	70	2016-12-15	2013	12

图 42-18 使用快捷键运行宏

本节将使用多种方法调用执行相同的宏代码，因此后续几种方法不再提供代码运行效果截图。

42.7.2 功能区【宏】按钮

步骤① 打开示例文件，切换到“功能区”工作表。

步骤② 在【开发工具】选项卡中单击【宏】按钮。

步骤③ 在弹出的【宏】对话框中选择【FormatTitle】选项，单击【执行】按钮运行宏。

步骤④ 单击【取消】按钮关闭对话框，如图 42-19 所示。

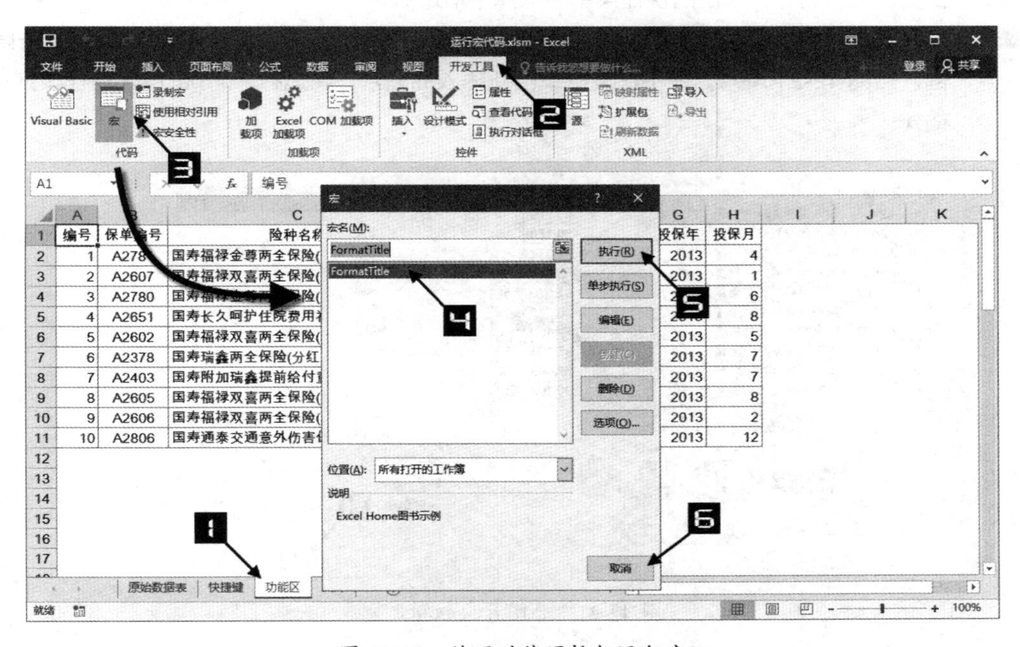

图 42-19 使用功能区按钮运行宏

42.7.3 图片按钮

步骤① 打开示例文件，切换到“图片”工作表。

步骤② 在【插入】选项卡中单击【图片】按钮，在弹出的【插入图片】对话框中，浏览选中图片文件“logo.gif”，单击【插入】按钮，如图 42-20 所示。

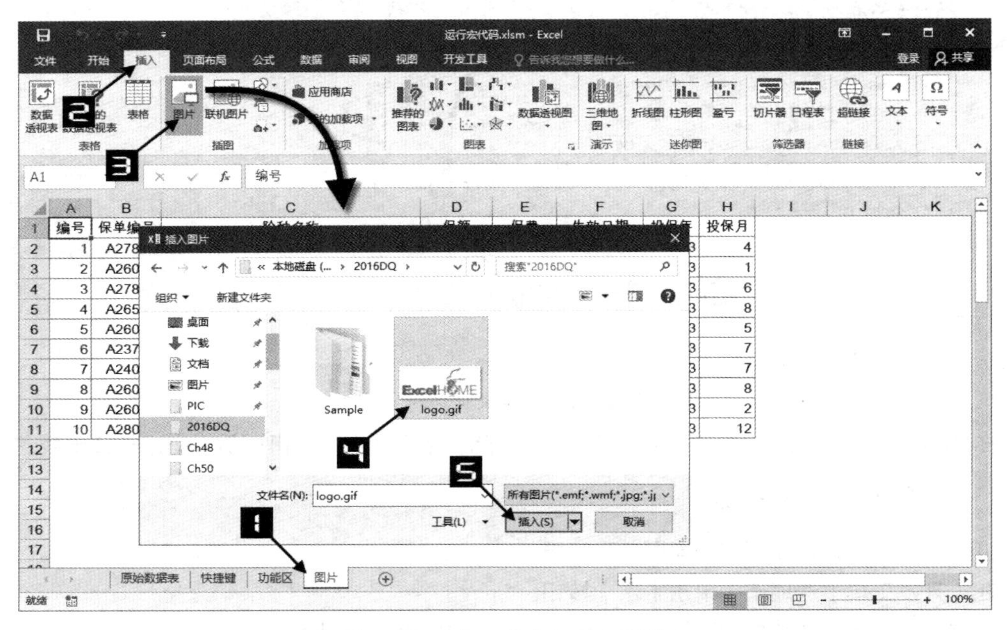

图 42-20 在工作表中插入图片

步骤③ 在图片上右击，在弹出的快捷菜单中选择【指定宏】命令。

步骤④ 在弹出的【指定宏】对话框中，选择【FormatTitle】选项，单击【确定】按钮关闭对话框，如图 42-21 所示。在工作表中单击新插入的图片，将运行 FormatTitle 过程设置标题行格式。

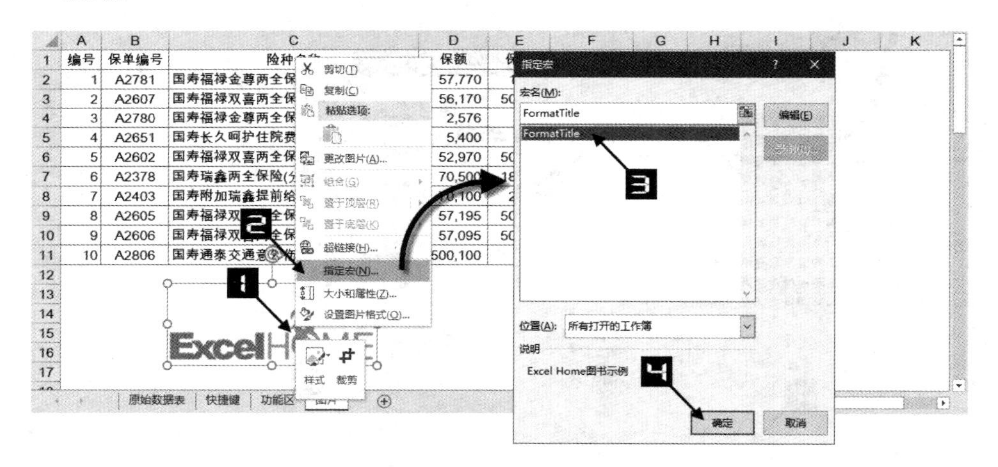

图 42-21 为图片按钮指定宏

在工作表中使用“形状”（通过【插入】选项卡中的【形状】下拉按钮插入的形状）或者“按钮（窗体控件）”（通过【开发工具】选项卡中的【插入】下拉按钮插入的控件），也可以实现类似的关联运行宏代码的效果。

第 43 章 VBA 集成编辑环境

Visual Basic Editor（VBE）是指 Excel 及其他 Office 组件中集成的 VBA 代码编辑器，本章将介绍 VBE 中主要功能窗口的用途。

本章学习要点

（1）熟悉 VBE 界面。

（2）了解主要功能窗口的用途。

（3）掌握主要功能窗口的使用方法。

43.1 VBE 界面介绍

43.1.1 如何打开 VBE 窗口

在 Excel 2016 界面中可以使用如下多种方法打开 VBE 窗口。

- 按 <Alt+F11> 组合键。
- 单击【开发工具】选项卡的【Visual Basic】按钮。
- 在任意工作表标签上右击，在弹出的快捷菜单中选择【查看代码】命令，如图 43-1 所示。

图 43-1 工作表标签的右键快捷菜单

打开VBE窗口的方法并不局限于这几种，这里只是列出了最常用的3种方法。

如果 VBE 窗口已经处于打开状态，按 <Alt+Tab> 组合键也可以由其他窗口切换到 VBE 窗口。

43.1.2 VBE 窗口介绍

在 VBE 窗口中，除了和普通 Windows 应用程序类似的菜单和工具栏外，在其工作区中还可以显示多个不同的功能窗口。为了方便 VBA 代码编辑与调试，建议在 VBE 窗口中显示最常用的功能窗口，主要包括工程资源管理器窗口、属性窗口、代码窗口、立即窗口和本地窗口等，如图 43-2 所示。

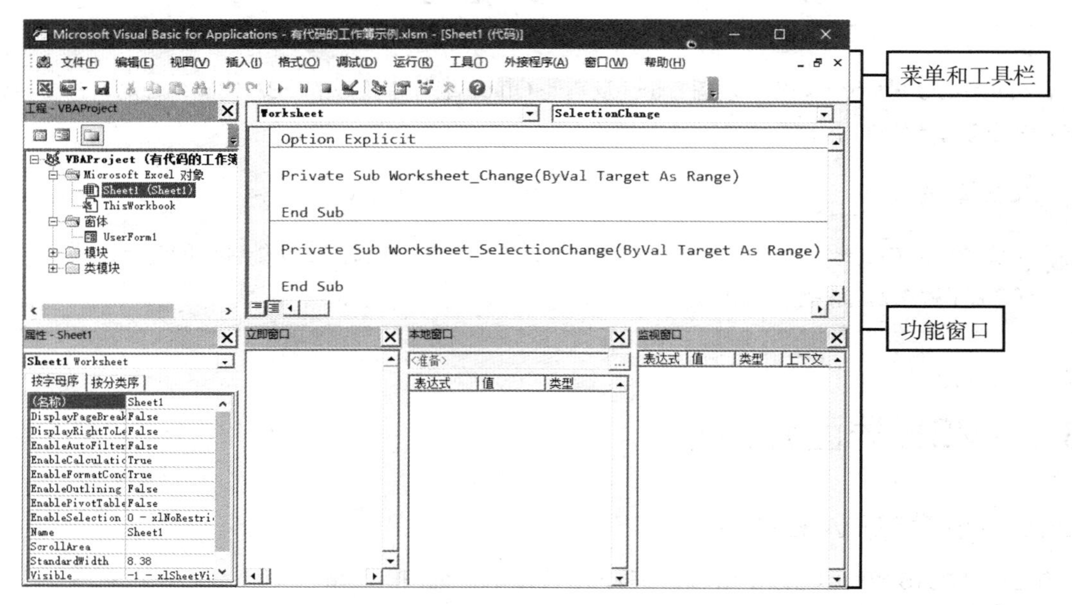

图 43-2　VBE 窗口

Ⅰ　工程资源管理器窗口

工程资源管理器窗口以树形结构显示当前 Excel 应用程序中的所有工程（工程是指 Excel 工作簿中模块的集合），即 Excel 中所有已经打开的工作簿（包含隐藏工作簿和加载宏），如图 43-3 所示。不难看出，当前 Excel 中打开的两个工作簿分别为用户文件“有代码的工作簿示例 .xlsm”和分析工具库加载宏文件“FUNCRES.XLAM”。

在工程资源管理器窗口中，每个工程显示为一个独立的树形结构，其根结点以“VBAProject”+ 工作簿名称的形式命名。单击窗口中根结点前面的加号，将展开显示其中的对象或对象文件夹，如图 43-3 所示。

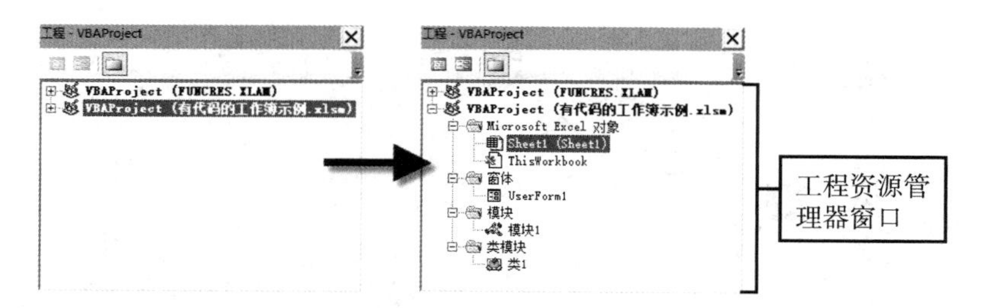

图 43-3　工程资源管理器窗口

Ⅱ　属性窗口

属性窗口可以列出被选中对象（用户窗体、用户窗体中的控件、工作表和工作簿等）的属性，在设计时可以修改这些对象的属性值。属性窗口分为上下两部分，分别是对象框和属性列表，如图 43-4 所示。

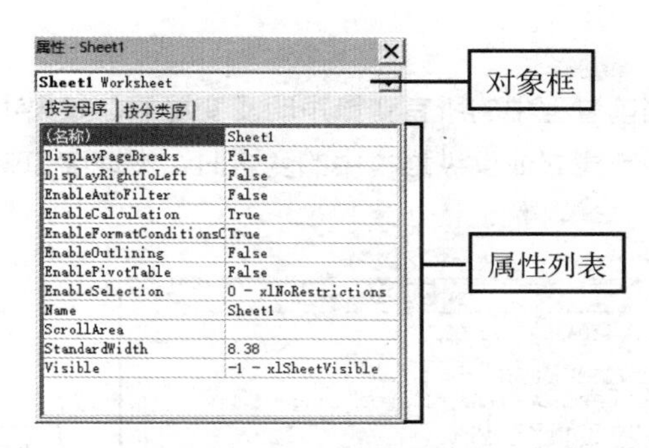

图 43-4 属性窗口

在 VBE 中如果同时选中了多个对象，对象框将显示为空白，属性列表将仅列出这些对象所共有的属性。如果此时在属性列表中更改某个属性的值，那么被选中的多个对象的相应属性将同时被修改。

➲ III 代码窗口

代码窗口用来显示和编辑 VBA 代码。在工程资源管理器窗口中双击某个对象，将在 VBE 中打开该对象的代码窗口。在代码窗口可以查看其中的模块或者代码，并且可以在不同模块之间进行复制和粘贴。代码窗口分为上下两部分，上部为对象框和过程／事件框，下部为代码编辑区域，如图 43-5 所示。

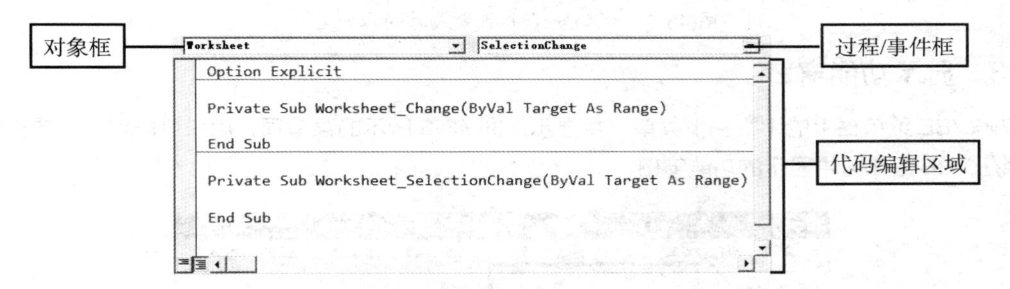

图 43-5 代码窗口

代码窗口支持文本拖动功能，即可以将当前选中的部分代码拖动到窗口中的不同位置或者其他代码窗口、立即窗口或监视窗口中，其效果与剪切／粘贴完全相同。

➲ IV 立即窗口

在立即窗口中输入或粘贴一行代码，然后按 <Enter> 键可以直接执行该代码，如图 43-6 所示。除了在立即窗口中直接输入代码外，也可以在 VBA 代码中使用 Debug.Print 命令将指定内容输出到立即窗口中。

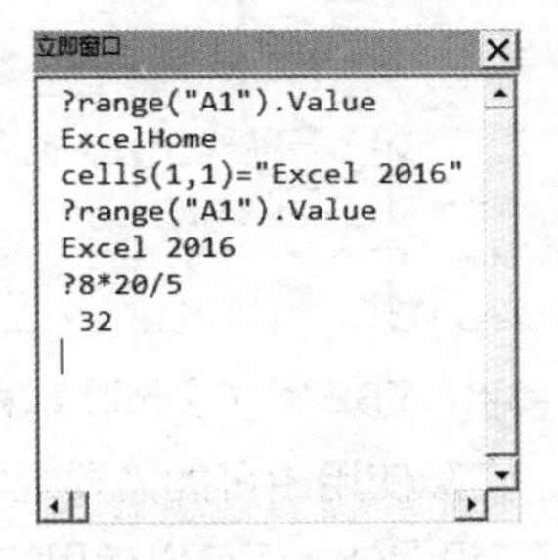

图 43-6 立即窗口

立即窗口中的内容是无法保存的，关闭Excel应用程序后，立即窗口中的内容将丢失。

➲ V　本地窗口

本地窗口将自动显示出当前过程中的所有变量声明及变量值。如果本地窗口在 VBE 中是可见的，则每当代码执行方式切换到中断模式或操纵堆栈中的变量时，本地窗口就会自动更新显示，如图 43-7 所示。

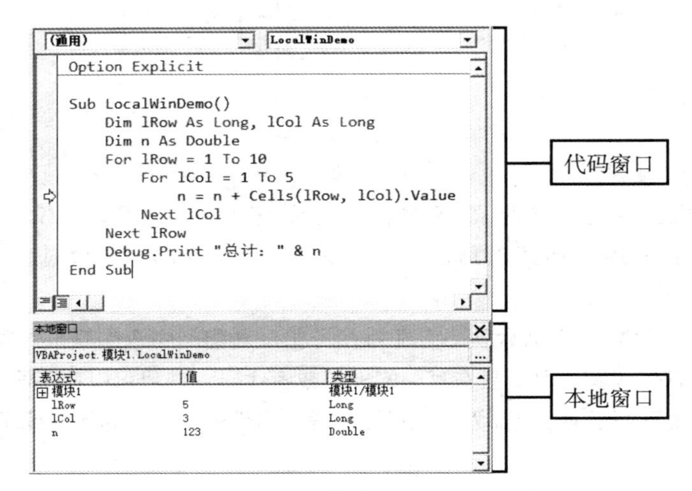

图 43-7　代码处于中断模式时的本地窗口

43.1.3　显示功能窗口

单击 VBE 菜单栏上的【视图】菜单，将显示如图 43-8 所示的菜单项，用户可以根据需要和使用习惯选择在 VBE 工作区中显示的功能窗口。

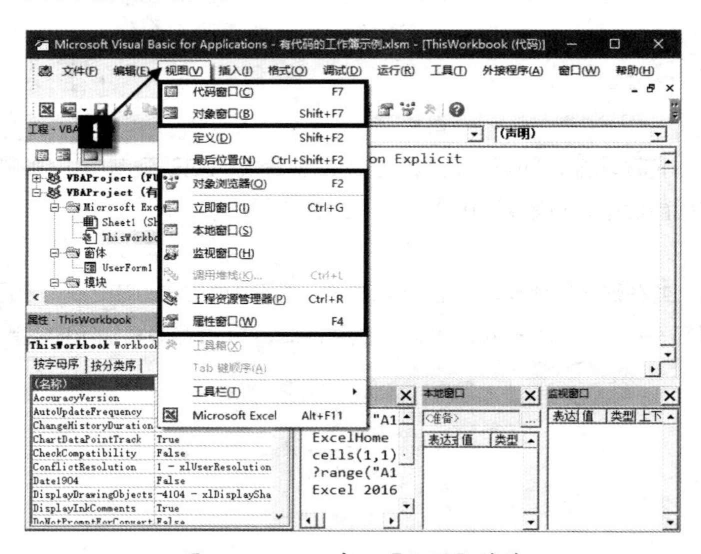

图 43-8　VBE 窗口【视图】菜单

由于 VBE 功能窗口显示区域所限，实际使用中可能需要经常显示或隐藏各个功能窗口，除了使用如图 43-8 所示的【视图】菜单来完成窗口设置外，还可以使用快捷键来方便快速地显示相应功能窗口。表 43-1 列出了 VBE 功能窗口对应的快捷键。

表 43-1　VBE 功能窗口对应的快捷键

功能窗口名称	快捷键	功能窗口名称	快捷键
代码窗口	F7	监视窗口	无
对象窗口	Shift+F7	调用堆栈	Ctrl+L
对象浏览器	F2	工程资源管理器	Ctrl+R
立即窗口	Ctrl+G	属性窗口	F4
本地窗口	无		

43.2　在 VBE 中运行宏代码

在代码开发过程中，经常需要多次运行和调试 VBA 代码，按照示例 43-1 的步骤可以在 VBE 中运行代码。

示例43-1　在VBE中运行宏代码

步骤① 按 <Alt+F11> 组合键打开 VBE 窗口。

步骤② 在【工程资源管理器】中双击“Sheet1(DEMO)”工作表对象，将打开相应的【代码窗口】。

步骤③ 拖动【代码窗口】右侧的滚动条定位需要运行的过程代码，如 RunMacroDemo。

步骤④ 在 RunMacroDemo 过程代码的任意位置单击进入编辑状态。

步骤⑤ 单击工具栏上的【运行子过程 / 用户窗体】按钮或者直接按快捷键 <F5> 运行过程代码，如图 43-9 所示。

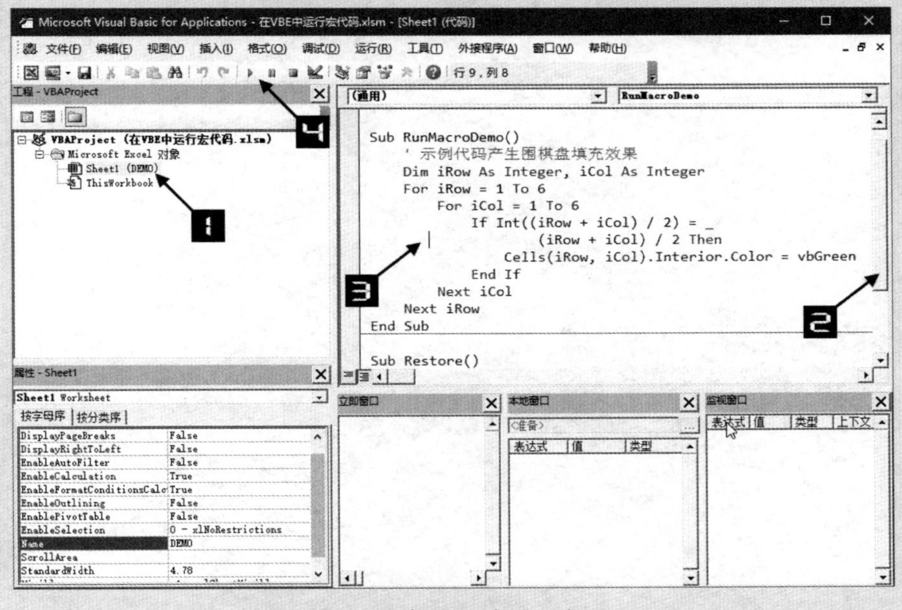

图 43-9　在 VBE 中运行代码

RunMacroDemo 运行结果如图 43-10 所示。

图 43-10　示例代码运行结果

在 Excel 界面中运行代码的方法，请参阅 42.7 节。

第 44 章　VBA 编程基础

VBA 作为一种编程语言，具有其自身特有的语法规则。本章将介绍 VBA 编程的基础知识，掌握这些知识是熟练使用 VBA 不可或缺的基本条件。

本章学习要点

（1）常量与变量。
（2）三种最基本的代码结构。
（3）对象的属性、方法和事件。

44.1　常量与变量

44.1.1　常量

常量用于存储固定信息，常量值具有只读特性，也就是在程序运行期间其值不能发生改变。在代码中使用常量的好处有以下两点。

❖ 增加程序的可读性。例如，在下面设置活动单元格字体为绿色的代码中，使用了系统常量 vbGreen（其值为 65280），不难看出与直接使用数字相比较，下面代码的可读性更好。

```
ActiveCell.Font.Color = vbGreen
```

❖ 代码的维护升级更加容易。除了系统常量外，在 VBA 中也可以使用 Const 语句声明自定义常量。如下代码将声明字符型常量 ClubName。

```
Const ClubName As String = "ExcelHome"
```

假设在 VBA 程序编写完成后，需要将“ExcelHome”简写为“EH”，那么开发人员只需要修改上面一句代码，VBA 应用程序代码中所有的 ClubName 将引用新的常量值。

44.1.2　变量

变量用于保存程序运行过程中需要临时保存的值或对象，在程序运行过程中其值可以改变。事实上，在 VBA 代码中无须声明变量就可以直接使用，但通常这将造成后期调试和维护中的麻烦。而且未被声明的变量为变体变量（Variant 变量），将占用较大的存储空间，代码的运行效率也会比较差。因此在使用变量之前声明变量并指定数据类型是一个良好的编程习惯，同时也可以提高程序的运行效率。

VBA 中使用 Dim 语句声明变量。下述代码声明变量 iRow 为整数型变量。

```
Dim iRow as Integer
```

利用类型声明字符，上述代码可以简化为：

```
Dim iRow%
```

在 VBA 中并不是所有的数据类型都有对应的类型声明字符，在代码中可以使用的类型声明字符如表 44-1 所示。有关数据类型的详细介绍请参阅 44.1.3 小节。

表 44-1　类型声明字符

数据类型	类型声明字符
Integer	%
Long	&
Single	!
Double	#
Currency	@
String	$

变量赋值是代码中经常要用到的功能。变量赋值使用等号，等号右侧可以是数值、字符串和日期等，也可以是表达式。如下代码将为变量 iSum 赋值。

```
iSum = 365*24*60*60
```

注意

如下的Dim语句在一行代码中同时声明了多个变量，其中的变量iRow实际上被声明为Variant变量，而不是Integer变量。

```
Dim iRow,iCol as Integer
```

如果希望将两个变量均声明为Integer变量，应该使用如下代码。

```
Dim iRow as Integer, iCol as Integer
```

44.1.3　数据类型

数据类型决定变量或常量可用来保存哪种数据。VBA 中的数据类型包括 Byte、Boolean、Integer、Long、Currency、Decimal、Single、Double、Date、String、Object、Variant（默认）和用户定义类型等。不同数据类型所需要的存储空间并不相同，其取值范围也不相同，详情如表 44-2 所示。

表 44-2　VBA 数据类型的存储空间及其取值范围

数据类型	存储空间大小	范围
Byte	1 字节	0 到 255
Boolean	2 字节	True 或 False
Integer	2 字节	–32 768 到 32 767
Long（长整型）	4 字节	–2 147 483 648 到 2 147 483 647
LongLong（LongLong 整型）	8 字节	–9 223 372 036 854 775 808 到 9 223 372 036 854 775 807（只在 64 位系统上有效）
LongPtr	在 32 位系统上为 4 字节；在 64 位系统上为 8 字节	在 32 位系统上为 –2 147 483 648 到 2 147 483 647； 在 64 位系统上为 –9 223 372 036 854 775 808 到 9 223 372 036 854 775 807
Single（单精度浮点型）	4 字节	负数时从 –3.402823E38 到 –1.401298E-45； 正数时从 1.401298E-45 到 3.402823E38

续表

数据类型	存储空间大小	范围
Double（双精度浮点型）	8 字节	负数时从 –1.79769313486231E308 到 –4.94065645841247E–324；正数时从 4.94065645841247E–324 到 1.79769313486232E308
Currency（变比整型）	8 字节	从 –922 337 203 685 477.5808 到 922 337 203 685 477.5807
Decimal	14 字节	没有小数点时为 +/–79 228 162 514 264 337 593 543 950 335，而小数点右边有 28 位数时为 +/–7.922 816 251 426 433 759 354 395 0335；最小的非零值为 +/–0.000 000 000 000 000 000 000 000 000 1
Date	8 字节	100 年 1 月 1 日到 9999 年 12 月 31 日
Object	4 字节	任何 Object 引用
String（变长）	10 字节 + 字符串长度	0 到 20 亿
String（定长）	字符串长度	1 到 65 400
Variant（数字）	16 字节	任何数字值，最大可达 Double 的范围
Variant（字符）	22 字节 + 字符串长度	与变长 String 有相同的范围
用户自定义（利用 Type）	所有元素所需数目	每个元素的范围与它本身的数据类型的范围相同

VBA 7.0中引入的LongPtr并不是一个真实的数据类型，因为在32位系统中，它转变为Long；在64位系统中，它转变为LongLong。

44.2　运算符

VBA 中有以下 4 种运算符。

- 算术运算符：用来进行数学计算的运算符。
- 比较运算符：用来进行比较的运算符。
- 连接运算符：用来合并字符串的运算符，包括“&”运算符和“+”运算符两种。
- 逻辑运算符：用来执行逻辑运算的运算符。

如果一个表达式中包含多种运算符，代码编译器将先处理算术运算符，接着处理连接运算符，然后处理比较运算符，最后处理逻辑运算符。所有比较运算符的优先级顺序都相同；也就是说，要按它们出现的顺序从左到右依次进行处理。而算术运算符和逻辑运算符则必须按表 44-3 所示的优先级顺序进行处理。

表 44-3　运算符优先顺序

算术	比较	逻辑
指数运算（^）	相等（=）	Not
负数（–）	不等（<>）	And

续表

算术	比较	逻辑
乘法和除法（*、/）	小于（<）	Or
整数除法（\）	大于（>）	Xor
取模运算（Mod）	小于或相等（<=）	Eqv
加法和减法（+、–）	大于或相等（>=）	Imp
字符串连接（&）	Like、Is	

连接运算符“+”非常容易与算术运算符“+”混淆，所以建议尽量不使用“+”作为连接运算符。

44.3 过程

过程（Procedure）指的是可以执行的语句序列单元。所有可执行的代码必须包含在某个过程内，任何过程都不能嵌套在其他过程中。另外，过程的名称只能在模块级别进行定义。

VBA 中有以下 3 种过程：Sub 过程，Function 过程和 Property 过程。

- Sub 过程执行指定的操作，但不返回运行结果，以关键字 Sub 开头和关键字 End Sub 结束。可以通过录制宏生成 Sub 过程，或者在 VBE 代码窗口里直接编写代码。
- Function 过程执行指定的操作，可以返回代码的运行结果，以关键字 Function 开头和关键字 End Function 结束。Function 过程可以在其他过程中被调用，也可以在工作表的公式中使用，就像 Excel 的内置函数一样。

Sub 过程与 Function 过程既有相同点，又有着明显的区别，表 44-4 对二者进行了对比。

表 44-4　Sub 过程与 Function 过程的对比

项目	Sub 过程	Function 过程
调用时可以使用参数	√	√
提供返回值	×	√
被其他过程调用	√	√
在工作表的公式中使用	×	√
录制宏时生成相应代码	√	×
在 VBE 代码窗口中编辑代码	√	√
用于赋值语句等号右侧表达式中	×	√

- Property 过程用于设置和获取自定义对象属性的值，或者设置对另外一个对象的引用。

44.4　程序结构

VBA 中的程序结构和流程控制与大多数编程语言相同或者相似，下面介绍最基本的几种程序结构。

44.4.1　条件语句

程序代码经常需要用到条件判断，并且根据结果执行不同的代码。在 VBA 中有 If…Then…Else 和 Select Case 两种条件语句。

下面的 If…Then…Else 语句根据单元格内容的不同而设置不同的字体大小，如果活动单元格的内容是“ExcelHome”，那么代码将其字号设置为 10，否则将字号设置为 9。

```
#001  If ActiveCell.Value = "ExcelHome" Then
#002      ActiveCell.Font.Size = 10
#003  Else
#004      ActiveCell.Font.Size = 9
#005  End If
```


If…Then…Else 语句只能根据表达式的值（True 或者 False）决定后续执行的代码，也就是说使用这种代码结构，只能根据判断结果从两段不同的代码中选择一个去执行，非此即彼。如果需要根据表达式的不同结果，在多段代码中选择执行其中的某一段代码，那么就需要使用 If…Then…Else 语句嵌套结构，也可以使用 Select Case 语句。

Select Case 语句使得程序代码更具可读性。如下代码根据销售额返回相应的销售提成比率。

```
#001  Function CommRate(Sales)
#002      Select Case Sales - 1000
#003      Case Is < 0
#004          CommRate = 0
#005      Case Is <= 500
#006          CommRate = 0.05
#007      Case Is <= 2000
#008          CommRate = 0.1
#009      Case Is <= 5000
#010          CommRate = 0.15
#011      Case Else
#012          CommRate = 0.2
#013      End Select
#014  End Function
```

44.4.2　循环语句

在程序中对于多次重复执行的某段代码可以使用循环语句。在 VBA 中循环语句有多种形式：For…Next 循环、Do…Loop 循环和 While…Wend 循环。

如下代码中的 For…Next 循环将实现 1 到 10 的累加功能。

```
#001  Sub ForNextDemo()
#002      Dim i As Integer, iSum As Integer
#003      iSum = 0
```

```
#004        For i = 1 To 10
#005            iSum = iSum + i
#006        Next
#007        MsgBox iSum, , "For...Next 循环"
#008    End Sub
```

使用 Do…Loop 和 While…Wend 循环可以实现同样的效果。

```
#001    Sub DoLoopDemo()
#002        Dim i As Integer, iSum As Integer
#003        iSum = 0: i = 1
#004        Do Until i > 10
#005            iSum = iSum + i
#006            i = i + 1
#007        Loop
#008        MsgBox iSum, , "Do...Loop 循环"
#009    End Sub
#010    Sub WhileWendDemo()
#011        Dim i As Integer, iSum As Integer
#012        iSum = 0: i = 1
#013        While i < 11
#014            iSum = iSum + i
#015            i = i + 1
#016        Wend
#017        MsgBox iSum, , "While...Wend 循环"
#018    End Sub
```

44.4.3 With 语句

With 语句可以针对某个指定对象执行一系列的语句。使用 With 语句不仅可以简化程序代码，而且可以提高代码的运行效率。With…End With 结构中以“.”开头的语句相当于引用了 With 语句中指定的对象。在 With…End With 结构中，无法使用代码修改 With 语句所指定的对象，也就是说不能使用一个 With 语句来设置多个不同的对象。

例如，在下面的 NoWithDemo 过程中，第 2 行至第 4 行代码多次引用活动工作簿中的第 1 个工作表对象。

```
#001    Sub NoWithDemo()
#002        Application.ActiveWorkbook.Sheets(1).Visible = True
#003        Application.ActiveWorkbook.Sheets(1).Cells(1, 1) = "ExcelHome"
#004        Application.ActiveWorkbook.Sheets(1).Name = _
            Application.ActiveWorkbook.Sheets(1).Cells(1, 1)
#005    End Sub
```

使用 With…End With 结构，可以简化为如下代码，虽然代码行数增加了两行，但是代码的执行效率优于 NoWithDemo 过程，而且更加易读。

```
#001  Sub WithDemo1()
#002      With Application.ActiveWorkbook.Sheets(1)
#003          .Visible = True
#004          .Cells(1, 1) = "ExcelHome"
#005          .Name = .Cells(1, 1)
#006      End With
#007  End Sub
```

在 VBA 代码中 With…End With 结构也可以嵌套使用，如下面代码所示。

```
#001  Sub WithDemo2()
#002     With ActiveWorkbook
#003         MsgBox .Name
#004         With .Sheets(1)
#005             MsgBox .Name
#006             MsgBox .Parent.Name
#007         End With
#008     End With
#009  End Sub
```

其中第 3 行代码和第 5 行代码均为“MsgBox .Name”，但是其效果却完全不同。第 5 行代码中的“.Name”是在内层 With…End With 结构（第 4 行到第 7 行代码）中，因此其引用的对象是第 4 行 With 语句所指定的对象“.Sheets（1）”。第 5 行代码中的“.Name”等价于如下代码。

```
ActiveWorkbook.Sheets(1).Name
```

而第 3 行代码中的“.Name”等价于如下代码。

```
ActiveWorkbook.Name
```

44.5　对象与集合

对象是应用程序中的元素，如工作表、单元格、图表、窗体等。Excel 应用程序提供的对象按照层次关系排列在一起构成了 Excel 对象模型。Excel 应用程序中的顶级对象是 Application 对象，它表示 Excel 应用程序本身。Application 对象包含一些其他对象，如 Window 对象和 Workbook 对象等，这些对象均称为 Application 对象的子对象。反之，Application 对象是上述这些对象的父对象。

仅当Application对象存在（即应用程序本身的一个实例正在运行）时，才可以在代码中访问这些对象。

多数子对象都仍然包含各自的子对象。例如，Workbook 对象包含 Worksheet 对象，也可以表述为，Workbook 对象是 Worksheet 对象的父对象。

集合是一种特殊的对象，它是一个包含多个同类对象的对象容器。Worksheets 集合包含工作簿中的所有 Worksheet 对象。

一般来说，集合中的对象可以通过序号和名称两种不同的方式来引用。例如，当前工作簿中有两个工作表，其名称依次为“Sheet1”“Sheet2”。如下的两行代码同样都是引用名称为“Sheet2”的工作表。

```
ActiveWorkbook.Worksheets("Sheet2")
ActiveWorkbook.Worksheets(2)
```

44.5.1 属性

属性是指对象的特征（如大小、颜色或屏幕位置）或某一方面的行为（如对象是否被激活或是否可见）。通过修改对象的属性值可以改变对象的特征。对象属性赋值代码中使用等号连接对象属性和新的属性值。如下代码设置活动工作表的名称为“ExcelHome”。

```
ActiveSheet.Name = "ExcelHome"
```

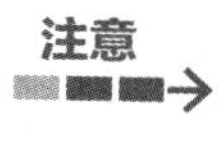

对象的某些属性是只读的，使用代码可以查询只读属性，但是无法修改只读属性的值。

44.5.2 方法

方法是指对象能执行的动作。例如，使用 Worksheets 对象的 Add 方法可以添加一个新的工作表，代码如下：

```
Worksheets.Add
```

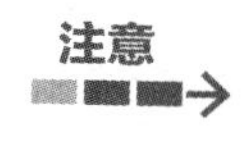

在代码中，属性和方法都是通过连接符“.”（注：半角字符的句号）来和对象连接在一起的。

44.5.3 事件

事件是一个对象可以辨认的动作（如单击鼠标或按下某个键盘按键等），并且可以指定代码针对此动作来做出响应。用户操作、程序代码的执行和操作系统本身都可以触发相关的事件。

下面示例为工作簿的 Open 事件代码，每次打开代码所在的工作簿时，将显示如图 44-1 所示的欢迎信息提示框。

```
#001  Private Sub Workbook_Open()
#002    MsgBox "欢迎登录 ExcelHome 论坛！", vbInformation, "ExcelHome"
#003  End Sub
```

图 44-1 欢迎信息提示框

44.6 数组

数组是一组具有相同数据类型的变量的集合。变量通常称为数组的元素，每个数组元素都有一个非重复的唯一编号，这个编号称为下标。在 VBA 代码中可以通过下标来识别和访问数组中的元素。数组元素的个数称为该数组的长度。数组元素的下标的个数称为该数组的维度。VBA 中经常用到二维数组，可以使用 arrData（*x*，*y*）的形式访问数组元素，其中 *x* 和 *y* 分别是两个维度的下标。

一般情况下，数组元素的数据类型必须是相同的，但是如果数组类型被指定为变体型时，那么数组元素就可以是不同的类型。

数组的声明方式和其他变量是完全相同的，可以使用 Dim、Static、Private 或 Public 语句来声明数组。

在程序运行期间，数组被临时保存在计算机内存中。相对于 Excel 文件中单元格数据的读取和赋值，程序代码对数组元素的操作更加高效。因此在处理大量单元格数据时，应将数据一次性读取到数组，这将有效地提升 VBA 代码的运行效率。

下面代码将单元格区域 A1：E100 的值读入内存，生成一个二维数组 arData。其中 arData（1，1）代表单元格 A1，以此类推，arData（100，5）代表单元格 E100。

```
arData = ActiveSheet.Range("A1:E100").Value
```

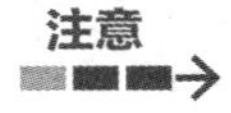

数组arData的下标下界是1，而不是0。

某些 VBA 函数的返回值是数组形式。例如，按照指定分隔符拆分字符串的 Split 函数将返回一个下标下界为 0 的一维数组。下面的代码以竖线为分隔符，将字符串 strTitle 拆分为数组形式，其中 arTitle（0）=“姓名”，arTitle（3）=“电话”，Split 函数的拆分效果类似于 Excel 中的“分列”功能。

```
strTitle = "姓名|性别|年龄|电话"
arTitle = VBA.Split(strTitle, "|", , vbTextCompare)
```

44.7 字典对象

字典对象可以简单地理解为一个特殊的二维数组。字典对象的第一列为 Key（键），该列具有唯一性和不重复性，这个是字典对象重要的特性之一；第二列为 Item（条目），可以保存各种类型的变量。

字典对象有 6 种方法（Add、Keys、Items、Exists、Remove 和 RemoveAll）和 4 个属性（Count、Key、Item 和 CompareMode），它们不仅简单易用，而且可以极大地提升程序的运行效率。

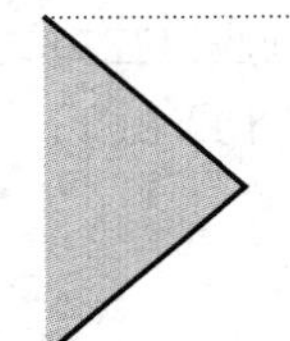

扫描右侧二维码，阅读更多详细内容。

第 45 章　与 Excel 进行交互

在使用 Excel 的过程中，应用程序经常会显示不同样式的对话框来实现多种多样的用户交互功能。在使用 VBA 编写程序时，为了提高代码的灵活性和程序的友好度，经常需要实现用户与 Excel 的交互功能。本章将介绍如何使用 InputBox 和 MsgBox 实现输入和输出简单信息，以及如何调用 Excel 的内置对话框。

本章学习要点

（1）使用 InputBox 输入信息。
（2）使用 MsgBox 输出信息。
（3）调用 Excel 内置对话框的方法。

45.1　使用 MsgBox 输出信息

在代码中，MsgBox 函数通常应用于如下几种情况。

❖ 输出代码最终运行结果。
❖ 显示一个对话框用于提醒用户。
❖ 在对话框中显示提示信息，等待用户单击按钮，然后根据用户的选择执行相应的代码。
❖ 在代码运行过程中显示某个变量的值，用于调试代码。

MsgBox 函数的语法格式如下。

```
MsgBox(prompt[, buttons] [, title] [, helpfile, context])
```

表 45-1 中列出了 MsgBox 函数的参数及其含义。

表 45-1　MsgBox 函数参数列表

参数	描述	可选／必需
prompt	用于显示对话框中的文本信息，最大长度大约为 1024 个字符，由所用字符的宽度决定	必需
title	对话框标题栏中显示的字符串表达式	可选
helpfile，context	设置帮助文件和帮助主题	可选

45.1.1　显示多行文本信息

prompt 参数用于设置对话框的提示文本信息，最大长度约为 1024 个字符（由所用字符的宽度决定），这么多字符显然无法显示在同一行中。如果代码中没有使用强制换行，系统将进行自动换行处理，多数情况下这并不符合用户的使用习惯。因此，如果 prompt 参数的内容超过一行，则应该在每一行之间用回车符【Chr（13）】、换行符【Chr（10）】或是回车与换行符的组合【Chr（13）&Chr（10）】将各行分隔开来。代码中也可以使用常量 vbCrLf 或者 vbNewLine 进行强制换行。

示例45-1　利用MsgBox函数显示多行文字

步骤① 在 Excel 中新建一个空白工作簿文件，按 <Alt+F11> 组合键切换到 VBE 窗口。

步骤② 在【工程资源管理器】中插入“模块”，并修改其名称为“MsgBoxDemo1”。

步骤③ 在【工程资源管理器】中双击模块 MsgBoxDemo1，在代码窗口中输入如下代码。

```
#001  Sub MultiLineDemo()
#002      Dim MsgStr As String
#003      MsgStr = "Excel Home 是微软技术社区联盟成员 " & Chr(13) & Chr(10)
#004      MsgStr = MsgStr & " 欢迎加入 Excel Home 论坛！ " & vbCrLf
#005      MsgStr = MsgStr & "Let's do it better!"
#006      MsgBox MsgStr, , " 欢迎 "
#007  End Sub
```

步骤④ 返回 Excel 界面，运行 MultiLineDemo 过程，将显示如图 45-1 所示的对话框。

图 45-1　显示多行文字

代码解析：

第 3 行到第 5 行代码创建对话框的提示信息，其中第 3 行代码使用回车与换行符分隔文本信息，第 4 行代码使用了 vbCrLf 常量分隔文本信息。在图 45-1 中可以看出，这两种实现方法的最终效果是完全相同的。

第 6 行代码用于显示对话框。

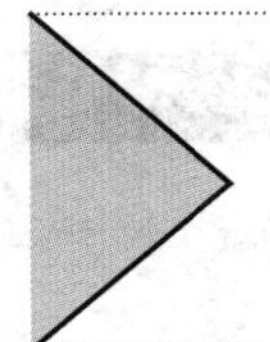

扫描右侧二维码，阅读更多详细内容。

45.1.2　丰富多彩的显示风格

buttons 参数用于指定对话框显示按钮的数目及形式、图标样式和默认按钮等，组合使用表 45-2 中的参数值，可以显示多种不同风格的对话框。代码中省略 buttons 参数时，将使用默认值 0，即对话框只显示一个【确定】按钮，如图 45-1 所示。

表 45-2　MsgBox 函数 buttons 参数的部分常量值

常数	值	描述
vbOKOnly	0	只显示 OK 按钮
VbOKCancel	1	显示 OK 及 Cancel 按钮
VbAbortRetryIgnore	2	显示 Abort、Retry 及 Ignore 按钮
VbYesNoCancel	3	显示 Yes、No 及 Cancel 按钮
VbYesNo	4	显示 Yes 及 No 按钮
VbRetryCancel	5	显示 Retry 及 Cancel 按钮
VbCritical	16	显示 Critical Message 图标
VbQuestion	32	显示 Warning Query 图标
VbExclamation	48	显示 Warning Message 图标
VbInformation	64	显示 Information Message 图标
vbDefaultButton1	0	第一个按钮是默认值
vbDefaultButton2	256	第二个按钮是默认值
vbDefaultButton3	512	第三个按钮是默认值
vbDefaultButton4	768	第四个按钮是默认值
vbApplicationModal	0	应用程序强制返回；应用程序一直被挂起，直到用户对消息框做出响应才继续工作
vbSystemModal	4096	系统强制返回；全部应用程序都被挂起，直到用户对消息框做出响应才继续工作
vbMsgBoxHelpButton	16384	将 Help 按钮添加到消息框
VbMsgBoxSetForeground	65536	指定消息框窗口作为前景窗口
vbMsgBoxRight	524288	文本为右对齐

注意

从Excel 2010开始新增加了少量buttons参数的常量值。例如，VbMsgBoxSetForeground和vbMsgBoxRight，早期的Excel版本无法解析这些常量值。

示例45-2　多种样式的MsgBox对话框

步骤① 在 Excel 中新建一个空白工作簿文件，按 <Alt+F11> 组合键切换到 VBE 窗口。

步骤② 在【工程资源管理器】中插入“模块”，并修改其名称为“MsgBoxDemo3”。

步骤③ 在【工程资源管理器】中双击模块 MsgBoxDemo3，在代码窗口中输入如下代码。

```
#001  Sub MsgBoxStyleDemo()
#002      MsgBox "vbOKCancel + vbCritical", _
                 vbOKCancel + vbCritical, "样式1"
#003      MsgBox "vbAbortRetryIgnore+vbQuestion", _
                 vbAbortRetryIgnore + vbQuestion,"样式2"
```

```
#004        MsgBox "vbYesNo+vbInformation", vbYesNo + vbInformation, "样式3"
#005        MsgBox "vbYesNoCancel+vbExclamation", _
                      vbYesNoCancel + vbExclamation, "样式4"
#006   End Sub
```

步骤 4 返回 Excel 界面，运行 MultiLineTableDemo 过程，将依次显示如图 45-2 所示的 4 种不同风格的对话框。

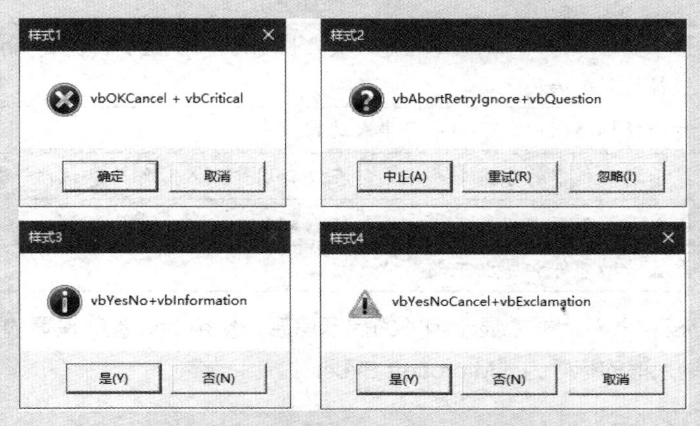

图 45-2　多种样式的 MsgBox 对话框

45.1.3　获得 MsgBox 对话框的用户选择

根据 MsgBox 函数的返回值，可以获知用户单击了对话框中的哪个按钮，根据用户的不同选择，可以运行不同代码。表 45-3 列出了 MsgBox 函数的返回值常量。

表 45-3　MsgBox 函数的返回值常量

常量	值	描述
vbOK	1	【确定】按钮
vbCancel	2	【取消】按钮
vbAbort	3	【中止】按钮
vbRetry	4	【重试】按钮
vbIgnore	5	【忽略】按钮
vbYes	6	【是】按钮
vbNo	7	【否】按钮

45.2　利用 InputBox 输入信息

如果仅需要用户在“是”和“否”之间做出选择，使用 MsgBox 函数就能够满足需要，但是在实际应用中往往需要用户输入更多的内容，如数字、日期或者文本等，这就需要使用 InputBox 获取用户的输入。

45.2.1 InputBox 函数

使用 VBA 提供的 InputBox 函数可以获取用户输入的内容，其语法格式如下。

```
InputBox(prompt[, title] [, default] [, xpos] [, ypos] [, helpfile, context])
```

表 45-4 列出了 InputBox 函数的参数列表。

表 45-4 InputBox 函数参数列表

参数	描述	可选／必需
prompt	用于显示对话框中的文本信息。最大长度大约为 1024 个字符，由所用字符的宽度决定	必需
title	对话框标题栏中显示的字符串表达式	可选
default	显示文本框中的字符串表达式，在没有用户输入时作为默认值	可选
xpos，ypos	设置输入框左上角的水平和垂直位置	可选
helpfile，context	设置帮助文件和帮助主题	可选

prompt 参数用于在输入对话框中显示相关的提示信息，使用 title 参数设置输入对话框的标题，如果省略 title 参数，则输入框的标题为“Microsoft Excel”。

注意

用户在输入框中输入的内容是否满足要求，需要在代码中进行相应的判断，以保证后续代码可以正确地执行，否则可能产生运行时错误。

示例45-3 利用InputBox函数输入邮政编码

步骤① 在 Excel 中新建一个空白工作簿文件，按 <Alt+F11> 组合键切换到 VBE 窗口。

步骤② 在【工程资源管理器】中插入“模块”，并修改其名称为“InputBoxDemo1”。

步骤③ 在【工程资源管理器】中双击模块 InputBoxDemo1，在代码窗口中输入如下代码。

```
#001  Sub VBAInputBoxDemo()
#002      Dim PostCode As String
#003      Do
#004          PostCode = VBA.InputBox("请输入邮政编码（6 位数字）", _
                    "信息管理系统")
#005      Loop Until VBA.Len(PostCode) = 6 And VBA.IsNumeric(PostCode)
#006      MsgBox "您输入的邮政编码为：" & PostCode, vbInformation, "提示信息"
#007  End Sub
```

步骤④ 返回 Excel 界面，运行 VBAInputBoxDemo 过程，将显示输入对话框。

步骤⑤ 输入“100101”，单击【确定】按钮，将显示一个【提示信息】对话框，如图 45-3 所示。

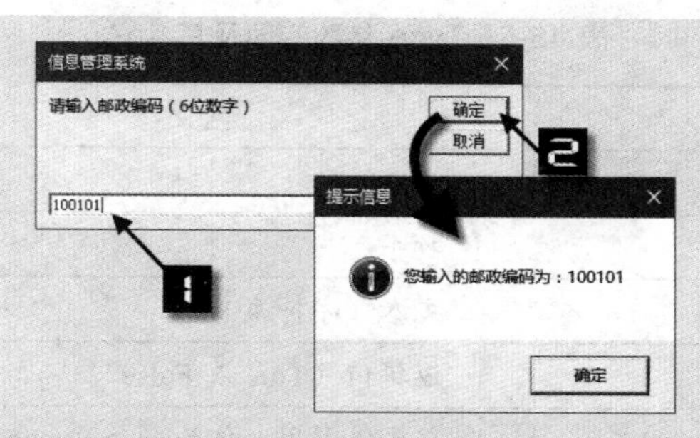

图 45-3　利用 InputBox 函数输入邮政编码

如果用户输入的内容包含非数字或者输入内容不足 6 位，单击【确定】按钮后【信息管理系统】输入对话框将再次显示，直到用户输入正确的邮政编码。

代码解析：

第 3 行到第 5 行代码使用 Do…Loop 循环结构读取用户的输入信息。

第 4 行代码将输入对话框的输入内容赋值给变量 PostCode。

注意　为了区别于InputBox方法，这里使用VBA.InputBox调用InputBox函数，此处的VBA可以省略，即代码中可以直接使用InputBox。

第 5 行代码循环终止的条件有两个，其中 VBA.Len（PostCode）用于判断输入的字符长度是否符合要求，即要求用户输入 6 个字符；VBA.IsNumeric（PostCode）用于判断输入的字符中是否包含非数字字符，如果用户输入的字符全部是数字，InNumeric 函数将返回 True。

注意　无论输入的内容是否为数字，InputBox函数的返回值永远为String类型的数据。本示例中输入内容为“100101”，变量PostCode的值为字符型数据“100101”。如果需要使用输入的数据参与数值运算，那么必须先利用类型转换函数Val将其转换为数值型数据。

45.2.2　InputBox 方法

除了 InputBox 函数外，VBA 还提供了 InputBox 方法（使用 Application.InputBox 调用 InputBox 方法），也可以用于接收用户输入的信息。二者的用法基本相同，区别在于 InputBox 方法可以指定返回值的数据类型。其语法格式如下。

```
表达式.InputBox(Prompt[, Title] [, Default] [, Left] [, Top] [, HelpFile,
HelpContextID] [, Type])
```

其中 Left 和 Top 参数分别相当于 InputBox 函数的 xpos 和 ypos 参数。Type 参数可以指定 InputBox 方法返回值的数据类型。如果省略 Type 参数，输入对话框将返回 String 类型数据，表 45-5 列出了 Type 参数的值及其含义。

表 45-5 Type 参数的值及其含义

值	含义
0	公式
1	数字
2	文本（字符串）
4	逻辑值（True 或 False）
8	单元格引用，作为一个 Range 对象
16	错误值，如 #N/A
64	数值数组

示例45-4 利用InputBox方法输入邮政编码

步骤① 在 Excel 中新建一个空白工作簿文件，按 <Alt+F11> 组合键切换到 VBE 窗口。

步骤② 在【工程资源管理器】中插入“模块”，并修改其名称为“InputBoxDemo2”。

步骤③ 在【工程资源管理器】中双击模块 InputBoxDemo2，在代码窗口中输入如下代码。

```
#001  Sub ExcelInputBoxDemo()
#002      Dim PostCode As Single
#003      Do
#004        PostCode = Application.InputBox("请输入邮政编码（6 位数字）", _
                 "信息管理系统", Type:=1)
#005      Loop Until VBA.Len(PostCode) = 6
#006      MsgBox "您输入的邮政编码为：" & PostCode, vbInformation, "提示信息"
#007  End Sub
```

步骤④ 返回 Excel 界面，运行 ExcelInputBoxDemo 过程，将显示输入对话框。如果用户输入的内容包含非数字字符，单击【确定】按钮后，将显示“无效的数字”错误提示对话框，如图 45-4 所示。

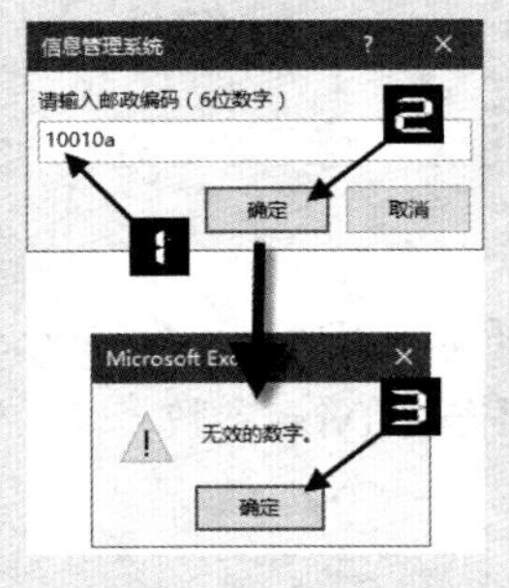

图 45-4 利用 InputBox 方法输入邮政编码

代码解析：

第 4 行代码中设置 Type 参数为 1，对照表 45-5 可知，输入对话框的返回值为数值型数据。

由于 InputBox 方法本身可以判断输入内容的数据类型是否符合要求，因此第 5 行代码中循环终止条件只需要判断输入内容的字符长度是否满足要求。

在工作表单元格中插入公式时，如果该函数的参数是一个引用，可以利用鼠标在工作表中选中相应区域，该区域的引用地址将作为参数的值传递给函数。在代码中将 Type 参数值设置为 8，使用 InputBox 方法就可以实现类似的效果。

示例45-5 利用InputBox方法输入单元格区域引用地址

步骤① 在 Excel 中新建一个空白工作簿文件，按 <Alt+F11> 组合键切换到 VBE 窗口。

步骤② 在【工程资源管理器】中插入“模块”，并修改其名称为“InputBoxDemo3”。

步骤③ 在【工程资源管理器】中双击模块 InputBoxDemo3，在代码窗口中输入如下代码。

```
#001  Sub SelectRangeDemo()
#002      Dim Rng As Range
#003      Set Rng = Application.InputBox("请选择单元格区域：", _
                  "设置背景色", Type:=8)
#004      If Not Rng Is Nothing Then
#005          Rng.Interior.Color = vbBlue
#006      End If
#007  End Sub
```

步骤④ 返回 Excel 界面，运行 SelectRangeDemo 过程，将显示【设置背景色】输入对话框。

步骤⑤ 将鼠标指针移动至 B3 单元格，保持鼠标左键按下，拖动选中 B3:C8 单元格区域，输入框中将自动填入选中区域的绝对引用地址“$B$3:$C$8”，如图 45-5 所示。

步骤⑥ 单击【确定】按钮，B3:C8 单元格区域的背景色设置为蓝色。

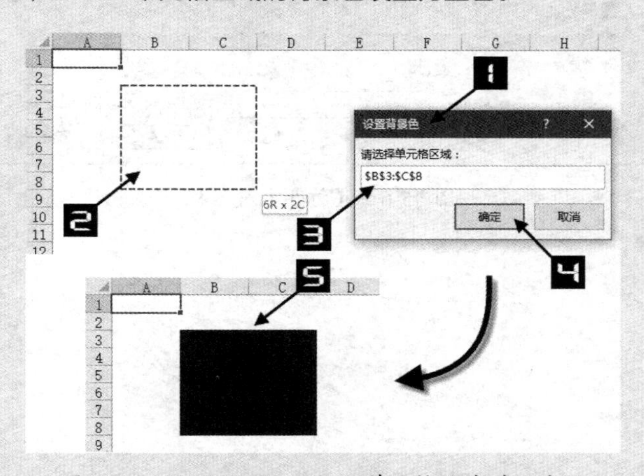

图 45-5　利用 InputBox 输入单元格区域引用地址

代码解析：

第 3 行代码中 InputBox 方法将用户选中区域所代表的 Range 对象赋值给变量 Rng。

注意

对象变量的赋值需要使用关键字Set。

第 4 行代码判断用户是否已经选中了工作表中的单元格区域。

第 5 行代码设置相应单元格区域的填充色为蓝色，其中 VBA 常量 vbBlue 代表蓝色。

45.2.3 Excel 内置对话框

用户使用 Excel 时，系统弹出的对话框统称为 Excel 内置对话框。例如，依次单击【文件】→【打开】→【浏览】选项，将显示【打开】对话框。VBA 程序中也可以使用代码调用这些内置对话框来实现 Excel 与用户之间的交互功能。

Application 对象的 Dialogs 集合中包含了大部分 Excel 应用程序的内置对话框，其中每个对话框对应一个 VBA 常量。在 VBA 帮助中搜索“内置对话框参数列表”，可以查看所有的内置对话框参数列表。

使用 Show 方法可以显示一个内置对话框。例如，下面的代码将显示【打开】对话框，如图 45-6 所示。

```
Application.Dialogs(xlDialogOpen).Show
```

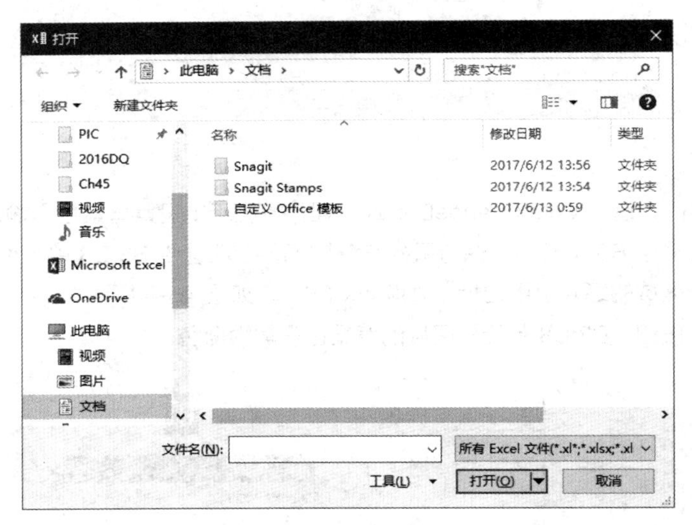

图 45-6 【打开】对话框

第 46 章　自定义函数与加载宏

借助 VBA 可以创建在工作表中使用的自定义函数，自定义函数与 Excel 工作表函数相比具有更强大和灵活的功能，自定义函数通常用来简化公式，也可以用来完成 Excel 工作表函数无法完成的功能。

本章学习要点

（1）参数的两种传递方式。

（2）如何引用自定义函数。

（3）如何制作加载宏。

46.1　什么是自定义函数

自定义函数（User-defined Worksheet Functions，UDF）是用户利用 VBA 代码创建的用于满足特定需求的函数。Excel 已经内置了数百个工作表函数供用户使用，但是这些内置工作表函数并不能完全满足用户的特定需求，而自定义函数是对 Excel 内置工作表函数的扩展和补充。

自定义函数的优势在于以下两个方面。

❖ 自定义函数可以简化公式。一般情况下，组合使用 Excel 工作表函数完全可以满足绝大多数应用，但是复杂的公式有可能太冗长和烦琐，其可读性非常差，不易于修改，除了公式的作者外，其他人可能很难理解公式的含义。此时就可以通过使用自定义函数来有效地进行简化。

❖ 自定义函数与 Excel 工作表函数相比，具有更强大和灵活的功能。Excel 实际使用中的需求是多种多样的，仅仅凭借 Excel 工作表函数常常不能圆满地解决问题，此时就可以考虑使用自定义函数来满足实际工作中的个性化需求。

与 Excel 工作表函数相比，自定义函数的弱点也是显而易见的，那就是自定义函数的效率要低于 Excel 工作表函数，这将导致完成同样的功能需要花费更多的时间。因此对于可以通过在 VBA 中引用 Excel 工作表函数直接实现的功能，应该尽量使用 46.3 节中讲述的方法进行引用，而无须再去开发同样功能的自定义函数。

46.2　函数的参数与返回值

VBA 中参数有两种传递方式：按值传递（关键字 ByVal）和按地址传递（关键字 ByRef），参数的默认传递方式为按地址传递，因此如果希望使用这种方式传递参数，可以省略参数前的关键字 ByRef。

这两种传递方式的区别在于，按值传递只是将参数值的副本传递到调用过程中，在过程中对于参数的修改，并不改变参数的原始值；按地址传递则是将该参数的引用传递到调用过程中，在过程中任何对于参数的修改都将改变参数的原始值。

注意　由于按地址传递方式会修改参数的原始值，所以需要谨慎使用。

自定义函数属于 Function 过程，其区别于 Sub 过程之处在于 Function 过程可以提供返回值。函数的返回值可以是单一值或数组。如下自定义函数 CommRate 根据销售额返回相应的销售提成比率，如果在工作表中使用工作表函数实现，通常需要多层 If 函数嵌套。

```
#001  Function CommRate(Sales)
#002      Select Case Sales - 1000
#003      Case Is < 0
#004         CommRate = 0
#005      Case Is <= 500
#006         CommRate = 0.05
#007      Case Is <= 2000
#008         CommRate = 0.1
#009      Case Is <= 5000
#010         CommRate = 0.15
#011      Case Else
#012         CommRate = 0.2
#013      End Select
#014  End Function
```

46.3 在 VBA 代码中引用工作表函数

由于 Excel 工作表函数的效率远远高于自定义函数，因此对于工作表函数已经实现的功能，应该在 VBA 代码中直接引用工作表函数，其语法格式如下。

```
Application.WorksheetFunction.工作表函数名称
WorksheetFunction.工作表函数名称
Application.工作表函数名称
```

在 VBA 中，Application 对象可以省略，所以第二种语法格式实际上是对第一种语法格式的简化。为了方便读者识别，本书后续章节中所有对工作表函数的引用都将采用第一种完全引用格式。

在 VBA 代码中调用工作表函数时，函数参数的顺序和作用与在工作表中使用时完全相同，但是具体表示方法会略有不同。例如，在工作表中求单元格 A1 和 A2 的和，其公式如下。

```
=SUM(A1,A2)
```

其中参数为两个单元格的引用 A1 和 A2，在 VBA 代码中调用工作表函数 SUM 时，需要使用 VBA 中单元格的引用方法，如下面代码所示。

```
Application.WorksheetFunction.Sum(Cells(1, 1), Cells(2, 1))
Application.WorksheetFunction.Sum([A1],[A2])
```

并非所有的工作表函数都可以在 VBA 代码中利用 Application 对象或 WorksheetFunction 对象进行调用，通常包括以下 3 种情况。

- ❖ VBA 中已经提供了相应函数，其功能相当于 Microsoft Excel 工作表函数，对于此类功能只能使用 VBA 中的函数。例如，VBA 中的 Atn 函数功能等同于工作表函数 ATAN。
- ❖ VBA 内置运算符可以实现相应的工作表函数功能，在 VBA 代码中只能使用内置运算符，如工作表

函数 MOD 的功能在 VBA 中可以使用 MOD 运算符来替代实现。

❖ 在 VBA 中无须使用的工作表函数，如工作表中的 T 函数和 N 函数。

某些工作表函数和VBA函数具有相同名称，但是其功能和用法却不相同，如函数LOG，VBA函数的语法为LOG（参数1），其结果返回指定数值（参数1）的自然对数值。如果引用工作表函数LOG，需要使用Application.WorksheetFunction.Log（参数1，参数2），其结果为按所指定的底数（参数2），返回一个数值（参数1）的对数值。

在 VBA 中调用自定义函数，除非自定义函数不使用任何参数，否则自定义函数不能通过依次单击 VBE 菜单中的【运行】→【运行子过程 / 窗体】命令来运行自定义函数过程。

在 VBA 代码中，通常将自定义函数应用于赋值语句的右侧。例如：

```
MyComm = 5000 * CommRate(5000)
```

46.4　在工作表中引用自定义函数

在工作表的公式中引用自定义函数的方法和使用普通 Excel 工作表函数的方法基本相同。

示例46-1　使用自定义函数统计指定格式的记录

在如图 46-1 所示的销售数据中，需要统计被标记为粗体销售记录的销售总金额，使用 Excel 工作表函数无法解决这个问题，因此可以编写一个自定义函数来解决。

步骤① 在 Excel 中打开示例工作簿文件，按 <Alt+F11> 组合键切换到 VBE 窗口。

步骤② 在【工程资源浏览器】窗口中插入“模块”，并修改其名称为“UDF”。

步骤③ 在【工程资源浏览器】窗口中双击模块 UDF，在代码窗口中输入如下代码。

```
#001  Function CountByFormat(rng As Range) As Long
#002      Dim rCell As Range, sCount As Single
#003      sCount = 0
#004      If Not rng Is Nothing Then
#005          For Each rCell In rng
#006              If rCell.Font.Bold Then sCount = sCount + _
                     rCell.Offset(0, 2) * rCell.Offset(0, 3)
#007          Next
#008      End If
#009      CountByFormat = sCount
#010  End Function
```

步骤④ 单击选中目标单元格 H2。

步骤⑤ 在公式编辑栏中输入公式“=CountByFormat(A2:A21)”，并按 <Enter> 键，H2 单元格中将显示统计结果，如图 46-1 所示。

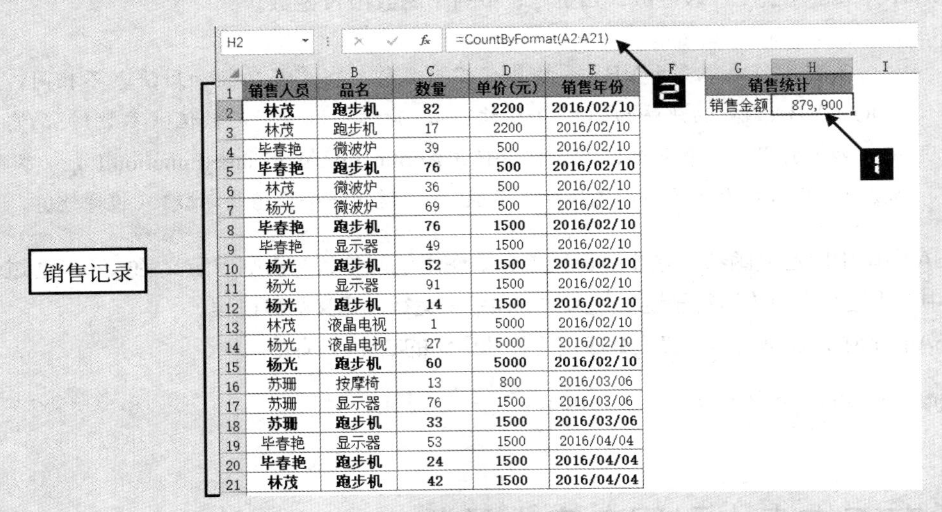

	A	B	C	D	E
1	销售人员	品名	数量	单价(元)	销售年份
2	林茂	跑步机	82	2200	2016/02/10
3	林茂	跑步机	17	2200	2016/02/10
4	毕春艳	微波炉	39	500	2016/02/10
5	毕春艳	跑步机	76	500	2016/02/10
6	林茂	微波炉	36	500	2016/02/10
7	杨光	微波炉	69	500	2016/02/10
8	毕春艳	跑步机	76	1500	2016/02/10
9	毕春艳	显示器	49	1500	2016/02/10
10	杨光	跑步机	52	1500	2016/02/10
11	杨光	显示器	91	1500	2016/02/10
12	杨光	跑步机	14	1500	2016/02/10
13	林茂	液晶电视	1	5000	2016/02/10
14	杨光	液晶电视	27	5000	2016/02/10
15	杨光	跑步机	60	5000	2016/02/10
16	苏珊	按摩椅	13	800	2016/03/06
17	苏珊	显示器	76	1500	2016/03/06
18	苏珊	跑步机	33	1500	2016/03/06
19	毕春艳	显示器	53	1500	2016/04/04
20	毕春艳	跑步机	24	1500	2016/04/04
21	林茂	跑步机	42	1500	2016/04/04

图 46-1　使用自定义函数统计指定格式的记录

代码解析：

第 3 行代码将统计变量初值设置为 0。

第 5 行到第 7 行代码使用 For…Next 循环遍历参数 rng 所代表区域中的单元格。

第 6 行代码用于判断 rCell 单元格的字体是否为粗体。如果单元格字体为粗体，那么将该行记录中的销售额累加至变量 sCount 中。

第 9 行代码设置自定义函数的返回值。

46.5　自定义函数的限制

在工作表的公式中引用自定义函数时，不能更改 Microsoft Excel 的环境，这意味着自定义函数不能执行以下操作。

- 在工作表中插入、删除单元格或设置单元格格式。
- 更改其他单元格中的值。
- 在工作簿中移动、重命名、删除或添加工作表。
- 更改任何环境选项，如计算模式或屏幕视图。
- 向工作簿中添加名称。
- 设置属性或执行大多数方法。

其实 Excel 中内置工作表函数同样也不能更改 Microsoft Excel 环境，函数只能执行计算在输入公式的单元格中返回某个值或文本。

如果在其他过程中调用自定义函数，就不存在上述限制，尽管如此，为了规范代码，建议所有上述需要更改 Excel 环境的代码功能应该使用 Sub 过程来实现。

46.6　如何制作加载宏

加载宏（Add-in）是对某类程序的统称，它们可以为 Excel 添加可选的命令和功能。例如，“分析工具库”加载宏程序提供了一套数据分析工具，在进行复杂统计或工程分析时，可以节省操作步骤，提高分析效率。

Excel 中有多种不同类型的加载宏程序，如 Excel 加载宏、自定义的组件对象模型（COM）加载宏和自动化加载宏等。本章讨论的加载宏特指 Excel 加载宏。

理论上来说，任何一个工作簿都可以制作成加载宏，但是某些工作簿不适合制作成加载宏，如一个包含图表的工作簿，如果该工作簿转换为加载宏，那么就无法查看该图表，除非利用 VBA 代码将图表所在的工作表复制为一个新的普通工作簿。

制作加载宏的步骤非常简单，有两种方法可以将普通工作簿转换为加载宏。

46.6.1　修改工作簿的 IsAddin 属性

步骤① 在 VBE 的【工程资源浏览器】窗口中选中“ThisWorkbook”，按 <F4> 键调出【属性】窗口。

步骤② 在【属性】窗口中修改 IsAddin 属性的值为 True，如图 46-2 所示。

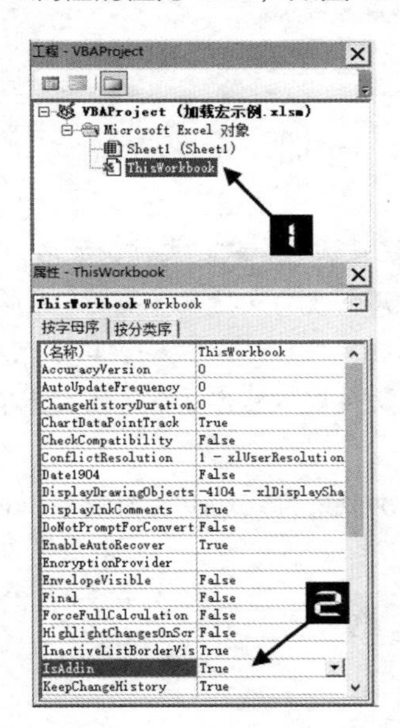

图 46-2　修改工作簿的 IsAddin 属性

46.6.2　另存为加载宏

步骤① 在 Excel 窗口中依次单击【文件】→【另存为】→【浏览】选项。

步骤② 在弹出的【另存为】对话框中，单击【保存类型】下拉按钮，选择【Excel 加载宏（*.xlam）】选项，Excel 将自动为工作簿名称添加文件扩展名“xlam”。

步骤③ 选择保存位置，加载宏的默认保存目录为“C:\Users\< 用户名 >\AppData\Roaming\Microsoft\AddIns\”。

步骤④ 单击【保存】按钮关闭【另存为】对话框，如图 46-3 所示。

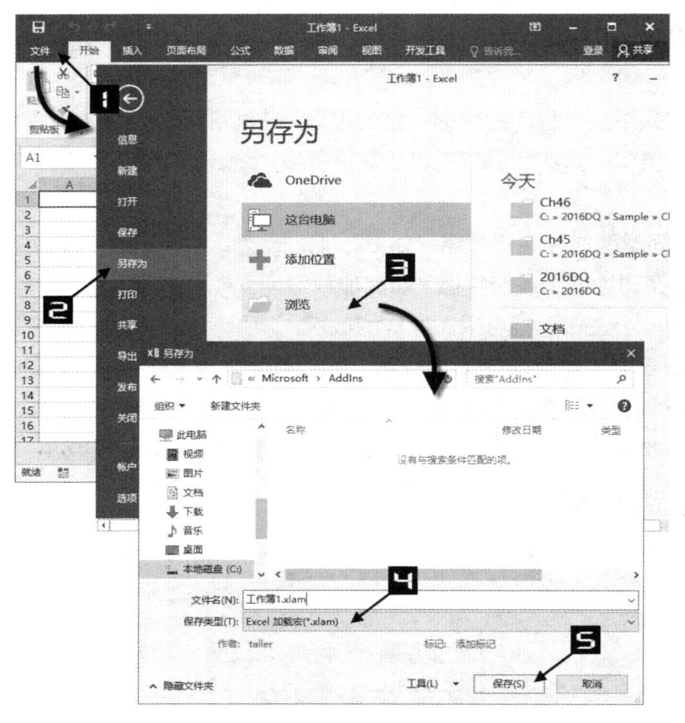

图 46-3　另存为加载宏

注意

在Excel 2016中，系统默认的加载宏文件扩展名为.xlam，但是并非一定要使用.xlam作为加载宏的扩展名。使用任意的支持宏功能的扩展名都不会影响加载宏的功能；两者的区别在于，系统加载xlam文件后，在Excel窗口中无法直接查看和修改该工作簿，而使用其他扩展名保存加载宏文件则不具备这个特性。为了便于识别和维护，建议使用.xlam作为加载宏的扩展名。

另外，Excel 97-2003加载宏格式xla仍然可以在Excel 2016中作为加载宏使用。

第 47 章　如何操作工作簿、工作表和单元格

在 Excel 中，对于工作簿、工作表和单元格的多数操作都可以利用 VBA 代码实现同样的效果，本章将介绍工作簿对象和工作表对象的引用方法及添加 / 删除对象的方法。Range 对象是 Excel 最基本也是最常用的对象，对于 Range 对象的处理方法也有多种，本章将进行详细的介绍。

本章学习要点

（1）遍历对象集合中单个对象的方法。
（2）工作簿和工作表对象的常用属性和方法。
（3）使用 Range 属性引用单元格的方法。

47.1　Workbook 对象

Workbook 对象代表 Excel 工作簿，也就是通常所说的 Excel 文件，每个 Excel 文件都是一个 Workbook 对象。Workbooks 集合代表 Excel 应用程序中所有已经打开的工作簿，加载宏除外。

在代码中经常用到的两个 Workbook 对象是 ThisWorkbook 和 ActiveWorkbook。

❖ ThisWorkbook 对象是指代码所在的工作簿对象。
❖ ActiveWorkbook 对象是指 Excel 活动窗口中的工作簿对象。

47.1.1　引用 Workbook 对象

使用 Workbooks 属性引用工作簿有以下两种方法。

➲ I　使用工作簿序号

使用工作簿序号引用对象的语法格式为：

```
Workbooks.Item(工作簿序号)
```

工作簿序号是指创建或打开工作簿的顺序号码，Workbooks（1）代表 Excel 应用程序中创建或者打开的第一个工作簿，而 Workbooks（Workbooks.Count）代表最后一个工作簿，其中 Workbooks.Count 返回 Workbooks 集合中所包含的 Workbook 对象的个数。

Item 属性是大多数对象集合的默认属性，此处可以省略 Item 关键字，简化为下面的代码。

```
Workbooks(工作簿序号)
```

➲ II　使用工作簿名称

使用工作簿名称引用对象的语法格式为：

```
Workbooks(工作簿名称)
```

使用工作簿名称引用 Workbook 对象时，工作簿的名称不区分大小写字母。在代码中利用 Workbook 对象的 Name 属性可以返回工作簿名称，但是需要注意的是 Name 为只读属性，因此不能利用 Name 属性修改工作簿名称；如果需要更改工作簿名称，应使用 Workbook 对象的 SaveAs 方法以新名称保存工作簿。

下面代码将工作簿 Book1.xlsx 另存到 C 盘 temp 目录，新文件名称为 ExcelHome.xlsx，如果不指定目录，则新的工作簿将被保存在与原工作簿相同的目录中。

```
Workbooks("Book1.xlsx").SaveAs "c:\temp\ExcelHome.xlsx"
```

使用工作簿序号引用 Workbook 对象时，如果序号大于 Excel 应用程序中已经打开工作簿的总个数，或者使用不存在的工作簿名称引用 Workbook 对象，将会出现如图 47-1 所示的“下标越界”的错误提示对话框。

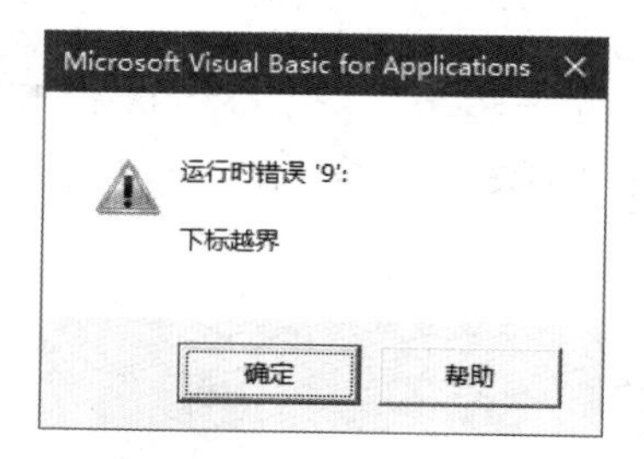

图 47-1　引用不存在的 Workbook 对象的错误提示

47.1.2　打开一个已经存在的工作簿

使用 Workbooks 对象的 Open 方法可以打开一个已经存在的工作簿，其语法格式如下。

```
Workbooks.Open(FileName)
```

如果被打开的 Excel 文件与当前文件在同一个目录中，FileName 参数可以省略目录名称，否则需要使用完整路径，即路径加文件名的形式。使用下面代码可以打开 C 盘 temp 目录下的文件 ExcelHome.xlsx。

```
Workbooks.Open FileName:="c:\temp\ExcelHome.xlsx"
```

参数名和参数值之间应该使用“:=”符号，而不是等号。

在代码中参数名称可以省略，简化为如下代码。

```
Workbooks.Open "c:\temp\ExcelHome.xlsx"
```

对于设置了打开密码的 Excel，如果不希望在打开文件时再手工输入密码，可以使用 Open 方法的 Password 参数在代码中提供密码，假定工作簿的密码为“MVP”，打开工作簿的代码如下。

```
Workbooks.Open FileName:="c:\temp\ExcelHome.xlsx", Password:="MVP"
```

Open 方法的参数中，除了第一个 FileName 参数是必需参数之外，其余参数均为可选参数，也就是说使用时可以省略这些参数。如果省略代码中的参数名，那么必须保留参数之间的逗号分隔符。例如，在上面的代码中，只使用了第一个参数 FileName 和第五个参数 Password，此时采用省略参数名称的方式，则需要保留两个参数间的 4 个逗号分隔符。

```
Workbooks.Open "c:\temp\ExcelHome.xlsx", , , , "MVP"
```

47.1.3　遍历工作簿

对于两种不同的引用工作簿的方法，分别可以使用 For Each…Next 和 For…Next 循环遍历 Workbooks 集合中的 Workbook 对象。

示例47-1　遍历工作簿名称

步骤① 在 Excel 中新建一个空白工作簿文件，按 <Alt+F11> 组合键切换到 VBE 窗口。

步骤② 在【工程资源管理器】中插入“模块”，并修改其名称为“AllWorkbooks”。

步骤③ 在【工程资源管理器】中双击模块 AllWorkbooks，在【代码】窗口中输入如下代码。

```
#001  Sub Demo_ForEach()
#002      Dim WK As Workbook, sRow As Single
#003      sRow = 3
#004      For Each WK In Application.Workbooks
#005          ActiveSheet.Cells(sRow, 2) = WK.Name
#006          sRow = sRow + 1
#007      Next
#008  End Sub
#009  Sub Demo_For()
#010      Dim i As Integer, sRow As Single
#011      sRow = 3
#012      For i = 1 To Application.Workbooks.Count
#013          ActiveSheet.Cells(sRow, 3) = Workbooks(i).Name
#014          sRow = sRow + 1
#015      Next
#016  End Sub
```

步骤④ 分别运行 Demo_ForEach 过程和 Demo_For 过程，运行结果如图 47-2 所示。两个过程的结果分别显示在第 2 列和第 3 列，内容完全相同。单击【视图】选项卡的【切换窗口】下拉按钮，在扩展菜单中可以看到 Excel 中共打开了 4 个文件。

注意：由于打开的工作簿不同，读者运行代码得到的结果可能与图47-2有一些差别。

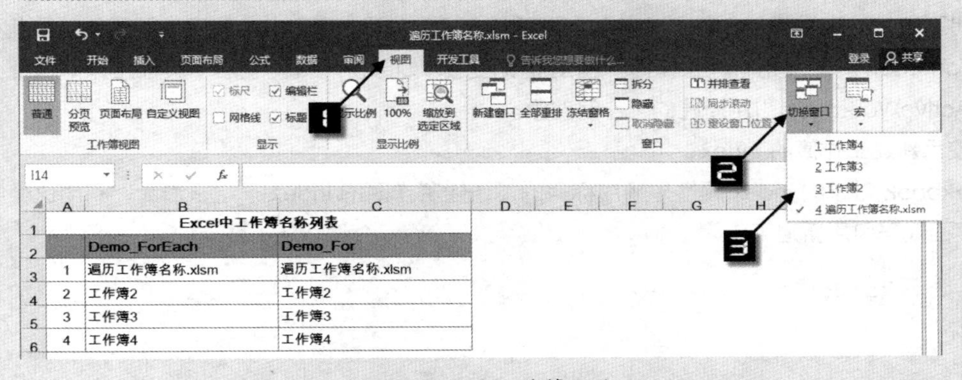

图 47-2　遍历工作簿名称

代码解析：

第 4 行到第 7 行代码为 For Each…Next 循环结构。

第 4 行代码中的循环变量 WK 为工作簿对象变量。在循环过程中，该变量将依次代表当前 Excel 应用程序中的某个已打开的工作簿。

第 12 行到第 15 行代码为 For…Next 循环结构。

第 12 行代码中的变量 i 为循环计数器，其初值为 1，终值为当前 Excel 应用程序中已打开的工作簿的总数，即 Application.Workbooks.Count 的返回值。

第 13 行代码中使用工作簿的索引号引用该对象，并将其名称写入工作表单元格中。

这两种循环遍历对象的代码结构，在功能上没有任何区别，实际应用中可以根据需要选择任意一种遍历方法。另外，这两种遍历方法适用于多数对象集合，例如，遍历 Worksheets 集合中的 Worksheet 对象。

47.1.4 添加一个新的工作簿

在 Excel 2016 工作窗口中依次单击【文件】→【新建】选项，然后选择相应的模板，将在 Excel 中创建一个新的工作簿。利用 Workbooks 对象的 Add 方法也可以实现新建工作簿，其语法格式为：

```
Workbooks.Add
```

新建工作簿的名称是由系统自动产生的，在首次保存之前，其名称格式为“工作簿”加数字序号的形式，因为无法得知这个序号，所以无法使用工作簿名称来引用新建的工作簿。

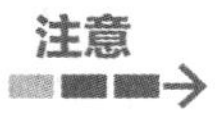

新建工作簿在保存之前并没有扩展名，名称是“工作簿1”，而不是“工作簿1.xlsx”。

使用如下 3 种方法可以在代码中引用新建的工作簿。

Ⅰ 使用对象变量

将新建工作簿对象的引用赋值给对象变量，后续代码中可以使用该变量引用新建的工作簿。

```
Set newWK = Workbooks.Add
MsgBox newWK.Name
```

Ⅱ 使用 ActiveWorkbook 对象

新建工作簿一定是 Excel 应用程序中活动窗口（即最上面的窗口）中的工作簿对象，因此可以使用 ActiveWorkbook 对象引用新建工作簿。但是需要注意，如果使用代码激活了其他工作簿，那么将无法再使用 ActiveWorkbook 引用新建的工作簿对象。

Ⅲ 使用新建工作簿的 Index

Workbook 对象的 Index 属性是顺序标号的，新建工作簿的 Index 一定是最大，利用这个特性，可以使用下面代码引用新建工作簿。

```
Workbooks(Workbooks.Count)
```

47.1.5　保护工作簿

从安全角度考虑，可以为工作簿设置密码以保护工作簿中的用户数据，Excel 中提供了以下两种工作簿的密码。

➲ Ⅰ　工作簿打开密码

利用 Workbook 对象的 Password 属性可以设置 Excel 文件的打开密码，下面代码设置活动工作簿的打开密码为“abc”，如果关闭活动工作簿且保存修改，那么重新打开该工作簿时，将出现如图 47-3 所示的【密码】对话框，只有正确输入密码才能打开文件。

```
ActiveWorkbook.Password = "abc"
```

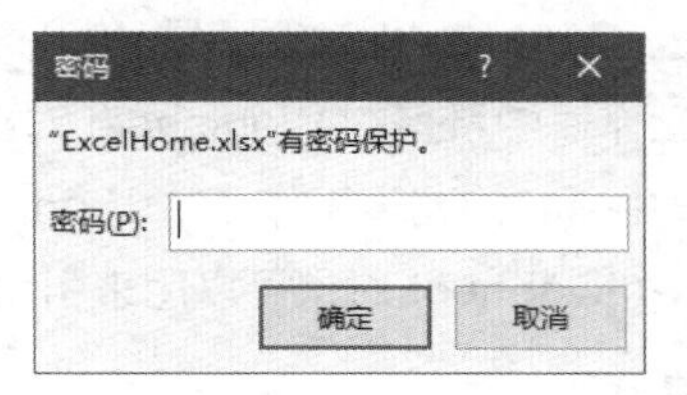

图 47-3　输入密码对话框

➲ Ⅱ　工作簿保护密码

为工作簿设置保护密码后，不影响工作簿的打开和查看，但是用户无法修改工作簿。如果需要修改工作簿中的内容，必须先解除工作簿的保护。下面代码设置活动工作簿的保护密码为“abc”。

```
ActiveWorkbook.Protect Password:="abc"
```

如果需要修改工作簿，则需要先使用 Unprotect 方法取消工作簿的保护。

```
ActiveWorkbook.Unprotect Password:="abc"
```

47.1.6　关闭工作簿

使用 Workbook 对象的 Close 方法可以关闭已打开的工作簿，如果该工作簿打开后进行了内容更改，Excel 将显示如图 47-4 所示的对话框，询问是否保存更改。

图 47-4　保存提示对话框

关闭工作簿时设置 SaveChanges 参数值为 False，将放弃所有对该工作簿的更改，并且不会出现保存提示对话框。

```
ActiveWorkbook.Close SaveChanges:=False
```

另外一种变通的方法也可以实现类似的效果。其原理在于：如果工作簿的 Saved 属性为 False，关闭工作簿时将显示保存提示对话框。如果工作簿打开后并未做任何更改，则 Saved 属性值为 True，因此可以在关闭工作簿之前使用代码设置其 Saved 属性值为 True，Excel 会认为工作簿没有任何更改，也就不会出现保存提示对话框，代码如下。

```
ActiveWorkbook.Saved = True
ActiveWorkbook.Close
```

注意

第2种实现方法中修改工作簿的Saved属性，并没有真正地保存该工作簿，因此关闭工作簿后所有对该工作簿的修改将全部丢失。

47.2 Worksheet 对象

Worksheet 对象代表一个工作表。Worksheet 对象既是 Worksheets 集合的成员，同时又是 Sheets 集合的成员。Worksheets 集合包含工作簿中所有的 Worksheet 对象。Sheets 集合除了包含工作簿中所有的 Worksheet 对象，还包含工作簿中所有的图表工作表（Chart）对象和宏表对象。

与 ActiveWorkbook 对象类似，ActiveSheet 对象可以用来引用处于活动状态的工作表。

47.2.1 引用 Worksheet 对象

对于 Worksheet 对象，有以下 3 种引用方法。

➲ I 使用工作表序号

使用工作表序号引用对象的语法格式为：

```
Worksheets(工作表序号)
```

工作表序号是按照工作表的排列顺序依次编号的，Worksheets(1) 代表工作簿中的第一个工作表，而 Worksheets(Worksheets.Count) 代表最后一个工作表，其中 Worksheets.Count 返回 Worksheets 集合中包含的 Worksheet 对象的个数。即便是隐藏工作表也包括在序号计数中，也就是说可以使用工作表序号引用隐藏的 Worksheet 对象。

➲ II 使用工作表名称

使用工作表名称引用对象的语法格式为：

```
Worksheets(工作表名称)
```

使用工作表名称引用 Worksheet 对象时，工作表名称不区分大小写，因此 Worksheets("SHEET1") 和 Worksheets("sheet1") 引用的是同一个工作表，但是 Worksheet 对象的 Name 属性返回值是工作表的实际名称，Name 属性值和引用工作表时的名称的大小写可能会不一致。

➲ III 使用工作表代码名称（Codename）

假设工作簿中有 3 个工作表，名称依次是“Sheet1”“Sheet2”和“Sheet3”。在 VBE 的【工程资源管理器】和【属性】窗口中显示的工作表名称，如图 47-5 所示。

在【工程资源管理器】中 Worksheet 对象显示为“工作表代码名称（工作表名称）”的形式。对应在【属性】窗口中，【(名称)】栏为代码名称，【Name】栏为工作表名称。在 VBA 代码中使用工作表代码名“Sheet1”等同于 Worksheets("Sht1")。从图 47-5 中可以看出，工作表名称和其代码名称可以相同（如“Sheet2”工作表），也可以是不同的字符。工作表代码名称无法在 Excel 窗口中更改，只能在 VBE 中更改。

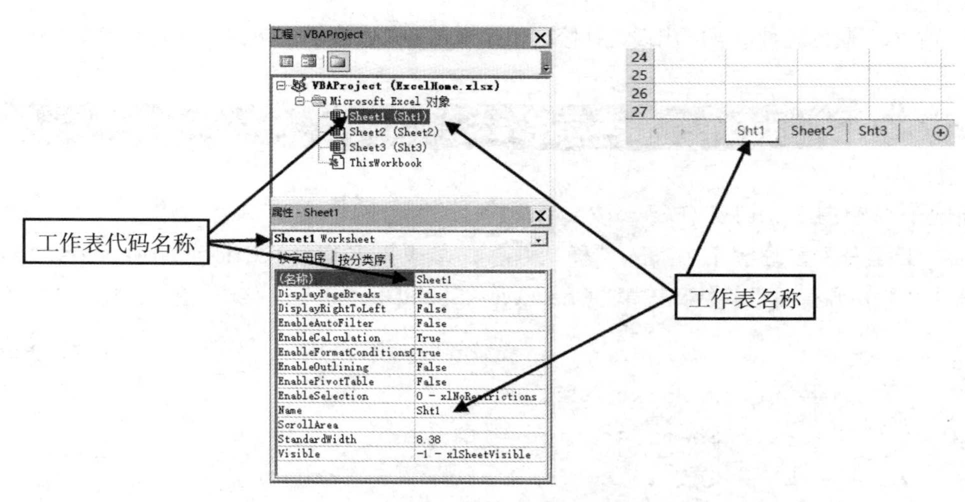

图 47-5　VBE 中查看工作表代码名称

47.2.2　遍历工作簿中的所有工作表

遍历工作表的方法与遍历工作簿的方法完全相同，可以使用 For Each…Next 循环或者 For…Next 循环，请参阅 47.1.3 小节。

47.2.3　添加新的工作表

在 Excel 2016 中单击工作表标签右侧的【新工作表】按钮，可以在当前工作簿中插入一个新的工作表。在代码中使用 Add 方法可以在工作簿中插入一个新的工作表，其语法格式为：

```
Sheets.Add
```

插入指定名称的工作表可以使用如下代码。

```
Sheets.Add.Name = "newSheet"
```

虽然在 VBA 帮助中没有说明 Add 方法之后可以使用 Name 属性，但是上述代码是可以运行的。

也可以同时指定Add方法的某些参数。例如，将名称为“NewSheet101”的工作表插入在第一个工作表的位置，代码如下。

```
Sheets.Add(Before:=Sheets(1)).Name = "NewSheet101"
```

47.2.4　判断工作表是否已经存在

更改工作表名称时，如果在工作簿中已经存在一个同名工作表，将出现如图 47-6 所示的运行时错误对话框。

图 47-6　重命名同名工作表时产生运行时错误

在代码中为了避免这种错误的出现，在修改工作表名称前，应检查是否存在同名的工作表。

示例47-2 判断工作表是否存在

步骤① 新建一个空白 Excel 工作簿，按 <Alt+F11> 组合键切换到 VBE 窗口。

步骤② 在【工程资源管理器】中插入“模块”，并修改其名称为“CheckWorkSheetDemo”。

步骤③ 在【工程资源管理器】中双击模块 CheckWorkSheetDemo，在【代码】窗口中输入如下代码。

```
#001 Function CheckWorkSheetFunction(ByVal sName As String) As Boolean
#002     Dim Sht As Worksheet
#003     CheckWorkSheetFunction = False
#004     For Each Sht In ActiveWorkbook.Worksheets
#005         If VBA.UCase(Sht.Name) = VBA.UCase(sName) Then
#006             CheckWorkSheetFunction = True
#007             Exit Function
#008         End If
#009     Next
#010 End Function
#011 Sub CheckWorkSheet()
#012     Dim shtName As String
#013     shtName = "示例 47.2"
#014     If CheckWorkSheetFunction(shtName) = True Then
#015         MsgBox shtName & " 已经存在! ", vbInformation
#016     Else
#017         MsgBox shtName & " 不存在! ", vbInformation
#018     End If
#019 End Sub
```

步骤④ 运行 CheckWorkSheet 过程，将显示如图 47-7 所示的对话框。单击【确定】按钮关闭对话框。

图 47-7　CheckWorkSheet 运行结果

代码解析：

第 1 行到第 10 行代码为自定义函数过程 CheckWorkSheetFunction，用于检查是否存在同名工作表，函数的返回值为布尔型数值，如果同名工作表已经存在，则返回值为 True，反之返回值为 False。

第 3 行代码设置函数的初始返回值为 False。

第 4 行到第 9 行代码为 For Each…Next 循环遍历活动工作簿中的全部工作表对象。

第 5 行代码用于判断对象变量 Sht 的名称是否与要查找的工作表名称相同。为了避免大小写字母的区别，代码中使用 UCase 将工作表名称转换为大写字母格式。

如果已经找到同名工作表，第 6 行代码将函数返回值设置为 True，第 7 行代码结束函数过程的执行。

第 11 行到第 19 行代码为过程 CheckWorkSheet，检查工作簿中是否存在名称为“示例 47.2”的工作表。

第 12 行代码将要查找的工作表名称赋值给变量 ShtName。

第 14 行到第 18 行代码调用函数 CheckWorkSheetFunction，如果返回值为 True，则执行第 15 行代码，显示该工作表已经存在的提示信息对话框，否则执行第 17 行代码显示该工作表不存在的提示信息对话框。

47.2.5　复制和移动工作表

Worksheet 对象的 Copy 方法和 Move 方法可以实现工作表的复制和移动。其语法格式为：

```
Copy(Before, After)
Move(Before, After)
```

Before 和 After 均为可选参数，二者只能选择一个。Copy 方法和 Move 方法除了可以实现同一个工作簿之内的工作表复制和移动，也可以实现工作簿之间的工作表复制和移动。下面的代码可以将工作簿 Book1.xlsx 中的工作表 Sheet1 复制到工作簿 Book2.xlsx 中，并放置在原有的第 3 个工作表之前。

```
Workbooks("Book1.xlsx").Sheets("Sheet1").Copy _
    Before:=Workbooks("Book2.xlsx").Sheets(3)
```

47.2.6　保护工作表

为了防止工作表被意外修改，可以设置工作表保护密码。Worksheet 对象的 Protect 方法有很多可选参数，其中 Password 参数用于设置保护密码。

```
ActiveSheet.Protect Password:="ExcelHome"
```

如果需要在代码中操作被保护的工作表，一般思路是先使用 Unprotect 方法解除工作表保护，执行完相关的工作表操作之后，再使用 Protect 方法保护该工作表。如果在保护工作表时设置 UserInterfaceOnly 参数为 True，代码可以直接操作被保护的工作表，而无须解除保护。

注意

即使在使用代码保护工作表时，已经将UserInterfaceOnly参数设置为True，保存并关闭该工作簿之后，再次打开该工作簿时，整张工作表将被完全保护，而并非仅仅禁止用户界面的操作，使用代码也无法直接操作被保护的工作表，即UserInterfaceOnly参数设置已经失效。若希望再次打开工作簿后仍然维持只是禁止用户界面的操作，必须在代码中先使用Unprotect方法解除工作表的保护，然后再次应用Protect方法，且设置UserInterfaceOnly参数为True。

47.2.7 删除工作表

使用 Worksheet 对象的 Delete 方法删除工作表时，将会出现如图 47-8 所示的警告对话框，单击【删除】按钮关闭对话框，完成删除工作表的操作。

图 47-8 删除工作表警告对话框

如果不希望在删除工作表时出现这个对话框，可以设置 DisplayAlerts 属性禁止对话框的显示。

```
Application.DisplayAlerts = False
Worksheets("Sheet1").Delete
Application.DisplayAlerts = True
```

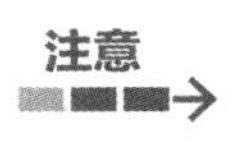

在代码中如果使用Application.DisplayAlerts = False之后，在使用Application.DisplayAlerts = True恢复之前，所有的系统提示信息都将被屏蔽。如果代码中没有恢复DisplayAlerts的设置，则在代码过程运行结束后，Excel会自动将该属性恢复为True。

47.2.8 工作表的隐藏和深度隐藏

在工作表标签上右击，选择【隐藏】命令，可以隐藏该工作表。处于隐藏状态的工作表的 Visible 属性值为 xlSheetHidden（Excel 中的常量，其值为 0），为了区别于下文将要介绍的另一种隐藏，这种方式称为“普通隐藏”。Worksheet 对象的 Visible 属性的值可以是下面 3 个常量之一：xlSheetVisible、xlSheetHidden 或者 xlSheetVeryHidden。

在 VBA 中除了设置工作表为普通隐藏外，还可以设置工作表为深度隐藏，代码如下。

```
Sheets(1).Visible = xlSheetVeryHidden
```

深度隐藏的工作表无法通过在工作表标签上右击，选择【取消隐藏】命令进行恢复，此时可以使用 VBA 代码或在【属性窗口】中修改其 Visible 属性恢复显示该工作表。

47.3 Range 对象

Range 对象代表工作表中的单个单元格、多个单元格组成的区域甚至可以是跨工作表的单元格区域，该区域可以是连续的，也可以是非连续的。

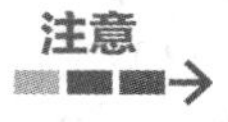

虽然单元格是Excel操作的基本单位，但是Excel VBA中并不存在单元格对象。

47.3.1 引用单个单元格

在 VBA 代码中有多种引用单个单元格的方法。

➲ Ⅰ 使用“[单元格名称]”的形式

这是语法格式最简单的一种引用方式。其中单元格名称与在工作表的公式中使用的 A1 样式单元格地址完全相同，如 [C5] 代表工作表中的 C5 单元格。在这种引用方式中单元格名称不能使用变量。

➲ Ⅱ 使用 Cells 属性

Cells 属性返回一个 Range 对象。其语法格式为：

```
Cells(RowIndex,ColumnIndex)
```

Cells 属性的参数为行号和列号。行号是一个数值，其范围为 1~1 048 576。列号可以是数值，其范围为 1~16 384；也可以是字母形式的列标，其范围为“A”至“XFD”。同样是引用 C5 单元格，可以有如下两种形式。

```
Cells(5,3)
Cells(5,"C")
```

注意

如果行号使用变量，那么在代码中需要将该变量定义为Long变量，而不是Integer变量。由于工作表中最大行号为1 048 576，但是Integer变量的范围为–32 768~32 767，所以必须使用Long变量作为行号。

➲ Ⅲ 使用 Range（单元格名称）形式

单元格名称可以使用变量或者表达式。在参数名称的表达式中，可以使用“&”连接符连接两个字符串，例如，

```
Range("C5")
Range("C" & "5")
```

47.3.2 单元格格式的常用属性

常用的单元格格式有字体大小及颜色、背景色及边框等，表 47-1 中列出了相关的属性。

表 47-1 常用单元格格式属性

属性	用途
Range(···).Font.Color	设置字体颜色
Range(···).Font.Size	设置字体大小
Range(···).Font.Bold	设置粗体格式
Range(···).Interior.Color	设置背景颜色
Range(···).Border.LineStyle	设置边框线型
Range(···).Border.Color	设置边框线颜色
Range(···).Border.Weight	设置边框线宽度

示例47-3 自动化设置单元格格式

步骤① 在 Excel 中新建一个空白工作簿文件，按 <Alt+F11> 组合键切换到 VBE 窗口。

步骤② 在【工程资源管理器】中插入“模块”，并修改其名称为“CellsFormatDemo”。

步骤③ 在【工程资源管理器】中双击模块 CellsFormatDemo，在【代码】窗口中输入如下代码。

```
#001  Sub CellsFormat()
#002        With Range("A1:D6")
#003            With .Font
#004                .Size = 11
#005                .Bold = True
#006            End With
#007            .Borders.LineStyle = xlContinuous
#008        End With
#009  End Sub
```

步骤④ 运行 CellsFormat 过程，将设置“A1:D6”单元格区域的格式为 11 磅粗体字，并添加单元格边框线，如图 47-9 所示。

	A	B	C	D
1	城市	省份/州	国家	区号
2	北京	北京	中国	10
3	石家庄	河北	中国	311
4	广州	广东	中国	20
5	芝加哥	伊力诺依	美国	847
6	多伦多	安大略	加拿大	647

	A	B	C	D
1	**城市**	**省份/州**	**国家**	**区号**
2	**北京**	**北京**	**中国**	**10**
3	**石家庄**	**河北**	**中国**	**311**
4	**广州**	**广东**	**中国**	**20**
5	**芝加哥**	**伊力诺依**	**美国**	**847**
6	**多伦多**	**安大略**	**加拿大**	**647**

图 47-9 设置单元格格式

代码解析：

第 4 行代码设置字体大小为 11 磅。

第 5 行代码设置使用粗体字。

第 7 行代码添加单元格边框线。

47.3.3 添加批注

Comment 对象代表单元格的批注，是 Comments 集合的成员。Comment 对象并没有 Add 方法，在代码中添加单元格批注需要使用 Range 对象的 AddComment 方法。下述代码在活动单元格添加批注，内容为“ExcelHome”。

```
Activecell.AddComment "ExcelHome"
```

47.3.4 如何表示一个区域

Range 属性除了可以返回单个单元格，也可以返回包含多个单元格的区域。Range 的语法格式如下。

```
Range(Cell1, Cell2)
```

参数 Cell1 可以是一个代表单个单元格或多个单元格区域的 Range 对象，也可以是相应的名称字符串。Cell2 为可选参数，其形式与参数 Cell1 相同。

如果引用以 A3 单元格和 C6 单元格为顶点的矩形单元格区域对象，可以使用以下几种方法。

```
    Range("A3:C6")
    Range([A3], [C6])
    Range(Cells(3, 1), Cells(6, 3))
    Range(Range("A3"), Range("C6"))
```

第一种引用方式 Range("A3:C6") 是最常用的方式，其中的冒号是区域运算符，其含义是以两个 A1 样式单元格为顶点的矩形单元格区域。由于单元格有多种不同的引用方法，所以产生了后 3 种不同的区域引用方法。

对于某个 Range 对象以其左上角单元格为基准，可以再次使用 Range 属性或 Cells 属性返回一个新的单元格或区域引用。常用的引用方式有以下几种。

```
Range(...).Cells(RowIndex,ColumnIndex)
Range(...)(RowIndex,ColumnIndex)
Range(...)(CellIndex)
Range(...).Range(...)
```

与 Excel 工作表中引用稍有不同的地方是，上述引用方式中的参数 RowIndex、ColumnIndex 和 CellIndex 可以是正整数，也可以是零值或负值。

假定单元格区域为 Range("C4:F7")，如图 47-10 中的横线填充区域所示，该区域的左上角单元格（即 C4 单元格）成为新坐标体系中基准单元格，相当于普通工作表中的 A1 单元格，下面 4 个代码引用的对象均为 D5 单元格，即图 47-10 中的活动单元格。


```
Range("C4:F7").Cells(2, 2)
Range("C4:F7")(2, 2)
Range("C4:F7").Range("B2")
Range("C4:F7")(6)
```

参数是负值代表该单元格位于基准单元格的左侧区域或上侧区域，例如，Range("C4:F7")(-2,-1) 代表工作表中的 A1 单元格。

利用 Range 对象的 Range 属性引用单元格区域理解起来稍显复杂，但是其引用规则与工作表中引用是完全相同的。Range("C4:F7").Range("E6:H7") 代表新坐标体系中的 E6:H7 单元格区域，也就是图 47-10 中的斜线区域，这个引用相当于工作表中 G9:J10 单元格区域。

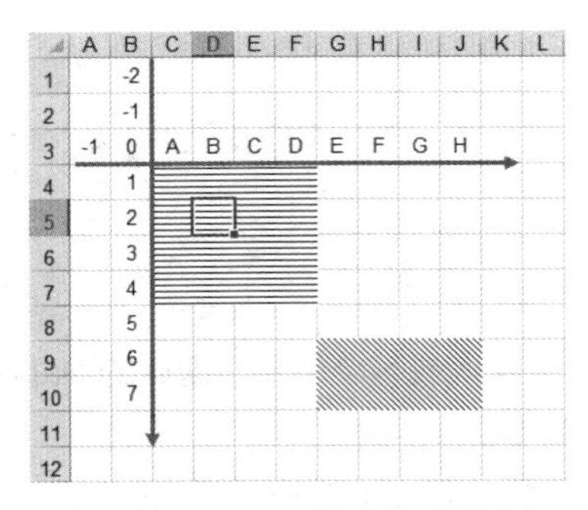

图 47-10　Range 属性的扩展应用

47.3.5　如何定义名称

在工作表公式中经常通过定义名称来简化工作表公式，本节所指的名称是单元格区域的定义名称。

Workbook 对象的 Names 集合是由工作簿中的所有名称组成的集合。Add 方法用于定义新的名称，参数 RefersToR1C1 用于指定单元格区域，格式为 R1C1 引用方式。例如，

```
ActiveWorkbook.Names.Add _
        Name:="data", _
        RefersToR1C1:="=Sheet1!R3C1:R6C4"
```

除了 Add 方法之外，利用 Range 对象的 Name 属性也可以添加新的名称，其代码为：

```
Sheets("Sheet1").Range("A3:D6").Name = "data"
```

47.3.6　选中工作表的指定区域

在 VBA 代码中经常要引用某些特定区域，CurrentRegion 属性和 UsedRange 属性是两个最常用的属性。

CurrentRegion 属性返回的 Range 对象就是通常所说的当前区域。当前区域是一个包括活动单元格在内，并由空行和空列的组合为边界的最小矩形单元格区域。直观上讲，当前区域即活动单元格所在的矩形区域，该矩形区域的每一行和每一列中至少包含有一个已使用的单元格，而区域的周围是空行和空列。按 <Ctrl+Shift+8> 组合键可以选中当前区域，图 47-11 中的着色区域是几种当前区域的示例。选中着色区域内的任意单元格，即使该单元格没有内容，按 <Ctrl+Shift+8> 组合键，同样会选中相应的着色区域。

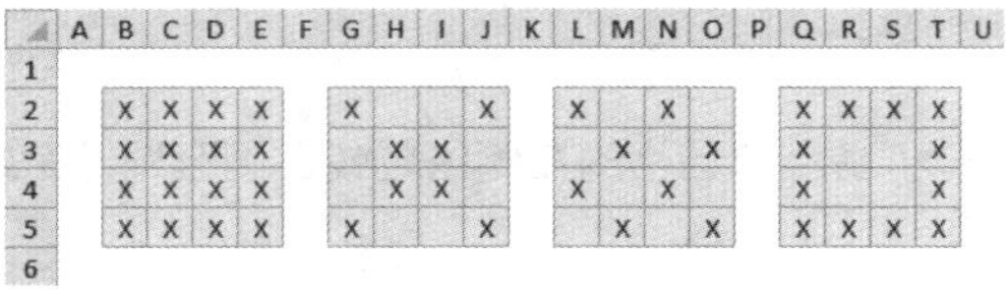

图 47-11　CurrentRegion 区域示例

UsedRange 属性返回的 Range 对象代表指定工作表上已使用区域，该区域是包含工作表中已经被使用单元格的最小矩形单元格区域。

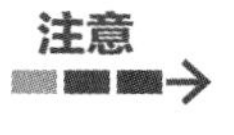

这里所指的“使用”与单元格是否有内容无关，即使只是改变了单元格的格式，那么这个单元格也会被视作已使用，将被包括在UsedRange属性返回的Range对象中。

使用 Range 对象的 Select 方法或者 Activate 方法可以显示相应区域的范围。

```
Activesheet.UsedRange.Select
Activesheet.UsedRange.Activate
```

47.3.7　特殊区域——行与列

行与列是操作工作表时经常要用到的 Range 对象。对于行与列的引用，不仅可以使用 Rows 属性和 Columns 属性，而且也可以使用 Range 属性。

例如，引用第 1 行至第 5 行单元格区域可以使用如下几种形式。

```
Rows("1:5")
Range("A1:XFD5")
Range("1:5")
```

列的引用方法与上述行的引用方式类似。例如，引用 A 列至 E 列的区域可以使用以下几种形式。

```
Colums("A:E")
Range("A1:E1048576")
Range("A:E")
```

注意

虽然使用Range属性同样可以引用行与列，从Range对象的角度来看，二者包含的单元格区域是相同的，包含的单元格数量也是相同的，但是使用Range属性引用行或者列对象，无法使用某些行或者列对象所特有的属性。

例如，对于 Hidden 属性，可以使用下述代码隐藏工作表中的第 1 行。

```
Rows(1).Hidden = True
```

如果改为如下代码使用 Range 属性引用第 1 行，就会产生如图 47-12 所示的运行时错误。

```
Range("1:1").Hidden = True
```

图 47-12　使用 Range 属性替代 Rows 属性产生的运行时错误

47.3.8　删除单元格

Range 对象的 Delete 方法将删除 Range 对象所代表的单元格区域。其语法格式为：

```
Delete(Shift)
```

其可选参数 Shift 指定删除单元格时替补单元格的移动方式，其值为表 47-2 中的两个常量之一。

表 47-2　Shift 参数值的含义

常量	值	含义
xlShiftToLeft	–4159	替补单元格向左移动
xlShiftUp	–4162	替补单元格向上移动

下面代码将删除 C3:F5 单元格区域，其下的替补单元格向上移动，也就是原来 C6:F8 单元格区域将向上移动到被删除的单元格区域。

```
Range("C3:F5").Delete Shift:=xlShiftUp
```

47.3.9　插入单元格

Range 对象的 Insert 方法在工作表中插入一个单元格或单元格区域，其他单元格将相应移动以腾出空间。下面代码在工作表的第 2 行插入单元格，原工作表的第 2 行及其下面的每一行单元格将下移 1 行。

```
Rows(2).Insert
```

47.3.10　单元格区域扩展与偏移

如果表格位置和大小是固定的，那么在代码中定位数据区域就很容易。但是在实际使用中，表格的左侧可能有空列，表格上方可能会有空行，在这种情况下，表格数据区域的定位就比较复杂。

组合利用 Range 对象的 Offset 属性和 Resize 属性可以处理工作表中的特定区域。Offset 属性返回一个 Range 对象，代表某个单元格区域向指定方向偏移后的新单元格区域。Resize 属性返回一个 Range 对象，用于调整指定区域的大小。

示例47-4　单元格区域扩展与偏移

示例文件中的数据如图 47-13 所示，现在需要将表格中数据区域（即 C3:F7 单元格区域）背景色设置为黄色。

步骤① 在 Excel 中打开示例工作簿文件，按 <Alt+F11> 组合键切换到 VBE 窗口。

步骤② 在【工程资源管理器】中插入“模块”，并修改其名称为“ResizeOffsetDemo”。

步骤③ 在【工程资源管理器】中双击模块 ResizeOffsetDemo，在【代码】窗口中输入如下代码。

```
#001  Sub ResizeOffset()
#002      Dim TableRng As Range, OffsetRng As Range, ResizeRng As Range
#003      Set TableRng = ActiveSheet.UsedRange
#004      Set OffsetRng = TableRng.Offset(1, 1)
#005      Set ResizeRng = OffsetRng.Resize(TableRng.Rows.Count - 1, _
                                  TableRng.Columns.Count - 1)
#006      ResizeRng.Interior.Color = vbYellow
#007  End Sub
```

步骤 4 运行 ResizeOffset 过程，工作表中数据区域背景色设置为黄色，如图 47-13 所示。

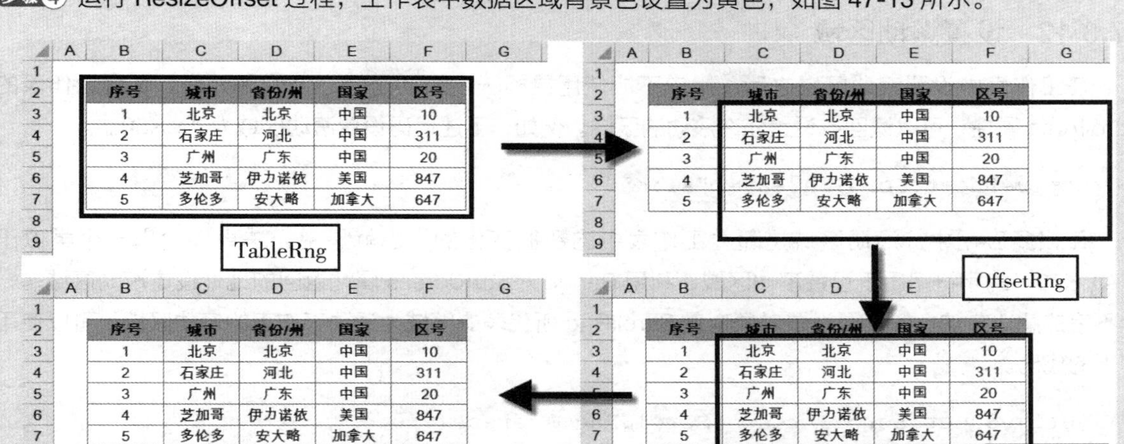

图 47-13　单元格区域扩展与偏移

代码解析：

第 3 行代码将工作表中已经使用区域 UsedRange 赋值给对象变量 TableRng，即 B2:F7 单元格区域。

第 4 行代码将 TableRng 区域向右移动一列，并且向下移动一行所形成的新区域赋值给对象变量 OffsetRng，即 C3:G8 单元格区域。OffsetRng 区域已经将 TableRng 区域的第一行和第一列剔除，由于整个区域的总行数和总列数与原单元格区域相同，因此新的区域包括了 TableRng 区域之外的空白单元格。

第 5 行代码利用 Resize 属性将 OffsetRng 区域减少一行和一列，形成新区域 ResizeRng，即 C3:F7。

第 6 行代码将 ResizeRng 区域内部设置为黄色。

除了使用 Resize 扩展单元格区域，在 VBA 中还有两种特殊的扩展区域方法。

- EntireRow 属性返回一个 Range 对象，该对象代表包含指定区域的整行（或若干行）。
- EntireColumn 属性返回一个 Range 对象，该对象代表包含指定区域的整列（或若干列）。

例如，Range("B6:F16").EntireRow 返回的 Range 对象为第 6 行至第 16 行的单元格区域，相当于 Rows ("6:16")。Range("B6:F16").EntireColumn 返回的对象为 B 列至 F 列的单元格区域，相当于 Columns("B:F")。

47.3.11　合并区域与相交区域

Union 方法返回 Range 对象，代表两个或多个区域的合并区域，其参数为 Range 类型。

```
Application.Union(Range("A3:D6"),Range("C5:F8"))
```

Intersect 方法返回 Range 对象，代表两个或多个单元格区域重叠的矩形区域，其参数为 Range 类型，如果参数单元格区域没有重叠区域，那么结果为 Nothing。

```
Application.Intersect(Range("A3:D6"),Range("C5:F8"))
```

利用 Intersect 方法可以判断某个单元格区域是否完全包含在另一个单元格区域中。

47.3.12 设置滚动区域

在工作表中设置滚动区域之后，用户不能使用鼠标选中滚动区域之外的单元格。利用工作表的 ScrollArea 属性，可以返回或设置允许滚动的区域。例如，下述代码设置滚动区域为 A1:K50。

```
ActiveSheet.ScrollArea = "A1:K50"
```

在很多应用中，滚动区域是随着工作表中的数据变化的，也就是说无法直接给出一个类似于"A1:K50"的字符串用于设置滚动区域，利用 Range 对象 Address 属性返回的地址设置滚动区域是一个不错的解决方法。假设要设置对象变量 ScrollRng 所代表的区域为活动工作表的滚动区域，可以使用如下的代码。

```
ActiveSheet.ScrollArea = ScrollRng.Address(0,0)
```

工作表的 ScrollArea 属性设置为空字符串 ("") 将允许选定整张工作表内任意单元格，即取消原来设置的滚动区域。

第 48 章　事件的应用

在 Excel VBA 中，事件是指对象可以辨认的动作。用户可以指定 VBA 代码来对这些动作做出响应。Excel 可以监视多种不同类型的事件，Excel 中的工作表、工作簿、应用程序、图表工作表、透视表和控件等对象都可以响应事件，而且每个对象都有多种相关的事件，本章将主要介绍工作表和工作簿的常用事件。

本章学习要点

（1）工作表的常用事件。
（2）工作簿的常用事件。
（3）禁止事件激活。
（4）非对象相关事件。

48.1　事件过程

事件过程作为一种特殊的 Sub 过程，在满足特定条件时被触发执行，如果事件过程包含参数，系统会为相关参数赋值。事件过程必须写入相应的模块中才能发挥其作用，例如，工作簿事件过程须输入 ThisWorkbook 模块中，工作表事件过程则须写入相应的工作表模块中，且只有过程所在工作表的行为可以触发该事件。

事件过程作为一种特殊的 Sub 过程，在 VBA 中已经规定了每个事件过程的名称和参数。用户可以在【代码】窗口中手工输入事件过程的全部代码，但是更便捷的方法是在【代码】窗口中选择相应的对象和事件，VBE 将自动在【代码】窗口中添加事件过程的声明语句和结束语句。

在【代码】窗口上部左侧的【对象】下拉列表框中选中 Worksheet，在右侧的【事件】下拉框中选中 Change，Excel 将自动在【代码】窗口中输入如图 48-1 所示的工作表 Change 事件过程代码框架。

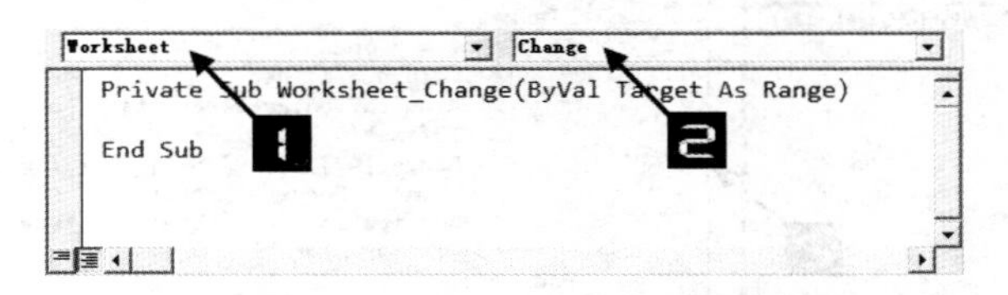

图 48-1　在【代码】窗口中快速添加事件代码框架

事件过程的代码需要写入在 Sub 和 End Sub 之间，在代码中可以使用事件过程参数，不同的事件过程，其参数也不尽相同。

48.2　工作表事件

Worksheet 对象是 Excel 中常用的对象之一，因此在实际应用中经常会用到 Worksheet 对象事件，即工作表事件。工作表事件只发生在特定的 Worksheet 对象中。

48.2.1 Change 事件

工作表中的单元格被用户或 VBA 代码修改时，将触发工作表的 Change 事件。值得注意的是，虽然事件的名称是 Change，但是并非工作表中单元格的任何变化都能够触发该事件。

下列工作表的变化不会触发工作表的 Change 事件。

- 工作表的公式重新计算产生新值。
- 在工作表中添加或者删除一个对象（控件、形状等）。
- 改变单元格格式。
- 某些导致单元格变化的 Excel 操作：排序、替换等。

某些 Excel 中的操作将导致工作表的 Change 事件被意外触发。

- 在空单元格中按 <Delete> 键。
- 选中已有内容的单元格，输入与原来内容相同的内容，然后按 <Enter> 键结束输入。

Change 事件的参数 Target 是一个 Range 变量，代表工作表中发生变化的单元格区域，它可以是一个单元格，也可以是多个单元格组成的区域。在实际应用中，用户通常希望只有工作表中的某些特定单元格区域发生变化时才激活 Change 事件，这就需要在 Change 事件中对 Target 参数进行判断。

示例48-1 自动记录数据编辑的日期与时间

步骤① 在 Excel 中打开示例工作簿文件，按 <Alt+F11> 组合键切换到 VBE 窗口。

步骤② 在【工程资源管理器】中双击"示例 48.1"，在右侧的【代码】窗口中输入如下代码，如图 48-2 所示。

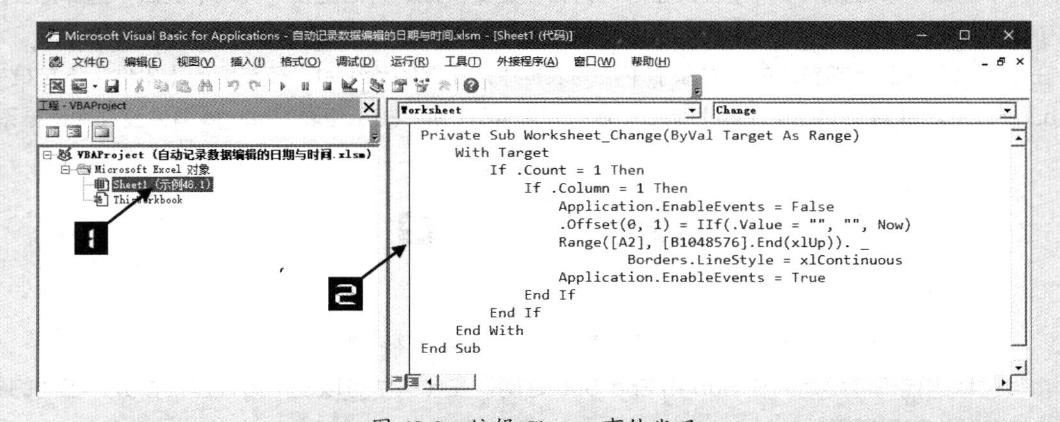

图 48-2 编辑 Change 事件代码

```
#001  Private Sub Worksheet_Change(ByVal Target As Range)
#002      With Target
#003          If .Count = 1 Then
#004              If .Column = 1 Then
#005                  Application.EnableEvents = False
#006                  .Offset(0, 1) = IIf(.Value = "", "", Now)
#007                  Range([A2], [B1048576].End(xlUp)). _
```

```
                                  Borders.LineStyle = xlContinuous
#008                    Application.EnableEvents = True
#009                End If
#010            End If
#011        End With
#012    End Sub
```

步骤③ 返回 Excel 界面，在 A9 单元格中输入姓名“李红”，并按【Enter】键。工作表的 Change 事件将自动在 B 列同行单元格中写入当前日期和时间，并添加单元格边框线，其结果如图 48-3 所示。

	A	B
1	员工签到记录	
2	姓名	签到时间
3	王凯	2017-06-14 8:14 AM
4	陈旭	2017-06-14 8:12 AM
5	周芳	2017-06-14 8:13 AM
6	梁武	2017-06-14 8:15 AM
7	唐虎	2017-06-14 8:17 AM
8	董勇	2017-06-14 8:19 AM
9		

	A	B
1	员工签到记录	
2	姓名	签到时间
3	王凯	2017-06-14 8:14 AM
4	陈旭	2017-06-14 8:12 AM
5	周芳	2017-06-14 8:13 AM
6	梁武	20 -14 8:15 AM
7	唐虎	20 -14 8:17 AM
8	董勇	2017-06-14 8:19 AM
9	李红	

	A	B
1	员工签到记录	
2	姓名	签到时间
3	王凯	2017-06-14 8:14 AM
4	陈旭	2017-06-14 8:12 AM
5	周芳	2017-06-14 8:13 AM
6	梁武	2017-06-14 AM
7	唐虎	2017-06-14 AM
8	董勇	2017-06-14 8:19 AM
9	李红	2017-06-15 8:48 AM

图 48-3　自动记录日期与时间

代码解析：

第 3 行和第 4 行代码判断发生变化的单元格区域（即参数 Target 所代表的 Range 对象）是否位于第 1 列，并且是否是单个单元格。如果不满足这两个条件，将不执行后续的事件代码。

第 5 行代码使用 EnableEvent 属性禁止事件被激活，具体用法请参阅 48.2.2 小节。

第 6 行代码用于写入当前日期和时间，如果被修改单元格的值为空，也就是用户删除了 A 列的姓名，那么代码将清除相应行 B 列单元格的内容。

第 7 行代码为数据区域添加单元格边框线，其中 [B1048576].End(xlUp) 为 B 列最后一个有数据的单元格。

第 8 行代码恢复 EnableEvent 属性的设置。

用户在工作表中除了 A 列之外的单元格输入时，工作表的 Change 事件同样会被触发，但是由于不满足第 4 行代码中的判断条件，所以不会执行写入当前日期和时间的代码。

48.2.2　如何禁止事件的激活

在上述代码中使用了 Application.EnableEvents=False 防止事件被意外多次激活。Application 对象的 EnabledEvents 属性可以设置是否允许对象的事件被激活。上述代码中如果没有禁止事件激活的代码，在写入当前日期的代码执行后，工作表的 Change 事件被再次激活，事件代码被再次执行。某些情况下，这种事件的意外激活会重复多次发生，甚至造成死循环，无法结束运行。因此在可能意外触发事件的时候，需要设置 Application.EnableEvents=False 禁止事件激活。

这个设置并不能阻止控件的事件被激活。

EnableEvents 属性的值不会随着事件过程的执行结束而自动恢复为 True，也就是说需要在代码运行结束之前进行恢复。如果代码被异常终止，而 EnableEvents 属性的值仍然为 False，那么相关的事件都无法被激活。此时，可以在 VBE 的【立即】窗口中执行 Application.EnableEvents=True 进行恢复。

48.2.3 SelectionChange 事件

工作表中的选定区域发生变化将触发工作表的 SelectionChange 事件。SelectionChange 事件的参数 Target 与工作表的 Change 事件相同，也是一个 Range 变量，代表工作表中被选中的区域，相当于 Selection 属性返回的 Range 对象。

示例48-2 高亮显示选定区域所在行和列

步骤① 在 Excel 中打开示例工作簿文件，按 <Alt+F11> 组合键切换到 VBE 窗口。

步骤② 在【工程资源管理器】中双击“示例 48.2”，在右侧的【代码】窗口中输入如下代码。

```
#001  Private Sub Worksheet_SelectionChange(ByVal Target As Range)
#002      With Target
#003          .Parent.Cells.Interior.ColorIndex = xlNone
#004          .EntireRow.Interior.Color = vbGreen
#005          .EntireColumn.Interior.Color = vbGreen
#006      End With
#007  End Sub
```

步骤③ 返回 Excel 界面，在工作表“示例 48.2”中选中单元格 C10，第 10 行和 C 列单元格区域填充颜色为绿色高亮显示，如图 48-4 所示。

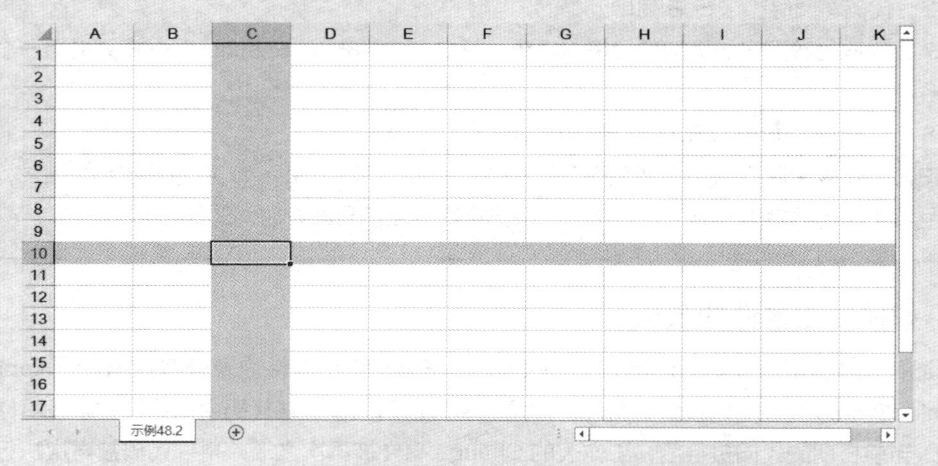

图 48-4 高亮显示选定区域所在行和列

48.3 工作簿事件

工作簿事件发生在特定的 Workbook 对象中，除了工作簿的操作可以触发工作簿事件外，某些工作表的操作也可以触发工作簿事件。

48.3.1 Open 事件

Open 事件是 Workbook 对象的常用事件之一，它发生于用户打开工作簿之时。

在如下两种情况下，打开工作簿时不会触发Open事件。

- 在保持按下 <Shift> 键的同时打开工作簿。
- 打开工作簿文件时，选择了“禁用宏”。

Open 事件经常被用来自动设置用户界面，如让工作簿打开时始终按照某个特定风格呈现在用户面前。

示例48-3 自动设置Excel的界面风格

步骤① 在 Excel 中打开示例工作簿文件，按 <Alt+F11> 组合键切换到 VBE 窗口。

步骤② 在【工程资源管理器】中双击“ThisWorkbook”，在右侧的【代码】窗口中输入如下代码。

```
#001  Private Sub Workbook_Open()
#002      Sheets("Welcome").Activate
#003      With ActiveWindow
#004          .WindowState = xlMaximized
#005          .DisplayHeadings = False
#006          .DisplayGridlines = False
#007      End With
#008      Application.WindowState = xlMaximized
#009  End Sub
```

步骤③ 返回 Excel 界面，单击工作表标签激活 Sheet2 工作表。

步骤④ 依次单击【文件】→【保存】选项，保存工作簿的修改。

步骤⑤ 依次单击【文件】→【关闭】选项，关闭工作簿。

步骤⑥ 依次单击【文件】→【打开】选项，在【最近使用的工作簿】列表中单击打开示例工作簿文件，并启用宏功能。

工作簿打开后，Welcome 工作表成为活动工作表，而不是关闭工作簿时的 Sheet2 工作表，并且 Excel 窗口是最大化的，如图 48-5 所示。

图 48-5　打开工作簿的界面效果

代码解析：

第 2 行代码设置 Welcome 工作表为活动工作表。

第 4 行代码设置 Excel 中活动窗口最大化。

第 5 行代码隐藏行标题和列标题。

第 6 行代码隐藏工作表中的网格线。

第 8 行代码设置 Excel 应用程序窗口最大化。

48.3.2　BeforeClose 事件

工作簿被关闭之前 BeforeClose 事件将被激活。BeforeClose 事件经常和 Open 事件配合使用，如果在 Open 事件中修改了 Excel 某些设置和用户界面，可以在 BeforeClose 事件中恢复到默认状态。

48.3.3　通用工作表事件代码

如果希望所有的工作表都具有相同的工作表事件代码，有两种实现方法。

- 在每个工作表代码模块中写入相同的事件代码。
- 使用相应的工作簿事件代码。

毫无疑问，第二种方法是最简洁的实现方法。部分工作簿事件名称是以“Sheet”开头的，如 Workbook_SheetChange、Workbook_SheetPivotTableUpdate 和 Workbook_SheetSelectionChange 等。这些事件的一个共同特点是工作簿内的任意工作表的指定行为都可以触发该事件代码的执行。

示例48-4　高亮显示任意工作表中选定区域所在的行和列

与示例 48-2 相对应，如果希望在工作簿中的任意工作表都拥有这种高亮显示的效果，可以按照如下步骤进行操作。

步骤① 在 Excel 中新建一个工作簿文件，按 <Alt+F11> 组合键切换到 VBE 窗口。

步骤② 在【工程资源管理器】中双击“ThisWorkbook”，在右侧的【代码】窗口中输入如下代码。

```
#001  Private Sub Workbook_SheetSelectionChange(ByVal Sh As Object, _
                                       ByVal Target As Range)
#002      With Target
#003          .Parent.Cells.Interior.ColorIndex = xlNone
#004          .EntireRow.Interior.Color = vbGreen
#005          .EntireColumn.Interior.Color = vbGreen
#006      End With
#007  End Sub
```

与示例 48-2 相比，由于不必为每个工作表代码模块中写入相同的事件代码，因此这种实现方法更为简洁。并且当工作簿中新增工作表时，也无须为新建工作表添加 Change 事件代码，就可以实现高亮显示的效果。

48.4　事件的优先级

通过示例 48-2 和示例 48-4 的学习可以知道，工作簿对象的 SheetSelectionChange 事件和 Worksheet 对象的 SelectionChange 事件的触发条件是相同的。但是，Excel 应用程序在任何时刻都只能执行唯一的代码，即无法实现并行处理事件代码。如果同时使用此类触发条件相同的事件，就需要预先确切地知道事件的优先级，即相同条件下事件被激活的先后次序。这些优先级顺序并不需要大家刻意去记忆，可以利用代码轻松地获知事件的优先级。

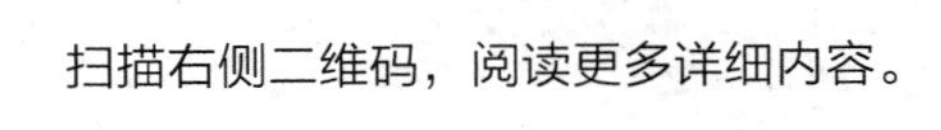

扫描右侧二维码，阅读更多详细内容。

48.5 非对象相关事件

Excel 提供了两种与对象没有任何关联的特殊事件，分别是 OnTime 和 OnKey，利用 Application 对象的相应方法可以设置这些特殊事件。

Ontime 事件用于指定一个过程在将来的特定时间运行，OnKey 事件可以设置按下某个键或者组合键时运行指定的过程代码。

扫描左侧二维码，阅读更多详细内容。

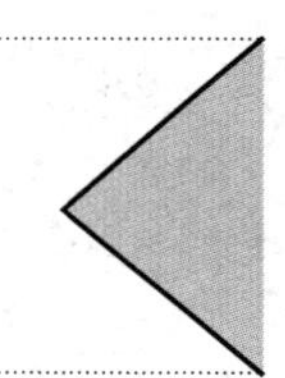

第 49 章　控件在工作表中的应用

控件是用户与 Excel 交互时用于输入数据或操作数据的对象。在工作表中使用控件可以为用户提供更加友好的操作界面。控件具有丰富的属性，并且可以被不同的事件所激活以执行相关代码。在 Excel 2016 中有如下两种控件。

（1）表单控件。

表单控件有时也称为“窗体控件”，可以用于普通工作表和 MS Excel 5.0 对话框工作表中。

（2）ActiveX 控件。

ActiveX 控件有时也称为“控件工具箱控件”，是用户窗体控件的子集，只能用于 Excel 97 或者更高版本 Excel 中。

单击【开发工具】选项卡下的【插入】下拉按钮，将弹出包含两组控件的命令列表，将鼠标指针悬停在某个控件上时，会显示该控件名称的悬浮提示框，如图 49-1 所示。

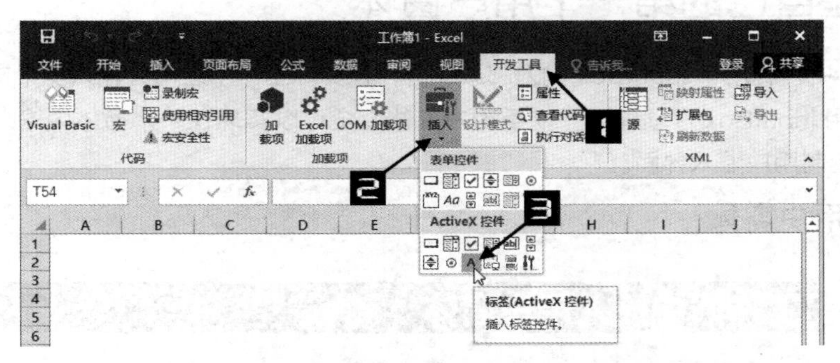

图 49-1　表单控件和 ActiveX 控件

这两组控件中，部分控件从外观上看几乎是相同的，其功能也非常相似，如表单控件和 ActiveX 控件中都有命令按钮、组合框和列表框等。与表单控件相比，ActiveX 控件拥有更丰富的控件属性，并且支持多种事件。正是由于 ActiveX 控件具有这些优势，使 ActiveX 控件在 Excel 中得到了比表单控件更为广泛的应用。

扫描右侧二维码，阅读更多详细内容。

第 50 章　窗体在 Excel 中的应用

在 VBA 代码中使用 InputBox 和 MsgBox，可以满足大多数交互式应用的需要，但是这些对话框并非适合所有的应用场景，其明显的弱点在于缺乏足够的灵活性。例如，除了对话框窗口的显示位置和几种预先定义的按钮组合外，无法按照实际需要添加更多的控件。用户窗体则可以实现用户定制的对话框。本章将介绍如何插入窗体、修改窗体属性、窗体事件的应用和在窗体中使用控件。

本章学习要点

（1）如何调用用户窗体。
（2）用户窗体的初始化事件。
（3）在用户窗体中使用控件。

50.1　创建自己的第一个用户窗体

在示例 45-4 中，利用了 InputBox 输入邮政编码，在实际工作中经常会输入多个相互关联的数据，这就需要多次调用 InputBox 逐项输入。使用用户窗体完全可以实现在一个窗体中输入全部信息，并且可以更加方便地定制用户输入界面。

50.1.1　插入用户窗体

示例50-1　工作簿中插入用户窗体

步骤① 在 Excel 中新建一个工作簿文件，按 <Alt+F11> 组合键切换到 VBE 窗口。

步骤② 依次单击 VBE 菜单【插入】→【用户窗体】选项，Excel 将添加名称 UserForm1 的用户窗体。

步骤③ 按 <F4> 键调出【属性】窗口，修改用户窗体的 Caption 属性为“员工信息管理系统”，如图 50-1 所示。

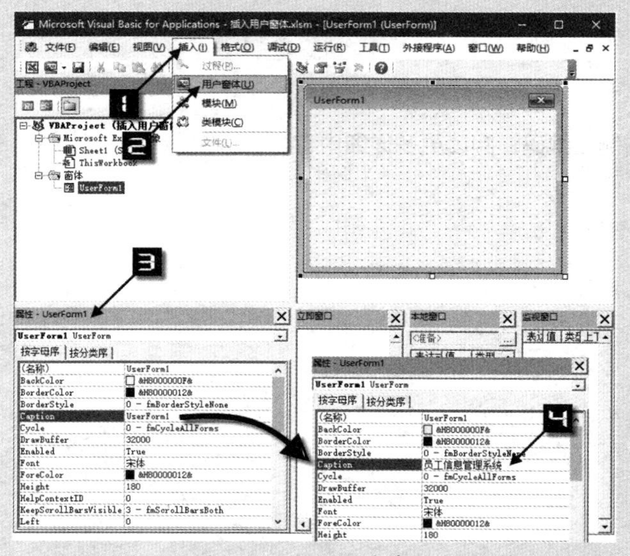

图 50-1　插入用户窗体

步骤④ 依次单击 VBE 菜单【插入】→【模块】命令，修改模块名称为“UserFormDemo”。

步骤⑤ 在【工程资源管理器】中双击 UserFormDemo，在【代码】窗口中输入 ShowFrm 过程代码，如图 50-2 所示。

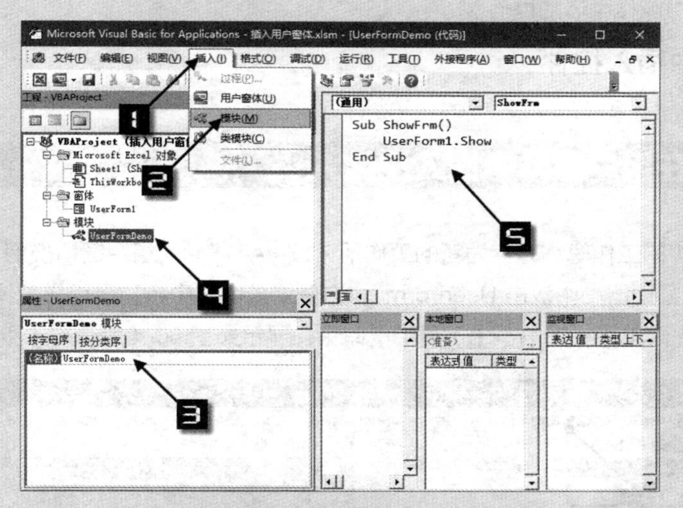

图 50-2　插入模块和代码

步骤⑥ 返回 Excel 界面，运行 ShowFrm 过程，将显示如图 50-3 所示的用户窗体。

步骤⑦ 单击用户窗体右上角的【关闭】按钮，将关闭用户窗体。

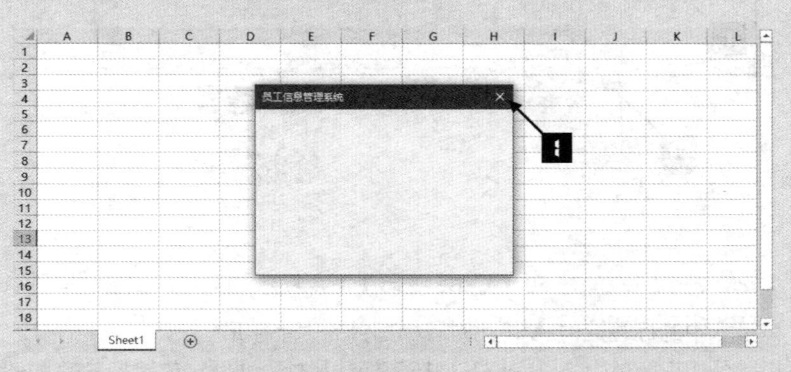

图 50-3　显示用户窗体

50.1.2　关闭窗体

除了单击用户窗体右上角的【关闭】按钮外，使用如下代码也可以关闭名称为 UserForm1 的用户窗体。代码执行时用户窗体对象将从内存中被删除，此后无法访问用户窗体和其中的控件。

```
Unload UserForm1
```

50.2 在用户窗体中使用控件

图 50-3 中显示的用户窗体只是一个空白窗体，其中没有任何控件，因此也就无法进行用户交互。本节将讲解如何在用户窗体中添加控件。

50.2.1 在窗体中插入控件

示例50-2 在用户窗体中插入控件

步骤① 打开示例 50-1 的工作簿，另存为新的工作簿，按 <Alt+F11> 组合键切换到 VBE 窗口。

步骤② 在【工程资源管理器】中双击 UserForm1，右侧对象窗口中将显示用户窗体对象。

步骤③ 依次单击 VBE 菜单【视图】→【工具箱】命令，显示如图 50-4 所示的【工具箱】窗口。

图 50-4 VBE 中的【工具箱】窗口

步骤④ 单击【工具箱】中的标签控件 A，此时鼠标指针变为十字形。

步骤⑤ 移动鼠标指针至用户窗体上方，保持左键按下拖动鼠标，然后释放鼠标左键，如图 50-5 所示，用户窗体中将添加一个名称为 Label1 的标签控件。

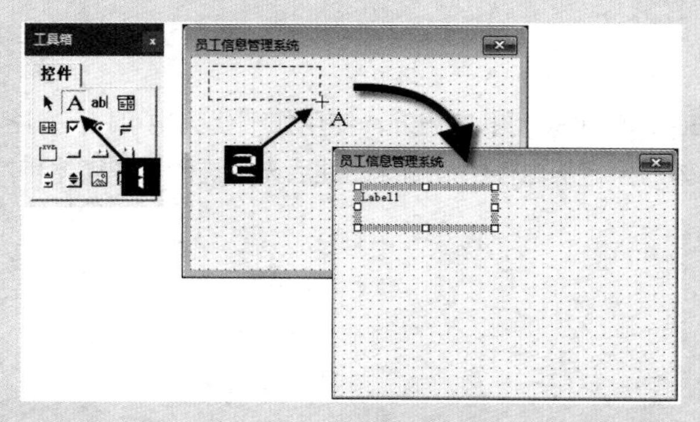

图 50-5 在用户窗体中添加标签控件

步骤⑥ 使用相同的方法在用户窗体中再添加两个标签控件 Label2 和 Label3。

步骤⑦ 在用户窗体上右击，在快捷菜单中选择【全选】命令，用户窗体中的全部控件都将处于选中状态。

步骤⑧ 在被选中的控件上右击，在快捷菜单中依次单击【对齐】→【左对齐】命令，其效果如图 50-6 所示。

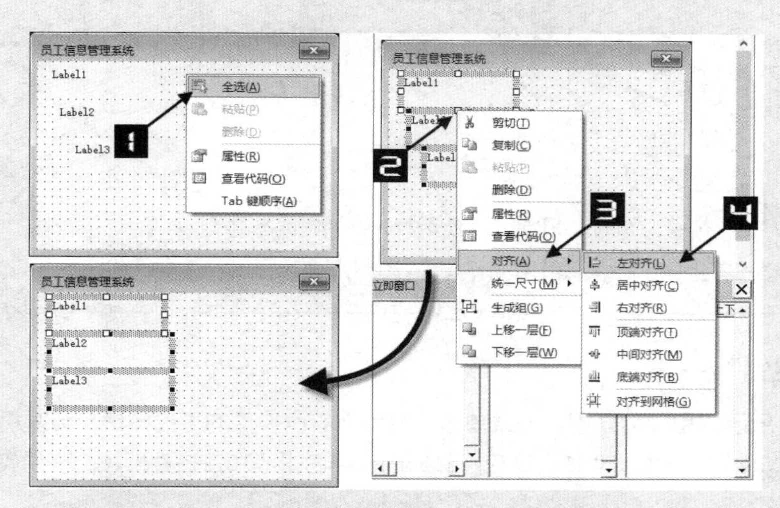

图 50-6　对齐多个控件

步骤⑨ 按 <F4> 键调出【属性】窗口，并按照表 50-1 逐个修改控件的相关属性。

表 50-1　标签控件属性值

控件名称	Caption 属性	AutoSize 属性
Label1	员工号	True
Label2	性别	True
Label3	部门	True

步骤⑩ 在用户窗体中插入文本框控件，并设置 MaxLength 属性值为 4，即控件中最多输入 4 个字符。

步骤⑪ 在用户窗体中插入两个组合框控件，并设置 Style 属性值为“2 –fmStyleDropDownList”，即用户只能在下拉列表中选择条目，不能输入其他值。

步骤⑫ 在用户窗体中插入两个命令按钮控件，将 Caption 属性分别设置为“添加数据”和“退出”。

步骤⑬ 调整用户窗体及控件的大小和位置，最终的控件布局如图 50-7 所示。

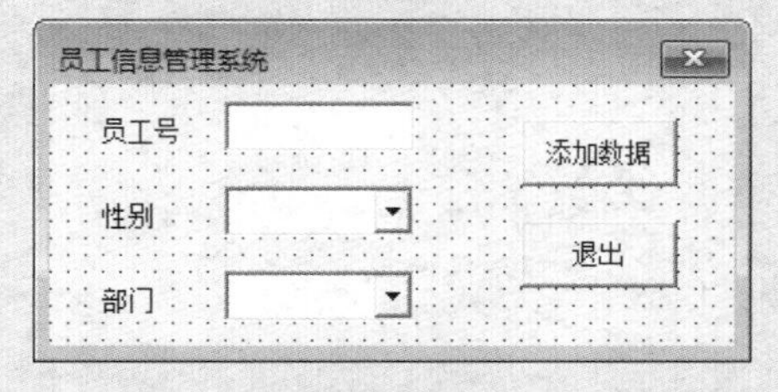

图 50-7　用户窗体中的控件布局

步骤⑭ 返回 Excel 界面，运行 ShowFrm 过程，将显示如图 50-8 所示的用户窗体。

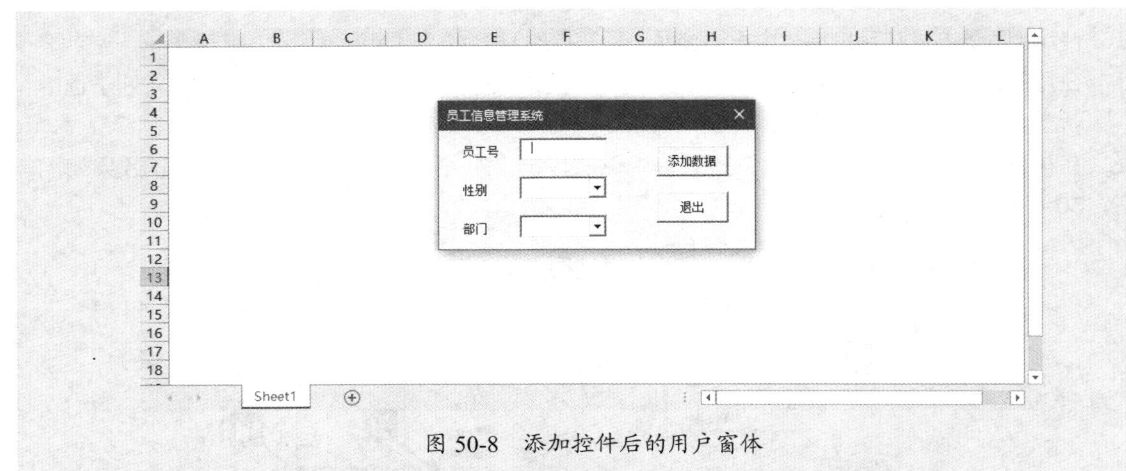

图 50-8　添加控件后的用户窗体

步骤⑮ 单击用户窗体右上角的【关闭】按钮，将关闭用户窗体。

50.2.2　指定控件代码

在如图 50-8 所示的用户窗体中，如果单击【性别】右侧控件的下拉按钮，会发现下拉列表是空白的，单击【添加数据】按钮也没有任何反应，其原因在于尚未添加各控件相关的事件代码。下面来为控件添加事件代码。

示例50-3 为窗体中的控件添加事件代码

步骤① 打开示例 50-2 的工作簿，另存为新的工作簿，按 <Alt+F11> 组合键切换到 VBE 窗口。

步骤② 在【工程资源管理器】中的 UserForm1 上右击，在快捷菜单中选择【查看代码】命令，如图 50-9 所示。

图 50-9　查看用户窗体代码

步骤③ 在代码窗口中输入如下事件代码。

```
#001  Private Sub UserForm_Initialize()
#002      With Me.ComboBox1
#003          .AddItem "男"
```

```
#004            .AddItem "女"
#005        End With
#006        With Me.ComboBox2
#007            .AddItem "计划部"
#008            .AddItem "建设部"
#009            .AddItem "网络部"
#010            .AddItem "财务部"
#011        End With
#012    End Sub
#013    Private Sub TextBox1_KeyPress(ByVal KeyAscii _
                                As MSForms.ReturnInteger)
#014        If KeyAscii < Asc("0") Or KeyAscii > Asc("9") Then
#015            KeyAscii = 0
#016        End If
#017    End Sub
#018    Private Sub CommandButton1_Click()
#019        Dim iRow As Single
#020        iRow = [A1048576].End(xlUp).Row + 1
#021        Cells(iRow, 1) = Me.TextBox1.Value
#022        Cells(iRow, 2) = Me.ComboBox1.Value
#023        Cells(iRow, 3) = Me.ComboBox2.Value
#024        Me.TextBox1.Value = ""
#025        Me.ComboBox1.Value = ""
#026        Me.ComboBox2.Value = ""
#027    End Sub
#028    Private Sub CommandButton2_Click()
#029        Unload UserForm1
#030    End Sub
```

步骤④ 返回 Excel 界面，运行 ShowFrm 过程。

步骤⑤ 在用户窗体的文本框中输入员工号“8008”，如果用户输入时的按键为非数字键，那么该按键将被忽略，并且文本框中最多只能输入 4 个数字。

步骤⑥ 单击【性别】右侧组合框，在弹出的下拉列表中选择“男”。

步骤⑦ 单击【部门】右侧组合框，在弹出的下拉列表中选择“网络部”。

步骤⑧ 单击【添加数据】按钮，新输入的数据将添加到工作表中，同时用户窗体将被清空，用户可以开始输入下一组数据，如图 50-10 所示。

步骤⑨ 单击【退出】按钮，将关闭用户窗体。

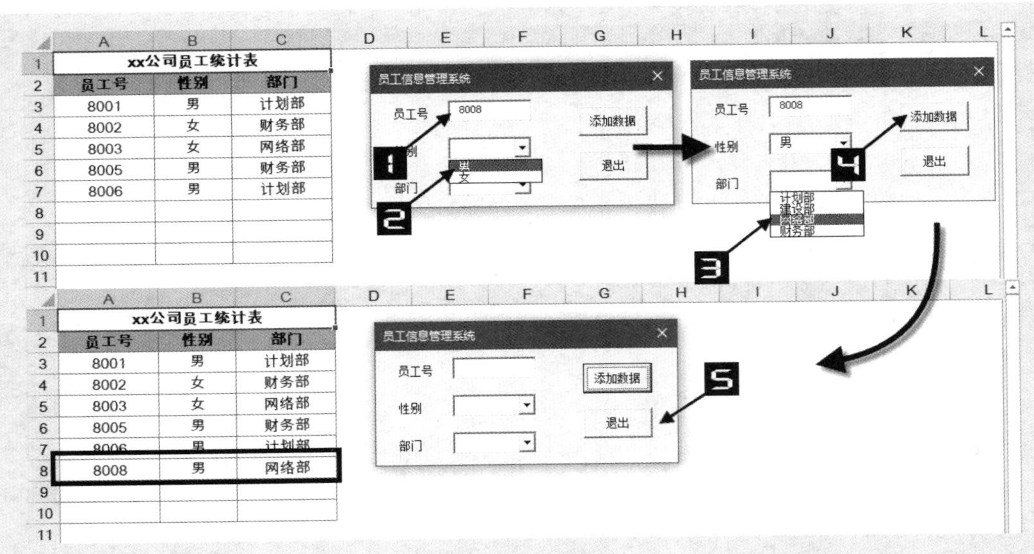

图 50-10　添加新员工数据

代码解析：

第 1 行到第 12 行代码是用户窗体的 Initialize 事件过程，即初始化事件过程。

第 2 行到第 5 行代码为 ComboBox1 控件添加下拉列表条目。

第 6 行到第 11 行代码为 ComboBox2 控件添加下拉列表条目。

第 13 行到第 17 行代码是文本框控件的 KeyPress 事件过程，用于防止用户意外地输入非数字字符。

第 14 行代码用于判断用户的按键输入是否为非数字字符。

如果用户输入的是非数字字符，第 15 行代码清空用户输入字符，也就是说用户输入的非数字字符不会显示在文本框控件中。

第 18 行到第 27 行代码为 CommandButton1 的 Click 事件过程。

第 20 行代码用于定位活动工作表中 A 列第一个非空单元格的行号，并将下一行作为新数据的保存位置。

第 21 行到第 23 行代码将用户输入的员工号、性别和部门保存在工作表中。

第 24 行到第 26 行代码清空文本框和组合框的内容。

第 28 行到第 30 行代码为 CommandButton2 的 Click 事件过程。

第 29 行代码用于关闭用户窗体。

50.3　窗体的常用事件

用户窗体作为一个控件的容器，本身也是一个对象，因此用户窗体同样支持多种事件。本节将介绍窗体的几个常用事件。

50.3.1　Initialize 事件

使用用户窗体对象的 Show 方法显示用户窗体时将触发 Initialize 事件，也就是说 Initialize 事件代码运行之后才会显示用户窗体，因此对于用户窗体或者窗体中控件的初始化工作，可以在 Initialize 事件代码中完成。如示例 50-3 中，用户窗体的 Initialize 事件代码添加组合框控件的下拉列表条目。

50.3.2　QueryClose 事件和 Terminate 事件

QueryClose 事件和 Terminate 事件都是和关闭窗体相关的事件，关闭窗体时首先激活 QueryClose 事件，系统将窗体从屏幕上删除后，在内存中卸载窗体之前将激活 Terminate 事件，也就是说在 Terminate 事件代码中仍然可以访问用户窗体及窗体上的控件。

示例50-4　用户窗体的QueryClose事件和Terminate事件

步骤① 在 Excel 中新建一个工作簿文件，按 <Alt+F11> 组合键切换到 VBE 窗口。

步骤② 依次单击 VBE 菜单【插入】→【用户窗体】命令，Excel 将添加名称为 UserForm1 的用户窗体。

步骤③ 在用户窗体中添加一个文本框控件和一个命令按钮控件，并修改命令按钮控件的 Caption 属性为“退出”。

步骤④ 双击窗体，在【代码】窗口中输入如下事件代码。

```
#001  Private Sub CommandButton1_Click()
#002      Unload UserForm1
#003  End Sub
#004  Private Sub UserForm_QueryClose(Cancel As Integer, _
                          CloseMode As Integer)
#005      Dim strMsg As String
#006      If CloseMode = 1 Then
#007         strMsg = "窗体显示状态" & vbTab & "文本框内容" & vbNewLine
#008         strMsg = strMsg & Me.Visible & vbTab & vbTab & TextBox1.Value
#009         MsgBox strMsg, vbInformation, "QueryClose事件"
#010      Else
#011         Cancel = True
#012      End If
#013  End Sub
#014  Private Sub UserForm_Terminate()
#015      Dim strMsg As String
#016      strMsg = "用户窗体显示状态" & vbTab & "文本框内容" & vbNewLine
#017      strMsg = strMsg & Me.Visible & vbTab & vbTab & TextBox1.Value
#018      MsgBox strMsg, vbInformation, "Terminate事件"
#019  End Sub
```

步骤⑤ 依次单击 VBE 菜单【插入】→【模块】命令，在模块中输入如下代码。

```
#020  Sub CloseEventDemo()
#021        UserForm1.Show
#022  End Sub
```

步骤⑥ 返回 Excel 界面，运行 CloseEventDemo 过程，在用户窗体的文本框控件中输入“ExcelHome”。

步骤⑦ 单击用户窗体中的【退出】按钮关闭用户窗体，在弹出的 QueryClose 事件提示消息对话框中可以看到用户窗体的 Visible 属性值为 True。

注意 在本示例中单击用户窗体右上角的关闭按钮，并不能关闭用户窗体。

步骤⑧ 单击【确定】按钮，将弹出 Terminate 事件的提示消息对话框，此时用户计算机屏幕上已经不再显示用户窗体，因此用户窗体的 Visible 属性值为 False，但是代码仍然可以读取用户窗体中文本框控件的值。

步骤⑨ 单击【确定】按钮，将关闭对话框，如图 50-11 所示。

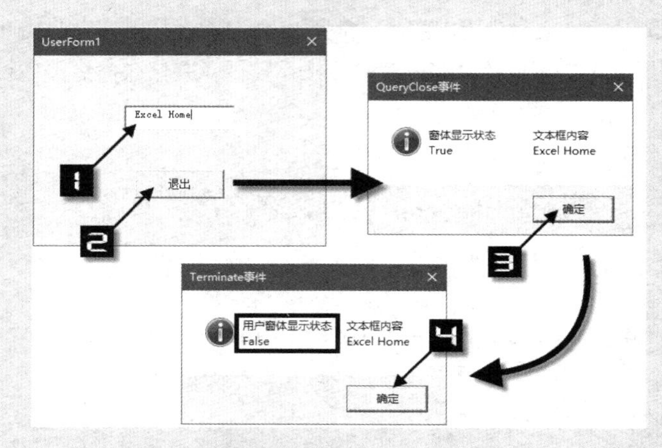

图 50-11　QueryClose 事件和 Terminate 事件

代码解析：

第 1 行到第 3 行代码为命令按钮控件的 Click 事件过程，用于关闭用户窗体。

第 4 行到第 13 行代码为用户窗体的 QueryClose 事件过程，该过程的参数 CloseMode 返回值代表触发 QueryClose 事件的原因。在代码中使用 Unload 语句关闭用户窗体时，参数 CloseMode 值为 1。

第 6 行到第 12 行代码用来实现屏蔽用户窗体右上角的【关闭】按钮。如果参数 CloseMode 值为 1，说明用户通过单击【退出】按钮关闭用户窗体，接下来将执行第 7 行到第 9 行代码显示【QueryClose 事件】提示对话框。

如果用户试图使用其他方法关闭用户窗体，则第 11 行代码将 Cancel 参数设置为 True，停止关闭过程。

第 14 行到第 19 行代码为用户窗体的 Terminate 事件过程。

第 16 行到第 18 行代码显示【Terminate 事件】提示对话框。

第 21 行代码用于显示用户窗体。

附 录

附录 A Excel 2016 规范与限制

附表 A-1 工作表和工作簿规范

功能	最大限制
打开的工作簿个数	受可用内存和系统资源的限制
工作表大小	1 048 576 行 ×16 384 列
列宽	255 个字符
行高	409 磅
分页符个数	水平方向和垂直方向各 1 026 个
单元格可以包含的字符总数	32 767 个字符。单元格中能显示的字符个数由单元格大小与字符的字体决定；而编辑栏中可以显示全部字符
工作簿中的工作表个数	受可用内存的限制（默认值为 1 个工作表）
工作簿中的颜色数	1 600 万种颜色（32 位，具有到 24 位色谱的完整通道）
唯一单元格格式个数 / 单元格样式个数	64 000
填充样式个数	256
线条粗细和样式个数	256
唯一字型个数	1 024 个全局字体可供使用；每个工作簿 512 个
工作簿中的数字格式数	200 到 250 之间，取决于所安装的 Excel 的语言版本
工作簿中的命名视图个数	受可用内存限制
自定义数字格式种类	200 到 250 之间，取决于所安装的 Excel 的语言版本
工作簿中的名称个数	受可用内存限制
工作簿中的窗口个数	受可用内存限制
窗口中的窗格个数	4
链接的工作表个数	受可用内存限制
方案个数	受可用内存的限制；汇总报表只显示前 251 个方案
方案中的可变单元格个数	32
规划求解中的可调单元格个数	200
筛选下拉列表中项目数	10 000
自定义函数个数	受可用内存限制
缩放范围	10% 到 400%
报表个数	受可用内存限制
排序关键字个数	单个排序中为 64。如果使用连续排序，则没有限制
条件格式包含条件数	64

续表

功能	最大限制
撤销次数	100
页眉或页脚中的字符数	255
数据窗体中的字段个数	32
工作簿参数个数	每个工作簿 255 个参数
可选的非连续单元格个数	2 147 483 648 个单元格
数据模型工作簿的内存存储和文件大小的最大限制	32 位环境限制为同一进程内运行的 Excel、工作簿和加载项最多共用 2 千兆字节（GB）虚拟地址空间。数据模型的地址空间共享可能最多运行 500 ~700 MB，如果加载其他数据模型和加载项则可能会减少。 64 位环境对文件大小不作硬性限制。工作簿大小仅受可用内存和系统资源的限制

附表 A-2　共享工作簿规范与限制

功能	最大限制
共享工作簿的同时使用用户数	256
共享工作簿中的个人视图个数	受可用内存限制
修订记录保留的天数	32 767（默认为 30 天）
可一次合并的工作簿个数	受可用内存限制
共享工作簿中突出显示的单元格数	32 767
标识不同用户所作修订的颜色种类	32（每个用户用一种颜色标识。当前用户所做的更改用深蓝色突出显示）
共享工作簿中的 Excel 表格	0（含有一个或多个 Excel 表格的工作簿无法共享）

附表 A-3　计算规范和限制

功能	最大限制
数字精度	15 位
最大正数	9.99999999999999E+307
最小正数	2.2251E-308
最小负数	–2.2251E-308
最大负数	–9.99999999999999E+307
公式允许的最大正数	1.7976931348623158e+308
公式允许的最大负数	–1.7976931348623158e+308
公式内容的长度	8 192 个字符
公式的内部长度	16 384 个字节
迭代次数	32 767
工作表数组个数	受可用内存限制

续表

功能	最大限制
选定区域个数	2 048
函数的参数个数	255
函数的嵌套层数	64
数组公式中引用的行数	无限制
自定义函数类别个数	255
操作数堆栈的大小	1 024
交叉工作表相关性	64 000 个可以引用其他工作表的工作表
交叉工作表数组公式相关性	受可用内存限制
区域相关性	受可用内存限制
每个工作表的区域相关性	受可用内存限制
对单个单元格的依赖性	40 亿个可以依赖单个单元格的公式
已关闭的工作簿中的链接单元格内容长度	32 767
计算允许的最早日期	1900 年 1 月 1 日（如果使用 1904 年日期系统，则为 1904 年 1 月 1 日）
计算允许的最晚日期	9999 年 12 月 31 日
可以输入的最长时间	9999:59:59

附表 A-4　数据透视表规范和限制

功能	最大限制
数据透视表中的页字段个数	256（可能会受可用内存的限制）
数据透视表中的数值字段个数	256
工作表上的数据透视表个数	受可用内存限制
受可用内存限制	1 048 576
每个字段中唯一项的个数	1 048 576
数据透视表中的个数	受可用内存限制
数据透视表中的报表过滤器个数	256（可能会受可用内存的限制）
数据透视表中的数值字段个数	256
数据透视表中的计算项公式个数	受可用内存限制
数据透视图中的报表筛选个数	256
256（可能会受可用内存的限制）	受可用内存限制
数据透视图中的数值字段个数	256
数据透视图中的计算项公式个数	受可用内存限制

续表

功能	最大限制
数据透视表项目的 MDX 名称的长度	32 767
关系数据透视表字符串的长度	32 767
筛选下拉列表中显示的项目个数	10 000

附表 A-5　图表规范和限制

功能	最大限制
与工作表链接的图表个数	受可用内存限制
图表引用的工作表个数	255
图表中的数据系列个数	255
二维图表的数据系列中数据点个数	受可用内存限制
三维图表的数据系列中数据点个数	受可用内存限制
图表中所有数据系列的数据点个数	受可用内存限制

附录 B　Excel 2016 常用快捷键

序号	执行操作	快捷键组合
在工作表中移动和滚动		
1	向上、下、左或右移动单元格	方向键
2	移动到当前数据区域的边缘	Ctrl+ 方向键
3	移动到行首	Home
4	移动到窗口左上角的单元格	Ctrl+Home
5	移动到工作表的最后一个单元格	Ctrl+End
6	向下移动一屏	Page Down
7	向上移动一屏	Page Up
8	向右移动一屏	Alt+Page Down
9	向左移动一屏	Alt+Page Up
10	移动到工作簿中下一个工作表	Ctrl+Page Down
11	移动到工作簿中前一个工作表	Ctrl+Page Up
12	移动到下一工作簿或窗口	Ctrl+F6 或 Ctrl+Tab
13	移动到前一工作簿或窗口	Ctrl+Shift+F6
14	移动到已拆分的工作簿中的下一个窗格	F6

续表

序号	执行操作	快捷键组合
15	移动到被拆分的工作簿中的上一个窗格	Shift+F6
16	滚动并显示活动单元格	Ctrl+Backspace
17	显示【定位】对话框	F5
18	显示【查找】对话框	Shift+F5
19	重复上一次“查找”操作	Shift+F4
20	在保护工作表中的非锁定单元格之间移动	Tab
21	最小化窗口	Ctrl+F9
22	最大化窗口	Ctrl+F10
处于“结束模式”时在工作表中移动		
23	打开或关闭“结束模式”	End
24	在一行或一列内以数据块为单位移动	End，方向键
25	移动到工作表的最后一个单元格	End, Home
26	在当前行中向右移动到最后一个非空白单元格	End, Enter
处于“滚动锁定模式”时在工作表中移动		
27	打开或关闭“滚动锁定模式”	Scroll Lock
28	移动到窗口中左上角处的单元格	Home
29	移动到窗口中右下角处的单元格	End
30	向上或向下滚动一行	↑键或↓键
31	向左或向右滚动一列	←键或→键
预览和打印文档		
32	显示【打印内容】对话框	Ctrl+P
在打印预览中时		
33	当放大显示时，在文档中移动	方向键
34	当缩小显示时，在文档中每次滚动一页	Page Up
35	当缩小显示时，滚动到第一页	Ctrl+ ↑键
36	当缩小显示时，滚动到最后一页	Ctrl+ ↓键
工作表、图表和宏		
37	插入新工作表	Shift+F11
38	创建使用当前区域数据的图表	F11 或 Alt+F1
39	显示【宏】对话框	Alt+F8
40	显示“Visual Basic 编辑器”	Alt+F11
41	插入 Microsoft Excel 4.0 宏工作表	Ctrl+F11
42	移动到工作簿中的下一个工作表	Ctrl+Page Down
43	移动到工作簿中的上一个工作表	Ctrl+Page Up
44	选定当前工作表和下一个工作表	Shift+Ctrl+Page Down
45	选定当前工作表和上一个工作表	Shift+Ctrl+Page Up

续表

序号	执行操作	快捷键组合
在工作表中输入数据		
46	完成单元格输入并在选定区域中下移	Enter
47	在单元格中换行	Alt+Enter
48	用当前输入项填充选定的单元格区域	Ctrl+Enter
49	完成单元格输入并在选定区域中上移	Shift+Enter
50	完成单元格输入并在选定区域中右移	Tab
51	完成单元格输入并在选定区域中左移	Shift+Tab
52	取消单元格输入	Esc
53	删除插入点左边的字符，或删除选定区域	Backspace
54	删除插入点右边的字符，或删除选定区域	Delete
55	删除插入点到行末的文本	Ctrl+Delete
56	向上下左右移动一个字符	方向键
57	移到行首	Home
58	重复最后一次操作	F4 或 Ctrl+Y
59	编辑单元格批注	Shift+F2
60	由行或列标志创建名称	Ctrl+Shift+F3
61	向下填充	Ctrl+D
62	向右填充	Ctrl+R
63	定义名称	Ctrl+F3
设置数据格式		
64	显示【样式】对话框	Alt+'（撇号）
65	显示【单元格格式】对话框	Ctrl+1
66	应用“常规”数字格式	Ctrl+Shift+～
67	应用带两个小数位的“贷币”格式	Ctrl+Shift+$
68	应用不带小数位的“百分比”格式	Ctrl+Shift+%
69	应用带两个小数位的“科学记数”数字格式	Ctrl+Shift+^
70	应用年月日“日期”格式	Ctrl+Shift+#
71	应用小时和分钟“时间”格式，并标明上午或下午	Ctrl+Shift+@
72	应用具有千位分隔符且负数用负号（—）表示	Ctrl+Shift+!
73	应用外边框	Ctrl+Shift+&
74	删除外边框	Ctrl+Shift+_
75	应用或取消字体加粗格式	Ctrl+B
76	应用或取消字体倾斜格式	Ctrl+I
77	应用或取消下画线格式	Ctrl+U
78	应用或取消删除线格式	Ctrl+5
79	隐藏行	Ctrl+9

续表

序号	执行操作	快捷键组合
80	取消隐藏行	Ctrl+Shift+9
81	隐藏列	Ctrl+0（零）
82	取消隐藏列	Ctrl+Shift+0
	编辑数据	
83	编辑活动单元格，并将插入点移至单元格内容末尾	F2
84	取消单元格或编辑栏中的输入项	Esc
85	编辑活动单元格并清除其中原有的内容	Backspace
86	将定义的名称粘贴到公式中	F3
87	完成单元格输入	Enter
88	将公式作为数组公式输入	Ctrl+Shift+Enter
89	在公式中输入函数名之后，显示公式选项板	Ctrl+A
90	在公式中输入函数名后为该函数插入变量名和括号	Ctrl+Shift+A
91	显示【拼写检查】对话框	F7
	插入、删除和复制选中区域	
92	复制选定区域	Ctrl+C
93	剪切选定区域	Ctrl+X
94	粘贴选定区域	Ctrl+V
95	清除选定区域的内容	Delete
96	删除选定区域	Ctrl+-（短横线）
97	撤销最后一次操作	Ctrl+Z
98	插入空白单元格	Ctrl+Shift+=
	在选中区域内移动	
99	在选定区域内由上往下移动	Enter
100	在选定区域内由下往上移动	Shift+Enter
101	在选定区域内由左往右移动	Tab
102	在选定区域内由右往左移动	Shift+Tab
103	按顺时针方向移动到选定区域的下一个角	Ctrl+.（句号）
104	右移到非相邻的选定区域	Ctrl+Alt+ →键
105	左移到非相邻的选定区域	Ctrl+Alt+ ←键
	选择单元格、列或行	
106	选定当前单元格周围的区域	Ctrl+Shift+*（星号）
107	将选定区域扩展一个单元格宽度	Shift+ 方向键
108	选定区域扩展到单元格同行同列的最后非空单元格	Ctrl+Shift+ 方向键
109	将选定区域扩展到行首	Shift+Home
110	将选定区域扩展到工作表的开始	Ctrl+Shift+Home

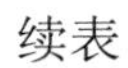

续表

序号	执行操作	快捷键组合
111	将选定区域扩展到工作表的最后一个使用的单元格	Ctrl+Shift+End
112*	选定整列	Ctrl+ 空格键
113*	选定整行	Shift+ 空格键
114	选定活动单元格所在的当前区域	Ctrl+A
115	如果选定了多个单元格，则只选定其中的活动单元格	Shift+Backspace
116	将选定区域向下扩展一屏	Shift+Page Down
117	将选定区域向上扩展一屏	Shift+Page Up
118	选定了一个对象，选定工作表上的所有对象	Ctrl+Shift+Space
119	在隐藏对象、显示对象之间切换	Ctrl+6
120	使用方向键启动扩展选中区域的功能	F8
121	将其他区域中的单元格添加到选中区域中	Shift+F8
122	将选定区域扩展到窗口左上角的单元格	ScrollLock, Shift+Home
123	将选定区域扩展到窗口右下角的单元格	ScrollLock, Shift+End
处于“结束模式”时扩展选中区域		
124	打开或关闭“结束模式”	End
125	将选定区域扩展到单元格同列同行的最后非空单元格	End, Shift+ 方向键
126	将选定区域扩展到工作表上包含数据的最后一个单元格	End, Shift+Home
127	将选定区域扩展到当前行中的最后一个单元格	End, Shift+Enter
128	选中活动单元格周围的当前区域	Ctrl+Shift+*（星号）
129	选中当前数组，此数组是活动单元格所属的数组	Ctrl+/
130	选定所有带批注的单元格	Ctrl+Shift+O（字母 O）
131	选择行中不与该行内活动单元格的值相匹配的单元格	Ctrl+\
132	选中列中不与该列内活动单元格的值相匹配的单元格	Ctrl+Shift+|（竖线）
133	选定当前选定区域中公式的直接引用单元格	Ctrl+[（左方括号）
134	选定当前选定区域中公式直接或间接引用的所有单元格	Ctrl+Shift+{（左大括号）
135	只选定直接引用当前单元格的公式所在的单元格	Ctrl+]（右方括号）
136	选定所有带有公式的单元格，这些公式直接或间接引用当前单元格	Ctrl+Shift+}（右大括号）
137	只选定当前选定区域中的可视单元格	Alt+;（分号）

注意

部分组合键可能与 Windows 系统快捷键或其他常用软件快捷键（如输入法）冲突，如果遇到无法使用某组合键的情况，需要调整 Windows 系统快捷键或其他常用软件快捷键。

附录 C Excel 2016 术语简繁英文词汇对照表

简体中文	繁体中文	English
Tab	索引標籤	Tab
Visual Basic 编辑器	Visual Basic 編輯器	Visual Basic Editor
帮助	說明	Help
边框	外框	Border
编辑	編緝	Edit
变量	變數	Variable
标签	標籤	Label
标准	一般	General
表达式	陳述式	Statement
饼图	圓形圖	Pie Chart
参数	引數 / 參數	Parameter
插入	插入	Insert
查看	檢視	View
查询	查詢	Query
常数	常數	Constant
超级链接	超連結	Hyperlink
成员	成員	Member
程序	程式	Program
窗口	視窗	Window
窗体	表單	Form
从属	從屬	Dependent
粗体	粗體	Bold
代码	程式碼	Code
单击	單按	Single-click (on mouse)
单精度浮点数	單精度浮點數	Single
单元格	儲存格	Cell
地址	位址	Address
电子邮件	電郵／電子郵件	Electronic Mail / Email
对话框	對話方塊	Dialog Box
对象	物件	Object
对象浏览器	瀏覽物件	Object Browser
方法	方法	Method
高级	進階	Advanced
格式	格式	Format
工程	專案	Project
工具	工具	Tools

续表

简体中文	繁体中文	English
工具栏	工作列	Toolbar
工作表	工作表	Worksheet
工作簿	活頁簿	Workbook
功能区	功能區	Ribbon
规划求解	規劃求解	Solver
滚动条	捲軸	Scroll Bar
过程	程序	Program/Subroutine
函数	函數	Function
行	列	Row
宏	巨集	Macro
活动单元格	現存儲存格	Active Cell
加载宏	增益集	Add-in
监视	監看式	Watch
剪切	剪下	Cut
剪贴画	美工圖案	Clip Art
绝对引用	絕對參照	Absolute Referencing
立即窗口	即時運算視窗	Immediate Window
链接	連結	Link
列	欄	Column
流程图	流程圖	Flowchart
路径	路徑（檔案的）	Path
迷你图	走势图	Sparklines
命令	指令	Command
模板	範本	Template
模块	模組	Module
模拟分析	模擬分析	What-If Analysis
排序	排序	Sort
批注	註解	Comment
切片器	交叉分析篩選器	Slicer
区域	範圍	Range
趋势线	趨勢線	Trendline
散点图	散佈圖	Scatter Chart
色阶	色阶	Color Scales
筛选	篩選	Filter
删除线	刪除線	Strikethrough Line
上标	上標	Superscript
审核	稽核	Audit

续表

简体中文	繁体中文	English
声明	宣告	Declare
事件	事件	Event
视图	檢視	View
属性	屬性	Property
鼠标指针	游標	Cursor
数据	數據／資料	Data
数据类型	資料型態	Data Type
数据条	资料横条	Data Bars
数据透视表	枢纽分析表	PivotTable
数字格式	數字格式	Number Format
数组	陣列	Array
数组公式	陣列公式	Array Formula
双击	雙按	Double-click（on mouse）
双精度浮点数	雙精度浮點數	Double
缩进	縮排	Indent
填充	填滿	Fill
条件	條件	Condition
条形图	横條圖	Bar Chart
调试	偵錯	Debug
通配符	萬用字元	Wildcards（＊或？）
图标集	图示集	Icon Sets
拖曳	拖曳	Drag
微调按钮	微調按鈕	Spinner
文本	文字	Text
文件	檔案	File
下标	下標	Subscript
下画线	底線	Underline
下拉列表框	清單方塊	Drop-down Box
相对引用	相對參照	Relative Referencing
斜体	斜體	Italic
信息	資訊	Info
选项	選項	Options
选择	選取	Select
循环	迴圈	Loop
循环引用	循環參照	Circular Reference
页边距	邊界	Margins
页脚	頁尾	Footer

续表

简体中文	繁体中文	English
页眉	頁首	Header
硬拷贝	硬本	Hard Copy
数据验证	驗證	Data Validation
右击	右按	Right-click（on mouse）
粘贴	貼上	Paste
折线图	折線圖	Line Chart
执行	執行	Execute
指针	浮標	Cursor
智能标记	智慧標籤	Smart Tag
注释	註解	Comment
柱形图	直條圖	Column Chart
转置	轉置	Transpose
字符串	字串	String
盈亏	输赢分析	Win/Loss
日程表	時間表	Timeline
屏幕截图	熒幕擷取畫面	Screenshot
签名行	簽名欄	Signature Line
艺术字	文字藝術師	WordArt
快速分析	快速分析	Quick Analysis
快速填充	快速填入	Flash Fill
主题	佈景主題	Themes
背景	背景	Background
连接	連線	Connections
删除重复项	移除重複	Remove Duplicates
合并计算	合併彙算	Consolidate
冻结窗格	凍結窗格	Freeze Panes
数据模型	資料模型	Data Model
KPI	KPI	KPIs
向上钻取	向上切入	Drill Up
向下钻取	向下切入	Drill Down
镶边行	帶狀列	Banded Rows
镶边列	帶狀欄	Banded Columns
条件格式	設定格式化的條件	Conditional Formatting

附录 D　高效办公必备工具——Excel 易用宝

尽管 Excel 的功能无比强大，但是在很多常见的数据处理和分析工作中，需要灵活的组合使用包含函数、VBA 等高级功能才能完成任务，这对于很多人而言是个艰难的学习和使用过程。

因此，Excel Home 为广大 Excel 用户量身定做了一款 Excel 功能扩展工具软件，中文名为“Excel 易用宝”，以提升 Excel 的操作效率为宗旨。针对 Excel 用户在数据处理与分析过程中的多项常用需求，Excel 易用宝集成了数十个功能模块，从而让烦琐或难以实现的操作变得简单可行，甚至能够一键完成。

Excel 易用宝永久免费，适用于 Windows 各平台。经典版（V1.1）支持 32 位的 Excel 2003/2007/2010，最新版（V2018）支持 32 位及 64 位的 Excel 2007/2010/2013/2016 和 Office 365。

经过简单的安装操作后，Excel 易用宝会显示在 Excel 功能区独立的选项卡上，如下图所示。

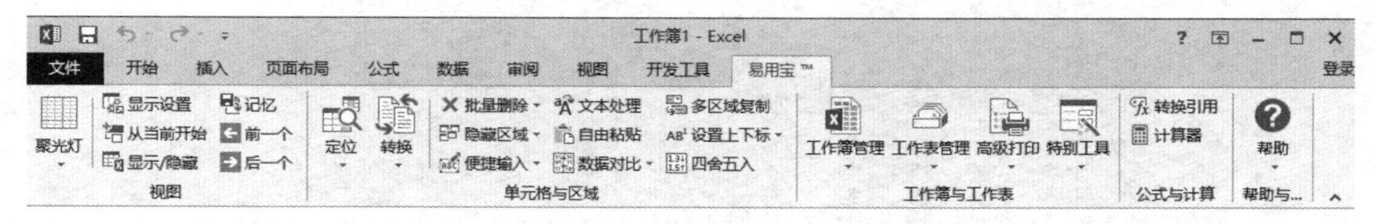

例如，在浏览超出屏幕范围的大数据表时，如何准确无误地查看对应的行表头和列表头，一直是许多 Excel 用户烦恼的事情。这时候，只要单击一下 Excel 易用宝“聚光灯”按钮，就可以用自己喜欢的颜色高亮显示选中单元格 / 区域所在的行和列，效果如下图所示。

	A	B	C	D	E	F	G
1	销售类型	客户名称	销售部门	订单号	产品货号	数量	销售额
274	内销	南方科技	三部	A01-103	LR28414	90	5004.42
275	出口	南方科技	三部	C01-119	LR49836	78	1861.1
276	内销	南方科技	三部	C01-120	LR34781	30	774.94
277	出口	南方科技	三部	C01-121	LR24594	48	1164.5
278	内销	南方科技	三部	C01-122	LR44079	18	479.63
279	内销	南方科技	三部	C01-123	LR33820	48	1068.46
280	出口	南方科技	三部	C01-124	LR52200	30	724.7

再如，工作表合并也是日常工作中常用的操作，但如果自己不懂编程的话，这一定是一项“不可能完成”的任务。Excel 易用宝可以让这项工作显得轻而易举，它能批量合并某个文件夹中任意多个文件

中的数据，如下图所示。

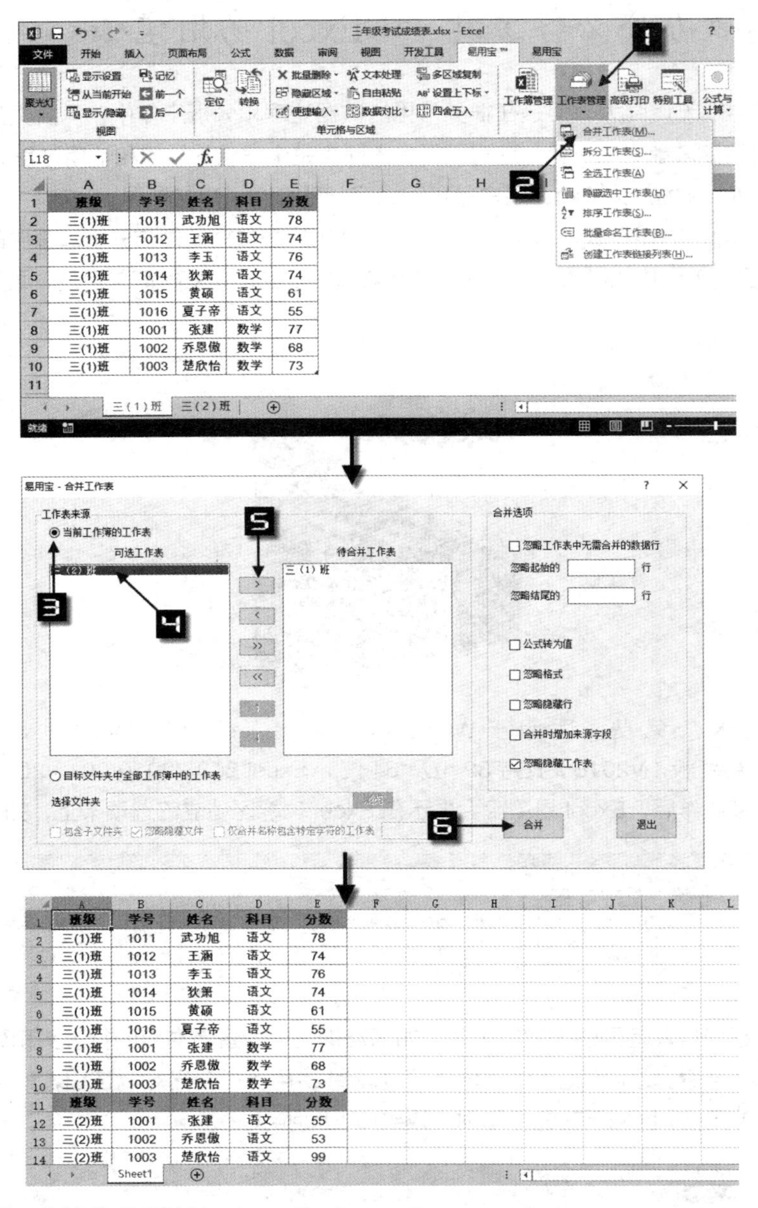

班级	学号	姓名	科目	分数
三(1)班	1011	武功旭	语文	78
三(1)班	1012	王涵	语文	74
三(1)班	1013	李玉	语文	76
三(1)班	1014	狄箫	语文	74
三(1)班	1015	黄硕	语文	61
三(1)班	1016	夏子帝	语文	55
三(1)班	1001	张建	数学	77
三(1)班	1002	乔恩傲	数学	68
三(1)班	1003	楚欣怡	数学	73

班级	学号	姓名	科目	分数
三(1)班	1011	武功旭	语文	78
三(1)班	1012	王涵	语文	74
三(1)班	1013	李玉	语文	76
三(1)班	1014	狄箫	语文	74
三(1)班	1015	黄硕	语文	61
三(1)班	1016	夏子帝	语文	55
三(1)班	1001	张建	数学	77
三(1)班	1002	乔恩傲	数学	68
三(1)班	1003	楚欣怡	数学	73
班级	学号	姓名	科目	分数
三(2)班	1001	张建	语文	55
三(2)班	1002	乔恩傲	语文	53
三(2)班	1003	楚欣怡	语文	99

更多实用功能，欢迎您亲身体验，http://yyb.excelhome.net/。

如果您有非常好的功能需求，也可以通过软件内置的联系方式提交给我们，可能很快就能在新版本中看到了哦。